DIE

LANDMESSUNG.

EIN LEHR- UND HANDBUCH

VON

DR. C. BOHN,

PROFESSOR DER PHYSIK UND VERMESSUNG AN DER KÖNIGL. BAYR. FORSTSCHULE IN ASCHAFFENBURG.

MIT 370 IN DEN TEXT GEDRUCKTEN HOLZSCHNITTEN UND 2 LITHOGRAPHIRTEN TAFELN.

SPRINGER-VERLAG BERLIN HEIDELBERG GMBH

ISBN 978-3-642-51290-2 ISBN 978-3-642-51409-8 (eBook)
DOI 10.1007/978-3-642-51409-8

Vorwort.

Neben den bestehenden deutschen geodätischen Werken ist noch Raum und Bedürfniss für ein in Auswahl und Behandlung des Stoffes abweichendes Lehr- und Handbuch.

Hauptthema ist die Aufstellung, Besprechung und Lösung der mannigfachen Aufgaben der praktischen Geometrie, von den einfachsten, mit den wenigsten und bescheidensten Hülfsmitteln vollführbaren bis zu den grössten und schwierigsten, die grossen geräthschaftlichen und mathematischen Aufwand erheischen. Die einfachen sind nicht vornehm mit Stillschweigen übergangen und vor den höchsten wissenschaftlichen Fragen ist nicht zurückgescheut; es bedarf wohl keiner Rechtfertigung, dass diese, für welche nur ein kleiner Kreis von Lesern vorhanden sein kann, kürzer behandelt, zuweilen — mit Literaturangabe — nur angedeutet werden.

Es ist anzugeben, welche Geschäfte im Felde vorzunehmen sind und deren Reihenfolge, dann die Art der Verwerthung der Messergebnisse. Die zeichnende ist kürzer, die viel wichtigere, rechnende ausführlich besprochen, insbesondere sind für die Ausführung der Rechnungen ganz bestimmte, an Beispielen verdeutlichte Vorschriften gegeben. Auf die zweckmässige Anordnung der Rechnung ist besondere Sorgfalt verwendet, namentlich aber auch Anschluss gesucht an die amtlichen Vorschriften, so weit solche vorhanden sind. Die neueren preussischen „Anweisungen" und die bayrischen „Instruktionen", die wesentlich übereinstimmen, sind, soweit als nöthig, im Auszuge mitgetheilt. Vieles daraus ergibt sich mit Nothwendigkeit, aber gar manches ist, z. B. in der formellen Behandlung, willkürlich. Nichts leichter, aber auch nichts verkehrter als in Dergleichen original sein zu wollen; ausser wenn erheblich scheinende Gründe für das Gegentheil vorliegen, ist die, für die staatlichen Arbeiten vorgeschriebene Weise beibehalten.

Zur nähern Bestimmung einer jeden Aufgabe gehört die Frage nach der Genauigkeit, die, je nach dem Zwecke, angestrebt werden soll, und die, je nach den Hülfsmitteln und Verhältnissen, erreicht werden kann. Es ist darauf zu achten, dass die Genauigkeitserörterungen nicht aus der naturgemässen Unterordnung gegen die Hauptaufgaben treten.

Der Ausgleichung der Messergebnisse ist in manchen geodätischen Büchern zu viel Raum und Bedeutung gegönnt, unter Vernachlässigung des einfachen Grundsatzes, die Vervollkommnung der Messungen so weit als möglich zu treiben und dadurch die ausgleichende Veränderung an den unmittelbaren Beobachtungsgrössen geringst zu machen. Je besser das aber gelungen, desto gleichgültiger ist die Art der Ausgleichung und desto berechtigter wird die Anwendung von Annäherungsverfahren statt der meist ungebührlich beschwerlichen Ausgleichung nach der strengen Methode der kleinsten Quadratensummen. Diese hat innere Berechtigung eigentlich nur für die allerwichtigsten und grössten Vermessungen, nicht aber für die mehr elementaren und kleineren. Sie ist auch für manche dieser amtlich vorgeschrieben, und schon desshalb musste sie in diesem Buche mitgetheilt werden. Dafür besteht aber auch der andere, wichtigere Grund, dass die Beurtheilung der bequemeren Annäherungsverfahren nur möglich ist durch Vergleich mit der strengen Methode. Deren Theorie — und eine Sammlung anderer, beständig anzuwendender rein mathematischer Lehren — in den Anhang zu versetzen, ist gerechtfertigt und nothwendig, wenn die Lehre von den Vermessungen Hauptgegenstand der Darstellung und das Buch übersichtlich und wohlgeordnet bleiben soll. Das Verständniss mathematischer Werke kann durch strenge räumliche Scheidung sehr erleichtert werden. Und noch etwas gewährt in dieser Hinsicht grossen Nutzen: die Entlastung des Gedächtnisses von mehr oder minder gleichgültigen Dingen, durch eine rationelle, immer gleichmässige Bezeichnung. Hierauf ist viel Sorgfalt verwendet.

Zahlreiche Hinweise auf andere Stellen gestatten Kürze des Vortrags.

Die instrumentalen Hülfsmittel der Vermessung werden, nach ihrer grossen Mannigfaltigkeit der Formen, so ausführlich besprochen — aber mit Hauptrücksicht für Den, der sie gebraucht, nicht für Den, der sie verfertigt — dass der Leser alle ihm in der Praxis vorkommende Geräthschaften leicht verstehen kann, selbst wenn ein besonderes Instrument nicht als solches beschrieben sein sollte; setzt es sich doch aus Theilen zusammen, über welche Genügendes vorgebracht ist. Die leichter zugänglichen und billigen Apparate, selbst wenn sie merklich unvollkommen sind, durften nicht ausser Acht bleiben. Zahlreiche Abbildungen nach besten Mustern fördern die Anschauung. Die Gefälligkeit der Mechaniker u. A. hat ermöglicht, eine grosse Auswahl von Figuren zu geben. Die Benutzung vorhandener Figuren hat zuweilen genöthigt, von der systematischen Bezeichnung etwas abzuweichen, doch wird das nicht lästig auffallen.

Die wichtige Prüfung und Berichtigung der Instrumente ist eingehend erörtert, dabei aber Uebermaass vermieden und hierin, wie in allen Abtheilungen des Buches, das Praktische im Auge behalten.

Endlich ist, weit mehr als in den bisherigen Lehrbüchern, eine genaue

Anleitung zum Gebrauche (im Anhange zur Pflege) der Instrumente gegeben. Persönliche Unterweisung im Felde und am Instrument, eine Meisterlehre, soll ganz entbehrlich gemacht werden. Geschicklichkeit in Handhabung der Apparate und Vollführung der Messungen kann allerdings nur durch Uebung erworben werden, aber zweckmässiger Vortrag kann ausserordentlich fördern, wie Verfasser in langjähriger Lehrthätigkeit erfahren hat.

Die Anordnung — das liegt in der Art und Vielseitigkeit des Stoffs — bietet Schwierigkeiten, deren Ueberwindung der Verfasser ernstlich angestrebt hat. Andere Anordnungen mögen gleichwerthig, mancher Leser mag eine andere gewohnt sein; ausführliche Inhaltsangabe, Paragraphentitel, Seitenüberschriften sowie ein vollständiges alphabetisches Inhaltsverzeichniss werden das Zurechtfinden in dem Buche erleichtern und es auch zum Nachschlagen für bereits Bewandertere brauchbar machen.

Möge das Werk sich nützlich erweisen und des Beifalls der Kenner nicht entbehren!

Aschaffenburg, Ende August 1885.

Dr. C. Bohn.

Inhalts-Verzeichniss.

Einleitung.

1. Die Erde als Ganzes.

§ 1. **Aufgaben der Geodäsie.** Eine der Aufgaben der Feldmesskunst, Vermessung, Geodäsie ist von Theilen der Erdoberfläche Darstellungen zu liefern, welche die genaue Gestalt und die einzelnen Abmessungen sicher erkennen lassen.

Im Vergleiche zu den Abmessungen der Erde als Ganzes sind die grössten Bergeshöhen und Meerestiefen nur klein; man kann daher eine von diesen, als zufällig betrachteten, Erhebungen und Senkungen befreite, ideale oder mathematische Erdoberfläche sich vorstellen. Deren Bestimmung ist die grösste Aufgabe der Geodäsie. Die genaue Feststellung derselben wird erst im Abschnitte XVIII, § 330—341 dieses Buches gegeben. Fürs erste genügt Folgendes: Man denke durch die festen Theile der Erde ein, alle Meere untereinander verbindendes, sehr engmaschiges Netz breiter Kanäle gelegt und in diesen das Wasser in den Gleichgewichtszustand gekommen. Man sieht nun wieder von den Unstetigkeiten, welche durch die Kanalwandungen hervorgebracht werden, ab und erkennt, dass die dann vorgestellte Oberfläche eine zeitlich wechselnde, vom Mond- und Sonnenstand abhängige ist. Sieht man endlich noch von Fluth und Ebbe ab, so bildet die wellenfreie, stetige, geschlossene, von Ecken und Kanten freie Oberfläche des Wassers die geoidische Fläche. Die Arbeiten zu ihrer genauen Erkenntniss sind noch nicht abgeschlossen, hingegen haben die, über eine jenem Geoid sich möglichst anschliessende sphäroidische Fläche bereits zu Ergebnissen geführt, die nur mehr mit verhältnissmässig geringen Unsicherheiten behaftet sind. Der Bericht über dieselben ist an das Ende dieses Buches gesetzt; für die Arbeiten, die sich nur auf Theile der Erde beziehen, genügt es vollkommen, das Sphäroid anzunehmen, welches 1841 Bessel aus den besten damals vorhandenen Messungen als das wahrscheinlichste ableitete. Auf dieses sind verschiedene Vermessungen im grossen Umfange gegründet und manche Tabellenwerke, die eine nützliche und häufige Verwendung finden.

§ 2. **Bessels Erdsphäroid.** Die mathematische Gestalt der Erde ist die eines durch Umdrehung einer halben Ellipse um ihre kleine Axe entstandenen Körpers. Erklärt man die geographische Meile als 1 : 5400 des Umfangs des Aequators, d. h. des von der grossen Axe der erzeugenden Ellipse beschriebenen Kreises, so berechnet sich die grosse (äquatoriale) Halbaxe der Erde zu 859,4368 geogr. Meilen, die kleine (polare) Halbaxe zu 856,5638 geogr. Meilen.

			Logarithmus
Aequator - Halbaxe a	=	6 377 397,1560 m	6.804 6435
Rotations - Halbaxe b	=	6 356 078,9630 m	6.803 1893
1 geogr. Meile	=	7420,4390 m	3.870 4296
1 geogr. Quadratmeile	=	55,0629 Quadratkilometer	1.740 8591
1 Meridianquadrant	=	10 000 855,7650 m	7.000 0372

Bei Feststellung des Metermasses war die Absicht 1 m solle gleich dem 40 000 000sten Theile eines Erdmeridians werden; jener Stab aber, der schliesslich als gesetzlicher Normalmeter erklärt wurde, ist etwas kürzer, als jener Absicht entspräche. Nach Bessel ist der Erdquadrant 10 000 856 + 498 m lang, d. h. er kann nach den Gesetzen der Wahrscheinlichkeitsrechnung und dem Stand der Kenntnisse in 1841 höchstens 498 m mehr oder weniger lang sein, als obenstehend angegeben.

Unter der Abplattung der Erde versteht man das Verhältniss des Unterschieds der grossen und kleinen Ellipsoidaxe zur grossen Axe oder $(a - b) : a = 1 : p$. Die Zahl p ist um höchstens $\pm$ 5 Einheiten unsicher.

	Logarithmus*)
Abplattung $(a - b) : a = 1 : p = 1 : 299{,}15 = 0{,}003\,343$	$\overline{3}.524\,1069$
Excentricität $\sqrt{a^2 - b^2} : a = e = 0{,}081\,696\,83$	$\overline{2}.912\,2052$

Folgende Angaben finden gelegentlich nützliche Anwendung:
Halbmesser der Kugel, welche mit dem Erdsphäroide

		Log.
gleiche Oberfläche hat:	6 370 289,511 m	6.804 1592
gleichen Rauminhalt hat:	6 370 283,158 m	6.804 1587

ferner:

arithmet. Mittel		Log.
der Ellipsenhalbaxen	$\frac{1}{2}(a + b) = 6\,366\,738{,}060$ m	6.803 9170
„ 3 Ellipsoidhalbaxen	$\frac{1}{3}(2a + b) = 6\,370\,291{,}092$ m	6.804 1593

In sehr vielen Fällen genügt die Annäherung die Erde als Kugel von 6 370 000 m Halbmesser anzusehen, den Erdquadrant zu 10 000 000 m zu rechnen.

Die Logarithmen der Halbmesser (nach Metermaass) der Berührungskugel in Meereshöhe für verschiedene geographische Breiten siehe § 321.

---

*) Der Minusstrich über der Charakteristik eines Logarithmus bedeutet, dass die Charakteristik negativ sei, also $\overline{3}.524 = 0.524 - 3$. Diese bequeme Schreibweise ist in diesem Buche regelmässig angewendet. Also Log Sin 20° = $\overline{1}.54093$, gleichbedeutend mit $0.54093 - 1$ oder $9.54093 - 10$.

wird) kann man um eine beliebige ganze Zahl mal 360⁰ vermehren oder vermindern, ohne dass das auf die Lage des Punktes Einfluss hat, ebensowenig, wie durch diese Veränderungen des Winkels dessen goniometrische Funktionen geändert werden. Im Beispiele sind auch die negativen Anomalien, gleich den positiven weniger einmal 360⁰, angegeben.

Sehr häufig werden in derselben geodätischen Arbeit Parallel- und Polar-Coordinaten, bezogen auf denselben Anfangspunkt O gebraucht und ferner die Polaraxen mit einer der Parallelcoordinatenaxen, gewöhnlich jener der X zusammenfallend. (Anderer Anfangspunkt und andere Richtung der Polaraxe kommt selten vor. Die Umwandlung der Coordinaten für andere Voraussetzungen als die hier gemachte, häufigste, kann daher hier mit Stillschweigen übergangen werden). Als Regel wird jene Drehrichtung positiv genommen, welche die +Xaxe durch einen Winkel von 90⁰ in die Lage der +Y überführt. Die Wahl der positiven X- und Y-Axerichtung ist wechselnd, auch die Polaraxe, glücklicher Weise wird aber in der Geodäsie wohl ausnahmslos die Drehung von Nord über Ost nach Süd als positiv genommen.

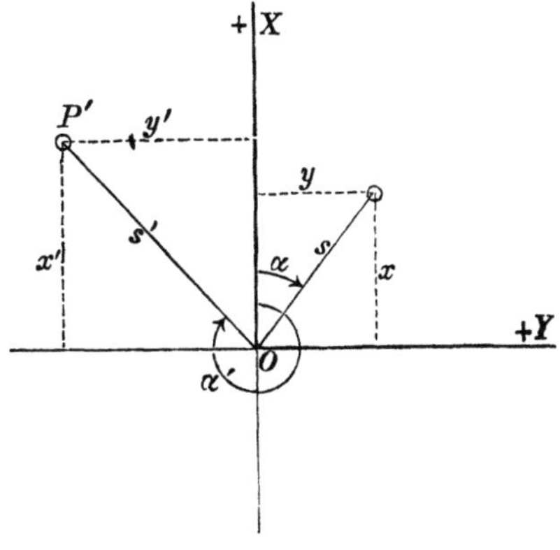

Fig. 3.

Die Beziehungen zwischen Parallelcoordinaten und Polarcoordinaten desselben Punktes — bei gemeinschaftlichem Anfangspunkt und Zusammenfallen der Polaraxe mit der +X-Axe sind einfach:

$$x = s \operatorname{Cos} \alpha; \quad y = s \operatorname{Sin} \alpha;$$

$$\operatorname{tg} \alpha = \frac{y}{x}, \quad s = \sqrt{x^2 + y^2} = \frac{x}{\operatorname{Cos} \alpha} = \frac{y}{\operatorname{Sin} \alpha}$$

Diese Beziehungen gelten, in welchem Quadranten auch P liegen mag, es ist natürlich auf die Vorzeichen der Parallelcoordinaten sowohl als der goniometrischen Funktionen zu achten. Der Winkel α ist durch die Tangente nicht eindeutig bestimmt, auch nicht, wenn man nach den Formeln $\operatorname{Sin} \alpha = y : \sqrt{x^2 + y^2}$; $\operatorname{Cos} \alpha = x : \sqrt{x^2 + y^2}$ rechnen wollte, wegen der Zweideutigkeit des Wurzelwerthes. Eine einfache Regel macht aber jeden Zweifel schwinden:

Zähler positiv und Nenner positiv $\frac{+}{+}$, α im 1. Quadrant (0⁰—90⁰)

„ positiv „ „ negativ $\frac{+}{-}$, α im 2. Quadrant (90⁰—180⁰)

Zähler negativ und Nenner negativ $\frac{-}{-}$, α im 3. Quadrant (180^0—270^0)

„ negativ „ „ negativ $\frac{-}{+}$, α im 4. Quadrant (270^0—360^0)

Die Rechnung nach $s = \sqrt{x^2 + y^2}$ ist logarithmisch unbequem, man wird im Allgemeinen besser thun, erst Tg α zu berechnen und (die Logarithmen von Sin α und Cos α stehen in derselben Zeile wie jener von Tg α), dann die Formeln $s = x : \text{Cos}\ \alpha = y : \text{Sin}\ \alpha$ zu benutzen, gewöhnlich beide, um eine Probe zu haben.

§ 6. **Einfache Aufgaben der Coordinatenrechnung.** Aus den Coordinaten zweier Punkte P_1 und P_2 soll berechnet werden ihr Abstand s_{12} von einander und der Winkel α_{12} der Verbindungslinie von P_1 mit P_2 mit der +X- oder Polar-Axe.

Gegeben $x_1\ y_1$ und $x_2\ y_2$	Gegeben s_1, α_1 und s_2, α_2
$s_{12} = \sqrt{(x_2 - x_1)^2 + (y_2 - y_1)^2}$	$s_{12} = \sqrt{s_1{}^2 + s_2{}^2 - s_1 s_2 \text{Cos}(\alpha_2 - \alpha_1)}$
$\text{Tg}\ \alpha_{12} = \frac{y_2 - y_1}{x_2 - x_1}$	$\alpha_{12} = \alpha_2 - \alpha_1$

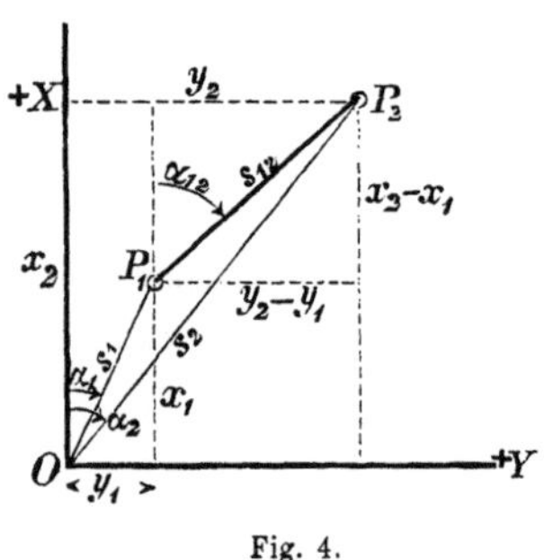

Fig. 4.

Bemerkung. α_{12} bedeutet den Winkel der Geraden von P_1 nach P_2 mit der Axe, hingegen α_{21} jenen der Geraden von P_2 nach P_1 mit dieser Axe. Offenbar ist $\alpha_{21} = \alpha_{12} \pm 180^0$. Eigentlich sind auch s_{12} und s_{21} durch die Richtung verschieden, nicht aber der Länge nach. Die Zweideutigkeit wird durch das Doppelzeichen der Wurzel angezeigt. Gibt man dem Coordinatenanfangspunkte den Anzeiger o (also auch als P_0 zu bezeichnen), so ist $x_0 = 0$, $y_0 = 0$ und systematischer wären die Fahrstrahlen nach P_1 und P_2 durch $s_{01} = \sqrt{x_1{}^2 + y_1{}^2}$ und $s_{02} = \sqrt{x_2{}^2 + y_2{}^2}$ zu bezeichnen. Einfacher aber und keinerlei Missverständniss ausgesetzt ist die Bezeichnung s_1 und s_2. Die Polarcoordinaten des Anfangspunktes sind $s_0 = 0$ und α_0 unbestimmt, beliebig.

§ 7. **Zeichnender und zahlengemässer Ausdruck der Vermessungsergebnisse.** Man kann den Grundriss einer Gegend durch Zeichnung zur Anschauung bringen (Plan oder Karte) und schreibt man zu den Grundrissbildern der Punkte noch Zahlen, welche angeben, wie hoch der dargestellte Punkt über dem Vermessungshorizonte liegt (+ oder —), so erhält man eine vollständige Darstellung der Gegend. Man kann auch die Höhenverhältnisse zeichnend ausdrücken durch Anfertigung von Profilen (§ 287), das sind Projektionen auf senkrechte Ebene. Oder man kann ausschliesslich zahlenmässig, durch Angabe der algebraischen Werthe der Coordinaten der einzelnen Punkte eine ausreichende Beschreibung der Gegend erzielen.

Zahlenangaben sind zwar nicht so anschaulich und übersichtlich wie Zeichnungen, verdienen aber in anderer Hinsicht den Vorzug und die amtlichen Vorschriften der Neuzeit verlangen überall ganz bestimmt Zahlen als Ergebnisse der Vermessung. Die Zeichnungen, welche grösstentheils auf Papier gemacht werden, sind veränderlich, indem das Papier mit wechselndem Feuchtigkeitszustand verschiedene Abmessungen annimmt, ja in einer Richtung mehr ändert als in der andern, so dass ein Bild sich nicht einmal geometrisch ähnlich bleibt. Auch Kupferplatten, Steine u. s. w., auf die man zeichnen kann, erleiden Aenderungen bei Temperaturwechsel. Zahlen hingegen lassen sich leicht und sicher ungeändert aufbewahren. Ferner ist bei den meisten und besten Messungsverfahren die Zahl das unmittelbare Ergebniss und die Zeichnung muss erst auf Grund der erhaltenen Zahlen entworfen werden. Sie kann immer nur bis zu gewissen Grenzen genau die Zahlenergebnisse wiedergeben und bei dieser Uebertragung ist auch Gelegenheit zu gröberen Irrthümern gegeben. Endlich werden Zeichnungen praktisch immer auf Ebenen gemacht, es ist aber nicht möglich eine auf einer Kugel- oder Sphäroidfläche gelegene Figur in allen Stücken genau und ähnlich auf eine Ebene zu bringen, da die genannten Horizontalflächen nicht abwickelbar sind. (Ueber Kartenprojektionen siehe XIX, §§ 342—348.) Die ebenen Bilder der Grundrisse sind daher, welches Verfahren der Abbildung auch angewendet werden mag, immer verzerrt, desto mehr, je grösser die dargestellte Gegend ist, je weniger also die Verwechselung von scheinbarem und wirklichem Horizont statthaft ist.

Man kann daher als Regel feststellen: dass die Ergebnisse der Vermessungen immer in Zahlen dargestellt werden sollen. Zeichnend nur nebenbei.

§ 8. **Elemente geodätischer Messungen** sind im engsten Sinne nur Längen- und Winkelmessungen, dann bei Ausführung der Pendelbeobachtungen noch Zeitbestimmungen. Wird genauere Beobachtung verlangt, so müssen verschiedene rein physikalische Messungen, wie Temperaturbestimmungen, Luftdruck- und Feuchtigkeitsmessungen zugezogen werden. Ferner sind für manche geodätische Aufgaben auch astronomische Beobachtungen erforderlich, bei denen zum Theil auch wieder Zeitmessungen gemacht werden müssen.

§ 9. **Eintheilung der Geodäsie in niedere** (Feldmessung im engeren Sinne) **und höhere** (Geodäsie im engeren Sinne) war früher üblich und die Abgrenzung wurde etwa so gemacht, dass man den Theil, bei welchem nur auf den ebenen scheinbaren Horizont bezogen wurde, zur niederen Geodäsie rechnete, hingegen alle Arbeiten, bei welchen auf die Erdkrümmung Rücksicht genommen wurde, zur höheren Geodäsie. Letzteres ist, wie erwähnt, bei allen Höhenmessungen, die zum Theil doch sehr elementar sind, nöthig und weil deren Eintheilung in die höhere Geodäsie nicht gerechtfertigt erscheint, hat man diese Unterscheidung ziemlich verlassen.

Eher ist es gerechtfertigt Grundrissmessungen und Höhenmessungen von einander zu trennen. Doch werden in neuerer Zeit häufiger noch als früher, beide Arten von Bestimmungen zusammen vollführt (Tachymetrie) und daher ist auch diese Eintheilung nicht angemessen.

Man hat auch die Beschreibung, Prüfung, Berichtigung der Messungshülfsmittel (Instrumentenlehre) getrennt von der Lehre ihrer Anwendungen (Messungen), doch scheint dem Verfasser diese Trennung unzweckmässig.

In diesem Buche wird von den einfachsten Messgeschäften zu verwickelteren vorgeschritten, die Hülfsmittel werden angegeben, beschrieben u. s. w. da, wo durch die vorliegende Vermessungsaufgabe das Bedürfniss darnach erzeugt wurde. Thunlichst folgt aber nach der Beschreibung eines Instrumentes auch sofort weitere Verwendung desselben zur Ausführung anderer Vermessungsaufgaben. Diese Eintheilung nach fortschreitenden Aufgaben schien die geeignetste. Aber die strenge Einhaltung eines Eintheilungsprincips liesse sich nur mit gewaltsamer Zerstörung des natürlichen Zusammenhangs der Lehren durchführen. Es wurde vorgezogen nach Bedarf Einschaltungen zu machen, manches, namentlich das rein mathematische Hülfswissen wurde in den Anhang verwiesen.

§ 10. **Allgemeine Regeln.** Ueber die erforderliche Genauigkeit einer Messung soll man immer von vornherein Bestimmung treffen, um die Wahl der Hülfsmittel und den statthaften Aufwand von Zeit darnach bemessen zu können. Man soll auch für ausgeführte Messungen die Genauigkeit oder die Grenzen der verbleibenden Unsicherheit angeben. Zuweilen ist die allergrösste Genauigkeit anzustreben, was die höchsten Anforderungen an Hülfsmittel, Zeit, Geschicklichkeit u. s. w. erhebt; häufig aber genügt auch, namentlich für wirthschaftliche Zwecke, eine mässige Genauigkeit. Spannt man bei solchen Gelegenheiten die Forderungen nicht zu hoch, so wird manche Messung ausgeführt, die unterblieben war, solange man übertriebene Ansprüche machte und die dafür nöthigen grösseren Opfer scheute.

Man arbeite stets (wenn immer möglich) vom Grossen ins Kleine, suche erst die Hauptsachen, die grossen Züge und vollführe unter Anlehnung an diese Bestimmungen die Ermittelung des Kleinen und der letzten Einzelheiten. Bei Ablesungen z. B. erledige man zuerst das leicht zu erkennende Grobe, schliesse in immer engere Grenzen ein, bis schliesslich Schätzung der kleinsten Unterabtheilungen (man erlangt bei einigem Fleiss Geschicklichkeit darin) die letzte Feinheit der Messung anbringt. Man wird eine Winkelablesung etwa folgender Art machen: Zwischen 50^0 und 60^0 in der zweiten Hälfte; zwischen 55^0 und 60^0; näher: zwischen 57^0 und 58^0 und zwar im ersten Drittel, d. h. zwischen $57^0\,00'$ und $57^0\,20'$. Jetzt erst wird ermittelt, wieviel

Minuten (z. B. 17) noch zu addiren sind und dann, wenn die Eintheilung so weit geht, die Anzahl der Sekunden oder Sekundenmultipla, schliesslich dann noch durch Schätzung Bruchtheile der kleinsten Eintheilungsstücke.

Der Schluss vom Kleinen aufs Grosse ist, soweit es nur immer thunlich, zu vermeiden, weil mit der Vervielfältigung des Messergebnisses auch der diesem anhaftende Fehler vervielfältigt wird.

Man trachte darnach, die einzelnen Messungen unabhängig von einander anzustellen, weil sonst ein vorgefallener Fehler auf die nachfolgenden Ergebnisse der abhängigen Messungen fortgepflanzt wird. Jegliche Voreingenommenheit soll vermieden werden; meistens wird die Zuverlässigkeit einer Beobachtung gemindert, wenn der Beobachter weiss, was er finden müsste, wenn alle vorangegangenen Beobachtungen richtig gewesen wären.

Man vertraue möglichst wenig dem unzuverlässigen Gedächtnisse an, sondern sei nicht sparsam mit Aufschreiben und Anzeichnen alles Bemerkenswerthen, selbst wenn man im Augenblicke nicht sicher ist, ob dasselbe für die Messungen von besonderem Werthe ist. Zweifel, die man bei der einfachen Erinnerung haben kann, veranlassen oft grossen Zeitverlust, weil sie eine Rückkehr ins Feld und Vornahme neuer Beobachtungen verlangen. Peinlichste Ordnung bei den Aufschreibungen ist unbedingt zu empfehlen. Die Aufschreibung ist als ein Aktenstück zu behandeln, dessen Richtigkeit nöthigenfalls eidlich versichert werden könnte, daher die bekannten Vorsichtsmaassregeln bei Abänderungen, die man am besten aber vermeidet. Grösste Sorgfalt ist den Zahlenrechnungen zu widmen, die möglichst übersichtlich nach bestimmten Formularen geführt werden sollen, um jedem Sachverständigen eine Prüfung leicht zu machen. Es ist gut durch andere Tinte die Originalaufschreibungen oder unmittelbaren Messergebnisse von der Bearbeitung, den Rechnungen zu unterscheiden. Die Endergebnisse sind (durch Unterstreichen oder dergl.) auffallend zu machen.

Prüfungen und Bestätigungen der Messungen sollen immer angestrebt und gewonnen werden, also überzählige Bestimmungen, auch schon wegen Ausgleichung der Beobachtungsfehler (Anhang IX) vorgenommen werden. Sind Wiederholungen von Aufnahmen nothwendig, so wird meist eine Aenderung des Verfahrens, wenigstens andere Reihenfolge nützlich sein.

Eine aufzunehmende Gegend soll man vor allem mehrfach begehen, um sie so genau als möglich kennen zu lernen, wodurch man in den Stand gesetzt wird, den zweckmässigsten Plan für die Messung, mit Voraussicht aller eintretender Erschwerungen und Hindernisse, aber auch der Vortheile zu entwerfen. Ortskundige Führer, Feldgeschworne, Feld- und Waldhüter, werden bei den Begehungen mitgenommen und nach den Grenzen, Eigenthümern, Ortsnamen u. s. w. befragt und die erlangte Auskunft in den Handriss oder die Skizze nach Augenscheinsaufnahme eingetragen.

3. Vermarkung und Bezeichnung.

§ 11. **Natürliche und künstliche Zeichen.** Selten sind die in die Vermessung einzubeziehenden Punkte für sich schon deutlich genug bezeichnet, und künstliche Zeichen müssen die nöthige Bestimmtheit herstellen. Ohne weiteres Zuthun können Thurmspitzen, Blitzableiter, Schornsteine als natürliche Zeichen verwendet werden. Ebenso einzeln stehende oder aus ihrer Umgebung besonders hervorragende Bäume, die man durch theilweises Entästen, durch Aufbinden von Strohwischen, Annageln von Brettchen, Ueberhöhen mittelst in den Wipfel gebundener Stange noch kenntlicher macht. Auch Wegweiser, Kruzifixe, Warnungstafeln u. dergl. können als natürliche Zeichen dienen. Ferner auch Kanten und Ecken von Gebäuden. In engen Lagen, in Städten u. s. w. können die hohen Zeichen, wie Thurmspitzen, meist nicht verwendet werden, weil sie durch vorliegende Gebäude verdeckt werden, so dass sie nicht angezielt werden können.

Für die künstliche Vermarkung ist zu beachten, ob der festzulegende Punkt nur für Grundrissmessung Bedeutung hat, oder ob er auch für eine Höhenmessung bestimmt sein soll. Im ersten Falle bezeichnet eine beliebig hohe senkrechte Linie nur einen Punkt und wird einfach Punkt genannt (wie eine Folge von senkrechten Linien nur deren Durchschnitt mit dem Vermessungshorizont bestimmt, daher auch einfach Linie genannt wird). Im zweiten Falle aber muss an dem senkrechten Zeichen noch ein Punkt in ganz bestimmter Höhe ausgezeichnet werden; entweder wird ein Metallbolzen dauerhaft in Stein eingelassen (Höhenmarken siehe § 293), oder ein Nagel auf den Kopf eines in den Boden gesetzten Holzpfahls, der in passender Höhe abgesägt wurde, eingeschlagen.

Es ist zu beachten, ob das Zeichen grösste, grosse oder geringe Zeit lang dienen soll. Für die Bezeichnungen grösster Dauer und Sicherheit wird ein massiger Stein gut mit Mauerwerk u. dgl. unterlegt, tief in den Boden gelassen, so dass er meist um Tischhöhe noch hervorragt. Soll er auch zu Höhenmessungen dienen, so wird ein Metallknopf in den obersten Theil des Steins eingelassen und gekittet. Unter allen Umständen wird durch eingehauene, kreuzende Furchen oder durch die Mitte des Metallknopfs die Mitte des Steins genau bezeichnet, und sie gilt als der zu bezeichnende Punkt.

Auf Verkehrswegen, in Städten keilt man eiserne Röhren senkrecht in die Pflasterung ein, die nicht stören und sehr dauerhaft sind.

Recht gute Dienste leisten, namentlich in steinarmen Gegenden, Drainröhren. Die IX. preuss. Vermessungsanweisung (25. Okt. 1881) schreibt in den §§ 9, 26, 30 vor, die Vermarkung soll im Felde dauerhaft und zwar möglichst unterirdisch geschehen. Für die trigonometrischen Punkte sind Drainröhren von 10 cm, für die trigonometrischen Beipunkte und die Polygonpunkte Drainröhren von 4,5 cm lichter Weite und etwa 30 cm Länge vorgeschrieben. Sie sollen lothrecht gestellt, mindestens 30 cm, wo tiefe Ackerkultur, namentlich Zuckerrübenbau stattfindet, etwa

50 cm unter der Bodenoberfläche dergestalt versenkt werden, dass die Mittellinie der Röhre den Punkt bezeichnet. § 30. 5: „Um während der Dauer der Vermessung selbst die Standpunkte der Marken an der Bodenoberfläche kenntlich zu erhalten, ist, soweit dies ausführbar, um jeden Punkt ein Erdhügel aufzuwerfen oder in Wiesen u. s. w. ein Rasenring auszustechen .... 7) Die gleichzeitige Benutzung von Grenzsteinen oder ähnlicher Marken als Polygonpunkte ist im allgemeinen grundsätzlich zu vermeiden" (gelten für nicht unwandelbar genug). § 9. 2: „Ausserdem wird der trigonometrische Punkt noch dadurch versichert, dass zwei sich möglichst rechtwinklig schneidende Linien, in deren Durchschnitt der Punkt fällt, abgesteckt und deren Endpunkte möglichst in einer bei allen derartigen Abmessungen übereinstimmend anzunehmenden Entfernung vom Durchschnittspunkte (in der Regel 2 m) durch in gleicher Weise versenkte Drainröhren von etwa 3 cm lichter Weite markirt werden." Starke, gut im Boden versicherte, durch Streben gehaltene Masten halten viele Jahre.

Die bekannten Grenzsteine dienen sehr häufig zugleich als Bezeichnung von Vermessungspunkten. Ueber ihre Gestalt und Abmessungen bestehen meist örtliche Vorschriften. Die Hauptseite ist glatt gearbeitet und auf ihr ist eine Bezeichnung eingehauen, Anfangsbuchstaben, Wappen, Krone des Besitzers, Nummer oder dgl. Gewöhnliche Höhe 1 m, wovon 80 cm im Boden stecken. Die amtlich mit der Aufstellung Betrauten haben in jeder Landschaft oder Gemarkung besondere Geheimzeichen, um erkennen zu können, ob im Laufe der Zeit unabsichtliche oder unberufene absichtliche Verrückung stattgefunden hat. Gewöhnlich wird ein Ziegel-, Porzellan- oder Schieferstück, ein weisser Kiesel an einem bestimmten Rande (z. B. dem nördlichen) in nicht sehr auffallender aber genau vorgeschriebener Weise untergelegt. Auf dem Kopfe der Grenzsteine sind Linien eingehauen und nach den nächsten Steinen, die das betreffende Grundstück abgrenzen, gerichtet; der Durchschnittspunkt dieser Linien gilt als der bezeichnete Punkt. Längs stark befahrener Wege oder wo sonst durch zufällige Ereignisse grössere Gefahr des Umwerfens und Beschädigens besteht, werden keine Steine gesetzt, sondern man bringt sie in einiger Entfernung an gesicherter Stelle an und hinterlegt eine amtliche Bemerkung, wie weit und in welcher Richtung vom Steine der eigentlich zu bezeichnende Punkt abliegt. Am besten setzt man 4 Steine in gesicherten Lagen, und der Durchschnittspunkt der Diagonalen des hierdurch bestimmten Vierecks bezeichnet den Punkt.

Holzpflöcke sind am leichtesten zu beschaffen. Zum Schutze gegen Fäulniss kohlt man das untere Ende an. Sie werden tief und fest in senkrechter Stellung in den Boden eingetrieben. Je nach der Dauer, die das Zeichen haben soll, wählt man sie 6—10 cm dick; leider werden sie oft gestohlen und sind nicht sehr dauerhaft.

§ 12. Sichtbarmachung der Zeichen auf Entfernung. Die Zeichen müssen für die Mehrzahl der Messgeschäfte auf Entfernung sichtbar gemacht werden. Hat das meilenweit zu geschehen und ist der Punkt wichtig, so wird eine förmliche Pyramide, selten aus Stein, meist aus genügend starken Balken über den Punkt gebaut, der obere Theil mit Brettern leicht verschalt. Die Pyramidenspitze wird noch überragt durch einen Mast, der grell angestrichen ist, auf dem eine blinkende Metallkugel sitzt, oder Brettchen rechtwinkelig kreuzend angenagelt sind, oder eine Blechscheibe mit Oeffnung, durch die vom fernen Beobachtungsorte her der helle Himmel gesehen werden kann. Die Mittellinie des Mastes, der Kugel u. s. w. soll senkrecht über dem Punkt liegen, was durch Ablothen geprüft wird. Auf höheren Bergen würden solche Pyramiden dem Sturme nicht widerstehen. Man errichtet aus dicken Steinen einen Aufbau.

Man unterscheidet Parterre-Pyramiden und Etagen-Pyramiden. Bei letztern ist in der Mitte der Grundfläche eine starke Säule von einigen Meter Höhe in einen Tisch endend, eingesetzt und ein zum Stehen des Beobachters genügender Fussboden auf Säulen darum angebracht, zu dem man mit einer Leiter emporsteigt. Oft wird durch eine Erhöhung des Standpunktes um 1 m oder etwas mehr die Aussicht wesentlich erweitert.

Die zur Punktbezeichnung dienenden Masten werden in ähnlicher Weise wie die aus den Pyramidenspitzen ragenden noch besonders kenntlich gemacht. Gewöhnlich ist das Bedürfniss, einen Punkt aus grösserer Entfernung wahrnehmen zu können, nur für kürzere Zeit vorhanden. Es wird ihm durch eine vorübergehende Ergänzung des Vermarkungszeichens genügt. Für sehr grosse Entfernungen wendet man besondere Lichtzeichen an, über welche einiges in § 152 bemerkt wird. Für geringe Entfernung aber dienen besonders die Fluchtstäbe, Baken, Absteckstäbe, welche unter günstigen Bedingungen mehrere Kilometer weit sichtbar sind. Es sind 2 bis 3 m lange, etwa 3 cm dicke, glatt gehobelte, gerade, runde Stangen aus Fichten- oder Lärchenholz, an einem Ende mit eisernem, kegelförmig zulaufendem Schuh versehen, wodurch das Einsetzen erleichtert wird. Man treibt diese Spitze entweder unmittelbar in den Boden, oder bereitet mit einem geeigneten Geräth (Erdbohrer) eine Oeffnung vor, oder setzt den Fluchtstab in die Drainröhren oder in Höhlungen, die in die Holzpflöcke centrisch gebohrt sind. Man hat auch Kunststeine aus Mörtelmasse mit der centralen Oeffnung für das Einstecken der Baken. Umständlicher ist es, die Stäbe mit einem Dreifuss zu versehen; nur in Felsgegenden nöthig.

Kann man die Baken nicht genau centrisch zum eigentlichen Zeichen anbringen, so setzt man sie seitlich, am besten nicht in Berührung mit dem Stein oder Pflock, damit diese nicht durch Wirkung des Windes auf den Fluchtstab gelockert werden. Die seitliche Verschiebung wird jeweils sorgfältig in der Richtung, aus welcher der Stab angezielt werden soll, gewählt.

Die Fluchtstäbe sind grell bemalt, am besten nach je $^1/_4$ oder $^1/_2$ m wechselnd. Am günstigsten ist die Bemalung mit schwarz, weiss, roth, weil dann bei jeder Art von Hintergrund die Sichtbarkeit ausgezeichnet ist. Häufiger sind zweifarbige Stäbe, meist roth und weiss, auch schwarz und weiss. Andere Farben sind nicht empfehlenswerth. Man hat gewöhnlich einzelne längere Stäbe, die sich vor den andern auszeichnen. Noch besser werden sie durch Anbringung einer kleinen Fahne (roth und weiss) hervorgehoben. Ein flatterndes Tuch erregt sehr leicht die Aufmerksamkeit, macht den Stab leicht auffindbar und weithin kenntlich. Aber die Fahne hat auch den Nachtheil, dem Winde grössere Angriffsfläche zu bieten, wodurch der Stab bald schief gerückt oder gar umgeworfen wird.

Bei ungünstigem Hintergrund, im Wald zwischen Stangenholz, sind die Stäbe oft schwer auffindbar. Man schickt einen Gehülfen dorthin, der sich dahinter stellt, ruft, Armbewegungen macht und durch seine dunkle Kleidung oder nach Bedarf durch die hellen Hemdärmel, ein Tuch, Papier einen günstigeren Hintergrund schafft.

Sehr lange Stäbe können, auch wenn sie hinter Hügeln, Hecken, Mauern und ähnlichen Hindernissen stehen, leichter als kurze gesehen werden, sind aber vielfach unbequem. Man hilft sich wohl dadurch, einen Gehülfen für die kurze Zeit den kurzen Stab senkrecht hoch halten zu lassen.

§ 13. **Senkrechtstellung der Zeichen.** Alle Stäbe, Masten sollen so genau als möglich senkrecht stehen, weil sie nur dann durch ihre Mitte einen bestimmten Punkt des Horizonts angeben. Wird ein schief stehender oben oder unten angezielt, so ist die Projektion auf den Horizont verschieden. Als Regel merke man alle Zeichen so tief als möglich anzuzielen, weil, wenn das Zeichen schief steht (der Wind bewirkt das meistens bald), der tiefliegende Punkt sich weniger weit vom eigentlich gemeinten Fusspunkt entfernt projicirt. Die senkrechte Stellung der Stäbe lernt man bald nach Augenmaass beurtheilen; besser ist es, ein Loth mit möglichst ausgestrecktem Arm zu halten und auf Parallelismus zu prüfen. Aber man muss den Stab von zwei sich kreuzenden Richtungen ansehen, weil er dann sicher in zwei Vertikalebenen, also senkrecht, steht, während er in der zufällig gewählten einen Vertikalebene noch recht schief stehen könnte. Entfernte lothrechte Gebäudekanten, selbst Bäume können das Loth vertreten.

§ 14. **Namengebung und Numerirung.** Jeder Vermessungspunkt muss einen Namen oder eine Nummer haben, und die diesbezügliche Angabe soll dem Punktzeichen nicht fehlen. Sie ist dem Stein eingehauen, auf angeschlitzte Stelle des Pflocks geschrieben oder auf einem schief daneben stehenden kleinen Brett (wie Pflanzenetikette) angegeben. Gewöhnlich ist vorgeschrieben, in jedem Vermessungsbezirke, Steuergemeinde u. dgl. mit Nr. 1 zu beginnen und nun fortlaufend in bestimmter Ordnung, z. B. in Nord beginnend über Ost, Süd, West herum, die arabischen

Ziffern wachsen zu lassen. Alte vorhandene Nummern soll man thunlichst beibehalten. § 31. 3 (IX. preuss. Verm.-Anw.): „Die in angrenzenden Gemarkungen bestimmten und bereits numerirten Polygonpunkte behalten die ihnen beigelegten Nummern bei. Zur Unterscheidung der letztern von den Nummern der vorliegenden Gemarkung wird denselben der Anfangsbuchstabe (gross, lateinisch, nach Bedarf noch der nächste Buchstabe, klein) der angrenzenden Gemarkung nachrichtlich vorgesetzt." Haben die Punkte bereits Namen, wie Königstein, Neubruch u. dgl., so gibt man ihnen gewöhnlich keine Nummer, sondern bezeichnet sie mit dem Anfangsbuchstaben ihres Namens, K, N . . . mit Anmerkung im Begleittexte zur Vermessung. § 10. 2 (IX. preuss. Verm.-Anw.): „Jeder Punkt behält seine Nummer durch alle bei der Vermessung entstehenden Register, Handrisse und Karten bei. 3: Hat ein Punkt IV. Ordnung in dem einen Vermessungsbezirke bereits eine Nummer erhalten, so behält er dieselbe bei weiterer Benutzung in einem anderen Vermessungsbezirke u. s. w. ebenfalls bei, jedoch mit nachrichtlicher Vorsetzung des Anfangsbuchstabens des ersten Bezirks. 4: Die trigonometrischen Punkte höherer Ordnungen werden neben ihrer Nummer noch durch den Eigennamen des Objekts oder der Lage bezeichnet."

Die Bezeichnung der Punkte in den Dokumenten u. s. w. bringt nebst dem Namen (Nummer) noch einiges Andere zum Ausdruck. Die VIII. preuss. Verm.-Anw. 25. Okt. 1881, Anlage V (zu § 38) schreibt folgende Bezeichnungen (Signaturen) vor:

Zeichen für trigonometrische und andere Vermessungspunkte (alle in rother Farbe auszuführen). Dreieckspunkte

od. od.

1. 2. 3. 4. Ordnung.

Das Kreuz bedeutet, dass auf diesem Punkte Winkel nicht gemessen wurden. Auf das Dreieck des Zeichens wird noch eine Andeutung gesetzt, z. B.:

1. 2. 3. 4. 5. 6. 7.

1. ein Kirchthurm, 2. Baum, 3. Säule, Denkmal, 4. Fahnenstange, 5. Gebäudekuppel, Belvedere, 6. Dampfschornstein, 7. Blitzableiter bildet den Punkt.

Ferner trigon. Beipunkt, ⊙, ⊗ Polygonpunkt mit, bezw. ohne Winkelmessung, ◎ Polygonpunkt, für welchen die Coordinaten als Knotenpunkt berechnet sind; , Polygon- bezw. Knotenpunkt, für welchen die Winkelmessung mittelst Bussole ausgeführt ist. Der Pfeil gibt die Richtung des magnetischen Meridians an. ◉ Jeder sonstige Messungspunkt (Kleinpunkt).

§ 15. **Bemalung der Zeichen.** Hat man gleichzeitig im Felde Punkte bezeichnet, die zu verschiedenen Entwürfen (Strassenbau z. B.) dienen, so unterscheidet man sie durch verschiedene Farben der Bemalung, weiss, roth, schwarz. Auch nimmt man für die einen Punkte roth-weisse, für die andern schwarz-weisse Baken u. s. w. Ein Theil der Holzpflöcke wird rund gelassen, der andere angeplattet oder eckig gehauen. Entrindung nützt nicht viel zur Unterscheidung, da die Rinde leicht von selbst abfällt.

I. Einfachste Vermessungsgeschäfte und erforderliche Hülfsmittel.

1. Absteckung von Geraden, ohne zwischenliegende Hindernisse.

§ 16. **Einzielen.** Zwei Punkte bestimmen eine Gerade; für Grundrissmessungen also zwei senkrecht stehende Zeichen, z. B. Fluchtstäbe.

Die Vermessungen erfordern ausserordentlich oft, dass auf einer Geraden ausser den Endpunkten noch andere Punkte des Feldes aufgefunden und mit Zeichen (Fluchtstäben) versehen werden. Zwischen den gegebenen Endpunkten eine Schnur stramm auszuspannen, kommt vielfach bei Gartengeschäften, bei Bauten u. s. w. vor, selten aber bei geodätischen Arbeiten.

Die Absteckung einer Geraden beruht auf der geradlinigen Fortpflanzung des Lichts. Erscheint einem Auge ein entferntes Zeichen (Fluchtstab) durch ein näheres verdeckt, so befindet sich das Auge auf der durch jene zwei Zeichen bestimmten Geraden (genauer gesprochen in der durch die Mitte der zwei senkrechten Zeichen gelegten senkrechten Ebene). Erscheinen bei derselben Stellung des Auges noch andere Zeichen durch das erste verdeckt, so gehören diese alle derselben Geraden an. Punkte auf eine durch zwei Stäbe gegebene Gerade zu bringen, heisst also Stäbe so zu stecken, dass für jene Stellung des Auges, in welcher einer der gegebenen Stäbe den gegebenen entfernteren deckt, gleichzeitig alle Stäbe durch den dem Auge nächststehenden verdeckt sind.

Die Zeichen haben immer eine gewisse Dicke und ihre Mitten sind die genauen Punktbezeichnungen. Bringt man das Auge dicht hinter das Zeichen, nach A_1, so begrenzen die am Rande des Zeichens berührend vorübergehenden Strahlen A_1 B_1 und A_1 C_1 einen ausgedehnten Winkelraum B_1 A_1 C_1 und jedes in diesem Raume befindliche Zeichen erscheint verdeckt, eine sehr grosse Unsicherheit verbleibt über die genau richtige

Stellung des einzuschaltenden Stabes. Ist das Auge weiter hinter dem Anfangszeichen, in A_2 oder in A_3, so wird der verdeckte Winkelraum B_2 A_2 C_2 bezw. B_3 A_3 C_3 enger, die Unsicherheit wird geringer. (Die Stabdicke musste in der Figur gegen die Entfernungen übertrieben gross gemacht werden.) Daher für die Sicherheit des Einrichtens und Zielens die Regel: man trete soweit als thunlich hinter den Anfangsstab. Dafür gibt es noch einen andern Grund: Es ist nicht möglich, einen sehr nahen und einen entfernteren Gegenstand gleichzeitig scharf zu sehen. Man halte einen Finger wenige Decimeter vom Auge entfernt, man sieht entweder diesen deutlich und einen entfernten Gegenstand verschwom-

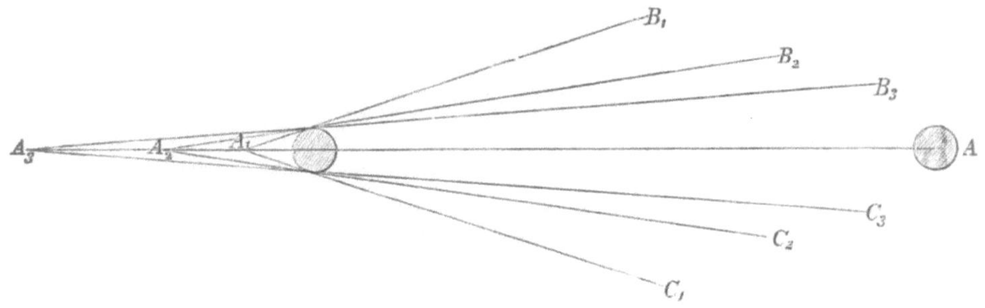

Fig. 5.

men, oder den entfernten schärfer, den nahen Finger aber sehr undeutlich. Ist aber der nächste Gegenstand schon wenigstens einige Meter oder Schritte weit abliegend, so gelingt es, das Auge so anzupassen, dass naher und entfernter Gegenstand wenigstens genügend deutlich erscheinen, desto besser, je weiter der benachbarte Gegenstand gerückt ist.

§ 17. **Die Verlängerung einer Geraden** kann ein Geometer allein recht gut ausführen. Man nimmt einen Stab zwischen zwei Finger und

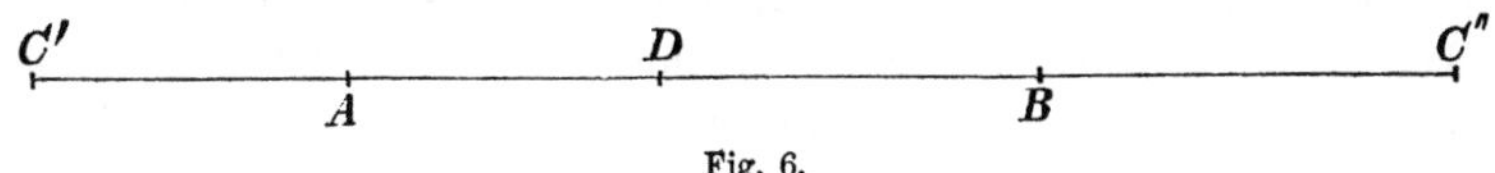

Fig. 6.

hält ihn mit der Spitze einige Centimeter über dem Boden schwebend, so dass er durch die Wirkung der Schwere pendelnd von selbst in die senkrechte Lage kommt (wenn kein heftiger Wind geht). Der Arm wird dabei möglichst gestreckt vorgeschoben und die Stellung gesucht C′ oder C″, in welcher der gehaltene Stab gleichzeitig die zwei Stäbe A und B verdeckt. Man lässt dann den Stab C, die Finger öffnend, senkrecht herabfallen und setzt ihn in den getroffenen Punkt des Bodens senkrecht ein. Man tritt einige Schritte zurück und prüft, ob der Stab C genau genug die Stäbe A und B gleichzeitig deckt. Wegen der schärferen Prüfung siehe weiter unten § 18. Man wird erkennen, ob, nach welcher Richtung hin und wie weit Stab C noch geschoben werden muss, um die genannte Forderung so scharf als möglich zu erfüllen. Steht C nicht gut, so nimmt man ihn heraus und setzt ihn nach Maassgabe der gemachten Wahrnehmung besser, zweckdienlich etwas weiter vor oder zurück, um ihn in einem neuen Loch fester als in dem bereits eingestochenen, unrichtigen stellen zu können. Nach einigen Versuchen gelingt es, den Stab C auf die Verlängerung von A nach B (nach C'') oder von B nach A (nach C') zu bringen.

Nun lässt sich in derselben Art, nämlich durch Verlängerung der Geraden C' A oder C'' B, ein Zwischenpunkt D finden.

§ 18. Einrichtung von Zwischenpunkten auf einer Geraden. Die Aufgabe ist, in der eben angegebenen Weise (Einbringung von D) schon gelöst. Sie kann aber auch mit Beiziehung eines Gehülfen ohne vorhergehende Verlängerung der Geraden A B vollendet werden. Der Gehülfe wird an den vermutheten Ort des gesuchten Punktes geschickt. Er hält einen Stab in angegebener Weise zwischen Daumen und Zeigefinger frei schwebend, dicht über dem Boden und blickt nach dem Einwinker, der einige Schritte hinter den Anfangsstab A getreten ist, so dass A das ferne Zeichen B verdeckt. Man sieht nun, ob der Gehülfe mit seinem Stabe noch vor oder zurückgehen muss, um in die Linie zu kommen und verständigt ihn hierüber. Mündliche Befehle lassen sich auf grössere Entfernung nicht geben, von ihnen wird ganz abgesehen; Zeichen, die verabredet sind und sehr deutlich sein müssen, werden gegeben. Ist die Vorwärtsbewegung des Gehülfen nach der Linken des Einwinkers, so ist Rückwärtsgehen jenes nach der Rechten dieses. Der Einwinker hebt den ganzen Arm bis zur Schulterhöhe und lässt ihn sofort wieder herabsinken, den linken oder rechten, je nachdem der Gehülfe sich nach links (vorwärts für ihn) oder rechts (rückwärts für ihn) des Einwinkers bewegen soll. Der Gehülfe geht, immer den Stab senkrecht schwebend haltend, in der angegebenen Richtung, bis vom Einwinker ein neues Zeichen, entgegengesetzt dem vorigen, gegeben wird. Das beweist, dass der Gehülfe die Gerade überschritten hat. Er merkt sich die Stelle, auf welcher er stand, als das zweite Zeichen erfolgte und führt die befohlene Bewegung aus, die nun nicht sehr gross zu sein braucht. Erfolgt nun vom Einwinker wieder ein Zeichen, gleichsinnig mit dem ersten, so ist die Gerade zum zweitenmale überschritten worden, zwischen dem gegenwärtigen und dem verlassenen (bemerkten) Standpunkt ist die richtige Stelle. Der Gehülfe begibt sich in die Mitte (nach Augenmaass) der zwei Stellen. Auf erneutes Winken geht er immer in die Mitte zwischen dem derzeitigen und dem zuletzt schon innegehabten Ort, der in der verlangten Richtung liegt. So wird die mögliche Abirrung von dem gesuchten Punkt in immer engere Grenzen gebracht. Endlich scheint dem Einwinker der Stab richtig gehalten und er macht das Bejahungszeichen, beugt sich und drückt beide Hände gegen den Boden. Der Gehülfe lässt nun seinen Stab senkrecht aus den Fingern fallen und setzt ihn in den beim Fallen getroffenen Punkt, prüft auf senkrechte Stellung, berichtigt nöthigenfalls in diesem Sinne, tritt aus der Linie und blickt nach dem Einwinker. Ist bei dem Einsetzen des

Stabes nach Ansicht des Einwinkers die richtige Stelle noch nicht getroffen, so folgt Erhebung des einen Arms, der Stab wird wieder herausgenommen und nach Anweisung eine neue Stelle versucht. Endlich wird der Einwinker zufrieden sein, d. h. der eingesetzte Stab wird für ihn gleichzeitig mit dem entfernten Zeichen (B) durch den Nachbarstab A verdeckt sein. Sollte der eingesetzte Stab durch Unachtsamkeit des Gehülfen schief stehen, sein Fuss aber richtig, so erhebt der Einwinker beide Arme über den Kopf, schlägt die Hände zusammen und fährt mit dem einen Arme bis in die wagerechte Lage herab. Das bedeutet, der Gehülfe soll nur den obern Theil des Stabes in die angezeigte Richtung drücken, ihn aber nicht aus dem Boden nehmen. Ist endlich der Stab ganz zur Zufriedenheit des Einwinkers gestellt, d. h. mit dem Fuss an den richtigen Ort und senkrecht, so wird ein Zeichen der Abdankung des Gehülfen ertheilt. Gewöhnlich wird auf das Knie geschlagen oder der Hut gehoben. Der Gehülfe hat vorher Befehl erhalten, was er nun zu thun hat, entweder zum Einwinker zu kommen oder einen weiteren Stab auf Einwinken in die Gerade zu bringen oder sonst etwas.

Die Zeichengebung muss sehr deutlich sein. Es ist gleich, ob die Verschiebung einige Meter oder einige Centimeter betragen soll. Anfänger sind versucht, kleine Bewegungen, die sie verlangen, durch kleine Handbewegung auszudrücken; das wird auf grössere Entfernung nicht gesehen oder missverstanden. Ist der erhobene Arm nicht deutlich genug zu sehen, so winkt man mit ausgestrecktem Stab oder mit einem weissen Tuch. Ist mehr als ein Stab einzuwinken, so wird stets mit dem entfernteren begonnen.

Seien nun einige Stäbe eingerichtet und es werde zunächst angenommen, sie stünden alle gut senkrecht. Befindet sich das Auge des Einwinkers auf der Mittellinie der zwei Endstäbe, so wird, selbst wenn es nicht sehr nahe an einem Stabe steht, immerhin ein merklicher Winkelraum verdeckt, wodurch Unsicherheit über die Stellung der entfernteren Stäbe entsteht. Man bringe das Auge nun aus der Mittellinie, zunächst so weit, dass man am linken Rande der zwei Endstäbe vorbei sieht. Dann müssen, bei richtiger Stellung, alle linken Ränder der Zwischenstäbe in der Ziellinie sein. Ebenso wenn man rechts vorbei sieht. Das Hervorstehen eines Stabes zeigt dessen unrichtige Stellung, den Sinn und einigermaassen auch den Betrag des Fehlers an.

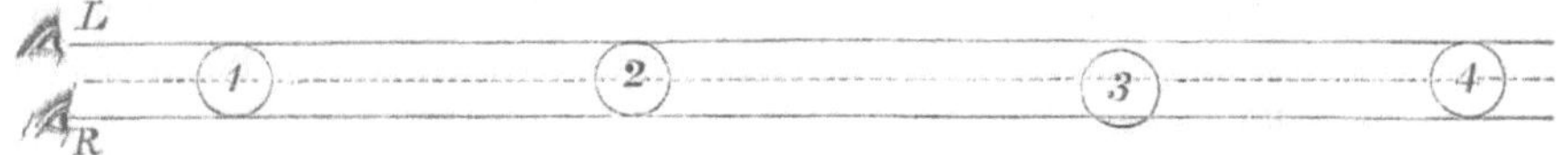

Fig. 7.

Bringt der Einwinker das Auge noch mehr seitwärts, so werden alle Stäbe sichtbar, aber bei richtiger Stellung wird ein desto grösserer Theil eines Stabes sichtbar, je näher er ist. Sieht man mehr von einem entfernteren, als von einem näheren Stab, so ist einer dieser in ungenauer Stellung. Alle Stäbe sind gleich dick vorausgesetzt. In den Figuren 7 und 8 musste die Stabdicke wieder stark übertrieben werden.

Sieht das nach links gegangene Auge (L) bereits den Stab 4, ehe es Stab 3 erblickt und das rechts gegangene (R) eher Stab 3 als Stab 2, so steht Stab 3 zu weit rechts. Bei richtiger Stellung (Fig. 8) treten die Stäbe in der Ordnung der Entfernung hervor, wenn man nach links oder nach rechts das Auge bewegt; diese Prüfung ist sehr scharf. Bei grösseren Entfernungen benütze man eine Brille oder ein Handfernrohr (Operngucker genügt).

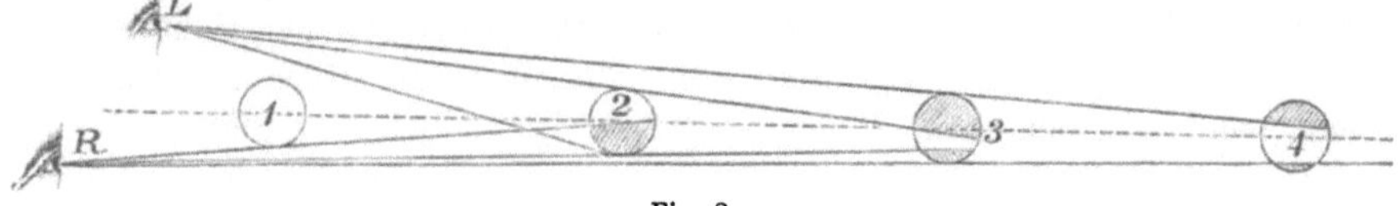

Fig. 8.

Die Stäbe werden selten ganz genau senkrecht stehen oder durch Wirkung des Windes nicht dauernd senkrecht bleiben. Es kommt auf die richtige Stellung der Füsse an. Man beuge sich daher bei der beschriebenen Prüfung so weit als möglich zum Boden. Kann man wegen Bodenerhebungen nicht alle Füsse sehen, so ist sorgfältiges Senkrechtstellen besonders nöthig. Bei der beschriebenen Prüfung, die man in verschiedenen Höhen des Auges vornimmt, verräth sich sofort das Schiefstehen einzelner Stäbe.

Gewöhnlich ist es nicht gleichgültig, von welchem Ende aus man die Absteckung der Geraden vornimmt, da meist eine Seite der Stäbe besser beleuchtet ist. Man richte sich möglichst so ein, die Sonne im Rücken zu haben, dann hat man die günstigste Beleuchtung, wird auch nicht geblendet, indem man gegen die Sonne sieht.

Die Absteckung einer Geraden nach vorhergehender Verlängerung derselben ist die empfehlenswerthere; man braucht keinen Gehülfen.

§ 19. **Durchschnittspunkt zweier Geraden.** Durch Einschieben oder Verlängern richte man sich so ein, dass jede Gerade wenigstens durch drei Stäbe bezeichnet ist. Bringe an der vermutheten Durchschnittsstelle durch Verlängern einen Stab auf die Gerade I und prüfe, ob er auch auf der Geraden II steht. Man erkennt, in welcher Richtung und wie weit etwa der eingebrachte Stab zu verschieben ist, um dieser Forderung zu genügen. Durch einige Versuche gelingt es, unschwer und zwar ohne Gehülfen, den Stab gleichzeitig auf beide Geraden, also im gesuchten Durchschnittspunkt zu haben.

Die Aufgabe kann auch in leicht findbarer Art durch einen Gehülfen gelöst werden, der abwechselnd zweien Einwinkern folgt, deren jeder nach seiner Geraden einwinkt. Das ist aber schon des grösseren Personalaufwands wegen umständlicher.

§ 20. **Unzugängliche Endpunkte.** Die Einschaltung eines Zwischenpunkts kann in folgender Art, ohne andere Hülfsmittel als Stäbe bewirkt werden.

Ein Stab 1 wird versuchsweise aufgestellt, dann ein Stab 2 auf die Gerade von 1 nach A gebracht. Wäre 1 richtig gestellt, so müsste die Gerade von 2 über 1 nach dem andern Endpunkte B treffen. Man richte Stab 3 auf die Gerade von 2 nach B. Dann Stab 4 auf die Gerade von 3 nach A und so fort. Man nähert sich beständig der Geraden AB, ohne sie mathematisch genau je erreichen zu können, da man stets auf

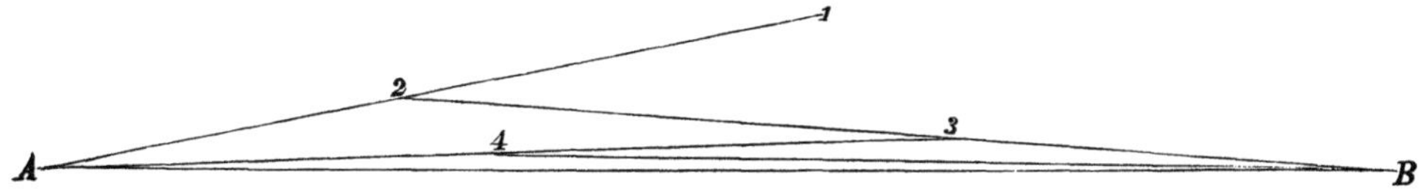

Fig. 9.

derselben Seite bleibt; bald wird man jedoch genügend genau in die Richtung AB kommen. Man kann aber auch einen Stab 1' absichtlich auf der entgegengesetzten Seite der Geraden aufstellen und nach und nach Stäbe 2', 3', 4' immer näher an AB bringen. Schliesslich hat man zu verschiedenen Seiten der Geraden zwei benachbarte Stäbe 4 und 4', z. B., die recht nahe bei einander und beide sehr wenig unrichtig sein können. Zwischen beiden liegt der genau richtige Punkt.

Um eine gute Prüfung zu haben, bringe man auf diese Art zwei Stäbe C und D in ziemlicher Entfernung von einander auf die Gerade. Die Richtungen C über D und D über C müssen dann nach den beiden unzugänglich gedachten Endpunkten A und B treffen.

Genaueste Absteckung von Geraden kann nur mit Hülfe eines Theodolits oder ähnlichen Instruments mit Fernrohr geschehen.

2. Längenmessungen

(ohne optische Distanzmesser und ohne Basismessung).

§ 21. **Schiefe und wagrechte Entfernung.** In Fragen der Feldmessung kommt nur ausnahmsweise die Länge der schiefen, d. h. gegen den Horizont beliebig geneigter Geraden zwischen zwei Punkten in Betracht, sondern in der grossen Mehrzahl nur der kürzeste in der Horizontalfläche gemessene Abstand zwischen den Projektionen der Punkte auf den Horizont. Wenn nicht ausdrücklich das Gegentheil bemerkt ist, wird unter Entfernung zweier Punkte, die ihrer Projektionen auf dem Vermessungshorizont verstanden.

Wird auf den scheinbaren Horizont bezogen, so ist bekanntlich die kürzeste, in der Ebene gelegene, Linie zwischen zwei Punkten die Verbindungs-Gerade. Ist die Horizontalfläche, auf welcher die Punkte (ihre Projektionen) liegen, eine krumme, so wird die kürzeste in dieser Fläche ziehbare Linie zwischen den Punkten die geodätische Linie genannt. Sie ist dadurch gekennzeichnet, dass jedes kürzeste Stückchen derselben in einer Ebene enthalten ist, die normal zur Oberfläche steht. (Siehe § 326). Für die Kugel ist die geodätische Linie Theil eines Grosskreises durch die zwei Punkte.

Schiefe Längen kommen z. B. als Weglängen auf Strassen in Betracht; die Kilometersteine sind nicht in wagrechter, gerader Linie je einen Kilometer von einander entfernt, sondern diese Entfernung ist längs der Strasse gerechnet, folgt deren verschiedenen Neigungen gegen den Horizont und selbst deren Biegungen und Richtungsänderungen im wagrechten Sinne. Zur Beurtheilung der Reisezeit oder des zur Strassenunterhaltung nöthigen Aufwandes kommt diese schiefe, wirkliche Länge in Betracht.

Die Beziehung zwischen schiefer und horizontaler Länge ist einfach. Die Projektion einer schiefen Geraden auf den Horizont ist gleich der schiefen Länge multiplizirt mit dem Cosinus ihres Neigungswinkels. Wird auf einen krummen Horizont projicirt, so haben die einzelnen Theilchen einer schiefen Geraden verschiedene Neigungen zu ihrer Projektion; man muss das Produkt all' der kleinsten Stücke in den Cosinus ihrer Neigung bilden und diese Produkte addiren. Das gibt im allgemeinen ein Integral; gerade so wenn aus der Länge einer schiefen krummen Linie jene ihrer Horizontalprojektion zu berechnen ist.

Damit der Unterschied zwischen schiefer und wagrechter Länge $^1/_2$ bezw. 1 Hundertel betrage, muss die Neigung schon 4^0 bezw. 8^0, das Gefäll (§ 265) also schon 7 $^0/_0$ bezw. 14 $^0/_0$ (Prozent) sein. Bei mittelgenauen Längenmessungen können die gewöhnlichsten Neigungen der Strasse unbeachtet bleiben.

§ 22. **Schrittmaass, Reisezeit.** Das Abschreiten einer Länge ist so wenig genau, dass man auf den Unterschied zwischen schiefer und wagrechter Entfernung dabei nicht zu achten braucht, selbst wenn die Neigung schon eine recht merkliche ist. Die Schrittlänge wechselt etwas nach dem Wuchse des Menschen, dann für denselben Gänger nach der Beschaffenheit des Weges, dem Grade der Ermüdung. Man kann sich aber unschwer gewöhnen, eine auch bei wechselnden Verhältnissen gleichbleibende Schrittlänge einzuhalten, diese soll dem bequemen mittleren Gange angemessen sein. Man zähle oft die Schritte, welche man auf Strassen zwischen zwei Kilometersteinen macht und so oft man Gelegenheit hat, gehe man gemessene Längen auf anderem Boden, Wiesen, Aeckern u. s. w. ab. Die Ergebnisse schreibt man jedesmal auf und lernt so den Mittelwerth seiner Schrittlänge kennen. 0,8 m ist eine für die meisten Menschen angemessene Länge (1250 Schritte auf den Kilometer).

Bei der Abschreitung pflegt man mit dem linken Fusse anzutreten und immer nur zu zählen, wenn der rechte Fuss vorgesetzt wird, also Doppelschritte. Es gibt mancherlei Schrittzähler (Hodometer, auch Pedometer), um die Langeweile des wirklichen Zählens zu ersparen. Bei einer Art wird an das rechte Bein eine Schnur gebunden, welche beim Ausschreiten gespannt wird und durch den Zug ein Rad eines Zählerwerkes um je einen Zahn fortschiebt, das Zählwerk gibt Doppelschritte an. Recht bequem ist eine kleine, wie eine Taschenuhr aussehende und wie eine solche zu tragende Vorrichtung. Ein Hammer oder Anker fällt bei jeder durch die Senkung des Körpers nach vorhergegangener Hebung, oder, wenn man will, durch die mit jedem Schritt verbundene Erschütterung in senkrechter Richtung, nieder (wird durch eine Feder wieder emporgeschnellt), greift in ein Steigrad ein und schiebt dieses um einen Zahn weiter. Dieses Steigrad steht (ähnlich wie in einer Uhr) im Eingriffe mit andern Rädern. Auf einem Zifferblatt geht der Zeiger für jeden Schritt um einen Theil weiter, auf einem zweiten für je 100 Schritt und auf einem dritten für je 10 000 Schritte. Bei Beginn des Abschreitens liest man auf den drei Zifferblättern die Stellung der Zeiger, also die 10 000, die 100 und die einzelnen Theile ab, — am Ende des Ganges abermals; der Unterschied ist die gemachte Schrittzahl. — Gut gearbeitete Schrittzähler sind ganz zuverlässig.

Abschreitungen werden auch zu Pferd gemacht, man zählt gewöhnlich die Galoppsprünge, muss aber das Pferd natürlich in sehr regelmässigem Gang halten, was leichter ist, wenn man es springen, als wenn man es nur Schritt gehen lässt. Die Länge des Galoppsprungs oder Schritts muss durch häufige Versuche (Abzählen zwischen Kilometersteinen) für das bestimmte Pferd gekannt sein.

Abschreitungen geben immer nur rohe Längenermittlungen. Nicht viel schlechtere Ergebnisse gewinnt man aus Beobachtungen der Gangzeit. Bei geschäftsmässigem, nicht übereiltem Gehen, wie man es lange fortsetzen kann, macht man etwa 100 Schritt in der Minute. Im deutschen Heere 108 Schritte von 0,732 m Länge in 1 Minute. Bei raschem Gehen wohl 120 Schritt von 0,85 m.

Die Abschätzung von Längen nach dem Augenmaasse ist sehr trügerisch. Für gewisse, kürzere Entfernungen, wie sie bei der Jagd zu machen sind, erwirbt man übrigens ziemliche Fertigkeit durch lange Uebung. Man muss unterscheiden zwischen Längen, an deren einem Ende man steht und in deren Richtung man blickt, von solchen, die quer vor Einem liegen. Letztere sind weit schwieriger zu schätzen.

§ 23. **Messband und Messkette.** Das Stahlband ist das am meisten angewendete Geräth für Längenmessungen mittlerer Genauigkeit und wird die früher allgemein üblich gewesene Mess- oder Feldkette vollständig verdrängen. Eine und dieselbe Gebrauchsanweisung passt für das Band wie für die Kette.

Das Messband ist aus $^1/_3$ mm dickem, 20 mm breitem Stahlblech gefertigt, von Meter zu Meter sind Nieten (Messing) mit aufgeschriebenen Zahlen eingeschlagen, von 5 zu 5 Meter grössere Nieten. Die Decimeter sind durch eingeschlagene kleine Löcher, je der 5. Decimeter entweder durch ein grösseres Loch oder eine kleine Niete gekennzeichnet. Die Enden des Stahlbands sind an starken Ringen mittelst drehbarer Wirtel befestigt.

Die einzelnen Glieder der Kette sind $^1/_5$ m (häufig) oder $^1/_3$ m (selten) oder $^1/_2$ m (bestens) lange, federkieldicke Eisendrähte, die in Oesen endend, durch Ringe verbunden sind. Die angegebenen Gliederlängen sind von Ringmitte zu Ringmitte verstanden. Bei Ketten nach altem Maass sind sie je 1 Fuss lang. Ketten mit kürzeren Gliedern sind der grösseren Anzahl Oesen und Ringe wegen theurer und lästig im Gewicht vermehrt,

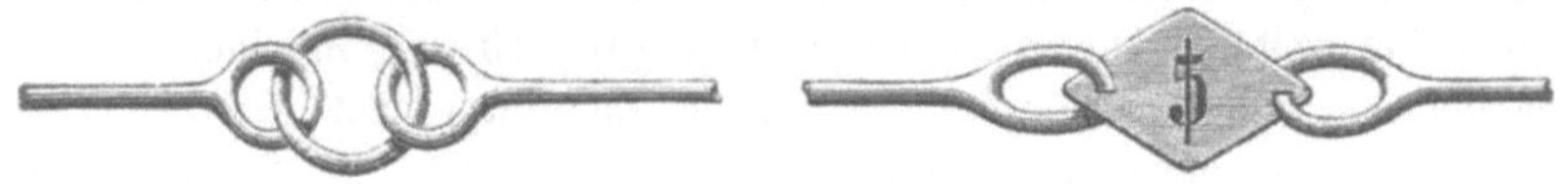

Fig. 10.

verschlingen sich auch eichter. Auf den Gliedern der Kette pflegt man die Decimeter durch umgelegte Eisenringe oder, weniger deutlich, durch Kerben auszuzeichnen. Von 5 zu 5 Meter ist ein grösserer Ring oder ein solcher von anderer Gestalt, auch wohl aus Messing statt aus Eisen, jedoch ist letzteres ohne Nutzen, da der Farbenunterschied bei beschmutzter Kette schwindet. Die Enden der Kette sind durch grössere Ringe gebildet, in welche das anliegende Glied mit einem Wirtel drehbar eingesetzt, — wie beim Bande.

Von Mittelpunkt zu Mittelpunkt der Endringe beträgt die Länge des ausgestreckten Bandes (der Kette) gewöhnlich 20 m (50 Fuss). Kürzere Bänder oder Ketten sind nur in sehr engen Lagen und im Gebirge empfehlenswerth. Zuweilen kann man aus einer 20 m Kette ein Stück von 10 m herausnehmen.

Zum Bande, wie zur Kette gehören noch zwei Pfähle von passender Dicke, so dass die Endringe bequem darübergeschoben werden können. Die Pfähle sind etwa $1^1/_2$ m hoch, unten mit starkem, kegelförmigen Eisenschuh versehen, an dem ein Vorsprung (Wulst oder durchgehender Stift), damit der Ring nicht herabrutschen kann.

Weiter sind noch 10 Zählnägel erforderlich, Bleistift dicker Eisendraht von 30—40 cm Länge, unten scharf gespitzt, oben zum Einhängen umgebogen.

Zwei Arbeiter sind erforderlich, der Vordermann und der Hintermann. Der Hintermann setzt seinen Pfahl mit übergeschobenem Endring senkrecht in den einen Endpunkt der zu messenden und abgesteckten Strecke ein, richtet, während das Band oder die Kette noch schlaff auf dem Boden liegt, den Vordermann in die Linie ein, über seinen mit ausgestrecktem Arm gehaltenen, eigenen Pfahl nach dem Endpunkte der Strecke (Stab) zielend, besser unter Benutzung von Zwischenstäben, welche in die Strecke einzuschalten immer vortheilhaft ist. Ist der vom Vordermann thunlichst senkrecht gehaltene Pfahl auf die Linie gebracht worden, so wird die entsprechende Stelle am Boden irgendwie bemerkt (wenn auch nur durch Ansetzen des Fusses), das Band (die Kette) nun gespannt und in gespanntem Zustand über den bemerkten Punkt gezogen. Der Vorderpfahl wird nun bei dieser Lage entweder in den Boden eingedrückt oder sogleich an dessen Stelle ein Zählnagel eingesenkt; auf felsigem Boden quer hingelegt, wobei sehr sorgfältig zu verfahren ist. Ehe der Vordermann spannen darf, hat der Hintermann den Stand seines Pfahls zu sichern, durch Festhalten und Ansetzen des Fusses. Beim Spannen wird der Pfahl in halber Höhe mit der linken Hand gehalten, oder vielmehr gestützt, die rechte Hand hält das Band (die Kette) zwischen zwei Fingern und schnellt es zunächst einigemal leicht in die Höhe, wodurch die leichteren Verschlingungen beseitigt werden, Gras, geringes Strauchwerk u. s. w. (namentlich von der gewichtigeren Kette) zusammengeschlagen wird. Beim dritten Schnellen wird angezogen, — nicht zu heftig, sondern nur etwa so fest, wie man die Zügel von Pferden anzieht, die aus schnellem Lauf sofort zum Halten gebracht werden sollen.

Sobald der Zählnagel sicher und genau an seiner Stelle ist, ruft der Vordermann kurz und bestimmt „ab“ und geht, das Band (Kette) auf dem Boden schleifend, vorwärts und der Hintermann folgt, so dass das Band nicht gerade gezerrt wird, aber doch auch nicht schlingen kann. Vor dem Abgange des Hintermanns muss dieser den Stab, welcher den Streckenanfang bezeichnet, und, um den Kettenpfahl einsetzen zu können, aus dem Boden genommen worden war, wieder einsetzen. Sobald der Hintermann dicht bei dem Zählnagel angelangt ist, ruft er „halt“ und setzt nun seinen Pfahl sorgfältig und genau an die durch den Nagel bezeichnete Stelle; den Nagel nimmt er (an einen Haken des Gürtels) zu sich. Er tritt, seinen eingesetzten Pfahl mit ausgestrecktem Arm haltend, seitwärts aus der Linie und der Vordermann richtet nun, bei schlaff liegendem Band, seinen Pfahl selbst in die Linie ein, nämlich die Gerade vom Anfangsstab über den stehenden Hinterpfahl verlängernd. Der Vordermann tritt dann, seinen Pfahl haltend, auf die Seite und der Hintermann prüft die Stellung des Vorderpfahls über den mit ausgestrecktem Arm gehaltenen Hinterpfahl nach dem Endstabe zielend; Zwischenstäbe sind hierbei wieder nützlich. Nach Bedarf berichtigt er die Stellung des Vorderpfahls, was bei der kurzen Entfernung durch Zuruf geschieht. Rechts und links (weil für die beiden Männer verwechselt), gibt Missverständnisse, man ruft „an“ und „ab“ in Bezug auf den Leib des Pfahlhalters. Nun setzt der Hintermann seinen Fuss gegen den Pfahl, was das Zeichen für den Vordermann, dass dessen Stab genügend richtig in der Linie ist und er nun zu spannen hat. Durch das Spannen wird der Ort für den zweiten Zählnagel gewonnen, dieser sicher angebracht, „ab“ gerufen und so fortgefahren. Hat der Vordermann alle 10 Zählnägel verbraucht, so ist nach der elften Kettenablage der Pfahl (nach dem Spannen) einzusetzen und der Hintermann einzurufen: dieser lässt seinen Pfahl stehen oder umfallen, bringt die allmälig von ihm aufgenommenen 10 Nägel nach vorn, übergibt sie vorzählend. Der Vordermann setzt einen der wieder erhaltenen Nägel an die Stelle des Vorderpfahls, ruft ab und das Geschäft wiederholt sich. Die Zahl der Einberufungen muss man merken.

Damit man gegen Irrthum geschützt sei, benützt man wohl auch 9 eiserne und einige Messingnägel. Hat der Vordermann keinen eisernen Nagel mehr, so gebraucht er einen messingenen und ruft ein. Der Hintermann übergibt jedesmal nur die 9 eisernen, behält aber die messingenen, die er allmälig aufgenommen hat. Die Zahl der Messingnägel, die am Ende des Geschäfts der Hintermann in Hand hat, gibt sofort die Zahl der stattgehabten Einrufungen.

Gelangt der Vordermann an das Ende der Strecke, so soll er nicht dort Halt machen, sondern darüber wegschreiten und wenn das nicht thunlich sein sollte, wenigstens das Band aufraffen und fortziehen, bis der Haltruf vom Hintermann erfolgt. Nun wird zum letzten Male das Band gespannt, so dass es über den Endpunkt hinweggeht, oder diesem anliegt. Die Anzahl Nägel, welche im Besitze des Hintermanns sind, vermehrt um soviel mal 10 als Einberufungen stattfanden (Messingnägel), gibt an, wie viele ganze Band-(Ketten-)längen bis zum gegenwärtigen Ort des Hinterpfahls abgelegt waren. Man multiplizirt diese Zahl mit der Bandlänge (20 m) und addirt noch die vom Hinterpfahl bis zum Endpunkt der Strecke reichende Länge des gestreckt liegenden Bandes. Die Unterabtheilungen lassen das leicht messen.

Manche Geometer lassen den Vordermann Halt rufen, wenn er am Endpunkt der Strecke angekommen ist; er setzt dann seinen Pfahl in den Endpunkt und der Hintermann spannt nun (ausnahmsweise), so dass das Band an den noch stehenden (nicht aufgenommenen, vom Hintermann noch nicht erreichten) Zählnagel anzuliegen kommt. Der Rest der Bandlänge wird wie oben gemessen. Es kommt dabei aber leicht vor, dass eine ganze Bandlänge vergessen wird in Rechnung zu ziehen, dem Hintermann fehlt ja der eine, im Feld noch steckende Nagel. Weil dieser Irrthum vorkommen kann, ist das erst angegebene Verfahren mehr zu empfehlen. Noch mehr weil beim Spannen der steckende Nagel leicht umgerissen wird, womit sein Ort unsicher wird, er selbst wohl auch gelegentlich zu Verlust geht.

Fig. 11.

Das Stahlband verschlingt sich, selbst bei ziemlich nachlässiger Behandlung, n i e, hingegen können die durch Ringe verbundenen Kettenglieder sich leicht so ineinander schieben, dass eine Kürzung um mehr als Ringdurchmesser eintritt.

Vor Beginn der Kettenmessung muss die Kette a u s g e l e g t werden, indem man Glied für Glied d u r c h d i e H a n d g e h e n lässt und das oft festgekeilte Verschieben der Ringe und Oesen ineinander, sowie alle Verschlingungen und Verdrehungen beseitigt. Bei vorsichtigem Gebrauche, nämlich wenn die Kette immer mit mässiger Spannung auf dem Boden schleift, tritt nicht leicht eine neue Verschlingung ein, doch ist immer danach zu sehen.

Man hat für das Verbringen der Kette Köcher, die aber wohl entbehrlich sind; es genügt sie zusammenzulegen und mit Stricken zu umbinden. Das Stahlband wird auf einem Haspel, einem Holzkreuze aufgerollt verführt.

Die Länge des Stahlbandes ändert, ausser durch Temperatureinfluss (und hierdurch doch nur so wenig, dass das bei der hier in Betracht kommenden Genauigkeit wohl unbeachtet bleiben darf) nicht, denn eine merkliche Dehnung desselben erforderte einen weit gewaltigeren Zug, als er bei dem vorgeschriebenen Spannen geübt wird. Hingegen ist die Kette leicht Längenänderungen ausgesetzt, durch Verbiegen der Glieder (das Stahlband muss schon gewaltig misshandelt werden um Knicke zu bekommen), durch Dehnen der Ringe in Folge des häufigen Spannens, durch deren allmäliges Ausschleifen, endlich ist immer einige Gefahr des Verschlingens. Das Stahlband ist im deutschen Reiche aichfähig, die Kette nicht, da sie für zu veränderlich gilt. Da ausserdem das Band ein erheblich geringeres Gewicht hat, so ist sein Vorzug gegen die Kette ausreichend begründet. In § 36 der VIII. preuss. Verm. Anweis. v. 25. Okt. 1881 heisst es: „Alle Längenmessungen im Felde — zu beliebigen Zwecken — sind ausnahmlos mit dem Stahlband oder der Latte auszuführen. Die Anwendung der Gliederkette ist untersagt.“

Von Zeit zu Zeit, bei ausgedehnten Messungen täglich, ist die Länge der Kette oder des Bandes (letzteres nicht so oft) zu prüfen. Am einfachsten durch Vergleiche mit einem Muttermaasse, dass man sich durch Einschlagen von zwei Pflöcken in genau 20 m Entfernung an seinem Wohnorte hergestellt hat. Ist die Unrichtigkeit der Band- und Kettenlänge gekannt, so wird die Messung doch gut, sobald man die wahre Länge, z. B. 20,01 m statt der Solllänge (20 m) in Rechnung zieht. Hingegen ist es eine verwerfliche Einrichtung mancher Ketten, zwei benachbarte Glieder statt durch einen Ring durch ein Querstück zu verbinden, in welches das eine Glied eingenietet ist, während das andere, auf dem ein Gewinde eingeschnitten ist, eingeschraubt wird. Durch mehr oder minder tiefes Einschrauben lässt sich die Kettenlänge berichtigend ändern. Aber beim Gebrauche (Schleifen und Reiben auf dem Boden) lockert sich die Verbindung, eine solche Kette ändert beständig die Länge.

Man darf als allgemeinen Grundsatz aussprechen: es ist besser Ungenauigkeiten der Werkzeuge rechnend (und dann ganz scharf) zu berücksichtigen als sie mechanisch (und meist mehr oder minder unsicher) zu beseitigen.

§ 24. **Staffelmessung.** Dass bei mässiger Neigung des Bodens die schiefe Länge des aufliegenden Bandes unbedenklich für die wagrechte genommen werden kann, ist schon gesagt (§ 21). Bei sehr starker Neigung wird die Staffelmessung angewendet. Man zieht das Band an dem an der tieferen Stelle stehenden Pfahle in die Höhe, bis es durch Spannung eine möglichst wagrechte Lage annehmen kann. Meist steht dann der Pfahl schief; man muss den Ort des Zählnagels durch Herablothen aus der Mitte des Ringes aufsuchen. In der Regel genügt es hierfür einen Nagel senkrecht fallen zu lassen.

§ 25. **Fehlerquellen bei der Längenmessung.** Bei Befolgung des angegebenen Verfahrens, Selbsteinrichtung des Vordermanns durch Rückwärtszielen in die Linie, Prüfung seiner Aufstellung durch den Hintermann mittelst Vorwärtszielen, kann eine stetige und erhebliche Entfernung aus der Strecke nicht stattfinden, höchstens kleine Schwankungen nach rechts und links um die Richtung, wenn jene Einstellungen und Prüfungen nicht genügend sorgfältig ausgeführt werden. Angenommen die Pfähle stünden je um $\frac{1}{2}$ a zu beiden Seiten der eigentlichen Richtung, so wird eine Band-(Ketten-)Länge l an Stelle ihrer Projektion auf die Richtung irrthümlich genommen. Die Länge der Projektion ist aber

$$\sqrt{l^2 - a^2} = l - \frac{1}{2}\frac{a^2}{l} - \frac{1}{8}\frac{a^4}{l^3} - \ldots . \quad \text{(Anh. I. 2.)}$$

Der Fehler ist also $-\frac{1}{2}\frac{a^2}{l} - \frac{1}{8}\frac{a^4}{l^3} - \ldots .$ Zahlenbeispiel: $\frac{1}{2}$ a = 0,1 m (schon sehr auffallend). Fehler = — 0,000 250 001 m = — $^1/_4$ mm. Vernachlässigt man (wie statthaft) die höheren Glieder der Reihe, so ist der Fehler proportional dem Quadrate der Gesammtabweichung (a) und verkehrt proportional der Bandlänge (l), also geringer bei langem Band. Anbetracht der Kleinheit des Fehlers wird man nicht viel Zeit mit dem ganz genauen Einrichten der Pfähle auf die Strecke verlieren.

Bei Staffelmessungen, bei Ueberschreitung von Hohlwegen, Bächen u. dgl. mit dem Bande bildet dieses nie eine Gerade, sondern selbst bei unzulässig starker Spannung eine krumme Linie (Kettenlinie), deren Sehne an Stelle der Curvenlänge (Bandlänge) bei der Messung in Ansatz zu bringen ist. Man kann die Curve annähernd als Kreisbogen gelten lassen und berechnet dann den Unterschied zwischen Bogen- und Sehnenlänge zu $^8/_3$ mal dem Quadrate der grössten Einsenkung (Pfeilhöhe), dividirt durch die Bandlänge. Das leichte Band lässt sich besser spannen, senkt sich weniger ein als die gewichtige Kette, die ausserdem keine Curve, sondern eine gebrochene Linie bildet.

§ 26. **Andere als Stahlbänder.** In sehr engen Lagen, zum Ausmessen von Gebäuden u. dgl. wendet man wohl auch Bänder von Pergament, Leder, Leinwand in Oel gesotten und gefirnisst, wohl auch mit eingewobenen Metallfäden, an. Solche Bänder, auf welchen die Unterabtheilung mit Farbe aufgetragen ist (nützt sich stark ab), sind allerdings bequem, aber unsicher, da sie alle der Dehnung stark ausgesetzt sind, auch trotz des Firnisses nicht unempfindlich gegen Feuchtigkeit. Man hat sie von bedeutender Länge, führt sie auf sehr handlichen Rollen.

§ 27. **Doppellängenmessung.** Da bei einiger Uebung in $^1/_4$ Stunde 300 m mit Band oder Kette gemessen werden können, so ist die Wiederholung der Messung ohne grosses Opfer an Zeit zu machen. Es ist Regel, alle Längenmessungen (auch nach den zeitraubenderen Verfahren) wenigstens einmal zu wiederholen, wobei im allgemeinen Wechsel in der Richtung empfehlenswerth sein mag.

Ist die Strecke lang, so ist es gut, gelegentlich der ersten Messung etwa alle 100 oder 200 m einen leichten Pflock einzuschlagen.

§ 28. **Messlatten.** Gerade, gewöhnlich 5 m lange Stangen, von durchweg gleichbleibendem rechteckigem Querschnitt, oder elliptisch (um das Rollen zu vermeiden), und in der Mitte dicker als an den Enden. Sie sind von sehr gutem und trocknem Holz angefertigt, um sie gegen Feuchtigkeitswechsel unempfindlich zu machen, öfter mit heissem Oel getränkt, dann mit Oelfarbe bemalt, am besten eine Latte blau, die zweite roth. Die Enden sind mit Metall beschlagen und eine sorgfältige Abgleichung auf die Solllänge hat stattgefunden; Prüfung hierauf ist öfter, in der Art wie für das Band angegeben, oder noch besser durch Vergleich mit einem Muttermaass (Aichamt) vorzunehmen. Unterabtheilungen werden entweder mit Farbe aufgemalt oder durch eingelegte Messingstifte bewirkt. Decimeter genügen, aber der letzte Decimeter an beiden Enden ist noch in Millimeter getheilt.

Die Messlatten werden entweder auf den etwas aufgeräumten Boden, nöthigenfalls mit kleinem Unterlager (Steine) gelegt, so dass sie dem Augenmaasse nach wagrecht liegen, oder sie ruhen auf besonderen Stühlen veränderlicher Höhe, wobei dann die wagerechte Lage mittelst Bleiwage oder Setzwage (siehe § 262) geprüft wird. Bei sorgfältigeren Messungen sollten die Latten nie unmittelbar auf den Boden gelegt werden.

Es ist sehr zu empfehlen, längs der zu messenden Strecke, genau in ihrer Richtung, eine G a r t e n s c h n u r zu spannen. Die Messung schreitet dann weit rascher voran und kann bequem von E i n e m Manne ausgeführt werden, während sonst zwei Leute (wenn auch nicht unumgänglich) gefordert werden.

Die blaue Latte wird zuerst mit dem einen Ende nahe am Anfangspunkt der Strecke in die Richtung (nach der Schnur) gelegt, dann genau mit dem Ende bis an die Mitte des Anfangszeichens (Stab oder Pfahl) der Strecke vorsichtig geschoben.

Die zweite, rothe Latte wird nun in der Nähe des vorderen Endes der blauen gut in die Richtung gelegt und dann v o r s i c h t i g beigeschoben, bis ihr Anfang das Ende der liegenden blauen Latte berührt, wenn das möglich ist, wobei sehr darauf zu achten ist, dass durch die körperliche Berührung kein Stoss auf die liegende Latte ausgeübt wird, wodurch diese zurückgeschoben würde (was in aller Strenge kaum vermeidbar). Ist jedesmal das Zurückweichen auch nur minimal, so addiren sich bei häufiger Wiederholung die Fehler doch ihrem ganzen Werthe nach schliesslich zu einem nicht vernachlässigbaren Betrag. Liegen die benachbarten Enden nicht in derselben Höhe (was oft vorkommt), so gelangen sie nicht in körperliche Berührung, der Anfang der zuletzt gelegten muss dann auf das Ende der liegenden h e r a b g e l o t h e t werden, entweder durch ein Senkel mit feinem Draht oder, bei ganz kurzer Entfernung, nach dem Augenmaasse.

In letzterem Falle muss man sich vor parallaktischer Verschiebung hüten, muss zu diesem Zwecke das Auge genau senkrecht über das liegende Ende halten. Man blickt entweder längs einem in der Hand gehaltenem Senkel oder bringt das Auge in solche Stellung, dass die senkrechte Endfläche der Latte gerade zur Linie verkürzt erscheint. Im Falle der Ablothungen mit Senkel ist schliesslich soviel mal die Senkelfadendicke zu addiren, als Ablothungen stattgefunden haben. Bei dem Ablothen bedarf es Vorsicht; schiebt man die Latte zu weit bei, so nimmt der Senkelfaden die Gestalt einer gebrochenen Linie an (Fig. 12), das könnte unbemerkt bleiben (optisches Ablothen siehe Basisapparat von Ibañez § 313).

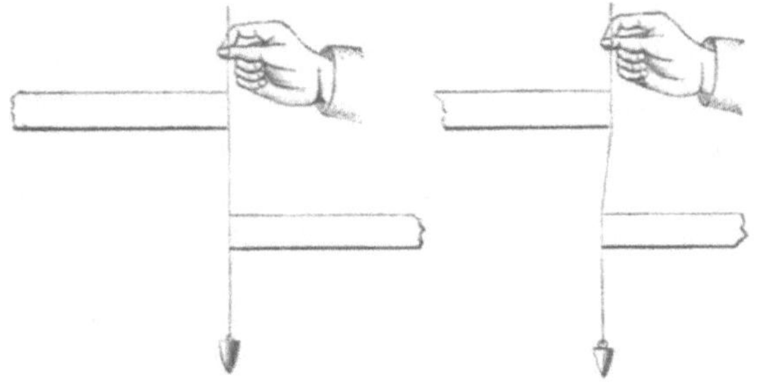

Fig. 12.

Liegt die zweite (rothe) Latte nun richtig, so wird die erste (blaue) aufgehoben und zwar zur sicheren Vermeidung einer Verschiebung der liegen bleibenden, derart, dass man sie erst merklich zurückzieht (durch die Hand schiessen lässt). Beim Aufheben wird die Zahl, — hier also „Eins" — ausgesprochen. Nun kommt die blaue Latte in ähnlicher Weise vor die liegen gelassene rothe, wie vorhin deren Vorsetzung vor die blaue erfolgte. Die hintere rothe wird alsdann mit „Zwei" aufgenommen und so fort. Bei Aufnahme der blauen Latte ist immer eine ungerade, bei Aufnahme der rothen eine gerade Zahl auszusprechen, was zu merken ist und vor dem häufigsten, leicht vorkommenden Irren um eine Lattenlänge schützt. — Sind zwei Lattenschläger verwendet, so hat der eine immer nur die blaue Latte zu legen und aufzuheben und ungerade Zahlen zu sprechen, der andere hat nur mit der rothen Latte und mit geraden Zahlen zu thun.

Ist keine Schnur gespannt, so wird die Richtung der liegenden Latte durch Zurücktreten geprüft; man beugt sich nieder und sieht nach, ob die Axe der Latte nach dem Endzeichen (Stab) der Strecke zielt. Dabei wird, wenn schon eine Latte liegt, beim Niederlegen der neuen der betreffende Lattenschläger rückwärts zielen und der hinter der liegenden stehende Lattenschläger vorwärts zielend prüfen, nöthigenfalls berichtigen. Man kommt so sicher nie erheblich aus der Richtung, doch erreicht man das mit Hülfe der gespannten Schnur sicherer und leichter.

Der letzte, keine ganze Lattenlänge mehr betragende Rest der Strecke wird am zweckmässigsten so gemessen, dass man das vordere Ende der noch freien Latte über die Mitte des Endzeichens (bezw. des Lochs des Endstabs) bringt, die Latte aber etwas seitlich, dicht neben die liegende, längs dieser (vorsichtig, um diese nicht zu verschieben) legt. Es lassen sich nun leicht an der etwas seitlich liegenden letzten Latte die Decimeter des Restes ablesen und an dem in Millimeter getheilten vorderen Ende des vorher gelegten (genau in der Richtung befindlichen) das letzte Stück des Messungsrestes genau abmessen.

Um in angemessener Grösse eine Abbildung geben zu können, ist in Fig. 13 angenommen, der letzte g a n z e M e t e r sei in C e n t i m e t e r getheilt. Das Ende der zu messenden Strecke ist links bei dem Punkt der oberen Latte, es ist vom linken Ende der liegenden untern Latte entfernt noch 2 m weniger 67 cm, oder 1,23 m ist der Rest, welcher zu dem Produkte der Lattenlänge in die Ordnungszahl der (unteren) ganz in der Linie liegenden Latte zu zählen ist.

Wurde bei dem letzten Aufheben jener Latte, deren vorderes Ende nun am Endpunkt liegt (sie selbst ist etwas seitlich) die Zahl n ausgesprochen (z. B. 68 roth), so beträgt die Länge der Strecke n + 1 (69), ganze Lattenlängen und den Rest, hier 1,23 m.

Zwei Lattenschläger können, wenn sie gut eingeschult und fleissig sind, in jeder Minute etwa 14 m messen; die Lattenmessung erfordert also etwa $1^1/_2$mal so viel Zeit als die Band- oder Kettenmessung, ist aber sehr viel genauer.

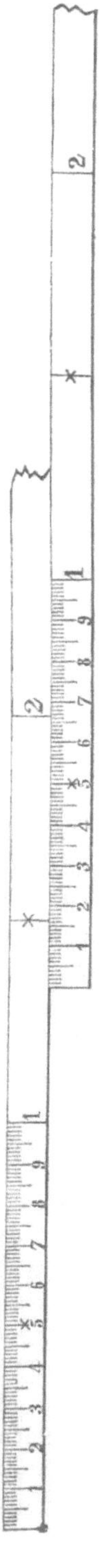

Fig. 13.

§ 29. **Feldzirkel oder Drehlatte.** Eine leichte Holzlatte mit Griff in der Mitte und zwei eisernen, spitzen, rechtwinklig zur Lattenlänge angebrachten, 25—30 cm langen Füssen, so abgeglichen, dass zwischen diesen Spitzen die Solllänge enthalten, gewöhnlich 2, auch 3 oder (unbequem) 4 m. Der Feldzirkel wird — am besten wieder längs gespannter Schnur — u m g e s c h l a g e n, wie ein Zirkel auf Papier. Man misst mit dieser Drehlatte sehr rasch: 100 m in 4 Minuten, und zwar gewöhnlich genauer als mit der Kette. — Gelegentliche Prüfungen am Muttermaass.

§ 30. **Das Messrad** ist eine genau abgedrehte Walze, gewöhnlich von genau 2 m Umfang, aus Eisen, von 9—10 cm Felgenbreite. Das Rad wird an einem Handgriffe wie ein Stosskarren geschoben, wobei ein in der Axe befestigtes Zählwerk die Anzahl der Umdrehungen anzeigt. Auf der Innenseite des Radreifes sind mit Oelfarbe die Unterabtheilungen (Decimeter und Centimeter) aufgemalt. Bei Beginn der Messung stellt man den Strich Null der inneren Theilung auf den Streckenanfang, liest die Zeiger des Zählwerks ab, schreibt auf. Nach Durchfahrung der Strecke wird wieder am Zählwerke abgelesen, der Unterschied der Ablesungen gibt die Zahl der ganzen Umdrehungen; an der inneren Theilung liest man die über dem Streckenende stehende Zahl ab, die als Centimeter zu dem Multiplum der Umdrehungszahl in die Umfangslänge (2 m) zu addiren ist.

Ein Kratzer, oder besser eine Bürste, streift beständig beim Rollen den am Radumfang haftenden Schmutz u. s. w. ab.

Die Geschwindigkeit des Fahrens scheint nach vorliegenden Erfahrungen ohne erheblichen Einfluss zu sein. Gemessen wird natürlich nur die schiefe Länge, welche mit dem Cosinus der bekannten Neigung nöthigenfalls auf wagrechte Entfernung umzurechnen ist. Dass man gerade, nicht in Schlangenlinien zu fahren hat, ist selbsverständlich.

Die Messräder scheinen, obgleich die alte Erfindung wieder aufgefrischt wurde, nicht viel in Gebrauch zu kommen, und zwar mit Recht.

Nach den Ergebnissen sorgfältig angestellter Versuche von Lorber*) ist das Messrad nur auf möglichst ebenem Boden zu zweckmässiger Benutzung geeignet; am besten auf gemähten Wiesen, glatten Fusswegen u. s. w. In solchen Fällen kommt die Genauigkeit der Radmessungen jener der Kettenmessungen sehr nahe, was dann, wenn auf beschotterten Wegen, gepflasterten Strassen u. s. w. gefahren wird, nicht mehr der Fall ist.

Längenmessung mit optischen Distanzmessern siehe XII. § 226—238.
Basismessungen XVII. 1. § 312—317.

§ 31. **Genauigkeitsgrenzen der Längenmessungen mit Band** (Kette) **oder Latten.** Hinsichtlich der unvermeidlichen, veränderlichen Fehler (Anhang X, a) wird man annehmen können, dass ihr Mittelwerth m bei jeder einzelnen Ablegung des Maassstabes auf die Strecke derselbe ist. Demnach berechnet sich der mittlere Fehler der Gesammtlänge (soweit er von den veränderlichen Fehlern herrührt) proportional der Quadratwurzel aus der Anzahl der Maassablegungen, oder was dasselbe sagt: der Quadratwurzel der gemessenen Länge proportional (Anhang X, d).

Constante Fehler (Anhang X, a) z. B. wegen unrichtiger Länge des Maassstabes, sind der ersten Potenz der gemessenen Länge proportional.

Es gibt noch einseitig wirkende Fehler, die mit den constanten das gemein haben, stets vom selben Vorzeichen zu sein, mit den veränderlichen hingegen das, wechselnden Werth zu besitzen. Das Schwanken des Maassstabs um die Gerade (also Ausmessung einer gebrochenen statt einer geraden Linie zwischen den Endpunkten) gestaltet das Messergebniss immer zu gross. Ebenso das Hohlliegen oder die Einsenkung des Bandes. Und im gleichen Sinne einseitig wirkt das Messen auf schiefem statt auf wagrechtem Boden. Hingegen wird übertriebene Spannung und dadurch

---

*) Berg- und Hüttenm. Jahrbuch 1877, 417.

hervorgebrachte Dehnung des Bandes (der Kette) das Ergebniss immer zu klein finden machen. Ebenso wirkt, wenn (bei leichtsinnigem Arbeiten) beim Anziehen und Spannen der nicht genügend festgehaltene Pfahl des Hintermanns jedesmal etwas nachgibt und vorrückt.

(Das ungenaue Einsetzen der Zählnägel wird, wenn es vorkommt, bald die Messung zu gross, bald zu klein ausfallen machen, da die unabsichtliche Verschiebung ebenso wahrscheinlich rück- als vorwärts erfolgen wird. Die hieraus entspringenden Fehler sind als veränderliche [nicht als einseitige und nicht als constante] anzusehen.)

Sind mehrere Quellen einseitiger Fehler vorhanden, so können sie sich verstärken oder vermindern, es ist sogar Aufhebung denkbar. Der Veränderlichkeit des Betrags der einzelnen wegen, wird ihr Gesammtwerth (algebraische Summe) bald das eine, bald das entgegengesetzte Zeichen haben, und da ausserdem der Absolutbetrag veränderlich ausfällt, so hat das Zusammenwirken solcher entgegengesetzter einseitiger Fehler den Erfolg veränderlicher Fehler.

Sind die einseitigen aber vorwiegend in demselben Sinne, so hat ihre Summe stets dasselbe Vorzeichen, wenn auch wechselnden Werth.

Die aus dem Zusammenwirken der wirklich constanten und der einseitigen Fehler hervorgehenden nennt Lorber die regelmässigen Fehler. Bei Wiederholungen der Messung werden die auftretenden regelmässigen Fehler immer dasselbe Vorzeichen haben, aber wechselnd in Grösse sein. Man kann sich nun einen gewissen Mittelwerth des regelmässigen Fehlers denken, der bei jedesmaligem Ablegen des Maassstabs begangen wird. Die regelmässigen Fehler addiren sich, heben sich (des gleichen Vorzeichens wegen) niemals ganz auf, vermindern sich auch nicht einmal. Ihr Gesammtbetrag ist der Zahl der Maassstablegungen proportional oder, was dasselbe sagt, proportional der ersten Potenz der gemessenen Länge.

Nimmt man die veränderlichen und die regelmässigen Fehler zusammen, so wird das Ergebniss der Längenmessung also um einen der Quadratwurzel der Länge und um einen der Länge selbst proportionalen Betrag unrichtig sein. Der Fehler in der gemessenen Länge*) s kann also gleich

$$c_1 s \pm c_2 \sqrt{s}$$

gesetzt werden.

Zur Ermittelung der Faktoren c_1 und c_2 kann man folgendermaassen verfahren:

Einige Längen werden mit den allervorzüglichsten Hülfsmitteln (Basisapparat) wiederholt, mit grösster Sorgfalt gemessen. Das nach der Methode der kleinsten Quadrate berechnete Ergebniss ist zwar streng genommen nicht der mathematisch richtige Werth, aber davon nur sehr

*) Für die Bezeichnung der Grössen wird thunlichst der Anfangsbuchstabe ihres Namens gewählt, das wäre hier l. Allein es ist von Nutzen, gleichartige Grössen möglichst immer in derselben Weise zu bezeichnen und da Längen meist als Seiten an Dreiecken oder sonstigen Figuren vorkommen, so ist s gewählt.

wenig verschieden oder nur (angebbar) sehr wenig unsicher und mag demnach sehr annähernd als richtig gelten.

Nun werden dieselben Längen wiederholt mit den zu prüfenden, weniger genauen Hülfsmitteln gemessen (Band, Kette) und aus den gleichartig gefundenen Ergebnissen, wenn sie als von gleichem Gewicht angesehen werden können, das arithmetische Mittel genommen. Der Unterschied dieses Mittelwerths von dem als richtig (nach dem besten Verfahren gefundenen) geltenden ist der gesuchte Fehler $c_1 s \pm c_2 \sqrt{s}$. Hat man wenigstens zwei solcher Probemessungen unter möglichst gleichen Umständen gemacht, so lassen sich aus den zwei Fehlergleichungen die zwei Unbekannten c_1 und c_2 berechnen. Besser noch wird man mehr als zwei Probemessungen ausführen und aus der überschüssigen Zahl der Fehlergleichungen nach der Methode der kleinsten Quadrate die Constanten c_1 und c_2 berechnen.

Lorber hat einige Tausend Längenmessungen in dieser Weise bearbeitet und fand:*)

Die Messungen mit Latten längs gespannter Schnur sind weitaus am genauesten, $c_2 = 0{,}000\,535$; die mit der Kette sind am unsichersten, $c_2 = 0{,}003\,000$; die mit der Drehlatte lieferten $c_2 = 0{,}002\,120$; die mit dem Stahlbande: $c_2 = 0{,}002\,160$. Die Constanten c_2 zeigen das Verhältniss 1 : 2 : 6 : 4 : 4 für

1) Messungen mit zwei Stück je 4 m langen Latten längs gespannter Schnur;
2) mit denselben aber ohne Schnur;
3) mit einer Messkette von 20 m Gesammtlänge, Gliederlänge 0,2 m;
4) mit Stahlband von 20 m Länge;
5) mit Drehlatte von 2 m Abstand der Spitzen.

Bei Lattenmessungen längs gespannter Schnur ist der regelmässige Fehler jedenfalls sehr klein. Wird er zu Null angenommen, so kann er für die anderen Messverfahren berechnet werden und wurde gefunden:

2) für Latten ohne Schnur $c_1 = -0{,}000\,085$;
3) für die Messkette $c_1 = +0{,}000\,460$;
4) für das Stahlband $c_1 = -0{,}000\,320$;
5) für den Feldzirkel $c_1 = -0{,}000\,790$.

Das entgegengesetzte Zeichen von c_1 bei der Messkette (die zu kleine Längen gab) wird der durchschnittlich zu starken Anspannung zugeschrieben.

Je nach Bodenbeschaffenheit, Geschicklichkeit und Sorgfalt der Messenden fallen die Werthe verschieden aus. Nach Lorber ergab sich:

		Boden- und sonstige Verhältnisse:		
		günstige,	mittlere,	ungünstige
Zwei Messlatten ohne Schnur	$c_2 =$	0,000 9	0,002 5	0,004 1
Stahlmessband	$c_2 =$	0,002 2	0,006 0	0,009 5
Messkette	$c_2 =$	0,003 0	0,008 0	0,013 0
Drehlatte	$c_2 =$	0,002 1	0,006 0	0,009 5

*) Lorber „Ueber die Genauigkeit der Längenmessungen mit Messlatten, Messband, Messkette und Drehlatte". Wien 1877.

Um keinerlei Zweifel über die Bedeutung des Mitgetheilten zu lassen, wird wiederholt:

Bei Lattenmessungen längs gespannter Schnur tritt der regelmässige Fehler ganz zurück. Das Ergebniss s ist mit dem zufälligen Fehler $\pm 0{,}000\,535 \sqrt{s}$ behaftet (bestimmte Bodenverhältnisse vorausgesetzt). Bei Lattenmessungen ohne Schnur überwiegt der regelmässige gegen den zufälligen Fehler; ist das Rohergebniss s, so ist der beste Werth $s\,(1 - 0{,}000\,085)$ und dieser ist noch mit dem zufälligen Mittelfehler $\pm 0{,}000\,092\,7 \sqrt{s}$ behaftet. Der wahrscheinliche Fehler ist nur beiläufig $^2/_3$ des angegebenen mittleren (Anhang X, b).

§ 32. **Amtliche Bestimmungen über zulässige Fehler bei Längenmessungen.** Theilweise sind sie theoretisch anfechtbar, da sie nur die erste Potenz der Länge berücksichtigen. Die „Bayrische Instruktion für die Katastervermessung, hier für Theodolit-Aufnahmen", sagt § 13:

„Die Längen der Strecken sind mit 5 m Messlatten doppelt zu messen. Das Verhältniss der gefundenen Differenz zur Länge der Linie darf 1 : 3000 bei günstiger, 2 : 3000 bei ungünstiger Bodenbeschaffenheit nicht übersteigen."

In Preussen war früher ein Widerspruch zwischen zwei Messungen von höchstens 0,002 der Länge auf günstigen und allerhöchstens 0,003 der Länge auf weniger günstigem Boden zulässig. Die „IX. Anweisung vom 25. Okt. 1881 f. d. trig. u. polyg. Arbeiten bei Erneuerung der Karten und Bücher des Grundsteuerkatasters" besagt § 33:

„1) Die Länge jeder Polygonseite (Strecke) bezw. jeder etwaigen besonderen Anschlussstrecke nach einem trigonometrischen Punkt ist zweimal und zwar möglichst jedesmal in einer anderen Richtung zu messen. . . . .
4) Beide Messungen dürfen:

I. in ebenem oder wenig unebenem und auch sonst nicht ungünstigem Terrain höchstens um $a = 0{,}01 \sqrt{4s + 0{,}005 \cdot s^2}$,

II. in mittlerem Terrain höchstens um

$$a = 0{,}01 \sqrt{6s + 0{,}0075 \cdot s^2},$$

III. in sehr unebenem oder sonst ungünstigem Terrain höchstens um

$$a = 0{,}01 \sqrt{8s + 0{,}01\, s^2}$$

von einander abweichen, wo unter s die Streckenlänge zu verstehen ist." . . .

In Würtemberg wird auf ziemlich wagrechtem, bis 2 % geneigtem Boden 0,001; bei 2 bis 7 % Gefäll 0,002, bei grösserer Steigung 0,003 der Länge, wozu noch je 10 cm für jeden Endpunkt kommen, als Unsicherheit geduldet. Die badische Vorschrift entfernt sich wenig von dem Theoretischen. Sie gestattet eine Unsicherheit

für die Längen	in der Ebene	im Gebirge	
unter 30 m	0,004	0,005	der Länge.
- 60 m	0,003	0,004	
- 150 m	0,0017	0,0025	
- 200 m	0,0012	0,0020	

§ 33. **Ausgleichung von Längenmessungen.** Dem Satze, dass der mittlere Fehler einer Längenmessung (abgesehen von constanten und von einseitigen Fehlern) der Quadratwurzel der Länge proportional ist, muss Rechnung getragen werden, wenn es sich um Beseitigung des Widerspruchs handelt, der zwischen den Messungen der einzelnen Theile und jener der Gesammtlänge (wegen der Unvollkommenheit der Messungen) besteht. Die Theorie führt (Jordan, „Handb. d. Vermessungskunde", 1. Bd. § 56) zu dem Ergebnisse, die Verbesserungen der Einzellängen, diesen selbst proportional (der ersten Potenz) zu machen. Beispiel (nach Jordan): Messung der ganzen Strecke ergab 415,26 m; des ersten Stücks $s_1 = 274,38$; des zweiten Stücks $s_2 = 140,72$; zusammen also 415,10 m. „Man nimmt nun jedenfalls für die Gesammtlänge das Mittel aus 415,26 und 415,10 d. h. 415,18 m (sofern nicht etwa durch das Absetzen eine aussergewöhnliche Unsicherheit entstanden ist) und vertheilt dann den Widerspruch $274,38 + 140,72 - 415,18 = -0,08$ proportional den Strecken 274 und 141, d. h. in die Theile 0,05 und 0,03 und hat dann das Gesammtresultat:

$$s_1 = 274,38 + 0,05 = 274,43 \text{ m},$$
$$s_2 = 140,72 + 0,03 = 140,75 \text{ m},$$
$$s_1 + s_2 = 415,26 - 0,08 = 415,18 \text{ m}.$$

Die strenge Ausgleichung von Längenmessungen, welche nicht auf einer Geraden vorgenommen werden, also die Ausgleichung eines durch Längenmessungen aufgenommenen Polygons wird sehr umständlich."

3. Absteckung und Messung rechter Winkel (auch halbrechter u. s. w.).

§ 34. **Prüfung rechter Winkel.** An eine und dieselbe Gerade legt man im selben Punkt als Scheitel den zu prüfenden Winkel einmal links und dann noch einmal rechts an. Die gefundenen Schenkel müssen einen gestreckten Winkel ausmachen, d. h. das Zeichen (der Stab), welches man in Richtung des ersten gefundenen und jener Stab, welchen man in Richtung des zweiten gefundenen Schenkels aussteckte, müssen mit dem Scheitel, den man auch durch einen Stab bezeichnen wird, in einer Geraden liegen. Findet man bei der Prüfung, dass der Scheitelpunkt ausserhalb der Geraden auf jener Seite liegt, nach welcher der gegebene oder angenommene Anfangsschenkel geht, so ist der zweimal abgesteckte Winkel grösser als ein Rechter, liegt aber der Scheitelpunkt auf der anderen Seite der Geraden durch die zwei mittelst Absteckung gefundenen Schenkelpunkte als der Anfangsschenkel, so ist der abgesteckte Winkel kleiner als ein Rechter.

Man kann auch viermal den zu prüfenden Winkel neben einander abstecken, immer den zuletzt gefundenen Schenkel als Anfangsschenkel für die nächste Absteckung benutzend. Ist der Winkel richtig 90^0, so muss man in die gewählte Anfangsrichtung wieder gelangen, kommt man darüber hinaus, so ist der Winkel grösser als ein Rechter, bleibt man hinter der Anfangsrichtung zurück, so ist der Winkel zu klein.

a. Einfachste Hülfsmittel.

§ 35. **Absteckung nach Augenmaass.** Man zeichnet den einen Schenkel durch eine niedergelegte Latte oder einen niedergelegten Fluchtstab aus und legt nach dem Augenmaasse einen andern Stab rechtwinkelig dazu. Man wird finden, dass man oft sich gröblich täuscht, selbst bei geübtem Augenmaass.

§ 36. **Absteckung mit Schnur oder der Feldkette.** Die Aufgabe sei, in gegebenem Punkte einer Geraden einen rechten Winkel anzulegen. Man trage mit einer Schnur oder mit der Kette auf der Geraden nach beiden Seiten des gegebenen Scheitels gleich grosse Längen auf, die erheblich kürzer sein müssen, als die Hälfte der zur Verfügung stehenden Schnur- (bezw. Ketten-)länge und bezeichne die Endpunkte dieser Strecken durch eingesetzte Kettenzählnägel oder Holzstäbchen. An diese werden die Enden der Schnur oder Kette befestigt. Bei der Kette benutzt man die Endringe, der Schnur knüpft man an den Enden vorher Schleifen an. Jetzt wird die Schnur (Kette) genau in der Mitte ihrer Länge gefasst und gleichmässig gespannt. Es entsteht ein gleichschenkliges Dreieck, dessen Spitze die Schnur-(Ketten-)mitte ist, welche desshalb nach bekanntem geometrischen Satz ein Punkt der Normalen zur Dreiecksgrundlinie (der gegebenen Richtung) in deren Mitte (dem gegebenen Scheitel) ist. Die Schnurhälften müssen gleich stark gespannt sein und dürfen nicht ungleich stark ausdehnsam sein.

Sollte die gegebene Gerade nach der einen Seite vom Scheitel aus nicht verlängerbar sein, so trage man auf der zugänglichen Seite der Geraden vom gegebenen Scheitel A an, eine Länge AB auf, die kleiner als die verfügbare Schnurlänge sein muss, am zweckmässigsten gleich deren Hälfte gewählt wird. In A und B stecke man Zählnägel (Holzstäbchen) ein und befestige daran die Schnurenden, fasse die Schnur in der Mitte, spanne die Hälften gleichmässig und erhält so die Spitze C des gleichschenkligen (eventuell gleichseitigen) Dreiecks ABC. Punkt C wird durch ein Stäbchen bezeichnet. Nun löst man das Schnurende von A los, lässt jenes in B aber befestigt, und bringt, über B nach C zielend, die Schnurhälfte CA in die gerade Verlängerung von BC; das Ende D bezeichnet einen Punkt der gesuchten

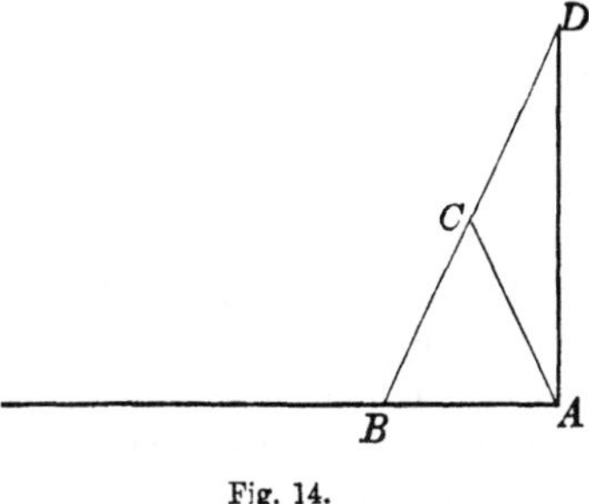

Fig. 14.

Normalen. Es ist das Anwendung einer bekannten, leicht erweislichen geometrischen Construktion.

§ 37. **Hälftung beliebigen Winkels mittelst Schnur.** Man trage vom Scheitel auf beide Schenkel gleiche Stücke, bezeichne die Endpunkte mit Stäbchen, befestige an diesen die Schnurenden, fasse diese in der Mitte, spanne gleichmässig. Die Schnurmitte bezeichnet dann einen Punkt der Hälftungslinie des Winkels. Gleichfalls sehr bekannte geometrische Construktion.

§ 38. **Absteckung eines Winkels von $^2/_3$ Rechten (60°) mittelst Schnur** u. s. w. Vom Scheitel trage man auf den gegebenen Schenkel die halbe Schnurlänge, bezeichne den Endpunkt und den Scheitel mit Holzstäbchen, befestige dort die Schnurenden, fasse die Schnur in der Mitte, spanne ihre Hälften gleichmässig; es entsteht ein gleichseitiges Dreieck, dessen drei Winkel die verlangte Grösse haben.

Durch wiederholtes Hälften der mit der Schnur absteckbaren Winkel von 90° und 60° kann man Winkel von 45°, $22^1/_2$°, $11^1/_4$° u. s. w., dann von 30°, 15°, $7^1/_2$° u. s. w. abstecken und durch Aneinanderlegen dieser Winkel solche, die aus der Summe oder der Differenz jener Winkel bestehen, z. B. $22^1/_2 + 15 = 37^1/_2{}^0$, oder $11^1/_4 - 7^1/_2 = 3^3/_4{}^0$ u. s. w.

Bei einiger Sorgfalt sind die Winkelabsteckungen mit der Schnur gar nicht übel. Nur wird man, wenn nicht übermässig lange Schnüre gebraucht werden (was seine Unbequemlichkeiten und Unsicherheiten wegen Dehnung hat), immer nur kurze Schenkel bekommen, wodurch zwar, mathematisch gesprochen, die Winkel bestimmt, praktisch aber schlecht bestimmt sind, weil geringe Abweichungen die Winkel erheblich ungenau machen.

§ 39. **Absteckung rechter Winkel mit Taschenbuch, Brett** u. s. w. Man stellt sich im Scheitel des abzusteckenden Winkels fest auf und legt ein rechtwinkelig zugeschnittenes Taschenbuch (ein Blatt Papier, Brett) wagrecht auf die rechte Hand, deren fünf Finger senkrecht nach oben gespreizt sind. Der Arm ist dabei dicht an den Körper zu halten, und man thut gut, mit der linken Hand den rechten Ellenbogen zu stützen und an die Brust zu drücken. Nun wird längs einer Kante des Buchs (Blattes u. s. w.) gezielt und mit dem Handgelenk dieses so gedreht, dass die Ziellinie in die Richtung des gegebenen Schenkels zu stehen kommt. Dann wendet man den Kopf, aber nur diesen allein (nicht den Oberkörper und damit den Arm), bis man in Richtung der zweiten Buchkante sieht, und lässt, durch Zuruf geleitet, einen Gehülfen mit senkrecht gehaltenem Stabe sich so lange bewegen, bis der Stab in Richtung der neuen Ziellinie längs der zweiten Kante steht. Man wendet den Kopf nach der ersten Richtung zurück und prüft, ob die erste Kante noch nach dem Zeichen (Stab) des ersten Schenkels geht, verbessert so lange, bis der Anfangsstab und der vom Gehülfen gehaltene je in der Richtung einer Buchkante stehen. Das Verfahren ist ziemlich roh und kann nur zur Absteckung sehr kurzer

Normalen angewendet werden, gibt aber, wenn man recht ruhig steht (man kann sich zuweilen anlehnen) erträgliche Resultate. Ist auch diese Arbeit weder sehr genau, noch von häufiger Anwendung, so ist es doch nützlich, eine derartige Einübung vorzunehmen, um ruhige Körperhaltung und Herrschaft über seine Glieder zu erlernen, was bei mancherlei Messgeschäften brauchbar ist.

Das Zielen längs der Kanten ist sehr mangelhaft, weil der eine Punkt zu nahe am Auge ist (siehe § 16 S. 19).

Wer nicht die Fähigkeit hat, so ruhig zu stehen, als für diese Arbeit erforderlich, mag sich ein rechteckiges Brett auf einem senkrecht im Winkelscheitel in den Boden zu steckenden Stock befestigen. Dadurch aber geht schon der einzige Vorzug des Verfahrens, seine fast vollkommene Anspruchslosigkeit, verloren und das Geräth geht über in das folgende:

§ 40. **Winkelkreuz.** Zwei Holzplatten sind im Kreuze rechtwinkelig verzapft und auf einen Stock genagelt, den man am Scheitelort senkrecht in den Boden steckt. Die eine der Latten (den einen Kreuzarm) dreht man in die Richtung des gegebenen Winkelschenkels, zielt dann längs des andern Kreuzarmes und winkt einen Gehülfen mit Stab ein. Da man das Winkelkreuz nicht zu halten braucht, kann man beim Zielen einige Schritte hinter die Latten treten und so genauer arbeiten. Man kann auch auf die Lattenenden bleistiftartige Stäbchen senkrecht aufsetzen und über diese zielen, oder noch besser, die Kreuzarme mit der gleich zu beschreibenden vollkommneren A b s e h v o r r i c h t u n g versehen.

Sind die Kreuzarme gleich lang, so lassen sich auch, in leicht zu verstehender Weise, Winkel von 45° abstecken.

Das Winkelkreuz ist wenig mehr und nur bei den niedersten Feldmessarbeiten im Gebrauche.

b. Diopter.

§ 41. **Einfacher Diopter.** Die bekannten Zielvorrichtungen auf Flinten sind schon Diopter oder A b s e h e r. Jeder Abseher besteht aus zwei Theilen, dem A u g e n t h e i l e (O k u l a r) und dem G e g e n s t a n d s t h e i l e (Objektiv). Der Augentheil kann gebildet sein aus einer Platte mit einer feinen, kreisrunden Oeffnung, dem S e h l o c h. Der Gegenstandstheil ist gleichfalls eine Platte, in welche aber eine grössere Oeffnung, ein F e n s t e r, geschnitten ist. Beide Platten sind in geeignetem Abstand parallel auf einem Lineale befestigt oder bilden die Grundflächen einer Röhre.

Soll das Absehen nur eine bestimmte E b e n e liefern, so ist über das Fenster des Objektivs e i n F a d e n (Pferdehaar, feiner Draht) gespannt. Dauerhafter ist die neuerdings vielfach angewendete Glasplatte mit aufgebranntem (oder gerissenem) Strich. Soll das Absehen eine G e r a d e liefern, so sind im Fenster zwei sich schneidende (gewöhnlich rechtwinkelig)

Fäden, das Fadenkreuz, gespannt, besser auf der Glasplatte zwei sich schneidende Striche aufgebracht.

Der Mittelpunkt des Sehlochs und der eine Faden des Gegenstandstheils bestimmen die Absehebene, jener Mittelpunkt und der Durchschnittspunkt der zwei Fäden (Striche) des Fadenkreuzes die Absehlinie. Das Sehloch braucht gar nicht sehr klein zu sein, weil das Auge fast unwillkürlich nach der Mitte gehalten wird. Man bemerkt nämlich bei einiger Aufmerksamkeit beim Blicken durch eine feine Oeffnung (auch durch feine Spalte) sogen. Beugungserscheinungen des Lichts, die in der Mitte eine ganz überwiegende Helligkeit haben; dorthin bringt jeder Unbefangene das Auge.

Das Sehloch (die Schauritze) braucht in seiner Umgrenzung durchaus nicht deutlich gesehen zu werden, daher kann das Auge dicht an dasselbe gehalten werden. Es ist selbst nicht einmal erforderlich, den Faden oder die Fäden ganz scharf zu sehen. Wenn sie auch durch sogenannte Zerstreuung (wegen mangelnder Anpassung des Auges) unförmlich dick, mit blassen Rändern erscheinen, die Mitte ist immer erkennbar, weil sie am dunkelsten (bei schwarzen Fäden) aussieht. Daher kann man bei Diоptern die beiden Theile um bedeutend weniger als die deutliche Sehweite (etwa $^1/_4$ m) von einander entfernt, verwenden, was handlichere Apparate gibt. Immerhin ist deutliches Bild des Fadens angenehmer.

Rein mathematisch gesprochen, bestimmen zwei Punkte eine Gerade, ein Punkt und eine Gerade eine Ebene, wie nahe oder weit von einander sie sein mögen, gleich sicher. Aber praktisch zieht man eine Gerade sicherer durch zwei weit von einander stehende, als durch zwei eng benachbarte Punkte (gleiches für die Ebene) und namentlich gilt das, wenn die Punkte (oder die Linie) nicht mathematisch ausdehnungslos sind, sondern eine gewisse Breite (Fadendicke u. s. w.) besitzen. Man wird daher erwarten, schärferes Zielen mit einem Abseher zu ermöglichen, wenn man die beiden Theile weit auseinanderrückt. Jedoch lehrt die Erfahrung, dass es keinen Vortheil bringt, Gegenstands- und Augen-Theil um mehr als etwa $^1/_4$ m von einander zu rücken.

Erfahrungsgemäss wird das Zielen mit Absehern entschieden schärfer, wenn Augen- und Gegenstands-Theil die Abschlussflächen einer innen geschwärzten Röhre bilden.

Ist der mit dem Diopter angezielte Gegenstand, wie etwa ein Fluchtstab, symmetrisch gebildet, so muss man es so einrichten, dass die Fadenmitte scheinbar mit der Mitte des Gegenstandes zusammenfällt. Das ist leicht, wenn die scheinbare Breite des Fadens geringer ist, als jene des angezielten Gegenstandes; man hat nur zu beachten, dass der Gegenstand beiderseits den Faden gleichviel überragt. In diesem Falle ist also die absolute Feinheit des Fadens nicht erforderlich. Diese ist hingegen Bedingung des scharfen Zielens, wenn die scheinbare Breite des angezielten Gegenstands sehr gering ist. Nur ganz ausnahmsweise wird man beurtheilen können, ob der undurchsichtige, scheinbar dickere Faden beiderseits gleichviel den Gegenstand (Fluchtstab etwa) überragt, also Mitte scheinbar auf Mitte fällt.

Die Unsicherheit des Zielens, soweit sie von der Breite des Sehlochs (der Schauritze) und des Fadens (Fadenkreuzes) herrührt, lässt sich leicht berechnen. Die äussersten Richtungen, die möglich, gehen vom linken Rande des Augentheils über den rechten des Gegenstandstheils und umgekehrt. Seien b_1 und b_2 die Durchmesser (Breite) von Sehloch (Schauritze) und Faden, a der Abstand der zwei Dioptertheile von einander, φ der Winkel der äussersten Zielrichtungen, so findet man

$$\operatorname{tg} \frac{\varphi}{2} = \frac{b_1 + b_2}{2a},$$

oder anbetracht der kleinen Werthe von b_1 und b_2 verglichen mit a, genügend genau

$$\varphi = 206\,265 \cdot \frac{b_1 + b_2}{a} \text{ Sekunden. (Anhang III, Bemerk. nach 10.)}$$

Zahlenbeispiel: $b_1 = 0{,}7$ mm, $b_2 = 0{,}3$ mm

$a = 100$ mm, $\varphi = 2062{,}65'' = 34'\,23''$.

Grösste Abweichung von der Mittellinie $\pm 17'\,11''$.

$a = 250$ mm, $\varphi = 825{,}06'' = 13'\,45''$.

Grösste Abweichung von der Mittellinie $\pm\ 6'\,53''$.

In Wirklichkeit wird man, aus schon angegebenem Grunde, diesen grösstmöglichen Fehler nicht begehen, erfahrungsgemäss allerhöchstens $^1/_6$ desselben.

Hat man einen Abseher, mit dem Auge dicht am Okular, so gut als möglich in die betreffende Richtung gedreht, so kann manchmal ein Zurücktreten zur Prüfung des scharfen Einstellens nützlich sein; man ist dann in grösserer Entfernung vom Faden und das Auge vermag dann besser mit genügender Schärfe gleichzeitig den fernen Gegenstand und den nahen Faden zu sehen. Hingegen ist es nicht rathsam, die erste Einstellung des Diopters derart machen zu wollen, dass das Auge hinter dem Okular entfernter steht, weil dadurch das Gesichtsfeld (das, was man durch die Sehöffnung und das Objektivfenster auf einmal übersehen kann) sehr verengt würde, Auffinden und Erkennen des fernen Zeichens äusserst erschwert, oft unmöglich würde.

Selbst wenn das Auge dem Okulare dicht anliegt, das Gesichtsfeld also so gross ist, als für den Diopter möglich, hat es oft grosse Schwierigkeit einen anzuzielenden Gegenstand zu finden und sicher von ähnlichen zu unterscheiden. Es ist daher als allgemeine Regel zu merken: Bei allem Anzielen (auch mit Fernrohr) blicke man zunächst neben oder über der Absehvorrichtung weg und bewirke eine Roheinstellung, etwa über die Axe des Diopterrohrs (Fernrohrs) wegzielend. Man erlangt bald darin so viel Uebung, um sicher in dem engen Gesichtsfelde den Gegenstand zu sehen, wenn man nun den Abseher selbst benutzt und kann dann die Einstellung bequem und leicht verbessern. Wer diese Regel nicht befolgt, vergeudet viel Zeit.

Es wird sich — ausser bei entschiedener Weitsichtigkeit — empfehlen, beim Gebrauche des Diopters eine Brille zu tragen; die schwächste, durch welche man die Sterne als ganz kleine, runde Scheibchen, ohne Strahlenkranz, also nicht in Sternform sieht, ist die geeignetste.

Bei guter Beleuchtung und gutem Hintergrund (der sehr wichtig), von welchem das Zeichen sich abhebt, lässt sich erreichen, dass der Zielstrahl für das unbewaffnete Auge nicht mehr als 10'' von dem geometrischen durch die Mitten von Okular und Objektiv abweicht. Gute Schützen zielen durch die Diopter auf ihren Büchsen noch erheblich sicherer. Bei den Feldmessgeschäften mit Diopterbenutzung genügt eine viel geringere Genauigkeit, es kommt meist auf einige Winkelminuten gar nicht mehr an.

Prüfung bedürfen Abseher mit Sehloch und Faden oder Fadenkreuz nicht; sie geben (durch die Mitten) immer eine Ebene, bezw. eine Gerade.

Wenn der Diopter nur eine Absehebene liefern soll, gibt man dem Augentheile statt eines Sehlochs oft deren mehrere. Ist die deren Mittelpunkte verbindende Gerade mit dem Ojektivfaden in einer Ebene (nicht windschief), so wird dieselbe Absehebene bestimmt, welches Sehloch auch benutzt wird. Statt der Reihe von Sehlöchern gibt man der Okularplatte wohl auch einen schmalen Spalt, eine Schauritze. Ihre Mittellinie soll (wie die Mittelpunktslinie der Sehlöcher) mit dem Objektivfaden in derselben Ebene liegen, ihm also entweder parallel sein oder, wie jener, Seitenlinie derselben Kegelfläche sein. Andernfalls erhält man verschiedene Absehebenen, je nachdem man das eine oder das andere Sehloch benutzt, oder an eine andere Stelle der Schauritze das Auge bringt. Solche Diopter bedürfen einer Prüfung. Man richtet den Diopter, während man das Auge an eines der Sehlöcher oder an eine bestimmte Stelle der Spalte hält (die andern Sehlöcher oder der übrige Theil der Spalte sind durch Papier verhängt), auf einen fernen Stab oder ein Senkel und muss sich so einrichten, dass der Objektivfaden seiner ganzen Länge nach den Gegenstand (in der Mitte) deckt. Dann sieht man nach und nach durch die andern Sehlöcher oder andere nun freigemachte Theile der Schauritze, während der Diopter unverrückt stand, und prüft, ob der Objektivfaden wieder seiner ganzen Länge nach das ferne Zeichen hälftet. Bei ungünstigem Erfolg ist der Diopter zu verbessern. Das wird nur an der Fadenstellung möglich sein; besondere Correkturvorrichtungen pflegen nicht vorhanden zu sein, man muss den Faden frisch aufspannen, bis er aufhört windschief gegen die Spaltenmitte oder die Sehlochsmittelpunktslinie zu stehen.

Man fand, dass runde Sehlöcher günstiger für scharfes Zielen sind als Spalten; der Durchmesser der Löcher braucht nicht unter 1 mm herabzugehen, während die Schauritzen besser nur $^1/_2$ bis höchstens $^3/_4$ mm breit zu machen sind.

§ 42. **Doppeldiopter.** Es ist vielfach sehr nützlich Absehvorrichtungen zum Hin- und Herzielen einzurichten, so dass sie nach vorwärts wie nach rückwärts dieselbe Ebene oder zwei möglichst nah gelegene parallele Absehgerade liefern. Zu diesem Behufe hat jeder Diopterflügel sowohl eine Okular- als eine Objektiv-Vorrichtung, deren Lage auf beiden Flügeln entgegengesetzt ist. Im einen Flügel ist das Fenster oben und die Schauritze (das Sehloch oder die Sehlöcher) unten auf der Verlängerung des Fadens, im andern Flügel ist das Fenster unten und der Spalt oben. Oder im einen oben das Fenster mit dem Fadenkreuz, unten in Verlängerung des einen Fadens das Sehloch, beim andern Flügel umgekehrt. Ausserdem muss bei Nebeneinanderstellung der Flügel das Sehloch des einen von einem Faden (verlängert) des zweiten Flügels getroffen werden.

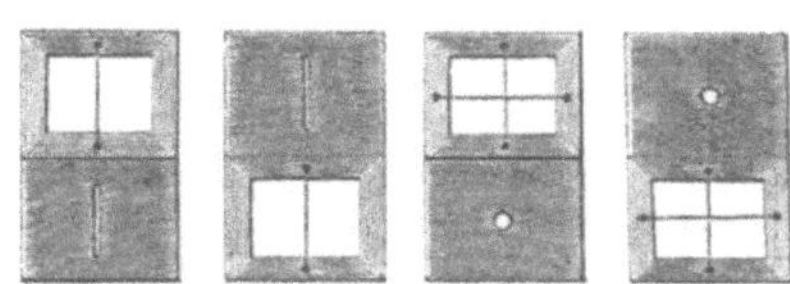

Fig. 15.

Die Prüfung der Doppeldiopter erfolgt in der Weise (erste Art der Doppeldiopter), dass man mit Benutzung der untern Schauritze zwei Stäbe aussteckt, dann ohne am Diopter etwas zu ändern, durch die obere Schauritze sehend, nochmals einen oder besser zwei Stäbe einwinkt. Die 3 (4) Stäbe müssen in einer Ebene (Geraden) stehen.

Aehnlich die Prüfung des Doppeldiopters zweiter Art. Man richtet ihn auf einen fernen Stab, indem das untere Sehloch benutzt wird und lässt durch ein Stückchen Papier, dass der Gehülfe auf Zeichen höher oder tiefer schiebt, den angezielten Punkt anmerken. Ebenso auf einem etwas näheren Stab, den man erst, bei feststehendem Diopter einwinken muss. Dann wird mit Benutzung des obern Sehlochs (in entgegengesetzter Richtung also) ein Stab eingewinkt, die Höhe durch Papier bemerkt; ein zweiter Stab in dieser Richtung ist nützlich. Alle 3 (besser 4) Papiere an den Stäben sollen dann merklich in derselben Geraden liegen. Bei grösserer Entfernung verschwindet bei dieser Art Prüfung mit blossem Auge u. s. w. der kleine Höhenunterschied der zwei Ziellinien, wenn sie nur, wie verlangt, gut parallel sind.

§ 43. **Doppelspaltendiopter.** Die einfachste Art eine und gerade die entgegengesetzte Zielrichtung (oder Zielrichtungen von 180° Neigung gegeneinander) herzustellen, wäre in zwei Platten je ein feines Loch zu machen. Allein für den Gebrauch taugt das nicht, weil das Gesichtsfeld gar zu eng wird. Man erweitert daher die Sehlöcher zu feinen Schauritzen, welche streng in einer Ebene liegen sollen (nicht windschief gegen einander sein dürfen). Durch solche Spalten erblickt man immer noch ein sehr schmales Gesichtsfeld, man hilft dem dadurch ab, dass man die Spalten an wenigstens einem oder an beiden Enden knopflochartig durch Sehlöcher erweitert. Durch diese grösseren Löcher hat man ein grösseres Gesichtsfeld, benutzt dieses (immer nach der Roheinstellung durch Wegzielen über die ganze Vorrichtung) zunächst zur Einstellung und wird dann das Zeichen, es sei ein Stab gedacht, auch im schmalen Gesichtsfeld durch die Spalten erblicken. Ist der Diopter ganz genau gerichtet, so muss der Stab genau in der Mitte des schmalen Gesichtsfeldes stehen, d. h. es muss der ganz schmale Zwischenraum, der im Gesichtsfeld nicht vom Stabe erfüllt ist, beiderseits ganz gleich breit sein, wofür die Beurtheilung sehr scharf ausfällt. Natürlich ist eine solche Einstellung nur möglich, wenn erstens der Gegenstand (Stab) scheinbar schmaler als das schmale Gesichtsfeld erscheint (er dieses nicht ganz ausfüllt) und zweitens wenn seine Mittellinie mit der Spaltenmitte in einer Ebene liegt. Sind (wie meistens sein soll) die Spaltenmitten in einer Vertikalebene, so muss der Stab also gut senkrecht stehen und eine geringe Schiefe verräth sich sofort.

Sind die Spalten windschief, so gelingt es nie, einen Stab so zu stellen, dass, der ganzen Länge des Gesichtsfeldes nach, die freien Ränder beiderseits gleich breit bleiben. Zu verbessern ist an schlecht geschnittenen Spalten fast nie etwas; man muss neue schneiden lassen.

Das Zielen mit dem Doppelspaltendiopter ist von grosser Schärfe, und wenn man die allgemeine Zielregel beachtet, auch die Knopflocherweiterungen gut zu benutzen versteht, ist das Arbeiten mit demselben ganz angenehm.

c. Winkeltrommeln.

§ 44. **Einfache Winkeltrommel** oder **Winkelkopf.** Ein 5—6 cm hoher Hohl-Cylinder oder ein abgestumpfter Kegel in dessen aus starkem Messingblech gebildeten Mantel Okular und Objektiv zweier Diopter geschnitten sind, derart, dass die durch sie bestimmten Absehebenen in der Axe des Cylinders (Kegels) rechtwinkelig kreuzen. Die Trommel wird auf einem Stock mit Eisenspitze, unter Mannshöhe befestigt. Entweder ist ihre untere Grundfläche verdickt und eine Schraubenmutter darin, die zur Schraubenspindel am oberen Stockende passt, oder eine Stockhülse (konisch) ist angebracht und der Stock endet oben in einen Zapfen, auf welchen die Hülse passt. Fig. 16, die zum vorliegenden Zwecke einfacher sein könnte, zeigt eine Winkeltrommel auf Stockstativ.

Der Stock wird senkrecht in den Scheitel des abzusteckenden Winkels festgestellt, durch Drehen das eine Absehen in die Richtung des gegebenen Schenkels gebracht, dann ein Gehülfe mit Fluchtstab auf die Richtung des durch den zweiten Diopter gegebenen Absehens eingewinkt. Ist das geschehen, so wirft man noch einen Blick durch den ersten Diopter, um sich zu überzeugen, dass eine unbeabsichtigte Verrückung (Drehung) des Instruments nicht stattgefunden hat. Ist die Trommel auf den Stock festgeschraubt, so muss der ganze Stock in dem Loche, in dem er steckt, gedreht werden, um das erste Absehen in die Richtung des Anfangsschenkels zu bringen, was nicht gut ist, weil die Sicherheit des Stehens dadurch beeinträchtigt wird; ist die Trommel mit Steckhülse auf den Zapfen gestellt, so bleibt beim Drehen der Stock unverrückt stehen.

Es ist wichtig, dass die Absehebenen genau senkrecht verlaufen; denn einmal soll der abzusteckende Winkel ein Horizontalwinkel sein, d. h. es sollen zwei rechtwinkelig zu einander stehende Vertikalebenen gefunden werden, zum andern ist es nicht möglich, die senkrecht stehenden oder gehaltenen Fluchtstäbe mit dem Objektivfaden (oder -Spalt) zur Deckung zu bringen, wenn dieser schief ist. Vorbedingung ist also die richtige Stellung des Stocks, die nicht so leicht gewonnen wird; fast immer wird die Zielrichtung die Stabmitte nur in ganz bestimmter Höhe des Stabs treffen. Das sollte nicht sein, — man muss wenigstens immer den tiefsten Punkt des Stabs anzielen. Zur Beseitigung der Schwierigkeit, den Stock und damit die Absehebenen dauernd genau senkrecht zu haben, ist vorgeschlagen worden, ein leichtes Stativ anzuwenden, in welches der unten beschwerte Stock freischwebend und daher sich von selbst senkrecht stellend, aufgehängt werden soll. — Jedes Stativ aber benimmt dem Winkelkopfe seinen einzigen Vorzug, den der Einfachheit. Will man einmal ein Stativ u. s. w. gebrauchen, so gibt es bessere Apparate als die Winkeltrommel.

Zweckmässig ist es, die Diopter an der Winkeltrommel als Doppelspaltendiopter einzurichten.

Man findet auch Winkeltrommeln mit 4 einfachen (oder Doppel-) Absehern, deren Absehebenen um halbe rechte Winkel gegen einander geneigt sind, also bequeme Absteckungen auch von 45°, 135° u. s. w. gestatten. Die Trommel geht dann gewöhnlich in eine 8seitige Säule über.

Die Prüfung der Winkeltrommel erfolgt nach § 34. Zu verbessern ist an den Winkeltrommeln gewöhnlich nichts, — man könnte höchstens die Aufspannung der Diopterfäden, wo solche sind, ändern; im allgemeinen müssen diese Instrumente vollendet aus der Werkstätte des Mechanikers hervorgehen. — Ueber den Einfluss, den eine nicht ganz genau im Scheitel des Winkels stattfindende Aufstellung ausüben kann, siehe § 109.

Die Genauigkeit der Absteckung des rechten Winkels mit der Trommel wird bei genauer Senkrechtstellung (die, wie gesagt, schwierig ist) unter günstigeren Verhältnissen zu 5' geschätzt. Man soll mit der Winkeltrommel immer nur kurze Normale abstecken, nach preussischer Vorschrift nicht über 40 m, nach badischer nicht über 30 m lange.

§ 45. **Erweiterte Winkeltrommel (Pantometer).** Auf der oberen Grundfläche einer Winkeltrommel erhebt sich centrisch ein Zapfen, um den eine ganz ähnliche Trommel mit Dioptern gedreht werden kann; die Mantelflächen beider, der feststehenden unteren und der drehbaren oberen Trommel, sind eine die Verlängerung der andern. Längs der Berührungslinie beider ist auf der einen eine Gradtheilung angebracht, deren Anfangspunkt (Nullpunkt) in die Mitte der einen Schauritze der getheilten Trommel fällt. Hiergegen ist in der verlängerten Mittellinie einer Schauritze der andern Trommel ein Strich, Index, gezogen, der bis zur Theilung reicht. Steht dieser Strich auf Null der Theilung, so sollen die Diopter der beiden Trommeln genau dieselbe senkrechte Absehebene liefern.

Um einen Winkel abzumessen, stelle man den Stock senkrecht in den Scheitel und drehe den mit Null bezeichneten Diopter der einen

Trommel (nöthigenfalls durch Drehung des Stocks) in die Richtung des einen Winkelschenkels, dann, ohne an der Stellung der eben benutzten Trommel etwas zu ändern, die andere Trommel derart, dass durch den mit Index versehenen Okulartheil des Diopters das Zeichen des andern Winkelschenkels gesehen wird. Zur Prüfung sieht man nach, ob der Nulldiopter noch nach dem ersten Schenkel zielt. Liest man nun ab, an welchem Punkte der Gradtheilung der Index steht, so erhält man den gefragten Winkel oder seine Ergänzung zu 360°

Soll ein Winkel gegebener Grösse abgesteckt werden, so stelle man den Nulldiopter in die Richtung des gegebenen Schenkels und drehe den mit Index versehenen Okulartheil der andern Trommel auf die den verlangten Winkel messende Zahl der Gradtheilung. Durch diesen Indexdiopter blickend, winkt man einen Gehülfen mit Fluchtstab ein.

Dass beide Trommeln je zwei rechtwinkelig kreuzende Abseher haben, ist eigentlich überflüssig.

Fig. 16.

Statt, in beschriebener Weise, zwei Winkeltrommeln auf einander zu setzen, kann man auch mit einer einzigen ausreichen. Ihre untere Grundfläche steht gegen den Cylindermantel vor und ist concentrisch eingeschliffen in einen getheilten Kreis. Der abgeschrägte Rand der Trommel und die getheilte Fläche des Ringes bilden eine schwach geneigte Kegelfläche. Irgendwo am Rande der Trommel ist ein Strich als Index (man hat auch wohl noch einen Nonius angebracht, siehe § 131), der bis an die Theilung des Ringes reicht. Die Trommel dreht um einen Zapfen, der im Mittelpunkt des getheilten Ringes emporsteht. Der Ring selbst ist unverrückbar fest am Stocke angebracht. Um einen Winkel zu messen, richtet man eines der Absehen nach dem einen Schenkel, dann dasselbe Absehen nach dem andern Schenkel, liest beide Mal die Stellung des Index ab, der Unterschied ist der gesuchte Winkel. Der Stock ist im Scheitel des zu messenden Winkels gedacht.

Dieser schon nicht mehr ganz einfachen Winkeltrommel wird gewöhnlich noch eine Dosenlibelle (siehe § 119) beigegeben, die auf der obern Grundfläche der Trommel steht, deren horizontale und damit die senkrechte Stellung des Mantels andeutet. Es ist ein Missverhältniss zwischen dem mangelhaften Stockstativ und den übrigen Theilen des Instruments.

Die Theilungen an den erweiterten Winkeltrommeln gehen nur auf ganze, höchstens auf halbe Grade.

Die besonderen Prüfungen der erweiterten Winkeltrommel können übergangen werden. Berichtigungsmittel sind bei so einfachen Instrumenten nicht angebracht; sie müssen von der mechanischen Werkstätte sofort richtig geliefert werden, worauf man auch, innerhalb der Grenzen der hier in Betracht kommenden Genauigkeit, vertrauen darf.

Man findet auch erweiterte Winkeltrommeln mit Zugabe eines Compasses. Dadurch werden sie zu einer Form der Feldbussole (siehe § 179).

d. **Spiegelinstrumente.**

§ 46. **Spiegelungsgesetze.** Der an einer spiegelnden Fläche einfallende Lichtstrahl bildet mit der Normalen zur Fläche in dem Einfallspunkt, dem sogenannten Einfallslothe (schlechte, aber allgemein übliche Bezeichnung), die Einfallsebene und den Einfallswinkel, der nie grösser als 90^0 (90^0 bei sogen. streifender Incidenz) genommen wird. Der zurückgeworfene oder gespiegelte Strahl bildet mit dem Einfallslothe die Reflexionsebene und den Reflexionswinkel. Die Spiegelungsgesetze sind: 1) die Reflexionsebene fällt mit der Einfallsebene zusammen, 2) der Reflexionswinkel ist dem Einfallswinkel gleich, beide als kürzeste Drehungen der Einfallsnormalen in die Strahlrichtung aufgefasst. Diese Gesetze setzen einfach lichtbrechende (nicht doppelbrechende oder anisotrope) Mittel (Stoffe) voraus. Es ist noch zu bemerken, dass die Helligkeit des gespiegelten Strahls desto grösser ist, je grösser der Einfallswinkel; das Gesetz der Abhängigkeit der Intensität vom Einfallswinkel ist nicht ganz einfach, kann hier unerwähnt bleiben.

Die Spiegelinstrumente sind, wenn der Beobachter erst eine gewisse Geschicklichkeit in ihrer Handhabung erworben hat, ungleich bequemer, meist auch genauer als die Winkeltrommeln, und, wenigstens die einfacheren, auch billiger, wesshalb die Winkeltrommeln mit Recht allmälig von den Spiegelinstrumenten verdrängt werden.

§ 47. **Winkelrohr.** Eine an Handgriff zu haltende Röhre; in die eine Grundfläche ist ein Sehloch S eingeschnitten, in die andere ein Fenster mit einem Faden oder Fadenkreuz (seltener) F. Auf dem Wege der Ziellinie SF steht, um einen Winkel α gegen diese geneigt, ein ebener Spiegel, der die halbe Höhe (Dicke) der Röhre ausfüllt, oder auch eine die ganze Röhrenbreite einnehmende, ebene Glasplatte, die nur zur Hälfte undurchsichtig, auf der Rückseite mit Spiegelbelegung (Quecksilberfolie oder Silberüberzug) versehen ist. N sei die Normale (Einfallsloth) der Spiegelebene, ein von P_2 kommender Lichtstrahl, der unter dem

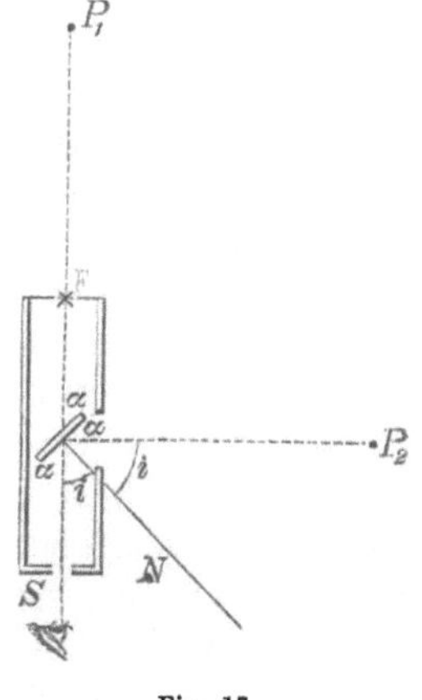

Fig. 17.

Einfallswinkel i eintrifft, wird unter gleichem Winkel gespiegelt. Das an S gehaltene Auge erblickt das Zeichen P_2 in derselben Richtung, wie das durch das Absehen S F gesehene Zeichen P_1, wenn (siehe Fig. 17) $2i + 2\alpha = 180^0$. Ist nun $\alpha = 45^0$, also $2\alpha = 90^0$, so ergibt sich $2i = 90^0$. Die Ablenkung, welche der von P_2 gekommene Strahl durch die Spiegelung aus seiner Anfangsrichtung erfahren hat, ist aber 2i. Sobald also $\alpha = 45^0$ ist, bilden die von P_2 und von S nach deren Einfallslothe gezogenen Strahlen einen rechten Winkel mit einander, oder auch die von dem unmittelbar gesehenen Punkt P_1 und von dem scheinbar in Richtung nach P_1 erscheinenden Punkte P_2 nach dem Einfallspunkte gezogenen Strahlen sind normal zu einander.

Um also mit dem Winkelrohre einen rechten Winkel abzustecken, bringe man den Einfallspunkt über den Scheitel, ziele das eine Winkelzeichen P_1 unmittelbar an und winke einen Gehülfen mit Fluchtstab so lange ein, bis der durch Spiegelung gesehene Stab P_2 in derselben Richtung wie P_1 erscheint, als die Verlängerung des Stabs P_1. Voraussetzung ist, dass $\alpha = 45^0$. Selbstverständlich muss die Röhre eine seitliche Oeffnung haben, durch welche das Licht von P_2 zum Spiegel gelangen kann und diese Oeffnung muss nach der Seite von P_2 gehalten werden.

Ist das gespiegelt erblickte Zeichen P_2 gegeben und P_1 gesucht, so ist das Instrument so zu halten, dass man P_2 im Spiegel, durch das Sehloch blickend, sieht, und dem Gehülfen sind so lange Zeichen nach links und rechts des Beobachters zu geben, bis der Stab P_1 als Verlängerung des über den Spiegel oder unter ihm weggehend angezielten P_2 erscheint. Oder es ist das direkt angesehene Zeichen P_1 gegeben; dem Gehülfen sind dann Zeichen zu ertheilen (am besten mit dem Beine), vor- und rückwärts des Beobachters zu gehen, bis sein (durch Spiegelung gesehener) Stab P_2 genau in der Richtung erscheint, in welcher P_1 steht, d. h. in der Zielrichtung des Diopters.

Als allgemeine Regel für alle Spiegelinstrumente merke man: Das weniger deutliche Zeichen (minder gut beleuchtete, schlechter sich vom Hintergrunde abhebende, entferntere) ist stets unmittelbar (mit dem Diopter) anzuzielen, das deutlichere im Spiegel aufzusuchen; durch die Spiegelung wird immer ein Helligkeitsverlust herbeigeführt.

Das Winkelrohr muss sehr ruhig gehalten werden, da jede Schwenkung der Hand sofort die Zielrichtung des Diopters vom Gegenstande abbringt (anders beim Winkelspiegel, Prisma etc.). Das macht das Winkelrohr ziemlich unbequem.

Da ein Horizontalwinkel abgesteckt werden soll, muss die Spiegelebene senkrecht gehalten werden. Stehen die Stäbe senkrecht, so erscheinen sie nur in senkrechtem Spiegel wieder senkrecht; wird die Spiegelebene also schief gehalten, so ist der gespiegelt gesehene Stab (falls er senkrecht steht) nicht mehr senkrecht, bildet demnach mit dem direkt gesehenen nicht mehr eine Gerade, sondern eine gebrochene Linie. Leichtes Kennzeichen richtiger Haltung.

Prüfung des Winkelrohrs nach § 34. Ist der Winkel kein rechter, so steht der Spiegel nicht richtig 45^0 gegen die Diopterzielrichtung geneigt. Durch passende Schraubeneinrichtungen (ähnlich wie sie gelegentlich als Zug- und Druckschraube § 49 beschrieben werden) lässt sich die Spiegelstellung und damit das Instrument berichtigen.

§ 48. **Winkelspiegel.** Es wird eine zweimalige Spiegelung an ebenen, um einen Winkel α gegeneinander geneigten Spiegeln benutzt. Es werde nur ein in dem Hauptschnitte, d. h. in einer zu beiden Spiegelebenen rechtwinkligen Ebene einfallender Strahl beachtet. Man sieht, er erfährt durch die zwei aufeinanderfolgenden Spiegelungen eine Ablenkung D aus seiner Anfangsrichtung, die gleich ist dem Doppelten des Winkels, unter dem die Spiegel gegeneinander geneigt sind. Denn (Fig. 18)

als Aussenwinkel des Dreiecks $S_1 S_2 D$ ist: $2 i_1 = 2 i_2 + D$
" " " " $S_1 S_2 N$ ist: $i_1 = i_2 + \alpha$
folglich auch $2 i_1 = 2 i_2 + 2\alpha$
und daher $D = 2\alpha$.

(Die Normalen bilden in N denselben Winkel α, wie die Spiegelebenen in A.) Da die Ablenkung demnach unabhängig ist von dem Einfallswinkel i, so wird das Bild des Gegenstandes P_2 fortwährend in Richtung nach P_1 gesehen, auch wenn der Winkelspiegel gedreht wird: nur muss natürlich noch Licht von P_2 auf den Spiegel S_1 anlangen und von diesem auf Spiegel S_2 geworfen werden können und das Auge irgendwo auf der Geraden $P_1 S_2 D$ (verlängert) sich finden. Ist $\alpha = 45^0$, so machen die Strahlen von den Zeichen P_1 und P_2 nach dem Schnittpunkte D einen rechten Winkel miteinander.

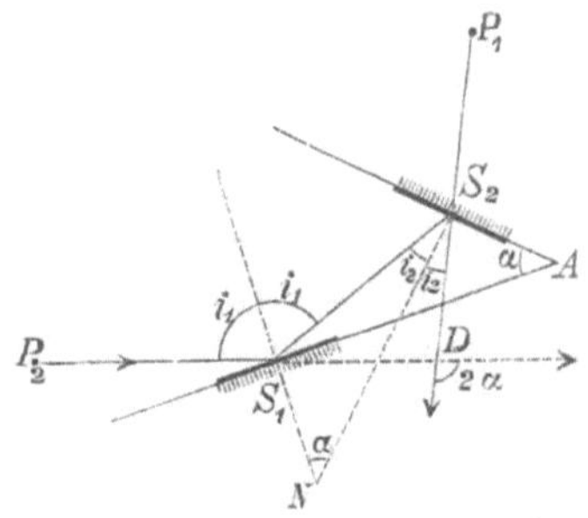

Fig. 18.

Der Winkelspiegel (für rechten Winkel) besteht nun aus zwei kleinen Spiegeln S_1, S_2, Fig. 19, die in einem Gehäuse, beide rechtwinklig gegen die Gehäusegrundfläche G, und gegen einander um 45^0 geneigt, stehen. Das Gehäuse ist etwa doppelt so hoch als die Spiegel und in den oberen Theilen der Seitenwände sind weite Fenster F_1, F_2 eingeschnitten.

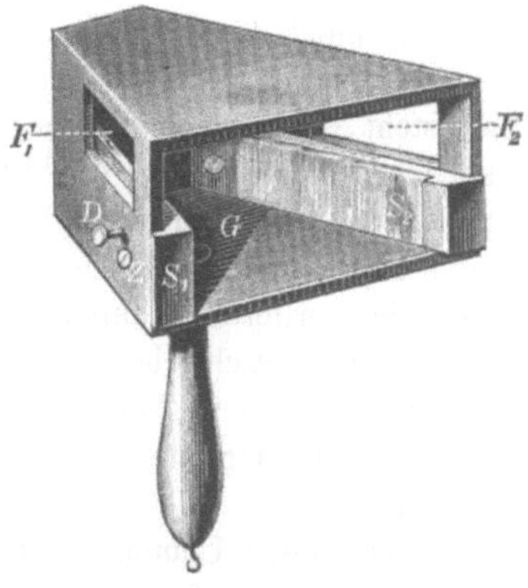

Fig. 19.

Beim Gebrauche zum Abstecken rechter Winkel hat man sich so einzurichten, dass der Punkt D der vorigen Figur 18 über den Scheitelpunkt des abzusteckenden Winkels gehalten wird, die Oeffnung des Gehäuses ist gegen P_2 zu wenden, die Haltung derart, dass die Spiegelebenen senkrecht sind. Das Auge sucht einen Ort auf S_2 D (der vorigen Figuren) wo es das (zweimalig gespiegelte) Bild von P_2 sieht; zugleich darüber hinaus, durch die Fenster unmittelbar ein Zeichen P_1. Erscheint dieses genau als Verlängerung des gespiegelt gesehenen, so machen die Richtungen von D nach P_2 und nach P_1 einen rechten Winkel mit einander. Die senkrechten Zeichen P_1 und P_2 (ihre Mittellinien) bilden nur dann eine senkrechte Gerade, wenn die Spiegel senkrecht gehalten werden, andernfalls eine gebrochene Linie (siehe § 47).

Wo liegt Punkt D, der Scheitelpunkt des Winkels, der Durchschnitt des verlängerten von P_2 nach dem Spiegel S_1 gelangenden Strahls mit dem durch zweimalige Spiegelung abgelenkten? Immer in der Nähe des kleinen Apparats, er kann (wie in Figur 18) ausserhalb des Flächenwinkelraums, den die Spiegel bilden, liegen, auch innerhalb (Fig. 20), auch in der einen Seitenfläche (Spiegel). Einzelnes hierüber kann man in Verfassers „Ergebnissen physikalischer Forschung“ § 626 finden. Für die Feldmesseranwendung ist Folgendes zu merken:

Man halte das Auge dicht an den vorderen Rand des einen Spiegels S_1 und drehe den Apparat so (während seine Oeffnung gegen P_2 gewendet ist), dass man das Bild seines eigenen Auges am vordern Rande des Spiegels S_2 erblickt; man sieht dann rechtwinkelig gegen diesen. Aendert man nichts an der Instrumenthaltung und lenkt nur den Blick gegen das Innere des Gehäuses auf Spiegel S_2, so wird man das Spiegelbild der Gegend erblicken und dreht man nun den ganzen Oberkörper, allmälig verschiedene Theile der Gegend sehen, bis man schliesslich auch den Stab (oder das sonstige Zeichen) P_2 findet. Jetzt hat man nur durch das Fenster über den Spiegel S_2 zu blicken und kann einen Gehülfen so einwinken, dass dessen senkrecht gehaltener Stab P_1 genau in der Verlängerung des gespiegelt gesehenen Stabs P_2 zu stehen kommt; der Winkel ist abgesteckt. Eine Drehung des Winkelspiegels um die Axe des senkrechten Griffs, an dem er gehalten wird, ändert nichts an der Richtung, in welcher P_2 scheinbar steht, also auch nichts an dem scheinbaren Zusammenfallen von P_2 und P_1. Erblickt man das Bild von P_2 so weit hinten (gegen die Durchschnittskante mit Spiegel S_1) in S_2 als nur möglich, so ist der Punkt D, der Scheitelpunkt des abgesteckten rechten Winkels, im Mittelpunkte eines über die vorderen Kanten der gleich langen Spiegel und ihre Durchschnittskante beschriebenen Kreises (Fig. 20), und in der senkrechten Axe des Griffs, an dem häufig ein Häkchen mit Senkel angebracht ist, womit genaue Einstellung über den Punkt des Bodens ermöglicht ist, der Scheitel sein soll.

Wer einige Uebung im Gebrauche des Winkelspiegels hat, findet die richtige Haltung sofort. Der Anfänger wird sie nach obiger Anleitung unschwer finden. Um sicher zu sein, dass er das richtige, durch zweimalige Spiegelung entstandene Bild von P_2 hat, braucht er nur eine Drehung um die Griffaxe vorzunehmen; die Richtung, in welcher das Bild erscheint, darf nicht ändern.

Durch einmalige (ebenso durch dreimalige) Spiegelung entstandene Bilder, die beim Winkelspiegel keine Verwendung finden, haben rechts und links vertauscht. Sucht man das Bild einer Schrift (Schild, Strassennummer oder dergl.), so erscheint diese verkehrt (in Spiegelschrift), wenn man ein unrichtiges Bild hat, hingegen da bei zweimaliger Spiegelung die Verwechselung von rechts und links (wegen der Verdoppelung) schwindet, sieht man das richtige, d. h. das zur Anwendung kommende Bild der Schrift in der gewöhnlichen Lage.

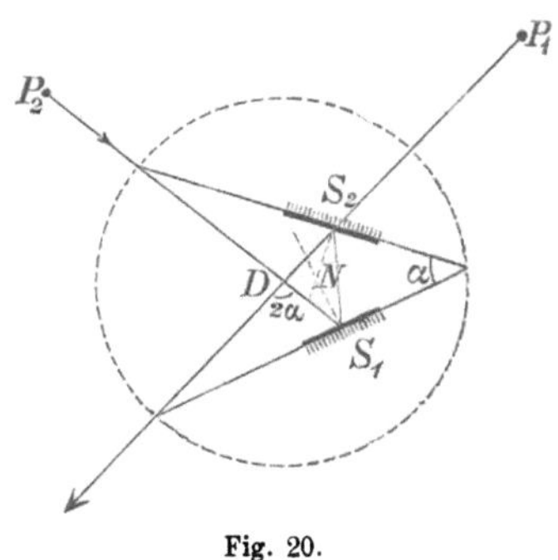

Fig. 20.

Je grösser der Einfallswinkel am einen Spiegel, desto kleiner am andern. Die grösste Helligkeit erhält man, wenn beide Einfallswinkel gleich, jeder gleich $^1/_2.45^0$ sind; das ist gerade die oben empfohlene Haltung und Drehung des Apparats, bei welcher der Scheitel die Lage in der Griffaxe hat.

Es wurde vorhin angenommen, man habe das Spiegelbild des feststehenden (gegebenen) Schenkelzeichens P_2 benutzt und also den direkt gesehenen Stab des Gehülfen (durch Zeichen nach links und rechts des Beobachters) eingewinkt. Man kann P_1 als den gegebenen, feststehenden Stab betrachten und hat dann den Gehülfen mit dem Stabe P_2 (durch Zeichen nach vorwärts und rückwärts des Beobachters, die man mit dem Beine ertheilen kann) so lange gehen zu lassen, bis das Spiegelbild von P_2 in Verlängerung von P_1 zu stehen scheint. Man muss beide Arten des Gebrauchs einüben. (Allgem. Regel für Spiegelinstrum. § 47.)

Dass der Winkelspiegel Drehung um die Griffaxe verträgt, macht ihn entschieden bequemer als das Winkelrohr, das sehr ruhig gehalten werden muss. Hingegen sind die nur durch einmalige Spiegelung entstandenen Bilder des Winkelrohrs etwas heller als die zweimal gespiegelten des Winkelspiegels.

Man hat dem Winkelspiegel wohl auch einen in den Boden zu steckenden Stock an Stelle des Griffs gegeben, eine unnöthige Verminderung seiner Einfachheit. Hält man den Körper gerade, steht mit geschlossenen Füssen (militärisch), Ellenbogen am Leib, so ist sogar der Senkel am Griffe entbehrlich, der Scheitel des Winkels liegt zwischen den Füssen, mehr gegen die Ferse hin als gegen die Spitze des Fusses; genügend genau; auf einen Centimeter und mehr pflegt es bei derlei Messungen nicht anzukommen.

Prüfung des Winkelspiegels § 34. Berichtigung: Der Winkel α

ist nach Bedarf zu verringern oder zu vergrössern. Der eine Spiegel steht fest im Gehäuse, der andere wird in seiner Stellung durch zwei Schrauben, die Zug- und Druckschraube (siehe § 49) gehalten, durch deren Benutzung Winkel α geändert werden kann. Die Berichtigung macht man am bequemsten folgendermaassen: Man schaltet in die durch zwei Stäbe A_1 und A_2 gegebene Gerade (etwa in der Mitte) einen Punkt S ein, welcher als Scheitel der abzusteckenden Winkel dient. Für Anfänger mag es nützlich sein S durch einen Kettenpfahl zu markiren, auf welchen der Griff des Winkelspiegels gestützt wird. Man lege an SA_1 den Winkelschenkel SB_1, stecke nach B_1 einen Stab. Dann an SA_2 auch einen Winkelschenkel, der den Stab B_2 liefert. Fallen B_1 und B_2 zusammen, so ist das Instrument in Ordnung, andernfalls nicht. Bringe nun nach Augenmaass Stab C mitten zwischen B_1 und B_2, ändere so lange an der Spiegelstellung (mittelst der Zug- und Druckschraube), bis der an SA_1 oder an SA_2 angelegte Winkelschenkel über C geht. Wiederholung als Prüfung nützlich.

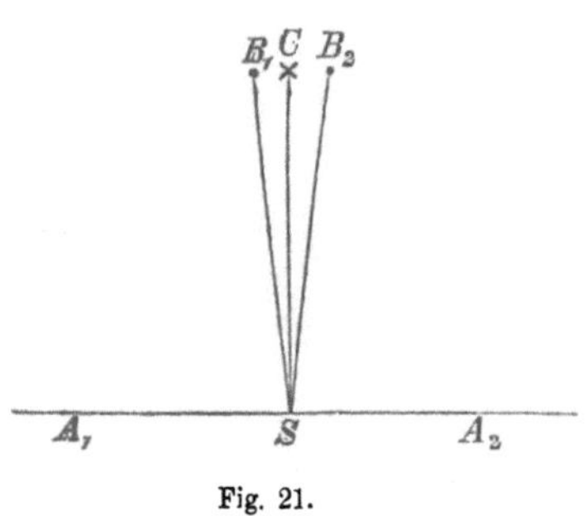

Fig. 21.

In der Figur war angenommen $\alpha < 45^0$; hätten die Schenkel an SA_1 und SA_2 übereinander gegriffen (also z. B. B_2 als Schenkel für A_1 und B_1 für A_2), so wäre $\alpha > 45^0$ gewesen. Die Genauigkeit der Winkelabsteckung mit dem Winkelspiegel erreicht etwa 4'. Eine grössere Abweichung könnte nur dann eintreten, wenn die Fluchtstäbe und die Spiegelebenen nicht genau senkrecht, der abgesteckte Winkel also ein schiefer, kein Horizontalwinkel mehr wäre. Es steht nichts im Wege, dem Winkel α einen andern Werth als 45^0 zu geben und also andere als rechte Winkel (nämlich je von 2α) abzustecken oder zu messen. Siehe § 52.

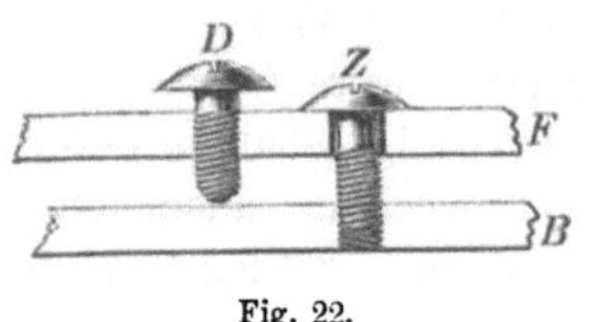

Fig. 22.

§ 49. **Zug- und Druckschraube als Berichtigungsmittel.** Sei F die feststehende Seitenwand des Gehäuses, B die bewegliche Fassung des einen Spiegels. In F ist die Mutter der Druckschraube D eingeschnitten, deren Spindelende an B ansteht und unmöglich macht, dass B näher an F rücke. F hat ferner eine weitere Oeffnung, durch welche die Zugschraube Z frei hindurchgeht, dann in die in B eingeschnittene Mutter eingreift. Liegt der Kopf der Zugschraube, der natürlich breiter als die Oeffnung in F sein muss, an F an, so ist ein Entfernen des B von F unmöglich. Soll B näher an F kommen (α vergrössert werden, so ist zunächst die Druckschraube D zurückzuziehen, dann kann B sich gegen F bewegen, bis zum Anstossen an das Spindelende von D. Ist die Zugschraube Z noch nicht benutzt worden, so hat B einen Spielraum für seine Bewegung. Schraubt man aber die Zugschraube Z hinein, so wird deren Mutter, also die ganze Platte B gegen die Platte F hin bewegt, bis der Kopf von Z wieder auf F anstösst. Soll α verkleinert werden, so muss man zuerst die Zugschraube Z lösen, was der Platte B ein Wegrücken von F gestattet. Dann muss die Druckschraube D hineingeschraubt und damit B weggedrückt werden, bis der Kopf von Z wieder aufliegt. Die beiden Schrauben müssen in der richtigen Folge stets so gehandhabt werden, dass B schliesslich weder vor noch zurück gehen kann.

Zug- und Druckschrauben werden vielfach als Verbesserungsvorrichtung verwendet, um die Lage zweier Theile B und F gegeneinander ändern und dann feststellen (sichern) zu können.

§ 50. **Lichtbrechungsgesetze für einfach brechende** (isotrope) **Mittel.** Der gebrochene Strahl verbleibt in der Einfallsebene (siehe § 46). Der gebrochene Strahl macht mit dem (nach innen des Mittels (2) verlängerten) Einfallsloth einen Winkel i_2 (Brechungswinkel), der mit dem Einfallswinkel i_1 durch die Gleichung verknüpft ist $n_1 \operatorname{Sin} i_1 = n_2 \operatorname{Sin} i_2$, wo n_1 und n_2 die absoluten Brechungsexponenten der Mittel (1) und (2), folglich $n_2 : n_1$ den relativen Brechungsexponenten für den Uebergang der Strahlung aus Mittel (1) in Mittel (2) bedeutet. Der relative Brechungsexponent für den Uebergang der Strahlung aus Mittel (2) in Mittel (1) ist reciprok jenem für den umgekehrten Uebergang, also $= n_1 : n_2$. Bei jeglichem Einfallswinkel tritt Licht (ein gebrochener Strahl) in das zweite Mittel, wenn $n_2 > n_1$ oder, wie man zu sagen pflegt, das zweite Mittel optisch dichter ist, d. h. stärker brechend. Hingegen kann Licht aus einem optisch dichteren in ein optisch dünneres Mittel (weniger stark brechendes) nur übertreten, so lange der Einfallswinkel den Grenzwinkel nicht überschreitet, bestimmt durch $\operatorname{Sin} i_1 = n_2 : n_1$. Ist der Einfallswinkel grösser als der Grenzwinkel, so wird alles Licht nach den gewöhnlichen Spiegelgesetzen (hinsichtlich der Richtung) zurückgeworfen (Total-Reflexion) also mit der grösstmöglichen Helligkeit. Totalreflexion kann immer nur an der Grenze eines optisch dünneren (weniger brechenden) Mittels stattfinden.

Folgerung: Aus einer von parallelen Ebenen begrenzten Platte, die beiderseits vom selben Mittel umgeben ist, tritt ein Strahl (falls er überhaupt durchgelassen, nicht vollständig zurückgeworfen wird) ohne Ablenkung, d. h. parallel seiner Einfallsrichtung, nur etwas seitlich verschoben.

§ 51. **Winkelprisma.** Wegen seiner Kleinheit, die ganz gut das Tragen in der Westentasche ermöglicht, noch bequemer als der Winkelspiegel, hellere Bilder als dieser liefernd. Ein Glasprisma von etwa 8 mm Höhe, dessen Querschnitt ein gleichschenkelig rechtwinkeliges Dreieck von 20 mm Kathetenlänge ist (also mit zwei Winkeln von je 45^0), ist in eine knappe Messingfassung gesetzt, so dass die Kathetenflächen unbedeckt, die Hypothenusenfläche (die ausserdem mit Spiegelfolie belegt zu sein pflegt) verdeckt ist. Ein kleiner (30 mm langer) Handgriff vervollständigt den Apparat (Fig. 23). Oder das kleine Glasprisma steht zwischen zwei halbkreisförmigen Messingplatten, die längs der Hypothenusenfläche des Prisma eine ebene Seitenwand haben. Diese ist eingestiftet in den Durchmesser eines halbkreisförmigen Bügels, so dass dieser beim Gebrauche aufgeklappt als Handhabe dient und zugeklappt als halbcylindrische Seitenwand das Prisma gegen Staub schützt (Fig. 24).

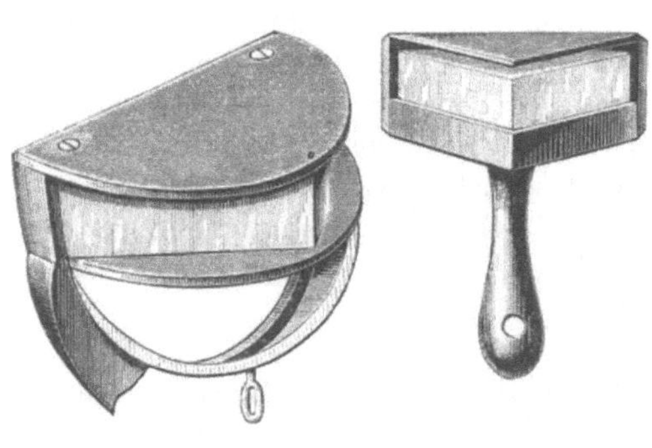

Fig. 24. Fig. 23.

Man stellt sich gerade in den Scheitel des abzusteckenden Winkels, das Gesicht gewendet beiläufig in die Richtung, in welche der gesuchte Winkelschenkel fallen wird. Befindet sich das gegebene Zeichen links, so sieht man sein zweimal gespiegeltes Bild (die Strahlen haben auch noch zwei Brechungen erfahren) in der rechten Kathetenfläche, nahe am spitzwinkeligen Ende, während die Hypothenusenfläche annähernd in der Richtung nach dem gegebenen Zeichen gewendet ist (also etwa parallel der Verbindungslinie der zwei Augen). Ueber das Prisma wegblickend, winkt man einen Gehülfen ein, bis sein senkrecht gehaltener Fluchtstab scheinbar die Verlängerung des zweimal gespiegelten Stabes ist. Bei einer Drehung des Prisma um die senkrechte Axe des Handgriffs nach rechts oder nach links, wird das zweimal gespiegelte Bild des Stabs fortfahren, den unmittelbar gesehenen Stab zu decken.

Man kann auch umgekehrt das gegebene Zeichen (wenn dieses das weniger deutliche ist) unmittelbar anblicken und den Gehülfen auf Zeichen (mit dem Beine zu geben), so lange vor- und zurückgehen lassen, bis das zweimal gespiegelte Bild seines senkrechten Stabs in der Verlängerung des direkt gesehenen erscheint. Dieses für das Einwinken etwas weniger bequeme Verfahren wird man selten anzuwenden haben, da wegen der grossen Helligkeit des durch das Prisma gelieferten Spiegelbildes das Zeichen auch bei ungünstiger Beleuchtung unschwer gefunden werden kann.

Den Anfänger stören oft andere, durch einmalige Reflexion (ohne Brechung) entstandene Spiegelbilder. Man unterscheidet sie leicht von den zu verwendenden doppelt gespiegelten durch die Bewegung, welche sie (mit doppelter Winkelgeschwindigkeit) beim Drehen des Prisma annehmen, während das richtige Bild stehen bleibt. Bei diesem fehlt ausserdem die Verwechselung von rechts und links, welche den einmal gespiegelten (unbrauchbaren) Spiegelbildern zukommt.

Den Gang der Lichtstrahlen $P_1 a b c d S$ zeigt die Figur 25, in welche die Winkel eingeschrieben sind. Bei der ersten Brechung (a) ist der

Einfallswinkel i_1 und der Brechungswinkel durch $\sin i_2 = \frac{n_1}{n_2} \sin i_1$ bestimmt. Bei der zweiten Brechung (d), nach den zwei Spiegelungen (bei b und c) ist der Einfallswinkel i_2 und der Brechungswinkel i_1, denn es muss sein: Sin. dieses Brechungswinkels $= \frac{n_2}{n_1} \sin i_2$. Mit den Brechungs- und Spiegelungsgesetzen lässt sich leicht erweisen (was der Kürze wegen hier unterbleibt), dass der Strahl, welcher an einer Kathetenfläche so genügend nahe am rechten Winkel auftrifft, dass er nach der Brechung auf die zweite Kathetenfläche trifft, wo er praktisch*) genommen immer vollständig (also ohne Helligkeitseinbusse) gespiegelt wird, dann die Hypothenusenfläche trifft, wo er unvollständig (wegen der Quecksilberbelegung aber mit geringem Helligkeitsverlust) gespiegelt wird, die Kathetenfläche nochmals trifft und nun, mit Ablenkung aus seiner Richtung, austritt. Die Figur lässt leicht erkennen, dass der zweimal gespiegelte und zweimal gebrochene Strahl mit der Verlängerung des einfallenden einen rechten Winkel bildet. Ein auf der Richtung dS stehendes Auge erblickt also in der Richtung Sd das Bild des Zeichens P_2 und in derselben Richtung vermag es, über das niedere Prisma weg, unmittelbar das Zeichen P_1 zu sehen.

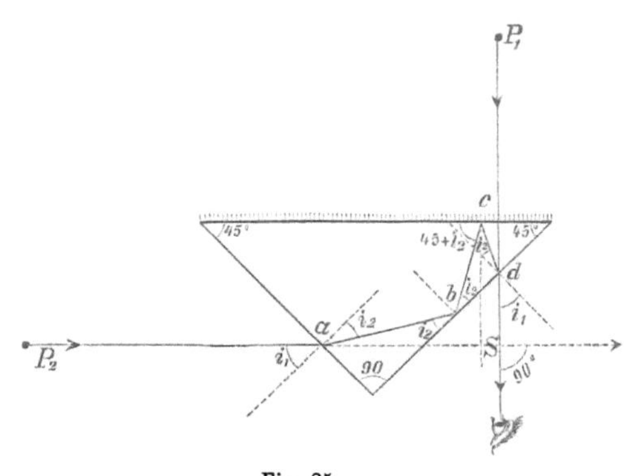

Fig. 25.

Würde man das Auge auf der Verlängerung von Sa in einen Punkt O halten, so würde man in Richtung OaS das Bild erblicken eines Gegenstandes Π_1, das in Verlängerung der Geraden dS (das in Figur 25 gezeichnete Auge ist fort zu denken), stünde. Der Weg des Lichts wäre, von jenem Gegenstande Π_1 nach d, Brechung nach c, Spiegelung (keine vollständige) nach b, totale Reflexion nach a, Brechung gegen P_2 der Figur 25, d. h. nach dem Orte O des Auges. Ueber das Prisma weg in Richtung Oa wird man unmittelbar den Gegenstand Π_2 erblicken, und die Strahlen von Π_1 und Π_2 nach S schneiden sich dort rechtwinkelig. Bei dieser, mit der vorhin geschilderten, der Fig. 25 entsprechenden Verwendung gleichwerthigen, kann man dem Winkelprisma eine Fassung geben, die für ganz Ungeübte nützlich ist. Man schliesst es in einen rechteckigen Metallkasten, von etwa doppelter Höhe des Prisma, dessen Hypothenusenfläche der einen Seitenfläche des Kastens anliegt. In den zur Hypothe-

*) Theoretisch nur dann immer, wenn der relative Brechungsexponent $n_2 : n_1 \geqq \sqrt{2}$ ist.

nusenfläche rechtwinkeligen Seitenwänden des Kastens sind zwei Fenster eingeschnitten, so dass die Mittellinie durch dieselbe nahe der rechtwinkeligen Kante des Prisma vorbei geht (entsprechend der Linie P_2 S der Fig. 25). Ein drittes Fenster ist in der der Hypothenusenfläche gegenüberstehenden Wand, nahe am einen Ende (entsprechend dem Orte des in Figur 25 gezeichneten Auges) angebracht. Durch letzteres tritt das Licht von jenem Zeichen, das man gespiegelt sehen will, das Auge wird an das Fenster, welches dem zuletzt genannten am entferntesten ist, gehalten.

Wo liegt der Scheitel S, nach welchem gezogen die Geraden von P_1 und P_2 einen rechten Winkel bilden? Die nähere Untersuchung lehrt: vor der zweiten Kathetenfläche um einen Betrag

$$y = k\,(1 - \mathrm{Tg}\,i_2)\,\mathrm{Cos}\,i_1\,\mathrm{Sin}\,i_1 - m\,\mathrm{Cos}\,i_1\,(\mathrm{Cos}\,i_1 - \mathrm{Sin}\,i_1)$$

und vom Scheitel des rechten Winkels ab gegen den spitzen Winkel hin geschoben um den Betrag

$$x = k\,(1 - \mathrm{Tg}\,i_2)\,\mathrm{Cos}^2\,i_1 + m\,\mathrm{Cos}^2\,i_1\,(1 - \mathrm{Cotg}\,i_1),$$

wobei k die Kathetenlänge, m der Abstand des Einfallspunktes a von der rechteckigen Kante des Prima bedeuten, i_2 und i_1 aber verknüpft sind durch $n_1\,\mathrm{Sin}\,i_1 = n_2\,\mathrm{Sin}\,i_2$.

Anbetracht der kleinen Abmessungen der Katheten gegen die Entfernungen des Gegenstandes P_2 kann für alle von diesen auf die Kathetenfläche gelangenden Strahlen derselbe Einfallswinkel i_1 angenommen werden. Die mitgetheilten Formeln lehren, dass der Scheitelort S im allgemeinen nicht für alle von P_2 auf der Kathetenfläche anlangenden Strahlen derselbe ist. Für den besonderen Fall $i_1 = 45^0$ vereinfachen sich die Formeln; die eben erwähnte Abhängigkeit von m entfällt und es wird:

$y = \frac{k}{2}\,(1 - \mathrm{Tg}\,i_2)$; $x = \frac{k}{2}\,(1 - \mathrm{Tg}\,i_2)$, d. h. der Scheitel liegt um eine

Strecke $k\,(1 - \mathrm{Tg}\,i_2)\sqrt{\frac{1}{2}}$

von der rechteckigen Kante des Prisma, parallel zur Hypothenusenfläche verschoben. Winkel i_2 lässt sich, wenn $n_2 : n_1$ bekannt ist, leicht berechnen. Ist der relative Brechungsexponent $= 1{,}55$, $i_1 = 45^0$, $k = 20$ mm, so berechnet sich ($i_2 = 27^0\ 08'\ 33''$) die letzterwähnte Entfernung des Scheitelpunkts zu 6,892 mm. Für derlei Messungen genügt also vollkommen die Annäherung, den Scheitel in der Senkrechten des Handgriffs zu suchen.

Beim Gebrauche des Reflexionsprisma treten keine Farbenzerstreuungen (welche sonst die Brechungen begleiten) ein, die Bilder sind ganz scharf und ungefärbt. Nachweis dieser werthvollen Eigenschaft kann in § 627 des Verfassers „Ergebnissen physikalischer Forschung" gesehen werden.

Es ist wohl überflüssig zu bemerken, dass das Bild eines rechts gelegenen Gegenstands in der links gelegenen Kathetenfläche zu suchen ist. Die Figur lehrt, dass man ziemlich schief gegen den spitzen Prismawinkel blicken muss. Man thut gut, durch Vorhalten der Hand von der Kathetenfläche, in die man zu schauen hat, unmittelbar auffallendes Licht abzuhalten und somit die unbrauchbaren, einfach gespiegelten Bilder zu vermeiden.

Prüfung des Winkelprisma nach § 34. Verbesserungsvorrichtungen sind keine vorhanden; ist einmal die Richtigkeit des Schliffs des Prisma erkannt, so braucht man die Untersuchung nie zu wiederholen, da sich an den Winkeln des Prisma nichts ändern kann, während beim Winkelspiegel durch unbeabsichtigtes Lockerwerden der Schrauben (bei unvorsichtigem Berühren, Reibung auf dem Transporte u. s. w.) ein Verstellen der Spiegel nicht unmöglich ist, die Prüfung also zeitweilig wiederholt werden muss.

Die Genauigkeit des Winkelprisma übertrifft jene des Winkelspiegels etwas, da die mit ihm erhaltenen Bilder heller sind, das Zielen also sicherer wird.

§ 52. **Erweiterte Winkelspiegel, Sextanten.** Beim Dosensextant steht in einer runden Dose ein Spiegel fest, ein anderer ist drehbar, so dass der Winkel zwischen seiner und des festen Spiegels Ebene verändert werden kann. Ein mit Index versehener, an einer Theilung vorübergleitender Arm dreht mit. In der Dose ist eine Oeffnung für den Zutritt des Lichtes zu den Spiegeln geschnitten und ein Diopter, oder statt dessen wohl auch zum schärferen Zielen ein kleines Fernrohr eingesetzt. Das Absehen ist gerichtet nach einer Stelle des feststehenden Spiegels, an welcher das durch zweimalige Spiegelung entstandene Bild erscheint. Das Absehen ist auf das Zeichen des einen Winkelschenkels zu richten (über den Spiegel hinausgehend) und der bewegliche Spiegel so lange zu drehen, bis in derselben Richtung das Bild des andern Schenkelzeichens erscheint. Ist der Winkel zwischen den Spiegeln α, so ist 2α der Winkel der Geraden von beiden Zeichen nach dem Scheitelpunkt, der genügend genau in der Senkrechten des Dosengriffs angenommen werden kann. Der Nullpunkt der Theilung liegt dort, wo der Zeiger bei Parallelstellung der Spiegel steht; diese wird aber daran erkannt, dass man ein und dasselbe Zeichen zweimal in gleicher Richtung, einmal unmittelbar und dann doppeltgespiegelt erblickt. Die Bezifferung der Theilung trägt gleich der nöthigen Verdoppelung Rechnung.

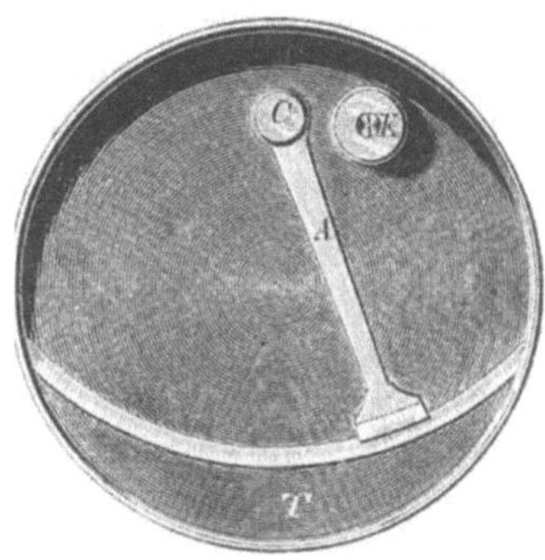

Fig. 26.

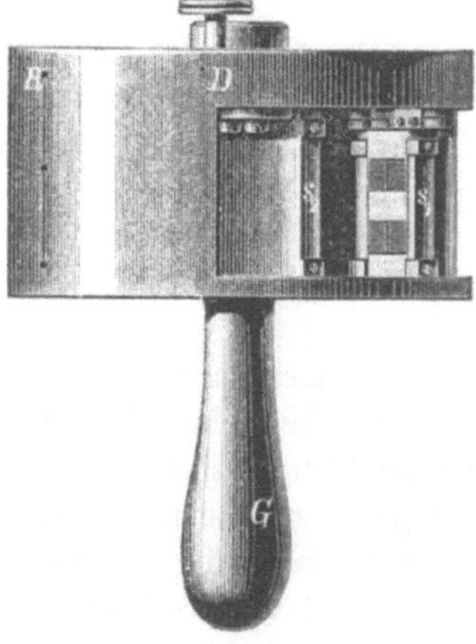

Fig. 27.

Figur 26 und 27 zeigen obere und

seitliche Ansicht des Dosensextant, wie er von Breithaupt gefertigt wird. Die Dose D hat einen genügend grossen Ausschnitt, um Licht zu dem feststehenden Spiegel (der an einigen Streifen nicht belegt ist, um durch ihn direkt zielen zu können) S_1 und zu dem beweglichen S_2 gelangen zu lassen. Die Drehung des Spiegels S_2 wird durch den Knopf K bewirkt, der, ein Zahnrad, in ein anderes auf der gemeinschaftlichen Axe C für den Spiegel S_2 und den Nonius (§ 131) tragenden Arm A eingreift, — letzterer gleitet vor der auf einem Sechstel-Kreis angebrachten Theilung T. Durch die Schauritze R kann man über den auf den unbelegten Theilen des festen Spiegels S_1 angebrachten Strich, die direkte Ziellinie gewinnen und diese kann stark gegen den Horizont geneigt sein. L ist eine Libelle, mit welcher Wagrechtstellung des Hauptschnitts der Spiegel bewirkt und dadurch Reduktion des Winkels auf den Horizont (siehe § 53) herbeigeführt wird. G ist ein Handgriff; eine Lupe zur Ablesung an der Theilung T ist angebracht, in der Figur weggelassen.

Der Dosensextant findet zuweilen, nicht gerade oft, Verwendung in der Feldmessung, namentlich bei militärischen Vermessungen.

Der eigentliche Sextant, welcher principiell mit ihm übereinstimmt, wie auch der Prismenkreis, bei welchem der eine Spiegel durch ein Reflexionsprisma ersetzt ist, werden so selten in der eigentlichen Feldmessung angewendet, dass ein ausführliches Besprechen dieser Instrumente hier unnöthig erscheint.

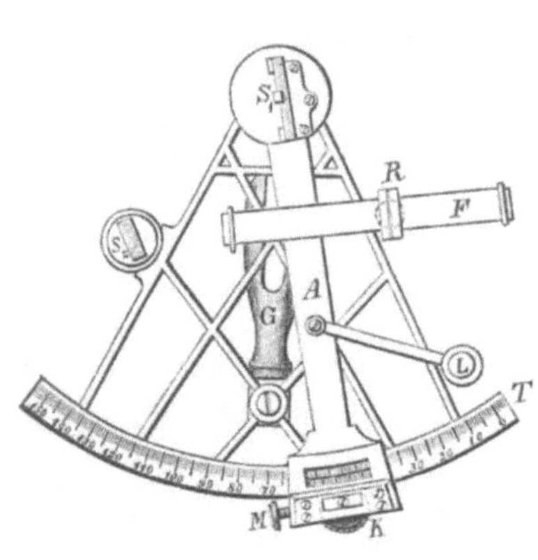

Fig. 28.

Figur 28 gibt die obere Ansicht eines Sextanten. S_2 ist der feststehende, S_1 der gleichzeitig mit dem Nonius (§ 131) tragenden Arme A drehbare Spiegel. F ein Fernrohr, das in dem Ringe R höher und tiefer gestellt werden kann, so dass man nach Bedarf in dasselbe mehr Licht aus dem Spiegel S_2 und weniger über diesen weg vom direkt gesehenen Zeichen P_2 empfängt oder umgekehrt. G ein Griff, L eine Lupe, um an der Theilung besser ablesen zu können, K eine Klemme zur Verhinderung der groben und M eine Mikrometerschraube zur Ausführung der feinen Drehung (§ 128).

Am meisten wird der Sextant in der Feldmessung wohl zur Lösung der Aufgabe gebraucht, einen Punkt auf eine Gerade mit unzugänglichen Endpunkten einzuschalten, anders ausgedrückt den Scheitel eines Winkels von 180^0 zu finden, dessen Schenkel durch gegebene Punkte gehen. Der Sextant (daher der Name) umfasst gewöhnlich nur $^1/_6$ Kreis, gestattet also nur Winkel von $^2/_6$ Umfang $= 120^0$ abzustecken und zu messen. Für die eben erwähnte Anwendung ist ein Ergänzungsspiegel noch so angeordnet, dass wenn der Index des beweglichen Arms auf dem Punkte 180° des sogenannten Ergänzungsbogens steht, jener Hülfsspiegel 90° gegen den festen Spiegel des Sextanten geneigt ist.

Erblickt man nun in gleicher (paralleler) Richtung durch je einmalige Spiegelung im festen und im Hülfsspiegel die Endzeichen der Geraden, so ist das Instrument in einem Punkte eben dieser Geraden befindlich. Grundlage des Verfahrens ist der leicht aus dem Spiegelgesetze ableitbare Satz: Strahlen, die in parallelen Richtungen von zwei Spiegeln herkommen, waren vor der Spiegelung um den doppelten Neigungswinkel der Spiegel gegen einander geneigt. — Bei der genannten Anwendung des Sextanten ist dieser eigentlich zu einem Spiegelkreuze gestaltet, dessen selbständige Form (zur Lösung eben jener Aufgabe) kaum mehr vorkommt. (Siehe Heliotrop § 152, Schluss.)

§ 53. **Allgemeine Bemerkung über Spiegelinstrumente.** Während bei andern Winkelmessern zuerst in Richtung des einen, dann in Richtung des andern Schenkels zu zielen ist, haben die Spiegelinstrumente die wichtige Eigenthümlichkeit, die beiden Winkelschenkelzeichen gleichzeitig erblicken zu lassen. Das macht sie auf schwankendem Boden, auf Schiffen, zu Pferde u. s. w. brauchbar, wo die andern Winkelmesser den Dienst versagen, weil zwischen beiden Anzielungen der Standpunkt unverändert bleiben muss. Für den Seefahrer ist der Sextant oder der Prismenkreis ein ganz unentbehrliches Geräth, für die Landmessung hat er wenig Bedeutung.

Die Spiegelinstrumente geben Winkel in der Ebene normal zu beiden spiegelnden Ebenen, also im allgemeinen schiefe Winkel; der Seefahrer benutzt sie auch um Vertikalwinkel zu messen.

Es gibt ausser den genannten noch mancherlei Spiegelinstrumente, die grundsätzlich wenig verschieden sind (der katoptrische Zirkel, der Reflektor u. s. w.), die in diesem Buche unberücksichtigt bleiben können.

Spiegelinstrumente werden ohne Stativ verwendet, frei in der Hand gehalten.

§ 54. **Aufsuchung des Fusspunkts der Normalen aus gegebenem** (äusseren) **Punkt auf gegebene Gerade** hat durch Versuche zu erfolgen. Man bringt in Zwischen- oder Verlängerungspunkten der Geraden Stäbe an, um überall bequem sich selbst in die Gerade einrichten zu können. Versucht dann einen Punkt F der Geraden, legt in ihm mit einer der besprochenen Geräthschaften einen rechten Winkel an und sieht zu, ob dessen Schenkel durch den gegebenen Punkt P geht oder nicht. In letzterem Fall erfährt man, nach welcher Richtung und wie weit man in der Geraden zu gehen hat, um den richtigen Fusspunkt F zu finden; einige Versuche führen zum Ziele.

Die Winkeltrommel ist für dieses Geschäft wenig geeignet, da man immer den Stock einzustecken, einzurichten u. s. w hat. Hingegen ist der Winkelspiegel oder das Winkelprisma sehr bequem für den Zweck. Man geht auf der Geraden in lebhafter Gangart vorwärts mit geeigneter Haltung des Instruments, bis man das Bild des betreffenden Punktzeichens erscheinen sieht; nun hat man nur noch eine geringe Bewegung vor- oder rückwärts zu machen, um genanntes Bild in der Verlängerung des Endzeichens der Geraden zu erblicken und findet damit genau den gesuchten Fusspunkt. Man muss darauf achten, richtig in der Geraden zu bleiben; ein näher gelegener Stab dieser Geraden muss fortwährend genau den entfernteren decken. Zur Bestätigung des gefundenen Punktes wendet man den Körper um 90°, sieht den gegebenen Punkt P unmittelbar an und muss dann das Endzeichen der gegebenen Geraden durch Spiegelung scheinbar in derselben Richtung wie P sehen. Dabei hat man ein sicheres Anzeichen dafür auf der Geraden zu sein, dass die verschiedenen ihr angehörigen Stäbe (Zwischenpunkte, Verlängerungen) scheinbar nur ein Bild geben, d. h. dass ihre Bilder sich decken.

§ 55. **Prismenkreuz.** Die Einschaltung eines Punkts auf eine Gerade mit unzugänglichen Endpunkten (vergl. § 20 und Ende von § 53) kann mit einem Winkelspiegel, Winkelprisma, auch mit Winkeltrommel u. s. w. erfolgen. Man versucht, ob die rechten Winkel, die man vom gewählten Punkt aus an die nach dem einen (unzugänglichen) und nach dem andern Endpunkt gezogenen Geraden, mittels Instruments, gelegt hat, durch denselben Punkt gehen. Thun sie das, so ist der gewählte Punkt richtig errathen, kreuzen sich die Normalen, so muss man etwas vorwärts im Sinne gegen die eingewinkten Zeichen, kreuzen sie nicht, so muss man etwas rückwärts einen neuen Versuch machen.

Bequemer lässt sich die Aufgabe mit dem von Bauernfeind erfundenen Prismenkreuz lösen, welches handlicher ist als der Sextant mit Ergänzungs-Spiegel und -Bogen. Man verfolge den Gang eines Lichtstrahls, der an einer Kathetenfläche eines gleichschenkelig rechtwinkeligen Prisma eintretend, durch Brechung nach der Hypothenusenfläche gelenkt,

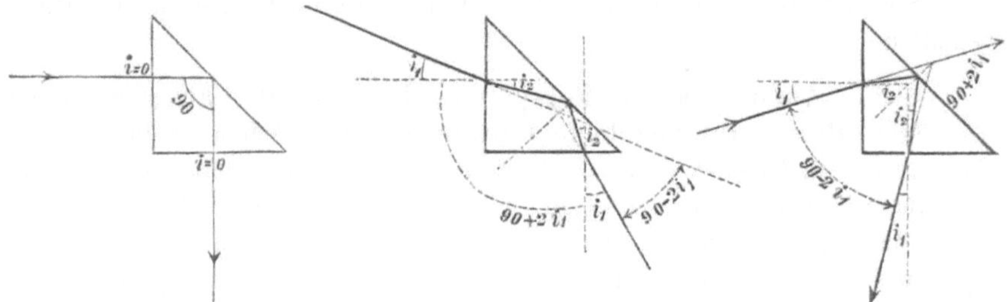

Fig. 29.

dort gespiegelt und auf die zweite Kathetenfläche geworfen wird, aus welcher er unter Brechung austritt; — also den zweimal gebrochenen, einmal gespiegelten Strahl. Den Brechungs- und Spiegelungsgesetzen eingedenk findet man, dass die Ablenkung des Strahls aus seiner Anfangsrichtung $90^0 - 2i_1$ oder $90^0 + 2i_1$ beträgt, je nachdem der Einfallsstrahl

(Einfallswinkel i_1) vom spitzen gegen den rechten Winkel geneigt ist oder vom rechten gegen den spitzen Winkel hingewendet.

Zwei gleichschenkelige, rechtwinkelige Glasprismen sind in einer Fassung so übereinandergestellt (Fig. 30), dass eine Kathetenfläche des einen in derselben Ebene liegt mit einer Kathetenfläche des andern, die übrigen Kathetenflächen parallel sind, die Hypothenusenflächen rechtwinklig kreuzen. Fällt der Strahl von A_1 bei E_1 auf Kathetenfläche (1) des ersten Prisma unter dem Einfallswinkel $+ i$, so erleidet der Strahl eine Ablenkung von $90^0 + 2i$; der Strahl aus A_2 fällt bei E_2 auf Kathetenfläche (2) des zweiten Prisma mit Einfallswinkel $- i$ und erfährt also Ablenkung von $90^0 - 2i$. Die zwei abgelenkten Strahlen S_1 und S_2 liegen also in parallelen, praktisch genommen in derselben Richtung, wenn die Bilder der Zeichen A_1 und A_2 als Verlängerungen von einander erscheinen, mit demselben über die Prismen weg betrachteten Gegenstand P zusammenfallen. Die Einfallsstrahlen $A_1 E_1$ [$(90^0 - 2i)$ von S_2 entfernt] und $A_2 E_2$ [$(90^0 + 2i)$ von S_1 entfernt] sind dann einander g e r a d e e n t g e g e n g e s e t z t. Wird das Prismenkreuz so gehalten, dass $i = 0^0$, so ist die Senkrechte, nach welcher die Hypothenusenflächen sich schneiden, genau auf der senkrechten Ebene durch A_1 und A_2; ist die Schiefe der Geraden $A_1 A_2$ gegen die Kathetenfläche nicht gar zu gross, so geht die Gerade $A_1 A_2$ nicht merklich an jenem Hypothenusendurchschnitt vorüber. Diesem entspricht der Griff des Prismenkreuzes (siehe Fig. 31).

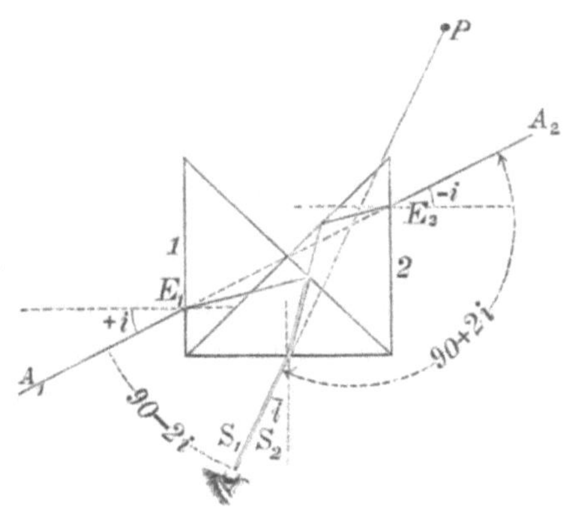

Fig. 30.

Um einen Punkt zwischen A_1 und A_2 auf der Geraden zu finden, geht man, das Prismenkreuz mit den in eine Ebene fallenden Kathetenflächen vor dem Auge, vor- und rückwärts, bis die Bilder von A_1 und von A_2 (an ihnen ist rechts und links vertauscht) in e i n e r u n d d e r s e l b e n Richtung erscheinen, anders gesprochen bis die Stäbe A_1 und A_2 als V e r l ä n g e r u n g e n von einander erscheinen. Dreht man das Prismenkreuz um eine senkrechte Axe (Griff), so ändern $+ i$ und $- i$ um g l e i c h e n Betrag, die Richtung der

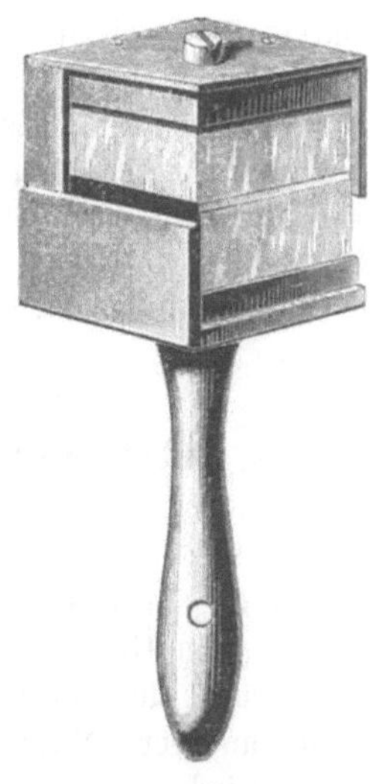
Fig. 31.

Spiegelbilder ändern um den doppelten Betrag, aber sie bleiben in gemeinsamer Richtung.

Die Prismen des Kreuzes sind in einem Gehäuse durch Schrauben gegeneinander verstellbar; man richte sich einen Punkt auf einer Geraden genau ein, benutze ihn als Aufstellungsort und berichtige mittels der Schrauben so lange die Stellung der Prismen, bis die zwei senkrecht stehenden Zeichen, welche die Endpunkte der Geraden bezeichnen, in derselben Richtung, genau eines als Verlängerung des andern (nicht eine gebrochene Linie bildend) erscheinen. Die zwei Kathetenflächen bringt man vorher in eine Ebene; Prüfung: wenn man eine gerade Linie (Fenstersprosse) darin spiegeln lässt, so darf man gar nicht den Absatz der zwei Flächen bemerken, das Spiegelbild muss gerade sein. — Näheres über ziemlich umständliche Berichtigungen in Bauernfeinds Vermessungskunde § 119.

Man kann auch zwei Winkelprismen in gekreuzter Stellung übereinander in der beim Winkelprisma geschilderten Weise benutzen, d. h. Strahlen verwenden, die zweimal im Prisma gespiegelt wurden; sieht man dann die je zweimal gespiegelten Bilder der Stäbe A_1 und A_2 in der gleichen Richtung, so ist diese zugleich rechtwinkelig auf der Richtung A_1 nach A_2, in der man steht.

Porro's Allineator kann auch benutzt werden. Er besteht aus einem trapezförmigen Prisma, entstanden zu denken aus einem gleichschenkelig rechtwinkeligen durch einen Schnitt parallel der Hypothenusenfläche. Fällt ein Strahl auf die Hypothenusenfläche nahe am einen Ende, so wird er durch Brechung nach der (45^0 geneigten) Seitenfläche gelenkt, dort total gespiegelt nach der zweiten (-45^0 zur Hypothenusenfläche geneigten) Seitenfläche, und abermals total reflektirt gegen die Hypothenusenfläche. Durch die zwei Spiegelungen an Ebenen, die 90^0 miteinander bilden, ist die Richtung des Strahls um $2.90^0 = 180^0$ gedreht worden, also wird auch der mit Brechung austretende Strahl gerade entgegengesetzt gerichtet sein dem ursprünglich aufgefallenen. Unabhängig vom Einfallswinkel sieht man also das Bild eines Stabs in der Verlängerung der Richtung vom Stab zum Standorte. Die kleine seitliche Verschiebung um weniger als Breite der Hypothenusenfläche ist gleichgültig.

4. Absteckung von Geraden mit zwischenliegenden Hindernissen.

§ 56. **Umgehen von schmalen Hindernissen.** Das Abstecken und Messen von Geraden mit Hindernissen kann vielfach mit den bisher besprochenen Hülfsmitteln vollzogen werden, meist noch leichter mit Anwendung anderer Winkelmesser, worüber gelegentlich das Nöthige angegeben wird.

Schmales, undurchsichtiges und undurchschreitbares Hinderniss wird mit Hülfe kurzer Normalen umgangen. Sei die Richtung A_1 B_1 gegeben, wo B_1 nahe am Hinderniss, es sollen Punkte B_2 und A_2 auf der verlängerten Geraden A_1 B_1 angegeben, die ganze Länge A_1 A_2 gefunden werden. In B_1 errichte man, nach der Seite der geringeren Breite des Hindernisses, eine Normale B_1 C_1 gemessener Länge; in C_1 lege man an C_1 B_1 abermals eine Normale, C_1 C_2, lang genug, dass die in C_2 an C_2 C_1 angelegte Normale nicht mehr in das Hinderniss trifft, messe C_2 B_2 genau gleich C_1 B_1, so ist B_2 ein Punkt in der Verlängerung von A_1 B_1 und wenn man in B_2 abermals an B_2 C_2 die Normale legt, so gewinnt man die Richtung B_2 A_2 der Verlängerung. Hinsichtlich der Längenmessung ist klar, dass die zugängliche Strecke C_1 C_2 genau gleich lang ist, wie die unzugängliche B_1 B_2. Man hätte statt rechter Winkel auch einen andern in B_1, und einen ihm gleichen in C_1, dessen Supplement in C_2 und endlich wieder in B_2 anlegen können, entschieden weniger bequem.

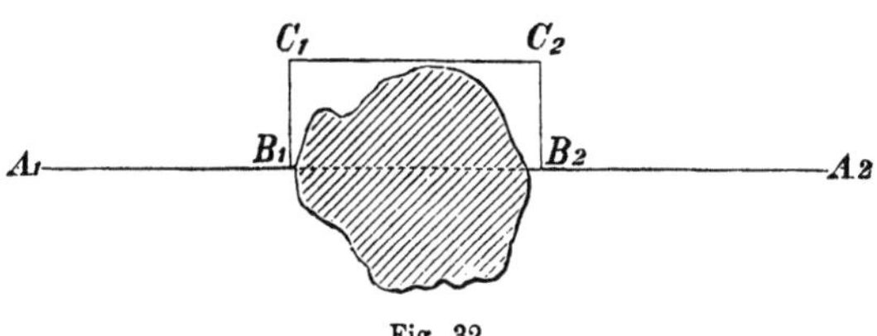

Fig. 32.

Die Aufgabe durch gegebenen Punkt C_1 eine Parallele zu gegebener Geraden A_1 A_2 zu legen, ist vorstehend gelöst. Man sucht in B_1 den Fusspunkt der Normalen aus C_1 auf A_1 A_2, legt in C_1 an die gefundene Normale C_1 B_1 abermals Normale C_1 C_2.

Man kann auch, und zwar bei grösserem Abstande des Punktes C_1 von $A_1 A_2$ durchschnittlich mit günstigerem Erfolg auf der gegebenen Geraden einen Punkt B_1, auf der Geraden $B_1 C_1$ einen Punkt D, auf A_1 A_2 einen zweiten Punkt B_2 wählen und die Gerade B_2 D um eine Strecke $DC_2 = \frac{DC_1}{DB_1} . DB_2$ verlängern; C_2 ist der gesuchte Punkt. Beweis aus Aehnlichkeit der Dreiecke. Die Längen müssen gemessen werden. Zur Bestätigung: Verlängerung $DC_3 = \frac{DC_1}{DB_1} . DB_3$, es muss C_3 mit C_1 und C_2 auf derselben Geraden liegen.

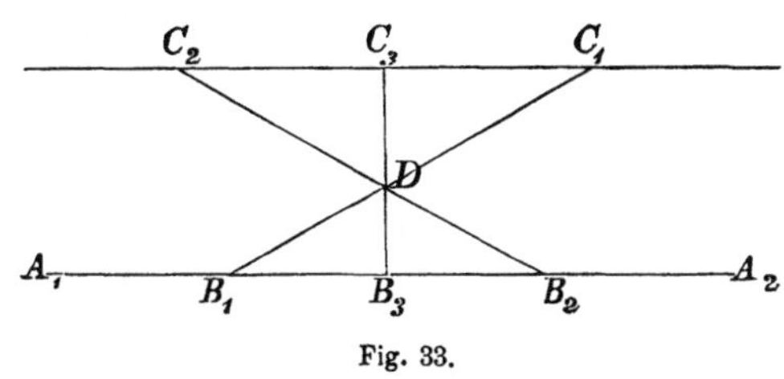

Fig. 33.

Anderes Verfahren: Man lege eine Gerade A_1 F_2 (Fig. 34.) an dem Hinderniss vorüber, suche in derselben den Fusspunkt F_3 der Normalen aus dem Punkte A_3 auf die gegebene Richtung $A_1 A_2$, nahe vor dem Hinderniss, wähle dann Punkte F_4, F_2, von welchem aus man ungehindert Normalen, gleichgerichtet mit F_3 A_3, legen kann, richte sie ein und mache, nachdem A_1 F_3, A_1 F_4, A_1 F_5 und F_3 A_3 gemessen sind: $F_4 A_4 = F_3 A_3 . \frac{A_1 F_4}{A_1 F_3}$;

$F_2 A_2 = F_3 A_3 . \frac{A_1 F_2}{A_1 F_3}$, so sind A_4 und A_2 Punkte der verlängerten Geraden $A_1 A_3$. Kann man etwa aus F_5 seitlich in das Hinderniss eindringen, so braucht man nur die dort errichtete Normale

$$F_5 A_5 = F_3 A_3 \frac{A_1 F_5}{A_1 F_3}$$

zu machen, um auch einen Punkt A_5 innerhalb des hindernden Waldes oder sonstigen Gegenstands zu erhalten. Die Länge der unzugänglichen Strecke $A_3 A_4$ ergibt sich aus

$$A_3 A_4 = F_3 F_4 . \frac{A_1 A_3}{A_1 F_3}.$$

Weniger bequem ist die Rechnung $A_1 A_4 = \sqrt{\overline{A_1 F_4}^2 + \overline{F_4 A_4}^2}$.

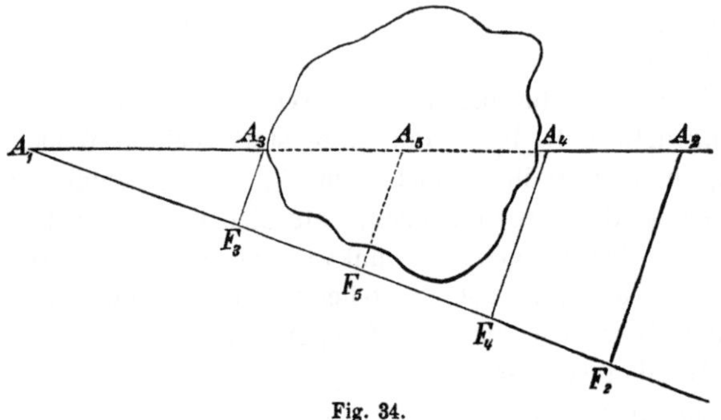

Fig. 34.

§ 57. **Breiteres Hinderniss.** Es seien die Richtungspunkte A_1 vor und A_2 hinter dem Hindernisse gegeben. Wähle einen Punkt P, von dem aus man nach A_1 und nach A_2 frei sehen und messen kann, messe A_1 P und A_2 P, theile diese Strecken in B_1 und B_2 in gleichem Verhältniss, so dass die Verbindungsgerade $B_1 B_2$ (parallel $A_1 A_2$) am Hindernisse vorbeikommt; lege dann zwei Gerade PA_3, PA_5 nach den Grenzen des Hindernisses, bestimme ihren Durchschnitt mit $B_1 B_2$, messe die erforderlichen Strecken und mache

$$PA_3 = PB_3 . \frac{PA_1}{PB_1};$$

$$PA_4 = PB_4 \frac{PA_1}{PB_1},$$

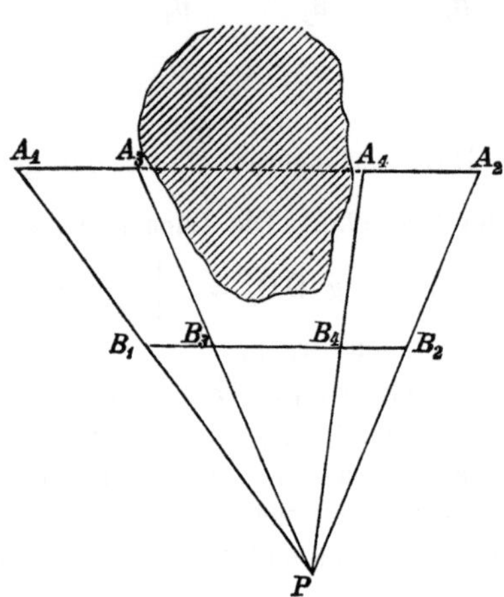

Fig. 35.

so sind die Punkte A_3 und A_4 auf der Geraden. Sollte etwa durch den Wald ein Durchschlag in Richtung $A_1 A_3$ gemacht werden, so kann man nun bequem $A_1 A_3$ und $A_2 A_4$ in den Wald hineinverlängern, allmälig die Bäume wegräumend und ist sicher in der Geraden zu bleiben. Die Länge $A_3 A_4 = B_3 B_4 \cdot \frac{P A_1}{P B_1}$. Auf $B_1 B_2$ ist aber kein Messungshinderniss.

Es ist leicht zu verstehen wie die Arbeit abzuändern ist, wenn etwa A_3 und A_4 gegeben gewesen, A_1, A_2 gesucht wären.

Anderes Verfahren. A′B soll durch den Wald verlängert werden, ohne Lücken zu schaffen. Wähle C′, von wo A′ und B gut sichtbar und zugänglich sind, messe C′A′ und C′B, verlängere BC′ nach gewähltem Punkt A, messe C′A, verlängere dann auch A′C′ beliebig bis B′, trage in der Verlängerung von AB′ die Strecke

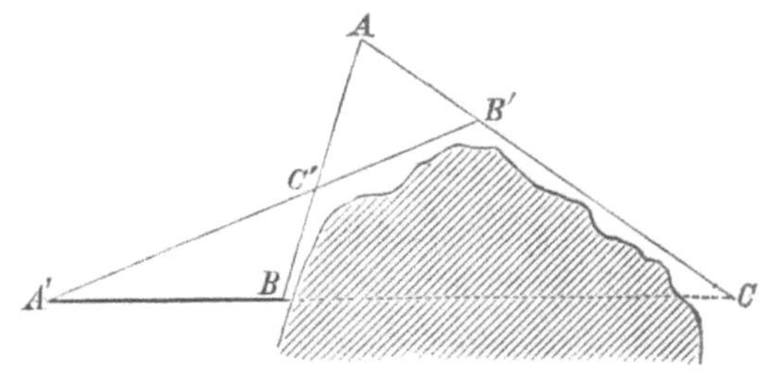

Fig. 36.

$$B'C = \frac{B'A' \cdot C'B \cdot AB'}{C'A' \cdot AC' - B'C' \cdot C'B}$$

auf, so ist C ein Punkt der Verlängerung von A′B.

Beweis aus dem Sinussatze:

$$\left.\begin{aligned} \frac{B'C}{B'A'} &= \frac{\sin A'}{\sin C} \\ \frac{C'A'}{C'B} &= \frac{\sin B}{\sin A'} \\ \frac{AB}{AB' + B'C} &= \frac{\sin C}{\sin B} \end{aligned}\right\} \text{multiplizieren:}$$

$$B'C \cdot C'A' \cdot AB = B'A' \cdot C'B \cdot (AB' + B'C),$$

woraus

$$B'C = \frac{B'A' \cdot C'B \cdot AB'}{C'A' \cdot AB - B'A' \cdot C'B}$$ und

daraus obiger Werth.

Die Länge $A'C = \frac{AC' \cdot BA' \cdot CB'}{B'A \cdot C'B}$,

da nach bekanntem Satze über Involution $A'C \cdot B'A \cdot C'B = AC' \cdot BA' \cdot CB'$. Die Bezeichnung ist in diesem Falle so gewählt, wie in den Transversalen- und Involutionssätzen der reinen Geometrie üblich. Die nöthigen Längen können als zugängliche gewählt und müssen gemessen werden. Das ist meist zeitraubend und lästig.

§ 58. **Geradenverlängerung durch breites Hinderniss ohne Längenmessungen**, nur durch Verlängern von Hülfsgeraden, Ermittelung von Durchschnittspunkten zweier Geraden. CB (Fig. 37) soll durch den Wald verlängert werden, ohne in diesen einzubrechen. Wähle ziemlich weit seitlich gelegenen Punkt I, von welchem aus gut nach B und nach C (ziemlich spitzer Winkel ist günstig) gesehen werden kann. Errichte Stab II auf IC und Stab III auf IB, so dass die Gerade II III noch am Walde vorübergeht. Ermittele den Durchschnittspunkt der Diagonale BII und CIII und stecke dorthin, nach IV einen Stab. Auf der Geraden IV I wähle man einen Punkt V (Stab), suche den Durchschnitt VI der Geraden

III V mit CI und ebenso Durchschnitt VII der Geraden II V mit B I. Endlich den Durchschnittspunkt A der Geraden VI VII und II III. A ist, wie aus den Sätzen über das vollständige Vierseit leicht bewiesen werden kann, auf der Verlängerung von CB. Man braucht für dieses Verfahren ziemlich viel freien seitlichen Raum. Die Sicherheit, mit welcher A gefunden wird, hängt wesentlich von der Neigung der Geraden ab, die sich in ihm schneiden, ebenso von der Sicherheit, mit welcher die vorher aufzusuchenden Durchschnitte sich ergeben. Spitze Schnitte sind praktisch unsicher; um solche schlechte Schnitte zu vermeiden, bedarf es ziemlicher Gewandtheit und reichlichen Raumes. Wären die durch das Hinderniss getrennten Punkte A und B gegeben gewesen und die Aufgabe gestellt, den Punkt C in der Verlängerung der Geraden AB zu bestimmen, so baut man dieselben Vierseiten mit ihren Diagonalen nur in anderer Ordnung auf. Man wählt 1) den Punkt II, von welchem aus nach B gesehen werden kann, 2) Punkt III ebenso. Dann 3) Punkt I ziemlich weit fort auf der Verlängerung von B III. Ferner 4) auf I III B wählt man Punkt VII und bestimmt 5) Punkt VI als Durchschnitt von A VII mit I II. 6) Stecke Punkt V im Durchschnitt der Diagonalen II V II und III VI ab, wähle 7) Punkt IV auf der Verlängerung von I V und suche schliesslich 8) den Punkt C als Durchschnitt von I II und III IV.

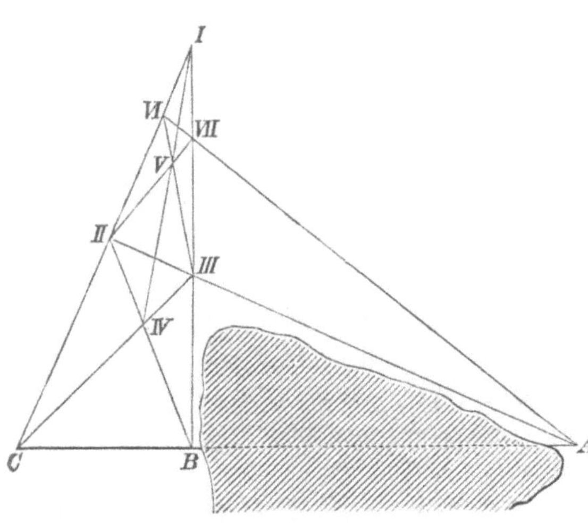

Fig. 37.

Nicht gerade oft trifft es sich in waldiger und hügeliger Gegend, dass man alle die erforderlichen Durchsichten haben und gute Schnitte gewinnen kann. Unter allen Umständen ist das Verfahren ziemlich mühsam und von mehr theoretischem als praktischem Werth. Dasselbe gilt von ähnlichen, die man noch erfinden kann.

Mit einem vollkommenen Winkelmesser und durch trigonometrische Rechnungen wird man derartige Aufgaben b e q u e m e r lösen können, wobei eine einzige Längenmessung ausreicht oder auch eine schon bekannte Länge benutzt werden kann.

§ 59. **Sehr ausgedehntes Hinderniss, Feuerzeichen.** Es soll eine Gerade abgesteckt werden, die durch einen Punkt diesseits und einen jenseits eines sehr ausgedehnten undurchsichtigen Waldes, Aussicht hemmenden Gebirges oder dgl. gegeben ist.

Kann man im Gebirge Orte finden, welche die Aussicht nach beiden Punkten zugleich gestatten, so versuche man (mit Prismenkreuz oder entsprechendem Hülfsmittel), ob darunter ein Punkt der Geraden selbst ist. Dann wird es vielleicht schon möglich sein, genügend viel Punkte zu finden.

Andernfalls lasse man zur Nachtzeit auf dem einen Endpunkt zu verabredeten Zeiten (etwa alle 5 Minuten) Raketen steigen, die jenseits gesehen werden können. Ist der andere (diesseitige) Endpunkt nahe am Hinderniss, so stellt man in ihm eine brennende Laterne auf und sucht sich selbst auf die durch den Ort der Rakete und der Laterne bestimmte Richtung zu bringen. Ist aber der diesseitige Endpunkt weit vor dem Hinderniss und es soll ein Punkt nahe am Hinderniss eingeschoben werden, so stelle man sich in geeigneter Entfernung hinter die auf dem diesseitigen Endpunkte brennende Laterne und gebe einem mit brennender Laterne nahe am Hindernisse befindlichen Gehülfen Zeichen, in welcher Richtung er seine Laterne zu bewegen hat, um sie in die Verbindungslinie zwischen stehender Laterne und Rakete zu bringen. Ein Hornruf und ein Pfiff bedeuten nach vorheriger Verabredung Verbringen der Laterne nach dieser oder nach jener Seite.

5. Absteckung von Curven, Kreisbogen insbesondere.

§ 60. **Ordinatenmethode.** Wohl immer soll die Curve eine gegebene Gerade in gegebenem oder durch allerhand Bedingungen bestimmten und erst aufzufindendem Punkt berühren, gewöhnlich zwei verschiedene Richtungen stetig verbinden (Strassen- oder Bahn-Zug). Die geometrische Natur der Curve und ihre Parameter müssen gegeben oder nach gegebenen Bedingungen berechnet werden.

Man transformire die Gleichung der Curve auf die Tangente als Abscissenaxe, berechne nach ihr zu gewissen, etwa von 10 zu 10 oder 20 zu 20 m. u. s. w. wachsenden Abscissenwerthen die rechtwinkeligen Ordinaten, trage die Abscissenlängen auf der Tangente auf und in den Theilpunkten (mit Hülfe von Winkelprisma oder dgl.) im rechten Winkel die Ordinaten von berechneter Länge. Wählt man gleiche Abscissenabschnitte, so kommen die Curvenpunkte in ungleichen Abstand, was meist nicht erwünscht ist. Entfernt man sich weit von dem Berührungspunkt, so werden die Ordinaten lang, man müsste, um genau zu verfahren, bessere als die bis jetzt vorgetragenen Hülfsmittel zur Absteckung der Normalen verwenden. Ferner wird es, da gerade, wenn Curven angewendet werden, in der Gegend Hindernisse wie Berge, Gewässer u. dgl. vorhanden zu sein pflegen, oft am erforderlichen, frei zugängigen Raume fehlen. Man wird daher, bei längeren Curven zuerst die Lage und Länge der Seiten eines berührenden Vielecks berechnen und abstecken. Dann mit kürzeren Ordinaten an diese als Abscissenaxen genommenen Vielecksseiten ausreichen.

Aufgabe. Zwei in C zusammentreffende Geraden, die den Winkel 2α einschliessen, sollen durch einen Kreisbogen verbunden werden, der in T_1 berühre. Sei zunächst der Schnittpunkt C als zugängig angenommen. Der Halbmesser r des Kreisbogens berechnet sich zu $r = T_1 C \,.\, \mathrm{Tg}\, \alpha$, die Entfernung $T_2 C$ des zweiten Berührungspunktes ist $= T_1 C$. Die auf die Tangente als X-Axe bezogene Gleichung des Kreises ist: $y = r - \sqrt{r^2 - x^2}$.

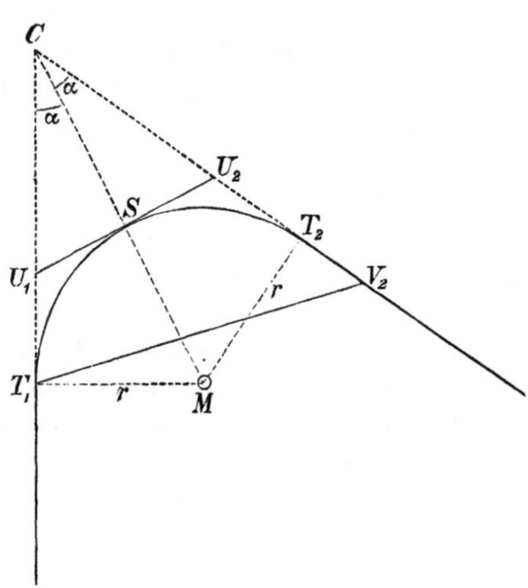

Fig. 38.

Man berechnet sich für eine Anzahl Werthe von x die zugehörigen y, trägt die x-Werthe sowohl von T_1 gegen C als von T_2 gegen C auf, errichtet die Ordinaten und gibt ihnen die berechneten Längen (y). Werden die Ordinaten zu lang, so mag man die Lage des Scheitels S, der Zwischentangente $U_1 S U_2$ berechnen und von S aus gegen U_1 wie gegen U_2 die kleineren x und normal zu $U_1 U_2$ die zugehörigen kleineren y auftragen. S liegt auf der Hälftungslinie (§ 37) des Winkels $T_1 C T_2$ in der Entfernung $\frac{T_1 C}{\mathrm{Cos}\, \alpha} - r$. Die Punkte U_1 und U_2 in der Entfernung $\frac{T_1 C}{\mathrm{Cos}^2 \alpha} - \frac{r}{\mathrm{Cos}\, \alpha}$.

Ist der Punkt C nicht zugänglich, also auch der Winkel 2α nicht unmittelbar messbar, so kann man eine Verbindungslinie $T_1 V_2$ der zwei Geraden abstecken und ausmessen, ferner die Winkel, welche sie mit $T_1 C$ $T_2 C$ bildet (wozu allerdings zweckmässig bessere Winkelmesser zu benutzen sind), daraus Winkel 2α ableiten, trigonometrisch die Längen $T_1 C$ und $V_2 C$ berechnen, T_2 als $V_2 C - T_1 C$ von V_2 entfernt finden, dann r berechnen und im übrigen verfahren wie vorher. Auch U_1 und U_2 lassen sich von T_1 und V_2 oder T_2 aus berechnen, S liegt dann in der Mitte. Das in dem Feld auszuführende Geschäft bleibt dasselbe. Statt einer kann man auch mehr Zwischentangenten berechnen, man kann z. B. in der erst geschilderten Art den Kreisbogen zwischen T_1 und S (mit einer Zwischentangente) construiren, dann jenen zwischen S und T_2 in eben dieser Weise.

Es ist nicht schwierig, die Aufgabe in mancherlei Art zu verändern, z. B. von vornherein r geben; dann sind die Berührungspunkte T_1 und T_2

zuerst zu berechnen und so fort. Das eigentlich feldmesserische Geschäft bleibt immer dasselbe.

§ 61. **Sehnenverfahren.** Es soll (Fig. 39) an die Gerade U T_1 in T_1 berührend ein Kreisbogen vom Halbmesser r gelegt werden und Punkte P_1, P_2, P_3 . . . auf diesem bestimmt werden, welche stets den gleichen Abstand s von einander haben, mit andern Worten, die zwei auf einander folgenden Curvenpunkte sollen einen den Winkel β umschliessenden Bogen zwischen sich fassen.

Aus s und r berechnet sich β nach $\sin\frac{\beta}{2} = \frac{s}{2r}$. Um den ersten Punkt P_1 zu finden, trage man auf der verlängerten Geraden U T_1 eine Strecke $x = s \cos\beta$ auf, rechtwinkelig am Endpunkte derselben die Strecke $y = s \sin\beta$. Dann lege man eine Latte, auf welcher die Länge s aufgetragen ist, mit dem einen Endpunkt in T_1 an, während der Endpunkt der aufgetragenen Länge s in den gefundenen Punkt P_1 zu liegen kommt. Die Latte hat die Länge $s + x = s + s \cos\beta$ und an ihrem Endpunkte ist rechtwinkelig ein Lattenstück angenagelt von der Länge $y = s \sin\beta$. Der Endpunkt dieses Stichmaasses y gibt den Punkt P_2. Nun wird die Latte mit dem Endpunkte in P_1, mit dem Ende des Theiles s auf ihr in P_2 gelegt, das Ende des Querstücks y ergibt P_3 u. s. fort. Sehr bequem, wenig freien Raum um die Curve herum beanspruchend.

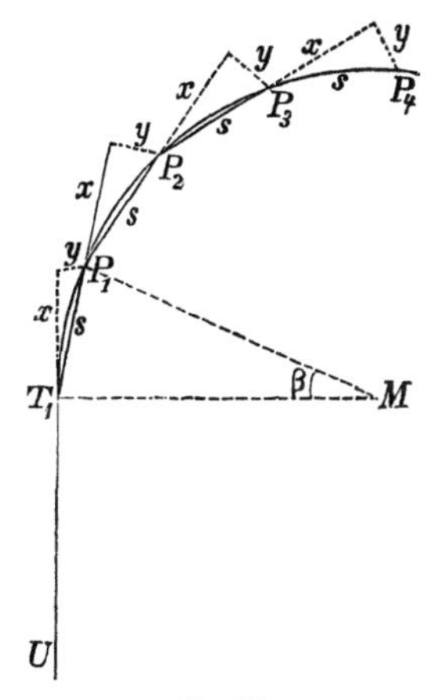

Fig. 39.

Waren die Bedingungen der Aufgabe im vorigen Paragraphen gestellt, so berechnet sich der Winkel T_1 M T_2 (siehe Figur 38) zu $180^0 - 2\alpha$. Und sollen n gleich abständige Punkte auf dem Bogen zwischen T_1 und T_2 abgesteckt werden: $\beta = \frac{180^0 - 2\alpha}{n}$; $s = 2r \sin\frac{1}{2}\beta$ u. s. w.

Die Aufgaben über Kreisbogenabsteckung können nach den Bedingungen mannigfach abgeändert werden; das feldmesserische Geschäft bleibt wesentlich dasselbe. Die erforderlichen rein geometrischen Ueberlegungen zur Lösung der Aufgabe können dem Leser überlassen bleiben.

Andere Curven als Kreise werden selten abgesteckt. Uebrigens kann man in vielen Fällen (Parkwegen u. dgl.) die Curven nach dem Augenmaasse legen, wohl auch Ellipsen und ähnliches mit Hülfe von Schnüren, wie es die Gärtner thun, anlegen.

6. Stückvermessung nach der Normalenmethode.

§ 62. **Vorarbeit.** Das zu beschreibende Verfahren ist nur anwendbar, wenn die betreffende Fläche im Innern zugänglich ist und freie Aussichten in genügender Zahl gestattet. Sie ist zunächst nur geeignet für Streifen, deren durchschnittliche Breite nicht 100 m überschreitet. Breitere Landstücke kann man aber durch passend gewählte Grenzlinien in solche für die Aufnahme unmittelbar geeignete Streifen zerlegen und diese schliesslich wieder in der richtigen Art an einander reihen.

Nach vorläufiger Begehung der Fläche (§ 10) umzieht man sie mit einem Vieleck von möglichst geringer Seitenzahl, welches sich den wahren Begrenzungen des Grundstücks jedoch gut anpassen soll. Zunächst wird dieses Vieleck aufgenommen, die Bemessung der Fläche selbst bleibt vorbehalten.

Man durchzieht das Vieleck mit einer langen Geraden, der Vermessungslinie, Basis oder Abscissenaxe, über deren Wahl man sich gelegentlich der Begehung schlüssig gemacht hat. Sie soll so liegen, dass die Eckpunkte des Vielecks alle möglichst nahe daran sind, keiner sollte mehr als höchstens 60 m davon abstehen, — andernfalls müssen Abtheilungslinien gezogen, die Aufnahme in mehreren Theilen gemacht werden. Diese Messungslinie wird durch Stäbe abgesteckt und nützlicherweise einige Zwischenpunkte derselben durch Stäbe gekennzeichnet.

§ 63. Die **Messungen.** Man sucht die Fusspunkte der Normalen aus allen Eckpunkten auf die Vermessungslinie (§ 54), bezeichnet sie durch leichte, kurze Pfähle, auf welche man ein dem Zeichen des betreffenden Eckpunkts entsprechendes Zeichen schreibt (also z. B. b entsprechend B, II entsprechend P_2 u. s. w.). Von beliebigem Anfangspunkt auf der Abscissenaxe wird nun die Längenmessung vollzogen, der Abstand jedes einzelnen Normalen-Fusspunkts von jenem Anfangspunkt bemerkt. Sollten zu beiden Seiten jenes Anfangspunktes Fusspunkte liegen, so sind die Abscissen der einen Seite positiv, die der andern negativ. (Siehe Fig. 40.) Es sind noch die Längen der Normalen, oder die Ordinaten zu messen und die gefundenen Werthe mit Vorzeichen aufzuschreiben. In der Regel wird das Vieleck so umgangen gedacht, dass es beständig zur rechten Seite verbleibt und im Sinne dieser Umschreibung die Bezeichnung der Endpunkte steigend (P_1, P_2 . . . oder A, B . . .) gewählt. Denkt man sich in der Abscissenaxe so stehend, dass das Gesicht nach den steigenden Nummern gerichtet ist, so werden die nach links aufzutragenden Ordinaten als positive, die nach rechts aufzutragenden als negative genommen. Die Ergebnisse werden nicht nur in Zahlen tabellenmässig aufgeschrieben, sondern eine Handskizze (§ 81) sofort angefertigt und in diesen die Zahlen in geeigneter Weise beigeschrieben.

Die Ordinaten sollen nicht zu lang sein: „Beträgt die Länge der rechtwinkligen Abstände mehr als 50 m in der Ebene und 25 m im Gebirge, so ist die Richtigkeit derselben zugleich durch eine Hypothenusenmessung oder sonst in geeigneter Weise zu prüfen." (§ 32 der bayr. Instruktion.)

Reicht man (wegen zu grosser Breite des Grundstücks) mit einer Vermessungslinie nicht aus, so wird eine zweite, dritte u. s. w. an die erste angebunden, d. h. es werden zwei (zur Sicherheit wenn möglich mehr) Punkte der zweiten Vermessungslinie durch ihre Coordinaten in Bezug auf die erste festgelegt. Die zweite Vermessungslinie spielt bezüglich der ihr näher gelegenen Punkte dieselbe Rolle wie die erste in vorstehender Angabe. Die Coordinaten in Bezug auf die zweite Vermessungslinie wird man zweckmässig schon durch die Bezeichnungen von jenen, die sich auf die erste Abscissenaxe beziehen, unterscheiden; die einen etwa x, y, die andern ξ, η benennen. Die Lage des Anfangspunkts auf der neuen Abscissenaxe muss sicher festgelegt sein.

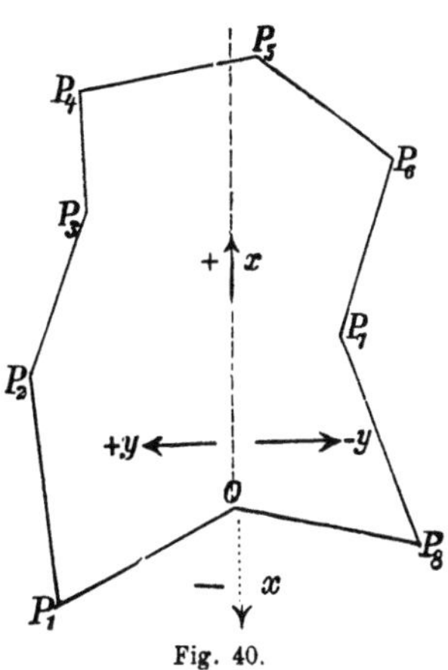

Fig. 40.

Ist das Vieleck seinem Umfange nach bestimmt, so kann man die einzelnen Seiten desselben als neue Vermessungslinien benutzen, um die wahren Grenzen, die von den Vielecksseiten nicht weit entfernt sind, aufzunehmen. Krumme Linien (auch Bachränder und dgl.) werden als gebrochene Linien aufgefasst; man hat die Eckpunkte dieser genügend nahe bei einander zu wählen und sie zu vermessen. Meist wird man gleich grosse Abscissenstücke nehmen für diese Aufnahme der Curven, weil das für die Ausführung bequem ist (z. B. jedesmal eine Bandlänge von 20 m) und auch für die Berechnung Vortheil bietet. — Für die Aufnahme der letzten Einzelheiten im Innern des Vielecks kann man nützlich viele neue Vermessungslinien einbinden. Diesbezügliches in der Besprechung des Beispiels § 64.

Zuweilen kann eine Ordinate nicht gemessen, selbst nicht abgesteckt werden, weil der Weg nicht frei ist. Dann hilft man sich wohl durch eine Dreiecksconstruktion, durch welche der betreffende Eckpunkt der Abscissenaxe angebunden wird. Man misst die Strecken b und c nach zwei passend auf der Abscissenaxe gewählten Punkten C und B, ebenso die Entfernung a dieser Punkte von

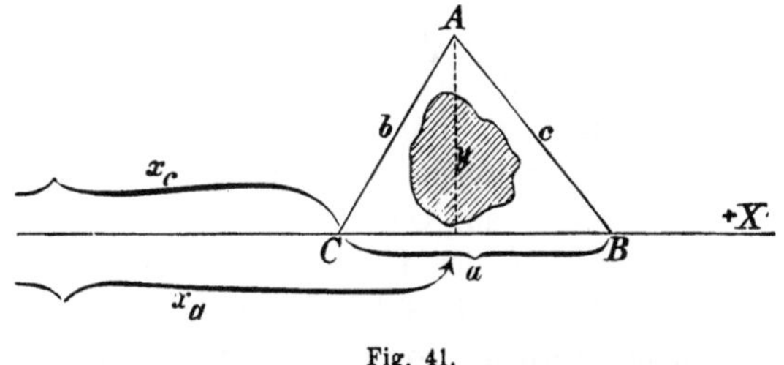

Fig. 41.

einander und findet dann (wenn $s = \frac{a + b + c}{2}$)

$$y = \frac{2}{a} \cdot \sqrt{s \cdot \overline{s - a} \cdot \overline{s - b} \cdot \overline{s - c}} \quad \text{(Anhang IV, 16).}$$

Ferner ergeben sich leicht die Entfernungen β und γ des Normalenfusspunkts F von den Punkten B und C, nämlich $\beta = c - \frac{2}{a} \cdot (s - a)(s - c)$ und $\gamma = b - \frac{2}{a} (s - a)(s - b)$, demnach, wenn x_b, x_c die Abscissen der Punkte B, C sind: $x_a = x_b - \beta = x_c + \gamma$.

Dergleichen Bestimmungen, die man Bogenschnitte nennt (weil A durch den Schnitt zweier von B und C aus mit gemessenen Halbmessern gezogener Kreisbogen bestimmt wird), soll man nur bei kurzen Entfernungen anwenden. Nöthigenfalls den unbequemen Eckpunkt A an eine andere Vermessungslinie anbinden.

Die Festlegung eines Punkts (wie A) durch seine Entfernungen von mindestens zwei bereits ihrer Lage nach bestimmten Punkten (B_1 C) nennt man auch Diagonalmessungen. In engen Lagen, Hofräumen u. dgl. sind sie oft unschätzbar nützlich anzuwenden.

Bayrische Instruktion § 84: „Zur Gewinnung untergeordneter Punkte kann der Geometer einen Punkt durch seine Polarcoordinaten bestimmen, eventuell einen ganzen Zug einlegen, dessen letzter Punkt aber immer, sei es auch nur durch Streckenmessung, kontrolirt sein muss. Die Winkel sind blos bis auf Minuten zu messen und der Zug, einschliesslich aller Daten der Länge- und Winkelmessung, direkt in den Handriss einzutragen."

§ 64. **Beispiel für die Stückvermessung und allerhand Bemerkungen.** Die Normalenmethode kommt zwar in Anwendung auch für vereinzelte Aufnahmen eines kleinen Stücks, häufig aber im Anschluss an vorhergegangene Messungen anderer Art, zu der die Stückvermessung die letzten Einzelheiten liefert. So seien Fig. 42 die Punkte O, P, Q, R anderweitig bereits bestimmt. Man wird sofort die durch sie gegebenen Geraden, wenigstens unter den Verhältnissen des Beispiels die Linien OP, PQ, QR, RO als Abscissenaxen oder Messungslinien verwenden. An diese dann weitere Hülfslinien anbinden, zweckmässig durch Bestimmung ihrer Durchschnittspunkte mit zweien der gegebenen Richtungen. So die durch den Fabrikhof ziehende Gerade, welche Verlängerung der Gartenmauer zwischen Dörr und Schwab ist und durch die Entfernungen 55,86 m von O auf OP und 56,75 m von R auf RQ bestimmt wird. So die Verlängerung der Eigenthumsgrenze zwischen Köhl und Weil, bestimmt durch 88,72 m und 96,72 m. An solche Messlinien können wieder andere gebunden werden, so jene, welche zum Theil mit der Grenze zwischen Weil und Seitz zusammenfällt, und bestimmt ist durch 52,14 m von P auf PQ und 52,00 m auf der vorhin erwähnten Messungslinie, gezählt von (links) ihrem Beginne auf OP.

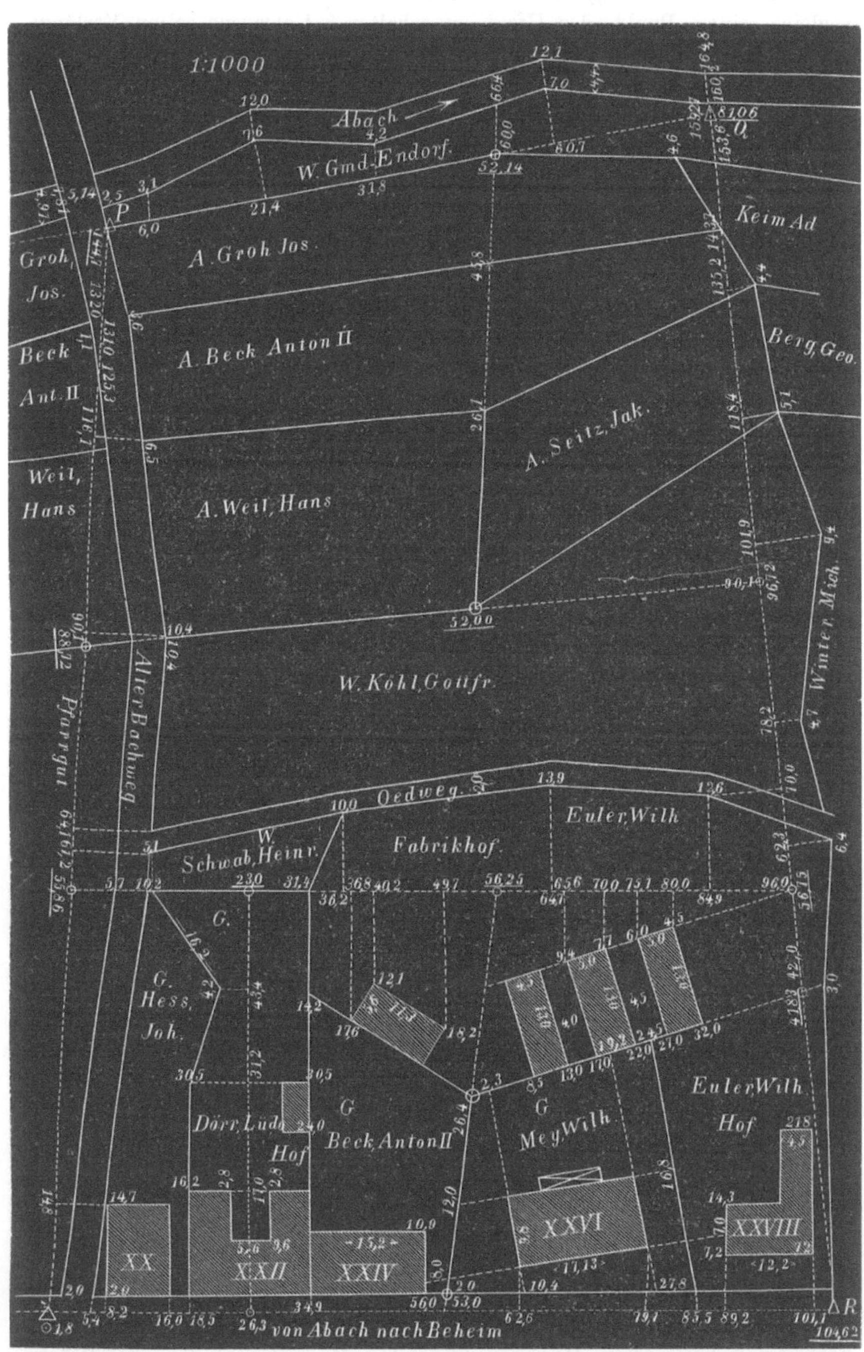
1:1000
Abach
W. Gmd. Endorf.
A. Groh Jos.
Groh Jos.
Keim Ad.
A. Beck Anton II
Beck Ant. II
Berg Geo.
A. Seitz Jak.
Weil, Hans
A. Weil, Hans
Winter Mich.
W. Köhl Gottfr.
Alter Bachweg
Pfarrgut
Oedweg.
Euler Wilh.
W. Schwab, Heinr.
Fabrikhof.
G. Hess, Joh.
G. Dörr, Lud. Hof
G. Beck, Anton II
G. Mey Wilh.
Euler Wilh. Hof
XX
XXII
XXIV
XXVI
XXVIII
von Abach nach Beheim
P
Q
R

Fig. 42.

Die neue Messungslinie ist noch bis zum Bache verlängert, um sogleich einen Punkt des Ufers zu erhalten. Uebrigens sollen Verlängerungen eher vermieden werden, nur kurze erscheinen unbedenklich.

Die Einbindung von Messungslinien soll nicht unter zu spitzen Winkeln erfolgen, weil das der Genauigkeit Abbruch thut. Die Anzahl der Bindepunkte der Messungslinie ist thunlichst zu beschränken, so dass ein und derselbe Bindepunkt für möglichst viele Messungslinien benutzt wird (VIII preuss. Anw. § 76). In Ortschaften, engen Lagen überhaupt, wird es besonders nöthig und nützlich, zahlreiche Messungslinien einzubinden, wohl auch mit Hülfe geeigneter Instrumente ihre Neigung gegen die Hauptlinie zu messen. Man dringt durch Einfahrten und Eingänge in das Innere umbauter Höfe, Gärten u. s. w. und ermöglicht dadurch deren Aufnahme, wobei zuweilen noch andere Linienconstruktionen, dann aber, wenn möglich, mit Versicherungsmessungen, vorkommen.

So die durch den Hauseingang von Nr. XXII (Dörr), rechtwinkelig zur Hauptlinie OR gelegte Hülfslinie. Die Grenze zwischen dem Anwesen XXIV (Beck) und XXVI (Mey) ist nur durch Einbindung an die Hauptlinie OR und die Fabrikhofs-Abscisse ermittelt; sie gibt Gelegenheit, eine zur Aufnahme der Gebäude im Fabrikhofe nützliche Hülfslinie, welche theilweise mit der Grenze von XXVI (Mey) mit dem Fabrikhof (Euler) zusammenfällt, mittelst ihres Durchschnitts mit RQ zu bestimmen.

Oft erweist es sich nützlich (namentlich für Prüfungen), die Fluchtlinien eines Gebäudes u. s. w. bis zum Durchschnitt mit bereits bekannten (festgelegten) Richtungen zu verlängern und aufzumessen; Beispiel jene des Hauses XXVI.

Von regelmässigen Strassen und Wegen gleichbleibender Breite genügt es, einen Rand (alter Bachweg, nur der rechte Rand, Oedweg nur der im Bilde untere Rand) aufzunehmen und dann im Plane mit Hülfe der gemessenen Breite (einschreiben) den andern Rand nachzutragen. Aehnlich für Bäche, wenn sie nicht vielfach und plötzlich die Breite ändern. Ufer sind, wenn nicht Wasserbauten bestehen, meist ziemlich unbestimmt und schon desshalb nicht genau aufnehmbar. Stellen, von welchen an, entschieden und deutlich die Böschung oder Senkung zum Wasserspiegel beginnt, werden als Uferpunkte betrachtet. In Ermangelung solcher sucht man die Grenzen der Anschwemmung und Ablagerung von Geröll, Sand, Schlamm, oder des bebauten oder bebaubaren Landes. Zuweilen, namentlich wenn Wasserbauten beabsichtigt werden, sollen auch die Ueberschwemmungsgrenzen angegeben werden. Oft erkennt man sie an der Bodenbeschaffenheit, wird aber jederzeit Ortskundige berathen, denen die Austrittsweiten des Wassers erinnerlich sind. Hohlwege und ähnliche von veränderlicher Breite, auch wohl zeitlich ändernder Richtung, werden wie Bäche behandelt.

In dem mitgetheilten Handrisse ist die Lagenbestimmung der Brücke über den Bach nicht recht deutlich. Zu grösserer Sicherheit macht man noch einen besonderen Handriss (grösseren Maassstabes) für die Brücke und ihre nächste Umgebung. Man wird gut thun, QP zu verlängern, das ist besser als die Verlängerung von OP, weil auf dieser die Ordinatenfusspunkte entweder in das Wasser fallen oder sehr nahe ans Ufer und sehr schwer zugänglich sind.

Die ausgeführten Pläne wie auch die Handrisse sollen nicht von zu kleinem Format sein, meist bestehen amtliche Vorschriften darüber, wie auch über die Verjüngungszahl.

Die Vermessungslinien werden am besten in anderer Farbe (roth) eingezeichnet, alle Eigenthumsgrenzen schwarz ausgezogen, Ordinaten punktirt. In der Figur sind die Messungslinien, soweit sie nicht mit Grenzen zusammenfallen, gestrichelt. Die Maasszahlen schreibt man am besten roth, wie die Messungslinien, Namen und Bezeichnungsnummern schwarz.

A, G, W u. s. w. sind Abkürzungen für Acker, Garten, Wiese u. s. w. Zu den Namen der Eigenthümer schreibt man in grösserem Plane (hier weggelassen) den Wohnort, wohl auch die Hausnummer des Besitzers.

Eine genaue Durchsicht des kleinen Grundrisses wird noch allerhand Bemerkenswerthes leichtverständlich ergeben.

Siehe noch §§ 67—86.

§ 65. Die **Berechnung.** Die Länge der Vieleckseiten, überhaupt die Entfernung zweier Punkte berechnet sich einfach als Quadratwurzel aus der Summe der Quadrate der Coordinatendifferenzen der Endpunkte. Also z. B.

$$s_{45} = \sqrt{(x_4 - x_5)^2 + (y_4 - y_5)^2}.$$

Man misst (überzählig) einzelne Seitenlinien im Felde und vergleicht ihre gefundene mit der berechneten Länge; dadurch werden P r ü f u n g e n und Bestätigungen der Messung gewonnen.

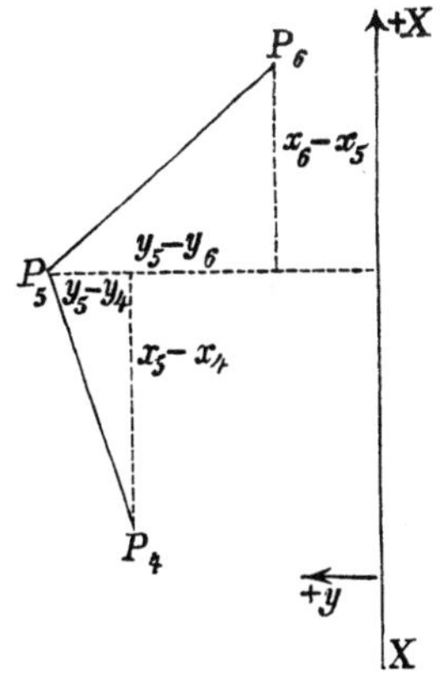

Die Berechnung der Vieleckswinkel ist selten verlangt, aber unschwer auszuführen. Sie setzen sich algebraisch zusammen aus zwei Winkeln, nämlich den Neigungen der zwei Vielecksseiten zu der Ordinate oder Parallelen zur Y-axe. Und deren Tangenten sind die Quotienten der Abscissendifferenzen und Ordinatendifferenzen. Beispiel:

Fig. 43.

$$\text{Vieleckswinkel } P_5 = \text{Arc Tg } \frac{x_5 - x_4}{y_5 - y_4} + \text{Arc Tg } \frac{x_6 - x_5}{y_5 - y_6}.$$

Der Quadrant, in welchem der Theilwinkel liegt, wird durch die bekannte Regel nach den Vorzeichen von Zähler und Nenner des Tangentenausdrucks bestimmt (§ 6).

Die wichtigste Berechnung ist gewöhnlich die des Flächeninhalts. Siehe §§ 87—99. Das Doppelte desselben ist g l e i c h d e r a l g e b r a i s c h e n S u m m e d e r P r o d u k t e a u s a l l e n A b s c i s s e n d e r E c k p u n k t e i n d i e D i f f e r e n z d e r O r d i n a t e n d e r N a c h b a r e c k e n — oder aus allen Ordinaten in die Differenz der Abscissen der

Nachbarecken. Die Reihenfolge für die Subtraktion muss immer dieselbe bleiben; hat man die verkehrte gewählt, so wird für den Flächeninhalt eine negative Zahl erhalten, was hier bedeutungslos ist. Man ändert nichts an der Summe, wenn alle Abscissen um einen und denselben Betrag vermehrt oder vermindert werden, — ebenso darf man alle Ordinaten um gleich viel ändern. Man benutzt das zur Vereinfachung der Zahlen, namentlich wird man immer wenigstens eine Abscisse Null machen oder eine Ordinate. Es empfiehlt sich, die Rechnung zur Sicherung gegen Rechenfehler nach beiden Arten auszuführen. Alle Rechnungen sollen nach ganz bestimmten Formularen erfolgen, so dass jede Ziffer ihren ganz bestimmten Platz hat, jeder Rechnungsverständige also sofort nachrechnen kann. Im ersten der nachfolgenden Beispiele sind die Multiplikationen an der Seite ausgeführt, das ist meist bequemer als logarithmische Rechnung; im zweiten Beispiel ist der Gebrauch von Multiplikationstabellen oder eines Rechenknechts vorausgesetzt. Man schreibt vor die Coordinaten des ersten (durch Strich getrennt) nochmals die des letzten Eckpunkts und hinter jene des letzten (durch Strich getrennt) nochmals die des ersten, um bequem die erforderlichen Subtraktionen machen zu können. Im Uebrigen wird der Anblick des Beispiels die Anordnung zeigen. Die Addition der Theile für die Einzelprodukte ist überflüssig, daher weggeblieben. (Die Zerlegung des Vielecks in Paralleltrapeze und Dreiecke zum Zwecke der Flächenberechnung ist viel zu umständlich.)

1. Beispiel der Flächenberechnung eines Vielecks aus den Coordinaten der Eckpunkte.

Nr.	—	+	x . Δy	x	y	y . Δx	+	—
VI	..,2872	...,3744		8,44	—27,26		...1,93	—
I	.2,872.	..7,488.	0	0	0		...9,66	—
II	57,44..	112,32..	—18,72.—36,42	—18,72	+24,16	+24,16. 9,48	.217,44	—
	60,5992	561,6...					....,73	—
III		...,3792	9,48. 10,94	+ 9,48	+36,42	+36,42. 104,82	..29,14	—
IV		..8,532.	86,10. 43,60	+86,10	+13,22	+13,22. 80,56	.145,68	—
V		.94,8...	90,04. 40,48	+90,04	— 7,18	— 7,18.—77,66	3642,..	—
VI		..4,36..	8,44.— 7,18	+ 8,44	—27,26	—27,26.—90,04	...1,61	—
I		261,6...		0	0		..16,11	—
		3488,....					.241,68	—
		..1,6192					.805,6.	—
		3643,2...					...6,21	—
		8184,2728					...7,77	—
		— 60,5992					.543,62	—
		2f = 8123,6736					...1,09	—
		f = **4061,8368** qm					2453,4.	—
							8123,67=2f	
							f = **4061,84** qm	

Bemerkung. Die Rechnung mit vier Dezimalstellen hat keinen Sinn, in der zweiten Berechnung ist daher das abgekürzte Verfahren der Multiplikation mit Abstossung von zwei Dezimalen durchgeführt. Nach preussischer Vorschrift wird zwar in den Grundsteuerkatastern von Theilen des Quadratmeters abgesehen, nur nach Hektaren, Aren und Quadratmetern gerechnet, allein bei den Berechnungen sind die Längenangaben mit den Metertheilen zu nehmen, die Abrundung auf volle Quadratmeter erst bei dem Flächeninhalte der betreffenden Parzelle zu bewirken. (VIII pr. Anweis. § 34.)

2. Beispiel der Flächenberechnung eines Vielecks aus den Coordinaten der Eckpunkte.

x . Δy −	x . Δy +	Δy	x	Punkt	y	Δx	y . Δx +	y . Δx −
			−5,0	J	−10,9			
		32,7	0	A	0	28,0		
586,50	—	−25,5	23,0	B	21,8	57,8	1260,04	—
—	369,92	6,4	57,8	C	25,5	74,2	1892,10	—
—	3333,96	34,3	97,2	D	15,4	58,3	897,82	—
—	4167,99	35,9	116,1	E	−8,8	−8,7	76,56	—
—	132,75	1,5	88,5	F	−20,5	−49,0	1004,50	—
—	214,74	3,2	67,1	G	−10,3	−55,8	574,74	—
—	19,62	0,6	32,7	H	−23,7	−72,1	1708,77	—
—	118,50	−23,7	−5,0	J	−10,9	−32,7	356,43	—
586,50	8357,46		0	A	0		7770,96	0
2f = 7770,96			f = 3885,45 qm				2f = 7770,96	

Die Flächenberechnung der schmalen (häufig krummlinig begrenzten) Stücke zwischen den wahren Grenzen eines Grundstücks und den Seiten des umziehenden Vielecks wird am bequemsten gemacht, wenn man die Ordinaten zu gleich grossen Abscissenstücken kennt, was ja auch für die Aufnahme der krummen oder vielfach gebrochenen Grenze schon als zweckmässig erwähnt wurde.

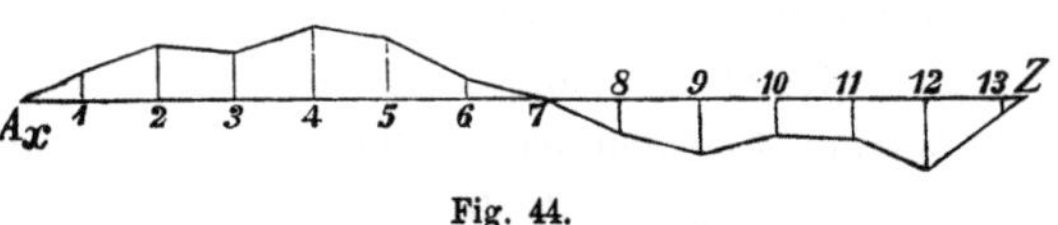

Fig. 44.

Ist $\varDelta x$ der Abstand zweier Ordinaten y_1, y_2 . . . y_n, welche positiv zu nehmen sind, wenn sie nach aussen des Vielecks, negativ wenn sie gegen das Innere des Vielecks gerichtet sind, so ist der zu addirende Flächeninhalt: $\varDelta f = \varDelta x\,[y_1 + y_2 + y_3 \ldots . y_n]$.

$$= \varDelta x\,.\,\Sigma y.$$

Sollte $\varDelta x$ nicht in der Seitenlänge aufgehen, sondern ein Rest z verbleiben, so ist, wenn die letzte Ordinate y_n ist (Figur: y_{13}, welches hier negativ) $\Delta f = \Delta x\,(y_1 + y_2 + \ldots y_{n-1}) + \frac{\Delta x + z}{2}\,y_n$.

Ist die Begrenzung aus wenigen Geraden gebildet, die eine gebrochene Linie darstellen, so macht man nicht gleiche Abscissentheile, sondern bestimmt nur die Ordinaten und Abscissen der wenigen Brechpunkte, führt die Flächenberechnung durch Zerlegung in Paralleltrapeze und Dreiecke aus. Bisher ist vorausgesetzt, die krumme Grenze gehe durch Anfangspunkt und Endpunkt der Vielecksseite, die als Abscissenaxe verwendet wird, hindurch. Endet der Flächenstreif in Ordinaten (verschieden von Null) der Vielecksseitenendpunkte, so wird die Simpson'sche Flächenregel (Anhang VII) gebraucht. Bemerkt werde, dass diese bei gebrochener (aus geraden Stücken bestehender) Grenze theoretisch nicht anwendbar ist, weil eine solche Begrenzung nicht der Bedingung entspricht

$$y = c_0 + c_1 x + c_2 x^2 + c_3 x^3.$$

§ 65a. **Schiefe und wagrechte Fläche.** Unter dem Flächeninhalt eines Grundstücks versteht man, wenn nicht ganz ausdrücklich das Gegentheil betont wird, immer jenen der Projektion der wirklichen Fläche auf den Horizont. (Vergl. § 21.) Der schiefe Flächeninhalt bietet selten Interesse (nur etwa um zu wissen, wieviel Quadratmeter Strassenfläche zu unterhalten sind), da auch die Besteuerung u. s. w. nur nach dem Inhalt der Projektion geht. Man erwägt, dass Pflanzen, Halme, Bäume u. s. w. senkrecht emporwachsen, nicht rechtwinkelig gegen die zufällige Neigung des Bodens, dass also, da sie einen gewissen mittleren Abstand von einander für ihr Gedeihen einhalten müssen, auf der geneigten Fläche nicht mehr Pflanzen (Halme, Bäume) stehen können, als auf der kleineren Horizontalprojektion, das Erträgniss der schiefen Fläche nicht grösser als jenes der entsprechenden wagrechten ist.

Der Inhalt der Projektion einer schiefen Ebene ist gleich dem Inhalt der schiefen Fläche multiplizirt mit dem Cosinus der Neigung zwischen schiefer Fläche und Projektionsfläche. Ist die projicirte Fläche krumm oder wechselnder Neigung oder ist der Horizont, auf den projicirt wurde, kein ebener, so sind die einzelnen kleinsten Theile durch Lothrichtungen zu projiciren, die Flächeninhalte dieser kleinsten Theile unter Benutzung der ihnen zukommenden auf die sehr kleine Erstreckung derselben nicht wechselnder Neigung zu berechnen, die Summe (das Integral) all' der Theilprojektionen zu bilden.

Bei kleiner Neigung kann der Unterschied zwischen schiefem und wagrechtem Flächeninhalt innerhalb derselben Grenzen vernachlässigt werden, die im § 21 als für Verwechselung schiefer mit wagrechter Länge zulässig angegeben sind.

II. Pläne und Handrisse.

§ 67. **Pläne, Karten, Handrisse.** Von einer Projektion auf eine Ebene (wie den scheinbaren Horizont) lässt sich eine geometrisch ähnliche Abbildung auf einer ebenen Zeichnungsfläche geben, so dass also alle Winkel der Zeichnung genau gleich jenen der Natur (in der Projektion), alle Längen den Naturlängen genau proportional sind. Ein solches Bild heisst ein Plan. Von einer Projektion auf eine nicht abwickelbare, krumme Fläche (wirklicher Horizont z. B.) lässt sich durchaus keine in allen Einzelheiten geometrisch ähnliche Abbildung auf einer ebenen Zeichnungsfläche geben, man muss sich entschliessen, gewisse Verzerrungen zu dulden. Je nach der Projektionsart werden die Verzerrungen im Ganzen und in einzelnen Theilen des Bildes weniger oder mehr gross und störend. Solche ebene Abbildungen der Figuren, die eigentlich auf nicht abwickelbarer krummer Fläche liegen, nennt man Karten. Ueber das Kartenzeichnen siehe XIX, § 342—345. In diesem Abschnitte ist nur von Plänen die Rede, jedoch sind viele der allgemeinen Bemerkungen auch für das Kartenzeichnen gültig. Handskizzen sind Pläne in flüchtiger Ausführung, die Maasse der Handskizzen (auch die Winkel) brauchen nicht genau im richtigen Verhältniss zu sein; hingegen wird durch eingeschriebene Zahlen die Möglichkeit gewährt, aus den unvollkommenen Bildern genaue zu machen, die Handskizzen können also die Grundlagen für die genauen Pläne abgeben.

§ 68. **Verjüngung.** Von den Zeichnungen in natürlicher Grösse (z. B. für den Steinhauer) ist hier nicht die Rede, sondern nur von solchen in verkleinerten Maassen. Die Zahl, welche angibt, der wievielte Theil der Naturlänge eine Länge in der Zeichnung ist, heisst die Verjüngung. Dieselbe ist bei Plänen meist vorgeschrieben und richtet sich nach dem Zwecke, dem der Plan dienen soll. Es kommen die verschiedensten Verjüngungen vor; zweckmässig ist es, eine runde Zahl zu wählen 1 : 250, 1 : 500, 1 : 1000, 1 : 1250, 1 : 2500, 1 : 5000, 1 : 10000 (noch stärkere Verjüngungen kommen nur bei Karten vor). Aber auch nicht runde Zahlen kommen vor. So in Oesterreich 1 : 288, 1 : 2880, 1 : 28800, 1 : 720. Bei der amtlichen österreichischen Katasteraufnahme wird die Länge von 40 Klafter = 240 Fuss = 2880 Zoll durch die Länge von 1 Zoll im Plane dargestellt, also Verjüngung 1 : 2880. Bei Militäraufnahmen ist der Maassstab 1 : 28800. Bauplätze und sonstige hochwerthige Grundstücke werden oft 1 : 720 dargestellt (10 Klafter = 1 Zoll). Nach preussischer Vorschrift (VIII Anweis. v. 25. Oktober 1881 für d. Verfahren bei Erneuerung der Karten und Bücher des Grundsteuerkatasters)*) § 100: „1. die Kar-

*) Die Unterscheidung zwischen Plan und Karte wird hier nicht gemacht, es wird Karte gesagt, obgleich Plan gemeint ist.

tirung der einzelnen Blätter der Gemarkungsurkarte erfolgt in der Regel, wenn die Parzellen durchschnittlich enthalten: a) mehr als 50 Are, im Maassstabe 1 : 2000; b) zwischen 50 und 5 Are, 1 : 1000; c) weniger als 5 Are, namentlich aber bei Städten, Flecken und geschlossenen Dörfern 1 : 500. Nur ausnahmsweise, insbesondere bei der Kartirung grosser Gutskomplexe, umfangreicher Waldungen, Haiden, Sümpfe, Seen u. dgl. m. ist die Anwendung des Maassstabes 1 : 4000 gestattet."

„2. Umfasst die neu gemessene und zu kartirende Fläche nur einen kleinen Theil einer Gemarkung und ist der übrige Theil derselben in Maassstäben kartirt, welche unter Nr. 1 nicht aufgeführt sind, aber der nachbezeichneten Reihe, und zwar: 1 : 5000, 1 : 3000, 1 : 2500, 1 : 1500, 1 : 1250, 1 : 750, 1 : 625, 1 : 375, 1 : 312,5 angehören, so kann die Kartirung der neu gemessenen Fläche ausnahmsweise auch in einem dieser Maassstäbe — im übrigen unter Berücksichtigung des durchschnittlichen Inhalts der Parzellen im Anschlusse an die Bestimmungen unter Nr. 1 — bewirkt werden. Maassstäbe mit unregelmässigen Verhältnisszahlen, wie z. B. 1 : 1666,67; 1 : 2133,33; 1 : 2481,6; 1 : 2850 sind bei der Kartirung neuer Aufnahmen ganz zu vermeiden." Ferner heisst der erste Abschnitt des § 101: „Auf einem und demselben Blatte der Gemarkungsurkarte darf in der Regel nur ein Maassstab angewendet werden." Ueber das Format der Gemarkungsurkarten besteht die Vorschrift (§ 98), dass ausnahmslos ein ganzer Bogen Grossadlerpapier, 1000 mm lang, 666 mm breit, zu benutzen und, wenn irgend thunlich, nicht weiter als bis auf die Entfernung von 25 mm vom Rande mit Zeichnung zu bedecken ist. Weiter § 104: „1. Zum Zwecke der Punktauftragung nach Coordinaten ist auf dem Kartenbogen ein Quadratnetz (zunächst in blass-schwarzer Tusche) zu verzeichnen, dessen einzelne Quadrate ausnahmslos eine Länge von einem Decimeter haben und dessen Seiten mit der der Coordinatenberechnung zu Grunde gelegten Axe parallel laufen, bezw. rechtwinkelig auf derselben stehen. 2. Die Abstände dieser Quadratseiten von dem Nullpunkte des Coordinatensystems müssen bei den Maassstäben 1 : 4000, 1 : 2000, 1 : 1000, 1 : 500 so gewählt werden, dass sie durch 400 bezw. 200, 100, 50 ohne Rest theilbar sind."

Das Papier der Pläne erleidet je nach dem Feuchtigkeitszustande Veränderungen, und zwar im allgemeinen erfährt es in verschiedenen Richtungen ungleich starken Eingang. Um aus dem Plane jederzeit richtige Maasse entnehmen zu können, wird (am Rande) in zwei rechtwinkelig kreuzenden Richtungen eine bestimmte Länge, etwa von 100 m u. s. w. auf feinen Strichen aufgetragen; nach preussischer Vorschrift sind die Gemarkungsurkarten sofort mit einem in feinen schwarzen Tuschlinien auszuzeichnenden, genau rechtwinkeligen Rahmen zu versehen, dessen Seiten genau 950 mm bezw. 616 mm lang sind (VIII. § 175, 4).

§ 69. **Maassstäbe.** Sehr zweckmässig sind prismatische Maassstäbe vom Querschnitte (Fig. 45), aus gut gefirnisstem, trocknem Ahornholz, oder noch besser aus Glas, die längs der beiden scharfen

Kanten an der breiteren Seite in Millimeter getheilt sind (20 cm — 30 cm Länge genügt), zu verwenden. Man rechnet zunächst die Naturlängen in Zeichnungslängen um, was bei runden Verjüngungszahlen ja ganz bequem, fast mühelos geht und trägt die Zeichnungsmaasse mit der genannten Vorrichtung auf, indem man den prismatischen Maassstab anlegt, wobei Parallaxe aus schiefer Augenstellung zu vermeiden ist (was mit Hülfe des Spiegelbildes bei Glas sehr genau möglich) und bezeichnet den Endpunkt durch einen mit feiner Bleistiftspitze gemachten Punkt, wobei Zehntelmillimeter geschätzt werden, worin man bald grosse Sicherheit erwirbt.

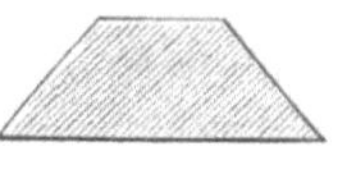

Fig. 45.

Viel verbreitet ist aber auch der Transversal-Maassstab, hundert- oder tausendtheilige Maassstab, den man auf einem breiten Messinglineal, auf gutem Holz, selbst starkem Papier (zu vergänglich) oder wieder am besten auf einer Spiegelglasplatte aufgetragen hat. Die Verjüngungszahl kann dabei irgend eine beliebige sein. Man trägt zunächst eine grössere Länge, wie etwa 100 m, in der gewünschten Verjüngung mehrmals auf eine Linie nahe am Rande und zieht durch die Theilpunkte rechtwinkelige Gerade. Auf einer dieser Geraden werden 10 gleiche (beliebig grosse) Stücke aufgetragen und durch die Endpunkte derselben Parallele zu der Grundlinie (also 11 im Ganzen) gezogen. Die erste Grundlänge (links) wird in 10 genau gleiche Theile gebracht und dazu (wenn die Einheit 100 darstellt) von links nach rechts die Zahlen 100, 90, 80 . . bis 0 geschrieben; am nächsten die Längeneinheit 100 abgrenzenden Normalenstrich steht 100, am nachfolgenden 200 u. s. f. Die Theilpunkte des ersten Stücks oben und unten werden nun durch Schiefe verbunden, nämlich 100 oben mit 90 unten, 90 oben mit 80 unten u. s. f. Die 11 Begrenzungspunkte der Normalen sind mit den Zahlen 0, 1, 2 . . . 9, 10 versehen, welche die Nummern für die langen Parallellinien abgeben; der mittelste Parallelstrich (Nr. 5) wird gewöhnlich durch kleine Kreuze hervorgehoben (siehe Fig. 46 unterer Theil). Zwischen dem Normalenstrich durch 0 und 0 und der Schiefen, welche 0 unten mit 10 oben verbindet, ist auf der Parallele Nr. 0, 1, 2, 3 . . . 9, 10 ein Abstand von 0, 1, 2, 3 . . . 9, 10 Zehnteln der Zehntel der Unterabtheilung, also von Hunderteln der Grundlänge. Soll nun z. B. die Länge von 374 Maasseinheiten (Naturmaass) abgegriffen werden, so setzt man die eine Zirkelspitze auf die Normale, die mit 300 bezeichnet ist und zwar auf der Parallellinie Nr. 4 (wegen 4), die andere Zirkelspitze auf die Schiefe, welche 70 unten mit 80 oben verbindet. Der Abstand ist dann, von der Normalen 300 bis zur Normalen 0 gleich 300, von der rechts gelegenen Normalen (0 — 0) bis zur ersten Schiefen (zwischen 0 und 10 oben) gleich 4 und von dieser Schiefen bis zur Schiefen zwischen 70 und 80 ist er gleich 70 Einheiten, zusammen also 300 + 4 + 70 = 374. Hätte 374,6 abgegriffen werden sollen, so würde man nicht auf der Parallelen Nr. 4, sondern zwischen den Parallelen Nr. 4 und 5, in 0,6 des Abstandes von Nr. 4 an, abgegriffen haben. — Das Einsetzen der feinen Zirkelspitzen hat genau und mit Vorsicht (flach, nicht steil gegen den Maassstab geneigt) zu geschehen, um den Maassstab nicht zu rasch abzunutzen und zu verderben. Will man ein Zeichnungsmaass in Naturmaass übersetzen, so nimmt man es zwischen die Zirkelspitzen und sucht jene Normallinie, z. B. 300, in welcher die rechte Zirkelspitze zu sitzen hat, damit die linke in die mit Schiefen versehene Abtheilung fällt. Man fährt nun längs dieser Normallinie (300) mit der Zirkelspitze auf und ab, bis die andere Zirkelspitze genau auf eine Schiefe

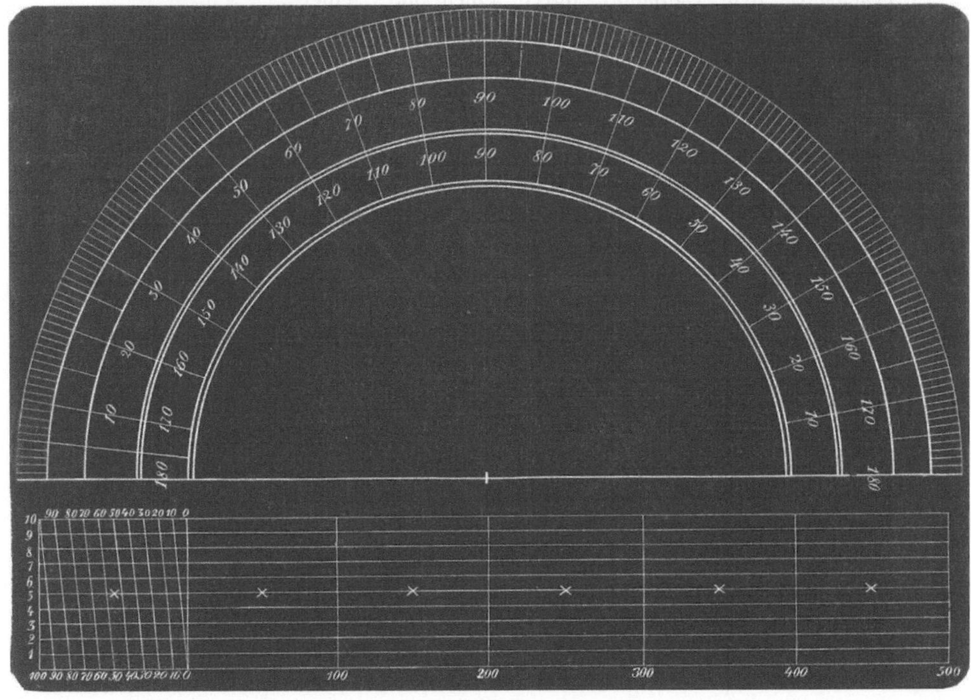

Fig. 46.

fällt, während die Zirkelweite den 11 Parallelen parallel ist. Sei die Schiefe, unten 70 oben 80, getroffen, so hat man eine Länge von zwischen 370 und 380. Befindet sich der Zirkel zwischen den Parallelen Nr. 4 und Nr. 5, so hat man mehr als 374, weniger als 375 Längeneinheiten, und befindet er sich in 0,6 (Schätzung) Abstand der Parallele von Nr. 4, so ist das gesuchte Maass 374,6. Selbstverständlich muss man für jede Verjüngung einen passenden hunderttheiligen Maassstab haben. Solche sind für die gewöhnlich vorkommenden Verjüngungen käuflich zu haben. Stellt die mit 100 beschriebene Länge nicht 100, sondern nur 10 Maasseinheiten dar, so ist der Maassstab ein tausendtheiliger.

Die Genauigkeit des Abgreifens mit dem Zirkel und mit dem prismatischen Maassstab hat ihre Grenzen; bei sorgfältiger Arbeit 0,1 mm. Die Uebertragung der Naturmaasse in die Verjüngung, ebenso wie die Ableitung des Naturmaasses aus dem Zeichnungsmaass leidet also an unvermeidlicher Ungenauigkeit, welche desto erheblicher ist, je stärker die Verjüngung. Benutzt man den Zirkel zum Auftragen der Längen, so sind feine Stiche in die Zeichnung zu machen, wodurch diese nicht besser wird; das bleibt bei Anwendung prismatischer Maassstäbe erspart. Die Stiche sollen möglichst fein sein; um sie leicht wieder aufzufinden, werden sie mit einem kleinen Ring mittelst Bleistift (später wegzulöschen) umgeben.

§ 70. **Winkeltransporteur, Sehnenmaassstab.** Will man einen nach Graden, Minuten u. s. w. gemessenen Winkel in die Zeichnung übertragen, so kann man dazu den Transporteur verwenden (Fig. 46 oberer Theil). In einfachster Ausstattung ist das ein Halbkreis aus Messing, dünnem Horn oder starkem Papier, an dessen Rand die Gradtheilung und, bei gehöriger Grösse, wohl noch Unterabtheilungen aufgetragen sind. Der Durchmesser ist genau gerade und der Mittelpunkt des Kreises auf ihm scharf hervorgehoben. Man legt das kleine Instrument mit dem ebengenannten Mittelpunkt an den Scheitel des zu verzeichnenden Winkels, den Durchmesser genau in die Richtung des im Bilde schon gegebenen einen Schenkels (der nöthigenfalls zu verlängern ist) und macht am getheilten Rande des Halbkreises an der entsprechenden Stelle einen kleinen feinen Strich oder einen Punkt mit Bleistift auf das Papier. Dann hat man nach Weghebung des Transporteurs nur den Scheitel mit jener gezeichneten Stelle durch eine Gerade zu verbinden, um die Richtung des gesuchten Winkelschenkels zu erhalten.

Grössere in Metall ausgeführte Transporteure haben einen beweglichen Arm, der eine scharf zugehende Ziehkante jenseits des Halbkreises hat und um den Mittelpunkt genau drehbar ist, so dass die Ziehkante stets in radialer Richtung ist. Auch der Begrenzungs-Durchmesser des Halbkreises ist als Lineal mit scharfer Ziehkante in genau radialer Richtung verlängert. Der Transporteur wird nun so auf die Zeichnung gelegt, dass der Kreismittelpunkt (gewöhnlich als Durchschnittspunkt zweier auf eingesetztem, durchsichtigem Hornblättchen befindlicher Striche gegeben) am Scheitel anliegt und die Durchmesserziehkante genau an den (nöthigenfalls verlängerten) gegebenen Schenkel. Der bewegliche Arm wird gedreht bis eine auf ihm angebrachte Marke (gewöhnlich noch Noniusvorrichtung, siehe § 131) an dem betreffenden Theilpunkt des Kreisumfangs (also z. B. bei $36^0 \cdot 20'$, wenn ein Winkel von $36^0 20'$ aufgetragen werden soll) steht, und nun längs der Ziehkante des Arms ein feiner Strich gezogen, dieser wird rückwärts bis zum Scheitel verlängert und liefert den gesuchten Schenkel.

Die Bezifferung der Transporteurtheilung ist meistens doppelt, von links Null bis rechts 180^0 und umgekehrt. Man gebraucht den linken Nullpunkt, wenn der gegebene Schenkel nach links vom Scheitelpunkt liegt. Direkt lassen sich nur Winkel bis 180^0 auftragen, grössere als Ueberschuss über 180^0.

Der Sehnenmaassstab ist ein scharfkantiges, getheiltes Lineal und die Theilstriche entsprechen den, vom Nullpunkte der Theilung aus, gerechneten Sehnenlängen von 1°, 2°, 3° u. s. w. bis 90°, wobei ein bestimmter Halbmesser, gleich der Sehnenlänge für 60° vorausgesetzt ist. Man beschreibt nun mit diesem Halbmesser zunächst einen Kreisbogen (fein in Bleistift) um den gegebenen Scheitel als Mittelpunkt, legt den Nullpunkt des Sehnenmaassstabs auf den Durchschnitt dieses Kreisbogens mit dem gegebenen Schenkel und dreht den Maassstab so lange, bis der betreffende Theilstrich (also z. B. 38, wenn ein Winkel von 38° aufzutragen ist) genau auf die Kreisbogen fällt; die Stelle des Kreisbogens wird durch einen Punkt (mit Bleistift oder Spitze) markirt, dieser Punkt durch eine Gerade mit deren Scheitel verbunden. Sehnenmaassstäbe sind unbequem, meist auch ungenau. Man kann auch aus Tafeln (in manchen Logarithmentafeln) die zum Halbmesser 1 gehörigen Sehnenlängen entnehmen, diese an einem gewöhnlichen Längenmaassstab zwischen die Zirkelspitzen fassen und auf dem mit dem Halbmesser 1 um den Scheitelpunkt beschriebenen Kreisbogen abstechen.

Im allgemeinen wird man genauer arbeiten (und bequemer), wenn man die Winkel mittelbar verzeichnet, nämlich die Coordinaten von je einem Punkt der Schenkel berechnet und aufträgt. Es lassen sich ja Winkel auch durch mancherlei geometrische Construktionen verzeichnen, allein sehr selten ist das anders als höchst unbequem und wohl immer weniger genau.

§ 71. **Verzeichnung nach Coordinaten.** Es ist immer am rathsamsten, die Coordinaten der zu verzeichnenden Punkte zu berechnen (die Normalenmethode und andere Verfahren liefern sie unmittelbar) und darnach im Plane zu construiren. Man zeichnet zunächst die Abscissenaxe (Vermessungslinie in ihrer richtigen Lage) auf das Blatt und bemerkt auf ihr den Anfangspunkt. Dann trägt man von diesem aus auf die Axe die Abscissenlänge im verjüngten Maasse nach der richtigen (+ oder —) Seite, errichtet im gefundenen Punkte eine Normale (± nach der richtigen Seite) und gibt ihr die Länge im verjüngten Maasse, welche durch die Messung oder Rechnung für die Ordinate des Punktes gefunden wurde.

Man kann sich, namentlich wenn die Abscissenlinie der einen Seite des Bretts, auf welches das Papier gespannt ist, parallel ist, des gewöhnlichen Anschlaglineals (Reissschiene) bedienen und längs diesem, das richtig zu liegen hat, einen Anschlagwinkel verschieben, bis zum richtigen Punkt, längs der Winkelseite die Normale ziehen, oder wenigstens einen kurzen Theil derselben in jener Gegend, in welche der Punkt fallen wird; dann das Maass mit prismatischem Maassstab oder Zirkel auftragen.

Man kann auch eine Theilung an der Reissschiene und eine am Winkel selbst haben und diese ähnlich wie die prismatischen Maassstäbe verwenden, — es bedarf dann gar keiner Hülfslinien, man sticht mit dem Zirkel oder mit feiner Bleistiftspitze den Punkt sofort auf das Blatt. Sehr empfehlenswerth wegen Haltbarkeit, Reinlichkeit u. s. w. sind aus Glas gefertigte Lineale und Anschlagwinkel mit aufgebrachter Theilung. Bei Glas kann man durch geschickte Benutzung der Spiegelung, wie schon erwähnt, die Parallaxe vermeiden, ja sehr Geübte vermögen die kleinen Verschiebungen der Spiegelbilder gegen die Theilstriche selbst zur Unterabtheilung der Haupttheile in Art eines Nonius zu verwenden.

Man hat auch Ordinatographen construirt. Das getheilte Hauptlineal wird längs der Abscissenaxe, mit dem Nullpunkt der Theilung auf dem Coordinatenanfangspunkt an den, diese Axe darstellenden, Strich gelegt, durch Klammern festgeschraubt. Ein rechteckiger Rahmen lässt sich längs dieses Lineals verschieben und auf ihm an getheilter Kante ein kleiner Cylinder. Hat man dessen Zeichen auf den betreffenden Theilpunkt der Rahmenseite gebracht, während diese Rahmenseite auf dem der Abscisse entsprechenden Theilstriche des festliegenden Abscissenlineals ansteht, so hat man nur einen Knopf am Cylinder federnd niederzudrücken, um sofort einen Stich durch feine Nadel an der Stelle zu erhalten, welche das Bild des gesuchten Punktes ist.

Einen sehr feinen, aber komplizirten Ordinatographen findet man abgebildet und beschrieben in Schlesinger, „Der geodätische Tachygraph und der Tachygraph-Planimeter u. s. w. Wien 1877". Er hat ausser den vorstehend genannten Theilen noch einige Zugaben. In dem rechteckigen Rahmen ist parallel der Langseiten mit genauer Führung ein quadratischer Rahmen, der Limbusrahmen, verschiebbar. In dieses Quadrat ist ein getheilter Kreis eingesetzt, der an Nonien vorüber drehbar ist, wodurch ein mit Ziehkante versehener, getheilter Durchmesser in jede beliebige nach Gradmaass gegebene Neigung gegen die Coordinatenaxen gebracht und eine längs demselben gezogene Gerade durch jeden vorbezeichneten Punkt der Zeichnung geführt werden kann. Man hat hierdurch einen guten Winkeltransporteur, der frei ist von der Unbequemlichkeit und Unsicherheit des Centrirens des Scheitelpunkts. Längs dieses Durchmessers, der getheilt ist, lässt sich abermals ein kleines getheiltes, mit Stechspitze versehenes Lineal verschieben, stets rechtwinkelig zur Ziehkante des Durchmessers bleibend. Dadurch ist die Auftragung von Punkten möglich, die durch Nebencoordinaten an beliebige Messlinien gebunden sind, und diese Messungslinien selbst sind bequem gegen die Hauptcoordinatenaxen in die Zeichnung zu bringen. Der Apparat gestattet noch mancherlei Verwendung, ist namentlich auch als Abschiebeplanimeter (siehe § 92) zu gebrauchen. Nur kann man fragen, ob die durch die mehrfachen Theilungen, Nonien, Klemmvorrichtungen, Mikrometerwerke, Führungen, Stechspitzen u. s. f. bedingte verwickelte Einrichtung, das grosse Gewicht, die Unhandlichkeit und der unvermeidlich hohe Preis (einfacher Tachygraph 150 fl., vervollständigter 450 fl. österr. Währ.!) in richtigem Verhältnisse zu den erreichbaren Vortheilen stehen.

§ 72. **Orientirung der Pläne und Karten.** In jede bildliche Darstellung einer Gegend soll eine Linie eingezeichnet werden, welche die Richtung von Süd nach Nord darstellt, mit einer Pfeilspitze, die nach

Norden weist. Aus dem Winkel, den andere Richtungen der Zeichnung mit jener Orientirungsgeraden bilden, lässt sich sofort entnehmen, welchen Winkel die dargestellten Richtungen mit dem Meridiane machen. VIII. preuss. Anweis. § 38. 1) „Norden muss jederzeit oben oder links*) liegen . . . . . . Es ist nicht erforderlich, dass die Richtung der Nordlinie gegen die Seite des Kartenbogens auf allen, eine und dieselbe Gemarkung umfassenden Kartenblättern dieselbe ist."

Um die Orientirungslinie eintragen zu können, muss die Lage irgend einer im verzeichneten Gebiete vorhandenen Richtung gegen die Himmelsgegend bekannt sein. In der Mehrzahl der Fälle wird es dazu besonderer Messungen nicht bedürfen, es genügt ja zu wissen, welchen Winkel eine aufgenommene Richtung mit der Süd-Nordrichtung bildet, nöthigenfalls hat man einen Meridian abzustecken (siehe § 340).

§ 73. **Farbige und schwarze Pläne und Karten.** Gewöhnlich soll nicht nur die Lage der einzelnen Punkte und Linien bildlich dargestellt werden, sondern auch die Natur der Gegenstände, die Beschaffenheit, Benutzung des Bodens und manches Andere ausgedrückt sein. Karten, welche geschichtliche, statistische, geognostische u. s. w. Thatsachen nach ihren räumlichen Beziehungen darzustellen haben, bleiben hier ausser Betracht; ebenso die mannigfachen Bezeichnungen um anzudeuten, ob in einer Ortschaft Gerichte, Postanstalten, Schulen, gewerbliche Anstalten u. dgl. vorhanden. Es werden hier nur die für Katasterzwecke nöthigen Unterscheidungen besondere Berücksichtigung finden.

Werden die Pläne vielfarbig ausgeführt, so lässt sich durch den Farbenton, den man den Flächen gibt, vieles bequem ausdrücken. Man malt Wiesen hellgrün, Moore ebenso mit eingezeichneten braunen Strichen, Sümpfe mit eingezeichneten blauen Wasserlinien, alle Gewässer blau, Wälder grüngrau, wobei man noch durch verschiedene Färbungen Laub- und Nadelwälder, junge und alte Bestände, selbst die Eigenthumsverhältnisse ausdrücken kann. Sand wird gelblich - braun entweder gleichförmig oder mit Farbentüpfeln angemalt, Steinstrassen hellroth, Feldstrassen braun, steinerne Gebäude roth, hölzerne graubraun u. dgl. mehr. Das Ackerland lässt man weiss (Weinberge zuweilen röthlich, Hopfengärten gelblich u. s. w.). In nicht gefärbten Plänen wird durch besondere Strichelung nach Uebereinkunft das bezeichnet, was sich bequemer durch Farben ausdrücken lässt. — Die preussischen Katasterpläne sind weder farbige in obigem Sinne, noch schwarze, in ihnen wird vielfach Farbe, als Säume oder zur Zeichnung der Linien verwendet. Die VIII. preuss. Anweis. gibt im § 38 ausführliche Bestimmungen, die in folgendem in „ " angeführt werden, auch wenn sie nicht wortgetreu gegeben sind. Hinsichtlich der Vollständigkeit ist auf die genannte Anweisung zu verweisen.

§ 74. **Zeichen für Grenzlinien.** In schwarzen Plänen ist üblich, Landesgrenzen durch *a*, Provinz- oder Kreisgrenzen durch *b*, Bezirks-

*) Bayrisch rechts.

grenzen durch *c*, Gemeindegrenzen durch *d* der Fig. 47 zu bezeichnen. Preussisch: „Staats-, Gemarkungs-, Gemeinde-Grenzen, solche selbständiger Gutsbezirke u. s. w. werden durch einen 1 mm breiten hellgrünen Farbenstreifen, der auf der Innenseite der ausgezogenen schwarzen Grenzlinie mit dem Pinsel aufgetragen wird, kenntlich gemacht. Ist die Grenze streitig, wird der Farbenstreifen abgesetzt. Wege oder Wasserläufe längs der Grenze (erstere Terra di Sienna, letztere Berliner Blau) werden stets ausserhalb des grünen Streifens gezeichnet, mit ausgezogenem oder punktirtem zweitem Rand, je nachdem sie innerhalb oder ausserhalb der Grenze zugehörig; gehören sie beiden Theilen, so wird der zweite Rand ausgezogen, aber „gemeinschaftlich" (mit Rundschrift) beigesetzt. Bei Grenzflüssen geht der grüne Streifen zwischen den Rändern. Bei Gewässern ist die Stromrichtung durch blaue Pfeile angegeben.

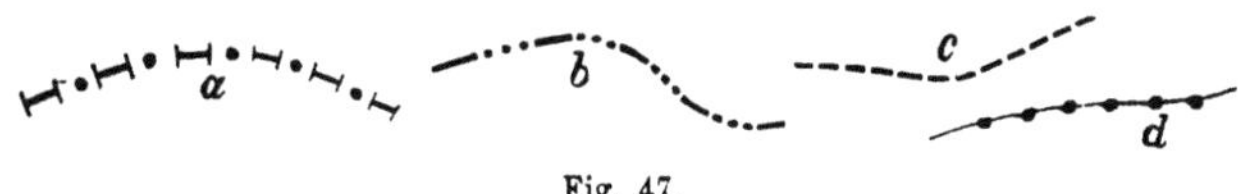

Fig. 47.

Gewannengrenzen erhalten einen 1 mm breiten, Eigenthumsgrenzen einen schmaleren gelben Streifen (Gummigutt), Kartenblattgrenzen einen hellcarminrothen Rand, fallen sie nicht mit den Gemarkungsgrenzen zusammen, so sind sie violett (Magenta) zu säumen und zwar dann auf der äusseren Seite.

Hinsichtlich der längs solcher Grenzen ziehenden Wege, Gewässer wird es gehalten, wie bei Staats- u. s. w. Grenzen. Streitige oder sonst zweifelhafte Grenzen sind mit Strichpunkten, veränderliche mit punktirten Linien auszudrücken, nicht mehr bestehende Grenzen sind schwarz ausgezogen mit darauf gesetzten kleinen rothen Kreuzchen, Bonitätsgrenzen werden hellgrün, aber nicht mit dem Pinsel, sondern mit der Ziehfeder gezeichnet, gestrichelt, wenn sie nicht fest bestimmt sind."

Die bayrischen Vorschriften weichen in einigem von den preussischen ab: „Gemeindegrenzen erhalten einen hellrothen, Flurgrenzen einen violetten, Gewannengrenzen einen Mennig-Streifen. Die Umfänge ganzer Wiesenkomplexe werden mit einem dunkelgrünen Farbstreifen angelegt, die Oedungen mit einem solchen hellgrünen, Gärten sind ebenfalls mit einem schmalen Farbenbande anzudeuten und nur sogenannte Wurzgärten diagonal zu punktiren.

Streitige Grenzen sind vorläufig mit einem gelben Farbenstreifen einzufassen" (§ 36).

oder

Fig. 48.

Für die Grenzmale sind die Zeichen der Fig. 48 angeordnet, welche der Reihe nach bedeuten: Grenzsteine, Grenzhügel, hölzerne Grenzsäule, Grenzpfahl, unterirdisch versenkter Grenzstein (Hohlziegel) oder Grenzpfahl,

Grenzbaum; und zwar ist das erste (grössere) Zeichen in Stückvermessungsrissen, das zweite in den Karten (Plänen) anzuwenden.

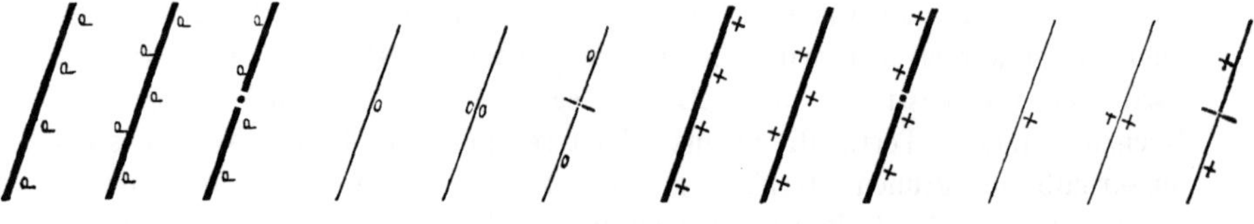

Fig. 49.

Die Zeichen der Figur 49 bedeuten Hecken und die kleinen o lassen erkennen, welche Seite die bepflanzte ist. Für Zäune werden die o durch kleine + ersetzt, Erdwälle erhalten in den Stückvermessungsrissen eine feine Parallele, und der Zwischenraum wird mit schief gestellten Strichen erfüllt, sind sie bewachsen, so werden statt der Striche die Pflanzenzeichen o eingesetzt. In den Plänen (kleinere Bezeichnung) wird statt der Doppellinie nur eine einfache gemacht, ein kleines △ zur Bezeichnung des Erdwalls daneben (wenn die Grenze mitten durch den Wall geht, auf den Strich selbst) gesetzt und bei Bewachsung noch das Pflanzenzeichen dazu. Ein Graben wird durch einen leichten Parallelstrich bezw. durch einen beigesetzten Punkt bezeichnet, die Hecken oder der Zaun, wenn vorhanden, durch Zufügung des betreffenden Zeichens (o oder +) kenntlich gemacht. Als Beispiel seien die Zeichen für bewachsenen Erdwall mit Graben gegeben in Figur 50.

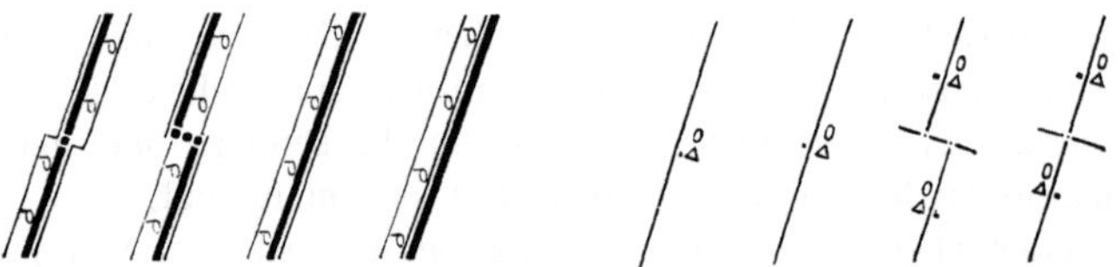

Fig. 50.

Raine werden durch eine punktirte feine Parallele bezw. durch Beisetzung zweier kleiner Parallelstriche bezeichnet, Mauern wie Erdwälle, nur sind die Querstriche rechtwinkelig bezw. statt des △ ist ein □ nebengesetzt." Sonst ist wohl üblich, Umfassungsmauern mit Pfeilern durch das erstere Zeichen der Figur 51 darzustellen, unter Weglassung der Pfeilerzeichen, wenn die Mauer einfach. Bretterwände werden durch das zweite Zeichen der Figur 51 dargestellt.

Fig. 51.

§ 75. **Zeichen für Vermessungspunkte.** Die Form derselben ist bereits § 14 mitgetheilt, sie werden (preuss.) roth ausgeführt. Polygonseiten roth durch Strichpunkt, wie drittes Zeichen der Figur 51, sonstige Vermessungslinien roth punktirt dargestellt; Normallinien, roth punktirt und in den rechten Winkel werden zwei oder ein kleiner rother Bogen gezeichnet, je nachdem die Normale mit Instrument oder nur nach Augenmaass errichtet wurde.

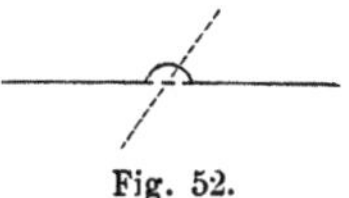
Fig. 52.

Wird eine Grenze (schwarz) von einer Messungslinie (roth) geschnitten, so wird ein kleiner Bogen (roth) an den Schnittpunkt gesetzt. Verlängerungen werden durch einen kleinen rothen Pfeil gekennzeichnet. Nivellementsbolzen des Präcisionsnivellements werden (blau) bezeichnet: ⊙ N.B. 23 25. mit Beisatz der Buchstaben N. B. (Rundschrift) und der Nummer, alles blau. Die Nummern werden in derselben Farbe wie die betreffenden Punkte geschrieben. Es heisst in § 38. 4: „Die trigon. u. polygon., dann die Kleinpunkte erhalten Nummern in arabischen Ziffern und zwar werden die trigon. Punkte für sich, die Polygonpunkte nebst den trigon. Beipunkten und die Kleinpunkte zusammen wieder für sich numerirt.“ Die durch die Landesaufnahme oder das geodätische Institut bestimmten Punkte werden mit ihren Zeichen, sowie mit den Namen u. s. w. in blauer Farbe (Kobalt oder Ultramarin) ausgezeichnet. Die Nummern der trigon. Punkte werden doppelt, diejenigen der polygon. Punkte einfach (karminroth), diejenigen der Kleinpunkte gar nicht unterstrichen. (In Feldbüchern darf die Auszeichnung in schwarzer Farbe erfolgen.)“ Hierher kann man auch noch die bemerkenswerthe Bestimmung setzen, die in § 38. 3 gegeben: Beim Ausziehen aller Grenzlinien dürfen die Eck- und Brechungspunkte der Linien- und die auf denselben befindlichen Grenzmale u. s. w. bezeichnenden Nadel- und Zirkelstiche u. s. w. mit Tusche nicht bedeckt werden.

§ 76. **Schrift.** Die Grösse der Schrift muss der Bedeutung des Gegenstandes entsprechen, welcher durch dieselbe bezeichnet werden soll (§ 38. 17). Nicht nur die Grösse, sondern auch die Art der Schrift kann hier beigezogen werden. Die preuss. Anweisung verlangt durchgehends Rundschrift. Die Stellung der Schriftzeichen ist mit Bedacht zu wählen. In Preussen: § 38. 14. „Die Namen der Distrikte, Gewannen, Feldlagen u. s. w., der Ortschaften, einzelnen Höfe und sonstigen einzeln belegenen Wohnstellen, der öffentlichen Plätze u. s. w. sind parallel der Längenrichtung des Kartenblattes mit Rundschrift (schwarz) einzuschreiben. Wo nicht die Richtung parallel der Längenausdehnung der Karte unbedingt vorgeschrieben ist, soll der Schrift soweit als thunlich eine möglichst an diese anschliessende Richtung gegeben werden.“

§ 77. **Gebäude und topographische Gegenstände.** Gebäude werden nach ihrem Grundriss eingezeichnet und dieser schräg mit Strichen erfüllt, wenn das Gebäude steinern ist, mit Strichen parallel einer Gebäudeseite aber, wenn es aus Holz gefertigt. Oeffentliche Gebäude werden dunkler schraffirt. Bei der Ausführung in Farben werden steinerne Gebäude roth, hölzerne braun angelegt. Die preuss. Anweisung fordert die Grundflächen öffentlicher Gebäude dunkelcarminroth, die der Wohngebäude hellcarmin, andere Gebäude aber Sepiabraun anzulegen, in die Grundfläche der öffentlichen Gebäude soll ausserdem die Bezeichnung: Schule, Kirche (wird sonst durch ein Kreuz gekennzeichnet), Rathhaus u. s. w. in Rundschrift eingetragen werden. Mühlen erhalten ein kleines Sternrad, Windmühlen holländer Art werden je nach dem Querschnitte wie erstes oder zweites Zeichen, Bock-Windmühlen wie drittes Zeichen der Figur 53 dargestellt, wobei die Schraffirung hier an Stelle der Sepiafärbung gesetzt ist. „Schattenlinien werden nirgends angewendet.“

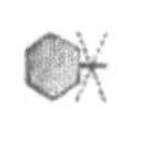 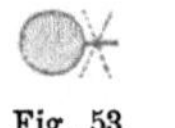 

Fig. 53.

Nach preuss Anw. bedeuten:

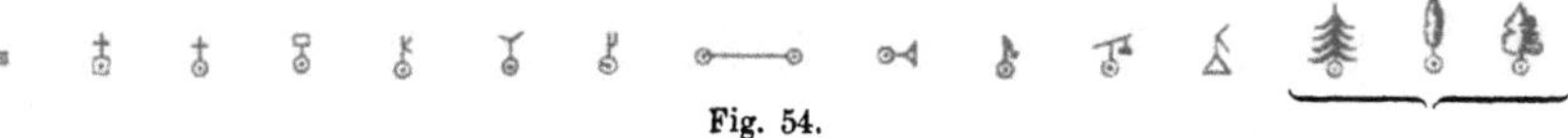

Fig. 54.

ausgezeichneten Stein, steinernes Kreuz oder Heiligenbild, hölzernes, Warnungstafel, Wegweiser, optischen Telegraph, Stange für elektrischen Telegraphen, Barriere, Strassenlaterne, Pumpe, Brunnen, Landbake (Schifffahrtszeichen), ausgezeichnete Bäume. Ferner:

gangbare Schächte, verlassene, Bohrlöcher, Stollen, Lochsteine.

Im allgemeinen wählt man möglichst kenntliche Bilder der darzustellenden Gegenstände, wo solche nicht vorhanden, verabredete Zeichen, deren Bedeutung man zur Sicherheit am Rande des Plans noch erklärt. In Preussen ist eine Verordnung v. 20. Dezember 1879 über gleichmässige Signaturen herausgekommen; sie ist vorstehend benutzt.

Bei stärkerer Verjüngung, wenn die Gebäude nicht mehr nach ihrem Grundrisse eingetragen werden können, bedeuten ⛳ ⛳ bewohnbares und verfallenes Schloss, in Karten sehr starker Verjüngung werden Ortschaften nur durch Zeichen angedeutet.

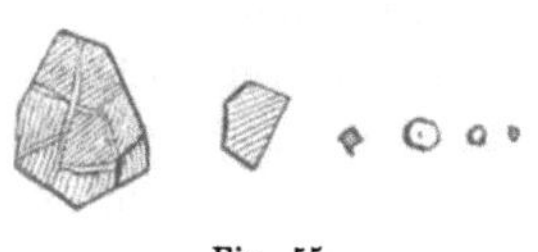

Fig. 55.

Diese Zeichen (Fig. 55) bedeuten grosse, mittlere, kleine Stadt, die drei runden Zeichen Orte ohne Stadtverfassung, auf die Grösse Rücksicht nehmend. Festungen werden durch strahlige Polygone angedeutet.

§ 78. **Wege, Brücken, Furten** u. s. w. In den preussischen Stückvermessungsrissen u. s. w. werden die Wege terradisiennabraun angelegt, die Brücken, Stege u. s. w. bleiben weiss. In schwarzen Plänen kleineren Maassstabes werden Hauptstrassen durch zwei Paar Linien, je eine stärkere und eine schwächere, ausgezeichnet, Nebenstrassen durch eine starke und eine schwächere Linie, Feldwege durch eine ausgezogene und eine punktirte, Fusswege durch zwei punktirte Linien, schmale Pfade wohl nur durch eine punktirte Linie angedeutet. Eisenbahnen werden durch zwei stark gezogene Parallele (zuweilen füllt man abgesetzt den Zwischenraum dunkel aus) bezeichnet. Strassendämme (Fig. 56) (hier eine Eisenbahn auf Damm) durch kleine Schraffen, die nach aussen nicht mehr durch

Fig. 56. Fig. 57.

Linien eingefasst sind, Hohlwege aber (hier ein Feldweg) durch Schraffen (Fig. 57), die aussen durch Linien eingefasst sind. In farbigen Plänen werden die Dämme blassroth, die Hohlwege lichtbraun mit gelblichen Böschungen angelegt.

Die Brücken (Fig. 58) werden nach ihrem Grundrisse eingezeichnet und durch Färbung (steinerne roth, hölzerne gelb, eiserne graublau) oder steinerne durch Andeutung von Geländer und Pfeiler, hölzerne durch Andeutung der Bretter, eiserne durch Parallelen mit Punkten und Schiffbrücken durch die Anfügung des Pontons, die paarweise gezeichnet werden, fliegende Brücken durch das Bild eines Kahns an Kette mit Anker, Furten durch punktirte, den Fluss kreuzende Doppellinien dargestellt.

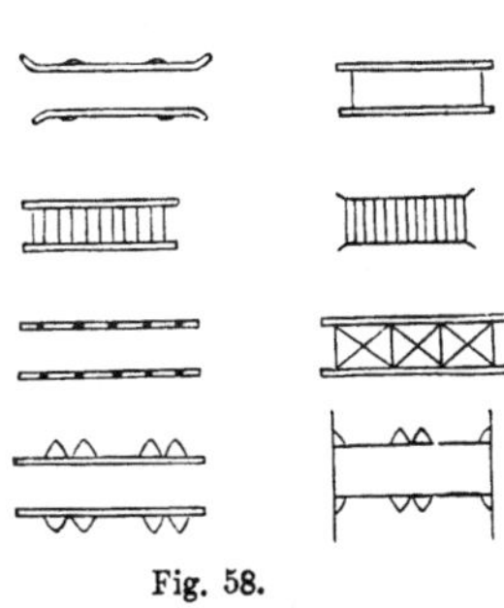

Fig. 58.

§ 79. **Bodenbenutzung.** Wie in farbigen Plänen die Culturart des Bodens angedeutet wird, ist bereits § 73 mitgetheilt. In schwarzen Plänen wird durch eigenartige Strichelung der Ausdruck gewonnen. Auf Wiesen werden kleine Grasbüschel gezeichnet, kommen zu diesen noch die Wasser anzeichenden Querstriche, so bedeutet das Moor, wenn die Grasbüschel gegen die Wasserstriche zurücktreten, Sumpf. Kommen zwischen den Grasbüscheln punktirte kurze Linien vor, so bedeutet das Viehweide. Ackerland wird entweder leer gelassen oder durch lange, die Furchen darstellende Striche (leicht gewellt) ausgefüllt. Gemüsegärten erhalten wellenförmig gebogene zahlreiche Furchen (man deutet auch noch eingehender die Art der Bebauung an, Weingärten durch geschlängelte Reben an Pfählen, wie Aeskulapstab aussehend, Hopfengärten durch je drei zusammengestellte Stangen, Tabakfelder durch einzelne, etwa herzförmige Blätter und dergl. mehr). Felder mit Bäumen erhalten rundliche Baumformen eingezeichnet, eigentliche Obstgärten zahlreicher und fast ohne Stammandeutung, Ziergärten erhalten nebst den Pflanzenzeichen regelmässige, Parke aber unregelmässig geschlungene Wege eingetragen. Wald wird durch Einzeichnung zahlreicher Baumgruppen, rundlicher — wenn Laubholz —, spitziger oder fichtenähnlicher — wenn Nadelholzwald — kenntlich gemacht.

Alle diese oft mühsam zu machenden Zeichen werden in neuerer Zeit erspart; es wird in die betreffende Fläche mit lateinischer Schrift die Benutzungsart eingetragen mit den Abkürzungen: Hf = Hofräume, A = Ackerland, Hg = Hausgarten, Wg = Weingarten, G = andere Gärten, W = Wiesen, V = Viehweide, H = Holzungen, Wa = Wasserstücke, O = Oedland, U = Unland (§ 38, 19), ZG = Ziergarten (GG = Grasgarten, bayrische Vorschrift). Federzeichnungen für die Bodenbenützungen werden nicht gemacht.

Weitere Einzelheiten sind in Werken über Situationszeichnen und namentlich in kriegswissenschaftlichen nachzusehen; sehr ausführlich: v. Sydow: Das Planzeichnen und das militärische Aufnehmen, Berlin 1838.

§ 80. **Bodenneigungen und Bergzeichnen.** Die sicherste Vorstellung der Hebungen und Senkungen des Bodens kann in Plänen durch Einzeichnung der Horizontalcurven oder Schichtenlinien (darüber § 245) gewonnen werden. Es sind das die Grundrisse von auf dem Boden in gleich hohen Abständen über einander gedachten wagrechten Linien. Wenn auf Plänen überhaupt Bodenneigungen zum Ausdrucke kommen, geschieht das nur durch die Horizontalcurven. Um den Plänen und Karten aber mehr Ansehen zu geben, werden die Zwischenräume zweier benachbarter Horizontallinien noch durch Strichelung, Schwungstriche oder Schraffen, Bergstriche ausgefüllt. Diese Striche sollen in rechten Winkeln die Schichtenlinien kreuzen, d. h. sie sollen nach der Richtung des stärksten Falls oder des Wasserlaufs gerichtet sein, müssen also im allgemeinen gekrümmt sein. Es ist leicht zu verstehen, dass da, wo die Höhenlinien im Grundrisse näher an einander treten, die Neigung des Bodens gegen den Horizont eine stärkere ist; dort werden, wenn man von Schichtenlinie zu Schichtenlinie unabgesetzte Bergstriche machen wollte, die Schraffen am kürzesten, an den sanftest geneigten Stellen am längsten ausfallen. Die stärkere oder schwächere Neigung wird durch die Dichtheit der Striche, durch die hervorgebrachte hellere oder dunklere Schattirung ausgedrückt. Man geht von der Annahme einer gewissen Beleuchtungsart aus, ohne jedoch ganz folgerichtig zu verfahren. Die Schatten oder dunklen und hellen Töne können auch (viel rascher) mit dem Pinsel hervorgebracht, die mühsamen Bergstriche also ganz erspart werden.

Man zieht oft die Bergstriche ohne Horizontalschichten, allein wenn sie richtig stehen und ihrer Stärke nach abgestuft sein sollen, müssen die Horizontallinien wenigstens vorübergehend (mit Bleistift) ausgezeichnet werden. Es gibt mancherlei Bestimmungen über das Verhältniss der Breite der dunklen Striche zu dem hellen Zwischenraum. Das Verhältniss der Strichdicke zum hellbleibenden Zwischenraum soll sein, bei Neigungen von

	5^0	10^0	15^0	20^0	25^0	30^0	35^0	40^0	45^0	50^0	55^0	60^0
n. Lehmann	1:8	2:7	3:6	4:5	5:4	6:3	7:2	8:1	9:0	—	—	—
österr. Militär	1:9	2:8	3:7	4:6	5:5	6:4	7:3	8:2	9:1	10:0	—	—
Bayern	1:11	2:10	3:9	4:8	5:7	6:6	7:5	8:4	9:3	10:2	11:1	12:0

Es wird also bei 45° bezw. 50° bezw. 60° ganz schwarz gemacht und stärkere Neigungen sind nicht ausdrückbar.

Es ist schwierig, die Striche nach richtiger Lage, Länge und Stärkeabstufung zu setzen und auch nicht leicht selbst eine gut ausgeführte Bergzeichnung genau zu lesen. Zur Erleichterung ist im preussischen Generalstab (v. Müffling) das Stärkeverhältniss nach Lehmann zwar beibehalten, aber die Striche nach Form und Gruppirung zugleich noch verschieden, um leichter erkennbar zu sein. Nämlich bei 5° lauter punktirte Striche, bei 10° immer je einer ausgezogen, einer punktirt, bei 15° alle ausgezogen, bei 20° zwischen zwei geraden ein wellig gezackter, bei 25° zwischen zwei wellig gezackten Streifen zwei Gerade; bei 30° Gruppen von zwei schmaleren und einem dicken schwarzen Strich, oder da hier (und bei den folgenden Neigungen) schwarz vorwiegt, kann man besser beschreiben: auf schwarzem Grunde Gruppen von je drei weissen Linien, die Gruppen durch breitere schwarze Bänder getrennt; bei 35° sind nur zweitheilige Gruppen weisser Linien auf Schwarzgrund, bei 40° vereinzelt weisse Linien auf Schwarz vorhanden. Allgemein soll nach Lehmann (ebenso v. Müffling) bei $\frac{m}{m+n}$ 45° Neigung das Verhältniss von schwarz zu weiss m : n sein.

Bergstriche haben den grossen Nachtheil, das Papier zu sehr zu überdecken, so dass für die Einfügung der übrigen Zeichen kein Raum mehr bleibt oder diese ganz unkenntlich werden. Auch in Plänen ohne Bergstriche kann man diese anwenden, um Schluchten und dergl. (siehe Dämme, Hohlwege) anzudeuten. In Steinbrüchen werden die Striche wirr, man fügt noch ein Zeichen, wie unregelmässiges Mauerwerk aussehend, bei, regelmässiges, schwarz gehaltenes Mauerwerk bedeutet Kohlenflötz.

Die bessere Bergzeichnung wurde durch Lehmann begründet: Darstellung einer neuen Theorie der Bezeichnung der schiefen Flächen im Grundriss oder der Situationszeichnung der Berge. Leipzig 1799. In vielen kriegswissenschaftlichen Büchern wird das Bergschraffiren und topographische Zeichnen überhaupt eingehend besprochen. Von vielen andern Büchern sei genannt Doll, Anleitung zum Zeichnen und Ausarbeiten geom. Pläne und topogr. Karten, Karlsruhe 1867 und Muszynki und Prihoda, Die Terrainlehre, Wien 1872.

§ 81. **Handskizzen** (siehe §§ 62 und 67) werden im Wesentlichen, wenn die Normalenmethode angewendet wird, gerade so ausgeführt, wie die Pläne, nur ganz flüchtig, ungenau und mit Einschreibung der Maasse. Bei allen Arten von Vermessungen, auch solchen nach anderen als der Normalenmethode sind Handskizzen nützlich. Es empfiehlt sich, sie auf dem nun allgemein käuflich zu habenden, mit Quadraten von 4 mm (enger oder weiter) in blassem Druck überzogenem Papier zu verfertigen, weil man dann für die angenäherte Zeichnung gar keines Maassstabs bedarf; übrigens kann man auch einen gewöhnlichen Millimetermaassstab bequem verwenden. Die Handrisse sollen nicht in zu kleinem Maasse angelegt werden; es ist zuweilen gut, die Aufnahmen, die an je eine Messungslinie geknüpft sind, je in ein besonderes Blatt zu verzeichnen und nach Bedarf in stärkerer Verjüngung noch eine Skizze zu machen, aus welcher die Aneinanderreihung der einzelnen Blätter ersichtlich ist. Die Einzelblätter bekommen (wie übrigens auch die ausgeführten Pläne) Titel und leicht kenntliche Bezeichnungen. Die Handskizzen sind die graphischen Ergänzungen zu den Feldbüchern, zu jeder Skizze gehört ein Blatt des Feldbuchs (übereinstimmend mit der Skizze bezeichnet), auf dem die nöthigen Zahlenangaben und schriftlichen Bemerkungen über Bodenbeschaffenheit und anderes, was beachtenswerth erscheint, sich finden.

Wichtig ist die Art und Weise, wie die Zahlen in die Handskizzen zu setzen sind. Es gibt verschiedene Vorschriften dafür. Nicht empfehlenswerth ist es, das Längenmaass (die Zahl) jeweils ungefähr in die Mitte der Strecke zu schreiben, das erzeugt fast unfehlbar Verwirrung. Es ist besser, sie an das Ende der Strecke zu setzen. Preuss. Vorschrift VIII § 90: „Die auf dem Felde gefundenen Maasse sind rechtwinkelig gegen die Messungslinie, welcher sie (sei es als Abscissen-, sei es als Ordinatenmaass) angehören, fortlaufend zu schreiben, dergestalt, dass der Fuss der Zahlen nach dem Anfangspunkt der Messung (Abscissen) hinweist. Dabei ist es zweckmässig, das Abscissenmaass an dem Fusspunkt der Ordinate möglichst auf diejenige Seite der Messungslinie zu schreiben, auf welcher die Ordinate nicht liegt. — Das die ganze Länge der Linie angebende Maass (End-

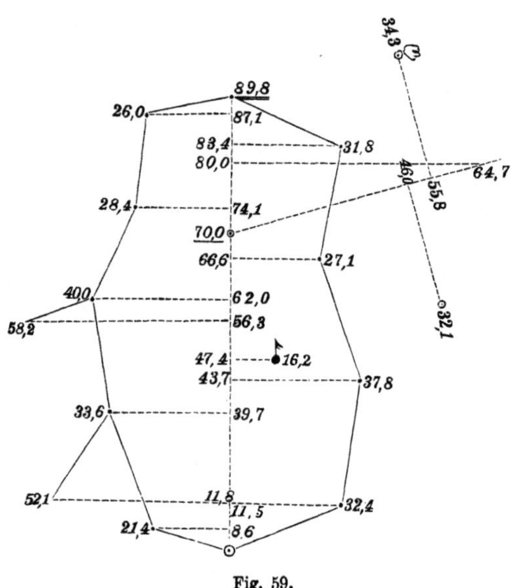

Fig. 59.

maass) ist zur Auszeichnung doppelt zu unterstreichen. Die Maasse für die Einbindepunkte der seitwärts abgehenden Messungslinien sind einmal zu unterstreichen." Maassbezeichnung unterbleibt immer, die ganzeu Zahlen bedeuten eben jederzeit Meter; wenn kein Bruchtheil vom Meter vorkommt, soll das durch Null hinter Komma angedeutet sein. Die Vorzeichen der Coordinaten können in den Handrissen wegbleiben, die Stellung der Zahl und der Ort lassen keinen Zweifel entstehen; dagegen macht man im Feldbuche Vormerk wie: $\overset{\uparrow + y}{\underset{\downarrow - y}{\longrightarrow}} + x$. Andere Maasse als solche der Coordinaten werden parallel der gemessenen Strecke (z. B. zur Probe Vielecksseiten, Diagonalen, dann, wie jederzeit geschieht, die Gebäudeabmessungen) werden parallel der betreffenden Strecke, oft zwischen < . . . > geschrieben; dergleichen Zahlen sollen thunlichst in umgekehrter Stellung geschrieben werden, wie die Coordinatenmaasse in ihrer Nähe.

Die Namen und Nummern der Punkte in die Handskizzen einzutragen, ist nicht unbedingt nöthig, da das Feldbuch dieselben ergibt. Immerhin ist es, wenn Platz vorhanden, angenehm; die Nummern sind aber andersfarbig (roth) als die Maasszahlen zu schreiben.

Darüber, wie Handskizzen zu mancherlei Zwecken durch Augenscheinsaufnahmen hergestellt oder in sonstiger Art gewonnen werden können, ist an andern Stellen das Geeignete mitgetheilt.

§ 82. **Stückvermessungsrisse.** Die im preussischen Katasterwesen eingeführten Stückvermessungsrisse von 666 mm Länge und 500 mm Breite sind gewissermassen vervollkommnete Handskizzen. Sie haben mit diesen gemein, dass die Maasszahlen (Coordinaten) eingeschrieben werden und sie sollen (§ 86, VIII) „eine genaue Kartirung der aufgemessenen Grundstücke n i c h t enthalten aber die letzteren in einer der Wirklichkeit möglichst ähnlichen Form darstellen. Die maassstäblich g e n a u e Kartirung der Risse, insbesondere in Bezug auf das Netz der Messungslinien ist untersagt.“ Diese Risse sind möglichst sogleich im Felde mit Hülfe eines Maassstablineals anzufertigen, die Linien zunächst mit Bleistift, die Zahlen aber und die Grenzmarken sofort mit guter s c h w a r z e r T i n t e (nur Eisengallus-, keine Anilin- etc. Tinte) einzuschreiben. Die Auszeichnung der Messungs- und Grenzlinien ist baldmöglichst nachzuholen (§ 88). Ausnahmsweise dürfen die Vermessungsergebnisse im Felde zunächst in ein besonderes F e l d - b u c h (gutes Papier 33 cm auf 21 cm, geheftet, paginirt, immer nur einseitig beschrieben) eingetragen werden und die Uebertragung aus dem Feldbuche in die Stückvermessungsrisse und Liniennetzrisse (§ 84) muss mit der Aufnahme möglichst gleichen Schritt halten. Mit Datumangabe zu bescheinigende Collationirung. Bestimmungen in Betreff des Titels u. s. w.

Die Polygonseiten und sonstigen Messungslinien, die abgerichteten rechten Winkel etc. sind stets in ihrer ganzen Länge auszuzeichnen. Die Kleinpunkte sind mit kleinen Kreisen von 1 mm Durchmesser zu umgeben und zwar wie bei allen Messungspunkten, Messungslinien und Zeichen in rothem Karmin. Die durch Drainröhren vermerkten Kleinpunkte sind ausserdem noch dadurch besonders kenntlich zu machen, dass sowohl dem Einbindemaasse für diese Punkte, als auch dem auf letztere bezüglichen

Linienendmaasse ein lateinisches D unmittelbar vorgesetzt wird, z. B. D 64,5 bzw. D 283,4. Bei anderer Punktvermarkung statt des D ein charakteristischer Buchstabe, der auf dem Liniennetzrisse (siehe § 84) zu erläutern ist. (In Bayern bezeichnet ein der Maasszahl nachgesetztes D, dass die Entfernung [was ausnahmsweise gestattet ist] mit einem optischen Distanzmesser gefunden ist. Solche Längen sind dann aber auch noch blau unterstrichen.)

Eigenthumsgrenzen und Grenzen der auf verschiedenen Blättern des Grundbuchs eingetragenen Parzellen eines und desselben Eigenthümers sind, wo es angeht, in möglichst kräftigen, Kulturgrenzen aber in schwächeren Linien in schwarzer Tusche auszuziehen, die vorgeschriebenen Bezeichnungen der Grenzen, Hecken u. s. w. sind vollständig (schwarz) darzustellen. Der Name des Eigenthümers der Grundstücke ist mit lateinischer, Vornamen, Stand, Hausnummer und Wohnort, eventuell auch der besondere Namen des Guts etc., bei fiskalischen Grundstücken die betreffende Verwaltung, sind mit deutscher Schrift, mit guter schwarzer Tinte einzutragen, in der Regel in die Grundstücke selbst, sonst auf den Rand des Risses, nöthigenfalls die linke Hälfte der Aussenseite. — Die Kulturarten mit ihren Normalzeichen (§ 79) schwarz einzuschreiben. Vorläufige Parzellennummern mit blauer Tinte, definitive mit Zinnober. Ungefährer Maassstab rechts unten in Zahlen. Die Anwendung flüssiger Farben ist thunlichst zu vermeiden und Oelkreidestifte vorzuziehen.

Grundsteuerfreie Liegenschaften erhalten an der Innenseite ihrer Begrenzung einen zinnoberrothen Farbestreifen von 0,5 mm Breite (VIII, § 89 u. 90).

§ 83. **Vorrisse**, 666 mm lang, 500 mm breit, enthalten nicht die unmittelbaren Maasszahlen, auch nicht die Messungslinien, sondern die Eigenthumsbezeichnung, Kulturangabe, Nummern, Flächeninhalt und Bonitätsangabe.

104 heisst Parzelle Nr. 104, Wiese ein Drittel
Z. B. W $^1/_3$ 3 = 1.47.63 dritter Klasse mit einem Flächeninhalt von
$^2/_3$ 4 = 2.95.27 1 Hektar 47 Aren und 63 Quadratmetern
und zwei Drittel vierter Klasse von 2 Hektaren 95 Aren und 27 Quadratmetern. Die Vorrisse entstehen durch Copirung vorhandener Gemarkungskarten, in deren Maassstab oder nach Bedarf in grösserem. Sie sind anzulegen, bevor mit der Feststellung der Gemarkungsgrenzen etc., der Absteckung des polygonometrischen Netzes und der Ausführung der Stückvermessung begonnen wird (§ 43 in VIII Anw.).

§ 84. **Das Messungsliniennetz und die Liniennetzrisse.** Die Stückvermessung kommt nicht leicht für sich alleinstehend vor, sondern im Zusammenhange oder in Anlehnung an grössere Messungen. Daher die Vermessungslinien (Abcissenaxen) mit Rücksicht hierauf zu wählen sind. Sie sollen zwischen trigonometrisch und (oder) polygonometrisch bestimmten Punkten verlaufen, wobei aber auch Punkte eigens auf Geraden des trigonometrischen oder polygonometrischen Netzes durch Abmessung bestimmt sein können. Sind erst einige Messungslinien in genannter Weise mit dem

Netze verbunden, so können bestimmte Punkte derselben wieder End- und Richtungspunkte neuer Messungslinien abgeben. Diese neuen End- und Kreuzungspunkte der Messungslinien heissen Kleinpunkte, — sind zu vermarken, wie auch die gleichfalls Kleinpunkte genannten Einschaltungen auf Messungslinien, welche bezwecken, zwei benachbarte Kleinpunkte höchstens 200 m entfernt von einander zu erhalten. Bei regelmässigen Feldlagen sind die Steinlinien zu Messungslinien zu wählen.

Für jedes Blatt der Gemarkungskarte ist zu den Stückvermessungsrissen ein Liniennetzriss (666 mm auf 500 mm, mindestens 500 mm auf 333 mm) als Uebersichtsblatt zu fertigen, in welchem die in Betracht kommenden trigonometrischen Punkte und der auf das Blatt bezügliche Theil des Polygonnetzes, sowie das Netz der Messungslinien mit Eintragung der durch die Stückvermessung bestimmten Einbinde-, End- und Versicherungsmaasse übersichtlich dargestellt werden. Einzutragen sind die Zeichen und Namen der durch die Landesaufnahme oder das geodätische Institut bestimmten trigonometrischen Punkte blau, die Zeichen, Namen und Nummern der trigonometrischen und polygonometrischen Punkte, die Polygonseiten, endlich die Nummern der Kleinpunkte carminroth. Die Kleinpunkte selbst sind schwarz zu zeichnen, ebenso die speziellen Messungslinien (die nur zur Versicherung dienenden Linien punktirt). Ferner wird ein Quadratnetz carminroth eingetragen mit seinen Coordinatenzahlen. Dasselbe braucht nicht durch das ganze Blatt gezogen zu werden. Es wird gebildet von den um ein ganzes Multiplum von 200 m vom Coordinatenanfangspunkt für den Vermessungsbezirk (siehe § 170) abstehenden Parallelen zu den Coordinatenaxen. Der Maassstab der Liniennetzrisse wird in der Regel die Hälfte der für die Gemarkungskarte selbst in Aussicht genommenen nicht zu überschreiten brauchen. Eine genaue Kartirung des Liniennetzes ist nicht beabsichtigt, sondern nur eine der Wirklichkeit möglichst ähnliche Form. (VIII, § 94.)

§ 85. **Gemarkungskarten*)**. In den Gemarkungskarten (in Preussen werden Gemarkungsurkarten, Gemarkungsreinkarten unterschieden) finden die Messungen ihre genaue zeichnende Verwerthung. Diese Karten entstehen auf Grund der Liniennetzrisse, Vorrisse, Stückvermessungsrisse. Ueber Format, Maassstab, Eintragung der Punkte nach Coordinaten u. s. w. ist in § 68 schon das Nöthige angegeben**). Die Polygonseiten, wie alle übrigen Messungslinien sind in blassschwarzer Tusche auszuziehen. Nun erfolgt die Einzelkartirung durch Eintrag der zur Bestimmung der Grundstücksgrenzen u. s. w. festgelegten Punkte, dann werden die Grenzsteine u. s. w. ausgezeichnet, die Grundstücksgrenzen u. s. w. ausgezogen und die für Karten vorgeschriebenen Zeichen (siehe §§ 74—78) eingetragen, in mittelschwarzer Tusche, freihändige Federzeichnung.

Es erfolgt nun die definitive Numerirung der Parzellen in die Ge-

---

*) Nach der früher gemachten Unterscheidung eigentlich Pläne zu nennen.

**) Das Quadratnetz, nach § 104 zunächst blassschwarz zu ziehen, ist im amtlichen Musterblatte karminroth deutlich verzeichnet.

markungsurkarte mit schwarzer Tusche (möglichst kleine Zahlen) und diese Nummern sind dann mit Zinnober in die Stückvermessungsrisse zu übertragen, ohne Beseitigung oder Unleserlichmachung der dort schon vorhandenen vorläufigen blauen Nummern. Diejenigen Grenzen der Bonitätsabschnitte, welche mit den Grenzen der Parzellen nicht zusammenfallen, sind grün in die Gemarkungsurkarte einzutragen. Geht also eine grüne Linie durch ein Grundstück und ist dabei grün geschrieben A $^1/_2$ 4 | $^1/_2$ 5, so heisst das: Acker, zur Hälfte (links der Grenze) von vierter, zur andern Hälfte von fünfter Güte. § 114 VIII enthält Bestimmungen über den Titel der Karte, ferner 3) ... Die Kreuzungspunkte der Linien des Quadratnetzes sind mit Kreisen wie die Polygonpunkte (jedoch nur von 1,5 mm Durchmesser) zu umgeben, dauernd vermarkte Kleinpunkte mit Kreisen von 1 mm Durchmesser. Die Linien des Quadratnetzes sind, soweit sie ausserhalb der Zeichnung der Parzellen liegen, ganz, innerhalb der Zeichnung aber nur an ihren Kreuzungspunkten bis auf eine Entfernung von etwa 10 bis 15 mm (mit scharfen Linien, carminroth) auszuziehen. Die Dreiecks- und Polygonseiten, sowie die sonstigen Messungslinien sind (ohne die Ordinaten) an ihren Anfangs-, End- und Kreuzungspunkten bis auf Entfernungen von 5 bis 10 mm auszuzeichnen (carminroth und punktirt nach dem amtlichen Muster). Den trigonometrischen, polygonometrischen sowie den im Felde vermarkten Kleinpunkten sind ihre Nummern, für die Kleinpunkte in möglichst geringer Grösse aber scharfer Auszeichnung (carminroth) beizufügen, ferner den Quadratnetzlinien die Bezeichnung des Coordinaten-Nullpunkts (z. B. Hermannsdenkmal) und die Angabe des Abstandes jener Linien vom Nullpunkte. Die auf den Eigenthumsbestand und die Kulturarten bezüglichen Angaben (mit Ausnahme der oben erwähnten grünen Bonitätsvermerke in getheilten Parzellen) und die auf Steuerfreiheit hinweisende rothe Kolorirung, die Hausnummern, sowie die Messungszahlen werden aus den Stückvermessungsrissen in die Gemarkungsurkarten nicht übernommen.

§ 86. Die **bayrischen amtlichen Bestimmungen über Pläne** u. s. w. in der lithographirten „Instruction für neue Katastermessungen in Bayern, hier für Theodolit-Aufnahmen“, stimmen im Wesentlichen mit den preussischen überein. Hinsichtlich der Kartirung bestimmen sie, dass diese (in Städten 1 : 1000) im Anschlusse an das Blattnetz der allgemeinen Landesvermessung (§ 349) zu erfolgen habe. Nach Auftrag der durch Coordinaten bestimmten Punkte ist zunächst das Liniennetz herzustellen, wobei die abzugreifenden Längen mit den gemessenen bei günstigen Verhältnissen auf $^1/_{1000} \pm k$, bei ungünstigen auf $^1/_{500} \pm k$ übereinstimmen müssen. Die Constante k ist dabei in ihrer natürlichen Grösse auf 0,00015 m festgesetzt. Zulässige Differenzen sind proportional zu vertheilen. Fallen Fixpunkte über das Blatt hinaus, so sind Coordinaten der eingemessenen Constructionspunkte nachträglich zu berechnen. Vom Blattrande durchschnittene Grundstücke sind möglichst ganz auf dem ersten Blatt zu kartiren. Die Kulturart wird durch Federzeichnungen angedeutet, ohne die ganzen Flächen voll zu zeichnen.

III. Flächenermittelungen und dahingehörende Aufgaben.

1. Planimeter.

§ 87. **Genauigkeit der Flächenberechnungen.** Sie hängt ab von der Genauigkeit, mit welcher die Längenabmessungen bekannt sind. Schliesslich kommt alle Flächenbestimmung auf die Berechnung von Rechtecken hinaus, weshalb es im Wesentlichen genügt, diese zu untersuchen. (Siehe aber auch für Dreiecke §§ 186, 287 ff.) Seien a und b die wahren Längen der Rechtecksseiten, dann Δa und Δb die bei ihrer Messung begangenen Fehler und φ die Abweichung vom rechten Winkel, an welcher die Maassrichtungen leiden. Der wahre Flächeninhalt ist $f = ab$, der unrichtige $f + \Delta f = (a \pm \Delta a)(b \pm \Delta b) \cos \varphi$, wobei für $\sin (90^0 \pm \varphi)$ sogleich $\cos \varphi$ gesetzt ist. Der Flächenfehler ist also

$$\Delta f = f (\cos \varphi - 1) + \cos \varphi (\pm a . \Delta b \pm b . \Delta a),$$

wenn die Grösse $\Delta a . \Delta b$, als von zweiter Ordnung der Kleinheit, wie zulässig, wegbleibt.

Der Cosinus des kleinen Winkels φ ist von der Einheit so wenig verschieden, dass die immer doch nur geringe Unsicherheit im rechten Winkel hinsichtlich ihres Einflusses auf den Flächeninhalt ganz zurücktritt gegen die Längenfehler. Beispiel $a = 120$ m, $b = 50$ m, $\Delta a = \pm 0,1$ m, $\Delta b = \pm 0,08$ m, $\varphi = {}^1/_2{}^0$ (schon recht merklich). Im ungünstigsten Falle, gleiches Vorzeichen von Δa und Δb, findet man

$$\text{für } \varphi = {}^1/_2{}^0 : \Delta f = (-0,36 \pm 14,5942) \text{ qm};$$
$$\text{für } \varphi = 0^0 : \Delta f = \pm 14,6000 \text{ qm}.$$

Mit Vernachlässigung des Winkelfehlers ist der Flächenfehler $\Delta f = a . \Delta b \pm b . \Delta a$, woraus ersichtlich, dass ein Fehler in der Messung der kurzen Seite einflussreicher (weil er mit der längeren Seite multiplizirt erscheint) ist, als ein gleich grosser in der längeren Seite. Daher die Regel: bei langgestreckten Flächen die kurzen Abmessungen mit grösstmöglicher Sorgfalt zu bestimmen.

Es ist immer am besten, die Flächen aus den Originalzahlen der Aufnahme im Felde zu berechnen. Sind diese aber nicht zur Verfügung, so müssen oft die Abmessungen aus Plänen entnommen werden. Es leuchtet ein, dass man, wenn thunlich, nur die langen Seiten der oft schmalen Felder u. s. w. aus dem Plane entnehmen, die Breiten oder Köpfe der Grundstücke aber im Felde nachmessen soll; kann man auch das nicht, so soll man sie wenigstens mit vermehrter Sorgfalt dem Plane entnehmen.

Sind δa und δb die mittleren Fehler in Messung der Seiten a und b, so ist der mittlere Fehler der berechneten Rechteckfläche:

$$\delta f = \sqrt{a^2 . \delta b^2 + b^2 . \delta a^2}.$$

Sind beide Längen aus einem Plane abgegriffen, so sind die mittleren Abgreifungsfehler absolut genommen gleich, $= \delta l$ und es wäre dann $\delta f = \delta l . \sqrt{a^2 + b^2} = \delta l . d$, wenn d die Diagonale bedeutet. Die Ungenauigkeit und Unsicherheit der Zeichnung geht natürlich für sich.

Die mittleren Fehler der im Felde gemessenen Längen sind (von regelmässigen und constanten Fehlern abgesehen) bekanntlich (§ 31): $\delta a = c \sqrt{a}$; $\delta b = c \sqrt{b}$, was in δf eingesetzt liefert:

$$\delta f = c . \sqrt{ab} . \sqrt{a + b};$$

d. h. der mittlere Fehler im Flächeninhalt eines Rechtecks ist der Quadratwurzel der Fläche selbst und zugleich der Quadratwurzel des Umfangs proportional. Am sichersten berechnet sich daher unter sonst gleichen Umständen der Flächeninhalt der Quadrate, als der Vierecke kleinsten Umfangs, am unsichersten jener langgestreckter, schmaler Streifen.

Die Berechnung des Flächeninhalts der einzelnen Parzellen (und Bonitätsabschnitte solcher) hat für jede zweimal, wenn thunlich in verschiedener Weise, zu erfolgen. Bei Flächen unter 1 Ar nie anders als aus den unmittelbaren Vermessungszahlen, worauf bei der Stückvermessung schon Rücksicht zu nehmen ist. Sonst kann eine, zur Noth können auch beide Berechnungen nach dem Plane graphisch oder mit gutem Planimeter vollzogen werden. Dann rechnet man mehrere Parzellen zusammen (kleine Massenberechnung), endlich die Gesammtfläche der auf einem Kartenblatt dargestellten Grundstücke (grosse Massenberechnung). Die Berechnung der Wege, Bäche u. s. w. wechselnder Breite aus der Gesammtlänge und einer mittleren Breite ist unstatthaft. (VIII. preuss. Anw. § 117): die beiden Einzelberechnungen sind in zwei getrennten Heften von verschiedenen Arbeitern auszuführen. Die Ergebnisse der einen Einzelberechnung dürfen bei Ausführung der andern weder benutzt, noch überhaupt vom Rechner eingesehen werden. (VIII, § 118): Bei der Berechnung aus Coordinaten sind diese in der Regel auf Decimeter abzurunden, mehr als 5 Centimeter auf das volle Decimeter, genau 5 Centimeter auf die nächste gerade Decimeterzahl, unter 5 Centimeter entfallen. Die Produktensumme aus den Ordinaten der einzelnen Eckpunkte in die Unterschiede der Abscissen der Nachbarpunkte und aus den Abscissen in die Ordinatendifferenzen müssen stimmen, andernfalls ist der Rechenfehler aufzusuchen und zu beseitigen. § 119: Die Vergleichung der Einzelberechnungen darf höchstens einen Unterschied von $0{,}01 \sqrt{60 f + 0{,}02 f^2}$ ergeben (wobei der Flächeninhalt f in Aren und ebenso die Abweichung verstanden ist), sonst kann das Ergebniss nicht für richtig genommen werden. (Eine Tafel der höchsten zulässigen Abweichungen ist in VIII Anweis. mitgetheilt.) Die bayrische Instruktion besagt: für die Flächenberechnung aus den Originalkarten, sowohl nach Controlmassen als bei der Einzelberechnung, wovon jede zweimal unabhängig zu machen, sind thunlichst Polygone zu benutzen. Einzelberechnungen möglichst nach Messungszahlen, eventuell graphisch mit Polarplanimeter; innerhalb eines Polygons ist thunlichst die gleiche Berechnungsart einzuhalten, ausserdem auf Flächen aus Maasszahlen nichts von den Fehlern zu repartiren. Die Produktenbildung soll mit Hülfe von Multiplikationstabellen geschehen. Die Summe aller Einzelflächen muss mit der aus den polygonometrischen Coordinaten der Gesammtfläche, wenn n Parzellen vorliegen, stimmen bis auf

$0{,}0015\ (f + \sqrt{2n})$ Hektare im Maassstab 1 : 1000
$0{,}0030\ (f + \sqrt{2n})$ „ „ „ 1 : 2500
$0{,}0060\ (f + \sqrt{2n})$ „ „ „ 1 : 5000

Die bayrische Instruktion sagt in ihrem § 54:

„Die Flächenberechnung wird geprüft durch Mittelung bez. Repartition der Einzelberechnungsresultate des Revisions-Geometers. Die für jede Parzelle gefundenen Resultate müssen mit denen der ersten Rechnung bis auf $^1/_{250}\sqrt{f}$, $^1/_{100}\sqrt{f}$, $^1/_{50}\sqrt{f}$ übereinstimmen, je nachdem der Maassstab 1 : 1000, 1 : 2500, 1 : 5000 ist, wo die 25 Hektar nicht übersteigende Fläche immer in Hektaren ausgedrückt ist. — Für noch grössere Flächen wie 25 Hektar ist das letztgenannte Genauigkeitsverhältniss massgebend."

Da die amtlich als zulässig erkannten Fehler ohne Rücksicht auf die Gestalt der Flächen, die doch theoretisch von Einfluss ist auf die erreichbare Genauigkeit, bestimmt sind, so ist stillschweigend für ungünstiger gestaltete Flächen grössere Sorgfalt vorausgesetzt.

§ 88. **Flächenermittelung nach Plänen** kommt sehr häufig vor, obgleich sie jener aus unmittelbar gefundenen Maasszahlen immer nachsteht.

Man kann das gezeichnete Vieleck durch feine Bleistiftlinien in Dreiecke, Parallelogramme und Paralleltrapeze zerlegen, die nöthigen Hülfslinien, wie Höhen, den Elementarfiguren einzeichnen, die Maasse aus dem Plane entnehmen und mit ihnen die Flächen berechnen.

Bei nicht ganz einfach geometrischer Gestalt wird es vortheilhafter sein, die Parallel-Coordinaten bezüglich beliebiger Axen zu zeichnen, zu messen und aus ihnen die Flächen abzuleiten. Man vollführt letzteres Geschäft wohl auch im Felde, während es fast nie (wenn man Messgeräthe zur Verfügung hat) empfehlenswerth sein wird, die erstgenannte Zerlegung im Felde vorzunehmen.

Beide Verfahren sind immer zeitraubend, und es ist daher viel gebräuchlicher durch mechanische Hülfsmittel, Planimeter genannt, die Fläche gezeichneter Figuren (auch krummbegrenzter) zu suchen.

Manche Planimeter sind so eingerichtet, die Flächen sofort in landesüblichem Feldmaass anzugeben, wenn die Planverjüngung bekannt ist. Es dürfte sich aber allgemein mehr empfehlen, die Planflächen zunächst nach Quadratmillimeter zu finden. Dann wird durch Multiplikation mit dem Quadrate der Verjüngungszahl und Division mit 1000^2 die Naturgrösse in Quadratmeter erhalten. Nöthigenfalls folgt weiter durch Multiplikation mit einer Verhältnisszahl die Umrechnung in das landesübliche Feldmaass.

§ 89. Das **Quadratenplanimeter** (auch **Fadenplanimeter** genannt) ist ein Rahmen, über welchen Fäden zu Quadraten gespannt sind, oder eine Glastafel oder einfacher ein Pauspapier, auf welchem Quadrate bestimmter Grösse, z. B. Viertelquadratcentimeter, verzeichnet sind. Die Vorrichtung wird über den Plan gelegt und es wird abgezählt, wie viel Quadrate in die Figur fallen. Mühsam ist die Abzählung der Randquadrate, die zum Theil der Fläche angehören, theilweise aber darüber hinausfallen. Für diese Randquadrate muss geschätzt werden, welcher Theil noch zählt, was die Mühe erheblich vergrössert.

§ 90. Das **Gewichtplanimeter.** Bequemer ist es, die betreffende Figur auf Pauspapier zu kopiren oder auch auf festeres Papier die Eckpunkte durch feine Nadelstiche zu übertragen, dann das Papier genau nach den Umrissen der Figur auszuschneiden. Man wiegt das ausgeschnittene Stück und ebenso ein Stück desselben Papiers von genau bestimmter Fläche, z. B. 100 qcm mit guter Wage (die der Geometer selten hat) und erhält dann (bei entsprechender Vorsicht und Sorgfalt) recht genau das Verhältniss des Flächeninhalts der Figur zu der bekannten der Probefläche durch das Gewichtsverhältniss.

§ 91. Das **Verwandelungs-Planimeter** erleichtert die Verwandelung eines Vielecks in ein flächengleiches Dreieck, dessen Spitze in einen der Polygoneckpunkte fällt, während die Grundlinie als Verlängerung einer Vielecksseite (man nimmt gerne die längste) erhalten wird. Das Dreieck wird aus zu messender Grundlinie und Höhe (die zu construiren ist) be-

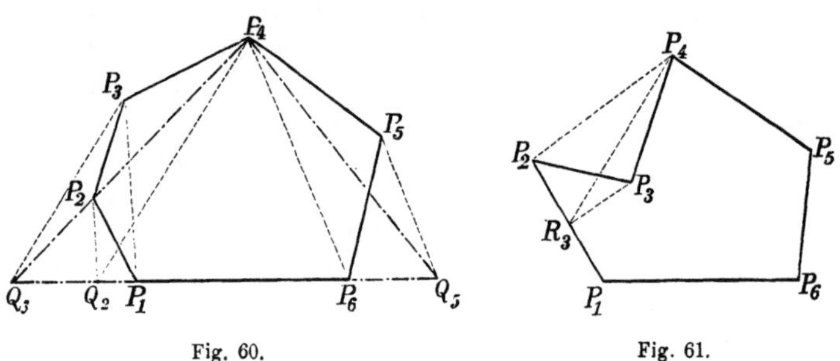

Fig. 60. Fig. 61.

rechnet. An die bekannte Construktion, deren Beweis aus der Gleichheit von Dreiecken mit derselben Grundlinie und der Spitze auf einer Parallelen zu dieser folgt, erinnernd: um das Vieleck $P_1 P_2 P_3 P_4 P_5 P_6$ in ein Dreieck mit der Spitze in P_4, der Grundlinie auf der Richtung $P_1 P_6$ zu verwandeln, ziehe $P_2 Q_2$ parallel $P_3 P_1$, dann $P_3 Q_3$ parallel $P_4 Q_2$, endlich $P_5 Q_5$ parallel $P_4 P_6$, so ist $Q_3 Q_5$ die Grundlinie, P_4 die Spitze des gesuchten Dreiecks.

Kommt ein einspringender Winkel vor (P_3), so thut man gut, diesen erst zu beseitigen. Im Beispiele (Fig. 61) dadurch, dass man $P_3 R_3$ parallel $P_4 P_2$ bis zum Durchschnitte mit der Seite $P_1 P_2$ zieht; Figur $P_1 R_3 P_4 P_5 P_6$ ist flächengleich mit der vorgelegten $P_1 P_2 P_3 P_4 P_5 P_6$. Die weitere Verwandelung wird dann ausgeführt, wie vorher. Stösst einer der Schenkel des einspringenden Winkels an die zur Grundlinie gewählten Richtung, so vereinfacht sich die Construktion etwas.

Die nöthigen Parallelen können in bekannter Weise mit einem Anschlagwinkel und Lineal gezogen werden; es ist nicht nöthig, sie ganz zu zeichnen, es genügt mit Nadelstich die Durchschnittspunkte mit der Verwandelungsbasis zu bezeichnen. Man kann aber auch einen Apparat benutzen, der Verwandelungs-Planimeter genannt wird und aus einem

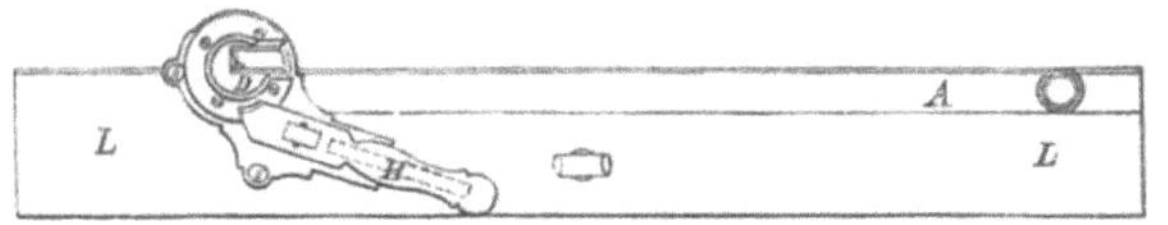

Fig. 62.

Lineale L L (Fig. 62) besteht, an welches sich ein Arm D A anlegt, dessen Drehpunkt genau in die Ziehkante des Lineals fällt. Das ist dadurch ermöglicht, dass ein Kreis auf das Lineal geschraubt ist, dessen Mittelpunkt genau in D auf der Ziehkante gelegen. Dieser Kreisring dient als Führung für einen Ring, in welchen der Arm D A endet. Die Ziehkante von D A geht genau durch den Mittelpunkt (also D) des angefügten Ringstücks. Eine Feder erzeugt durch Druck hinreichende Reibung, um unbeabsichtigtes Verstellen unmöglich zu machen; ein Fingerdruck auf den Hebel H beseitigt den Federdruck und damit die Reibung.

Das Lineal L L wird an ein anderes, festliegendes Metalllineal angeschoben, so dass die Kante des ganz beigelegten Arms in die Richtung der Verwandelungsbasis fällt. Man schiebt nun das Lineal so, dass der bezeichnete Punkt D an P_1 kommt, dreht den Arm, bis seine Kante durch P_3 geht, klemmt fest. Schiebt dann das Lineal so weit vorwärts, bis die Ziehkante des unverrückt im Winkel gebliebenen Arms durch P_2 geht, dann liegt D an Stelle von Q_2. Nun wird sofort der Arm nach P_4 gedreht, dann nachdem geklemmt, das Lineal geschoben, bis die Ziehkante des Arms durch P_4 geht, D fällt dann nach Q_3. Und so weiter. Bequem, billig.

§ 92. Die **Abschiebe-Planimeter** sollen die Grundlinie eines rechtwinkeligen Dreiecks von gegebener (angenommener) Höhe finden lassen, welches flächengleich mit der zu messenden Figur ist. Hat man z. B. die Höhe gleich 10 cm gewählt, so braucht man nur das Centimetermaass der gefundenen Grundlinie mit $10 : 2 = 5$ zu multipliziren, um den gesuchten Flächeninhalt nach Quadratcentimeter ausgedrückt zu erhalten.

Durch den Endpunkt P_1 des Vielecks (Fig. 63) zieht man eine Gerade von der Länge der gegebenen Dreieckshöhe und durch ihren andern Endpunkt Q_0

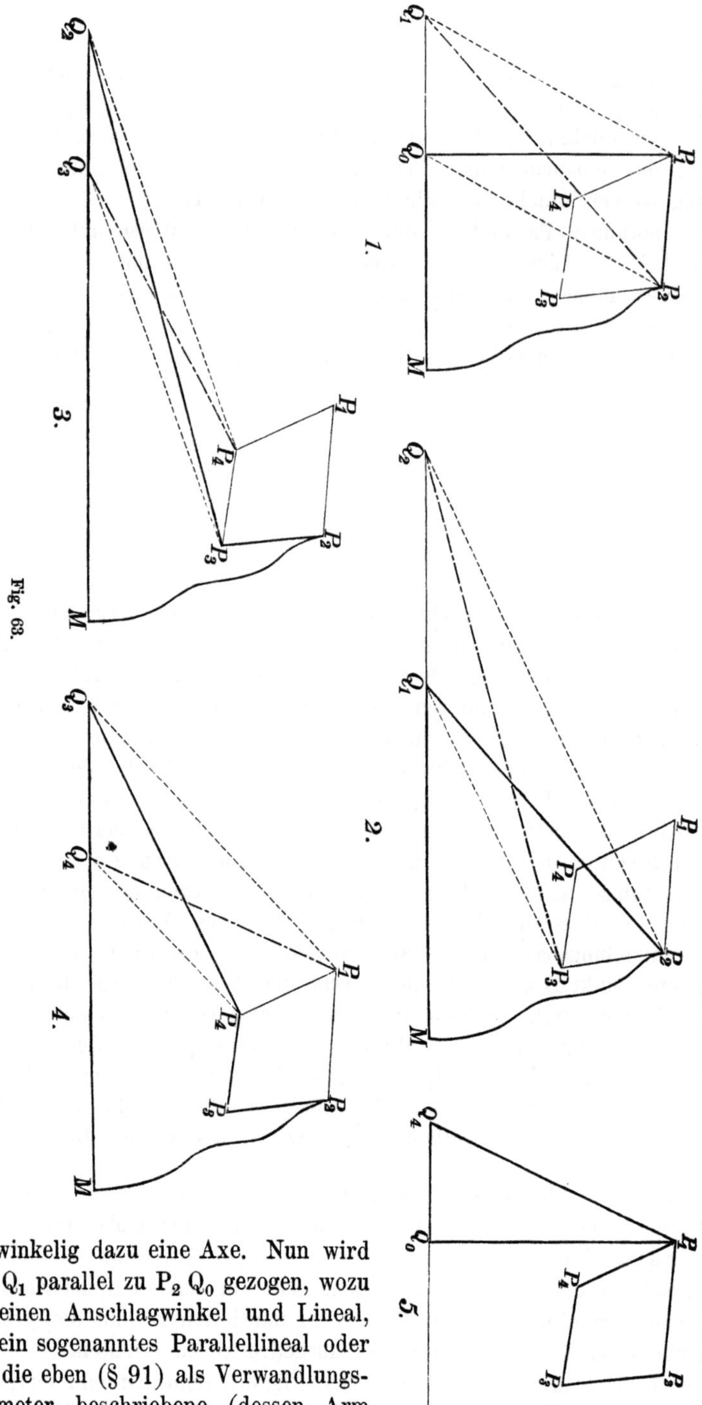

Fig. 63.

rechtwinkelig dazu eine Axe. Nun wird 1) $P_1 Q_1$ parallel zu $P_2 Q_0$ gezogen, wozu man einen Anschlagwinkel und Lineal, oder ein sogenanntes Parallellineal oder auch die eben (§ 91) als Verwandlungs-Planimeter beschriebene (dessen Arm dann aber länger sein muss), oder irgend eine andere Vorrichtung benutzen kann. Es ist nicht nöthig, die Gerade $P_2 Q_0$ auszuziehen, es genügt, ihre Richtung genommen zu haben, ebenso braucht man von der Parallelen $P_1 Q_1$ nur den Schnittpunkt Q_1 mit der Axe anzugeben. Nun wird 2) Q_2 als Durchschnitt einer durch P_2 gehenden Parallelen zu $P_3 Q_1$ bestimmt, dann 3) Q_3 als Durchschnitt der Axe mit der Parallelen zu $P_4 Q_2$ durch Punkt P_3; ferner 4) Q_4 als Durchschnitt der Axe mit der durch P_4 gezogenen Parallele zu $P_5 Q_3$ u. s. w. Endlich Q_{n-1} als Durchschnitt der aus P_{n-1} gezogenen Parallelen mit $P_n Q_{n-2}$ und schliesslich Punkt Q_n als Durchschnitt der Axe mit der durch P_n zur Richtung $P_1 Q_{n-1}$ gezogenen Parallelen. Die Strecke $Q_0 Q_n$ ist die gesuchte Grundlinie des flächengleichen rechtwinkeligen Dreiecks (Spitze in P_1). Die Beschreibung des Verfahrens und gar der nachfolgende Beweis seiner Richtigkeit sind umständlicher als die Ausführung.

Beweis (der Kürze halber nur für ein Viereck gegeben): Man denke durch einen Eckpunkt P_2 eine beliebige Linie bis zum Punkte M der Axe gezogen, so dass die ganze gesuchte Fläche umschlossen ist. Der Flächeninhalt der Figur zwischen der Höhenlinie, der Axe, jener Hülfslinie $P_2 M$ und dem äussern Umrisse des Vielecks sei $f + z$, wo f die gesuchte Fläche, z der willkürliche Zusatz $Q_0 P_1 P_4 P_3 P_2 M Q_0$ sein soll. — Ein Theil der Gesammtfläche (erste Figur) ist Dreieck $Q_0 P_2 P_1$, das man ersetzt durch das flächengleiche Dreieck $Q_0 P_2 Q_1$ (gemeinsame Grundlinie $Q_0 P_2$ und die Spitzen auf der Parallele $P_1 Q_1$ zur Grundlinie). Die Fläche $f + z$ ist jetzt $Q_1 P_2 M Q_1$. Hiervon ist ein Theil $Q_1 P_3 P_2$ (zweite Figur), den man durch das gleich grosse Dreieck (Grund der Gleichheit wie oben) $Q_1 P_3 Q_2$ ersetzt, wodurch die Fläche $f + z$ wird: $Q_2 P_3 P_2 M Q_2$. Hiervon ist ein Theil $Q_3 P_3 Q_2$ (dritte Figur), den man ersetzt durch den gleich grossen $Q_3 P_3 P_4$, so dass die Fläche $f + z$ nun die Gestalt $Q_3 P_4 P_3 P_2 M Q_3$ hat. Hiervon wird Theil $Q_4 P_4 Q_3$ (vierte Figur) ersetzt durch den gleich grossen $Q_4 P_4 P_1$, so dass

$$f + z = Q_4 P_1 P_4 P_3 P_2 M Q_4 \text{ oder } Q_4 P_1 Q_0 + Q_0 P_1 P_4 P_3 P_2 M Q_0.$$

Der letzte Theil ist aber z, also der erste $Q_4 P_1 Q_0 = f$, was zu beweisen war.

Als Abschiebe-Planimeter lässt sich auch der (§ 71) beschriebene geodätische Tachygraph und Tachygraph-Planimeter von Schlesinger verwenden.

§ 93. Das **Polarplanimeter** (Amsler) (Fig. 64) hat zwei durch eine Axe D verbundene Stangen, den Polarm P und den Fahrarm A. Das eine Ende des Polarms wird festgestellt, entweder indem seine Spitze in die Zeichnung eingestochen wird, oder indem eine dort angebrachte kleine Stahlkugel in die passende Vertiefung der schweren, auf der Unterseite mit Tuch gefütterten Metallplatte K eingesenkt wird. Ein Gewicht b sichert die Stellung. Dieses Ende des Polarms ist der Pol, um welchen das Planimeter gedreht wird. Der Fahrarm trägt an seinem einen Ende einen feingespitzten Stift, den Fahrstift f. Dieser wird an einem wohlbestimmten Punkte des Umfangs der Figur angesetzt und nun der Umfang der Figur genau mit dem Fahrstifte umfahren, bis die Anfangsstellung wieder erreicht ist. Zur Schonung der Zeichnung ist eine Stütze (Elfenbein) g neben dem Fahrstifte angebracht, die (mittelst Schraube d'' klemmbar) so weit herabgeschoben wird, dass sie mit ihrem stumpfen Fusse die Papierfläche trifft, die scharfe Spitze f aber ganz dicht darüber bleibt.

Während der Bewegung des Fahrstifts gleitet und rollt eine an ihm befestigte Laufrolle L über das Papier. Sie ist am Umfange getheilt und ein Nonius (§ 131) gestattet Tausendstel des Rollenumfangs abzulesen (durch Schätzung sogar noch kleinere Theile), während die Anzahl der g a n z e n Rollenumläufe an dem Zahlrädchen (auf welchem in der Abbildung die Zahlen 0 bis 9 stehen), das von der Rollenaxe aus durch eine Schraube ohne Ende seine Bewegung erhält, abgelesen werden. Man kann (weniger empfehlenswerth) vor Beginn der Umfahrung den Stand der Rolle auf Null bringen, oder, was besser ist, man liest ihn ab, wenn der Fahrstift am Anfangspunkt des Figurenumfangs steht. Ist der Fahrstift nach Umfahrung der Figur wieder zum Anfangspunkt gelangt, so ist der Rollenstand genau abzulesen. Der Unterschied der Ablesungen, in Nonieneinheiten ausgedrückt, ist mit einer constanten Zahl zu multipliziren, um sofort den Flächeninhalt der Figur zu erhalten.

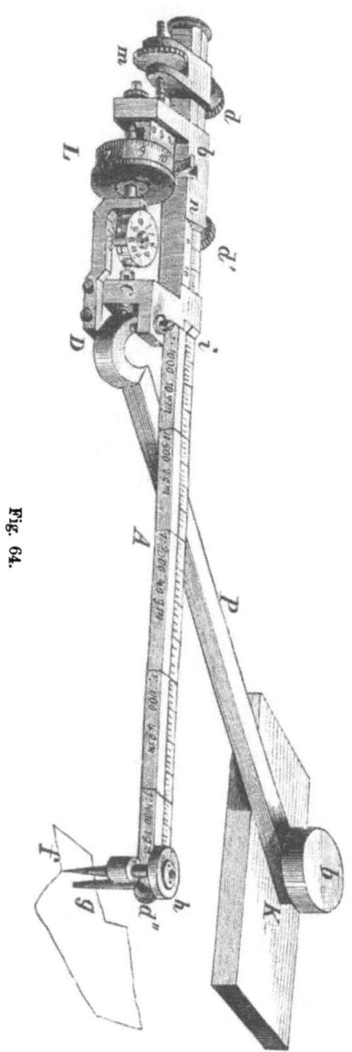

Fig. 64.

So, wenn der Pol a u s s e r h a l b der umfahrenen Figur gestanden hat. War er i n n e r h a l b derselben, so ist noch eine Constante zu addiren.

Der Fahrarm kann durch Verschiebung in einer Hülse verlängert oder verkürzt werden; die Schrauben m, d, d der Abbildung dienen hierzu und zur schliesslichen Festklemmung, wenn die von der Axe D an gerechnete Länge eine bestimmte, durch einen Strich auf der Theilung des Fahrarms bestimmte Länge erreicht hat. Je nach der Länge des Fahrarms richten sich die Werthe der Constanten; es sind bestimmte Striche hervorgehoben, auf welche man einstellen muss, um der Nonieneinheit bestimmte Werthe nach landesüblichem Feldmaass zu ertheilen, jeweils bestimmte Verjüngung vorausgesetzt. Der Werth der zweiten Constanten pflegt den Strichen beigeschrieben zu sein. Es dürfte besser sein, die

Fahrarmlänge unveränderlich zu machen, z. B. so, dass einer Nonienangabe (einem Tausendstel Rollenumfang) ein bestimmter Flächeninhalt, wie etwa 50 qmm, entspricht (siehe § 88 Schluss). — Es ist vortheilhafter, den Pol ausserhalb der Figur zu haben, die zweite Constante fällt dann fort, und die erreichbare Genauigkeit ist meist grösser. Man wird die Umfahrung wiederholen, auch wohl einmal im umgekehrten Sinne vornehmen (welchem, dem uhrwidrigen, ein negativer Flächeninhalt entspricht). Die Wahl des Anfangspunkts für die Umfahrung ist in Hinsicht auf Genauigkeit nicht gleichgültig; am besten dient jener Anfangspunkt, für welchen Fahr- und Polarm nahezu rechtwinkelig gegen einander stehen. Der Plan muss auf einer ebenen Unterlage (Reissbrett) liegen und diese gross genug sein, dass das Planimeter in allen erforderlichen Lagen Platz darauf findet. Mit dem verhältnissmässig billigen (von 44 Mark an) Polarplanimeter kann in überraschend kurzer Zeit eine Flächenermittelung auch bei verwickelter, krummliniger Begrenzung genau ausgeführt werden.

Der nachfolgende Beweis ist (gekürzt) nach Weissbach. Sei der Fahrarm von der Länge b aus der Lage $A_1 A_1$ in die parallele Lage $A_2 A_2$ gekommen. Die Bewegung kann man zerlegen in eine Componente längs des Fahrarms, bei welcher von der Rolle nichts abgewälzt wird, da sie hierbei nur parallel ihrer Axe gleitet, — und in eine Componente rechtwinkelig zum Fahrarm, wobei die ganze Wegstrecke $a_1 h$ *) von der Rolle abgewälzt wird. Ist deren Halbmesser ϱ und hat sie um einen Winkel φ_1 gedreht, so ist also $(a_1 h) = \varrho \varphi$, und der Flächeninhalt des Parallelogramms $A_1 A_1 A_2 A_2$, welches vom Fahrarm überfahren wurde, ist $b \cdot \varrho \cdot \varphi_1 = P$.

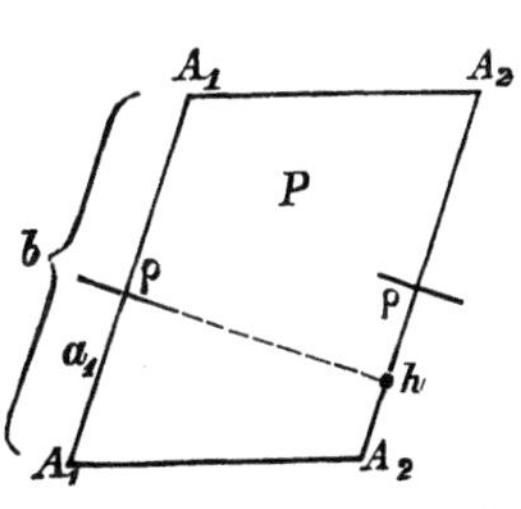

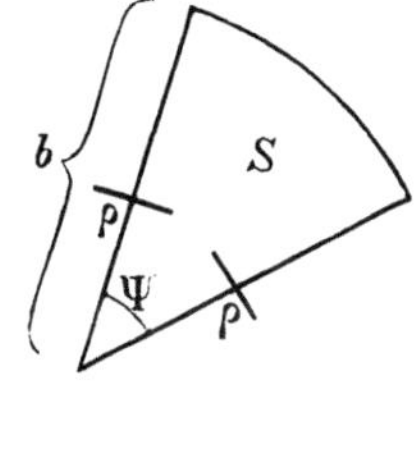

Fig. 65.

Sei andererntheils der Fahrarm nur um einen Winkel ψ gedreht worden, um seine Axe D, so hat er einen Kreissektor vom Inhalte $S = {}^1/_2\, b^2 \psi$ überfahren. Dabei hat die Rolle sich um einen Winkel φ_2 abgewälzt, der, wenn e die Entfernung der Laufrolle von der Drehaxe (D) ist, mit dem Bogen ψ (welches dem Halbmesser 1 entspricht) durch die Gleichung $\psi = \varrho \cdot \varphi_2 : e$ verbunden ist.

Der Fahrarm erleide nun die allgemeinste Bewegung, Parallelschiebung und Drehung, wobei er ein Parallelogramm (P) und einen Sektor (S) überstreicht und die Rolle sich um einen Winkel $\varphi = \varphi_1 + \varphi_2$ gedreht hat.

Es ist $\varphi_1 = \varphi - \varphi_2 = \varphi - \frac{e}{\varrho} \cdot \psi$ und folglich

$$P + S = b \varrho \varphi - b e \psi + {}^1/_2\, b^2 \psi = b \varrho \varphi + {}^1/_2\, \psi (b^2 - 2 b e).$$

*) Buchstabe a_1 sollte in der Figur dort stehen, wo ϱ.

Die aus Parallelogramm und Sektor zusammengesetzte Figur ist das Element d f der vom Fahrarme überstrichenen, irgendwie gestalteten Fläche, und es ist also: $df = b\varrho\varphi + \frac{1}{2}\psi\,(b^2 - 2be)$.

Ist der Fahrstift nach Umfahrung des Umfanges einer geschlossenen Figur in den Anfangspunkt zurückgekehrt, so hat der Fahrarm genau dieselbe Lage, wie am Anfange und die Summe aller Drehungen ist

1) $\Sigma\psi = 0$, wenn der Pol ausserhalb der Figur,

2) $\Sigma\psi = 2\pi$, „ „ „ innerhalb „ „

Demgemäss im Falle:

1) $f = \Sigma df = b\varrho \,.\, \Sigma\varphi + 0 = c\,\Sigma\varphi$,

2) $f = \Sigma df = b\varrho \,.\, \Sigma\varphi + \frac{1}{2} \,.\, 2\pi \,.\, (b^2 - 2be) = c\,\Sigma\varphi + c'$,

wo $c = b\varrho$ und $c' = \pi\,(b^2 - 2be)$ Constanten bedeuten, die nur von Dimensionen des Instruments, der Fahrarmlänge (b), dem Halbmesser (ϱ), der Rolle und dem Abstand e dieser von der Drehaxe des Fahrarms abhängen. Es ist also bewiesen: der Flächeninhalt einer vom Fahrstifte umfahrenen Figur ist proportional dem an der Rolle abgelaufenen Winkel $\Sigma\varphi$, wenn der Pol ausserhalb der Figur steht; hingegen muss noch eine Constante c' addirt werden, wenn der Pol innerhalb der Figur befindlich. In dem letzten Falle kann sogar $\Sigma\varphi$ negativ werden, wenn nämlich der gesuchte Flächeninhalt f kleiner ist als jener, der durch c' dargestellt wird (welcher einem gewissen Grundkreise entspricht).

Die Constanten können aus den Abmessungen des Polarplanimeters berechnet werden und der Mechaniker benutzt das, bezw. Aenderungen der Fahrarmlänge, um den Constanten gewisse einfache Werthe zu verleihen. Es ist zweckmässiger, die Werthe der Constanten aus der Erfahrung abzuleiten, die man findet bei Umfahrung einiger einfacher Figuren, Kreise, Quadrate oder dergl., die man von genau bestimmten Abmessungen, also gekanntem Flächeninhalt gezeichnet hat. Man beginnt mit Versuchen, bei welchem der Pol ausserhalb der Probefigur, und findet so die erste Constante c. Ist diese bekannt, so wird sich durch einige Probemessungen mit Pol innerhalb leicht auch die zweite Constante c' ermitteln lassen. Zugleich ist hiermit angegeben, wie man ein fertiges Polarplanimeter zu prüfen hat, auf die Richtigkeit der auf ihm angegebenen Constantenwerthe.

§ 94. **Das Präcisionsplanimeter** (Hohmann) Abbildung und Theorie nach Reitz in Zeitschr. f. Vermess. 1882. Bd. XI, S. 523. Die unter der perspektivischen Abbildung befindliche schematische Zeichnung lässt den Zusammenhang der Theile leichter erkennen. Die Polstange hat nahe am linken Ende eine Stahlkugel, welche in eine entsprechende Vertiefung der festliegenden schweren Platte eingreifend, die Drehung um den Pol (a) ermöglicht. Das rechte Ende der Polstange ist eine Laufrolle L mit hartem Rand (aus Glas oder Stahl), die bei jeder möglichen Bewegung des Polarms rollt und dadurch eine auf derselben Axe mit ihr sitzende Scheibe dreht, welche gegen die Ebene der zu messenden Figur geneigt ist (diese nicht berührend) und recht eben, mit glattem Papier überzogen ist. Vom Polarm geht noch ein Querstück aus, mit zwei Rollen c, die einfach zur

Entlastung der Laufrolle L dienen. An der Axe D des Polararms ist der Fahrarm F eingelenkt, der mit dem Fahrstifte endet (nebst Stütze, wie im vorigen Paragraphen beschrieben). Am Fahrarme ist rechtwinkelig ein Stück N befestigt, das in einem Bolzen O endet, welcher federnd zwischen zwei Ansätzen B gleitet (T ist die Feder). Er verschiebt bei einer Drehung des Fahrarms um die Axe D (in der schematischen Figur b), wodurch der Winkel α geändert wird, einen sorgfältig gearbeiteten Schlitten R, an welchem das Axenlager für die Messrolle M sitzt. Diese Messrolle stützt sich mit ihrem Umfange federnd oder durch Uebergewicht gegen die Scheibe S. Jede Drehung dieser Scheibe bewirkt eine entsprechende Abrollung der Messrolle, die am Umfange getheilt ist und an einem Nonius

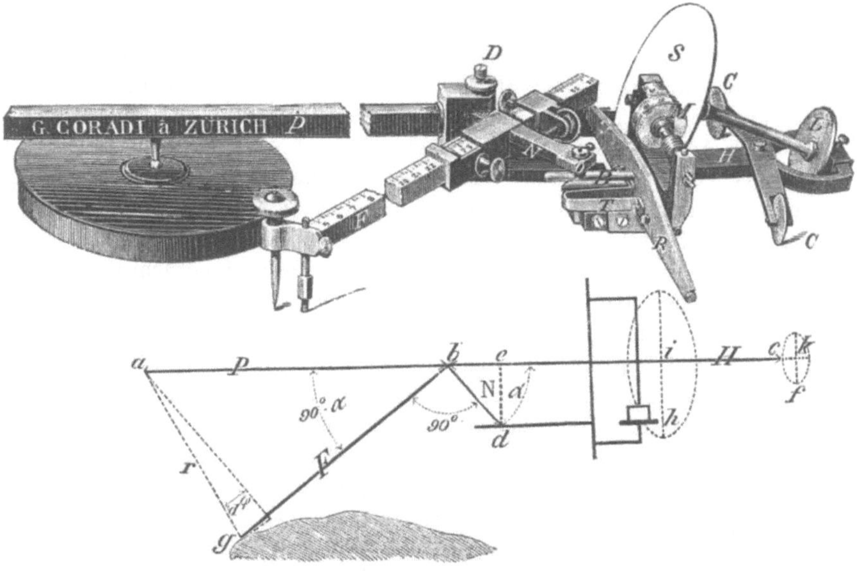

Fig. 66.

vorübergeht, mit dessen Hülfe Tausendstel der Umdrehung messbar sind. Die Entfernung des Messrollenrandes vom Mittelpunkte der Scheibe S ist Null, wenn der Winkel zwischen P und F gleich 90°, also $\alpha = 0$ ist; — dann bewirkt Drehung der Scheibe S keine Abrollung. Der Rollenrand ist auf der Scheibe in wechselnder Entfernung vom Mittelpunkt und dies- oder jenseits desselben, je nachdem der Winkel PbF kleiner oder grösser als ein Rechter ist und demgemäss dreht die Messrolle in einem oder dem entgegengesetzten Sinne, je nachdem PbF $\lessgtr 90^0$ ist, wenn die Scheibe S immer im selben Sinne dreht. Gegensinnige Drehung von S bewirkt aber bei gleicher Rollenrandstellung auf der Scheibe eine entgegengesetzte Drehung.

Der Gebrauch dieses Polarplanimeters ist ganz wie der des Amslerschen (§ 93). Die Differenz der Rollenstandablesungen bei Beginn und am Ende der Umfahrung ist mit einer Constanten c zu multipliziren, wenn der Pol ausserhalb der Figur ist, hingegen ist zum Produkte auch noch eine Constante c' zu addiren, wenn der Pol innerhalb der Figur stand. Die ganzen Umdrehungen der Rolle werden abgelesen an einer durch Schraube ohne Ende von der Axe der Messrolle aus bewegten Scheibe oder einem kleinen Teller, der in der Abbildung fortgelassen ist, um die übrigen Theile unverdeckt zu halten.

Zum Beweise der Richtigkeit der angegebenen Regel drückt man zweckmässigst die Lage der Punkte des Umfangs der zu messenden Fläche (also des Fahrstifts) durch Polarcoordinaten aus, nämlich durch ihren Abstand r vom Pole a und den Winkel φ des Radiusvektors mit irgend einer (nicht gezeichneten) Anfangsaxe. Das Element, oder ein unendlich kleines Stück der Fläche ist: $df = \frac{1}{2} r^2 d\varphi$, wo $d\varphi$ eine unendlich kleine Drehung des Radiusvektors bedeutet. Bei der Umfahrung des Umfangs ändert die Länge r des Radiusvektors; aber wenn die Umfahrung vollendet, ist r genau wieder so gross wie zu Anfang geworden, d. h. die algebraische Summe der Aenderungen von r ist Null. Die Abrollungen der Messrolle, welche aus Verlängerung und Verkürzung des Radiusvektors hervorgehen, müssen sich also nach Vollendung der Umfahrung aufgehoben haben und können desshalb ausser Acht bleiben.

Geht man von einem Punkte des Umfangs zu dem benachbarten und entspricht diesem eine Abnahme des Winkels $= - d\varphi$, so bewegt sich das Ende des Polarms (rechts) um denselben Winkel und ein Punkt der dort befindlichen Leitrolle L beschreibt einen Weg $-(P + H)\, d\varphi$, wenn $P + H$ die constante Entfernung des Leitrollenberührungspunkts vom Pol (der Halbmesser) ist. Für die gezeichnete Stellung ist der Auflagepunkt des Messrollenrandes auf der Scheibe S in der Entfernung

$$(ih) = (ed) = N \,.\, \mathrm{Sin}\, \alpha$$

vom Mittelpunkt der Scheibe S und entsprechend der Drehung des Radiusvektors um $- d\varphi$ rollt ein Bogen $-(P + H)\, d\varphi \,.\, N\, \mathrm{Sin}\, \alpha : \varrho$ von der Messrolle ab, wenn ϱ der Halbmesser der Laufrolle (L) ist. Ueber den $\mathrm{Sin}\, \alpha$ erfährt man aus dem Dreieck agb:

$$\mathrm{Cos}\,(90^0 - \alpha) = \mathrm{Sin}\, \alpha = (P^2 + F^2 - r^2) : 2PF,$$

wo F die Fahrarmlänge ist. Setzt man diesen Werth ein, so entspricht der Drehung $- d\varphi$ des Radiusvektors an der Messrolle die Abwälzung

$$-(P + H)\frac{N}{\varrho} \,.\, \frac{P^2 + F^2 - r^2}{2PF} \,.\, d\varphi = -\frac{(P + H)(P^2 + F^2)}{2PF} \,.\, \frac{N}{\varrho} \,.\, d\varphi + \frac{(P + H)}{PF} \,.\, \frac{N}{\varrho} \,.\, \frac{1}{2} r^2 d\varphi.$$

Das zweite Glied dieses Ausdrucks ist das Element der gesuchten Fläche ($\frac{1}{2} r^2 d\varphi$), multiplizirt mit einer Constanten, deren Werth nur von den Abmessungen des Apparats und zwar von der Länge des Fahrarms (F) und jener des Polarms $(P + H)$ abhängt. Nun ist noch zu summiren. Bei äusserer Polstellung ist $\Sigma\varphi = 0$, wenn der Fahrstift in die Anfangslage zurückgekehrt, und bei innerer ist $\Sigma\varphi = 2\pi$, wenn die Umfahrung vollendet ist. Bezeichnet man gleich $\Sigma^1/_2\, r^2\, d\varphi$ mit f, dem gesuchten Flächeninhalt, so ist also

1) bei äusserer Polstellung: Abwickelung an der Messrolle $= \quad 0 + Cf$,
2) „ innerer „ „ „ „ „ $= - C' + Cf$,

$$\text{wo } C = \frac{P+H}{PF} \cdot \frac{N}{\varrho} \text{ und } C' = 2\pi \cdot \frac{(P+H)(P^2+F^2)}{2PF} \cdot \frac{N}{\varrho}.$$

Hat die Messrolle bei der vollkommenen Umfahrung des Umfanges der zu messenden Fläche mit dem Fahrstifte n Umdrehungen vollführt, und ist R der Halbmesser des Randes der Messrolle, so ist folglich

$$n \,.\, 2\pi R = Cf - C' \text{ oder } f = \frac{2\pi R}{C}\, n + \frac{C'}{C} = c\, n + c',$$

d. h. der Flächeninhalt wird gefunden, wenn man die Umdrehungszahl der Messrolle mit einer Constanten c multiplizirt und noch eine andere Constante c' addirt, die übrigens Null ist, wenn, wie gewöhnlich, der Pol ausserhalb der umfahrenen Figur stand.

Die Constanten $c = 2\pi R \,.\, PF\varrho : (P+H)\, N$ und $c' = \pi(P^2 + F^2)$ hängen sowohl von der Länge F des Fahrarms, als auch von jener des Polarms ab, die sich aus den Theilen P und H zusammengesetzt, während bei Amsler-Planimeter die Länge des Polarms keinen Einfluss auf die Constanten übt. Beim Präcisionsplanimeter kann der Werth der Constanten die wünschenswerthe Abrundung sowohl durch Abänderung der Länge des Fahrarms als auch jener des Polarms (letztere weniger empfindlich) oder durch beide zusammen erfahren. Man kann das Präcisionsplanimeter so einrichten, dass durch Striche angegebene Einstellungen an beiden oder an einem Arme den Flächeninhalt der umfahrenen Figur nach verschiedenen Maasseinheiten finden lassen; es dürfte aber auch hier zweckmässiger und jedenfalls billiger sein, keine Verstellungsvorrichtungen anzubringen, sondern durch Benutzung von Probeflächen, die ja ohnehin zur Prüfung erforderlich ist, die Werthe der Constanten des unveränderlichen Apparats zu ermitteln. Der Mechaniker mag bei der Fertigstellung Sorge tragen, dass die Constanten runde Zahlen werden, namentlich c ein bequemer Faktor wird.

Bei den neueren Präcisionspolarplanimetern wird die Drehung der Scheibe S, die dann auch nicht mehr eine zur Planfläche geneigte, sondern dieser parallele Lage erhält, nicht mehr von der Laufrolle L aus bewirkt, sondern durch Räderübertragung vom Rande der Polplatte P (Fig. 67 u. 68) aus. Diese schwere Platte ist genau abgedreht und am Rande geriffelt, ebenso ein auf der Scheibenaxe sitzender Cylinder, der mit jenem Rande in Eingriff steht, welcher durch das Gewicht innig erhalten wird. Die Scheibenaxe geht in Spitzen aus, die eine findet Führung in dem vom Polarme BEC ausgehenden Stücke E (Fig. 67), die andere in einem feinen Loche (in Stahl) einer vom Pole über die Scheibe S reichenden Verlängerung des Polarms. Man sieht diese Einrichtung in Fig. 68, während sie in der ältern Abbildung des freischwebenden Präcisionspolarplanimeters (Fig. 67) noch fehlt. Bei diesem letztern Instrumente ist im Mittelpunkt der Platte P ein conisches Loch, in das die stählerne Polaxe CG genau passend eingesteckt wird. Der Polarm trägt an seinem linken Ende eine gabelförmig geschlitzte Stahlplatte, welche sich über den an der Axe CG knapp über der Polplatte befindlichen kurzen und steilen Conus schieben lässt. Die Spange H wird bei G und am rechten Ende des Polarms BEC eingehängt, wodurch das ganze Instrument freischwebt und nur mit dem Fahrstifte F noch auf dem Plane ruht. — Der getheilte Fahrarm A lässt sich in einer Hülse (Fig. 67) mikrometrisch fein verschieben und feststellen. An dieser Hülse ist die Drehaxe befestigt, welche am rechten Ende (bei B) des Polarms zwischen Spitzen gelagert ist. Diese Axe soll mit CG und mit der Scheibenaxe in einer Ebene liegen. — Am obern Theil der Fahrarmhülse ist der Rahmen M, welcher die Messrolle R trägt, zwischen Spitzen mm eingehängt, so dass er sich um mm heben und senken lässt und mit seinem Uebergewicht die Messrolle gegen die Scheibe andrückt.

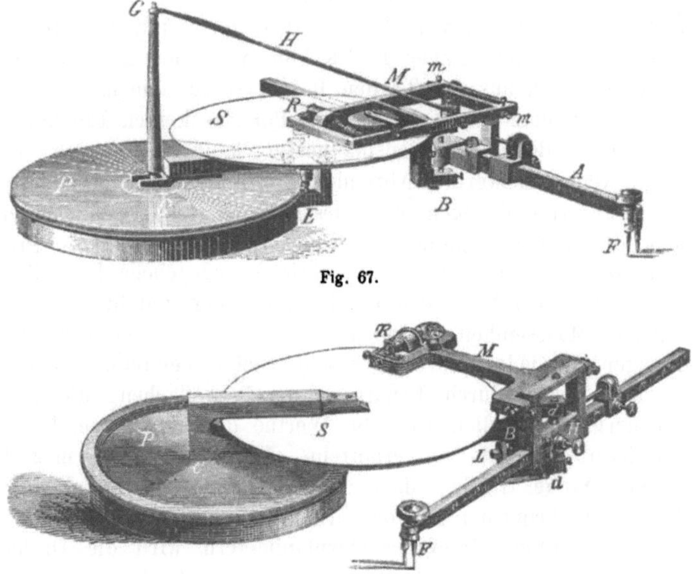

Fig. 67.

Fig. 68.

Steht der Polarm fest, und wird der Fahrarm allein gedreht, so rückt die Messrolle in verschiedene Entfernungen vom Mittelpunkt der Scheibe S und zwar ohne zu drehen, durch rein gleitende Bewegung, weil die Messrollenaxe dem Fahrarm parallel ist. Steht hingegen der Fahrarm fest und dreht der Polarm, so erfolgt eine der Drehung proportionale (im Verhältniss der Radhalbmesser) Drehung der Scheibe S, und diese macht, dass die Messrolle, die sich in einer dem Winkel zwischen Fahrarm und Polarm entsprechenden Entfernung vom Mittelpunkt von S befindet, ebenfalls dreht. Die nach vollendeter Umfahrung der Figur (mit dem Fahrstift) stattgefundene Abwälzung des Randes der Messrolle wird aus der Ablesung am Zählrädchen und am Nonius (bei dem Buchstaben R der Figuren) ganz wie bei den vorherbeschriebenen Polarplanimetern gefunden. Die Theorie des freischwebenden, so wie die des einfachen, in Fig. 68 abgebildeten Präcisionspolarplanimeters, ist die an der älteren Construktion bereits erörterte. Sei nur noch erwähnt, dass durch Verschiebung des Fahrarms in seiner Hülse der Flächenwerth einer Noniusangabe geändert wird, — bei dem freischwebenden von $^1/_2$ bis 2 Quadratmillimeter.

Die Präcisionsplanimeter sind vortreffliche Apparate und so empfindlich, dass kleine elastische Durchbiegungen, dann Reibung Ursache sind, warum beim Umfahren derselben Figur, rechts oder links herum, kleine Unterschiede der Ablesung gefunden werden. Man mache, sowohl beim wirklichen Gebrauche als bei der prüfenden Ermittelung der Constanten, stets mehrere Umdrehungen, gleich viele im einen und im anderen Sinne und nehme das Mittel der jedesmaligen Ablesedifferenzen.

§ 95. **Linearplanimeter älterer Einrichtung und das Rollplanimeter.** Hinsichtlich des Geschichtlichen der Umfahrungsplanimeter mag auf eine Abhandlung von Lorber in der österr. Zeitschr. für Berg- und Hüttenwesen, XXXI. Jahrg. 1883 „Ueber die Genauigkeit der Plani-

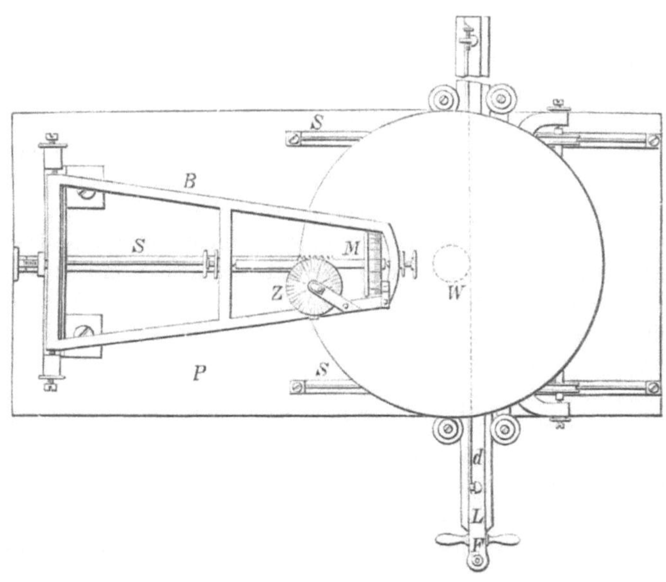

Fig. 69.

meter“ verwiesen werden. Dass die Polarplanimeter das ältere Linearplanimeter verdrängten, liegt an dem hohen Preise und der grossen Empfindlichkeit gegen allerhand Störungen des letzteren. Die geringe

Verbreitung der Linearplanimeter älterer Einrichtung rechtfertigt eine kürzere Darstellung, die der obengenannten Schrift von Lorber (wie auch die allerdings hier verkleinerte Figur) entnommen ist. Eine der Einrichtungen, — die Abweichungen der aus verschiedenen Werkstätten unter etwas verschiedener Benennung hervorgegangenen Apparate sind nicht wesentlich — ist folgende. Auf einer Grundplatte P sind drei parallele Schienen S angebracht, auf denen ein Wagen mittelst Laufrollen verschoben werden kann. Der Wagen trägt eine normal zur Grundplatte stehende Axe, an deren oberem Ende die mit Papier überzogene kreisrunde Glasscheibe centrisch und rechtwinkelig zur Axe angebracht ist. Auf derselben Axe sitzt eine Welle W, um welche ein Silberdraht d gespannt ist, dessen Enden an einem Lineal L befestigt sind. Das Lineal lässt sich mit Hülfe von vier mit dem Wagen fest verbundenen Rollen rechtwinkelig zu der Schiene verschieben, wodurch die Welle und mit ihr die Kreisscheibe (mittelst des Silberdrahts) in drehende Bewegung versetzt wird. Am einen Ende des Lineals ist der Fahrstift F, der also durch Verschiebung des Lineals rechtwinkelig und durch Verschiebung des Wagens parallel zu den Schienen bewegt werden kann.

An einem auf der Grundplatte sitzenden Träger ist ein Bügel B angebracht mit der Messrolle M, deren Axe (parallel zu den Schienen) zwischen Spitzen dreht. Bewegung des Lineals rechtwinkelig zu den Schienen bewirkt Drehung der Kreisscheibe und dadurch der auf ihr durch das Gewicht angedrückten Messrolle. Von dieser wird desto mehr abrollen, je weiter sie vom Mittelpunkt der Scheibe entfernt ist und derselben Linealschiebung entsprechend, wird Abrollen im einen oder andern Sinne erfolgen, je nachdem der Messrollenrand dies- oder jenseits des Mittelpunktes der Kreisscheibe sich findet. Die Aenderung der Entfernung des Rollenrandes vom Mittelpunkt und jene der Seite (links oder rechts) wird durch die Bewegung des Wagens längs den Schienen bewirkt, wobei der Rollenrand nur parallel seiner Axe gleitet, nichts abwälzt. Die Theorie legt Coordinatenaxen parallel und normal zu den Schienen zu Grunde (daher der vollständigere Name Linearcoordinaten-Planimeter) und ergibt, dass, wenn die Figur mit dem Fahrstift am Umfange umfahren wurde, ihr Flächeninhalt

$$f = r\varrho \, . \, \Sigma\varphi = 2 r\varrho \, . \, n\pi$$

ist, wo r der Halbmesser der Messrolle und ϱ jener der Welle, vermehrt um die halbe Dicke des umgeschlungenen Silberdrahts, bedeuten, und $\Sigma\varphi$ den Drehungswinkel der Messrolle (für den Halbmesser π im Bogenmaass). Die Umdrehungszahl n wird abgelesen ($\Sigma\varphi = 2n\pi$), nämlich die ganzen Umdrehungen an einem Zählrädchen Z, das im Eingriffe mit einer auf die Messrollenaxe geschnittenen Schraube ohne Ende steht, und die Unterabtheilungen am getheilten Rollenrand (mittelst Nonius die Tausendstel).

Es kann kurz gesagt werden: der Flächeninhalt ist gleich der Anzahl der Umdrehungen der Messrolle, multiplizirt mit einer Constanten. Diese wählt man (durch passende Grösse von r und ϱ) gewöhnlich als runde Zahl.

Die praktische **Prüfung** des Linearplanimeters erfolgt durch Umfahrung von genau ausgemessenen Probeflächen, Kreisen, Quadraten u. s. w. Beim Linearplanimeter, mehr als bei den Polarplanimetern, ist zu empfehlen die Umfahrung zu wiederholen, gleich oft in der einen und in der entgegengesetzten Richtung, die Mittelwerthe der gefundenen n zu benutzen, aber auch die Constante, welche in ähnlicher Weise mit Doppelbeobachtungen gewonnen wurde.

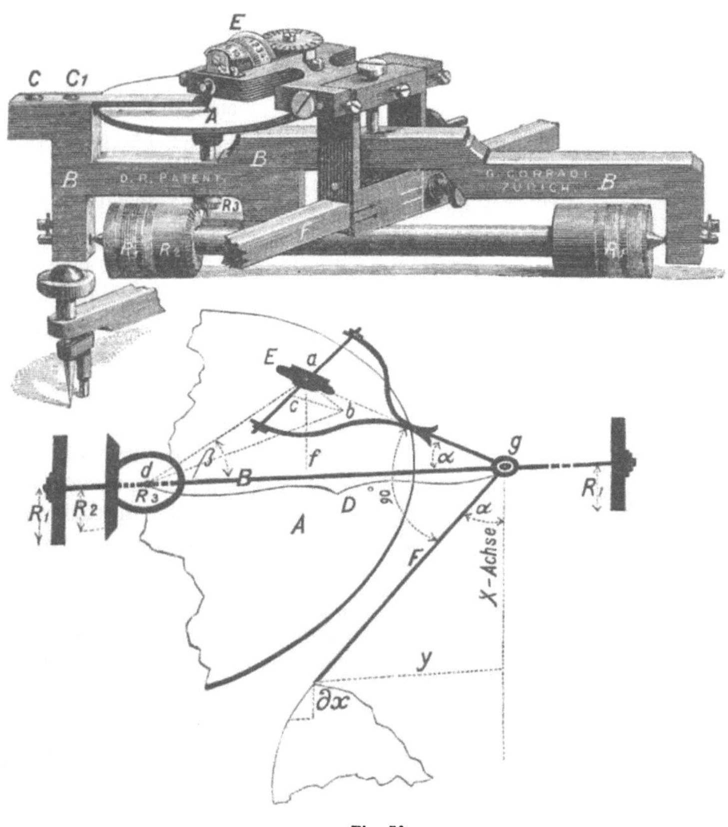

Fig. 70.

Das **Roll-Linearplanimeter** ist eine glückliche, in der mechanischen Werkstätte von **Coradi** in Zürich ausgeführte Construktion, welche die Linearplanimeter wohl wieder mehr in Anwendung bringen wird. Abbildungen und Beschreibung nach einer von der genannten Werkstätte versendeten Broschüre, die Theorie mit geringer Aenderung nach einer Abhandlung von J. H. **Reitz** in Zeitschr. für Vermess. 1884, Heft 20.

Der Wagen oder das Gestelle B (Fig. 70) ruht mit zwei Rollen von genau gleichem Halbmesser R_1 auf dem Plane und wird daher nur in gerader Linie bewegt (was bei den älteren Construktionen durch Schlittenführung bewirkt wird). Diese Rollen sind auf eigenthümliche Art gerauht. Der Einfluss einer Rollenungleichheit (folglich Krummführung) ist in einer Abhandlung von Friedrich Hohmann, „Das Linear-Rollplanimeter (System Hohmann-Coradi)“, Erlangen 1884, besprochen; hier genügt es anzuführen, dass er unschädlich gemacht werden kann und die Geradführung desto sicherer ist, je breiter das Gestelle. Die Länge der Fahrbahn ist unbegrenzt, also können sehr lange Flächen, wie sie häufig vorkommen, ohne Unterabtheilung, ermittelt werden, wenn sie eine gewisse Breite (siehe unten) nicht überschreiten. Bei den kleineren Instrumenten, wie Fig. 70, ist an der einen Rolle ein Kegelrad vom Halbmesser R_2, das in ein anderes vom Halbmesser R_3 eingreift, welches auf der Axe der mit Papier bezogenen Scheibe sitzt und diese in Drehung versetzt. Das obere Lager der Scheibenaxe wird durch eine Stahlplatte gebildet, welche sich mittelst der Schrauben C C′ etwas heben und senken lässt, zur Beseitigung etwaigen Spielraums. Die Einrichtung des Fahrarms und dessen Hülse, dann des Rollenrahmens und der Messrolle oder Integrirrolle (in Fig. 70 mit E bezeichnet) ist ganz gleich, wie für das freischwebende Präcisions-Polarplanimeter beschrieben (§ 94). Die Rollplanimeter werden in zwei Grössen gefertigt, jene der Fig. 70 ($^3/_5$ Maassstab) hat 20 cm langen Fahrarm für Werthe der Noniuseinheit von 0,6 bis 0,2 Quadratmillimeter, das grössere Instrument (Fig. 71, Maassstab $^1/_3$) (die Bezeichnungen sind leider nicht dieselben) hat 30 bis 50 cm Fahrarmslänge und der Werth der Noniuseinheit ist 2 bis $^1/_2$ Quadratmillimeter. Das Kegelrad ist bei der Form Fig. 71 von der Rolle weggerückt. „Die Führung dieser Instrumente ist sehr leicht, ihre Aufstellung zur Figur einfacher als die des gewöhnlichen Polarplanimeters. Bei sorgfältiger Handhabung lässt sich mit demselben auf einigermaassen ebenem Papier die gleiche Genauigkeit wie mit dem freischwebenden Planimeter erreichen.“

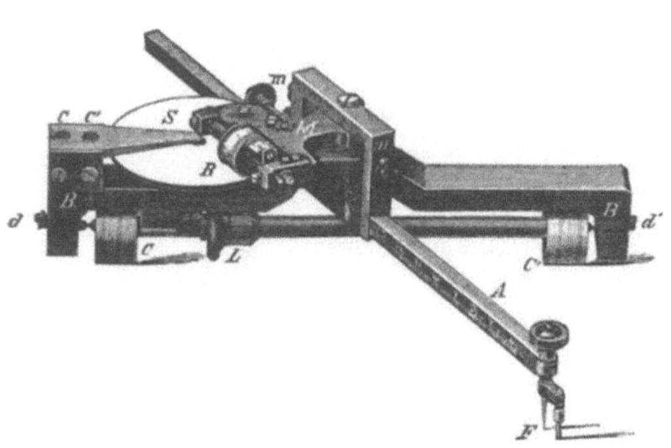

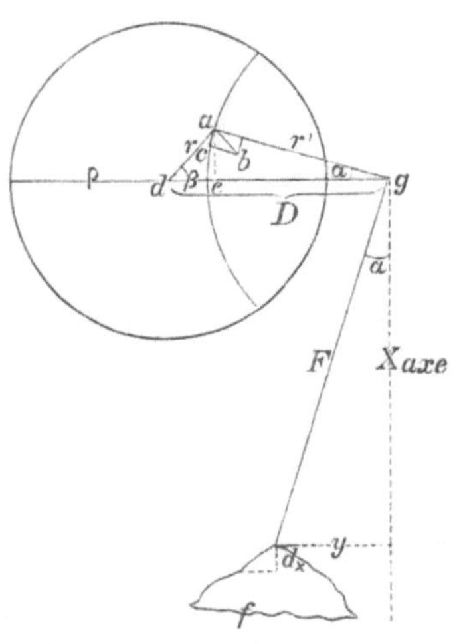

Fig. 71

Für die theoretische Betrachtung wird ein rechtwinkeliges Coordinatensystem zu Grunde gelegt, X-Axe ist die Gerade, nach welcher beim Rollen der Drehpunkt des Fahrarms bewegt wird (Fig. 70). Die Bewegung in der Richtung der Y-Axe, beim Umfahren der Fläche, bringt keine dauernde Fortbewegung eines Punktes des Umfangs der Integrirrolle hervor, da dabei der Fahrarm bis zur Rückkehr nach dem Anfangspunkt des Flächenumfangs in gleichem Maasse hin- und hergegangen ist. Es bleibt nur die differentiale Bewegung des Fahrstifts parallel zur X-Axe zu betrachten.

In dem schematischen Theile der Figuren 70 und 71 ist ag die Projektion der Geraden vom Auflagerpunkt des Messrollenrandes nach der Fahrarmsaxe. Diese Strecke r' muss kleiner sein als die Entfernung der Fahrarmsaxe vom Scheibenmittelpunkt, d. h. $r' < D$, weil der Rollenrand nicht bis zum Scheibenmittelpunkt gehen kann, wegen dem vorstehenden Rahmen der Rolle und dem oberen Axenlager der Scheibe. Damit der Messrollenrand nicht über die Scheibe hinausgehe, darf der Winkel α zwischen Fahrarm und X-Axe nicht grösser werden als dass seine Tangente $= \varrho : r'$ wird, wo ϱ den Scheibenhalbmesser bedeutet. Und weil $y = F \operatorname{Sin} \alpha$, wo F die Fahrarmslänge bedeutet, so ist der Maximalwerth von $y = F \varrho : \sqrt{\varrho^2 + r'^2}$, also die grösste Breite der zu umfahrenden Figur $= 2 F \varrho : \sqrt{\varrho^2 + r'^2}$. Die Drehung des Fahrarms wird durch die abwärts gehenden Theile des Gestelles B innerhalb der nöthigen Grenzen gehalten.

Bei einer Abweichung α des Fahrarms von der X-Axe befindet sich der Rollenrand in der Entfernung $\overline{ad} = r$ vom Scheibenmittelpunkt. Bewegt sich die Scheibe um den Winkel $d\beta$, so beschreibt die vom Rollenrand berührte Stelle den Weg $r\,d\beta = \overline{ab}$, rechtwinkelig zum Scheibenhalbmesser $\overline{ad}$. Die dadurch bewirkte Bewegung des Rollenrandes zerlegt sich in eine gleitende $\overline{ac_1}$ parallel der Rollenaxe und in eine Abwälzung $\overline{cb} = dw$, rechtwinkelig zur Rollenaxe oder in Richtung der Verbindungslinie $\overline{ag}$. Diese Abwälzung $\overline{cb}$ ist: $dw = \overline{ab} \operatorname{Cos} (bag)$. Aber Winkel $(bag) + (bad) = 180^0 - (\alpha + \beta)$ und da $(bad) = 90^0$ (das Bogenelement $r\,d\beta$ ist normal zum Halbmesser), so folgt Winkel $(bag) = 90^0 - (\alpha + \beta)$, also

$$dw = \overline{ab} \,.\, \operatorname{Sin} (\alpha + \beta = \overline{ab} (\operatorname{Sin} \alpha \operatorname{Cos} \beta + \operatorname{Cos} \alpha \operatorname{Sin} \beta)$$

$$= \overline{ab} \left(\operatorname{Sin} \alpha \frac{D - r' \operatorname{Cos} \alpha}{r} + \operatorname{Cos} \alpha \frac{r' \operatorname{Sin} \alpha}{r} \right), \text{ weil}$$

$$\operatorname{Cos} \beta = \frac{D - r' \operatorname{Cos} \alpha}{r} \quad \text{und} \quad \operatorname{Sin} \alpha = \frac{r' \operatorname{Sin} \alpha}{r}.$$

Setzt man noch $\operatorname{Sin} \alpha = \frac{y}{F}$, so erhält man

$$dw = \overline{ab} \,.\, \frac{y}{Fr} \,.\, D.$$

Bleibt $\overline{ab}$ zu bestimmen. Bewegt sich der Fahrstift um dx, so bewegt sich auch ein Punkt der Rollen R_1 um dx, einer des Theilrisskreises des Kegelrades um $dx \,.\, R_2 : R_1$ und der Punkt in der Entfernung r vom Scheibenmittelpunkt um $dx \,.\, R_2\, r : R_1\, R_3$, das ist ab oder $r\, d\beta$.

Demnach wird $$dw = y\, dx \,.\, \frac{D\, R_2}{F \,.\, R_1\, R_3},$$

d. h. die Abwälzung der Messrolle ist gleich dem Flächenelemente $y\, dx$ mal einer aus den Abmessungen des Instruments folgenden Constanten:

$$D\, R_2 : F\, R_1\, R_3\,,$$

worin bemerkenswerther Weise die Entfernung $\overline{ag} = r'$ der Fahrarms- und Messrollenaxe nicht enthalten ist. Denkt man in der letzten Formel den Bruch nach links gebracht und integrirt, so erhält man rechts den Flächeninhalt $\int y\, dx = f$ der Figur und links die ganze Abwälzung (algebraische Summe) mal einer Constanten. Die ganze Abwälzung ist aber die Zahl n der Umdrehungen, welche durch die Ablesedifferenz gegeben wird, mal dem Umfange u der Messrolle. Man erhält also schliesslich:

$$n\, u\, R_1\, R_3\, F : R_2\, D = f \quad \text{oder} \quad f = n\, c$$

oder der Flächeninhalt der umfahrenen Figur ist gleich der Ablesedifferenz mal einer Constanten. Den Werth der letzteren kann man durch passende Wahl der Abmessungen der Planimetertheile abrunden; man prüft oder bestimmt ihn durch Messung bekannter Flächen mit dem Planimeter. Wiederholung mit Umfahrung in entgegengesetzter Richtung ist auch hier empfehlenswerth.

§ 96. **Genauigkeit der Umfahrungsplanimeter.** (Die in § 95 angeführte Schrift von Lorber.) Aus vielfachen Erfahrungen folgt, man solle als Anzahl der Umdrehungen der Messrolle das Mittel nehmen aus Ablesedifferenzen, die man fand, wenn die Umfahrungen gleich oft im einen und im entgegengesetzten Sinne vollführt wurden und Constante verwerthen, die in eben dieser Art aus Probemessungen abgeleitet wurden. Für derartige Doppelbeobachtungen ergab sich der mittlere Fehler δn der Umdrehungszahl der Messrolle, bei Umfahrung einer Figur unter genauer Einhaltung der Begrenzung:

1. Aelteres Linearplanimeter $\delta n = 0{,}000\,57 + 0{,}000\,62 \sqrt{n}$
2. Polarplanimeter Amsler $\delta n = 0{,}000\,89 + 0{,}000\,16 \sqrt{n}$
3. Präcisions-Polarplanimeter $\delta n = 0{,}000\,49 + 0{,}000\,13 \sqrt{n}$

Ferner fand Lorber:

4. Grosses Rollplanimeter $df = 0{,}000\,76\, \varphi + 0{,}000\,72 \sqrt{f\varphi}$
5. Kleines Rollplanimeter $df = 0{,}001\,03\, \varphi + 0{,}000\,48 \sqrt{f\varphi}$

wo f den Flächeninhalt der umfahrenen Figur, df den mittleren Fehler und φ den Flächeninhalt — alle in Quadratcentimeter — einer, gerade mit einer ganzen Messrollenumdrehung umfahrenen Figur bedeuten.

Die hier als Bedingung geforderte genaue Einhaltung der Begrenzung ist bei gezeichneten Flächen nicht möglich, wohl aber bei eingegrabenen Umrissen. Um der Umfahrungsungenauigkeit noch Rechnung zu tragen, mögen die angegebenen Zahlen (die überhaupt nur für bestimmte Exemplare der Planimeter gültig sind) nach Erfahrungen an zahlreichem Untersuchungsmaterial, verdoppelt bis verdreifacht werden.

Die Ergebnisse der Flächenmessung werden beeinflusst von der Sicherheit, mit welcher die Constanten bekannt, bezw. durch Veränderungen der Dimensionen auf runde Sollwerthe gebracht worden sind. Zur Ermittelung der Constanten sind grosse und namentlich mehrere Probeflächen zu empfehlen.

2. Flächenaufgaben.

§ 97. **Theilung von Flächen** nach vorgeschriebenen Bedingungen bei beliebiger Gestalt der Fläche ist eine häufig vorkommende Aufgabe. Auf dem Papier lassen sich meist mehr oder minder elegante Construktionen zur Lösung ausführen. Für das Feld haben diese k e i n e n Werth, denn es ist viel zu umständlich, dort die verschiedenen Hülfslinien, wie Parallele, Normale und dgl. abzustecken, ihre Durchschnitte mit andern aufzusuchen oder gar Kreisbogen zu verwenden. Ausserdem fehlt häufig der benöthigte Raum oder ist nicht zugänglich. Solche Construktionen sind selbst auf dem Papier weniger bequem und weniger genau als die Rechnung, welche daher immer geführt werden sollte. Das Rechenergebniss ist bequem und sicher auf das Feld übertragbar. Hat man in genügender Anzahl die Lage von Durchschnittspunkten der neuen Grenzen oder Theilungslinien mit Vielecksseiten oder sonstigen im Felde leicht kenntlichen Linien berechnet, so hat man nur Längen von leicht kenntlichen Feldpunkten aus in wohlbestimmten Richtungen (wie jene der Vielecksseiten) abzumessen.

Die wichtigsten Fälle werden hinsichtlich der rechnerischen Bearbeitung nachstehend besprochen. Construktionen können vielfach in Lehrbüchern der reinen Geometrie- und in Aufgabensammlungen oder z. B. in K l ü g e l s mathematischem Wörterbuche Bd. 2 nachgesehen werden. Wegen praktischer Regeln siehe § 98 am Schlusse.

§ 98. Die **Haupttheilungsaufgaben.** 1) Ein Dreieck soll durch eine Gerade aus einer Spitze in Stücke getheilt werden, deren Flächeninhalte sich wie m : n verhalten. Man theile die gegenüberliegende Seite in dem Verhältnisse m : n und erhält so den zweiten Punkt der geraden Abtheilungslinie. Beispiel: Theilung 5 : 3, Gegenseite 424 m. Theilpunkt liegt $5 \cdot \frac{424}{5+3} = 265$ m von dem einen und $3 \cdot \frac{424}{8} = 159$ m von dem andern Ende der Dreiecksseite entfernt.

2) Vom Punkte P auf einer Seite (Fig. 72) soll die Theilungslinie ausgehen und das Dreieck in Stücke zerlegen, deren Flächen wie m : n.

Lage des Punktes P bestimmt durch $AP = p$; die Dreiecksseiten sind a, b, c. Berechne den Flächeninhalt F des ganzen Dreiecks (Anhang IV, 16), dann $f = \frac{m}{m + n} \cdot F$, die Fläche des Stückes, welches an die Spitze A anliegen soll. Zu berechnen ist $AD = x$. Es ist (weil die Flächen von Dreiecken mit einem gleichen Winkel sich wie die Produkte der diesen einschliessenden Seiten verhalten) $f : F = px : bc$ also $x = \frac{f}{F} \cdot \frac{bc}{p}$. Sollte $x > c$ ausfallen, so bedeutet das, dass der Theilpunkt nicht mehr auf Seite AB fällt, sondern auf Seite BC liegt. Man rechnet dann bequemer die Entfernung $CD' = y$ des Theilpunkts D' und zwar in ähnlicher Weise:

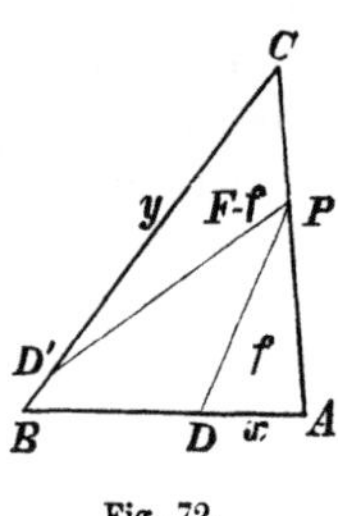

Fig. 72.

$$F - f : F = (b - p)\, y : ba \text{ also}$$

$$y = \frac{F - f}{F} \cdot \frac{ba}{b - p}.$$

3. Der gegebene Punkt P der Theilungslinie liege im Innern des Dreiecks und ein Stück f soll, der Spitze A anliegend, abgeschnitten werden. (f ist eventuell aus seinem Verhältniss zum berechneten Flächeninhalte des ganzen Dreiecks abzuleiten). Die Lage von P ist bestimmt (nöthigenfalls zu messen), entweder

α) durch die Normale y auf Seite AC und die Entfernung x ihres Fusspunktes von A, Fig. 73. Der Winkel bei A (α) muss gegeben sein; man kann ihn mit geeignetem Winkelinstrument nach Gradmaass ermitteln oder aus seiner Tangente ableiten, welche das Verhältniss ist der Länge der von irgend einem Punkte des einen auf den andern Schenkel gefällten Normalen zu dem Abstande des Fusspunkts dieser von A. Es ist, wenn man die Hülfsgrösse $AP = p$ vorübergehend einführt: (Anhang IV)

$$\begin{aligned} 2f = bc \operatorname{Sin} \alpha &= by + cp \operatorname{Sin} (\alpha - PAC) \\ &= by + cp (\operatorname{Sin} \alpha \operatorname{Cos} PAC - \operatorname{Cos} x \operatorname{Sin} PAC) \\ &= by + cp \left(\operatorname{Sin} \beta \,.\, \frac{x}{p} - \operatorname{Cos} \alpha \frac{y}{p}\right) \\ &= by + cx \operatorname{Sin} a - cy \operatorname{Cos} \alpha. \end{aligned}$$

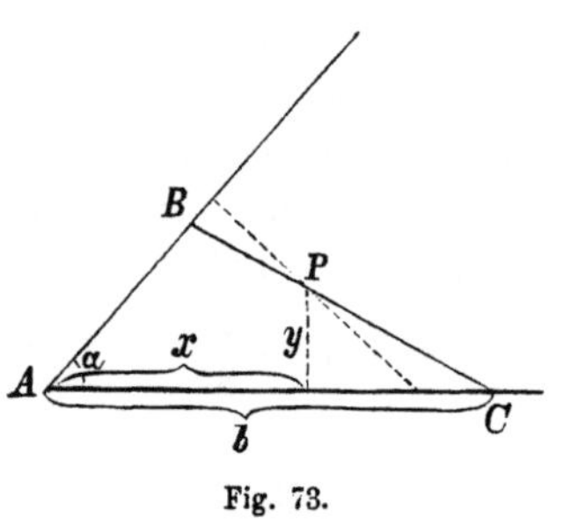

Fig. 73.

Setzt man hierin den aus der ersten Gleichung folgenden Werth $c = 2f : b \operatorname{Sin} \alpha$, so gelangt man zu einer quadratischen Gleichung, deren Auflösung ergibt

$$b = \frac{f}{y} \pm \sqrt{\frac{f^2}{y^2} - 2f\left(\frac{x}{y} - \operatorname{Cotg} \alpha\right)}.$$

Der Klammerausdruck unter dem Wurzelzeichen ist stets positiv, da $\operatorname{Cotg} \alpha < \frac{x}{y}$, weil dieser Bruch die Cotangente ist des kleineren Winkels PAC.

Man sieht, es gibt im allgemeinen zwei Lösungen (die punktirte Linie stellt die zweite dar), nur eine, wenn $f = 2xy - y^2 \operatorname{Cotg} \alpha$ und gar keine, wenn f kleiner als der eben angegebene Minimalbetrag ist.

Wird das berechnete b im Felde aufgetragen, so ist die Theilungslinie durch die zwei Punkte C und P bestimmt; zum Ueberflusse mag man auch $c = 2f : b \operatorname{Sin} \alpha$ berechnen und auftragen, wodurch der dritte Grenzpunkt B gefunden wird.

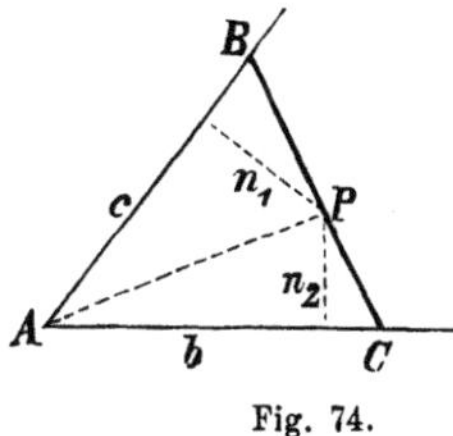

Fig. 74.

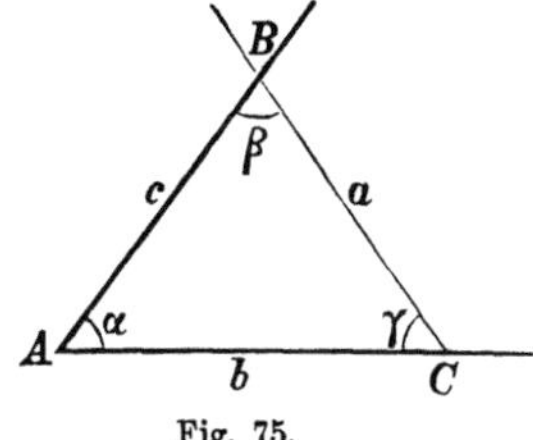

Fig. 75.

β. Punkt P sei (Fig. 74) bestimmt durch seine Normalabstände n_1 und n_2 von den beiden Schenkeln AB und AC. Es ist

$$2f = b n_2 + c n_1 = bc \operatorname{Sin} \alpha.$$

Aus diesen zwei Gleichungen mit den zwei Unbekannten b und c folgen leicht deren Werthe. Die Auflösung führt auf eine quadratische Gleichung und es ist $b = \frac{f}{n_2}\left(1 \pm \sqrt{1 - \frac{2 n_1 n_2}{f \operatorname{Sin} \alpha}}\right)$; also wieder die zwei Lösungen, die auf eine zurückgehen, sobald $f \operatorname{Sin} \alpha = 2 n_1 n_2$, während wenn $f \operatorname{Sin} \alpha < 2 n_1 n_2$, die Aufgabe unmöglich zu lösen ist.

4. Die Fläche f soll aus dem Winkel α geschnitten werden und die Theillinie eine bestimmte Richtung haben, nämlich den Winkel γ mit dem einen Schenkel von α (also den Winkel $\beta = 180^0 - \alpha - \gamma$ mit dem andern Schenkel) bilden. Es ist (Fig. 75)

$$2f = bc \operatorname{Sin} \alpha; \quad b : c = \operatorname{Sin}(\alpha + \gamma) : \operatorname{Sin} \gamma = \operatorname{Sin} \beta : \operatorname{Sin} \gamma.$$

Aus diesen beiden Gleichungen berechnen sich leicht die Längen der Seiten b und c und nebenbei die der Theillinie a.

$$b = \sqrt{2 f \operatorname{Sin} \beta} : \sqrt{\operatorname{Sin} \alpha \operatorname{Sin} \gamma}; \quad c = \sqrt{2 f \operatorname{Sin} \gamma} : \sqrt{\operatorname{Sin} \alpha \operatorname{Sin} \beta};$$
$$a = \sqrt{2 f \operatorname{Sin} \alpha} : \sqrt{\operatorname{Sin} \beta \operatorname{Sin} \gamma}.$$

Man erkennt leicht, die Theillinie a wird so kurz als möglich, was meist wünschenswerth sein mag, wenn

$$\gamma = 90^0 - \frac{\alpha}{2} = \beta,$$

d. h. wenn das abgeschnittene Stück ein gleichschenkeliges Dreieck wird, mit

$$b = c = \sqrt{2f} : \sqrt{\operatorname{Sin} \alpha} \text{ und}$$
$$a = \sqrt{2f \operatorname{Sin} \alpha} : \operatorname{Cos} \frac{\alpha}{2} = 2\sqrt{f \operatorname{Cotg} \frac{\alpha}{2}}.$$

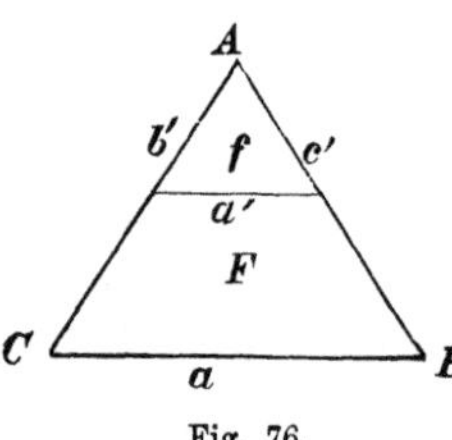

Fig. 76.

In dem besonderen Falle, dass von einem Dreieck (F) durch eine Gerade parallel der einen Seite (a) ein Stück f abgeschnitten werden soll, findet man (Fig. 76)

$$b' = b \sqrt{f} : \sqrt{F}\,; \quad c' = c \sqrt{f} : \sqrt{F}\,;$$
$$a' = a \sqrt{f} : \sqrt{F}.$$

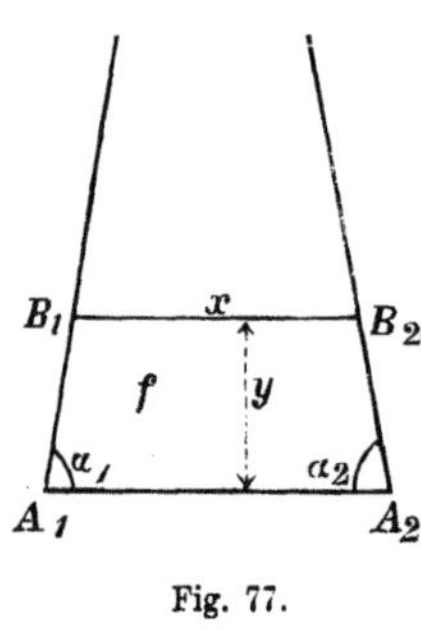

Fig. 77.

5. Parallel zur Basis b, an welcher die Seitengrenzen unter den Winkeln α_1 und α_2 anliegen, soll eine Fläche f abgeschnitten werden. Man berechnet (Fig. 77) den Normalabstand y der Theillinie von der Basis, steckt in irgend einem Punkte dieser eine Normale von der berechneten Länge ab und legt im Endpunkte derselben eine Gerade rechtwinklig an. Man kann aber auch die Längen $A_1 B_1 = b_1$ und $A_2 B_2 = b_2$ berechnen, wodurch die Absteckung oder Theillinie noch einfacher wird.

Es ist $2f = (x + b)\,y$ und $x = b - y\,(\mathrm{Cotg}\,\alpha_1 + \mathrm{Cotg}\,\alpha_2)$, woraus

$$y = \frac{b - \sqrt{b^2 - 2f\,(\mathrm{Cotg}\,\alpha_1 + \mathrm{Cotg}\,\alpha_2)}}{\mathrm{Cotg}\,\alpha_1 + \mathrm{Cotg}\,\alpha_2} \text{ und } x = \sqrt{b^2 - 2f\,(\mathrm{Cotg}\,\alpha_1 + \mathrm{Cotg}\,\alpha_2)},$$

endlich $b_1 = y : \mathrm{Sin}\,\alpha_1$ und $b_2 = y : \mathrm{Sin}\,\alpha_2$.

Die Winkel α_1 und α_2 sind entweder schon bekannt, oder sie sind mit Winkelmesser nach Gradmaass ermittelt, oder man bestimmt ihre Cotangenten als Verhältnisse der Fusspunktsabstände der aus beliebigen Punkten der Seitenlinien auf $A_1 A_2$ gefällten Normalen, zu deren Längen.

Die Formel für y nimmt unbestimmte Gestalt an, $\frac{\infty}{\infty}$, wenn

$$\alpha_1 = \alpha_2 = 90^0.$$

Es ist aber leicht zu ersehen, dass in diesem Falle $y = f : b$ ist.

6. Parallel zu der gebrochenen Linie $A_1 A_2 A_3 A_4$ (Fig. 78) soll eine gebrochene, der gegebenen in den einzelnen Stücken parallele, also von der gegebenen gleich abständige (Entfernung y) Grenze bestimmt werden, die ein Flächenstück f abtrenne. Man erkennt sofort, dass die Brechpunkte a_2 und a_3 auf den Halbirungslinien der Winkel α_2 und α_3 (bei A_2 und A_3) liegen, die Grenzpunkte a_1 und a_4 auf den Seitenlinien des zu theilenden Grundstücks. Man berechne zunächst den Abstand y der neuen Grenze von der gegebenen gebrochenen Linie. Deren Längen sind b_{12}, b_{23}, b_{34}. Es ist:

$$b_{12} = x_{12} + y \operatorname{Cotg} \alpha_1 + y \operatorname{Cotg} \frac{\alpha_2}{2}$$

$$b_{23} = x_{23} + y \operatorname{Cotg} \frac{\alpha_2}{2} + y \operatorname{Cotg} \frac{\alpha_3}{2}$$

$$b_{34} = x_{34} + y \operatorname{Cotg} \frac{\alpha_3}{2} + y \operatorname{Cotg} \alpha_4$$

$$\Sigma b = \Sigma x + y\,C\,,$$

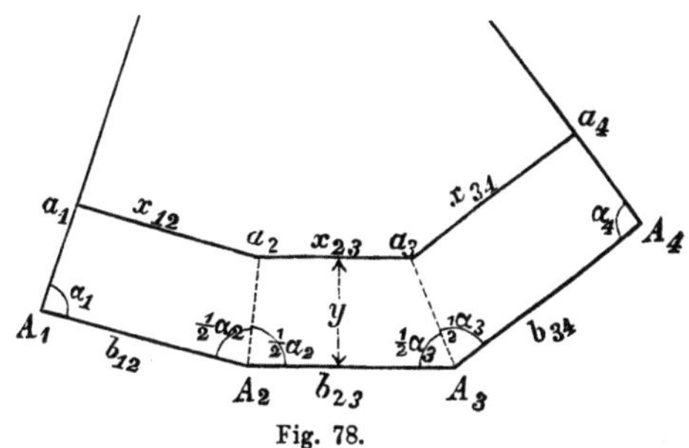

Fig. 78.

$$\text{wo } C = \operatorname{Cotg} \alpha_1 + 2 \operatorname{Cotg} \frac{\alpha_2}{2} + 2 \operatorname{Cotg} \frac{\alpha_2}{2} + \operatorname{Cotg} \alpha_4$$

Ferner $2f = (\Sigma b + \Sigma x)\,.\,y.$

Aus den zwei Gleichungen folgt:

$$\Sigma x = \sqrt{(\Sigma b)^2 - 2f\,C}\;; \quad y = \frac{2f}{\Sigma b + \Sigma x} = \frac{\Sigma b - \sqrt{(\Sigma b)^2 - 2f\,C.}}{C}$$

Die letzte Formel kann man anwenden, wenn man Σx nicht berechnen mag. Für bequemste Absteckung der Punkte a_1 und a_4 auf den Seitenlinien, a_2 und a_3 auf den Winkelhalbirungslinien kann man berechnen:

$$b_1 = A_1\,a_1 = y : \operatorname{Sin} \alpha_1; \qquad b_4 = A_4\,a_4 = y : \operatorname{Sin} \alpha_4;$$

$$b_2 = A_2\,a_2 = y : \operatorname{Sin} \frac{\alpha_2}{2}; \qquad b_3 = A_3\,a_3 = y : \operatorname{Sin} \frac{\alpha_3}{2}$$

Es müssen also die Seiten b_{12}, b_{23}, b_{34} gemessen werden und ebenso die Winkel α_1, α_2, α_3. α_4 oder diese mittelbar durch ihre Tangenten oder andere goniometrische Funktion mit Hülfe von Normalen aus einem Punkte des einen auf den andern Winkelschenkel bestimmt werden. — Die Rechnung ist nicht gerade logarithmisch bequem, sie kann aber zu Hause gemacht werden, zu gelegener Zeit und die Arbeit im Felde ist dann sehr einfach.

7. Von einem Paralleltrapeze, dessen zwei parallele und eine dritte Seite gegeben ist, soll durch eine Parallele zu den Parallelseiten der n^{te} Theil abgeschnitten werden. Unbekannte ist die Entfernung der Theillinie von einer der Parallelseiten, längs der gegebenen schiefen Seite gemessen, d. i. z. Es wird als zweite Unbekannte die Länge y der Theillinie eingeführt.

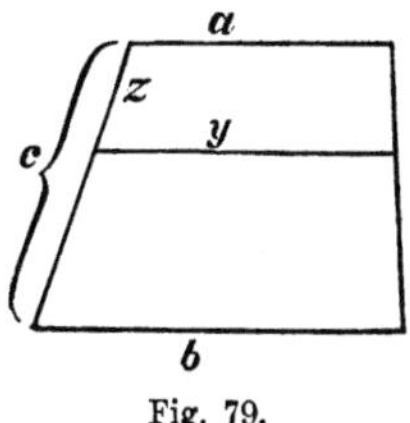

Fig. 79.

$$\text{Es ist } (a + y)\,.\,z = \frac{1}{n}\,.\,(a + b)\,c \quad \text{und} \quad y - a : b - a = z : c,$$

also

$$z = \frac{y - a}{b - a}\,.\,c.$$

Dieses in die erste Gleichung eingesetzt und diese aufgelöst, erhält man:

$$y = \sqrt{\frac{(n-1)\,a^2 + b^2}{n}} \qquad \text{und damit} \qquad z = \frac{y - a}{b - a}\,.\,c.$$

Will man die Mühe sparen in dem um den berechneten Werth z von a auf der gegebenen Schiefseite abstehenden Punkt eine Parallele zu ziehen, so berechne man deren Durchschnitt mit der zweiten Schiefseite, deren Länge gemessen werden muss. Der Durchschnittspunkt der gesuchten Grenzlinie theilt die zweite Schiefseite im selben Verhältniss (z : c) wie die erste.

In den vorgeführten 7 Aufgaben wird man, namentlich wenn in verwickelteren Fällen eine Zerlegung in Dreiecke oder Trapeze vorausgegangen, wohl die Grundlagen zur Lösung aller derartigen Aufgaben finden.

Fällt die Rechnung Jemandem schwer oder will er sie ersparen, so kann auch folgendermassen verfahren werden: Auf einer Handskizze (die nur roh zu sein braucht), sucht man eine den gestellten Bedingungen sehr annähernd genügende Theillinie durch Versuchen. Diese wird als vorläufige Grenze auf das Feld übertragen, nach passendem Verfahren die Flächeninhalte der zwei Stücke ausgemessen, wobei man Gelegenheit hat, zu prüfen, ob die Nebenbedingungen über den Verlauf der Grenze genügend erfüllt sind und vor dem Ausmessen diesbezügliche Verbesserungen vornehmen kann. War die vorläufige Ueberlegung gut angestellt, so wird es sich nur um einen verhältnissmässig kleinen Betrag Δf handeln, welcher dem einen Stücke zu nehmen, dem andern zu geben ist, um die Bedingung wegen des Flächenverhältnisses streng zu erfüllen. Sei in Fig. 80 die punktirte Linie die vorläufig gezogene Grenze und die Flächenmessung habe ergeben, dass Δf dem Stücke A anzufügen und dem Stücke B zu nehmen sei. Man berechne dann $y = \frac{\Delta f}{x}$, wo x die gemessene Länge der vorläufigen Grenze ist. Wären nun die beiden Seitenbegrenzungen parallel, so wäre ganz genau y die Strecke, um welche parallel zu sich selbst die vorläufige Grenze vorzurücken (gegen B) wäre. Ist Δf genügend klein, so wird y auch noch richtig, selbst wenn die Seitengrenzen nicht parallel, denn dann macht es keinen merkenswerthen Unterschied, ob man den Zusatz als Parallelogramm oder als Paralleltrapez auffasst; sollte aber Δf grösser sein, so lässt sich y auch genau berechnen nach Anleitung von 5) dieses Paragraphen.

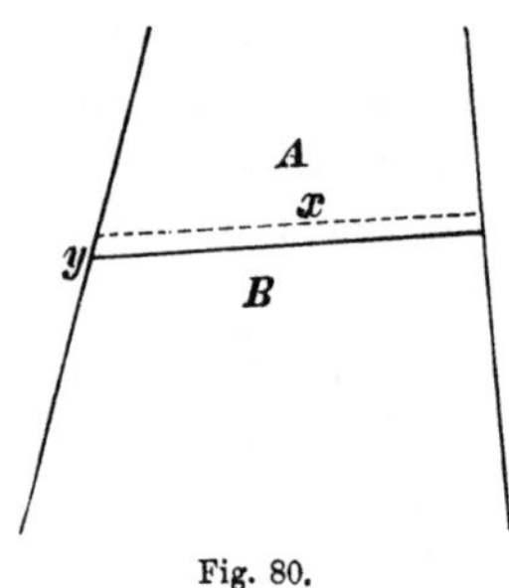

Fig. 80.

Mit dem gefundenen y ist leicht die Theillinie richtig zu legen. Wollte man ihre Richtung noch etwas ändern, so könnte man das Stück Δf als Dreieck über x als Grundlinie, also von der Höhe $\frac{2f}{x}$ antragen und zwar die Spitze auf die eine oder die andere Seitengrenze legen. U. s. w.

Im allgemeinen wird bei den Theilungsaufgaben häufig ein Versuchsverfahren (auf Grund von Ueberlegungen, die man mit einer Handskizze angestellt hat) und die in der oben geschilderten Art vorzunehmende Verbesserung der Grenze durch Vorschieben derselben, das kürzeste und praktisch best zu empfehlende sein.

§ 99. **Vereinfachung, Geradlegung von Grenzen.** Hat man bei Theilungsaufgaben eine vorläufige Zerlegung in Dreiecke u. s. w. vorgenommen und diese bedingungsgemäss getheilt, so wird im allgemeinen die Grenze eine mehrfach gebrochene sein, wie solche auch aus anderen Ursachen vorkommt. Aus vielerlei Gründen sind einfachere, wenn thunlich gar nicht oder möglichst wenig gebrochene Grenzen vorzuziehen. Man kann nun (ähnlich wie man bei Vielecken mit einspringenden Winkeln zur Vereinfachung verfährt), eine Ecke nach der andern durch geometrische Construktion einlegen; allein das wird in der Regel nicht empfehlenswerth sein. Man stecke eine Gerade A A ab (Fig. 81), parallel der Richtung, in welcher man die verbesserte, einfache Grenze haben will, messe die Fläche zwischen dieser Linie A A und der gebrochenen Grenze (einfachst nach der Normalenmethode) und löse dann (nach 5 des § 98) die Aufgabe, ein Paralleltrapez von dem in Rede stehenden Flächeninhalt zwischen den gegebenen Seitengrenzen über der Hülfslinie AA = x abzustecken. Man kann auch, wenn die Neigung der Seitengrenzen gegen einander nicht zu stark ist, zunächst nach einem Parallelogramm (Höhe f : x) abstecken, dann nöthigenfalls, wenn die Vermessung und Flächenberechnung eine zu grosse Ungenauigkeit ergibt, durch Parallelverschieben die Abtheilung ganz genau machen.

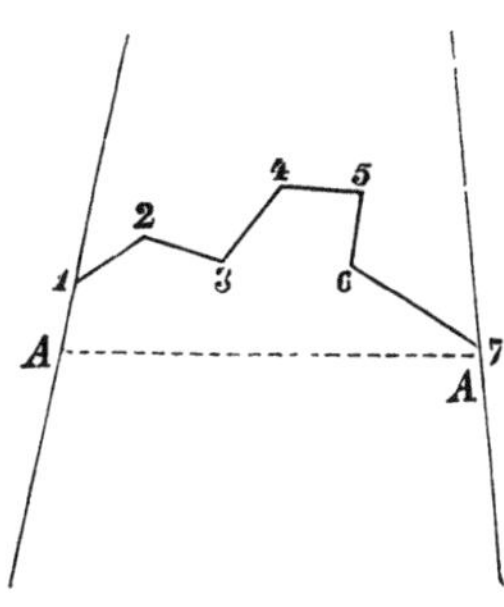

Fig. 81.

Sind die Stücke, welche durch die ungünstig gebrochene Linie begrenzt sind, nicht gleichwerthig, so muss man jedem Stück ein gleich grosses Produkt aus Flächeninhalt in Einheitswerth der Fläche geben und nehmen. Auch hier wird vorläufige Absteckung der Theillinie und nachfolgende Verbesserung auf Grund vorgenommener Flächenermittelung (mit Beachtung des Einheitswerthes) das Zweckmässigste sein.

IV. Rechnerisches.

§ 100. **Ueber Anordnung und Ausführung von Rechnungen.** Es empfiehlt sich meistens an den Kopf der Rechenformulare (siehe § 65) die gebrauchten Formeln in den allgemeinen Zeichen, oft auch eine Figur zu stellen, bei sehr häufiger Ausführung derselben Art von Rechnung vorliniirte Formulare mit vorgedrucktem Kopfe zu haben. Strenge Ordnung und Einhaltung des Schemas erleichtert wesentlich die Prüfung der Rechnungen (§ 65).

Das Symbol für Logarithmus (Log. oder log. und wenn natürliche Logarithmen gemeint sind, l oder lg oder log. nat.) ist unbequem; noch mehr das für die zu einem Logarithmus gehörige Zahl (num. log. . .); es ist vortheilhaft und an Raum (der oftmals beschränkt ist) sparend, die Zahl oder das allgemeine Symbol derselben (Buchstaben) und ihren Logarithmus nur durch einen dünnen Strich, rechtwinkelig zur Zeilenrichtung zu trennen. 2,684|0.42878 heisst also log. 2,684 = 0.42878. Unter Umständen steht der Numerus hinter dem Striche. Verwechselung oder Unsicherheit kann überhaupt kaum entstehen, gar keine, wenn man die preussische Vorschrift befolgt, zur Trennung der Decimalstellen von den Ganzen bei Logarithmen einen Punkt (.), bei Zahlen aber ein Komma (,) zu verwenden. Dass die Mantisse immer positiv sein soll, die Charakteristik, wenn sie negativ ist, einen Minusstrich über den Kopf erhalten soll, ist schon erwähnt als vortheilhafter, denn das üblichere 0 — Charakteristik oder positive Charakteristik mit blos gedachtem Zusatze: minus 10 (§ 2).

Manche lieben es, wenn Zahlen abgezogen werden sollen, deren dekadische Ergänzung anzuschreiben und diese zu addiren. Also statt — 2,56 349 ist dann + 0,43 651 —3 (oder $\bar{3}$.43651 wenn es ein Logarithmus ist) zu addiren*). Das ist Gewohnheitssache. Verfasser findet es angenehmer, selbst grössere Zahlenreihen algebraisch zu addiren**).

Beispiele:		
	+ 28 943	— 7 864
	+ 7 284	+ 9 231
	— 5 349	— 859
	+ 14 082	+ 2 760
	— 53 564	— 634
	+ 91 396—100 000 = —8604	+ 2 634

In folgender Art (von oben anfangen): + 3 + 4 = + 7; dazu — 9 = — 2; dazu + 2 = 0; dazu — 4 = — 4. Und statt — 4 denkt man + 6—10, schreibt (wenn eine positive Summe als Endergebniss vermuthet wird) 6 und nimmt das — 1 in die nächste Ziffernreihe hinüber. Rechnet also weiter (zweite Reihe): — 1 + 4 = + 3; dazu + 8 = + 11; dazu — 4 = + 7; dazu + 8 = + 15; dazu — 6 = + 9. Dritte Reihe: + 9 + 2 = + 11; dazu — 3 = + 8; dazu + 0 = + 8; dazu — 5 = + 3. Vierte Reihe: + 8 + 7 = + 15; dazu — 5 = + 10; dazu + 4 = + 14; dazu — 3 = + 11, man schreibt 1 und nimmt + 1 in die fünfte Reihe: + 1 + 2 = + 3; dazu + 1 = + 4; dazu — 5 = — 1 = 9—10. Das Resultat ist also, da hinter dem — 10 noch 4 Nullen (Stellen) folgen: + 91 396—100 000 = — 8604. In diesem Falle, da ein negatives Endresultat erhalten wird (was unschwer von vornherein zu sehen war), hätte man besser gerechnet + 3 + 4 = + 7; dazu — 9 = — 2; dazu

*) Preuss. IX. Anweis. § 3. „Die negativen Ordinaten und Abscissen sind nach Art dekadischer Ergänzungen zu schreiben. Anstatt — 5,80 also + 4,20 oder + 94,20 oder + 994,20 oder + 99994,20. Statt — 0,94 also +,06 oder + 99,06 u. s. w.

**) Man kann die negativen Glieder mit Verlängerung des Minuszeichens leicht durchstreichen oder durch schiefe Zahlenstellung kenntlich machen.

+ 2 = 0; dazu — 4 = — 4 und hätte 4 hingeschrieben. Zweite Reihe + 4 + 8 = + 12; dazu — 4 = + 8; dazu + 8 = + 16; dazu — 6 = + 10 = — 0 + 10; es wird also 0 hingeschrieben und + 1 in die dritte Reihe genommen; u. s. w. fort. Zweites Beispiel: — 4 + 1 = — 3; dazu — 9 = — 12; dazu 0 = — 12, dazu — 4 = — 16 = + 4—20; man schreibt 4 und nimmt — 2 in die zweite Reihe: — 2 — 6 = — 8; dazu + 3 = — 5; dazu — 5 = — 10; dazu + 6 = — 4; dazu — 3 = — 7 = + 3 — 10; man schreibt 3 und nimmt — 1 in die dritte Reihe. Und so weiter. Diese algebraische Addition ist sehr bequem, man muss sich freilich erst etwas daran gewöhnen. (In den nachfolgenden Rechnungsbeispielen ist nicht immer davon Gebrauch gemacht, weil diese Art wenig üblich ist.)

Sehr zu empfehlen ist es, die gegebenen Rechnungselemente (die unmittelbar beobachteten Zahlen) andersfarbig zu schreiben, als die eigentlichen Rechnungszahlen, sowohl die Zwischenrechnungszahlen, als die Endergebnisse, letztere aber zu unterstreichen; wenn Zwischenresultate vorkommen, die Interesse haben, diese einfach, die Endresultate doppelt. Im Drucke ist durch verschiedene Zahlform die für den Druck unbequeme Farbenverschiedenheit ersetzt.

Für die Uebersichtlichkeit grösserer Zahlen ist es von Werth, nach jeder Gruppe von 3 Ziffern (vom Decimalzeichen an gerechnet) einen kleinen Zwischenraum zu lassen, hingegen tadelnswerth, Punkte oder Komma zur Abtrennung dieser Gruppen zu verwenden. Vom Dezimalzeichen an nach rechts wird die Gruppentheilung, anschliessend an die Art, wie die Logarithmentafeln eingerichtet sind, wohl anders gemacht, z. B. 3.24 689 oder 2.576 9382. Man halte auch hier eine Regel fest, ebenso beim Merken der Zahlen, gelegentlich der Entnahme aus oder des Aufsuchens in Tafeln.

Alle für eine Rechnung gebrauchten Zahlen sollten ersichtlich (niedergeschrieben) sein. Davon sind nur die Interpolationen beim Gebrauche der Logarithmentafeln und ähnlicher Tabellen ausgenommen, die ja auch in der ganz überwiegenden Mehrheit der Fälle im Kopfe ausgeführt werden. Da nun kein Platz für diese Interpolationszahlen im Schema vorgesehen ist, soll man sie auch nicht in die Rechnung schreiben, wenn man (ausnahmsweise) für nöthig findet, sie schriftlich auszuführen. Aber nur in diesem einzigen Falle ist es statthaft, Nebenblättchen, welche nicht den Rechnungsakten einverleibt werden, zu benutzen.

Für die Rechnungen der elementaren Geodäsie sind fast ausnahmslos 5stellige Logarithmen ausreichend, häufig sogar 4stellige. Hingegen sind 7stellige, ja noch mehrstellige, bei Rechnungen der höheren Geodäsie meist nöthig. Es wird häufig Luxus mit Decimalstellen getrieben; auch in diesem Buche sind, in Anbetracht des Unterrichtszweckes, die Rechnungen zuweilen genauer (mit mehr Decimalen) ausgeführt, als praktisch begründet ist.

Es ist nützlich, ja nöthig, Rechenproben vorzunehmen. Gewöhnlich gibt es amtliche Vorschriften über die anzustellenden Proben. Häufig wird durch zwei unabhängige Rechnungen der gefragte Werth gefunden und die Uebereinstimmung ist schon eine Probe. Keine Probe gibt absolute Sicherheit, es können Fehler vorgekommen sein, welche zufällig beide Ergebnisse gleich, wenn auch beide unrichtig, gestalten. Das Gleiche gilt für die bekannte Neunerprobe, Elferprobe u. s. w. Wenn das schon nicht sehr wahrscheinlich ist, so sinkt die Wahrscheinlichkeit einer Fehlerkompensation noch mehr, wenn mehr als zwei Proben stimmen. Ausser der erwähnten Neuner- und Elferprobe sind die 101er Probe und die 37er Probe noch nützlich. Bekanntlich muss das Produkt von Zahlen bei der Division durch eine Zahl denselben Rest lassen (+ oder — einer ganzen Anzahl mal die Probezahl), wie das Produkt der bei Division der Faktoren mit derselben Probezahl bleibenden Reste. Aehnlich für Divisionen (die seltener ausgeführt werden, — da sind logarithmische Rechnungen immer bequemer). Man sagt, zwei Zahlen, welche denselben Rest bei Division mit einer Zahl (Modul) lassen, seien nach diesem Modul congruent, wofür das Zeichen $n_1 \cong n_2$ (Mod. x). Seien $n_1\, n_2 \ldots$ die Ziffern, welche in dekadisch gebildeter Zahl die Einer, Zehner ... vorstellen, so ist $n_k \ldots n_4 n_3 n_2 n_1 \cong (n_1 + n_2 + n_3 + n_4 + \ldots n_k)$ Mod. 9; $n_k \ldots n_3\, n_2\, n_1 \cong (n_1 + n_3 + n_5 + \ldots) + 10\,(n_2 + n_4 + n_6 + \ldots)$ Mod. 11. oder $\cong (n_1 + n_3 + n_5 + \ldots) - (n_2 + n_4 + n_6 + \ldots)$. Ferner, wenn $n_2\, n_1$ die dekadische Zahl $10\, n_2 + n_1$ bedeutet, ist $n_k \ldots n_3\, n_2\, n_1 \cong$ $(n_2\, n_1 + n_6\, n_5 + n_{10} n_9 + \ldots) - (n_4\, n_3 + n_8\, n_7 + n_{12}\, n_{11} + \ldots)$ Mod. 101,

und dann für Mod. 37 ist $n_k \ldots n_3\, n_2\, n_1 \cong$

$(n_2\, n_1 + n_5\, n_4 + n_8\, n_7 + n_{11}\, n_{10} + \ldots) - 11\,(n_3 + n_6 + n_9 + n_{12} + \ldots)$

Weitere Bemerkungen über die Rechnungsausführung sind aus den zahlreichen Beispielen zu entnehmen.

Selten sind bei Rechnungen die Zahlen durch eine Anzahl von Decimalstellen vollkommen genau dargestellt und häufig rechnet man zunächst mit mehr Dezimalstellen, als man schliesslich behält. Will man abbrechen, so ist als Regel zu beachten: ist der fortzulassende Theil kleiner als $^1/_2$ Einheit der nächstniedrigen Ordnung, so bleibt die letzte beibehaltene Zahl ungeändert; man wird also, wenn man nur zwei Decimalstellen beibehalten will, 24,82476 abrunden auf 24,82. Ist aber der wegfallende Theil gleich oder grösser als $^1/_2$ Einheit der ersten wegfallenden Einheit, so wird die letzte beibehaltene Ziffer um 1 erhöht, also statt 24,82500 oder 24,8256 ... schreibt man 24,83. Man kann nun noch durch einen — Strich über der letzten beibehaltenen Zahl in diesem Falle diese Vergrösserung, welche bei der Abrundung stattgefunden hat, andeuten. Es ist demnach $24{,}8\bar{3}$ eigentlich grösser als der wahre Werth, um höchstens 0,005 oder um weniger, hingegen wenn der Strich fehlt, ist die abgerundete Zahl zu klein, also statt 24,82 ist ein um weniger als 0,005 grösserer Werth (oder ausnahmsweise genau 24,82) der wahre Werth. Man bezeichnet die letzte Ziffer 2 (ohne — Strich) als grosse 2 und die letzte Ziffer $\bar{3}$ (mit — Strich) als kleine 3. Siehe auch § 87 S. 102 die preussische Vorschrift.

§ 101. **Rechnungsbehelfe.** Das wichtigste unentbehrliche Hülfsmittel sind Tafeln über die Logarithmen der Zahlen und der goniometrischen Funktionen, letztere noch erweitert für Sinus und Tangente sehr kleiner Winkel (nach den Formeln Sin $\alpha = \log \alpha'' + S$; Tg $= \log \alpha'' + T$, wo α die Sekundenzahl des Winkels), welche sich am Fusse der Seiten mit den Logarithmen der Zahlen finden. Es sind in manchen Logarithmentafeln noch allerhand nützliche Tabellen, solche für die Logarithmen von Summen und Differenzen, für den bequemen Uebergang zwischen log Tg α und log Cos α und manches Andere aufgenommen. Anleitung zum Gebrauche ist in den betreffenden Tafelwerken gegeben, hier also unnöthig. Die Werthe der goniometrischen Funktionen (nicht blos deren Logarithmen) in Tabellen zu haben, ist vielfach bequem.

Multiplikations- (und Divisions-)tabellen, Faktorentafeln, Tafeln über $n^2, n^3 \ldots, \sqrt{n}\ \sqrt[3]{n} \ldots$, dann über πr^2, $2\pi r$ u s. w. sind auch nicht selten nützlich, dann kleine Tabellen über Umwandlung von Bogen- und Gradmaass der Winkel. Ferner viele andere Zahlentabellen, Ausrechnungen von allerhand Funktionen. Solche werden gelegentlich genannt. Im allgemeinen sind derartige Tabellen, wie auch die später zu erwähnenden Hülfsmittel nur dann praktisch, wenn man sehr vielfach von ihnen Gebrauch machen kann, weil sonst für den einzelnen Fall zu viel Zeit verloren geht, bis man die Einrichtung der Tabelle und ihre Benutzung sich vergegenwärtigt und sicher aneignet.

Neben Zahlentafeln kommen mancherlei graphische Darstellungen vor. Es sind Curven verzeichnet, die Ordinate ist eine gewisse Funktion der Abscisse, die eben berechnet werden soll. Man sucht den Abscissenwerth als Länge und entnimmt der Zeichnung die Länge der zugehörigen Ordinate in jener Längeneinheit, in welcher die Abscisse angetragen war, — dann hat man den Zahlenwerth der Funktionen. Sollen solche graphische Interpolationen gut und genau sein, so ist ausser sorgfältiger Ausführung derselben, damit bequem gearbeitet werden kann, auch grosse Dichtheit der Curven erforderlich, was die Verfolgung der einzelnen und die Entnahme zusammengehöriger Coordinatenwerthe recht ermüdend und namentlich anstrengend für die Augen macht. Schliesslich ist es Geschmacks- oder Gewohnheitssache, ob man graphische der rechnerischen Interpolation vorziehen will oder umgekehrt. Im allgemeinen mag es wohl empfehlenswerth sein, das Rüstzeug zum Arbeiten eng beisammen zu haben und nicht zu viele und vielerlei Werkzeuge zu gebrauchen. Die Logarithmentafel, mit den üblichsten Zugaben, kann fast immer ausreichen. Nur bei Rechnungen der höheren Geodäsie und noch mehr der Astronomie sind mancherlei Tafeln schwer entbehrlich.

§ 102. **Rechenschieber, Rechenmaschine.** Die gebräuchlichsten Rechenknechte sind logarithmische Rechenschieber. Am Rande eines geraden Lineals sind Längen aufgetragen, welche proportional sind mit log 1, log 2, log 3 u. s. w. und die Endpunkte der Strecken mit 1, 2, 3 u. s. w. bezeichnet. Da log 1 = 0, so ist die mit 1 bezeichnete

Stelle der Anfangs-(Null-)punkt der Theilung. Man kann auch noch den Logarithmen von 0,9, 0,8 . . ., von 0,99, 0,98, 0,97 u. s. w. proportionale Strecken auftragen und zwar müssen diese, da die Logarithmen der Brüche negativ sind, auf die entgegengesetzte Seite vom Nullpunkt (bezeichnet mit 1) aufgetragen werden, als die Logarithmen jener Zahlen, die grösser als 1 sind.

Längs dem beschriebenen Lineale lässt sich ein ganz identisches, die getheilten Kanten aneinander, verschieben; das eine der Lineale wird festes, das andere bewegliches genannt. Stellt man nun den Punkt 1 des beweglichen Lineals auf den mit m bezeichneten Theilstrich des festen, so ist die mit n bezeichnete Stelle des beweglichen um eine, $\log m + \log n = \log (m n)$ entsprechende Länge entfernt vom Anfangspunkt (1) des festen Lineals. Man braucht also nur abzulesen, welche Zahl am festen Lineal der Zahl n des beweglichen gegenübersteht, während Zahl m des beweglichen gegenüber Zahl 1 des festen steht, um das Produkt (m n) der zwei Zahlen zu erhalten.

Division kann ebenso ausgeführt werden. Soll p durch d dividirt werden, so stellt man d des beweglichen auf p des festen Lineals und sieht, welche Zahl q des beweglichen Lineals der Zahl 1 des festen gegenübersteht; q ist der Quotient p : d. Das ist ja nur Umkehr des Verfahrens für die Multiplikation von q und d.

Man kann die Theilungen selbstverständlich enger als nach den ganzen Zahlen oder nach Zehnteln (oder Hunderteln) der ächten Brüche einrichten und wenn man die nöthigen Multiplikationen oder Divisionen mit Potenzen von 10 vornimmt, dann auch andere als jene einfachen Zahlen multipliziren und dividiren. Man wird durch Schätzung der (in verschiedenen Stellen sehr ungleich grossen) Theilstriche, — (wodurch das Geschäft erschwert wird) noch weiter gehende Rechnungen ausführen können. Geschicklichkeit im Schätzen lässt sich zwar gewinnen, muss aber immerhin erworben werden.

Statt geradliniger Lineale kann man auch kreisförmige Scheiben an einander herdrehen.

Die Rechenschieber erhalten häufig noch mannigfache andere Theilungen, z. B. nach den Logarithmen von Sinus, Cosinus, Tangente der Winkel (1^0, 2^0 . . .), oder der Quadrate dieser Funktionen oder Produkte derselben und man kann jetzt durch Vorbeischieben einer solchen Theilung, an jener nach den Logarithmen der Zahlen, mit den betreffenden Funktionen multipliziren, oder dividiren (also mit $\operatorname{Sin} \alpha$, $\operatorname{Cos} \alpha$, $\operatorname{Tg} \alpha$, $\operatorname{Cos} \alpha . \operatorname{Sin} \alpha$, $\operatorname{Cos}^2 \alpha$, u. s. w.).

Es lassen sich auch Einrichtungen treffen, noch Constanten zu addiren. Oder n^2, n^3, . . . $\sqrt[3]{n}$, $\sqrt{n}$ u. s. f. oder Flächeninhalte von Kreisen nach den Halbmessern, Kubikinhalte bestimmter geometrischer Körper nach zwei Dimensionen (Längen) und ähnliches mehr mit dem dafür eingerichteten Rechenschieber finden.

Es gibt ferner mehr oder minder complizirte Rechenmaschinen, welche entweder auch nur multipliziren und dividiren, oder auch potenziren, Wurzelziehen, Zinsberechnungen, Amortisationen und dergl. mehr rein mechanisch, gewöhnlich durch Drehen von Walzen, ausführen lassen. Je mehrstelliger (genauer) die Rechenergebnisse werden sollen, desto grösser wird die Maschine sein müssen, desto häufiger wird man durch Schätzungen der nicht ausreichenden Theilung nachhelfen müssen.

Rechenmaschinen sind auf vielen Bureaus und in Rechenkammern im Gebrauche. Hat man massenhaft Rechnungen einer und derselben Art oder einiger weniger Arten zu machen, so sind die Maschinen ohne Zweifel sehr zeitersparend. Wenn man sie aber immer nur nach längeren Unterbrechungen gebraucht und nur für eine nicht grosse Anzahl Rechnungen, so wird der Nutzen fraglich, da man die Gebrauchsweise leicht vergisst oder die Fertigkeit im Gebrauche verlernt, also Zeit verliert, um sich zurecht zu finden und wieder einzuüben und so wird man nicht selten ohne Maschine schneller durch gewöhnliches Rechnen (mit Logarithmen und dem sonstigen stets bereiten Behelfe) zum Ziele gelangen.

Die Genauigkeit der Ergebnisse, die man mit den Maschinen und Schiebern erhält, ist verschieden nach der Stellenzahl; je grösser diese, desto weniger scharf wird die mechanische Rechnung ausfallen.

V. Roh- und Augenscheins-Aufnahmen.

§ 103. **Aufnahme nach Schrittmaass.** Nicht nur für Anfertigung von Handskizzen, welche Vorarbeiten zu Vermessungen sein sollen, sondern auch für manche wirthschaftliche, militärische u. s. w. Zwecke lassen sich, genügend gut, ohne alle Geräthschaften Aufnahmen ausführen. Die besseren Erfolge gewinnt man, wenn Längen durch Abgehen (allerdings nur unvollkommen) gemessen werden; Winkelmessungen sind dann nicht nöthig. — Minder gut werden Aufnahmen, bei denen Entfernungen und Winkel nur geschätzt werden. Es soll in diesem Paragraphen nur von den ersteren die Rede sein.

Man zerlege die aufzunehmende Figur in Dreiecke; es wird zunächst angenommen, es lasse sich zwischen den Eckpunkten dieser Dreiecke sehen und gehen. Man geht die drei Seiten eines Dreiecks ab (über Schrittmaass § 22), wobei man möglichst gerade Richtung einzuhalten hat, was erleichtert wird, wenn das Ziel, auf das man zugeht, recht deutlich bezeichnet ist, durch einen hervorragenden Baum, einen grossen Stein oder dergleichen. Nach Anhang IV, 16 lässt sich das Dreieck vollkommen berechnen, sein Flächeninhalt sowohl, als seine Winkel. Ein Formular für diese Berechnung wird § 191 gegeben. Man kann, wenn nur eine Zeichnung (Handskizze) beabsichtigt ist, die Rechnung ersparen und das Dreieck aus den drei Längen, denen proportional man mit Zirkel oder Papierstreifchen oder schliesslich auf carrirtem Papier nach dem Augenmaasse Strecken als Halbmesser benutzt, durch Bogenschnitte das Dreieck verzeichnen. Man muss wohl darauf achten, wie die einzelnen Dreiecke sich an einander fügen und sie in der Zeichnung, eventuell bei der Berechnung, der zusammengesetzteren Figur in dieselbe Anordnung bringen. Man macht im Feldbuche Zeichnungsskizzen mit eingeschriebenen Maassen (nach Schritten).

Sind nicht alle Dreiecksseiten begehbar, so kann man auch andere Figuren durch Abschreiten allein aufnehmen. Man misst die Seiten des Vielecks unmittelbar und die Winkel mittelbar, indem man vom Scheitel aus auf beiden Schenkeln Strecken (ganz zweckmässig gleich grosse) abschreitet und die Verbindungslinie der Endpunkte. Kann man nicht in das Innere des Vielecks hinein (dichter Wald, Sumpf u. s. w.), so vermag man oft durch Verlängerung einer Seite, den Nebenwinkel, oder durch Verlängerung beider Schenkel in die zugängliche Nachbarschaft, den Scheitelwinkel, durch Abschreiten zweier Schenkellängen und der Verbindungslinie (also als Dreieckswinkel) zu bestimmen.

Zur Bestimmung eines Vielecks bedarf man bekanntlich nicht aller Seiten und aller Winkel, allein man wird, wenn es möglich ist, um Bestätigungen zu gewinnen, gut thun, doch alle Elemente zu messen. Sind die Winkel und die Seiten gemessen, so lässt sich mit verjüngtem Maassstab und Transporteur, der hierfür genügend genau ist, die Zeichnung des Vielecks bequem ausführen. Häufig ist nur die Absicht, den Flächeninhalt zu berechnen. Derselbe ergibt sich entweder als Summe der Inhalte der Dreiecke, in welche man die Figur zerlegt hat, oder wird nach L'huilliers Flächenregel (Anhang V, 6) berechnet, die freilich, wenn das Vieleck sehr viele Seiten hat, unbequem wird. Das Schrittmaass wird zuerst in Meter umgerechnet. In dem Beispiele ist die vorläufige Berechnung der Winkel nicht ausgeführt; ferner die Winkel viel genauer als bei einer Rohaufnahme Sinn hat eingesetzt, und ebenso die Seitenlängen. Hinsichtlich der Anordnung der Rechnung wird bemerkt: In der zweiten Spalte stehen die Faktoren der zu bildenden Produkte und, dicht am Striche das Zeichen, mit welchem das Produkt in die Summe einzugehen hat. In der ersten Spalte die Winkel und die für das Produkt nöthige Winkelsumme, deren sogenannter reduzirter (in den Tafeln vorkommender) Werth in die zweite Spalte mit dem Vorzeichen des Sinus geschrieben ist. In dritter Spalte stehen die Logarithmen der Seiten und des Sinus der Winkelsumme (ein n hinter dem Logarithmus bedeutet, dass der Faktor negativ zu nehmen ist), und die Summe der Logarithmen; in vierter Spalte die dazu gehörigen Zahlen, d. h. die Produktenwerthe, gleich mit dem Vorzeichen, das sie in der Summe annehmen, unten die durch algebraisches Addiren gefundene Summe, gleich dem doppelten Flächeninhalte der ganzen Figur.

Formular einer Berechnung nach L'huillier's Flächenregel.

$A_2 = 128^0\,30'\,23''$	+	$s_{12} = 152{,}8$ $s_{23} = 179{,}2$ $51^0\,29'\,37''$	2.18 412 2.25 334 $\bar{1}$.89 350 4.33 096	+ 21 427,0
$A_3 = 122\;55\;15$ $A_2 + A_3 = 251\;25\;38$	—	$s_{12} = 152{,}8$ $s_{34} = 118{,}4$ $-\,71^0\,25'\,38''$	2.18 414 2.07 335 $\bar{1}$.97 680 n 4.23 427 n	+ 17 150,4
$A_4 = 74\;50\;18$ $A_2 + A_3 + A_4 = 326\;15\;56$	+	$s_{12} = 152{,}8$ $s_{45} = 155{,}2$ $-\,33^0\,44'\,04''$	2.18 412 2.19 089 $\bar{1}$.74 456 n 4.11 957 n	— 13 169,4
$A_3 = 122\;55\;15$	+	$s_{23} = 179{,}2$ $s_{34} = 118{,}4$ $57^0\,04'\,45''$	2.25 334 2.07 335 $\bar{1}$.92 398 4.25 067	+ 17 810,4
$A_4 = 74\;50\;18$ $A_3 + A_4 = 197\;45\;33$	—	$s_{23} = 179{,}2$ $s_{45} = 155{,}2$ $-\,17^0\,45'\,33''$	2.25 334 2.19 089 $\bar{1}$.48 432 n 3.92 855 n	+ 8 483,0
$A_4 = 74\;50\;18$	+	$s_{34} = 118{,}4$ $s_{45} = 155{,}2$ $74^0\,50'\,18''$	2.07 335 2.19 089 $\bar{1}$.98 461 4.24 885	+ 17 735,8
			$2f =$	69 437,2
			$f =$	**34 718,6 qm**

Die für die Flächenberechnung nicht benutzten Winkel des Fünfecks sind: $A_1 = 59^0\;35'\;22''$; $A_5 = 154^0\;08'\;42''$ und die letzte Seite $s_{51} = 192{,}8$.

Man kann viele ganze Aufnahmen oder Theile derselben auch flüchtig nach der Normalenmethode (I, 6, § 62, 63) ausführen, wenn man die rechten Winkel nach Augenmaass anträgt (was man nicht bei langen Normalen oder Ordinaten thun soll), Abscissen und Ordinaten aber durch Abschreiten misst.

Es wäre sehr unklug, hartnäckig bei einem Verfahren für eine ausgedehntere Aufnahme beharren zu wollen, man wählt stets das den Umständen am besten angemessene, bequemste, sicherste. Das gilt nicht nur für Rohaufnahmen, sondern auch für die sorgfältigsten Vermessungen.

§ 104. **Augenscheinsaufnahmen (durch Abschätzen).** Viel schneller als durch Abschreiten kommt man, allerdings erheblich weniger gut, zum Ziele durch Abschätzen der Entfernungen (§ 22) und der Winkel. Für beide Arten von Abschätzungen bedarf man ziemlich vieler Uebung. Die Winkelschätzung übt man zunächst an rechten Winkeln ein, theils indem man einen fernen Gegenstand als in der normalen Richtung zur Verbindung des Standpunkts mit einem Zeichen anspricht, theils indem man sich bemüht, den Fusspunkt der Normalen von seitlich liegenden Zeichen auf einer Geraden, längs der man gehen kann, aufzufinden. Mittelst Winkelprisma oder dergleichen prüft man seine Schätzungen und lernt sie so besser zu machen. Die Hälftung eines Winkels gelingt meistens ziemlich gut, wenn man im Scheitel desselben steht. Um einen andern als rechten Winkel zu schätzen, bemühe man sich immer um den spitzen (nicht den stumpfen) der zwei Nebenwinkel. Man denkt erst die Normale, hälftet den Winkel in Gedanken, nach Bedarf nochmals, und vergleicht dann den vorliegenden Winkel mit dem abgeschätzten von 90^0, 45^0, $22^1/_2{}^0$, $67^1/_2{}^0$ u. s. w. Gelegenheit geschätzte Winkel zu messen und so den Grad der Zuverlässigkeit seiner Schätzung kennen zu lernen, wird man oft haben und fleissig benutzen.

Will man einen geschätzten Winkel nach Augenmaass zeichnen, so ist es wieder rathsam, sich auf spitze Winkel zu beschränken, vom Rechten, und dessen durch Hälftungen darstellbaren Theilen auszugehen.

Winkel zu schätzen, in deren Scheitel man nicht steht, ist ungleich schwieriger. Man wird sich zunächst (nicht ganz leicht) Parallele zu den Winkelschenkeln durch den Standpunkt einschätzen und dann deren Winkel begutachten.

Hat man die Winkel und Seitenlängen eines Vielecks geschätzt, so lässt sich auf dem Felde selbst, entweder wieder nur durch Schätzung oder mit einfachen Hülfsmitteln, Maassstab und Transporteur etwa, die Zeichnung ausführen. Oder man schreibt die geschätzten Zahlwerthe auf (genau die Aufeinanderfolgung und Aneinanderreihung mit Hülfe von kleinen Zeichnungen zu bemerken) und führt zu Hause mit Zeichengeräth sorgfältiger die Skizze nach jenen Aufschreibungen aus.

Versicherungsstrahlen, wie Diagonalen nach Neigung und Länge und ähnliches mehr, wird man vorsichtigerweise soviel wie möglich aufnehmen.

Die Roh- und Augenscheinsaufnahmen, nach irgend einem Verfahren ausgeführt, gewinnen erheblich an Brauchbarkeit, wenn man damit nur Einzelheiten, Ergänzungen vorhandener Pläne oder Karten beabsichtigt. Die im Plane angegebenen Punkte, Richtungen von Strassen, Wasserläufen, Dämmen u. s. w. werden zunächst, nöthigenfalls im veränderten Maassstab, copirt und geben gewissermaassen das Gerippe ab für die auszuführende Zeichnung, welche eine Vervollständigung des vorhandenen Plans sein soll.

§ 105. **Zeichnende Rohaufnahmen.** Durch flüchtige Ausführung des Umfangverfahrens (§§ 188, 217) kann man, wenn man gut eingeübt ist, recht brauchbare Ergebnisse gewinnen. Man stellt sich in einem Eckpunkt des Vielecks auf und hält das Blatt Papier so, wie § 35 angegeben. Die Gerade auf dem Blatte, welche den einen Schenkel ihrer Richtung nach darstellt (sie wird gewöhnlich schon gegeben sein), wird in die Richtung dieses Schenkels gedreht, während das Bild des Scheitels möglichst in der Senkrechten desselben ist. Dann eine Wendung des Kopfes allein (ohne Oberkörper oder des Blattes) vollführt und über das Bild des Scheitels in der Richtung des zweiten Schenkels gezielt. Man hält einen Bleistift so an den Rand des Papiers (senkrecht), dass er das ferne Schenkelzeichen deckt, und macht an der Stelle einen Punkt oder Strich auf das Papier; dann zieht man (einen zweiten Bleistift als Lineal benutzend) vom Scheitel über die Marke auf dem Papier eine Gerade. Natürlich sieht man vorher durch Rückwenden des Kopfes nach, ob man ruhig genug gehalten hat. Steckt man eine Nadel in das Bild des Scheitels, so wird das Zielen wesentlich erleichtert. Man geht die Schenkellängen ab, trägt proportionale Strecken auf. So geht man von einem Eckpunkt zum andern, immer beginnend damit, den bereits gezeichneten einen Schenkel nach dem verlassenen Standpunkt zu drehen. Ist man beim n-Eck im $(n - 1)^{ten}$ Scheitel angelangt und hat den Winkelschenkel von P_{n-1} nach P_n der Richtung nach aufgetragen, so ist eigentlich Punkt P_n schon construirt, als Durchschnitt der Geraden von P_{n-1} über P_n mit jener, die im Scheitel P_1 über P_n schon gezeichnet war. Man wird die Länge von P_{n-1} nach P_n noch abschreiten und nachsehen, ob die bereits construirte Länge proportional der abgeschrittenen ist. Auch den Winkel in P_n noch in der angegebenen Weise zeichnen, nachsehen, ob der Schenkel von P_n über P_1 durch das Bild von P_1 geht, und endlich auch noch, ob die im Bilde schon fertige Länge P_n nach P_1 der gleichfalls abgegangenen Strecke proportional ist. Ist das alles der Fall, so schliesst das Vieleck; es wird selten eintreten. Aus dem Mangel an Schluss erhält man einen Anhalt zur Beurtheilung der begangenen Fehler. Ist der Schlussfehler nicht zu gross, so wird man durch ziemlich willkürliche Verbesserungen, nöthigenfalls unter Wiederholung der verdächtigsten Messungen ein leidliches Bild zusammenstellen können. Ist der Schlussfehler zu bedeutend, so muss man so lange wiederholen (gut ist es in anderer Reihenfolge), bis er genügend klein wird. Dass auch hier wieder thunlichst viel Versicherungsstrahlen (Diagonalen) nützlich sind, ist selbstverständlich.

§ 106. **Reihenfolge bei Augenscheinsaufnahmen.** Man beginnt am besten an höher gelegenem, viel Aussicht gewährendem Punkt, an Knotenpunkten von Strassen und dgl. Zunächst wird man bestrebt sein, die Wege, Wasserläufe und dgl. aufzunehmen und ihr Bild bestens zu entwerfen. Und dann weiter gehen zu den Einzelheiten. Kommt man an Wegkreuzungen vorüber, so trage man sofort die Richtungen ein, selbst wenn man noch nicht die Längen hat und noch nicht messen oder schätzen will. Wie man bereits besser verzeichnete Punkte und Linien (als Copie eines Plans) benutzt, bedarf wohl keiner weitern Ausführung. Von den Höhen und freien Punkten geht man allmälig zu den tiefern, beschränktern Ausblick bietenden Orten.

Man muss nach dem Zweck der Aufnahme unterscheiden, was von Belang ist und was unbeachtet bleiben kann. Aufschreibungen über Culturzustand, Gangbarkeit der Wege, Beschaffenheit der Brücken, Stege, Uebergänge allerlei Art, auffallende Gegenstände, Denkmäler, Einzelbäume, überhaupt eine Beschreibung der Wege und dessen, was an sie grenzt und von den einzelnen Wegstellen aus sichtbar ist, soll in Worten beigefügt werden und darf man in dieser Hinsicht nicht sparsam sein (§ 10). Namentlich Beschreibung von Baulichkeiten, Wohnlichkeiten, Angabe wieviel Menschen oder Thiere unter Dach zu bringen sind (für militärische Zwecke), ob Stein- oder Holzbau, Vertheidigungsfähigkeit gegen Angriffe und solche Einzelheiten sind wichtig.

Dass für militärische Zwecke auch über die Verpflegungsmöglichkeiten, Verbindungen mit andern Orten u. s. w. Notizen zu machen sind, bedarf wohl keiner besondern Hervorhebung.

Die Aufnahme der Höhen- und Neigungsverhältnisse des Bodens nach dem Augenschein erfordert sehr viel Uebung. Für Kriegszwecke ganz besonders wichtig. Das Nöthige darüber wird bemerkt werden, wenn von den sorgfältigeren Messungen dieser Art (Tachymetrie, XIII, insbesondere § 243) die Rede ist.

VI. Allgemeines über Winkelmessungen.

§ 107. **Reduktion schiefer Winkel auf den Horizont.** Für geodätische Zwecke haben fast ausschliesslich nur Vertikal- und Horizontalwinkel Bedeutung, d. h. solche, deren beide Schenkel in derselben senkrechten, bezw. wagrechten Ebene liegen. Bei Messung der Vertikalwinkel ist der eine Schenkel eine Senkrechte (Loth- oder Zenitlinie) oder eine wagrechte Linie in der Vertikalebene des zweiten Schenkels, eine Reduktion des gemessenen Winkels auf die Vertikalebene ist also nicht erforderlich. Früher maass man vielfach die schiefen Winkel (und mit Spiegelinstrumenten geschieht es jetzt noch häufig), d. h. solche, deren Schenkel im allgemeinen von der wagrechten Richtung abweichen, und deren Ebene nicht horizontal ist. Aus diesen musste dann der Horizontalwinkel, die Projektion des schiefen auf den Horizont oder, der Winkel der durch die zwei Schenkel gelegten Vertikalebenen, abgeleitet werden.

Gegenwärtig sind die Winkelmesser (mit Ausnahme der Spiegelinstrumente) so eingerichtet, dass sie sofort den Horizontalwinkel geben, die Reduktion schiefer auf Horizontalwinkel muss aber gleichwohl betrachtet werden, um ein Urtheil gewinnen zu können über den Einfluss, den mangelhafte Erfüllung der Bedingungen dieser Winkelmesser ausüben kann.

Um die fragliche Reduktion ausführen zu können, muss man die Neigung der schiefen Schenkel gegen den Horizont kennen. Im allgemeinen ist es bequemer, die sogenannten Zenitdistanzen oder Zenitwinkel, d. h. die Winkel der schiefen Richtungen mit der Vertikalen nach oben zu messen. (Ist der Zenitwinkel z spitz, so steigt die Schiefe über den Horizont, ist er stumpf, so sinkt sie unter den Horizont.) Aber auch der Höhenwinkel, d. h. der Winkel zwischen schiefer und horizontaler Richtung, wird häufig gemessen und verwerthet. Man spricht von einem Elevationswinkel, wenn die Richtung steigt (das entsprechende $z < 90^0$ ist) und von einem Depressionswinkel, wenn die Richtung sich senkt ($z > 90^0$). Man kann die Höhenwinkel mit e bezeichnen (oft auch α); Elevationswinkel erhalten dann das positive, Depressionswinkel das negative Vorzeichen.

Man denke um den Scheitelpunkt als Centrum eine Kugelfläche beschrieben. Die Zenitlinie schneidet diese in Z, C L und C R seien linker und rechter Schenkel des schiefen Winkels (siehe § 108), dessen Maass das Stück w des grössten Kreises oder die Seite R L des sphärischen Dreiecks Z R L ist; C l und C r sind die Projektionen jener Schenkel auf den Horizont, Winkel l C r = H ist der gesuchte Horizontalwinkel. Er ist das Maass des sphärischen Winkels bei Z. In dem sphärischen Dreieck sind die 3 Seiten bekannt, nämlich w und die Zenitwinkel z_1 und z_2 oder, nach Höhenwinkel ausgedrückt, $90^0 - e_1$ und $90^0 - e_2$. Setzt man die betreffenden Werthe in die Formeln 22 bis 24, VIII des Anhangs, so erhält man:

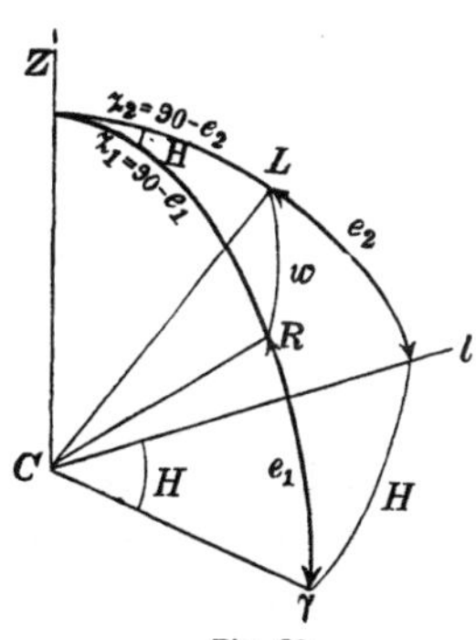

Fig. 82.

$$\mathrm{Sin}\,\tfrac{1}{2}H = \sqrt{\mathrm{Sin}\,\tfrac{1}{2}(w + z_1 - z_2)\,\mathrm{Sin}\,\tfrac{1}{2}(w - z_1 + z_2)} : \sqrt{\mathrm{Sin}\,z_1\,\mathrm{Sin}\,z_2}$$
$$\mathrm{Cos}\,\tfrac{1}{2}H = \sqrt{\mathrm{Sin}\,\tfrac{1}{2}(z_1 + z_2 - w)\,\mathrm{Sin}\,\tfrac{1}{2}(z_1 + z_2 + w)} : \sqrt{\mathrm{Sin}\,z_1\,\mathrm{Sin}\,z_2}$$
$$\mathrm{Tg}\,\tfrac{1}{2}H = \sqrt{\mathrm{Sin}\,\tfrac{1}{2}(w + z_1 - z_2)\,\mathrm{Sin}\,\tfrac{1}{2}(w - z_1 + z_2)} : \sqrt{\mathrm{Sin}\,\tfrac{1}{2}(z_1 + z_2 - w)\,\mathrm{Sin}\,\tfrac{1}{2}(z_1 + z_2 + w)}$$

wovon die letzte meist die genauer berechenbare sein wird.

Oder nach Höhenwinkeln:

$$\mathrm{Sin}\,\tfrac{1}{2}H = \sqrt{\mathrm{Sin}\,\tfrac{1}{2}(w + e_1 - e_2)\,\mathrm{Sin}\,\tfrac{1}{2}(w - e_1 + e_2)} : \sqrt{\mathrm{Cos}\,e_1\,\mathrm{Cos}\,e_2}$$
$$\mathrm{Cos}\,\tfrac{1}{2}H = \sqrt{\mathrm{Cos}\,\tfrac{1}{2}(w + e_1 + e_2)\,\mathrm{Cos}\,\tfrac{1}{2}(w - e_1 - e_2)} : \sqrt{\mathrm{Cos}\,e_1\,\mathrm{Cos}\,e_2}$$
$$\mathrm{Tg}\,\tfrac{1}{2}H = \sqrt{\mathrm{Sin}\,\tfrac{1}{2}(w + e_1 - e_2)\,\mathrm{Sin}\,\tfrac{1}{2}(w - e_1 + e_2)} : \sqrt{\mathrm{Cos}\,\tfrac{1}{2}(w + e_1 + e_2)\,\mathrm{Cos}\,\tfrac{1}{2}(w - e_1 - e_2)}$$

Zahlenbeispiele:

1) $w = 62^0 18'$; $z_1 = 77^0 54'$, $z_2 = 86^0 12'$ (d. h. $e_1 = +12^0 06'$, $e_2 = +3^0 48'$)
oder $z_1 = 102^0 06'$, $z_2 = 93^0 48'$ (d. h. $e_1 = -12^0 06'$, $e_2 = -3^0 48'$)
man findet $H = 62^0 28' 13''$.

2) $w = 62^0 18'$; $z_1 = 77^0 54'$, $z_2 = 93^0 48'$ (d. h. $e_1 = +12^0 06'$, $e_2 = -3^0 48'$)
oder $z_1 = 102^0 06'$, $z_2 = 86^0 12'$ (d. h. $e_1 = -12^0 06'$, $e_2 = +3^0 48'$)
man findet $H = 60^0 36' 50''$.

Wenn die Höhenwinkel e klein sind, ist es meist angenehmer, nur die Grösse $\varDelta$ w zu berechnen, welche zu dem schiefen Winkel w zu fügen ist, um den Horizontalwinkel H zu finden. Wenig bequem ist hierzu eine von Delambre angegebene Formel:

$$(\varDelta w)'' = \frac{206\,265 \ \text{Sin}\, w}{\text{Sin}(w + \frac{1}{2}\varDelta w)} \cdot \frac{\text{Sin}^2 \frac{1}{2}(e_1 + e_2)\,\text{Tg}\,\frac{1}{2} w - \text{Sin}^2 \frac{1}{2}(e_1 - e_2)\,\text{Cotg}\,\frac{1}{2} w}{\text{Cos}\, e_1 \ \text{Cos}\, e_2}$$

und nützlicher, die von Legendre:

$$(\varDelta w)'' = \frac{1}{4}\ \text{Sin}\, 1''. \left[(e_1 + e_2)^2\ \text{Tg}\, \tfrac{1}{2} w - (e_1 - e_2)^2\ \text{Cotg}\, \tfrac{1}{2} w\right].$$

In beiden Formeln wird $\varDelta$w in Sekunden gefunden, in jener von Legendre sind die Elevationswinkel e_1 und e_2 in Sekunden auszudrücken.

(Erinnernd: Sin $1'' = 1 : 206265$.)

Die Formel von Legendre lässt sich folgendermaassen ableiten. Es ist (Anhang VIII, 4)

$$\text{Cos}\, w = \text{Sin}\, e_1\ \text{Sin}\, e_2 + \text{Cos}\, e_1\ \text{Cos}\, e_2\ \text{Cos}\, H.$$

Entwickelung von Sin e und Cos e bis einschliesslich dritter Potenz von e gibt:

$$\text{Sin}\, e = e - \tfrac{1}{6} e^3; \qquad \text{Cos}\, e = 1 - \tfrac{1}{2} e^2; \qquad \text{Sin}\, e_1\ \text{Sin}\, e_2 = e_1\, e_2;$$

$$\text{Cos}\, e_1\ \text{Cos}\, e_2 = 1 - \tfrac{1}{2}(e_1^2 + e_2^2)$$

und dies benutzend, erhält man:

$$[1 - \tfrac{1}{2}(e_1^2 + e_2^2)]\ \text{Cos}\, H = \text{Cos}\, w - e_1\, e_2$$

und nach annähernder Ausführung der Division $(1 : (1 - x) = 1 + x$ setzend) ist: $\text{Cos}\, H = \text{Cos}\, w - e_1\, e_2 + \frac{1}{2}(e_1^2 + e_2^2)\ \text{Cos}\, w.$

Nun ist ferner $H = w + \varDelta w$ und $\text{Cos}\, H = \text{Cos}\, w - \varDelta w\, .\ \text{Sin}\, w$, (wo für Sin $\varDelta$ w gesetzt ist: $\varDelta w''$. Sin $1''$ und Cos $\varDelta w = 1$.) Also $\varDelta w\, .\ \text{Sin}\, w = e_1\, e_2 - \frac{1}{2}(e_1^2 + e_2^2)\ \text{Cos}\, w.$ Nun setzt man noch

$$\text{Sin}\, w = 2\ \text{Sin}\, \tfrac{1}{2} w\ \text{Cos}\, \tfrac{1}{2} w \quad \text{und} \quad \text{Cos}\, w = \text{Cos}^2\, \tfrac{1}{2} w - \text{Sin}^2\, \tfrac{1}{2} w,$$

multiplizirt $e_1\, e_2$ mit $1 = \text{Sin}^2\, \frac{1}{2} w + \text{Cos}^2\, \frac{1}{2} w$ und erhält nach einfacher Zusammenziehung die Formel von Legendre. Es gibt Tabellen für $\varDelta$w. Zur Vergleichung und Bemessung des Annäherungsgrades:

$w = 62^0\,18'$; $e_1 = \pm 12^0\,06'$, $e_2 = \pm 3^0\,48$		$w = 62^0\,18'$; $e_1 = \pm 12^0\,06'$, $e_2 = \mp 3^0\,48'$	
Delambre	H = 62° 28′ 12,5″	Delambre	H = 60° 37′ 38″
Legendre	62 28 11	Legendre	60 39 24
Genau:	62 28 13	Genau:	60 36 50

Die Elevationswinkel dieser Beispiele sind für die Legendreformel zu gross.

Sei noch bemerkt, dass, wenn die Winkelschenkel nicht mehr als 1 Minute gegen den Horizont neigen, die Reduktion auf den Horizont den schiefen Winkel noch nicht um ein halbes Hundertel einer Sekunde berichtigt.

§ 108. **Linker und rechter Winkelschenkel.** Bei Horizontal- und schiefen Winkeln unterscheidet man gerne linken und rechten Schenkel.

Man denke sich aufrecht im Scheitel stehend und den Blick in den eigentlichen Winkelraum gekehrt und urtheile dann über links und rechts. In den Figuren 83 ist der Bogen in den gemeinten Winkelraum gezeichnet, links und rechts ist also anders, je nachdem der spitze Winkel oder der convexe (hier des vierten Quadranten) gemeint ist.

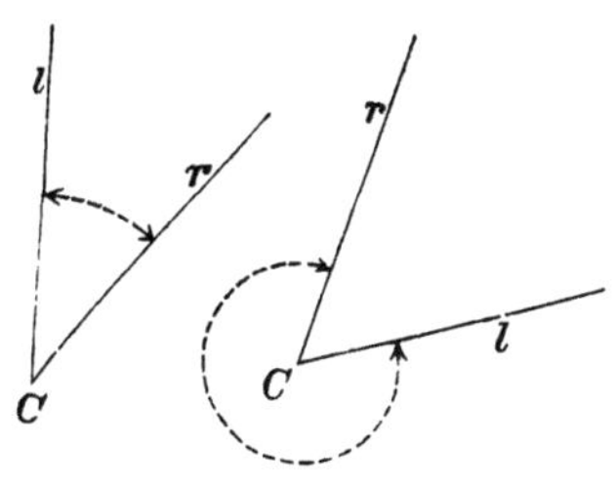

Fig. 83.

§ 109. Centriren des Winkels. Zuweilen kann man sich nicht im Scheitel des zu messenden Winkels mit dem Instrumente aufstellen und daher ist der Einfluss excentrischer Aufstellung zu untersuchen.

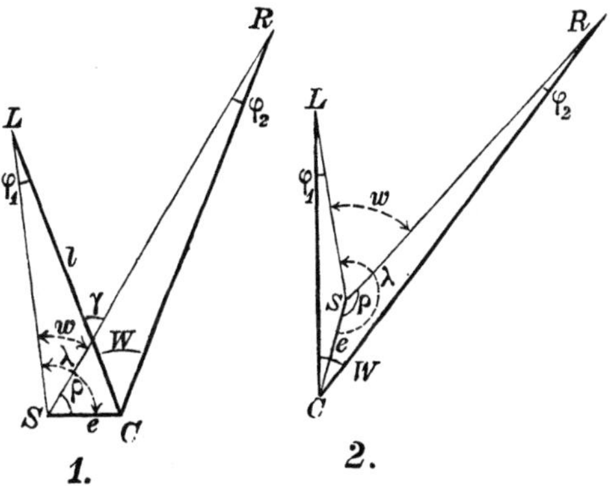

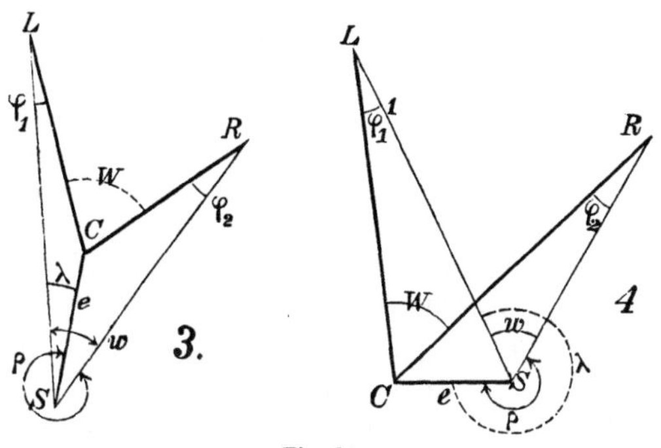

Fig. 84.

Der wahre Scheitel des zu messenden Horizontalwinkels sei C (Fig. 84), es werde aber aus dem Standpunkte S gemessen. Die Länge CS heisst die Excentricität, werde mit e bezeichnet. L und R seien die (bereits auf dem Horizont von C und S projicirten) Zeichen des linken und des rechten Winkelschenkels, W ist der gesuchte Winkel LCR und w der gemessene LSR. Es seien bekannt die Längen l und r des linken und des rechten Winkelschenkels (wagrecht), ferner die Winkel λ und ϱ, um welche im positiven Drehsinne die Richtung SL bezw. SR zu drehen ist, um sie in die Richtung SC überzuführen*). Aus der Figur, in welcher die sogenannten Fehlerwinkel

*) Ueber Winkelzählung siehe § 5.

φ_1 und φ_2 und noch ein Hülfswinkel γ (Fig. 84. 1) eingezeichnet sind, folgt leicht:

$$\gamma = w + \varphi_1 = W + \varphi_2; \text{ also } W = w + \varphi_1 - \varphi_2.$$

Aber $\sin \varphi_1 : \sin \lambda = e : l$ und $\sin \varphi_2 : \sin \varrho = e : r$, also wenn man die Sekundenzahl der kleinen Fehlerwinkel φ gleich ihrem mit Sin 1'' dividirten (oder mit 206265 multiplizirten) Sinus setzt:

$$W = w + 206265''.e \left(\frac{\sin \lambda}{l} - \frac{\sin \varrho}{r} \right)$$

(das Zeichen '' deutet an, dass die Verbesserung in Sekunden ausgedrückt ist).

Die Berichtigung wegen der Excentricität hängt ab: 1) von der Grösse der Excentricität und ist dieser proportional, 2) von der Länge der Schenkel, 3) von der Lage des excentrischen Standpunkts S gegen die Winkelschenkel, d. h. von den Winkeln λ und ϱ, die nach Grösse (Quadrant) und Vorzeichen richtig zu nehmen sind (siehe Figuren).

Einer dieser Winkel kann 180^0 oder 360^0 sein (wodurch sein Sinus $= 0$), wenn nämlich der Standpunkt S auf einem der Winkelschenkel C L oder C R gewählt ist.

Hätte man in zwei Standpunkten S' und S'' den Winkel nach den Schenkelzeichen L und R gemessen und lägen diese Standpunkte gleich excentrisch, d. h. $e' = e''$, ferner auf einer durch C rechtwinkelig zum Schenkel C L gezogenen Richtung, so würde $\lambda' = 360 - \lambda''$ oder $\lambda' = -\lambda''$ und folglich würden die mit $\sin \lambda$ behafteten Theile der Verbesserungen entgegengesetzt gleich. Wäre eben dieses der Fall für die Glieder mit $\sin \varrho'$ und $\sin \varrho''$, so würde die Summe der zwei excentrisch gemessenen Winkel $w' + w''$ genau das Doppelte sein des gesuchten Winkels W. Nun ist es nicht möglich, zwei Standpunkte S' und S'' so zu wählen, dass sie auf einer Geraden liegen, die zugleich rechtwinkelig gegen den Schenkel C L (um die λ entgegengesetzt gleich) und den Schenkel C R (um die ϱ entgegengesetzt gleich zu machen) verläuft. Nur wenn W gerade 90^0 und S' und S'' in Richtung des einen Schenkels genommen werden, fallen sowohl die λ als die ϱ bei symmetrischer Lage von S' und S'' gleichzeitig entgegengesetzt gleich aus.

Ausser in dem (seltenen) zuletzt erwählten Falle ist es also nicht möglich, durch Beobachten aus zwei symmetrisch zum eigentlichen Scheitel gelegenen Standpunkten ohne Berechnung der Verbesserungen den wahren centrirten Winkel W zu finden. Allein wenn die Excentricität überhaupt im Verhältniss zu den Winkelschenkellängen sehr klein ist, unterscheidet sich das arithmetische Mittel der zwei in den symmetrisch gelegenen Standpunkten S' und S'' gemessenen Winkel w' und w'' vom wirklichen Werthe W des centrirten Winkels so wenig, namentlich noch, wenn man die Verbindungslinie S' S'' der zwei Standpunkte rechtwinkelig zur Hälftungslinie des Winkels W wählt, dass die oft unbequeme, manchmal unmögliche Messung der zwei Winkel λ und ϱ umgangen und jenes Mittel gebraucht werden kann. Das nachfolgende Zahlenbeispiel gibt hierüber Belehrung.

Zahlenbeispiel. S' und S'' seien je 10 m von C entfernt auf der Geraden, welche rechtwinkelig zur Hälftungslinie des Winkels W liegt.

$$\left.\begin{array}{lll} \lambda' = 123^0 48' 40'' & \varrho' = 54^0 22' 44{,}5'' & w' = 69^0 28' 31'' \\ l = 400 \text{ m} & e = 10 \text{ m} & r = 700 \text{ m} \\ \lambda'' = -53^0 50' 36'' & \varrho'' = -124^0 16' 11'' & w'' = 70^0 28' 48{,}5'' \end{array}\right\} \begin{array}{c} \text{Mittel} \\ 69^0 58'' 40'' \end{array}$$

Der genaue Werth von W berechnet sich $= 70^0 00' 00''$, es ist also das Mittel um $0^0 01' 90''$ unrichtig.

Die wegen excentrischem Standpunkt an dem gemessenen Winkel anzubringende Verbesserung wird Null, wenn $\text{Sin}\,\lambda : l = \text{Sin}\,\varrho : r$. Nun ist $\varrho = \lambda - w$ (oder 360^0 mehr), wie leicht aus Betrachtung der Figuren folgt. Also ist die Bedingung für das Verschwinden des Excentricitätsfehlers $\text{Sin}\,\lambda : l = \text{Sin}\,(\lambda - w) : r$, woraus $\text{Tg}\,\lambda = \frac{l \,\text{Sin}\, w}{l \,\text{Cos}\, w - r}$.

Für Werthe von λ, die um $\pm 90^0$ verschieden sind von den durch vorstehende Gleichung bedingten, wird die Centrirungsberichtigung am grössten.

Zahlenbeispiel. $w = 60^0$ $l = 400$ m $r = 700$ m $e = 1$ m. Man findet

$$\text{für} \begin{cases} \lambda = 325^0 17' & \text{also } \varrho = 265^0 17' \text{ oder} \\ \lambda = 145\ \ 17 & \quad„\quad \varrho = \ \ 85\ \ 17. \text{ Die Berichtigung gleich } 0 \end{cases}$$

$$\begin{array}{c}\text{und} \\ \text{für}\end{array} \begin{cases} \lambda = 235\ \ 17 & \quad„\quad \varrho = 175\ \ 17 \text{ oder} \\ \lambda = \ \ 55\ \ 17 & \quad„\quad \varrho = 350\ \ 17. \text{ Die Berichtigung gleich} \end{cases} \begin{cases} -7' 28'' \\ +7\ \ 28 \end{cases}$$

Sind die Grössen w, l, r auch nur annähernd bekannt, so lässt sich der excentrische Standpunkt durch die richtige Wahl von λ so finden, dass die Centrirungsberichtigung sehr annähernd Null wird, dass also, auch wenn die meist unbequem ermittelbaren Werthe von λ und von ϱ nicht sehr genau sind, dennoch die hieraus entspringende Unsicherheit im Betrage der ohnehin schon sehr kleinen Berichtigung keinen erheblichen Einfluss hat.

Es erscheint nützlich, zahlengemäss die Maximalberichtigungen, welche bei einer geringen Excentricität, wie sie zuweilen unbeabsichtigt oder gar unbewusst vorkommt, für einige Fälle anzugeben. Es sei:

$e = 0{,}1$ m	$w = 30^0$	60^0	90^0	120^0	150
	$\lambda = 86^0 00'$	$83^0 25'$	$82^0 52\frac{1}{2}'$	$84^0 11'$	$86^0 46'$
Berichtigung	$= 6' 09''$	$3' 26''$	$6' 56''$	$7' 21''$	$7' 41''$

Ist der Winkelmesser auf höchstens 10′ genau (wie die Bussolen), so wird man bei nicht gar zu kurzen Schenkeln sich begnügen dürfen, auf 0,1 m genau zu centriren.

Die in der Formel für die Centrirungsberichtigung vorkommenden Schenkellängen l und r sind jene des centrirten Winkels. Zuweilen sind aber nicht diese bekannt, sondern nur jene des excentrischen Winkels. In den praktischen Fällen wird der Unterschied nicht gross sein und man die eine Länge fur die andere nehmen dürfen; bei geringer Excentricität wird überhaupt annähernde Kenntniss der Schenkellängen ausreichen.

§ 110. **Excentricität der Zielpunkte.** Aus irgend welchen Gründen kann das Zeichen zuweilen nicht genau auf den eigentlich zu bezeichnenden Punkt gebracht werden, oder es kann in Folge ungünstiger Beleuchtung nicht die genau richtige Mitte des Zeichens angezielt werden. Ist ε die Seitlichkeit oder Excentricität des angezielten, in der Entfernung l stehenden Punktes und ψ der Winkel zwischen Verschiebung und Schenkelrichtung, so erleidet die Richtung eine Verschiebung von der Winkelgrösse 206265 . ε Sin ψ : l Sekunden.

Fig. 85.

Zahlenbeispiel. l = 200 m, ε = 0,05 m, $\psi = 90^0$ (ungünstigst), Winkelverschiebung gleich 51,57″. Bei kürzeren Schenkeln muss also das Zeichen sehr genau richtig stehen und in seiner Mitte angezielt werden.

Je nachdem beide Schenkelrichtungen im selben oder im entgegengesetzten Sinne solche Winkelverschiebung erfahren haben, ist der gemessene Winkel um die Differenz oder um die Summe der Verschiebungen fehlerhaft und um diesen Betrag zu verbessern.

(Wegen Excentricität der Abseh- oder Zielvorrichtungen siehe § 159.)

VII. Das wichtigste Winkelmessinstrument, der Theodolit.

---

1. Allgemeine Anforderungen an einen Winkelmesser
(mit Ausschluss des Spiegelinstruments).

§ 111. **Aufzählung der Erfordernisse.** A) Eine Absehvorrichtung muss, beständig durch die Senkrechte des Winkelscheitels (allgemein beständig durch denselben Punkt) gehend, nach allen Vertikalebenen und in diesen in jede Neigung gegen den Horizont gedreht werden können. Daher das Bedürfniss einer Bewegung um zwei sich kreuzende Axen, von denen eine zweckmässig senkrecht, die andere wagrecht zu wählen. Dass diese Richtungen der Axen nicht nur zweckmässig, sondern nothwendig sind, wird sich im Weiteren (C) ergeben.

B) Die Drehung des Absehens aus einer ersten Richtung (jener des einen Winkelschenkels) in eine zweite (die des andern Winkelschenkels), muss ihrer Grösse nach, bei Horizontalwinkelmessern, von denen hier hauptsächlich die Rede ist, ihrer Horizontalprojektion nach, messbar sein. Daher entspringt das Bedürfniss eines getheilten Kreises oder einer gleichwerthigen Vorrichtung zum Messen der Neigung der zwei Winkelschenkel gegen einander. (Für Horizontalwinkelmesser zum Messen des

Winkels zwischen den zwei, die schiefen Winkelschenkel enthaltenden Vertikalebenen).

C) Die Projektion der im allgemeinen schiefen Winkelschenkel auf den Horizont fordert, dass das Absehen beim Drehen um die eine Axe, welche zur bequemeren Unterscheidung Kipp-Axe heissen soll, eine Vertikalebene beschreibe. Desshalb muss die Absehrichtung genau rechtwinkelig gegen die Kipp-Axe verlaufen, weil nur der Schenkel eines rechten Winkels beim Drehen um den andern Schenkel (die Axe) eine Ebene beschreibt (sonst eine Kegelfläche). Und damit diese Ebene senkrecht sei, muss die Kipp-Axe oder der feststehende Schenkel des rechten Winkels wagrecht sein. Daraus folgt die Nothwendigkeit, die zweite Axe senkrecht zu stellen, weil sonst beim Drehen um diese die wagrechte Lage der ersten verloren ginge.

D) Es müssen Vorrichtungen vorhanden sein, die senkrechte bezw. wagrechte Stellung der Axen sicher und genau herbeizuführen.

E) Es müssen Vorrichtungen vorhanden sein, die erkennen lassen, dass jene verlangten Stellungen wirklich genau erreicht sind.

F) Das Instrument muss so aufgestellt werden können, dass seine Vertikalaxe mit der Senkrechten des Winkelscheitels genau zusammenfällt.

§ 112. **Allgemeines Verfahren der Horizontalwinkel-Messung.** Die Reihenfolge der Geschäfte ist:

a) Aufstellung des Instruments am Scheitel.

b) Senkrechtstellung der einen, Wagrechtstellung der anderen (Kipp-)Axe.

c) Drehen des Absehens in die Richtung des einen Schenkels des (schiefen) Winkels, d. h. zunächst in die Vertikalebene dieses Schenkels und dann, in dieser, gehöriges Kippen oder Neigen gegen den Horizont. Alsdann Drehen des Absehens in die Richtung des zweiten Schenkels des (schiefen) Winkels.

d) Messung der Grösse der Drehung um die Vertikalaxe, d. h. der Ueberführung aus der ersten in die zweite Vertikalebene.

e) Häufig, wenn auch nicht immer, hat noch die Messung der Neigung des Absehens gegen den Horizont oder gegen die Zenitallinie zu erfolgen.

2. Die einzelnen Construktionstheile des Theodolits.

α. Stative [zu a) und F)].

§ 113. **Pfeiler, Stock-, Zapfen- und Scheiben-Stativ.** Entweder — seltener, in der elementaren Geodäsie fast nie — ist ein Steinpfeiler am Scheitelpunkt vorhanden, auf welchen das Instrument gestellt und auf welchem es so verschoben werden kann, dass seine Vertikalaxe genau in die Senkrechte des Scheitels fällt. In diesem Falle ist immer das Instrument selbst von so grossem Gewicht, dass es ohne weitere Befestigung unverrückt stehen bleibt, zumal da der Pfeiler erschütterungsfrei anzunehmen ist. (In Ausnahmsfällen dienen abgesägte Baumstämme, die noch mit ihrem Wurzelwerke im Boden haften, als Pfeiler.) Oder es muss ein besonderes Gestell, ein Stativ im Scheitelpunkte aufgestellt und auf dieses das eigentliche Instrument gesetzt und befestigt werden.

Bei den kleinen Instrumenten: Winkelrohr, Winkelspiegel, allen Spiegelinstrumenten und einigen später zu erwähnenden Gefällmessern u. s. w. wird das Instrument frei in der Hand gehalten, der Beobachter selbst ist also eigentlich Stativ. Dann kommen noch bei untergeordneten Instrumenten (Winkeltrommel) Stockstative vor, ein einfacher Stab mit metallbeschlagenem spitzem Fusse zum Einsetzen in den Boden. Sonst haben alle Stative ausnahmslos drei Beine. Drei aber, weil damit ein Feststehen unter allen Umständen bewirkt werden kann, indem drei Punkte eine Ebene bestimmen; das vierte Bein müsste eine ganz bestimmte Länge haben, wenn es auch auf der Unterlage (die eben oder uneben sein mag) gleichzeitig sicher aufstehen sollte. Ist diese bestimmte Länge nicht vorhanden, so tritt Wackeln ein, wie es bei vierbeinigen Tischen, Stühlen u. s. w. so häufig beobachtet werden kann. Die Beine enden in zugespitzten eisernen Schuhen, mit denen ein festes Eindrücken in den Boden möglich ist. Dieses Einsetzen geschieht meist mit der Hand (nöthigenfalls sind in sehr hartem Boden Oeffnungen mit Werkzeug vorbereitet), man fährt längs der Beine nach abwärts mit kräftigem Druck, als wollte man abwischen und vermeidet dabei seitlichen Druck und Stösse. Manchmal haben die Beine des Stativs über den Eisenschuhen Vorsprünge (wie Stelzentritte), auf die man sich stellt, um durch sein Körpergewicht das Bein einzudrücken. Man muss sich aber ruhig, ohne Stoss darauf stellen, nicht etwa gewaltsam dagegen treten. Etwas empfindlichere Instrumente werden bei jeder Uebertragung von dem Stative herabgenommen und nicht eher wieder darauf gesetzt, bis dieses ganz festgestellt ist.

Bei Zapfenstativen ist das obere Ende ein Zapfen, entweder ein abgestumpfter Kegel, auf welchen mit entsprechender Hülse das Instrument gesteckt oder geschoben wird, oder eine Schraube und zwar gewöhnlich eine männliche Schraube, deren Mutter den unteren Theil des eigentlichen Instruments bildet (siehe Fig. 92). Doch kommt auch häufig vor, dass der Zapfen angebohrt ist mit eingeschnittener Schraubenmutter und das Instrument, das unten in eine Schraubenspindel endet, eingeschraubt wird. Nach unten endet der Zapfen in ein dreiseitiges Prisma. Aus dessen Seitenflächen ragen Schraubenspindeln hervor, über welche je ein Bein, das die entsprechende Oeffnung hat, geschoben ist. Das Bein ist so geformt, dass es in breiterer Fläche an der Seitenwand des Prisma anliegt und mittelst Mutter über der es durchsetzenden Spindel wird es gegen die Seitenwand gepresst und dadurch nach Belieben die Reibung vermehrt. So lange diese noch gering (bei offner Schraube), lässt sich das Bein leicht drehen und beliebig gegen die Prismenfläche, die sehr annähernd senkrecht zu stehen kommt, neigen. Manchmal sind die Oeffnungen oben in den Beinen längere Schlitze, die ein Kürzen oder Verlängern der Beine ermöglichen. Bei neueren Stativen sind die Beine aus zwei an einander her schiebbaren und mit Klemmschrauben feststellbaren Theilen zusammengesetzt, was ein bequemes Verlängern ermöglicht.

Bei Scheibenstativen sind die Beine mit Gelenken (verschiedener Art) in einer Scheibe aus Holz oder Metall, von Kreisgestalt oder ungefähr wie ein gleichseitiges Dreieck geformt, befestigt und mit strenger Reibung, die durch Anziehen und Lockern von Schrauben verändert werden kann, drehbar; sie können (wie auch beim Zapfenstativ) mehr oder minder aus einander gespreizt werden und damit das Stativ tiefer oder höher gestellt werden*). Man wird bei zu tiefem Stand zwar zu lästigem Bücken genöthigt, aber die Stehsicherheit ist grösser. Die Punkte, in welchen die Füsse den Boden treffen, sollen Eckpunkte eines gleichseitigen Dreiecks sein. Die Scheibe kann von einem Zapfen überhöht sein und damit das Stativ eigentlich wieder zum Zapfenstativ werden. Oder sie dient nur zum Aufstellen des Instruments, das dann noch einen besonderen Fuss als Untertheil hat. Es ist zweckmässig, die Scheibe in der Mitte zu durchbrechen, um unbehindert von dem durch die Scheibe gehenden Theile des Instruments, dieses behufs besserer Centrirung noch etwas verschieben zu können, ohne das Stativ selbst verrücken zu müssen. Ist das Instrument nicht, wie gelegentlich der Zapfenstative erwähnt wurde, an das Stativ geschraubt, so muss es in geeigneter Weise an dieses befestigt werden, meistens durch eine Zugstange, welche durch die Mittelöffnung des Stativkopfes hinabgeht, und am untern Ende des Instruments angeschraubt oder eingehakt ist. Sie endet unten in ein Schraubengewinde, auf dem eine kräftige Mutter verschiebbar ist, mit welcher eine Feder gegen die Unterseite der Stativscheibe zur Erzeugung einer, jede unfreiwillige Verschiebung unmöglich machenden Reibung, stark angepresst wird. Entweder benutzt man eine Federbrücke, meist ein dreilappiges, stark federndes Metallblech mit Mittelöffnung oder eine Drahtspirale, lose um die Schraubenspindel gewunden, mit dem unteren Ende gegen die vorspringende, mit passender Rinne versehenen Schraubenmutter stützend, mit dem oberen Ende entweder unmittelbar oder besser mittelst zwischengeschobener grösserer Holzplatte (die wieder passende Rinne zur Einlagerung der Spirale hat) gegen die Unterseite der Stativscheibe presst. Die Spiralfeder ist von dickem Draht und durch ihre Zusammenschiebung mittelst der Schraubenmutter kann ein sehr starker Druck geübt werden (siehe Fig. 88). Die federnde Verbindung des Instruments mit dem Stativ sichert gegen unabsichtliche Verstellungen, gestattet aber noch absichtliche kleine Verrückungen, vor deren Ausführung, wenn nöthig, der Federdruck durch Nachlassen der Pressschraube etwas gemindert wird.

Verzichtet man auf die Möglichkeit, das Instrument gegen das Stativ zu verstellen, so lässt man die mit Schraubenspindel versehene Zugstange, welche als Verlängerung der Vertikalaxe auftritt, einfach durch eine metallgefütterte Oeffnung der Scheibe gehen und drückt durch eine unten auf-

---

*) Stative verschiedener Art sind, wenigstens theilweise, aus vielen der später kommenden Abbildungen von Instrumenten zu ersehen.

geschraubte Mutter an. (Durch diese steife Verbindung wird das Stativ wieder mehr der Art der Zapfenstative genähert.)

Kleine Instrumente können in folgender Art ohne Stativverstellung centrirt werden. (D. R.-Patent No. 7841, Geyer.) Der als Büchse b (Fig. 86) aufgefasste Untertheil des Apparats hat einen 8 cm langen Fortsatz mit Oeffnung, durch welche, wie durch einen entsprechenden Schlitz in der eisernen Stativscheibe a, eine Schraube mit breiterer Kopfplatte führt. Durch Anziehen der Flügelmutter d wird der Apparat gegen a festgestellt. Vor dem Anziehen aber ist ein Entfernen vom, oder Nähern an das Stativcentrum längs des Schlitzes möglich und eine Drehung auf der Stativscheibe um die Schraube d als Axe.

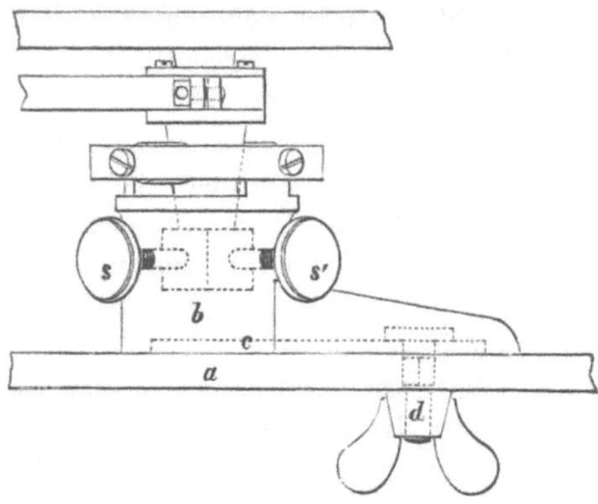

Fig. 86.

Eine neue Art der Befestigung am Stativ ist folgende von Tesdorpf. Der Apparat steht auf einer geschweift dreiseitigen, unten eben geschliffenen Metallplatte (Fig. 145), die sich auf der Scheibe des Stativs etwas verschieben und dann mit einer starken Zugschraube (eine Feder ist noch zwischengelegt) gegen die Stativscheibe unverrückbar pressen lässt. Aus der Figur ist ersichtlich, wie die Stativbeine mit der Stativscheibe verbunden sind.

Fig. 87.

Die Stative sollen von recht gut ausgetrocknetem, später geöltem, polirtem oder stark gefirnisstem Holz gefertigt sein. Selbst die besten Stative zeigen Empfindlichkeit gegen Feuchtigkeit, sie erfahren, wenn sie von der Sonne beschienen werden (durch Austrocknen) eine Verdrehung, die man bis 40″ binnen einer halben Stunde beobachtet hat und die im Laufe des Tages die Richtung wechseln kann. Stärkere Holzpfeiler drehen sich regelmässiger als die Stative, bei welchen namentlich lästige sprungweise Verwindungen vorkommen. In neuerer Zeit werden ganz eiserne (die Beine sind Röhren) Stative verwendet, die viel zierlicher als die hölzernen sind, aber möglicherweise stärker federn, und dann nicht empfehlenswerther wären.

Man fertigt auch Stative an, deren Beine zum Zusammenklappen eingerichtet sind. Fig. 87 stellt ein Zapfenstativ mit dieser Einrichtung dar.

Die Beschreibung der Stative wird ergänzt durch jene der Instrumenten-Untertheile.

§ 114. **Aufstellung des Stativs.** Die Vertikalaxe des Instruments soll in die Vertikale des Scheitelpunkts gebracht werden. Ob das geschehen, prüft man mit einem Lothe oder Senkel, welcher an ein Häkchen, in welches die abwärts gehende (durch die Scheibe des Stativs reichende) Verlängerung der Vertikalaxe endet, befestigt wird. In Ermangelung des Senkels lässt man Steinchen oder dgl. vorsichtig, mit Vermeidung seitlichen Stosses beim Auslassen, von dem Häkchen herabfallen; sie sollen auf den am Boden bezeichneten Scheitelpunkt treffen.

Man stellt in der Nähe des eigentlichen Standpunkts die Beine des Stativs so weit aus einander, dass die richtige Höhe herauskommt und ausserdem, was von der Bodengestaltung bedingt wird, die Scheibe dem Augenmaasse nach wagrecht, oder der Zapfen senkrecht steht. Dann erst wird das Stativ über den Standpunkt gehoben, nöthigenfalls mit Benutzung des Senkels. Zuerst wird jenes Bein in den Boden eingedrückt, welches der höchsten Stelle der Scheibe entspricht, dann das zweite und zuletzt das der anfänglich tiefsten Stelle der Scheibe entsprechende. Ist der Boden gleichmässig unter den drei Füssen beschaffen, so wird das erste Bein am tiefsten eingedrungen, also die Horizontalität der Scheibe verbessert worden sein. Ist der Boden unter den Füssen ungleich, so erleidet das Verfahren Abänderung, die leicht zu finden ist.

β. Vorrichtungen zum Senkrecht-, bezw. Wagrecht-Stellen [zu b) und D)].

§ 115. **Dreifuss.** Der Untertheil des Instruments ist eine kurze cylindrische Säule. Sie ist entweder eine Büchse, in welcher die Vertikalaxe ihre Führung findet, oder endet nach oben in einen Zapfen, welcher selbst die physische Vertikalaxe ist (siehe § 127). An der Säule sind, um je 120° im Grundrisse von einander entfernt, drei Beine oder Arme befestigt, die gewöhnlich etwas nach abwärts geneigt sind und zur Vermehrung der Standsicherheit ziemlich weit ausgreifen. Ihre von der Säulenaxe entfernten Enden sind Schraubenmuttern, durch die je eine starke Schraubenspindel geht, mit grossem gerändertem Kopf oder Scheibe. Die Schraubenspindeln enden unten in abgerundeten Spitzen oder in kleinen Kugeln. Sie sitzen nicht unmittelbar auf dem Holze der Stativscheibe, sondern in kleinen Tellern, Unterlagscheiben, U, die auf der Unterfläche rauh oder gar mit drei kleinen Spitzen, die sich ins Holz eindrücken, versehen sind. Enden die Stellschrauben in Kugeln, so sind in den Tellern entsprechend ausgedehnte Vertiefungen, und gewöhnlich sind dann diese Teller durch einen kleinen, die Kugel umschliessenden Rand an der Trennung von den Stellschrauben gehindert.

Mittelst der drei Stellschrauben des Dreifusses kann die geometrische Axe der Säule, also die Vertikalaxe senkrecht gestellt werden. Man denke sich vor dem Dreifusse stehend, so dass eine Stellschraube (Nr. 1) vorn, eine links (Nr. 2) und die dritte rechts (Nr. 3) gelegen (Fig. 88). Lässt man die Schrauben rechts und links (Nr. 2 u. 3) unberührt und dreht allein die vordere (Nr. 1), so dass sie aus der Mutter im Arme mehr herauskommt oder mehr in diese eintritt, so wird dieser Arm der Stützstelle (dem Teller oder der Stativscheibe) mehr genähert oder entfernt, eine Drehung der Säulenaxe erfolgt um die Stützlinie der zwei hinteren Schrauben. Durch diese Neigung der Säulenaxe nach hinten oder nach vorn kann man sie in eine Vertikalebene bringen, welche parallel geht der Stützlinie der Stellschrauben Nr. 2 u. 3, d. h. von links nach rechts verläuft. Bewegt man nun (während die vordere Stellschraube Nr. 1 unberührt bleibt) in gleichem Maasse, aber entgegengesetzten Sinnes, die linke und die rechte Stellschraube (Nr. 2 u. 3) in ihrer Mutter, so erfolgt Drehung der Säulenaxe um eine durch den Stützpunkt der vorderen Stellschraube (Nr. 1) gehende Gerade, rechtwinkelig zur Stützlinie der Stellschrauben Nr. 2 und 3, d. h. die Säulenaxe wird mit ihrem oberen Theile nach links oder nach rechts geschoben, und es wird möglich sein, sie in die Vertikalebene zu bringen, welche rechtwinkelig zur Stützlinie der hinteren Stellschrauben (Nr. 2 u. 3)

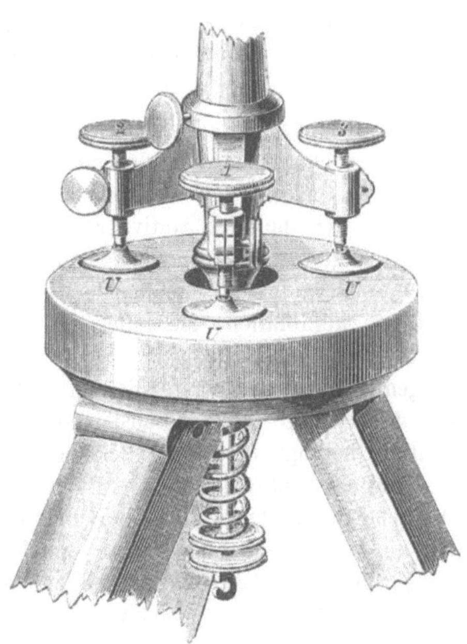

Fig. 88.

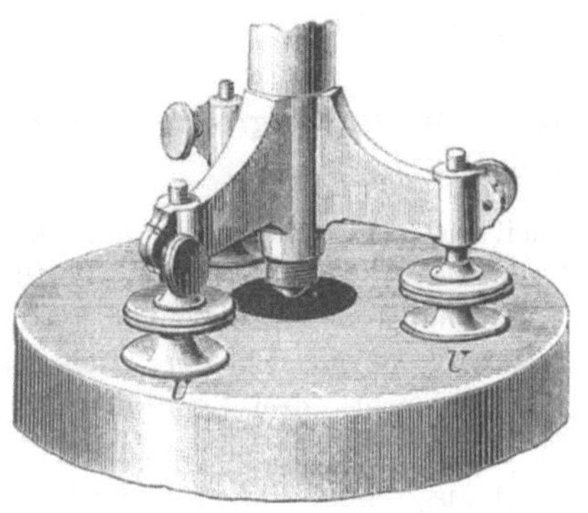

Fig. 89.

liegt, wobei sie nicht aus der Vertikalebene (von links nach rechts) in die sie zuerst gestellt worden ist, zu kommen braucht. Befindet sie sich aber gleichzeitig in zwei kreuzenden Vertikalebenen, so steht sie genau senkrecht und das war beabsichtigt. Man kann das auch, mit gleichem Endergebniss etwas anders machen und sich vorstellen. Bewegt man nur die eine Stellschraube (Nr. 1), so erfolgt Drehung um die Stützlinie der zwei andern (Nr. 2 und 3). Benutzt man dann die zweite Stellschraube allein (Nr. 2), so erfolgt Drehung um die Stützlinien der Stellschrauben (Nr. 1 u. 3), und Benutzung der Schraube Nr. 3 bewirkt Drehung um die durch die Stützpunkte von Nr. 1 und 2 gehende Gerade. Man kann also nach und nach um drei Axen, die je 120^0 gegen einander geneigt sind, drehen. Aber je zwei Drehungen setzen sich zusammen zu einer einzigen um eine zwischen den Drehaxen gelegene Axe. Jedenfalls ist ersichtlich, dass, sobald die Drehungen nur in ausreichendem Maasse ausführbar sind, die Säulenaxe schliesslich vertikal kommen muss. Die nähere Anleitung zur zweckmässigen Ausführung erfolgt gelegentlich der Besprechung der Mittel zur Erkenntniss der Senkrecht-(Wagrecht-)Stellung.

Der Betrag der ausführbaren Verlängerung und Verkürzung der Stellschraubenfüsse (also der Drehungen) ist durch die Länge der Spindeln begrenzt. Man soll stets vermeiden zu nahe an die Enden des möglichen Laufes der Schrauben zu kommen, um eben nach Bedarf noch weiter drehen zu können.

Die Muttern (in den Armen) sind aufgeschlitzt und werden durch Pressschrauben zusammengehalten. Durch deren Anziehen wird so starke Reibung gegen die Spindeln erzeugt, dass kein todter Gang in den Schrauben. Vergleiche Figuren 88, 89 und andere.

Die Köpfe der Stellschrauben grosser Instrumente sind zuweilen getheilt, um die Umdrehung messbar zu machen. Die Köpfe können oberoder unterhalb der Mutter sitzen (Fig. 88 und 89). Oben ist bequemer.

Wo der Dreifuss gebraucht wird, darf das Instrument nicht steif, sondern muss federnd mit dem Stative verbunden sein. Zur Vermeidung schädlicher Spannung darf, so lange noch die Stellschrauben benutzt werden, nicht fest angebremst sein. Trotzdem wird durch die Federspannung eine Abnutzung der (übrigens kräftig gehaltenen) Gewinde der Stellschrauben nicht zu vermeiden sein.

Bei der in Fig. 145 abgebildeten Einrichtung endet die Dreifussbüchse in eine kurze Säule, die an ihrem untern Ende kugelförmig geschliffen ist und sich einlagert in eine hohlkugelig ausgeschliffene Schüssel in einem kurzen Rohr, das aus der ungefähr dreieckigen Metallplatte hervorragt. So lange die Pressschraube offen ist, können die drei Stellschrauben beliebig benutzt werden, die Kugel unten an dem vierten Beine dreht in der Schüssel. Hat man die richtige Stellung gefunden, so wird die Schraube zugeschraubt und nun steht der ganze Untertheil fest in der Schüssel oder dem Ansatzrohre und also auf der Platte. Die Stellschrauben enden kugelig. Die Vorrichtung kann als Vierfuss bezeichnet werden.

§ 116. **Zweifuss.** (D. R.-Patent Nr. 21798, L. Tesdorpf, Stuttgart) Fig. 90: Die Säule (oder Büchse) endet unten in eine Flantsche, welche eine Axe rechtwinklig zu ihrer Längenausdehnung hat (in der Abbildung von hinten nach vorn gerichtet ist, nur das Zapfenende vorn e ist sichtbar), die in ein Lager eingesenkt ist, welches unten rautenförmig gestaltet ist und in eine Axe ausgeht, die rechtwinklig ist zur erstgenannten, die das Stück selbst trägt. Die letztgenannte Axe (in der Abbildung von links nach rechts) ist eingelegt in zwei kleine Träger, die sich senkrecht auf einer Platte erheben. Diese Platte ist auf der Stativscheibe etwas verschiebbar und kann schliesslich durch eine Anzugmutter C festgehalten werden. An der Raute sitzt vorn in der Figur die Stellschraube, welche sich auf die Platte stützt. Mit ihrer Hülfe lässt sich das Stück nach hinten oder vorn drehen um die von links nach rechts gehende Rautenaxe. Die Flantsche (rechts trägt sie eine Dosenlibelle) ist links durch eine Schraube a, deren Mutter in der Flantsche sitzt, verbunden mit einer Verlängerung der Rautenaxe. Durch Benutzung dieser Schraube a kann die Drehung um die erst genannte von hinten nach vorn verlaufende Axe (e) erfolgen, das Stück also links oder rechts gehoben werden. Man kann somit Drehungen um zwei sich rechtwinkelig kreuzende Axen vollführen und folglich Senkrechtstellung der Säule bewirken. An der ganzen Vorrichtung ist keine Feder, die Spannungen, welche die Gewinde abnutzen, entfallen also. Die erwähnte Dosenlibelle gibt das Mittel, die erste Aufstellung des Stativkopfes schon annähernd horizontal zu machen, so dass die schliessliche Einstellung rasch erfolgen kann und ohne dass die zwei Stellschrauben grossen Gang zu haben brauchen.

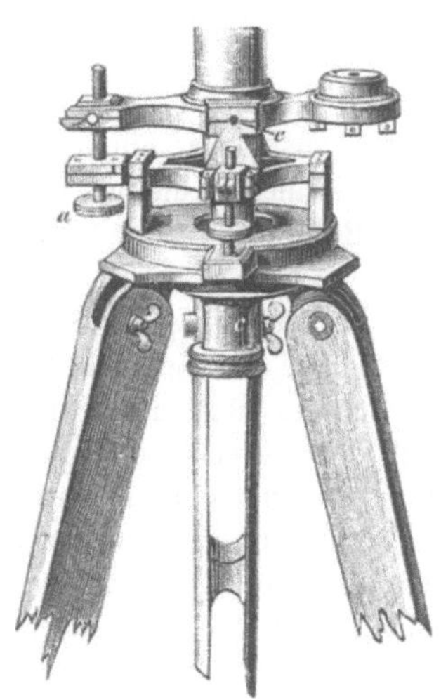

Fig. 90.

§ 117. **Keilfuss.** Wird auf einer Ebene, die um α gegen den Horizont geneigt ist, ein Keil vom Winkel β verdreht, so dass seine eine Ebene mit der erst genannten Ebene zusammenfällt, so macht die zweite Ebene des Keils einen Winkel mit dem Horizonte, der zwischen $\alpha - \beta$ und $\alpha + \beta$ enthalten ist; er ist $\alpha - \beta$, wenn die Linie des stärksten Gefälls der ersten Ebene gerade entgegengesetzt läuft der Ansteigung des Keils und $\alpha + \beta$, wenn der Hauptschnitt des Keils wieder mit der Linie stärksten Gefälls der ersten Ebene zusammenfällt, nun aber die Neigung der Keilfläche im selben Sinne wie der Fall der ersten Ebene liegt. Ist $\beta > \alpha$, so liegt also zwischen $\alpha - \beta$ und $\alpha + \beta$ die Neigung 0^0, d. h. es ist möglich durch Drehung eines Keils, dessen Winkel nicht kleiner ist als die Neigung einer festen Ebene gegen den Horizont, auf jener festen Ebene die zweite Keilfläche wagrecht zu stellen, die Normale zu ihr also senkrecht. Bei der Ausführung dieser „stereometrischen Idee“ am Messtische von **Jähns** ist eine Platte charnierartig befestigt an einer auf der Stativscheibe sitzenden, ziemlich wagrechten Axe und ruht auf dem Kopfe einer durch die Stativscheibe gehenden Stellschraube, mit deren Hülfe jener Platte, wie einem Schreibpulte, eine mehr oder minder starke Neigung gegen den Horizont gegeben werden kann. Diese Platte wird durch das Gewicht des darauf ruhenden Apparats gegen die Stellschraube gedrückt. Auf ihr lässt sich (durch kurzen, rechtwinklig zur Platte stehenden Zapfen geführt) nicht ein Keil drehen, sondern eine planparallele Platte, auf welcher ein Zapfen schief, nämlich unter einem Winkel $90^0 \pm \beta$ aufsitzt. Die Normale aber zu diesem Zapfen, die man sich denken mag, würde die zweite Keilfläche, im Winkel β gegen die erste geneigt, darstellen; sie kann nach obiger Bemerkung, wenn $\alpha < \beta$ ist, durch Drehen der oberen Platte wagrecht, ihre Normale, d. i. der Zapfen, also senkrecht gestellt werden. — Die Charnieraxe der unteren Platte lagert in einer, der Stativscheibe aufgeschraubten Büchse, durch deren Deckel eine Schraube geht, welche man nur niederzuschrauben hat, um die obere Platte, nachdem die senkrechte Stellung des Zapfens erreicht ist, an die untere fest zu drücken und solche Reibung zu erzeugen, dass Feststehen, also Senkrechtbleiben des Zapfens gesichert ist.

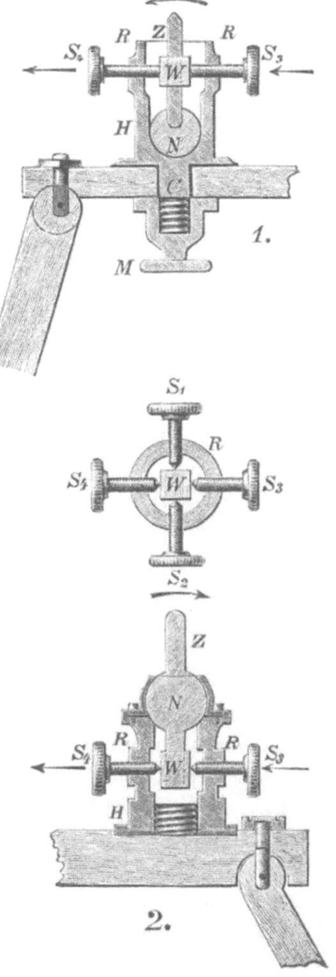

Fig. 91.

§ 118. **Nusseinrichtung 1) mit Zapfen 2) mit Scheibe.** An Theodoliten nicht, sondern nur an kleineren, namentlich Nivellirinstrumenten gebräuchlich. Fig. 91: An dem Stative (gewöhnlich Zapfenstativ) ist eine cylindrische Hülse H angeschraubt, die sich an einer Stelle zu einer Hohlkugel oder zu einem Theile einer solchen erweitert. In diese Höhlung ist ein Kern oder eine Nuss N eingeschliffen, die also Theil einer Kugel oder wenigstens kugelähnlich geformt ist. An der Nuss sitzt ein Zapfen fest, der in ein Prisma von quadratischem Querschnitt, Stahlwürfel genannt, endet. Die vier Seitenflächen desselben kommen schliesslich senkrecht zu stehen. Gegen je zwei gegenüberstehende stützen sich die (abgerundeten) Enden der Spindeln zweier Stellschrauben, die ihre Muttern in der genügend dicken Hülsenwand haben. Die Figuren 91, 1 und 2 zeigen Nussvorrichtungen und Zapfen im Durchschnitte. H ist die Hülse, welche in Fig. 1 mit einem Fortsatze C durch eine Oeffnung der Stativscheibe gesteckt und durch die Mutter M festgehalten wird. In Fig. 2 endet die Hülse in eine Mutter, die auf die, das Stativ oben abschliessende Spindel geschraubt ist. N ist in beiden Figuren die Nuss, Z der damit verbundene Instrumentenzapfen, W der an diesem festsitzende Würfel, S_1, S_2, S_3, S_4 sind die gegen dessen Vertikalflächen drückenden Stellschrauben. Der Horizontalschnitt gilt für beide Figuren. Die Muttern der Stellschrauben sind in die ringförmigen Verstärkungen R der Hülsenwand eingeschnitten. Stehen die vier Schraubenspindelenden an den Würfelflächen an, so steht der Würfel, der Zapfen und die Nuss fest in der Hülse. Denkt man die vordere und die hintere Schraube S_1 und S_2 mässig fest an die Würfelflächen stützend, S_4 aber zurückgezogen und dann S_3 nachgeschraubt, so wird eine durch den Pfeil angedeutete Drehung des Zapfens erfolgen. Man hat immer eine Schraube ein wenig zu öffnen und die gegenüberliegende sofort nachzurücken, bis wieder Feststehen erfolgt, d. h. bis man nicht weiter drehen kann. Mittelst der zwei Stellschrauben S_3 und S_4 kann also die geometrische Axe des Zapfens in eine Vertikalebene gedrückt werden, die von hinten nach vorne läuft. Lässt man nun S_3 und S_4 mit mässigem Druck gegen die Würfelfläche stehen und dreht S_1 und S_2, so erfolgt Drehung um eine durch S_4 und S_3 gehende Axe, wodurch die geometrische Axe des Zapfens somit auch in eine zweite, von links nach rechts verlaufende Vertikalebene gestellt, also überhaupt senkrecht gerichtet werden kann. Hat man nach einigen Versuchen diese Stellung erreicht, so wird durch Festschrauben aller vier Stellschrauben, so weit das noch möglich ist (wird immer nur sehr wenig sein) der Druck auf die Würfelflächen vergrössert und sicheres Feststehen erzielt. So lange man ein Schraubenpaar noch benutzen will, darf das andere nicht zu heftig gegen die Würfelflächen drücken, zur Vermeidung allzu grosser Reibung beim Drehen. — Hat man versäumt immer, nachdem eine Schraube zurückgezogen war, mit der gegenüberstehenden so weit als möglich vorzugehen, so wackelt die Nuss, mit ihr der Zapfen und der ganze auf diesem sitzende Obertheil des Instruments im Lager.

Die zwei Schraubenpaare bilden zwei rechtwinklig kreuzende Axen für die Drehung des Stahlwürfels und des damit verbundenen Instrumententheiles, wobei die Nuss zur Führung dient. Man kann die Nuss ganz fortlassen und oberhalb des Stahlwürfels eine Cardanische Aufhängung (Compass, Schiffslampen) in zwei Ringen mit rechtwinklig gekreuzten Zapfen mit Körnergang anbringen. Siehe Fig. 86 (Geyer). Die Führung wird dadurch sicherer und die bei eigentlicher Nusseinrichtung oft vorkommende Drehung vermieden.

Der Spielraum für die Neigungen ist begrenzt, die Verschiebungen höchstens gleich dem Unterschiede des innern Hülsendurchmessers gegen die Seite des Würfels. Daher ist, um eine ausreichende Bewegung machen zu können, von vornherein durch die Stellung des ganzen Stativs nach Augenmaass eine annähernd senkrechte Lage des Zapfens zu bewirken.

Bei einiger Uebung und Geschicklichkeit kann mit der beschriebenen Nussvorrichtung und den vier Stellschrauben die Senkrechtstellung des Zapfens (trotzdem die Bewegungen mehr stoss- oder ruckweise erfolgen) recht sicher und genau ausgeführt werden.

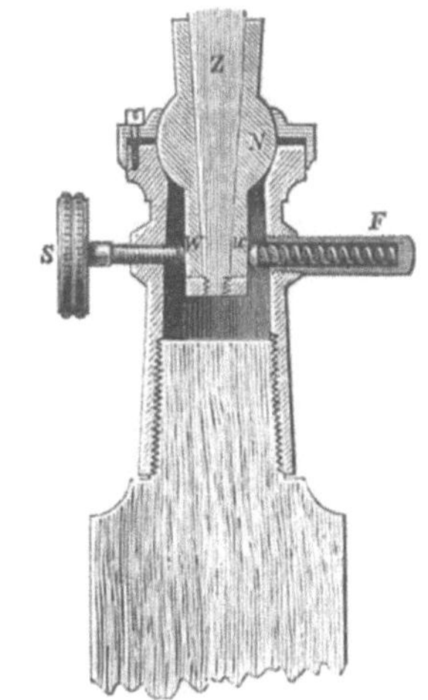

Fig. 92.

Je eine Schraube der Paare kann durch eine Spiralfeder F (Fig. 92) ersetzt sein, die vermöge ihrer Spannung einen Stift immer an die Würfelfläche andrückt. Das macht die Einstellung bequemer, aber etwas weniger sicher.

Zuweilen ist statt des vierseitigen ein dreiseitiges Prisma als Verlängerung des Zapfens unter oder über der Nuss angebracht, gegen zwei der Seiten wirkt je eine Stellschraube, gegen die dritte eine Spirale, die für beide Schrauben als Gegenfeder dient (Fig. 93). Die Einrichtung ist aber nicht zu empfehlen, weil leicht wackelig, nie so sicher als zwei Gegenfedern oder gar zwei Gegenschrauben.

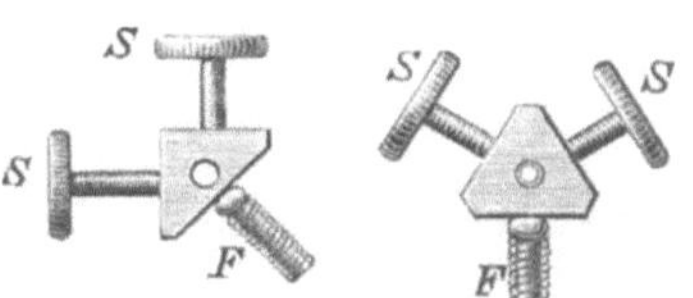

Fig. 93.

Die Figuren des § 276 u. a. geben eine perspektivische Ansicht der Nusseinrichtung mit Zapfen. Mit dem Gewinde w wird das Instrument auf das Stativ geschraubt.

Bei der Nusseinrichtung mit Scheibe sitzt diese JK (Fig. 94) mit einer an ihr festgemachten Nuss O in einer passenden Höhlung der zweiten Scheibe MN, die durch die Steckhülse H auf dem Zapfenstativ fest ist. Scheibe JK (welche das Instrument trägt) ruht auf den Spindelenden von vier Stellschrauben s, die ihre Muttern in der Scheibe MN haben. Schraubt man s links abwärts und s rechts aufwärts, so dreht sich die Scheibe so, dass ihre linke Seite abwärts, ihre rechte aufwärts geht. Mittelst s' und s' kann man hinten oder vorne heben. Je eine oder zwei diametrale Schrauben können durch aufwärts drückende Spiralfedern ersetzt werden (Fig. 95). Die sichere

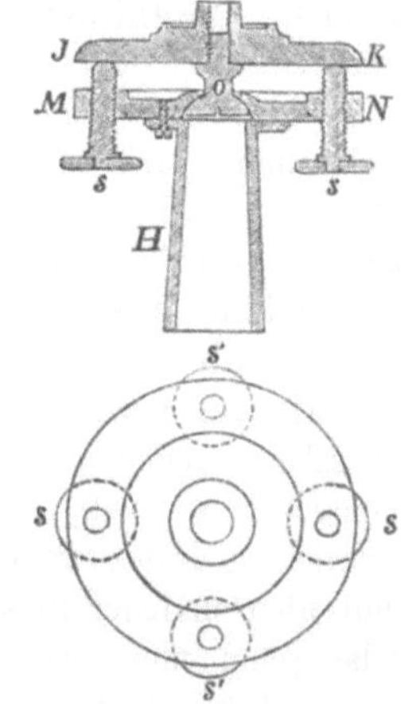

Fig. 94.

Lage der Scheibe JK wird durch das Gewicht des Instruments hervorgebracht.

Noch eine ähnliche Einrichtung ist in Fig. 96 abgebildet und ohne weitere Erklärung verständlich.

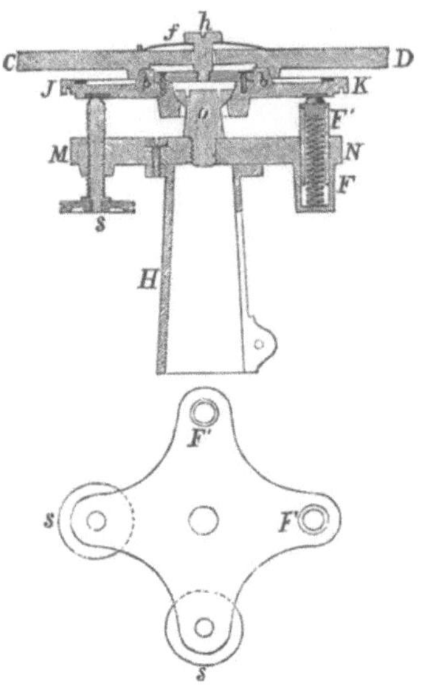

Fig. 95.

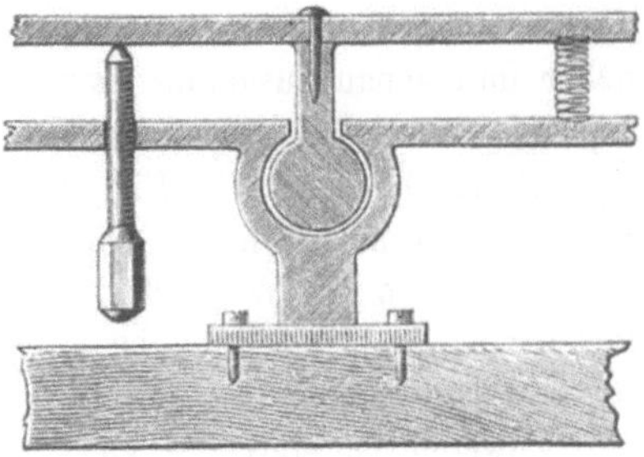

Fig. 96.

Siehe auch noch den Glockenmesstisch § 212. — Auch die Nusseinrichtungen mit Scheibe sind für Theodolite, wenigstens in Deutschland, nicht üblich, taugen nur für kleinere Instrumente. An alten und kleineren Instrumenten wird manchmal einfach ein Kugelcharnier gefunden, eine Kugel in einer sie dicht umhüllenden Hohlkugel zum Verbringen des aus der Kugel hervorgehenden Zapfens in beliebige Lage, nur grob aus der Hand.

γ. **Libellen** [zu E)].

§ 119. **Dosenlibelle.** Die Thatsache, dass zwei nicht mischbare Flüssigkeiten, von denen eine gasförmig sein kann, sich so über einander schichten, dass die von geringerem specifischen Gewicht stets die obere Stelle einnimmt, wird bei der Einrichtung der Libellen oder Niveaux benutzt.

Die Dosenlibelle ist eine niedere Büchse aus Metall, deren Deckel aus einem Glase besteht, welches äusserlich wohl eben sein kann, innerlich aber hohl nach einer Kugelfläche von etwa 1 m Halbmesser geformt (geschliffen) sein muss. Die untere Grundfläche der Dose hat eine gut verschliessbare Oeffnung, durch welche erwärmter Alkohol oder Schwefeläther eingebracht wird, bis die ganze Dose angefüllt ist und keine Luft mehr enthält. Die Oeffnung wird durch einen Stöpsel, der gewöhnlich noch mit überbundener Blase oder sonst wie gut verdichtet ist, geschlossen. Der Glasdeckel muss ganz dicht auf die Dose gekittet sein. Beim Abkühlen der Flüssigkeit vermindert sich ihr Volum viel stärker als jenes der Dose; diese ist also nicht mehr ganz von tropfbarer Flüssigkeit angefüllt, sondern es bleibt ein Raum übrig, in welchem nur Dampf der Flüssigkeit sich findet und die (uneigentlich so genannte) Luftblase, einfacher die Blase bildet, welche oben immer die höchste Stelle in der Dose einnimmt. Früher wandte man Wasser zur Füllung an und liess etwas Luft in dem Gefässe, woher der Name Wasserwage und Luftblase. Allein Alkohol (oder Aether) und dessen Dampf ist entschieden vortheilhafter, einmal weil das Wasser eine geringere Leichtbeweglichkeit hat und stärker an den Wandungen adhärirt, dann weil bei steigender Temperatur die Spannkraft der abgesperrten Luft zunimmt, zumal weil (durch Ausdehnung des Wassers) ihr Raum verengt wird. Dazu kommt noch die mit der Temperatur steigende Spannkraft des Wasserdampfs. Dampf- und Luftspannung zusammen können eine schädliche Höhe erreichen, bei welcher die Dichtigkeit der Verschlüsse, ja selbst die Festigkeit des Gefässes gefährdet werden kann. Hingegen erreicht selbst bei den höchsten Sommertemperaturen die Spannkraft der eingeschlossenen Alkohol- oder Schwefeläther-Dämpfe noch nicht den Druck einer Atmosphäre, es bleibt also stets ein Ueberdruck von aussen, welcher die Verschlüsse anpresst, ihre Dichtigkeit nicht gefährdet. Bei Anwendung von Schwefeläther könnte, wenn die Libelle von der Sonne beschienen ist, die Spannkraft jener der äusseren Luft gleich kommen. Allein schon aus andern Gründen darf man die Libellen niemals unmittelbar von der Sonne bescheinen lassen. Alkohol und Aether haben noch den weiteren Vorzug, bei den vorkommenden Wintertemperaturen nicht zu gefrieren. Wasser dehnt sich beim Gefrieren aus und vermag selbst viel stärkere Gefässe als Libellen sind, zu zersprengen.

Die untere metallische Grundfläche der Dosenlibelle ist, wenigstens nach einem Ringe, mit welchem sie aufliegt, eben geschliffen, und diese Ebene soll rechtwinkelig sein zu dem Kugelhalbmesser, der durch einen bezeichneten Punkt in der Mitte des Glasdeckels geht. Dieser Punkt steht von der Grundebene weiter entfernt als irgend ein anderer. Um ihn, den Nullpunkt oder Einspielpunkt, sind auf dem Glase einige concentrische Kreise gezeichnet. Die nach hydrostatischen Gesetzen wagrechte Grenze zwischen tropfbarer Flüssigkeit und Dampf berührt, wenn die Innenfläche des Deckels wirklich kugelförmig ist, immer nach einem Kreise, dessen Mittelpunkt auf dem vertikalen Kugeldurchmesser liegt. Ist der Berührungskreis concentrisch mit den aufgezeichneten, so liegt also auch der bezeichnete Punkt auf dem senkrechten Durchmesser, die zu dem Durchmesser nach dem bezeichneten Punkte rechtwinkelige Grundebene ist, also wagrecht.

Die Prüfung der Dosenlibelle ist einfach. Man setzt sie auf eine gut ebene Unterlage, die man durch Bewegen von Stellschrauben so lange dreht, bis die Blase der Libelle „einspielt“, d. h. der Berührungskreis concentrisch ist mit dem auf dem Deckel gezeichneten. Lässt man nun die ebene Unterlage ganz unberührt stehen, versetzt und verdreht aber auf ihr die Dosenlibelle, so muss ihre Blase in jeder Lage noch einspielen. Andernfalls wäre die Grundebene nicht rechtwinkelig zum Halbmesser des bezeichneten Punkts und müsste nachgeschliffen werden (oder der bezeichnete Punkt verändert werden).

Es ist nicht streng erforderlich, dass der Glasdeckel innerlich nach einer Kugelfläche geformt, es genügt, dass er eine Rotationsfläche bildet, deren Umdrehungsaxe durch den bezeichneten Punkt geht (und zu welcher die Grundebene dann rechtwinkelig sein muss). Die ebenen Schnitte rechtwinkelig zur Rotationsaxe sind ja Kreise. Häufig ist der Deckel der Dosenlibelle ein gewöhnliches Uhrglas.

Dosenlibellen sind für den Gebrauch sehr bequem, doch ist ihre Feinheit und Empfindlichkeit nicht immer ausreichend, — man benutzt dann die feinere Röhrenlibelle, mittelst welcher allerdings nur die Horizontalität je einer Richtung angezeigt werden kann. Verbindet man in einer gemeinschaftlichen Fassung aber zwei Röhrenlibellen, deren Axen einen Winkel (gewöhnlich 90°) mit einander bilden, so thut eine solche Kreuzlibelle denselben Dienst, wie eine Dosenlibelle, nur genauer.

§ 120. **Röhrenlibellen** werden ebenso gefüllt, wie Dosenlibellen. Der Verschluss der Röhre wird bewirkt durch sorgfältig eingekittete Stöpsel oder Deckel, die gewöhnlich noch mit Thierblase überbunden sind. Nur weniger feine Libellen werden zugeschmolzen, was allerdings den dichtesten Abschluss gibt, aber die Gestalt der Libelle gefährdet.

Die Röhre darf nicht cylindrisch sein, denn sonst würde bei genau wagrechter Stellung der Cylinderaxe die Blase sich nach der ganzen Länge der obersten Seitenlinie des Cylinders ausdehnen. Und bei geringster Abweichung der Lage der Cylinderaxe von der wagrechten müsste sich die Blase ganz an die eine (höhere) Grundfläche der Röhre begeben. Brauchbare Libellenröhren müssen innerlich tonnenförmig gebildet sein. Die ideale Gestalt (innerlich) der Libellenröhre soll, wenigstens im mittleren Theile, übereinstimmen mit einem Umdrehungskörper, der durch Rotation eines Kreisbogens um seine Sehne entsteht. Dieser höchst vollendeten Gestalt kann man sich durch Ausschleifen der Glasröhren nur annähern. Sei übrigens diese ideale Form einstweilen vorausgesetzt.

Dann kann man die Libellenaxe definiren als eben jene Umdrehungsaxe (Kreisbogensehne). Die Normale, durch die Mitte des drehenden Kreisbogens zur Sehne gezogen (der „Pfeil“ des Bogens) beschreibt bei der Umdrehung einen Kreis, dessen Punkte weiter von der Libellenaxe entfernt sind, als irgend andere. Diesen Kreis (oder einen Theil desselben) denke man der Röhre (äusserlich) aufgezeichnet und nenne ihn Niveaukreis. Schnitte parallel zu diesem Kreise, liefern wieder Kreise (weil normal zur Umdrehungsaxe). Man denke solche gleich abständig beiderseits geführt und die betreffenden Kreise auf dem Libellenrohr aufgetragen, so hat man die Theilung der Libelle, welche man mit einer Bezifferung versieht, gewöhnlich vom Niveaukreis mit Null beginnend. Statt dieser Theilung werden zuweilen nur ein paar Metallstege angebracht, die symmetrisch zum bezeichneten Punkt (oder was dasselbe, zum Niveaukreis) liegen. Man kann sie durch die Ränder zweier Hülsen darstellen, die man passend über das gläserne Libellenrohr geschoben hat. Schiebt man die Hülsen bis zur Berührung, so bilden sie einen Schutz für das gläserne Libellenrohr beim Transporte. Zugleich ist ersichtlich, dass man den „bezeichneten Punkt“, nämlich die Mitte zwischen den Hülsenrändern, nach Belieben ändern kann.

Steht die Libellenaxe wagrecht, so ist ein Punkt des Niveaukreises der höchste und die Mitte der Blase muss, bei der symmetrischen Gestaltung der Libellenwand gegen den bezeichneten Punkt (oder Kreis), mit diesem Punkte zusammenfallen, die Enden der Blase müssen also bis zum gleichvielten Theilstrich rechts und links reichen. Allgemein gibt das arithmetische Mittel aus den an den Blasenenden gemachten Ablesungen (+ oder —) den Stand der Blasenmitte an.

Die Länge der Dampfblase ist mit der Temperatur veränderlich, nimmt ab, wenn diese steigt, das Volum der Flüssigkeit also in stärkerem Maasse zunimmt als jenes des Gefässes (Glas). Zu gross darf die Blase nicht werden, allein es ist die gewünschte Grösse nicht immer die gleiche. Viele verlangen recht kleine Blasen, Andere wünschen sie von etwa 1/4 Röhrenlänge. Man hat auch Libellenröhren mit einer nicht ganz durchgehenden Zwischenwand, nahe an einem Röhrenende. Dadurch wird eine „Luftkammer“ abgetheilt, in welche man durch Neigen mehr oder weniger Flüssigkeit treten lassen und dadurch die Länge der Blase nach Belieben ändern kann.

§ 121. **Theorie der Röhrenlibellen und ihr Gebrauch zum Messen kleiner Winkel.** Sei C der Mittelpunkt des Kreisbogens, durch dessen Drehung um eine zu C0 rechtwinkelige Sehne die Innenseite der Röhre entstanden gedacht werden kann. Das heisst also die Libellenaxe ist angenommen rechtwinkelig zu C0. Es sollen nun die Blasenenden symmetrisch zu 0 liegen, in + 2 und in — 2. Der bezeichnete Punkt 0 ist dann der höchstgelegene und die Durchschnittslinie + 2 — 2 der Flüssigkeitsoberfläche mit der meridianen Zeichnungsebene ist wagrecht, ebenso die ihr parallele Libellenaxe, wie die Tangenten an den Meridiankreisbogen im bezeichneten Punkt 0.

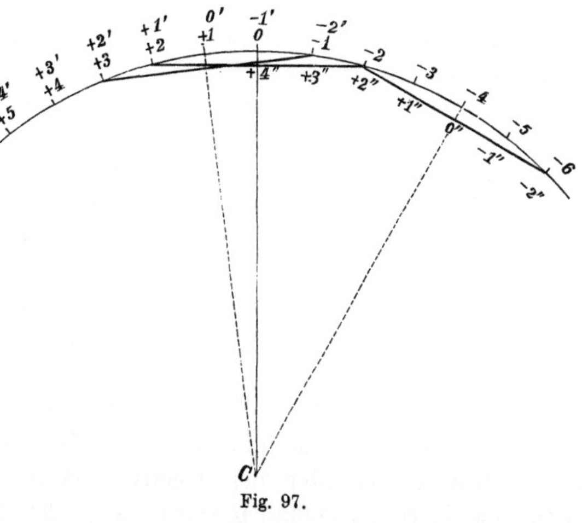

Fig. 97.

Man denke nun die Libelle gedreht, so dass ihre Axe in der gewählten Meridianebene verbleibt, der bezeichnete Punkt aber nun an den

Ort 0' gelange. Dann ist die höchste Stelle bei — 1' (wo die Blasenmitte nun ist) und die Blasenenden stehen bei + 1' und — 3'. Der Ausschlag der Blasenmitte ist daher $\frac{+1'-3'}{2}$ = ein Theilstrich und zwar nach der negativen Seite. Dies deutet also an, dass die anfangs wagrecht gewesene Libellenaxe gegen den Horizont um einen Winkel gedreht wurde (0' C 0), dessen analytisches Maass gleich ist der Bogenlänge von 1 Theilstrich (nämlich 0' bis — 1') getheilt durch den Krümmungshalbmesser.

Denkt man nun, immer noch in der Meridianebene verbleibend, die Libellenaxe so gedreht, dass der Halbmesser nach dem bezeichneten Punkt in die Lage C 0'' kommt; der höchste Punkt ist immer noch bei 0, wohin aber jetzt der Theilstrich + 4'' gelangt ist. Dort ist die Blasenmitte, und die Blasenenden stehen bei + 6'' und + 2'', der Ausschlag ist $\frac{6+2}{2}$ = 4 Theilstriche, der Winkel, um den gedreht wurde, 0'' C 0, hat zum Maasse 4 Theile, getheilt durch den Krümmungshalbmesser.

Denkt man die Libelle verschoben, so dass der senkrechte Halbmesser C 0 oder C 4'' stehen bleibt, so beschreibt die Libellenaxe oder ihre Parallele (+ 2'' — 2'') eine Kegelfläche und behält stets dieselbe Neigung gegen den Horizont, aber auch der Ausschlag bleibt derselbe, denn 4'' bleibt immer an der höchsten Stelle und ebendort die Blasenmitte. Ebenso wenn man die Libellenaxe parallel zu sich selbst in der Meridianebene verschiebt, und endlich auch noch, wenn man eine Verschiebung vornimmt, wobei die Ebene C 4'' 0'' parallel zu sich bleibt. Daraus folgt: Der Ausschlag 0'' 4'' ist ein Maass für den Winkel 4'' C 0'', oder jenen, den die Libellenaxe gegen den Horizont macht.

Fragt man nach dem Unterschiede der Neigungen der Libellenaxe gegen den Horizont in zwei Lagen, etwa in jenen, welche den Zahlen mit ' und jenen mit '' entsprechen, so erkennt man leicht, dass, selbst wenn Drehungen um die Senkrechte C 0 und dann noch Parallelverschiebungen vorgenommen worden sind, der Winkel 0' C 0'' diesem Neigungsunterschiede gleich ist, und dass dessen Bogenmaass gleich ist der algebraischen Differenz der Ausschläge, nämlich (— 1') — (+ 4'') = — 5, getheilt durch den Krümmungshalbmesser. Man kann also mit der Libelle durch Beobachtung ihrer „Ausschläge“ Winkel messen, nämlich Unterschiede der Neigungen der Libellenaxe gegen die Horizontale. Dieses auch noch, wenn der bezeichnete Punkt „Null“ gar nicht dem Niveaukreise angehört. Denn wäre er um n Theilstriche gegen den Niveaukreis verschoben, so würden beide Ausschläge um n Theilstriche unrichtig beobachtet sein, der Fehler aber aus der Differenz verschwinden.

Anders ist es, wenn die absolute Neigung der Libellenaxe (wie sie bisher definirt ist) oder der Umdrehungsaxe der idealen Röhrenlibelle gegen den Horizont gefunden werden soll. Ist der Nullpunkt der Theilung nicht auf dem Niveaukreise, so beobachtet man, wenn die Blasenmitte thatsächlich auf den Niveaukreis fällt, einen Ausschlag, und wenn man der Unrichtigkeit des bezeichneten Punktes nicht bewusst ist, würde man geneigt sein zu schliessen, die Libellenaxe stehe nicht wagrecht.

Der Mechaniker, der die Libellenröhre theilt, vermag nicht den Niveaukreis mit Sicherheit aufzufinden, selbst wenn die Röhre die ideale Gestalt hätte. Die vollkommene Gestalt kann man aber der Röhre gar nicht geben. Man wählt etwa in der Mitte der Röhrenlänge den bezeichneten oder Null-Punkt und definirt nun für den praktischen Gebrauch als Libellenaxe eine Tangente an den bezeichneten Punkt (an der regelmässig gestalteten Innenfläche der Röhre), und zwar wird man jene der unzählig vielen Tangenten nehmen, die der Symmetrieebene der Röhre angehört, d. i. einer Meridianebene, wenn sie wirklich eine Rotationsfläche zur inneren Begrenzung hat. So oft nun die Blasenmitte am Nullpunkt steht, oder die Blasenenden entgegengesetzt gleiche Ablesungen liefern, ist die praktische Libellenaxe, d. h. die Tangente im bezeichneten Punkt wagrecht. Ist die Libelle nun so gefasst, dass sie zwei gleich lange Arme oder Füsse hat, so gibt ihr „Einspielen" an, dass die Linie der Aufhängung der Arme oder des Aufsitzens der Fussenden wagrecht ist. Es muss noch näher bestimmt werden, was gleich lange Arme oder Füsse bedeutet. Das bedeutet, die Enden sollen gleich weit von der praktischen Libellenaxe entfernt sein, oder genau gesprochen, eine durch diese Enden gelegte Ebene soll der Libellenaxe parallel sein.

Soll die Libelle nur dazu dienen, wagrechte Stellung ihrer Axe und mittelbar einer anderen Linie anzugeben, so ist eigentlich gleichgültig, ob ihr Meridian nach einem Kreise gekrümmt ist, er braucht nur symmetrisch zum bezeichneten Punkte zu verlaufen. Will man aber mit der Libelle Winkel messen, so muss die Kreisgestalt und die Gleichheit der Theile gefordert werden, — weil nur Kreisbogen, nicht die einer andern Curve, Maasse für die Centriwinkel sind.

§ 122. **Empfindlichkeit der Libelle.** Darunter ist zu verstehen das Verhältniss ihres nach Länge (z. B. Millimeter) gemessenen Ausschlags zu dem Neigungswinkel. Es ist schon gefunden, dass das Maass des Neigungswinkels das Verhältniss des linearen Ausschlags zum Krümmungshalbmesser ist. Demnach wird eine Libelle desto empfindlicher sein, je grösser ihr Krümmungshalbmesser in der Nähe des bezeichneten Punktes ist. Dieser Halbmesser wird oft sehr gross genommen; gewöhnlich ist den Libellen angeschrieben, welchem Winkel der Ausschlag von 1 Theilstrich (meist pars genannt) entspricht.

Die Empfindlichkeit einer Libelle muss den Genauigkeitsbedingungen des Apparats, an dem sie angebracht ist, entsprechen. Grössere Empfindlichkeit als 10″ ist für Feldinstrumente, die auf Stative gesetzt werden, ganz nutzlos; so sicher und unerschüttert steht ein solches Instrument nie, dass seine Libelle bei dieser grössern Empfindlichkeit zum einige Zeit dauernden Einspielen gebracht werden könnte. Anders ist das bei feststehenden grossen (namentlich astronomischen) Instrumenten.

§ 123. **Fassung der Libellen, Reversionslibelle.** Gewöhnlich liegt das Libellenglasrohr gut befestigt (manchmal mit federnder Zwischenlagerung) in einem Messingrohr, welches theilweise aufgeschlitzt ist, so dass der mittlere Theil des Glasrohrs mit dem bezeichneten Punkt und der Theilung frei sichtbar ist. Bei der *Reversionslibelle* sind in dem Messingrohr zwei solcher Oeffnungen einander gegenüber vorhanden und die Theilstriche auf dem Libellenrohr sind entweder ganze Kreise oder diametrale Theile solcher. Wird die Reversionslibelle um ihre Axe gedreht, so soll an beiden Theilungen derselbe Stand der Blase sich ergeben. *Gute* Reversionslibellen von grösserer Empfindlichkeit sind äusserst schwierig herzustellen und werden daher selten gefunden. Bei geringerem Anspruch von Empfindlichkeit (20 bis 30″ auf 1 pars) ist die Herstellung sehr viel leichter, aber auch diese sind, wenn sie gut sein sollen, noch selten. Solche sind dann für den Gebrauch zwischen Spitzen, welche als Axe dienen, einzuspannen.

Das die Libelle umschliessende Messingrohr kann in mancherlei Art mit zwei kleinen Füssen auf einem Metalllineal (gut geebnet an der Unterseite) stehen, und eine solche Anordnung macht eine *Setzlibelle*. In Fig. 98 geht das eine Ende des Messingrohrs in ein Charnier aus,

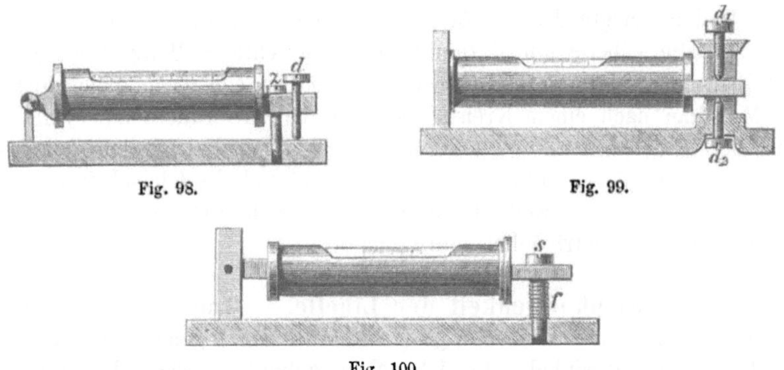

Fig. 98. Fig. 99.

Fig. 100.

das andere in ein Ansatzstück (Schwalbenschwanz), das mit Zug- und Druckschraube z und d (siehe § 49) höher und tiefer gegen das Lineal gestellt und festgehalten werden kann. In Fig. 99 ist das eine Ende des Metallrohrs etwas federnd in einen Träger gesteckt, das andere Ende hat einen Ansatz, der zwischen zwei Schrauben gehalten wird. In Fig. 100 ist durch den Ansatz nur *eine* Schraube gesteckt (mit der Mutter im Lineal), und eine um die Schraube gelegte Spiralfeder drückt den Ansatz so weit in die Höhe, als der breitere Schraubenkopf gestattet. Bei der Anordnung der Fig. 101 ist das Lineal entbehrlich. Das eine Ende des Rohrs ist in einen mit zwei kleinen Füssen endenden Träger (etwas federnd) gesteckt, das andere Ende hat den Ansatz mit der Mutter einer Stellschraube, deren Spindelende den dritten Fuss bildet.

Dient die Libelle zur Untersuchung der wagrechten Lage an ihren

Enden cylindrisch oder conisch genau abgedrehter Axen, so werden die beiden Träger des Mittelrohrs entweder dem Cylinder oder Kegel, auf

Fig. 101.

welchen die Reitlibelle aufgesetzt werden soll, angepasst rund ausgeschliffen wie Figur 102 zeigt, welche eine den Ansatz zwischen sich fassende Schraube und Gegenfeder erkennen lässt, oder die Trägerfüsse werden gabelförmig gestaltet (Fig. 103 und 104) und sollen dem Zapfen der Axe nur tangirend aufsitzen. Die Gabel (Fig. 103) federt durch den Schlitz und kann durch Anziehen oder Lockern der Schraube verengt oder erweitert werden, was die Wirkung einer Verlängerung oder Verkürzung des Libellenfusses hat. Bei Reitlibellen sollen die Füsse so abgeglichen werden, dass die Libellenaxe parallel wird mit der geometrischen Mittellinie der physischen Axe (Kippaxe). Fig. 104 zeigt, wie bei constanter Form der Sättel am Ende der Füsse, die Libellenaxe durch die Schraube an B und

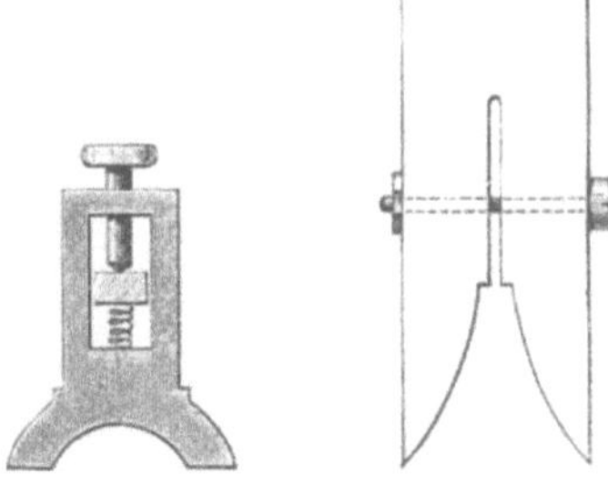

Fig. 102. Fig. 103.

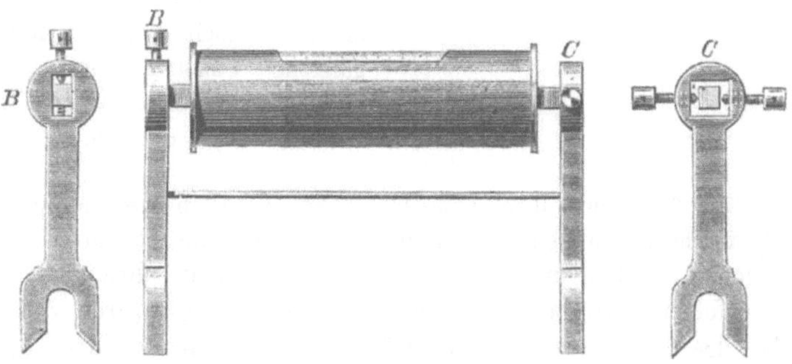

Fig. 104.

deren Gegenfeder der Auflagelinie einseitig genähert oder von ihr entfernt werden kann. Zugleich aber auch, dass durch die Schrauben an C, welche einen Ansatz der die Libelle enthaltenden Messingröhre zwischen sich fassen, die Libellenaxe eine seitliche Verschiebung erfahren kann, um ihr Kreuzen mit der Auflagelinie beseitigen und sie dieser streng parallel machen zu können, was zuweilen erforderlich ist.

Bei den Hängelibellen sind die Grundflächen des Messingrohres mit Armen und aufwärts gerichteten Haken versehen, die ein Anhängen an die zu prüfende Axe ermöglichen. Die Figur 105 zeigt, dass die Haken

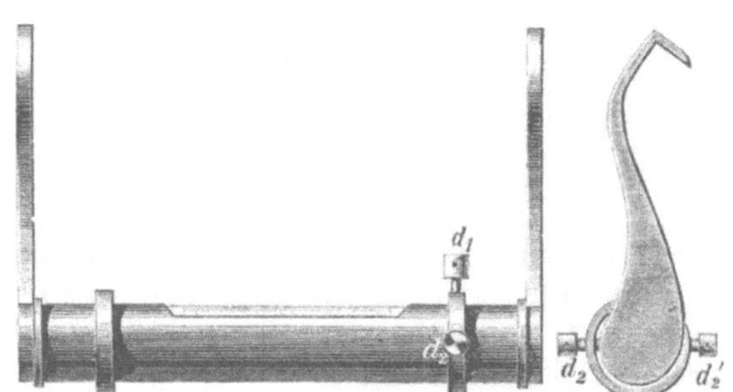

Fig. 105.

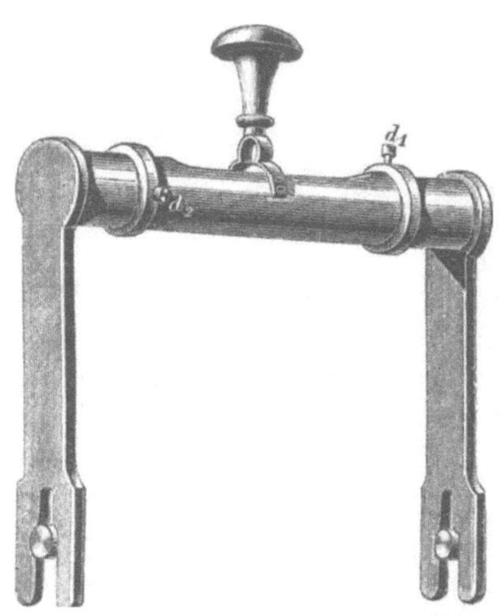

Fig. 106.

unveränderlich sind, auch fest mit dem Messingrohr verbunden. Hier ist die gläserne Libellenröhre in der Fassung durch Schrauben und Gegenfedern verschiebbar. d_1 ist die Schraube zum Höher- und Tiefer-Stellen, d_2 zum seitlichen Verschieben, zur Beseitigung des Kreuzens. Dieselbe Einrichtung sieht man an der Reitlibelle (Fig. 107), an welcher auch ersichtlich, wie die Füsse auf dem Zapfen der Axe reitend sitzen.

Bei Fassung der Libellen kommen noch manche hier übergangene Construktionen vor, die nach dem Vorhergehenden leicht zu verstehen sein dürften.

§ 124. **Untreue der Libelle.** Die Libellen zeigen sich gegen Temperaturdifferenzen sehr empfindlich, und es kann, wenn das Rohr an verschiedenen Stellen ungleich warm ist, eine ganz unrichtige, untreue Angabe erfolgen. Die Blase bewegt sich nach der wärmeren Stelle, und zwar ist das nicht aus einer Formänderung des Rohrs durch die lokale Temperaturerhöhung zu erklären, sondern man muss veränderte Adhäsionsverhältnisse annehmen. Man darf das Libellenrohr nicht mit der warmen Hand berühren, weshalb feine Libellen mit Holzgriffen versehen sind; wenn ein solcher fehlt, sollte man wenigstens Handschuhe benutzen. Die Libelle darf nicht angehaucht werden, man soll ihr das Gesicht nicht zu weit nähern. Vor Sonnenschein ist sie durchaus zu schützen. Um Temperaturungleichheit und Schwankungen überhaupt thunlichst zu verhindern, werden die Libellen-Glasröhren in mehrfache Umhüllungen gelegt von schlechten Wärmeleitern umgeben. Das getheilte Stück muss selbstverständlich sichtbar bleiben, kann nicht eingehüllt werden. Man überdeckt es aber mit einer Glasplatte, gibt ihm gewissermaassen ein Vorfenster, welches Temperaturänderungen erschwert. Zu noch sicherer Vermeidung von Temperaturungleichheiten an der Libellenröhre hat man vorgeschlagen, sie in Flüssigkeit, Wasser, einzubetten und diese von Zeit zu Zeit zu bewegen.

Fig. 107 zeigt eine Libelle in doppelter Umhüllung. Das eigentliche Libellenrohr ist mit Baumwolle umgeben (bis auf den zum Ablesen bestimmten mittleren Theil) in ein erstes Rohr fest eingelegt, dieses Rohr am einen Ende durch einen Stöpsel b, der in eine Kugel c ausgeht, am andern Ende durch einen Stöpsel b' geschlossen, an dem ein Vierkant d sitzt. Gegen dieses wirkt die Correkturschraube g mit der Gegenfeder h' für Verschiebungen quer rechtwinkelig zur Libellenaxe, und die Correkturschraube g' mit Gegenfeder h, welche Hebung und Senkung des Libellenendes ermöglicht, also gewissermaassen Verlängerung oder Kürzung des Fusses rechts der Figur. Die Kugel sitzt in der linken Grundfläche des äusseren Rohrs, welche eine entsprechende Ausbohrung hat (k ist eine vorgeschraubte federnde Platte) und der Zapfen d sitzt in der rechten Grundfläche dieses Aussenrohrs, in der die Correkturschrauben g und g' ihre Muttern haben. Die Drehung des innern Umhüllungsrohrs um die Kugel beseitigt allen Zwang. Damit die innere Umhüllungs- oder Fassungsröhre nicht um ihre Axe drehen kann, hat die Kugel einen radialen Stift, der in einen durch das Metall der äusseren Röhre geführten Schlitz passt.

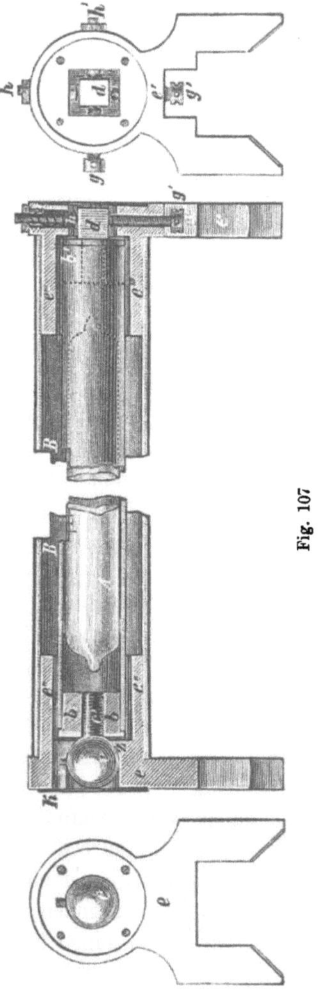
Fig. 107

Mit Libellen darf man nicht hastig arbeiten wollen. Es bedarf immer einiger Zeit, bis die Blase die Ruhelage annimmt; je empfindlicher die Libelle ist, desto zeitraubender ist das Arbeiten mit ihr, und wenn sie zu empfindlich ist (§ 122), gelangt die Blase gar nicht zur Ruhe. Man soll immer mindestens eine Minute lang den Blasenstand beobachtet und ruhig gefunden haben. Bei Aetherfüllung ist die Wartezeit kürzer als bei Alkoholfüllung.

§ 125. **Prüfung der Libelle; Ermittelung des Winkelwerths ihres Ausschlags.** Die wichtigste Untersuchung ist jene nach dem Parallelismus zwischen Libellenaxe und Unterlage oder auf die Gleichheit der Füsse oder Arme. Man setzt die Libelle auf die verstellbare Unterlage und bringt sie, durch Veränderung der Unterlage, zum genauen Einspielen. Dann wird, ohne an der Unterlagenstellung irgend was zu ändern, die Libelle umgesetzt, d. h. man bringt den Fuss oder Arm, welcher eben rechts war, auf die linke Seite und umgekehrt (dreht also um 180°), wobei man Sorge trägt, genau dieselben Auflagestellen zu wählen. Spielt die Libelle auch nach dem Umsetzen wieder ein, so ist sie richtig und die Unterlage genau wagrecht.

Sind aber die Füsse ungleich lang, so erfolgt in der umgesetzten Lage ein Ausschlag, welcher dem doppelten Winkel proportional ist, den die Auflagelinie mit der Horizontalen macht. Ein Blick auf die Figuren (108) lässt das sofort erkennen. Der Fuss r ist zu kurz; damit das Libellenaxenende über ihm in die gleiche Höhe kommt, wie das Ende über dem längeren Fusse l, muss rechts die Unterlage höher sein, und ersichtlich wird bei dieser Stellung kein Ausschlag erfolgen, wenn die Unterlage von links nach rechts um denselben Winkel α ansteigt, den die Gerade durch die Fussenden mit der Libellenaxe einschliesst. Die Fussendenlinie fiel in der ersten Lage von rechts gegen links um α; in der zweiten steigt sie um α von links nach rechts gegen den Horizont, weil die Unterlage diese Neigung hat, und die Libellenaxe steigt von links nach rechts nochmals um α gegen die Unterlagslinie, also um $2\,\alpha$ gegen den Horizont.

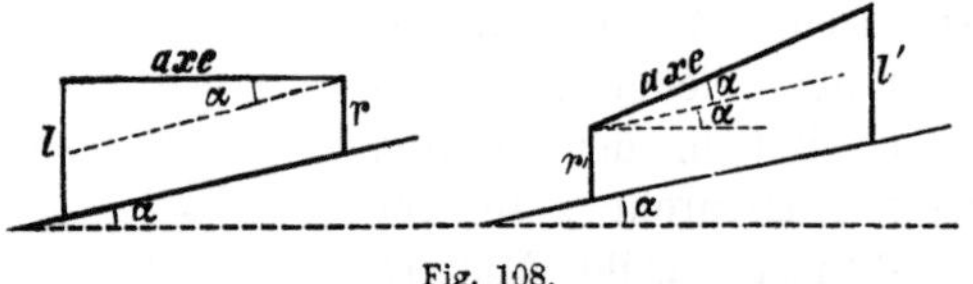

Fig. 108.

Ist nach dem Umsetzen ein Ausschlag erfolgt (im Beispiele nach rechts), so muss der Fuss, nach dessen Seite hin die Blase sich bewegt hat, gekürzt (oder der andere verlängert) werden, bis die Hälfte des Ausschlags verschwunden ist; die andere Hälfte des Ausschlags rührt her von der nicht wagrechten Stellung der Unterlage; man verstellt diese, bis gar kein Ausschlag mehr erfolgt. Es wird nicht beim ersten mal diese Hälftung genau gelingen, man wiederholt die Prüfung und die angezeigte Verbesserung so lange, bis endlich beim Umsetzen kein Ausschlag mehr erfolgt.

Kleine Ausschläge sind mit den Berichtigungsschrauben empfindlicher Libellen sehr schwer ganz fortzuschaffen. Man verlegt dann den bezeichneten Punkt und damit die Libellenaxe, welche die Berührungslinie an dem bezeichneten Punkt ist. So kann durch Neuwahl des bezeichneten Punktes der Parallelismus zwischen Axe und Unterlage in aller Strenge herbeigeführt werden. Hat man sich genöthigt gesehen, statt des mit Null (oder gewöhnlich ×) bezeichneten Punktes jenen, der um + 1,5 Theile davon abliegt, zu wählen, so spielt die Libelle ein, wenn ihre Enden bei den Theilstrichen + (n + 1,5) und bei — (n — 1,5) stehen.

Durch die bisherige Prüfung und Berichtigung ist nur untersucht und bewirkt worden, dass die Unterlagelinie wagrecht ist, wenn die aufgesetzte Libelle einspielt. Das schliesst nicht aus, dass die Auflagelinie (oder die ihr parallele geometrische Mittellinie einer Axe z. B.) windschief gegen die Libellenaxe gelegen sei. Wird eine Reit- oder Hänge-Libelle, die einspielt, auf der ihr zur Unterlage dienenden Axe nach vorn und nach hinten des vor der Axe stehenden Beobachters etwas geneigt oder gedreht, ohne dabei einen Ausschlag zu geben, so ist die Libellenaxe der Auflagelinie parallel, andernfalls windschief. Bei der Neigung nach vorn ist der Ausschlag entgegengesetzt, wie bei der Drehung nach rückwärts. Durch die Seitenverschiebungsschrauben muss jenes Ende der Libelle nach vorn geschoben werden, gegen welches hin beim Vorwärtsneigen die Blase gegangen ist. Diese Regel wird sofort anschaulich klar, wenn man ein Bleistift, das gegen ein wagrecht liegendes anderes kreuzt (man kann etwa mit Draht anbinden), aus der Lage, in welcher es auch wagrecht ist, nach vorn und nach hinten um das festliegende dreht; man sieht das vordere Ende beim Vordrehen sinken u. s. w.

Soll die Libelle dazu benutzt werden, Winkel zu messen, so muss man nicht nur wissen, welche Winkelgrösse dem Ausschlage um einen Theilstrich entspricht, sondern muss auch prüfen, ob für alle Theile dieser Winkelwerth derselbe bleibt. Beide Untersuchungen werden meistens mit dem Legbrette ausgeführt. Ein längeres Brett hat am einen Ende zwei fest eingesetzte kurze Füsse, am andern eine Schraube, welche den dritten Fuss bildet. Durch Benutzung dieser Schraube kann man den dritten Fuss kürzer oder länger machen und damit die Neigung um messbaren Betrag ändern. Ist h die bekannte Höhe eines Schraubengangs und hat man n Umdrehungen (die Ganzen werden an einem daneben stehenden getheilten Stab, die Bruchtheile am getheilten Kopfe der Schraube gemessen) gemacht, ausgehend von der Stellung, bei welcher eine auf dem Legbrette befestigte Libelle (man kann sie entweder in Gabeln legen oder aufbinden) einspielt, so sagt man gewöhnlich, der Drehwinkel sei durch die Gleichung $\text{Tg}\,\delta = \frac{n\,h}{l}$ bestimmt, wo l der Abstand der Schraubenspindelaxe von der Geraden durch die Endpunkte der zwei festen Füsse ist. Man vergleicht dann die Libellenausschläge mit den Winkeln δ. Allein die eben angegebene Gleichung ist nicht ganz genau. Meist hat die Stellschraube ihre Mutter im Legbrette. Es stelle $A_1 A_2$ eine der festen Füsse dar und $A_4 A_3$ die Schraube. Ist die Schraubenmutter bei A_3 und geht zur Vermeidung todten Ganges die Spindel streng in der Mutter, so bleibt Winkel A_3 des Vierecks $A_1 A_2 A_3 A_4$ constant und

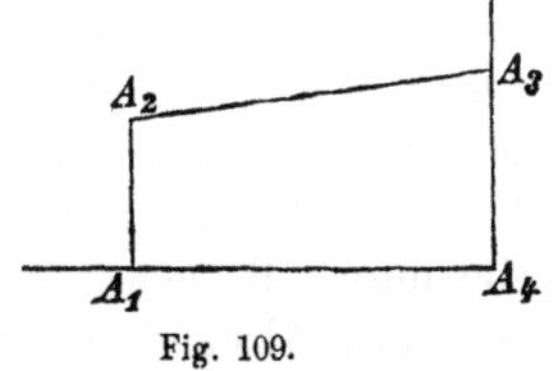

Fig. 109.

wegen der festen Fügung auch A_2; dann können aber nicht auch die Längen $A_1 A_2$, $A_1 A_4$ und $A_2 A_3$, die Winkel bei A_1 und bei A_4, wenn $A_3 A_4$ ändert, dieselben bleiben. Es ist nicht wohl angebbar, welche Veränderungen durch kleine elastische Biegungen u. s. w. ereignen. Hat die Schraube ihre Mutter in der Unterlage bei A_4 und liegt das Brett nur (bei A_3) auf ihrem oberen Ende auf, so lässt sich polygonometrisch berechnen, welche Aenderung der Winkel bei A_1 und welche die Länge $A_2 A_3$ und der Winkel bei A_3 durch Veränderung der Länge $A_4 A_3$ erfährt. Die polygonometrischen Formeln sind wenig durchsichtig, wesshalb auf ihre Mittheilung verzichtet wird. Ist aber

1) $A_1 A_2 = 10$ mm, $A_1 A_4 = 400$ mm, $A_2 = 90^0$, $A_4 = 90^0$, so findet man für

$A_3 A_4 = 10$ mm . . $A_1 = 90^0$ (Probe)
$A_3 A_4 = 13$ mm $A_1 = 90^0 25' 46{,}82''$, und für

also eine Drehung des Legbretts oder eine Neigung der Axe der aufliegenden Libelle zu $25' 46{,}82''$, während nach der Gleichung berechnet: $\delta = \text{Arc Tg} \frac{3}{400} = 25' 46{,}96''$ wird. Der Unterschied von $0{,}14''$ ist kein wirklicher, sondern entsteht nur aus der Ungenauigkeit der benutzten Logarithmentafeln.

Sei nun 2) $A_1 A_2 = 10$ mm, $A_1 A_4 = 400$ mm, $A_2 = 91^0$ $A_4 = 89^0$, so findet man für

$A_3 A_4 = 10$ mm . . $A_1 = 89^0 00' 00''$ (Probe) und für
$A_3 A_4 = 13$ mm $A_1 = 89^0 25' 47{,}45''$,

also eine Drehung von $25' 47{,}45''$, d. h. $0{,}49''$ mehr als nach der gewöhnlichen Formel berechnet.

Ist 3) $A_1 A_2 = 10$ mm, $A_1 A_4 = 400$ mm, $A_2 = 89^0$ und $A_4 = 91^0$, so findet man für

$A_3 A_4 = 10$ mm . . $A_1 = 91^0 00' 00''$ (Probe) und für
$A_3 A_4 = 13$ mm $A_1 = 91^0 25' 45{,}67''$ Differenz gegen die — $1{,}3''$
$A_3 A_4 = 16$ mm $A_1 = 91^0 51' 29{,}84''$ gewöhnliche Formel: — $3{,}9''$.

Unter der Voraussetzung 3. begeht man also, wenn man nach gewöhnlicher Formel eine Drehung von ungefähr 1^0 berechnet, einen Fehler von mehr als $4''$.

Da, wo solche Unterschiede noch beachtenswerth sind, würde es besser sein, das Legbrett mit einer Sehnenschraube statt der Tangentenschraube (siehe § 129) zu versehen und die Rechnung streng durchzuführen.

Ist die Libelle mit einem Fernrohr verbunden oder kann dieses auch nur vorübergehend geschehen, so bringe man durch die gemeinsame Bewegung von Fernrohr und Libelle letztere zum scharfen Einspielen und ziele durch das Fernrohr auf eine in der Entfernung s stehende, senkrechte Theilung. Dann bringe man einen Ausschlag von n Theilen an der Libelle durch die gemeinsame Drehung von Fernrohr und Libelle hervor und messe den Abstand des Punktes, auf den nun die Ziellinie auf der Theilung trifft, vom erst angezielten. Ist dieser a, so ist a : s die Tangente des Winkels, um welchen gedreht wurde. Ganz genau ist das eigentlich auch nur, wenn die Ziellinie mit der Libellenaxe parallel ist, was leicht zu prüfen ist (siehe § 258), allein wenn das auch nicht ganz genau sein sollte, so ist der Fehler doch ganz vernachlässigbar. Auf diese Art kann man im allgemeinen besser als mit dem Legbrette messen, welche Drehung der Libellenaxe dem Ausschlage um einen Theilstrich entspricht und kann auch schärfer prüfen, ob jedem weiteren Theilstrichausschlag derselbe Winkel entspricht.

Soll ein Theilstrichausschlag an der Libelle, wenn die gewöhnliche Länge eines Doppelmillimeters (eine Linie) zur Theilung benutzt ist, einem Winkel von

5″	20″	1′	5′	10′	entsprechen, so muss der Krümmungspunkt ungefähr
80,50 m	20,12 m	6,71 m	1,34 m	0,67 m	sein.

§ 126. **Benutzung von Libellen mit ungleichen Füssen.** Der Verlegung des bezeichneten Punktes ist schon gedacht (§ 123). Aber auch ohne diese kann mit der Libelle die wagrechte Stellung der Unterlage angezeigt werden, können auch Winkel damit gemessen werden, wenn nur die Theilung auf der Libelle richtig ist. Die Fig. 110 zeigt, dass wenn die Unterlage horizontal ist, die Libelle mit den ungleichen Füssen r und l in erster Lage einen Ausschlag, entsprechend dem Winkel α nach der einen Seite, und nach Umsetzung der Libelle (linken Fuss nach rechts und umgekehrt) einen ebenso grossen Ausschlag nach der andern Seite gibt. Erhält man also nach Umsetzen der (unrichtigen) Libelle auf einer Unterlage entgegengesetzt gleiche Ausschläge, so ist die Unterlage wagrecht.

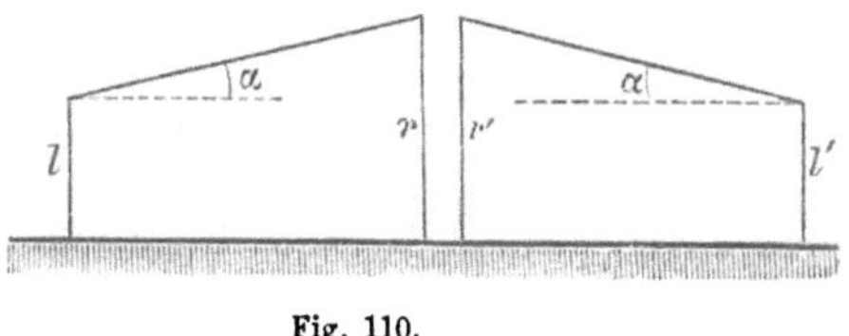

Fig. 110.

Fig. 111 zeigt, dass die Libelle, deren Axe um den Winkel α gegen die Verbindungslinie der Fussenden geneigt ist, auf eine um β gegen den Horizont geneigten Lage die Ausschläge entsprechend $\beta + \alpha$ und $\beta - \alpha$ geben muss, wenn man sie umgesetzt hat. Das arithmetische Mittel der in beiden Lagen gefundenen Ausschläge zeigt also richtig die Neigung der

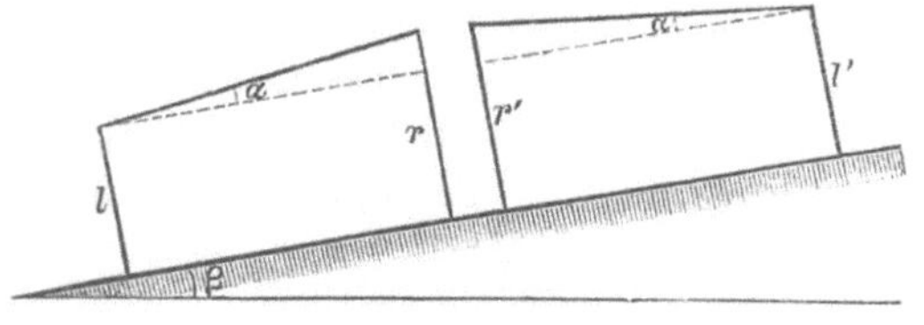

Fig. 111.

Unterlage gegen den Horizont an. Die halbe Differenz der Ausschläge aber gibt den Winkel α zwischen Libellenaxe und Fussendenlinie zu erkennen.

δ. **Grobe und feine Drehung** [zu c) und A)].

§ 127. **Axen.** Die geometrische Axe, um welche eine Drehung erfolgt, eine mathematische Linie, ist zu unterscheiden von der physischen Axe (oder dem Zapfen), welche die Drehung vermittelt. Diese ist ein Umdrehungskörper, dessen Umdrehungsaxe die geometrische Axe auch für die Instrumentendrehung ist. Die physischen Axen sind fast ausnahmslose Cylinder oder Kegelstumpfe, oder sie bestehen aus cylindrischen und conischen Stücken. Jede Axe bedarf einer Führung und zwar ist es vortheilhaft, wie an neueren Instrumenten meist geschieht, diese Führung nur an zwei schmalen Stellen, durch Lager (oder sonstwie) zu bewerkstelligen. Je entfernter diese Führungen von einander sind, anders gesagt, je länger die Axen sind, desto sicherer wird die Bewegung.

Die Axenführung mit Spitzen und Körnern kommt gewöhnlich nur an untergeordneten, leichten Theilen geodätischer Instrumente vor. Die physische Axe A, Fig. 112, selbst endet in zwei genau abgedrehten

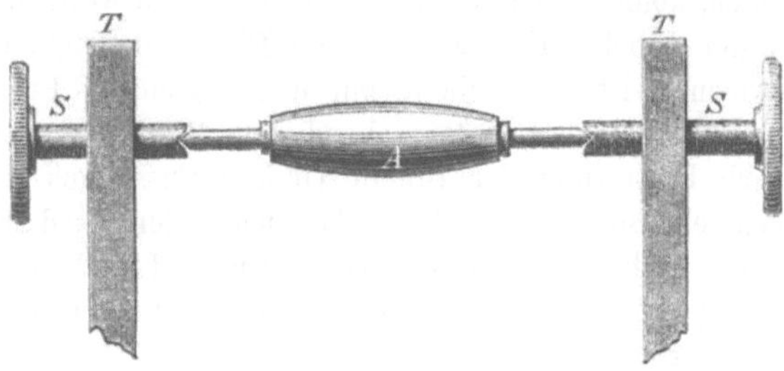

Fig. 112.

Kegelspitzen, welche in kleine Vertiefungen, die Körner, in den Schraubenspindeln S eingedrückt werden; die Schrauben haben ihre Muttern in den Trägern T; sie werden soweit vorgeschraubt, dass die Axe leicht und doch sicher dreht; je geringer der Druck längs der Axe, desto kleiner die Reibung. Axen, welche sich in Spitzen bewegen, können beliebige Neigung zum Horizonte haben.

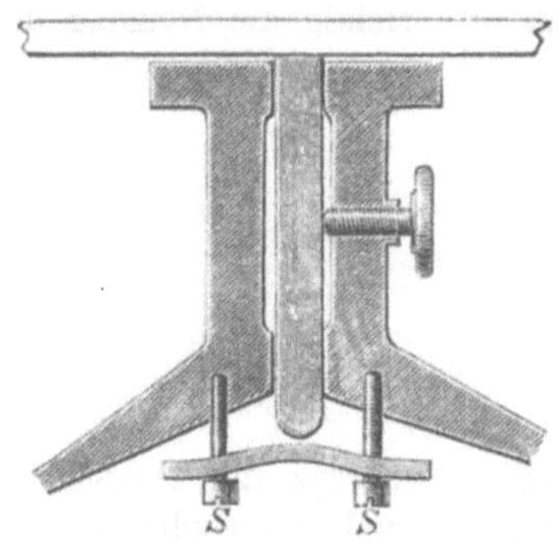

Fig. 113.

Die Vertikalaxen finden ihre Führung gewöhnlich an zwei cylindrisch oder conisch geschliffenen Stellen einer feststehenden Büchse, während anderwärts die Büchse so stark ausgehöhlt ist, dass Berührung mit der Axe nicht stattfindet. Der Durchschnitt der Büchse (und des daran sitzenden Dreifusses) ist schräg in Fig. 113 schraffirt. Die Berührung mit der Axe findet nur oben am Halse und unten statt und die Berührungsstellen sind sorgfältig geschliffen, müssen auch gut geölt erhalten werden. Häufig sind für die Berührungsstellen hoch polirte Stahlstücke in die messingene Büchse eingesetzt. Damit die Axe nicht mit ihrem ganzen Gewichte und dem Gewichte der an ihr befestigten Theile in die Lager drücke, wodurch unnöthig grosse Reibung hervorgebracht würde und stärkere Abnutzung entstünde, geht der Zapfen mit seinem unteren Ende durch die Büchse und stützt sich auf eine Federbrücke, die am Dreifuss fest gemacht ist und durch die Schrauben S mehr oder minder gehoben werden kann. Man spannt die Feder so, dass sie den grössten Theil des Zapfengewichts aufnimmt und nur ein geringer Druck in den Führungen übrig bleibt. Es entsteht allerdings auch eine Reibung des Zapfenendes gegen die Federbrücke, allein eine Abnutzung an dieser Stelle gefährdet nicht die Sicherheit der Führung. — Statt der Federbrücke kann auch eine Spiralfeder dienen, die gewöhnlich in einer übergeschraubten Büchse versteckt ist; die Büchse hält, was sehr gut ist, Staub ab.

Die Horizontalaxen sind (abgesehen von jenen mit Spitzenführung in Körnern) an den Stellen, wo sie Führung finden, cylindrisch abgedreht und diese Theile der physischen Axen heissen wohl vorzugsweise die Zapfen. Deren Lager wird entweder ganz umfassend, oder auch halbumfassend gemacht, oder endlich, man wendet ein Winkellager an, eine Gabel, in welche der Zapfen sich so einlegt, dass er nur an zwei Stellen von den Zinkenflächen der Gabel berührt wird. Diese Stellen sind sorgfältig geschliffen, etwas geölt und nur wenige Millimeter im Durchmesser; — der übrige Theil der Gabel braucht nicht polirt zu sein.

An den grossen astronomischen Instrumenten muss durch Gegengewichte der Druck der Horizontalaxen (und alles mit ihnen Verbundenen) fast ganz aufgehoben werden, während bei den Instrumenten der Geodäsie auf die Balancirung meistens oder immer verzichtet werden muss.

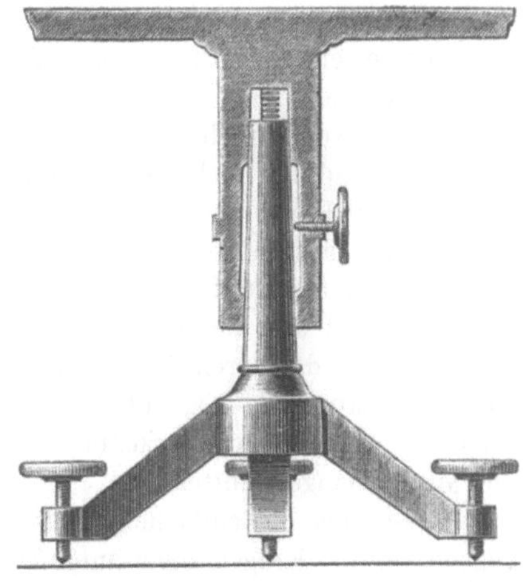

Fig. 114.

Horizontale Axen sollten immer in ihren Lagern umgelegt werden können; Gründe hierfür ergeben sich später, z. B. § 147.

Die Axe oder der Zapfen und die Führung (das Lager) pflegen aus verschiedenartigem Stoff zu sein, weil gleichartige Stoffe stärker aneinander reiben, als ungleichartige. Zum Lager wählt man den weniger harten Stoff, die Zapfen macht man gerne vom besten Stahl, die Lager dann von Bronze. Soll Stahl und Eisen vermieden werden (bei magnetischen

Instrumenten), so macht man Zapfen und Lager aus zweierlei Metallmischung, aus Rothguss und aus Gelbguss. Eine viel empfohlene Legirung für Lager ist das sogenannte Antifriktionsmetall. Dehnen sich Axen- und Lagerstoff bei Erwärmung ungleich stark aus, so wird nicht bei jeder Temperatur die Führung gleich gut, es kann sogar schädliches Klemmen eintreten. Daher Verschiedenheit der Stoffe nicht unbedingt empfehlenswerth ist.

Die Prüfung der Zapfen auf genau kreisförmigen Querschnitt erfolgt mittelst Fühlhebel, auch mit Libellen in sehr scharfer, hier nicht näher angebbarer Weise. Ebenso wird geprüft, ob die geometrischen Axen der geführten Strecken in eine Gerade zusammenfallen und endlich auch die gleiche Dicke der Zapfen an Horizontalaxen untersucht.

Bisher ist angenommen, der zu bewegende Instrumenttheil sei mit der Axe fest verbunden, drehe also mit der Axe. Es kommt aber auch die andere Anordnung vor, dass die physische Axe feststeht und der Instrumententheil fest verbunden ist mit einer über die Axe gesteckten, an dieser Führung findenden Hülse oder Büchse, siehe Fig. 114.

§ 128. **Brems- und Mikrometerwerke.** Die frei von Hand vollzogene grobe Einstellung um eine Axe soll, auch wenn Vorrichtungen zu weiterer Fein-Einstellung vorhanden sind, möglichst gut ausgeführt werden. Ist sie beendet, so wird gebremst, d. h. feste Verbindung zwischen drehbarem und feststehendem Theil hergestellt. Das Bremsen oder Klemmen geschieht am besten vom Centrum aus, wie man zu sagen pflegt, nämlich an der Axe selbst. Am einfachsten ist in die Hülse, in welcher die Axe dreht, oder welche selbst über die feststehende Axe drehend bewegt werden kann, die Mutter der Brems- oder Klemmschraube eingeschnitten. Mit dieser Schraube kann nun ein starker Druck zwischen Axe und Hülse oder Büchse erzeugt und dadurch solche Reibung hervorgebracht werden, dass die Theile nun fest mit einander verbunden und nur mehr einer gemeinsamen Bewegung fähig sind. Vor jeder groben Einstellung wird die Bremsschraube zurückgezogen, der Druck auf die Axe aufgehoben. Man lässt die Schraube, deren Kopf abgerundet ist oder vor deren Kopf zuweilen noch ein etwas federndes Zwischenstück sitzt, natürlich nicht auf die der Führung unterworfenen geschliffenen Theile der Axe wirken, da deren sorgfältig zu wahrende Gestalt durch den Druck leiden müsste. Die Fig. 113 und 114 zeigen die Klemmschrauben der besprochenen Art; man erkennt auch eine Verstärkung der Wand, da, wo die Mutter eingeschnitten ist.

Besser als die einfache Druckschraube ist der Klemmring, ein genügend breiter Kragen oder aufgeschnittener und desshalb federnder Ring, der um ein (nicht gerade das geführte) Stück der Axe gelegt ist. Durch eine die Flantschen der Schlitzstelle verbindende Schraube kann dieser Ring zusammengezogen und so fest an das umfasste Axenstück angelegt werden, dass, wegen entstehender Reibung, nur mehr eine gemeinsame Bewegung von Axe und angeschlossenem Ring möglich ist. Oeffnet man die Schraube, so federt der Ring soweit auf, dass er die Axe kaum oder gar nicht mehr berührt, und die Drehung nicht mehr durch merkliche Reibung gehindert ist.

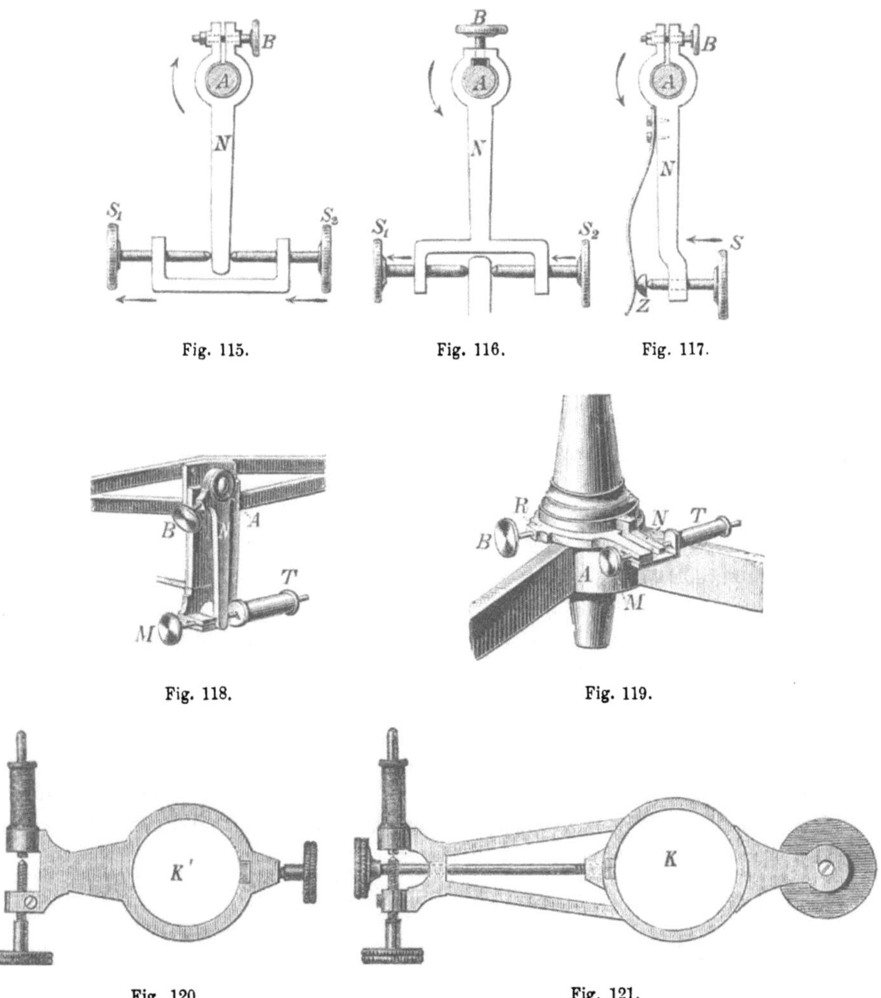

Fig. 115. Fig. 116. Fig. 117.

Fig. 118. Fig. 119.

Fig. 120. Fig. 121.

Fig. 116 zeigt einen Bremsring, der nicht aufgeschnitten ist und federt, sondern in dem nur ein kleines Metallstück (schwarz in der Figur, gewöhnlich mit zwischengelegter Blattfeder) durch die Bremsschraube B an die Axe angedrückt werden kann, um durch genügende Reibung den Ring oder Kragen mit der Axe fest zu verbinden. Bei zurückgezogener Bremsschraube ist die Reibung der Axe in dem nur lose umfassenden Ring ganz gering und die Axe drehbar ohne Ring und Nase mitzunehmen. Während Fig. 115—117 schematisch sind, stellen 118 und 119 die Ausführung in perspektivischer Ansicht dar, — hier aber eine der Schrauben durch die

Federbüchse ersetzt. Zu noch grösserer Deutlichkeit sind die Figuren 120 und 121 gegeben, bei welchen aber der Anschlagzapfen zwischen der Schraube und dem Federstift nicht gezeichnet ist. In Figur 121 stellt der Kreis rechts ein Gegengewicht dar.

An den Figuren 115—121 ist zugleich die Einrichtung für die Feineinstellung, das sogenannte Mikrometerwerk, ersichtlich. Der Ring geht in eine lange Nase aus. In Figur 115 steht diese zwischen zwei Schrauben, die ihre Muttern in Backen einer feststehenden Gabel haben; in Figur 116 endet die Nase selbst in die Gabel mit den Schrauben und ein feststehender Zapfen steht dazwischen. Berühren beide Schraubenspindeln die Nase, bzw. den Anschlagzapfen, so ist eine Drehung des Rings mit der angeschlossenen Axe unmöglich. Wird aber die eine Schraube zuerst zurückgezogen und die andere nachgedreht, so kann die Ringnase noch innerhalb des durch die Gabelöffnung gewährten Spielraums verschoben und dadurch die an den Ring durch die Bremsschraube angeschlossene Axe fein gedreht werden; desto feiner, je kleiner die Schraubenhöhe der Stell- oder Mikrometerschrauben ist. In Fig. 115 und 116 kann eine der Schrauben ersetzt sein durch eine Spiralfeder (Fig. 120 u. 121), welche durch ihr Ausdehnungsbestreben immer fest an die Nase, bezw. den Anschlagzapfen drückt. Gewöhnlich ist die Feder in eine Hülse eingesetzt, die selbst in die entsprechende Gabelzinke eingeschraubt wird. In der Hülse, durch Oeffnungen in ihren Grundflächen gehend, ist ein Eisenstift mit einem Querriegel (Fig. 122), an den das eine Ende der Spiralfeder presst, während das andere an die Cylinderfläche sich stützt. (Zündnadel ähnlich.) Der Querriegel ist wohl einseitig verlängert und geht durch einen Schlitz in der Seitenwand des Cylinders. Dieser Schlitz hat noch rechtwinkelig einen Ansatz und wenn man den Stift (unter Zusammendrückung der Feder) zurückzieht und so dreht, dass der Riegel in den seitlichen Schlitzansatz kommt, so wird bayonnetartig der Druckbolzen oder Federstift zurückgehalten, die Feder drückt also nicht mehr gegen die Nase, bezw. den Anschlagzapfen. Statt der Federhülse mit Spirale kann auch eine sogenannte S feder, wie in Figur 117, die eine Schraube ersetzen.

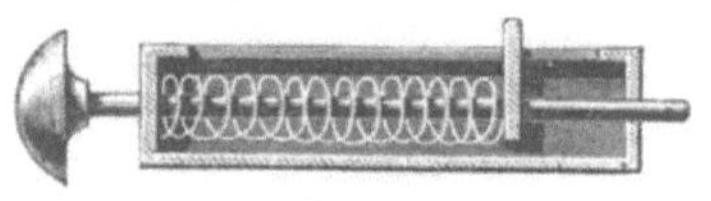

Fig. 122.

Fig. 123.

Figur 123 zeigt, wie mittelst der Bremsschraube B ein Stück gegen die Stirnfläche (Dicke) h der feststehenden Scheibe gepresst werden kann. Am beweglichen Kreise A ist ein gabelförmiges Stück a mit drei Schrauben festgemacht, an dessen hervorstehenden Backen einerseits die Mikrometerschraube M ihre Mutter hat, andererseits eine Federbüchse F mit durch Spiralfeder angedrücktem Stifte sitzt. Die Spindel von M und der Federstift drücken gegen die Dicke des durch den Schraubenkopf B theilweise verdeckten, nun an h angeklemmten Stücks. Dreht man M vorwärts, so wird a, A von links nach rechts verschoben (soweit der Gabelraum gestattet) und der Stift wird tiefer in die Federhülse eingeschoben, immer an das als Anschlagzapfen dienende, etwas durch B verdeckte Stück anstehend. Beim Rückdrehen von M wird durch die Federkraft a und damit A von rechts nach links gedreht. Ist die Bremsschraube B gelöst, so schleift das Stück, an welches M und F sich stützen, ohne nachtheilige Reibung über h.

Das Mikrometerwerk wird erst thätig, nachdem die Bremsschraube B geschlossen ist. Es muss dafür gesorgt sein, dass die Mikrometerschrauben keinen *todten Gang* haben.

Das *peripherische Klemmen* oder *Bremsen* kann in Anwendung kommen, wenn eine flache Scheibe (Kreis) an einer ähnlichen dicht vorüberdreht. Die ins Einzelne gehende Beschreibung der *Klemmplatten* würde zu weit führen*), die nachfolgenden Andeutungen werden genügen, um sich an ausgeführten Vorrichtungen zurechtzufinden. Der Hauptsache nach liegt eine Zange vor, deren Backen, die *Halterplatte* und die *Deckplatte* eine der genannten Scheiben am Rande zwischen sich fassen. So lange die Klemmplatten oder Zangenbacken nicht durch einen von der Klemmschraube übermittelten Druck geschlossen oder zusammengepresst werden, kann der Rand der beweglichen Scheibe ohne störende Reibung zwischen den Backen der Zange hindurchdrehen oder die Backen über den Rand der zwischen ihnen befindlichen feststehenden Scheibe gleiten. Ist aber die Klemmschraube angezogen, so schliesst die Zange, wegen der durch den Druck sehr gesteigerten Reibung, die Scheiben fest aneinander.

Die Zange kann am feststehenden Theile angebracht sein und zwar mittelst Mikrometerschraube (d. h. einer mit geringer Ganghöhe) gegen diesen Theil noch etwas verschiebbar. Ist gebremst, so bildet die Zange gewissermassen einen Theil der feststehenden Scheibe und die Verschiebung der Zange am beweglichen Kreis kommt auf eine Verdrehung dieses gegen den festen Theil des Apparates hinaus.

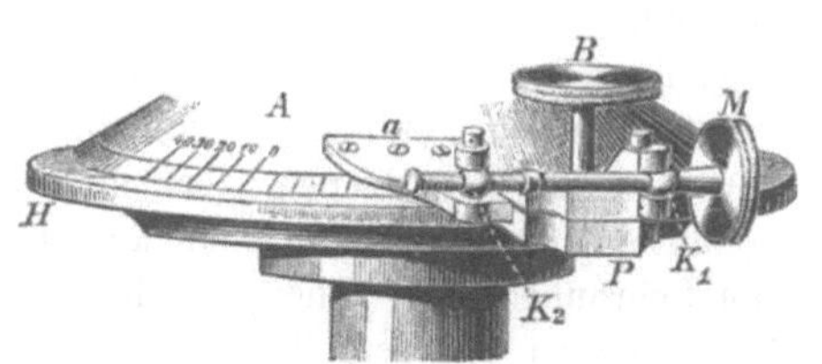

Fig. 124.

Figur 124 zeigt eine peripherische Plattenklemmung. Die Klemmplatten P, welche durch die Bremsschraube B zusammengedrückt werden, fassen den Rand der feststehenden Scheibe H zwischen sich und die Spindel der

*) Eine genaue Beschreibung der sehr sinnreichen Einrichtung der Klemmplatten, namentlich wie bewirkt wird, dass beim geringsten Lösen der Bremsschrauben die Platten durch Federdruck sich genügend öffnen, um alles Aufschleifen und damit Abnutzen zu verhindern, findet man in „Beschreibung eines Reichenbach'schen Wiederholungskreises u. s. w." von F. W. Breithaupt, Cassel 1835. Dieses Heft und andere mehr von Breithaupt veröffentlichte, enthalten zahlreiche sehr werthvolle Angaben über Construktionseinzelheiten, auf welche in diesem Buche nicht eingegangen werden konnte.

Mikrometerschraube, deren Kopf M ist, hat ihre Befestigung an der obern Klemmplatte. Die Mutter der Mikrometerschraube ist in ein Stück a eingeschnitten, das mit Befestigungsschrauben (drei) an dem beweglichen Kreise (hier etwas conisch geformt) festsitzt. So lange die Pressschraube B nicht angezogen ist, schleift bei einer Drehung von A das Plattenpaar über den Rand H ohne merkliche Reibung. Sobald aber B angezogen ist, kann A nicht mehr drehen. Wird nun aber die Schraube M gedreht, so wird die Mutter in a und damit der ganze Kreis dem festsitzenden Plattenpaare P genähert oder davon entfernt, also A noch mikrometrisch fein verdreht.

Statt der Federbüchse der Figuren 118, 119, 123 u. s. w. verwendet man auch eine starke Feder in Form eines C, deren eines Ende am beweglichen Theile festgemacht ist, während das andere gegen den festen Theil (gewöhnlich einen Anschlagzapfen) lehnt. Die Wirkung der C-Feder ist Andrücken des Endes der Mikrometerschraube an den festen Theil (Anschlagzapfen).

Die peripherische Klemmung ist entschieden weniger gut als die centrale, weil durch den Druck beim Festklemmen eine Biegung des Kreises eintreten kann, ferner die Mikrometerschraube quer zu den Halbmessern wirkt und diese elastisch biegt, was von Einfluss auf die Messungen sein kann. Um solche schädlich sein könnende Einflüsse zu vermeiden, stelle man zweimal ein (Zeitverlust), einmal mit Vorwärtsbewegung, das andere mal mit Rückwärtsbewegung derselben Schraube.

§ 129. **Sehnenschraube, Tangentialschraube, Differentialschraube, Schraube ohne Ende.** Sind allgemein zwei Theile durch eine Schraube zu verbinden, so dass sie noch durch Vermittelung der Schraube gegeneinander verschoben werden können, so wird am einen Theile die Mutter eingeschnitten und am andern Theile die Spindel derart befestigt, dass sie zwar in dem Theile drehen, aber nicht vor- oder zurückgehen kann. Steht die Mutter fest, wo sie dann am Drehen gehindert sein muss, so wird beim Schrauben jener Theil, an dem die Spindel mit ihrem Halse befestigt ist, gegen den Muttertheil verschoben; steht umgekehrt der Theil, welcher den Hals der Spindel umfasst, fest, so muss beim Drehen der Schraube der Theil mit der Mutter genähert oder entfernt werden.

Soll die Verschiebung eine Drehung um eine Axe sein, so sind die beiden Befestigungen an den Enden zweier Halbmesser zu denken. Zwischen deren Endpunkten hat die Spindel zu liegen, also in der Richtung einer Sehne, folglich je nach der Grösse des Winkels zwischen den Halbmessern, in wechselnder Neigung gegen die radialen Richtungen. Zur Ermöglichung dessen wird die Schraubenspindel nahe am Kopfe (Griffe) der Schraube zu einer Kugel verdickt, welche zwischen zwei Haltern oder Platten in entsprechende Höhlungen dieser gepresst ist, so dass sie noch drehen kann. Die Mutter ist in eine Kugel gearbeitet (gewöhnlich federnd aufgeschlitzt) und diese sitzt am andern Theile auch zwischen zwei Haltern oder Platten (veränderlich stark geklemmt), meist mit einem Gelenkstift versehen. Die Kugelform ist für die Mutter hier nicht nöthig. Die äussere Form könnte auch cylindrisch sein, nur ist der Gelenkstift wesentlich, damit Drehung um ihn erfolgen kann.

In der Figur 124 sieht man die am Plattenpaar P sitzende, etwas drehbare Kugel K_1, in welcher der Spindelhals gehalten wird und die Kugel K_2, in welche die Mutter geschnitten ist. K_2 sitzt in dem Stücke a und kann mittelst Gelenkstift, der freilich nicht sichtbar ist, in diesem nach Bedarf drehen. Zu grösserer Deutlichkeit ist noch die Figur 125 beigegeben. R_1 und R_2 sind die beiden in C durch eine Art Zirkelcharnier verbunden gedachten Halbmesser; k_1 und k_2 sind die Kugeln, welche zwischen zwei Haltern sitzen, k_1 in entsprechenden Höhlungen seiner Platten, k_2 aber mit einem Gelenkstift g in die untere Platte eingelassen, während sie in dem oberen Halter eine Höhlung findet. Besser noch würde man den Gelenkstift auch in die obere Platte greifen lassen. Es ist angedeutet, dass k_2 aufgeschnitten ist, damit die Mutter etwas federt.

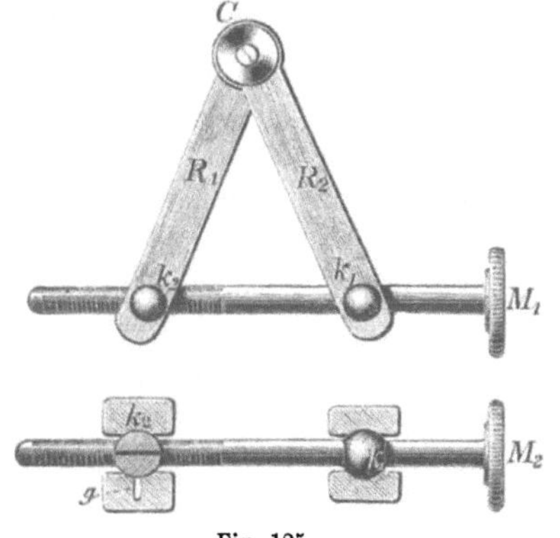

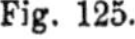

Fig. 125.

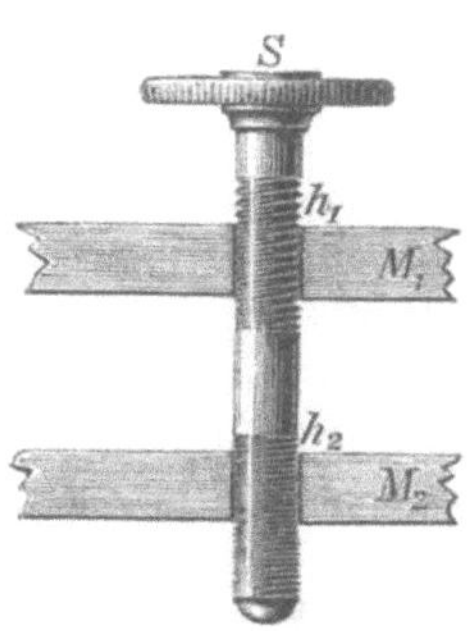

Fig. 126.

In den Figuren 115 bis 121 sind Tangentialschrauben dargestellt. Das Ende der Schraubenspindel drückt gegen einen Zapfen (oder die Nase) und kann daran seitlich gleiten. Es entsteht keine Spannung und die Richtung der Schraubenspindel kann beständig rechtwinkelig zu dem radialen Stücke verbleiben, in welchem die Mutter sitzt, oder wie man sagt, tangential.

Um sehr kleine und allmälige Verschiebungen mit der Schraube hervorbringen zu können, ohne genöthigt zu sein, ihr gar zu geringe Ganghöhe zu geben, benutzt man die Differentialschraube. Auf derselben Spindel sind zwei Schrauben von verschiedener Ganghöhe h_1 und h_2 eingeschnitten, jede geht durch eine zu ihr passende Mutter. Die Muttern können nicht drehen und eine mag unverrückbar feststehend gedacht werden. Wird die Doppelschraube in die Muttern eingedreht, so findet eine Bewegung dieser gegeneinander statt. Ist $h_1 > h_2$, so entfernt sich bei einer ganzen Drehung das Stück M_2 (Fig. 126) um h_1 von M_1, aber zugleich, weil die Spindel um den Betrag h_2 tiefer in die Mutter M_2 eindringt, muss M_2 um h_2 gehoben, also im Ganzen um $h_1 - h_2$ von M_1 entfernt werden. Beim Ausschrauben findet umgekehrt eine Annäherung von M_2 an M_1 um den Betrag $h_1 - h_2$ statt. Umgekehrt wäre es, wenn $h_1 < h_2$ wäre. Die Differentialschraube kann sowohl als Tangential- als auch als Sehnenschraube benutzt werden. In letzterem Falle sind die Muttern in Kugeln eingeschnitten, die mittelst Gelenkstifte (oder sonst wie) zwischen ihren Haltern etwas drehbar sein müssen. Figur 127 zeigt eine Differential-Sehnen-Schraube. P sind die Klemmplatten, welche den Rand des Ringes H zwischen sich fassen, B presst diese Platten zusammen. Die Mutter k_1 ist an der einen Klemmplatte befestigt zwischen zwei Backen, die, durch die kleine Schraube zusammengezogen, die Kugel nur mit Reibung drehen lassen. Die Mutter zu dem feinern Gewinde links sitzt in der Kugel K_2, welche durch a (mit Befestigungsschrauben) an dem beweglichen Theile A gehalten wird. Vorwärtsschrauben der Mikrometerschraube M (die nahe am Kopfe das gröbere Gewinde hat), schiebt K_2, damit a, damit A von den fest an H sitzenden Klemmplatten fort. Bei einer andern Form der Differentialschraube (Hunter's) geht eine dicke Spindel durch eine feststehende Mutter. Eine dünnere Schraubenspindel hat ihre Mutter in der dicken und kann nicht drehen. Geht die dicke Schraube um ihre Ganghöhe h_1 vorwärts, so muss die dünne um ihre Ganghöhe h_2 in die dicke eindringen. Das mit der dünnen fest verbundene bewegliche Stück wird also um $h_1 - h_2$ vorwärtsgeschoben. Aehnliches an Breithaupt'schen Instrumenten.

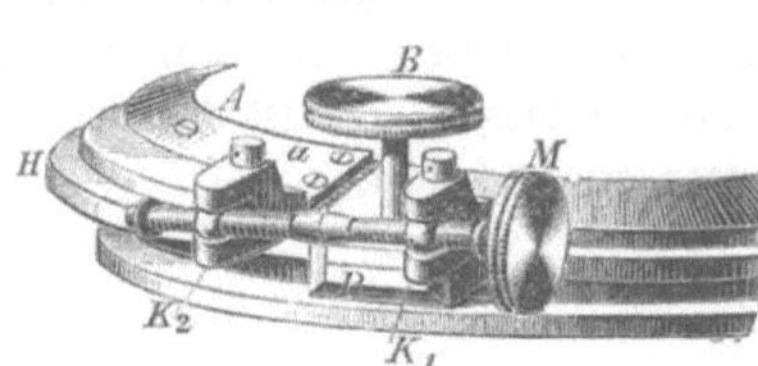

Fig. 127.

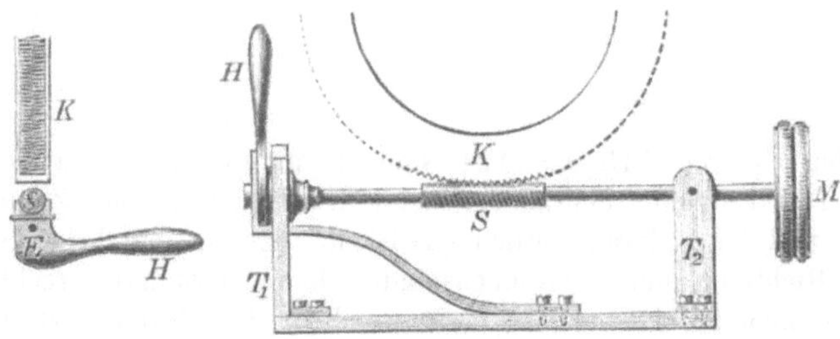

Fig. 128.

Die Schraube ohne Ende (Fig. 128) findet nicht gerade häufig Anwendung als Brems- und Mikrometerwerk. Die Spindel kann nicht ihrer Länge nach verschoben werden, sondern nur in den Haltern T_1 und T_2 drehen. Ihre Mutter ist eingeschnitten am Rande des Rades oder Kreises K und dieses muss drehen, wenn die Schraube M gedreht wird, während eine freihändige Drehung von K (ohne Drehung der Schraube M) unmöglich ist. Die Spindel wird durch die Feder F in die Mutter eingedrückt. Legt man aber den Hebel H mit Excentrik E abwärts, so kommt (unter Niederdrückung der Feder F) die Schraubenspindel S ausser Eingriff mit der am Kreisrande eingeschnittenen Mutter und der Kreis kann freihändig gedreht werden. Das Eindrücken der Spindel in den Kreisrand bewirkt also das Bremsen.

Feine (mikrometrische) Verschiebungen von Theilen gegen einander kann auch durch Einschiebung und Ausziehen flacher Keile zwischen die federnd aneinander gedrückten Theile bewirkt, die Keilbewegung selbst wieder durch Schrauben hervorgerufen werden. Dieses Mittel wird aber, soviel bekannt, zur Zeit bei geodätischen Instrumenten nicht angewendet.

Denkt man auf derselben Spindel zwei Schraubengewinde geschnitten, das eine rechtsgängig, das andere, davon entfernte, linksgängig, und für jedes Gewinde eine passende Mutter, so wird, wenn die Spindel selbst eine Längenverschiebung nicht gestattet, beim Drehen der Schraube die eine Mutter dem Schraubenkopfe genähert und gleichzeitig die andere entfernt. Sind die Muttern (die am Drehen gehindert sein müssen) mit Theilen verbunden, die einander genähert und entfernt werden sollen, so ist deren relative Verschiebung gleich der Umdrehungszahl der Schraube multiplizirt mit der Summe der Ganghöhen beider Gewinde. Daher eine solche, nicht gerade häufig gebrauchte Schraube eine Summe- oder Integralschraube genannt wird. Es kann auch eine der Muttern feststehen, die Verschiebung der andern entspricht bei einer Drehung der Integralschraube dann der Summe $h_1 + h_2$ der Ganghöhen. Auch Hunter's Schraube wird zur Integralschraube, wenn die dicke und die dünne Schraube entgegengesetzte Windungen haben. An Messtischen wird die Integralschraube zuweilen gebraucht.

ε. Theilungen und Ablesevorrichtungen [zu B) d) e)]

§ 130. **Stoff und Einrichtung der Theilungen. Der Parallelmikrometer.** An geometrischen Instrumenten sind die Theilungen fast ausnahmslose auf einem Silberstreifen oder einem stark versilberten Metallstücke aufgetragen. Härter ist weisses Argentan und bildet einen guten und billigen Ersatz für das Silber. Der beste Stoff ist Glas, worauf die Striche sehr bequem und mit grösster Feinheit gezogen werden können, entweder mit dem Diamant sofort in das Glas oder mit einem Stahlstift in einen Wachsüberzug mit nachfolgender Aetzung durch Flusssäure. Messungen an einigen Instrumenten ergaben die Dicke oder Breite der Theilstriche $^1/_{60}$, $^1/_{50}$, $^1/_{30}$ und $^1/_{20}$ mm auf Kreisen von 16 cm, 15 cm, 12 cm (Sextant) und 10 cm (physikalisches Instrument) Durchmesser. Ein Theilstrich verdeckte also beziehungsweise Winkel von 42,9″, 55,0″, 1′54,6″ und 3′26$^1/_4$″. Weniger als $^1/_{80}$ mm breit werden die Striche auf Metall nur ganz ausnahmsweise gemacht, während sie auf Glas viel schmaler sein und bei $^1/_{250}$ mm Dicke unter gehöriger Vergrösserung noch sehr gut unterschieden werden können. Wie fein man die Striche machen darf, hängt davon ab, ob man immer nur mit Vergrösserung oder auch mit unbewaffnetem Auge beobachtet. Wichtig ist, die Striche sehr gleichförmig dick etc. zu machen.

Die Theilstriche dürfen nicht zu eng aneinander rücken, um sie noch unterscheiden zu können. Angenommen, sie sollten um $^1/_2$ mm von einander abstehen. Eine Kreistheilung in ganze Grade (Sexagesimal) wird schon bei einem Kreise von 57 mm Durchmesser linear $^1/_2$ mm gross, in

Drittelgrade bei 17 cm Durchmesser. während die Theilung in einzelne Minuten (bei $^1/_2$ mm Lineargrösse) schon 342 cm Durchmesser des Kreises verlangte, — (solche Riesenabmessungen kommen auch an astronomischen Instrumenten nicht mehr vor); eine Eintheilung in Sekunden (von $^1/_2$ mm Lineargrösse) erforderte gar einen Kreis von 206 Meter Durchmesser.

Die Lineargrösse der kleinsten Theile war eben willkürlich zu $^1/_2$ mm angenommen. Mit gutem Auge trennt man unter günstigen Umständen zwei Striche dann noch, wenn ihr Abstand unter einem Gesichtswinkel von 60″ erscheint. Zu grösserer Sicherheit, auch für weniger günstige Verhältnisse passend, werde der kleinste zulässige Gesichtswinkel zu 90″ angenommen. Unter Voraussetzung einer deutlichen Sehweite von 200 mm, berechnet sich dann der kleinste mit unbewaffnetem Auge erkennbare Zwischenraum zweier Striche zu ungefähr $^1/_{15}$ mm. Würde man mit 30fach vergrösserndem Mikroskop beobachten, so dürfte der Zwischenraum auf $^1/_{450}$ mm herabsinken. Fragt man nach dem Durchmesser des Kreises, auf dessen Umfang 1″ die ebengenannte Lineargrösse hat, so findet man 91,67 mm. Wollte man die feinste Ablesung auf 5″ beschränken, so würde unter den genannten Verhältnissen ein Kreis von $18^1/_3$ mm Durchmesser ausreichen.

An den kleinen Clepscykeln (§ 252) sind Kreise von 37,2 mm Durchmesser (silbernes Fünfmarkstück 38 mm), am Umfang in 2000 Theile getheilt (0,06 mm Lineargrösse). Am grossen Clepscykel hat der Kreis 64 mm Durchmesser, ist direkt in zehntel Degrés (4000 Theile von $^1/_{50}$ mm Lineargrösse) getheilt und diese lassen sich noch in 20 Theile bringen, so dass also auf $0{,}005^d$ abgelesen werden kann. Macht man die Ablesung fünffach unabhängig, so vermindert sich der mittlere Ablesungsfehler auf $0{,}005 : \sqrt{5}$ Degrés, oder 7,2 Sexagesimalsekunden. Die technische Ausführung geschah (Mailand, la filotecnica) in der Art, dass die Kreise von sehr hartem Metall gefertigt wurden und mit einem natürlichen Diamantsplitter grösster Feinheit, Striche von nur 0,001 mm Dicke eingegraben wurden; diese sind auch noch numerirt! Beobachtung durch Mikroskop von 35—40facher Vergrösserung.

Die Untertheilung wird immer auf möglichst runde Werthe eingerichtet. So wird bei sexagesimaler Kreistheilung nicht in fünftel oder zehntel Grade getheilt, sondern nur in halbe, drittel, sechstel, selten in viertel. Und umgekehrt wird der Centesimalgrad nie gedrittelt oder gesechstelt, sondern gehälftet, gefünftelt, gezehntelt, auch wohl geviertelt.

Von besonderer Wichtigkeit ist es, die Theilungen übersichtlich zu gestalten, was durch Abstufungen in der Länge der Striche erreicht wird. Von 10 zu 10 Grad sind die längsten Striche und die Zahlen sind beigeschrieben; die den ungeraden Vielfachen von 5 Grad entsprechenden Striche sind entweder ebenso lang oder wenig kürzer, gewöhnlich entweder mit einem Punkt, Stern oder kleiner 5 ausgezeichnet. Eine merkliche Stufe kürzer sind die Striche, welche die einzelnen Grade abgrenzen. In der Fig. 129 ist die Theilung von 70 bis 75 nur nach ganzen Graden ausgeführt. Zwischen 75 und 80 ist in halbe Grade getheilt und die Halbestriche sind kürzer als die Ganzstriche. Aehnlich ist es für die Untertheilung der Grade in Drittel (zwischen 80 und 85) oder in Fünftel (die allerdings nur bei centesimalen Graden vorkommt), zwischen 95 und 100. Die Vierteltheilung wird als wiederholte Hälftung aufgefasst, die Halbgradstriche müssen noch etwas länger sein als die Viertelgradstriche (85—90). Aehnlich ist es für Sechsteltheilung (Drittelung der halben) (90—95) und für Zehnteltheilung (Fünftelung der halben), die bei Kreistheilungen nicht oft, aber sehr vielfach bei Längentheilungen vorkommt. Selbstverständlich wird eine Theilung einheitlich ausgeführt, nicht wie die in der Figur vorgeführte Musterkarte; dort ist auch der Einfachheit wegen ein gerader, statt des Kreisrandes gewählt.

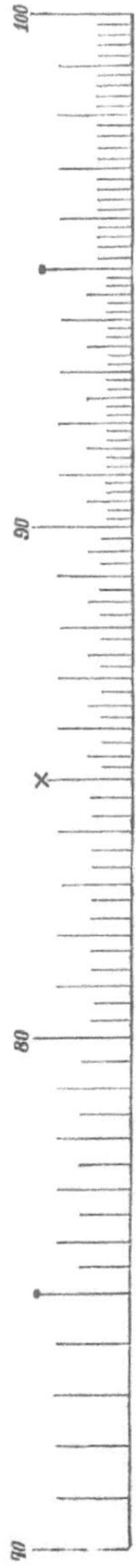

Die zweckmässige Eintheilung in Gruppen erleichtert wesentlich das Zählen. (Siehe auch § 10.)

Während sich an alten Instrumenten oft ziemlich mangelhafte Theilungen finden, sind gegenwärtig alle mechanische Werkstätten mit guten Kreistheilungsmaschinen ausgerüstet und die Theilungen neuerer Instrumente haben einen hohen Grad der Vollkommenheit erreicht. Der erste, berühmte, sehr genau getheilte Kreis wurde von Reichenbach in München mit unsäglicher Mühe und Geduld hergestellt. Das Augenmaass schärft sich durch Uebung sehr zur Beurtheilung von Theilungen. Die groben Fehler in Fig. 129 werden Jedem auffallen, 85—86, 86—87 am stärksten.

Fig. 129.

Die Kreistheilung ist gewöhnlich auf dem ebenen, rechtwinkelig zur Drehaxe verlaufenden Kreisrand oder Limbus angebracht. Angenehm zum Ablesen ist die Lage auf einer wenig geneigten Kegelfläche, wie sie besonders bei Instrumenten aus der altbekannten Werkstätte von F. W. Breithaupt und Sohn in Cassel gefunden wird. Selten (fast nur bei kleinen oder bei englischen Instrumenten, dann oft bei Schraubenköpfen) liegt die Theilung auf einem Cylindermantel oder auf einer steilen Kegelfläche.

Zur ausreichenden Beleuchtung der Theilung an der Ablesestelle hat man gewöhnlich einen kleinen Rahmen mit weissem Papier, Elfenbein, Milchglas überzogen, aufgestellt, welcher Licht auf die Theilung werfen soll und entsprechend gedreht werden kann. Oft leistet ein Stück weisses Papier, das man in der Hand hält, zur Noth die helle Hand selbst, als Reflektor gute Dienste.

Die Theilung, für die man häufig wenig gut die Bezeichnung Limbus gebraucht, kann am feststehenden Kreise angebracht sein oder auch am drehenden. Am anderen Kreise muss dann ein Anzeiger, Index (oder deren mehrere) angebracht sein, ein Strich oder ein Punkt. Gewöhnlich gehört der Indexstrich einer Nebentheilung oder entsprechender Vorrichtung an, welche den Zweck hat, noch kleinere Theile erkennen zu lassen.

In den folgenden Paragraphen werden die bei geodätischen Instrumenten üblichen Mittel angegeben werden, um noch Bruchtheile der direkten Theilung ablesen zu können. Hier soll eines Mittels Erwähnung geschehen, der planparallelen Glasplatte oder des Parallelmikrometers, welches, soviel dem Verfasser bekannt, nur bei den oben erwähnten Clepsinstrumenten angewendet, bald aber wieder aufgegeben wurde, weil man fand, durch blosse Schätzung nach dem Augenmaasse (§ 134) gleich gute Ergebnisse gewinnen zu können. Durch die zweimalige Brechung an den parallelen ebenen Grenzflächen einer Glasplatte wird ein Lichtstrahl nicht aus seiner Richtung abgelenkt, aber seitlich verschoben um einen Betrag δ Sin (i_1-i_2) : Cos i_2, wo δ die Dicke der Glasplatte, i_1 den Einfallswinkel des Strahls und i_2 den zugehörigen Brechungswinkel bedeuten, der mit dem Einfallswinkel durch die Gleichung Sin $i_1 = \mu_{12}$ Sin i_2 verbunden ist, mit μ_{12} als relativen Berechnungsexponent des Lichts für den Uebergang vom Mittel 1 = Luft in das Mittel 2 = Glas. Den Einfallswinkel i_1 darf man nicht zu gross nehmen, weil bei der schiefen Incidenz zu viel Licht durch Spiegelung verloren geht und die Verschiebung bei geringer Drehung zu stark wird. Sei als Maximalwerth 60^0 angenommen. Erfüllt die Glasplatte nicht das ganze Gesichtsfeld, so kann man neben ihr vorüber einen unabgelenkten Strich beobachten und sie soweit drehen, bis ein durch sie hindurch gesehener (abgelenkter) Indexstrich mit dem benachbarten, direkt gesehenen (nicht abgelenkten) Striche der Theilung zusammenzufallen scheint, d. h. in derselben Richtung gesehen wird.

Sei ein Kreis angenommen von nur 40 mm Durchmesser, welcher in ganze Grade getheilt ist (Haupttheilung); der Abstand der Striche berechnet sich zu $\frac{1}{9}\pi$ mm, rund $^1/_3$ mm, was der Ausführung keine grosse Schwierigkeit bereitet. Diese Theilung werde durch ein kleines zusammengesetztes Mikroskop von 30facher Vergrösserung betrachtet, dessen Objektiv nur 4fach vergrössern soll, bei 1 cm Abstand von der Theilung (also von $^4/_5$ cm Brennweite); das Okular muss dann $7^1/_2$fach vergrössern, also eine Brennweite von etwa 30 mm haben, was keine lästig starke Lupe ist. Es ist oben angegeben, das virtuelle Bild dürfe auf $^1/_{15}$ mm herabsinken, um noch sicher wahrnehmbar zu sein; es werde, grösserer Bequemlichkeit der Beobachtung halber, $^1/_{10}$ mm gross angenommen. Die wirkliche Grösse der zu erkennenden Längenunterschiede braucht für das 30fach vergrössernde Mikroskop dann nur $^1/_{300}$ mm zu sein, der hundertste Theil der zu $^1/_3$ mm angenommenen Haupttheile ist also noch erkennbar. Soll durch Drehung einer planparallelen Glasplatte um 60^0 die Verschiebung des Theilstrichs $^1/_3$ mm sein, so ist dieser Glasplatte, wenn ihr Brechungsexponent $\mu_{12} = 1{,}54$ ist, die Dicke von 0,6337 mm zu geben. Dreht man die Platte nur um 59^0, so berechnet sich die Verschiebung zu 0,32452 mm; wenn also 0,33333 mm einem Grad entsprechen, so entspricht die Drehung von 59^0 auf 60^0 einer Verschiebung von 0,00881 : 0,33333 Grad oder ziemlich nahe 95″. Um also 30″ noch messen zu können, darf die

Drehung der Platte aus 59° nur etwa $^{1}/_{3}{}^{0}$ sein. Die Drehung ist nahe der äusserst angenommenen Grenze von 60° am kleinsten. Um sie mit blossem Auge in diesem ungünstigsten Falle noch messen zu können, genügte es, unter den angenommenen Verhältnissen, an der Drehaxe der Platte einen Arm von 10 cm Länge an einem in Drittelgrade getheilten Bogen (mehr als $^{1}/_{2}$ mm Abstand der Theilstriche von einander) vorbeidrehen zu lassen. Die Theilung würde man nach beiden Seiten bis auf 60° gehen lassen.

Nun kann der Indexstrich höchstens $^{1}/_{2}{}^{0}$ vom nächsten Striche der Haupttheilung entfernt sein und wenn man durch die Drehung der Platte immer nur die Coincidenz mit dem nächsten Striche herbeiführen will, kommt man also mit der Hälfte des Berechneten aus. Man kann aber auch die Vergrösserung des Mikroskops (das angenommene ist kaum 5 cm lang) stärker wählen, den Halbmesser des Hauptkreises beträchtlich grösser und man erkennt unschwer, dass man durch das beschriebene Mittel die Untertheilung ganz gut viel weiter treiben kann.

Die drehbare Glasplatte hat zwischen der Haupttheilung und dem Objektive des Mikroskops ihren Platz zu finden; man beobachtet durch das Mikroskop, macht damit die Rohablesung, dreht die Platte, bis der durch sie gesehene Indexstrich mit dem neben der Platte vorüber gesehenen nächsten Hauptstriche zusammenzufallen scheint, liest mit blossem Auge an der zweimal 60° umfassenden Hülfstheilung die Grösse der Drehung ab und berechnet das Intervall. Dass man Tabellen für den gegebenen Apparat anlegen oder auch die Hülfstheilung so einrichten kann, um unmittelbar die kleinsten Bruchtheile der Winkel, — oben 30″ — ablesen zu können, ist selbstverständlich.

§ 131. **Nonius oder Vernier.** Die kleinsten Stücke oder Einheiten der Haupttheilung sollen Hauptth eile, die der Nebentheilung aber Nebentheile genannt werden. Auf der Nebentheilung sei die Strecke von (n—1) Haupttheilen in n gleiche Theile gebracht. Der Unterschied der Länge H eines Haupttheils und der Länge N eines Nebentheils ist dann $H - N = H - \frac{n-1}{n} H = \frac{1}{n} H$. Dieser Unterschied heisst die Noniusangabe und beträgt den sovielten Theil eines Haupttheils als der Nonius (die Nebentheilung) Theile hat, — abgesehen von den noch zu erwähnenden Ueberstrichen oder der Excedenz. Haupt- und Nebentheilung liegen so aneinander, dass ein Strich der einen Theilung genau als Fortsetzung eines Striches der andern Theilung erscheinen kann. Man sagt, solche Striche coincidiren. Coincidenz kann jeweils nur für ein Paar Striche bestehen. Denn die nächsten Nachbarn weichen um eine Nonienangabe, nämlich die Differenz der Länge eines Haupt- und eines Nebentheils, von einander ab und zwar, wie leicht einzusehen, nach entgegengesetzten Richtungen. Die zweiten Nachbarn weichen um zwei, die dritten Nachbarn um drei Nonienangaben von einander ab u. s. w. Die Coincidenz wird daran zu prüfen und erkennen sein, dass die Abweichungen symmetrisch um die Stelle des Zusammenfallens geordnet sind. Zwei beinahe zusammenfallende Striche sehen aus wie eine bayonettförmig gebrochene Linie und die Einrückung ist desto merklicher, je grösser die Abweichung ist, sie ist doppelt, dreifach .... wenn diese zwei, drei ... Nonienangaben beträgt.

Wenn nun, vom Indexstriche oder Nullpunkt der Nebentheilung aus gezählt, der k^{te} Noniusstrich mit einem Hauptstriche genau zusammenfällt, so wird der $(k-1)^{te}$ um 1, der $(k-2)^{te}$ um 2, der $(k-3)^{te}$ um 3 .... der 0te um k Nonienangaben abweichen von jenem Nachbarstrich auf der Haupttheilung, welcher vom Index oder Noniusnullpunkt in Richtung der abnehmenden Ordnungszahl der Nonienstriche liegt. Nimmt in dieser Richtung auch die Bezifferung der Haupttheilung ab, so steht der Index bei dem kleineren durch die Rohablesung gefundenen Werthe der Haupttheilung, vermehrt um das Produkt der Nonienangabe in die Ordnungszahl des coincidirenden Noniusstriches. In der Figur 130 ist die Rohablesung $22^0\ 40'$ und etwas mehr, oder zwischen $22^0\ 40'$ und $23^0\ 00'$. Der sechste Theilstrich coincidirt, der siebente und der fünfte weichen gleichviel nach entgegengesetzten Seiten von ihrem benachbarten Hauptstrich ab, ebenso, aber um den doppelten Betrag, der achte und der vierte u. s. w. Es sind also noch sechs Nonienangaben zu der Rohablesung zu addiren. Wäre die Nonienangabe $= 2'$, so wäre $6 \cdot 2' = 12'$ zu addiren und der Index stünde bei $22^0\ (40 + 12') = 22^0\ 52'$.

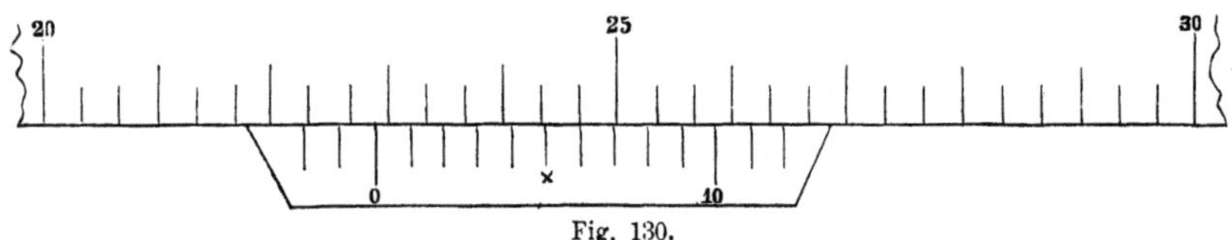

Fig. 130.

Die beschriebene Art von Nonius heisst der nachtragende, weil die Noniustheile an Grösse hinter jenen der Haupttheilung zurückbleiben. Für den nachtragenden Nonius hat man die Regel: die Nonientheile werden von ihrem Nullpunkt aus in derselben Richtung gezählt wie die Haupttheilung. Man ermittelt, der wievielte Noniusstrich mit einem Striche der Haupttheilung coincidirt (es ist ganz gleichgültig, was an dieser Stelle der Haupttheilung für eine Zahl steht) und addirt zur kleineren Rohablesung der Stellung des Noniusnullpunkts (Indexes) so viel Nonienangaben als zwischen Noniusnull- und Coincidenzpunkt Nonientheile liegen.

Bei Kreistheilungen kommt wohl ausschliesslich der nachtragende Nonius vor, sonst aber auch der vortragende, bei welchem n Nebentheile der Länge von $(n + 1)$ Haupttheilen entsprechen, die Nebentheile also grösser als die Haupttheile sind. Für den Gebrauch ergibt sich: die Angabe ist (wie im vorhergehenden Falle) der sovielte Theil des Haupttheils, als der Nonius Theile hat (ohne die Uebertheilung oder Excedenz), die Bezifferung des vortragenden Nonius hat aber im entgegengesetzten Sinne wie jene der Haupttheilung zu laufen. Zur kleineren Rohablesung ist zu addiren die Bezifferungsnummer des coincidirenden Noniusstrichs mal der Angabe.

Die Nonienangabe wird immer auf einen runden Werth eingerichtet. Bei direkter Theilung im Drittelgrade wird man z. B. 20 Nonientheile (auf 19 Haupttheile) nehmen, demnach die Angabe $\frac{1}{20} \cdot \frac{1}{3}^0 = \frac{1}{20} \cdot 20' = 1'$ erhalten; oder man wird auch 40 Nebentheile auf 39 Haupttheile wählen, die Angabe also $\frac{1}{40} \cdot \frac{1}{3}^0 = \frac{1}{2}'$ haben u. s. w. Nie wird man z. B. 23 Nebentheile gleich 22 Haupttheilen machen.

Auch die Nonientheilung ist gruppenweise ausgeführt, durch Abstufung der Strichlänge und dadurch das Zählen der Noniustheile wesentlich erleichtert. Die Gruppirung der Nebentheile ist in Fig. 130 aber weggelassen. Als Anzahl der Noniustheile gelten nur die zwischen dem Nullstriche und einem anderen längeren, nahe am anderen Ende; die Ueberstriche, 2 oder 3 auf jeder Seite, werden nicht mitgezählt. Sie sind überhaupt nur da, um, wenn in der nächsten Nähe des Null- oder des andern Endpunkts der Nebentheilung ein Theilstrich coincidirt, die Symmetrieverhältnisse prüfen zu können. Der Nullpunkt und der Endpunkt (also die Grenzpunkte der Nebentheilung abzüglich der Uebertheilung) werden gleichzeitig coincidiren, ebenso der 1., 2. etc. Ueberstrich vor Null und der 1., 2. etc. vor Endstrich, oder der 1., 2. etc. Ueberstrich nach dem Endstrich und der 1., 2. etc. nach Null. Die Zählung (am besten gruppenweise zu bewirken) der Noniusstriche, ausschliesslich der Ueberstriche, lässt die Noniusangabe berechnen.

Die Gruppirung und Bezifferung der Nebentheile ist angepasst den Werthen der Produkte aus Ordnungszahl in Angabe. Ist letztere z. B. $\frac{1}{3}'$ oder $20''$, so erfolgt die Gruppirung der Noniusstriche zu 3, ferner bilden wieder 5 solcher Gruppen von je $1'$ eine höhere Gruppe von $5'$ u. s. f. Beim zwölften Noniusstriche steht in diesem Falle nicht die Zahl 12, sondern 4, nämlich $12 \cdot \frac{1}{3}' = 4'$. Coincidirt der 17. Noniusstrich, so ist zur Rohablesung $17 \cdot \frac{1}{3}' = 5'\,40''$ zu addiren. Dementsprechend ist die Bezifferung der Nebentheilung derart, dass der 17. Strich der zweite ist in der 6. Gruppe, d. h. der zweite nach der Stelle, wo 5 hingeschrieben ist und das ist aufzufassen: zur Rohablesung muss addirt werden $5'$ und 2 Angaben, d. i. $5\frac{2}{3}' = 5'\,40''$. Den Anfänger verwirrt manchmal diese zu grösserer Bequemlichkeit eingerichtete Bezifferung; er mag zunächst die Ordnungszahl des coincidirenden Strichs durch Abzählen (Gruppenbenutzung dabei) finden, die Multiplikation mit der Angabe ausführen, auf die höheren Einheiten reduziren und damit die Bezifferung leicht verstehen lernen.

An Höhenkreisen kommt es oft vor, dass die Bezifferung vom Nullpunkte aus nach zwei Richtungen geht, also: ... 5 4 3 2 1 0 1 2 3 4 5 ... Dann wendet man einen Doppelnonius an, d. h. zwei nebeneinander mit gemeinsamem Nullstrich, die Zählung hat allemal an jenem zu erfolgen, dessen Bezifferung (nachtragenden Nonius vorausgesetzt) mit jener des benutzten Theils der Hauptteilung in gleichem Sinne ist.

Den kleinsten Bruchtheil, den man noch messen will, muss man natürlich noch deutlich sehen können. Im allgemeinen wird der Gesichtswinkel nicht unter 90″ angenommen werden dürfen, wenn auch in einzelnen Fällen bei kleinerem Winkel eine Unterscheidung noch möglich ist. Die Vergrösserung der Lupe, mit welcher man den Nonius abliest, darf nicht mehr als 10fach sein (§ 141), unter dieser Annahme und der einer deutlichen Sehweite von 200 mm berechnet sich aus

$$\mathrm{Tg}\ 90'' = 10\ \pi\ \mathrm{d} : 360\ .\ 60\ .\ 3\ .\ 200$$

der Durchmesser d des Kreises, an welchem noch Drittelminuten (20″) abgelesen werden sollen, zu 180 mm. Diese Abmessung wird bei geodätischen Instrumenten meist nicht viel überschritten. Anwendung eines zusammengesetzten Mikroskopes (siehe § 133, 134) gestattet feinere Ablesungen bei nicht grösseren Kreisen, genügend gute Ausführung der Theilung vorausgesetzt. Es ist einleuchtend, dass die Ungenauigkeit der Haupttheilung nicht bis zum Betrage des kleinsten noch zu messenden Bruchtheiles ansteigen darf.

Die Leistung des Fernrohrs muss der angestrebten Genauigkeit der Richtungsbestimmung oder Winkelmessung angepasst sein (§ 136).

§ 132. **Ablesen an Theilungen.** Erstes Geschäft ist die Untersuchung, wie gross ist der kleinste Hauptheil oder wie weit geht die direkte Theilung, wobei zu beachten, ob Sexagesimal- oder Centesimal-Theilung, was an der höchsten vorkommenden Bezifferungszahl 360 (bezw. 180 oder 90) oder 400 (bezw. 200 oder 100) erkenntlich. Zweites Geschäft: Ermittelung der Nonienangaben, d. i. Zählung der Noniustheile, ausschliesslich der Uebertheile. Es ist nicht nöthig Anfang und Ende der Nebentheilung zur Coincidenz mit Hauptstrichen zu bringen und dann erst zu zählen. Drittes Geschäft: Rohablesung und deren Aufschreibung. Dabei thut man gut sofort zu schätzen, welcher Bruchtheil (z. B. ob mehr oder weniger als die Hälfte etc.) eines Hauptheils zur Rohablesung zu kommen hat. Diese Schätzung erleichtert das vierte Geschäft: Aufsuchen der Coincidenz, da man weiss, in welcher Gegend diese zu finden ist. Zunächst wird man mehrere Striche sehen, welche ziemlich gut zu coincidiren scheinen; man erkennt durch Prüfung der Symmetrieverhältnisse in den Abweichungen, welcher von den vermutheten Strichen am vollkommensten coincidirt. Man kann, wenn man will, damit beginnen einen Theilstrich ins Auge zu fassen, der entschieden nach links abweicht und dann einen, der entschieden nach rechts abweicht, zwischen diesen muss der coincidirende gelegen sein. Durch solches Vorsuchen verengt man immer mehr das Feld, auf dem der fragliche Strich zu finden ist (§ 10).

Möglicherweise stimmt gar kein Noniusstrich ganz genau mit einem Hauptstriche. Dann lassen sich aber zwei finden, der k^{te} und der $(\mathrm{k}+1)^{\mathrm{te}}$, die weniger abweichen als alle andern; es sind dann mehr als k und weniger als (k + 1) Nonienangaben zu addiren und bei einiger, durch Uebung erreichbaren Geschicklichkeit, lässt sich sogar noch schätzen, welcher Bruchtheil einer Angabe mehr als k Angabe zu wählen ist.

Der Nonius wird weniger oft mit unbewaffnetem Auge als mit einer

Lupe beobachtet und, wie schon erwähnt, ist die Feinheit der Theilstriche der Stärke der Vergrösserung anzupassen. Zu vermeiden ist bei feineren Beobachtungen die Parallaxe. Zwar bringt man Neben- und Haupttheilung so dicht als möglich aneinander, aber gleichwohl ist einige Parallaxe möglich. Man mache sich zur Regel: der coincidirende Noniusstrich soll in der Mitte des durch die Lupe gebotenen Gesichtsfeldes stehen. Sehr empfehlenswerth ist ein mit der Lupe verbundener Zeiger. Sieht man diesen in der Richtung der coincidirenden Striche, so steht die Lupe richtig und Parallaxe ist nicht zu befürchten. Leider ist diese gute Einrichtung wenig im Gebrauch.

Ein nicht selten vorkommender Construktionsfehler ist die Nonienangabe kleiner zu machen, als mit der benutzbaren Vergrösserung noch sicher zu erkennen ist. Dann bleibt man hinsichtlich der Coincidenz immer im Zweifel bei verschiedenen Strichen.

§ 133. **Ablesemikroskop mit Mikrometerschraube.** Ein zusammengesetztes Mikroskop (vergl. § 135) ist so gegen die Theilung gerichtet, dass diese deutlich und stark vergrössert gesehen wird. In der Ebene, in welcher das reelle Bild der Theilung entsteht, ist ein feiner Faden (oder ein Doppelfaden oder ein Fadenkreuz) angebracht. Er ist auf einem Rähmchen ausgespannt, welches in Schlitten geführt ist und mittelst Mikrometerschraube verschoben werden kann, längs der Theilung, — bei Kreistheilungen tangential. Statt des Fadens kann auch ein feiner Strich auf planparallelem Glasplättchen dienen. Die sehr sorgfältig gearbeitete Mikrometerschraube hat ihre Mutter in einem Knopfe, der sich drehen, aber der Okularfassung nicht nähern noch von ihr entfernen lässt. Durch Drehen dieses Knopfes muss also die Schraubenspindel (ihrer Axe parallel) vorwärts gehen; sie drückt gegen den Schlitten und schiebt diesen vorwärts, wobei eine Spiralfeder zusammengedrückt wird. Beim entgegengesetzten Drehen geht die Spindel zurück und die Spiralfeder schiebt den Schlitten nach, so dass dieser immer in Berührung mit dem Spindelende bleibt. An dem Knopfe (der Schraubenmutter) ist eine grössere Trommel befestigt, deren Umfang in 100, oder 60 oder n gleiche Theile getheilt ist. Sie gleitet an einem feststehenden Zeiger vorüber und es lassen sich somit bequem die 100tel, 60tel oder ntel Schraubenumdrehungen ablesen, d. h. es lässt sich finden, um wieviele 100tel, 60tel, ntel Ganghöhen der Faden auf dem Schlitten verschoben worden ist. Um die ganzen Umdrehungen der Schraube nicht beim Drehen zählen zu müssen, ist im Okulartheile des Mikroskopes, so dass er durch das Okular deutlich gesehen wird, ein feiner Rechen feststehend angebracht, gebildet aus spitzen Zähnen, deren Abstand von einander je eine Schraubenganghöhe ist. Einer dieser Zähne ist ausgezeichnet (Nullzahn), gewöhnlich durch ein feines Loch. Er (welcher im Mikroskop feststeht, nicht durch die Mikrometerschraube bewegt wird) dient als Index, in ähnlicher Weise wie der Nullstrich des Nonius. Die Trommeltheilung ist so eingerichtet, dass der Zeiger auf Null steht, wenn der Faden gerade auf der Spitze des Nullzahnes (oder eines anderen Zahnes) steht.

Man denke den Faden auf den Nullzahn gestellt (Trommelablesung ist Null). Im Mikroskope wird der Faden erscheinen zwischen zwei Strichen der Theilung, z. B. zwischen 17° 30′ und 17° 40′ (es ist Theilung von 10′ zu 10′ vorausgesetzt) und es ist zu ermitteln, wie weit von 17° 30′ der Index oder der Faden in seiner gegenwärtigen Lage steht. Zu diesem Behufe wird zunächst am Rechen abgelesen, wie viel ganze Schraubenumdrehungen zu machen sind, um den Faden auf den Strich 17° 30′ zurückzuführen, sei z. B. 6 und noch ein Bruchtheil. Man schraubt nun den Faden bis zur genauen Deckung mit dem Strich 17° 30′, und liest an der Trommel ab, z. B. 85 Hundertel. Dann hat man also zu der Rohablesung von 17° 30′ noch 6,85 mal den Werth einer Schraubenumdrehung zu addiren. Ist die Schraube so eingerichtet, dass 10 ganze Umdrehungen den Faden von einem Theilstrich (im Bilde) auf den andern führen, also 10′ zurücklegen lassen, so ist der Umdrehungswerth $= \frac{10}{10}' = 1'$, also die Feinablesung im Beispiel 17° 30′ + 6′,85 = 17° 36,85′ = 17° 36′ 51″. In diesem Falle wäre die Theilung der Trommel in Sechzigtel bequemer, statt 85 Hundertel würde man 51 Sechzigtel gelesen haben; die Zahl der Zähne gibt die zu addirenden Minuten, die Ablesung an der Trommel gäbe die Sekunden sofort. Die Trommeltheile sind gross genug, um noch eine Schätzung ihrer Bruchtheile zu gestatten; hätte man durch Schätzung 51,3 gelesen, so wäre 17° 36′ 51,3″ die endliche Ablesung. Zu erinnern ist, dass die Bruchtheile der Sekunden, ja die Sekunden selbst anzugeben nur dann einen vernünftigen Sinn hat, wenn diese kleinen Strecken noch sicher mit dem Auge erkennbar sind (Feinheit der Theilung, genügende Vergrösserung des Mikroskops) und die Einstellung des Apparats überhaupt jene Feinheit gestattet. Statt des Rechens, der zur Bestimmung der ganzen Schraubenumdrehungen dient und des Nullzahns, auf welchem anfangs immer der Faden eingestellt sein muss, benutzt man auch folgende Einrichtung. Auf dem Glasplättchen, welches an Stelle des Fadens einen feinen Strich (oder zwei eng beieinander stehende Striche, deren Mitte zu nehmen ist) hat, ist noch eine Skala aufgetragen, deren Striche eine Schraubenganghöhe von einander entfernt sind (wie die Zähne des Rechens). Ferner ist unverrückbar im Mikroskop und im Gesichtsfeld stehend ein Index, in der Regel die Spitze eines einzigen Zahnes. Auf diesen ist bei Beginn der Messung der Nullstrich der Skala, welcher mit dem längeren Strich (Doppelstrich) zusammenfällt, zu stellen. Man macht, wie oben die Rohablesung, 17° 30′, findet, dass zwischen dem Striche 17° 30′ und dem Nullstriche der Glasplatte noch 6 und etwas mehr Theile der Skala liegen, also 6 ganze Umdrehungen der Schraube und noch ein Bruchtheil, der an der Trommel abzulesen sein wird, zu addiren sind. Der ganze Unterschied beruht darin, dass die Skala, welche die ganzen Umdrehungen misst, beim Verschieben des den Faden ersetzenden Strichs mitgeht.

Es ist natürlich wünschenswerth die Schraubenganghöhe genau gleich einem einfachen Bruchtheile vom Abstand zweier Striche der Theilung, wie er im reellen Bilde erscheint, zu haben; im Beispiel $= \frac{1}{10}$, weil andernfalls die Rechnung unbequem wird. Jedenfalls prüft man, wieviel ganze

Umdrehungen zu machen sind, um den Faden von einem Theilstrich auf das Bild des nächsten überzuschlitten.

Bei grossen und ganz feinen Instrumenten kann noch Befreiung von etwaigen Theilungsfehlern stattfinden. Man stellt den Faden auf den einen (rückwärtsliegenden) Theilstrich ein, wozu r Umdrehungen erforderlich sind. Dann auch auf den nächsten, vorwärtsliegenden Theilstrich, wozu (von der Anfangslage an) v Umdrehungen nöthig. Ist alles genau richtig, so muss $r + v$ gleich der ganzen Zahl (10 im Beispiel) von Schraubenumdrehungen sein, die Trommelablesung also bei den Einstellungen auf beide Theilstriche dieselbe sein. Hätte man statt 10 aber $10 + x$ Umdrehungen nöthig, um den Faden von dem rückwärtsgelegenen auf den vorwärtsgelegenen Theilstrich zu schieben, so ist statt $\frac{r}{10}$ mal dem Werthe eines Hauptheils $\frac{10}{10 + x} \cdot r$ dieser Haupttheil zu addiren. x heisst der Run und kann positiv oder negativ sein.

Beispiel. Rohablesung $49^0\,25'$. Werth eines Haupttheils sei $5'$. $r = 8{,}27$, $v = 1{,}86$, also $r + v = 10{,}13$. Feinablesung:

$$49^0\,25' + 5' \cdot \frac{10}{10{,}13} \cdot 8{,}27 = 49^0\,29',0819 = 49^0\,29'\,04{,}914''.$$

Meist ist die Schraubentheilung so eingerichtet und beziffert (Theilung in 60tel, 100tel etc.), dass man ohne Rechnung die Sekunden und Minuten erhält.

Um dem nachtheiligen Einfluss eines todten Ganges, den die Schraube haben könnte, vorzubeugen, empfiehlt es sich, die letzte endgültige Einstellung immer durch gleichsinnige Drehung der Schraube, z. B. rückwärts auf den vorhergehenden Theilstrich zu bewirken.

Die Ablesung mit dem Mikroskope (siehe auch § 134) ist viel bequemer als die mittelst Nonius und hat neben grösserer Feinheit auch den Vortheil grösserer Sicherheit (Parallaxvermeidung u. s. w.) für sich.

Das Gesichtsfeld des zusammengesetzten Mikroskops ist sehr klein und um immer einen bezifferten Theilstrich zu erblicken, wird man alle, oder wenigstens je den dritten Theilstrich mit ganz klein und fein ausgeführter Bezifferung versehen. Das geschieht an neueren Apparaten (z. B. von Breithaupt), ist aber kostspielig. Man kann auch seitlich vom eigentlichen Index in constanter Entfernung davon einen Hülfsindex anbringen, dessen Stellung gegen die Theilung mit einfacher Lupe beobachtet wird. Weiss man, der Hülfsindex steht 1^0 hinter dem eigentlichen, so ist zu der mit der Lupe gemachten Rohablesung des Hülfsindex noch 1^0 zu addiren. Dieses Verfahren ist nicht nur etwas umständlich, sondern nöthigt auch die Striche so dick zu machen, dass sie durch die schwächere Lupe mit grösserem Gesichtsfeld noch deutlich erkennbar sind. Man hat wohl auch eine zweite, dicker gezogene Hauptheilung nur für die Rohablesung am Hülfsindex angebracht; dann werden aber auch die Kosten vermehrt. — Bei den Ablesungen kommen schliesslich doch nur Differenzen zur Verwerthung, wesshalb es gleichgültig ist, ob man den Abstand des Hülfsindex vom Hauptindex genau kennt oder nicht. Nur unveränderlich muss er sein.

Für zweckmässige Beleuchtung der Theilung muss Sorge getragen werden; sie muss um so stärker sein, je stärker die Vergrösserung des Mikroskops. Die früher erwähnten Blendrähmchen genügen da nicht mehr. Am Mikroskop ist in der Nähe des Objektivs ein hohler, gewöhnlich innerlich mit Gyps überzogener, halbcylindrischer Schirm drehbar angebracht, den man so wendet, dass er möglichst viel zerstreutes Licht auf die betreffende Stelle der Theilung reflektirt. In Fig. 160 sieht man drei solcher Schraubenmikroskope, an den zwei zur Ablesung des Horizontalkreises dienenden auch die Beleuchtungsvorrichtung.

Das Ablesemikroskop mit Schraubenmikrometer kommt nur bei den grösseren geodätischen (sehr häufig bei astronomischen) Instrumenten vor. Es gestattet eine weitergehende Untertheilung als die Nonien, aber es ist kostspielig und was das schlimmere ist, beansprucht viel Raum, welcher oft fehlt.

§ 134. **Vereinfachtes Ablesemikroskop statt Nonius.** Das kostspielige und sperrige Schraubenmikrometer entfällt. In der Ebene, in welcher das reelle Bild der Hauptheilung entsteht, liegt ein fein getheiltes dünnes Glasplättchen (Hensoldt, Zeitschr. f. Vermessungswesen, VIII. Bd. (1879) S. 497) oder ein bis zur Kante getheiltes, das halbe Gesichtsfeld einnehmendes Silberplättchen (M. Schmidt, a. a. O. S. 505), welches nur ein Hauptintervall untertheilt, z. B. in 10 oder 20 gleiche Theile. Durch das Okular sieht man gleichzeitig diese Hülfstheilung und einige Striche der Hauptheilung deutlichst. Einer der Striche der ersteren ist gekennzeichnet und dient als Index. Im Beispiele, das die Figur versinnlicht, ist die Rohablesung: Index ×——× steht zwischen 18°30′ und 18°40′. Man erkennt weiter sofort, dass der Index um etwas mehr als drei Untertheile, hier also Zehntel von 10′ absteht von 18° 30′ und schätzt, wofür man durch Uebung bald grosse Sicherheit erlangt, dass jenes Mehr 0,4 beträgt. Die vollständige Ablesung ist also 18° 33,4′.

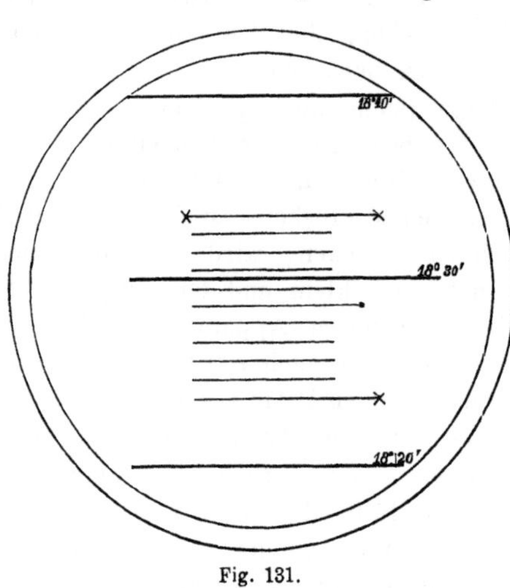

Fig. 131.

Man kann die Untertheilung ganz wohl nach Zwanzigtel ausführen und mit Hülfe der Schätzung von zehntel Untertheilen, auf $^1/_{200}$ Haupttheil angeben.

Bei gewöhnlicher Ausführung erscheinen die Striche der Hauptteilung 10 bis 12mal so breit als jene des Mikrometers, da die ersteren nicht nur durch das Okular, sondern auch durch das Objektiv vergrössert werden. Man wird immer auf die Mitte der verbreiterten Striche oder immer auf denselben Rand beziehen, immerhin bleibt die starke Verbreiterung unangenehm. Abhülfe wird durch Verfeinerung der Striche der Haupttheilung, die man nie mit blossem Auge, sondern immer nur durch das Mikroskop zu beobachten braucht, geboten. Mechaniker Hensoldt gibt an, die Hauptstriche so fein herstellen zu können, dass sie nur 3 bis 4 mal so breit erscheinen als die Mikrometerstriche, die bei einer Dicke von $^1/_{250}$ bis $^1/_{260}$ mm noch sehr deutlich gesehen werden sollen.

Das beschriebene Schätzungsmikroskop hat grosse Vorzüge vor den Nonien, namentlich ist die Parallaxe sicher vermieden und wird Zeit erspart, während die Anwendung der leicht beschädigbaren Schrauben-Ablesemikroskope eher mehr Zeit beansprucht als die Nonienablesung, aber allerdings sicherer, angenehmer und genauer ist. Wesentlich ist noch, dass die vereinfachten Ablesemikroskope sehr kurz gemacht werden können, also nicht sperrig sind. Einschliesslich des Beleuchters (wie beim Schraubenmikrometer-Mikroskop eingerichtet) 6 cm lang bei 50facher Vergrösserung.

Die Grösse, unter welcher die Mikrometertheile erscheinen, muss ein einfacher und genauer Bruchtheil der scheinbaren Grösse der Hauptheile sein. Das hängt ab von der wirklichen Grösse beider Theilungen und von der Objektivvergrösserung der Hauptheile. Es gibt verschiedene Möglichkeiten das verlangte Verhältniss herzustellen *), am zweckmässigsten ist es, in der mechanischen Werkstätte die Stellung des Objektivs gegen die Theilung unveränderlich fest, so zu machen, dass das reelle Bild der Theilung in der Ebene des Mikrometers erscheint und das verlangte Verhältniss besteht. Der einzelne Beobachter hat nur das Okular, ein Ramsden'sches oder einfaches, ohne Mitbewegung des Mikrometers, für sein Bedürfniss zu schieben.

ζ. Beobachtungsfernrohr.

§ 135. **Objektiv und Okular.** Fernrohr und zusammengesetztes Mikroskop haben das Gemeinsame, dass durch eine Sammellinse, das Objektiv, vom Gegenstande ein reelles Bild entworfen wird und dieses durch eine Sammellinse oder eine Zusammenstellung solcher, das Okular, betrachtet wird, derart, dass von dem hinsichtlich seiner Stellung zum Gegenstande verkehrten reellen Bilde ein virtuelles (nicht abermals umgekehrtes) vergrössertes Bild in der deutlichen Sehweite des Beobachters entsteht. Es gibt Fernrohre mit Bild umkehrendem Okular, durch die man die Gegenstände in ihrer richtigen Lage sieht, solche (das galiläische und das sogen. Erdfernrohr) finden aber keine Verwendung als Beobachtungs- oder

---

*) Bohn. Ueber die Berichtigung des vereinfachten Ablese-Mikroskopes für Theilungen. Zeitschr. für Instrumentenkunde, 4. Jahrgang 1884, S. 87.

Messfernrohre und die Betrachtung bleibt desshalb beschränkt auf die, verkehrte Bilder liefernden, sogen. astronomischen Fernrohre.

Eine einfache Sammellinse gibt reelle Bilder, die mit zwei Abweichungen, jener wegen der Kugelgestalt und der farbigen (sphärischen und chromatischen Aberration) behaftet, desshalb undeutlich sind. Der erstern wird vor allem durch Beschränkung der Oeffnung (es darf immer nur ein kleiner Theil einer Kugeloberfläche an den Linsen in Anwendung kommen) und durch Auswahl der besten Gestalt, die vom Verhältniss der Krümmungshalbmesser beider Linsenseiten bedingt wird, entgegengewirkt; der Farbenabweichung durch Anfügung einer Zerstreuungslinse aus stärker zerstreuendem Stoffe (Flintglas gegen Kronglas). Es ist möglich achromatisch-aplanatische Linsen herzustellen, d. h. solche, bei welchen von der Farbenabweichung nur mehr unschädliche Reste übrig geblieben sind und die Abweichung wegen der Gestalt, praktisch gesprochen, ganz beseitigt ist. Solche Objektive werden in grösserer oder geringerer Vollkommenheit bei allen neueren Fernrohren (und Mikroskopen) verwendet. Sei erwähnt, dass Achromate von grosser Oeffnung — absolut gesprochen — bald unerschwinglich theuer werden, was zumeist in der Schwierigkeit liegt, grössere Stücke Flintglas von der für die Verwendung geforderten Gleichartigkeit herzustellen. Das reelle Bild, welches durch das Objektiv entworfen ist, mag, da ein gutes Objektiv vorausgesetzt wird, von jetzt ab als fehlerlos gelten. Betrachtet man es durch eine einfache Sammellinse, das sogen. Kepler'sche Okular, so wird das entstehende virtuelle Bild mit den zwei Abweichungen behaftet und zur deutlichen Wahrnehmung ungenügend. Die Achromatisirung und Verbesserung wegen des Gestaltsfehlers lässt sich zweckmässig am Okular nicht in derselben Art vollziehen, wie am Objektiv, weil man sonst entweder mit sehr geringer Vergrösserung vorlieb nehmen müsste oder ein sehr störend enges Gesichtsfeld erhielte. — Wegen Ausführlicherem in Betreff der Fernrohre und Mikroskope wird auf des Verfassers „Ergebnisse physikalischer Forschung" und besonders auf Abhandlungen in Zeitschr. f. Mathem. u. Physik Bd. 28 (1883) S. 129 u. Bd. 29 (1883) S. 25 u. S. 74 verwiesen, hier wird nur das Nöthigste angeführt.

Die Verbesserung des Okulars erfolgt durch Einführung einer dritten Sammellinse, die nicht achromatisch ist und den Namen Collektiv führt, während die äusserste, welche ziemlich dicht hinter das Auge gehalten wird, das Augenglas heisst. Das Collektiv wird so gewählt, dass der sphärischen Abweichung, welche es gibt, durch die chromatische des Augenglases entgegengewirkt wird und umgekehrt, so dass schliesslich zwar beide Abweichungen durch das System der zwei Linsen nicht aufgehoben, aber für den durch das Fernrohr Blickenden möglichst unschädlich gemacht sind. Man hat wesentlich zwei Arten von Okularen zu unterscheiden: positive, bei welchen das reelle Bild (durch das Objektiv entworfen) ungestört zu Stande kommt, und durch das System von Collektiv und Augenglas betrachtet wird. — Das Ramsden-Okular ist das wichtigste dieser Art. Dann negative Okulare, bei welchen die aus dem Objektive kommenden Strahlen, ehe sie sich zu dem reellen Bilde (welches fehlerlos sein würde) vereinigen, schon auf das Collektiv fallen, Ablenkung und Farbenzerstreuung erfahren und ein nicht mehr fehlerloses reelles Bild zu Stande kommt, dessen Fehler aber in gewünschtem Sinne sind, um jenen des Augenglases gegenwirken zu können. Wichtigstes negatives Okular: das Campani-Okular (auch nach Huyghens genannt). Bei der gewöhnlichen Einrichtung bestehen beide Okulare aus zwei planconvexen Linsen. Beim Ramsden ist die ebene Seite des Collektivs dem Gegenstande, die des Augenglases dem Auge zugekehrt (also die Convexseiten gegeneinander), die Brennweite des Collektivs ist $^9/_5$ mal, der Abstand beider $^4/_5$ mal der Brennweite des Augenglases gleich. Das Collektiv hat um $^9/_{25}$ f (d — e — 4 f) : (f + 2 (d — e)) hinter dem reellen Bild zu stehen, — wenn f die Brennweite des Augenglases, d die deutliche Sehweite des Beobachters und e den Abstand des Auges hinter dem Augenglase bedeuten. Beim Campani-Okular sind die convexen Seiten des Collektivs und des Augenglases, beide dem Gegenstande zugekehrt, die Collektivbrennweite ist der dreifachen, der Abstand der zwei Linsen der zweifachen Brennweite des Augenglases gleich. Das reelle Bild (durch Brechung im Objektiv und im Collektiv zu Stande gekommen) liegt in einer Entfernung f (2 f + d — e) : (f + d — e) hinter dem Collektive und dieses muss um eine Entfernung 3 f (2 f + d — e) : (f + 2 (d — e)) vor dem Orte stehen, an dem das reelle Bild durch Wirkung des Objektivs allein entstehen würde. Das Ramsden-Okular ist eigentlich eine Doppellupe, durch welche das reelle Bild betrachtet wird und ebenso ist Steinheil's achromatisches Doppelokular. Auch Kellner's orthoskopisches Okular war ursprünglich ein positives, Kellner's Geschäftsnachfolger Hensoldt verfertigt aber auch negative Okulare (wie das Campani) unter demselben Namen orthoskopisch. Die Einzelheiten der Construktion des zuletzt erwähnten Okulars ändern nach den Glassorten, sind auch nicht genügend publicirt. Der Hauptvortheil, den orthoskopische Okulare gewähren, ist nicht Vermehrung der Schärfe des Bildes, sondern Vergrösserung des Gesichtsfeldes unter sonst gleichen Umständen.

§ 136. **Länge, Vergrösserung, Helligkeit und Gesichtsfeld.** Die Entfernung, in welcher das vom Objektiv entworfene, reelle Bild hinter dem Objektive liegt, hängt ab von der Brennweite F des (zusammengesetzten, achromatischen) Objektivs und der Entfernung G des Gegenstandes, sie ist GF : (G — F). Da das Okular für denselben Beobachter eine bestimmte Lage gegen das reelle Bild haben muss, so ist es je nach der Entfernung des angezielten Gegenstandes gegen das Objektiv zu verschieben. Das Okular (ob ein einfaches Kepler'sches oder ein zusammengesetztes) ist in einer Röhre gefasst, die conaxial in eine andere geschoben ist, an deren vorderem Ende das Objektiv sitzt. Objektiv und Okular sollen gut centrirt sein, d. h. die Krümmungsmittelpunkte aller Linsenflächen sollen genau auf einer Geraden liegen. Das Okularrohr muss ausgezogen und eingeschoben werden können und damit das gut centrisch geschehe, ist eine Leiste auf dem Okularrohre angebracht, der sogenannte Stahlrücken, welcher in einer entsprechenden Nuhte des Objektivrohrs Führung findet (meist noch eine Feder eingelegt). Nicht nur bei Anwendung des Fernrohrs zum Betrachten ungleich entfernter Gegenstände muss das Okularrohr verschoben werden, sondern auch bei gleichbleibender Gegenstandsweite nach der deutlichen Sehweite d des Beobachters (und der Entfernung e seines Auges hinter dem Augenglase), wie die mitgetheilten Formeln über die Lage des Collektivs gegen das reelle Bild erkennen lassen. Bei Benutzung des Fernrohrs ist jedesmal auf die richtige Länge auszuziehen. Die Fernrohrlängen sind

bei einfachem (Kepler-)Okular

$$l_K = \frac{GF}{G-F} + f\,\frac{d-e}{f+d-e}$$

bei einfachem Ramsden-Okular

$$l_R = \frac{GF}{G-F} + \frac{f}{25}\,\frac{49(d-e) - 16f}{2(d-e)+f}$$

bei einfachem Campani-Okular

$$l_C = \frac{GF}{G-F} + f\,\frac{d-e-4f}{2(d-e)+f}.$$

Die Vergrösserungen sind:

für das Kepler-Fernrohr

$$V_K = \frac{F}{f}\left(\frac{G}{G-F}\right)^2 \frac{f+d-e}{d} + \frac{F}{f}\,\frac{fd + e(d-e)}{d(G-F)}$$

für das Ramsden-Fernrohr

$$V_R = \frac{5}{9}\,\frac{F}{f}\left(\frac{G}{G-F}\right)^2 \frac{f+2(d-e)}{d} + \frac{F}{f}\,\frac{49fd + 50e(d-e) - 16f^2 - 24fe}{45d(G-F)}$$

für das Campani-Fernrohr

$$V_C = \frac{1}{3}\,\frac{F}{f}\left(\frac{G}{G-F}\right)^2 \frac{f+2(d-e)}{d} + \frac{F}{f}\,\frac{f(d-4f) - 2e(d-e)}{3d(G-F)}$$

Gewöhnlich macht man die Angaben hinsichtlich Länge und Vergrösserung unter der stillschweigenden Voraussetzung unendlicher Gegenstandsweite ($G = \infty$) und unendlicher Sehweite ($d = \infty$) und dann sind die Ausdrücke einfach:

$$l_K = F + f,\quad V_K = \frac{F}{f};\qquad l_R = F + \frac{49}{50}f,\quad V_R = \frac{10}{9}\,\frac{F}{f};$$

$$l_C = F + \frac{1}{2}f,\quad V_C = \frac{2}{3}\,\frac{F}{f}.$$

Unter der üblichen Voraussetzung bei gleichem Objektiv also die Vergrösserung beim Ramsden-Okular $^{10}/_{9}$, beim Campani-Okular $^{2}/_{3}$ mal so gross als bei einem Kepler-Okular, dessen Brennweite f gleich jener der Augengläser der beiden andern ist; das Ramsden-Fernrohr ist sehr wenig, das Campani-Fernrohr etwas mehr kürzer als das Kepler'sche.

An Fernrohren, zumal an grösseren, ist das Objektiv der weitaus kostbarere Theil. Für den bestimmten Zweck, dem das Fernrohr dienen soll, ist meist auch eine bestimmte Vergrösserung vorgeschrieben oder gewünscht. (S. Schluss des Paragraphen). Es erscheint daher zweckmässig die Okulare zu vergleichen unter der Voraussetzung gleicher Objektive und gleicher Vergrösserung, die durch passende Wahl der Augenglasbrennweite zu erzielen ist. Es ist gar nicht möglich diese so zu wählen, dass für jede Gegenstandsweite die Vergrösserungen gleich sind, ja selbst bei gleichbleibender Entfernung hängt die Vergrösserung ab von der deutlichen Sehweite des Beobachters. Ausführlicheres hierüber ist zu finden in einer Abhandlung: Bohn „Ueber Länge und Vergrösserung, Helligkeit und Gesichtsfeld des Kepler-, Ramsden- und Campani-Fernrohrs", Zeitschr. f. Math. u. Phys. (1883) Bd. 29 S. 25—44 u. S. 74—90, wovon hier nur Auszüge gegeben werden können.

Unter der Voraussetzung unendlicher Gegenstandsweite und unendlicher Sehweite sind die Augenglasbrennweiten für Ramsden $^9/_{10}$, für Campani $^2/_3$ so gross als für Kepler zu wählen, um gleiche Vergrösserung zu erhalten; bei anderen Gegenstands- und Sehweiten sind die Vergrösserungen dann wenigstens nicht sehr verschieden. Das gleich stark vergrössernde Ramsden-Fernrohr ist etwas länger, das Campani-Fernrohr aber etwas kürzer als das Kepler-Fernrohr, die Unterschiede (Bruchtheile der Augenglasbrennweite) sind aber ohne Belang.

Die Helligkeit der gleich stark vergrössernden Kepler-, Ramsden- und Campani-Fernrohre ist fast gleich, die der Fernrohre mit zusammengesetzten Okularen sogar etwas grösser als die des einfachen, aber der Unterschied wird desto geringer, je kleiner f ist im Verhältniss zu d — e.

Als im Gesichtsfelde des Fernrohrs noch stehend, sollen nur jene Punkte gelten, von denen ein Hauptstrahl, d. i. der durch den optischen Mittelpunkt des Objektivs gegangene, noch ins Auge gelangt. Um durch astronomische Fernrohre das möglichst grosse Gesichtsfeld zu haben, muss das Auge in eine gewisse Entfernung e hinter das Augenglas auf die optische Axe gehalten werden, die unter der Voraussetzung $G = \infty$ und $d = \infty$ sich zu $f + (f^2 : F)$ berechnet. Es ist aber nicht nöthig, das Auge soweit hinter das Augenglas zu entfernen, um das ganze Gesichtsfeld auf einmal zu übersehen. Denn die Pupille (Sehöffnung des Auges) hat eine gewisse Oeffnung (veränderlich beim selben Auge mit der Helligkeit, durchschnittlich 5 mm Durchmesser) und man kann, ohne Einbusse am Gesichtsfelde zu erleiden, das Auge daher soweit vorrücken, bis die Pupillenöffnung gleich ist dem Querschnitte des aus dem Augenglase des Okulars tretenden, vom optischen Mittelpunkte des Objektivs herkommenden und nach dem „Augenpunkte" convergirenden Strahlenbündels. Für das Kepler-Fernrohr ist das Gesichtsfeld einfach ein Kegel, dessen Spitze im optischen Mittelpunkte des Objektivs liegt und dessen Grundfläche der nicht abgeblendete Theil des Augenglases ist. Aehnlich (nicht ganz so) ist es bei Fernrohren mit zusammengesetzten Okularen. Das Gesichtsfeld des gleich stark vergrössernden Campani-Fernrohrs ist grösser als das des Ramsden-Fernrohrs (gleiches Objektiv u. s. w. vorausgesetzt), wenn die Absolutwerthe der Augenglasöffnungen gleich sind. Da aber das Augenglas des Ramsden-Okulars eine grössere Brennweite (also auch grösseren Krümmungshalbmesser) hat als jenes des Campani-Okulars gleicher Vergrösserung, so kann der Oeffnungsdurchmesser, ohne schädliche Aberration befürchten zu müssen, beim Ramsden-Okular, absolut genommen, grösser als beim Campani-Okular gewählt werden. Bei gleich grosser relativer Oeffnung der Augengläser (Verhältniss zu dem Krümmungshalbmesser) ist das Gesichtsfeld eines Campani-Fernrohrs nicht grösser, sondern etwas kleiner als das eines Ramsden-Fernrohrs, gleiche Objektive, Gegenstandsweite, Sehweite und Augenabstand vorausgesetzt. Und das Gesichtsfeld des Kepler-Fernrohrs ist weitaus am kleinsten.

Auch in anderer Hinsicht, anlangend die Beseitigung der Aberrationen, ist dem Ramsden-Okular der Vorzug vor dem Campani-Okular zuzuerkennen. Dass das reelle Bild bei Ramsden vor dem Collektiv und sehr nahe demselben liegt, wird oft als ein Nachtheil desselben angeführt gegen das Campani-Okular, bei dem jenes Bild zwischen Collektiv und Augenglas und entfernter vom Collektiv liegt. Allein unter den vorkommenden Verhältnissen ist der Abstand zwischen Bild und Collektiv bei dem Ramsden-Okular wenn auch klein, doch genügend gross, um Fadenkreuz u. s. w. gut anbringen zu können. Erwägt man noch, dass bei dem Ramsden-Okular das Fadenkreuz (s. § 137) durch das ganze Okular betrachtet wird, also ebenso vollkommen scharf erscheint als das reelle Bild selbst, während es bei dem Campani-Okular nur durch das Augenglas angesehen wird, also mit beiden Abweichungen (uncompensirt) erscheint, so ist der Schluss gerechtfertigt (weitere Gründe noch §§ 137, 138) gar kein Campani-Okular zu verwenden, sondern immer das Ramsden-Okular. Gleichwohl findet man bei geodätischen Instrumenten und bei Mikroskopen das erstere häufiger als das bessere, letztere.

Noch eine Bemerkung über die Vergrösserung: Mit blossem Auge lassen sich auf die Dauer Richtungsunterschiede nur dann erkennen, wenn sie nicht geringer sind als 90″ Sollte also eine Richtung auf 1″ sicher angezielt werden können (vollkommene Mechanik vorausgesetzt), so müsste durch das Fernrohr der Gesichtswinkel verneunzigfacht werden. Aus verschiedenen Ursachen (namentlich wegen des Zitterns der Bilder §§ 295, 298) kommt bei geodätischen Instrumenten selten eine mehr als 30fache Vergrösserung durch das Fernrohr vor, und damit wäre die Genauigkeit des Zielens auf 3″, höchstens 2″ begrenzt.

Man kann nun die Frage stellen, wie breit darf höchstens der angezielte Theil eines Signals sein und wie genau muss dasselbe stehen, damit aus gegebener Entfernung eine gegebene Genauigkeit des Anzielens, — sei 3″ vorausgesetzt, — möglich wird. Um aus 1000 m Entfernung unter 3″ Gesichtswinkel zu erscheinen, darf die Breite des Zeichens (oder die Ungenauigkeit seiner Stellung) nur 0,014 m sein und um 14 mm aus 1000 m Entfernung noch sehen zu können, muss die Vergrösserung 30 angewendet werden.

§ 137. **Fadenkreuz.** Zum Beobachtungs- oder Messfernrohr wird das bisher beschriebene erst durch Einfügung des Fadenkreuzes, welches zunächst in der Gestalt zweier sehr feiner Fäden gedacht werden soll, die auf einem Metallrahmen kreuzend ausgespannt sind. Das reelle Bild eines Punktes liegt stets auf dem von ihm ausgehenden Hauptstrahl, d. h. der Geraden durch den optischen Mittelpunkt des Objektivs (siehe z. B. Bohn, Ergebnisse phys. Forsch. § 588). Ist der Durchschnitt der Fäden genau an die Stelle des reellen Bildes eines Punktes gebracht, so verdeckt er, durch das Okular gesehen, jenen Punkt und der Punkt liegt auf der Geraden vom Fadendurchschnitt durch den optischen Mittelpunkt des Objektivs. Somit ist eine Ziellinie, eine Absehrichtung des Fernrohrs gegeben. Sie ist die Gerade vom Fadenschnittpunkt durch den optischen Mittelpunkt des Objektivs.

Ein ganzer (gerader) Faden und der optische Mittelpunkt des Objektivs bestimmen eine Absehebene.

Das Fadenkreuz muss immer genau in die Ebene des reellen Bildes im Fernrohr geschoben werden. Da, wie erwähnt, das reelle Bild im selben Fernrohr eine andere Lage, je nach der Gegenstandsweite erhält, das Okular eine (allerdings mit der Sehweite des Beobachters wechselnde) bestimmte Lage gegen das reelle Bild haben muss, so wird (bei zu terrestrischen Beobachtungen dienenden Instrumenten) das Fadenkreuz mit der Okularröhre verbunden und mit dieser verschoben. Das richtige Einschieben des Okularrohrs, also auch die richtige Stellung des Fadenkreuzes, heisst das Einstellen des Fernrohrs, worunter allerdings auch noch jene Drehungen verstanden werden, die eben die Ziel-Linie oder Ebene in die richtige Lage nach dem Angezielten bringen. Das Fadenkreuz ist in der Mehrzahl der Fälle gebildet aus zwei sich rechtwinkelig schneidenden Fäden, dem Horizontalfaden (der horizontal) und dem Vertikalfaden (der vertikal stehen soll). Allein zuweilen schneiden sich die Fäden auch unter anderem Winkel und bilden ein Andreaskreuz. Oder, damit der eigentlich angezielte Punkt nicht verdeckt sei, schneiden sich drei Fäden so, dass sie ein kleines gleichseitiges Dreieck bilden, dessen nach Augenmaass (durch Uebung sehr sicher) zu nehmender Mittelpunkt die Stelle des Durchschnitts der zwei Fäden bei dem eigentlichen Fadenkreuze vertritt. Ebenso ist es, wenn zwei nahe bei einander stehende Parallelfäden die Einzelfäden des gewöhnlichen Fadenkreuzes vertreten. Meist ist aber nur der eine Faden verdoppelt und man hat nach Augenmaass mitten zwischen die Fäden einzustellen. Bei dem distanzmessenden Fernrohr (siehe §§ 230—232) kommen 4 Fäden in Anwendung, drei gleichabständige horizontale (der mittelste wäre entbehrlich) und ein vertikaler; bei astronomischen Werkzeugen kommt zuweilen eine ganze Schaar von Parallelfäden zur Verwendung (letztere der in 132 vereinigten Figuren).

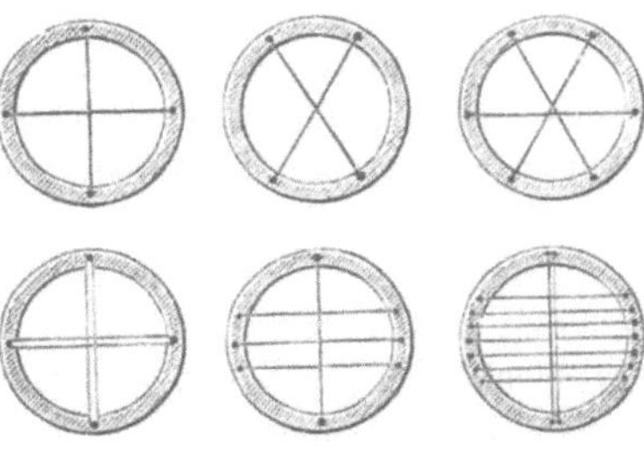

Fig. 132.

Die Handhabung der feinen Spinnefäden (auch eminent dünner Platindrähte) bei ihrer Befestigung auf der Fadenplatte ist nichts weniger als bequem, das fertige aus so feinen Fäden gebildete Kreuz oder Netz sehr leicht Beschädigungen unterworfen. Die Spinnefäden haben ausserdem den Nachtheil, durch wechselnde Feuchtigkeit schlaff zu werden, und die ganz feinen Drähte sind sehr zerbrechlich. Man hat daher dünne plan-parallele Glasplättchen mit feinen Linien versehen (mit Diamant eingeritzt oder auch aufgebrannt), welche die Fäden ersetzen. Solche Glasplättchen sind von unbegrenzter Haltbarkeit, haben aber allerdings für den Gebrauch auch manche Missstände. Sind sie nicht sehr rein, dünn und genau ebenparallelwandig, so nehmen sie Licht fort und stören das Bild; immer sind Spiegelungen vorhanden, welche stören können und namentlich bei sehr starken Vergrösserungen leicht die Striche doppelt erscheinen lassen.

Nicht nur in Fernrohren, sondern auch in Mikroskopen, welche zu Messungen dienen, kommen Fadenkreuze vor. Man wird (bei astronomischen Beobachtungen) zuweilen gestört durch Beugungserscheinungen, die an den feinen Fäden auftreten. Dies zu vermeiden, ist das Fadenbild-Mikrometer (ghost-micrometer) erfunden worden, bei welchem nicht der Faden selbst, sondern sein reelles Bild (durch Hohlspiegel oder Linsen erzeugt) an jenem Orte sich findet, an dem das reelle (vom Objektiv erzeugte) Bild des beobachteten Gegenstandes entsteht.

Man hat auch mikroskopisch kleine Photographien von Theilungen auf Glasplättchen an Stelle von Fadennetzen verwendet. Der Grund der Plättchen (Collodionüberzug) ist immer etwas trübe, was störend ist.

Bei nächtlichen Beobachtungen muss für eine künstliche Beleuchtung der Fäden Sorge getragen werden, was meist umständlich und unbequem ist. Kommt bei eigentlich geodätischen Arbeiten kaum vor. Verfasser hat vorgeschlagen, statt der Fäden feine Striche mit Leuchtfarbe auf ein Glasplättchen zu setzen; nach vorhergehender Bestrahlung durch Tages- oder Lampenlicht leuchten diese Striche stundenlang selbstständig und werden ohne künstliche Beleuchtung auf dunklem Grund sichtbar. Bei Tag, auf hellem Grund, sind sie dunkel, also auch sichtbar*).

Bei den Fadenmikrometern werden einzelne Fäden auf ihren Platten durch feine Schrauben mittelst Schlittenbewegung gegen einander verschoben (siehe § 133), auch bei Distanzmessern kommt die Einrichtung verstellbarer Fäden vor.

Die Fäden müssen, um durch die Lupe oder das Okular ganz scharf und gut gesehen zu werden, eine ganz bestimmte, von der Sehweite des Beobachters abhängige Entfernung von der Lupe haben, können also mit den Gläsern des Okulars im Okularrohre nicht unverrückbar verbunden sein, wenn nicht stets Beobachter derselben Sehweite mit dem Fernrohr (oder Mikroskop) arbeiten. Bei dem Ramsden-Okular wird einfach das ganze Okularsystem, Collektiv- und Augenglas in der Röhre

---

*) Bohn. Selbstleuchtendes Fadenkreuz. Zeitschr. für Instrumentenkunde 2. Jahrg. 1882 S. 12.

eingeschraubt und durch Drehen der festen Fadenplatte genähert oder von ihr entfernt, nach Bedürfniss. Bei dem Campani-Okular (wo die Fadenplatte zwischen Collektiv- und Augenglas im Rohre sitzt) wird am besten das Augenglas allein verschoben, bis die Fäden deutlichst erscheinen. Man hat allerdings auch die Fadenplatte selbst parallel zur Rohraxe verschiebbar gemacht, allein das ist nicht zu empfehlen. Ob man nun das Augenglas in andere Entfernung vom Collektiv stellt oder die Fäden gegen Collektiv und Augenglas verschiebt, immer leidet die Leistung des Campani-Okulars dadurch, denn diese ist am besten bei ganz bestimmtem Abstand der beiden Gläser und bei ganz bestimmter Entfernung des reellen Bildes (also auch der Fäden) hinter dem Collektiv. Also auch in dieser Hinsicht verdient das Ramsden-Okular den Vorzug.

§ 138. **Fernrohreinstellung und Parallaxe.** Bevor man zu Beobachtungen mit einem Fernrohr schreitet, ist zu prüfen, ob die Fäden in möglichster Schärfe gesehen werden. Gewöhnlich hängt mikroskopisch kleiner Staub an den Fäden, oder diese sind irgendwie ungleichartig, was nur bei der Vergrösserung und schärfster Sichtbarkeit erkennbar ist. Sobald man also solche kleine Unvollkommenheiten wahrnehmen kann (man richtet dabei das Fernrohr am besten gegen den hellen Himmel oder eine ausgedehnte weisse Wand), stehen die Fäden richtig für den betreffenden Beobachter gegen die Gläser. Sind Verbesserungen nöthig, so werden sie ausgeführt, wie am Schlusse des vorigen Paragraphen angegeben ist.

Erfahrungsgemäss wird beim Beobachten durch Fernrohr (oder Mikroskop) das Auge fast immer einer kurzen, häufig nahezu der kleinstmöglichen Sehweite angepasst. Diese, vielfach Kurzsichtigkeit erzeugende Gewohnheit ist aber keine Nothwendigkeit, dem bewaffneten Auge ist die Fähigkeit, sich verschiedene Entfernungen anzupassen, nicht genommen. Derselbe Beobachter kann bald eine grössere, bald eine geringere Sehweite benutzen, es ist also für ihn die Stellung des Okulars gegen das reelle Bild keine absolut gebotene. Der Unterschied der Abstände der Lupe (des Okulars) vom reellen Bilde, bei welchen das virtuelle Bild in der grössten oder in der kleinsten dem beobachtenden Auge noch möglichen Entfernung entsteht, heisst der Einstellungsspielraum*).

Der Einstellungsspielraum wird bei jedem Okular kleiner, wenn die Brennweite f des Augenglases kleiner und wenn der Augenabstand vom Augenglas (e) kleiner wird. Das Verhältniss der Einstellungsspielräume eines Campani- und eines Ramsden-Okulars mit Augengläsern gleicher Brennweite ist constant 25 : 9. Der Einstellungsspielraum wird verringert, wenn man durch eine Brille sein Auge weitsichtig macht. Wählt man die Zerstreuungsweite der Brille gleich der innern Sehweitegrenze, so geht dem Auge jede Akkomodationstiefe verloren (da nur parallele Strahlen

*) Bohn. Ueber den Einstellungsspielraum am Fernrohr und die Parallaxe, Zeitschr. f. Math. u. Physik (1883) Bd. 28 S. 3.

zum Bilde auf der Netzhaut vereint werden) und der Einstellungsspielraum wird Null. Eine so starke Brille ist unbequem und schädlich, weil bei ihrer Anwendung das Auge beständig dem Zwange unterworfen ist, auf die kleinstmögliche Entfernung angepasst zu sein. Zur Vermeidung dieser schädlichen Augenanstrengung wähle man die Zerstreuungsweite der Brille grösser als die innere Akkomodationsgrenze i (und so lange dieser Mehrbetrag kleiner ist als $(a - i)\, i^2 : (f + i - e)^2$, wo a die äusserste Akkomodationsweite bedeutet), wird durch Anwendung der Brille der Einstellungsspielraum noch verringert. Die meisten Beobachter nehmen, selbst wenn sie gewöhnlich Brille tragen, diese ab, wenn sie durch das Fernrohr (oder Mikroskop) sehen; allein es empfiehlt sich (aus verschiedenen Gründen) eine das Auge auf unendliche Entfernung anpassende Brille beim Beobachten vorzunehmen.

Für gleich stark vergrössernde Fernrohre mit derselben Objektivbrennweite, der gleichen Gegenstandsweite und unendlich weitsichtig gemachtem Auge ist (gleicher Augenabstand e vorausgesetzt) der Einstellungsspielraum bei Anwendung des Ramsden-Okulars

$$9\,(f + i - e) : [5\,f + 9\,(i - e)]$$

mal so gross (d. h. grösser) als bei Anwendung des einfachen Kepler-Okulars, und $3\,[f + 3\,(i - e)] : [5\,f + 9\,(i - e)]$ mal so gross (d. h. kleiner) als bei Anwendung des Campani-Okulars. Am kleinsten ist er bei einfachem Okular, das aber aus bekannten Gründen nicht angewendet wird.

Fallen Fadenkreuz und reelles Bild nicht genau in dieselbe Ebene, so können nicht beide gleichzeitig durch die Lupe in vollkommenster Deutlichkeit gesehen werden. Denn höchstens von dem einen kann das virtuelle Bild in der Anpassungsweite des Auges liegen. Wenigstens eines der virtuellen Bilder ist in einer nicht angepassten Entfernung und seinen Punkten entsprechen daher Zerstreuungskreise auf der Netzhaut des Auges. So lange diese noch recht klein sind, wird die Deutlichkeit der Wahrnehmung wenig beeinträchtigt. Die Einstellung nur auf Grund des Urtheils über gleiche Deutlichkeit des Sehens an Fadenkreuz und Bild zu bewirken, gibt keinen sicheren Erfolg. Hingegen ist ein anderes Mittel sehr zuverlässig. Fallen Fadenschnittpunkt und ein Punkt des reellen Bildes wirklich zusammen, so scheinen sie auch beisammen zu liegen, wohin immer man das Auge verschiebt, während sie aus einander treten, wenn sie nur hinter einander liegen, sobald durch Verschiebung des Auges die Betrachtung eine seitliche wird, — es tritt Parallaxe ein. Man hat die Regel: scheint das Fadenkreuz sich im **selben** Sinne zu verschieben wie das Auge (2 in Fig. 134), so liegt das reelle Bild zwischen Auge und Fadenkreuz; scheint aber das Fadenkreuz im **entgegengesetzten** Sinne verschoben wie das Auge (1 in Fig. 134),

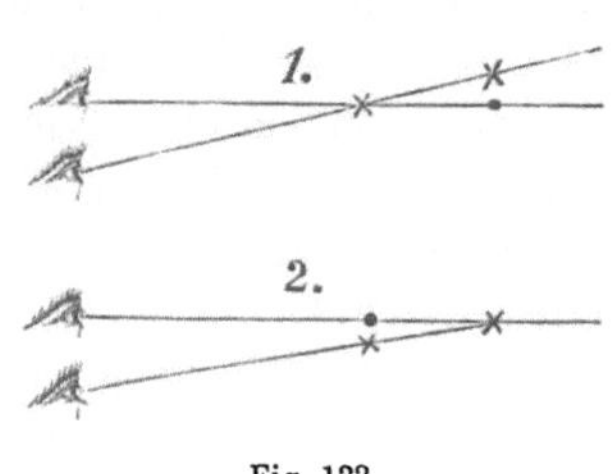

Fig. 133.

so liegt das reelle Bild weiter vom Auge ab als das Fadenkreuz. Man bewege daher das Auge vor dem Okular, sehe nach, ob das Fadenkreuz immer denselben Punkt deckt, oder ob es „tanzt“; aus dem Sinne der scheinbaren Verschiebungen lässt sich nach Vorstehendem beurtheilen, ob das Okular eingeschoben oder ausgezogen werden muss. Die Einstellung ist gelungen, wenn das „Tanzen“ aufhört. Trotz dieses guten Prüfungsmittels wird die Einstellung häufig nicht vollkommen gemacht. Es bedarf dazu vieler Geduld und einer geschickten Hand. Am schärfsten lässt sich die Einstellung aus freier Hand bewerkstelligen; die gewöhnlich am Okularrohre angebrachten Triebwerke haben einen zu groben Gang und unterliegen einer Abnutzung, die Schlottrigkeit herbeiführt. Beim Einstellen ohne Triebwerk stütze man die Ringfinger beider Hände an das Objektivrohr und packe das Okularrohr zwischen Daumen und Zeigefinger; man kann auf diese Art ausserordentlich kleine Verschiebungen ganz sicher ausführen. Den Auszug der Okularröhre durch eine excentrische Scheibe zu vermitteln, ist recht gut, jedenfalls besser als durch Triebwerk. Man findet die Einrichtung aber kaum an geodätischen Apparaten. — Statt das Okularrohr zu verschieben, kann man auch das Objektiv (mit Triebwerk oder Excentrik) in Richtung der Absehlinie verschieben; an englischen Fernrohren öfter, an deutschen selten gebraucht.

Der Einfluss, den eine Verschiebung des Okulars ausübt auf die Entfernung, in welcher das virtuelle Bild entsteht, ist am geringsten, wenn der Einstellungsspielraum am grössten ist. Und je grösser dieser, desto wahrscheinlicher wird eine Ungenauigkeit des Einstellens und desto grösser die mögliche Entfernung zwischen Bild und Fadenkreuz. Damit Parallaxenfehler in der Fernrohrbeobachtung vorkommen, muss zu der ungenauen Fadenkreuzstellung noch eine Lage des Auges ausserhalb der Absehlinie kommen. Diese ist immer zu befürchten, weil nur in Ausnahmefällen die centrale Stellung für das Auge genau und sicher zu finden ist. Die lineare Parallaxe, d. h. der Abstand des Punktes des fernen Gegenstandes, welcher vom Fadenkreuze gedeckt erscheint, von jenem, der wirklich auf der Ziel-Linie liegt, ist proportional dem Abstande des Gegenstandes vom vorderen Brennpunkt des Objektivs. Die Winkelparallaxe hingegen ist von der Entfernung ziemlich unabhängig (genau: proportional dem Abstand vom vordern Brennpunkt und verkehrt proportional dem Abstand vom optischen Mittelpunkt des Objektivs). Beide Parallaxen sind der seitlichen Verschiebung des Auges proportional, werden kleiner, wenn die Objektivbrennweite und die Okularbrennweite grösser werden.

Bei einfachem und Ramsden-Okular sind sie der Einstellungsungenauigkeit proportional, während bei Campani-Okular die Abhängigkeit von dieser Grösse weniger einfach ist. Die bei Campani-Fernrohr zu befürchtende Parallaxe ist unter sonst gleichen Verhältnissen, namentlich Voraussetzung gleicher Einstellungsungenauigkeit, sehr viel grösser als bei Ramsden- oder Kepler-Okular. Und da der Einstellungsspielraum bei Campani-Okular grösser ist als bei den andern, so wird um so mehr noch der bei Campani-Fernrohr zu befürchtende Parallaxenfehler am grössten.

§ 139. **Collimationsfehler, Prüfung und Berichtigung.** Die Absehlinie des Fernrohrs, bestimmt durch optischen Mittelpunkt des Objektivs und Fadenschnittpunkt, heisst auch die Collimationsaxe. Sie soll genau rechtwinkelig stehen zur Drehaxe des Fernrohrs, weil nur dann beim Drehen eine Ebene beschrieben wird, wie verlangt.

Je nach den Einrichtungen ist die Prüfung, ob diese Forderung erfüllt ist oder ob ein Collimationsfehler besteht, mehr oder minder bequem.

Kann das Fernrohr umgelegt (oder umgeschlagen) werden, derart, dass der Zapfen der Kippaxe, welcher eben im linken Lager ruhte, in das rechte Axenlager kommt (und umgekehrt), so ist die Prüfung am einfachsten. Man ziele einen entfernten Punkt P_1 an, bezw. stelle in der Zielrichtung einen Stab P_1 auf. Dann lege man das Fernrohr in den Lagern um (ohne die Zielrichtung in ihr Gegentheil zu verkehren). Lässt sich in der neuen Lage, während an der Stellung der Axenlager nichts geändert worden ist, das Fernrohr nicht so drehen, dass P_1 wieder angezielt erscheint, sondern ein anderer Punkt P_2, so besteht ein Collimationsfehler, dessen doppelte Grösse der Winkel $(P_1 P_2)$ ist. Der Fehler verschwindet, wenn man die Absehrichtung so abändert, dass ein Punkt P_0 genau mitten zwischen P_1 und P_2 angezielt erscheint. Bei abermaligem Umlegen muss abermals P_0 getroffen werden können, wenn der Fehler wirklich beseitigt ist. — Genau genommen wird nicht nur damit rechtwinkelige Lage der Collimationsaxe gegen die Drehaxe erwiesen, sondern auch Hälftung der letztern durch die erste; denn sonst ginge das Absehen in den beiden Lagen zwar parallel, aber doch nicht auf denselben Punkt. Ist der Punkt aber sehr entfernt, so werden auch die nahestehenden Parallelrichtungen genügend gut ihn treffen.

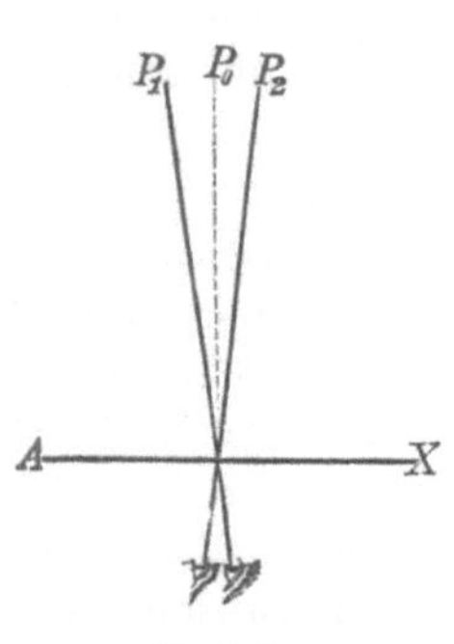

Fig. 134.

Kann das Fernrohr nicht in seinen Lagen umgelegt oder umgeschlagen werden — das ist oft nicht möglich, — so wird es zum Zwecke der Prüfung durchgeschlagen, d. h. so weit gedreht, dass der Augentheil auf die Seite kommt, auf welcher vorher der Objektivtheil sich befand. Ist Raum genug vorhanden, so kann das Durchschlagen erfolgen, während das Fernrohr in seinen Lagern bleibt, — andernfalls muss man es aus den Lagern ausheben, um seine Axe um etwa 180° drehen, dann jeden Zapfen wieder in das verlassene Lager einsetzen.

In der ersten Lage sei das Absehen ungefähr nach Norden gerichtet gewesen; man hat (Fig. 135) zwei Stäbe P_1 und Q_1 eingewinkt, ganz wie es für Abstecken von Geraden mit blossem Auge beschrieben wurde (§ 18).

Nach dem Durchschlagen, oder in zweiter Lage, geht das Absehen ungefähr nach Süden; man lässt in der neuen Richtung wieder zwei Stäbe P_2 und Q_2 aufstellen. Ist die Absehrichtung genau rechtwinkelig gegen die Drehaxe, so ist sie durch das Durchschlagen genau in ihr Gegentheil verwandelt, nämlich um 180° verdreht worden und die 4 Stäbe P_1, Q_1, P_2, Q_2 müssen mit dem Punkte C eine und dieselbe Gerade bilden, welches man in gewöhnlicher Weise prüft, meist nach Weghebung des Instruments, da dieses zu dick ist, um als Zeichen für den Punkt C, der ja entbehrlich ist, dienen zu können. Einer der vier Stäbe ist auch noch überflüssig. Es ist klar, dass der Winkel $P_1 C P_2$ von zwei Rechten um den doppelten Collimationsfehler abweicht.

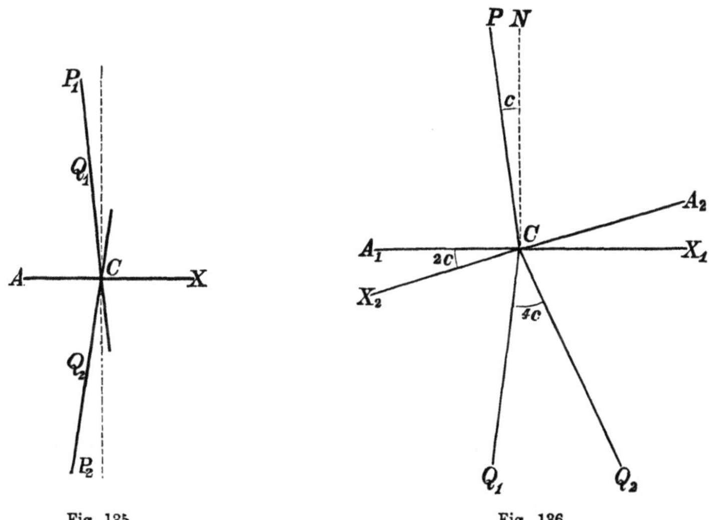

Fig. 135. Fig. 136.

Kann die Fernrohraxe (und ihre Lager) messbar eine Drehung um zwei Rechte erfahren, so dass das Ende der Kippaxe, welches eben links war, auf die rechte Seite kommt, so ziele man einen Punkt P an, schlage das Fernrohr durch, verdrehe genau um 180° und muss dann wieder auf P treffen, oder man drehe bis P getroffen ist und messe den Drehungswinkel, dessen Unterschied gegen 180° den doppelten Collimationsfehler gibt.

Ferner kann man auch einen Punkt P anzielen (Fig. 136), durchschlagen und einen Stab Q_1 in der neuen Abrichtung einwinken. Dann das Fernrohr in seinen Lagern umlegen, abermals P anzielen und wieder durchschlagen. Geht die Zielrichtung nun nicht nach Q_1, sondern nach einem andern Punkt Q_2, so ist der Winkel zwischen den Richtungen nach Q_1 und nach Q_2 das Vierfache des Collimationsfehlers.

Denn das Durchschlagen bringt die Zielrichtung nach Q_1, so dass Winkel

$A_1 C Q_1 = A_1 C P = 90^0 - c$ ist, also $P C A_1 + A_1 C Q_1 = 180^0 - 2c$ 1)

Um Richtung CQ_1 nach CP zu bringen, bedarf es einer Drehung $Q_1 C A_1 + A_1 C P = 180^0 - 2c$, wodurch die Axe aus der Lage $A_1 X_1$

in die Lage $A_2 X_2$ kommt (Winkel $A_1 C X_2 = 2c$). Beim erneuten Durchschlagen wird die Zielrichtung CP nach CQ_2 gebracht, so dass Winkel $A_2 CP = A_3 C Q_2 = 90^0 - c$ ist, also $P C A_2 + A_2 CQ_2 = 180^0 - 2c$ 2) Die Addition von 1) und 2) gibt $360^0 - 4c$ oder $Q_1 C Q_2 = 4c$.

Ein anderes Prüfungsverfahren, meist das bequemste, ist: Man stelle die Kippaxe genau wagrecht und ziele den obersten Theil einer langen senkrechten Linie, am besten eines in passender Entfernung gegen den Wind geschützt aufgehängten, langen Senkels, an und kippe dann langsam das Fernrohr abwärts: das Absehen soll beständig einen Theil des lothrechten Fadens treffen. Dann beschreibt es nämlich eine Vertikalebene, ist also rechtwinkelig zur Kippaxe (und zugleich erweist sich deren Horizontalität). Macht das Absehen einen andern als einen rechten Winkel mit der Drehaxe, so beschreibt es beim Kippen überhaupt keine Ebene, sondern eine Kegelfläche, trifft also nicht fortwährend Punkte einer und derselben Geraden.

Für die zu astronomischen Beobachtungen dienenden Fernrohre ist die Untersuchung des Collimationsfehlers mit der äussersten Peinlichkeit auszuführen. Man benutzt dazu andere Verfahren als die angegebenen, insbesondere Hülfsfernrohre, die man Collimatoren nennt. Näheres darüber ist hier nicht am Orte.

Die Berichtigung des Collimationsfehlers kann nur durch eine Verschiebung des Fadenkreuzes parallel zur Umdrehungsaxe erfolgen, da der optische Mittelpunkt des Objektivs wegen der Centrirung der Linsen unverschoben bleiben muss. Es ist nicht üblich und wäre auch nicht gut die Fäden auf der Fadenplatte zu verschieben, sondern man verschiebt die ganze Fadenplatte. Der Ring, der sie bildet, sitzt zwischen zwei Schrauben, welche das Okularrohr durchsetzen; man kann der einen, die als Druckschraube wirkt, die Mutter in der Rohrwand geben und der entgegengesetzt stehenden, die als Zugschraube dient (§ 49), die Mutter im Fadenringe anweisen, ihr Kopf steht dann am Okularrohr an, weil er zu breit ist, um durch die Oeffnung gehen zu können. Die Schrauben können auch in etwas anderer Art angeordnet sein, vorkommenden Falls ist das leicht zu verstehen.

Zur Beseitigung des Collimationsfehlers genügt eine Verschiebung parallel zur Axe, in manchen Fällen wird man aber den Durchschnittspunkt der Fäden auf die geometrische Axe des Rohrs bringen können; dafür steht der Fadenring zwischen zwei Spitzenpaaren. Und um den einen Faden wagrecht und den andern senkrecht stellen zu können (auch das ist zuweilen wünschenswerth), ist noch eine Drehung des Ringes oder einfacher des ganzen Okularrohrs (Schraubengewinde) im Objektivrohr um die geometrische Fernrohraxe möglich.

3. Der ganze Theodolit.

§ 140. **Eintheilung der Theodolite.** Der Theodolit ist unstreitig das wichtigste Geräth des Feldmessers. Mit einem vollständig ausgerüsteten Theodolit können alle Vermessungsgeschäfte ausgeführt werden, bei denen nicht unmittelbar eine zeichnende Darstellung verlangt wird.

Mit einem vollständigen Theodolit können sowohl Horizontalwinkel als auch Vertikal- oder Höhenwinkel gemessen werden. Die Ermittelung der Horizontalwinkel ist die Messung der Drehung des Fernrohrs aus einer in eine andere Vertikalebene, welche am Horizontalkreise erfolgt, während die gesuchten Vertikalwinkel Neigungen einer Absehrichtung gegen die Horizontale (Höhenwinkel) oder gegen die Vertikale (Zenitwinkel) sind, also durch die Messung der Drehung gefunden werden, die um eine horizontale (Kippaxe) dem Fernrohr zu geben ist, um aus der fraglichen Zielrichtung in die wagrechte oder lothrechte zu gelangen, was am Vertikalkreise geschieht.

Für manche Aufgaben ist die Messung der Horizontalwinkel Hauptsache und Vertikalwinkel brauchen entweder gar nicht oder nur nebenbei bestimmt zu werden. Instrumente, welche hierfür bestimmt sind, nennt man Azimutalinstrumente (Azimut siehe § 172), sie haben entweder eine einfache Vertikalaxe oder ein zweifaches Vertikalaxensystem. Ist die Messung der Vertikawinkel Hauptzweck, so heissen die Instrumente Höheninstrumente*); bei ihnen fehlt jedoch selten der Horizontalkreis, welcher Horizontalwinkel messen lässt, während bei Azimutalinstrumenten öfter der Vertikalkreis fehlt. Sollen die Höheninstrumente nur zu astronomischen Beobachtungen dienen, so ist eine doppelte Horizontalaxe unnöthig, da die Höhe der Gestirne beständigem Wechsel unterliegt, während für irdische Vertikalwinkelmessungen die (allerdings seltener vorkommende) Verdoppelung der Kippaxe von Nutzen ist. Instrumente, mit denen man irdische wie astronomische Beobachtungen anstellen kann, und welche namentlich die Beobachtung der Gestirne in jeder Lage gestatten (wozu besondere Vorrichtungen erforderlich sind), werden Universal-Instrumente genannt und pflegen ein doppeltes Axensystem sowohl für die Drehungen in der Horizontalebene als in der Vertikalebene zu haben. Die Bezeichnung Universal-Instrument wird jedoch auch häufig noch anders angewendet.

Im engeren Sinne versteht man unter Theodolit nur Azimutalinstrumente, ob sie nun einen Vertikalkreis haben oder nicht. Ausschliessliche Höheninstrumente, welche im weitern Sinne noch zu den Theodoliten gerechnet werden können und nur zu astronomischen Beobachtungen dienen, sind das Durchgangs- oder Passage-Instrument und der Mittags- oder Meridiankreis. Ersteres dient nur zur Bestimmung der Durchgangszeit (der Culminationen) der Gestirne, hat deshalb nur einen kleinen, nebensächlichen Vertikalkreis, ist genau im Meridiane, d. h. der die Erdaxe enthaltenden Vertikalebene aufgestellt. Letzterer soll auch die Höhe (oder die Höhen- oder die Zenital-Winkel) der Sterne messen lassen und hat demgemäss einen grossen Vertikalkreis, ist gleich-

*) Auch die Spiegelinstrumente, Sextanten u. dgl. (I. 3. d.) werden vorwiegend als Höhen-Instrumente verwendet.

falls streng im Meridian aufgestellt, d. h. die Kippaxe soll genau wagrecht ost — westlich verlaufen. Endlich gehört noch der Vertikalkreis oder Mauerquadrant hierher. Diese Instrumente ruhen entweder mit den Enden der Kippaxe auf festen Steinpfeilern oder sie sind tragbar, wo dann eine Säule (mit Dreifuss) das Lager der Kippaxe trägt und unten noch ein Horizontalkreis angebracht ist; die tragbaren Instrumente können auch ausserhalb des Meridians dienen. Die tragbaren Höhenmesser werden zu astronomischen Bestimmungen für geodätische Zwecke benutzt und sind daher hier zu erwähnen gewesen, näheres Eingehen auf die eigentlichen astronomischen Beobachtungen ist hier nicht beabsichtigt. (Siehe kurz darüber §§ 339 bis 341.)

Je nach dem Gebrauche, für welchen ein Theodolit bestimmt ist, unterscheidet man terrestrische und astronomische. Mit letzterem muss man sehr steil gegen den Horizont geneigt zielen können, was u. a. durch ein gebrochenes Okular ermöglicht wird. Die durch das Objektiv gegangenen Strahlen werden mittelst Reflexionsprisma rechtwinkelig abgelenkt, und man hat schliesslich in einer zur eigentlichen Zielrichtung rechtwinkeligen Richtung in das Okular zu blicken; das Reflexionsprisma ist entweder dicht am Okular, kann leicht abgenommen werden und ein geradsichtiges Okular kann an die Stelle gesetzt werden, oder das Reflexionsprisma wird von der Kippaxe geschnitten, diese ist hohl und hat an einem Ende das eigentliche Okular; man sieht also durch die Drehaxe. Man kann aber auch mit geradsichtigem Fernrohr steil aufwärts oder abwärts blicken, wenn man dasselbe excentrisch anbringt, so dass es um mehr als Halbmesser des Horizontalkreises von der Instrumentenmitte absteht. Wie sich später ergeben wird (§ 159), hindert die excentrische Lage des Fernrohrs durchaus nicht, genaue Winkelmessungen auszuführen. Nun wird aber der Theodolit auch benutzt, um Absteckungen in vorgeschriebenen Richtungen zu machen, und dabei ist centrische Lage des Fernrohrs entschieden angenehmer, während excentrische Lage Weitläufigkeit hierbei nach sich zieht. Am astronomischen Theodolit müssen Blendgläser (zu Sonnenbeobachtungen) anbringbar sein, ferner Beleuchtungsvorrichtungen für das Fadenkreuz (siehe § 137).

Bei Arbeiten unter Erde, in Tunnels, Gruben müssen die Beleuchtungsvorrichtungen ebenso wie für den astronomischen Gebrauch vorhanden sein, der Grubentheodolit hat daher viel Aehnlichkeit mit dem astronomischen, namentlich da auch mit ihm (nicht immer, aber oft) sehr steil gezielt soll werden können. In der Grube sieht man keinen Stern, noch irgend etwas anderes, welches sicher die Himmelsgegend erkennen liesse. Daher ist mit dem Grubentheodolite eine Magnetnadel (Bussole § 179 ff.) verbunden, die meist aber, bei Verwendung des Instruments ausser der Grube, abgenommen werden kann. Die Fig. 137 stellt einen Grubentheodolit von Breithaupt dar. Das Fernrohr ist excentrisch, und hier ist ausserdem noch ein gebrochenes Okular angebracht, weil schliesslich bei ganz steilem Aufwärtszielen der Kopf des Beobachters wegen der Scheibe des Stativs keinen Raum fände. Die auf der Kippaxe reitende Dose ist die Bussole, a die Arretirung für die Magnetnadel (§ 179). Das Vertikalaxensystem ist das eines Repetitionstheodoliten (§ 142); man erkennt leicht den Klemmring mit der Bremsschraube K_3 und das Mikrometerwerk M_3 für die Kippbewegung, rechts in der Figur. Fest verbunden mit der Kippaxe ist ein Alhidadenkreis, der in den eigentlichen (getheilten) Vertikalkreis eingeschliffen ist. Dieser Vertikalkreis kann an der Drehung des Fernrohrs nicht theilnehmen, weil eine aus ihm hervorgehende Nase N

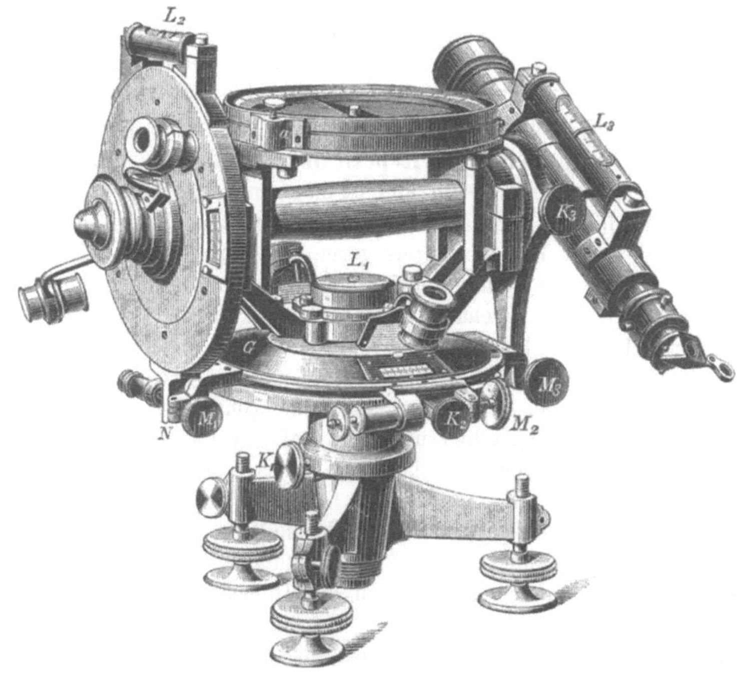

Fig. 137.

in einer mit der Horizontalalhidade fest verbundenen Gabel G festgehalten wird. Innerhalb dieser Gabel lässt sich allerdings der Vertikalkreis ein wenig drehen, durch das Mikrometerwerk M_1. Man hat das zu benutzen, um eine auf dem Vertikalkreise angebrachte Libelle L_2 zum Einspielen zu bringen (nachdem die Kippaxe wagrecht gestellt ist, wozu die Angaben einer Dosenlibelle L_1 mitten im Träger dienen). Spielt die Libelle L_2 auf dem Vertikalkreise ein, so zeigt die Ablesung am Vertikalkreise genau den Höhenwinkel 0^0 an, wenn das Fernrohrabsehen genau wagrecht ist (Prüfung hierauf § 246); Correkturschrauben an dieser Libelle, welche Versicherungslibelle für den Höhenkreis genannt wird. Sei endlich erwähnt, dass auf dem Fernrohr noch eine Libelle (L_3) sitzt, deren Axe parallel mit der Absehrichtung gestellt werden kann (§ 258). K_1 Klemmschraube für die Limbusdrehung, K_2, M_2 Klemmschraube und Mikrometerwerk für die Alhidadendrehung.

Mit einem astronomischen oder mit einem Grubentheodolit kann man alle die Arbeiten vollführen, zu denen der terrestrische Theodolit bestimmt ist, — aber nicht umgekehrt. Die Grubentheodolite im Besondern zu betrachten, ist hier kein Anlass; es werden einige Formen gelegentlich besprochen werden, hier mag nur bemerkt werden, dass die erste Idee, Construktion und Ausführung eines theodolitartigen Instruments zur Zugmessung in der Grube von H. C. W. Breithaupt ausging, 1798. Die ersten vollkommenen Grubentheodolite baute 1832 des Genannten Bruder, F. W. Breithaupt.

Kann das Fernrohr eines Theodolits durchgeschlagen werden, ohne dass man die Kippaxe aus den Lagern zu heben braucht, so heisst das Instrument ein Compensations-Theodolit. Bei excentrischem Fernrohr ist Durchschlagen immer möglich.

§ 141. **Einfacher und Repetitions-Theodolit.** Sitzt der Horizontalkreis fest am Untergestell und ist nur eine einfache Vertikalaxe (zur Drehung der Alhidade) vorhanden, so heisst der Theodolit ein einfacher. Lässt sich aber der Horizontalkreis gegen das Untergestell verdrehen, ist also das Vertikalaxensystem doppelt (eine Axe zur Drehung der Alhidade und eine andere zur Drehung des Horizontalkreises), so liegt ein Repetitions-Theodolit vor. Es werde zuerst an der Durchschnittszeichnung (Fig. 138) die Einrichtung des einfachen Theodolits besprochen, dann angegeben, wie Repetitions-Theodolite construirt sind, schliesslich einzelne Instrumente abgebildet und kurz auf ihre Eigenthümlichkeiten hingewiesen, wie vorausgehend schon mit dem Grubentheodolit (Fig. 137) geschehen ist.

In diesem Abschnitte wird der Theodolit vorwiegend als Azimutal-Instrument betrachtet und das auf die Vertikalmessungen Bezügliche wird im Besondern erst später, gelegentlich der Höhenmessungen (§ 246 u. a.) ausführlicher mitgetheilt.

Der einfache Theodolit hat als Untertheil eine cylindrische Büchse B (Fig. 138) mit angegossenen drei Füssen, die mit Stellschrauben S versehen sind (§ 115). Nussvorrichtung zum Senkrechtstellen (§ 117), oder dergl. kommt bei Theodoliten kaum zur Anwendung. Wohl aber neuerdings der Zweifuss (§ 116).

Rechtwinkelig zur geometrischen Axe der Büchse ist an ihr ein Kreisring befestigt, der Horizontalkreis Hz, mit dem eingelegten silbernen Limbus Lb, auf welchem die Hauptheilung aufgetragen ist, deren Striche bis an den inneren Ringrand gezogen sind.

Die Büchse ist central ausgebohrt und dient zur Führung der Vertikalaxe Z (§ 127), die zweckmässig auf einer Feder aufsteht, welche sie hebt, damit der Druck an den Führungsstellen gemässigt ist.

Mit dem Vertikalzapfen ist fest verbunden die Alhidade; dies ist selten nur ein zur Vertikalaxe symmetrischer Arm, sondern meist ein vollständiger Alhidadenkreis (wenigstens ein Rad). Die Enden des Alhidadenarms sind, oder der äussere Rand des Alhidadenkreises ist sorgfältig in den Ring des Horizontalkreises eingeschliffen.

Die Fig. 114 abgebildete Einrichtung, feststehender Zapfen und um diesen mit Hülse drehender Horizontalkreis, kam früher seltener, kommt in der Neuzeit aber häufiger bei Theodoliten vor.

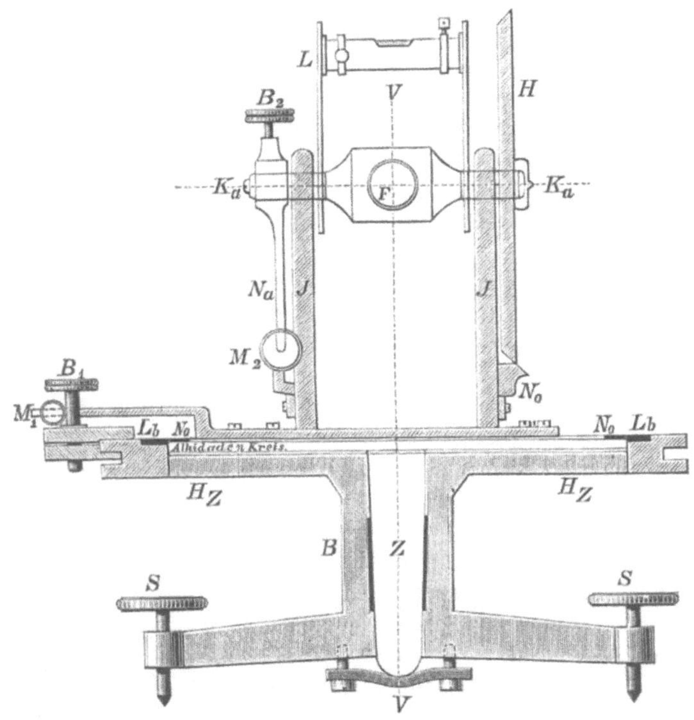

Fig. 138.

Am äussern Rande des Alhidadenkreises sind gewöhnlich zwei oder vier Nonien No auf Silbereinlagen angebracht, deren Striche bis zum Rande reichen, also in dichteste Berührung mit den Enden der Striche der Haupttheilung kommen. Beide Theilungen liegen gewöhnlich in einer Ebene, weshalb der Horizontalkreis entsprechend über das obere Ende der Büchse erhöht ist. Oder (zuerst bei Breithaupt'schen Instrumenten) sie gehören einer und derselben, sehr wenig gegen den Horizont geneigten Kegelfläche an, was für das Ablesen bequem ist. In diesem Falle pflegt der Alhidadenkreis mit einem übergreifenden Metalldache die Haupttheilung zu bedecken und zu schützen. Das Dach hat nur an den Stellen, wo die Nonien sich befinden, Ausschnitte, die manchmal noch mit Glasplatten belegt sind. Vorzügliche, gegen Abnutzung schützende Einrichtung.

Die Nonien sind entbehrlich, wenn Ablesemikroskope (§ 133 und 134) vorhanden sind. Es sind deren stets zwei oder vier und sie sind fest am Alhidadenkreis, drehen mit diesem und tragen den Index für die Ablesung, welcher bei den Nonien der Nullstrich ist.

Auf dem Alhidadenkreise (oder dem Alhidadenarme) erhebt sich der Fernrohrträger J, entweder eine Säule, die sich nach oben gabelförmig verbreitert und in den Gabelzinken die Zapfenlager für die Kippaxe enthält, — oder einfachst zwei symmetrisch zur Vertikalaxe gestellte Böcke mit den Zapfenlagern.

In die Zapfenlager wird die Kippaxe Ka oder Horizontalaxe eingelegt. Auf ihr ist das Fernrohr F fest aufgesteckt. Meistens liegt es centrisch, d. h. so mitten zwischen den Lagern, dass die verlängerte Vertikalaxe die Absehrichtung und die Horizontalaxe im selben Punkte schneidet. Zuweilen aber ist das Fernrohr auch absichtlich excentrisch angebracht und dann vernünftigerweise um mehr als den äussern Halbmesser des Horizontalkreises von der Vertikalaxe hinausgerückt. Siehe Fig. 137.

Eine selten fehlende Zugabe des Theodolits ist der Höhenkreis oder Vertikalkreis H (Fig. 138), der auf der Kippaxe des Fernrohrs festgesteckt ist und beim Drehen des Fernrohrs an Nonien (N), bezw. Ablesemikroskopen vorübergleitet, die an einem der Träger befestigt sind, — hier ist es also umgekehrt wie beim Horizontalkreis, wo die Haupttheilung stehen bleibt und die Indices oder Nebentheilungen drehen.

Man kann aber auch, und das ist die vorzüglichere Einrichtung, ein Rad, einen Ring oder eine Alhidade, welche die Nonien und Indices trägt, fest mit der Kippaxe des Fernrohrs verbinden und diese Vertikalalhidade im feststehenden Vertikalkreise gerade so drehen lassen, wie die Horizontalalhidade im feststehenden Horizontalkreis dreht. Diese Einrichtung wird von Breithaupt häufig ausgeführt, z. B. gleich an dem Fig. 137 abgebildeten Instrument.

Der Höhenkreis kann sowohl zwischen den Zapfenlagern als auch ausserhalb derselben auf die Kippaxe befestigt sein, man muss aber dahin trachten, den Schwerpunkt auf die Vertikalaxenverlängerung zu bringen, was durch ein Gegengewicht bewirkt wird, wozu gewöhnlich schon die Bremsvorrichtung für die Kippbewegung, hier in Fig. 138 starker Klemmring mit Nase N und Bremsschraube B_2, dienen kann. Das Mikrometerwerk M_2 ist fest am Träger T.

Das Fernrohr soll immer durchgeschlagen werden können. Bei den Compensationstheodoliten, wo eine Herausnahme des Fernrohrs aus den Lagern für das Durchschlagen nicht nöthig ist, müssen die Träger hoch sein, wodurch die Standsicherheit gemindert wird. Man steckt das Fernrohr unsymmetrisch auf die Axe, das kürzere Ende (häufiger das Okularende) wird gegengewichtlich belastet; man schlägt dann immer mit dem kurzen Ende durch; die Träger brauchen dann nicht mehr so hoch zu sein.

Für manche Zwecke ist es angenehm, die Kippaxe selber umsetzen zu können. Da aber dadurch Umständlichkeiten hinsichtlich der Bremsvorrichtungen für die Kippbewegung und die Nonien bezw. Mikroskope des Höhenkreises entstehen, findet man seltener diese Möglichkeit gewährt. (Ein Beispiel Fig. 161.)

Die Drehung der Alhidade um die Vertikalaxe muss gebremst werden können, — am besten central — und ein Mikrometerwerk für die Feindrehung muss vorhanden sein. (§ 128.)

Wesentlicher Bestandtheil des Theodolits ist noch die Libelle. Auf manchen Alhidadenkreisen steht centrisch eine Dosenlibelle, da aber deren Genauigkeit häufig nicht ausreicht, ist sie meist nur neben Röhrenlibellen eine überflüssige, aber angenehme Beigabe. Die einem guten Theodolit nie fehlende Röhrenlibelle kann in verschiedener Art angebracht sein. Entweder auf der Kippaxe als Reit- oder (seltener) als Hängelibelle (§ 123), wie in der Durchschnittsfigur 138. Oder am Träger und zwar wieder entweder rechtwinkelig zur Kippaxe oder dieser parallel. In der Neuzeit wendet man gerne zwei Libellen am Träger an, je eine in jeder der genannten Richtungen, oder dieselben zu einer Kreuzlibelle verbunden. Endlich kann die Libelle auf dem Fernrohr selbst sitzen und soll, zum Zwecke des Nivellirens, ihre Axe dem Absehen des Fernrohrs parallel sein. Um diese „Fernrohrlibelle" zur Erkennung der senkrechten Stellung des Vertikalzapfens und des horizontalen des Horizontalkreises benutzen zu können, muss jedesmal das Fernrohr zunächst soweit gekippt werden, dass die Libellenaxe rechtwinkelig zum Vertikalzapfen (also parallel zum Horizontalkreise) steht. Ob diese Stellung erreicht ist, erkennt man durch die Ablesung am Höhenkreise (0^0 oder 90^0 je nach Einrichtung), es ist aber noch besonders zu prüfen (§ 157). Jedenfalls ist das unbequem. Bei den andern Arten, die Libelle anzubringen, ist schon Sorge getragen, dass ihre Axe dauernd rechtwinkelig zum Vertikalzapfen steht. Die Prüfung und gegebenen Falls Berichtigung siehe § 157.

Lupen sind, wenn keine Ablesemikroskope verwendet werden, in geeigneter Fassung an Trägern angebracht, die um die entsprechende Axe leicht drehbar sein müssen, und nur selten bedient man sich der Handlupen. Die Vergrösserung durch die Lupe kann nicht zu stark werden, höchstens 10fach, weil sonst der Kopf des Beobachters zu nahe an das Instrument gebracht werden muss, Anstossen und sonstige Missstände zu befürchten sind.

Wegen Versicherungsfernrohr siehe weiter unten.

Bei den Theodoliten mit zweifacher Vertikalaxe, Repetitionstheodoliten, ist, wie gesagt, der Horizontalkreis nicht mehr unverrückbar fest mit dem Untergestelle verbunden, sondern lässt sich gegen dieses verdrehen, während es selbst unverrückt auf dem Stative bleibt. Die Drehung muss gebremst werden können und bei den eigentlichen Repetitionstheodoliten muss, nachdem die grobe Bewegung durch Bremsen unmöglich gemacht ist, eine Feindrehung des Horizontalkreises durch Mikrometerwerk noch ausführbar sein. Bei der Drehung des Horizontalkreises geht die Alhidade und alles, was sie trägt (Fernrohr u. s. w.) mit, wenn sie dem Horizontalkreise durch eine Klemme „angeschlossen" ist; bei der beschriebenen gemeinsamen Drehung ändert also die Ablesung am Horizontalkreise oder die Stellung der Alhidade gegen die Theilung nicht. Löst man nun die

„Alhidadenklemme“, durch welche die Verbindung der Alhidade mit dem Horizontalkreise hergestellt wird, so lässt sich — (der Horizontalkreis ist gegen das Untergestell nun gebremst gedacht) die Alhidade allein drehen, erst grob, dann nach Anziehen der Alhidadenklemme, durch das entsprechende Mikrometerwerk auch fein. Hierbei ändert natürlich die Ablesung am Horizontalkreise und zwar gerade um den Betrag der Drehung.

Die ältere Art Einrichtung der Doppelvertikalaxen ist folgende (eine neuere, gelegentlich der Besprechung von Fig. 153 ff.): Centrisch zum Horizontalkreise, rechtwinkelig gegen seine Ebene, ist befestigt der starke Vertikalzapfen, welcher in der Büchse des Untergestells seine Führung findet, ganz wie für die Alhidadenaxe des einfachen Theodolits oben an Fig. 138 beschrieben wurde. Dieser starke Vertikalzapfen ist central ausgebohrt und die Höhlung bildet die Büchse und liefert die Führung für den Alhidadenzapfen. Beide Zapfen sollen genau dieselbe geometrische Mittellinie haben, die beim Gebrauche senkrecht zu stehen hat. Beide Zapfen werden durch Federn möglichst entlastet.

Die Alhidadenaxe ist meist aus Stahl, die des Horizontalkreises aus Rothguss und die Büchse, in der sie, „der Limbuszapfen“, dreht, dann aus Gelbguss.

Noch eine Ausführung der Doppelaxe (englisch) ist folgende. Ein kräftiger Doppelconus aus Stahl ist in seiner unteren Hälfte in der Dreifussbüchse geführt, trägt den Horizontalkreis, — Bremse und Mikrometerwerk, wie schon beschrieben. Die obere Hälfte des Doppelconus erhebt sich über den Horizontalkreis; auf ihr ist die Alhidade mit allem Zugehör mittelst Hülse, wie Fig. 114 andeutet, aufgesteckt. Die Drehung der Alhidade um den oberen Conus wird gebremst durch Anschliessen mittelst Klemme an den Horizontalkreis und ein Mikrometerwerk ermöglicht die Feinverschiebung. Ist die Alhidade angeschlossen, so kann sie (mittelst des unteren Conus) mit dem Horizontalkreis gemeinsam gedreht werden; ist die untere Bremse geschlossen, die Alhidadenbremse offen, lässt sich die Alhidade allein mit Verstellung gegen den Horizontalkreis drehen.

Und noch eine Art ist den Horizontalkreis mit Hülse (wie Fig. 114) über die äusserlich abgedrehte Büchse, die als Axe dient, zu stülpen, die Alhidadenaxe aber in eine der äusseren Abdrehung conaxiale Bohrung der Büchse zu setzen. Näheres Fig. 156.

Ein zweites, das untere Fernrohr, ist eine Zugabe zu grösseren, namentlich älteren Theodoliten. Wenn es nur als Versicherungsfernrohr dienen soll, kann es beliebig an einem der Füsse des Untergestells oder an der feststehenden Büchse desselben angebracht sein und es genügt, wenn es nur wenig in der horizontalen, wie in der vertikalen Ebene gedreht und dann festgebremst werden kann. Man richtet es bei Beginn einer Messung auf einen entfernten deutlichen Gegenstand und bremst fest. Von Zeit zu Zeit blickt man hindurch, und wenn es stets noch auf das anfangs eingestellte Objekt zielt, hat man die Versicherung, dass keine (unabsichtliche) Drehung oder Verrückung des Untergestells stattgefunden hat.

Viel wichtiger wird das untere Fernrohr, wenn mit seiner Hülfe die von Borda erfundene doppelte Repetition oder Multiplikation der Winkel, welche später (§ 151) beschrieben wird, ausgeführt werden soll. Es muss dann derart am Horizontalkreise sitzen, dass es grob und mikrometrisch fein nach allen Richtungen des Horizonts gedreht werden kann, während der Horizontalkreis fest stehen bleibt. Auch ein Kippen desselben in vertikaler Ebene muss in nicht zu geringem Maasse möglich sein. Es muss ferner so an den Horizontalkreis angeschlossen werden können, dass es bei dessen Drehung mitgeht. Dieses untere Fernrohr sitzt immer excentrisch (Gegengewicht) und desshalb ist es sehr erwünscht, oder gar nöthig, es in zwei Lagen gebrauchen zu können. Da wegen Raummangel das Durchschlagen nicht möglich ist, so lange seine Drehaxe in den Lagern liegt, muss diese Axe leicht ausgehoben und (nachdem das Durchschlagen geschah) wieder eingesetzt werden können. Auf ausführliche Beschreibung der Art der Befestigung des unteren Fernrohrs u. s. w. kann hier verzichtet werden, da es bei den Geschäften der niedern Geodäsie gar nicht und gegenwärtig, nachdem die Theilungen so vervollkommnet sind, auch bei höheren geodätischen Arbeiten selten mehr angewendet wird; mehr bei Universalinstrumenten.

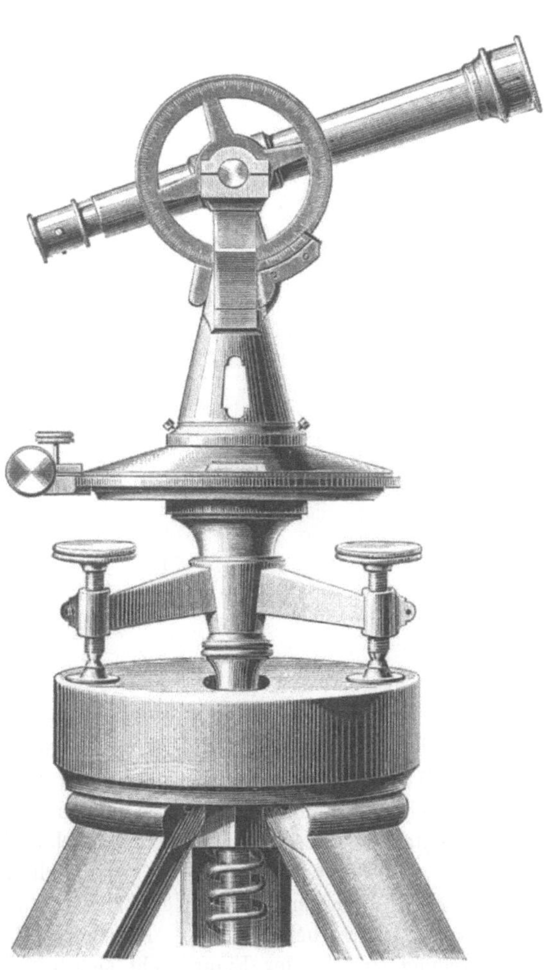

Fig. 139.

Theodolite werden entweder auf Steinpfeilern aufgestellt und stehen dann durch ihr grosses Gewicht hinreichend sicher. Oder sie werden auf dreibeinige Scheibenstative gesetzt und in einer der § 113 beschriebenen Weisen darauf festgemacht.

§ 142. Einzelbesprechung von Theodoliten. Nachfolgend ist eine Auswahl von Construktionen gegeben, an denen manche Einzelheiten, die theils schon erörtert, theils übergangen wurden, durch die Beschreibung oder durch den Anblick der Figuren klar werden können. Die Abbildungen sind den Preisverzeichnissen der betreffenden Werkstätten entnommen oder nach Photographien und anderen Abbildungen, die der Gefälligkeit der

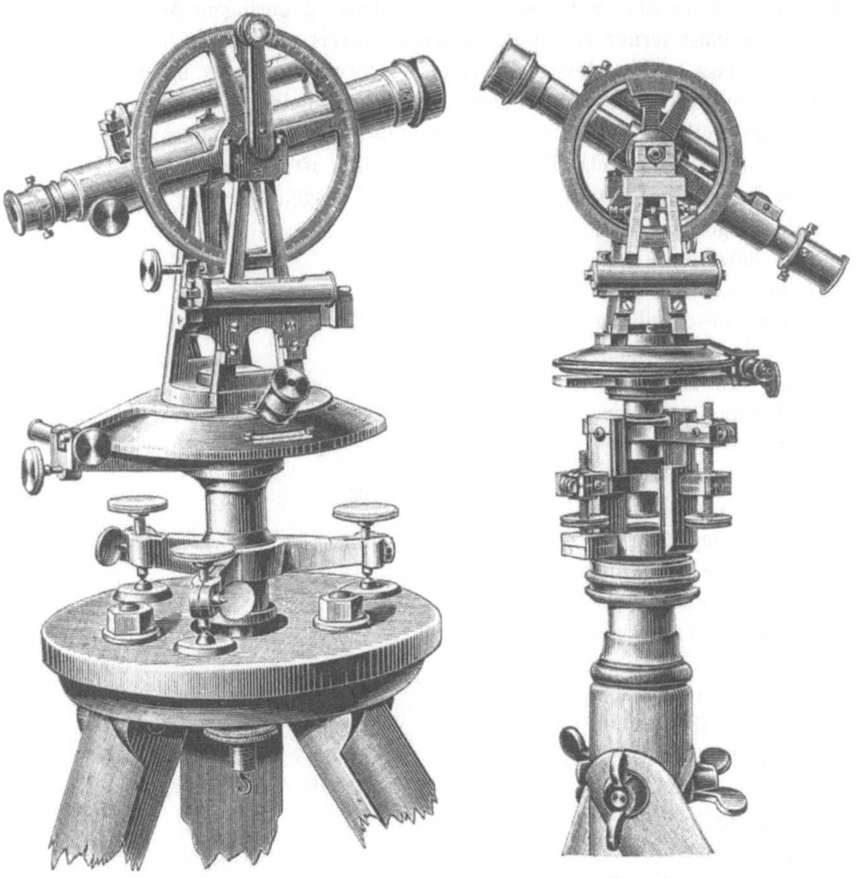

Fig. 140. Fig. 141.

Mechaniker zu verdanken sind, angefertigt worden. Selbstverständlich kann nicht beabsichtigt sein, alle vorkommenden Formen vorzuführen.

Figur 139, ein einfacher Theodolit von Breithaupt, mit Fernrohr zum Durchschlagen (kürzer an der Okularseite), Träger ein hohler, nach unten erweiternder Kegel, mit Seitenausschnitten zum Durchgange des Fernrohrs. Nur eine Dosenlibelle (nicht sichtbar) im Fusse des kegelförmigen Fernrohrträgers. Der Vertikalkreis hat nur einen Nonius, der seitlich am Träger befestigt ist. Klemm- und Mikrometerwerk für die Kippbewegung sind in der Figur nicht sichtbar, weil verdeckt. Zur Feindrehung der Alhidade dient eine Differentialschraube (§ 129).

Figur 140. Einfacher Theodolit von Ertel. Fernrohr zum Durchschlagen, Träger ein Bockgestelle, etwas hoch, da die Fernrohrenden gleich lang sind. Eine Dosenlibelle zwischen den Böcken und eine Röhrenlibelle am einen Träger, parallel zur Absehebene des Fernrohrs. Ausserdem noch eine (Nivellir-)Libelle auf dem Fernrohr. Vertikalkreis grösser, mit nur einem Nonius, der an einem Arm befindlich, welcher eine senkrechte Verlängerung des einen Trägers ist. Klemmschraube für die Kippbewegung (Klemmring) fast ganz verdeckt in der Figur, die Mikrometerschraube für die Kippbewegung aber links deutlich sichtbar. Aus der Alhidade mit conischem, über den geneigten Horizontalkreis greifenden Deckel (in Breithaupt's

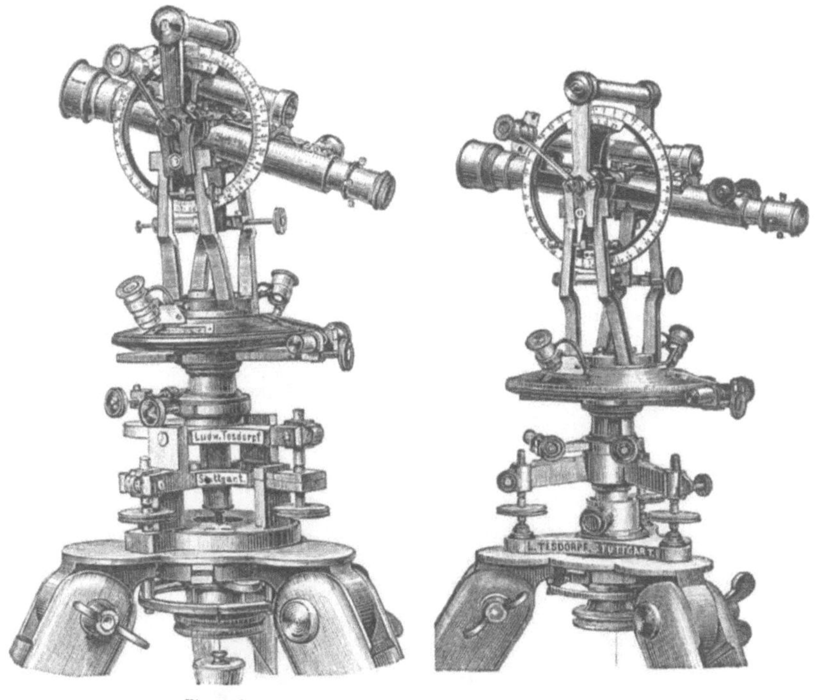

Fig. 142. Fig. 143.

Art), wächst radial eine Nase, die in die Gabel eines Stücks greift, welches mit Ring äusserlich über die Büchse des Dreifusses geht. Ist der Ring nicht geschlossen, durch die Schraube zur äussersten Linken, so gleitet bei Drehung der Alhidade das Gabelstück über die Dreifussbüchse. Wird das Gabelstück aber durch die erwähnte Pressschraube gegen die Büchse festgestellt, so hört die grobe Drehung des Alhidaden auf und nur noch die feine (Mikrometerschraube mit Gegenfeder) innerhalb der Gabel ist möglich. Hier ist also die Bremsung der Alhidadenbewegung eine centrale, während sie in Fig. 139 peripherisch war. Im allgemeinen ist Centralklemmung besser (§ 128), aber bei kleineren Instrumenten sind von peripherischer Klemmung keine Nachtheile zu befürchten und sie ist nach Ausführung einfacher und billiger.

Fig. 141, ein kleiner, einfacher Theodolit von Tesdorpf, beachtenswerth wegen Anwendung des Zweifusses (§ 116) und eines Zapfenstativs (was selten vorkommt, auch nicht empfehlenswerth ist). Alhidadenklemme centrisch, Dosenlibelle, dann am Träger (Bockgestell) eine Röhrenlibelle, parallel zur Absehebene, endlich (zum Nivelliren) noch eine Libelle auf dem durchschlagbaren Fernrohr.

Fig. 142, ein Repetitionstheodolit (Tesdorpf) mit Zweifuss auf gutem Scheibenstativ mit zweckmässiger Befestigung an demselben. (In der

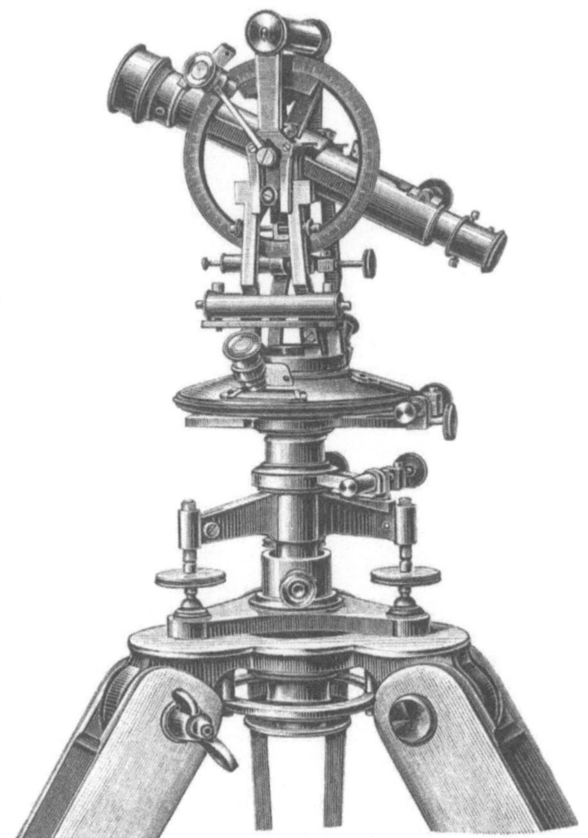

Fig. 144.

Figur ist das Senkel als heraufgezogen angedeutet.) Centrale Klemmen für beide Drehungen um die Vertikalaxen, Federmikrometerwerke. Dosenlibelle im ziemlich hohen Bockgestellträger (die Objektivseite des durchschlagbaren Fernrohrs ist verkürzt), dann aber Reiterlibelle auf der Kippaxe. Auch noch (zum Nivelliren) Libelle auf dem Fernrohr.

Die Anwendung des Vierfusses (§ 115) wird aus den folgenden drei Figuren ersichtlich, drei Tesdorpf'sche Instrumente. Fig. 143, ein kleiner Repetitionstheodolit, bis auf den Vierfuss an Stelle des Zweifusses mit Fig. 142 übereinstimmend. Fig. 144, wie 143, nur grösser und noch eine Libelle am Träger, parallel zur Absehebene. An dieser deutlichen Figur sieht man über dem Mikrometerwerke für die Kippbewegung in den Streben des Trägers noch zwei Schrauben, die zwischen sich eine nasenförmige Verlängerung des Arms halten, an welchem der Noniusträger des Vertikalkreises befestigt ist. Mittels dieser Schrauben lässt sich der Null-

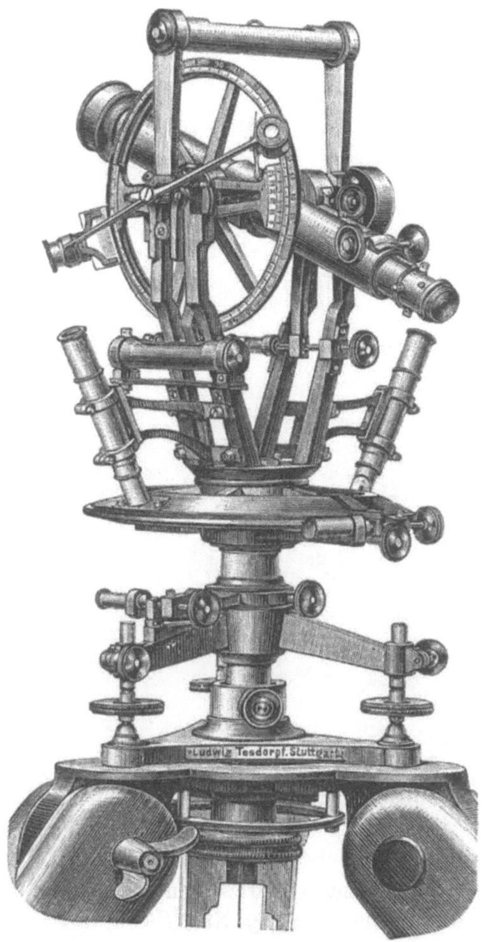

Fig. 145.

punkt, Index, des Höhenkreises berichtigend verschieben, bei horizontaler Richtung des Absehens soll die Ablesung 0^0 sein, oder bei Theilung nach Zenitdistanzen 90^0. Diese Vorrichtung zur Beseitigung des Indexfehlers am Vertikalkreise findet sich auch an den andern Tesdorpf'schen Theodoliten, und ist in den Figuren nun wohl leicht zu finden.

Fig. 145, eine grössere Form von Fig. 144, mit Ablesemikroskopen (vereinfachten nach Hensoldt, § 134) für den Horizontalkreis. Der Vertikalkreis hat zwei Nonien; Vorrichtung zur Beseitigung des Indexfehlers ist nicht zu bemerken.

Fig. 146 stellt einen Repetitionstheodoliten von Sickler dar. Das Untergestell sehr gedrungen, das Bockgestell für das durchschlagbare Fernrohr etwas hoch. Alles ist in der deutlichen Figur nach dem Vorhergehenden leicht zu verstehen. Am Höhenkreis sind zwei Nonien, sogenannte

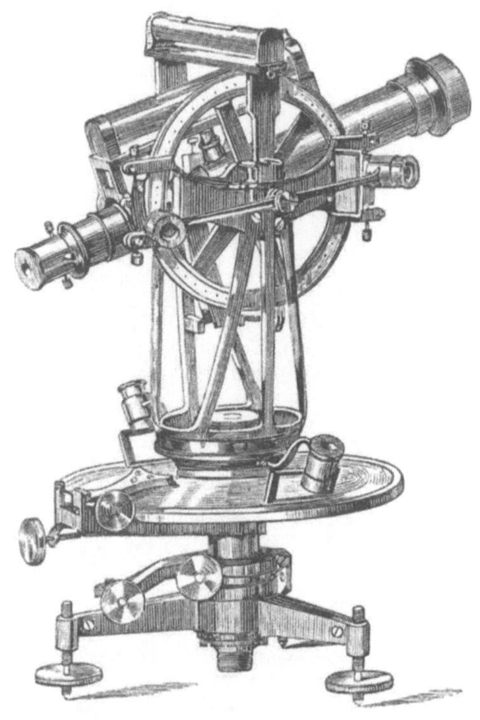

Fig. 146.

fliegende. Die Metallplättchen mit den Nebentheilungen sind mittelst Spitzen in eine Gabel eingesetzt. Die Spitzen sind die Enden von Schrauben; zieht man eine zurück und dreht die andere nach, so lässt sich innerhalb der Gabel die Nebentheilung verschieben, der Indexfehler berichtigen, d. h. der Nullpunkt so stellen, dass bei genau wagrechter Stellung des Absehens die Ablesung Null (bezw. 90°) wird. Die Berichtigung ist sehr bequem ausführbar, unabhängig für jeden Nonius, allein man hat zu befürchten, bei Anwendung derselben die Nonien excentrisch zum Theilstriche zu stellen.

Fig. 147 zeigt einen älteren Repetitionstheodoliten von Breithaupt. Da die Okularseite des Fernrohrs stark gekürzt ist, braucht, um das Durchschlagen zu ermöglichen, das Bockgestell nicht sehr hoch zu sein, was wegen der Standsicherheit angenehm ist. Die Klemmen für die

Drehungen um die Vertikalaxen sind peripherisch, rechts im Bilde sieht man Klemm- und Mikrometerwerk für die Drehung des Horizontalkreises, links (etwas höher) jenes für die Alhidadenbewegung. Der Obertheil, Fernrohrträger u. s. w. ist nicht unverrückbar mit dem Alhidadenkreise verbunden, sondern steht auf diesem mit einer Art Dreifuss, wie das

Fig. 147.

in der folgenden Abbildung (Fig. 148) noch deutlicher sichtbar wird. Diese Dreifussaufstellung macht es leicht, die Kippaxe rechtwinkelig zu den Vertikalaxen zu stellen. Aber auch noch das ganze Obergestell abzunehmen, auf ein Lineal zu befestigen und damit aus dem Theil des Theodolits eine Kippregel (§ 213) herzustellen. Von der mehrfachen Verwendung von Instrumententheilen ist man meist abgekommen, man findet es vortheilhafter, die Verbindung, nicht so leicht lösbar, weil dann sicherer, zu machen. (Vergl. § 157.)

Fig. 148, Repetitionstheodolit von Breithaupt mit Distanzmesser-Einrichtung des Fernrohrs, länglicher Bussole am einen Träger, mit Nullhalbmesser der Theilung parallel zur Absehebene des Fernrohrs (für tachymetrische Arbeiten § 242), dann Libelle am andern Träger in Richtung des Absehens, auch Dosenlibelle. Der Höhenkreis hat zwei „fliegende“ Nonien.

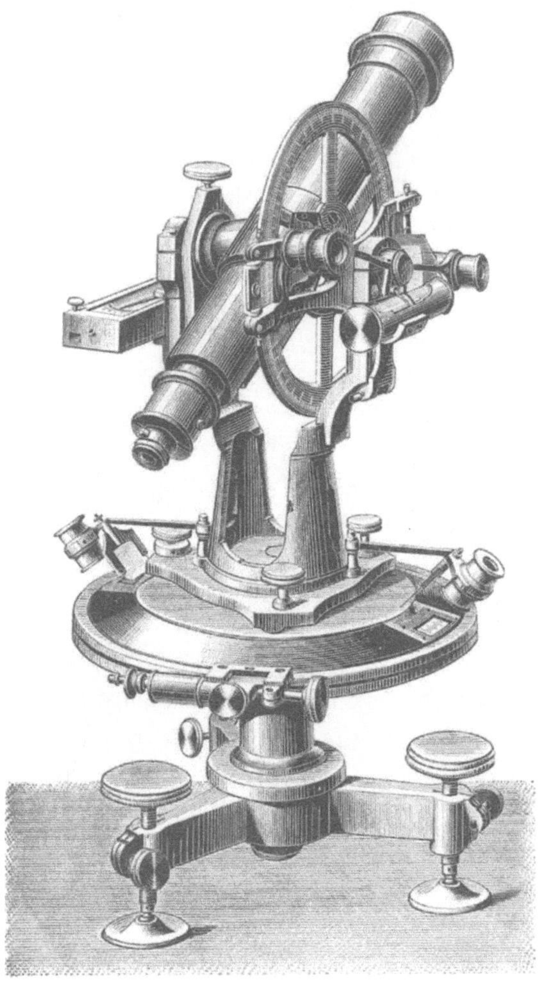

Fig. 148.

Des Dreifusses, mit dem der Obertheil auf dem Alhidadenkreise sitzt und seines Zwecks, ist schon anlässlich Fig. 146 gedacht. Wie in anderer Art die Kippaxe durch Hebung oder Senkung ihres einen Lagers rechtwinkelig zur Vertikalaxe gerichtet werden kann, ist aus Fig. 149 (Breithaupt'scher Repetitionstheodolit) bequem zu erkennen. Der rechte Träger ist durchschnitten und das obere, das Lager für die Kippaxe enthaltende Stück auf das untere gesetzt und gegen dieses mit Zug- und Druckschraube (§ 49) oder gleichwerthiger Schraubenvorrichtung veränderlich festgestellt. Bei diesem Theodolit ist die eigenartige Gestalt des sehr standsicheren Fernrohrträgers zu beachten. Differential-Mikrometer-Schraube.

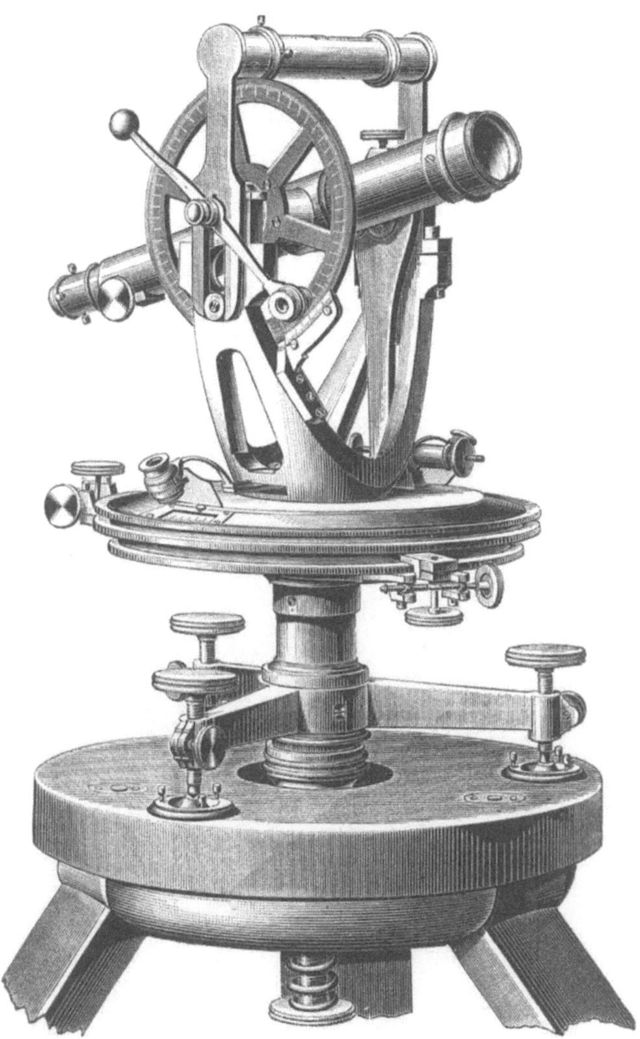

Fig. 149.

Fig. 150 stellt Breithaupt's Transittheodolit dar. Repetitionstheodolit, Horizontalkreisklemme central, Alhidadenklemme peripherisch. Sehr lange Axen, daher sichere Führung und grosse Haltbarkeit, auch Standsicherheit wegen geringer Höhe. Geringes Gewicht, was auf

Reisen, und für Reisende ist das Instrument besonders bestimmt, nicht unwichtig ist. Eine Libelle am Träger in Richtung der Absehebene, eine andere parallel zur Kippaxe am Alhidadenkreise, endlich noch eine (zum Nivelliren) auf dem mit dem Objektivende durchschlagbaren Fernrohr und zwar ist diese eine Reversionslibelle (§ 123). Zwischen den Trägern sitzt

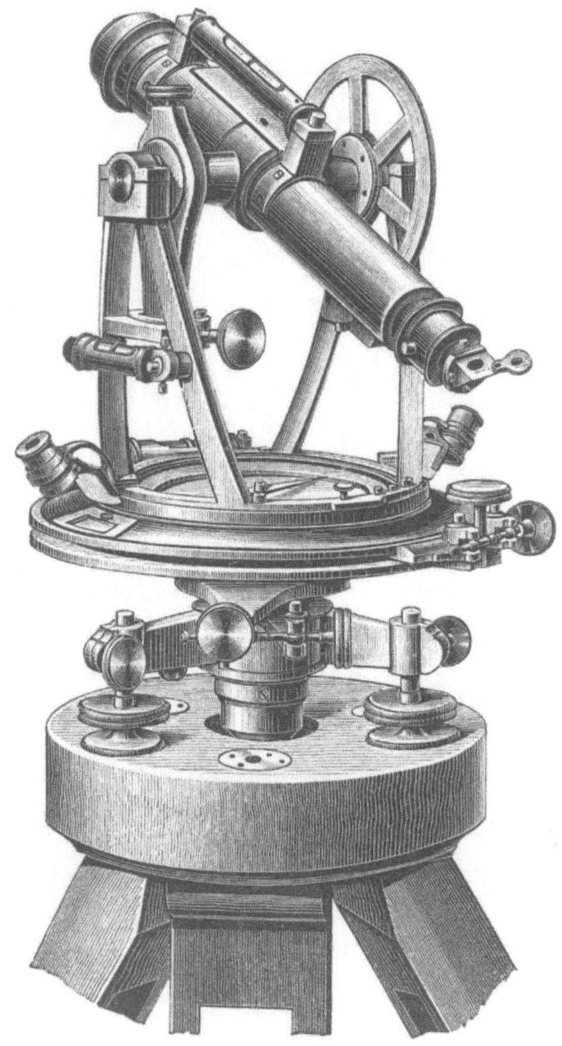

Fig. 150.

eine in Drittelgrade getheilte Bussole, deren Arretirung vorn rechts sichtbar ist. Die Bussole kann durch Berichtigungsschrauben so gedreht werden, dass, wenn die Nadelspitze auf Null der Theilung steht, das Absehen des Fernrohrs genau im magnetischen Meridian ist. Der Höhenkreis des dargestellten Instruments hat nur einen Nonius (verdeckt in der Figur), auf „Wunsch erhält der Höhenkreis zwei Nonien und Libelle“ (ähnlich wie die Versicherungslibelle in Fig. 137). Dem Fernrohr (mit distanzmessender Vorrichtung) kann am Okularende ein Prisma angeschraubt werden, durch welches man aufrechte Bilder sieht (durch Reflexion). Wichtiger ist es, mittelst des gebrochenen Okulars auch sehr stark gegen den Horizont geneigte Anzielungen vornehmen, das Instrument also auch zu astronomischen Beobachtungen und bei Arbeiten in der Grube benutzen zu können. Auch ein Farbenglas (Abblendung der Sonnenstrahlen u. s. w.) kann vorgesteckt werden.

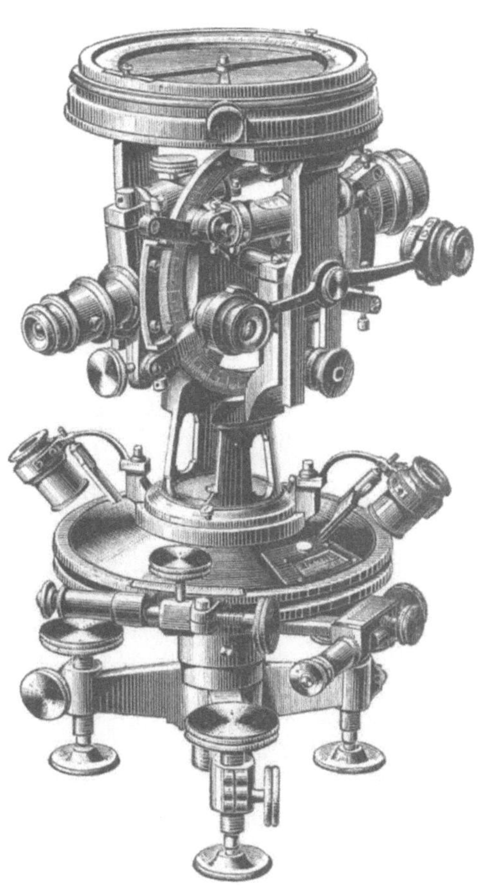

Fig. 151.

Gelegentlich der Besprechung der Bussolen (§ 179) und der Tachymeter (§ 248) werden noch andere Formen von Theodoliten vorkommen, die durch Zugabe einer Magnetbussole und distanzmessender Einrichtung (§ 230) des Fernrohrs u. s. w. zu tachymetrischen Arbeiten und solchen in der Grube geeignet sind. Hier wird nur noch in Fig. 151 einer der Breithaupt'schen Grubentheodoliten, deren es verschiedene gibt, vorgeführt. Doppeltes Vertikalaxensystem mit centralen Klemmen (sobald die Kreise 15 cm oder mehr Durchmesser haben, werden von Breithaupt centrale, nicht mehr peripherische Klemmwerke angewendet), durchschlagbares Fernrohr mit einer Reversionslibelle (zum Nivelliren) auf demselben; eine Dosenlibelle zwischen den Trägern; eine Röhrenlibelle am Träger parallel zur Absehebene. Der Vertikalkreis sitzt fast in der Mitte, da er gross ist, nicht ausserhalb des Trägers angebracht sein soll und zwischen den Trägern beim Kippen durchgehen muss; zwei fliegende Nonien für den Höhenkreis; Fernrohr zum Durchschlagen. Auf die Kippaxe ist reitend die Bussole aufgesetzt; mit dem unter der Axe des Lupenträgers für den Höhenkreis sichtbaren Knopf kann durch Anpressen des Gabelfusses an den Träger die Stellung der Bussole gesichert werden. Vor dem Durchschlagen des Fernrohrs muss die Bussole abgenommen werden.

Fig. 152 stellt einen Theodolit von Bamberg dar, mit doppelter Vertikalaxe, aber nicht zum Repetiren der Winkel eingerichtet, da die Feindrehung des Horizontalkreises durch Mikrometerwerk nicht vorhanden ist. Der Horizontalkreis lässt sich nur grob verstellen (um andere Theile

Fig. 152.

des Limbus in Anwendung zu bringen) und geht mit genügend grosser Reibung, um auch ohne Bremsung unbeabsichtigte Verdrehungen nicht befürchten zu müssen. Die Röhrenlibelle am Träger hat ihre Axe nicht parallel zur Absehebene des Fernrohrs, sondern rechtwinkelig dazu, also parallel zur Kippaxe.

Fig. 153 stellt einen Repetitions-Theodolit von Dennert und Pape dar. Hier ist von der Durchbohrung des Horizontalkreiszapfens, zur Füh-

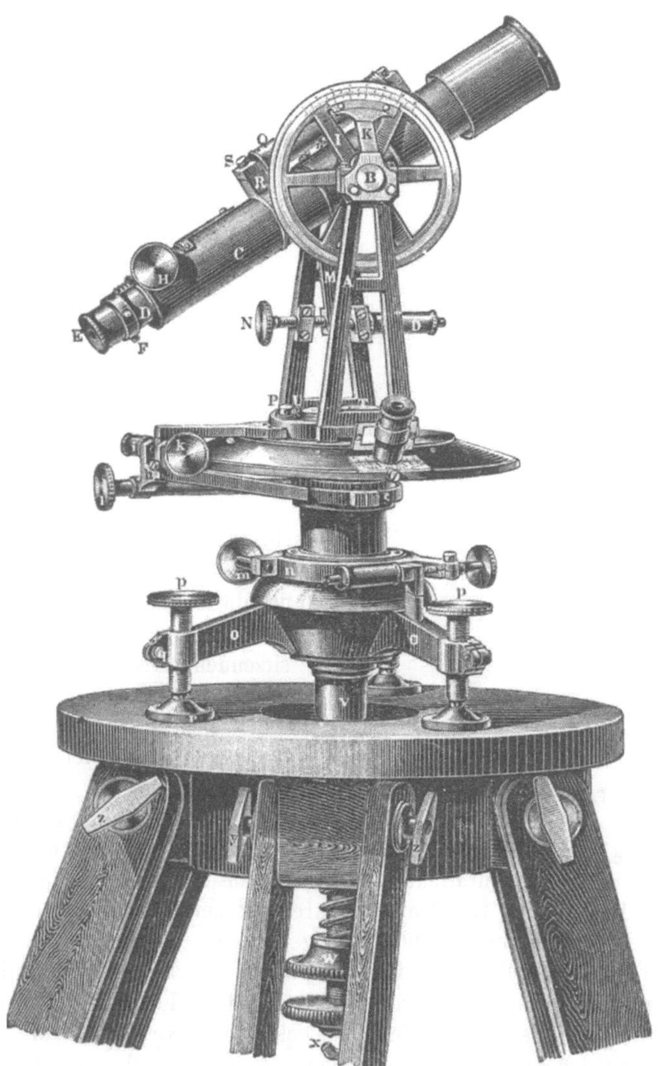

Fig. 153.

rung des Alhidadenzapfens abgegangen, weil das geforderte genaue Zusammenfallen der geometrischen Mittellinien beider Zapfen schwierig zu erreichen ist.

Der Horizontalkreis a sitzt fest an der Büchse c (Fig. 154) und diese ruht auf einem ringförmigen Teller, welcher mit dem Dreifusse ein Stück bildet. Die Büchse wird am Rande des Tellers geführt und kann über diesen gleitend gedreht werden, so dass die Drehungsaxe genau rechtwinkelig zur Mitte der Tellerebene steht. Diese Drehung kann durch die

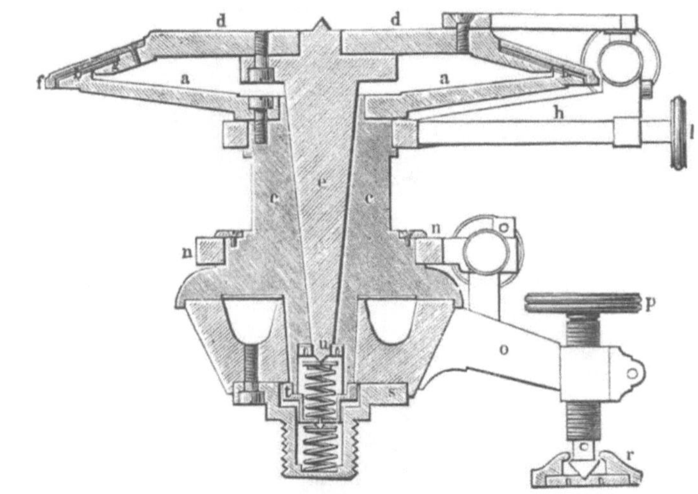

Fig. 154.

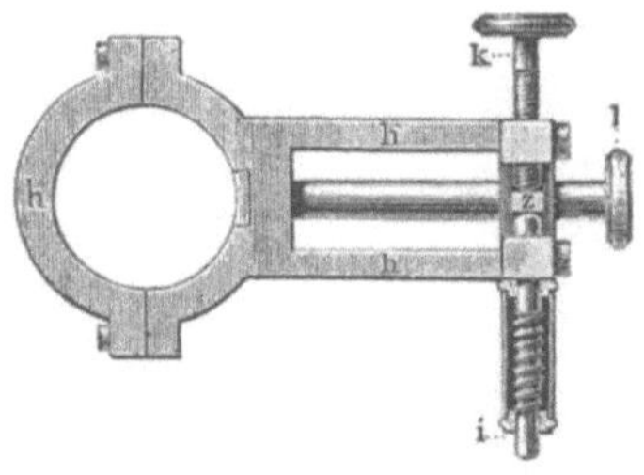

Fig. 155.

Bremsschraube m, die den Klemmring n zusammenzieht (siehe weiter Fig. 155), gehemmt und durch eine Mikrometerschraube (Gegenfeder), die an einen auf dem einen Fusse sitzenden Anschlagzapfen drückt, fein vollführt werden.

In der Büchse c (Fig. 154) dreht sich der stählerne Zapfen e mit der Alhidade d, auf welcher die Fernrohrträger (Böcke) A (Fig. 153) stehen. Die Reibung der Drehungsflächen der Axe e und der Büchse c wird durch den Gegendruck der Spiralfedern in den Gehäusen t und s (Fig. 154) vermindert. Der Nonius für den Höhenkreis ist am Träger A festgeschraubt.

Die Bremsung und Feinbewegung um die vertikalen Axen ist in Fig. 155 herausgezeichnet, den Buchstaben nach für die Alhidadenbewegung, aber auch für jene der Büchse mit dem Horizontalkreise passend. Der Klemmring h ist um die Büchse c gelegt und wird durch die Schraube l zusammengedrückt. Die Feinbewegung erfolgt durch die Mikrometerschraube k, welcher die Feder i gegenwirkt. Beide stehen dem Anschlagzapfen an, welcher mit der Büchse c unveränderlich verbunden ist. Der für den entsprechenden Mechanismus der Bewegung des Horizontalkreises dienende Zapfen ist in Fig. 153 deutlich aus dem rechts vorn befindlichen Fuss hervorragend zu sehen. Statt h ist hier n und statt l ist m zu setzen.

Bei der Construktion von Dennert und Pape lässt sich die Reibung bei der Drehung des Horizontalkreises nicht genügend mindern. Die

Berliner Mechaniker Meissner und Springer benutzen folgende Anordnung: (Fig. 156.) Fest verbunden mit dem Dreifusse ist eine Büchse B, in welche der Alhidadenzapfen Z genau eingepasst ist. Die Büchse B ist auch äusserlich (mit der-

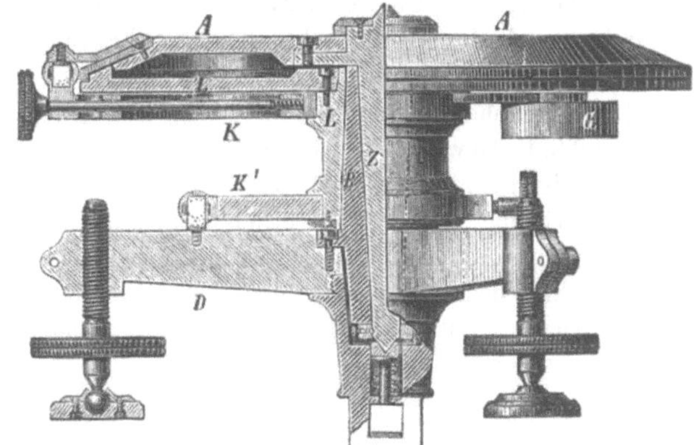

Fig. 156.

Fig. 157.

selben geometrischen Umdrehungsaxe wie für die innere Höhlung) genau abgedreht, und die Aussenfläche dient als Führung für die Hülse L, an welcher der Horizontalkreis fest ist (vergl. Fig. 114). Alhidade und Limbus sind derart unabhängig von einander, der Limbuszapfen wird nicht durch das bedeutende Gewicht des Obertheils des Instruments belastet, und eine Entlastung ist nicht nöthig; für den Alhidadenzapfen wird sie durch eine (in der Zeichnung nicht sehr deutliche) Spiralfeder bewirkt. Fig. 157 gibt die perspektivische Ansicht. Die Libelle L' am Träger in der Zielebene des Fernrohrs dient zum Senkrechtstellen der zwei Vertikalaxen (zu welcher die Libellenaxe rechtwinkelig). Nur centrale Klemmungen.

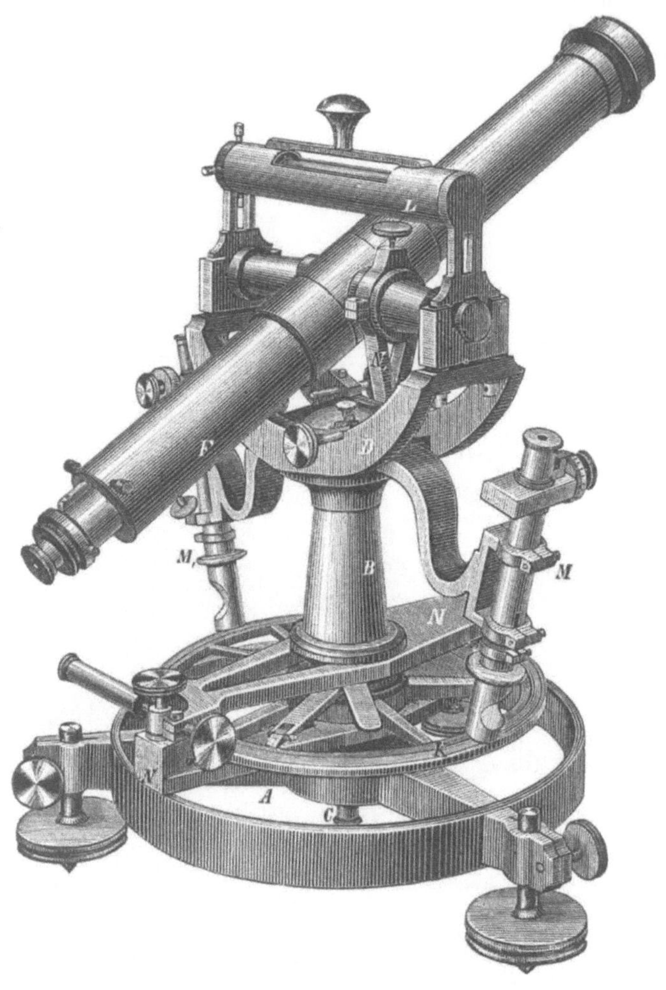

Fig. 158.

Fig. 158 stellt einen grösseren Theodolit von Bamberg dar, der nur zu Azimutalbeobachtungen dienen soll, daher des Höhenkreises entbehrt. Die drei Arme des Untergestells sind noch durch einen starken

Ring verbunden, der die Festigkeit erhöht und das schwere Instrument bequem tragen lässt, ohne feinere Theile berühren zu müssen. Aus dem Dreifuss, fest an ihm, erhebt sich der stählerne Vertikalzapfen, um welchen die Alhidade, als Hülse B mit dem Fernrohrträger D und den Mikroskopträgern gedreht werden kann. N ist der Klemmring, welcher centrale Bremsung der Alhidadenbewegung gestattet. Links vorn sieht man das Mikrometerwerk. Bremse und Mikrometerwerk lassen den Kreis K ganz

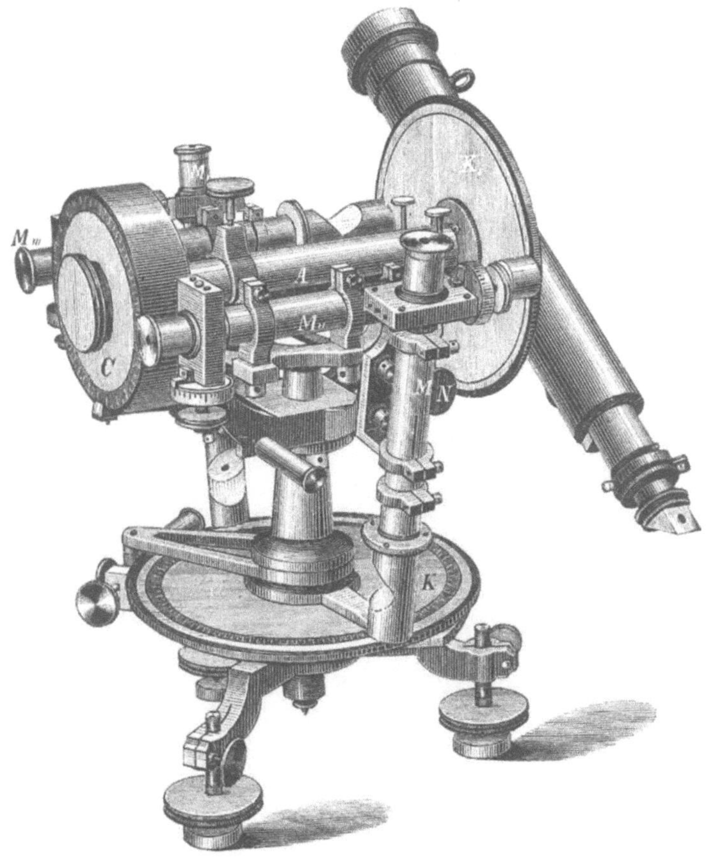

Fig. 159.

unberührt. Der Horizontalkreis K ist um den untern Theil des Vertikalzapfens gelegt und wird durch eine Art Ueberwurfschraube mit dreiflügeliger Mutter gegen den Dreifuss vom Centrum aus fest angedrückt. Löst man diese Mutter, so lässt sich der Kreis drehen, eine Hülfstheilung in $^1/_4{}^0$ gestattet die Verdrehung messbar zu machen. Für eigentliches Repetiren der Winkel ist das Instrument nicht bestimmt, es fehlt das Mikrometerwerk für die Limbusdrehung. Der Kreis ist sehr fein in Zwölftelgrade getheilt (jeder Ganzgrad beziffert) und wird durch zwei Schraubenmikroskope abgelesen. Eine ganze Umdrehung der Schraube des Mikroskops entspricht 5'. Das

Fernrohr lässt sich nur bis 45° Neigung gegen den Horizont kippen. Die Kippaxe kann aus den Lagern gehoben und alsdann das Durchschlagen des Fernrohrs vollführt werden. Aber die Kippaxe kann auch in den Lagern umgesetzt werden; ein zweites Mikrometerwerk für die Kippbewegung ist daher vorhanden, in welches die Nase N' bei der andern Lage hineinragt. Reitlibelle auf der Kippaxe.

Fig. 159 ist ein vom selben Mechaniker herrührender Theodolit, in den unteren Theilen der Hauptsache nach so weit ähnlich dem vorhergehenden, dass von näherer Beschreibung abgesehen werden kann. Das Fernrohr ist excentrisch (Prismenokular angeschraubt), K' ist der Höhenkreis, welcher durch zwei Schrauben-Mikroskope $M_{,,}$ und $M_{,,,}$ abgelesen wird, deren Axen horizontal liegen. C ist ein Gegengewicht, zugleich als Aufsuchekreis gröber getheilt. Libelle am Träger, ihre Axe der Absehebene des Fernrohrs parallel. Man sieht nur die Endfläche N der Fassung.

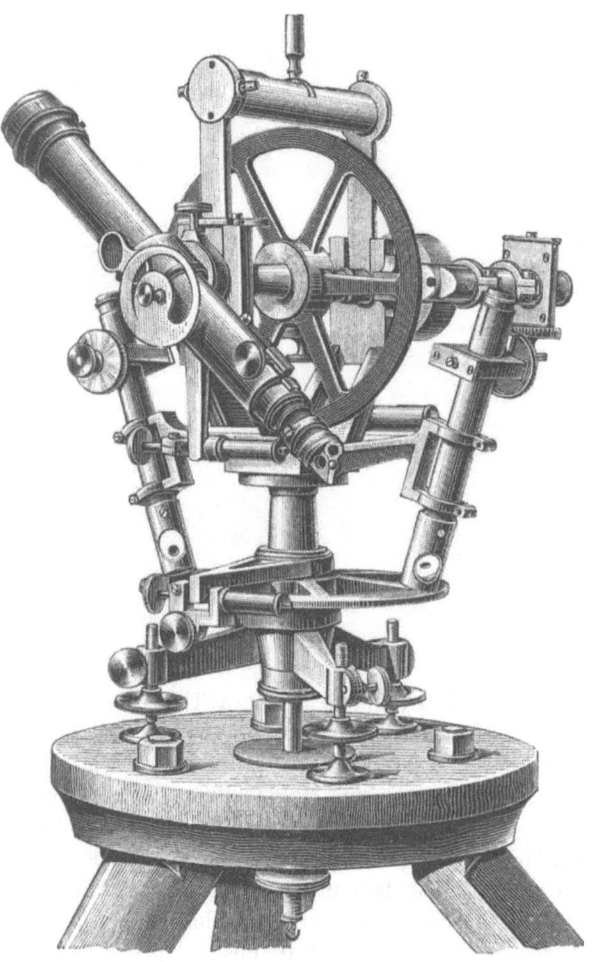

Fig. 160.

Fig. 160 ist die Abbildung des astronomischen Universal - Instruments Nr. 31 von Ertel, das hier als Beispiel einer Theodolit - Construktion dienen kann. Der Oberbau erhebt sich, des langen Schraubenmikrometer-Mikroskopes zum Ablesen des Horizontalkreises wegen, mehr über den Horizontalkreis. Der Mikroskopenträger ist an der Stütze festgeschraubt, an welcher auch noch eine Röhrenlibelle parallel der Absehebene sich findet (in der Figur theilweise verdeckt). Eine empfindlichere Reitlibelle auf der Kippaxe, mit Berichtigungsschraube, um auch das Kreuzen ihrer Axe mit der Kippaxe beseitigen zu können. Der sehr grosse Höhenkreis liegt mitten zwischen den Kippaxenlagern, das Fernrohr ist excentrisch, es kann natürlich durchgeschlagen werden, aber auch umgelegt, so dass die Kippaxenenden die Lager tauschen. In dieser zweiten Lage der Kippaxen kann aber der Höhenkreis nicht abgelesen werden. Das Umlegen ist nur zur Berichtigung des Instruments und zur Untersuchung der Stahlzapfen erforderlich. Auch am Höhenkreise wird durch ein Schraubenmikrometer-Mikroskop abgelesen, welches an einem Fernrohrträger festsitzt. Nach dem Umlegen des Fernrohrs (der Kippaxe) ist die ungetheilte Seite des Höhenkreises dem Ablesemikroskop zugewendet.

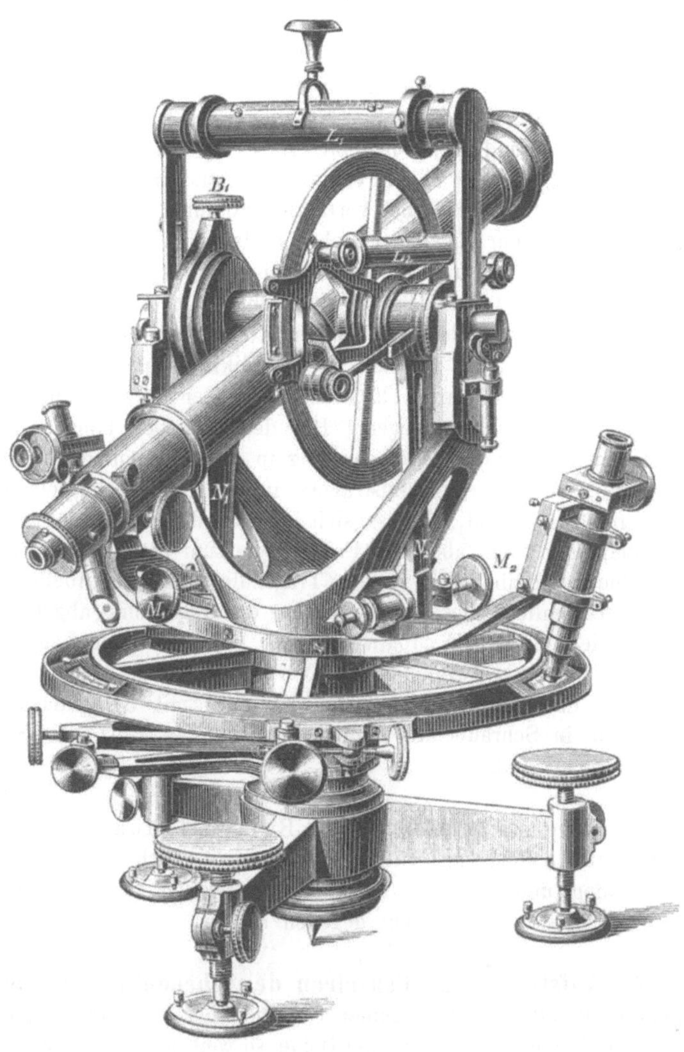

Fig. 161.

Fig. 161 stellt einen grossen Breithaupt'schen Theodolit dar mit Schraubenmikroskopen am Horizontalkreis und Nonienablesung am Höhenkreise. Der Horizontalkreis hat 25 cm Durchmesser und ist direkt in zwölftel Grad getheilt (Abstand der Theilstriche 0,18 mm); jeder ganze Grad ist mikroskopisch fein beziffert. Mittelst des Schraubenmikrometers des Ablesemikroskops lässt sich die Ablesung auf 1'' verfeinern. Am Horizontalkreis ist für die rohe Ablesung eine zweite Theilung mit Index (siehe § 133). Die Vertikalaxe ist doppelt, beide Bremsen, die für den Limbus und die für die Alhidade sind central, Federmikrometerwerke. Die Kippaxe ruht auf Friktionsrollen (am rechten Ende in der Figur deutlich), eine Einrichtung, deren bisher noch nicht Erwähnung geschah, — sie kommt an grossen astronomischen Apparaten öfter vor. Der Vertikalkreis ist fest auf die Kippaxe gesteckt und dreht mit dem Fernrohr. Er befindet sich zwischen den Trägern der Kippaxe. Der Träger der fliegenden Nonien des Vertikalkreises ist mit der Versicherungslibelle L_3 (vergl. Fig. 137) versehen und geht in eine Nase N_2 aus, die zwischen das Mikrometerwerk M_2 (in der Figur rechts) eingreift. Die fliegenden Nonien sind so gestellt, dass, wenn bei vertikaler Stellung der Zapfen die Versicherungslibelle L_3 zum Einspielen gebracht ist, kein Indexfehler besteht, d. h. dass dann die Ablesung am Höhenkreise 0^0 Neigung oder 90^0 Zenitabstand ergeben, sobald das Absehen wagrecht gerichtet ist.

Die Kippaxe ist umgeben von einem Klemmringe (zugehörige Bremsschraube B_1) mit der Nase N_1, die in das Mikrometerwerk M_1 am linken Träger eingreift. Das Fernrohr lässt sich (mit der kürzeren Objektivseite) durchschlagen, aber auch umlegen. Bei dem Umlegen kommt die Nase N_1 des Klemmrings für die Kippbewegung in das Mikrometerwerk M_2 und hingegen die Nase N_2 des Noniusträgers in das mit M_2 übereinstimmend gebaute Mikrometerwerk M_1, so dass sich jetzt mit diesem die Versicherungslibelle verstellen, mit M_2 aber die Feindrehung um die Kippaxe ausführen lässt. — Eine Dosenlibelle ist in der Tragsäule, eine Reitlibelle auf die Kippaxe gesetzt, die beim Durchschlagen des Fernrohrs abgehoben sein muss. Man sieht links die Möglichkeit der Correktur der Lager für die Kippaxe (um diese rechtwinkelig zum Vertikalzapfen zu bringen). — Sei noch bemerkt, dass die Unterlegplättchen, jedes mit 3 scharfen Spitzen (die nach oben in Schraubenköpfe ausgehen) in das Holz des Scheibenstativs eingedrückt sind.

Die Prüfung der Theodoliten, ihre Berichtigungen und die dazu dienenden Mittel sollen erst besprochen werden, nachdem die Anleitung zur Beobachtung und Messung mit dem einstweilen als vollkommen berichtigt vorausgesetzten Instrument gegeben ist.

§ 143. Aufstellen und Centriren des Theodolits. Das Stativ ist recht annähernd mit der Mitte seiner Scheibe über den Scheitelpunkt des zu messenden Winkels zu stellen, die Beine so weit gespreizt, dass sicheres Stehen erfolgt und das Okular des Fernrohrs in eine dem Beobachter bequeme Höhe (lieber zu tief als zu hoch) kommt. Die Scheibe muss dabei nach Augenmaass möglichst wagrecht sein. Eindrücken der Stativbeine in den Boden (§ 113). Man lothet vom Vertikalzapfen nach dem Boden herab und schiebt, nachdem vorher die Schraube, welche das Instrument auf dem Stative befestigt, gelöst worden, den Theodolit, bis der angehängte Senkel auf den Scheitelpunkt trifft. Die Befestigung des Theodolits am Stativ wird dann wieder hergestellt. War man bei Aufstellung des Stativs vorsichtig, so wird der Spielraum des Verschiebens für die Centrirung ausreichen. Andernfalls muss das ganze Stativ übergehoben werden.

Bei der nun folgenden Vertikalstellung des Zapfens (und damit Horizontalstellung des Limbus und der Kippaxe) wird, wenn die Füsse des Dreifusses gekürzt werden, der Federdruck gegen die Stativscheibe kleiner, hingegen bei Verlängerung der Füsse wieder zu gross, und man muss, wenn man stärkeren Widerstand wahrnimmt, die Befestigungsschraube etwas lösen. Das ganz feste Anziehen derselben erfolgt allmälig und erst wenn die Senkrechtstellung des Zapfens ausgeführt ist, wobei darauf zu achten, ob diese nicht etwa wieder verloren geht. — Wie bei der neuen Befestigungsweise (§ 113, S. 148) zu verfahren ist, bedarf wohl keiner weiteren Anleitung mehr.

Steht die Libelle nicht unveränderlich rechtwinkelig zur Vertikalaxe, wenn sie nämlich auf dem Fernrohr selbst sitzt, so ist sie zunächst (durch Einstellen des Vertikalkreises auf Null der Theilung) in diese Lage zu bringen.

Man drehe die Alhidade bis die Libellenaxe annähernd parallel ist der Verbindungslinie der Fusspunkte der Stellschrauben Nr. 1 und 2 und führe durch Benutzen dieser Stellschrauben das Einspielen der Libelle herbei. Nachdem dieses erreicht, wird die Alhidade um einen rechten Winkel gedreht, wodurch die Libellenaxe in die Richtung über die Stellschraube Nr. 3 kommt. Diese wird nun allein benutzt, um abermaliges Einspielen der Libellenblase zu bewirken. Alsdann wird die Alhidade zurückgedreht, die Libelle, die nun in Richtung der Stellschrauben Nr. 1 und 2 steht, wird im allgemeinen nicht mehr einspielen. Man beseitigt die eine Hälfte des Ausschlags durch Drehen der Stellschraube Nr. 1, die zweite Hälfte durch Benutzen der Stellschraube Nr. 2. Nun erfolgt abermalige Drehung der Alhidade um 90^0 (die Alhidadenklemme muss natürlich offen sein) und durch Stellschraube Nr. 3 wird wieder das Einspielen der Blase der Libelle erzwungen. Bei der jetzt folgenden drittmaligen Stellung der Libelle über Stellschrauben Nr. 1 und 2 wird nur noch sehr wenig an diesen zu drehen sein, um das Einspielen herbeizuführen (immer zur Hälfte mit jeder Schraube), und ebenso wird nur eine sehr geringe Drehung der Stellschraube Nr. 3 zum Libelleneinspielen mehr erforderlich sein. Geübte bringen die Vertikalstellung ganz gewiss recht gut durch die beschriebenen drei Versuche zu Weg. Ungeübte werden wohl vier oder gar mehr mal die Libelle abwechselnd in die Richtung der Stellschrauben Nr. 1 und 2 und dann in die Richtung der Stellschraube Nr. 3 zu bringen haben.

Beim Zweifuss wird die Libelle durch Drehen der Alhidade um je 90^0 abwechselnd über die eine und die andere Stellschraube gebracht und immer nur diese eine Schraube benutzt, um die Libelle zum Einspielen zu bringen.

Man erkennt, ob die genaue Vertikalstellung erreicht ist, daran, dass bei jeglicher Drehung der Alhidade die Libelle einspielen muss. Gelingt das überhaupt nicht, so ist die Libellenaxe nicht rechtwinkelig zum Zapfen und muss berichtigend (§ 157) erst so gestellt werden. Dreht man die Alhidade etwas rasch, so kann durch Centrifugalkraft ein vorübergehender Ausschlag der Libellenblase trotz senkrechter Zapfenstellung erfolgen.

Sind zwei Röhrenlibellen in rechtwinkeliger Lage ihrer Axen oder ist eine Kreuzlibelle vorhanden, so geht das Einrichten (Vertikalstellen) noch bequemer. Besondere Anleitung hierzu ist überflüssig. Am bequemsten dreht man die Alhidade (deren Bremse dann geschlossen werden kann) so, dass die eine Libellenaxe über die Stellschrauben Nr. 1 und 2 und die zweite über die Stellschraube Nr. 3 zu stehen kommt.

§ 144. **Einstellen des Theodolitfernrohrs.** Für die deutliche Sichtbarkeit des Fadenkreuzes ist schon gesorgt worden (§ 137). Nachdem die Senkrechtstellung der Vertikalaxe ausgeführt ist, darf der Theodolit nur mehr sanft berührt werden, um jene Stellung nicht wieder zu verderben. Es ist nützlich, zuweilen nach den Libellen zu sehen. Die Alhidade wird so gedreht und das Fernrohr so gekippt (beides freihändig bei offenem Bremsen), dass das Zeichen des ersten Winkelschenkels (§ 148) angezielt wird.

Da das Gesichtsfeld des Fernrohrs (namentlich wenn dies stark vergrössert) stets sehr beschränkt ist, zielt man zunächst über das Rohr weg (wie über einen Gewehrlauf) und stellt möglichst gut ein (vergl. § 41 S. 43). Zuweilen ist zur Erleichterung dieses Ueberzielens noch ein Diopter auf dem Fernrohr (wie die Sucher auf den grossen Fernrohren der Astronomen); das ist aber überflüssig, und auch ohne Diopter erlangt man durch Uebung bald die Fertigkeit, die Roheinstellung so sicher auszuführen, dass das angezielte Zeichen jedenfalls im Gesichtsfeld des Fernrohrs ist. Wer durch das Fernrohr blickend das Zeichen sucht, nicht die geschilderte Roheinstellung bethätigt, macht sich unnöthige Mühe und verschwendet Zeit.

Nach Vollendung der Roheinstellung werden die Bremsen für die Horizontaldrehung und für das Kippen geschlossen.

Erblickt man nun das Zeichen durch das Fernrohr, so ist noch das Okular zu ziehen, bis das Bild möglichst scharf, klein und deutlich ist. Dann benutzt man die Mikrometerwerke, um die Feineinstellung auszuführen, wobei erinnert wird, dass es Regel ist, die Zeichen so tief, d. h. so nahe am Boden anzuzielen als möglich (§ 13). Beim Nivelliren und optischen Distanzmessen ist die Vermeidung schädlicher Parallaxe von höchster Wichtigkeit, man wird die Probe mit dem Tanzen des

Fadenkreuzes (§ 138) nie unterlassen und nöthigenfalls den Okularauszug noch etwas verbessern. Aber auch beim Messen von Horizontalwinkeln kann die Parallaxe schädlich wirken, und also ist auch hier die Tanzprobe empfehlenswerth. Gute Beobachter machen die Roheinstellung so sicher, dass die Mikrometerwerke nur sehr wenig benutzt zu werden brauchen. Da die mikrometrischen Verschiebungen immer begrenzt sind, wird man vermeiden, zu nahe an die Grenze zu kommen.

§ 145. **Ablesen an den Theilungen; Aufschreiben.** Nach geschehener scharfen Anzielung werden die Theilungen (entweder nur die des Horizontalkreises oder nach Bedarf auch die des Vertikalkreises) abgelesen, zunächst roh (§ 10 S. 10) und die Rohablesung sofort aufgeschrieben. Kann, was schon die Schätzung lehrt, durch die folgende genaue Ablesung die Zehnerzahl der Minuten noch geändert werden, so deutet man diese in der Aufschreibung nur ganz leicht an, so dass die etwa nöthige Aenderung der Zehnerziffer keine Undeutlichkeit hervorbringt. Nun wird mittelst der Nonien oder Ablesemikroskope die Ablesung vervollständigt und die Aufschreibung ergänzt. Hatte man roh abgelesen 78° 40′ und etwas mehr als die Hälfte von 20′, so hat man niedergeschrieben 78° 4 . . und die 4 nur angedeutet. Kommen durch die Feinablesung noch 16′ 30″ hinzu, so ist jene 4 in eine 5 umzuändern und die schliessliche Aufschreibung 78° 56′ 30″.

Man hat fast immer an mehr als einem Index abzulesen, mindestens an zweien, oft an vieren. Die Indices (Nonien oder Mikroskope) sind mit Nr. 1, 2 . . oder A, B . . bezeichnet; diese Bezeichnung des Index kommt natürlich neben oder über die an ihm gemachte Ablesung bei dem Aufschreiben zu stehen. Die Aufschreibungen zeigen bei demselben Instrument für die verschiedenen Nonien einen constanten Unterschied, wenigstens in der Zahl der Grade, z. B. von 180° bei 2, und von 90° bei zwei folgenden der 4 Nonien. Man schreibt daher manchmal nur bei Nonius oder Index 1 (A) die Grade auf und lässt sie weg bei den andern. So z. B.

I.	II.
78° 56′ 30″	56′ 25″.

Hier ist die Gradzahl 78 + 180 = 258° weggelassen. Oder:

I. 78° 56′ 50″; II. 57′ 00″; III. 56′ 45″; IV. 56′ 55″.

Die zu denkenden Ergänzungen sind: II. 168°; III. 258°; IV. 348°.

§ 146. **Vollendung der Winkelmessung.** Hat es sich um einen Höhenwinkel gehandelt, so ist durch das einmalige Einstellen und Ablesen (bei berichtigtem Nonius zeigt wagrechte Ziellinie 0° bezw. 180° oder, wenn Zenitwinkel gemessen werden, 90°) das Geschäft vollendet. Bei Horizontalwinkelmessung muss aber nun das Zeichen in Richtung des zweiten Winkelschenkels angezielt werden. Nachdem a l l e s vollendet, was im vorigen Paragraphen angegeben, löst man die Bremsen, dreht, ü b e r das Fernrohr roh zielend, nach dem zweiten Winkelzeichen, bremst. Ist die Entfernung des zweiten Zeichens merklich anders als die des ersten, so muss nun das Okular wieder genau richtig geschoben werden; ist die Entfernung sehr nahezu dieselbe, so ist das unnöthig, und das ist sehr angenehm, weil bei nicht ganz vorzüglicher Führung des Okularrohrs eine Verstellung der Absehlinie in Bezug auf die Kippaxe u. s. w. erfolgen könnte. Die Feineinstellung wird, wie beschrieben, vollzogen, und dann werden die Ablesungen gemacht und aufgeschrieben.

Schliesslich hat man nur die Unterschiede der zwei demselben Index entsprechenden Ablesungen zu nehmen, um den Winkelwerth zu finden. Genauere Formulare für die Aufschreibung §§ 149, 150, 152.

§ 147. **Wiederholung in zweiter Lage des Fernrohrs.** Diese ist meistens gefordert, wofür die Gründe sich später ergeben werden. Das Fernrohr wird durchgeschlagen und die Messung genau in derselben Reihenfolge der Einzelbeobachtungen ausgeführt. Der nun entstehenden Aufschreibung ist „zweite Lage“, wie der ersten „erste Lage“ beizusetzen. Im allgemeinen ist es gleichgültig, welche der Fernrohrslagen als erste und welche als zweite genommen wird. Jedoch ist es angenehm, das immer in derselben Weise zu thun; man merke sich die Stellung der Triebschraube des Okulars (oder irgend eines andern unsymmetrisch angebrachten Theils) und nenne erste Lage immer jene, bei welcher die Triebschraube links (oben) ist; zweite Lage hat man, wenn diese Schraube rechts (unten) steht.

§ 148. **Erster und zweiter Winkelschenkel.** Man denke das Fernrohr oder sonstige Absehen so gedreht, dass beim Uebergange vom einen zum andern Winkelschenkel der genannte Winkelraum selbst, nicht jener des Ergänzungswinkels (zu 360^0), überfahren werde. Erfolgt nun die Bewegung derart, dass die Ablesungen wachsen, so hat man vom ersten zum zweiten Winkelschenkel hin bewegt. Welcher erster und welcher zweiter Schenkel ist, hängt also von der Bezifferungsrichtung (uhrzeigergemäss oder uhrwidrig) ab und davon, ob die Haupttheilung feststeht und der Index mit dem Absehen sich bewegt (wie am Horizontalkreise des Theodoliten wohl ausnahmslos) oder umgekehrt (wie bei den Bussolen gewöhnlich und meist am Vertikalkreise der Theodoliten).

In den Figuren stellt L den linken, R den rechten Winkelschenkel vor (§ 108), i den Index; in der Figur 162 ist dieser beweglich gedreht und die Haupttheilung feststehend (wesshalb den zwei Einstellungen entsprechend der Index eine verschiedene Lage hat), der Zusatz 1 oder 2 lässt erkennen, welcher der erste und welcher der zweite Schenkel ist. Die Haupttheilung wird durch einen Kreis vorgestellt, an dem die Zahlen 0, 90, 180, 270 stehen.

In der Figur 163 ist angenommen, der Index stehe fest und die Haupttheilung drehe mit dem Absehen. Er kommt also nur einmal in unveränderter Lage i vor und zu grösserer Deutlichkeit ist die Haupttheilung durch zwei Kreise dargestellt, entsprechend den zwei Stellungen, die sie bei den zwei Anzielungen einnimmt. Zielt man immer zuerst nach dem ersten, dann nach dem zweiten Winkelschenkel, so ist, um den Winkel zu finden, stets die erste (obere) Aufschreibung von der zweiten (untenstehenden) abzuziehen. Die Verabredung ist willkürlich, aber es ist nicht gleichgültig, stets dieselbe Reihenfolge in den Aufschreibungen einzuhalten und stets die obere von der unteren Aufschreibung abzuziehen. Thut man das nicht, so kommt man leicht zu Irrthümern. Ist nämlich ein Winkel nahezu ein gestreckter, so ist oft selbst im Felde nicht ganz leicht zu entscheiden, ob der Winkel grösser oder kleiner als zwei Rechte ist und in der Erinnerung wird das ganz unsicher. Macht man aber die Subtraktion in verkehrter Ordnung, so erhält man nicht den Winkelwerth, sondern den Werth des Ergänzungswinkels zu 360°.

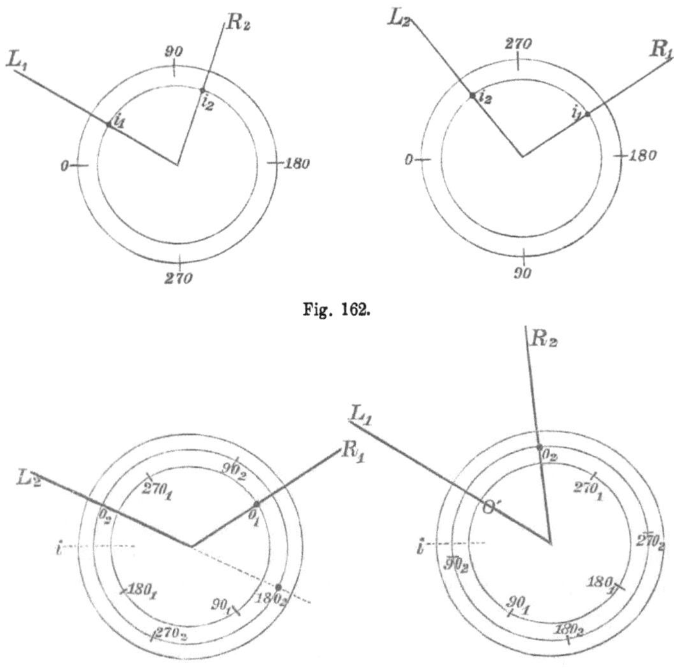

Fig. 162.

Fig. 163.

Hält man, wie empfohlen, strenge immer die vorgeschlagene Ordnung in der Aufschreibung ein, so kann es gleichwohl vorkommen, dass man eine grössere von einer kleineren Zahl abziehen soll, nämlich dann, wenn beim Drehen aus der Richtung des ersten in jene des zweiten Schenkels der Nullpunkt (bezw. 360° oder 400^d) überschritten oder durchschritten wurde.

In der Figur 164 ist nach der Verabredung L_1 der erste und R_2 der zweite Schenkel, weil beim Drehen von L nach R die Ablesung, die beiläufig 320° war, zunächst steigt, 330° wird, dann 359°. Und bei weiterem Drehen um 1° wird sie nicht 360°, sondern 0°, es gehen also wegen Ueberschreitung des Nullpunkts 360° verloren. (In andern Fällen folgt auf 359° erst 360°, dann 1°, was in der Wirkung ebenso.) Die zweite Ablesung ist beiläufig 40°. Wird die erste, 320°, von der zweiten, 40°, abgezogen, so erhält man —280°, gleichwerthig mit + 80°. Einfacher, als erst den negativen Werth des Winkels zu berechnen und daraus durch Addition von 360° (bezw. 400^d) den positiven abzuleiten, ist es, wenn der Subtrahend bei richtiger Aufschreibung grösser ist als der Minuend, letzterem sofort 360° (400^d) zu addiren; also im Beispiele zu rechnen (40 + 360)° — 320° = 80°. Seien die zwei Ablesungen 217° und 38°. Ist man sicher, dass 38° die **erste** Ablesung (im festgesetzten Sinne) war, so ist der gesuchte Winkel

$$217 - 38 = 179^0.$$

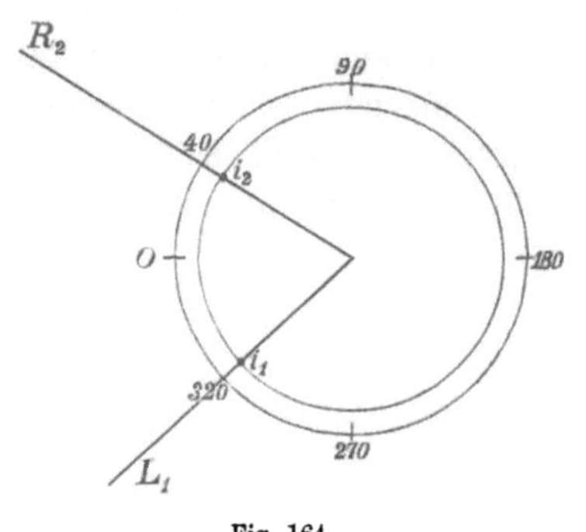

Fig. 164.

War man aber nachlässig in der Einhaltung der Reihenfolge und ist 217° die dem eigentlich **ersten** Schenkel entsprechende Ablesung, so wäre der Winkel zu berechnen: (38 + 360) — 217 = 181°. Ist nun die Erinnerung (oder auch die Schätzung im Felde) nicht ganz sicher, ob der Winkel hohl ($<$ 180°) oder erhaben ($>$ 180 d. h. überstumpf), so kann man also durch Nichteinhaltung der Reihenfolge in groben Irrthum verleitet worden sein.

§ 149. **Wiederholte einfache Winkelmessung.** Da keine Beobachtung jemals den mathematisch genauen Werth liefern kann, sondern immer die Behaftung mit einem unvermeidlichen Fehler zu befürchten bleibt, ist es sehr rathsam, die Beobachtungen zu wiederholen und aus den verschiedenen Ergebnissen den wahrscheinlichsten Werth abzuleiten, der sich dem absolut richtigen mehr nähern wird als das Ergebniss einer Einzelbeobachtung (Anhang X).

Das Verbringen des Theodolits nach dem Scheitelpunkt, die Centrirung und die genaue Vertikalstellung der Vertikalaxe (oder Horizontirung des Limbus und der Kippaxe) sind meist mühsamere und mehr Zeit raubende Geschäfte als das schliessliche Winkelmessen selbst. Wichtige Winkel werden daher **vielmals** gemessen.

Ist das Instrument mangelhaft, ist namentlich seine Theilung nicht genau, so wird der daraus hervorgehende Fehler des Messungsergebnisses **nicht** verschwinden, wenn man die Messung bei **ungeänderter Stellung** des Instruments noch so oft wiederholt. Man soll sich daher so einrichten, dass man bei den Wiederholungen nicht an **denselben** Stellen der Theilung abliest, was auch schon deshalb zu vermeiden ist, weil man bei den späteren Ablesungen voreingenommen ist (§ 10). Hat der Theodolit ein doppeltes Vertikalaxensystem, so drehe man nach Vollendung einer Messung den Horizontalkreis, wobei Centrirung und Vertikalstellung nicht verloren gehen. Man habe also z. B. das erste Mal die Ablesungen 135° und 209°, also den Winkel 74° gefunden; das zweite Mal bei den Einstellungen auf dieselben Zeichen die Ablesungen 24° und 98°. Es ist nun ein ganz anderer Theil der Theilung benutzt worden. Theilungsfehler eines Kreises gleichen sich aber aus; sind die Theile in einem Quadranten zu enge, so müssen sie in einem andern Theile zu weit sein, da ja die Gesammtsumme stets 4 Rechte (360°) ausmacht. Hat man also an sehr verschiedenen Stellen gemessen, so dass man bei den Wiederholungen durch die ganze Theilung geschritten ist, so kann der Fehler wegen Theilungsungenauigkeit (auch der wegen Excentrizität) aus dem Mittel der Ergebnisse schwinden. Hat der Theodolit keine doppelte Vertikalaxe, so muss man das ganze Untergestell desselben (nicht das Stativ) verdrehen, was zu neuer Centrirung und Vertikalstellung nöthigt, also entschieden unbequem ist.

Das Formular für die Aufschreibung kann verschieden gestaltet sein. Es genügt, zwei Beispiele anzugeben. Beobachtung in zwei Lagen wird (§ 147) immer stattfinden.

Winkelmessung mit Theodolit Nr. 32, Ertel & Sohn.

Beobachter H. Fischer.

Den 24. Mai 1884. Gute Beleuchtung, kein Wind.

Scheitelpunkt P_{17}.

Signale	Nonius I	Nonius II	
	Erste Lage		
P_{94}	48° 26′ 10″	. . 26′ 15″	
P_{138}	147 34 30	. . 34 25	
	99 08 20	. . 08 10	Mittel 99° 08′ 15″
	Zweite Lage		
P_{94}	228° 26′ 10″	. . 26′ 30″	
P_{138}	327 35 00	. . 35 10	
	99 08 50	. . 08 40	Mittel 99° 08′ 45″
		Winkel = 99° 08′ 30″	

Oder mehr Raum sparend:

Winkelmessung mit Theodolit Nr. 108, Breithaupt.

Beobachter G. Stoll.

Den 19. Juni 1883. Bemerkungen über Witterung.

Standpunkt Hochstein P_{84}.

Zielpunkte	Lage I		Lage II		Mittel aus 1) 2) 3) 4)
	1) Nonius I	2) Nonius II	3) Nonius I	4) Nonius II	
Altdorf P_{118}	317° 46′ 50″	46′ 50″	137° 46′ 40″	46′ 30″	317° 46′ 42,5″
Johannisberg P_{29}	53 09 10	09 30	223 09 40	09 20	53 09 25
	95 22 20	22 40	95 23 00	22 50	95 22 42,5″

(Es genügt in diesem Formulare die eine, letzte Subtraktion.)

Für die einfache Wiederholung der Winkelmessung ist das Doppelaxensystem sehr erwünscht, aber wenn der Horizontalkreis nur mit etwas starker Reibung sich dreht, ist eine Klemmvorrichtung und mehr noch ein Mikrometerwerk entbehrlich.

§ 150. **Einfache Repetition der Winkel.** 1752 Tob. Mayer d. A. Ein förmlicher Repetitionstheodolit, d. h. mit doppeltem Vertikalaxensystem, Bremse und Mikrometerwerk für die Limbusdrehung ist nothwendige Voraussetzung.

Man stellt die Alhidade auf den ersten Winkel ein und liest genau an allen Nonien (oder Mikroskopen) ab. Alsdann dreht man, während der Limbus fest stehen bleibt, die Alhidaden allein (erst grob, dann fein mit dem Alhidadenmikrometerwerk) in die Richtung des zweiten Winkelschenkels, braucht aber nur oberflächlich an einem Nonius abzulesen, um durch Abziehen einen angenäherten Werth des Winkels (es genügt die Grade zu haben) zu finden. Nun lässt man die Alhidade fest gebremst gegen den Horizontalkreis (diesem „angeschlossen“, wie man sagt) und dreht, nachdem die Bremsung des Horizontalkreises gelöst worden, den Limbus mit der angeschlossenen Alhidade zusammen in die Richtung des ersten Winkelschenkels zurück (bis das Fernrohr das erste Winkelschenkelzeichen wieder anzielt), wobei nach der Roheinstellung gebremst und die Feindrehung mit dem Mikrometerwerke des Horizontalkreises allein vollführt wird. Dadurch ist die Stellung des Index gegen die Theilung nicht geändert worden, sondern geblieben, wie sie bei erstmaliger Anzielung des zweiten Schenkelzeichens gewesen. Jetzt bleibt der Horizontalkreis fest stehen, die Bremse der Alhidade wird geöffnet, freihändig die Einstellung des Fernrohrs auf das zweite Schenkelzeichen roh, dann nach Festklemmen der Alhidade an den Horizontalkreis mit dem Alhidadenmikrometerwerk allein die Feineinstellung bewirkt. Dadurch ist der Index um ebenso viel und im gleichen Sinne gegen die Theilung verschoben worden, wie bei erstmaliger Ueberführung des Fernrohrs aus der ersten in die zweite Richtung. Würde man jetzt ablesen, so erhielte man als Differenz gegen die erste genaue Ablesung das Doppelte des gesuchten Winkels. Man unterlässt aber die Ablesung und führt den Horizontalkreis mit angeschlossener Alhidade (erst roh, dann mit dem Mikrometerwerke des Horizontalkreises allein) so weit zurück, dass das Fernrohr wieder auf das erste Schenkelzeichen gerichtet ist. Der Horizontalkreis bleibt nun wieder fest stehen und durch Drehung der Alhidade (erst grob mit offener Alhidadenklemme, dann fein mit dem zugehörigen Mikrometerwerke allein) wird das Fernrohr in die Lage nach dem zweiten Zeichen gebracht, die Verstellung des Index gegen die erste genaue Ablesung entspricht jetzt dem dreifachen Winkel. Man kann nun aber- und abermals repetiren, so oft man will. Schliesslich, wenn das Fernrohr wieder genau auf das zweite Schenkelzeichen gerichtet ist, werden alle Nonien (Mikroskope) genau abgelesen. Die Differenz der jetzigen Ablesung gegen die erste (genaue) Ablesung am selben Index ist ein ganzes Vielfaches des gesuchten Winkels.

Die zweite, oberflächlich gemachte Ablesung an einem Nonius hat einen Näherungswerth des Winkels geliefert; sei dieser 75^0. Ist man nun also durch Unachtsamkeit auch etwa unsicher über die Zahl der Repetitionen, so schadet das nicht. Sei z. B. die erste Ablesung $222^0\ 13'\ 50''$ gewesen, die letzte am selben Nonius $102^0\ 39'\ 20''$. Man sei im Zweifel, ob 7, 8 oder 9 mal repetirt worden. Denkt man zur zweiten Ablesung einmal 360^0 addirt, zieht die erste ab

$$(462^0\ 39'\ 20'' - 222^0\ 13'\ 50'' = 240^0\ 25'\ 30''),$$

so ist der siebente, achte und neunte Theil von dem Näherungswerth des Winkels (75^0) zu weit entfernt. Denkt man zweimal 360^0 zur letzten Ablesung, so erhält man die Differenz

$$822^0\ 39'\ 20'' - 222^0\ 13'\ 50'' = 600^0\ 25'\ 30'',$$

deren siebenter und deren neunter Theil von 75^0 zu entfernt sind, während der achte Theil, nämlich $75^0\ 03'\ 11{,}25''$ dem Rohwerthe 75^0 so nahe steht, dass kein Zweifel verbleibt, 8 ist die richtige Zahl der Wiederholungen, 8 der wirklich zu nehmende Divisor.

Die nachfolgende schematische Darstellung des einfachen Repetitionsverfahrens ist wohl überflüssig, wird aber doch gegeben, da die alsbald zu beschreibende Multiplikationsmethode durch eine ähnliche Darstellung leichter verständlich wird. H bedeutet den Horizontalkreis, A die Alhidade. Sind die Zeichen eingeklammert, so bedeutet das, die entsprechenden Theile sind fest miteinander verbunden (angeschlossen) und können nur gemeinsam bewegt werden. w bedeutet die Grösse des Winkels, die eingeklammerten Ablesungen sind nicht gemacht worden.

Ordnungszahl		Angezieltes Zeichen	Instrumententheile		Ablesungen
			fest	gedreht	
1)	α	Nr. 1	H	A	a, genau gemacht
	β	Nr. 2	H	A	a + w roh gemacht
2)	α	Nr. 1		(H A)	
	β	Nr. 2	H	A	(a + 2w)
3)	α	Nr. 1		(H A)	
	β	Nr. 2	H	A	(a + 3w)
. . .	. . .	. . .	. . .	. . .	. . .
n)	α	Nr. 1		(H A)	
	β	Nr. 2	H	A	a + nw, genau gemacht

Jede Einzelablesung an der Theilung ist mit einem unvermeidlichen Fehler behaftet, dessen Grösse von der Feinheit der Haupttheilung und jener der Nonien (oder der Ablesemikroskope), dann von der Achtsamkeit, Sinnesschärfe und Geschicklichkeit des Beobachters abhängt. Im ungünstigsten Falle ist der daraus im Winkel entspringende Fehler die Summe und im günstigsten Falle die Differenz der zwei Ablesefehler. Dieser Winkelfehler bleibt derselbe für den vielfachen (nfachen) Winkel, den man nach dem Repetitionsverfahren erhält, wie für den einfachen, den man ohne Repetition erhalten hätte. Es würde aber übereilt sein, zu schliessen, dass bei 8facher Wiederholung die Unsicherheit im berechneten (einfachen) Winkel nur $^{1}/_{8}$ sei von jener bei einfacher Winkelmessung. Denn auch die Einzeleinstellungen auf die Winkelzeichen sind ja nicht mathematisch genau und bei vielfachen Einstellungen, wie sie das Repetitionsverfahren verlangt, können sich diese Einstellungsfehler addiren, müssen es freilich nicht thun, sondern können sich theilweise oder sogar gänzlich ausgleichen. Sicheres wird sich in dieser Hinsicht nicht vorhersagen lassen. Es kommt weiter in Betracht: Bei der Rückführung des Fernrohrs auf das erste Zeichen durch Drehung des Horizontalkreises (der dabei immer unten, nicht an der Alhidade zu fassen ist), kann durch Trägheit die Alhidade etwas zurückbleiben, der Index sich also ein klein wenig (elastisch in der Klemme) gegen die Theilung verschieben, während die Methode absolutes Unverrücktbleiben voraussetzt. Ebenso können durch die Mikrometerwerke (namentlich wenn sie peripherisch sitzen) elastische Verbiegungen der Kreise eintreten, welche gleichfalls eine Fehlerquelle bilden. Endlich steht der Horizontalkreis nicht unverrückbar fest, sondern wird beim Drehen der Alhidade etwas mitgenommen. — Nach Ueberführung der Alhidade vom 1. zum 2. Schenkel, stelle man, im selben Sinne fortdrehend, nochmals in die Richtung des 1. Schenkels und wird dann nicht wieder genau dieselbe Ablesung finden, wenn eine Mitführung des Limbus stattfand. Sei die Differenz $f_1 + f_2$, zusammengesetzt aus den Verschiebungen f_1 bei Drehung um den Winkel und f_2 bei Drehung um den Ergänzungswinkel. Man macht die allerdings nicht ganz sichere Annahme f_1 und f_2 verhielten sich wie die betreffenden Winkelgrössen (andere Annahme macht $f_1 = f_2$), berechnet darnach f_1 und verbessert den erhaltenen Winkelwerth.

Beispiel:	1. Ablesung:	2. Ablesung:
Einstellung auf 1. Schenkel	80°	79° 59′ 24″
Einstellung auf 2. Schenkel	120°	
Rohwerth des Winkels	40°	$f_1 + f_1 = 36''$

$$f_1 : f_2 = 40^0 : 320^0; \qquad f_1 = {}^1/_9\,(f_1 + f_2) = 4''.$$

Verbesserter Winkel: 40° 00′ 04″.

Bei sehr fein getheilten Instrumenten konnte man solche unbeabsichtigte Verschiebungen, namentlich wenn die Bewegungen etwas rasch, mit merklichem Schwung erfolgten, nachweisen. Die Repetitionsverfahren (auch das nachfolgende) werden daher gegenwärtig nicht mehr so viel angewendet als früher; die wiederholte Winkelmessung liefert im allgemeinen bessere Ergebnisse.

Aufschreibeformular:

Horizontalwinkelmessung mit 5facher Repetition.

Witterung . . .

Theodolit Nr. 41. Dennert & Pape. Beobachter A. Bach.

18. September 1884.

Standpunkt Auberg P_{94}.

Winkelzeichen	Nonius I	Nonius II	
Kapelle P_{41}	0° 00′ 00″	180° 00′ 10″	
Mühle P_{54} (79° 50′)	39 06 20	219 06 10	720
		39 06 00	78° 12′ 20″
Winkel = **79° 49′ 14″**		10facher Winkel =	798 12 20

Es ist hier vorausgesetzt, man habe vor Beginn der Messung den Non. I auf Null eingestellt, die Ablesung an Non. II weicht ein wenig ab von 180°. Nach der ersten Einstellung auf das zweite Winkelzeichen wurde die Rohablesung 79° 50′ an Nonius I gemacht und aufgeschrieben, nach beendeter Repetition die genauen Ablesungen an beiden Nonien, wie oben.

Man zieht zuerst die Ablesuug an Nonius II bei Beginn von der am Ende ab und addirt die Differenz zu jener der End- und Anfangsablesungen an Non. I, so hat man den 2 n fachen Winkel u. s. w.

Zur bequemeren Division ist es üblich, bei Sexagesimaltheilung die Sechszahl bei der Repetition vorwalten zu lassen. Selbst bei mehrfacher, im folgenden Beispiele 18facher Repetition, durch Zwischenablesung in Gruppen von 6 zu zerlegen.

Aufschreibeformular:

Instrument . . . Beobachter . . . Ort, Datum . . Wetter.

Standpunkt Haibachkreuz.

Winkel Schmerlenbach-Jägerhaus.

	Repetitionszahl	Nonius I	Nonius II	Mittel des 6fachen Winkels	Einfacher Winkel (30°)	
1. Lage	0	94° 13′ 00″	13′ 00″			
	6	275 15 30	15 20	181° 02′ 25″	30° 10′ 24,17″	
	12	96 18 00	17 55	181 02 32,5	25,42	30° 10′ 25,28″
	18	277 20 40	20 30	181 02 37,5	26,25	

Aehnlich für die zweite Lage.

Hier ist das Mittel aus den drei sechsfachen Repetitionen genommen worden. Der Werth aus der ersten 12fachen Repetition ist . . . 24,8″, aus der 18fachen Repetition . . . 25,3″. Das arithmetische Mittel aus der ersten 6fachen, der ersten 12fachen und der 18fachen Repetition, die Werthe von gleichem Gewicht angenommen, wäre . . 24,76″; nimmt man aber mit gleichem Gewicht noch die zweite 12fache Repetition hinzu, so erhält man als Mittel . . 25,625″. Es sind ersichtlich noch andere Combinationen für die Auswerthung des Mittelwerths möglich, auch die Gewichte der stärkeren Repetitionen andere. Man gelangt bei Repetitionen bald auf die „stehende Sekunde“, d. h. alle weiteren Fortsetzungen ändern den Winkelwerth nicht mehr um eine Sekunde.

Repetition der Höhenwinkel kommt nicht oft vor. Die Einrichtung muss dann so getroffen sein, dass wenn eine Klemme geschlossen ist der Höhenkreis mit dem Fernrohr am unverrückbaren Index vorüber dreht, und ein Mikrometerwerk für die Feinausführung muss vorhanden sein. Dann aber muss nach Oeffnung der erwähnten Klemme auch das Fernrohr für sich allein, grob und mittelst besonderem Mikrometerwerk auch fein, gedreht werden können, während der Höhenkreis fest stehen bleibt. Es ist also ein doppeltes Kippaxensystem erforderlich.

§ 151. **Doppelte Repetition** oder **Multiplikation der Winkel,** auch nach dem Erfinder Borda'sches Verfahren genannt, verlangt einen Repetitionstheodolit mit unterem Fernrohr und umständlicherem Bewegungsmechanismus desselben. Das Verfahren ist eine Erweiterung des vorigen, gegenwärtig, da die Theilungen so vortrefflich sind, eigentlich gar nicht mehr im Gebrauche und zwar mit Recht, da die constanten Fehlerquellen noch zahlreicher sind als bei der einfachen Repetition. Jede Beobachtungsgruppe, durch welche der Index um je den doppelten Winkelwerth verschoben wird, erfordert vier Fernrohreinstellungen. Es wird angenommen, die Theilung des Horizontalkreises steige uhrzeigergemäss. Eine ganze Beobachtung besteht aus folgenden vier Geschäften:

a. Der Horizontalkreis wird mit angeschlossener Alhidade (H A) gedreht, bis das obere oder Alhidadenfernrohr das linke Winkelzeichen L anzielt. Feinstellung mit dem Mikrometerwerk des Horizontalkreises. Die Nonien werden genau abgelesen.

b. Das untere Fernrohr (U) wird von der Verbindung mit dem Horizontalkreise freigemacht und unter Benutzung seiner selbständigen Mikrometerbewegung auf das rechte Winkelzeichen R eingestellt.

c. Man dreht den Horizontalkreis, an welchem die Alhidade noch angeschlossen war und an welchen man auch das untere Fernrohr angeschlossen hat [also (H A U)], bis das untere Fernrohr das linke Zeichen L anzielt; die Feinstellung wird natürlich mit dem Mikrometerwerke des Horizontalkreises vollführt.

d. Man löst die Alhidade von ihrer Verbindung mit dem Horizontalkreise und dreht sie allein, bis das obere Fernrohr nach dem rechten Winkelzeichen R zielt, wobei die Feinstellung natürlich nur mit dem Alhidadenmikrometerwerke vollzogen werden darf.

Durch diese vier Geschäfte ist eine Verschiebung der Alhidade um den doppelten Winkel erfolgt. Man macht die Rohablesung an einem Nonius und die Differenz gegen die Anfangsablesung am selben Nonius liefert annähernd den doppelten Werth des gesuchten Winkels.

Die vier Geschäfte a bis d werden in derselben Reihenfolge nun noch (n — 1) mal wiederholt unter Weglassung der unter a. bemerkten Ablesungen. Liest man schliesslich (nach dem letzten d.) alle Nonien genau ab und zieht die entsprechenden ersten Nonienablesungen ab, so erhält man das 2 n fache des Winkels in jeder Noniendifferenz; addirt man diese Differenzen, so bekommt man den 2 k n fachen Winkelwerth, wenn k Nonien vorhanden und zwar, wegen Mittelung, gleich verbessert (§ 160). Das nachfolgende Schema wird die vorstehende Beschreibung ergänzen. Die eingeklammerten Stellungen ergeben sich (wegen der Verbindung) nothwendig, wenn die daneben stehenden nicht eingeklammerten herbeigeführt werden.

Ordn.-zahl		Angezieltes Zeichen	Instrumenten-theile		Richtungen, in welchen stehen			Ablesung
			fest	gedreht	oberes Fernr.	unter. Fernr.	Nullpunkt	
I	a	L mit oberm Fernr.	U	(H A)	L	—	a	genau a
	b	R „ unterm „	(H A)	U	L	R	a	—
	c	L „ „ „	—	(H A U)	(L — w)	L	(a — w)	—
	d	R „ oberm „	(H U)	A	R	L	(a — w)	(a + 2w) annähernd
II	a	L mit oberm Fernr.	U	(H A)	L	L	(a — 2w)	
	b	R „ unterm Fernr.	(H A)	U	L	R	(a — 2w)	
	c	L „ „ „	—	(HAU)	(L — w)	L	(a — 3w)	
	d	R „ oberm „	(H U)	A	R	L	(a — 3w)	(a + 4w)
. . .	. . .	. . .	. . .	. . .	. . .	. . .	. . .	. . .
(n)	a	L mit oberm Fernr.	U	(H A)	L	L	(a—2(n—1)w)	
	b	R „ unterm Fernr.	(H A)	U	L	R	„	
	c	L „ „ „	—	(HAU)	(L — w)	L	(a—(2n—1)w)	
	d	R „ oberm Fernr.	(H U)	A	R	L	„	(a + 2nw) genau

Zum bequemeren Verständniss der Ablesungswerthe sei bemerkt, dass die Richtung nach R von jener nach L im positiven Sinne um den Betrag w entfernt ist.

Gewöhnlich stellt man bei Beginn den Index von Nonius I auf Null, d. h. man macht a = o. Die Schlussablesung an diesem Nonius (vermehrt um die nöthige Anzahl von 360°) gibt dann sofort den 2 n fachen Winkel.

In vorstehender Beschreibung ist noch eine Ungenauigkeit oder Unvollständigkeit. Das untere Fernrohr ist immer excentrisch (§ 142), eine

Drehung desselben aus der Richtung nach dem einen Winkelzeichen in jene nach dem andern ist also nicht genau = w oder der Drehung der centrischen Alhidade (oder des oberen Fernrohrs) aus der Richtung gen L in jene gen R. Die Abweichung der besprochenen Drehung des excentrischen untern Fernrohrs von w bleibt der Grösse nach dieselbe, ändert aber das Vorzeichen, wenn man das untere Fernrohr durchschlägt (nachdem es aus seinem Lager gehoben war), also aus einer linksexcentrischen eine rechtsexcentrische Lage macht (§ 159). Daher die Regel: man mache gleichviel Multiplikationen (z. B. je n) mit den beiden Lagen des unteren Fernrohrs (das obere bleibt dabei aber immer in derselben „Lage"), die schliesslich gefundene Indexverschiebung ist, von dem Fehlereinfluss der Excentricität des unteren Fernrohrs befreit, das 4 n fache des gesuchten Winkels.

Es ist immer nützlich, auch mit dem oberen Fernrohr in zwei Lagen zu beobachten. Man wird also das zusammengesetzte Geschäft wiederholen, nachdem auch das obere Fernrohr durchgeschlagen ist.

§ 152. **Winkel- und Richtungsmessungen (Satz).** Ist ein Standpunkt Scheitel eines einzigen Winkels, sind also vom Standpunkte aus nur zwei Zielpunkte zu beachten, so wird immer der Winkel gemessen, indem man der Reihe nach auf jeden der zwei Punkte einstellt, die Ablesungen macht und deren Unterschied nimmt. Zur Erzielung grösserer Sicherheit und Genauigkeit wird die Messung wiederholt und zwar entweder wird die wiederholte einfache Winkelmessung (§ 149), die einfache Repetition (§ 150) oder die Multiplikation (§ 151) ausgeführt.

Meistens aber wird ein Standpunkt Scheitel mehrerer Winkel sein, d. h. es werden von ihm aus mehr als zwei Punkte für die Zwecke der Vermessung angezielt werden müssen. Dann kann man in verschiedener Art verfahren.

Es ist zunächst als Regel aufzustellen, alle von einem Standpunkte aus sichtbaren Punkte anzuzielen, da die Aufstellung des Theodolits immer ein mühsames und zeitraubendes Geschäft ist, dessen Wiederholung gespart werden kann. Es wird sogar empfohlen, selbst wenn nur ein Winkel gebraucht wird, noch dessen Ergänzung zu vier Rechten zu messen, als Controle für die Richtigkeit. Doch hat das keinen Werth, denn wenn die zwei Ablesungen a_1 und a_2 sind, so ist $a_1 - a_2$ der eine Winkel und $a_2 - a_1$ oder $(a_2 + 360^0) - a_1$ der andere und ihre Summe gibt immer vier Rechte. Es hat auch keinen Nutzen bei der Wiederholung der Winkelmessung einmal den Winkel selbst und (durch neue Einstellungen) dann dessen Ergänzung zu messen. Siehe jedoch S. 242. Die genannte Controle ist also in Wirklichkeit keine, höchstens eine Probe für richtiges Abziehen.

Seien P_1 P_2 P_3 P_4 P_5 die vom Standpunkte aus sichtbaren Vermessungspunkte. Man kann dann messen die Winkel $\widehat{P_1P_2}$, $\widehat{P_1P_3}$, $\widehat{P_1P_4}$, $\widehat{P_1P_5}$; $\widehat{P_2P_3}$, $\widehat{P_2P_4}$, $\widehat{P_2P_5}$; $\widehat{P_3P_4}$, $\widehat{P_3P_5}$; $\widehat{P_4P_5}$. Und ferner deren Ergänzungen. — Die Bezeichnung dieser Winkel unterscheidet sich von jener der vorstehenden wegen verkehrter Reihenfolge der Punkte, also statt $\widehat{P_1P_3}$ wird dann $\widehat{P_3P_1}$ beobachtet. Sieht man ab von der Messung der Ergänzungswinkel, so wird, wenn man nur alle die zuerst aufgeführten Winkel misst, jeder

Punkt (bei 5 sichtbaren) 4 mal anzuzielen und die entsprechenden Ablesungen zu machen sein. Zwischen den Winkeln bestehen Beziehungen, so z. B. ist $\widehat{P_3P_5} = \widehat{P_1P_5} - \widehat{P_1P_3} = \widehat{P_2P_5} - \widehat{P_2P_3} = \widehat{P_3P_4} + \widehat{P_4P_5}$. Diese Gleichungen werden zur Ausgleichung der unvermeidlichen Fehler benutzt, wie auch, dass die Summe aller Winkel um einen Scheitelpunkt zusammen vier Rechte betragen muss, wo dann aber der Ergänzungswinkel des einen zwischen dem ersten und letzten Vermessungspunkt, also hier $\widehat{P_5P_1}$ noch einzuziehen ist, also $\widehat{P_1P_2} + \widehat{P_2P_3} + \widehat{P_3P_4} + \widehat{P_4P_5} + \widehat{P_5P_1} = 360^0$. Die Ausgleichung auf diese Sollsumme von vier Rechten muss immer erfolgen, man nennt sie den *Horizontabschluss*. Allerdings sind gewöhnlich noch andere Ausgleichungen vorzunehmen, da jeder Winkel einem Dreieck oder Vieleck angehört und er mit den übrigen Winkeln der Figur eine Sollsumme geben muss, auf welche auszugleichen ist.

Statt alle Winkel
$\widehat{P_1P_2}$, $\widehat{P_1P_3}$, $\widehat{P_1P_4}$, $\widehat{P_1P_5}$; $\widehat{P_2P_3}$, $\widehat{P_2P_4}$, $\widehat{P_2P_5}$; $\widehat{P_3P_4}$, $\widehat{P_3P_5}$; $\widehat{P_4P_5}$ und $\widehat{P_5P_1}$ zu messen (ausschliesslich der Ergänzungswinkel), wobei die Punkte P_2, P_3, P_4, jeder 4 mal, P_1 und P_5 aber jeder 5 mal anzuzielen sind, oder auch nur die Einzelwinkel $\widehat{P_1P_2}$, $\widehat{P_2P_3}$, $\widehat{P_3P_4}$, $\widehat{P_4P_5}$ und (wegen des Horizontabschlusses) $\widehat{P_5P_1}$, wobei jeder Punkt 2 mal anzuzielen ist, kann man auch jeden Punkt nur *einmal* und nur den Anfangspunkt P_1 zweimal anzielen und durch die Differenz der entsprechenden Ablesungen die Winkel zwischen den Strahlen nach je zweien finden. Man wählt einen, besonders gut und immer gut sichtbaren und sicher einstellbaren, als Anfangspunkt, zieht die diesem entsprechende Ablesung von den Ablesungen für die Einstellungen auf die anderen Punkte ab und erhält so die *relativen Richtungen*, kurz die *Richtungen* dieser Punkte, auch wohl wenn es sich um Horizontalwinkel handelt, die *relativen Azimute* genannt. Den Inbegriff der Einstellungen (und Ablesungen) auf den Anfangspunkt, dann auf die anderen Punkte und schliesslich nochmals auf den Anfangspunkt (diesen zur Controle; die Ablesung muss, wenn keine Verrückung, welche die Messung unbrauchbar macht, bis auf die unvermeidliche Unsicherheit, gerade so wie das erste mal ausfallen) nennt man eine *Beobachtungsreihe*, oder auch einen *einfachen Satz*. Der Vortheile wegen, die das Durchschlagen gewährt, wird mit durchgeschlagenem Fernrohr der einfache Satz wiederholt, gewöhnlich in *umgekehrter Reihenfolge*, — also wenn zuerst in der Ordnung P_1 P_2 P_3 P_4 P_5 P_1 eingestellt wurde, nun in der Ordnung P_1 P_5 P_4 P_3 P_2 P_1 — und das heisst dann ein *vollständiger Satz* oder *Gyrus*, der also aus zwei aufeinander folgenden Beobachtungsreihen im *Hin-* und *Rückgang* besteht. In diesem Falle wird der Anfangspunkt 3 mal, jeder andere 2 mal angezielt, aber es ist dann auch schon eine Wiederholung vorgekommen. Zum Vergleiche muss man annehmen, dass auch die *Winkel*messungen in *zwei* Lagen ausgeführt worden seien, also nach erster Art die Punkte P_1 und P_5 je 10 mal, die anderen je 8 mal, oder nach zweiter Art jeder Punkt 4 mal angezielt worden ist. Die Satzbeobachtung erspart also jedenfalls (bei gleicher Wiederholungszahl) viel Arbeit und hat wohl desshalb ziemlich allgemein

den Vorzug erhalten. Wie man die einfachen Winkelmessungen nicht nur einmal in jeder Lage ausführt, sondern wiederholt, so kann man auch die Gyren beliebig oft wiederholen. Dabei wird für jeden neuen vollständigen Satz der Horizontalkreis verdreht, so dass man in anderen Gegenden der Theilung bei der Einstellung auf denselben Punkt abzulesen hat, also Theilungs- (und (§ 160) Excentrizitäts-) Fehler eliminirt werden können. Theodolite mit doppeltem Vertikalaxensystem bieten hierbei, wie schon erwähnt, die Annehmlichkeit, erneutes Centriren und Vertikalstellen zu ersparen.

Werden die Winkel nach der Repetitionsmethode bestimmt, so wird zwar die Anzahl der Einstellungen nicht geringer, wie oben angegeben, wohl aber die Zahl der Ablesungen. Das ist, wenn Nonienablesungen zu machen sind, eine erhebliche Ersparung, hingegen sind die immer mehr Eingang findenden Mikroskopablesungen, namentlich nach § 134, so einfach und schnellgehend, dass die Ersparung von Ablesungen nicht mehr von merklichem Belang ist. Nachstehend ein aus der IX. preuss. Vermessungsanweisung entlehntes Formular für Anschreibung von Satzbeobachtungen.

Trig. Form. I. Winkelregister.*)

Standpunkt	Zielpunkt	Fernrohrlage I							Fernrohrlage II							Mittel aus I und II			Reducirte Mittel			Mittel aus allen Beobachtungen			Bemerkungen
		Nonius					Mittel		Nonius					Mittel											
		A			B				A			B													
		°	′	″	′	″	′	″	°	′	″	′	″	′	″	°	′	″	°	′	″	°	′	″	
1	2	3			4		5		6			7		8		9			10			11			
P_{16}centr. Satz 1.	P_{12} Saustrup	26	34	00	35	50	33	55	206	35	00	34	50	34	55	26	34	25	0	00	00	0	00	00	Die Stellung des Signals P_{18} ist gelegentlich ... am 10. XII. 1878 untersucht und genau centrisch befunden. N. N. Eine 2. Untersuchung am 23. XII. 1878 ergab Verrückung, während der letzten 4 Tage ohne Beobacht. eingetreten. Ausbesser. u. Centr. sofort vorgenommen. N. N.
Festlegung	P_9 Rottfeld	142	00	40	00	30	00	35	322	01	20	01	30	01	25	142	01	00	115	26	35	115	26	32,5	
durch	P_{19}	229	47	20	47	00	47	10	49	47	50	47	50	47	50	229	47	30	203	13	05	203	13	07	
4 Drain-	P_{14}	249	56	50	56	40	56	45	69	57	30	57	30	57	30	249	57	08	223	22	43	223	22	40	
röhren	P_{15}	255	08	00	08	00	08	00	75	08	50	08	30	08	40	255	08	20	228	33	55	228	33	56	
und	P_{18}	328	00	10	00	00	00	05	148	00	40	00	40	00	40	328	00	23	301	25	58	301	26	17	
einen Grenz-	P_{28}	346	37	50	38	00	37	55	166	38	40	38	20	38	30	346	38	13	320	03	48	320	03	55,5	
stein	P_{12} Saustrup	(26	34	20	34	10)			(206	34	40	34	40)												
			04	50	04	00				09	50	09	10				06	59							
Satz 2.	P_{12} Saustrup	59	13	20	13	00	13	10	239	13	40	13	30	13	35	59	13	23	0	00	00				
	P_9 Rottfeld	174	39	50	39	40	39	45	354	40	00	40	00	40	00	174	39	53	115	26	30				
	P_{19}	262	26	00	26	00	26	00	82	26	50	26	20	26	35	262	26	18	203	12	55				
	P_{14}	282	35	50	35	50	35	50	102	36	20	36	00	36	10	282	36	00	223	22	37				
	P_{15}	287	47	10	47	10	47	10	107	47	40	47	20	47	30	287	47	20	228	33	57				
	P_{13} Boel	323	29	20	29	20	29	20	143	29	40	29	30	29	35	323	29	28	264	16	05	264	16	15	
	P_{18}	0	39	40	39	40	39	40	180	40	00	39	50	39	55	0	39	48	301	26	25				
	P_{12} Saustrup	(59	13	10	13	00)			(239	13	40	13	30)												
			51	10	50	40				54	10	52	30				52	10							
Satz 3.	P_{12} Saustrup	92	27	20	27	20	27	20	272	28	00	27	40	27	50	92	27	35	0	00	00				
	P_{19}	295	40	40	40	50	40	45	115	41	00	41	10	41	05	295	40	55	203	13	20				
	P_{13} Boel	356	43	40	43	50	43	45	176	44	20	44	10	44	15	356	44	00	264	16	25				
	P_{17}	8	48	30	48	30	48	30	188	48	50	48	40	48	45	8	48	38	276	21	03	276	21	03	
	P_{18}	33	54	00	53	30	53	45	213	54	10	54	30	54	20	33	54	03	301	26	28				
	P_{28}	52	31	30	31	20	31	25	232	32	00	31	40	31	50	52	31	38	320	04	03				
	P_{12} Saustrup	(92	27	20	27	20)			(272	27	50	27	50)												
			05	40	05	20				08	20	07	50				06	49							

*) Statt P stehen im Originale die Zeichen nach § 14.

Die Reihenfolge der Einstellungen, Ablesungen und Aufschreibungen ist im Satz 1 (ähnlich in den anderen Gyren) folgende: Punkt 12, 9, 19, 14, 15, 18, 28 und wieder 12, dessen Aufschreibung eingeklammert wird. Sie stimmt nicht ganz mit der anfänglichen, indem sie um 20″ grösser ist. Je nach der beabsichtigten Genauigkeit kann man sich dabei beruhigen oder die vorgekommene Verdrehung (um 20″) für zu gross halten und den ganzen Halbsatz verwerfen. Nachdem die Anfangsrichtung P_{12} Saustrup zum zweiten Male (zur Controle) angezielt war, wird das Fernrohr durchgeschlagen, sofort wieder auf denselben Punkt eingestellt, abgelesen und die Zahl in die erste Zeile (unter Lage II) aufgeschrieben. Nun geht man aber in verkehrtem Sinne und die Reihenfolge der Anzielungen ist nun Punkt 28, 18, 15, 14, 19, 9, die Ablesungen werden dann von unten nach oben in die Zeilen getragen. Schliesslich wird (zum vierten Male) die Anfangsrichtung (zur Controle) angezielt und die Ablesung eingeklammert in die letzte Zeile geschrieben.

Nachdem man die arithmetischen Mittel der Ablesungen in beiden Lagen und an den zweimal zwei (bezw. zweimal vier) Nonien (also aus Spalte 5 und 8) berechnet hat, werden sie mit der dem Nonius A in 1. Fernrohrlage entsprechenden Gradzahl in Spalte 9 eingeschrieben. Als Rechenprobe addirt man die Sekunden und Minuten der Spalten 3, 4, 6, 7; ebenso jener in Spalte 9. Letztere müssen das arithmetische Mittel sein aus den Summen von 3, 4, 6, 7. Hier:

$$\frac{4'\,50'' + 4'\,00'' + 9'\,50'' + 9'\,10''}{4} = 6'\,57\tfrac{1}{2}'',$$

was mit 6′ 59″ (Spalte 9) genügend stimmt; der Unterschied rührt her von den vernachlässigten Bruchtheilen der Sekunden.

Die Spalte 10 wird erhalten, indem man den der Anfangsrichtung entsprechenden Zahlwerth in Spalte 9 von den übrigen Zahlen dieser Spalte abzieht. Spalte 11 enthält die Mittel der denselben Punkten entsprechenden Aufschreibungen (Mittel) in Spalte 10.

Die Zahlen in Spalte 11 sind als Endresultate eigentlich zu unterstreichen und ist das (hier im Satz) nur aus typographischen Rücksichten unterblieben.

Im Beispiele sind nur 3 Sätze angeführt, man macht deren, je nach Umständen, viel mehr.

Nicht immer, sondern eigentlich selten, können alle Punkte eines Gyrus angezielt werden, weil vorübergehend einzelne nicht deutlich sichtbar sind; man erhält dann keinen vollen Satz. Im Beispiel ist keiner voll.

Im bayrischen Kataster-Vermessungswesen werden die den zwei Fernrohrlagen entsprechenden Beobachtungen nicht neben, sondern unter einander geschrieben. Nachstehendes Beispiel ist, gekürzt durch Weglassung dreier Ziele (Krankenhausthurm, Spittler Thurm, Weisser Thurm), aus der bayr. Instrukt. Anlage B. entnommen.

Station Nürnberg P_{25}.

Gyrus I. Lage oben/unten. Beobachtet am 30. Juni 1874. 8—10^h^.

Gegenstand	Nonius I	Nonius II	Mittel	Reducirter Winkel	Mittel der reducirten Winkel	Direktionswinkel	Bemerkung
Lorenzer Thurm nördl.	18 00 10	00 25	0 0 0	0 0 0			Beobachter A. Luft hell und ruhig.
	198 00 20	00 45					
Clara-Thurm	49 06 25	06 50	49 06 41	31 06 16	31 06 08		
	229 06 40	06 50					
Frauenthor-Thurm . . .	80 37 15	37 20	80 37 19	62 36 54	62 36 59		
	260 37 20	37 20					
Bahnhof-Thurm.	114 26 20	26 45	114 26 39	96 26 14	96 26 13		
	294 26 40	26 50					

Gyrus II. Lage unten/oben.

Gegenstand	Nonius I	Nonius II	Mittel	Reducirter Winkel	Mittel der reducirten Winkel	Direktionswinkel	Bemerkung
Lorenzer Thurm nördl.	140 43 15	43 40	140 43 24	0 0 0			
	320 43 20	43 20					
Clara-Thurm	171 49 20	49 35	171 49 25	31 06 01			
	351 49 15	49 30					
Frauenthor-Thurm . . .	203 20 30	20 40	203 20 32	62 37 08			
	23 20 20	20 40					
Bahnhof-Thurm.	237 09 45	09 50	237 09 39	96 26 15			
	57 09 20	09 40					

Gyrus III. Lage oben/unten.

etc. etc.

In Hinblick auf die der Winkelrepetition anhaftenden Fehlerquellen (§ 150) dürften die Richtungsbeobachtungen der Messung der Winkel mit Repetition überlegen sein.

Hingegen lässt sich, wenn die Winkel einfach wiederholt gemessen werden, nicht unbedingt sagen, dass die Richtungsbeobachtungen vorzuziehen seien. Die Zahl der nöthigen Einstellungen bei Winkelmessungen ist immer grösser als bei Beobachtung in Gyren, allein es ist gar nicht gesagt, dass, um gleiche Genauigkeit und Sicherheit zu erzielen, die Winkelmessungen zeitraubender seien. Bei Winkelmessungen ist man unabhängiger. Man wird jederzeit die Messung jenes Winkels in Angriff nehmen, dessen zwei Zeichen voraussichtlich in der nächsten Zeit gut sichtbar sind, und kann also bei schwierigen Objekten die günstigen Augenblicke benutzen. Bei Richtungsbeobachtungen, namentlich wenn man lange Beobachtungsreihen zu machen hat, werden selten alle Zeichen, dann, wenn ihre Beobachtung an die Reihe kommt, bestens sichtbar sein; man muss mit Zeitverlust warten, und oft vergeblich. Man erhält in solchem Fall keinen vollen Satz. Bei der Ausgleichungsrechnung sind aber die nicht vollen Sätze in anderer Weise zu berücksichtigen als die vollen, ja es ist zuweilen die Benutzung der letzteren ausgeschlossen; man verliert dann auch die bereits gemachten Theilbeobachtungen des Satzes. In der Art wie die Ausgleichungen (auf die hier nicht näher eingegangen werden kann) zu machen sind, unterscheiden sich Winkel- und Richtungsmessungen erheblich. Bei den Richtungsmessungen kommt ferner eine Fehlerquelle in Betracht, nämlich die Verrückung des Instruments oder seiner Unterlage (siehe das im Formular mitgetheilte Beispiel, namentlich den ersten Satz). Je weiter zeitlich getrennt zwei Einstellungen auf dasselbe Ziel sind, je häufiger dazwischen das Instrument berührt werden musste, Klemmen angezogen wurden, das Fernrohr gekippt wurde, desto erheblicher zeigt sich im allgemeinen durch die Differenz der entsprechenden Ablesungen die stattgefundene Verdrehung. Die zwei Zeichen, welche bei den einfachen Winkelmessungen anzuzielen sind, werden rasch hinter einander eingestellt und in der kurzen Zwischenzeit wird sich das Instrument gar nicht oder doch erheblich weniger verdreht haben.

Gegenwärtig wird von sachverständiger Seite die Ansicht vertreten, wo es sich um die grösste Genauigkeit handle (Punkte 1. Ordnung), seien Winkelbeobachtungen der Beobachtung in Sätzen vorzuziehen, während bei etwas geringeren Ansprüchen an Genauigkeit (Punkte 2., 3. und niederer Ordnung) die Richtungsbeobachtungen wohl vorgezogen werden, namentlich wenn die Zahl der Richtungen, die im Standpunkte münden, nicht gross ist, man also keine langen Beobachtungsreihen hat, bei welchen die angedeuteten Bedenken in viel stärkerem Maasse hervortreten.

Man vergleiche: Helmert, Zeitschr. für Vermess. (1877) VI. Bd. S. 610 und zwei Abhandlungen von Schreiber, Zeitschr. für Vermess. (1878) Bd. VIII, S. 209 und (1879) Bd. IX, S. 97; letztere Abhandlung sehr eingehend.

Es kann hier der künstlichen Sichtbarmachung eines Zielpunkts auf sehr grosse Entfernung gedacht werden, auf welche schon im § 12 hingewiesen wurde.

Es kommt häufig vor, dass man zeitweise von dem Punkte P_1 aus zwar das Zeichen auf Punkt P_2 genügend deutlich sieht, nicht aber von P_2 aus das Zeichen über P_1. Soll nun von P_2 aus, P_1 angezielt werden, so benutzt man in P_1 ein Heliotrop. Man richtet nämlich in P_1 ein Fernrohr genau auf P_2 und bringt vor dessen Objektiv ein Spiegelkreuz an. Ein grösserer ebener Spiegel (metallbelegt) ist in seiner Mitte durchbrochen und ein anderer ebener Spiegel (aus schwarzem Glas, um ein matteres Sonnenbild zu erhalten) ist so befestigt zwischen den zwei Theilen des grösseren, dass seine Ebene genau rechtwinkelig zu der jener steht. Aus den Reflexionsgesetzen folgt leicht, dass, wenn Sonnenstrahlen auf beide Spiegel fallen, sie von diesen nach gerade entgegengesetzten Richtungen reflektirt werden. Dreht und wendet also der Heliotropenführer in P_1 das Spiegelkreuz vor seinem auf P_2 gerichteten Fernrohr so, dass er im mittleren (kleineren, schwarzen) Spiegel durch das Fernrohr das Sonnenbild an seinem Fadenkreuze erblickt, so gehen gleichzeitig die am zweitheiligen (hellen) Spiegel reflektirten Strahlen genau nach P_2 und der Beobachter in P_2 kann meist aus meilenweiter Entfernung den blitzenden Spiegel auf P_1 so gut sehen, dass eine genaue Einstellung möglich wird. Der Beobachter (Heliotropenführer) in P_1 hat zur Schonung seiner Augen vor das Okular ein dunkles Glas zu halten, durch welches hindurch er P_2 nicht wird sehen können. Daher muss die Einstellung des Fernrohrs von P_1 nach P_2 vor Anbringung der Spiegel genau gemacht sein, und das Fernrohr darf bei den Bewegungen der Spiegel nicht aus seiner Richtung kommen. Natürlich muss das Heliotrop genau corrigirt sein (siehe „Beschreibung des Gauss'schen Heliotropen u. s. w." von F. W. Breithaupt, Cassel 1835), und mit wechselndem Sonnenstand muss das Spiegelkreuz gedreht werden, so dass immer das matte Sonnenbild durch das Heliotropenfernrohr auf der Absehrichtung erscheint.

Ausser dem kurz beschriebenen Heliotropen von Gauss sind noch andere im Gebrauch. Das Hülfsheliotrop von Stierlin, das Steinheil'sche und jenes von Bessel und Baeyer. Wenigstens principiell stimmen sie unter einander überein.

Dem grossen Vortheile, dass mittelst Heliotrop ein Punkt auf meilenweite Entfernung sichtbar gemacht werden kann, stehen erhebliche Nachtheile entgegen. Einmal muss von P_1 nach P_2 genügend sicher eingestellt werden können. Man kann freilich diese Einstellung auch durch mühsames, zeitraubendes Probiren finden. Steht nämlich auf P_2 auch ein Heliotrop, so wird von dort ein Lichtblick auf P_1 zurückgesendet, sobald in P_1 die richtige Stellung gefunden ist und in P_2 das Licht gesehen wird. Mittelst zweier Heliotropen lässt sich durch abwechselndes Verdecken und Senden des Lichts nach Verabredung förmlich telegraphiren und allerhand Mittheilungen können gemacht werden. Es ist ein Nachtheil des Heliotropen, nur bei Sonnenschein anwendbar zu sein. Gerade bei Sonnenschein sind aber die atmosphärischen Verhältnisse zum scharfen Beobachten ungünstigst, die Unruhe des Bildes (§ 164) macht oft das Messen unmöglich. Das Heliotropenlicht erscheint dann sehr ausgedehnt, hüpfend, unruhig, undeutlich.

Man hat daher in neuerer Zeit vorgeschlagen, wieder die althergebrachten Lichtsignale durch Lampen zur Nachtzeit zu verwenden. Man wird sie jetzt mit den so intensiv leuchtenden elektrischen Lampen geben und die Fortschritte der elektrischen Beleuchtung sind derart, dass ohne allzu grosse Schwierigkeit eine elektrische Lampe auch an nicht bequem zugänglichen Orten angebracht werden kann. Die Nachtzeit ist wegen grösserer Gleichförmigkeit der Luft zum Beobachten sehr günstig, die Bilder sind fast immer ruhig, das Anzielen gut ausführbar. Ferner braucht man von P_1 aus nicht erst P_2 anzuzielen; sobald die Lampe in P_1 aufgestellt ist, kann man sie — selbstverständlich muss der Weg frei sein — in P_2 sehen und anzielen.

§ 153. **Mittlerer Fehler bei Winkelmessungen.** Abgesehen von Instrumentalfehlern (§§ 154—164) kommen bei einer Richtungsbeobachtung zwei von einander unabhängige Fehler vor, der Einstellungsfehler m' und der Ablesefehler m''. Der mittlere Fehler der Richtungsbeobachtung oder der Messung des einen Winkelschenkels ist demnach (Anhang X)

$$m_1 = \pm \sqrt{m'^2 + m''^2}.$$

Unter gleich bleibenden Voraussetzungen wird für den zweiten Schenkel des gemessenen Winkels derselbe mittlere Fehler

$$m_2 = m_1 = \pm \sqrt{m'^2 + m''^2}$$

zu erwarten sein, demnach der mittlere Fehler im Winkel selbst sein:

$$m = \sqrt{m_1^2 + m_2^2} = m_1 \sqrt{2}.$$

Hat man die Winkel $\widehat{P_1P_2}$ und $\widehat{P_1P_3}$ mit den mittleren Fehlern $m = m_1 \sqrt{2}$ gemessen und wird der Winkel $\widehat{P_2P_3}$ als Differenz jener beiden bestimmt, so ist diese Differenz oder der Winkel $\widehat{P_2P_3}$ mit dem mittleren Fehler

$$\sqrt{m^2 + m^2} = m \sqrt{2} = 2\ m_1$$

behaftet, die drei Winkel also nicht gleich sicher.

Hat man die Richtungen nach den Punkten P_1, P_2, P_3 eingestellt und gemessen, so haftet jedem der daraus abgeleiteten Winkel $\widehat{P_1P_2}$, $\widehat{P_1P_3}$ und $\widehat{P_2P_3}$ der mittlere Fehler $m = m_1 \sqrt{2}$ an, also gleich grosser. Hinsichtlich des einen Winkels (im Beispiel $\widehat{P_2P_3}$) ist der Fehler bei der Richtungs- oder Satzbeobachtung, also nur $\sqrt{\frac{1}{2}}$ mal so gross als bei der vorher erwähnten Art der Winkelmessung.

Wird ein Winkel n mal einfach wiederholt gemessen (§ 149), so wird sein mittlerer Fehler $m \sqrt{\frac{1}{n}} = \sqrt{\frac{2}{n}\,(m'^2 + m''^2)}$. Wird der Winkel aber nfach repetirt (§ 150), so ist von dem mittleren Fehlerquadrate der Endablesung nur der n^{te} Theil zu nehmen und der mittlere Fehler des einfachen, aus nfacher Repetition abgeleiteten Winkels ist $\sqrt{\frac{2}{n}\left(m'^2 + \frac{m''^2}{n}\right)}$, also kleiner. Wenigstens theoretisch, denn praktisch machen sich zu Ungunsten der Repetition die dem Repetitionsverfahren innewohnenden Fehlerquellen (§ 150) geltend.

§ 154. Inklinationsfehler, die Kippaxe um kleinen Betrag i gegen die Horizontale geneigt. Der Horizontalkreis selbst stehe indess wagrecht. Im gemessenen Horizontalwinkel entsteht ein Fehler (Ableitung siehe unten):

$$f_i = i\,(\mathrm{Cotg}\ z_1 - \mathrm{Cotg}\ z_2) = i \cdot \mathrm{Sin}\,(z_2 - z_1) : (\mathrm{Sin}\ z_1\ \mathrm{Sin}\ z_2),$$

wenn z_1 und z_2 die Zenitabstände der zwei Winkelzeichen oder die Neigungen der schiefen Schenkel gegen die Senkrechte bedeuten. Der Fehler verschwindet, sobald die Schenkel gleich stark und in gleichem Sinne gegen den Horizont geneigt sind ($z_1 = z_2$) und ist recht klein, wenn der Neigungsunterschied recht gering ist. Der Fehler ist selbst bei kleinem i durchaus nicht vernachlässigbar, wenn die Schenkel sehr ungleich und namentlich, wenn sie entgegengesetzt gegen den Horizont geneigt sind.

Der Inklinationsfehler lässt sich eliminiren. Schlägt

man das Fernrohr durch, so kommt bei abermaligem Messen des Winkels der Theil der Kippaxe, welcher links lag, nach rechts, die Neigung i ändert das Vorzeichen, nicht aber die Grösse, der Fehler f_i wird also bei Messung in beiden Lagen entgegengesetzt gleich und verschwindet folglich aus dem arithmetischen Mittel der in den zwei Lagen gefundenen Winkelwerthe.

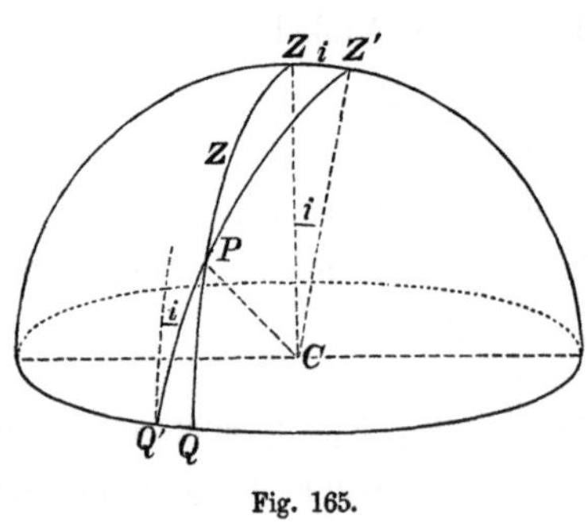

Fig. 165.

Ableitung. Statt durch die Vertikalebene CZP nach Q, wird der Punkt P durch die schiefe Projektionsebene CZ'P nach Q' projicirt und der Fehler einer Ablesung ist QQ'.

Es sei z der wahre Zenitabstand des Punktes P, so ist in dem sphärischen Dreieck PQQ' die Kathete $PQ = 90^0 - z$, Q ein rechter Winkel und Winkel $Q' = 90^0 - i$. Man erhält (Anhang VIII, 74) $\text{Sin}\,(QQ') = \text{Cotg}\, z \cdot \text{Tg}\, i$.

Nun ist i immer ein so kleiner Winkel, dass man seinen Bogenwerth an Stelle der Tangente setzen darf. So lange z nicht kleiner ist als etwa 45^0 (und bei terrestrischen Beobachtungen kommt das kaum vor), darf man annähernd auch Q Q' (den kleinen Fehler) an Stelle von Sin (Q Q') setzen und erhält damit

$$Q\,Q' = i \cdot \text{Cotg}\, z.$$

Der in Messung eines Horizontalwinkels von der Inklination der Kippaxe herrührende Fehler ist demgemäss

$$f_i = i \cdot (\text{Cotg}\, z_1 - \text{Cotg}\, z_2).$$

Zahlenbeispiele: $i = 1^0$.

$z_1 = 80^0$, $z_2 = 85^0$; $f_i = 308{,}9'' = 5'08{,}9''$ | $z_1 = 75^0$, $z_2 = 80^0$; $f_i = 329{,}8'' = 5'29{,}8''$
$z_1 = 80^0$, $z_2 = 95^0$; $f_i = 698{,}9'' = 11'38{,}9''$ | $z_1 = 75^0$, $z_2 = 100^0$, $f_i = 1599{,}1 = 26'39{,}1''$
$z_1 = 70^0$, $z_2 = 80^0$; $f_i = 675{,}7'' = 11'\,15{,}7''$
$z_1 = 70^0$, $z_2 = 100^0$; $f_i = 1945{,}1'' = 32'\,25{,}1''$

Bei der ziemlich starken Inklination von $1^0 = i$ sind also die Fehler recht erheblich. Bei einer Inklination von 1', wären sie $^1/_{60}$ so gross, würden also in dem ungünstigsten der berechneten Fälle etwas mehr als eine halbe Minute betragen, im günstigsten Beispiele aber nur 5".

§ 155. **Deklinationsfehler, der Horizontalkreis neige um den kleinen Betrag δ gegen den Horizont.** Die beim Kippen des Fernrohrs über dessen Absehrichtung beschriebene Ebene sei jedoch genau senkrecht. Statt des richtigen Horizontalwinkels w gibt die Messung einen unrichtigen w' und es ist (Ableitung siehe unten):

$$\text{Sin}\, w = \text{Sin}\, w' \cdot \text{Cos}\, \delta \cdot \frac{\text{Cos}\, \varphi_1}{\text{Cos}\, \varphi'_1} \cdot \frac{\text{Cos}\, \varphi_2}{\text{Cos}\, \varphi_2'},$$

worin φ_1, φ_2, dann φ_1', φ_2' bedeuten, die Entfernungen (im Bogenmaass) der Projektionen der zwei Winkelzeichen auf dem wagrecht gedachten, bezw. schiefen Theilkreise von der sogenannten Knotenlinie, d. h. vom

Durchschnitte (Durchmesser) des schiefen Theilkreises mit der wagrechten Ebene durch seinen Mittelpunkt.

Der Fehler f_δ im Horizontalwinkel, welcher aus der Neigung δ des Limbus gegen den Horizont entspringt, hängt also in nicht einfacher Weise ab vom Winkel w' und von der Lage seiner Schenkel gegen die Knotenlinie. Da letztere gewöhnlich nicht bekannt ist, kann eine allgemeine Berechnung des Deklinationsfehlers auch dann nicht durchgeführt werden, wenn δ bekannt ist. Eine ziemlich umständliche (hier desshalb übergangene) Untersuchung lehrt, dass der Fehler f_δ am kleinsten wird, wenn die Mittellinie des Winkels w' um 45^0 gegen die Knotenlinie geneigt ist und dass bei kleinem Werthe von δ bis etwa 1^0 (und eine grössere Deklination wird wohl bei Theodolitmessungen nie vorkommen) das Fehlerminimum nahezu Null ist. Der Fehler wird am grössten, wenn die Mittellinie des Winkels w' entweder mit der Knotenlinie zusammenfällt oder einen rechten Winkel mit ihr bildet.

D e r D e k l i n a t i o n s f e h l e r l ä s s t s i c h n i c h t e l i m i n i r e n. Glücklicherweise haben die Mechaniker Mittel, den Horizontalkreis mit sehr grosser Genauigkeit rechtwinkelig zum Vertikalzapfen zu richten, so dass, wenn nur die Vertikalaxe wirklich senkrecht steht, keine Befürchtung wegen schiefer Lage des Theilkreises (soweit sie wenigstens für geodätische Messungen bemerkenswerthen Einfluss hat) zu hegen ist.

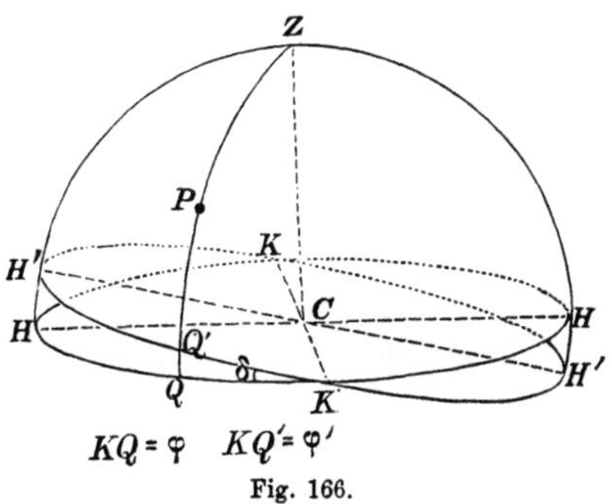

Fig. 166.

A b l e i t u n g. Die senkrechte Projektionsebene durch Punkt P, nämlich C Z P, trifft den geneigten Horizontalkreis H' H' in Q', den wirklich wagrechten, H H, aber in Q. Es sei K K die Knotenlinie, von deren einem Punkt aus die Ablesungen anfangend gedacht werden können.

Der Fehler einer Ablesung ist K Q' — K Q $= \varphi'_1 - \varphi_1$.

Im sphärischen Dreieck K Q' Q ist bei Q ein rechter Winkel und bei K der sphärische Winkel δ. Es ist (Anhang VIII, 85)

$$\operatorname{Tg} \varphi_1 = \operatorname{Tg} \varphi_1' \cdot \operatorname{Cos} \delta.$$

Für die zweite Ablesung ergibt sich ganz ähnlich

$$\operatorname{Tg} \varphi_2 = \operatorname{Tg} \varphi_2' \cdot \operatorname{Cos} \delta.$$

Der richtige Winkel ist $w = \varphi_1 - \varphi_2$ und der fehlerhafte

$$w' = \varphi_1' - \varphi_2'.$$

Aus $\operatorname{Tg} \varphi_1 - \operatorname{Tg} \varphi_2 = \operatorname{Cos} \delta (\operatorname{Tg} \varphi_1' - \operatorname{Tg} \varphi_2')$ folgt:

$$\operatorname{Sin} (\varphi_1 - \varphi_2) : (\operatorname{Cos} \varphi_1 \operatorname{Cos} \varphi_2) = \operatorname{Cos} \delta \cdot \operatorname{Sin} (\varphi_1' - \varphi_2') : (\operatorname{Cos} \varphi_1' \operatorname{Cos} \varphi_2')$$

oder

$$\operatorname{Sin} w = \operatorname{Sin} w' \operatorname{Cos} \delta \frac{\operatorname{Cos} \varphi_1}{\operatorname{Cos} \varphi_1'} \frac{\operatorname{Cos} \varphi_2}{\operatorname{Cos} \varphi_2'}.$$

Ueber die Zahlengrösse des Fehlers f_δ, namentlich aber darüber, dass er Minimum wird, wenn die Mittellinie des Winkels um 45° gegen die Knotenlinie neigt, hingegen Maximum, wenn sie um 0° oder 90° davon abweicht, kann aus nachstehenden, beispielsweise berechneten Ergebnissen Anschauung gewonnen werden:

Zahlenbeispiel $w' = 50^0$, $\delta = 1^0$

φ_1	=	25°	50	70	90	100	115	140	160	180	205
φ_2	=	−25°	0	20	40	50	65	90	110	130	155
Mittellinie	=	0°	25	45	65	75	90	115	135	155	180
Fehler f_δ	=	−26″	−17″	0″	+17″	+22″	+26″	+17″	0″	−17″	−26″ u. s. w.

In den Fällen 3 und 8 geht die Mittellinie mitten zwischen Knotenlinie und ihrer Normalen hindurch, der Fehler ist minimal, hier 0. In den Fällen 1 und 10 fällt jene Mittellinie mit der Knotenlinie zusammen, der Fehler hat den grösstmöglichen Werth (26″), ebenso in Fall 6, wo die Mittellinie rechtwinkelig zur Knotenlinie.

Davon, dass der Fehler f_δ nicht eliminirt werden kann, überzeugt man sich am einfachsten, wenn man ihn anders (annähernd) berechnet:

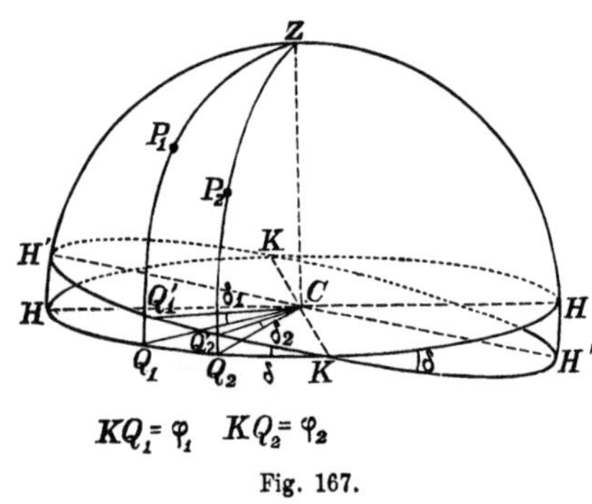

Fig. 167.

Der gesuchte Winkel w ist jener zwischen den senkrechten Ebenen CZP_1 und CZP_2 oder der Winkel Z des sphärischen Dreiecks $ZQ_1'Q_2'$ und Seite $Q_1'Q_2'$ dieses Dreiecks ist das Maass des beobachteten Winkels w'. Bezeichnet man die Winkel $Q_1'CQ_1$ mit δ_1 und $Q_2'CQ_2$ mit δ_2, deren Werthe zwischen Null und δ enthalten sind, werden wieder KQ_1 und KQ_2 durch φ_1, φ_2 bezeichnet, so erhält man aus den bei Q_1 und Q_2 rechtwinkeligen sphärischen Dreiecken KQ_1Q_1' und KQ_2Q_2' die Beziehungen (Anhang VIII, 80):

$$\text{Tg}\,\delta_1 = \text{Sin}\,\varphi_1\,\text{Tg}\,\delta \qquad \text{und} \qquad \text{Tg}\,\delta_2 = \text{Sin}\,\varphi_2\,\text{Tg}\,\delta.$$

Man kennt sonach die Seiten $ZQ_1' = 90^0 - \delta_1$ und $ZQ_2' = 90^0 - \delta_2$ in dem sphärischen Dreieck $ZQ_1'Q_2'$, dessen dritte Seite $Q_1'Q_2' = w'$ ist, und findet demgemäss (Anhang VIII, 4):

$$\text{Cos}\,w = (\text{Cos}\,w' - \text{Sin}\,\delta_1\,\text{Sin}\,\delta_2) : (\text{Cos}\,\delta_1\,\text{Cos}\,\delta_2)\,^{*}).$$

Hierin wird wegen Kleinheit des δ der Bogen an Stelle des Sinus gesetzt, was ergibt:

$$\text{Cos}\,w = (\text{Cos}\,w'_1 - \delta_1\,\delta_2) : \sqrt{(1-\delta_1^2)\,(1-\delta_2^2)},$$

*) oder für die Ausrechnung bequemer (Anh. VIII. 22)

$$\text{Tg}\frac{w}{2} = \sqrt{\text{Sin}\tfrac{1}{2}(w'+\delta_1-\delta_2)\,.\,\text{Sin}\tfrac{1}{2}(w'-\delta_1+\delta_2)} : \sqrt{\text{Cos}\tfrac{1}{2}(w'+\delta_1+\delta_2)\,\text{Cos}\tfrac{1}{2}(w'-\delta_1-\delta_2)}$$

Zahlenbeispiel: $\delta = 1^0$ $\varphi_1 = 134^0$ $\varphi_2 = 84^0$, $w' = 50^0$. Man findet $\delta_1 = 0^0\,43'\,11''$; $\delta_2 = 0^0\,59'\,43''$, $w = 50^0\,00'\,27{,}4''$; $f_\delta = -27{,}4''$.

woraus nach der Binomialformel (Anhang I, 3) unter Vernachlässigung höherer Potenzen von δ_1 und δ_2 folgt:

$$\mathrm{Cos}\, w = \mathrm{Cos}\, w' - \delta_1 \delta_2 + \tfrac{1}{2} (\delta_1^2 + \delta_2^2) \mathrm{Cos}\, w'.$$

Nun ist $w = w' + f_\delta$, und wegen Kleinheit von f_δ kann man setzen:

$$\mathrm{Cos}\, f_\delta = 1\,; \quad \mathrm{Sin}\, f_\delta = f_\delta, \text{ also:}$$

$$\mathrm{Cos}\, w = \mathrm{Cos}\, w' - f_\delta \,\mathrm{Sin}\, w'.$$

Durch Vergleichung dieses Ausdrucks mit dem vorangehenden für Cos w wird nach einigen Umformungen, wobei

$$\mathrm{Cos}\, w' = \mathrm{Cos}^2 \tfrac{1}{2} w' - \mathrm{Sin}^2 \tfrac{1}{2} w'$$

gesetzt wurde, erhalten:

$$f_\delta = \left(\frac{\delta_1 + \delta_2}{2}\right)^2 \mathrm{Tg}\, \tfrac{1}{2} w' - \left(\frac{\delta_1 - \delta_2}{2}\right)^2 \mathrm{Cotg}\, \tfrac{1}{2} w'.$$

(Auf den ersten Blick mag es scheinen, als ob für $w' = 180^0$ wegen $\mathrm{Tg}\, \frac{1}{2} w' = \infty$ der Fehler unendlich gross würde, aber für diesen Fall ist $\delta_1 = -\delta_2$, das erste Glied also $0 \cdot \infty$ und das zweite Glied Null. Nähere Untersuchung lehrt, dass das Produkt in unbestimmter Form hier Null ist.)

Die Formel lehrt, dass, selbst wenn ein Verfahren angegeben werden könnte, die Summe oder die Differenz der zwei δ einzeln oder gleichzeitig dem Zeichen nach umzukehren (ohne den absoluten Werth zu ändern), damit nichts gewonnen wäre, da jene Grössen im Quadrate in der Annäherungsformel enthalten sind.

§ 156. **Vertikalfehler, die Vertikalaxe sei um einen kleinen Winkel v gegen die Senkrechte geneigt**, der genau rechtwinkelig zu ihr gedachte Horizontalkreis (siehe Bemerk. im vorigen Paragraphen), also um v gegen den Horizont geneigt und um ebenso viel die Kippaxe, welche parallel zum Theilkreis angenommen wird. Ist v sehr klein, so entsteht im Horizontalwinkel ein Fehler (Ableitung siehe unten):

$$\begin{aligned} f_v &= v\,[\mathrm{Cotg}\, z_1 \,\mathrm{Cos}\, \varphi_1 - \mathrm{Cotg}\, z_2 \,\mathrm{Cos}\, \varphi_2] \\ &= v\,[\mathrm{Cotg}\, z_1 \,\mathrm{Cos}\, (w - \varphi_2) - \mathrm{Cotg}\, z_2 \,\mathrm{Cos}\, \varphi_2], \end{aligned}$$

wo φ_1 und φ_2 die in dem vorigen § 155 erwähnte Bedeutung haben. Also auch beim Vertikalfehler besteht Abhängigkeit von der Winkelgrösse (w), der Neigung der Schenkel gegen den Horizont (oder gegen die Zenitallinie, z_1 und z_2) und, was besonders unbequem ist, von ihrer Lage gegen die Knotenlinie (φ_1 und φ_2). Für wagrechte Ziellinien ($z_1 = z_2 = 90^0$) verschwindet der Vertikalfehler gänzlich, für sehr schwach gegen den Horizont geneigte Richtungen der Winkelschenkel ist er sehr klein.

Der Vertikalfehler lässt sich nicht eliminiren durch eine besondere Anordnung und Combination von Messungen. Deshalb ist sorgfältigstes Senkrechtstellen des Zapfens besonders zu empfehlen, namentlich wenn die Absehrichtungen stärker gegen den Horizont geneigt sind oder gar eine Zielrichtung steigt, die andere fällt.

Die Lage der Knotenlinie lässt sich ermitteln. Es sei die Kippaxe (nach § 157) rechtwinkelig gegen die Vertikal- oder Alhidadenaxe gestellt. Ist letztere senkrecht, so wird beim Drehen der Alhidade die Kippaxe stets wagrecht verbleiben und eine auf ihr sitzende, berichtigte Reitlibelle beständig einspielen. Steht aber die Alhidadenaxe nicht senkrecht, so nimmt beim Drehen der Alhidade die Kippaxe wechselnde Neigungen gegen den Horizont an und die auf ihr sitzende (berichtigte) Libelle zeigt dieses an. Die Neigung ist, wenn die Libellenaxe in die Vertikalebene durch die schiefstehende Alhidadenaxe gerückt ist, am grössten, und gleich der Abweichung des Vertikalzapfens von der Senkrechten. Rechtwinkelig zu dieser Lage (also nach Drehung der Alhidade um $\pm 90^0$) kommt die Kippaxe wagrecht zu stehen, ihre Libelle spielt ein.

Meist sind die Nonien (oder Mikroskope) in jener Ebene gelegen, die durch Kippaxe und Alhidadenaxe bestimmt ist. Wenn dem so ist, drehe man die Alhidade bis die Libelle einspielt, die Nonienablesungen zeigen dann die Lage der Knotenlinien an. Liegen, was auch vorkommt, die Nonien in der Ebene rechtwinkelig zu jener durch Kipp- und Alhidadenaxe, so bestimmen die Ablesungen bei den Maximalausschlägen der Libelle auf der Kippaxe die Lage der Knotenlinie.

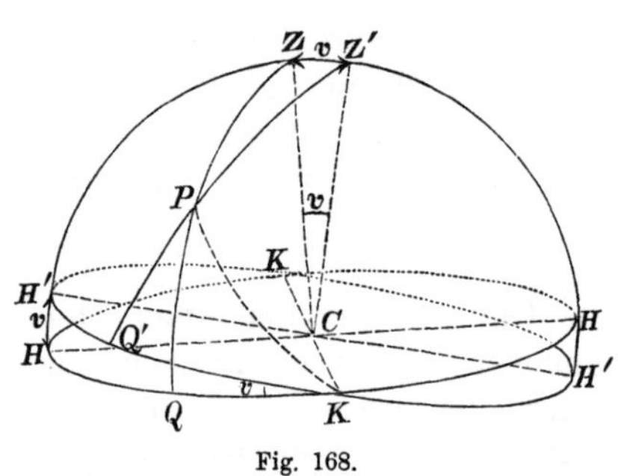

Fig. 168.

Ableitung. Die Zeichnungsebene ist die senkrechte durch die schiefstehende Axe CZ′ und durch die wahre Zenitrichtung CZ. Die Projektionsebene CZ′P durch den Punkt P schneidet den geneigten (zur Axe C Z′ normal gedachten, also um v vom Horizont abweichenden) Limbus in Q′, während die senkrechte Projektionsebene C Z P, von welcher die erstgenannte um v abweicht, den durch den Mittelpunkt C gelegten, wahrhaft horizontalen Kreis in Q schneidet. Die thatsächliche Ablesung ist K Q′, während die richtige K Q sein sollte, — beide von dem Knotenpunkte K an gerechnet.

Man denke den Grosskreisbogen $PK = a$ gezogen, nenne den sphärischen Winkel $PKQ = k$ und demnach $PKQ' = k - v$, so ergeben die bei Q bezw. bei Q′ rechtwinkeligen sphärischen Dreiecke (Anhang VIII, 68)

P K Q	P K Q′
$\mathrm{Cos}\, k = \mathrm{Cotg}\, a\ \mathrm{Tg}\, \varphi$	$\mathrm{Cos}\,(k - v) = \mathrm{Cotg}\, a\ \mathrm{Tg}\, \varphi'$

woraus: $\mathrm{Tg}\, \varphi' - \mathrm{Tg}\, \varphi = [\mathrm{Cos}\,(k - v) - \mathrm{Cos}\, k]\ \mathrm{Tg}\, a = v \cdot \mathrm{Sin}\, k\ \mathrm{Tg}\, a,$ wenn man die bei der Kleinheit von v zulässige Annahme macht:

$$\mathrm{Cos}\, v = 1 \qquad \text{und} \qquad \mathrm{Sin}\, v = v.$$

Ist die Zenitdistanz $ZP = z$, also $PQ = 90^0 - z$, so folgt (Anhang VIII, 64, 66) in dem rechtwinkeligen sphärischen Dreiecke P K Q

$$\mathrm{Cos}\, a = \mathrm{Sin}\, z\ \mathrm{Cos}\, \varphi, \qquad \text{und} \qquad \mathrm{Sin}\, k = \mathrm{Cos}\, z : \mathrm{Sin}\, a,$$

womit man erhält: $\mathrm{Tg}\, \varphi' - \mathrm{Tg}\, \varphi = v \cdot \mathrm{Cotg}\, z : \mathrm{Cos}\, \varphi.$

KQ′ — KQ $= \varphi' - \varphi$ ist der Fehler einer Ablesung, welcher immer klein genug ist, um aus $\mathrm{Tg}\,\varphi' - \mathrm{Tg}\,\varphi = \mathrm{Sin}\,(\varphi' - \varphi) : (\mathrm{Cos}\,\varphi\ \mathrm{Cos}\,\varphi')$ (Anhang III, 45) machen zu dürfen: $\mathrm{Tg}\,\varphi' - \mathrm{Tg}\,\varphi = (\varphi' - \varphi) : \mathrm{Cos}^2\,\varphi$, indem man für den Sinus der Winkeldifferenz $\varphi' - \varphi$ den Winkel $\varphi' - \varphi$ nimmt und die beiden Cos φ und Cos φ' als gleich annimmt. Dadurch wird schliesslich

$$\varphi' - \varphi : \mathrm{Cos}^2\,\varphi = \mathrm{v} \cdot \mathrm{Cotg}\,\mathrm{z} : \mathrm{Cos}\,\varphi \text{ oder}$$
$$\varphi' - \varphi = \mathrm{v}\ \mathrm{Cotg}\,\mathrm{z}\ \mathrm{Cos}\,\varphi.$$

Durch Anhängung von 1 seien die auf den ersten, von 2 die auf den zweiten Winkelschenkel bezüglichen Grössen gekennzeichnet. Der Vertikalfehler im Horizontalwinkel $(\varphi_1 - \varphi_2)$ ist dann

$$\mathrm{f_v} = \mathrm{v}\,(\mathrm{Cotg}\,\mathrm{z}_1\ \mathrm{Cos}\,\varphi_1 - \mathrm{Cotg}\,\mathrm{z}_2\ \mathrm{Cos}\,\varphi_2),$$

wie oben behauptet.

Würde man eine zweite Messung so anordnen, dass aus φ würde $-\varphi$, so wäre damit nichts genutzt, da $\mathrm{Cos}\,\varphi = \mathrm{Cos}\,(-\varphi)$, der Fehler bliebe derselbe; er ist so nicht eliminirbar.

Da je nach Lage der Knotenlinie und jener der Winkelschenkel die Werthe von φ_1 und φ_2 wechseln, kann eine allgemeine Berechnung von $\mathrm{f_v}$ nicht vorgenommen werden. Um übrigens eine Zahlenvorstellung desselben zu bekommen, sind nachfolgend einige Rechenergebnisse angeführt und zwar für Richtungen des Zielens, die schon stark gegen den Horizont geneigt sind.

Zahlenbeispiele. Es sei $\mathrm{v} = 1^0\ \mathrm{z}_1 = 85^0\ \mathrm{z}_2 = \pm 80^0\ 09'$

φ_1 =	−40°	−30°	−10°	0°	+25°	+50°	+70°	$+79^3/_4{}^0$
φ_2 =	−90°	−70°	−60°	−50°	−25°	0°	+20°	$+29^3/_4{}^0$
$\mathrm{f_v}$ (+) =	+241,2″	+ 82,2″	− 2,7″	−105,8″	−281,1″	−422,6″	−479,6″	−486,7″
$\mathrm{f_v}$ (−) =	+214,2″	+509,5″	+629,9″	+735,8″	+852,0″	+827,6″	+695,1″	+598,7″

φ_1 =	+90°	+120°	+140°	+150°	+160°	+165°	$+169^5/_6{}^0$	+180°	+205°
φ_2 =	+40°	+70°	+90°	+100°	+110°	+115°	$+119^5/_6{}^0$	+130°	+155°
$\mathrm{f_v}$ (+) =	−478,9″	−371,2″	−241,3″	−164,2″	− 82,1″	− 40,1″	+ 0,9″	+ 86,9″	+281,1″
$\mathrm{f_v}$ (−) =	+478,9″	+ 56,3″	−241,3″	−381,3″	−509,8″	−568,4″	−620,6″	−687,9″	−852,0″

u. s. w.

Selbst wenn die angenommene Abweichung der Vertikalaxe von der senkrechten Lage nur $^1/_{10}$ so gross als vorstehend, nämlich $\mathrm{v} = 6'$ oder gar nur $^1/_{60}$ so gross $(\mathrm{v} = 1')$ angenommen wird, erhält man bei den gewählten Neigungen der Schenkel bei einzelnen Lagen der Knotenlinie immer noch Fehler, die auch bei geodätischen Messungen mittlerer, bezw. etwas grösserer Genauigkeit nicht vernachlässigbar sind. Daher nochmals die Empfehlung: Man stelle den Vertikalzapfen des Theodolits sorgfältigst senkrecht!

§ 157. Prüfung und Berichtigung der Axenfehler des (einfachen) Theodolits.

Es wird verlangt, dass die Kippaxe rechtwinkelig gegen die Vertikalaxe stehe. Sobald dann letztere wirklich senkrecht gestellt ist, bleibt die Kippaxe bei jeder Drehung der Alhidade wagrecht.

Ist eine Reiterlibelle auf der Kippaxe, so wird diese zunächst berichtigt, so dass ihre Axe parallel steht mit der Kippaxe (§ 125). Man bringt die berichtigte Libelle zum Einspielen, während sie auf der Kippaxe sitzt und während diese annähernd parallel steht der Verbindungslinie zweier Stellschrauben des Dreifusses. Es ist aber sehr zu empfehlen vorher die dritte Stellschraube so zu drehen, dass die Libelle auch noch einspielt, wenn ihre Axe nach jener Stellschraube gerichtet ist, weil andernfalls bei nicht genauer Drehung um 180° bei dem sogleich zu erwähnenden Umsetzen ein Irrthum entsteht. Die Libelle wird nun in die umgekehrte Lage, ihr linkes Ende nach rechts gebracht, durch Drehen der Alhidade (mit der Kippaxe) um zwei Rechte. Bleibt die Blase der Libelle unverändert, dann steht ihre Axe (also auch die dazu parallele Kippaxe) rechtwinkelig zum Vertikalzapfen; bemerkt man aber einen Ausschlag an der Libelle, so misst dieser das Doppelte des Fehlers am rechten Winkel zwischen Libellenaxe (Kippaxe) und Vertikalzapfen, wie aus dem Anblicke der Figuren 169 leicht folgt. Die Hälfte des bemerkten Libellenausschlags ist durch Aenderung in der Stellung der Vertikalaxe (mit den Stellschrauben des Dreifusses) zu beseitigen, die andere Hälfte dadurch, dass das eine Lager der Kippaxe (den Figuren entsprechend, jenes welches bei erster

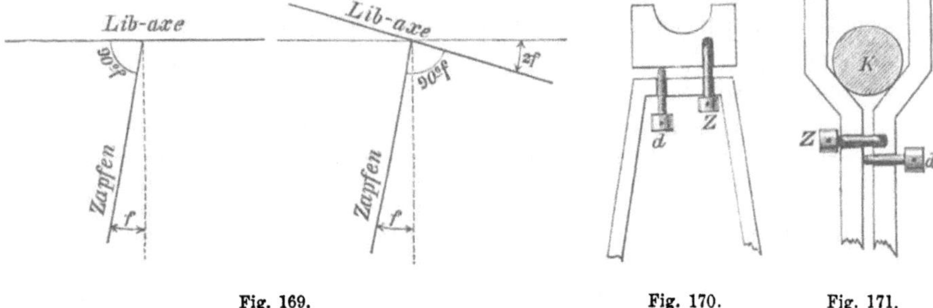

Fig. 169. Fig. 170. Fig. 171.

Stellung links, bei zweiter rechts war, also jenes, von welchem die Libellenblase weggerückt ist) erhöht wird — oder das entgegengesetzte erniedrigt. Um dieses ausführen zu können, ist einfachst der eine Träger durchschnitten und die zwei Theile mittelst Zug- und Druckschraube (§ 49), oder in ähnlicher Art verbunden (Fig. 170). Eine andere, bequeme Einrichtung zu dieser Berichtigung besteht darin, dass der obere, das Yförmige Lager der Kippaxe enthaltende Theil des Trägers aufgeschnitten ist und federt. Durch eine Druck- und eine Zugschraube lässt sich der Längsspalt erweitern, wodurch das eingelegte Axenende tiefer in das Y einsinkt, oder verengern, wodurch das Axenende gehoben wird (Fig. 171). Bei roheren Instrumenten (Kippregeln) (siehe § 213) wird wohl auch der eine Träger durch Unterschieben dünner Metallbleche erhöht. Veraltet ist die Einrichtung die Träger eigentlich mit Stellschrauben auf den Alhidadenkreis zu stellen (Figg. 147, 148).

Hat man nach der beschriebenen Prüfung sich von dem Genügen der vorgenommenen Berichtigung überzeugt, so ist damit zugleich der Vertikalzapfen genau senkrecht gestellt worden.

Ist keine Reiterlibelle auf der Kippaxe, so wird man zunächst die dann am Träger befestigte Libelle (oder die vorhandenen zwei sich kreuzenden) genau rechtwinkelig zum Vertikalzapfen stellen, wofür Berichtigungsschrauben vorhanden sein müssen. Die hierauf bezügliche Prüfung erfolgt ganz ebenso wie bei der Reiterlibelle und wenn beim Umsetzen (durch Alhidadendrehung um 180°) ein Ausweichen der Blase aus der Nulllage erfolgt ist, so ist der halbe Ausschlag mittelst der Dreifussstellschrauben durch Aenderung der Lage des Vertikalzapfens zu beseitigen und die andere Hälfte durch die Berichtigungsschraube an der Libelle. Hat man die Libellenaxe in die Lage genau rechtwinkelig zum Vertikalzapfen gebracht, so muss man diesen so stellen, dass die Libelle in zwei kreuzenden Lagen (Drehen der Alhidade) einspielt. Die Libelle darf jetzt gar nicht mehr ausschlagen, wenn die Alhidade langsam vollkommen umgedreht wird. (Auch die Reiterlibelle auf der Kippaxe darf nicht ausschlagen bei der vollen Umdrehung der Alhidade, wenn diese Libelle berichtigt ist und die Kippaxe rechtwinkelig zum Vertikalzapfen steht.) In dem vorliegenden Falle ist noch nicht erkannt, ob die Kippaxe wagrecht sei, wenn der Vertikalzapfen, nach Aussage der Libelle — senkrecht steht. Das wird geprüft mit einem langen Senkel, das man windfrei aufgehängt hat, man zielt es hoch oben an, beim Kippen muss das Fadenkreuz beständig auf dem Senkelfaden bleiben (§ 139). Freilich setzt das voraus, dass das Absehen, welches eine vertikale Ebene beschreiben soll, überhaupt eine Ebene beschreibe, d. h. dass kein Collimationsfehler besteht, die Prüfung auf diesen und seine Beseitigung (§ 139) muss also vorausgehen. Die beschriebene Prüfung untersucht Horizontalität der Kippaxe und Collimationsfehler zumal.

Statt des Senkels kann man auch einen hochgelegenen, gut sichtbaren Punkt anzielen und nachsehen ob beim Kippen des Fernrohrs das Bild jenes Punktes in einem genau wagrechten, ebenen Spiegel getroffen wird. Als solchen Spiegel benützt man die Oberfläche einer ruhenden Flüssigkeit, wie Quecksilber, oder Oel mit Kienruss, zur Noth Tinte, — man nennt einen solchen Spiegel einen künstlichen Horizont.

Da die wagrechte Stellung der Kippaxe von erheblichem Einfluss ist auf die Winkelmessung (§ 154), empfiehlt es sich eine (berichtigte) Libelle während der ganzen Beobachtungszeit auf der Kippaxe sitzen zu lassen und fleissig zu beobachten, um die Gewissheit zu haben, dass nicht durch die Berührungen u. s. w. die anfangs sorgfältig hergestellte Horizontalität wieder verloren gegangen sei.

Die Stellung des Theilkreises (Horizontalkreises) gegen die Vertikalaxe kann vom Geometer am fertigen Theodolit nicht geändert werden. Die Prüfung, ob sie der Anforderung entspricht rechtwinkelig zum Vertikalzapfen zu sein, ist ziemlich umständlich und doch nicht sehr genau an dem zusammengesetzten Instrument ausführbar. Sie kann um so mehr hier übergangen werden, als bei genau senkrechter Projektionsebene (d. h. Horizontalität der Kippaxe und Abwesenheit des Collimationsfehlers) eine geringe Neigung des Horizontalkreises (der Theilungsebene) nicht viel Einfluss hat (§ 155) und weil ferner in den mechanischen Werkstätten vortreffliche Mittel zur Prüfung und zur etwa nothwendigen Berichtigung vorhanden sind. Weicht die Stellung des Horizontalkreises um 4,5′ von der rechtwinkeligen zur Vertikalaxe ab, so ist der grösstmögliche Fehler in der Ablesung aus diesem Grunde erst 0,1″.

§ 158. **Einfluss des Collimationsfehlers auf die Winkelmessung.** Wegen Collimationsfehler siehe § 139. Das Absehen soll mit der Kippaxe statt rechter Winkel die Winkel $90^0 \mp c$ machen, der spitze Winkel liege z. B. an der linken Hälfte der Kippaxe. Im gemessenen Horizontalwinkel entsteht, falls c klein ist, ein Fehler

$$f_c = c\ (\mathrm{Tg}\ e_1\ \mathrm{Tg}\ {}^1/_2\ e_1 - \mathrm{Tg}\ e_2\ \mathrm{Tg}\ {}^1/_2\ e_2),$$

wo $e_1 = 90^0 - z_1$ und $e_2 = 90^0 - z_2$ die sogenannten Elevationswinkel der Schenkel oder die Ergänzungen dieser Zenitdistanzen zu einem Rechten bedeuten; ist z grösser als 90^0, so ist e negativ (Depressionswinkel). Die Ableitung des Collimationsfehlereinflusses siehe unten in diesem Paragraph.

Man sieht leicht, dass bei gleicher Elevation (nach Vorzeichen und Grösse) der beiden Winkelschenkel, der Einfluss des Collimationsfehlers Null ist. Er ist jedenfalls klein, wenn die Elevationswinkel gering sind oder ihr Unterschied sehr klein ist.

Der Einfluss des Collimationsfehlers lässt sich eliminiren. Man braucht nur die Winkelmessung in der zweiten Lage des Fernrohrs (durchschlagen oder umlegen) zu wiederholen, das Mittel beider Ergebnisse zu nehmen. In der zweiten Fernrohrlage liegt nämlich der spitze Winkel der Absehrichtung mit der Kippaxe, der vorher links war, rechts, oder c ist negativ. Also wird f_c von derselben Grösse, aber entgegengesetzten Zeichens.

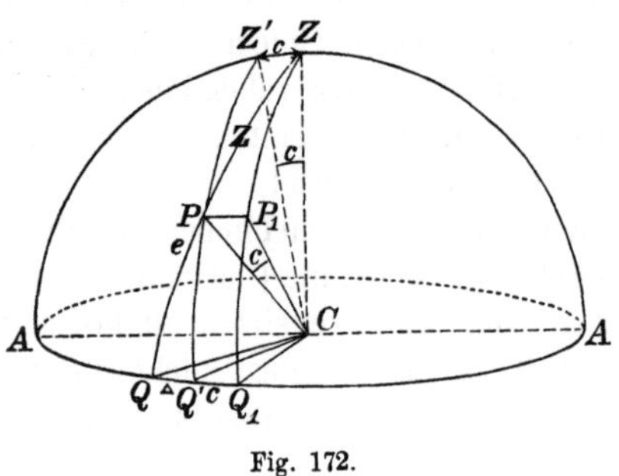

Fig. 172.

Ableitung. A A stellt die Kippaxe dar, C Z′ die Absehrichtung, welche um c von der rechtwinkeligen (C Z) abweicht und beim Kippen eine Kegelfläche beschreibt, deren Durchschnitt mit der um C gelegten Kugelfläche der Parallelkreis Z′ P Q′ ist. Wäre die Absehrichtung rechtwinkelig zur Axe (C Z), so würde sie beim Kippen eine Ebene beschreiben, welche die Kugel nach dem Grosskreise $Z P_1 Q_1$ schnitte. Die Projektionsebene durch den Punkt P (mit dem richtigen Absehen C Z) würde den Theilkreis in Q treffen, während die projicirende Kegelfläche durch P das in Q′ thut. Der zu ermittelnde Unterschied der Ablesungen am Theilkreise für unrichtige und richtige Projektion ist $Q'\,Q = \triangle$.

Man denke durch P den zur Limbusebene parallelen Kreisbogen $P P_1$ gezogen, er ist das Bogenmaass der Abweichung c. Wegen seiner Kleinheit kann man ihn genügend genau als Theil eines Grosskreises ansehen und also $Z P P_1$ als ein sphärisches Dreieck, in welchem bekannt ist, die eine Seite $(P P_1) = c$, die zweite Seite $Z P = z$ gleich dem Zenitabstand des Punktes P, und der rechte Winkel bei P_1. Für den sphärischen Winkel bei Z ergibt sich (Anhang VIII, 3) Sin Z = Sin c : Sin z. Das Bogenmaass von Z ist $Q Q_1 = \triangle + c$ (wo $\triangle$ der Ablesefehler ist). Es ist also $\text{Sin}(\triangle + c) = \text{Sin}\, c : \text{Sin}\, z$. Setzt man, wegen der Kleinheit von $\triangle$ ist das annähernd richtig, $\text{Cos}\,\triangle = 1$, $\text{Sin}\,\triangle = \triangle$, so erhält man:

$$\text{Sin}\, c + \triangle\, \text{Cos}\, c = \text{Sin}\, c : \text{Sin}\, z.$$

Oder nach Einführung des Elevationswinkels $e = 90^0 - z$ kommt:

$$\text{Sin}\, c + \triangle\, \text{Cos}\, c = \text{Sin}\, c : \text{Cos}\, e$$

und hieraus:

$$\triangle = \frac{\text{Sin}\, c}{\text{Cos}\, c}\,\frac{1 - \text{Cos}\, e}{\text{Cos}\, e} = \text{Tg}\, c\, \frac{1 - \text{Cos}\, e}{\text{Sin}\, e}\, \text{Tg}\, e = \text{Tg}\, c\, \text{Tg}\, e\, \frac{2\, \text{Sin}^2 \frac{1}{2} e}{2\, \text{Sin}\, \frac{1}{2} e\, \text{Cos}\, \frac{1}{2} e}$$

$$= \text{Tg}\, c\, \text{Tg}\, e\, \text{Tg}\, \tfrac{1}{2} e$$

und wenn man schliesslich noch wegen der Kleinheit von c für $\text{Tg}\, c = c$ nimmt:

$$\triangle = c\, \text{Tg}\, e\, \text{Tg}\, \tfrac{1}{2} e\,.$$

So der Fehler einer Ablesung; für den Winkel, welcher die Differenz zweier Ablesungen ist, wird (wenn e_1 und e_2 die Elevationswinkel beider Schenkel):

$$f_c = c\,(\text{Tg}\, e_1\, \text{Tg}\, \tfrac{1}{2} e_1 - \text{Tg}\, e_2\, \text{Tg}\, \tfrac{1}{2} e_2).$$

Zahlenbeispiel:

$c = 1^0$	$e_1 = 10^0,\ e_2 = 5^0;\ f_c = 41{,}8''$	$e_1 = 15^0,\ e_2 = 0\ ;\ f_c = 127{,}0''$
	$e_1 = 10^0,\ e_2 = -5^0;\ f_c = 69{,}3''$	$e_1 = 15^0,\ e_2 = -10^0;\ f_c = 158{,}7''.$

Es ist leicht den Collimationsfehler soweit zu berichtigen, dass er nur einige Minuten beträgt. Bei einem Fernrohre von 250 mm Objektivbrennweite braucht man das Fadenkreuz nur auf 0,5 mm genau zu stellen, so beträgt der Collimationsfehler nur etwa 7′ und die daraus folgende Unrichtigkeit der gemessenen Horizontalwinkel pflegt bei Messungen der niederen Geodäsie ohne Belang zu sein, selbst in den ungünstigen im Beispiele angenommenen Verhältnissen. Anders ist das bei astronomischen Messungen, bei welchen sehr bedeutende Höhenwinkel (e) vorkommen und oftmals die Möglichkeit nicht gegeben ist den Fehler durch Beobachten in zwei Lagen, wegen Mangel an Zeit, bezw. Veränderungen mit der Zeit — zu eliminiren. Sei die Objektivbrennweite am Fernrohr des astronomischen Instruments 800 mm, die Unrichtigkeit der Fadenkreuzstellung 1 mm, bezw. $^1/_4$ mm, bezw. $^1/_{10}$ mm, sei der eine Winkelschenkel 70^0, der andere 0^0 gegen den Horizont geneigt, so entstehen im Horizontalwinkel Fehler von 73″, bezw. 18″, bezw. 7″, die für solche Messungen ganz in der Regel nicht gleichgültig sind. Gewöhnlich zieht man vor, wenn der Collimationsfehler (wie bei astronomischen Beobachtungen häufig) nicht eliminirt werden kann, auf die ganz genaue Stellung des Fadenkreuzes, die wegen mangelnder Feinheit der Berichtigungsschraube nur sehr schwierig zu erzielen wäre, zu verzichten, den verbleibenden Collimationsfehler zu bestimmen und seinen Einfluss rechnend zu berücksichtigen (§ 23 S. 29).

§ 159. **Excentricität des Absehens.** Der Mittelpunkt des Theilkreises stehe richtig in S über dem Scheitel des zu messenden Winkels L S R = w, aber die Absehrichtung gehe nicht durch die Senkrechte des Kreismittelpunkts, sondern bleibe stets in einer Entfernung e von ihr, wie auch die Alhidade gedreht werden mag. Eine Excentricität des Fernrohrs ist bei manchen Theodoliten absichtlich und e dann gross, bei anderen ist sie unabsichtlich vorhanden und e hat einen kleinen Werth. Sei das Absehen l i n k s excentrisch, die in S_1 sich schneidenden Ziellinien nach L und R (Fig. 173) sind Tangenten an den Kreis mit dem Halbmesser e und schliessen den Winkel w_1 ein, dessen Grösse durch die Differenz der Ablesungen am Limbus gefunden wird. Der Hülfswinkel x_1 ist als Aussenwinkel

$$x_1 = w_1 + f_l = w + f_r, \text{ also } w = w_1 + f_l - f_r.$$

Und $\text{Sin } f_l = \frac{e}{l}$; $\text{Sin } f_r = \frac{e}{r}$, wenn l und r die Längen der Winkelschenkel L S und R S sind. Wegen der Kleinheit der Winkel f kann man sie ihrem Sinus proportional setzen und erhält damit (Anhang III, c)

$$w = w_1 + 206\,265'' \, e \left(\frac{1}{l} - \frac{1}{r}\right).$$

Bei gleicher Länge der Schenkel wird demnach die Excentricität des Absehens keinen Fehler im Winkel hervorbringen, der sonst der Excentricität proportional und desto grösser ist, je ungleicher die Schenkellängen sind.

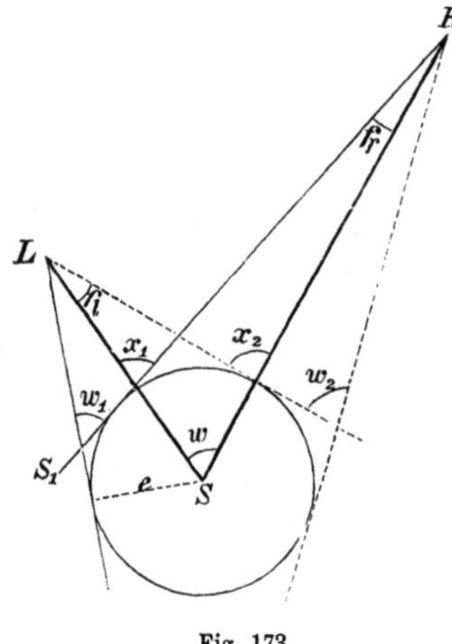

Fig. 173.

D e r F e h l e r d e r E x c e n t r i c i t ä t d e s A b s e h e n s i s t l e i c h t z u e l i m i n i r e n. Das arithmetische Mittel der in zwei Fernrohrlagen gemachten Messungen ist frei von dem Fehler. Denn durch das Durchschlagen oder Umlegen des Fernrohrs wird seine Excentricität in die entgegengesetzte verwandelt; war in erster Lage l i n k s e x c e n t r i s c h e, so ist in zweiter Lage r e c h t s excentrische Stellung des Absehens vorhanden, wobei e dasselbe bleibt. Die punktirten Linien der Figur zeigen die Zielrichtungen in der zweiten Lage und man findet sofort

$$x_2 = w_2 + f_r = w + f_l \text{ oder } w = w_2 - f_l + f_r,$$

was im Zusammenhalte mit dem gefundenen $w = w_1 + f_l - f_r$ die Behauptung beweist. Es ist nur zu erinnern, dass die Tangenten aus demselben Punkt (L, bezw. R) an einen Kreis gleiche Winkel (f_l bezw. f_r) mit der Centrallinie, die hier der wahre Winkelschenkel ist, bilden.

Um die Excentricität eines Fernrohrs zu erkennen und zu messen, beobachte man einen Winkel mit bekannten, sehr u n g l e i c h langen

Schenkeln in zwei Fernrohrlagen; das Mittel gibt den richtigen Winkel w und aus der Gleichung $w = w_1 + 206265'' e \left[\frac{1}{l} - \frac{1}{r}\right)$ kann dann e berechnet werden.

§ 160. **Excentricität der Alhidadenaxe.** Es kann vorkommen, dass der Durchschnitt der Alhidadenaxe mit der Ebene des Theilkreises A nicht in den Mittelpunkt C dieses Kreises fällt, sondern um einen kleinen Betrag e excentrisch liegt. Hat man das Absehen aus der Richtung A L in die Richtung A R gedreht, so ist ein Winkel $L A R = w'$ beschrieben, dessen Maass nicht der Bogen $L_1 R_1$ und nicht der Bogen $L_2 R_2$ ist, sondern, nach bekanntem geometrischen Satze, deren arithmetisches Mittel $\frac{L_1 R_1 + L_2 R_2}{2}$, wo vorausgesetzt ist, es liege L_1 mit L_2 und ebenso R_1 mit R_2 auf einer Geraden. Hat man nicht nur einen Nonius (oder ein Mikroskop), sondern diametral deren zwei, so braucht man nur bei jeder Einstellung die zwei diametralen Ablesungen zu machen, das arithmetische Mittel der Differenzen aus den Ablesungen an dem ersten und an dem zweiten Nonius oder Mikroskop zu nehmen, um den Winkel w' richtig zu finden. Wo der Index der Ablesungen liegt, ob in der Richtung des Absehens oder beliebig seitlich, ist dabei gleichgültig, nur die diametrale Lage der Indices ist gefordert. Auch wenn nicht die absolut streng, sondern nur sehr angenähert diametrale Lage besteht, so tritt, bei der jedenfalls doch nur sehr geringen Excentricität e der Alhidade, kein für geodätische Messungen erheblicher Fehler auf, wenn man das Mittel der beiden Nonien- (Mikroskop-)Ablesungsdifferenzen nimmt. Drei Nonien sind selten und es ist nicht nöthig diesen Fall zu besprechen. Hingegen kommen öfters vier Nonien vor; man nimmt das Mittel der Ablesungsdifferenzen aller vier Nonien oder Mikroskope. Der Fehler wegen Excentricität der Alhidade ist also immer leicht zu eliminiren.

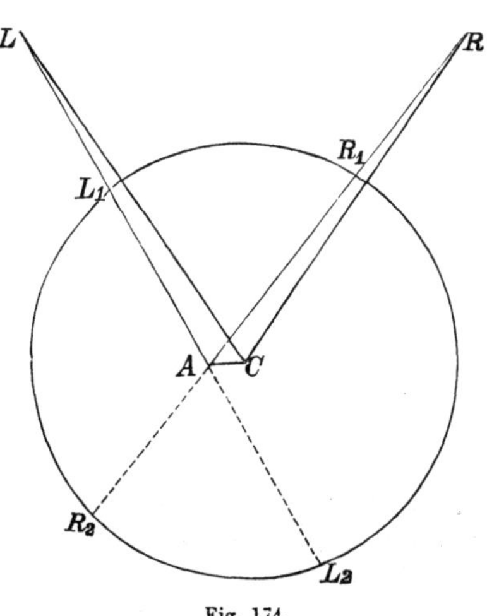

Fig. 174.

Ist die Alhidadenaxe A centrisch über dem Winkelscheitelpunkt, so ist der Winkel w' und wird in der angegebenen Weise ganz richtig gefunden. Befindet sich aber der Mittelpunkt C des Horizontalkreises centrisch über dem Scheitel des Winkels, so ist dieser eigentlich w und nicht w'. Der gemessene Winkel w' ist dann ein excentrischer Winkel und zu centriren (§ 109). Die Excentricität ist allerdings immer äusserst klein und man kann den Unterschied zwischen w und w' vernachlässigen. Beobachtet man in zwei Fernrohrlagen, so kommt in der zweiten Lage der Alhidadendrehpunkt A nahezu in eine symmetrische Lage und der an und für sich schon sehr kleine Fehler im Winkel wegen Excentricität des Standpunkts wird wie in § 109 ausgeführt, daher sehr nahezu aus dem Mittel der in den zwei Fernrohrlagen gemessenen Winkelwerthen verschwunden sein.

Sind Alhidade und Theilkreis genau centrisch, so müssen die Ablesungen an den beiden Nonien (wenn keine Theilungsfehler vorhanden sind) stets denselben Unterschied zeigen, und zwar 180°, wenn die Nonien diametral stehen, andernfalls einen constanten, von 180° verschiedenen Werth. Ist aber die Alhidade excentrisch mit dem Theilkreise, so ist der Unterschied der Ablesungen beider Nonien veränderlich, wenn die Alhidade gedreht wird. Sind N_1 und N_2 die Noniusnullstriche (Indices) und sind sie bei der Drehung der Alhidade gerade auf die Excentricitätslinie CA gekommen, so unterscheiden sich die Ablesungen genau um 180°, sind sie aber in die Stellungen N_1', N_2' gelangt, so dass ihre Verbindungslinie rechtwinkelig zur Excentricitätslinie CA ist, so ist der Unterschied beider Ablesungen möglichst verschieden von 180°, nämlich $= 180^0 \pm 2x$ und man findet die Excentricität $e = r \operatorname{Sin} x$, wo r den Halbmesser des Theilkreises bedeutet.

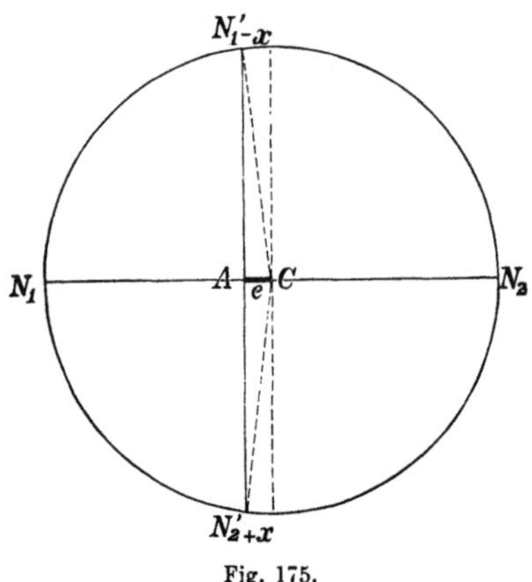

Fig. 175.

Liest man nur an einem Index ab, so können, selbst bei ausserordentlich kleiner Excentricität der Alhidade, recht bemerkliche Fehler entstehen. Man findet leicht, wie früher (§ 109) bei der Aufgabe des Centrirens eines Winkels, dass $w' = L_1 A R_1$ (Fig. 174)

$$= w + 206265'' \cdot \frac{e}{r} [\operatorname{Sin} L_1 C R_1 - \operatorname{Sin} (L_1 C R_1 + L_1 C A)]$$

wird. Die Lage der Excentricitätslinie CA gegen die Radien nach den Ablesestellen (L_1 und R_1) ist gewöhnlich nicht genügend genau bekannt, da das oben angegebene Verfahren, die Lage von A aus der veränderlichen Differenz der Ablesungen an den diametralen Nonien zu erschliessen, nicht genau ist, weil erstens die Nonien möglicherweise nicht diametral liegen und dann die Theilungsfehler sich sehr geltend machen. Daher ist der in der Klammer stehende Ausdruck nicht sicher berechenbar. Er kann erheblich werden. Z. B. für $e = 0{,}05$ mm, $r = 120$ mm, $L_1 C R_1 = 30^0$, $L_1 C A = 60^0$ wird der Fehler $w - w' = 43''$ und wenn der Limbushalbmesser r nur $= 50$ mm ist, wird der Fehler gar 1′ 43″.

Wird bei wiederholter Winkelmessung der Horizontalkreis verstellt (was bei doppeltem Vertikalaxensystem ganz bequem ist), so nimmt die Excentricitätslinie CA wechselnde Lagen gegen die Winkelschenkel an, der

Fehler wird daher auch veränderlich, grösser, kleiner, auch im Zeichen wechselnd. Hat man die Messungen vielfach wiederholt und sich so (durch Verdrehen des Horizontalkreises) eingerichtet, dass die Ablesungen an recht verschiedenen Stellen des Theilkreises stattfanden, am besten wenn man allmälig durch den ganzen Kreis gewandert ist, so besteht die Wahrscheinlichkeit, dass das Mittel der gefundenen Werthe vom Fehler aus Excentricität der Alhidade ziemlich befreit ist. Es ist aber unbedingt besser jedesmal an diametralen Stellen abzulesen und daher haben wohl alle Theodoliten wenigstens zwei Nonien.

Uebrigens wird, wenn man nur stets in zwei Fernrohrlagen beobachtet, auch bei einem Nonius der Einfluss der Alhidadenexcentricität fast immer, wenigstens für geodätische Messungen, unschädlich, wofür der Nachweis unterbleiben mag*).

---

*) Ganz streng fällt kaum bei irgend einem Instrumente der Alhidadendrehpunkt mit dem Kreismittelpunkte zusammen. Eine nochmalige Betrachtung über den Excentricitäts-Einfluss mag nicht unnützlich sein.

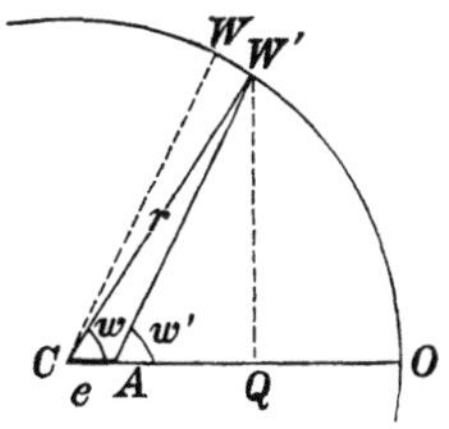

Man zähle die Bogen vom Punkte O, wo die Excentricitätslinie CA den Theilkreis schneidet. Die Zielrichtung sei AW', man macht die Ablesung OW' = a und das ist das Maass für den Winkel W'CO = w, nicht für W'AO = w'. Zieht man CW parallel zu AW', so findet man Bogen OW oder Ablesung b als Maass des Winkels WCO = w.

Nun ist $W'Q = r \operatorname{Sin} w \quad = W'A \,.\, \operatorname{Sin} w'$

$AQ = r \operatorname{Cos} w - e \quad = W'A \,.\, \operatorname{Cos} w'$

Fig. 176.

Multiplizirt man die erste Gleichung mit Cos w, die zweite mit Sin w und zieht letztere von ersterer ab, so kommt:

$$e \operatorname{Sin} w = W'A \,.\, \operatorname{Sin} (w' - w).$$

Multiplizirt man die erste Gleichung mit Sin w, die zweite mit Cos w und addirt, so kommt: $r - e \operatorname{Cos} w = W'A \,.\, \operatorname{Cos} (w' - w)$.

Aus Division der zwei Gleichungen ergibt sich $\dfrac{\frac{e}{r} \operatorname{Sin} w}{1 - \frac{e}{r} \operatorname{Cos} w} = \operatorname{Tg} (w' - w)$ und

nach bekannter Reihenentwickelung:

$w' - w = \frac{e}{r} \operatorname{Sin} w + \frac{1}{2} \left(\frac{e}{r}\right)^2 \operatorname{Sin} 2w + \frac{1}{3} \left(\frac{e}{r}\right)^3 \operatorname{Sin} 3w + \ldots$ oder mit Vernachlässigung höherer Potenzen der kleinen Grösse e : r, wird:

$$(w' - w)'' = 206265'' \frac{e}{r} \operatorname{Sin} w,$$

woraus deutlich hervorgeht, dass selbst bei kleinerem Werth von e : r der Fehler w — w' doch erheblich werden kann. Sei an der Alhidade eine zweite Ablesestelle, die gegen die erste eine unveränderte Lage behält, und seien die Ablesungen an ihr v und v', so folgt aus $w' = w + \frac{e}{r} \operatorname{Sin} w$ und $v' = v + \frac{e}{r} \operatorname{Sin} v$, dass

$$\frac{1}{2} (w' + v') = \frac{1}{2} (w + v) + \frac{e}{r} \operatorname{Sin} \frac{w + v}{2} \operatorname{Cos} \frac{w - v}{2}.$$

Ist nun w — v, d. h. der Winkel zwischen den Radien nach den Ablesestellen = 180°, so wird das Schlussglied Null und es wird desto kleiner, je näher w — v an 180° ist. Also gibt bei genau diametraler Richtung der Ablesestellen das arithmetische Mittel der Ablesungen das arithmetische Mittel der wirklich angezielten Richtungen.

Ungünstigsten Falls ist der Fehler einer Ablesung an einem Index wegen der Excentricität $= \pm 206265'' \frac{e}{r}$. Nun überschreitet bei Instrumenten aus guten Werkstätten die Excentricität nicht leicht 0,02 mm, setzt man einen Kreis von 100 mm Halbmesser voraus, so ist ungünstigsten Falls der Fehler einer Ablesung $\pm$ 20,6″. Und wenn nun wieder ungünstigst die beiden zu einem Winkel gehörenden Ablesungen in entgegengesetztem Sinne den Maximalfehler hätten, so würde der Winkel um 41″ unrichtig. Für viele geodätische Geschäfte braucht man die Winkel auf höchstens 1′ genau; dann genügt bei Instrumenten aus guten Werkstätten, wenn der Kreis wenigstens 20 cm Durchmesser hat, Ablesung an einem Index. An einem kleinen Kreise von etwa 30 mm Halbmesser wird es aber schon rathsamer sein, stets an zwei diametralen Nonien abzulesen, da der Maximalfehler einer Ablesung schon $\pm$ 68,7″ sein kann.

Die Excentricität der Schrauben-Mikroskope übt geringeren Einfluss als die der Nonien, wenn man, was allerdings unbequem ist, für verschiedene Stellen des Limbus, den Werth einer Schraubenumdrehung am Mikroskope zweckmässig verändert in Rechnung zieht..

§ 161. **Theilungsfehler der Kreise.** Wäre die Theilung absolut richtig, so müsste der Unterschied der Ablesungen an den zwei Nonien oder Mikroskopen eines Paares immer derselbe sein (bei diametraler Lage 180°, s. § 160), wie auch die Alhidade und damit das Nonien- bezw. Mikroskopen-Paar gegen die Theilung verdreht wird. Veränderungen, die in der Differenz auftreten, sind das sicherste Anzeichen von Theilungsfehlern. Diese sind theils unregelmässige, überall gleich wahrscheinlich positiv oder negativ, theils aber regelmässige, die an einigen Stellen positiv, an anderen Stellen des Kreises negativ sind, dazwischen Null und ihrem Gesammtbetrage nach, bei einem Vollkreise, auch Null. Sie können als periodische behandelt und durch eine Reihe

$$\begin{aligned} a + a_1 \operatorname{Cos} w + a_2 \operatorname{Cos} 2w + a_3 \operatorname{Cos} 3w + \ldots \\ + b_1 \operatorname{Sin} w + b_2 \operatorname{Sin} 2w + b_3 \operatorname{Sin} 3w + \ldots \end{aligned}$$

oder auch durch

$$\begin{aligned} u_1 \operatorname{Cos} 2w + u_2 \operatorname{Cos} 4w + u_3 \operatorname{Cos} 6w + \ldots \\ + v_1 \operatorname{Sin} 2w + v_2 \operatorname{Sin} 4w + v_3 \operatorname{Sin} 6w + \ldots \end{aligned}$$

dargestellt werden, wo die a, b (bezw. u, v) Constanten und w die Ablesung an dem einzelnen Index bedeuten.

Sind nun n Nonien (oder Mikroskope) gleich abständig am Umfange der Theilung angebracht, so dass bei einer bestimmten Einstellung die Ablesungen

$$w, \qquad w + \frac{1}{n} 2\pi, \qquad w + \frac{2}{n} 2\pi, \quad \ldots \ldots \quad w + \frac{n-1}{n} 2\pi$$

sind, so braucht man nur das Mittel aller an den einzelnen Indices gemachten Ablesungen zu nehmen, um die grosse Mehrzahl der Glieder der periodischen Theilungsfehlerreihe verschwinden zu machen; nur jene Glieder bleiben unaufgehoben, welche Funktionen des nfachen Winkels enthalten.

Der Hauptnutzen, den mehrere Paare von Ablesungsvorrichtungen bieten, ist eben die bedeutende Minderung der Ablesefehler im Mittel der Ergebnisse.

Die sehr umständliche Untersuchung einer Kreistheilung kann dadurch geführt werden, dass man den Kreis dreht, so dass die Theilung unter zwei feststehenden Mikroskopen weggeführt wird; der Unterschied der in beiden Mikroskopen gemachten Ablesungen muss bei fehlerfreier Theilung stets derselbe sein.

Ist ein Winkel ein ganzzähliger Bruchtheil von 360^0, so kann er vollständig im Kreise herumgetragen werden, d. h. man kann den Kreis so verstellen, dass jeder dem Winkel gleiche Theil desselben nach und nach zur Verwendung kommt und deshalb die Theilungsfehler im Mittelwerthe aller Beobachtungswerthe des Winkels verschwunden sein müssen. Die Vergleichung des so gefundenen richtigen Winkelwerthes mit jenem, den man an den einzelnen Bezirken der Theilung erhalten hat, gibt Aufschluss über die in diesen Bezirken enthaltenen Theilungsfehler.

Eine oberflächliche, für geodätische Theodolite, wenn sie nicht gerade zu Messungen allerersten Rangs dienen sollen, ziemlich ausreichende Prüfung der Kreistheilung besteht darin, nachzusehen, ob in allen Bezirken der Theilung die n Nonientheile zusammen genau so lang sind, wie (n — 1) Haupttheile; bei welcher Prüfung die Ueberstriche der Nebentheilung sich bequem und nützlich erweisen.

Sind die Fehler einer Kreistheilung erkannt und bestimmt, so kann man wohl eine Berichtigungstabelle anlegen und sie benutzen. Allein im allgemeinen wird es vortheilhafter sein, die Theilungsfehler zu eliminiren, entweder durch Benutzung von mehr Paaren von Ablesevorrichtungen oder durch genügendes Verstellen des Limbus bei wiederholten Winkelmessungen, derart dass alle Bezirke der Theilung nach und nach zur Verwendung kommen und die Theilungsfehler aus dem arithmetischen Mittel der Messergebnisse entweder ganz herausfallen oder wenigstens sehr nahezu.

Die Wiederholung der Messung eines Winkels in demselben Bezirke einer Theilung hat geringen Werth. Sind Nonien angewendet, so wird die letzte feine Ablesung eigentlich nicht in der Gegend des Indexstands, sondern an dem manchmal ziemlich entlegenen Bezirke, wo die Coincidenz mit einem Noniusstriche stattfindet, vorgenommen. Die Theilungsfehler gleichen sich daher bei Nonieneinrichtung auch beim Herumtragen des Winkels durch den ganzen Kreis nicht nothwendig und sicher aus. Ueberhaupt sind Mikroskopablesungen weit vorzuziehen, bei Nonien kommt noch Parallaxe ins Spiel und Mangel an scharfem Zusammenfallen zweier Striche der Haupt- und Nebentheilung. Bei Mikroskopablesungen macht sich immer der Theilungsfehler an der ganz bestimmten Stelle, wo der Index steht, geltend; da man weiss, wo man abgelesen, lässt sich sicher der Theilungsfehler, wenn er bekannt ist, in Rechnung ziehen; beim Herumtragen des Winkels wird er eliminirt.

Die Theilungen sind gegenwärtig zwar alle recht gut im Vergleiche mit älteren, allein die Verbesserungen an denselben haben doch nicht ganz

Schritt gehalten mit jenen der Ablesevorrichtungen; wo mit Nonien abgelesen wird, genügen durchschnittlich die Theilungen; für die Mikroskopablesungen aber lassen selbst aus den besten Werkstätten hervorgegangene Theilungen zu wünschen übrig. Jedoch kommt all' das erst bei Messungen grösster Genauigkeit in Betracht.

Weitere Belehrung über Prüfung von Theilungen findet man: Bessel, Königsberger Beobachtungen, Bd. 1 u. 7, auch Astronom. Nachr. Nr. 841; Struve, Astronom. Nachr. Nr. 344 u. 345 u. a. O. Ueber neuere Kreistheilungen: Zeitschr. für Vermess. (1879) VIII. Bd. S. 119.

§ 162. **Noniusungenauigkeit, Fehler am Ablesemikroskop.** Ist die auf der Nebentheilung in n gleiche Theile zerlegte Strecke nicht genau gleichwerthig mit (n — 1) Haupttheilen, sondern um einen Betrag x grösser, so ist die Angabe des Nonius nicht mehr $\frac{1}{n}$ Hauptheil, sondern um $\frac{x}{n}$ kleiner, was bei Ablesungen zu berücksichtigen ist. Wären z. B. statt 59 Drittelsgraden der Haupttheilung, deren 59,01 auf der Nebentheilung in 60 gleiche Theile gebracht, so wäre jede Noniusangabe nicht 20″, sondern nur 19,8″.

Man stelle den Nullstrich des Nonius nach und nach auf alle einzelne Striche der Haupttheilung und sehe nach, um wieviel Hauptstriche (und Bruchtheile) die Ablesung am Endstriche der Nonientheilung grösser ist. Das arithmetische Mittel all' dieser Bestimmungen gibt die wahre Länge der zur Nebentheilung verwendeten Strecke an.

Ungenauigkeiten der Mikrometerschraube im Ablesemikroskop sind umständlich zu untersuchen, und da sie bei geodätischen Messungen schwerlich von Einfluss sind, mag diese kurze Anführung genügen und die Bemerkung, dass man, da die Mikrometerschraube nur auf eine kleine Länge der Spindel in Anwendung kommt, nur den als gleichmässig erkannten Theil des Gewindes benutzen wird. — Es kann nöthig sein, die Vergrösserung des Mikroskopes abändern zu müssen, — eine für den Geometer meist bedenkliche Aufgabe. Auch durch Verschiebung des Mikroskopes in radialer Richtung kann einer Ungenauigkeit abgeholfen werden, allein auch dieses Geschäft ist nicht leicht gut auszuführen. Gröbere Fehler dieser Art finden sich, praktisch gesprochen, nicht an den Instrumenten, — es müssten denn arge Stösse oder dgl. vorgekommen sein.

§ 162ª. **Durchbiegung des Fernrohrs, Biegung der Kreise** kommen nur bei grossen astronomischen Instrumenten in Betracht und namentlich da, wo das Fernrohr nicht symmetrisch auf der Kippaxe sitzt. Die Röhren biegen sich, und sowohl das Objektiv als das Okular erfahren eine Senkung; ist die Aufsteckung des Fernrohrs auf die Axe gut im Gleichgewicht, so können beide Senkungen gleich und dadurch unschädlich sein. Am grössten ist die Durchbiegung, worunter der Unterschied der Senkung des Objektivs gegen jene des Okulars zu verstehen, bei wagrechter Stellung und bei anderer Neigung ist sie dem Sinus des Zenitwinkels proportional.

Verbiegung der Kreise kann durch peripherisches Klemmen veranlasst werden. Hinsichtlich der Gegenstände dieses Paragraphen wird verwiesen auf Bessel, Astronom. Nachr. III, S. 209 u. XXV Nr. 577—579 u. s. w.

§ 163. **Axenfehler des Repetitionstheodolits.** Zu jener des einfachen Theodolits kommt noch der des mangelhaften Zusammenfallens der Alhidadenaxe mit der Limbusaxe (d. h. jener, um welchen der Horizontalkreis gedreht wird). Sind beide Axen parallel, so ist nur eine Alhidadenexcentricität (§ 160) vorhanden; weniger einfach ist es aber, wenn die zwei Axen sich schneiden oder kreuzen. Hat man die Alhidadenaxe genau senkrecht gestellt und dreht dann den Limbus mit angeschlossener Alhidade, so erhält man einen Ausschlag der Libelle, wenn die zwei Axen nicht parallel sind; bei 180^0 Drehung entspricht der Ausschlag dem doppelten Winkel der zwei Axen, projicirt auf die Ebene durch die Libellenaxe und die Limbusaxe.

Da die Repetition der Winkel nicht mehr viel angewendet wird, kann die ausführlichere Besprechung der aus den Axenfehlern auf die Winkelrepetition geübten Einflüsse unterbleiben. Man gelangt zur Regel: bei Satzbeobachtungen ist die Alhidadenaxe genau senkrecht zu stellen und dies für jeden neuen Satz zu berichtigen; hingegen bei Repetitionsverfahren ist die Limbusaxe genau senkrecht zu halten.

Näheres: Helmert, Zeitschr. für Vermess. (1876) Bd. V, S. 296 und (1877) Bd. VI, S. 32.

§ 164. **Unruhe der Bilder.** So lange die Luft nicht möglichst gleichartig durchmischt ist, sondern dichtere (stärker lichtbrechende) und weniger dichte (weniger stark lichtbrechende) Schichten in wechselnden Begrenzungen durch einander strömen, entstehen vielfache, schnell ändernde Brechungen und Ablenkungen der Lichtstrahlen, die Bilder erhalten eine eigenthümliche Unruhe, die Umrisse erscheinen oft gebrochen und schwankend, ein sicheres Anzielen und Einstellen ist nicht möglich.

Dieser Missstand tritt am stärksten auf, wenn die Strahlen nahe über eine erhitzte Fläche (sonnenbeschienene Strasse, Sandfläche, Dach) oder auch über abkühlende Wasser- und Sumpfflächen hinstreichen. Die geringste Unruhe des Bildes pflegt nach Verfluss von 0,6 der Zeit zwischen Mittag und Sonnenuntergang beobachtet zu werden, die Vormittage und Mittag selbst sind für ganz genaue Horizontalmessungen selten zu gebrauchen. Hingegen ist für Höhenmessungen, bei welchen die sogenannte irdische Strahlenbrechung (§ 298) berücksichtigt werden muss, die Mittagszeit am günstigsten, trotz grosser Unruhe der Bilder, weil zu dieser Zeit der Einfluss der Strahlenbrechung auf die scheinbare Zenitdistanz am regelmässigsten ist.

§ 165. **Schlussbemerkung über die Theodolitprüfung.** Ein sorgfältig behandelter Theodolit braucht nur selten geprüft zu werden.

Man kann daher gelegene und günstigste Zeit auswählen. Man bedient sich am besten eines Steinpfeilers, wofür auch eine Steinfensterbank benutzt werden kann, als Unterlage, nicht der weniger sicheren Holzstative.

Die Reihenfolge der Prüfungen ist am besten diese: Erst Untersuchung und Berichtigung des Collimationsfehlers. Dann Prüfung und Berichtigung der Libelle, deren Axe sorgfältig rechtwinkelig zur Alhidadenaxe gestellt werden muss. Nun ist die Kippaxe auf ihre genau rechtwinkelige Lage zur Alhidadenaxe zu prüfen und zu berichtigen, was also auch so ausgesprochen werden kann, dass die Kippaxe parallel zur Axe der vorgängig berichtigten Libelle gerichtet werden soll.

Die Excentricitäts- und Theilungsfehler sind für ein Instrument ein für allemal zu untersuchen. Nur wenn eine Auseinandernahme stattgefunden hat, kann der Excentricitätsfehler erheblich anders geworden sein. Sonst hat freilich schon örtliche Anhäufung der dünnen Schichte Schmiere (Oel) einen allerdings kleinen, aber nachweisbaren Einfluss auf die Excentricität.

Bei den wirklichen Messungen ist genaueste Senkrechtstellung des Zapfens (Horizontirung des Instruments) anzustreben und auch die Horizontalität der Kippaxe durch häufiges Beobachten ihrer Reitlibelle zu überwachen, obgleich der Inklinationsfehler eliminirt werden kann.

Endlich wird der Beobachter im Laufe der Messungen seinen Standpunkt am Instrument und seine Körperhaltung nicht mehr als unumgänglich nöthig ändern, um allen Verdrehungen und Verstellungen vorzubeugen.

VIII. Gross- und Klein-Messungen.

§ 166. **Verbindung der Messungen unter einander.** Die Vermessung eines kleinen Bezirks wird immer erheblich einfacher sein als die eines ausgedehnten Landes. Da man aber stets der Regel eingedenk bleiben muss, vom Grossen ins Kleine zu arbeiten (§ 10), die Kleinmessungen häufig nicht für sich allein bestehen, sondern mit andern ähnlichen verknüpft werden sollen, auch an eine Grossmessung anzuschliessen sind, und da die Verfahren, welche bei Aufnahme der ausgedehntesten Länder angewendet werden, auch bei der Kleinaufnahme, wenn auch vereinfacht, gebraucht werden, erscheint es zweckmässig, zunächst das Grundsätzliche der Vermessungen grössten Umfangs abzuhandeln, daraus die Nutzanwendungen für die Einzelmessungen zu ziehen, die Verfahren für diese vollständig zu beschreiben, das Besondere der Landesvermessung aber, so weit es überhaupt zur Darstellung kommen soll, auf später (XVII) zu verschieben.

§ 167. **Punkte und Dreiecke erster Ordnung.** Für die Landesvermessung werden zunächst Hauptpunkte oder Punkte erster

Ordnung ausgesucht, die ziemlich gleichförmig über das ganze Gebiet (mit Uebergriffen in Nachbarländer) vertheilt sind, je drei sich zu einem Dreieck verbinden lassen, dessen Seiten wenigstens 20 Kilometer lang sind, aber je nach Güte der Werkzeuge und Gunst der Umstände bis über 80 Kilometer anwachsen können. Bei Gradmessungen kommen noch längere Seiten vor; die längste im Kaukasus (Ararat-Godarebi) von 202 km. Die längste von Gauss bei der hannoverschen Vermessung benutzte Seite (Brocken-Inselsberg) war 106 km, die längste von Bessel in Ostpreussen verwendete (Trunz-Galtgarben) kaum 80 km lang.

Die Wahl der Punkte erster Ordnung ist folgenschwer und wird nur nach sorgfältiger Begehung des Landes getroffen. Man soll von einem solchen Punkt aus nach möglichst vielen andern gut sehen können, wird also hoch- und freigelegene, Aussicht gewährende Orte suchen und diese auf das Dauerhafteste vermarken, besondere Signalbauten an ihnen errichten. Kirchthürme und ähnliche vorhandene Signale wird man nur ausnahmsweise zu Punkten erster Ordnung heranziehen können, weil diese nicht nur Fixpunkte, sondern, wenn thunlich, auch Standpunkte sein sollen. Auf Kirchthürmen u. s. w. ist aber die sichere Aufstellung meist nicht möglich; sollen Winkel gemessen werden, die ihren Scheitel an solchen Orten haben, so muss meistens excentrisch gemessen werden (109), was besser vermieden wird.

Die aus Verbindung der Punkte erster Ordnung entstehenden Dreiecke erster Ordnung müssen mit der allergrössten Genauigkeit vermessen werden, was wieder erfordert, dass (überzählig) alle drei Winkel gemessen werden. Für die Genauigkeit der Triangulation ist die Gestalt der Dreiecke durchaus nicht gleichgültig. Gleichseitige sind die günstigsten, dann etwa noch gleichschenkelig-rechtwinkelige.

Da genaue Längenmessungen viel zeitraubender, kostspieliger und schwieriger sind als Winkelmessungen, wird man dahin trachten, mit der geringsten Zahl unmittelbarer Längenmessungen auszukommen. Hängen alle Dreiecke erster Ordnung so zusammen, dass jedes mindestens mit einem Nachbardreieck eine Seite gemein hat, so genügt eine Seite, welche als Grundlinie oder Basis der Landesvermessung bezeichnet werden soll und auf deren genaue Längenermittlung die höchsten Anstrengungen zu richten sind. Strecken von wenigstens 20 km unmittelbar mit der äussersten Genauigkeit zu messen, ist äusserst schwierig, oft überhaupt unausführbar. Meist, namentlich in der Neuzeit, wird eine viel kürzere Strecke als eigentliche Messungsbasis genommen. Sie wird durch einige wenige Dreiecke, Anschlussdreiecke (die natürlich nicht gleichseitige sein können, aber günstige Gestalt haben sollen), deren Winkel mit der grössten Sorgfalt zu messen sind, mit einer der grossen Dreiecksseiten verbunden, so dass diese, welche Rechnungsbasis genannt werden soll, mit grösstmöglicher Sicherheit abgeleitet werden kann.

Auf der Rechnungsbasis stehen zwei der grossen Dreiecke erster Ordnung. Sind deren Winkel gemessen, so lassen sich ihre anderen Seiten trigonometrisch berechnen. An diese lehnen sich wieder andere

Dreiecke erster Ordnung, deren Winkel werden genauest gemessen, mit Hülfe dieser ihre übrigen Seiten berechnet, die ihrerseits wieder zu Grundlinien weiterer I. Dreiecke werden. Man sieht ein, wie so fortfahrend, schliesslich auf Grundlage einer e i n z i g e n unmittelbaren Längenmessung alle Seiten erster Ordnung gefunden werden können.

Man will bei Landesvermessungen nicht nur die Entfernungen der Hauptpunkte von jenen, mit welchen sie durch Dreiecksseiten verbunden sind, kennen lernen, sondern die relative Lage aller Punkte gegen einander, was am besten durch deren C o o r d i n a t e n ausgedrückt wird (§ 5 und § 174, insbesondere aber geographische Ortsbestimmungen § 326 u. s. f.).

Hier genügt zu erwähnen, dass wenn eine der Coordinatenaxen der Meridian eines Punktes P_1 ist, man nur die Länge des Strahls von P_1 nach P_2 (den die Dreiecksberechnung liefert) und den Winkel dieses Strahls mit dem Meridian, d. h. dessen A z i m u t zu kennen braucht, um aus den Coordinaten von P_1 jene von P_2 berechnen zu können. Und aus jenen von P_2 lassen sich in ähnlicher Weise die von P_3, dann von P_4 u. s. w. finden.

Kennt man das Azimut eines einzigen Strahls, so lässt sich aus den Dreieckswinkeln das Azimut aller anderer Seiten eines zusammenhängenden Dreiecksystems berechnen, oder dieses, wie man sagt, o r i e n t i r e n. Um ein Azimut, welches Ausgang für die Berechnung der Azimute anderer Richtungen werden soll, genau zu bestimmen, muss die R i c h t u n g d e s M e r i d i a n s genau bekannt sein. Diese und noch andere Bestimmungen, namentlich jene der geographischen Länge und Breite, die man nöthig hat, lassen sich mit der erforderlichen Genauigkeit nur durch a s t r o n o m i s c h e Beobachtungen finden, wofür auf den Sternwarten die Hülfsmittel besser geboten sind als sonst irgendwo. Man wird jedenfalls auf Sternwarten Hauptpunkte legen, auch trachten, mehrere Sternwarten durch ein Dreieckssystem zu verbinden, um zwischen dem aus einem Anfangs-Azimut auf geodätischem Wege abgeleiteten Azimut eines von der anderen Sternwarte ausgehenden Strahls und dem dort unmittelbar (astronomisch) bestimmten eine Vergleichung als Probe anstellen zu können.

Liegen die Sternwarten für den in Rede stehenden Zweck unbequem, so müssen an Hauptpunkten, welche dann a s t r o n o m i s c h e genannt werden, die Einrichtungen zu guten astronomischen Beobachtungen getroffen werden.

Die richtig gewählten Dreiecke lassen sich immer zu einer K e t t e zusammenfassen, nämlich so zusammenstellen, dass jedes z w e i Seiten mit Nachbarn gemeinsam hat und nur die äussersten Glieder der Kette mit nur je einer Seite mit dem übrigen Theile zusammenhängen. Die Figur 177 (Tafel I), welche die Hauptdreiecke der Elsässer Vermessung darstellt, zeigt eine solche D r e i e c k s k e t t e.

Die Kette kann auch in sich zurückkehren, einen K r a n z bilden, das Anfangsdreieck hat mit dem Schlussdreieck eine Seite gemein; dann hängt also j e d e s Dreieck des Kranzes durch z w e i Seiten mit Nachbarn zusammen. Einen solchen Kranz bilden z. B. die Dreiecke 1 bis 19 der Figur 178 (Tafel I).

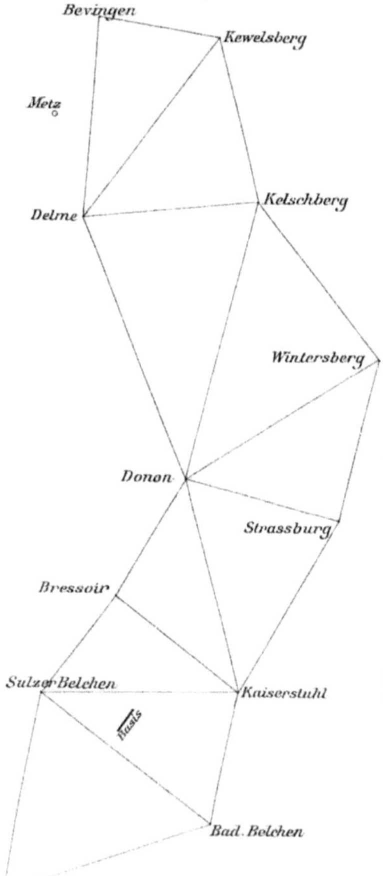

Fig. 178.

Fig. 177.

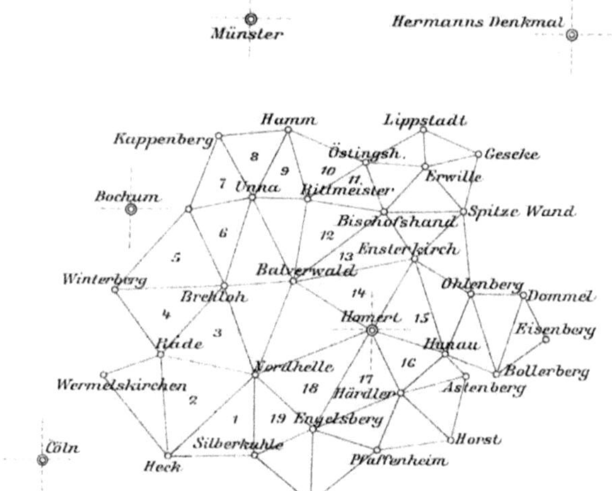

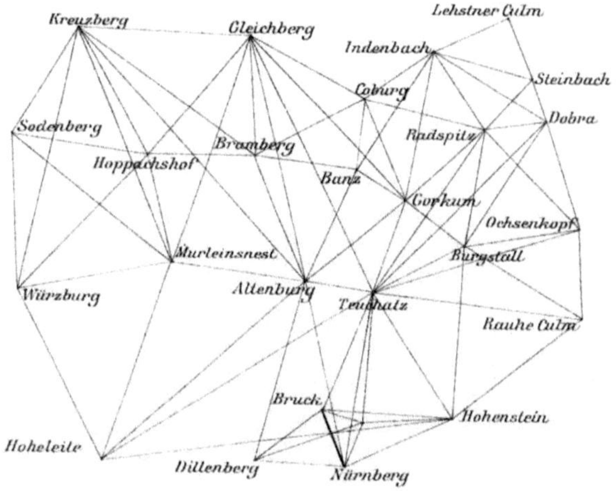

Fig. 179.

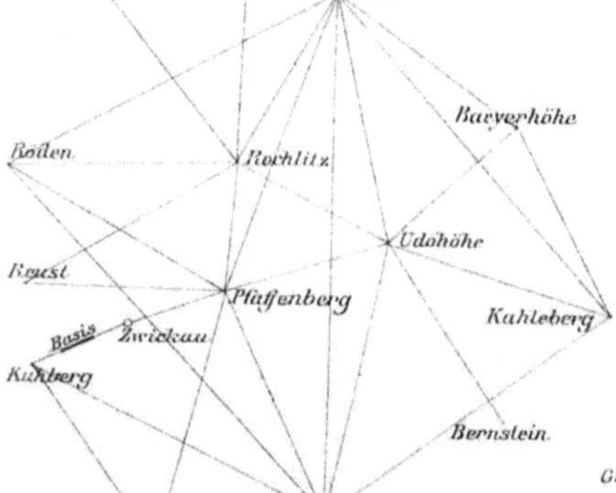

Fig. 180.

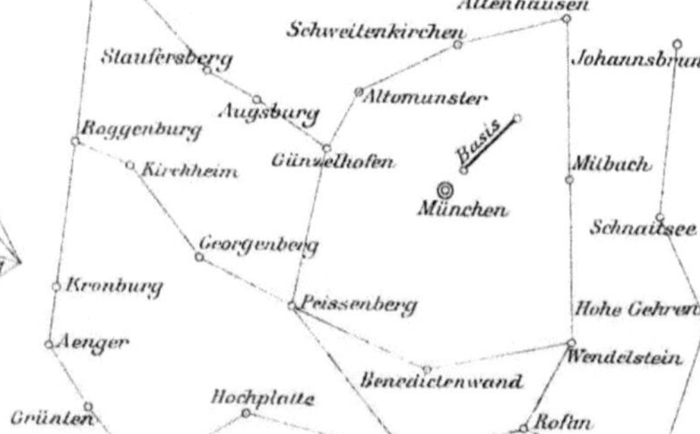

Fig. 181.

Verlag v. Julius Springer in Berlin.

Geogr. lith. Inst. u. Steindr. v. W. Greve, Kgl. Hoflith. Berlin.

Die Dreiecke können aber auch zu einem Netze geordnet sein. Ein einfaches Netz ist in Fig. 178 dargestellt, welches unter hessen-darmstädtischer Verwaltung im Herzogthum Westfalen eingerichtet und vermessen wurde. Ueber jeder Seite sind zwei und nicht mehr Dreiecke errichtet, — an den Grenzen kommt je eine, nur einem Dreiecke angehörende Seite vor. Nie durchkreuzen sich zwei Seiten verschiedener Dreiecke.

Aber auch verwickeltere Netze kommen vor, wenn man nämlich alle Strahlen benutzt, die von einem Hauptpunkt aus nach einem von dort sichtbaren andern Hauptpunkt gehen. Fig. 179 (Tafel I), welche ein Stück des bayrischen Netzes erster Ordnung vorstellt, versinnlicht das und zeigt zugleich die Anknüpfung an die Vermessungsbasis bei Nürnberg. Ueber einer und derselben Seite sind mehr als zwei Dreiecke errichtet, z. B. über Teuchatz-Burgstall sind 6 mit den dritten Punkten: Gorkum (beste Gestalt), Radspitz (nicht gut), Döbra (schlecht), Ochsenkopf (ganz schlecht), Rauhe Culm (mässig), Hohenstein (gut) aufgebaut.

In solchen verwickelten Netzen durchkreuzen sich häufig die Dreiecksseiten erster Ordnung. In jedem (einfachen oder verwickelten) Dreiecksnetze lassen sich Dreiecke zu einer Kette zusammenfassen, auf mancherlei Art sogar geschlossene Ketten, Kränze bilden. Dadurch wird gute Gelegenheit zu Prüfungen gegeben, welche, da Messungen niemals die mathematische Genauigkeit erreichen können, Widersprüche aufdecken. Solche können aber nicht geduldet werden. Einige der zu erfüllenden Bedingungen sind sofort zu erkennen. So muss die Summe der drei Winkel eines Dreiecks einen gewissen Sollbetrag ausmachen, der bei den grossen, nicht mehr als eben anzusehenden Dreiecken grösser als zwei Rechte ist.

Ferner muss die sogenannte Horizontgleichung erfüllt sein (§ 152). Die Winkel aus den 6 Dreiecken in Fig. 178 mit dem gemeinsamen Punkt Homert müssen 4 Rechte ausmachen, ebenso die 7 Dreieckswinkel mit dem gemeinsamen Scheitel Balverwald u. s. w. Die unmittelbaren Beobachtungsgrössen, welche diese Bedingungen nicht erfüllen, müssen nach Grundsätzen der Wahrscheinlichkeitsrechnung bis zur Beseitigung der Widersprüche verändert werden. Aber bei der Ausgleichung sind auch noch andere Bedingungen zu erfüllen. Sei z. B. in der offenen Elsasser Kette (Fig. 177) die Seite Glaserberg-Bad.-Belchen unmittelbar oder mittelbar gemessen und als genau angenommen. Mit Hülfe der Winkelmessungen lässt sich, wie schon angegeben, die Folge von Dreiecksseiten berechnen, zuletzt z. B. Bevingen-Kewelsberg. Man denke diese Seite aber nun auch unmittelbar gemessen, so muss sich Uebereinstimmung ergeben. Das gibt eine Prüfung. Zum Zwecke solcher Prüfungen werden bei grösseren Landesvermessungen mehrere Grundlinien gemessen, in Bayern ist die in Fig. 179 angedeutete bei Nürnberg eine solche Prüfungsgrundlinie, die Hauptbasis ist bei München, eine zweite Controlbasis bei Speyer. Beispielsweise sei erwähnt: die Seite Trunz-Wildenhof (Ostpreussen) wurde durch Vermittelung von 7 Dreiecken aus der Königsberger Grundlinie und durch Vermittelung von 35 Dreiecken aus der Berliner Basis abgeleitet. Werthe 30 123,7481 Toisen und 30 123,5041 Toisen, Differenz = 0,244, macht 8,1 mm auf den Kilometer. — Kehrt die Kette in sich zurück (wie in Netzen immer möglich), so kann man die unmittelbar gemessene Seite, von welcher ausgehend die Rechnung geführt wurde, durch eine Reihe von Dreiecksauflösungen wiederfinden. Zeigt sich ein Unterschied, so muss dieser durch die Ausgleichung zum Verschwinden gebracht werden.

Der Vergleichung des Azimuts, das von einem Sternwartstrahl ausgehend, berechnet wurde für eine auf anderer Sternwarte einmündende Richtung, mit dem des unmittelbar astronomisch bestimmten, ist bereits gedacht. Bayrische Hauptdreiecksseiten verbinden die Sternwarten München und Mannheim.

Man kann aber mit allmäligen Azimutberechnungen auch auf dieselbe Sternwarte zurückkehren. Sei z. B. (Fig. 180, Tafel I) das Azimut Leipzig-Collm unmittelbar astronomisch bestimmt. Daraus wird mit Hülfe des Winkels Leipzig-Collm-Udohöhe (der zwar nicht einem Dreieck angehört, aber die Summe zweier gemessener Dreieckswinkel ist — in anderen Fällen benutzt man Differenzen solcher Winkel, oder entnimmt sie aus Satzbeobachtungen) das Azimut Collm-Udohöhe; dann in ähnlicher Weise jenes von Udohöhe-Pfaffenberg, Pfaffenberg-Rochlitz und Rochlitz-Leipzig abgeleitet. Letzteres ist aber auch unmittelbar von der Sternwarte Leipzig aus bestimmt: es soll Uebereinstimmung stattfinden. Es lassen sich sehr verschiedene Wege, beginnend mit Leipzig-Collm und endend mit Rochlitz-Leipzig einschlagen, z. B. über Baeyerhöhe, Kahleberg, Fichtelberg, Roden, Rochlitz. Auf jedem dieser Wege muss nach vollzogener Ausgleichungsrechnung derselbe Werth für das Azimut Rochlitz-Leipzig folgen und mit dem astronomisch von Leipzig aus bestimmten Werthe stimmen.

Man kann aber auch Prüfungen durch Coordinatenvergleichungen gewinnen. Ist ein Punkt durch eine Reihenfolge von Dreiecksseiten mit der Sternwarte verbunden (oder anderem Anfangspunkt), so lassen sich seine Coordinaten in der schon angedeuteten Weise berechnen. Um die Fig. 180 benutzen zu können, sei angenommen, die Coordinaten von Fichtelberg seien geodätisch mit jenen von Leipzig verglichen. Das kann auf verschiedenen Wegen geschehen, z. B. Leipzig, Collm, Udohöhe, Fichtelberg oder: Leipzig, Rochlitz, Pfaffenberg, Fichtelberg, oder auf noch anderen, vielfach gebrochenen Wegen. Sind alle Bestimmungen richtig ausgeglichen, so müssen die Coordinaten von Fichtelberg auf jedem Weg gleich gross berechnet werden.

Bei grossen Landesvermessungen bildet man bestimmte Schleifen oder Polygone (bayrisch z. B. 32), die durch die angegebene Coordinatenvergleichung ausgeglichen werden. Solche Polygone haben oft viele Meilen Umfang. Angenommen es sei z. B. das Polygon Peissenberg, Benedictenwand, Wendelstein, Mitbach, Altenhausen, Schweitenkirchen, Altomünster, Günzelhofen, Peissenberg zuerst vermessen (Fig. 179). Man wird es für sich derart ausgleichen, dass das Vieleck schliesst, d. h.

die Coordinaten von Peissenberg, wie sie die Rechnung für den 9. Punkt des Achtecks ergibt, genau gleich den anfangs in die Rechnung eingesetzten Werthen ausfallen. Dann geht man an die Ausgleichung eines zweiten Polygons: Peissenberg, Günzelhofen, Augsburg, Staufersberg, Neresheim, Roggenburg, Kirchheim, Georgenberg, Peissenberg und bringt dieses zum Schlusse, wobei aber die Coordinaten jener Punkte, die es mit dem ersten gemein hat (gesperrt gedruckt), nicht mehr geändert werden, sondern die Werthe beibehalten, welche ihnen bei Ausgleich des ersten Vielecks zugeschrieben wurden. Eine dritte Schleife: Peissenberg, Georgenberg, Kirchheim, Roggenburg, Kronburg, Aenger, Grünten, Hochvogel, Hochplatte, Edkar, Peissenberg, welche die gesperrt gedruckten Punkte mit der vorhergehenden gemein hat, wird nun ausgeglichen, aber mit der Zwangsbedingung, dass die Coordinaten der Punkte, welche schon dem vorigen Vielecke angehören, ungeändert so bleiben, wie sie durch dessen Ausgleichung festgestellt wurden, — d. h. dass alle Aenderungen auf die sechs neu hinzugetretenen Punkte geworfen werden. — Man erkennt, welche Mannigfaltigkeit noch möglich ist, selbst nachdem die willkürliche Wahl der Schleifen bereits getroffen ist. Bei den Ausgleichungen sind im allgemeinen viele Bedingungen zu erfüllen, welche jedoch nicht immer unabhängig von einander sind, worauf bei Ansetzen der Bedingungsgleichungen zu achten ist. Sei noch erinnert, dass durch die Ausgleichungen niemals die absolute Wahrheit gewonnen werden kann. Es lassen sich zuweilen in ziemlich verschiedener Art die Widersprüche beseitigen. Es ist die Aufgabe die wahrscheinlichste Lösung zu finden, was nach der Methode der kleinsten Quadratsumme möglich ist. Doch wird diese, welche zu sehr weitläufigen Rechnungen führt, oft durch Annäherungsverfahren ersetzt.

§ 168. **Punkte und Dreiecke zweiter, dritter und vierter Ordnung.** Die trigonometrischen Punkte erster Ordnung liegen noch zu weit auseinander, um bequemen Anhalt für die Kleinmessungen zu bieten. Man wählt daher noch eine grössere Anzahl Punkte zweiter Ordnung aus, an welche ähnliche, wenn auch nicht mehr so schwierig zu erfüllende Forderungen gestellt werden, wie an jene erster Ordnung. Sie sollen 10 bis 20 km von den nächsten Punkten derselben oder höherer Ordnung entfernt sein und unter sich oder mit Punkten erster Ordnung zu schicklichen Dreiecken verbunden werden. Manche verstehen unter Dreiecken zweiter Ordnung nur solche, die zwei Punkte erster Ordnung und nur einen Punkt zweiter Ordnung zu Ecken haben und nennen Dreiecke, die von zwei Punkten zweiter und einem Punkt erster oder die gar aus drei Punkten zweiter Ordnung gebildet sind, schon Dreiecke dritter Ordnung, während Andere auch solche noch zweiter Ordnung sein lassen.

Hinsichtlich der Verbindung der Punkte zweiter Ordnung mit jenen erster Ordnung — allgemein von Punkten mit solchen der nächst höheren Ordnung, — unterscheidet man Netzeinschaltung und Punkteinschaltung. Im ersten Falle werden die Punkte zweiter Ordnung unter sich zu Ketten verbunden (gewöhnlich nicht mehr als sechs Dreiecke enthaltend), die an zwei Punkte erster Ordnung anschliessen, nämlich bei einem solchen beginnen und beim andern enden. Sie werden für sich ausgeglichen mit der Bedingung des richtigen Anschlusses an die Punkte höherer Ordnung. Im Falle der Punkteinschaltung wird immer der erste Punkt, No. 1 in Verbindung mit wenigstens zwei, besser aber mit mehr Punkten der nächst höheren Ordnung gesetzt, durch Dreiecksmessungen seine Lage festgelegt, wobei die erforderlichen Ausgleichungen zur Beseitigung jedes Widerspruches erfolgen müssen. Der zweite Punkt No. 2 wird in ähnlicher Weise gegen Punkte der nächst höheren Ordnung festgelegt, kann aber auch gegen No. 1 der gleichen Ordnung, welcher, nachdem seine Lage einmal festgestellt (und ausgeglichen) ist, den höheren Rang erhält, gemessen und versichert werden. No. 3 wird dann an wenigstens einen Punkt höherer Ordnung (wenn thunlich an mehr) und etwa an die vorher festgelegten (im Range beförderten) Punkte No. 1 und 2 geknüpft. Und so geht das fort.

Die Genauigkeitsansprüche an die Lagenbestimmungen der Punkte zweiter Ordnung sind immer noch sehr gross, wenn auch schon etwas geringer als an die erster Ordnung. Bei der Vermessung der Dreiecke zweiter Ordnung dienen Instrumente von etwas geringerer Grösse und Feinheit, um Zeitersparung machen zu können. Auch die Vermarkung ist einfacher, Thürme sind schon gut brauchbar, selbst wenn sie unzugänglich sind. Man misst die Winkel nöthigenfalls excentrisch, verzichtet wohl auch gelegentlich auf einen überzähligen.

Trigonometrische Punkte dritter Ordnung werden in ähnliche Beziehung zu und ähnliche Verbindung mit jenen zweiter Ordnung gebracht, wie diese bezüglich der Punkte erster Ordnung. Die mittlere Entfernung der Punkte dritter Ordnung von Nachbarn gleicher oder höherer Ordnung soll 3 bis 10 km sein.

Die Dreiecke zweiter Ordnung werden meistens, die dritter Ordnung immer als ebene berechnet, die Dreiecke erster Ordnung hingegen nie.

An die Punkte und Dreiecke dritter Ordnung werden nun Punkte vierter Ordnung angelehnt und angeknüpft, entweder einzeln durch Punkteinschaltung oder es werden noch Ketten von Dreiecken vierter Ordnung eingeschaltet. Die durchschnittliche Entfernung der Punkte vierter Ordnung von den nächstgelegenen, derselben oder höherer Ordnung, ist weniger als 3 km, bis herab zu $^1/_2$ km.

§ 169. **Punkte fünfter Ordnung (trigonometrische Beipunkte), Polygonzüge.** Es werden nun noch enger aneinander liegende Punkte fünfter Ordnung eingeschaltet und entweder durch Triangulation ihrer Lage nach bestimmt, oder sie werden als Polygonpunkte aufgefasst und je eine Anzahl derselben zu einem Zuge verbunden, dessen Enden an Punkte höherer Ordnung anschliessen. Ausser der einfachen Zugeinschaltung kommt aber auch Zugverknotung in Anwendung, bei welcher mehrere einfache Züge auf einen und denselben Punkt, Centralpunkt oder

Knoten geführt werden, der selbst fünfter Ordnung ist und trigonometrisch in Bezug auf Punkte höherer Ordnung festgelegt wird. Während bei der Triangulation nur Winkelmessungen ausgeführt und alle für die Berechnungen nöthigen Längen trigonometrisch aus der Hauptbasis abgeleitet werden, sind beim Zugvermessen oder Polygonisiren unmittelbare Längenmessungen (der Vielecksseiten) neben Winkelmessungen vorzunehmen.

§ 170. **Amtliches über Verbindung der Messungen.** Die preussischen „Bestimmungen vom 29. Dezember 1879 über den Anschluss der Specialvermessungen an die trigonometrische Landesvermessung" besagen in § 1: Jede im Auftrage oder unter Leitung von Staatsbehörden ausgeführte Specialvermessung (Neumessung), welche in geschlossener Lage einen Flächenraum von 100 Hektaren oder mehr umfasst, muss an die Detailtriangulation der Landesvermessung angeschlossen werden. — Ausnahmen, sowohl für grössere als für kleinere Flächen sind in § 2 und § 1 und in den „Ausführungsvorschriften für die Katasterverwaltung vom 1. August 1880 zu den Bestimmungen vom 29. Dezember 1879 über . . . ." enthalten. § 3 sagt: Der Anschluss der Specialvermessungen an die trigonometrisch bestimmten Punkte (§ 1) ist mittelst weiterer trigonometrischer Punktenbestimmung und, wo letztere als Grundlage für die Specialvermessung noch nicht ausreicht, ausserdem mittelst polygonometrischer Punktenbestimmung, bei welcher die Winkel mit dem Theodoliten und die Seiten (Strecken) durch Längenmessungen bestimmt werden, herzustellen.

Das Polygonnetz zerfällt in Polygonzüge, welche von trigonometrischen Punkten, bezw. von bereits festgelegten Polygonpunkten ausgehen und sich wieder an solche anschliessen oder sonst auf zuverlässige Weise mit dem trigonometrischen Netze verbunden sein und eine möglichst gestreckte Form haben müssen, d. h. von der durch den Anfangs- und Endpunkt des Zuges gegebenen Richtung möglichst wenig seitlich abweichen.

§ 7. Die behufs der Specialvermessungen neu bestimmten trigonometrischen und polygonometrischen Punkte sind, soweit sie nicht mit bereits anderweit dauernd markirten Punkten, wie Thurmspitzen, Schornsteinen, Grenzsteinen u. dergl. m. zusammenfallen, durch besondere Marksteine oder durch Drainröhren, welche, unter die Bodenfläche versenkt, lothrecht gestellt werden oder in anderer, mindestens gleich dauerhafter Weise, im Felde zu vermarken.

Die Art der Vermarkung muss für jeden solchen Punkt aus den trigonometrischen und polygonometrischen Akten ersichtlich sein. (§ 30 der Anweisung vom 25. Oktober 1881 sagt unter No. 7: Die gleichzeitige Benutzung von Grenzsteinen oder ähnlichen Marken als Polygonpunkte ist im allgemeinen grundsätzlich zu vermeiden, damit . . . .)

§ 4. Die Lage der trigonometrisch und polygonometrisch bestimmten Punkte gegen einander ist durch rechtwinkelige Coordinaten (welche nach § 5 für die unmittelbaren Zwecke der Specialvermessungen als ebene angesehen und behandelt werden können) auszudrücken, welche auf die wirkliche Mittagslinie des Coordinatennullpunkts als Abscissenlinie dergestalt bezogen werden, dass die Abscissen nach Norden positiv, nach Süden negativ, die Ordinaten nach Osten positiv, nach Westen negativ gezählt werden.

Als Coordinatennullpunkte sind ausschliesslich die in dem unter A anliegenden Verzeichniss der allgemeinen Coordinatensysteme aufgeführten Punkte für die dabei namhaft gemachten Landestheile zu verwenden. — Gewisse Ausnahmen. —

Auszug aus der vorstehend erwähnten Anlage A.

Nr. des Coordinaten-Systems	Coordinaten-Nullpunkt	Geltungsbereich des Coordinaten-Systems
35	Kassel (St. Martinsthurm, trig. Punkt der topographischen Aufnahme von Kurhessen, Breite 51° 19′ 06,509″ Länge 27 09 56,956	Sämmtliche Kreise des Regierungsbezirkes Kassel mit Ausnahme der Kreise Rinteln und Schmalkalden.
36	Schaumburg, trig. Punkt der nassauischen Landesvermessung Breite 50° 20′ 23,63″ Länge 25 38 29,61 Festlegung: Centrum des Schlossthurms, bezeichnet auf einer im Boden desselben eingesetzten Steinplatte mit der Aufschrift: Cardinalpunkt herzoglich Nassauischer Landesvermessung.	Sämmtliche Kreise des Regierungsbezirks Wiesbaden und Kreis Wetzlar des Regierungsbezirks Koblenz.

u. s. w.

In Fig. 178 sind die Nullpunkte Münster, Hermannsdenkmal, Bochum, Homert, Cöln vorhanden und durch Kreuzlinien hervorgehoben.

Die preussische Vermessungsanweisung setzt keine trigonometrischen Punkte fünfter Ordnung mehr ein (dafür die Polygonpunkte), hingegen „trigonometrische Beipunkte“, über welche, unter anderem, in der IX. Anweisung vom 25. Oktober 1881 für die trigonometrischen und polygonometrischen Arbeiten etc. gesagt wird:

§ 24. 1. Zur gehörigen Sicherung des Polygonnetzes (§§ 27 bis 42) sind im Anschlusse an die trigonometrischen Punkte erster bis vierter Ordnung noch weitere Punkte (Beipunkte) trigonometrisch zu bestimmen, dergestalt, dass durchweg Polygonzüge von gestreckter Form gebildet und stufenweise absteigend wiederholte Zugverzweigungen vermieden werden können (§§ 29 und 37). 2. Als Beipunkte (No. 1) sind vorzugsweise die Knotenpunkte der Polygonzüge, bezw. die Punkte grösster Ausbiegung des Polygons auszuwählen. 3. Unter ungünstigen Terrainverhältnissen, namentlich in Waldungen oder in sonst mit Holz stark bewachsenen Distrikten, in Ortslagen u. dergl. m. kann die Bestimmung trigonometrischer Beipunkte ausnahmsweise durch die Berechnung polygonometrischer Knotenpunkte (§ 38) ersetzt werden ... § 25. Die Anzahl der trigonometrischen Beipunkte richtet sich ebenso wie die Zahl der trigonometrischen Punkte erster bis vierter Ordnung im allgemeinen nach der Gestaltung des Polygonnetzes. Als Regel gilt, dass im ganzen ein trigonometrisch bestimmter Punkt durchschnittlich auf je 10 Polygonpunkte entfällt (§§ 7 u. 28). Der betreffende Theil des § 7 besagt: Als Regel gilt, dass alle vier Ordnungen (§ 6) zusammengenommen, jedoch ungerechnet die nach §§ 24 bis 26 ausserdem zu bestimmenden trigonometrischen Beipunkte — durchschnittlich ein trigonometrischer Punkt auf je 25 Polygonpunkte (§ 28) entfällt. Vergl. § 25. Und § 28 sagt in No. 2: Als Regel gilt, dass im Durchschnitt je ein Polygonpunkt entfällt:

Wenn die Parzellen durchschnittlich enthalten	mehr als 50 Ar	zwischen 50 und 5 Ar	weniger als 5 Ar, namentlich in Städten und geschlossenen Dörfern
d. h. wenn die Kartirung erfolgt im Maassstabe	1 : 2000	1 : 1000	1 : 500
	ha	ha	ha
I. in offenem und ebenem Terrain ohne besondere Hindernisse auf mindestens	7,5	3,0	1,0
II. unter mittleren Verhältnissen auf mindestens	5,0	2,0	0,75
III. in sehr kupirtem und auch sonst schwierigem Terrain, sowie beim Vorhandensein besonderer Hindernisse in bedeutendem Umfang auf mindestens	2,5	1,0	0,5

3. In umfangreichen Waldungen, Haiden, Sümpfen u. dergl. m., welche ausnahmsweise im Maassstabe 1 : 4000 kartirt werden, darf in der Regel in dem Falle unter No. 2 zu I. auf 15 ha, zu II. auf 10 ha und zu III. auf 5 ha nur je ein Polygonpunkt entfallen.

§ 171. **Messungsliniennetz.** Die trigonometrischen Punkte fünfter Ordnung, beziehungsweise die Polygonpunkte liegen nun bereits so enge aneinander, dass an sie die Messungslinien (Abscissenaxen) für die Stückvermessung nach der Normalmethode (I. 6) angeknüpft werden können. Solche Messungslinien sind die Seiten der Dreiecke fünfter Ordnung oder die Seiten der Züge und nöthigenfalls deren Verlängerungen. Aber es werden, um die Messungslinien in bequemer Lage zu erhalten, auch noch weitere Punkte auf den Dreiecksseiten fünfter Ordnung oder den Zugseiten als sogenannte Kleinpunkte*) vermessen, indem der Abstand von beiden Dreieckspunkten fünfter Ordnung oder Polygonpunkten unmittelbar gemessen wird. Zwischen zwei solche Kleinpunkte oder einen Kleinpunkt und einen trigonometrisch, bezw. polygonometrisch bestimmten Punkt fünfter Ordnung werden die Messungslinien gelegt. Von den Messungslinien ab sollen „mit Hülfe kurzer rechtwinkeliger Abstände oder durch unmittelbare Schnitte u. s. w. die aufzunehmenden Grenzen und sonstigen Gegenstände mit Genauigkeit aufgemessen werden können" (Nr. 2 des § 76 der VIII. preuss. Vermess.-Anweis.).

Nr. 3 dieses § 76 sagt: Das Netz der Messungslinien muss möglichst frei von gekünstelten Liniencombinationen sein, vielmehr von den Hauptlinien und bezw. den Linien des polygonometrischen Netzes und den in das Liniennetz fallenden trigonometrischen Punkten ausgehend, von Stufe zu Stufe bis zur untersten Linienordnung absteigend möglichst einfach und so gegliedert sein, dass nirgend Anhäufungen von unvermeidlichen Messungsfehlern entstehen können.

Nr. 4. So weit es, ohne den Hauptzweck der Messungslinien für die exakte Aufmessung der Grundstücksgrenzen zu beeinträchtigen, angeht, ist die Anzahl der Bindepunkte der Messungslinien zu beschränken, dergestalt, dass ein und derselbe Bindepunkt für möglichst viele Messungslinien benutzt wird. Die innerhalb des betreffenden Polygons belegenen trigonometrischen Punkte müssen möglichst als Endpunkte von Hauptmessungslinien verwendet, eventuell in sonst geeigneter Weise für die Sicherung des Netzes der Messungslinien nutzbar gemacht werden. (Vergl. § 80 Nr. 2.)

Nr. 5. Bei regelmässigen Feldlagen sind die Steinlinien zu Messungslinien zu wählen (§ 67 Nr. 8, § 79 Nr. 8).

§ 78. Nr. 1 . . . auch alle Kleinpunkte sind im Felde dauerhaft zu vermarken.

Nr. 2. Wenn in Messungslinien Strecken von 200 m und mehr Länge vorkommen, auf welchen sich kein Binde- oder Kreuzungspunkt befindet, so sind auf diesen Strecken in der Regel noch so viele Zwischenpunkte als Kleinpunkte zu bestimmen und zu vermarken, dass höchstens eine Entfernung von 200 m für zwei benachbarte Kleinpunkte übrig bleibt.

Die in § 79 u. s. w. folgenden Vorschriften über die Art der Vermarkung wird hier mit Hinweis auf Einleitung, 5 dieses Buchs erledigt und nur noch erwähnt, dass § 79 die Vermarkung vor der eigentlichen Stückvermessung verlangt, die nachträgliche Vermarkung für unstatthaft erklärt.

§ 172. **Lage der Coordinatenaxen.** Die Messungslinien bei der Stückvermessung, die Abscissenaxe bei vereinzelten Aufnahmen nach der Normalenmethode können beliebig gewählt werden; bei allen grösseren Mes-

*) VIII. preuss. Anweis. § 76, Nr. 7: „die mit trigon. oder polygon. Punkten nicht zusammenfallenden End- und Kreuzungspunkte der Messungslinien, sowie die auf langen Messungslinien noch besonders einzuschaltenden Messungspunkte (§ 78 Nr. 2) heissen Kleinpunkte.

sungen aber wird ein Meridian als X-axe und eine dazu rechtwinkelige Linie als Y-axe genommen, oder wenn man mit Polarcoordinaten rechnet, ein Meridian als Polaraxe gewählt. Die IX. preussische Anweisung bestimmt: § 2. 1. Die Lage der trigonometrischen und polygonometrischen Punkte, sowie der Punkte des Messungsliniennetzes (Kleinpunkte) wird durch rechtwinkelige Coordinaten bestimmt. 2. Die Coordinaten sind sphäroidische, welche aber innerhalb der aufgestellten allgemeinen Coordinatensysteme (Nr. 3) für die unmittelbaren Zwecke der Specialvermessungen als ebene Coordinaten zu behandeln sind. 3. Als Coordinatennullpunkte sind die durch die Bestimmungen des Centraldirektoriums der Vermessungen im preussischen Staate vom 29. Dezember 1879 festgestellten Punkte für die darin namhaft gemachten Landestheile zu verwenden (Coordinatensysteme). Abweichungen hiervon sind nur da zulässig, wo es noch an den nothwendigen trigonometrischen Grundlagen fehlt. In diesen Fällen wird der Coordinatennullpunkt durch das Finanzministerium bestimmt, welches zugleich das Nöthige über die Art der Ermittelung der Mittagslinie (Nr. 4) anordnet. (Vergl. § 5 zu c., § 11 Nr. 3). 4. Die Coordinaten werden auf die wirkliche Mittagslinie des Nullpunkts (Nr. 3) als Abscissenaxe dergestalt bezogen, dass die Abscissen nach Norden positiv, nach Süden negativ, die Ordinaten nach Osten positiv, nach Westen negativ zählen und die Quadranten sich in rechtläufiger Ordnung an einander reihen, also der I. Quadrant von Norden bis Osten, II. Quadrant von Osten bis Süden, III. Quadrant von Süden bis Westen, IV. Quadrant von Westen bis Norden gerechnet wird. § 3. 1. Die Zahlenwerthe aller rechtwinkeligen Coordinaten sind bis auf einzelne Centimeter zu berechnen. . . . § 4. 1. In einem und demselben Coordinatensysteme (§ 2 Nr. 3) dürfen für einen und denselben Punkt — gleichviel ob derselbe als trigonometrischer oder polygonometrischer Punkt, oder als Kleinpunkt bestimmt worden — niemals verschiedene Werthe der Coordinaten endgültig festgestellt werden. 2. Sind die Coordinaten für einen Punkt bei der Vermessung einer Gemarkung etc. bereits endgültig bestimmt und weiter verwendet, so sind dieselben bei der etwaigen Fortsetzung etc. der Vermessung in den angrenzenden Gemarkungen etc. unverändert beizubehalten. 3. An der Grenze zweier Coordinatensysteme sind die Coordinaten der gemeinschaftlichen trigonometrischen und polygonometrischen Punkte, sowie der Kleinpunkte aus dem Systeme, in welchem sie bestimmt worden (§§ 21, 37 bis 42, 50 bis 53), in das andere System durch Rechnung umzuformen. Die Umformung erfolgt im trigonometrischen Form. 24 nach den zugehörigen Regeln.

§ 173. **Azimut** einer Richtung nennt man den Winkel, den sie mit dem durch ihren Anfangspunkt gezogenen Meridian macht. So lange der Vermessungsbezirk klein genug ist, um seinen Horizont als eben anzunehmen, so lange sind die Meridianrichtungen in allen Punkten parallel (keine Meridianconvergenz § 325) und so lange kann man das Azimut auch als den Winkel mit der Abscissenrichtung definiren. Gewöhnlich, und in diesem Buche immer, wird unter Azimut einer Richtung verstanden: die Grösse der Drehung, welche dem nach Norden gerichteten Theile des Meridians im positiven Sinne zu geben ist, um ihn in die fragliche Richtung überzuführen. Demgemäss hat die Richtung nach Norden das Azimut 0^0, jene nach Osten das Azimut 90^0, nach Süden 180^0, nach Westen 270^0. Es wird aber auch das Azimut in anderer Weise, von Süd anfangend (im positiven Drehsinne, § 5) gezählt, z. B. in badischer Vermessung, und dann sind die Azimute um 180^0 kleiner (oder grösser, weil das hier gleichwerthig ist) als nach der ersten Bestimmung.

Das Azimut der Richtung vom Punkte P_1 nach dem Punkte P_2 kann durch $(P_1 P_2)$ dargestellt werden, besser durch α_{12}. In Preussen wird amtlich Azimut nicht gebraucht, sondern N e i g u n g gesetzt und durch ν (wohl auch durch n) bezeichnet und die nähere Bestimmung findet durch zwei Anhängsel statt. ν_a^b heisst die Neigung der Geraden vom Punkte a nach dem Punkte b, was also hier mit α_{ab} bezeichnet würde. Die preussische Bezeichnungsweise ist weniger gut, schon der Buchstabe ν ist als leicht verwechselbar nicht angenehm.

D a s A z i m u t z w e i e r g e r a d e e n t g e g e n g e s e t z t e r R i c h t u n g e n u n t e r s c h e i d e t s i c h u m 180^0 o d e r z w e i R e c h t e; in Zeichen: $\alpha_{21} = \alpha_{12} \pm 180^0$. Dieser Satz leuchtet unmittelbar ein, weil, um aus einer Richtung in die entgegengesetzte zu gelangen, man eine Umkehr oder eine Halbumdrehung (d. h. um 180^0) vornehmen muss und zwar einerlei ob rechtsherum $(+180^0)$ oder links herum (-180^0). In anderer Weise wird dies klar durch die Betrachtung, dass die Azimute α_{12} und α_{21} die Winkel sind, welche dieselbe Gerade mit zwei p a r a l l e l e n Richtungen, den meridianen macht, der eine Winkel und der um 180^0 verminderte andere, also Wechselwinkel an Parallelen, folglich gleich sind. Zugleich wird aber ersichtlich, dass der Satz nicht mehr gilt, sobald die Strecke von P_1 nach P_2 so gross ist, dass die Meridiane in P_1 und in P_2 (welche ja im Pole zusammenlaufen) n i c h t m e h r p a r a l l e l sind. Vergl. § 325.

§ 174. **Azimut- und Coordinatenberechnung.** In Wiederholung des § 6 Erwähnten:

$$\mathrm{Tg}\,\alpha_{12} = (y_2 - y_1) : (x_2 - x_1);$$
$$\text{dann}\quad \mathrm{Sin}\,\alpha_{12} = (y_2 - y_1) : s_{12};$$
$$\mathrm{Cos}\,\alpha_{12} = (x_2 - x_1) : s_{12}$$

wo s_{12} die Strecke von P_1 nach P_2 bedeutet. Wie α_{12} aus e i n e r goniometrischen Funktion eindeutig folgt, siehe § 5.

$$\text{Ferner}\quad y_2 - y_1 = s_{12}\,\mathrm{Sin}\,\alpha_{12} \quad \text{oder} \quad y_2 = y_1 + s_{12}\,\mathrm{Sin}\,\alpha_{12}$$
$$x_2 - x_1 = s_{12}\,\mathrm{Cos}\,\alpha_{12} \quad \text{,,} \quad x_2 = x_1 + s_{12}\,\mathrm{Cos}\,\alpha_{12}$$

und $s_{12} = \sqrt{(y_2 - y_1)^2 + (x_2 - x_1)^2} = (y_2 - y_1) : \mathrm{Sin}\,\alpha_{12} = (x_2 - x_1) : \mathrm{Cos}\,\alpha_{12}$.

Bei Berechnung des Azimuts sollte man eine Proberechnung n i e unterlassen. Sie ergibt sich aus folgendem:

$$\text{Tg}\,\alpha_{12} = \frac{y_2 - y_1}{x_2 - x_1} = \frac{\triangle y}{\triangle x};$$

$$\text{also:}\ \frac{\triangle x + \triangle y}{\triangle x - \triangle y} = \frac{1 + \text{Tg}\,\alpha}{1 - \text{Tg}\,\alpha} = \text{Tg}\,(45^0 + \alpha).$$

Man rechne also den zur Tangente

$$[(x_2 - x_1) + (y_2 - y_1)] : [(x_2 - x_1) - (y_2 - y_1)]$$

gehörenden Winkel und sehe, ob er genau um 45^0 grösser ist als das vorher berechnete Azimut. Zur Abkürzung wird künftig das vorstehende Verhältniss der Summe der Coordinatendifferenzen zu ihrem Unterschiede durch $\sigma_{21} : \delta_{21}$ bezeichnet.

Formular für Berechnung eines Azimuts und des Abstandes zweier Punkte.

$y_2 = 1934{,}21$		$x_2 = -\ 315{,}18$		
$y_1 = 1568{,}49$		$x_1 = +\ 718{,}24$		
$y_2 - y_1 = 365{,}72$		$x_2 - x_1 = -\ 1033{,}42$		$(\pm$ II. Quadr.)
$y_2 - y_1$	2.56 314	$\sigma_{21} = -\ 667{,}70$	2.56 314 n	$(\mp$ III. Quadr.)
Sin α_{12})		$\delta_{21} = -\ 1399{,}14$	3.01 427 n	
Cos α_{12}	$\bar{1}$.97 438 n	$\text{Tg}\,(45^0 + \alpha_{12})$	$\bar{1}$.54 887;	$45^0 + \alpha_{12} = 205^0\ 30'\ 41''$
$x_2 - x_1$	3.01 427 n			45
Tg α_{12}	$\bar{1}$.54 887 n	$\alpha_{12} = 160^0\ 30'\ 42''$		$\alpha_{12} = 160^0\ 30'\ 41''$
s_{12}	3.03 989	$s_{12} = 1096{,}20$ m		Probe auf 1″ genügend stimmend.

Die in vorstehendem Formular bereits ausgeführte Berechnung von s_{12} gibt zu folgender Bemerkung Anlass. Die Berechnung nach einer der Formeln $(y_2 - y) : \text{Sin}\,\alpha_{12}$ oder $(x_2 - x_1) : \text{Cos}\,\alpha_{12}$ schliesst sich sofort an jene von Tg α_{12} an und von den beiden möglichen Formeln ist jene zu wählen, bei deren Anwendung die zu den Logarithmen zu fügenden partes proportionales am kleinsten ausfallen, d. h. „Man nimmt stets die Funktion der rechtsseitigen Cos- oder Sin-Spalte, welche dann zum grösseren der zwei Werthe $y_2 - y_1$ und $x_2 - x_1$ gehört". (Jordan, Handb. d. Vermessungskunde I S. 281.)

Die p. p. bei Sin α_{12} betragen (fünfstellige Logarithmentafel) im Beispiele 10,8, für Cos α_{12} aber nur 1,2; Cos α_{12} steht aber rechts in der Spalte.

Die Berechnung von s_{12} nach der Formel $\sqrt{(y_2 - y_1)^2 + (x_2 - x_1)^2}$ ist viel umständlicher. Will man die Quadrate erst logarithmisch berechnen, so entspricht eine fünfstellige Logarithmentafel eigentlich nicht mehr, man nimmt eine (unbequeme) siebenstellige. Die Ausführung gibt dann $s_{12} = 1096{,}22$ m, also 2 cm Unterschied gegen obige Berechnung. Haben die Centimeter im besonderen Falle wirklich noch Bedeutung, so ist die fünfstellige Logarithmentafel nicht ausreichend, da selbst bei schärferer Interpolation der Unterschied nicht ganz schwindet.

In dem Formulare sind zwischen den Logarithmen von $y_2 - y_1$ und von $x_2—x_1$ zwei Zeilen freigelassen, man braucht nur eine entweder für Sin. oder für Cos. nach der angegebenen Regel.

Die Vorführung eines gerade nur mit den nöthigen Zeilen versehenen Rechnungsbeispiels mag nicht unnützlich sein.

Formular für Berechnung eines Azimuts und des Abstandes zweier Punkte.

$y_4 = -482{,}14$ m		$x_4 = +179{,}48$ m		
$y_3 = +\ 92{,}36$		$x_3 = -211{,}70$		
$y_4 - y_3 = -574{,}50$		$x_4 - x_3 = +391{,}18$ ($\mp$ IV. Quadr.)		
$y_4 - y_3$	2.75 929 n		$\sigma_{43} = -183{,}32$	2.26 321
Sin α_{34}	$\bar{1}$.91 728 n		$\delta_{43} = +965{,}68$	2.98 484
$x_4 - x_3$	2.59 238		Tg $(45^0 + \alpha_{34})$	$\bar{1}$.27 837 ($\mp$ IV. Qu.)
Tg α_{34}	0.16 691 n	$\alpha_{34} = 304^0\ 15^0\ 04''$	$45^0 + \alpha_{34} = 349^0\ 15^0\ 04''$.	
s_{34}	2.67 657	$s_{34} = 474{,}87$ m		

Die doppelte Berechnung von s_{12} nach $(y_2—y_1)$: Sin α_{12} und nach $(x_2—x_1)$: Cos α_{12} hat keinen ernsthaften Nutzen; ist das Azimut unrichtig berechnet, so stimmen die Werthe von s_{12} überein und sind doch nicht richtig, — die gute Probe ist die für Tg $(45^0 + \alpha_{12}) = \sigma_{21} : \delta_{21}$.

Sind die zwei Punkte P_1 und P_2 durch ihre Polarcoordinaten (§ 5) gegeben, nämlich s_{01}, α_{01} und s_{02}, α_{02}, wofür, da kein Missverständniss zu befürchten ist, kürzer geschrieben werden kann: s_1, α_1; s_2, α_2, so folgt:

$$s_{12} = \sqrt{s_1^2 + s_2^2 - 2\, s_1\, s_2 \operatorname{Cos} (\alpha_2 - \alpha_1)}\ ;$$
$$\operatorname{Tg} \alpha_{12} = (s_2 \operatorname{Sin} \alpha_2 - s_1 \operatorname{Sin} \alpha_1) : (s_2 \operatorname{Cos} \alpha_2 - s_1 \operatorname{Cos} \alpha_1).$$

IX. Polygonmessung und die Bussolen.

§ 175. **Polygonale Züge** bilden in der schon angegebenen Weise (§ 169) den Uebergang von der Grossmessung oder Triangulation zu der Klein- oder Stückvermessung*). Der polygonale Zug kann ein offener sein oder ein geschlossener, je nachdem von den Punkten P_1, $P_2 \ldots P_{n-1}$, P_n je zwei aufeinander folgende (in der Horizontalebene) durch eine Gerade verbunden sind und Punkt P_n (der Schlusspunkt) von Punkt P_1 (dem Anfangspunkt) verschieden ist oder mit ihm zusammenfällt, in welch' letzterem Falle die Bezeichnung P_1, $P_2 \ldots P_{n-1}$, P_1 die zweckmässigere. Die Art der Aufnahme offener und geschlossener Polygonzüge ist nicht verschieden, aber die der geschlossenen kann als selbständige Ver-

*) Es mag erinnert werden, dass die Polygone als so wenig ausgedehnt angenommen werden, dass es genügt, sie auf den ebenen (scheinbaren) Horizont zu projiciren.

messungsart, **Aufnahme aus dem Umfang**, angesehen und verwendet werden.

Es seien die Coordinaten y_1 x_1 des Anfangspunktes (P_1) bekannt, oder dieser Anfangspunkt (bei selbständiger Vieleckvermessung) als Coordinaten-Nullpunkt gewählt. Ferner sei das Azimut der ersten Polygonseite von P_1 nach P_2 also α_{12} bekannt. Ist im Anfangspunkt P_1 die Richtung des Meridians nicht genügend sicher gegeben, so kann α_{12} dort nicht unmittelbar gemessen werden, aber man kann vielleicht einen Punkt P_0 von P_1 aus anzielen, und es mag entweder das Azimut α_{10} oder α_{01} oder auch die Coordinaten des Punktes P_0 mögen bekannt sein, aus welchen man sofort α_{10} ableiten würde nach Tg $\alpha_{10} = (y_0 - y_1) : (x_0 - x_1)$. Und misst man den Winkel γ zwischen P_1 P_0 und P_1 P_2, so ergibt sich sofort $\alpha_{12} = \alpha_{10} + \gamma$.

In jedem Eckpunkte des Vielecks hat man den **Brechungswinkel** zu messen, d. h. zu bestimmen, um wieviel die vorhergehende (rückwärts zielende) Seite im positiven Sinne zu drehen ist, um sie in die Richtung der folgenden (vorwärts zielenden) Seite zu bringen. In P_4, also den Winkel P_3 P_4 $P_5 = \beta_4$, siehe Figur 182.

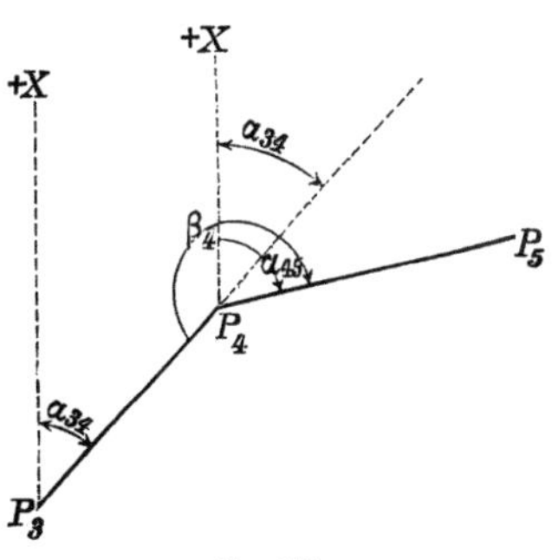

Fig. 182.

Denkt man die vorhergehende Seite verlängert, so ist, wie man durch Ziehen der Parallelen zur X-Axe (der Meridianrichtung) leicht erkennt, das Azimut jener Verlängerung gleich α_{34}. Dreht man um zwei Rechte (180°) (vor- oder rückwärts), so gelangt man in die rückwärtsgehende Richtung der vorhergehenden Seite, P_4 nach P_3 und braucht dann nur den Brechungswinkel zu addiren, um das Azimut der vorwärts gehenden Richtung der folgenden Vielecksseite P_4 nach P_5 zu erhalten. Also: $\alpha_{45} = \alpha_{34} \pm 180^0 + \beta_4$ und allgemein: das Azimut einer Seite ist gleich jenem der vorhergehenden, vermehrt um den Brechungswinkel und ausserdem noch um zwei Rechte.

Ausser allen Brechungswinkeln sind auch die Längen aller Vielecksseiten zu messen, sie seien durch s_{12}, s_{23}, s_{34} u. s. f. bezeichnet. Und nun lassen sich die Coordinaten der einzelnen Eckpunkte leicht berechnen:

$$y_2 = y_1 + s_{12} \operatorname{Sin} \alpha_{12}; \quad y_3 = y_2 + s_{23} \operatorname{Sin} \alpha_{23}; \quad y_4 = y_3 + s_{34} \operatorname{Sin} \alpha_{34}$$
$$x_2 = x_1 + s_{12} \operatorname{Cos} \alpha_{12}; \quad x_3 = x_2 + s_{23} \operatorname{Cos} \alpha_{23}; \quad x_4 = x_3 + s_{34} \operatorname{Cos} \alpha_{34}$$
u. s. f.

Die Längenmessungen sind lästig, oft aber unumgänglich. Genügt die mit dem **distanzmessenden Fernrohr** (XII, § 230) erzielbare Genauigkeit für die besonderen Zwecke der Vermessung, so wird man viel Zeit ersparen, wenn man statt mit Band oder Latten die Seitenlängen mit dem Distanzmesser bestimmt. Zuweilen können die Streckenlängen auch mittelbar auf Grund einer bekannten Länge und gemessener Winkel erschlossen werden, zum Wesen der Polygonmessung ist aber die unmittelbare Seitenlängenmessung gehörig.

Nachstehend ist die beispielsweise Berechnung eines polygonalen Zuges sogleich in einem empfehlenswerthen Formulare angegeben, dessen Einrichtung wohl als selbstverständlich angesehen werden darf, höchstens ist darauf zu deuten, dass in Spalte 6 und 7 in erster Zeile der Abtheilung log (s Sin α) und s Sin α und in dritter Zeile das auf die Cosinusprodukte oder $\triangle$x Bezügliche steht.

Jeder Rechnungsfehler pflanzt sich fort auf alle folgenden Rechenergebnisse, wesshalb eine besondere Aufmerksamkeit geboten ist. Man kann einige Prüfungen vornehmen, die zwar nicht die Richtigkeit der Rechnungen verbürgen, aber gewisse Fehler auffinden lassen, wenn diese gemacht worden sind. Man kann die Summe (aller oder einer Anzahl) aufeinander folgender Brechungswinkel bilden, um so viel mal 180⁰ vermindern als Addenden vorliegen und zum Anfangsazimut addiren, wodurch das berechnete Endazimut herauskommen muss. Im Beispiel ist

$$\beta_2 + \beta_3 + \ldots \beta_9 = 1506^0\ 27'\ 00'',$$

davon ab 8. 180^0 bleibt $66^0\ 27'\ 00''$, die zum Anfangsazimute $328^0\ 14'\ 40''$ gefügt, ergeben: $394^0\ 41'\ 40''$, d. i. das Endazimut $34^0\ 41'\ 40''$.

Man kann ferner die algebraische Summe aller Zuwachse von y (kurz $\triangle$y bezeichnet) zu dem ersten y addiren und muss so das letzte y erhalten. Die algebraische Summe der $\triangle$y ist — 68,93 (oder wenn man langsamer rechnet, die Summe der positiven $\triangle$y ist 410,66, die der negativen 479,59, gibt zusammen — 68,93), welche zu $y_1 = 7830{,}17$ hinzugefügt wirklich das berechnete $y_{10} = 7761{,}24$ liefern. Aehnlich ist die Prüfung für die Abscissen. $\Sigma(\triangle x) = +\ 489{,}04$, hierzu $x_1 = 894{,}30$ gibt $x_{10} = 1383{,}34$, wie neben. Wie die Proben für y_{10} und x_{10} angestellt wurden, lassen sich welche für die Coordinaten der andern Punkte machen.

Die Prüfungen lassen nur Irrthümer im algebraischen Zusammenzählen auffinden, während andere Rechenfehler unentdeckt bleiben. Um sich gegen diese zu schützen, wiederholt man die Rechnung in umgekehrter Ordnung, von y_{10}, x_{10} und dem Azimut*) $\alpha_{10\,9} = \alpha_{9\,10} \pm 180^0$ ausgehend; die abgeleiteten Coordinaten aller Punkte müssen übereinstimmen mit den in erster Rechnung gefundenen, die Brechungswinkel bei der Berechnung im rückwärtigen Sinne sind die Ergänzungen zu 360^0 jener, die bei der ersten (vorwärts) Berechnung dienten. Die beiden Rechnungen sind nachstehend vollständig mitgetheilt.

---

*) Bei mehrstelligen Doppel-Indices ist es nützlich, ein Comma zwischen zu stellen, also z. B. $\alpha_{23,24}$.

Formular für die Berechnung eines Polygonzuges.

1. Vorwärts.

Punkt	Brechungs-winkel	Azimut	Seite m	log Sin α log s log Cos α	log s Sin α log s Cos α	s Sin $\alpha = \triangle y$ s Cos $\alpha = \triangle x$	y m	x m	Punkt
		° ′ ″							
P_1		α_{12}=328 14 40		$\bar{1}$.72 123n	2.02 477n	−105,87	+7830,17	+544,16	P_1
			s_{12}=201,16	2.30 354					
				$\bar{1}$.92 955	2.23 309	+171,04			
	° ′ ″								
P_2	β_2=229 41 20	α_{23}= 17 56 00		$\bar{1}$.48 842	1.77 774	+ 59,94	+7724,30	715,20	P_2
			s_{23}=194,68	2.28 932					
				$\bar{1}$.97 837	2.26 769	+185,22			
P_3	β_3=248 17 30	α_{34}= 86 13 30		$\bar{1}$.99 905	1.98 286	+ 96,13	7748,24	900,42	P_3
			s_{34}= 96,34	1.98 381					
				$\bar{2}$.81 849	0.80 230	+ 6,34			
P_4	β_4=191 25 10	α_{45}= 97 38 40		$\bar{1}$.99 612	2.16 755	+147,08	7880,37	906,76	P_4
			s_{45}=148,40	2.17 143					
				$\bar{1}$.12 384n	1.29 527n	− 19,73			
P_5	β_5= 52 25 40	α_{56}=330 04 20		$\bar{1}$.69 802n	2.01 647n	−103,87	8027,45	887,03	P_5
			s_{56}=208,18	2.31 845					
				$\bar{1}$.93 784	2.25 629	+180,42			
P_6	β_6=112 50 00	α_{67}=262 54 20		$\bar{1}$.99 666n	2.04 504n	−110,93	7923,58	10 67,45	P_6
			s_{67}=111,78	2.04 838					
				$\bar{1}$.09 168n	2.14 006n	−138,06			
P_7	β_7=218 40 30	α_{78}=301 34 50		$\bar{1}$.93 039n	2.20 117n	−158,92	7812,65	929,39	P_7
			s_{78}=186,54	2.27 078					
				$\bar{1}$.71 908	1,98 986	+ 97,69			
P_8	β_8=238 25 10	α_{89}= 0 00 00		— ∞	— ∞	0	7653,73	1027,08	P_8
			s_{89}=200,96	2.30 311					
				0.00 000	2.30 311	+200,96			
P_9	β_9=214 41 40	$\alpha_{9\,10}$=34 41 40		$\bar{1}$.75 526	2.03 144	+107,51	7653,73	1228,04	P_9
			$s_{9\,10}$=188,88	2.27 618					
				$\bar{1}$.91 498	2.19 116	+155,30			
P_{10}							7761,24	1383,34	P_{10}

2. Rückwärts.

Punkt	Brechungs-winkel	Azimut	Seite m	log Sin α log s log Cos α	log s Sin α log s Cos α	s Sin α = △y s Cos α = △x	y m	x m	Punkt
		° ′ ″							
P_{10}		$\alpha_{10\,9}$=214 41 40		$\bar{1}$.75 526n	2.03 144n	−107,51	7761,24	+1383,34	P_{10}
			$s_{10\,9}$=188,88	2.27 618					
				$\bar{1}$.91 498n	2.19 116n	−155,30			
	° ′ ″								
P_9	β_9=145 18 20	α_{98}=180 00 00		— ∞	— ∞	0	7653,73	1228,04	P_9
			s_{98}=200,96	2.30 311					
				0.00 000n	2.30 311n	−200,96			
P_8	β_8=121 34 50	α_{87}=121 34 50		$\bar{1}$.93 039	2.20 117	+158,92	7653,73	1027,08	P_8
			s_{87}=186,54	2.27 078					
				$\bar{1}$.71 908n	1.98 986n	− 97,69			
P_7	β_7=141 19 30	α_{76}= 82 54 20		$\bar{1}$.99 666	2.04 504	+110,93	7812,65	929,39	P_7
			s_{76}=111,78	2.04 838					
				$\bar{1}$.09 168	2.14 006	+138,06			
P_6	β_6=247 10 00	α_{65}=150 04 20		$\bar{1}$.69 802	2.01 647	+103,86	7923,58	1067,45	P_6
			s_{65}=208,18	2.31 845		7			
				$\bar{1}$.93 785n	2.25 630n	−180,42			
				4	29				
P_5	β_5=307 34 20	α_{54}=277 38 40		$\bar{1}$.99 612n	2.16 755n	−147,08	8027,44	887,03	P_5
			s_{54}=148,40	2.17 143					
				$\bar{1}$.12 394	1.29 537	+ 19,74			
				8	2	3			
P_4	β_4=168 34 50	α_{43}=266 13 30		$\bar{1}$.99 905n	1.98 286n	− 96,13	7880,36	906,77	P_4
			s_{43}= 96,34	2.98 381					
				$\bar{2}$.81 849n	0.80 230n	− 6,34			
P_3	β_3=111 42 30	α_{32}=197 56 00		$\bar{1}$.48 842n	1.77 774n	− 59,94	7784,23	900,43	P_3
			s_{32}=194,68	2.28 932					
				$\bar{1}$.97 837n	2.26 769n	−185,22			
P_2	β_2=130 18 40	α_{21}=148 14 40		$\bar{1}$.72 123	2.02 477	+105,84	7724,29	715,21	P_2
			s_{21}=201,16	2.30 354		7			
				$\bar{1}$.92 957n	2.23 311n	−171,04			
				5	09				
P_1							7830,13	544,17	P_1

Die Vergleichung zeigt in den Abscissen einen Unterschied von 0,01 m, der wohl verschiedener Interpolation der Logarithmentafel zugeschrieben werden kann, hingegen in der Ordinate des Punktes P_1 einen Unterschied von 0,04 m, der einen Rechenfehler andeutet. Vergleicht man in 1. und 2. die einzelnen $\triangle y$ und $\triangle x$, so bemerkt man Abweichungen, ebenso wenn man sämmtliche Logarithmen vergleicht. Durch kleine Ziffern sind in der Rückwärtsrechnung die in der Vorwärtsrechnung gefundenen angedeutet. Man erkennt durch wiederholtes Aufschlagen der Logarithmen, dass die gröberen Fehler gemacht sind in Log Cos $\alpha_{54} = \bar{1}.12384$ statt $\bar{1}.12394$ (also in Rechnung 1 unrichtig) und $\triangle y_{21}$ einmal 105,84, das andere mal 105,87 (das richtige in Rechnung 1). Diese Fehler und auch noch die andern, etwa lässigen, wird man verbessern und damit Uebereinstimmung erzielen. Das geschieht hier nicht, weil ja für das Beispiel diese Fehler gerade belehrend sind. Aber die Lehre ist zu ziehen: man darf, wenn die zweite Rechnung wirklichen Prüfungswerth haben soll, nicht die Logarithmen aus der ersten Berechnung abschreiben, sondern muss sie frisch aufschlagen, denn nur dann können Irrthümer aufgedeckt werden.

Zur Erleichterung der Berechnung polygonaler Züge gibt es Tabellenwerke für s Sin α und s Cos α, z. B. Defert: Tafeln zur Berechnung rechtwinkeliger Coordinaten im Auftrage des Herrn Finanzministers bearbeitet Berlin 1874. Dittmann: Coordinaten- und Tangententafeln nebst Anleitung u. s. w. Würzburg 1859. Stellbogen: Tab. d. rechtwinkl. Coordin. zur Bestimmung der einzelnen Polygonpunkte aus den gegebenen Polygonseiten von 0,01 bis zu 50 Metern mit den zugehörigen Brechungswinkeln. Berlin 1885. Clouth: Tafeln zur Berechnung geometrischer Coordinaten, — diese auf Dezimaltheilung bezüglich, welche in neuerer Zeit mehr in Anwendung kommt und, der einfacheren Ergänzungen auf 100 als auf 60, auf 200 als auf 180 wegen, wirklich manche Bequemlichkeit bietet. Man pflegt in Rechnungen genau genug auf $0{,}001^d$ abzurunden.

§ 176. **Fehler in polygonalen Zügen.** Ein irgendwo in Messung oder Rechnung begangener Fehler pflanzt sich auf alle folgenden Punkte des Zuges fort.

Seien 1) alle Winkelmessungen richtig und nur die Länge einer Seite falsch gemessen, dann werden alle nachfolgenden Polygonpunkte, also auch der letzte des Zuges parallel zur Richtung der fehlerhaft gemessenen Seite um einen, dem begangenen Fehler gleichen, Betrag verschoben. Ist das Polygon nun ein geschlossenes, oder schliesst es an einen Punkt an, dessen Coordinaten anderwärts schon sicher bekannt sind, so wird man den Schlussfehler oder die Abweichung der berechneten von der wirklichen Lage des letzten Punkts darauf zu prüfen haben, ob die Verschiebung parallel einer Vielecksseite stattgefunden hat und um wieviel. Findet man solche Parallelverschiebung, so erregt es Verdacht, dass jene Seite irrthümlich gemessen und man wird sie sofort nachmessen. Besonders häufig kommt ein Irrthum um eine ganze Bandlänge oder eine ganze Messlatte vor. Die Richtung des Anschlussfehlers, d. i. der Verbindungslinie des durch die

Berechnung gefundenen mit dem wirklichen Schlusspunkt, findet man leicht. Die Tangente ihres Azimuts ist $\delta y_n : \delta x_n$, wenn δy_n und δx_n die Ordinaten-, bezw. Abscissendifferenz zwischen dem durch die Aufnahme erhaltenen und dem wirklichen Schlusspunkt bedeuten. Ist, wie sehr häufig, der Polygonzug ein gestreckter, d. h. ein solcher, dessen Seiten geringe Richtungsverschiedenheiten haben, so gibt die Azimutberechnung allerdings nur wenig Anhalt zur Auffindung der fehlerhaft gemessenen Seite.

Seien 2) alle Seitenlängen richtig und auch alle Brechungswinkel, bis auf einen, z. B. jenem im Punkte P_4 richtig gemessen, so hat das für die Berechnung der Lage aller auf P_4 folgenden Punkte denselben Einfluss, wie wenn das richtige Polygonstück von P_4 an um P_4 als Drehpunkt geschwenkt worden wäre; der Schlusspunkt P_n muss von P_4 die richtige Entfernung behalten haben, d. h. das berechnete P_n muss mit dem wahren Schlusspunkt Π_n auf einem Kreisbogen liegen, dessen Centrum der Polygonpunkt ist, an welchem der Winkelfehler begangen wurde. Hat eine zeichnende Verwerthung der Messungen stattgefunden, so ist die Prüfung auf den Winkelfehler einfach. Man trägt das Vieleck auf Durchzeichenpapier und versucht, ob durch Drehung des betreffenden Polygontheiles um einen Eckpunkt der durch die Messung gefundene Punkt P_n auf den wirklichen Schlusspunkt Π_n gebracht werden kann; die Grösse der erforderlichen Drehung ist gleich dem einzigen Winkelfehler.

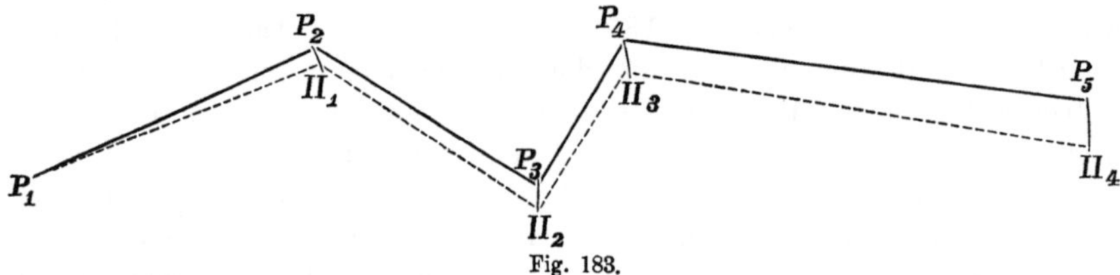

Fig. 183.

Rechnerisch findet man einen Winkelfehler weniger einfach. Es sei der Brechungswinkel β_1 um δ unrichtig, alle andern aber richtig, wie auch alle Längen fehlerlos, so sind die

richtigen Azimute α_{13} α_{23} α_{34} α_{45} . . .
unrichtigen Azimute $\alpha_{12}+\delta$ $\alpha_{23}+\delta$ $\alpha_{34}+\delta$ $\alpha_{45}+\delta$ . .

und während die Coordinaten η_5, ξ_5 des richtigen Punkts Π_5 sich ohne den Fehler berechneten zu:

$$\eta_5 = y_1 + s_{12}\,\mathrm{Sin}\,\alpha_{12} + s_{23}\,\mathrm{Sin}\,\alpha_{23} + s_{34}\,\mathrm{Sin}\,\alpha_{34} + s_{45}\,\mathrm{Sin}\,\alpha_{45}$$
$$\xi_5 = x_1 + s_{12}\,\mathrm{Cos}\,\alpha_{12} + s_{23}\,\mathrm{Cos}\,\alpha_{23} + s_{34}\,\mathrm{Cos}\,\alpha_{34} + s_{45}\,\mathrm{Cos}\,\alpha_{45}$$

findet man, jenes Fehlers wegen, die unrichtigen:

$$y_5 = y_1 + s_{12}\,\mathrm{Sin}(\alpha_{12}+\delta) + s_{23}\,\mathrm{Sin}(\alpha_{23}+\delta) + s_{34}\,\mathrm{Sin}(\alpha_{34}+\delta) + s_{45}\,\mathrm{Sin}(\alpha_{45}+\delta)$$
$$x_5 = x_1 + s_{12}\,\mathrm{Cos}(\alpha_{12}+\delta) + s_{23}\,\mathrm{Cos}(\alpha_{23}+\delta) + s_{34}\,\mathrm{Cos}(\alpha_{34}+\delta) + s_{45}\,\mathrm{Cos}(\alpha_{45}+\delta)$$

Die Coordinatenunterschiede $\eta_5 - y_5$ und $\xi_5 - x_5$ lassen sich also wohl berechnen, wenn man δ kennt und die Stelle, an welcher der Fehler vorfiel, allein die Werthe sind in den allgemeinen Zeichen so wenig übersichtlich, dass eine rückwärtige Berechnung von δ und der Fehlerstelle daraus nicht ausführbar ist. Der Fehler in den Coordinaten der verschiedenen Eckpunkte ist der Grösse nach verschieden (z. B. für P_3 wären die zwei letzten Glieder der Reihen fortzulassen). Der Abstand zwischen je einem (falsch) berechneten und dem zugehörigen wahren Polygonpunkt ist proportional der diagonalen Länge von der Fehlerstelle bis zum betreffenden Polygonpunkt und ist die Sehne eines Bogens vom Winkelwerthe δ um die Fehlerstelle als Mittelpunkt, bei der Kleinheit, von δ, genügend genau, rechtwinkelig zu jener Diagonale. Daraus ergibt sich, dass für die verschiedenen Eckpunkte die Verschiebungen nicht nur in Grösse, sondern auch in Richtung verschieden sind, — die Coordinatendifferenzen gestalten sich, wie oben angeführt, nicht einfach. Die Figur 183 versinnlicht die Verschwenkung um Punkt P_1.

Ist mehr als ein Fehler in der Messung vorgefallen, so werden die besprochenen beiden Prüfungen nicht ausreichen, die Fehler erkennen zu lassen. Wenn jedoch ein Fehler, in einer Länge, oder in einem Winkel bedeutend überwiegt gegen die anderen Fehler, so werden die erwähnten Prüfungen immerhin durch annähernde Erfüllungen jener Bedingungen auf den groben Fehler aufmerksam machen. Durch Nachmessen der als verdächtig angezeigten Seite oder des Winkels wird man den groben Fehler beseitigen können. Im allgemeinen werden dann aber noch kleinere Fehler verbleiben, deren Beseitigung oder Verminderung anzustreben ist, worüber einige Bemerkungen im folgenden Paragraphen sich finden.

Ist der Anschluss- oder Abschlussfehler nicht so gering, dass er als unvermeidlich mit den gebrauchten Werkzeugen gelten kann, und kann er durch Auffindung einer gröberen Irrung in der angegebenen Weise nicht auf Grund einer theilweisen Nachmessung beseitigt oder bis zur zulässigen Grenze gemindert werden, so muss die Aufnahme neu gemacht werden, wobei im allgemeinen rathsam, und namentlich bei geschlossenen Polygonen gut ausführbar ist, an einer andern Stelle zu beginnen und in umgekehrter Ordnung vorzugehen.

Bei allen Polygonaufnahmen wird man die Längenmessungen mindestens doppelt und mit feineren Hülfsmitteln sorgfältig ausführen. Auf das Ergebniss der Winkelmessung mit dem Theodolit kann dessen excentrische Aufstellung von erheblichem Einfluss sein, namentlich wenn, wie häufig genug vorkommt, einzelne Seiten kurz und die Seitenlängen überhaupt sehr verschieden sind (§ 109). Ein sehr sorgfältiges Centriren des Theodolits ist also ganz besonders zu empfehlen.

Sehr lästig ist, dass ein einmal vorgefallener Irrthum im Azimut einer Seite bei der geschilderten Art der Messung und ihrer Verwerthung alle nachfolgenden Azimute unrichtig macht. Ermittelt man die Azimute nicht mit dem Theodolit mittelbar, sondern unmittelbar mit einer Bussole (§ 180), so ergibt sich die Richtung jeder einzelnen Seite unabhängig von jener der vorhergehenden Seiten: die schädliche Fortpflanzung der Winkelfehler findet also nicht mehr statt und insoferne ist die Bussole für die Polygonmessungen dem Theodolit vorzuziehen. Aber die mit den besten Bussolen erzielbare Genauigkeit bleibt im Einzelnen weit hinter jener zurück, die mit dem Theodolit erreicht werden kann. Daher ist eine sorgfältig mit dem Theodolit (selbst mit kleinerem) ausgeführte Polygonmessung immer noch besser als die beste Bussolenaufnahme; eine mässig gute Bussolenaufnahme aber hinwieder genauer als eine mässig gute Polygonmessung mit dem Theodolit, namentlich wenn die Centrirungen nicht ganz gut ausgeführt wurden.

Es werde zunächst angenommen, dass, wie bei Anwendung der Bussole vorkommen kann, nur ein Azimut, das der Seite $P_1 P_2$ um den Betrag δ unrichtig gemessen sei, alle anderen Azimute, wie auch alle Längen aber richtig bestimmt seien. Ist dann $P_1\, \Pi_2\, \Pi_3\, \Pi_4 \ldots$ die richtige Lage

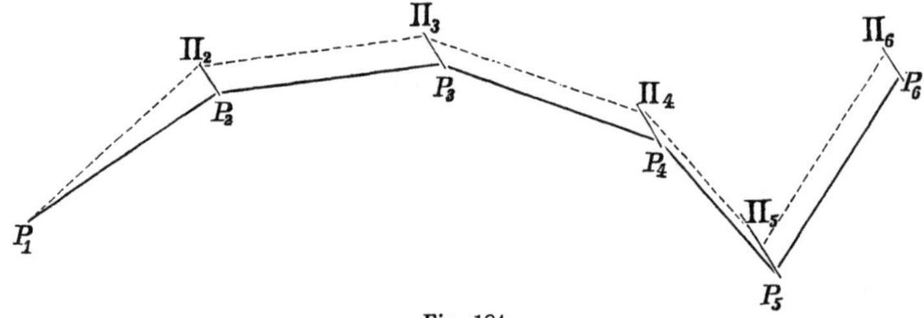

Fig. 184.

der Polygonpunkte, so sind diese durch den vorgefallenen Fehler in die Lagen P_2, P_3, $P_4 \ldots$ verschoben worden, so dass jede unrichtig gelegte Seite doch parallel ist mit der richtigen, alle Eckpunkte von P_1 an haben die gleich grosse und parallele Verschiebung,

$$P_2 \Pi_2 = P_3 \Pi_3 = P_4 \Pi_4 = \ldots$$

erfahren. Anbetracht der Kleinheit des Fehlers δ, welche gestattet, den Bogen δ statt der Sehne zu nehmen, sind diese Verschiebungen gleich $s_{12} \cdot \delta$ und (mit eben dieser Annäherung) rechtwinkelig zu $P_1 P_2$, alle im gleichen Sinne. Für alle Eckpunkte (von P_1 an) sind auch die Coordinatenfehler gleich, nämlich die der Ordinaten sind: s_{12} Sin δ und die der Abscissen sind: s_{12} Cos δ.

§ 177. **Fehlerausgleichung bei Polygonalmessungen.** Es soll entweder ein geschlossenes Polygon vorliegen (Aufnahme aus dem Umfange), oder man soll durch einen Polygonzug von einem Anfangspunkte P_1 mit bekannten Coordinaten, nach einem Endpunkte P_n mit ebenfalls bekannten Coordinaten gelangen.

Die Brechungswinkel des geschlossenen Polygons sind entweder die innern Polygonwinkel selbst (damit das eintritt, muss man das Vieleck in negativer Richtung durchlaufen), oder Ergänzungen derselben zu 360°. Man kann also jedenfalls aus den Brechungswinkeln die innern Polygonwinkel ableiten und prüfen, ob ihre Summe mit dem Sollbetrage (2 n—4) Rechte stimmt. — Ist am Anfange und am Ende des offenen Polygonzugs je ein Azimut sicher bekannt (mag es auch ein Hülfsazimut nach anderer Richtung sein), so lässt sich prüfen, ob das berechnete Endazimut mit dem wirklichen gleich ist. Ist jene Sollsumme oder dieses Endazimut nicht erreicht, so müssen die Winkel verbessert werden. Häufig vertheilt man den Ueberschuss oder Mangel gleichmässig auf alle Winkel, wogegen sich jedoch theoretische Bedenken erheben. Aber auch mit der besten Winkelausgleichung ist noch nicht geholfen. Die Seitenlängen müssen ja gewissen Bedingungen genügen und werden das anbetracht der Beobachtungsfehler nicht in aller Strenge thun. Es ist also auch eine Seitenausgleichung nöthig, oder kürzer, sogleich eine Berichtigung an jenen Coordinatenwerthen anzubringen, die mit den richtig ausgeglichenen Azimuten, aber nicht fehlerfreien Seitenlängen, berechnet sind. Nicht selten geschieht das ganz willkürlich nach dem sogenannten praktischen Gefühl, was aber natürlich zu vermeiden ist.

Die ganz strenge Ausgleichung müsste Winkel und Seiten gleichzeitig berichtigen, was zwar möglich, aber sehr mühsam ist. Es genügt bei dieser Art von Messungen, erst die Winkel, dann die Coordinaten auszugleichen.

Theoretisch richtig ist es, die Verbesserungen an den einzelnen Winkeln proportional zu setzen ihren mittleren Fehlerquadraten, welche selbst proportional sind der Summe der reciproken Schenkellängen. Man addirt alle diese Summen zusammen, bildet also

$$\left(\frac{1}{s_{21}}+\frac{1}{s_{23}}\right)+\left(\frac{1}{s_{32}}+\frac{1}{s_{34}}\right)+\left(\frac{1}{s_{43}}+\frac{1}{s_{45}}\right)+\ldots,$$

dividirt die Gesammtsumme in den ganzen zu vertheilenden Winkelüberschuss $\triangle\beta$ und erhält so einen Faktor, der mit k bezeichnet werden mag. Von jedem Winkel wird dann k mal die Summe seiner reciproken Schenkellängen abgezogen.

Es seien als absolut richtig bekannt das Azimut $\alpha_{12} = 216^0\ 01'\ 19''$ und das Endazimut $\alpha_{89} = 264^0\ 41'\ 58''$; mittelst der beobachteten, verbesserungsbedürftigen Brechungsmittel hat aber die Rechnung das Endazimut um 36″ zu gross, also 264⁰ 42′ 34″ geliefert. Es ist also

$$\triangle\beta = +\ 36''.$$

Bei Bildung der Reciprokwerthe der Winkelschenkel (z. B. durch Division in 1000) genügt eine grobe Annäherung, im Beispiele sind zwei der Schenkellängen s_{12} und s_{89} so gross, dass sie als unendlich angesehen werden dürfen. Man findet

direkte Schenkellängen	∞	220,05	228,24	118,07	236,42	154,74	147,51	∞
reciproke „	0	5	4	8	4	7	7	0
Summe je zweier	5	9	12	12	11	14	7	

Der Gesammtbetrag der Reciprokensumme ist 70, also

$$k = \triangle\beta : 70 = (+\ 36'') : 70 = +\ {}^1/_2{}'' \text{ (genügend genau).}$$

Die Verbesserungen (Abzüge) an den Brechungswinkeln sind

$$^1/_2\cdot 5 = 3'';\ ^1/_2\cdot 9 = 4'';\ ^1/_2\cdot 12 = 6'';\ ^1/_2\cdot 12 = 6'';$$
$$^1/_2\cdot 11 = 6'';\ ^1/_2\cdot 14 = 7'';\ ^1/_2\cdot 7 = 4''.$$

In der ausgeführten (nachstehenden) Rechnung sind die Verbesserungen unter die Beobachtungswerthe der Brechungswinkel geschrieben und mit den verbesserten Brechungswinkeln die Azimute berechnet. Diese sind nun schon ausgeglichen und geben richtig das Endazimut 264° 41′ 58″.

Die Verbesserungen an den einzelnen, berechneten Coordinatenunterschieden setzt man am besten proportional deren mittleren Fehlerquadraten, welche, wenn s die Seitenlänge, α das betreffende Azimut bedeuten, dargestellt werden durch

$$m^2_y = s\,(C^2 \operatorname{Sin}^2 \alpha + c^2 \operatorname{Cos}^2 \alpha) \quad \text{und} \quad m^2_x = s\,(C^2 \operatorname{Cos}^2 \alpha + c^2 \operatorname{Sin}^2 \alpha),$$

worin C und c Proportionalzahlen sind für die Azimutalfehler ($\delta\alpha$) und die Längenfehler (δs), nämlich so, dass:

$$\delta\alpha = C : \sqrt{s} \qquad \text{und} \qquad \delta s = c : \sqrt{s}.$$

Diese Constanten können nur durch Erfahrungen gewonnen werden; man hat c je nach Beschaffenheit des Bodens (und sonstiger Umstände) z. B. so angenommen, dass der mittlere Längenmessungsfehler für 150 m sich zu $\pm$ 0,048, bezw. $\pm$ 0,074 m berechnet und hat gefunden, dass für Polygonmessungen im allgemeinen vorherrschend $c^2 = 11\ C^2$ angenommen werden darf, hat dann Tabellen mit doppeltem Eingang für s = 60 m bis s = 500 m und für Richtungen von 5° zu 5° ausgerechnet, aus denen man dann Verhältnisszahlen für die mittleren Fehlerquadrate m^2_y und m^2_x entnehmen kann. Für das in Rede stehende Beispiel liefern jene Tabellen:

m^2_y	58	49	26	68	15	6;	Summe = 217
m^2_x	8	20	9	8	31	39	„ = 115

Mit den Fehlerquadratsummen dividirt man in die Unterschiede der Sollwerthe der Endcoordinaten und jener, die man mit den gemessenen Seiten und den bereits ausgeglichenen Azimuten berechnet hat, und gewinnt so Coefficienten k_y und k_x, mit denen man nur die entsprechenden Proportionalzahlen der mittleren Fehlerquadrate zu multipliziren hat (abgerundet), um die betreffenden Verbesserungen der Coordinatenzuwachse zu erhalten.

Im Beispiele berechnen sich die Schlusscoordinaten:

$$y_9 = 1458{,}61\ \text{m} \qquad \text{und} \qquad x_9 = 2674{,}22\ \text{m},$$

welche mit den Sollwerthen

$$1458{,}25\ \text{m} \qquad\qquad 2674{,}12\ \text{m}$$

Differenzen

$$-\,36\ \text{cm} \qquad\qquad -\,10\ \text{cm}$$

ergeben, die auszugleichen sind.

Die Coefficienten k_y und k_x berechnen sich also

$$k_y = -36 : 217 = -0{,}17\,(-{}^1/_6) \text{ und } k_x = -10 : 115 = -0{,}09\,(-{}^1/_{11})$$

und darnach werden die entsprechenden Verbesserungen in den Coordinatenzunahmen:

in $\triangle y$:	− 9	− 9	− 4	− 10	− 3	− 1;	Summe: − 36 cm
in $\triangle x$:	− 1	− 2	− 1	− 1	− 2	− 3;	„ : − 10 cm.

In dem folgenden ausgerechneten Beispiel sind diese Verbesserungen unter, bezw. über die zugehörigen Werthe geschrieben und die Coordinaten gleich mit den verbesserten Zunahmen, also ausgeglichen berechnet.

Das Formular zeigt einige Abweichungen von dem früher mitgetheilten, wodurch einige Spalten gespart werden. Das Beispiel ist entlehnt aus Franke: „Die Grundlehren der trigonometrischen Vermessung im rechtwinkligen Coordinatensystem“, Leipzig 1879, S. 305 und es sind nur solche Aenderungen daran getroffen, welche die Einpassung in dieses Buch erheischten. Die hier vorgetragene Art der Polygonausgleichung ist die von Franke empfohlene, welche die „Instruktion für neue Katastermessungen in Bayern“ II, § 14 anzuwenden vorschreibt. Die benutzte Tabelle für m^2_y und m^2_x mit $c^2 = 11\ C^2$ findet sich als VI in Franke, l. c. S. 462.

Die Ausgleichung ist ziemlich mühsam und es lohnt daher doch wohl zu vergleichen, welche Ergebnisse bei einfacherem Verfahren erzielt würden. Die gleichmässige Ausgleichung der Winkelüberschüsse gibt die Endcoordinaten um — 37 cm und — 9 cm (statt um — 36 cm und — 10 cm) fehlerhaft und die gleichmässige Vertheilung der Abweichungen auf sämmtliche Punkte gibt:

ausgeglichen nach Franke
2119,55; 1920,86; 1816,16; 1583,98; 1498,78
ausgeglichen gleichmässig
2119,56; 1920,90; 1816,18; 1584,05; 1498,82
} die y

ausgeglichen nach Franke
3157,47; 3044,97; 2990,30; 2945,20; 2815,99
ausgeglichen gleichmässig
3157,455; 3044,96; 2990,285; 2945,18; 2815,975
} die x

Gegen die gleichmässige Austheilung des Winkelüberschusses ist dann nichts mehr einzuwenden, wenn durch sorgfältiges Centriren des Theodolits der grösseren Unsicherheit bei ungleich langen Schenkeln vorgebeugt ist.

Ueberhaupt ist bei Polygonzügen allzu grosse Ungleichheit der Seiten zu vermeiden, namentlich soll keine unter ein gewisses Maass herabgehen.

Statt der gleichmässigen Austheilung der Coordinatenfehler bringt man, wenn die umständliche, oben gelehrte, nicht angewendet werden mag, besser an den einzelnen Coordinatenzuwachsen Δy und Δx, diesen Grössen selbst proportionale (annähernd) Verbesserungen an. Weicht der Zug nicht gar zu viel von einer Geraden ab, so wird diese Ausgleichung fast so genau wie die umständlichere. Im angeführten Beispiel werden die Ausgleichungen in den Abscissen nach dem einfacheren Verfahren ganz eben so gefunden wie nach dem umständlicheren, während die Aenderungen der Ordinaten um 1 cm grösser und einmal um 1 cm kleiner sich berechnen. Bei stark ablenkenden oder gar geschlossenen Polygonzügen ist das vereinfachte Ausgleichungsverfahren oft nicht empfehlenswerth, man nimmt dann entweder das mühsamere vor, oder wenn die auszugleichende Fehlersumme klein ist, vertheilt man sie nach dem „praktischen Gefühl“.

Berechnung eines Polygonzuges mit Ausgleichung.

Punkt	Brechungs-winkel	Azimut und Seite	Log s Sin α, Sin α, s, Cos α, s Cos α	△y = s Sin α △x = s Cos α	y	x	Punkt
P_1		α_{12} = 216°01′19″					P_1
P_2	β_2 = 220° 22′ 38″ − 3	α_{23} = 256 23 54 s_{23} = 220,05	2.33 016n $\bar{1}$.98 764n 2.34 252 $\bar{1}$.37 138n 1.71 390n	— 213,87 −9 −1 — 51,75	+2333,51	+3209,23	P_2
P_3	β_3 = 164 04 41 − 4	α_{34} = 240 28 31 s_{34} = 228,24	2.29 799n $\bar{1}$.93 959n 2.35 840 $\bar{1}$.69 267n 2.05 107n	—198,60 −9 −2 —112,48	2119,55	3157,47	P_3
P_4	β_4 = 181 57 01 − 6	α_{45} = 242 25 26 s_{45} = 118,07	2.01 977n $\bar{1}$.94 763n 2.07 214 $\bar{1}$.66 551n 1.73 765n	—104,66 −4 −1 — 54,66	+1920,86	3044,97	P_4
P_5	β_5 = 195 34 59 − 6	α_{56} = 259 00 19 s_{56} = 236,42	2.36 564n $\bar{1}$.99 196n 2.37 368 $\bar{1}$.28 039n 1.65 407n	—232,08 −10 −1 — 45,09	1816,16	2990,30	P_5
P_6	β_6 = 134 23 24 − 6	α_{67} = 213 23 37 s_{67} = 154,74	1.93 027n $\bar{1}$.74 067n 2.18 960 $\bar{1}$.92 164n 2.11 124n	— 85,17 −3 −2 —129,19	1583,98	2945,20	P_6
P_7	β_7 = 162 33 01 − 7	α_{78} = 195 56 31 s_{78} = 147,51	1.60 762n $\bar{1}$.43 880n 2.16 882 $\bar{1}$.98 297n 2.15 179n	— 40,52 −1 −3 —141,84	1498,78	2815,99	P_7
P_8	β_8 = 248 45 31 − 4 (1128 41 15 — 36	α_{89} = 264°41′58″ (264 42 34) — 36		[△y] = —874,90 — 36 [△x] = —535,01 — 10	1458,25 (1458,61) — 36	2674,12 (2674,22) — 10	P_8

§ 178. **Polygonometrische Netze.** Selbständige polygonometrische Messungen, nämlich solche, bei denen die Vielecksaufnahme vereinzelt und als Selbstzweck auftritt, begegnen nicht häufig, und die Genauigkeitsansprüche sind mässige. Nur in diesem Falle werden geschlossene Polygone benutzt, — in allen andern Fällen sucht man im Gegentheile die Polygonzüge möglichst gerade gestreckt zu legen, wenn sie zur Verbindung von bereits durch andere Messungen festgelegten Punkte dienen sollen, — ihre eigenen Eckpunkte sind dann Punkte niederer Ordnung (fünfter). Auf dem Quadratkilometer werden dem trigonometrischen Netze etwa ein oder zwei oder drei Punkte bereits angehören und ihren Coordinaten nach bekannt sein. Diese verbindet man dann zunächst durch Hauptpolygonzüge, die möglichst gestreckt sind. Zwischen Punkte jener Hauptpolygonzüge kann man dann Nebenpolygonzüge einfügen, bei denen man mehr Rücksicht auf gute Lage der Seiten für die Einzelmessung (Stückvermessung) als auf die Gestalt nimmt; man legt sie so, dass geeignete Messungslinien erhalten werden. Ist die Genauigkeit ihrer Bestimmung auch etwas geringer, so hat das bei der ermässigten Genauigkeitsanforderung an die Stückvermessung nicht viel zu sagen.

Es ist sehr nützlich, die Nebenpolygonzüge und wohl auch Hauptpolygonzüge so zu führen, dass mehrere durch einen und denselben Punkt gehen: Knotenpunkt. Die Knotenpunkte werden trigonometrisch an Hauptpunkte angeschlossen und die Polygonzüge werden auf die Knoten ausgeglichen. Solche Ausgleichungen sind, namentlich wenn eine Vielzahl von Zügen kreuzt, immer sehr umständlich. Hier kann darauf nicht eingegangen werden, es sei verwiesen auf Franke: „Die Coordinaten-Ausgleichung nach Näherungsmethoden in der Klein-Triangulirung und Polygonalmessung“, München 1884, und F. G. Gauss: „Die trigonometrischen und polygonometrischen Rechnungen in der Feldmesskunst“, Halle 1876.

§ 179. **Amtliches über Polygonisirung.** Trotzdem nachstehend nur ein Auszug aus Cap. II der „Instruktion für neue Katastermessungen in Bayern“ gegeben wird, sind Wiederholungen nicht zu vermeiden.

§ 9. „Die Vermessungsmethode ist folgende: die Punkte des Dreiecksnetzes werden mit Punkten der Gemeinde-, Flur- und Gewannen-Grenzen, sowie mit sonstigen günstig gelegenen Punkten zu schicklichen Figuren und Linienzügen verbunden, sämmtliche Umfangs-Winkel“ (hier Brechungswinkel) „und Seiten dieser Figuren und Züge gemessen und mittelst dieser Messungen die Abscisse und die Ordinate jedes Punktes, bezogen auf den Meridian des nördlichen Frauenthurmes in München und dessen Perpendikel“ (herkömmliche, aber recht schlechte Bezeichnung für Ost-Westlinie) „berechnet“.

„Auf das Netz, welches solchergestalt erlangt wird, gründet sich die Messung der übrigen Grenzpunkte der Gemarkung, der Fluren und der Gewannen, die Messung der Eigenthumsstücke, der Culturen und aller andern aufzunehmenden Gegenstände“. (Stückvermessung.) — § 10. „Die Haupt-Polygonzüge sollen in möglichst gerader Richtung von einem Dreieckspunkte zum andern führen. Für die Neben-Polygonzüge, die sich auf die schon bestimmten Polygonpunkte stützen, ist ein ähnliches Verfahren zu beobachten. Dabei soll zu gleicher Zeit den Bedürfnissen der nachfolgenden Stückvermessung thunlichst entsprochen werden, ... Ueber die Zahl der aufzusuchenden Polygonpunkte kann im allgemeinen nichts festgesetzt werden, doch soll sie in der Regel 20 Punkte in minimo und 50 Punkte in maximo per Quadrat-Kilometer nicht überschreiten" (die preussische Vorschrift siehe § 169). „Die Länge der Seiten soll, wenn nicht besondere Fälle dies anders bedingen, nicht unter 50 m" (in Baden 60 m) „betragen und grosse Unterschiede der Längen zwischen zwei unmittelbar aufeinander folgenden Strecken thunlichst vermieden werden. — § 11: „Die sämmtlichen Polygonpunkte sind vorerst mit Pflöcken von 50—60 cm Länge und 5—6 cm Stärke, die nur wenig über den Erdboden hervorragen dürfen, oder in sonst geeigneter Weise, zu bezeichnen. Diese Pflöcke erhalten Ausbohrungen von etwa 6 cm Tiefe und 2 cm Durchmesser, deren Mittelpunkt das Centrum der Station bezeichnet. — Die Versteinung der Polygonpunkte hat sich in der Regel auf $^1/_5$ bis $^1/_4$ sämmtlicher Punkte zu erstrecken" u. s. w. — § 12. Die Messung der Polygonwinkel hat durch einfache Richtungsbeobachtungen und zwar in beiden Lagen des Fernrohrs zu geschehen.

Eine bis zwei solcher Doppelbeobachtungen sind bei der Anwendung eines Theodolits von $^1/_2$ Minute direkter Nonienangabe als genügend zu betrachten. Bemerkt wird, dass die Schärfe der erhaltenen Resultate wesentlich von der sorgfältigen centrischen Aufstellung des Instruments abhängt; demnächst ist aber auch auf eine möglichst vertikale Stellung der Signalisirungs-Objekte zu sehen. . . . § 13. Die Längen der Strecken sind mit 5 m Messlatten doppelt zu messen und beide Resultate bei den betreffenden Stationen im Winkelmessungshefte in der Colonne „Bemerkungen" einzutragen. Dabei wird festgestellt, dass das Verhältniss der gefundenen Differenz zur Länge der Linie $\frac{1}{3000}$ bei günstiger, $\frac{2}{3000}$ bei ungünstiger Bodenbeschaffenheit nicht übersteigen darf. (Preussisch: IX. Anweisung. § 23. 1. Die Länge jeder Polygonseite (Strecke), bezw. jeder etwaigen besonderen Anschlussstrecke nach einem trigonometrischen Punkte ist zweimal und zwar möglichst jedesmal in einer anderen Richtung zu messen. 2. . . . . bis auf gerade Centimeter. . . . 3. Die Ergebnisse beider völlig unabhängig von einander auszuführenden Messungen sind in getrennten Heften oder Zeichnungen gleich im Felde mit Tinte niederzuschreiben, und ist dabei ersichtlich zu machen, in welcher Richtung die Messung jeder Strecke erfolgt ist. 4. Beide Messungen dürfen I. in ebenen oder wenig unebenen und auch sonst nicht ungünstigem Terrain höchstens um $a = 0{,}01 \sqrt{4s + 0{,}005\, s^2}$, II. in mittlerem Terrain höchstens um $a = 0{,}01 \sqrt{6\, s + 0{,}007\, s^2}$, III. in sehr unebenem oder sonst ungünstigem Terrain höchstens um $a = 0{,}01 \sqrt{8\, s + 0{,}01\, s^2}$ von einander abweichen . . . 5. Grössere Abweichungen sind durch örtliche Nachmessungen zu untersuchen und zu beseitigen . . . Die preussische Winkelmessvorschrift ist nicht wesentlich verschieden von der bayrischen).

§ 14. (Bayr.) „Die Berechnung der Coordinaten erfolgt entweder mit fünfstelligen Logarithmen oder mit Coordinatentafeln und zwar bis auf Centimeter. Die Erdkrümmung wird nur in seltenen Fällen und auch da nur für die Abscisse Berücksichtigung zu finden haben. Bei der Zusammenstellung nach Zügen dürfen die Winkel, inclusive des Direktionswinkel-Anschlusses, im allgemeinen nur um $\frac{2}{3}(1 + \sqrt{n})'$ von der richtigen Summe abweichen und nur bei untergeordneten Zügen ist eine Differenz von $(1 + \sqrt{n})'$ gestattet". (Preuss. IX. Anweisung. § 39. 3. Der Gesammtwinkelfehler des Zuges oder Zweiges darf den Betrag von $1,5 \sqrt{n}$ Minuten in der Regel nicht übersteigen, wobei n die Anzahl der Brechungswinkel, den Anschluss- und Abschlusswinkel mitgerechnet, bezeichnet). „Die Abweichung ist auf die einzelnen Winkel umgekehrt proportional den betreffenden Polygonstrecken zu ertheilen". (Preussische IX. Anweisung. § 39. 2. Die sich ergebende Abweichung ist, sofern nicht wegen besonderer Umstände ein anderes Verfahren zweckmässig erscheint, auf die einzelnen Winkel des Zuges oder Zweiges gleichmässig zu vertheilen.)

„Nach erfolgter Berechnung und Summirung des Coordinaten darf das Verhältniss $\frac{\sqrt{\delta x + {}^2 + \delta y^2} - 0,1}{l \sqrt{n}}$, den Betrag von $\frac{1}{2000}$ unter günstigen und $\frac{1}{1000}$ unter ungünstigen Verhältnissen nicht überschreiten". (Unter l ist wohl die Gesammtlänge des Zuges verstanden.) „Sollte das letztere dennoch geschehen, so ist die Messung zu wiederholen und wenn auch dadurch der Fehler nicht gehoben werden kann, ist dem Abtheilungs-Vorstande Anzeige zu machen, welcher darauf das Weitere verfügen wird. Die Coordinaten sind nach der Franke'schen Verbesserungsmethode für polygonale Züge zu verbessern". (Siehe § 176, das umständliche Verfahren.) Die preussische Bestimmung lautet: (IX. Anweis.) § 40. 2. Der lineare Schlussfehler, d. i. der Gesammtfehler der Coordinatenunterschiede (berechnet und vorausgegeben), $f_s = \sqrt{f_y f_y + f_x f_x}$ darf I. unter günstigen oder wenig ungünstigen Verhältnissen höchstens $0,01 \sqrt{4[s] + 0,005 [s]^2}$, II. unter mittleren Verhältnissen höchstens $0,01 \sqrt{6[s] + 0,0075 [s]^2}$, III. unter ungünstigen Verhältnissen höchstens $0,01 \sqrt{8[s] + 0,01 [s]^2}$ betragen, wo unter [s] die Summe der Streckenlängen des Zugs, unter f_y und f_x die Fehler der Ordinaten- bezw. Abscissenunterschiede zu verstehen sind. . . . § 41. Die nach § 40 Nr. 2 zulässigen Coordinatenfehler sind auf die einzelnen Coordinatenunterschiede sachgemäss zu vertheilen, so dass Fehleranhäufungen in den einzelnen Winkeln und Strecken thunlichst vermieden werden. Dabei gilt als Regel, dass durch die Fehlervertheilung 1. die aus dem verbesserten Brechungswinkel abgeleiteten Neigungen (hier im Buche Azimute genannt) der ersten und letzten Strecke des Polygonzuges, sowie die verbesserten Brechungswinkel innerhalb des Zuges nirgend um mehr als I. 2', II. 2,5', III. 3' geändert werden dürfen (I., II., III. oben); 2. die aus dem arithmetischen Mittel der beiden Streckenmessungen erhaltenen Streckenlängen für alle Strecken des Zuges annähernd gleich proportional ihrer Länge geändert werden u. s. w. —

§ 15. (Bayr.) Für den Fall, dass einzelne für die Polygonisirung oder die Stückvermessung wichtige Punkte nur mit Schwierigkeit oder doch nur in unzweckmässiger Weise den polygonalen Zügen einbezogen werden könnten, ist es gestattet, dieselben nachträglich durch einfache Dreiecksverbindung oder auf Pothenot'schem Wege (§ 192) zu bestimmen u. s. w.

In der Abtheilung B. § 66 der bayrischen Instruktion heisst es: Zu § 12. Für die Aufschreibung der Winkelmessungen dient das — nachfolgende — Formular, welches als Beispiel die Winkelaufschreibung für einen Kreuzungs-Polygonpunkt mit 4 Richtungen enthält. — Die Originalzahlen sind im Felde mit Blei, die Nonienmittel und alle übrigen Zahlenwerthe mit Tinte zu geben. — Der Name des Beobachters sowie der Tag der Beobachtung sind stets vorzutragen.

Gegenstand	Nonius I	Nonius II	Mittel	Reduzirte Winkel	Mittel des reduzirten Winkels	Direktions-Winkel	Bemerkungen
	° ′	′	° ′	° ′	° ′ ″		
Sch. 117	14 12,8	12,3	14 12,7	0 00,0	0 00 00		60,555
	194 12,6	13,1					
Sch. 120ª	91 16,7	16,7	91 16,8	77 04,1	77 04 06		111,430
	271 17,4	16,5					
Sch. 35ᵉ	169 52,5	52,4	169 52,5	155 39,8	155 39 48		117,340
	349 52,5	52,6					
Sch. 117ᵈ	266 52,1	51,5	266 52,0	252 39,3	252 39 18		71,945
	86 52,0	52,3					

Bemerkung. In der sechsten Spalte sind statt der in den vorhergehenden Spalten auftretenden Zehntel-Minuten Sekunden angeführt, trotzdem im Original vor der offenbaren Sekundenzahl ein , steht, also 77 04,06 geschrieben ist; die Zeichen ° ′ ″ fehlen und sind hier nur zugefügt. Unter Bemerkungen stehen die Streckenlängen, auf halbe Centimeter abgerundet.

§ 180. **Feldbussole.** Die vorzügliche Brauchbarkeit der Bussolen zu Polygonalmessungen (siehe § 175) rechtfertigt ihre Beschreibung in diesem Abschnitte.

Hauptbestandtheil jeder Bussole ist eine Magnetnadel. Man weiss, dass ein in seinem Schwerpunkt unterstützter Magnet sich durch den richtenden Einfluss des Erdmagnetismus mit einer bestimmten Richtung, seiner magnetischen Axe in eine bestimmte Vertikalebene, den magnetischen Meridian stellt und zugleich eine Neigung gegen den Horizont annimmt; auf der nördlichen Erdhälfte ist das Nordende des Magnets gegen den Boden gesenkt. Von dieser Neigung der magnetischen Axe gegen die Horizontale, von der Inklination, wird in der Vermessung kein Gebrauch gemacht, man wirkt ihr im Gegentheil durch die Schwere entgegen und verwendet nur horizontal schwebende Nadeln. Da die Stärke der Inklination örtlich und zeitlich ändert, muss man, um die wagrechte Stellung jederzeit erzwingen zu können, das Uebergewicht der Südhälfte der Nadel veränderlich einrichten; entweder wird ein umgelegter Platindraht verschoben oder durch etwas Wachs, das man am besten flüssig mit einem Pinsel anträgt, nachgeholfen. Bei physikalischen Apparaten wird die Magnetnadel an einem Coconfaden aufgehängt, wodurch sie die grösstmöglichste Leichtbeweglichkeit erhält. Für den Gebrauch im Felde ist aber diese, an und für sich beste, Aufhängung wenig geeignet (§ 252), bei geodätischen Instrumenten schwebt die Nadel, in welche ein Achathütchen oder dergleichen eingelassen ist, auf einer Spitze, am besten einer sorgfältig geschliffenen, geraden, nicht unnöthig hohen Stahlspitze, welche den Mittelpunkt eines getheilten Kreises, aus Kupfer (Messing) und meist versilbert, einnimmt. Je dichter über der Metallplatte die Nadel schwebt, desto schneller kommt sie vermöge der Dämpfung (siehe u. a. Bohn, Ergebnisse phys. Forschung §§ 890, 1080, 1134) nach einigen Schwingungen zur Ruhe. Je stärker magnetisch die Nadel (aus gut gehärtetem Stahl) ist, desto kürzer ist die Schwingungsdauer, was von erheblichem Vortheil ist und rascheres, wie sichereres Arbeiten gestattet.

Der magnetische Meridian fällt nicht mit dem astronomischen zusammen, sondern die magnetische Nordrichtung weicht von der eigentlichen (astronomischen) Nordrichtung zur Zeit in Europa 10^0 bis 12^0 nach Westen ab, was die Deklination der Magnetnadel genannt wird.

Bei den Feldbussolen ist ein Diopter oder ein Fernrohr fest mit dem getheilten Kreise verbunden und lässt sich mit diesem nach allen Richtungen des Horizonts drehen, dann noch allein gegen den Horizont kippen. Ist der Nullpunkt der Theilung auf dem zum Absehen parallelen Durchmesser und zwar am Objektivende dieses, so zeigt das Nordende der Nadel auf Null, wenn die Zielrichtung nach magnetisch Nord geht. Bei anderer Richtung des Absehens aber steht das Nordende der Nadel nicht mehr auf Null, sondern an einer anderen Stelle der Theilung und die Bogenentfernung des unter dem Nadelende (das als Index dient) stehenden Theilstriches vom Nullpunkte lässt sofort erkennen, welchen Winkel jeweils die vertikale Absehebene mit dem magnetischen Meridian des Ortes bildet; wagrechte Stellung des Theilkreises vorausgesetzt.

Da bei der Feldbussole (umgekehrt wie beim Theodolit) der Index feststeht und die Theilung dreht, muss bei der Feldbussole die Theilung uhrzeigerwidrig steigen, wenn die Drehung Nord über Ost nach Süd positiv angenommen wird, während beim Theodolit sie dann uhrzeigergemäss steigt.

Ist nicht mühsam zuvor der Nullpunkt der Theodolittheilung nach Nord gedreht worden oder steht er nicht zufällig in dieser Richtung, so wird ein Azimut nur durch Abziehen der dem jeweiligen Einstellen entsprechenden Ablesung von der beim Einstellen in den Meridian gefundenen, erhalten; die Bussole aber gibt unmittelbar durch eine Ablesung das Azimut der eingestellten Richtung an, freilich nicht das astronomische Azimut, sondern das magnetische Azimut, welches man auch das Streichen nennt und das von ersterem um den Betrag der örtlichen und zeitlichen Deklination oder Missweisung der Nadel abweicht.

Unter dem Streichen einer Richtung oder ihrem magnetischen Azimut soll hier durchweg die Grösse des Winkels verstanden sein, um welche man die nach magnetisch Nord gehende Richtung drehen muss, um sie in die fragliche überzuführen. Dieses Streichen wird östliches genannt, wenn man die Drehung im (positiven) Sinne von Nord über Ost nach Süd u. s. w. vorgenommen denkt, hingegen westliches Streichen, wenn die Drehung im umgekehrten Sinne vorgenommen wird. α^0 östliches Streichen ist also gleichbedeutend mit ($360^0 - \alpha^0$) westlichem Streichen. Es wäre wohl am besten, immer nur eine Art Streichen, z. B. östliches, entsprechend dem durchgängig als positiv genommenen Sinne der absoluten Azimute, zu messen; es kommen aber Bussolen vor, bei welchen die Ablesung sofort westliches Streichen gibt, während andere östliches Streichen liefern. Das Maass des Streichens ist im Bergbaue häufig noch nach Stunden von je 15^0.

Nicht selten genügt für Aufnahmen (vereinzelte Messungen) die Kenntniss des magnetischen Azimuts, man kann aber, wenn man die besondere Deklination des Instruments kennt, daraus leicht das astronomische Azimut ableiten. Für denselben Ort und dieselbe Zeit wäre die Deklination nur dann für alle Bussolen genau gleich, wenn Null der Theilung genau in dem Durchmesser (oder in einem parallelen) läge, nach welchem die Absehebene die Theilung schneidet und zwar am Objektivtheile, und wenn man genau die Stellung des nördlichen Endes der magnetischen Axe der Nadel (die nicht immer genau mit der Nadelmittellinie oder mit deren Nordspitze zusammenfällt) ablesen würde. Kennt man für einen Standpunkt genau die astronomische Nordrichtung, so richte man das Absehen der Feldbussole nach ihr, die Ablesung gibt dann die instrumentale Deklination. Findet man z. B. durch die Ablesung $12^1/_2{}^0$ östliches Streichen, so liegt der astronomische Meridian $12^1/_2{}^0$ östlich vom instrumentalen magnetischen oder die instrumentale Deklination ist $12^1/_2{}^0$ westlich. Statt der wahren Mitternachtslinie kann man zu dieser Ermittelung natürlich auch eine andere Richtung benutzen, wenn deren astronomisches Azimut genau bekannt ist. Es ist immer nützlich und meist unschwer ausführbar, die individuelle Deklination einer Bussole dergestalt zu bestimmen.

Die Prüfung, ob das Absehen genau parallel sei zum Durchmesser 180^0 nach 0^0 der Theilung, ist unsicher. Man spannt zu diesem Zwecke einen Faden über die zwei Punkte 180^0 und 0^0 (oder setzt kleine Diopter auf), zielt über den Faden nach einem recht fernen Punkt und sieht nach, ob das eigentliche Absehen (Diopter oder Fernrohr) der Bussole dann auf eben denselben fernen Punkt zielt. Die Anbringung des Fadens oder etc. kann nicht sehr genau ausfallen.

Es ergibt sich die Deklination einer und derselben Bussole (wie auch die wahre magnetische Deklination) an verschiedenen Orten verschieden und sogar am selben Orte zu verschiedenen Zeiten verschieden. Jedoch kann man innerhalb eines Gebietes von einigen Quadratkilometern und eines mässigen Zeitraumes (wenn nicht lokale Störungen durch Eisenlager oder dergl. vorhanden) die Deklination desselben Instrumentes unbedenklich für gleich annehmen, mit anderen Worten voraussetzen, die magnetische Axe der Nadel stelle sich innerhalb dieser räumlichen und zeitlichen Grenzen immer parallel. Es kommen allerdings im Laufe eines Tages regelmässige Aenderungen der Deklination vor, doch erheben sich die Abweichungen vom Mittelwerthe nicht über $\pm$ 6′, was kleiner als der mit Bussolen messbare Richtungsunterschied ist. Hat man auf den wahren Meridian zu beziehen, so muss am selben Orte von Zeit zu Zeit und ebenso an verschiedenen, von einander entfernten Orten jeweils eine neue Bestimmung der instrumentalen Deklination vorgenommen werden. — Ausser den regelmässigen täglichen (und säkularen) Aenderungen der Deklination kommen sogenannte magnetische Störungen vor (z. B. bei Auftreten von Polarlichtern), deren Betrag den der regelmässigen täglichen Schwankungen bedeutend übertreffen kann. Man bemerkt in diesen, verhältnissmässig nicht häufigen, Fällen eine auffallende Unstetigkeit der Nadel und setzt dann am besten die Messungen mit der Bussole aus, so lange das „magnetische Gewitter“ dauert.

Wie die Differenz der astronomischen Azimute zweier Richtungen ($\alpha_{02} - \alpha_{01}$) den Winkel $P_1 P_0 P_2$ liefert zwischen den zwei Richtungen, so findet man ihn aus dem Unterschiede des Streichens der zwei Richtungen, so dass die Bussole nicht nur geeignet ist magnetische (und mittelbar astronomische) Azimute zu bestimmen, sondern auch Horizontalwinkel zu messen.

Man kann jeden Theodolit zur Bussole machen durch Zugabe einer im Mittelpunkt einer Theilung auf Spitze schwebenden Magnetnadel. Der Theilkreis mit der Nadel und der bedeckenden Glasplatte bildet eine Büchse (daher Bussola), welche man in ähnlicher Weise wie eine Reiterlibelle auf die Kippaxe des Fernrohrs setzen oder an diese wie eine Hängelibelle hängen, oder endlich in anderer Art mit der Alhidade verbinden kann. (Vergl. Fig. 151.) Solche Zugabe zum Theodolit ist bei dem Tachymeter (siehe XIII.) gebräuchlich. Man muss nur darauf achten, Null der Theilung des Bussolenringes an das Objektivende des Fernrohrs zu bringen und die instrumentale Deklination in der angegebenen Weise bestimmen.

Man baut aber auch Bussolen als selbständige Instrumente, welche dann erheblich billiger im Preise zu sein pflegen als Theodolite. Ein Untertheil ist vorhanden, Dreifuss (§ 115), Zweifuss (§ 116) oder Nussvorrichtung (§ 118), oder bei dem Taschencompass-Apparat (Fig. 185) nur ein Kugelgelenk k, wo die Wagrechtstellung der Theilung nur aus freier Hand nach Angabe der Dosenlibelle erfolgt (der Kreis mit Senkel am Fernrohr dient zum Höhenwinkelmessen). Es handelt sich darum, die Axe, um welche der Theilkreis und die mit ihm fest verbundene Kippaxe des Absehers gedreht werden soll, senkrecht zu stellen, wobei der zu genannter Axe rechtwinkelige Theilkreis wagrecht wird. Als Anzeiger wird eine Dosenlibelle (§ 119) benutzt, die in Fig. 185 seitlich sitzt, die man sonst auf die Glasscheibe setzt, welche die Bussole deckt. Die Stellung der Glasscheibe ist rechtwinkelig zur Axe (oben mit der Libelle zu prüfen) berichtigt. Oder man benutzt auch eine Röhrenlibelle (§ 120), ganz in der Art wie beim Theodolit angegeben. Zuweilen ist die Röhrenlibelle auf dem Fernrohr angebracht (Figg. 189, 190), in der Absicht das Instrument auch zum Nivelliren benutzen zu können; es muss dann noch ein Höhenbogen auf der Kippaxe stecken und ein Index oder Nonius angebracht sein, bei dessen Zusammenfallen mit Null der Höhenbogentheilung, die Libellenaxe rechtwinkelig zum Vertikalzapfen stehen soll. Der Höhenbogen ist eine zwar nicht nothwendige, aber ganz angenehme Beigabe zur Bussole. Sei gleich erwähnt, dass die distanzmessende Einrichtung des Fernrohrs (§ 231) bei Bussolen recht zweckmässig angebracht wird; die Genauigkeit, mit der diese Entfernungen zu messen gestattet, ist jener, mit welcher durch die Bussole Azimute oder sonstige Horizontalwinkel ermittelt werden können, wohl angepasst.

Fig. 185.

Fig. 186.

Fig. 186 zeigt eine Bussole mit Nusseinrichtung und (nicht gezeichneter) Dosenlibelle, die auf die Glasscheibe gesetzt wird. Zum Zielen dient ein um eine Kippaxe drehbarer Doppeldiopter.

Figg. 187 und 188. Die Bussole liegt über dem Fernrohr und dadurch ist dessen grösstmögliche Neigung gegen den Horizont begrenzt. Dreifuss,

Bremse und Mikrometerwerk für die Drehung um den Vertikalzapfen, Dosenlibelle in Fig. 187 auf die Glasscheibe gestellt, in Fig. 188 seitlich fest. Auf dem umlegbaren Fernrohr in Fig. 187 ein einfacher

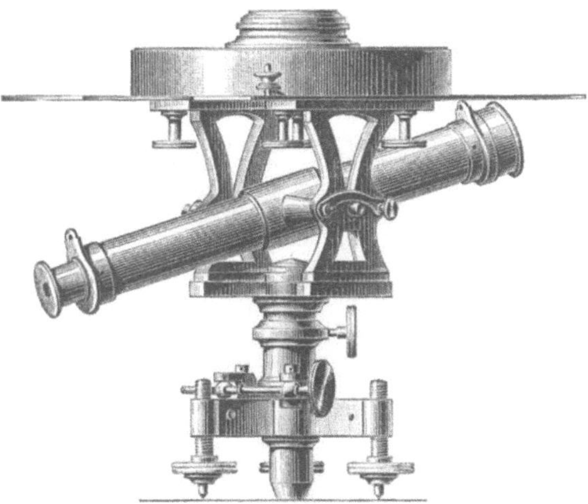

Fig. 187.

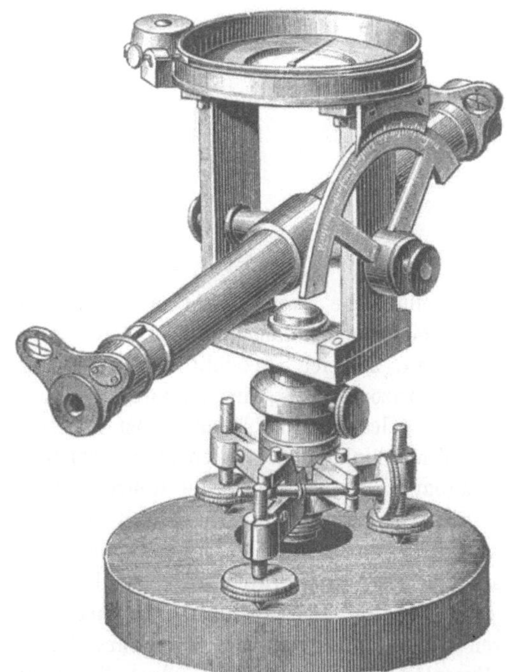

Fig. 188.

Diopter (zum vorläufigen Einstellen), in Fig. 188, sog. Tage-Instrument des Markscheiders, ein Diopter zum Hin- und Herzielen, dessen

20 *

beide Zielrichtungen parallel jener des Fernrohrs sein sollen. Die Bussole in Fig. 187 sitzt noch auf einer quadratischen Platte, welche abnehmbar ist (mit drei abwärts gerichteten Schrauben befestigt), um als Zulegezeug (§ 211) dienen zu können.

Fig. 189 excentrisches Fernrohr, Mikrometerbewegung für das Kippen, zugleich Grubentheodolit. a ist überall die Arretirung für die Magnetnadel.

Fig. 189.

Fig. 190 stellt eine neue, von Breithaupt ausgeführte Form vor, „Bussole zu Waldvermessungen, namentlich zu Aufnahmen in durchschnittenem Terrain“ genannt, zugleich Theodolit. Der Bussolenring ist in halbe Grade getheilt, der Horizontalkreis wird an zwei Nonien (nicht deutlich in der Figur) bis auf 1′ gelesen. Das Fernrohr ist mit seiner Axe in einen einzelnen, gegen Federung hinlänglich starken Trägerarm eingesteckt, centrisch, bequem durchschlagbar. Auf ihm sitzt eine Röhrenlibelle (zum Nivelliren), mit deren Hülfe die Vertikalaxe senkrecht gestellt werden kann, wenn man sich mit den Angaben der seitlichen Dosenlibelle nicht begnügen will. Der Höhenkreis sitzt fest am Fernrohrträger und nur eine den Nonius tragende Alhidade dreht mit dem Fernrohr; Bremse und Mikrometerwerk unter der grossen, den Okulartrieb des Fernrohrs darstellenden Schraube sichtbar. Der Bussolenring ist so gelegt, dass die Ablesung der Nadel-(Nord-)Spitze an ihm 0° liefert, wenn das Fernrohrabsehen genau nach magnetisch Nord gerichtet ist.

„Die Vereinigung der Bussole mit dem Horizontalkreis gewährt den

Vortheil, dass einmal mit Zuhülfenahme der Nonien die Magnetnadel genauer abgelesen werden kann, dann aber auch, dass die Horizontalwinkel unabhängig von der Bussole bis auf halbe Minuten gemessen werden können, was von Werth ist, wenn grössere Genauigkeit der Winkelmessung verlangt oder die Magnetnadel durch in der Nähe befindliches Eisen, Schienen etc., abgelenkt und unzuverlässig wird.

Da die Bussole aus dem Horizontalkreis leicht herauszuheben ist, so kann dieselbe durch Hinzufügung einer Zulegeplatte auch zum Auftragen der gemessenen Winkel benutzt werden".

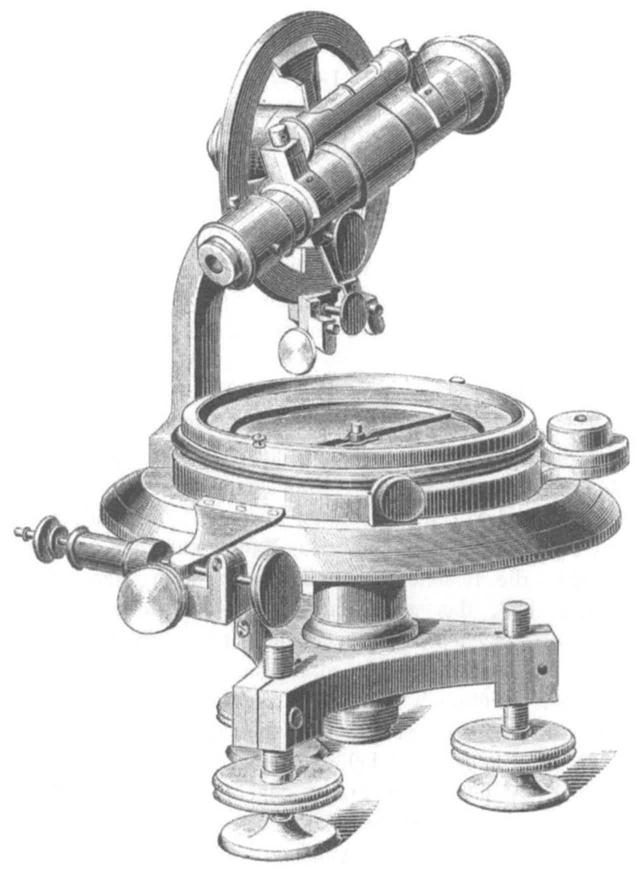

Fig. 190.

Fig. 191 zeigt wie die Bussole, ähnlich wie eine Reiterlibelle, auf die Kippaxe eines Theodolits gesetzt werden kann.

Die Theilung geht bei Bussolen vielfach nur auf ganze Grade, besser auf $^1/_2{}^0$ oder $^1/_2{}^d$, bei grösseren Instrumenten auf $^1/_3{}^0$ bis $^1/_4{}^0$, nur ganz selten bis auf $^1/_6{}^0$. Nonius (den man etwa auf die Nadel selbst anbringen könnte) ist keiner vorhanden, weil die Sicherheit, mit der die Nadel bei der gebräuchlichen Spitzenaufstellung sich in den magnetischen Meridian stellt, nicht gross genug ist. Desshalb scheint auch ohne praktischen Werth zu sein der Vorschlag (Dinglers Polytechn. Journal Bd. 240, S. 194) als Alhidade centrisch mit der Nadeldrehaxe ein Mikroskop mit Nonius, welches an der ausserhalb der Bussole befindlichen Theilung hergleitet, zu drehen, bis die Absehrichtung des Mikroskops einen feinen Strich auf der Nadel trifft. Ein an der Nadel befestigtes Glimmerblättchen bringt durch Vermehrung der Luftreibung die Nadel rascher zur Ruhe, mindert aber auch die Sicherheit des Einstellens derselben in den magnetischen Meridian.

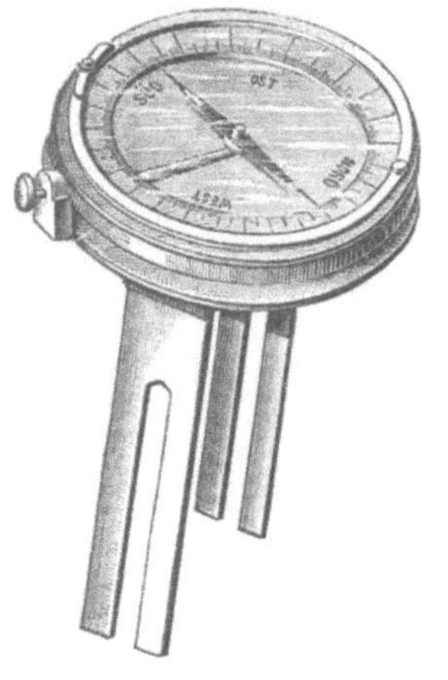

Fig. 191.

Die Nadel soll so dicht über oder an der Theilung schweben, als ohne Streifung und Reibung nur immer möglich, weil einmal dadurch die Parallaxe beim Ablesen leichter vermieden wird, dann auch Vortheil hinsichtlich der Dämpfung der Schwingungen erzielt wird. Gute Beobachter benutzen übrigens die Spiegelung an dem Theilkreise oder an der diesen überdeckenden Glasplatte zur sicheren Vermeidung der Parallaxe (§ 71 und 132). Man kann wohl noch Hälften, Drittel u. s. w. der direkt aufgetragenen Theile schätzen, wird aber bald erkennen, dass es nicht möglich ist, mit der Feldbussole die magnetischen Azimute genauer als auf $^1/_6{}^0$, allerhöchstens $^1/_8{}^0$ zu messen. Es liegt das, wenn man den vollkommenen Stillstand der Nadel vor dem Ablesen abwartet, namentlich an der nicht genügend verminderten Reibung der Nadel auf der stützenden Spitze. Man thut wohl, die Beobachtungen so einzurichten, dass einmal das Absehen von links her, das andere mal bei Wiederholung der Messung von rechts her in die Zielrichtung geschoben wird. Findet man derart ganz genau dieselbe Nadelstellung, so ist das Instrument in guter Ordnung, andernfalls wird gewöhnlich die Spitze abgenutzt, d. h. nicht mehr scharf genug oder gar verbogen sein. Um die Spitze zu schonen, wird die Nadel von ihr durch einen Hebel abgehoben, so lange man keine Messung macht, namentlich darf beim Tragen der Feldbussole das vorherige Abheben der Nadel von der Spitze, das Arretiren, nie versäumt werden. Der Gebrauch des Hebels zum Abheben und Wiederaufsetzen der Nadel von bezw. auf die Spitze soll vorsichtig sein, damit die Spitze nicht beschädigt wird. Wer recht geschickt ist, mag eine verdorbene Spitze selbst nachschleifen und gerade richten, — Werkzeug hierfür ist manchmal den Bussolen beigepackt — im allgemeinen wird man das Geschäft besser dem mit den erforderlichen Hülfsmitteln besser ausgerüsteten Mechaniker überlassen. Hingegen ist das Frischmagnetisiren der Nadel, welches bei gutem Stahl kaum je nothwendig wird, durch Streichen an einem kräftigen Magnet leicht von jedermann auszuführen. Ueber die verschiedenen Arten des Magnetisirens kann man nachsehen Bohn, Ergebnisse physikalischer Forschung, § 849.

§ 180a. **Prüfung der Bussole.** 1. Ob die Nadel frei beweglich und sich mit Sicherheit in den magnetischen Meridian stellt, prüft man dadurch, dass man nach vorhergegangener sorgfältiger Horizontirung sehr oft einen und denselben entfernten, gut sichtbaren Punkt anzielt (bald von rechts, bald von links kommend) und jedesmal abliest. Oder auch oft wiederholt einen bekannten Winkel misst.

Ein gutes und bequemes Mittel der Prüfung besteht darin, die Nadel vorübergehend durch angenähertes Eisen abzulenken und nachzusehen, ob sie, nach Entfernung der ablenkenden Ursache, jedesmal genau wieder in die erst abgelesene Stellung kehrt.

2. Ob die Indexlinie der Nadel genau einen Durchmesser des Theilkreises bildet, erkennt man daran, ob die Ablesungen am Nord- und am Südende genau um 180^0 verschieden sind. Steht die Nadel excentrisch, so wird durch Ablesung an einem Ende das Streichen unrichtig gefunden, auch die Differenz zweier Streichen oder ein gemessener Winkel wird fehlerhaft ausfallen. Liest man hingegen an beiden Nadelenden ab und nimmt das Mittel (eine der Ablesungen vorher um 180^0 vermindert), so erhält man das richtige Streichen, — ebenso wird bei Doppelablesungen an beiden Nadelenden der Fehler wegen Excentricität der Nadel eliminirt (siehe § 160).

3. Ob die Absehrichtung durch den Mittelpunkt der Theilung geht, wird geprüft wie im § 159 angegeben, der Fehler aus Excentricität des Absehens durch Beobachtung in zwei Fernrohrlagen eliminirt.

4. Ob die Ebene des Theilkreises genau rechtwinkelig zum Zapfen und die Kippaxe des Fernrohrs wagrecht, wird nach § 157 geprüft, nöthigenfalls berichtigt.

5. Collimationsfehler zu prüfen und zu berichtigen nach § 139 oder mit gleichzeitiger Prüfung der Horizontalität der Kippaxe nach § 139. S. 204

6. Theilungsfehler so erheblicher Grösse, dass sie auf Bussolenmessungen erkennbaren Einfluss übten, kommen nicht wohl vor.

7. Lokale Ablenkung der Magnetnadel muss sorgfältig vermieden werden. In der unmittelbaren Nähe von Eisenerzlagern sind Bussolenmessungen zu unterlassen. Beim Gebrauche der Bussole muss der Beobachter Schlüssel, Messer und sonstige eiserne Gegenstände fortlegen, namentlich oft werden durch eiserne Brillengestelle grobe Störungen veranlasst. Absteckstäbe mit Eisenschuhen, Stahlmessband u. s. w. sind nicht in der Nähe zu dulden. Am ganzen Apparate der Feldbussole wird grundsätzlich der Gebrauch von Eisen vermieden und nur Messing verwendet. Ausgenommen ist die nicht ablenkende (weil centrale) Stahlspitze, auf welcher die Nadel schwebt. Die messingnen Bestandtheile sind zuweilen durch Verunreinigung des Metalls eisenhaltig. Ob die Bussole eine

ablenkende Wirkung auf die Magnetnadel ausüben kann, prüft man am besten derart, dass man ihr die Nadel entnimmt und diese, oder eine andere über einer Theilung aufstellt und nun mit dem Bussolenapparat rings um die Nadel möglichst nahe fährt; — findet keine Ablenkung statt, so ist der Apparat gut. Die Stahlspitze muss dabei ausgehoben und entfernt sein.

8. Ob die Linealkante der Zulegeplatte (§ 211) parallel zur Absehe-richtung ist, könnte geprüft werden, das ist aber, wie sich zeigen wird, gleichgültig.

§ 180b. **Gebrauch der Bussole.** Es genügt eine auf einige Centimeter angenäherte Centrirung. Die Excentricität e macht das Streichen nach einem Punkte in Entfernung s_1 um $206265'' \cdot \frac{e}{s_1} \cdot \operatorname{Sin} \delta_1$ falsch, wenn δ_1 der Winkel zwischen Excentricitätslinie und Richtung ist, und fälscht einen Winkel um $206\,265'' \cdot e \left(\frac{\operatorname{Sin} \delta_1}{s_1} - \frac{\operatorname{Sin} \delta_2}{s_2}\right)$ (siehe § 109). Für $e = 0{,}1$ m und $s_1 = 100$ m wird höchstens (wenn $\operatorname{Sin} \delta = \pm 1$) der Fehler im Streichen 206″, was durch Bussolenmessung nicht mehr angegeben wird, und der Fehler im Winkel beträgt, in dem ungünstigen Falle $s_1 = s_2 = 50$ m (kurze Schenkel, wie sie kaum vorkommen), wenn $\operatorname{Sin} \delta_1 = + 1$, $\operatorname{Sin} \delta_1 = - 1$ (also abermals allerungünstigst, — der gemessene Winkel ist dann 180^0) allerdings $13^3/_4'$, aber so ungünstig liegen die Verhältnisse wohl auch nie. Nimmt man die Excentricität zu 0,075 m, $s_1 = s_2$ zu 100 m und $\operatorname{Sin} \delta_1 - \operatorname{Sin} \delta_2 = 1{,}5$ (immer noch sehr ungünstig), so wird der Winkelfehler nur 232″, d. h. kleiner als die mit der besten Bussole in Winkelmessungen verbleibende Unsicherheit.

Nach der annähernden Centrirung wird die Senkrechtstellung des Zapfens bewerkstelligt und dann erst die bis dahin arretirte Nadel freigemacht. Nun wird, erst über das Fernrohr wegzielend, die grobe Einstellung gemacht, das Okular richtig geschoben und die Feineinstellung (wenn möglich mit Mikrometerwerk), durchs Fernrohr blickend, vollzogen. Unterdessen ist die Nadel, nach einigen Schwingungen, zur Ruhe gekommen und die Ablesung an beiden Nadelenden (Handlupe gewöhnlich) erfolgt nun. Bei sorgfältiger Arbeit verstellt man das Absehen ein wenig, stellt, diesmal von der andern Seite kommend, das Anzielen wieder genau her und wiederholt die Ablesungen.

Für die zweite, dritte . . Richtung wiederholen sich freihändige Grobdrehung, Okularziehen (wenn nöthig), Feineinstellung und Ablesungen in derselben Reihenfolge; die Nadel wird inzwischen nicht wieder arretirt. — Kann das Fernrohr durchgeschlagen werden, so werden die Messungen nun auch in zweiter Fernrohrlage ausgeführt. Man kann Zeit ersparen, wenn man in erster Lage alle Einstellungen nur einmal, immer von links kommend, vollzieht und in zweiter Lage auch nur je einmal, aber von rechts aus, einstellt. Bei gutem Zustand der Bussole werden beim Mittelnehmen die Reibungshindernisse genügend einflusslos gemacht.

Folgende Beispiele zeigen zweckmässige Aufschreibungsart (N, S bedeutet Nord- und Südende der Nadel)

1) für Streichen:

Standpunkt Galgenberg P 92.

	1ste Fernrohrlage		2te Fernrohrlage	
	N	S	N	S
Ziel P 86	$208^0\,00'$	$28^0\,20'$	$28^0\,40'$	$208^0\,10'$

Streichen P 92 nach P 86 = $208^0\,17^1/_2{}^0$

[Bemerkung ob östlich oder westlich].

Anmerkung. Erste Lage ist jene, für welche Null der Theilung am Objektivende des Fernrohrs.

2) Für Winkel:

Standpunkt P 24.

	1ste Lage		2te Lage	
	N	S	N	S
Ziel P 30	348^0 10	$168^0\,15'$	$168^0\,30'$	$348^0\,00'$
Ziel P 19	29 30	209 45	209 10	29 40
	41 20	30	40	40

Winkel = $41^0\,32^1/_2{}'$.

Wegen erstem und zweitem Schenkel siehe § 148. Ebenda wegen Durchschreiten der Nulllage (hier des magnetischen Meridians).

§ 181. **Springstände.** Will man ein Vieleck aus dem Umfange mit der Bussole aufnehmen, so kann man sich begnügen, nur immer in der zweiten Ecke, z. B. nur in den geradzahligen, die Winkel zu messen. Aus den Winkelmessungen mit der Bussole in P_2, P_4, P_6 ergeben sich leicht auch die Winkel bei P_3 und P_5.

In P_2 sind gemessen die Azimute α_{21} und α_{23}, und aus letzterem folgt $\alpha_{32} = \alpha_{23} \pm 180^0$.

In P_4 sind gemessen α_{43} und α_{45}, woraus $\alpha_{34} = \alpha_{43} \pm 180^0$; $\alpha_{54} = \alpha_{45} \pm 180^0$ (siehe § 173. S. 284).

In P_6 sind gemessen α_{65} (und α_{67}), woraus $\alpha_{56} = \alpha_{65} \pm 180^0$.

Aber Winkel bei $P_3 = \alpha_{32} - \alpha_{34}$ und Winkel bei $P_5 = \alpha_{54} - \alpha_{56}$, also berechenbar.

Auch die Aufnahme eines offenen Polygonzugs kann mit der Bussole in Springständen vollführt werden, man muss nur vor- und rückwärts das Streichen messen oder peilen. Denn aus α_{21} folgt $\alpha_{12} = \alpha_{21} \pm 180^0$ und aus α_{23} folgt $\alpha_{32} = \alpha_{23} \pm 180^0$. — Ob man in Springständen arbeitet oder in allen Polygonpunkten Richtungsmessungen vornimmt (was man Stationiren nennt), immer sind alle Seiten zu messen. Bei Aufnahme eines geschlossenen Polygons in Springständen verliert man allerdings die Probe für die Winkelmessung, dass die Sollsumme (n — 2) Doppelrechte erreicht sein soll, denn man bekommt als Summe der in Springständen gemessenen Winkel immer ein ganzes Vielfaches von 180^0.

Das Arbeiten in Springständen ist, wie einleuchtet, sehr zeitersparend. Für Bussolenmessungen ist aber gerade die Zeitersparung kennzeichnend, sie gibt Entschädigung für die durchschnittlich mindere Genauigkeit, — wenn diese genügt.

§ 182. **Küstenaufnahme vom fahrenden Schiffe aus** lässt sich mit der Bussole bequem ausführen. Man „peilt" mit der Bussole gut kenntliche Küstenpunkte, d. h. man zielt sie an und bestimmt das Streichen vom jeweiligen Schiffsorte aus, ferner bestimmt man das Streichen der Richtung, in der das Schiff fährt, die natürlich als constant vorausgesetzt wird, ferner die Geschwindigkeit des Schiffs mittelst des Logs*). Später, nachdem ein bekannter Weg zurückgelegt ist, wird derselbe Punkt angepeilt. Der Unterschied des Streichens der Schiffsrichtung und der Zielrichtung nach dem Küstenpunkt gibt den Winkel dieser Richtung mit der Fahrtlinie (dem Curse). Man hat also in einem Dreiecke eine Seite (den Schiffsweg) und die zwei anliegenden Winkel, und kann also durch Vorwärtsabschneiden (§ 186) die Lage des angezielten Punktes ermitteln. Zunächst gegen den Ausgangspunkt der Fahrt; sind dessen Coordinaten bekannt und die Deklination der Bussole, so ist die Einfügung des Punktes in das allgemeine Coordinatensystem nicht mehr schwierig.

Auf dem schwankenden Schiffsboden ist die Feldbussole nicht anwendbar, man muss eine Handbussole benutzen.

§ 183. **Handbussole, Schmalkalders Patentbussole.** An der Magnetnadel, die auf einer im Mittelpunkte des Bodens einer kleinen Dose sitzenden Spitze schwebt (gegen die Inklination aequilibrirt) ist ein getheilter Ring oder auch eine volle getheilte Kreisscheibe, in letzterem Falle aus Pappe, befestigt, welcher an allen Bewegungen der Nadel theilnimmt. Am Südende der Nadel steht Null der Theilung. An der Aussenseite der Dose ist eine Dioptervorrichtung (I. 3. b) angebracht, deren Absehrichtung durch den Stift geht, auf dem die Nadel schwebt, die also ein Durchmesser des Theilkreises ist. Es ist für die Verpackung bequem, die Dioptertheile mittelst Angeln umklappen zu können Fig. 102. Die Dose wird in der Hand gehalten, die man nach oben tulpenförmig stellt, Ellenbogen am Leib, feste Körperstellung. Man zielt die betreffende Richtung an. Die Nadel stellt sich in die magnetische Meridianebene, Null der Theilung findet sich also in magnetisch Süd. Hätte man gerade nach magnetisch Nord gezielt, so fände sich der Nullpunkt unter dem aus

*) Das einfachste Log ist ein Brett, welches auf das nicht strömende Wasser geworfen wird. Eine Schnur läuft ohne merkliche Reibung (die ein Mitschleppen des Bretts veranlassen würde) von einem Rade ab und man misst die Länge (nach Knoten), um welche in gemessener Zeit die Schnur zwischen liegen bleibendem Brett und Schiff zu nimmt. Andere Logs werden durch gespannten Strick hinter dem Schiffe geschleift, ein Zählwerk bestimmt die Umdrehungsanzahl einer eingesetzten Wasserschraube oder die Menge des durchgeflossenen Wassers, woraus bei bekanntem Querschnitt die Weglänge folgt. Näheres in nautischen Werken.

einem Spalt bestehenden Okulartheile des Diopters. Hätte man gezielt nach einer Richtung, die um α^0 östlich vom magnetischen Meridian abweicht, so käme ein Theilstrich unter den Okulartheil, der um α^0 vom Nullpunkt entfernt. Will man durch die Ablesung sofort östliches Streichen erhalten, so muss die Theilung uhrzeigergemäss (Nord über Ost nach Süd) steigen.

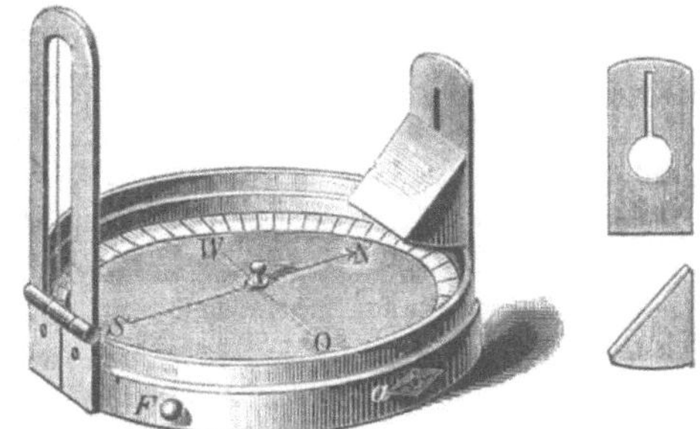

Fig. 192

Da hier, wie bei dem Theodolit, die Theilung feststeht (sich wegen der Verbindung mit dem Magnete immer mit 0° bis 180° in den magnetischen Meridian stellt), so hat die Theilung im selben Sinne zu laufen, in welchem die positiven Winkel von magnetisch Norden gerechnet werden (bei der Feldbussole ist es umgekehrt).

Um den Theilstrich, der sich jeweils unter dem Augentheil des Absehers befindet, bequem sehen zu können, ist der Okularspalt unten kreisförmig erweitert und die eine Kathetenfläche eines gleichschenkelig-rechtwinkeligen Glasprismas gegen die Erweiterung gelehnt, während die andere Kathetenfläche abwärts gegen die Theilung gekehrt ist. Die Hypothenusenfläche wirkt [mit totaler Reflexion (§ 50)] als Spiegel, und wenn man das Auge in passende Höhe hält, wird die obere Hälfte der Pupille Strahlen aufnehmen, die, vom angezielten Gegenstand und dem Objektivfaden kommend, durch den Okularspalt gegangen sind, während durch die untere Hälfte der Pupille die Strahlen eingelassen werden, welche von der Theilung aufwärts gegangen und an der Hypothenusenfläche des Prisma in wagrechte Richtung gespiegelt wurden. Ein bestimmter Theilstrich wird gewissermassen als Verlängerung des Okularspalts erscheinen; — dieser ist abzulesen. Die Kathetenflächen des Prisma sind nicht eben, sondern sphärisch-convex geschliffen; man erhält dadurch eine prismatische Lupe (Bohn, Ergebnisse physikal. Forschung § 598), welche die Theilung vergrössert erblicken lässt. Es muss die nächste Kathetenfläche in einer bestimmten, von der deutlichen Sehweite des Beobachters bedingten Entfernung von der Theilung stehen, daher ist das Reflexionsprisma mit dem dasselbe überragenden Okularspalt in einer Falze etwas verschiebbar und kann schliesslich festgeschraubt werden.

Die Handbussole muss ruhig gehalten werden und man hat die Schwingungen abzuwarten. Uebrigens kann man aus Beobachtung der Schwingungsendpunkte schon auf die Ruhelage schliessen: nahezu das arithmetische Mittel zwischen den äussersten sichtbar werdenden Theilstrichen; Abwarten der Ruhelage ist aber sicherer. Um diese Lage schneller herbeiführen zu können, ist am Rande der Dose ein kleiner Knopf F (Fig. 192) angebracht. Drückt man mit dem Mittelfinger (die Dose ist durch die vier anderen Finger genügend gestützt) auf diesen Knopf, so wird eine Feder vorgeschoben, welche an den Rand des mit dem Magnet schwingenden Theilkreises presst und dessen Bewegung hemmt. Wird der Finger wieder vom Knopfe entfernt, so geht die Feder zurück, die Hemmung hört auf, die Schwingungen beginnen wieder. Wird einigemal im Augenblicke der grössten Schwingungsgeschwindigkeit, die der Ruhelage entspricht, ganz kurze Zeit hindurch gehemmt, so werden die Schwingungsweiten sehr beträchtlich eingeengt und die Nadel mit dem Kreis kommt bald zur Ruhe.

Sicheres Stehen des Beobachters, möglichst wagrechte Haltung der Dosengrundflächen, festes Anzielen, etwas Geduld und Uebung, namentlich im geschickten Gebrauche der Hemmung, lassen leidlich gute Ergebnisse mit solchen Handbussolen, selbst auf schwankendem Schiff oder zu Pferd gewinnen. Diese Handbussole hat mit den Spiegelinstrumenten (I. 3, d) gemein, dass mit einer einzigen Einstellung eine Richtung bestimmt, nämlich ihr magnetisches Azimut gemessen werden kann. — Die mit der Handbussole erzielbare Genauigkeit bleibt zwar erheblich hinter jener, welche die Feldbussole gestattet, allein immerhin ist das kleine Instrument für manche Zwecke recht empfehlenswerth.

Sei noch bemerkt, dass während des Nichtgebrauches die Nadel mit dem Theilkreise durch ein Hebelwerk von der Spitze abgehoben und gegen den Glasdeckel der Dose gedrückt werden kann, zur Schonung der Spitze. — Da die Zahlen der Theilung nur durch Spiegelung wahrgenommen werden, schreibt man sie in Spiegelschrift.

§ 184. **Itineraraufnahme.** Wird ein Weg als offener Polygonzug aufgenommen, so nennt man das, namentlich wenn die Seitenlängen nicht mit dem Bande gemessen, sondern aus der Reisezeit (und der Geschwindigkeit der Bewegung) abgeleitet werden, eine Itineraraufnahme. Die Bussole, insbesondere die Handbussole, ist sehr geeignet für diesen Zweck. Bei jeder Richtungsänderung wird das Streichen nach vorwärts gemessen. Die Gehgeschwindigkeit des Menschen oder Reitthiers muss bekannt sein und möglichst gleichförmig gehalten werden. Es lässt sich mit geringer Mühe eine leidlich gute Bestimmung der Lage des Endpunkts und der Zwischenpunkte einer Reise gegen den Ausgangspunkt ausführen. Durch dichte Wälder, wenn man nur immer auf eine Messbandlänge (20 m) vorwärts sehen kann, lässt sich eine Wegaufnahme bewirken. Man legt das Band auf den Boden aus, der Hintermann stützt die Handbussole auf seinen Pfahl und zielt nach der Spitze des Pfahls des Vordermanns; alle Vielecksseiten sind dann gleich (jede 20 cm), alle Streichrichtungen werden aufgeschrieben. Häufig ist die Rückseite der Handbussole noch als Neigungsmesser (§ 270) eingerichtet, man bestimmt dann auch jedesmal die Neigung der einzelnen Wegstrecke gegen den Horizont.

Selbst ein gewöhnlicher Compass in Form einer Taschenuhr kann zu erträglichen Itineraraufnahmen dienen. Man zielt längs des durch den Griff bestimmten Durchmessers nach vorwärts und macht die Ablesungen der Nadel. Ferner zählt man die in gerader Richtung gemachten Schritte.

Die Berechnung der Coordinaten der Endpunkte eines Itinerars unterscheidet sich in nichts von jener für die Polygonzüge § 174.

Ueber graphische Verwerthung der Bussolenmessungen siehe § 211.

X. Triangulation (ebene).

§ 185. **Aufgaben des Triangulirens.** Krummlinige Figuren werden, wie bereits erwähnt, als Abänderung geradliniger aufgenommen. Jede geradlinige Figur kann aber in Dreiecke zerlegt werden, die man nur einzeln zu vermessen und dann in gehöriger Ordnung an einander zu reihen hat. Dieses Geschäft heisst man Trianguliren. Ein Punkt wird einfach triangulirt genannt, wenn er mit zwei bekannten Punkten zu einem Dreiecke verbunden ist, dessen Elemente gemessen sind.

Ein Dreieck ist bestimmt:

1. durch die Länge einer Seite und durch zwei Winkel, nämlich entweder
   a) die anliegenden Winkel oder
   b) einen anliegenden und den gegenüberliegenden Winkel;
2. durch die Längen zweier Seiten und durch einen Winkel, nämlich entweder
   a) den eingeschlossenen oder
   b) einen andern Winkel;
3. durch die Längen der drei Seiten.

In diesem Abschnitte wird nur die ebene Triangulation behandelt, also geodätische Dreiecke vorausgesetzt, die eine gewisse Grösse nicht überschreiten. Uebrigens ist die ebene Triangulation auch Grundlage für die sphärische und die sphäroidische.

§ 186. **Vorwärtsabschneiden,** auch **Rayonniren und Schneiden** genannt, zu § 185 1. a). Man misst die Seite $BC = a$ (oder erschliesst ihre Länge irgendwie), stellt sich mit einem Theodolit in den Endpunkten B und C auf und ermittelt die Winkel β und γ zwischen der Grundlinie oder Standlinie BC und den Richtungen nach dem zu bestimmenden Punkte A, der also unzugänglich sein könnte, nur von B und C aus sichtbar sein muss. Die Auflösung des Dreiecks (Anhang IV, 17), wird der Vollständigkeit halber hier aufgeführt:

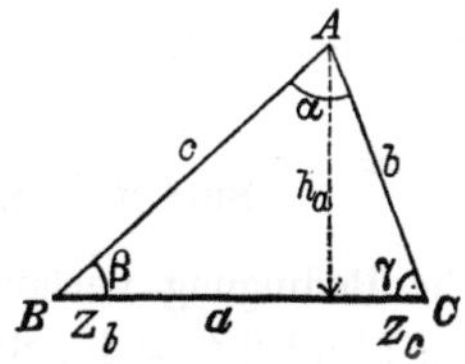

Fig. 193.

$$\alpha = 180^0 - (\beta + \gamma)$$
$$b = a \operatorname{Sin} \beta : \operatorname{Sin} (\beta + \gamma) = a \operatorname{Sin} \beta : \operatorname{Sin} \alpha ;$$
$$c = a \operatorname{Sin} \gamma : \operatorname{Sin} (\beta + \gamma) = a \operatorname{Sin} \gamma : \operatorname{Sin} a$$
$$f = \tfrac{1}{2} a^2 \operatorname{Sin} \beta \operatorname{Sin} \gamma : \operatorname{Sin} \alpha = \tfrac{1}{2} a\, h_a$$

Die Lage von A gegen die Grundlinie BC bestimmt sich durch:

$$h_a = a \operatorname{Sin} \beta \operatorname{Sin} \gamma : \operatorname{Sin} \alpha = c \operatorname{Sin} \beta = b \operatorname{Sin} \gamma$$
$$z_b = a \operatorname{Cos} \beta \operatorname{Sin} \gamma : \operatorname{Sin} \alpha = c \operatorname{Cos} \beta ;$$
$$z_c = a \operatorname{Sin} \beta \operatorname{Cos} \gamma : \operatorname{Sin} \alpha = b \operatorname{Cos} \gamma .$$

Ein positiver Werth von z_b ist in Richtung von B gegen C, ein negativer in der umgekehrten von C über B, also auf die Verlängerung von CB von B aus abzutragen. Aehnlich $\pm z_c$.

Die anzustellende Untersuchung nach dem Einflusse, den Fehler in den gemessenen Stücken auf die berechneten ausüben, kann, da die Messungsfehler als sehr klein angenommen werden dürfen, nach den Regeln der Differentialrechnung geführt werden.

Es sei a um da, β um $d\beta$ und γ um $d\gamma$ zu gross gemessen worden. Man findet dann durch Differentiation, mit gelegentlichen einfachen Formelumwandlungen, den Fehler im Winkel α zu $d\alpha = -(d\beta + d\gamma)$. Die verhältnissmässigen Fehler in den berechneten Seiten sind:

$$\frac{db}{b} = \frac{da}{a} + d\beta \cdot \operatorname{Cotg} \beta \qquad - d\alpha \cdot \operatorname{Cotg} \alpha$$
$$= \frac{da}{a} + d\beta \cdot \frac{\operatorname{Sin} \gamma}{\operatorname{Sin} \alpha \operatorname{Sin} \beta} + d\gamma \cdot \operatorname{Cotg} \alpha$$
$$\frac{dc}{c} = \frac{da}{a} + d\gamma \cdot \operatorname{Cotg} \gamma \qquad - d\alpha \cdot \operatorname{Cotg} \alpha$$
$$= \frac{da}{a} + d\gamma \cdot \frac{\operatorname{Sin} \beta}{\operatorname{Sin} \alpha \operatorname{Sin} \gamma} + d\beta \cdot \operatorname{Cotg} \alpha$$

Nimmt man an, die Winkel β und γ (also auch α) seien fehlerfrei, so findet man die verhältnissmässige Ungenauigkeit der berechneten Seiten gleich jener der Grundlinie.

Nimmt man nach Grösse und Vorzeichen $d\beta = d\gamma$ an, so berechnet sich:

$$\frac{db}{b} = \frac{da}{a} + d\beta\,(2 \operatorname{Cotg} \alpha + \operatorname{Cotg} \beta)$$

und

$$\frac{dc}{c} = \frac{da}{a} + d\beta\,(2 \operatorname{Cotg} \alpha + \operatorname{Cotg} \gamma),$$

welche gleichzeitig am kleinsten werden, wenn gleichzeitig

$$0 = -\frac{1}{\operatorname{Sin}^2 \beta} + \frac{2}{\operatorname{Sin}^2 \alpha} \qquad \text{und} \qquad 0 = -\frac{1}{\operatorname{Sin}^2 \gamma} + \frac{2}{\operatorname{Sin}^2 \alpha},$$

welche Bedingung verlangt, dass $\operatorname{Sin} \beta = \operatorname{Sin} \gamma$, folglich $\operatorname{Sin} \alpha = \operatorname{Sin} 2\beta$ und $2 : \operatorname{Sin}^2 2\beta = 1 : \operatorname{Sin}^2 \beta$, woraus folgt $\operatorname{Cos} \beta = \sqrt{\tfrac{1}{2}}$, also auch

$$\operatorname{Sin} \beta = \operatorname{Sin} \gamma = \sqrt{\tfrac{1}{2}}; \qquad \beta = \gamma = 45^0, \ \alpha = 90^0$$

Unter der gemachten Voraussetzung gleichsinnig gleichgrosser Fehler in beiden gemessenen Winkeln wird also ein gleichschenkelig rechtwinkeliges Dreieck die für die Genauigkeit des Vorwärtsabschneidens über die Hypothenuse günstigste Gestalt haben, mit anderen Worten der rechtwinkelige Schnitt wäre der vortheilhafteste.

Nun ist aber die Annahme, die Fehler in β und in γ seien von gleichem Vorzeichen, nicht die wahrscheinlichste und der mittlere Fehler (Anh. X) in α ist nicht $d\beta + d\gamma$, sondern gleich $\sqrt{(d\beta)^2 + (d\gamma)^2}$. Dieses beachtend, findet man, dass der für das Vorwärtsabschneiden günstigste Schnitt, insoferne es sich um die absoluten oder die verhältnissmässigen Seiten- und Flächenfehler handelt, wieder 90^0 im gleichschenkeligen Dreieck ist, dass aber hinsichtlich der Genauigkeit der Lagenbestimmung von A, der günstigste Schnitt nicht der rechtwinkelige ist, sondern jener unter einem Winkel, dessen Cosinus gleich $-\frac{1}{3}$, oder dessen Hälfte die Tangente $\sqrt{2}$ zum Werth hat. Der günstigste Schnitt für Vorwärtsabschneiden hinsichtlich der Lagenbestimmung erfolgt unter einem Winkel von $109^0\ 28'$.

Den verhältnissmässigen Fehler in der Höhenlinie findet man:

$$\frac{dh_a}{h_a} = \frac{da}{a} + \frac{\operatorname{Sin}^2\gamma \cdot d\beta + \operatorname{Sin}^2\beta \cdot d\gamma}{\operatorname{Sin}\alpha \operatorname{Sin}\beta \operatorname{Sin}\gamma};$$

er wird am kleinsten bei rechtwinkeligem Schnitt ($\operatorname{Sin}\alpha = 1$).

Ferner findet man

$$\frac{dz_b}{z_b} = \frac{da}{a} - \frac{\operatorname{Sin}\gamma\, d\beta - \operatorname{Sin}\beta\, d\gamma}{\operatorname{Sin}\alpha \operatorname{Sin}\gamma}; \qquad \frac{dz_c}{z_c} = \frac{da}{a} + \frac{\operatorname{Sin}\gamma\, d\beta - \operatorname{Sin}\beta\, d\gamma}{\operatorname{Sin}\alpha \operatorname{Sin}\beta}$$

Endlich berechnet sich der verhältnissmässige Fehler des Flächeninhaltes:

$$\frac{df}{f} = 2\frac{da}{a} + \frac{\operatorname{Sin}^2\gamma\, d\beta + \operatorname{Sin}^2\beta\, d\gamma}{\operatorname{Sin}\alpha \operatorname{Sin}\beta \operatorname{Sin}\gamma},$$

also hinsichtlich des Einflusses der Winkelfehler und Winkelgrössen ist es hier, wie für den Höhenfehler. Der verhältnissmässige Fehler der Grundlinienlänge macht sich aber im verhältnissmässigen Flächenfehler doppelt geltend, — wie übrigens leicht von vornherein einzusehen war.

Die Berechnung kann nach dem Formular S. 320 ausgeführt werden, das sich thunlichst der preussischen Vorschrift anschliesst (IX. preuss. Verm. Anweis. trig. Form. 13.).

Die Anführung der Formeln am Kopfe des Formulars ist zweckmässig.

Man schreibt (1. Spalte) die gegebenen Winkel β und γ an, findet durch Ergänzung ihrer Summe zu 180^0 sofort den Winkel α. Neben die Winkel schreibt man die Logarithmen ihrer Sinus (2. Spalte), dann in die 4. Spalte die gegebene Seite a, daneben (in 3. Spalte) ihren Logarithmus. Von diesem zieht man den nebenstehenden log Sin α ab und erhält log m, in Spalte 2, vierte Zeile. Er wird zu den Zahlen in den zwei darüber stehenden Zeilen addirt, die Summen, log b und log c daneben geschrieben;

er wird ferner zu der Summe der zwei darüber stehenden Zahlen addirt und das Ergebniss als log h_a neben log m geschrieben. Hinter die Logarithmen schreibt man (4. Spalte) die zugehörigen Zahlen.

Ferner: in Spalte 4 schreibt man $\frac{1}{2}$ a, links daneben dessen Logarithmus, addirt diesen zu dem darüber stehenden log h_a, schreibt die Summe als log f links daneben.

Die Berechnung von z_b und z_c ist klar; sie könnte noch kürzer geschrieben werden. Die Probe in letzter Zeile ist selbstverständlich.

Formular für die Dreiecksberechnung aus einer Seite und den zwei anliegenden Winkeln (Vorwärtsabschneiden).

$m = \frac{a}{\text{Sin}\,\alpha}$	$b = m\,\text{Sin}\,\beta$ $c = m\,\text{Sin}\,\gamma$	$h_a = m\,\text{Sin}\,\beta\,\text{Sin}\,\gamma$	$z_b = c\,\text{Cos}\,\beta$ $z_c = b\,\text{Cos}\,\gamma$	$f = \frac{1}{2}\,a\,h_a$
° ′ ″				
$\alpha =$ 77 59 17	Sin α	$\bar{1}$.99 039	2.38 435	a = 242,30
$\beta =$ 32 51 02	Sin β	$\bar{1}$.73 436	2.12 832	b = 134,38
$\gamma =$ 69 09 41	Sin γ	$\bar{1}$.97 062	2.36 458	c = 231,52
180 00 00	m	2.39 396	2.09 894	h_a = 125,59
15 284,83 qm =	f	4.18 426	2.08 332	$\frac{1}{2}$ a = 121,15
	c	2.36 458	2.12 832	b
	Cos β	$\bar{1}$.92 433	$\bar{1}$.55 113	Cos γ
194,50 = z_b		2.28 891	1.67 945	z_c = 47,80

Probe: $z_b + z_c = a = 242{,}30.$

Häufiger als die selbständige und vereinzelte Aufnahme und Berechnung eines Dreiecks durch Vorwärtsabschneiden ist das Verfahren anzuwenden zur Lösung der Aufgabe:

Aus den bekannten Coordinaten zweier Punkte abzuleiten die Coordinaten eines dritten Punktes, nach welchem man von den bekannten aus hinzielen kann. Die Winkel müssen gemessen werden.

Um die Formeln symmetrischer zu gestalten und besseren Anschluss an jene der Polygonalmessungen zu erhalten, soll die Bezeichnung geändert werden. Die bekannten Punkte seien P_1 und P_2, wobei man sich so einrichtet, dass der Strahl aus P_0 bei der Drehung von P_1 nach P_2 im positiven Drehsinne einen hohlen Winkel beschreibe. Die gegebenen Coordinaten sind y_1, x_1 und y_2, x_2; der zu bestimmende Punkt ist mit P_0 bezeichnet, w_1, w_2, w_0 sind die drei Dreieckswinkel; kann man den bei P_0 (nämlich w_0) auch messen, so ist das zur Controle (Ausgleichung) erwünscht, — die Basislänge $P_1\,P_2$ sei s_{12}.

Es ist $\quad \text{Tg}\,\alpha_{12} = (y_2 - y_1) : (x_2 - x_1); \quad \text{Tg}\,(45^0 + \alpha_{12}) = \frac{\sigma_{21}}{\delta_{21}}.$

Dann $s_{12} = (y_2 - y_1) : \text{Sin}\,\alpha_{12} = (x_2 - x_1) : \text{Cos}\,\alpha_{12}$
und $\alpha_{10} = \alpha_{12} + w_1$; $\alpha_{20} = \alpha_{21} - w_2$ .... (Hierüber § 173 und § 6.)
Man findet nun $s_{10} = s_{12}\,\text{Sin}\,w_2 : \text{Sin}\,w_0$ und $s_{20} = s_{12}\,\text{Sin}\,w_1 : \text{Sin}\,w_0$ (Sinussatz) und schliesslich (§ 173):

$$y_0 = y_1 + s_{10}\,\text{Sin}\,\alpha_{10} = y_2 + s_{20}\,\text{Sin}\,\alpha_{20}$$
$$x_0 = x_1 + s_{10}\,\text{Cos}\,\alpha_{10} = x_2 + s_{20}\,\text{Cos}\,\alpha_{20}.$$

Formular für die Coordinatenberechnung bei Vorwärtsabschneiden oder Einschneiden.

$\text{Tg}\alpha_{12} = (y_2 - y_1) : (x_2 - x_1)$ $\text{Tg}\,(45^0 + \alpha_{12}) = \sigma_{21} : \delta_{21}$ $s_{12} = (y_2 - y_1) : \text{Sin}\,\alpha_{12} = (x_2 - x_1) : \text{Cos}\,\alpha_{12}$	$\alpha_{10} = \alpha_{12} + w_1$ $\alpha_{20} = \alpha_{21} - w_2$	$s_{10} = s_{12}\,\text{Sin}\,w_2 : \text{Sin}\,w_0$ $s_{20} = s_{12}\,\text{Sin}\,w_1 : \text{Sin}\,w_0$	$y_0 = y_1 + s_{10}\,\text{Sin}\,\alpha_{10} = y_2 + s_{20}\,\text{Sin}\,\alpha_{20}$ $x_0 = x_1 + s_{10}\,\text{Cos}\,\alpha_{10} = x_2 + s_{20}\,\text{Cos}\,\alpha_{20}$

⊙ 12	P_0 : ⊙ 156.	⊙ 143

$y_1 = -$ 9 366,51		
$y_2 = -$ 9 043,20	$y_2 - y_1 = +$ 323,31	2.50 962
$x_1 = +$ 20 314,05	Cos α_{12}	$\bar{1}$.98 177
$x_2 = +$ 21 406,73	$x_2 - x_1 = +$ 1 092,68	3.03 849
180 00 00	Tg α_{12}	$\bar{1}$.47 113
$w_0 =$ 41 07 59	s_{12}	3.05 672
$w_1 =$ 67 45 13	Sin w_0	$\bar{1}$.81 810
$w_2 =$ 71 06 48	s_{12} : Sin w_0	3.23 862
	Sin w_2	$\bar{1}$.97 596
$\alpha_{10} =$ 84 14 12	Sin w_1	$\bar{1}$.96 641
$\alpha_{20} =$ 125 22 11		

$\sigma_{21} = +$ 1 415,99	3.15 106
$\delta_{21} = +$ 769,37	2.88 614
Tg $(45^0 + \alpha_{12})$	0.26 492

$45^0 + \alpha_{12} = 61^0\,28'\,59''$
$\alpha_{12} = 16^0\,28'\,59''$; $\alpha_{21} = 196^0\,28'\,59''$

△ y_1	3.21 238	△ y_2	3.11 642
Sin α_{10}	$\bar{1}$.99 780	Sin α_{20}	$\bar{1}$.91 139
s_{10}	3.21 458	s_{20}	3.20 503
Cos α_{10}	$\bar{1}$.00 182	Cos α_{20}	$\bar{1}$.76 256^n
△ x_1	2.21 640	△ x_2	2.96 759^n

$y_1 = -$ 9 366,51	$x_1 = -$ 20 314,05	$y_2 = -$ 9 043,20	$x_2 = +$ 21 406,73
△ $y_1 = +$ 1 630,73	△ $x_1 = +$ 164,59	△ $y_2 = +$ 1 307,42	△ $x = -$ 928,10
$y_0 = -$ 7 735,78	$x_0 = +$ 20 478,64	$y_0 = -$ 7 735,78	$y_0 = +$ 20 478,63

$y_1 = +$ 845,20		
$y_2 = +$ 598,17	$y_2 - y_1 = -$ 247,03	2.39 275^n
$x_1 = +$ 634,24	Sin α_{12}	$\bar{1}$.88 429^n
$x_2 = +$ 841,48	$x_2 - x_1 = +$ 207,24	2.31 647
$180^0\,00'\,09''$	Tg α_{12}	0.07 628^n
0	s_{12}	2.50 846
$w_0 =$ 42 41 02	Sin w_0	$\bar{1}$.83 120
0 59	s_{12} : Sin w_0	2.67 726
$w_1 =$ 62 45 22	Sin w_2	$\bar{1}$.94 893
19	Sin w_1	$\bar{1}$.98 404
$w_2 =$ 74 33 45		
42		
$\alpha_{10} =$ 12 44 57		
$\alpha_{20} =$ 55 25 56		

$\sigma_{21} = -$ 39,79	1.59 977^n
$\delta_{21} = +$ 454,27	2.65 732
Tg $(45^0 + \alpha_{12})$	$\bar{2}$.94 245^n

$45^0 + \alpha_{12} = 354^0\,59'\,38''$
$\alpha_{12} = 309^0\,59'\,38''$ $\alpha_{21} = 129\;59\;38$

△ y_1	2.00 507	△ y_2	2.54 184
Sin α_{10}	$\bar{1}$.34 377	Sin α_{20}	$\bar{1}$.91 565
s_{10}	2.66 130	s_{20}	2.62 619
Cos α_{10}	$\bar{1}$.98 196	Cos α_{20}	$\bar{1}$.75 385
△ x_1	2.65 046	△ x_2	2.38 004

$y_1 = +$ 845,20	$x_1 = +$ 634,24	$y_2 = +$ 598,17	$x_2 = +$ 841,48
△ $y_1 = +$ 101,17	△ $x_1 = +$ 447,16	△ $y_2 = +$ 348,21	△ $x_2 = +$ 239,91
$y_0 = +$ 946,37	$x_0 = +$ 1081,40	$y_0 = +$ 946,38	$x_0 = +$ 1081,39

Die nie zu unterlassende zweifache Berechnung sichert gegen Rechenfehler.

Das erste Beispiel, in welchem der dritte Winkel α nicht gemessen gedacht ist, wurde, dem Zahlenmateriale nach, entlehnt aus F. G. Gauss: „Die trigonometr. u. polygonometr. Rechnungen.“ S. 41.

Im zweiten Beispiel wird eine gleichmässige Winkelausgleichung vorgenommen, genauer wäre eine nach der Summe der reciproken Winkelschenkellängen (§ 176), wozu eine vorläufige, roh angenäherte Berechnung dieser ausreichen würde. — Im zweiten Beispiele ist der Formularkopf mit den Formeln nicht wiederholt.

Die ausgeglichenen Winkelwerthe sind unter die gemessenen geschrieben. Besondere Erklärung über den Aufbau des Formulars ist wohl nicht nöthig.

Die Ermittelung der Coordinaten eines Punktes aus denen zweier anderer Punkte mit Hülfe von Winkelmessungen — mindestens zweier, gewöhnlich aller drei des Dreiecks — ist die Grundaufgabe der Triangulation, welche in vorstehender Art auch dann berechnet wird, wenn etwa einer der Winkel an der Grundlinie nicht gemessen, sondern nur aus den beiden andern erschlossen worden ist.

Es kommt vor, dass man zwischen den Endpunkten der Grundlinie nicht sehen kann. Vermag man dann von jedem der gegebenen (End-) Punkte nach einem anderen Punkte P_3 zu sehen, dessen Coordinaten bekannt sind, und die Winkel zu messen zwischen den Richtungslinien nach diesem Hülfspunkte und dem eigentlich zu bestimmenden Punkte P_0, so lassen sich die nicht unmittelbar messbaren Dreieckswinkel w_1 und w_2 aus den berechneten Azimuten und den gemessenen Richtungsunterschieden unschwer ableiten.

Um zu erfahren, welche Fehler in den Coordinaten y_0 und x_0 aus den Fehlern dw_1, dw_2 und dw_0 der gemessenen Winkel entstehen, muss man die Ausdrücke

$$y_0 = y_1 + s_{10} \operatorname{Sin} \alpha_{10} \qquad \text{und} \qquad x_0 = x_1 + s_{10} \operatorname{Cos} \alpha_{10}$$

differentiiren, dabei beachtend, dass die Coordinaten der gegebenen Punkte, folglich auch das Azimut α_{12} unveränderlich (weil sicher) zu nehmen sind.

Da $\alpha_{10} = \alpha_{12} + w_1$, ist $d\alpha_{10} = dw_1$

$\alpha_{20} = \alpha_{21} - w_2$ *) ist $d\alpha_{20} = -dw_2$

und folglich

$$dy_0 = s_{10} \operatorname{Cos} \alpha_{10}\, dw_1 + \operatorname{Sin} \alpha_{10}\, ds_{10}$$

und

$$dx_0 = -s_{10} \operatorname{Sin} \alpha_{10}\, dw_2 + \operatorname{Cos} \alpha_{10}\, ds_{10}$$

oder nach einfacher Umformung:

---

*) Es ist hier angenommen, im Punkte P_2 sei für die Azimutberechnung die Ergänzung des Dreieckswinkels w_2 zu 4 Rechten zu nehmen; das könnte auch umgekehrt in P_1 der Fall sein, doch leidet die Allgemeinheit obiger Betrachtung darunter nicht.

$$dy_0 = x_0\, dw_1 + y_0 \frac{ds_{10}}{s_{10}} \qquad dx_0 = -\, y_0\, dw_1 + x_0 \frac{ds_{10}}{s_{10}}$$

Aehnlich findet man:

$$dy_0 = -\, x_0\, dw_2 + y_0 \frac{ds_{10}}{s_{20}} \qquad dx_0 = y_0\, dw_2 + x_0 \frac{ds_{20}}{s_{20}}$$

Die $\frac{ds}{s}$ sind die schon aufgestellten Werthe von $\frac{db}{b}$ und $\frac{dc}{c}$ nach der früheren Bezeichnung, nur ist in jenen Ausdrücken hier $da = o$ zu nehmen.

§ 187. **Rückwärtsabschneiden oder Seitwärtseinschneiden***).

Zu 1. b des § 185. Gemessen (oder sonst wie schon bekannt) ist eine Seite $BC = a$, gemessen werden ein anliegender Winkel β und der gegenüberliegende Winkel α. Man muss sich also in B und in A aufstellen und von jedem dieser Punkte nach den zwei anderen Dreieckspunkten zielen können.

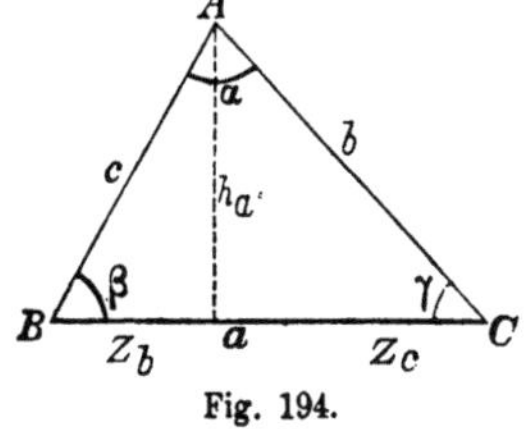

Fig. 194.

(Anhang IV, 17.) Der dritte Winkel γ ergibt sich als Ergänzung der Summe der gemessenen zu zwei Rechten, also

$$\gamma = [180^0 - (\alpha + \beta)].$$

Die sonstigen Grössen berechnet man nach:

$$b = a \operatorname{Sin}\beta : \operatorname{Sin}\alpha\,; \qquad c = a \operatorname{Sin}\gamma : \operatorname{Sin}\alpha\,,$$

$$f = \tfrac{1}{2} a^2 \operatorname{Sin}\beta \operatorname{Sin}\gamma : \operatorname{Sin}\alpha\,;$$

$$h_a = a \operatorname{Sin}\beta \operatorname{Sin}\gamma : \operatorname{Sin}\alpha = c \operatorname{Sin}\beta = b \operatorname{Sin}\gamma$$

$$z_b = a \operatorname{Cos}\beta \operatorname{Sin}\gamma : \operatorname{Sin}\alpha = c \operatorname{Cos}\beta\,;$$

$$z_c = a \operatorname{Sin}\beta \operatorname{Cos}\gamma : \operatorname{Sin}\alpha = b \operatorname{Cos}\gamma\,.$$

Positive und negative Werthe von z sind wie in § 188 zu deuten.

Durch Differentiation der Ausdrücke nach den drei Veränderlichen a, α, β, die man mit den (sehr kleinen) Fehlern $da, d\alpha, d\beta$ behaftet denkt, findet man die Fehler der berechneten Grössen, wie folgt:

$$d\gamma = -\,(d\alpha + d\beta)$$

$$\frac{db}{b} = \frac{da}{a} - d\alpha \operatorname{Cotg}\alpha + d\beta \operatorname{Cotg}\beta$$

$$\frac{dc}{c} = \frac{da}{a} - d\alpha \frac{\operatorname{Sin}\beta}{\operatorname{Sin}\alpha \operatorname{Sin}\gamma} d\beta \operatorname{Cotg}\gamma$$

$$\frac{dh_a}{h_a} = \frac{da}{a} - d\alpha \frac{\operatorname{Sin}\beta}{\operatorname{Sin}\alpha \operatorname{Sin}\gamma} - d\beta \frac{\operatorname{Sin}(\beta - \gamma)}{\operatorname{Sin}\beta \operatorname{Sin}\gamma}$$

---

*) Zwischen Abschneiden und Einschneiden wird unterschieden, doch ist der Sprachgebrauch kein ganz feststehender.

$$\frac{dz_b}{z_b} = \frac{da}{a} - d\alpha \frac{\operatorname{Sin} \beta}{\operatorname{Sin} \alpha \operatorname{Sin} \gamma} - d\beta \frac{\operatorname{Cos}(\beta - \gamma)}{\operatorname{Cos} \beta \operatorname{Sin} \gamma}$$

$$\frac{dz_c}{z_c} = \frac{da}{a} - d\alpha \frac{\operatorname{Cos} \beta}{\operatorname{Sin} \alpha \operatorname{Sin} \gamma} + d\beta \frac{\operatorname{Cos}(\beta - \gamma)}{\operatorname{Sin} \beta \operatorname{Cos} \gamma}$$

$$\frac{df}{f} = 2\frac{da}{a} - d\alpha \frac{\operatorname{Sin} \beta}{\operatorname{Sin} \alpha \operatorname{Sin} \gamma} - d\beta \frac{\operatorname{Sin}(\beta - \gamma)}{\operatorname{Sin} \beta \operatorname{Sin} \gamma}.$$

Unter Berücksichtigung, dass die Zahlengrösse der mittleren Beobachtungsfehler der zwei gemessenen Winkel wohl gleich sein können, aber gleich wahrscheinlich übereinstimmende wie entgegengesetzte Vorzeichen haben können, der mittlere Fehler im dritten Winkel also nicht gleich der Summe jener der gemessenen Winkel, sondern gleich der Quadratwurzel aus der Summe der Quadrate dieser ist, findet man nach den Regeln der Wahrscheinlichkeitsrechnung, dass der mittlere Fehler in der Lagenbestimmung des Dreieckspunktes ausserhalb der Grundlinie dargestellt wird durch: $\frac{m}{\operatorname{Sin} \alpha} \cdot \sqrt{a^2 + b^2}$, während beim Vorwärtsabschneiden sich hierfür ergibt $\frac{m}{\operatorname{Sin} \alpha} \cdot \sqrt{b^2 + c^2}$, wo m den mittleren Fehler der beiden gemessenen Winkel bedeutet*).

Bei grosser Entfernung des zu bestimmenden Punktes A von der Grundlinie verdient also für die Lagenbestimmung das Rückwärtsabschneiden den Vorzug vor dem Vorwärtsabschneiden. Ist die Entfernung so gross, dass man annähernd a^2 gegen b^2 vernachlässigen, dann aber auch $b^2 = c^2$ setzen kann, so ergibt sich der mittlere Fehler bei Vorwärtsabschneiden, $\sqrt{2}$ mal so gross als bei Rückwärtsabschneiden.

Für Punkte, die auf einem mit dem Halbmesser a (gleich der Basislänge) um den Endpunkt B der Basis (wo der Winkel β gemessen wurde) beschriebenen Kreise liegen, ist die Genauigkeit für Vorwärts- und für Rückwärtsabschneiden gleich gross, für Punkte innerhalb dieses Kreises ist Vorwärtsabschneiden genauer als Rückwärtsabschneiden und umgekehrt ist es für Punkte ausserhalb jenes Kreises.

Der für die Genauigkeit des Rückwärtsabschneidens günstigste Fall liegt vor, wenn der der Basis gegenüberliegende Winkel α ein Rechter ist.

Das Formular für die Dreiecksberechnung aus einer Seite, einem anliegenden und dem gegenüberliegenden Winkel ist ganz dasselbe wie wenn mit der Seite die zwei anliegenden Winkel gegeben werden (§ 188), einziger Unterschied ist, dass dort $\alpha = 180^0 - (\beta + \gamma)$, hier $\gamma = 180^0 - (\alpha + \beta)$ berechnet wird. Die Berechnung des Coordinaten des dritten Punktes bei Rückwärtsabschneiden erfolgt ganz wie bei Vorwärtsabschneiden, — durch Ermittelung des zweiten Basiswinkels, ist der gegenwärtige ja auf den früheren Fall zurückgeführt.

---

*) Ableitung dieses Satzes findet man in Jordan, Handb. d. Vermessungsk. Bd. 1. § 39, 41.

§ 188. **Polarmethode**, auch **Rayoniren und Messen** genannt. Zu 2, a § 185. Man misst unmittelbar die Längen zweier Seiten eines Dreiecks und den eingeschlossenen Winkel. Man braucht also nicht von B nach C sehen oder gehen zu können, sondern nur von A nach B und von A nach C und findet unter diesen Bedingungen leicht die Länge der unzugänglichen Strecke BC = a. Viele Anwendung findet dieses Verfahren bei der bereits besprochenen Polygonaufnahme aus dem Umfange (oder im Umziehen, wie man auch sagt), siehe § 217.

Man kann vom selben Standpunkte oder Pol A aus die Lage aller von dort sichtbaren Punkte durch ihre Polarcoordinaten bestimmen, nämlich die Entfernungen der Punkte von A und die Azimute der Richtungen, nach welchen diese aufzutragen sind. Daher der Name Polarverfahren.

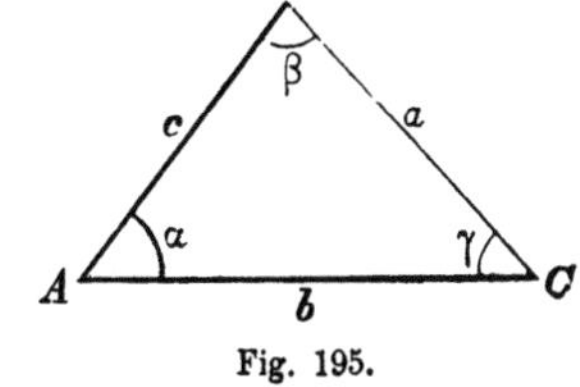

Fig. 195.

Sind, wie beim Polygonisiren, die zwei erforderlichen Längenmessungen mit Latten oder dem Bande auszuführen, so ist das zeitraubend. Benutzt man aber die distanzmessende Einrichtung des Fernrohrs (§ 230), so wird das Polarverfahren sehr bequem und rasch fördernd.

Aus zwei Seiten und dem eingeschlossenen Winkel leiten sich rechnend die übrigen Dreiecksstücke weniger einfach ab, als in anderen Fällen, — nur der Flächeninhalt berechnet sich einfachst. (Anhang IV, 18.)

Man findet $\frac{1}{2}(\beta + \gamma) = 90^0 - \frac{1}{2}\alpha$ und aus $\mathrm{Tg}\,\frac{1}{2}(\beta - \gamma) = \frac{b - c}{b + c}\,\mathrm{Cotg}\,\frac{1}{2}\alpha$,

folgt $\frac{1}{2}(\beta - \gamma)$, das immer als spitzer Winkel zu nehmen ist, endlich: $\beta = \frac{1}{2}(\beta + \gamma) + \frac{1}{2}(\beta - \gamma)$ und $\gamma = \frac{1}{2}(\beta + \gamma) - \frac{1}{2}(\beta - \gamma)$.

Mit Hülfe der gefundenen Winkel β und γ berechnet man:

$$a = b\,\mathrm{Sin}\,\alpha : \mathrm{Sin}\,\beta = c\,\mathrm{Sin}\,\alpha : \mathrm{Sin}\,\gamma.$$

Oder wenn man etwa β und γ nicht zu kennen nöthig hat und nicht berechnet, kann man a nach folgenden Verfahren finden:

1. $a = \sqrt{b^2 + c^2 - 2bc\,\mathrm{Cos}\,\alpha} = b\sqrt{1 + \left(\frac{c}{b}\right)^2 - 2\frac{c}{b}\mathrm{Cos}\,\alpha}$; für logarithmisches Rechnen unbequem;

2. $a = (b - c) : \mathrm{Cos}\,\varphi$, wo der Hülfswinkel (immer dem ersten oder zweiten Quadranten angehörig) gegeben ist durch

$$\mathrm{Tg}\,\varphi = 2\sqrt{bc} \cdot \mathrm{Sin}\,\tfrac{1}{2}\alpha : (b - c);$$

3. $a = (b + c) \cdot \mathrm{Cos}\,\psi$, wo der Hülfswinkel ψ (des ersten Quadranten) bestimmt ist durch $\mathrm{Sin}\,\psi = 2\sqrt{bc} \cdot \mathrm{Cos}\,\frac{1}{2}\alpha : (b + c)$.

Die beiden letzten Berechnungsarten sind logarithmisch bequem, am meisten zu empfehlen ist die letzte.

Zuweilen rechnet man auch nach vorgängiger Bestimmung von

$$\mathrm{Tg}\,{}^1/_2\,(\beta - \gamma)$$

in den Tafeln sogleich (auf derselben Zeile) Cos $^1/_2$ $(\beta - \gamma)$ nehmend, die dritte Seite nach:

$$a = (b + c) \text{ Sin } ^1/_2\, \alpha : \text{Cos } ^1/_2\, (\beta - \gamma).$$

Der Flächeninhalt immer einfachst: $f = {}^1/_2\, b\, c \text{ Sin } \alpha$.

Zum Zwecke der Fehlerermittelung wird die Gleichung

$$a^2 = b^2 + c^2 - 2\, b\, c \text{ Cos } \alpha$$

differentiirt, wodurch man erhält:

$$a\, d\, a = (b - c \text{ Cos } \alpha)\, d\, b + (c - b \text{ Cos } \alpha)\, d\, c + b\, c \text{ Sin } \alpha\, d\, \alpha.$$

Dieser Ausdruck wird zum Minimum für $\alpha = 0^0$, wodurch nämlich $a\, d\, a = (b - c)\, d\, b + (c - b)\, d\, c$, was, wenn $d\, b$ und $d\, c$ gleich an Grösse und Vorzeichen sind, zu Null wird.

Maximum erhält man für $\alpha = 180^0$, wodurch nämlich

$$a\, d\, a = (b + c)\, d\, b + (c + b)\, d\, c$$

wird, d. h. bei gleicher Grösse und gleichem Vorzeichen von $d\, b$ und $d\, c$ wird der Fehler in a doppelt so gross, wie in jeder der gemessenen Strecken. Diese Ergebnisse sind selbstverständlich, da im ersten Falle $(\alpha = 0^0)$ a die Differenz und im zweiten Falle $(\alpha = 180^0)$ a die Summe ist der zwei gemessenen Strecken. Allgemein werden $d\, b$ und $d\, c$ nicht gleiche Vorzeichen haben und der m i t t l e r e Fehler von a ist, wenn $\alpha = 0^0$ oder $= 180^0$, gleich der Quadratwurzel aus der Summe der Quadrate der mittleren Fehler in b und in c, die selbst (die Quadrate) jenen Längen proportional angenommen werden können (§ 31). Ersetzt man diese theoretisch richtige Annahme durch die andere der Grössengleichheit der verhältnissmässigen Fehler in beiden Seiten (was bei g l e i c h e r Länge dieser auch theoretisch richtig), so wird $b^2\, (d\, c)^2 = c^2\, (d\, b)^2$ oder

$$b\, d\, c = \pm\, c\, d\, b \qquad \text{und} \qquad d\, c = \pm\, c \frac{d\, b}{b}.$$

Dieses in die Differentialgleichung eingesetzt gibt:

oberes Zeichen

$$a\, d\, a = \frac{a^2}{b}\, d\, b + b\, c \text{ Sin } \alpha\, d\, \alpha$$

unteres Zeichen

$$a\, d\, a = \frac{b^2 - c^2}{b}\, d\, b + b\, c \text{ Sin } \alpha\, d\, \alpha$$

und den verhältnissmässigen Fehler:

$$\frac{d\, a}{a} = \frac{d\, b}{b} + \frac{b\, c}{a^2} \text{ Sin } \alpha\, d\, \alpha \qquad\qquad \frac{d\, a}{a} = \frac{b^2 - c^2}{a^2} \cdot \frac{d\, b}{b} + \frac{b\, c}{a^2} \text{ Sin } \alpha\, d\, \alpha.$$

Die Fehler in den Seiten und im Winkel k ö n n e n sich compensiren. Der Fehler der Seitenmessungen ist einflusslos, sobald das Dreieck ein gleichschenkeliges $(b = c)$ und beide Seiten in entgegengesetztem Sinne gleich viel ungenau sind. Der Einfluss des Winkelfehlers wird desto kleiner, je kleiner Sin α und gleichzeitig die Verhältnisse $\frac{b}{a}$ und $\frac{c}{a}$ sind, also ist ein sehr stumpfwinkeliges, gleichschenkeliges Dreieck für die Berechnung der dritten Seite aus zweien und dem eingeschlossenen Winkel am günstigsten.

Der Flächenfehler berechnet sich:

$$df = {}^1/_2\,(b\,dc + c\,db)\,\mathrm{Sin}\,\alpha + {}^1/_2\,bc\,\mathrm{Cos}\,\alpha\,d\alpha,$$

woraus der verhältnissmässige:

$$\frac{df}{f} = \frac{db}{b} + \frac{dc}{c} + \mathrm{Cotg}\,\alpha\,d\alpha.$$

Der Winkelfehler hat auf den Flächeninhalt einen verschwindend kleinen Einfluss, wenn der Winkel ein rechter oder nahezu ein solcher ist; er hat einen desto bedeutenderen Einfluss, je grösser Cotg α, d. h. je spitzer oder stumpfer der Winkel ist. Bei der Annahme $b\,dc = c\,db$ (die für gleichschenkeliges Dreieck hinsichtlich der Grösse theoretisch unanfechtbar) ergibt sich der Fehler in den Seiten einflusslos für die berechnete Fläche.

Die Aufnahme eines Polygons aus dem Umfang wird desto genauer, je stumpfer die Vieleckswinkel sind (α) und je weniger die Seitenlängen von einander verschieden sind.

Differentiirt man $\mathrm{Sin}\,\beta = \frac{b}{c}\,\mathrm{Sin}\,\gamma = \frac{b}{c}\,\mathrm{Sin}\,(\alpha + \beta)$ und beachtet bei den Umformungen, dass $b\,\mathrm{Cos}\,\gamma + c\,\mathrm{Cos}\,\beta = a$ ist, so erhält man:

$$d\beta = \frac{c\,db - b\,dc}{ac}\,\mathrm{Sin}\,\gamma - \frac{b}{a}\,\mathrm{Cos}\,\gamma\,d\alpha$$

und ähnlich:

$$d\gamma = \frac{b\,dc - c\,db}{ab}\,\mathrm{Sin}\,\beta - \frac{c}{a}\,\mathrm{Cos}\,\beta\,d\alpha$$

Die ersten Glieder fallen fort, wenn man die verhältnissmässigen Längenfehler in beiden Seiten nach Grösse und Zeichen gleich annimmt, was allerdings nicht der theoretischen Wahrscheinlichkeit entspricht, aber namentlich bei gleichschenkeligen Dreiecken vielfach vorkommt. Unter dieser Annahme wird

$$d\beta = -\frac{b}{a}\,\mathrm{Cos}\,\gamma\,d\alpha \qquad \text{und} \qquad d\gamma = -\frac{c}{a}\,\mathrm{Cos}\,\beta\,d\alpha,$$

das heisst der Fehler in einem berechneten Winkel erweist sich desto kleiner, je kleiner das Verhältniss seiner Gegenseite zur dritten (nicht gemessenen) Seite ist und je kleiner der Cosinus des andern nicht gemessenen Winkels ist.

Für $\gamma = 90^0$ würde der Winkelfehler in α einflusslos für β,
„ $\beta = 90^0$ „ „ „ „ „ „ γ.

Für das gleichschenkelige Dreieck ($b = c$ und $\beta = \gamma$) ist der vom Fehler $d\alpha$ herrührende Einfluss gleich gross für β und für γ, nämlich je gleich $-{}^1/_2\,d\alpha$.

Zu dem nachfolgenden Formular wird bemerkt: Nachdem die gegebenen Grössen α, b und c an die richtigen Plätze geschrieben sind, berechnet man sofort $\frac{1}{2}\,\alpha$ und durch dessen Subtraktion von 90^0 den darunter zu schreibenden Werth $^1/_2\ (\beta + \gamma)$. Dann bildet man b—c und b+c, schreibt deren Logarithmen daneben und darunter log Cotg $\frac{1}{2}\alpha$. Die algebraische Addition der drei Zahlen, wobei die mittlere (Zeichen — ist vorgesetzt) negativ zu nehmen ist, liefert log Tg $^1/_2(\beta - \gamma)$, damit $^1/_2(\beta - \gamma)$, welcher Werth in die zweite Spalte unter $^1/_2\ (\beta + \gamma)$ geschrieben wird. Durch Addition und Subtraktion ergibt sich β und γ. Die in fünfter Spalte stehenden Logarithmen sind nun leicht anzuschreiben.

Addition der drei oberen gibt log 2f. Addition der ersten, dritten und negativ genommenen vierten oder der zweiten, dritten und negativ genommenen fünften Zahl der Spalte 5 liefert log a, den man entweder in eine sechste Spalte, oder bei Raummangel in den freien unteren Theil der Spalten 1 und 2 schreiben kann.

Formular für die Berechnung eines Dreiecks aus zwei Seiten und eingeschlossenem Winkel.

$$\tfrac{1}{2}(\beta + \gamma) = 90^0 - \tfrac{1}{2}\alpha;\quad \text{Tg}\,\tfrac{1}{2}(\beta - \gamma) = \frac{b - c}{b + c}\,\text{Cotg}\,\tfrac{1}{2}\alpha;$$

$$a = b\,\text{Sin}\,\alpha : \text{Sin}\,\beta = c\,\text{Sin}\,\alpha : \text{Sin}\,\gamma;\quad f = \tfrac{1}{2}\,bc\,\text{Sin}\,\alpha.$$

1	2	3	4	5	6
α = 124° 18′ 20″	$\frac{1}{2}\alpha$ = 62° 09′ 10″	b = 128,34	2f = 10 228,7	b	2.10 838
β = 32 07 43	$\frac{1}{2}(\beta+\gamma)$ = 27 50 50	c = 96,48	f = 5 114,35	c	1.98 444
γ = 23 33 57	$\frac{1}{2}(\beta-\gamma)$ = 4 16 53	b — c = 31,86	1.50 325	Sin α	$\bar{1}$.91 700
180 00 00		b + c = 224,82	(-) 2.35 184	Sin β	(-) $\bar{1}$.72 576
		Cotg $\frac{1}{2}\alpha$	$\bar{1}$.72 288	Sin γ	(-) $\bar{1}$.60 185
a 2.29 962	a = 199,34	Tg $\frac{1}{2}(\beta-\gamma)$	$\bar{2}$.87 429	2f	4.00 982
a 2.29 959					

Formular für die Berechnung einer Dreiecksseite aus zwei Seiten und eingeschlossenem Winkel.

$$\text{Sin}\,\psi = \sqrt{2\,bc}\,.\,\text{Cos}\,\tfrac{1}{2}\alpha : (b + c) \qquad a = (b + c)\,\text{Cos}\,\psi.$$

			2	0.30 103
α = 124° 18′ 20	b = 128,34	2.10 838	$\sqrt{b}$	1.05 419
$\frac{1}{2}\alpha$ = 62 09 10	c = 96,48	1.98 444	$\sqrt{c}$	1.99 222
			Cos $\frac{1}{2}\alpha$	$\bar{1}$.66 942
	b + c = 224,82	2.35 184	b + c	(-) 2.35 184
	Cos ψ	$\bar{1}$.94 776	Sin ψ	$\bar{1}$.66 502
	199,34 = a	2.29 960		

Zu dem letzten Formulare sind Erläuterungen wohl nicht erforderlich.

§ 189. Stadia-Aufnahme, Anwendung des Polarverfahrens.

Wird der optische Distanzmesser benutzt, so gestaltet sich die Aufnahme nach der Polarmethode, die man dann Stadia-Aufnahme nennt, besonders bequem (Distanzmesser § 230). Beispielsweise soll ein Grundstück mit sehr gebrochenen Grenzen, das aber von einigen Punkten, I, II, III aus übersichtlich sei, aufgenommen werden. Die Aufnahme mit dem Distanzmesser kann ohne Nachtheil ausgeführt werden, selbst während das Feld mit Saat bestellt oder sonst unzugänglich ist. Handelt es sich, wie häufig, nur um den Flächeninhalt, so ist die Verbindung der Standpunkte I, II, III durch Entfernung und Richtung nicht einmal nöthig, man braucht sie hingegen, wenn eine Zeichnung des Grundstücks gemacht werden soll oder überhaupt die Gestalt in Frage steht und wird dann diese Vermessungsgrundlinien (I nach II, II nach III) sogar besonders sorgfältig aufnehmen.

Die Zeichnung kann meist genügend genau mit Transporteur und verjüngtem Maassstab ausgeführt werden. Man sticht mit einer Nadel den Mittelpunkt des Transporteurkreises, der billigst und genügend aus steifem Papier besteht, auf das Bild des Standpunkts I, durch welches man bereits eine die Meridianrichtung darstellende Gerade gezogen hat. Die Azimute der Richtungen von I nach 1, 2, 3 . . . sind im Felde gemessen worden. Ist z. B. jenes nach Punkt 3 gleich 93° 30′, so dreht man den Transporteur, dessen Bezifferung entgegengesetzt dem Sinne der wachsenden Azimute geht, so dass der 93° 30′ entsprechende Theilstrich der Nordlinie anliegt, dann hat der Radius nach dem Nullpunkte der Kreistheilung die geforderte Richtung des Strahl I nach 3. Es ist nur noch die proportionale Länge (Maassstab gleich am Nulldurchmesser des Transporteurs angebracht) auf der Richtung zu vermerken, um das Bild des Punkts 3 zu erhalten. Die Bezifferung am Transporteur muss desshalb verkehrt laufen, weil bei der Aufnahme der Meridian dem Nullpunkt entspricht und der Strahl der Ablesung (93° 30′), während es bei der Verzeichnung umgekehrt gehalten wird.

Mit der gemessenen Länge von I nach II und dem Azimute dieser Richtung construirt man das Bild von II. Daran reiht man die Bilder der Punkte 20, 21 u. s. w.

Irgendwo beginnend, geht man von einem Endpunkt zum andern im Sinne wachsender Azimute und bezeichnet die Eckpunkte der Reihe nach mit 1, 2, 3 . . . Während man den nächsten Standpunkt (II) einnimmt, beginnt man mit einer neuen, auf 0 schliessenden Ziffer, welche einen genügenden Sprung gegen die höchste Ziffer, die dem vorigen Standpunkt angehört, macht. (Siehe § 242.)

Immer je zwei Punkte werden von zwei Standpunkten aufgenommen; sie erhalten Doppelbezifferung, z. B. im Beispiele gehören die Bezifferungen 1 und 24 demselben Punkte an, ebenso 12 und 25; 21 und 45; 22 und 44. In der Skizze sind, wie man in Handskizzen thut, die Längen und Azimute eingeschrieben, wo hinsichtlich letzterer ein Zweifel entstehen könnte, wird die Richtung durch eine Pfeilspitze angedeutet.

Die Verkettung der Standpunkte I, II und III nach Entfernungen und Richtungen ist werthvoll als Mittel zu Bestätigungsmessungen und das ist ein weiterer Grund, sie besonders sorgfältig auszuführen. Denn aus dem Azimute der drei Richtungen I II, I 1 und II 1 ergeben sich die Winkel des Dreiecks über den Punkten I, II, 1 (auch 24 beziffert) und man kann nachrechnen, ob die gemessenen Längen (Dreiecksseiten) mit jenen Winkeln verträglich sind. Ferner müssen Längen und Azimute von I II, I 12 und II 12 den Bedingungen des Dreiecks I II 12 (auch 25 be-

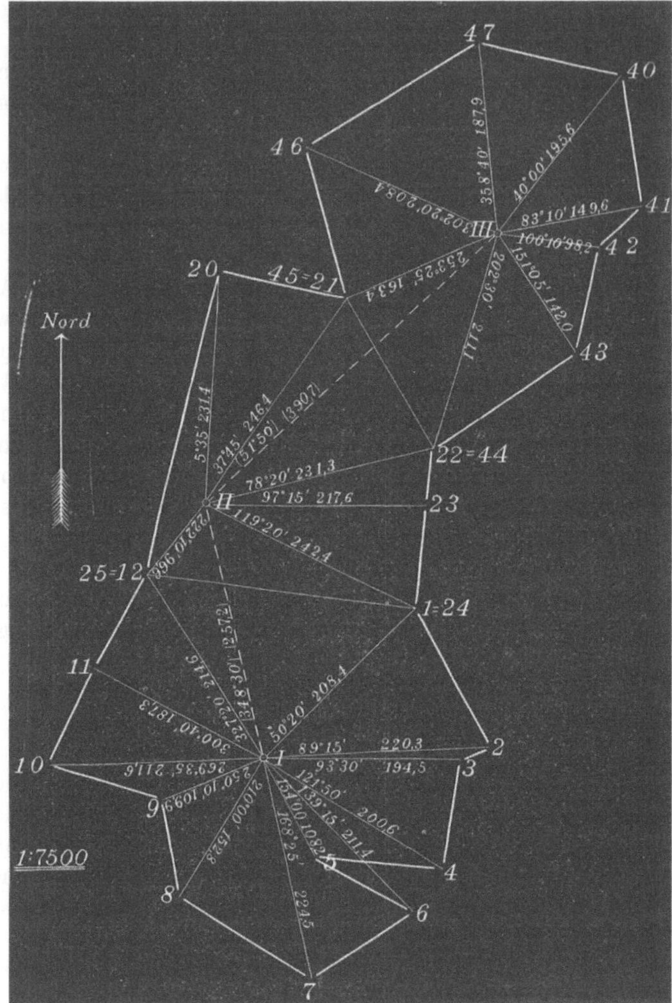

Fig. 196.

ziffert) genügen. Im Beispiele sind, wie die Rechnung ergibt, diese Bedingungen genügend erfüllt. Ebensolche Bedingungen liefern die Dreiecke II III 22 (= 44) und II III 21 (= 45); auch sie sind sehr annähernd erfüllt, wie die (hier fortgelassene) Rechnung ergibt. Streng genommen sollten die kleinen, durch jene Rechnungen nachgewiesenen Unverträglichkeiten der gemessenen Werthe durch Ausgleichung fortgeschafft werden, doch ist das hier unterblieben, weil nur der Flächeninhalt berechnet werden soll, auf den die Ausgleichung ohne erheblichen Einfluss ist.

Die Berechnung der Doppelwerthe der Flächeninhalte der einzelnen Dreiecke (aus 2 Seiten und zwischenliegendem Winkel) ist am bequemsten nach folgendem Schema auszuführen. Dasselbe ist leicht verständlich, es genügt zu bemerken, dass die drei ersten Logarithmen zu addiren sind, dann der dritte, vierte, fünfte, hierauf der fünfte, sechste, siebente u. s. w. Endlich um das Polygon um jeden Standpunkt zu schliessen, ist der erste Punkt am Schlusse nochmals vorzutragen. Ferner ist leicht einzusehen, dass und warum Dreiecke mit rechnerisch negativem Werth des Winkels mit negativem Flächeninhalt in die Summe eingehen. Die Rechnung ist nur einmal geführt; der Leser mag nachsehen, ob und welche Fehler darin enthalten.

Statt der Rechnung mit Logarithmen kann man auch einen Rechenschieber oder eine andere Rechenmaschine (§ 102) benutzen, erheblichen Zeitgewinn machen.

Beispiel der Flächenberechnung nach einer Stadia-Aufnahme.

Standpunkt	Punkt	Azimut	Länge	Logar.	log 2f	2f
I	1	50° 20'	208,4	2.31 890		
			Sin 38° 55'	$\bar{1}$.79 809		
	2	89 15	220,3	2.34 301	4.46 000	28 840,0
			Sin 4° 15'	$\bar{2}$.86 987		
	3	93 30	194,5	2.28 892	3.50 180	3 175,4
			Sin 28° 20'	$\bar{1}$.67 633		
	4	121 50	200,6	2.30 233	4.26 758	18 517,4
			Sin 32° 10'	$\bar{1}$.72 622		
	5	154 00	108.2	2.03 423	4.06 278	11 555,3
			Sin (— 14° 45')	$\bar{1}$.40 586^{n}		
	6	139 15	211,4	2.32 510	3.76 519$_{n}$	— 5 823,6
			Sin 29° 10'	$\bar{1}$.68 784		
	7	168 25	224,5	2.35 122	4.36 416	23 129,0
			Sin 41° 35'	$\bar{1}$.82 198		
	8	210 00	152,8	2.18 412	4.35 732	22 767,9
			Sin 40° 10'	$\bar{1}$.80 957		
	9	250 10	109,9	2.04 100	4.03 469	10 831,5
			Sin 19° 25'	$\bar{1}$.52 171		
	10	269 35	211,6	2.32 552	3.88 823	7 731,0
			Sin 31° 05'	$\bar{1}$.71 289		
	11	300 40	187,3	2.27 254	4.31 095	20 462,0
			Sin 26° 40'	$\bar{1}$.65 205		
	12	327 20	214,6	2.33 163	4.58 438	38 404,5
			Sin 83° 00'	$\bar{1}$.99 675		
	1	50 20	208,4	2.31 890	4.64 728	44 389,9
						223 980,3

Standpunkt	Punkt	Azimut	Länge	Logar.	log 2f	2f
						223 980,3
II	20	5°35'	231,4	2.36 436		
			Sin 32° 10'	$\bar{1}$.72 622		
	21	37 45	246,4	2.39 164	4.48 222	30 354,3
			Sin 40° 35'	$\bar{1}$.81 328		
	22	78 20	231,3	2.36 418	4.56 910	37 076,7
			Sin 18° 55'	$\bar{1}$.51 080		
	23	97 15	217,6	2.33 766	4.21 264	16 317,0
			Sin 22° 65'	$\bar{1}$.57 514		
	24	119 20	242,4	2.38 452	4.29 732	19 830,0
			Sin 102° 50'	$\bar{1}$.98 901		
	25	222 10	96,6	1.98 498	4.35 951	22 882,6
			Sin 143° 25'	$\bar{1}$.77 524		
	20	5 35	231,4	2.36 436	4,12 458	13 322,4
III	40	40 00	195,6	2.29 137		
			Sin 43° 10'	$\bar{1}$.83 513		
	41	83 10	149,6	2.17 493	4.30 143	20 018,6
			Sin 17° 00'	$\bar{1}$.46 594		
	42	100 10	98,2	1.99 211	3.63 298	4 295,2
			Sin 50° 55'	$\bar{1}$.88 999		
	43	151 05	142,0	2.15 229	4.03 439	10 824,0
			Sin 51° 25'	$\bar{1}$.89 304		
	44	202 30	211,1	2.32 449	4.36 982	23 432,6
			Sin 50° 55'	$\bar{1}$.88 999		
	45	253 25	163,4	2.21 325	4.42 773	26 775,0
			Sin 48° 55'	$\bar{1}$.87 723		
	46	302 20	208,4	2.31 890	4.40 938	25 667,1
			Sin 56° 20'	$\bar{1}$.92 027		
	47	358 40	187,9	2.27 393	4.51 310	32 591,5
			Sin 41° 20'	$\bar{1}$.81 983		
	40	40 00	195,6	2.29 137	4.38 513	24 273,3
						531 640,6

F = 265 820,3 qm

Die von I aus gemessenen Richtungen und Längen als richtig angenommen, berechnet sich (nach dem vorhergehenden Formulare) der Sollwerth der Winkel 24 II 12 zu 102° 46′ 50″, während die Beobachtung 102° 50′ ergab, die Sollwerthe II 24 = 242,86 (242,4) und II 25 = 96,24 (96,6).

Ferner die von II aus gemessenen Richtungen und Längen als richtig angenommen, berechnen sich Sollwerth des Winkels

44 III 45 = 50° 50′ 06″ (50° 55′),

Sollwerth III 44 = 210,71 (211,1) und Sollwerth III 45 = 163,5 (163,4). Also genügende Uebereinstimmung, Ausgleichung hier unterlassen.

§ 190. **Zwei Dreiecksseiten und ein Winkel, aber nicht der eingeschlossene.** Zu 2b § 185. Bei keiner selbständigen Triangulation werden die genannten drei Stücke gemessen, aber es kann sein, dass gerade diese aus a n d e r n Messungen für ein Dreieck abgeleitet werden können, daher einiges über die Verwerthung. Gegeben seien a, b, α. Man erhält (Anhang IV, 19) sofort $\text{Sin}\,\beta = \text{b Sin}\,\alpha : \text{a}$. Ist $b < a$, so ist β spitz und eindeutig durch seinen Sinus bestimmt. Wenn aber $b > a$, so kann Zweideutigkeit des nur dem Sinus nach berechneten Winkels β vorliegen. Nämlich wenn $\text{b Sin}\,\alpha < \text{a}$, dann sind ein spitzwinkeliges Dreieck mit Winkel β_1, und ein stumpfwinkeliges mit Winkel $\beta_2 = 180^0 - \beta_1$ möglich. Ist aber $\text{b Sin}\,\alpha = \text{a}$, so ist das Dreieck eindeutig, $\beta = 90^0$ und ist $\text{b Sin}\,\alpha > \text{a}$, dann ist mit den gegebenen Elementen ein Dreieck überhaupt nicht möglich.

Ist erst β berechnet, so findet man $\gamma = 180^0 - (\alpha + \beta)$ und mit Hülfe dieses γ weiter: $c = \text{a Sin}\,\gamma : \text{Sin}\,\alpha = \text{b Sin}\,\gamma : \text{Sin}\,\beta$, endlich $f = \frac{1}{2}\,\text{a b Sin}\,\gamma$. Die Berechnung ist so einfach, dass die Mittheilung eines Formulars unnöthig ist.

Die Untersuchung über den Einfluss, welchen die Ungenauigkeit der gemessenen Stücke auf die berechneten übt, kann umsomehr unterbleiben, als sie zu keinem besonders interessanten Ergebniss führt.

§ 191. **Drei Dreiecksseiten.** Zu 3 § 185. Des Verfahrens ist in § 103 bereits gedacht, es mag auch vorkommen, dass bei zusammengesetzteren Triangulationen von einem Dreiecke die drei Seiten schon gekannt sind. Die Rechnungsformeln sind (Anhang IV, 16):

$$s = \tfrac{1}{2}\,(a + b + c); \qquad r = \sqrt{\frac{s - a \cdot s - b \cdot s - c}{s}},$$

$$\text{Tg}\,\tfrac{1}{2}\,\alpha = \frac{r}{s - a}; \quad \text{Tg}\,\tfrac{1}{2}\,\beta = \frac{r}{s - b}; \quad \text{Tg}\,\tfrac{1}{2}\,\gamma = \frac{r}{s - c}. \qquad f = s\,r.$$

Rechenprobe: $\alpha + \beta + \gamma = 180^0$.

Das Rechenformular bedarf wohl keiner Erläuterung.

Formular für die Berechnung eines Dreiecks aus den drei Seiten.

$s = \frac{1}{2}(a+b+c)$	$r = \sqrt{\frac{s\text{-}a.\ s\text{-}b.\ s\text{-}c}{s}}$	$f = \sqrt{s.\ s\text{-}a.\ s\text{-}b.\ s\text{-}c}$	$\text{Tg}\,\frac{1}{2}\,\alpha = \frac{r}{s\text{-}a}$;	$\text{Tg}\,\frac{1}{2}\,\beta = \frac{r}{s\text{-}b}$;	$\text{Tg}\,\frac{1}{2}\,\gamma = \frac{r}{s\text{-}c}$
$2s = 672{,}72$	$s = 336{,}36$	2.52 680	r	1.79 847	r^2 | 3.59 695
$a = 228{,}14$	$s-a = 108{,}22$	2.03 431	$\text{Tg}\,\frac{1}{2}\,\alpha$	$\bar{1}.76\,416$	$\frac{1}{2}\,\alpha = 30^0\,09'\,21''$
$b = 195{,}36$	$s-b = 141{,}00$	2.14 922	$\text{Tg}\,\frac{1}{2}\,\beta$	$\bar{1}.64\,924$	$\frac{1}{2}\,\beta = 24\;\;02\;\;58$
$c = 249{,}22$	$s-c = 87{,}14$	1.94 022	$\text{Tg}\,\frac{1}{2}\,\gamma$	$\bar{1}.85\,825$	$\frac{1}{2}\,\gamma = 35\;\;48\;\;41$
		8.65 055	$\alpha = 60^0\,18'\,42''$		90 00 00
	f	4.32 527	$\beta = 48\;\;05\;\;56$		
		f = 21 148,2 qm	$\gamma = 71\;\;37\;\;22$		

Den Einfluss der Fehler da, db, dc in den gemessenen Seiten auf die berechneten Winkel und den Flächeninhalt untersucht man am wenigsten unbequem durch Differentiation der Formeln für die Sinus oder die Cosinus der halben Winkel (die Formel für die Tangente der halben Winkel ist hierfür unbequem) und gelangt nach verschiedenen Zusammenziehungen und Umformungen zu den nicht sehr übersichtlichen Ergebnissen:

$$d\alpha = \frac{1}{4f}\left[\frac{da}{a}\,2a^2 + \frac{db}{b}(c^2-a^2-b^2) + \frac{dc}{c}(b^2-a^2-c^2)\right]$$

$$d\beta = \frac{1}{4f}\left[\frac{da}{a}(c^2-a^2-b^2) + \frac{db}{b}\,2b^2 + \frac{dc}{c}(a^2-b^2-c^2)\right]$$

$$d\gamma = \frac{1}{4f}\left[\frac{da}{a}(b^2-a^2-c^2) + \frac{db}{b}(a^2-b^2-c^2) + \frac{dc}{c}\,2c^2\right]$$

$$df = \frac{1}{16f}\left[a(-a^2+b^2+c^2)da + b(a^2-b^2+c^2)db + c(a^2+b^2-c^2)dc\right]$$

§ 192. **Rückwärtseinschneiden oder Pothenot'sche Aufgabe.** Sind die Coordinaten dreier Punkte P_1, P_2, P_3 (oder allgemeiner ist ihre relative Lage) bekannt, so lassen sich die Coordinaten eines Punktes P_0 (allgemeiner, so lässt sich dessen relative Lage gegen die drei bekannten Punkte) bestimmen, wenn man nur die Winkel misst, unter welchen, von P_0, als Scheitel aus gesehen, die Strecken P_1P_2, P_2P_3 und P_1P_3 erscheinen, wobei einer dieser Winkel aus den zwei andern ableitbar ist. Ausgenommen ist, wie später zu begründen, nur der Fall, dass die vier Punkte P_0, P_1, P_2, P_3 auf der Peripherie eines und desselben Kreises liegen.

Die Wichtigkeit dieser zuerst von Snellius gelösten, meist aber nach Pothenot benannten Aufgabe (mit mehr Recht könnte man sie nach Schickard nennen) ist einleuchtend. Mittelst derselben lässt sich sehr gut die Aufnahme einer Gegend vervollständigen; jeder noch nicht aufgenommene Punkt P_0 lässt sich einschalten, mit alleiniger Hülfe von Winkelmessungen, wenn man sich in ihm aufstellen und von ihm nach drei ihrer Lage nach bekannten (also früher aufgenommenen) Punkten zielen kann, falls diese nicht alle mit P_0 auf einem Kreise liegen. Ebenso kann eine vereinzelte, selbständig durchgeführte Vermessung an die allgemeine Landesvermessung angeschlossen werden.

Die analytische Behandlung der Aufgabe lässt sich allgemein ausführen, ohne dass man eine Figur nöthig hat, wenn man hinsichtlich der Bezeichnung folgende Uebereinkunft trifft*). Denkt man einen von P_0 ausgehenden Strahl auf dem kürzesten Wege (hohle Winkel) im positiven Drehsinne nach und nach auf die drei Punkte gedreht, so soll der erste Punkt P_1, der zweite P_2 und der dritte P_3 heissen, so dass also der Strahl P_1P_2 innerhalb des hohlen Winkels $P_1P_0P_3$ liegt.

Sind die drei Punkte P_1, P_2, P_3 auf derselben Geraden, so sei P_2 der mittlere. Der Fall, dass P_0 mit zweien der gegebenen Punkte auf einer Geraden liegt, soll als besonders einfach für sich betrachtet werden.

---

*) Uebrigens wird man meist eine ungenäherte Figur skizziren können, was zur sicherern Vermeidung von Irrthümern empfehlenswerth ist.

Aus den bekannten Coordinaten von P_1, P_2, P_3 lassen sich, in schon angegebener Weise (§ 173), die Längen und die Azimute der Verbindungslinien berechnen.

Es werden zwei Hülfswinkel eingeführt, die immer positiv und kleiner als zwei Rechte (hohl) in die Rechnung zu nehmen sind; nämlich u_1 der Winkel zwischen den Richtungen $P_1 P_0$ und $P_1 P_2$, und u_3 der Winkel zwischen den Richtungen $P_3 P_0$ und $P_3 P_2$. Abgesehen von den Azimuten, die jedem Quadranten angehören können, sind alle vorkommende Winkel hohle, auch ein für die Bequemlichkeit der Rechnung eingeführter (μ) ist stets positiv und hohl.

Der Punkt P_0 kann liegen:

a. im Innern des Dreiecks $P_1 P_2 P_3$ und dann ist es einerlei, welchen Punkt man P_1 nennen will;

b. ausserhalb jenes Dreiecks, zwischen zwei verlängerten Dreiecksseiten; der Strahl $P_0 P_2$ schneidet dann nicht die Seite $P_1 P_3$ des Dreiecks;

c. ausserhalb jenes Dreiecks, im Felde zwischen einer Dreiecksseite und den Verlängerungen der zwei anderen, wo dann der Strahl $P_0 P_2$ die Dreiecksseite $P_1 P_3$ durchkreuzt.

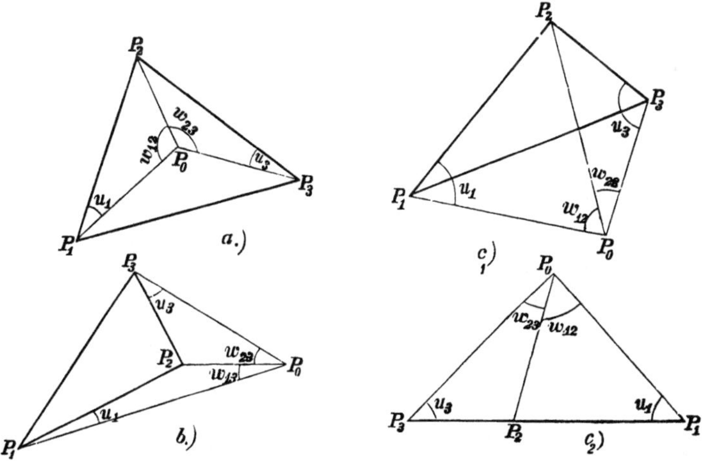

Fig. 197.

Die andere Möglichkeit ist vorbehaltener Fall. Die Figuren a), b), c_1) und c_2) stellen jene hier zu betrachtende Fälle dar, für welche die Behandlung der Aufgabe gleichmässig ist.

Die hohlen Winkel, unter welchen von P_0 aus die Seiten $P_1 P_2$ und $P_2 P_3$ erscheinen, sollen mit w_{12} und w_{23} bezeichnet werden. w_{13} ist dann der Winkel, unter welchem von P_0 aus die Seite $P_1 P_3$ erscheint. Diese Winkel, die man oft die Pothenot'schen nennt, sind zu messen.

Man findet allgemein, d. h. für die vier Fälle, a), b), c_1) und c_2) geltend:

$$u_1 + u_3 = 360^0 - (w_{12} + w_{23} + \alpha_{21} - \alpha_{23}),$$

wo die α die Azimute bedeuten, in bekannter Weise (§ 172) durch die Indices unzweideutig näher bestimmt. Die Summe $u_1 + u_3$ kann nie 360^0 überschreiten. Im Falle c_2) ist $\alpha_{21} - \alpha_{23} = 180^0$.

Aus den Dreiecken $P_2 P_0 P_1$ und $P_2 P_0 P_3$ folgt:

$$s_{20} = s_{21} \text{ Sin } u_1 : \text{Sin } w_{12} = s_{23} \text{ Sin } u_3 : \text{Sin } w_{23}$$

Durch Gleichsetzen erhält man, wenn man noch zum Zwecke leichterer Rechnung einen Hülfswinkel μ einführt:

$$\frac{\text{Sin } u_3}{\text{Sin } u_1} = \frac{s_{21} \text{ Sin } w_{23}}{s_{23} \text{ Sin } w_{12}} = \frac{\text{Tg } \mu}{1}$$

und hieraus, durch bekannte Umformung:

$$\frac{\text{Sin } u_1 + \text{Sin } u_3}{\text{Sin } u_1 - \text{Sin } u_3} = \frac{1 + \text{Tg } \mu}{1 - \text{Tg } \mu}$$

oder (Anhang III, 40 u. 41):

$$\frac{2 \text{ Sin } \frac{1}{2}(u_1 + u_3) \text{ Cos } \frac{1}{2}(u_1 - u_3)}{2 \text{ Cos } \frac{1}{2}(u_1 + u_3) \text{ Cos } \frac{1}{2}(u_1 - u_3)} = \text{Tg } (45^0 + \mu)$$

oder:

$$\text{Tg } \tfrac{1}{2}(u_1 + u_3) \text{ Cotg } \tfrac{1}{2}(u_1 - u_3) = \text{Tg } (45^0 + \mu)$$

oder schliesslich:

$$\text{Tg } \tfrac{1}{2}(u_1 - u_3) = \text{Cotg } (45^0 + \mu) \text{ Tg } \tfrac{1}{2}(u_1 + u_3),$$

Da μ (positiv und $< 180^0$) bereits berechnet und ebenso $u_1 + u_3$, so ist $\text{Tg } \frac{1}{2}(u_1 - u_3)$ bestimmt und daraus wieder die Winkeldifferenz $\frac{1}{2}(u_1 - u_3)$, welche positiv oder negativ sein kann, aber immer vom numerisch kleinsten Werthe, welcher der Tangente entspricht.

Durch Addition bezw. Subtraktion von $\frac{1}{2}(u_1 + u_3)$ und $\frac{1}{2}(u_1 - u_3)$ findet man u_1 und u_3 und mit deren Hülfe:

$$\alpha_{10} = \alpha_{12} + u_1 \qquad \text{und} \qquad \alpha_{30} = \alpha_{32} - u_3.$$

Dann aus den Dreiecken $P_0 P_2 P_1$ und $P_0 P_2 P_3$:

$$s_{10} = s_{12} \text{ Sin } (u_1 + w_{12}) : \text{Sin } w_{12} \qquad \text{und} \qquad s_{30} = s_{32} \text{ Sin } (u_3 + w_{23}) : \text{Sin } w_{23}$$

und schliesslich (§ 173):

$$\begin{aligned} y_0 &= y_1 + s_{10} \text{ Sin } \alpha_{10} &&= y_3 + s_{30} \text{ Sin } \alpha_{30} \\ x_0 &= x_1 + s_{10} \text{ Cos } \alpha_{10} &&= x_3 + s_{30} \text{ Cos } \alpha_{30}. \end{aligned}$$

Die doppelte Berechnungsweise, die man nie unterlassen soll, gibt eine Rechenprobe ab.

Es sollen nun, zuzüglich der Anweisung zur Berechnung der erforderlichen Grössen aus den Dreiecken $P_1 P_2 P_3$, die Formeln in der für die Ausrechnung zweckmässigen Reihenfolge, nochmals zusammengestellt werden:

1) $\operatorname{Tg} \alpha_{12} = (y_2 - y_1) : (x_2 - x_1)$ und
$s_{12} = (y_2 - y_1) : \operatorname{Sin} \alpha_{12} = (x_2 - x_1) : \operatorname{Cos} \alpha_{12}$

2) $\operatorname{Tg} \alpha_{23} = (y_3 - y_2) : (x_3 - x_2)$ und
$s_{23} = (y_3 - y_2) : \operatorname{Sin} \alpha_{23} = (x_3 - x_2) : \operatorname{Cos} \alpha_{23}$
$(\alpha_{21} = \alpha_{12} \pm 180^0; \quad \alpha_{32} = \alpha_{23} \pm 180^0)$

3) $u_1 + u_3 = 360^0 - (w_{12} + w_{23} + \alpha_{21} - \alpha_{23})$

4) $\operatorname{Tg} \mu = (s_{12} : \operatorname{Sin} w_{12}) : (s_{23} : \operatorname{Sin} w_{23})$

5) $\operatorname{Tg} \frac{1}{2}(u_1 - u_3) = \operatorname{Cotg}(45^0 + \mu) \operatorname{Tg} \frac{1}{2}(u_1 + u_2)$
$u_1 = \frac{1}{2}(u_1 + u_3) + \frac{1}{2}(u_1 - u_3); \qquad u_3 = \frac{1}{2}(u_1 + u_3) - \frac{1}{2}(u_1 - u_3)$

6) $\alpha_{10} = \alpha_{12} + u_1$ und $\alpha_{30} = \alpha_{32} - u_3$

7) $s_{10} = s_{12} \operatorname{Sin}(u_1 + w_{12}) : \operatorname{Sin} w_{12}$ und $s_{30} = s_{32} \operatorname{Sin}(u_3 + w_{23}) : \operatorname{Sin} w_{23}$

8) $\begin{cases} y_0 = y_1 + s_{10} \operatorname{Sin} \alpha_{10} = y_3 + s_{30} \operatorname{Sin} \alpha_{30} \\ x_0 = x_1 + s_{10} \operatorname{Cos} \alpha_{10} = x_3 + s_{30} \operatorname{Cos} \alpha_{30}. \end{cases}$

Wenn man will, kann man noch berechnen

9) $s_{20} = s_{21} \operatorname{Sin} u_1 : \operatorname{Sin} w_{12} = s_{23} \operatorname{Sin} u_3 : \operatorname{Sin} w_{23}$

Als Rechenproben:

10) $\operatorname{Tg}(45^0 + \alpha_{12}) = \sigma_{21} : \delta_{21}$ und $\operatorname{Tg}(45^0 + \alpha_{23}) = \sigma_{32} : \delta_{32}$

11) $\operatorname{Tg} \mu = \operatorname{Sin} u_3 : \operatorname{Sin} u_1$.

Die Richtigkeit der Proberechnung nach Formel 11) ergibt sich sehr einfach aus Formeln 4) und 9).

Das nachfolgende Zahlenbeispiel ist der IX. preuss. Anweisung vom 25. Okt. 1881 entnommen und das Formular für die Berechnung schliesst sich dem trigon. Form. II (Seite 183) ziemlich an. Die amtliche preussische Bezeichnung ist aber geändert; sie ist weder besonders leicht zu merken, noch bequem für den Satz (selbst nicht für die Handschrift empfehlenswerth).

Dem preussischen Formulare sind Figuren und die Formelsammlung vorgesetzt, erstere sind entbehrlich, aber immerhin nützlich, letztere ist hier nur weggelassen, weil sie schon einmal (1 bis 11) wiederholt wurde. Die Berechnung der Längen der Dreiecksseiten und ihrer Azimute erfolgt nach preussischer Anweisung im besonderen trigon. Form. 10; hier ist diese Berechnung mit aufgenommen, doch ist die Proberechnung für die Azimute ($\sigma : \delta$) hier weggelassen, jedoch jene nach Formel 11) eingefügt.

Pothenot'sche Aufgabe. 1. Methode.

Rechenformular für Rückwärtseinschneiden. 1. Beispiel.

Zu bestimmen Punkt $P_0 = \odot 6$. Gegeben $P_1 = \odot 17$; $P_2 = \odot 26$; $P_3 = \odot 18$.

$y_2 = -57\,423,82$	$x_2 = +22\,347,59$	$y_3 = -56\,789,62$	$x_3 = +23\,094,54$	$w_{12} = 97^0 57' 19''$
$x_1 = -56\,885,44$	$x_1 = +21\,345,08$	$y_2 = -57\,423,82$	$x_2 = +22\,347,59$	$w_{23} = 65\ 09\ 37$
$y_2 - y_1 = -\ 538,38$	$x_2 - x_1 = +\ 1\,002,51$	$y_3 - y_2 = +\ 634,20$	$x_3 - x_2 = +\ 746,95$	$\alpha_{21} - \alpha_{23} = 111\ 25\ 46$
				$u_1 + u_3 = 85\ 27\ 18$

$y_2 - y_1$	2.73109n		$y_3 - y_2$	2.80223		360 00 00
Sin α_{12}	$\bar{1}.94498$		Cos α_{23}	$\bar{1}.88212$		$\frac{1}{2}(u_1 + u_3) =$ 42 43 39
$x_2 - x_1$	3.00109		$x_3 - x_2$	2.87329		$\frac{1}{2}(u_1 - u_3) = -$ 1 38 37
Tg α_{12}	$\bar{1}.73000$n	$\alpha_{12} = 331^0 45' 46''$	Tg α_{23}	$\bar{1}.92894$	$\alpha_{23} = 40^0 20' 00''$	$u_1 =$ 41 05 02
s_{12}	3.05611	$\alpha_{21} = 151\ 45\ 46$	s_{23}	2.99117		$u_3 =$ 44 22 16
Sin w_{12}	$\bar{1}.99580$	$\alpha_{23} = 40\ 20\ 00$	Sin w_{23}	$\bar{1}.95784$		$u_1 + w_{12} = 139\ 02\ 21$
s_{12} : Sin w_{12}	3.06031	$\alpha_{21} - \alpha_{23} = 111\ 25\ 46$	s_{23} : Sin w_{23}	3.03333		$u_3 + w_{23} = 109\ 31\ 53$
s_{23} : Sin w_{23}	3.03333					
Tg μ	0.02698					

$\mu = 46^0 46' 46''$	Cotg$(45^0 + \mu)$	$\bar{2}.49320$n	$\alpha_{12} = 331^0 45' 46''$	$\alpha_{32} = 220^0 20' 00''$
$45^0 + \mu = 91\ 46\ 46$	Tg $\frac{1}{2}(u_1 + u_3)$	$\bar{1}.96551$	$u_1 = 41\ 05\ 02$	$u_3 = 44\ 22\ 16$
	Tg $\frac{1}{2}(u_1 - u_3)$	$\bar{2}.45781$n	$\alpha_{10} = 12\ 50\ 48$	$\alpha_{30} = 175\ 57\ 44$

s_{12}	3.05611	s_{23}	2.99117	$y_1 = -56\,885,44$	$x_1 = +21\,345,08$
Sin$(u_1 + w_{12})$	$\bar{1}.81660$	Sin$(u_3 + w_{23})$	$\bar{1}.97426$	$\triangle y_1 = +\ 167,47$	$\triangle x_1 = +\ 734,37$
	2.87271		2.96543	$y_0 = -56\,717,97$	$x_0 = +22\,079,45$
Sin w_{12}	$\bar{1}.99580$	Sin w_{23}	$\bar{1}.95784$		
s_{10}	2.87691	s_{30}	3.00759	$y_3 = -56\,789,62$	$x_3 = +23\,094,54$
Sin α_{10}	$\bar{1}.34702$	Sin α_{30}	$\bar{2}.84760$	$\triangle y_3 = +\ 71,65$	$\triangle x_3 = -\ 1\,015,10$
Cos α_{10}	$\bar{1}.98899$	Cos α_{30}	$\bar{1}.99892$n	$y_0 = -56\,717,97$	$x_0 = +22\,079,44$
$\triangle y_1$	2.22393	$\triangle y_3$	1.85519		
$\triangle x_1$	2.86590	$\triangle x_3$	3.00651n		

Probe:

Sin u_3	$\bar{1}.84466$
Sin u_1	$\bar{1}.81767$
Tg μ	0.02699

§ 193. **Pothenots'che Aufgabe in anderer Bearbeitung.** Die im vorigen Paragraphen gelehrte Berechnung ist etwas mühsam. In folgender Art, die einem von Lindemann (Zeitschr. für Vermess. [1875] Bd. VIII, S. 376) gemachten Vorschlage nachgebildet ist, gelingt eine Abkürzung der Rechnung, obgleich die Formel für Tg α_{01} nicht in der für logarithmisches Rechnen bequemen Form ist.

Man geht zunächst darauf aus, die Azimute α_{01}, α_{02}, α_{03} zu bestimmen, welche unter sich verknüpft sind durch die Gleichungen:

$$\alpha_{02} = \alpha_{01} + w_{12}; \qquad \alpha_{03} = \alpha_{01} + w_{13}$$

und mit den Coordinaten in der bekannten Weise:

$$y_1 - y_0 = (x_1 - x_0) \operatorname{Tg} \alpha_{01}; \quad y_2 - y_0 = (x_2 - x_0) \operatorname{Tg} (\alpha_{01} + w_{12}); \quad y_3 - y_0 = (x_3 - x_0) \operatorname{Tg} (\alpha_{01} + w_{13}),$$

2. Beispiel.

Zu bestimmen Punkt $P_0 = \odot$ 41; Gegeben $P_1 = \odot$ 38; $P_2 = \odot$ 72; $P_3 = \odot$ 102.

$y_2 = +1388,20$	$x_2 = +1238,58$	$y_3 = +1974,26$	$x_3 = +341,16$	$w_{12} = 88^0 32' 20''$
$y_1 = +948,24$	$x_1 = +743,18$	$y_2 = +1388,20$	$x_2 = +1238,58$	$w_{23} = 141\ 17\ 40$
$y_2 - y_1 = +439,96$	$x_2 - x_1 = +495,40$	$y_3 - y_2 = +586,06$	$x_3 - x_2 = -897,42$	$\alpha_{21} - \alpha_{23} = 74\ 45\ 17$
				$u_1 + u_3 = 55\ 24\ 43$

						360 00 00
$y_2 - y_1$	2.64 341		$y_3 - y_2$	2.76 794		$\frac{1}{2}(u_1+u_3) = 27\ 42\ 22$
Cos α_{12}	$\bar{1}$.87 373		Cos α_{23}	$\bar{1}$.92 287n		$\frac{1}{2}(u_1-u_3) = 13\ 04\ 35$
$x_2 - x_1$	2.69 496		$x_3 - x_2$	2.95 300n		$u_1 = 40\ 46\ 57$
Tg α_{12}	$\bar{1}$.94 845	$\alpha_{12} = 41^0 36' 29''$	Tg α_{23}	$\bar{1}$.81 494n	$\alpha_{23} = 146^0 51' 12''$	$u_3 = 14\ 37\ 47$
s_{12}	2.82 123	$\alpha_{21} = 221\ 36\ 29$	s_{23}	3.03 013		$u_1 + w_{12} = 129\ 19\ 17$
Sin w_{12}	$\bar{1}$.99 986	$\alpha_{23} = 146\ 51\ 12$	Sin w_{23}	$\bar{1}$.79 610		$u_3 + w_{23} = 155\ 55\ 27$
s_{12} : Sin w_{12}	2.82 137	$\alpha_{21} - \alpha_{23} = 74\ 45\ 17$	s_{23} : Sin w_{23}	3.23 403		
s_{23} : Sin w_{23}	3.23 403					
Tg μ	$\bar{1}$.58 734					

$\mu = 21^0 08' 24''$	Cotg $(45^0 + \mu)$	$\bar{1}$.64 572	$\alpha_{12} = 41^0 36' 29''$	$\alpha_{32} = 326^0 51' 12''$
$45^0 + \mu = 66\ 08\ 24$	Tg $\frac{1}{2}(u_1+u_3)$	$\bar{1}$.72 028	$u_1 = 40\ 46\ 57$	$u_3 = 14\ 37\ 47$
	Tg $\frac{1}{2}(u_1-u_3)$	$\bar{1}$.36 600	$\alpha_{10} = 82\ 23\ 26$	$\alpha_{30} = 312\ 13\ 25$

s_{12}	2.82 123	s_{23}	3.03 013	$y_1 = +948,24$	$x_1 = +743,18$		
Sin (u_1+w_{12})	$\bar{1}$.88 851	Sin (u_3+w_{23})	$\bar{1}$.61 060	$\triangle y_1 = +508,21$	$\triangle x_1 = +67,89$		
	2.70 974		2.64 073	$y_0 = +1456,45$	$x_0 = +811,07$	**Probe.**	
Sin w_{12}	$\bar{1}$.99 986	Sin w_{23}	$\bar{1}$.79 610			Sin u_3	$\bar{1}$.40 238
s_{10}	2.70 988	s_{30}	2.84 463	$y_3 = +1974,26$	$x_3 = +341,16$	Sin u_1	$\bar{1}$.81 504
Sin α_{10}	$\bar{1}$.99 616	Sin α_{30}	$\bar{1}$.86 954n	$\triangle y_3 = -517,81$	$\triangle x_3 = +469,91$	Tg μ	$\bar{1}$.58 734
Cos α_{10}	$\bar{1}$.12 195	Cos α_{30}	$\bar{1}$.82 739	$y_0 = +1456,45$	$x_0 = +811,07$		
$\triangle y_1$	2.70 604	$\triangle y_3$	2.71 417n				
$\triangle x_1$	1.83 183	$\triangle x_3$	2.67 202				

woraus durch Umformung sich die Gleichungen der Strahlen in folgender Form ergeben:

Strahl $P_1 P_0$:

$$y_1 - y_0 = (x_1 - x_0)\,\mathrm{Tg}\,\alpha_{01};$$

Strahl $P_1 P_2$:

$$y_1 - y_0 = y_1 - y_2 - (x_1 - x_2)\,\mathrm{Tg}\,(\alpha_{01} + w_{12}) + (x_1 - x_0)\,\mathrm{Tg}\,(\alpha_{01} + w_{12});$$

Strahl $P_1 P_3$:

$$y_1 - y_0 = y_1 - y_3 - (x_1 - x_3)\,\mathrm{Tg}\,(\alpha_{01} + w_{13}) + (x_1 - x_0)\,\mathrm{Tg}\,(\alpha_{01} + w_{13});$$

woraus durch Elimination der Coordinaten y_0, x_0 folgt:

$$\frac{(x_1 - x_2)\,\mathrm{Tg}\,(\alpha_{01} + w_{12}) - (y_1 - y_2)}{(x_1 - x_3)\,\mathrm{Tg}\,(\alpha_{01} + w_{13}) - (y_1 - y_3)} = \frac{\mathrm{Tg}\,(\alpha_{01} + w_{12}) - \mathrm{Tg}\,\alpha_{01}}{\mathrm{Tg}\,(\alpha_{01} + w_{13}) - \mathrm{Tg}\,\alpha_{01}}$$

Ersetzt man die Differenz zweier Tangenten in bekannter Weise (Anhang III, 45) so kommt rechts

$$\frac{\operatorname{Sin} w_{12}}{\operatorname{Sin} w_{13}} \cdot \frac{\operatorname{Cos}(\alpha_{01}+w_{13})}{\operatorname{Cos}(\alpha_{01}+w_{12})}$$

und durch Division der ganzen Gleichung mit dem zweiten Bruche erhält man:

$$\frac{(x_1-x_2)\operatorname{Sin}(\alpha_{01}+w_{12})-(y_1-y_2)\operatorname{Cos}(\alpha_{01}+w_{12})}{(x_1-x_3)\operatorname{Sin}(\alpha_{01}+w_{13})-(y_1-y_3)\operatorname{Cos}(\alpha_{01}+w_{13})}=\frac{\operatorname{Sin} w_{12}}{\operatorname{Sin} w_{13}}$$

Hieraus soll α_{01} berechnet werden. Man entwickele und dividire die ganze Gleichung durch $\operatorname{Cos}\alpha_{01} \operatorname{Sin} w_{12} \operatorname{Sin} w_{13}$, so erhält man

$$(x_1-x_2)\operatorname{Tg}\alpha_{01}\operatorname{Cotg} w_{12}+(x_1-x_2)-(y_1-y_2)\operatorname{Cotg} w_{12}+(y_1-y_2)\operatorname{Tg}\alpha_{01}=$$
$$(x_1-x_3)\operatorname{Tg}\alpha_{01}\operatorname{Cotg} w_{13}+(x_1-x_3)-(y_1-y_3)\operatorname{Cotg} w_{13}+(y_1-y_3)\operatorname{Tg}\alpha_{01}$$

und demnach:

$$\operatorname{Tg}\alpha_{01}=\frac{x_2-x_3+(y_1-y_2)\operatorname{Cotg} w_{12}-(y_1-y_3)\operatorname{Cotg} w_{13}}{y_3-y_2+(x_1-x_2)\operatorname{Cotg} w_{12}-(x_1-x_3)\operatorname{Cotg} w_{13}}$$

Mit α_{01} und den Pothenot'schen Winkel ergeben sich nach den ersten Formeln die Azimute der anderen von P_0 ausgehenden Strahlen und die umgekehrten. Es lassen sich sonach die Gleichungen der drei Geraden P_0P_1, P_0P_2, P_0P_3 anschreiben, da ihre Richtungsconstanten bekannt sind und die Coordinaten je eines ihrer Punkte (P_1 bezw. P_2, bezw. P_3). Nach den Regeln der analytischen Geometrie lassen sich dann die Coordinaten der Durchschnittspunkte je zweier dieser Geraden finden, das ist y_0 und x_0. Auf diesem Wege gelangt man zu den Formeln:

$$x_0-x_1=\frac{(y_1-y_2)-(x_1-x_2)\operatorname{Tg}(\alpha_{01}+w_{12})}{\operatorname{Tg}(\alpha_{01}+w_{12})-\operatorname{Tg}\alpha_{01}}$$
$$=\frac{(y_1-y_3)-(x_1-x_3)\operatorname{Tg}(\alpha_{01}+w_{13})}{\operatorname{Tg}(\alpha_{01}+w_{13})-\operatorname{Tg}\alpha_{01}}$$

oder, wenn man die Tangentendifferenzen ersetzt (Anh. III, 45), bequemer:

$$x_0-x_1=\frac{(y_1-y_2)\operatorname{Cos}(\alpha_{01}+w_{12})-(x_1-x_2)\operatorname{Sin}(\alpha_{01}+w_{12})}{\operatorname{Sin} w_{12}}\operatorname{Cos}\alpha_{01}$$
$$=\frac{(y_1-y_3)\operatorname{Cos}(\alpha_{01}+w_{13})-(x_1-x_3)\operatorname{Sin}(\alpha_{01}+w_{13})}{\operatorname{Sin} w_{13}}\operatorname{Cos}\alpha_{01}$$

und beachtend, dass $(y_1-y_2):(x_1-x_2)=\operatorname{Tg}\alpha_{21}$; $(y_1-y_3):(x_1-x_3)=\operatorname{Tg}\alpha_{31}$, ferner dass $\alpha_{01}+w_{12}=\alpha_{02}$, $\alpha_{01}+w_{13}=\alpha_{03}$ ist, lassen sich diese Ausdrücke umgestalten in

$$x_0-x_1=(x_1-x_2)\frac{\operatorname{Cos}\alpha_{01}}{\operatorname{Cos}\alpha_{21}}\cdot\frac{\operatorname{Sin}(\alpha_{21}-\alpha_{02})}{\operatorname{Sin} w_{12}}$$
$$=(x_1-x_3)\frac{\operatorname{Cos}\alpha_{01}}{\operatorname{Cos}\alpha_{31}}\cdot\frac{\operatorname{Sin}(\alpha_{31}-\alpha_{03})}{\operatorname{Sin} w_{13}}$$

Die Ordinate wird am einfachsten dann mittelst $y_0-y_1=(x_0-x_1)\operatorname{Tg}\alpha_{10}$ gefunden.

Die doppelte Berechnung von x_0-x_1 gibt schon eine P r o b e r e c h n u n g. Als weitere Proben sind

$$\operatorname{Tg}\alpha_{02}=(y_2-x_0):(x_2-x_0) \quad \text{und} \quad \operatorname{Tg}\alpha_{03}=(y_3-y_0):(x_3-x_0)$$

zu berechnen und mit den bereits gefundenen Werthen von α_{02} und α_{03} zu vergleichen.

Pothenot'sche Aufgabe 2. Methode.

Rechenformular für Rückwärtseinschneiden.

$$\operatorname{Tg}\alpha_{01} = \frac{(x_2 - x_3) + (y_1 - y_2)\operatorname{Cotg} w_{12} - (y_1 - y_3)\operatorname{Cotg} w_{13}}{(y_3 - y_2) + (x_1 - x_2)\operatorname{Cotg} w_{12} - (x_1 - x_3)\operatorname{Cotg} w_{13}};\quad \alpha_{02} = \alpha_{01} - w_{12},\quad \alpha_{03} = \alpha_{01} - w_{13}$$

$$y_0 - y_1 = (x_0 - x_1)\operatorname{Tg}\alpha_{10}$$

$$x_0 - x_1 \begin{cases} = (x_1 - x_2)\dfrac{\operatorname{Cos}\alpha_{01}}{\operatorname{Cos}\alpha_{21}}\dfrac{\operatorname{Sin}(\alpha_{21} - \alpha_{02})}{\operatorname{Sin} w_{12}} \\ = (x_1 - x_3)\dfrac{\operatorname{Cos}\alpha_{01}}{\operatorname{Cos}\alpha_{31}}\dfrac{\operatorname{Sin}(\alpha_{31} - \alpha_{03})}{\operatorname{Sin} w_{13}} \end{cases}$$

Zu bestimmen Punkt $P_0 = \odot\, 27$. Gegeben $P_1 = \odot\, 290$; $P_2 = \odot\, 14$; $P_3 = \triangle\, 16$.

$y_1 = +7\,416{,}48$	$x_1 = +2\,416{,}98$
$y_2 = +7\,820{,}16$	$x_2 = +2\,892{,}42$
$y_3 = +8\,941{,}34$	$x_3 = +2\,392{,}20$
$y_1 - y_2 = -\ 403{,}68$	$x_1 - x_2 = -\ 475{,}44$
$y_1 - y_3 = -1\,524{,}86$	$x_1 - x_3 = +\ 24{,}78$
$y_3 - y_2 = +1\,121{,}18$	$x_2 - x_3 = +\ 500{,}22$

$w_{12} = 46^0\,18'\,20''$; $w_{13} = 104^0\,24'\,30''$

$y_1 = +7416{,}48$	$x_1 = +2416{,}98$
$y_0 - y_1 = +\ 92{,}78$	$x_0 - x_1 = -\ 225{,}32$
$y_0 = +7509{,}26$	$x_0 = +2191{,}66$

$(y_1 - y_2)\operatorname{Cotg} w_{12}$	$2.58\,625_n$
$y_1 - y_2$	$2.60\,604_n$
$\operatorname{Cotg} w_{12}$	$\bar{1}.98\,021$
$x_1 - x_2$	$2.67\,710_n$
$(x_1 - x_2)\operatorname{Cotg} w_{12}$	$2.65\,731_n$
$\operatorname{Tg}\alpha_{21}$	$\bar{1}.92\,894$

$\alpha_{21} = 220^0\,20'\,00''$
$\alpha_{02} = 23\ 55\ 30$
$\alpha_{21} - \alpha_{02} = 196\ 24\ 30$

$(y_1 - y_3)\operatorname{Cotg} w_{13}$	$2.59\,302$
$y_1 - y_3$	$3.18\,323_n$
$\operatorname{Cotg} w_{13}$	$\bar{1}.40\,979_n$
$x_1 - x_3$	$1.39\,410$
$(x_1 - x_3)\operatorname{Cotg} w_{13}$	$0.80\,389_n$
$\operatorname{Tg}\alpha_{31}$	$1.78\,913_n$

$\alpha_{31} = 270^0\,55'\,52''$
$\alpha_{03} = 82\ 01\ 40$
$\alpha_{31} - \alpha_{03} = 188\ 54\ 12$

$x_2 - x_3 = +\ 500{,}22$	$y_3 - y_2 = +\ 1121{,}18$
$(y_1 - y_2)\operatorname{Cotg} w_{12} = -\ 385{,}70$	$(x_1 - x_2)\operatorname{Cotg} w_{12} = -\ 454{,}27$
$-(y_1 - y_3)\operatorname{Cotg} w_{13} = -\ 391{,}76$	$-(x_1 - x_3)\operatorname{Cotg} w_{13} = +\ 6{,}37$
$Z = -\ 277{,}24$	$N = +\ 673{,}28$

Z	$2.44\,286_n$
N	$2.82\,820$
$\operatorname{Tg}\alpha_{01}$	$\bar{1}.61\,466_n$; $\alpha_{01} = 337^0\,37'\,10''$
$x_0 - x_1$	$2.35\,279_n$
$y_0 - y_1$	$1.96\,745$

$x_1 - x_2$	$2.67\,710_n$
$\operatorname{Cos}\alpha_{01}$	$\bar{1}.96\,599$
$\operatorname{Sin}(\alpha_{21} - \alpha_{02})$	$\bar{1}.45\,098_n$
$-\operatorname{Cos}\alpha_{21}$	$\bar{1}.88\,212_n$
$-\operatorname{Sin} w_{12}$	$\bar{1}.85\,916$
$x_0 - x_1$	$2.35\,279_n$

$x_1 - x_3$	$1.39\,410$
$\operatorname{Cos}\alpha_{01}$	$\bar{1}.96\,599$
$\operatorname{Sin}(\alpha_{31} - \alpha_{03})$	$\bar{1}.18\,968_n$
$-\operatorname{Cos}\alpha_{31}$	$2.21\,086$
$-\operatorname{Sin} w_{13}$	$\bar{1}.98\,612$
$x_0 - x_1$	$2.35\,279_n$

Proben.

$y_2 - y_0 = +\ 310{,}90$	$2.49\,262$
$x_2 - x_0 = +\ 700{,}76$	$2.84\,557$
$\operatorname{Tg}\alpha_{02}$	$\bar{1}.64\,705$; $\alpha_{02} = 23^0\,55'\,30''$
$y_3 - y_0 = +\ 1432{,}08$	$3.15\,596$
$x_3 - x_0 = +\ 200{,}54$	$2.30\,220$
$\operatorname{Tg}\alpha_{03}$	$0.85\,376$; $\alpha_{03} = 82^0\,01'\,42''$

§ 194. **Pothenot'sche Aufgabe, Sonderfall.** Der zu bestimmende Punkt P_0 liegt dann mit zweien der gegebenen Punkte auf einer Geraden, wenn einer der drei Pothenot'schen Winkel 0^0 oder 180^0 ist, — er liegt auf der Verlängerung der durch die zwei gegebenen Punkte gehenden Geraden, wenn der eine Pothenot'sche Winkel 0^0 ist, die zwei andern sind dann einander gleich und werden mit dem gemeinschaftlichen Zeichen $w = w_{12} = w_{23}$ bezeichnet: Fall 1). Es werden die zwei mit P_0 auf der Geraden liegenden Punkte mit P_1 (der näher) und P_3, der entferntere bezeichnet. P_0 liegt hingegen zwischen zwei Punkten auf deren Verbindungslinie, wenn der eine Pothenotwinkel (w_{13}) gleich 180^0 gefunden wird und die Summe der zwei andern, $w_{12} + w_{23}$ gleich 180^0 ist: Fall 2).

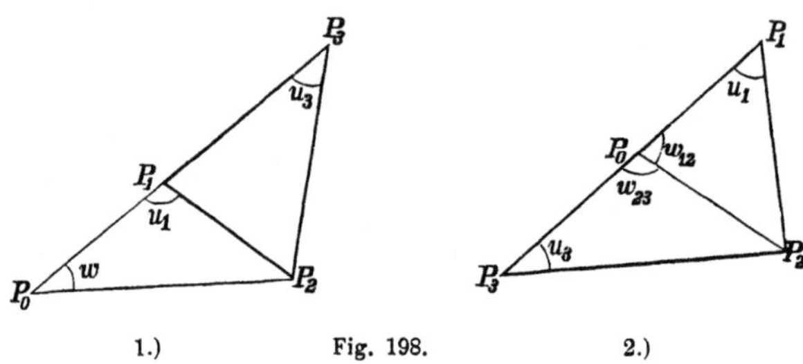

1.) Fig. 198. 2.)

Fall 1): Es ist $u_1 = \alpha_{31} - \alpha_{12}$ und $n_3 = \alpha_{31} - \alpha_{32}$, wobei aber die Differenz immer positiv und kleiner als 180^0 in Rechnung genommen wird. Ferner ist

$$s_{10} = s_{12} \operatorname{Sin}(u_1 + w) : \operatorname{Sin} w \qquad \text{und} \qquad s_{30} = s_{32} \operatorname{Sin}(u_3 + w) : \operatorname{Sin} w,$$

endlich, da $\alpha_{10} = \alpha_{31}$ und $\alpha_{30} = \alpha_{31}$ ist, wird:

$$\begin{aligned} y_0 &= y_1 + s_{10} \operatorname{Sin} \alpha_{31} && = y_3 + s_{30} \operatorname{Sin} \alpha_{31} \\ x_0 &= x_1 + s_{10} \operatorname{Cos} \alpha_{31} && = x_3 + s_{30} \operatorname{Cos} \alpha_{31}. \end{aligned}$$

Die Berechnung ist einfach, und nachfolgendes Beispiel bedarf keiner besonderen Erklärung. Ausser den Proben für die Azimutberechnungen der Dreiecksseiten ($\sigma : \delta$) kann man noch die Proberechnung anstellen, ob $s_{30} - s_{10} = s_{31} =$ der Dreieckseite ist.

Fall 2): Es ist $u_1 = \alpha_{13} - \alpha_{12}$ und $u_3 = \alpha_{32} - \alpha_{31}$. Ferner

$$s_{10} = s_{12} \operatorname{Sin}(u_1 + w_{12}) : \operatorname{Sin} w_{12} \qquad \text{und} \qquad s_{30} = s_{32} \operatorname{Sin}(u_3 + w_{23}) : \operatorname{Sin} w_{23},$$

endlich, da $\alpha_{10} = \alpha_{13}$ und $\alpha_{30} = \alpha_{31}$ sind, wird:

$$\begin{aligned} y_0 &= y_1 + s_{10} \operatorname{Sin} \alpha_{13} && = y_3 + s_{30} \operatorname{Sin} \alpha_{31} \\ x_0 &= x_1 + s_{10} \operatorname{Cos} \alpha_{13} && = x_3 + s_{30} \operatorname{Cos} \alpha_{31}. \end{aligned}$$

Als Probe ist tauglich: $s_{10} + s_{30} = s_{13}$.

Pothenot'sche Aufgabe. Sonderfall 1.

P_0 liegt auf der Verlängerung der Geraden $P_3\,P_1$, weil $w_{12} = w_{13} = w$.

$u_1 = \alpha_{31} - \alpha_{12}$	$s_{10} = s_{12}$ Sin $(u_1 + w)$: Sin w	$y_0 = y_1 + s_{10}$ Sin $\alpha_{31} = y_3 + s_{30}$ Sin α_{31}
$u_3 = \alpha_{31} - \alpha_{32}$	$s_{30} = s_{32}$ Sin $(u_3 + w)$: Sin w	$x_0 = x_1 + s_{10}$ Cos $\alpha_{31} = x_3 + s_{30}$ Cos α_{31}

$y_1 =$ 842,20	$x_1 =$ 948,30	$w =$ 30° 15′ 20″	$\alpha_{31} =$ 245° 38′ 38″
$y_2 =$ 1016,30	$x_2 =$ 624,50	$u_1 =$ 93 54 35	$\alpha_{12} =$ 151 44 03
$y_3 =$ 1438,40	$x_3 =$ 1218,20	$u_3 =$ 30 13 56	$\alpha_{32} =$ 215 24 42
$-y_3 = -$ 596,20	$x_1 - x_3 = -$ 269,9	$u_1 + w =$ 124 09 55	$u_1 =$ 93 54 35
$-y_1 = +$ 174,10	$x_2 - x_1 = -$ 323,8	$u_3 + w =$ 60 29 16	$u_3 =$ 30 13 56
$-y_3 = -$ 422,1	$x_2 - x_3 = -$ 593,7		

$y_1 - y_3$	2.77 539n	$\sigma_{13} = -$ 866,1	2.93 757n	$\sigma_{21} = -$ 149,7	2.17 522n	$\sigma_{23} = -$ 1015,8	3.00 68
Sin α_{31}	$\bar{1}$.95 952n	$\delta_{13} = +$ 326,3	2.51 362	$\delta_{21} = -$ 497,9	2.69 671n	$\delta_{23} = -$ 171,6	2.23 45
$x_1 - x_3$	2.43 120n	Tg$(45^0 + \alpha_{31})$	0.42 395n	Tg$(45^0 + \alpha_{12})$	$\bar{1}$.47 851	Tg$(45^0 + \alpha_{32})$	0.77 22
Tg α_{31}	0.34 419						
s_{13}	2.81 587						

$45^0 + \alpha_{31} = 290^0\,38'\,38''$; $45^0 + \alpha_{12} = 196^0\,44'\,02''$; $45^0 + \alpha_{32} = 260^0\,24'\,4$

$s_{13} = 654,45$

$y_2 - y_1$	2.24 080	$y_2 - y_3$	2.62 542n
Cos α_{12}	$\bar{1}$.94 486n	Cos α_{32}	$\bar{1}$.91 116
$x_2 - x_1$	2.51 028n	$x_2 - x_3$	2.77 357n
Tg α_{12}	$\bar{1}$.73 052n	Tg α_{32}	$\bar{1}$.85 185
s_{12}	2.56 542	s_{32}	2.86 241
$-$ Sin w	$\bar{1}$.70 231	$-$ Sin w	$\bar{1}$.70 231
Sin $(u_1 + w)$	$\bar{1}$.91 773	Sin $(u_3 + w)$	$\bar{1}$.93 965
s_{10}	2.78 084	s_{30}	3.09 975
Sin α_{31}	$\bar{1}$.95 951n	Sin α_{31}	$\bar{1}$.95 951n
Cos α_{31}	$\bar{1}$.61 533n	Cos α_{31}	$\bar{1}$.61 533n
$\triangle y_1$	2.74 035n	$\triangle y_3$	3.05 926n
$\triangle x_1$	2.39 617n	$\triangle x_3$	2.71 508n

$y_1 =$ 842,20	$x_1 =$ 948,30
$\triangle y_1 = -$ 550,00	$\triangle x_1 = -$ 248,99
$y_0 = +$ 292,20	$x_0 = +$ 699,31
$y_3 =$ 1438.40	$x_3 =$ 1218,20
$\triangle y_3 = -$ 1146,20	$\triangle x_3 =$ 518,90
$y_0 = +$ 292,20	$x_0 = +$ 699,30

Probe:

$s_{30} =$ 1258,20
$s_{10} =$ 603,73
$s_{31} =$ 654,47

Ein Formular für den Sonderfall 2) kann wohl erspart werden. Das Kennzeichen des Falls ist $w_{12} + w_{23} = 180^0$, die Rechnung sehr ähnlich der für Fall 1).

§ 195. **Unlösbarer Fall der Pothenot'schen Aufgabe.** Der geometrische Ort all' der Punkte, von welchen aus $P_1\,P_2$ unter dem Winkel w_{12} erscheint, ist ein Kreis; ebenso der geometrische Ort der Punkte, von welchen aus $P_2\,P_3$ unter dem Winkel w_{23} erscheint. Diese zwei Kreise (Fig. 199) schneiden sich zunächst im Punkte P_2, dann in einem zweiten Punkte, der eben P_0, der Pothenot'sche Punkt ist.

Liegen aber P_1, P_2, P_3 und P_0 auf demselben Kreise (Fig. 200), so fallen die eben genannten beiden Kreise, welche über $P_1\,P_2$ den Winkel w_{12} und über $P_2\,P_3$ den Winkel w_{23} fassen, in einen zusammen, sie haben ausser P_2 noch unendlich viele Punkte, wie P_0', P_0'', P_0''' u. s. w., gemeinsam, der Punkt P_0 ist unbestimmt. Das wird durch den Anblick der Figuren noch leichter verständlich. Die den verschiedenen Lagen von P_0 entsprechenden Winkel w_{12} sind als Peripheriewinkel über Sehne $P_1 P_2$ einander gleich, ebenso sind alle w_{23} einander gleich als Peripheriewinkel über Sehne $P_2 P_3$; die Zusammengehörigkeit der Winkel w_{12} und w_{13} ist nichts Kennzeichnendes oder Auszeichnendes mehr für einen Punkt P_0.

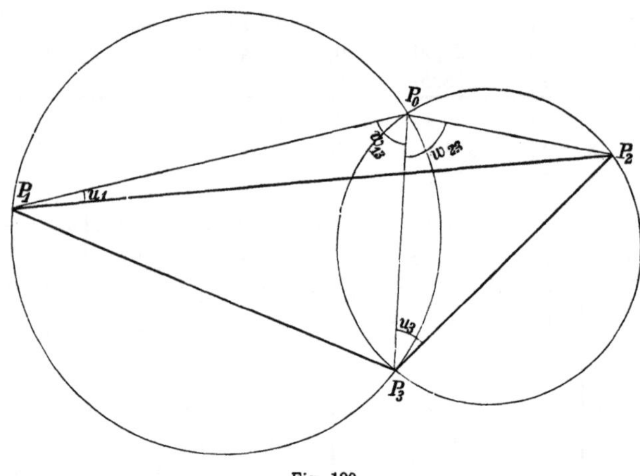

Fig. 199.

Die Pothenot'sche Aufgabe ist daher weder rechnend noch zeichnend lösbar, sobald der gesuchte Punkt mit den drei gegebenen auf einem Kreise liegt, und es ist sofort ersichtlich, dass, wenn das auch nur annähernd der Fall ist, die Aufgabe zwar noch lösbar ist, aber P_0 schlecht bestimmt ist. Ein Sonderfall der Unlöslichkeit besteht darin, dass die vier Punkte auf derselben Geraden, d. i. einem Kreise von unendlich grossem Halbmesser liegen.

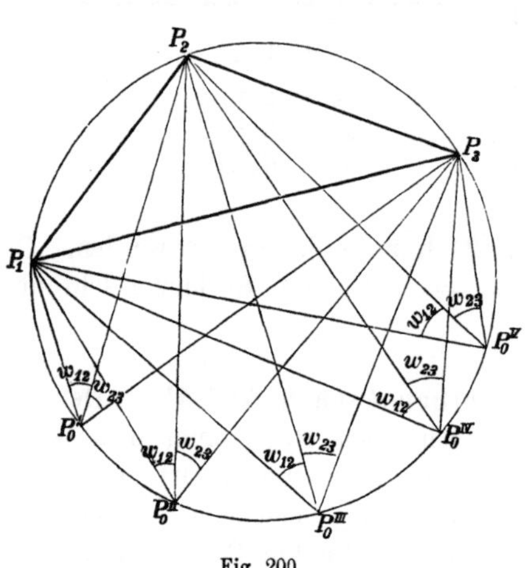

Fig. 200.

Rechnerisch kommt man im Falle der Unlösbarkeit auf die unbestimmte Form $\infty \,.\, 0$ für $\operatorname{Tg} \frac{1}{2} (u_1 + u_3) \operatorname{Cotg} (45^0 + \mu)$. Nämlich u_1 und u_3 sind dann die gegenüberliegenden Winkel eines Sehnenvierecks, also $u_1 + u_3 = 180^0$, $\operatorname{Tg} \frac{1}{2} (u_1 + u_3) = \operatorname{Tg} 90^0 = \infty$. Und da

$$\operatorname{Sin} u_1 = \operatorname{Sin} u_3 = (\operatorname{Sin} 180^0 - u_1),$$

so wird

$$\operatorname{Tg} \mu = \operatorname{Sin} u_{13} : \operatorname{Sin} u_1 = 1, \text{ also } \mu = 45^0 \text{ und } \operatorname{Cotg} (45^0 + \mu) = \operatorname{Cotg} 90^0 = 0.$$

§ 196. Genauigkeit der Pothenot'schen Aufgabe. Untersucht man allgemein, welchen Einfluss eine Ungenauigkeit in den Grössen der gemessenen Winkel w_{12} und w_{23} (oder w_{13}) auf die berechnete Lage von P_0 übt, so gelangt man recht mühsam zu verwickelten Formeln, die wenig Belehrung bieten. Etwas weniger, aber immer noch umständlich genug, ist die Untersuchung über den mittleren Fehler m_0 in der Lagenbestimmung des Punktes P_0 unter der Annahme der mittlere Fehler in jedem der gemessenen Pothenot'schen Winkel sei derselbe, nämlich gleich m.

Diese Untersuchung wird hier nicht angestellt, man kann sie nachsehen in Jordan, „Handb. der Vermessungskunde", Bd. I, § 42, S. 115, dann S. 136. Hier sollen nur einige Ergebnisse nach jener Quelle mitgetheilt werden. Wurden w_{12} und w_{23} gemessen, so ist

$$m_0^2 = \frac{m^2}{\operatorname{Sin}^2(u_1 + u_3)} \cdot \left(\frac{s_{01}^2\, s_{02}^2}{s_{12}^2} + \frac{s_{02}^2 \,.\, s_{03}^2}{s_{23}^2}\right)$$

oder wenn man mit h_{12}, h_{23} die Entfernungen des Punktes P_0 von den Dreiecksseiten $P_1 P_2$ und $P_2 P_3$ bezeichnet:

$$m_0^2 = \frac{m^2}{\operatorname{Sin}^2(u_1 + u_3)} \left(\frac{h_{12}^2}{\operatorname{Sin}^2 w_{12}} + \frac{h_{23}^2}{\operatorname{Sin}^2 w_{23}}\right)$$

Bezeichnet man den Durchmesser des Kreises durch die drei gegebenen Punkte P_1, P_2, P_3 mit d und mit p die Potenz des Punktes P_0 in Bezug auf jenen Kreis, d. h. das Produkt der von jenem Kreise auf einem von P_0 ausgehenden Strahle hervorgebrachten Abschnitte, so findet man, wenn w_{12} und w_{23} mit dem mittleren Fehler m gemessen wurden:

$$m_0^2 = m^2 \frac{d^2}{p^2} \cdot s_{10}^2 \cdot s_{20}^2 \cdot s_{30}^2 \left(\frac{s_{10}^2}{s_{12}^2\, s_{13}^2} + \frac{s_{30}^2}{s_{31}^2\, s_{32}^2}\right),$$

während, wenn etwa w_{12} und w_{13} mit dem selben mittleren Fehler m gemessen worden wären, der Klammerausdruck in vorstehender Formel zu ersetzen wäre durch $\left(\frac{s_{10}^2}{s_{12}^2\, s_{13}^2} + \frac{s_{20}^2}{s_{21}^2\, s_{23}^2}\right)$.

Hat man alle drei Pothenot'schen Winkel gemessen (was man immer thun soll) und nach der Methode der kleinsten Quadrate ausgeglichen, so findet man:

$$m_0^2 = m^2 \frac{d^2}{3\, p^2} s_{01}^2\, s_{02}^2\, s_{03}^2 \left(\frac{s_{01}^2}{s_{12}^2\, s_{13}^2} + \frac{s_{02}^2}{s_{21}\; s_{23}^2} + \frac{s_{03}^2}{s_{31}^2\, s_{32}^2}\right).$$

Ein relatives Minimum des Pothenot'schen Bestimmungsfehlers tritt auf, wenn die Potenz p ein Maximum ist. Das ist für Punkte, die innerhalb des durch P_1, P_2 und P_3 gezogenen Kreises liegen, dessen Mittelpunkt, und für diesen Punkt ist die Pothenot'sche Bestimmung überhaupt am allergünstigsten.

Für Punkte ausserhalb des Kreises durch P_1, P_2, P_3 wird die Potenz p zum Maximum für unendlich entfernte Punkte, zugleich werden dann aber die Strecken s_{01}, s_{02}, s_{03} unendlich, und die Bedingung für das Minimum des Fehlers ist in allgemeiner Form nicht angebbar.

„Für die Fälle praktischer Anwendung wird aber, um die bestmögliche Combination zu finden, eine angenäherte Abschätzung der zu befürchtenden mittleren Fehler auf Grund der mitgetheilten Formeln immer als ausreichend erscheinen." — — Die Resultate der Vergleichungen der Genauigkeit der Pothenot'schen Bestimmungen mit anderen (Vorwärtsabschneiden u. s. w.) „zeigen aufs Deutlichste den theoretischen Vorzug des Rückwärtseinschneidens, insofern die mittleren Fehler bei dieser Bestimmungsart durchschnittlich kleiner als die der einfachen Dreiecksverbindungen sind, vorausgesetzt nur, dass eine zweckmässige Combination der gegebenen Punkte aufgesucht und solche überhaupt möglich war. Ist diese aber vorhanden, so muss die Anwendung der Pothenot'schen Aufgabe als eine der rationellsten Methoden der trigonometrischen Punktbestimmung bezeichnet werden." (Franke, „Grundlehren d. trigon. Vermess. u. s. w." S. 190). Aus Jordan, „Handbuch der Vermess." Bd. I, S. 136 ist nebenstehende Figur (201) entlehnt: in den schraffirten Gebietstheilen ist Vorwärtsabschneiden günstiger, in den nicht schraffirten Gebietstheilen aber Pothenot'sche Bestimmung in Anlehnung an das gezeichnete gleichseitige Dreieck günstiger. Innerhalb des Dreiecks selbst verdient hinsichtlich der Genauigkeit das Rückwärtseinschneiden den Vorzug, auf dem Kreise durch die Dreieckspunkte ist es überhaupt unmöglich.

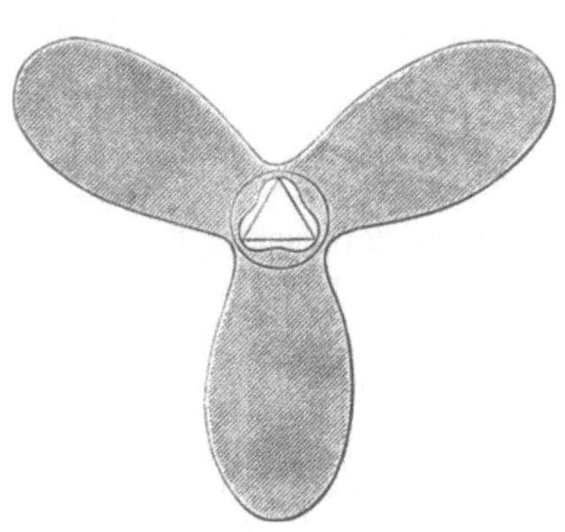

Fig. 201.

§ 197. **Mehrfache Pothenot'sche Bestimmung.** Es ist sehr nützlich, einen Punkt P_0 in eine vorhandene Vermessung durch Rückwärtseinschneiden mittelst mehr als einer Gruppe von drei Punkten einzuschalten und man wird dieses sehr häufig thun können, weil mehr als drei bekannte Punkte von P_0 aus sichtbar sind. Die Ergebnisse werden nicht übereinstimmen und man muss dann eine Ausgleichung vornehmen. Dabei wird man das Mitgetheilte über die mittleren Fehler jeder einzelnen Bestimmung verwerthen, um den einzelnen Bestimmungen verschiedenes Gewicht beizulegen und mit Rücksicht auf dieses das Mittel jener Bestimmungen nehmen.

Je mehr Pothenot'sche Bestimmungen man für einen Punkt vornehmen kann, desto weniger Unsicherheit wird schliesslich über dessen Lage verbleiben. Sind nun 5 Punkte von P_0 aus sichtbar und benutzt, so gibt es schon 10 verschiedene Combinationen dieser zu je 3, und sind 6 Punkte benutzt, schon 20 solcher Combinationen, so dass, wenn man diese alle in Rechnung nimmt (nachdem jede doppelt berechnet ist), die Arbeit schon sehr mühsam wird. Das arithmetische Mittel, selbst wenn man die Gewichtsbestimmungen der einzelnen Ergebnisse gemacht hat, liefert aber doch noch nicht das theoretisch beste Ergebniss. Hier wird nun die Anwendung der Methode der kleinsten Quadrate (Anhang X), die sonst wegen allzu weitläufiger Rechnung in der elementaren Vermessung selten angewendet wird, gute Dienste thun. Das Verfahren ist folgendes, mit dem Beispiele entnommen aus F. G. Gauss, „Die trigonometr. u. polygonometr. Rechnungen in der Feldmesskunst". S. 125 ff.

Man berechnet aus der günstigsten Combination dreier der bekannten Punkte (P_1, P_2, P_3, P_4 ... P_n) die Werthe der u und erhält damit Näherungswerthe von y_0 und x_0, die so zu verbessern sind, dass allen beobachteten Winkeln w am besten entsprechen wird.

Man berechne aus den genäherten Werthen von y_0, x_0 und den bekannten Coordinaten der Punkte P_1, $P_2 \ldots P_n$ die Azimute α_{01}, $\alpha_{02} \ldots \alpha_{0n}$ und die Längen s_{01}, $s_{02} \ldots s_{0n}$ nach bekannter Weise. Dann die Hülfsgrössen:

$$k_1 = \varrho'' \operatorname{Sin} \alpha_{01} : s_{01}\,; \quad k_2 = \varrho'' \operatorname{Sin} \alpha_{02} : s_{02} \ldots \quad k_n = \varrho'' \operatorname{Sin} \alpha_{0n} : s_{0n}$$
$$l_1 = \varrho'' \operatorname{Cos} \alpha_{01} : s_{01}\,; \quad l_2 = \varrho'' \operatorname{Cos} \alpha_{02} : s_{02} \ldots \quad l_n = \varrho'' \operatorname{Cos} \alpha_{0n} : s_{0n}\,,$$

wo $\varrho'' = 206265''$. Die Azimute wird man schärfer mit 7stelligen Logarithmen berechnen, während sonst 5stellige genügen. Man bilde nun die Differenzen:

$$\alpha_{02} - (\alpha_{01} + w_{12}) = f_2 \quad \alpha_{03} - (\alpha_{02} + w_{23}) = f_3 \ldots \quad \alpha_{0n} - (\alpha_{01} + w_{1n}) = f_n$$
$$k_2 - k_1 = a_2 \quad k_3 - k_1 = a_3 \ldots \quad k_n - k_1 = a_n$$
$$l_2 - l_1 = b_2 \quad l_3 - l_1 = b_3 \ldots \quad l_n - l_1 = b_n$$

Es bestehen die Bedingungsgleichungen:

$$0 = f_2 + a_2 \delta x + b_2 \delta y$$
$$0 = f_3 + a_3 \delta x + b_3 \delta y$$
$$\vdots$$
$$0 = f_n + a_n \delta x + b_n \delta y$$

Deren methodische Auflösung erfolgt so, dass man jede zuerst mit ihrem Coefficienten von δx (d. i. mit a) multiplizirt und alle addirt; dann jede einzelne Gleichung mit ihrem Coefficienten von δy (d. i. mit b) multiplizirt und alle addirt. So erhält man:

$$0 = [af] + [aa]\,\delta x + [ab]\,\delta y \qquad \delta y = \frac{[ab][af] - [aa][bf]}{[aa][bb] - [ab][ab]}$$

also

$$0 = [bf] + [ab]\,\delta x + [bb]\,\delta y \qquad \delta x = \frac{[ab][bf] - [bb][af]}{[aa][bb] - [ab][ab]}$$

wobei die eckigen Klammern die bekannte Bedeutung der Summation haben (Anhang X). Man bildet nun $y + \delta y$ und $x + \delta x$ als Schlusswerthe.

Die diesen entsprechenden Azimute sind von den früher berechneten, angenäherten etwas verschieden und zwar sind die Zusätze:

$$\delta\alpha_{01} = k_1\,\delta x + l_1\,\delta y$$
$$\delta\alpha_{02} = k_2\,\delta x + l_2\,\delta y$$
$$\vdots$$
$$\delta\alpha_{0n} = k_n\,\delta x + l_n\,\delta y$$

Die Differenz der endgültigen Azimute gibt dann die ausgeglichenen Pothenot'schen Winkel w, z. B.

$$w_{12} + \delta w_{12} = (\alpha_{02} + \delta\alpha_{02}) - (\alpha_{01} + \delta\alpha_{01}) \text{ u. s. f.}$$

und durch Vergleich mit den gemessenen w findet man die Verbesserungen δw an diesen. Deren Quadratsumme muss Minimum sein.

Beispiel:	y	s	w
P_1	+ 16 955,71	— 20 301,88	
P_2	+ 19 769,40	— 20 021,33	$w_{12} =$ 30° 57′ 15″
P_3	+ 19 756,65	— 24 832,28	$w_{13} =$ 94 21 27
P_4	+ 16 077,78	— 24 733,36	$w_{14} =$ 142 48 49
P_5	+ 12 277,45	— 25 432,28	$w_{15} =$ 189 47 04
P_6	+ 8 697,63	— 21 397,94	$w_{16} =$ 237 31 41
P_7	+ 14 148,28	— 17 650,33	$w_{17} =$ 300 57 22

Die Combination $P_7\ P_1\ P_3$ gibt die genäherten Coordinaten

$$y_0 = + 15962,50, \quad x_0 = - 21719,72$$

	P_1	P_2	P_3	P_4	P_5	P_6	P_7
$y_n - y_0$	+ 993,21	+ 3 806,90	+ 3 794,15	+ 115,28	— 3 685,05	— 7 264,87	— 1 814,22
$x_n - x_0$	+ 1417,84	+ 1 698,39	— 3 112,56	— 3 013,64	— 3 712,56	+ 321,78	+ 4 069,39
$\log (y_n - y_0)$	2.997 0411	3.580 5715	3.579 1145	2.061 7540	3.566 4434n	3.861 2278n	3.258 6900n
$\log (x_n - x_0)$	$\underline{3}$.151 6272	3.230 0374	3.493 1177n	$\underline{3}$.479 0914n	$\underline{3}$.569 6735n	2.507 5590	$\underline{3}$.609 5293
$\log \text{Tg}\ \alpha_{0n}$	1.845 4139	0.350 3541	0.085 9968n	2.582 6626n	1.996 7699	1.353 6688n	1.649 1607n
α_{0n}	35° 00′41,76″	65° 57′24,11″	129°21′50,40″	177°48′33,65″	224°47′12,95″	272°32′10,04″	335°58′18,02″
$\log \text{Sin}\ \alpha_{0n}$	$\bar{1}$.758 7168	$\bar{1}$.960 5839	$\bar{1}$.888 2538	$\bar{2}$,582 3451	$\bar{1}$.847 8640n	$\bar{1}$.999 5744n	$\bar{1}$.609 7952n
$\log \text{Cos}\ \alpha_{0n}$	1.913 3029	1.610 0498	1.802 2570n	1.999 6825n	1.851 0941n	2.645 9056	1.960 6345
$\log s_{0n}$	3.23 832	3.61 999	3.69 086	3.47 941	3.71 858	3.86 165	3.64 889
$\log (\text{Sin}\ \alpha_{0n} : s_{0n})$	$\bar{4}$.52 040	$\bar{4}$.34 059	$\bar{4}$.19 739	$\bar{5}$.10 294	$\bar{4}$.12 928n	$\bar{4}$.13 792n	$\bar{5}$.96 091
$\log (\text{Cos}\ \alpha_{0n} : s_{0n})$	4.67 498	5.99 006	4.11 140n	4.52 027n	4.13 251n	6.78 426	4.31 174
$\log \left(\varrho'' \frac{\text{Sin}\ \alpha_{0n}}{s_{0n}}\right)$	1.83 483	1.65 502	1.51 182	0.41 737	1.44 371n	1.45 235n	1.27 534n
$\log \left(-\varrho'' \frac{\text{Cos}\ \alpha_{0n}}{s_n}\right)$	1.98 941n	1.30 449n	1.42 583	1 83 470	1.44 694	0 09 869n	1.62 617n
k_n	+ 68,36	+ 45,19	+ 32,50	+ 2,61	— 27,78	— 28,34	— 18,85
l_n	— 97,59	— 20,16	+ 26,66	+ 68,34	+ 27,99	— 1,26	— 42,28
w_{1n}	—	30°57′15″	94°21′27″	142°48′49″	189°47′04″	237°31′41″	300°57′22″
$\alpha_{01} + w_{1n}$	—	65 57 56,76	129 22 08,76	177 49 30,76	224 47 45,76	272 32 22,76	335 58 03,76
$f = \alpha_{0n} - (\alpha_{01} + w_{1n})$	—	— 32,56	— 18,36	— 57,11	— 32,81	— 12,72	+ 14,26
$a_n = k_n - k_1$	—	— 23,17	— 35,86	— 65,75	— 96,14	— 96,70	— 87,21
$b_n = l_n - l_1$	—	+ 77,43	+ 124,25	+ 165,93	+ 125,58	+ 96,33	+ 55,31

Demnach lauten die Bedingungsgleichungen:

$$0 = -32{,}7 - 23{,}2\,\delta x + 77{,}4\,\delta y$$
$$0 = -18{,}4 - 35{,}9\,\delta x + 124{,}3\,\delta y$$
$$0 = -57{,}1 - 65{,}8\,\delta x + 165{,}9\,\delta y$$
$$0 = -32{,}8 - 96{,}1\,\delta x + 125{,}6\,\delta y$$
$$0 = -12{,}7 - 96{,}7\,\delta x + 96{,}3\,\delta y$$
$$0 = +14{,}3 - 87{,}2\,\delta x + 55{,}3\,\delta y$$

Der Ansatz der Bedingungsgleichungen und die Formirung der Normalgleichungen lässt sich zweckmässig ebenfalls in tabellarischer Form bewirken, wie folgt:

	a	b	f	aa	ab	af	bb	bf
P_2	— 23,2	+ 77,4	— 32,7	538	— 1 796	+ 759	5 991	— 2 531
P_3	— 25,9	+ 124,3	— 18,4	1 289	— 4 462	+ 661	15 450	— 2 287
P_4	— 65,8	+ 165,9	— 57,1	4 330	— 10 916	+ 3 757	27 523	— 9 473
P_5	— 96,1	+ 125,6	— 32,8	9 235	— 12 070	+ 3 152	15 775	— 4 120
P_6	— 96,7	+ 96,3	— 12,7	9 351	— 9 312	+ 1 228	9 274	— 1 223
P_7	— 87,2	+ 55,3	+ 14,3	7 604	— 4 822	— 1 247	3 058	+ 791
				3 2347	— 4 3378	+ 8 310	77 071	— 18 843

Die Normalgleichungen sind hiernach:

$$0 = +\ 8\,310 + 32\,347\,\delta x - 43\,378\,\delta y$$
$$0 = -18\,843 - 43\,378\,\delta x + 77\,071\,\delta y$$

aus deren Auflösung (mittelst Determinanten) sich ergibt:

	$\delta y = +\ 0{,}407$	$\delta x = +\ 0{,}289$
Es war:	$y_0 = +15\,962{,}50$	$x_0 = -21\,719{,}72,$
mithin sind die definitiven Coordinaten für P_0:	$y_0 + \delta y = $ **+ 15 962,907**	$x_0 + \delta x = $ **— 21 719,43**

Die Verbesserungen der Azimute $\delta\alpha$ sind

$$\delta\alpha_{01} = +68{,}36 \cdot 0{,}289 - 97{,}59 \cdot 0{,}407 = -19{,}96''$$
$$\delta\alpha_{02} = +45{,}19 \cdot 0{,}289 - 20{,}16 \cdot 0{,}407 = +\ 4{,}85$$
$$\delta\alpha_{03} = +32{,}50 \cdot 0{,}289 + 26{,}66 \cdot 0{,}407 = +20{,}24$$
$$\delta\alpha_{04} = +\ 2{,}61 \cdot 0{,}289 + 68{,}34 \cdot 0{,}407 = +28{,}57$$
$$\delta\alpha_{05} = -27{,}78 \cdot 0{,}289 + 27{,}99 \cdot 0{,}407 = +\ 3{,}36$$
$$\delta\alpha_{06} = -28{,}34 \cdot 0{,}289 - \ 1{,}26 \cdot 0{,}407 = -\ 8{,}70$$
$$\delta\alpha_{07} = -18{,}85 \cdot 0{,}289 - 42{,}28 \cdot 0{,}407 = -22{,}60$$

Die definitiven Azimute und Pothenot'schen Winkel und die Verbesserungen an letztern ergeben sich:

$\alpha_{01} + \delta\alpha_{01} = 35^0\,00'\,21{,}80''$		
$\alpha_{02} + \delta\alpha_{02} = 65\ 57\ 28{,}96$	$w_{12} + \delta w_{12} = 30^0\,57'\,07{,}16''$	$\delta w_{12} = -\ 7{,}84''$
$\alpha_{03} + \delta\alpha_{03} = 129\ 22\ 10{,}64$	$w_{13} + \delta w_{13} = 94\ 21\ 48{,}84$	$\delta w_{13} = +21{,}84$
$\alpha_{04} + \delta\alpha_{04} = 177\ 49\ 02{,}22$	$w_{14} + \delta w_{14} = 142\ 48\ 40{,}42$	$\delta w_{14} = -\ 8{,}58$
$\alpha_{05} + \delta\alpha_{05} = 224\ 47\ 16{,}31$	$w_{15} + \delta w_{15} = 189\ 46\ 54{,}51$	$\delta w_{15} = -\ 9{,}49$
$\alpha_{06} + \delta\alpha_{06} = 272\ 32\ 01{,}34$	$w_{16} + \delta w_{16} = 237\ 31\ 39{,}54$	$\delta w_{16} = -\ 1{,}46$
$\alpha_{07} + \delta\alpha_{07} = 335\ 57\ 55{,}36$	$w_{17} + \delta w_{17} = 300\ 57\ 33{,}56$	$\delta w_{17} = +11{,}56$

Die Summe der Quadrate der Verbesserungen der Pothenot'schen Winkel $[(\delta w^2)]$, hier 838, muss ein Minimum sein. Die lediglich aus der Combination $P_6\ P_1\ P_3$ für P_0 abgeleiteten Coordinaten würden, wenn sie beibehalten worden wären, die

$$f_2 = -32{,}65'' \qquad f_5 = -32{,}81''$$
$$f_3 = -18{,}36 \qquad f_6 = -12{,}72$$
$$f_4 = -57{,}11 \qquad f_7 = +14{,}26$$

als Verbesserungen der Pothenot'schen Winkel bedingen. Ihre Quadratensumme ist 6 106, d. h. mehr als 7mal so gross als hier, die wahrscheinliche Genauigkeit von $y_0 + \delta y$ und $x_0 + \delta y$ ist mithin sehr viel grösser als die von y_0, x_0, wie sie provisorisch gefunden waren.

§ 198. **Erweiterte Pothenot'sche Aufgabe** liegt vor, wenn durch Winkelmessungen allein die Coordinaten von mehr als einem Punkt ermittelt werden, beziehungsweise diese angeschlossen werden sollen an drei, ihren Coordinaten nach bekannte Punkte P_1, P_2, P_3 (die unzugänglich sein könnten). Erforderlich ist, dass von allen zu bestimmenden Punkten nach dem mittleren (P_2) der drei gekannten gezielt werden kann, ferner, dass man die Winkel messen kann, zwischen dem nach P_2 gerichteten Strahle und den Strahlen nach den benachbarten zu bestimmenden Punkten, anders gesagt: mit den beiden im Punkte zusammentreffenden Seiten des geschlossenen Polygons, dessen Eckpunkte die zu bestimmenden und dessen letzte Seiten die Verbindungslinien $P_1\ P_2$ und $P_2\ P_3$ sind. Der Winkel zwischen der Diagonale nach P_2 und der nach dem vorhergehenden Punkte zielenden Seite werde v genannt, der zwischen der Diagonale und der folgenden Vielecksseite w, der Index gibt den Scheitel an. Die Polygonwinkel bei $P_1\,P_2\,P_3$ sollen u_1, u_2, u_3 genannt werden, von denen $u_2 = \alpha_{21} - \alpha_{23}$ leicht in bekannter Art aus den Coordinaten der drei gegebenen Punkte berechenbar ist. Dieser Winkel u_2 wird durch die Diagonalen in die Theile t_3, t_4, $t_5 \ldots t_n$ zerlegt.

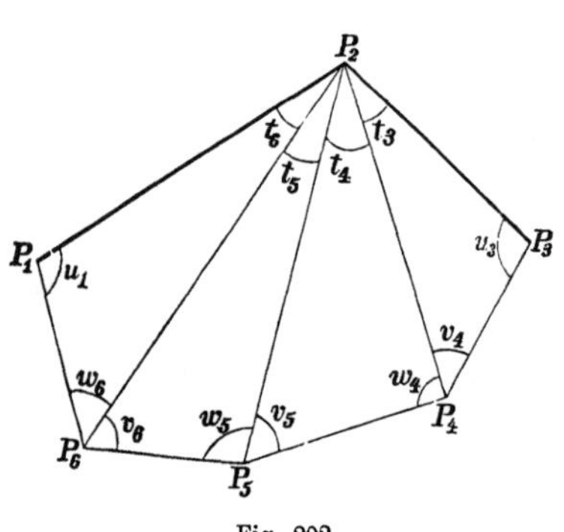

Fig. 202.

Durch wiederholte Anwendung des Sinussatzes gelangt man zu den Gleichungen:

$$s_{23} : s_{24} = \text{Sin}\ v_4 : \text{Sin}\ u_3$$
$$s_{24} : s_{25} = \text{Sin}\ v_5 : \text{Sin}\ w_4$$
$$s_{25} : s_{26} = \text{Sin}\ v_6 : \text{Sin}\ w_5$$
$$\vdots$$
$$s_{2n} : s_{21} = \text{Sin}\ u_1 : \text{Sin}\ w_n$$

woraus: $s_{23} : s_{21} = \text{Sin}\ u_1\ \text{Sin}\ v_4\ \text{Sin}\ v_5 \ldots \text{Sin}\ v_n : \text{Sin}\ u_3\ \text{Sin}\ w_4\ \text{Sin}\ w_5 \ldots \text{Sin}\ w_n$

oder $$\frac{\operatorname{Sin} u_3}{\operatorname{Sin} u_1} = \frac{s_{21} \operatorname{Sin} v_4 \operatorname{Sin} v_5 \operatorname{Sin} v_6 \ldots \operatorname{Sin} v_n}{s_{23} \operatorname{Sin} w_4 \operatorname{Sin} w_5 \operatorname{Sin} w_6 \ldots \operatorname{Sin} w_n} = \operatorname{Tg} \mu \text{ (Hülfswinkel)}$$

und nach bekannter Entwickelung

$$\operatorname{Tg} \tfrac{1}{2}(u_1 - u_3) = \operatorname{Cotg}(45^0 + \mu) \operatorname{Tg} \tfrac{1}{2}(u_1 + u_3)$$

Es ist aber

$$u_1 + u_2 + u_3 + (v_4 + v_5 + v_6 + \ldots v_n) + (w_4 + w_5 + w_6 + \ldots w_n) = 2(n-2) \cdot 90^0$$

(wegen bekannter Winkelsumme eines nEcks).

Also

$$\tfrac{1}{2}(u_1 + u_3) = (n-2).90^0 - \tfrac{1}{2} u_2 - \tfrac{1}{2}(v_4 - v_5 + \ldots v_n) - \tfrac{1}{2}(w_4 + w_5 + \ldots w_n)$$

Somit ist aus bekannten (gegebenen und gemessenen) Stücken der Werth $\tfrac{1}{2}(u_1 - u_3)$, der immer $< 180^0$ und positiv genommen wird, berechenbar, damit aber auch u_1 und u_3 bestimmt. Als Proberechnung ist zu empfehlen $\operatorname{Tg} \mu = \operatorname{Sin} u_3 : \operatorname{Sin} u_1$.

Es lassen sich die Werthe s_{24}, $s_{25} \ldots s_{2n}$ alle berechnen, ebenso dann probeweise noch s_{21}.

Nun ist

$$\left.\begin{aligned} t_3 &= 180^0 - u_3 - v_4 \\ t_4 &= 180^0 - w_4 - v_5 \\ t_5 &= 180^0 - w_5 - v_6 \\ &\vdots \\ t_n &= 180^0 - w_n - u_1 \end{aligned}\right\} \text{Probe: } t_3 + t_4 + t_5 + \ldots t_n = u_2$$

Nachdem auch die t bestimmt, findet man einfach:

$$\begin{array}{l|l} y_4 = y_2 + s_{24} \operatorname{Sin}(\alpha_{23} + t_3) & x_4 = x_2 + s_{24} \operatorname{Cos}(\alpha_{23} + t_3) \\ y_5 = y_2 + s_{25} \operatorname{Sin}(\alpha_{23} + t_3 + t_4) & x_5 = x_2 + s_{25} \operatorname{Cos}(\alpha_{23} + t_3 + t_4) \\ y_6 = y_2 + s_{26} \operatorname{Sin}(\alpha_{23} + t_3 + t_4 + t_5) & x_6 = x_2 + s_{26} \operatorname{Cos}(\alpha_{23} + t_3 + t_4 + t_5) \\ \ldots & \ldots \\ y_n = y_2 + s_{2n} \operatorname{Sin}(\alpha_{23} + t_3 + t_4 + \ldots t_{n-1}) & x_n = x_2 + s_{2n} \operatorname{Cos}(\alpha_{23} + t_3 + t_4 + \ldots t_{n-1}) \end{array}$$

und zur Probe:

$$y_1 = y_2 + s_{21} \operatorname{Sin}(\alpha_{23} + t_3 + t_4 + \ldots t_{n-1} + t_n) \mid x_1 = x_2 + s_{21} \operatorname{Cos}(\alpha_{23} + t_3 + t_4 + \ldots t_{n-1} + t_n)$$

Das Ergebniss der nach vorstehender Formel geführten Berechnung muss übereinstimmen mit den von vornherein gegebenen Werthen von y_1 und x_1.

Ist der Unterschied zwischen u_1 und u_3 sehr klein, so wird die Berechnung nicht sehr scharf, da dann $45^0 + \mu$ sehr nahezu 90^0 ist und in dessen Nähe die Cotangente rasch ändert. Mit Rücksicht darauf ist das nachfolgende Beispiel mit 7stelligen, statt der sonst ausreichenden 5stelligen Logarithmen berechnet.

$\text{Tg}\,\alpha_{21} = (y_2 - y_1):(x_2 - x_1)$; $s_{21} = (y_2 - y_1):\text{Sin}\,\alpha_{21}$; $\text{Tg}\,\alpha_{23} = (y_3 - y_2):(x_3 - x_2)$; $s_{23} = (x_3 - x_2):\text{Cos}\,\alpha_{23}$; $u_2 = \alpha_{21} - \alpha_{23}$

$u_1 + u_3 = (n-2)\,180^0 - u_2 - \Sigma v - \Sigma w$; $\text{Tg}\,\mu = \dfrac{s_{21}\,\text{Sin}\,v_4\,\text{Sin}\,v_5 \ldots \text{Sin}\,v_n}{s_{23}\,\text{Sin}\,w_4\,\text{Sin}\,w_5 \ldots \text{Sin}\,w_n}$; $\text{Tg}\,\tfrac{1}{2}(u_1 - u_3) = \text{Cotg}\,(45^0 + \mu)$; $\text{Tg}\,\tfrac{1}{2}(u_1 + u_3)$

$t_3 = 180^0 - (u_3 + v_4)$; $t_4 = 180^0 - (w_4 + v_5) \ldots t_n = 180^0 - (w_n + u_1)$; $\alpha_{24} = \alpha_{23} + t_3$; $\alpha_{25} = \alpha_{24} + t_4 +; \ldots \alpha_{2n} = \alpha_{2n-1} + t_{n-1}$.

$y_1 =$ 484,16	$x_1 =$ 1054,36	$v_4 =$ 49° 19′ 41″	$w_4 =$ 57° 58′ 28″	$\Sigma v =$ 189° 37′ 43″
$y_2 =$ 892,13	$x_2 =$ 1298,92	$v_5 =$ 87 26 39	$w_5 =$ 86 27 56	$\Sigma w =$ 184 30 36
$y_3 =$ 1360,48	$x_3 =$ 1124,38	$v_6 +$ 52 51 23	$w_6 =$ 40 04 12	$u_2 =$ 128 37 13
$y_1 - y_2 = -$ 407,97	$x_1 - x_2 = -$ 244,56	189 37 43	184 30 36	$u_1 + u_3 =$ 217 14 28
$y_3 - y_2 = +$ 468,35	$x_3 - x_2 = -$ 174,54			720 00 00

$y_1 - y_2$	2.6106282n
$\text{Sin}\,\alpha_{21}$	$\bar{1}$.9333348
$x_1 - x_2$	2.3883854n
$\text{Tg}\,\alpha_{21}$	0.2222428
s_{21}	2.6772934
$\text{Sin}\,v_4$	$\bar{1}$.8799290
$\text{Sin}\,v_5$	$\bar{1}$.9995678
$\text{Sin}\,v_6$	$\bar{1}$.9015262
Z	2.4583164
N	2.4349816
$\text{Tg}\,\mu$	0.0233348

$\alpha_{21} = 239^0\,03'\,33''$

s_{24}	2.8056663
s_{25}	2.7343979
s_{26}	2.8320449
s_{21}	2.6772941
$\text{Sin}\,u_1$	$\bar{1}$.9634498

$\text{Sin}\,u_3$	$\bar{1}$.9867853
$s_{23}\,\text{Sin}\,u_3$	2.6855953
$s_{24}\,\text{Sin}\,w_4$	2.7339657
$s_{25}\,\text{Sin}\,w_5$	2.7335711
$s_{26}\,\text{Sin}\,w_6$	2.6407439

Probe: $\text{Tg}\,\mu = \dfrac{\text{Sin}\,u_3}{\text{Sin}\,u_1}$ | $\text{Tg}\,\mu$ | 0.0233355

$\mu = 46^0\,32'\,18{,}7''$ $45^0 + \mu = 91^0\,32'\,18{,}7''$

$\text{Cotg}\,(45^0 + \mu)$	$\bar{2}$.4290871n
$\text{Tg}\,\tfrac{1}{2}(u_1 + u_3)$	0.4724518n
$\text{Tg}\,\tfrac{1}{2}(u_1 - u_3)$	$\bar{2}$.9015389

$y_3 - y_2$	2.6705705
$\text{Sin}\,\alpha_{23}$	$\bar{1}$.9717605
$x_3 - x_2$	2.2418950n
$\text{Tg}\,\alpha_{23}$	0.4286755n
s_{23}	2.6988100
$\text{Sin}\,w_4$	$\bar{1}$.9282994
$\text{Sin}\,w_5$	$\bar{1}$.9991732
$\text{Sin}\,w_6$	$\bar{1}$.8086990
N	2.4349816

$\alpha_{23} = 110^0\,26'\,20''$

$\tfrac{1}{2}(u_1 + u_3) =$	108° 37′ 14″
$\tfrac{1}{2}(u_1 - u_3) =$	4 33 28
$u_1 =$	113 10 42
$u_3 =$	104 03 46
$w_4 + v_5 =$	145 25 07
$t_4 =$	34 34 53
$w_6 + u_1 =$	153 14 54
$t_6 =$	26 45 06

$u_3 + v_4 =$	153° 23′ 27″
$t_3 =$	26 36 33
$w_5 + v_6 =$	139 19 19
$t_5 =$	40 40 41
$\alpha_{24} = \alpha_{23} + t_3 =$	137 02 53
$\alpha_{26} = \alpha_{25} + t_5 =$	212 18 27

$\alpha_{25} = \alpha_{24} + t_4 =$	171 37 46
$\alpha_{21} = \alpha_{26} + t_6 =$	239 03 33

s_{24}	2.8056663	s_{25}	2.7343979	s_{26}	2.8320449
$\text{Sin}\,\alpha_{24}$	$\bar{1}$.8333924	$\text{Sin}\,\alpha_{25}$	$\bar{1}$.1630856	$\text{Sin}\,\alpha_{26}$	$\bar{1}$.7279176n
$\text{Cos}\,\alpha_{24}$	$\bar{1}$.8644669n	$\text{Cos}\,\alpha_{25}$	$\bar{1}$.9953488n	$\text{Cos}\,\alpha_{26}$	$\bar{1}$.9269553n
Δy_4	2.6390587	Δy_5	1.8974835	Δy_6	2.5599625n
Δx_4	2.6701332n	Δx_5	2.7297467n	Δx_6	2.7590002n

$y_2 =$ 892,13		$x_2 =$ 1298,92	
$\Delta y_4 = +$ 435,57	$y_4 =$ **1827,70**	$\Delta x_4 = -$ 467,88	$x_4 =$ **831,04**
$\Delta y_5 = +$ 78,97	$y_5 =$ **971,10**	$\Delta x_5 = -$ 536,72	$x_5 =$ **762,20**
$\Delta y_6 = -$ 363,05	$y_6 =$ **529,08**	$\Delta x_6 = -$ 574,12	$x_6 =$ **724,80**

Die Rechenprobe $\text{Tg}\,\mu = \text{Sin}\,u_3 : \text{Sin}\,u_1$ zeigt durch einen Unterschied von 7 Einern in der 7. Dezimale des Logarithmus an, dass entweder ein kleiner Rechenfehler vorgekommen oder die Interpolation der Tafeln nicht scharf genug war.

§ 199. **Erweiterte Pothenot'sche Aufgabe. Zweites Verfahren.** Formel weniger elegant, für die Berechnung aber schliesslich desshalb bequemer, weil 5stellige Logarithmen ausreichen. Die Herleitung der Formel mag übergangen werden. Man findet:

$$\text{Cotg}\,u_1 = \frac{s_{12}\,\text{Sin}\,v_4\,\text{Sin}\,v_5 \ldots\ldots \text{Sin}_n}{s_{23}\,\text{Sin}\,w_4\,\text{Sin}\,w_5 \ldots\ldots \text{Sin}\,w_n \cdot \text{Sin}\,(u_1 + u_3)} + \text{Cotg}\,(u_1 + u_3)$$

Die übrige Rechnung wird ganz wie im vorigen Verfahren geführt. Mit 5stelligen Logarithmen liefert das in § 198 behandelte Beispiel

$$u_1 = 113^0\,10'\,45'' \text{ und } u_3 = 104^0\,03'\,43'',$$

also gegen die mühsamere vorige Rechnung einen Unterschied von $+ 3''$ in u_1 und $- 3''$ in u_3. Die Ordinaten findet man gerade so wie in § 198, die Abscissen x_4 und x_5 aber um 0,01 m kleiner und x_6 um 0,02 m grösser. Die ausführliche Mittheilung der Rechnung ist nicht nöthig.

§ 200. **Aufgabe der zwei unzugänglichen Punkte oder Hansens Problem.** *) Ausschliesslich durch Winkelmessungen sollen die Coordinaten zweier zugänglicher Punkte P_3 und P_4 bestimmt werden, wenn man aus beiden Punkten nach zwei ihren Coordinaten nach bekannten, aber unzugänglichen Punkten P_1, P_2 (etwa Thurmspitzen) sehen kann.

Man misst die Winkel w_{12}, w_{13}, w_{23}, unter welchen von P_4 aus die Strecken $P_1 P_2$, $P_1 P_3$ und $P_2 P_3$ erscheinen und zwar sind die Vorzeichen der Winkel zu beachten, es ist die Drehung von dem durch den ersten Index angezeigten Punkt nach jenem des zweiten Anzeigers im positiven Sinne gemeint. (Also $w_{21} = 360^0 - w_{12}$ oder kürzer $= - w_{12}$.) Man misst auch die Winkel v_{12}, v_{14} und v_{24}, unter welchen von P_3 aus gesehen, die Strecken $P_1 P_2$, $P_1 P_4$ und $P_2 P_4$ erscheinen, — wegen der Vorzeichen gilt dasselbe wie für die w.

Es genügt schliesslich auf jedem Punkt nur zwei Winkel zu messen, da der dritte die algebraische Sinus der zwei andern ist, nämlich $v_{21} + v_{14} = v_{24}$ und $w_{12} + w_{23} = w_{13}$ u. s. w.

Um Formeln allgemeiner Gültigkeit aufstellen zu können, wähle man die Bezeichnung der bekannten Punkte derart, dass bei positiver Drehung des Strahls $P_4 P_3$ um P_4, zuerst P_1, dann P_2 erreicht wird.

Die möglichen Lagen der vier Punkte gegen einander sind:

A. Jeder Punkt liegt ausserhalb des Dreiecks, welches die drei andern bestimmen, und zwar

1. die zu bestimmenden Punkte auf verschiedenen Seiten der zwischen den bekannten Punkten gelegenen Gerade $P_1 P_2$, mit andern Worten die Verbindungslinien $P_3 P_4$ und $P_1 P_2$ kreuzen sich;
2. die zu bestimmenden Punkte liegen auf derselben Seite der Geraden durch P_1 und P_2, — keine Kreuzung zwischen $P_1 P_2$ und $P_3 P_4$.

B. Einer der Punkte liegt innerhalb des durch die drei anderen Punkte bestimmten Dreiecks und zwar

3. ein bekannter Punkt liegt im Dreieck, oder
4. ein zu bestimmender Punkt liegt im Dreieck.

C. Einer der zu bestimmenden Punkte liegt auf der Geraden durch die zwei gegebenen Punkte; ein seiner Einfachheit wegen getrennt zu behandelnder Sonderfall.

D. Einer der bekannten Punkte liegt auf der Geraden durch die zwei zu bestimmenden Punkte. Die Aufgabe ist unlösbar.

E. Die vier Punkte liegen auf einer Geraden, die Aufgabe ist unlösbar.

---

*) Auch Rückwärtseinschneiden zweier Punkte nach zwei gegebenen genannt.

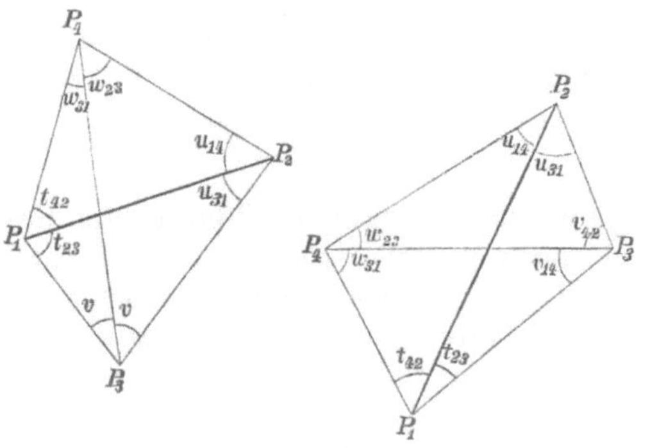

Fig. 203.

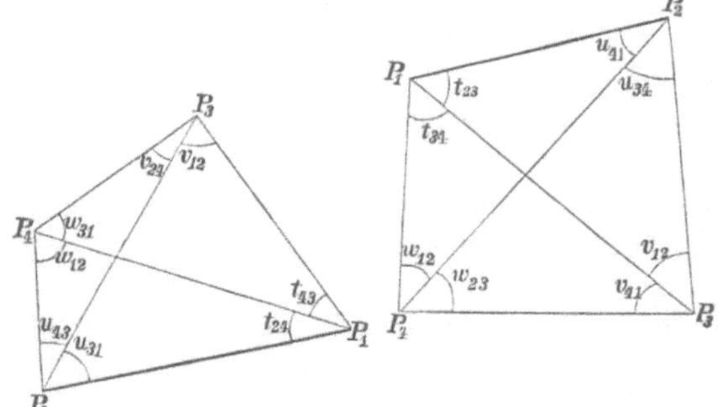

Fig. 204.

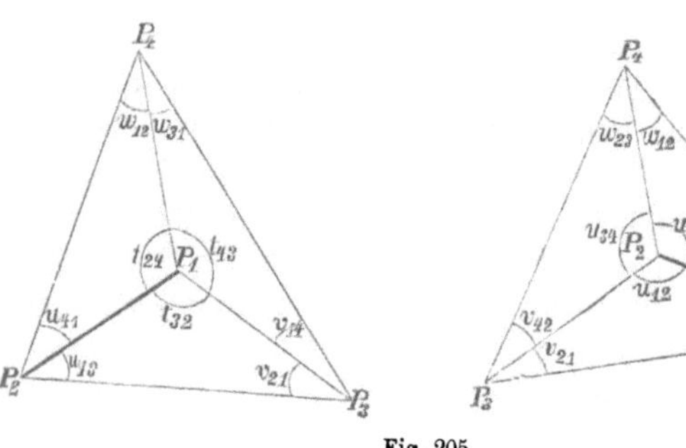

Fig. 205.

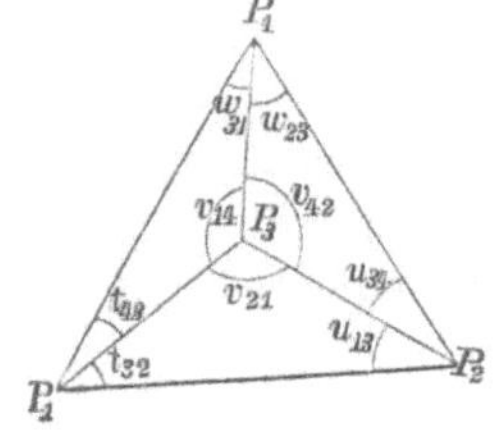

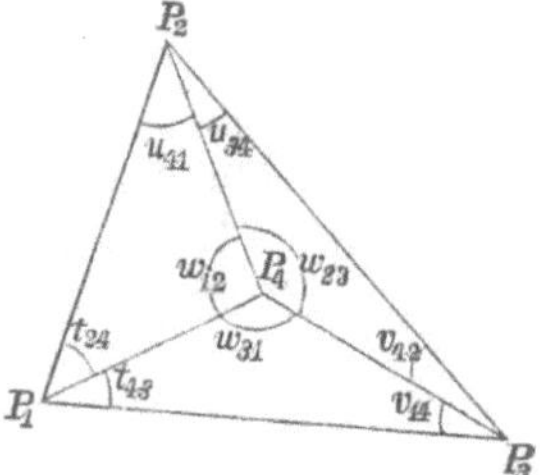

Fig. 206

Man führe die in den Figuren schon beigeschriebenen Hülfswinkel ein, t jene, unter welchen von P_1, u jene, unter welchen von P_2 aus die Strecken erscheinen. Wie die Nummern 1, 2, 3, 4 der Punkte steigen, so steigen alphabetisch die an diesen Scheiteln liegenden Winkel in der Bezeichnung, t, u, v, w. Mit Rücksicht auf die Vorzeichen ist ganz allgemein (an den Figuren zu prüfen)

$$t_{42} + t_{23} = t_{43}; \quad u_{31} + u_{14} = u_{34}$$

und ähnliche Beziehungen könnten noch mehr angeschrieben werden. Es ist ferner:

$$t_{43} + v_{14} + w_{31} = 180^0$$

und

$$u_{34} + v_{42} + w_{23} = 180^0$$

— oder diese Summen sind um 360^0 grösser — wie aus den Dreiecken $P_1 P_3 P_4$ und $P_2 P_3 P_4$ folgt.

Man findet daher mittelst der gemessenen Winkel sofort:

$$\tfrac{1}{2}(t_{42} + t_{23}) = 90^0 - \tfrac{1}{2}(v_{14} + w_{31})$$
$$\text{und}\quad \tfrac{1}{2}(u_{14} + u_{31}) = 90^0 - \tfrac{1}{2}(v_{42} + w_{23}),$$

oder diese halben Summen um 180^0 grösser.

Nun ist, wie aus jeder Figur folgt (wobei man beachten mag, dass wenn der eine der vorkommenden Winkel erhaben ist, der andere derselben Gleichung es ebenfalls ist)

$$\operatorname{Sin} t_{42} : s_{42} = \operatorname{Sin} w_{21} : s_{21} \qquad \text{und} \qquad \operatorname{Sin} t_{23} : s_{23} = \operatorname{Sin} v_{12} : s_{12}$$

(die Längen sind immer positiv und die Ordnung der Indices ist bei ihnen gleichgültig). Also:

$$\operatorname{Sin} t_{42} : \operatorname{Sin} t_{23} = (\operatorname{Sin} w_{21} : \operatorname{Sin} v_{12}) \cdot (s_{42} : s_{23})$$

Und wegen (Dreieck $P_2 P_3 P_4$) $s_{42} : s_{23} = \operatorname{Sin} v_{42} : \operatorname{Sin} w_{23}$, folgt:

$$\operatorname{Sin} t_{42} : \operatorname{Sin} t_{23} = (\operatorname{Sin} w_{21} : \operatorname{Sin} v_{12}) \cdot (\operatorname{Sin} v_{42} : \operatorname{Sin} w_{23}) = \operatorname{Tg} \mu,$$

wo μ ein Hülfsmittel ist. Nach bekannter Entwickelung (siehe Pothenot'sche Aufgabe) folgt dann

$$\operatorname{Tg} \tfrac{1}{2}(t_{23} - t_{42}) = \operatorname{Cotg}(45^0 + \mu) \operatorname{Tg} \tfrac{1}{2}(t_{23} + t_{42}).$$

Eine ganz ähnliche Betrachtung liefert:

$$\operatorname{Tg} \tfrac{1}{2}(u_{14} - u_{31}) = \operatorname{Cotg}(45^0 + \nu) \operatorname{Tg} \tfrac{1}{2}(u_{14} + u_{31}),$$

wo der Hülfswinkel ν bestimmt ist durch

$$\operatorname{Tg} \nu = (\operatorname{Sin} v_{12} : \operatorname{Sin} w_{21}) : (\operatorname{Sin} w_{31} : \operatorname{Sin} v_{14}).$$

Es lassen sich also die Tangenten der halben Differenzen berechnen, wobei erinnert werden mag, dass die Hülfswinkel immer $< 180^0$ oder auch immer spitz ($< 90^0$), aber dann mit $+$ oder $-$Zeichen zu nehmen sind. Ueber die Grösse der halben Winkeldifferenzen selbst bleibt, da sie nur durch ihre Tangenten gekannt sind, ein Zweifel um 180^0. Ein ähnlicher besteht, wie bereits angegeben, hinsichtlich der halben Summen, man kann die Wahl immer so treffen, dass aus halber Differenz und halber Summe die Winkel sich im richtigen Werth ergeben, wobei eine Zeichnungsskizze, deren Entwerfung leicht ist und nicht unterbleiben sollte, gute Dienste thut.

Sind die zwei Winkel t und die zwei u berechnet, so prüfe man die Richtigkeit der Berechnung durch

$$t_{23} + u_{31} + v_{21} = 180^0 \qquad \text{und} \qquad t_{42} + u_{14} + w_{21} = 180^0$$

(die Summen können auch um 360^0 grösser ausfallen). Diese Gleichungen drücken aus, dass die Winkelsumme in den Dreiecken zwei Rechte betragen.

Nun ist ganz allgemein weiter:

$$\alpha_{14} = \alpha_{12} + t_{24}; \qquad \alpha_{24} = \alpha_{21} + u_{14}$$
$$\alpha_{13} = \alpha_{12} + t_{23}; \qquad \alpha_{23} = \alpha_{21} + u_{13},$$

wobei auf die Vorzeichen zu achten ist. Das vorkommende Azimut der Richtung $P_2 P_1$ und die Länge dieser Strecke wird in bekannter Weise (§ 173) aus den Coordinaten von P_2 und P_2 gefolgert. Weiter ist:

$$s_{14} = s_{12} \operatorname{Sin} u_{14} : \operatorname{Sin} w_{21} \qquad s_{24} = s_{21} \operatorname{Sin} t_{42} : \operatorname{Sin} w_{21}$$
$$s_{13} = s_{12} \operatorname{Sin} u_{12} : \operatorname{Sin} v_{12} \qquad s_{23} = s_{21} \operatorname{Sin} t_{23} : \operatorname{Sin} v_{12}$$

und endlich

$$y_4 = y_1 + s_{14} \operatorname{Sin} \alpha_{14} \qquad x_4 = x_1 + s_{14} \operatorname{Cos} \alpha_{14}$$
$$= y_2 + s_{24} \operatorname{Sin} \alpha_{24} \qquad = x_2 + s_{24} \operatorname{Cos} \alpha_{24}$$
$$y_3 = y_1 + s_{13} \operatorname{Sin} \alpha_{13} \qquad x_3 = x_1 + s_{13} \operatorname{Cos} \alpha_{13}$$
$$= y_2 + s_{23} \operatorname{Sin} \alpha_{23} \qquad = x_2 + s_{23} \operatorname{Cos} \alpha_{23}.$$

Die doppelte Berechnung der Coordinaten der zwei Punkte gibt eine nützliche Rechenprobe. Wollte man, was nicht zu empfehlen, auf diese bequemste Probe verzichten, so liesse sich die Rechnung etwas kürzen.

Weitere nützliche Proberechnungen sind:

$$\operatorname{Sin} t_{42} = \operatorname{Tg} \mu \cdot \operatorname{Sin} t_{23} \qquad \text{und} \qquad \operatorname{Sin} u_{14} = \operatorname{Tg} \nu \cdot \operatorname{Sin} u_{31}.$$

Diese Rechnungen werden wichtig, wenn die Winkel t, bezw. u, sehr spitz sind, weil dann eine geringe Ungenauigkeit in ihrer Auswerthung, wegen der raschen Aenderung der Sinus kleiner Winkel grossen Einfluss auf die mit ihrer Hülfe berechneten Streckenlängen (s_{14} u. s. w.) ausübt. Sind nicht beide Winkel t oder beide Winkel u zugleich sehr spitz, so berechne man den kleineren schärfer als aus halber Summe und halber Differenz möglich ist, mittelst der erwähnten Proberechnung aus dem grösseren. Dieser Rechenvortheil ist in den nachfolgenden Beispielen nicht benutzt, um die kleinen Abweichungen (welche bei Anwendung siebenstelliger Logarithmen geringer würden) hervortreten zu lassen.

Bemerkung zum 2. Beispiel auf Seite 358:

Geometrisch richtig ist $\frac{1}{2}(t_{23} + t_{42}) = 90^0 - \frac{1}{2}(v_{14} + w_{31})$ im Falle der Kreuzung, während in andern Fällen noch 180^0 zu addiren sind. Für die Rechnung ist das gleichgültig, da zunächst nur die Tangente der halben Summe auftritt. Erst wenn man aus $\frac{1}{2}(t_{23} + t_{42})$, und $\frac{1}{2}(t_{23} - t_{42})$ die Winkel t_{23} und t_{42} ableiten will, kommen 180^0 mehr in Betracht. Die Betrachtung der Figur entscheidet über die 180^0 bei halber Summe oder halber Differenz; der Tangentenwerth der halben Differenz wird durch deren Vermehrung um $\pm 180^0$ nicht anders.

Hansen'sches Problem. Rechenformular, Verfahren I, 1. Beispiel.

$(\text{Sin } w_{21} : \text{Sin } v_{12}) \cdot (\text{Sin } v_{42} : \text{Sin } w_{23}) = \text{Tg } \mu$ $\frac{1}{2}(t_{23} + t_{42}) = 90^0 - \frac{1}{2}(v_{14} + w_{31})$ $\text{Tg } \frac{1}{2}(t_{23} - t_{42}) = \text{Cotg}(45^0 + \mu) \text{ Tg } \frac{1}{2}(t_{23} + t_{42})$	$(\text{Sin } v_{12} : \text{Sin } w_{21}) \cdot (\text{Sin } w_{31} : \text{Sin } v_{14}) = \text{Tg } \nu$ $\frac{1}{2}(u_{14} + u_{31}) = 90^0 - \frac{1}{2}(v_{42} + w_{23})$ $\text{Tg } \frac{1}{2}(u_{14} - u_{31}) = \text{Cotg}(45^0 + \nu) \text{ Tg } \frac{1}{2}(u_{14} + u_{31})$	$s_{14} = s_{12} \text{ Sin } u_{14} : \text{Sin } w_{21}$; $s_{13} = s_{12} \text{ Sin } u_{31} : \text{Sin } v_{12}$ $s_{24} = s_{12} \text{ Sin } t_{42} : \text{Sin } w_{21}$; $s_{23} = s_{12} \text{ Sin } t_{23} : \text{Sin } v_{12}$ $\alpha_{14} = \alpha_{12} + t_{24}$ $\quad \alpha_{24} = \alpha_{21} + u_{14}$ $\alpha_{13} = \alpha_{12} + t_{23}$ $\quad \alpha_{23} = \alpha_{21} + u_{13}$

$$
\begin{aligned}
y_2 &= 2094{,}48 & x_2 &= 3158{,}52 & v_{12} &= 75^0\ 36'\ 20'' \\
y_1 &= 1285{,}14 & x_1 &= 2743{,}38 & w_{21} &= 71\ \ 25\ \ 30 \\
y_2 - y_1 &= +\ 809{,}32 & x_2 - x_1 &= +\ 415{,}14 & &
\end{aligned}
$$

$$
\begin{aligned}
v_{14} &= 35^0\ 16'\ 50'' & v_{42} &= 40^0\ 19'\ 30'' \\
w_{31} &= 20\ \ 56\ \ 50 & w_{23} &= 50\ \ 28\ \ 40 \\
& \ 56\ \ 13\ \ 40 & & \ 90\ \ 48\ \ 10 \\
& \ 28\ \ 06\ \ 50 & & \ 45\ \ 24\ \ 05 \\
\tfrac{1}{2}(t_{23} + t_{42}) &= 61\ \ 53\ \ 10 & \tfrac{1}{2}(u_{14} + u_{31}) &= 44\ \ 35\ \ 55 \\
\tfrac{1}{2}(t_{23} - t_{42}) &= 10\ \ 25\ \ 26 & \tfrac{1}{2}(u_{14} - u_{31}) &= 12\ \ 30\ \ 56 \\
t_{23} &= 72\ \ 18\ \ 46 & u_{14} &= 57\ \ 06\ \ 51 \\
t_{42} &= 51\ \ 27\ \ 34 & u_{31} &= 32\ \ 04\ \ 59
\end{aligned}
$$

$y_2 - y_1$	2.90 812
Sin α_{12}	$\bar{1}$.94 927
$x_2 - x_1$	2.61 819
Tg α_{12}	0.28 993
s_{12}	2.95 885

$\sigma_{21} =$	1224,46	3.08 795
$\delta_{21} =$	− 394,18	2.59 570n
Tg $(45^0 + \alpha_{12})$		0.49 225n

$$
\begin{aligned}
\alpha_{12} &= 62^0\ 50'\ 40''; & 45^0 + \alpha_{12} &= 107^0\ 50'\ 40'' \\
\alpha_{14} &= 11\ \ 23\ \ 06 & \alpha_{24} &= 299\ \ 57\ \ 31 \\
\alpha_{13} &= 135\ \ 09\ \ 26 & \alpha_{23} &= 210\ \ 45\ \ 41
\end{aligned}
$$

Sin w_{21}	$\bar{1}$.97 676
Sin v_{12}	$\bar{1}$.98 615
Sin w_{21} : Sin v_{12}	$\bar{1}$.99 061

Sin v_{42}	$\bar{1}$.81 099
Sin w_{23}	$\bar{1}$.88 727
Sin v_{42} : Sin w_{23}	$\bar{1}$.92 372

Sin w_{31}	$\bar{1}$.55 329
Sin v_{14}	$\bar{1}$.76 161
Sin w_{31} : Sin v_{14}	$\bar{1}$.79 168

$$
\begin{aligned}
\text{Tg } \mu \mid \bar{1}.91\,433 & & \text{Tg } \nu \mid \bar{1}.80\,107 \\
\mu &= 39^0\ 23'\ 07'' & \nu &= 32^0\ 18'\ 50'' \\
45^0 + \mu &= 84\ \ 23\ \ 07 & 45^0 + \nu &= 77\ \ 18\ \ 50
\end{aligned}
$$

Tg $\frac{1}{2}(t_{23} + t_{42})$	0.27 225
Cotg $(45^0 + \mu)$	$\bar{2}$.99 260
Tg $\frac{1}{2}(t_{23} - t_{42})$	$\bar{1}$.26 485

Tg $\frac{1}{2}(u_{14} + u_{31})$	$\bar{1}$.99 392
Cotg $(45^0 + \nu)$	$\bar{1}$.35 239
Tg $\frac{1}{2}(u_{14} - u_{31})$	$\bar{1}$.34 631

Proben $t_{23} + u_{31} + v_{12} = 180^0\ 00'\ 05''$ (Soll $180^0\ 00'\ 00''$)
 $t_{42} + u_{14} + w_{21} = 179\ \ 59\ \ 55$

s_{12} : Sin w_{21}	2.98 209
Sin u_{14}	$\bar{1}$.92 415
s_{14}	2.90 624
Sin α_{14}	$\bar{1}$.29 535
Cos α_{14}	$\bar{1}$.99 137
Δ y	2.20 159
Δ x	2.89 761

s_{12} : Sin v_{12}	2.97 270
Sin u_{31}	$\bar{1}$.72 522
s_{13}	2.69 792
Sin α_{13}	$\bar{1}$.84 829
Cos α_{13}	$\bar{1}$.85 067n
Δ y	2.54 621
Δ x	2.54 859n

s_{12} : Sin w_{21}	2.98 209
Sin t_{42}	$\bar{1}$.89 330
s_{24}	2.87 539
Sin α_{24}	$\bar{1}$.93 771n
Cos α_{24}	$\bar{1}$.69 842
Δ y	2.81 310n
Δ x	2.57 381

s_{12} : Sin v_{12}	2.97 270
Sin t_{23}	$\bar{1}$.97 897
s_{23}	2.95 167
Sin α_{23}	$\bar{1}$.70 881n
Cos α_{23}	$\bar{1}$.93.415n
Δ y	2.66 048n
Δ x	2.88 582n

Fig. 207.

$y_1 =$ 1285,16	$x_1 =$ 2743,38	$y_1 =$ 1285,16	$x_1 =$ 2743,38	$y_2 =$ 2094,48	$x_2 =$ 3158,52	$y_2 =$ 2094,48	$x_2 =$ 3158,52
$\Delta y = +$ 159,07	$\Delta x = +$ 789,98	$\Delta y = +$351,73	$\Delta x = -$ 353,66	$\Delta y = -$ 650,27	$\Delta x = +$ 374,81	$\Delta y = -$ 457,59	$\Delta x = -$ 768,82
$y_4 =$ 1444,23	$x_4 =$ 3533,36	$y_3 =$ 1636,89	$x_3 =$ 2389,72	$y_4 =$ 1444,21	$x_4 =$ 3533,33	$y_3 =$ 1636,89	$x_3 =$ 2389,70

Hansen'sches Problem. Rechenformular, Verfahren I, 2. Beispiel.

$(\mathrm{Sin}\, w_{21} : \mathrm{Sin}\, v_{12}) \cdot (\mathrm{Sin}\, v_{42} : \mathrm{Sin}\, w_{23}) = \mathrm{Tg}\,\mu$ $\frac{1}{2}(t_{23}+t_{42}) = 270^0 - \frac{1}{2}(v_{14}+w_{31})$ $\mathrm{Tg}\,\frac{1}{2}(t_{23}-t_{42}) = \mathrm{Cotg}(45^0+\mu)\,\mathrm{Tg}\,\frac{1}{2}(t_{23}+t_{42})$	$(\mathrm{Sin}\, v_{21} : \mathrm{Sin}\, w_{21}) \cdot (\mathrm{Sin}\, w_{31} : \mathrm{Sin}\, v_{41}) = \mathrm{Tg}\,\nu$ $\frac{1}{2}(u_{14}+u_{31}) = 270^0 - \frac{1}{2}(v_{\cdot 2}+w_{23})$ $\mathrm{Tg}\,\frac{1}{2}(u_{14}-u_{31}) = \mathrm{Cotg}(45^0+\nu)\,\mathrm{Tg}\,\frac{1}{2}(u_{14}+u_{31})$	$s_{14}=s_{12}\,\mathrm{Sin}\,u_{14} : \mathrm{Sin}\,w_{21}$ $s_{13}=s_{12}\,\mathrm{Sin}\,u_{31} : \mathrm{Sin}\,v_{12}$ $s_{24}=s_{12}\,\mathrm{Sin}\,t_{42} : \mathrm{Sin}\,w_{21}$ $s_{23}=s_{12}\,\mathrm{Sin}\,t_{23} : \mathrm{Sin}\,v_{12}$ $\alpha_{14}=\alpha_{12}+t_{24}$ $\alpha_{24}=\alpha_{21}+u_{14}$ $\alpha_{13}=\alpha_{12}+t_{23}$ $\alpha_{23}=\alpha_{21}+u_{13}$

$y_1 = 2580{,}48$ $\quad x_1 = 1431{,}90$ $\quad v_{12} = 75^0\,53'\,20''$
$y_2 = 1604{,}26$ $\quad x_2 = 1328{,}60$ $\quad w_{21} = -46^0\,12\,40$
$y_2 - y_1 = -976{,}22$ $\quad x_2 - x_1 = -103{,}30$

$v_{14} = -48^0\,25'\,10''$
$w_{31} = -70\;30\;20$
$-118\;55\;30$
$-59\;27\;45$
$\frac{1}{2}(t_{23}+t_{42}) = 329\;27\;45$
$\frac{1}{2}(t_{23}-t_{42}) = 71\;25\;35$
$t_{23} = 40\;53\;20$
$t_{42} = 258\;02\;10$

$v_{42} = +124^0\,18'\,30''$
$w_{23} = +24\;17\;40$
$148\;36\;10$
$74\;18\;05$
$\frac{1}{2}(u_{14}+u_{31}) = 195\;41\;55$
$\frac{1}{2}(u_{14}-u_{31}) = 132\;28\;38$
$u_{14} = 328\;10\;33$
$u_{31} = 63\;13\;17$

$y_2 - y_1$	2.98 955n
Sin α_{12}	$\bar{1}$.99 758n
$x_2 - x_1$	2.01 410
Tg α_{12}	0.97 545n
s_{12}	2.99 197

$\sigma_{21} = -1079{,}52$	3.03 323n
$\delta_{21} = +872{,}92$	2.94 097
Tg $(45^0 + \alpha_{12})$	9.99 226n

$\alpha_{12} = 263^0\,57'\,34''$; $\quad 45^0 + \alpha_{12} = 308^0\,57'\,34''$
$\alpha_{14} = 5\;55\;24$ $\quad \alpha_{24} = 52\;08\;07$
$\alpha_1 = 304\;50\;54$ $\quad \alpha_{23} = 20\;44\;17$

Sin w_{21}	$\bar{1}$.85 847n
Sin v_{12}	$\bar{1}$.98 669
Sin w_{21} : Sin v_{12}	$\bar{1}$.87 178n

Sin v_{42}	$\bar{1}$.91 700
Sin w_{33}	$\bar{1}$.61 429
Sin v_{42} : Sin w_{23}	0.30 271

Sin w_{31}	$\bar{1}$.97 436n
Sin v_{14}	$\bar{1}$.87 392n
Sin w_{31} : Sin v_{14}	0.10 044

Tg μ | 0.17 449n
$\mu = -56^0\,12'\,44''$
$45^0 + \mu = -11\;12\;44$

Tg ν | 0.22 866n
$\nu = -59^0\,25'\,52''$
$45^0 + \nu = -14\;25\;52$

Tg $\frac{1}{2}(t_{23}+t_{42})$	$\bar{1}$.77 080n
Cotg $(45^0+\mu)$	9.70 283n
Tg $\frac{1}{2}(t_{23}-t_{42})$	0.47 363

Tg $\frac{1}{2}(u_{14}+u_{31})$	$\bar{1}$.44 880
Cotg $(45^0+\nu)$	0.58 949n
Tg $\frac{1}{2}(u_{14}-u_{31})$	9.03 829n

Proben: $t_{23} + u_{31} + v_{12} = 179^0\,59'\,57''$ (Soll $180^0\,00'\,00''$)
$t_{42} + u_{14} + w_{21} = 540\;00\;03$

P3 P4 P2 P1

Fig. 208.

s_{12} : Sin w_{21}	3.13 550n
Sin u_{14}	$\bar{1}$.72 207n
s_{14}	2.85 557
Sin α_{14}	$\bar{1}$.01 367
Cos α_{14}	$\bar{1}$.99 768
Δ y	2.86 924
Δ x	2.85 325

s_{12} : Sin v_{12}	3.00 528
Sin u_{31}	$\bar{1}$.95 073
s_{13}	2.95 601
Sin α_{13}	$\bar{1}$.91 417n
Cos α_{13}	$\bar{1}$.75 694
Δ y	2.87 018n
Δ x	2.71 295

s_{12} : Sin w_{21}	3.13 350n
Sin t_{42}	$\bar{1}$.99 046n
s_{24}	3.12 396
Sin α_{24}	$\bar{1}$.89 733
Cos α_{24}	$\bar{1}$.78 803
Δ y	3.02 129
Δ x	2.91 199

s_{12} : Sin v_{12}	3.00 528
Sin t_{23}	$\bar{1}$.81 597
s_{23}	2.82 125
Sin α_{23}	$\bar{1}$.54 912
Cos α_{23}	$\bar{1}$.97 091
Δ y	2.37 037
Δ x	2.79 216

$y_1 = 2580{,}48$ $\quad x_1 = 1431{,}90$ $\quad y_1 = 2580{,}48$ $\quad x_1 = 1431{,}90$
$\Delta y = +74{,}00$ $\quad \Delta x = +713{,}26$ $\quad \Delta y = -741{,}62$ $\quad \Delta x = +516{,}36$
$y_4 = 2654{,}48$ $\quad x_4 = 2145{,}16$ $\quad y_3 = 1838{,}86$ $\quad x_3 = 1948{,}26$

$y_2 = 1604{,}26$ $\quad x_2 = 1328{,}60$ $\quad y_2 = 1604{,}26$ $\quad x_2 = 1328{,}60$
$\Delta y = +1050{,}24$ $\quad \Delta x = +816{,}55$ $\quad \Delta y = +234{,}62$ $\quad \Delta x = +619{,}67$
$y_4 = 2654{,}50$ $\quad x_4 = 2145{,}15$ $\quad y_3 = 1838{,}88$ $\quad x_3 = 1948{,}27$

Hansen'sches Problem. Rechenformular, Verfahren I, 3. Beispiel.

$(\mathrm{Sin}\, w_{21} : \mathrm{Sin}\, v_{12}) \cdot (\mathrm{Sin}\, v_{42} : \mathrm{Sin}\, w_{23}) = \mathrm{Tg}\, \mu$	$(\mathrm{Sin}\, v_{12} : \mathrm{Sin}\, w_{21}) \cdot (\mathrm{Sin}\, w_{31} : \mathrm{Sin}\, v_{14}) = \mathrm{Tg}\, \nu$	$s_{14} = s_{12}\, \mathrm{Sin}\, u_{14} : \mathrm{Sin}\, w_{21}$ $s_{13} = s_{12}\, \mathrm{Sin}\, u_{31} : \mathrm{Sin}\, v_{12}$
$\frac{1}{2}(t_{23} + t_{42}) = 270^0 - \frac{1}{2}(v_{14} + w_{31})$	$\frac{1}{2}(u_{14} + u_{31}) = 270^0 - \frac{1}{2}(v_{42} + w_{23})$	$s_{24} = s_{12}\, \mathrm{Sin}\, t_{42} : \mathrm{Sin}\, w_{21}$ $s_{23} = s_{12}\, \mathrm{Sin}\, t_{23} : \mathrm{Sin}\, v_{12}$
$\mathrm{Tg}\, \frac{1}{2}(t_{23} - t_{42}) = \mathrm{Cotg}(45^0 + \mu)\, \mathrm{Tg}\, \frac{1}{2}(t_{23} + t_{42})$	$\mathrm{Tg}\, \frac{1}{2}(u_{14} - u_{31}) = \mathrm{Cotg}(45^0 + \nu)\, \mathrm{Tg}\, \frac{1}{2}(u_{14} + u_{31})$	$\alpha_{14} = \alpha_{12} + t_{24}$ $\alpha_{24} = \alpha_{21} + u_{14}$
		$\alpha_{13} = \alpha_{12} + t_{23}$ $\alpha_{23} = \alpha_{21} + u_{13}$

$y_1 = 1948{,}00$
$y_2 = 2564{,}30$
$y_2 - y_1 = 616{,}30$

$x_1 = 634{,}18$
$x_2 = 1491{,}38$
$x_2 - x_1 = 857{,}20$

$v_{12} = -118^0 24' 00''$
$w_{21} = 54\ 17\ 30$

$v_{14} = 121^0 43' 20''$
$w_{31} = 29\ 16\ 20$
$150\ 59\ 40$
$75\ 29\ 50$
$\frac{1}{2}(t_{23} + t_{42}) = 194\ 30\ 10$
$\frac{1}{2}(t_{23} - t_{42}) = -219\ 58\ 23$
$t_{23} = -25\ 28\ 13$
$t_{42} = 54\ 28\ 33$

$v_{42} = 119^0 52' 40''$
$w_{23} = 25\ 01\ 10$
$144\ 53\ 50$
$72\ 26\ 55$
$\frac{1}{2}(u_{14} + u_{31}) = 197\ 33\ 05$
$\frac{1}{2}(u_{14} - u_{31}) = 233\ 40\ 50$
$u_{14} = 71\ 13\ 55$
$u_{31} = -36\ 07\ 45$

$y_2 - y_1$	2.78 979
Cos α_{12}	$\bar{1}$.90 952
$x_2 - x_1$	2.93 308
Tg α_{12}	$\bar{1}$.85 671
s_{12}	3.02 356

$\sigma_{21} = 1473{,}50$	3.16 835
$\delta_{21} = 240{,}90$	2.38 184
Tg $(45^0 + \alpha_{12})$	0.78 651

$\alpha_{12} = 35^0 42' 53''$ $45^0 + \alpha_{12} = 80^0 42' 53''$
$\alpha_{14} = -18\ 45\ 40$ $\alpha_{24} = 286\ 56\ 48$
$\alpha_{31} = 10\ 14\ 40$ $\alpha_{23} = 251\ 50\ 38$

Sin w_{21}	$\bar{1}$.90 956
Sin v_{12}	$\bar{1}$.94 431n
Sin w_{21} : Sin v_{12}	$\bar{1}$.96 525n

Sin v_{42}	$\bar{1}$.93 806
Sin w_{23}	$\bar{1}$.62 627
Sin v_{42} : Sin w_{23}	0.31 179

Sin w_{31}	$\bar{1}$.68 927
Sin v_{14}	$\bar{1}$.92 973
Sin w_{31} : Sin v_{14}	$\bar{1}$.75 954

Tg μ | 0.27 704n
$\mu = -62^0 08' 54''$
$45^0 + \mu = -17\ 08\ 54$

Tg ν | $\bar{1}$.79 429n
$\nu = -31^0 54' 40''$
$45^0 + \nu = 13\ 05\ 20$

Tg $\frac{1}{2}(t_{23} + t_{42})$	$\bar{1}$.41 275
Cotg $(45^0 + \mu)$	0.51 065n
Tg $\frac{1}{2}(t_{23} - t_{42})$	$\bar{1}$.92 340n

Tg $\frac{1}{2}(u_{14} + u_{31})$	$\bar{1}$.50 008
Cotg $45^0 + \nu)$	0.63 357
Tg $\frac{1}{2}(u_{14} - u_{31})$	0.13 365

Proben: $t_{32} + u_{13} + v_{21} = 179^0 59' 58''$ (Soll $180^0 00' 00''$)
$t_{42} + u_{14} + w_{21} = 179\ 59\ 58$

s_{12} : Sin w_{21}	$\underline{3}$.11 400
Sin u_{14}	$\bar{1}$.97 628
s_{14}	2.09 028
Sin α_{14}	$\bar{1}$.50 735n
Cos a_{14}	$\bar{1}$.97 629
Δy	2.59 763n
Δx	3.06 657

s_{12} : Sin v_{12}	$\underline{3}$.07 925n
Sin u_{31}	$\bar{1}$.77 057n
s_{13}	2.84 982
Sin α_{13}	$\bar{1}$.25 007
Cos α_{13}	$\bar{1}$.99 302
Δy	2.09 989
Δx	1.84 284

s_{12} : Sin w_{21}	$\underline{3}$.11 400
Sin t_{42}	$\bar{1}$.91 056
s_{24}	$\underline{3}$.02 456
Sin α_{24}	$\bar{1}$.98 072n
Cos α_{24}	$\bar{1}$.64 455
Δy	3.00 528n
Δx	2.48 911

s_{12} : Sin v_{12}	$\underline{3}$.07 925n
Sin t_{23}	$\bar{1}$.63 350n
s_{23}	2.71 275
Sin α_{23}	$\bar{1}$.97 782n
Cos α_{23}	$\bar{1}$.49.360n
Δy	2.69 057n
Δx	2.20 635n

Fig. 209.

$y_1 = 1948{,}00$	$x_1 = 634{,}18$	$y_1 = 1948{,}00$	$x_1 = 634{,}18$	$y_2 = 2564{,}30$	$x_2 = 1491{,}38$	$y_2 = 2564{,}30$	$x_2 = 1491{,}38$
$\Delta y = -395{,}94$	$\Delta x = 1165{,}60$	$\Delta y = 125{,}86$	$\Delta x = 696{,}37$	$\Delta y = -1012{,}25$	$\Delta x = 308{,}40$	$\Delta y = -490{,}43$	$\Delta x = -160{,}82$
$y_4 = 1552{,}06$	$x_4 = 1799{,}78$	$y_3 = 2073{,}86$	$x_3 = 1330{,}55$	$y_4 = 1552{,}05$	$x_4 = 1799{,}78$	$y_2 = 2073{,}87$	$x_3 = 1330{,}56$

§ 201. **Hansens Problem in anderer Bearbeitung** liefert die Formeln nicht in der gewöhnlich für logarithmisches Rechnen gewünschten Gestalt, die Rechnung selbst ist aber bequem genug. Achtet man auf die Vorzeichen der Winkel, so ist die Entwickelung eine ganz allgemeine, die für jedmögliche gegenseitige Lage der Punkte gilt. Man kann irgend eine der in den Figg. des § 200 gezeichneten Lagen zu Grunde legen.

Die zwei Azimute α_{14} und α_{13}, dann die zwei Strecken s_{14} und s_{13} werden als Unbekannte gewählt. Zwischen ihnen bestehen folgende vier Gleichungen:

Aus Dreieck $P_1 P_2 P_3$: $s_{13} : s_{12} = \operatorname{Sin}(v_{12} + \alpha_{13} - \alpha_{12}) : \operatorname{Sin} v_{12}$

" " $P_1 P_2 P_4$: $s_{14} : s_{12} = \operatorname{Sin}(w_{12} + \alpha_{14} - \alpha_{12}) : \operatorname{Sin} w_{12}$

" " $P_1 P_3 P_4$: $s_{13} : s_{14} = \operatorname{Sin} w_{31} : \operatorname{Sin} v_{14}$

" " $P_1 P_3 P_4$: $v_{41} + w_{13} + \alpha_{14} - \alpha_{13} = \pm 180^0$ oder

$$\alpha_{13} = v_{41} + w_{13} + \alpha_{14} \mp 180^0 = v_{41} + w_{13} + \alpha_{41}$$

(Das Doppelzeichen entspricht verschiedenen Lagen.)

Dividirt man die erste durch die zweite Gleichung und vergleicht dann mit der dritten:

$$\operatorname{Sin}(v_{12}+\alpha_{13}-\alpha_{12}) : \operatorname{Sin}(w_{12}+\alpha_{14}-\alpha_{12}) = (\operatorname{Sin} v_{12} : \operatorname{Sin} w_{12}) . (\operatorname{Sin} w_{13} : \operatorname{Sin} v_{14})$$
$$= c \text{ (Hülfsbezeichnung).}$$

Nach Einführung des Werthes von α_{13} bleibt α_{14} als einzige Unbekannte und man erhält unter Berücksichtigung, dass $v_{41} + v_{12} = v_{42}$ ist,

$$\operatorname{Sin}[(v_{42} + w_{13} - \alpha_{12}) \mp 180^0 + \alpha_{14}] : \operatorname{Sin}(w_{12} - \alpha_{12} + \alpha_{14}) = c.$$

Setzt man nun $w_{12} - \alpha_{12} = m$ und $v_{42} + w_{13} - \alpha_{12} = n$, so erhält man

$$\operatorname{Sin}[(n \mp 180^0) + \alpha_{14}] : \operatorname{Sin}(m + \alpha_{14}) = c,$$

und durch Auflösen unter Berücksichtigung, dass $\operatorname{Sin}(n \mp 180^0) = -\operatorname{Sin} n$ und $\operatorname{Cos}(n \mp 180^0) = -\operatorname{Cos} n$ ist:

$$\operatorname{Tg} \alpha_{14} = -(c \operatorname{Sin} m + \operatorname{Sin} n) : (c \operatorname{Cos} m + \operatorname{Cos} n).$$

Die Unsicherheit (um 180^0), die nach dieser Formel hinsichtlich α_{14} noch verbleibt, schwindet durch die Erwägung, dass

$$s_{14} = s_{12} \operatorname{Sin}(m + \alpha_{14}) : \operatorname{Sin} w_{12},$$

die Streckenlängen aber immer positiv sind, also $\operatorname{Sin}(m + \alpha_{14})$ dasselbe Vorzeichen wie $\operatorname{Sin} w_{12}$ haben muss.

Ferner ist nach der dritten der Grundgleichungen:

$$s_{13} = s_{14} \operatorname{Sin} w_{31} : \operatorname{Sin} v_{14} = s_{12} [\operatorname{Sin}(m + \alpha_{14}) : \operatorname{Sin} w_{12}] \cdot (\operatorname{Sin} w_{31} : \operatorname{Sin} v_{14}).$$

Es lassen sich allerhand Rechenproben angeben. Vielleicht ist die abermalige Berechnung der Coordinaten, diesmal von P_2 aus, statt von P_1, am besten.

Man findet:

$$c' = (\operatorname{Sin} v_{12} : \operatorname{Sin} w_{12}) \cdot (\operatorname{Sin} w_{32} : \operatorname{Sin} v_{24}); \quad m' = w_{12} + \alpha_{12}; \quad n' = v_{14} + w_{32} + \alpha_{12}$$

$$\operatorname{Tg} \alpha_{24} = + (c' \operatorname{Sin} m' + \operatorname{Sin} n') : (c' \operatorname{Cos} m' + \operatorname{Cos} n')$$

mit $\operatorname{Sin}(\alpha_{24} - m')$ vom selben Vorzeichen wie $\operatorname{Sin} w_{12}$

$$s_{24} = s_{21} \operatorname{Sin}(\alpha_{24} - m') : \operatorname{Sin} w_{12} \text{ und}$$

$$s_{23} = s_{24} \operatorname{Sin} w_{32} : \operatorname{Sin} v_{24} = s_{21} [\operatorname{Sin}(m' + \alpha_{24}) : \operatorname{Sin} w_{12}] \cdot (\operatorname{Sin} w_{32} : \operatorname{Sin} v_{24}).$$

Hansen'sches Problem. Rechenformular, Verfahren II.

$$\text{Tg}\,\alpha_{12} = \frac{y_2 - y_1}{x_2 - x_1};\quad s_{12} = \frac{y_2 - y_1}{\text{Sin}\,\alpha_{12}} = \frac{x_2 - x_1}{\text{Cos}\,\alpha_{12}};\quad c = \frac{\text{Sin}\,v_{12}}{\text{Sin}\,w_{12}} \cdot \frac{\text{Sin}\,w_{31}}{\text{Sin}\,v_{14}}.$$

$$m = w_{12} - \alpha_{12};\quad n = v_{42} + w_{13} - \alpha_{12};\quad \text{Tg}\,\alpha_{14} = -\frac{c\,\text{Sin}\,m + \text{Sin}\,n}{c\,\text{Cos}\,m + \text{Cos}\,n}$$

$$s_{14} = \frac{s_{12}}{\text{Sin}\,w_{12}}\,\text{Sin}\,(\alpha_{14} + m);\quad s_{13} = s_{14}\,\frac{\text{Sin}\,w_{31}}{\text{Sin}\,v_{14}};\quad \alpha_{13} = v_{41} + w_{13} + \alpha_{41}$$

$$y_4 = y_1 + s_{14}\,\text{Sin}\,\alpha_{14} \qquad y_3 = y_1 + s_{13}\,\text{Sin}\,\alpha_{13}$$
$$x_4 = x_1 + s_{14}\,\text{Cos}\,\alpha_{14} \qquad x_3 = x_1 + s_{13}\,\text{Cos}\,\alpha_{13}$$

$$\text{Tg}\,(45^0 + \alpha_{12}) = \frac{\sigma_{21}}{\delta_{21}} \qquad c' = \frac{\text{Sin}\,v_{12}}{\text{Sin}\,w_{12}} \cdot \frac{\text{Sin}\,w_{32}}{\text{Sin}\,v_{24}}$$

$$m' = w_{12} + \alpha_{12};\quad n' = v_{14} + w_{32} + \alpha_{12};\quad \text{Tg}\,\alpha_{24} = \frac{c'\,\text{Sin}\,m' + \text{Sin}\,n'}{c'\,\text{Cos}\,m' + \text{Cos}\,n'}$$

$$s_{24} = \frac{s_{12}}{\text{Sin}\,w_{12}} \cdot \text{Sin}\,(\alpha_{24} - m');\quad s_{23} = s_{24}\,\frac{\text{Sin}\,w_{32}}{\text{Sin}\,v_{24}};\quad \alpha_{32} = v_{42} + w_{23} + \alpha_{42}$$

$$y_4 = y_2 + s_{24}\,\text{Sin}\,\alpha_{24} \qquad y_3 = y_2 + s_{23}\,\text{Sin}\,\alpha_{23}$$
$$x_4 = x_2 + s_{24}\,\text{Cos}\,\alpha_{24} \qquad x_3 = x_2 + s_{23}\,\text{Cos}\,\alpha_{23}$$

$y_1 = +\,2510{,}55$ $\quad$ $x_1 = +\,1054{,}95$ $\quad$ $v_{12} = 56^\circ\ 30'\ 37''$ $\quad$ $w_{31} = 38^\circ\ 57'\ 49''$

$y_2 = +\,1944{,}57$ $\quad$ $x_2 = +\,330{,}49$ $\quad$ $v_{24} = 25\ \ 03\ \ 21$ $\quad$ $w_{12} = 83\ \ 09\ \ 47$

$y_2 - y_1 = -\,565{,}98$ $\quad$ $x_2 - x_1 = -\,724{,}46$ $\quad$ $v_{14} = 81\ \ 33\ \ 58$ $\quad$ $w_{32} = 122\ \ 07\ \ 36$

Linke Hälfte

$y_2 - y_1$	2.75 280n
Cos α_{12}	$\bar{1}$.89 654n
$x_2 - x_1$	2.86 002n
Tg α_{12}	$\bar{1}$.89 278
s_{12}	2.96 348
Sin v_{12}	$\bar{1}$.92 116
Sin w_{12}	$\bar{1}$.99 690
Sin n $= +\,0{,}97\ 810$	
c Sin m $= -\,0{,}37\ 865$	
c Cos m $= -\,0{,}37\ 848$	
Cos n $= +\,0{,}20\ 821$	

$\alpha_{12} = 217^\circ\ 59'\ 53''$ $\quad$ $v_{42} + w_{13} = -\,64^\circ\ 01'\ 10''$

$m = -\,134\ \ 50\ \ 06$ $\quad$ $n = -\,282\ \ 01\ \ 03$

$\alpha_{14} + m = 119^\circ\ 29'\ 05''$

Sin v_{12} : Sin w_{12}	$\bar{1}$.92 426	Sin w_{31}	$\bar{1}$.79 853
Sin w_{31} : Sin v_{14}	$\bar{1}$.80 325	Sin v_{14}	$\bar{1}$.99 528
c	$\bar{1}$.72 751	Sin n	$\bar{1}$.99 038
Sin m	$\bar{1}$.85 073n	c Sin m	$\bar{1}$.57 824n
Cos m	$\bar{1}$.84 823n	c Cos m	$\bar{1}$.57 574
		Cos n	$\bar{1}$.31 850

c Sin m + Sin n $= +\,0{,}59\ 945$	$\bar{1}$.77 776
− (c Cos m + Cos n) $= +\,0{,}16\ 828$	$\bar{1}$.22 603
$\alpha_{14} = 254^\circ\ 19'\ 11''$. Tg α_{14}	0.55 173

$v_{14} + w_{13} = -\,120^\circ\ 31'\ 47''$

$\alpha_{41} = +\,74\ \ 19\ \ 11$

$\alpha_{13} = -\,46\ \ 12\ \ 36$

s_{12} : Sin w_{12}	2.96 658		
Sin $(\alpha_{14} + m)$	$\bar{1}$.93 976		
s_{14}	2.90 634	s_{13}	2.70 759
Sin α_{14}	$\bar{1}$.98 353n	Sin α_{13}	$\bar{1}$.85 846n
Cos α_{14}	$\bar{1}$.43 180n	Cos α_{13}	$\bar{1}$.84 012
$\triangle y_4$	2.88 987n	$\triangle y_3$	2.56 805n
$\triangle x_4$	2.33 814n	$\triangle x_3$	2.54 971

$y_4 = +\,1734{,}53$	$x_4 = +\,837{,}11$
$\triangle y_4 = -\,776{,}02$	$\triangle x_4 = -\,217{,}84$
$y_1 = +\,2510{,}55$	$x_1 = +\,1054{,}95$
$\triangle y_3 = -\,369{,}87$	$\triangle x_3 = +\,354{,}57$
$y_3 = +\,2140{,}68$	$x_3 = +\,1409{,}52$

Rechte Hälfte

$\sigma_{21} = -\,1290{,}44$	3.11 074
$\delta_{21} = -\,158{,}48$	2.19 998
Tg $(45^\circ + \alpha_{12})$	0.91 076

$45^\circ + \alpha_{12} = 262^\circ\ 59'\ 54''$ $\quad$ $v_{14} + w_{32} = 203^\circ\ 41'\ 34''$

$m' = 301\ \ 09\ \ 40$ $\quad$ $n' = 61\ \ 41\ \ 27$

$\alpha_{24} - m' = -\,323^\circ\ 40'\ 43''$

Sin v_{12} : Sin w_{12}	$\bar{1}$.92 426	Sin w_{32}	$\bar{1}$.92 782
Sin w_{32} : Sin v_{24}	0.30 097	Sin v_{24}	$\bar{1}$.62 685
c'	0.22 523	Sin n'	$\bar{1}$.94 468
Sin m'	$\bar{1}$.93 233n	c' Sin m'	0.15 756n
Cos m'	$\bar{1}$.71 386	c' Cos m'	$\bar{1}$.93 909
		Cos n'	$\bar{1}$.67 598

Sin n' $= +\,0{,}88\ 040$

c' Sin m' $= -\,1{,}43\ 733$

c' Cos m' $= +\,0{,}86\ 914$

Cos n' $= +\,0{,}47\ 422$

c' Sin m' + Sin n' $= -\,0{,}55\ 693$	$\bar{1}$.74 580n
c' Cos m' + Cos n' $= +\,1{,}34\ 336$	0.12 820
$\alpha_{24} = -\,22^\circ\ 31'\ 03''$ Tg α_{24}	$\bar{1}$.61 760n

$v_{42} + w_{23} = -\,147^\circ\ 10'\ 57''$

$\alpha_{42} = +\,157\ \ 28\ \ 57$

$\alpha_{23} = +\,10\ \ 18\ \ 00$

s_{12} : Sin w_{12}	2.96 658		
Sin $(\alpha_{24} - m')$	$\bar{1}$.77 255		
s_{24}	2.73 913	s_{23}	3.04 010
Sin α_{24}	$\bar{1}$.58 316n	Sin α_{23}	$\bar{1}$.25 237
Cos α_{24}	$\bar{1}$.96 556	Cos α_{13}	$\bar{1}$.99 294
$\triangle y_4$	2.32 229n	$\triangle y_3$	2.29 247
$\triangle x_4$	2.70 469	$\triangle x_3$	2.03 304

$y_4 = +\,1734{,}54$	$x_4 = +\,837{,}11$
$\triangle y_4 = -\,210{,}03$	$\triangle x_4 = +\,506{,}62$
$y_2 = +\,1944{,}57$	$x_2 = +\,330{,}49$
$\triangle y_3 = +\,196{,}10$	$\triangle x_3 = +\,1079{,}05$
$y_3 = +\,2140{,}67$	$x_3 = +\,1409{,}54$

Im vorstehenden Beispiele mit der vollständigen Formelzusammenstellung am Kopfe des Formulars ist im ersten Theile α_{12}, im zweiten $45^0 + \alpha_{12}$ berechnet. Die Proberechnung führt man schon vor Vollendung des ersten Theils aus. Einige Logarithmen des ersten können für den zweiten Theil einfach abgeschrieben werden.

§ 202. **Hansens Problem, dritte Bearbeitung.** Nach dieser wird die wenigst mühsame Rechnung erfordert; die Formeln sind ganz allgemein, gelten für die verschiedenen Lagen der vier Punkte, sind wenig elegant und ihre Herleitung ist recht langwierig und langweilig, wesshalb sie hier, ebenso wie in der Originalabhandlung von Lindemann (Zeitschr. f. Vermess. (1878), Bd. VII, S. 380), welcher hier im Wesentlichen gefolgt wird, weggelassen wird, — nur der Weg für die Entwickelung soll angegeben werden.

Als Hauptunbekannte wird, ähnlich wie nach Verfahren II, das Azimut α_{14} angesehen.

Man findet leicht allgemein:

$$\alpha_{24} = \alpha_{14} + w_{12}; \qquad \alpha_{34} = \alpha_{14} + w_{13};$$
$$\alpha_{31} = \alpha_{14} + v_{41} + w_{13}; \quad \alpha_{32} = \alpha_{14} + v_{42} + w_{13}$$

und kann nun zweckmässig in folgenden Formen die Gleichungen anschreiben, der Strahlen:

$P_4 P_1$	$y_4 - y_1 = (x_4 - x_1) \operatorname{Tg} \alpha_{14}$
$P_4 P_2$	$y_4 - y_1 = (y_2 - y_1) - (x_2 - x_1) \operatorname{Tg}(\alpha_{14} + w_{12}) + (x_4 - x_2) \operatorname{Tg}(\alpha_{14} + w_{12})$
$P_4 P_3$	$y_4 - y_1 = y_3 - y_1 - (x_3 - x_1) \operatorname{Tg}(\alpha_{14} + w_{13}) + (x_4 - x_1) \operatorname{Tg}(\alpha_{14} + w_{13})$
$P_3 P_1$	$y_3 - y_1 = (x_3 - x_1) \operatorname{Tg}(\alpha_{14} + v_{41} + w_{13})$
$P_3 P_2$	$y_3 - y_1 = (y_2 - y_1) - (x_2 - x_1) \operatorname{Tg}(\alpha_{14} + v_{42} + w_{13}) + (x_3 - x_1) \operatorname{Tg}(\alpha_{14} + v_{42} + w_{13})$.

Aus den letzten zwei Gleichungen ziehe man Werthe von $y_3 - y_1$ und $x_3 - x_1$, setze diese in die Gleichung für den Strahl P_4P_3, löse in den Gleichungen die $\operatorname{Tg}(\alpha_{14} + v_{41} + w_{13})$, $\operatorname{Tg}(\alpha_{14} + v_{42} + w_{13})$, $\operatorname{Tg}(\alpha_{14} + w_{12})$ und $\operatorname{Tg}(\alpha_{14} + w_{13})$ auf, entwickele, unter Elimination von $y_4 - y_1$ und $x_4 - x_1$ auf $\operatorname{Tg} \alpha_{14}$. Man erhält nach allen Umformungen und Zusammenziehungen

$$\operatorname{Tg} \alpha_{14} = [a(y_2 - y_1) - b(x_2 - x_1)] : [a(x_2 - x_1) + b(y_2 - y_1)],$$

worin

$$a = \operatorname{Cotg} v_{41} \operatorname{Cotg} w_{12} - \operatorname{Cotg} w_{12} \operatorname{Cotg} v_{42} + \operatorname{Cotg} v_{42} \operatorname{Cotg} w_{13} - 1 \text{ und}$$
$$b = \operatorname{Cotg} v_{41} + \operatorname{Cotg} w_{13}$$

Aus $\operatorname{Tg} \alpha_{14}$ werden zwei Werthe von α_{14} gefunden (um 180^0 verschieden), von denen man nach der, wenigstens annähernd bekannten, Lage von $P_4 P_1$ (es genügt die Kenntniss des Quadranten) den passenden auswählt, dann die Summen mit den bekannten Winkeln herstellt.

Allgemein ist: $s_{14} = s_{12} \operatorname{Sin}(\alpha_{14} - \alpha_{12} + w_{12}) : \operatorname{Sin} w_{12}$

$$- s_{13} = s_{12} \operatorname{Sin}(\alpha_{14} - \alpha_{12} + v_{42} + w_{13}) : \operatorname{Sin} v_{12},$$

wie leicht aus einer Figur folgt. Erinnert wird: die Winkel sind als positive Drehungen vom ersten zum zweiten Schenkel in Ordnung der Indices zu nehmen. Die Werthe von α_{12} und s_{12} sind in bekannter Art aus den gegebenen Coordinaten von P_1 und P_2 berechnet worden. Schliesslich ist

$$y_4 = y_1 + s_{14} \operatorname{Sin} \alpha_{14} \qquad y_3 = y_1 - s_{13} \operatorname{Sin} \alpha_{31}$$
$$x_4 = x_1 + s_{14} \operatorname{Cos} \alpha_{14} \qquad x_3 = x_1 - s_{13} \operatorname{Cos} v_{31}$$

wobei zu beachten ist, dass

$$\alpha_{31} = \alpha_{14} + v_{41} + w_{13}, \text{ also}$$

$$y_3 - y_1 = s_{12} \operatorname{Sin}(\alpha_{14} - \alpha_{13} + v_{42} + w_{13}) \operatorname{Sin}(\alpha_{14} + v_{41} + w_{13}) : \operatorname{Sin} v_{12}$$

ist. Es mag noch erinnert werden, dass $v_{12} = v_{42} - v_{41}$ ist.

Als Rechenprobe bestimme man α_{43} aus $\operatorname{Tg} \alpha_{43} = (y_3 - y_4) : (x_3 - x_4)$ und vergleiche mit $\alpha_{43} = \alpha_{41} + w_{13}$.

Rechenbeispiele auf folgenden Seiten.

Hier werde geschichtlich einer von Delambre herrührenden Lösung der Aufgabe des Rückwärtseinschneidens zweier Punkte nach zwei gegebenen gedacht. Man benutze dazu etwa Fig. 204, S. 354.

Mit beliebig angenommenem Werthe (gewöhnlich 1) für s_{34} berechne man s_{31} und s_{41} aus Dreieck $P_3 P_4 P_1$, in welchem s_{34} bekannt und die anliegenden Winkel $w_{12} + w_{23}$, v_{41}. Ferner berechne man s_{32} und s_{42} aus Dreieck $P_3 P_4 P_2$, in welchem s_{34} bekannt und die anliegenden Winkel $v_{41} + v_{12}$, w_{23}.

Nun lässt sich auf zwei Arten, die dasselbe Ergebniss liefern müssen, s_{12} berechnen, nämlich

1) aus Dreieck $P_1 P_2 P_3$, in welchem s_{31}, s_{32} bekannt, nebst eingeschlossenem Winkel v_{12},
2) aus Dreieck $P_1 P_2 P_4$, in welchem s_{41}, s_{42} bekannt, nebst eingeschlossenem Winkel w_{12}.

Dividirt man den so berechneten Werth von s_{12} in jenen, den man richtig aus den bekannten Coordinaten des Endpunkts P_1 und P_2 abgeleitet hat, so erhält man den Faktor, mit welchem die angenommene Länge zu multipliziren ist und ebenso die bisher berechneten Längen zu multipliziren sind, um die wirklichen Werthe derselben zu finden. Da bei den Dreiecksberechnungen die Winkel $P_3 P_2 P_1$ und $P_4 P_2 P_1$, dann $P_2 P_1 P_3$ und $P_2 P_1 P_4$ sich richtig ergaben, so sind aus den Azimuten α_{12} und α_{21} (welche aus den bekannten Coordinaten der Punkte P_1 und P_2 leicht ableitbar), sofort die Azimute α_{13}, α_{14}, dann α_{23}, α_{24} zu finden. Schliesslich ist mit lauter bekannten Werthen, wie bisher von y_1, x_1 oder von y_2, x_2 auf y_3, x_3 und y_4, x_4 zu schliessen.

Hansen'sches Problem. Rechenformular, Verfahren III. 1. Beispiel.

$$\mathrm{Tg}\,\alpha_{12}=\frac{y_2-y_1}{x_2-x_1};\quad s_{12}=\frac{y_2-y_1}{\mathrm{Sin}\,\alpha_{12}}=\frac{x_2-x_1}{\mathrm{Cos}\,\alpha_{12}};\quad \mathrm{Tg}(45^0+\alpha_{12})=\frac{\sigma_{21}}{\delta_{21}};\quad v_{42}-v_{41}=v_{12};\quad \mathrm{Tg}\,\alpha_{14}=\frac{a(y_2-y_1)-b(x_2-x_1)}{a(x_2-x_1)+b(y_2-y_1)}$$

$$a=\mathrm{Cotg}\,v_{41}\;\mathrm{Cotg}\,w_{12}-\mathrm{Cotg}\,w_{12}\;\mathrm{Cotg}\,v_{42}+\mathrm{Cotg}\,v_{42}\;\mathrm{Cotg}\,w_{13}-1;\quad b=\mathrm{Cotg}\,v_{41}+\mathrm{Cotg}\,w_{13}$$

$$y_4-y_1=\frac{s_{12}}{\mathrm{Sin}\,w_{12}}\,\mathrm{Sin}\,(\alpha_{14}-\alpha_{12}+w_{12})\;\mathrm{Sin}\;\alpha_{14};\quad x_4-x_1=\frac{s_{12}}{\mathrm{Sin}\,w_{12}}\;\mathrm{Sin}\;(\alpha_{14}-\alpha_{12}+w_{12})\,\mathrm{Cos}\,\alpha_{14}.$$

$$y_3-y_1=\frac{s_{12}}{\mathrm{Sin}\,v_{12}}\,\mathrm{Sin}\,(\alpha_{14}-\alpha_{12}+v_{42}+w_{13})\,\mathrm{Sin}\,(\alpha_{14}+v_{41}+w_{13});\quad x_3-x_1=\frac{s_{12}}{\mathrm{Sin}\,v_{12}}\,\mathrm{Sin}\,(\alpha_{14}-\alpha_{12}+v_{42}+w_{13})\,\mathrm{Cos}\,(\alpha_{14}+v_{41}+w_{13}).$$

$y_1=$ 1055,43	$x_1=$ 2667,51	$v_{42}=276^0 54' 56''$	$w_{12}=27^0 45' 17''$	$v_{42}+w_{13}=243^0 59' 56''$
$y_2=$ 1265,46	$x_2=$ 2162,88	$v_{41}=237$ 57 16	$w_{13}=327$ 05 00	$v_{41}+w_{13}=205$ 02 16

$y_2-y_1=+$ 210,03 $x_2-x_1=-$ 504,63 $v_{12}=$ 38 57 40

$\sigma_{21}=-$ 294,60	2.46 923n
$\delta_{21}=-$ 714,66	2.85 410n
$\mathrm{Tg}\,(45^0+\alpha_{12})$	$\bar{1}$.61 513

$45^0+\alpha_{12}=202^0\,24'\,08''$

(+) +0,62 597 = Cotg v_{41}	$\bar{1}$.79 655		(−) −1
		0.07 537	(+) +1,18 951
Cotg w_{12}	0.27 882		
		$\bar{1}$.36 264n	(−) +0,23 048
Cotg v_{42}	$\bar{1}$.08 382n		
		$\bar{1}$.27 469	(+) +0,18 823
(+) −1,54 479 = Cotg w_{13}	0.18 887n		
			a = +0,60 722

b = −0,91 882	$\bar{1}$.96 323n		
y_2-y_1	2.32 228	$b(y_2-y_1)$	2.28 551n
x_2-x_1	2.70 297n	$b(x_2-x_1)$	2.66 620

$a(y_2-y_1)-b(x_2-x_1)=-$ 336,125	2.52 650n
$a(x_2-x_1)+b(y_2-y_1)=-$ 499,399	2.69 845n

a = +0,60 722	$\bar{1}$.78 335		
y_2-y_1	2.32 228	$a(y_2-y_1)$	2.10 563
Cos α_{12}	$\bar{1}$.96 531n	$a(x_2-x_1)$	2.48 632n
x_2-x_1	2.70 297n	$a(y_2-y_1)=+127,535$	
Tg α_{12}	$\bar{1}$.61 931n	$a(x_2-x_1)=-306,421$	
s_{12}	2.73 766	$b(y_2-y_1)=-192,978$	
Sin w_{12}	$\bar{1}$.66 810	$b(x_2-x_1)=+463,660$	
Sin v_{12}	$\bar{3}$.79 851		

$\alpha_{12}=157^0\,24'\,09''$

$\alpha_{14}=213^0 56' 33''$	Tg α_{14} | $\bar{1}$.82 805
$v_{41}+w_{13}=205$ 02 16	$\alpha_{14}-\alpha_{12}=56^0 32' 44''$
$\alpha_{14}+v_{41}+w_{13}=58$ 58 49	$w_{12}=27$ 45 17
	$v_{42}+w_{13}=243$ 59 56

$\alpha_{14}-\alpha_{12}+w_{12}=84$ 17 41; $\alpha_{14}-\alpha_{12}+v_{42}+w_{13}=300^0\,32'\,40''$

s_{12} : Sin w_{12}	3.06 956	s_{12} : Sin v_{12}	2.93 915
Sin $(\alpha_{14}-\alpha_{12}+w_{12}$	$\bar{1}$.99 785	Sin$(\alpha_{14}-\alpha_{12}+w_{42}+w_{13}$	$\bar{1}$.93 513n
	3.06 741		2.87 428n
Sin α_{14}	$\bar{1}$.74 691n	Sin $(\alpha_{14}+v_{41}+w_{13})$	$\bar{1}$.93 298
Cos α_{14}	$\bar{1}$.91 887n	Cos $(\alpha_{14}+v_{41}+w_{13})$	$\bar{1}$.71 209
$\Delta\, y_4$	2.81 432n	$\Delta\, y_3$	2.80 726n
$\Delta\, x_4$	2.98 628n	$\Delta\, x_3$	2.58 627n

$y_4=+$ 403,32	$x_4=+1698,61$
$\Delta y_4=-$ 652,11	$\Delta x_4=-$ 968,90
$y_1=+1055,43$	$x_1=+2667,51$
$\Delta y_3=-$ 641,60	$\Delta x_3=-$ 385,72
$y_3=+$ 413,83	$x_3=+2281,79$

P_1 P_3 P_2 P_4

Fig. 210.

Probe: $\mathrm{Tg}\,\alpha_{43}=\frac{y_3-y_4}{x_3-x_4};\quad \mathrm{Tg}\,(45^0+\alpha_{43})=\frac{\sigma_{34}}{\delta_{34}}$ und $\alpha_{43}=\alpha_{41}+w_{13}$.

$y_3-y_4=$ 10,49	1.02 078	$\sigma_{34}=$ 593,53	2.77 344	$\alpha_{41}=$	$33^0\,56'\,33$
$x_3-x_4=583,04$	2.76 570	$\delta_{34}=+$ 572,55	2.75 782	$w_{13}=$	327 05 00
Tg α_{43}	$\bar{2}$.25 448	Tg $(45^0+\alpha_{43})$	0.01 562	$\alpha_{41}+w_{13}=$	1 01 33

$\alpha_{43}=1^0\,01'\,46''$ $\quad 45^0+\alpha_{43}=46^0\,01'\,46''$

Anmerkung. Die Proberechnung ist in diesem Falle, wegen Kleinheit von y_3-y_4 ungewöhnlich empfindlich; die Differenz von 13" schien (bei 5stelligen Logar.) daher auch ohne Rechenfehler erklärlich, doch liegt ein nicht einflussloser vor. Es ist a = 0,60822, nicht = 0,60722. Als lehrreiches Beispiel mag die ungenaue Rechnung hier stehen bleiben.

Hansen'sches Problem. Rechenformular, Verfahren III. 2. Beispiel.

$\mathrm{Tg}\,\alpha_{12}=\frac{y_2-y_1}{x_2-x_1}$; $s_{12}=\frac{y_2-y_1}{\mathrm{Sin}\,\alpha_{12}}=\frac{x_2-x_1}{\mathrm{Cos}\,\alpha_{12}}$; $\mathrm{Tg}(45^0+\alpha_{12})=\frac{\sigma_{21}}{\delta_{21}}$; $v_{42}-v_{41}=v_{12}$; $\mathrm{Tg}\,\alpha_{14}=\frac{a(y_2-y_1)-b(x_2-x_1)}{a(x_2-x_1)+b(y_2-y_1)}$

$a=\mathrm{Cotg}\,v_{41}\ \mathrm{Cotg}\,w_{12}-\mathrm{Cotg}\,w_{12}\ \mathrm{Cotg}\,v_{42}+\mathrm{Cotg}\,v_{42}\ \mathrm{Cotg}\,w_{13}-1$; $b=\mathrm{Cotg}\,v_{41}+\mathrm{Cotg}\,w_{13}$

$s_{14}=\frac{s_{12}}{\mathrm{Sin}\,w_{12}}\,\mathrm{Sin}(\alpha_{14}-\alpha_{12}+w_{12})\quad -s_{13}=\frac{s_{12}}{\mathrm{Sin}\,v_{12}}\,\mathrm{Sin}(\alpha_{14}-\alpha_{12}+v_{42}+w_{13})$

$y_4=y_1+s_{14}\,\mathrm{Sin}\,\alpha_{14}$; $x_4=x_1+s_{14}\,\mathrm{Cos}\,\alpha_{14}$. $y_3=y_1-s_{13}\,\mathrm{Sin}(\alpha_{14}+v_{41}+w_{13})$; $x_3=x_1-s_{13}\,\mathrm{Cos}(\alpha_{14}+v_{41}+w_{13})$.

$y_1=+7299{,}03$	$x_1=+15\,863{,}17$	$v_{42}=119^0 45' 05''$	$w_{12}=46^0 37' 50''$	$v_{42}+w_{13}=215^0 48' 15''$
$y_2=+7388{,}91$	$x_2=+17\,933{,}05$	$v_{41}=\ \ 63\ 55\ 30$	$w_{13}=96\ 03\ 10$	$v_{41}+w_{13}=159\ 58\ 40$
$y_2-y_1=+\ 89{,}88$	$x_2-x_1=+\ 2069{,}88$	$v_{12}=\ 55\ 49\ 35$		

$\sigma_{21}=+2159{,}76$	3.33 440		
$\delta_{21}=+1980{,}00$	3.29 667		
$\mathrm{Tg}\,(45^0+\alpha_{12}$	0.03 773		
$45^0+\alpha_{12}=47^0\,29'\,09''$			

			(—) — 1,0
(+) +0,489350 = Cotg v_{41}	$\bar{1}$.68 962	1.66 489	(+) + 0,462264
Cotg w_{12}	$\bar{1}$.97 527	$\bar{1}$.73 235n	(—) + 0,539946
Cotg v_{42}	$\bar{1}$.75 708n	$\bar{2}$.78 253	(+)(+)0,060608
(+) — 0,106035 = Cotg w_{13}	$\bar{1}$.02 545n		$a=+0{,}062818$ | $\bar{2}$.79 809

$b=+0{,}38\,3315$	$\bar{1}$.58 356		
y_2-y_1	1.95 366	$b\,(y_2-y_1)$	1.53 722
x_2-x_1	3.31 594	$b\,(x_2-x_1)$	2.89 950

y_2-y_1	1.95 366
Sin x_{12}	$\bar{2}$.63 731
x_2-x_1	3.31 594
Tg α_{12}	$\bar{2}$.63 772
s_{12}	3.31 635
Sin w_{12}	$\bar{1}$.86 150
Sin v_{12}	$\bar{1}$.91 768

$a\,(y_2-y_1)$	0.75 175
$a\,(x_2-x_1)$	2.11 403

$a(y_2-y_1)=+\ 5{,}646$
$a(x_2-x_1)=+130{,}027$
$b(y_2-y_1)=+\ 34{,}452$
$b(x_2-x_1)=+793{,}417$

$a\,(y_2-y_1)-b\,(x_2-x_1)=-\ 787{,}771$	2.89 640n
$a\,(x_2-x_1)+b\,(y_2-y_1)=+\ 164{,}479$	2.21 611

$\alpha_{24}=101^0 47' 36''$		Tg α_{14}	0.68 029n
$v_{41}+w_{23}=159\ 58\ 40$		$\alpha_{14}-\alpha_{12}=\ 99\ 18' 25''$	
$\alpha_{14}+v_{41}+w_{23}=261\ 46\ 16$		$w_{12}=\ 46\ 37\ 50$	
		$v_{42}+w_{13}=215\ 48\ 15$	

$\alpha_{12}=2^0\,29'\,11''$
$\alpha_{14}-\alpha_{12}+w_{12}\quad =145^0\,56'\,15''$;
$\alpha_{14}-\alpha_{12}+v_{42}+w_{13}=315^0\,06'\,40''$

s_{12} : Sin w_{12}	3.45 485	s_{12} : Sin v_{12}	3.39 867
Sin $(\alpha_{14}-\alpha_{12}+w_{12}$	$\bar{1}$.74 826	Sin $\alpha_{14}-\alpha_{12}+v_{42}+w_{13}$	$\bar{1}$.84 864n
s_{14}	3.20 310	$-\ s_{13}$	3.24 731n
Sin α_{14}	$\bar{1}$.99 074	Sin $(\alpha_{14}+v_{41}+w_{13})$	$\bar{1}$.99 551n
Cos α_{14}	$\bar{1}$.31 045n	Cos $(\alpha_{14}+v_{41}+w_{13})$	$\bar{1}$.15 573n
Δy_4	3.19 385	Δy_3	3.24 282
Δx_4	2.51 356n	Δx_3	2.40 304

$y_4=+8861{,}64$	$x_4=+15\,536{,}91$
$\Delta y_4=+1562{,}64$	$\Delta x_4=-\ 326{,}26$
$y_1=+7299{,}03$	$x_1=+15\,863{,}17$
$\Delta y_3=+1749{,}12$	$\Delta x_3=+\ 252{,}95$
$y_3=+9048{,}15$	$x_3=+16\,116{,}12$

Probe: $\mathrm{Tg}\,\alpha_{43}=\frac{y_3-y_4}{x_3-x_4}$; $\mathrm{Tg}\,(45^0+\alpha_{43})=\frac{\sigma_{34}}{\delta_{34}}$ und $\alpha_{43}=\alpha_{41}+w_{13}$

$y_3-y_4=+186{,}51$	2.27 070	$\sigma_{34}=+765{,}72$	2.88 407	$\alpha_{41}=281^0\,47'\,36''$
$x_3-x_4=+579{,}21$	2.76 284	$\delta_{34}=+392{,}70$	2.59 406	$w_{13}=\ 96\ 03\ 10$
Tg α_{43}	$\bar{1}$.50 786	Tg$(45^0+\alpha_{43})$	0.29 001	$\alpha_{43}=\ 17\ 50\ 46$ (Soll)
$\alpha_{43}=17^0\,50'\,56''$		$45^0+\alpha_{43}=62^0\,50'\,56''$		

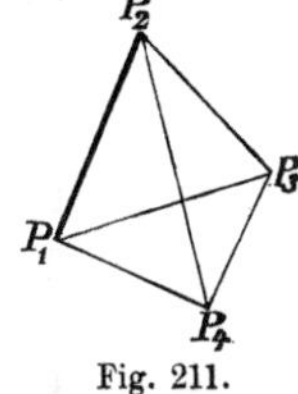

Fig. 211.

Anmerkung. Die grosse Abweichung (10″) des berechneten α_{43} gegen den Sollwerth, erklärt sich zum Theil aus der Ungenügenheit 5stelliger Log.-Tafeln, wenn wie hier die $\triangle y$ in Centim. 6stellig sind, dann aus der verhältnissmässig sehr geringen Länge von $P_4\ P_3$. Durch Aenderung der berechneten Coordinatenwerthe um 2 bis 3 Centim. könnte die Abweichung zum Verschwinden gebracht werden.

§ 203. **Hansens Problem, Sonderfall.** Liegt einer der zu bestimmenden Punkte auf der Geraden durch die zwei gegebenen (unzugänglichen), so kann man zwar auch mit den allgemeinen Formeln rechnen, — es ist nur $v_{14} = v_{24}$ oder $v_{14} = 180^0 - v_{42}$. Jedoch einfacher nach folgenden Formeln, deren Ableitung so leicht ist, dass sie übergangen werden darf.

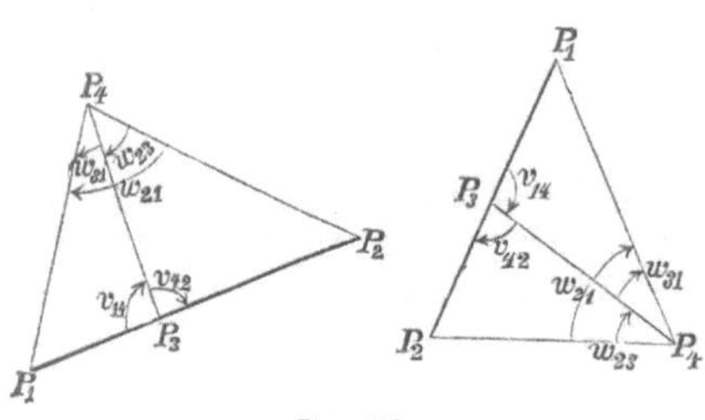

Fig. 212.

C. 1. Einer der gesuchten Punkte, P_3, liegt auf der Geraden zwischen den, ihren Coordinaten nach gegebenen Punkten P_1 und P_2. (Fig. 212.)

Kennzeichnend für den Fall: $v_{12} = 180^0 = v_{14} + v_{42}$.

Es ist: $s_{14} = s_{12} \operatorname{Sin}(v_{42} + w_{23}) : \operatorname{Sin} w_{12}$ und

$s_{13} = s_{14} \operatorname{Sin} w_{31} : \operatorname{Sin} v_{14} = s_{12} \operatorname{Sin}(v_{42} + w_{23}) \operatorname{Sin} w_{31} : \operatorname{Sin} w_{12} \operatorname{Sin} v_{14}$

$y_4 = y_1 + s_{14} \operatorname{Sin}(\alpha_{21} + v_{14} + w_{31})$ $\quad y_3 = y_1 + s_{13} \operatorname{Sin} \alpha_{12}$

$x_4 = x_1 + s_{14} \operatorname{Cos}(\alpha_{21} + v_{14} + w_{31})$ $\quad x_3 = x_1 + s_{13} \operatorname{Cos} \alpha_{12}$

Proberechnungen: $\alpha_{34} = \alpha_{21} + v_{41}$, $\operatorname{Tg} \alpha_{34} = (y_4 - y_3) : (x_4 - x_3)$.

C. 2. Einer der gesuchten Punkte, P_3, liegt auf der Verlängerung der Strecken zwischen den gegebenen Punkten P_1, P_2.

2a. auf der Verlängerung der Strecke P_1 nach P_2, (Fig. 213.)

Kennzeichen: $v_{12} = 0^0$; $v_{41} = v_{42}$.

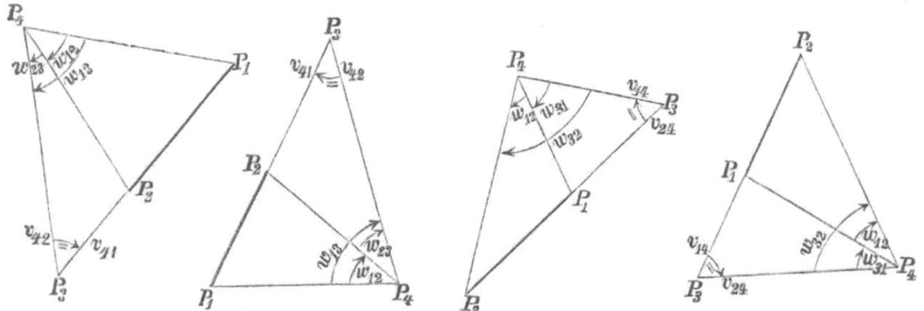

Fig. 213. Fig. 214.

Es ist:

$s_{14} = s_{12} \operatorname{Sin}(v_{42} + w_{23}) : \operatorname{Sin} w_{12}$; $\quad \alpha_{14} = \alpha_{21} + v_{14} + w_{31}$

$s_{13} = s_{14} \operatorname{Sin} w_{13} : \operatorname{Sin} v_{41}$; $\quad \alpha_{13} = \alpha_{12}$

Proberechnungen: $\alpha_{34} = \alpha_{21} - v_{41}$; $\operatorname{Tg} \alpha_{34} = (y_4 - y_3) : (x_4 - x_3)$

2b. auf der Verlängerung der Strecken P_2 nach P_1, (Fig. 214.)

Kennzeichen: $v_{12} = 0$; $v_{14} = v_{24}$.

Es ist:

$s_{14} = s_{12} \operatorname{Sin}(v_{24} + w_{32}) : \operatorname{Sin} w_{12}$; $\quad \alpha_{14} = \alpha_{12} + v_{14} + w_{31}$

$s_{13} = s_{14} \operatorname{Sin} w_{31} : \operatorname{Sin} v_{24}$; $\quad \alpha_{13} = \alpha_{21}$.

Proberechnungen: $\alpha_{34} = \alpha_{12} + v_{14}$ $\operatorname{Tg} \alpha_{34} = (y_4 - y_3) : (x_4 - x_3)$.

Zahlenbeispiele und Rechenformulare für die Sonderfälle des Hansenproblems sind wegen ihrer Einfachheit überflüssig.

§ 204. **Unlösbare Fälle von Hansens Problem.** Dass die Aufgabe nicht lösbar ist, wenn alle vier Punkte auf denselben Geraden liegen (E), leuchtet ein, wenn man erwägt, dass bei ganz beliebiger Lage von P_3 und P_4 auf der Geraden zwischen P_1 und P_2 immer v_{12}, v_{14} und v_{24} gleich Null oder zwei Rechten und ebenso w_{12}, w_{13} und w_{23} gleich Null oder gleich zwei Rechten, also die Winkel nicht mehr bezeichnend (genug) für die Lage der Punkte sind.

Die Unlösbarkeit der Fälle (D), in welchen die beiden zu bestimmenden Punkte mit einem der gegebenen auf derselben Geraden liegen, ergibt sich aus folgender geometrischer Betrachtung. Der geometrische Ort des Punktes P_4 ist der über $P_1 P_2$ gezogene Kreisbogen, welcher die Winkel w_{12} und $w_{21} = 180^0 - w_{12}$ fasst und der geometrische Ort des Punktes P_3 ist der über $P_1 P_2$ gezogene Kreis mit dem Peripheriewinkel $v_{12}(v_{21})$.

Zieht man aus P_1 eine Gerade, welche beide Kreise schneidet, so gehören zu den Schnittpunkten (P_3 und P_4) dieselben Winkel v und w und zwar ist in

Fall 1. $v_{12} = 180^0 - v_{24}$; $v_{14} = 180^0$ und in Fall 2 $v_{12} = v_{42}$; $v_{14} = 0^0$
(Fig. 215.) $w_{21} = w_{23}$; $w_{31} = 0^0$ (Fig. 216.) $w_{21} = w_{23}$; $w_{31} = 0^0$

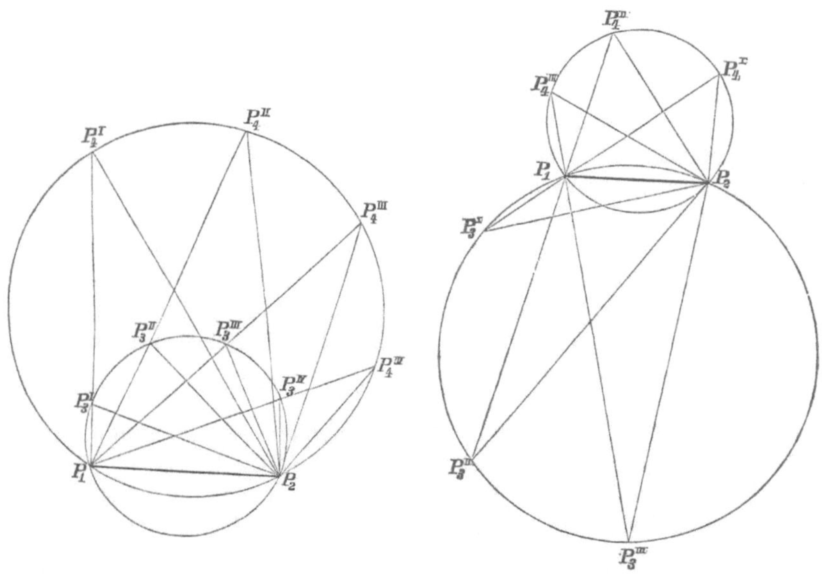

Fig. 215. Fig. 216.

Die Winkel sind nicht bezeichnend genug für die Lage von P_3 und P_4, denn jede durch P_1 gezogene, beide Kreise schneidende Gerade gibt ein Paar passender und zusammengehöriger Schnittpunkte P_3 und P_4.

Hat man übersehen, dass ein unlösbarer Fall vorliegt und beginnt die Rechnung, so kommt man auf unbestimmte Formen wie $\infty : \infty$.

§ 205. **Mehrfache Hansen'sche Punktenbestimmung.** Sind von beiden zu bestimmenden Punkten P_3 und P_4 mehr als zwei Punkte bekannter Coordinaten anzielbar, so lassen sich in mehrfacher Art Vierecke aus den zwei fraglichen und zwei bekannten Punkten bilden und die Coordinaten in der in vorstehendem Paragraphen gelehrten Weise ableiten.

Man wird, der Unvollkommenheit aller Beobachtungen wegen, verschiedene Werthe finden. Nimmt man aus diesen das Mittel, wenn eine Schätzung des Gewichts der einzelnen Bestimmungen möglich ist, mit Berücksichtigung der Gewichte, so erhält man eine angenäherte Ausgleichung. Man kann theoretisch bessere Werthe durch eine gelehrtere Ausgleichung erhalten, die in den Grundsätzen mit der in § 197 für die mehrfache Pothenot'sche Bestimmung mitgetheilten übereinkommt, aber erheblich umständlichere Rechnungen erfordert. Man wird fast nie mehrfache Hansen'sche Bestimmungen vornehmen, sondern Pothenot'sche, die ja, wenn von einem Punkte aus wenigstens drei bekannte Punkte anzielbar sind, ausgeführt werden kann und an und für sich besser ist. Dann wird jeder der beiden Punkte für sich bestimmt; hat man die Coordinaten des einen schon möglichst gut (aus mehrfachen Bestimmungen) gefunden, so kann dieser, dem andern zu bestimmenden Punkte gegenüber, wieder als einer mit bekannten Coordinaten dienen. Es lässt sich also ganz Pothenotisch verfahren, wenn man zwischen den beiden Punkten sehen und wenigstens vom einen aus drei bekannte Punkte anzielen kann, vom andern bedarf es dann nur noch zweier, die unter den drei vom erst berechneten Punkt aus gesehenen begriffen oder auch andere sein können. Bei diesem Minimum sichtbarer bekannter Punkte hat man freilich keine Gelegenheit zu mehrfachen Bestimmungen und Ausgleichung oder Verbesserung der Ergebnisse. Es mag vorkommen, dass man die zwei Punkte einmal (oder mehrmal) nach dem Hansen'schen Verfahren bestimmt und noch jeden einzelnen einmal oder mehrfach Pothenotisch und dann ausgleicht. Die theoretischen Forderungen an die Ausgleichung werden aber dann äusserst unbequem zu erfüllen, — man wird aber auch mit einfachem Mittelnehmen gute Ergebnisse gewinnen können.

§ 206. **Messung einer unzugänglichen Entfernung.** Hierher gehörende Aufgaben sind schon in den §§ 56—59 behandelt. Auch bei allen Triangulationen wird durch Dreiecksberechnung die Aufgabe gelöst, speciell auch wenn die Endpunkte zugänglich sind und ihre Coordinaten etwa Pothenotisch oder nach Hansens Verfahren ermittelt werden, da aus den Coordinaten der Endpunkte leicht die Streckenlänge berechnet werden kann. Die Aufgabe soll hier nochmals mit besonderer Rücksicht auf excentrische Winkelmessungen, als Ermittelung der Grösse der Excentricität behandelt werden, kann aber natürlich auch in anderen Fällen Verwendung finden. Gerade wenn man excentrisch Winkel misst, wird gewöhnlich auch die Excentricität nicht unmittelbar messbar sein.

Die unzugängliche Strecke sei CS; C mag etwa der wahre Winkelscheitel und S der Standpunkt sein, aus welchem die Winkelmessung ausgeführt wird. Die Bezeichnung, wie die Rechnungsanordnung und das Zahlenbeispiel ist aus der IX. preuss. Vermessungsanweisung (S. 109) entnommen und zur besseren Anschmiegung an das Muster ausnahmsweise von der sonst in diesem Buche üblichen Bezeichnung und Rechnungsweise abgewichen, nur die negative Charakteristik der Logarithmen (welche in preuss. amtl. Rechn. nicht üblich) ist hier beibehalten.

Man misst eine Standlinie $AB = g$, deren Endpunkte so gewählt sind, dass man von ihnen aus nach den beiden Endpunkten der gesuchten Strecke (C und S) sehen kann. Man misst nun in den Endpunkten der Standlinie die Winkel zwischen der Standlinie und den Zielstrahlen nach C und S, das sind die Winkel γ_c, γ_s und β_c, β_s und benutzt noch die Differenz der auf einem der Endpunkte gemessenen Winkel, im Beispiele β, d. i. den Winkel, unter welchem die gesuchte Strecke von dort aus erscheint. Die vier Figuren versinnlichen die möglichen Lagen der Punkte gegen einander. φ und ψ sind zu ermittelnde Hülfsgrössen, nämlich die nicht gemessenen Winkel in dem Dreiecke BCS. Die gesuchte Strecke selbst ist mit e bezeichnet. Die Ableitung passt für alle vier Fälle und Figuren.

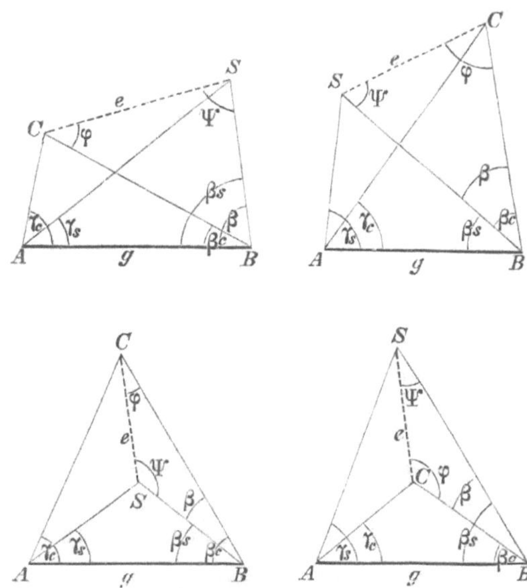

Fig. 217.

Aus den Dreiecken ABC und ABS folgt nach dem Sinussatze:

$BC = AB \cdot \sin\gamma_c : \sin(\beta_c + \gamma_c) = g \cdot m_c$; $BS = AB \cdot \sin\gamma_s : \sin(\beta_s + \gamma_s) = g \cdot m_s$,

wo m_c und m_s Abkürzungen für die ausrechenbaren Brüche sind.

Das Dreieck SBC liefert nach dem Tangentensatze:

$$(BS - BC) : (BS + BC) = \operatorname{Tg} \tfrac{1}{2}(\varphi + \psi) : \operatorname{Tg} \tfrac{1}{2}(\varphi - \psi) = (m_s - m_c) : (m_s + m_c)$$

(die Werthe von BS und BC eingesetzt).

Man führt den Hülfswinkel μ ein, bestimmt durch $\operatorname{Tg}\mu = m_c : m_s$ und erhält:

$$(1 - \operatorname{Tg}\mu) : (1 + \operatorname{Tg}\mu) = \operatorname{Cotg}(45^0 + \mu) = (\operatorname{Tg} \tfrac{1}{2}(\varphi - \psi) : \operatorname{Tg} \tfrac{1}{2}(\varphi + \psi)$$

Und da $\varphi + \psi = \pi - \beta$ ist*), also $\frac{1}{2}(\varphi + \psi) = \frac{1}{2}\pi - \frac{1}{2}\beta$, so kommt:

---

*) π steht hier als Bogenmaass für 180°, — selbstverständlich sind die übrigen Zeichen für Winkel auch deren Bogenmaass.

$$\mathrm{Tg}\,\tfrac{1}{2}(\varphi-\psi)=\mathrm{Cotg}\,(\tfrac{1}{4}\pi+\mu)\,\mathrm{Tg}\,\tfrac{1}{2}(\varphi+\psi)=\mathrm{Cotg}\,(\tfrac{1}{4}\pi+\mu)\,\mathrm{Cotg}\tfrac{1}{2}\beta$$

Ferner, aus dem Dreiecke CSB nach dem Sinussatze:

$$\mathrm{CS}=\mathrm{BS}\cdot\mathrm{Sin}\,\beta:\mathrm{Sin}\,\varphi=\mathrm{BC}\cdot\mathrm{Sin}\,\beta:\mathrm{Sin}\,\psi$$

oder: $$e=g\,m_s\,\mathrm{Sin}\,\beta:\mathrm{Sin}\,\varphi=g\,m_c\,\mathrm{Sin}\,\beta:\mathrm{Sin}\,\psi.$$

Wird die hier besprochene Ermittelung einer unzugänglichen Strecke nur zum Zwecke der Centrirung eines Winkels vorgenommen, so kommt es gewöhnlich bei langen Schenkeln und geringer Excentricität nicht darauf an, jene Strecke mit weitgehender Genauigkeit zu kennen. Man begnügt sich und muss sich manchmal nothgedrungen begnügen, die Hülfswinkel β_c, β_s, γ_c, γ_s nur annähernd, statt mit dem Theodolit, mit einem einfachern und bequemern Instrument zu messen. Es ist aber nicht rathsam, die Standlinie g gar zu roh in Rechnung zu nehmen.

Zahlenbeispiele und Rechenformular siehe folgende Seite.

Zum Formulare sei noch bemerkt: Man schreibt zunächst in die zweite Spalte in erste, zweite, fünfte und sechste Zeile die Werthe der β_c, β_s, γ_c, γ_s, bildet die Differenz als β in Zeile 2 und darunter $\frac{1}{2}\beta$. Dann $\beta_c+\gamma_c$ und $\beta_s+\gamma_s$; auch lässt sich sofort $\frac{1}{2}\pi-\frac{1}{2}\beta$ anschreiben. In die erste Zeile der dritten und vierten Längenabtheilung wird log Sin γ_c und log Sin γ_s geschrieben und darunter der von 0 abgezogenen Logarithmen von Sin $(\beta+\gamma)$; Addition der zwei Zeilen gibt die log der m. Man zieht log m_s von dem in selber Zeile stehenden log m_c ab und schreibt die Differenz als log Tg μ an, darunter sofort den aufgeschlagenen Werth von μ und $45^0+\mu$, darunter log Cotg $(45^0+\mu)$ und

$$\log\,\mathrm{Tg}\,\tfrac{1}{2}(\varphi-\psi)=\log\,\mathrm{Tg}\,(90^0-\tfrac{1}{2}\beta).$$

Die Summe der letzten zwei Logarithmen liefert log Tg $\frac{1}{2}(\varphi-\psi)$, man schlägt $\frac{1}{2}(\varphi-\psi)$ in den Tafeln auf, schreibt seinen Werth unter jenen (zweite Spalte) von $\frac{1}{2}(\varphi+\psi)$ und darunter nun φ und ψ.

In die fünfte Zeile der letzten Spalte schreibt man log g (g selbst mit Nachweis der Quelle steht am Schlusse der Mittelspalte) und in die sechste Zeile log Sin β. Da φ und ψ nun bekannt, lassen sich die Logarithmen ihrer Sinus aufschlagen und deren Ergänzungen zu Null anschreiben, man schreibt ausserdem noch log m_c ab. Nun addirt man die zwischen den zwei gebrochenen Strichen stehenden Zahlen zu den zwei darüber oder zu den zwei darunter stehenden und erhält auf beide Arten log e. Am amtlichen Muster ist nur geändert, dass die gegebenen Zahlen im Drucke hervorgehoben und das Endresultat unterstrichen ist.

Die Werthe von e selbst werden gar nicht angeschrieben, was auch nicht nöthig, wenn nur der log e für weitere Zwecke benutzt wird; hat aber e eine mehr selbständige Bedeutung, so bleibt am Schlusse der letzten Spalte noch Raum zur Anschreibung.

Das arithmetische Mittel der Logarithmen von e kann genügend genau für den Logarithmus des arithmetischen Mittels der Werthe von e genommen werden.

Trig. Form. 3. Berechnung der unzugänglichen Entfernung CS.

Die vier Figuren der Seite 369, die hier zur Raumersparniss weggelassen.

$m_c = \frac{\text{Sin}\ \gamma_c}{\text{Sin}(\beta_c + \gamma_c)}$	$\text{Tg}\ \mu = \frac{m_c}{m_s}$	$e = \frac{m_s}{\text{Sin}\ \varphi}\ g\ \text{Sin}\ \beta = \frac{m_s}{\text{Sin}\ \psi}\ g\ \text{Sin}\ \beta$
$m_s = \frac{\text{Sin}\ \gamma_s}{\text{Sin}(\beta_s + \gamma_s)}$	$\text{Tg}\ \frac{1}{2}(\varphi - \psi) = \text{Cotg}(\frac{1}{4}\pi + \mu)\ \text{Tg}\ \frac{1}{2}(\varphi + \psi)$	

Die Winkel sind entnommen	Nr. 1 S : s_1				A : c	Punkt P : ⊙ 17	B : D	
		°	′	″				
1.30	β_c	66	51	20	log Sin γ_c	$\bar{1}$.95 186	log Sin γ_s	$\bar{1}$.93 963
″	β_s	68	12	28	cpl log Sin $(\beta_c + \gamma_c)$	0.11 814	cpl log Sin $(\beta_s + \gamma_s)$	0.10 761
	β	1	21	08	log m_c	0.07 000	log m_s	0.04 724
	$\frac{1}{2}\beta$	0	40	34	log Tg μ	0.02 276	cpl log Sin φ	0.39 799
″	γ_c	63	31	08	μ	46° 30′ 02″	log g	1.82 866
″	γ_s	60	29	00	$\frac{1}{4}\pi + \mu$	91° 30′ 02″	log Sin β	$\bar{2}$.37 288
	$\beta_c + \gamma_c$	130	22	28	log Ctg $(\frac{1}{4}\pi + \mu)$	$\bar{2}$.41 823n	cpl log Sin ψ	0.37 523
	$\beta_s + \gamma_s$	128	41	28	log Tg $\frac{1}{2}(\varphi + \psi)$	1.92 808	log m_c	0.07 000
					log Tg $\frac{1}{2}(\varphi - \psi)$	0.34 631n	log e	0.64 677
	$\frac{1}{2}(\varphi+\psi) = \frac{1}{2}\pi - \frac{1}{2}\beta$	89	19	26	g	67,40	Mittel aus 1 u. 2 : log e	0.64 714
	$\frac{1}{2}(\varphi-\psi)$ —	65	44	55		aus tr. F. 1		
	$\varphi = \frac{1}{2}(\varphi+\psi) + \frac{1}{2}(\varphi-\psi)$	23	34	31		S 29		
	$\psi = \frac{1}{2}(\varphi+\psi) - \frac{1}{2}(\varphi-\psi)$	155	04	21				

Die Winkel sind entnommen	Nr. 2 S : s				A : B	Punkt P : ⊙ 17	B : C	
		°	′	″				
1.30	β_c	39	17	18	log Sin γ_s	$\bar{1}$.91 808	log Sin γ_s	$\bar{1}$.89 705
″	β_s	37	56	10	cpl log Sin $(\beta_c + \gamma_c)$	0.00 178	cpl log Sin $(\beta_s + \gamma_s)$	0.00 000
	β	1	21	08	log m_c	$\bar{1}$.91 986	log m_s	$\bar{1}$.89 705
	$\frac{1}{2}\beta$	0	40	34	log Tg μ	0.02 281	cpl log Sin φ	0.39 882
″	γ_c	55	54	10	μ	46° 30′ 14″	log g	1.97 875
″	γ_s	52	05	21	$\frac{1}{4}\pi + \mu$	91° 30′ 14″	log Sin β	$\bar{2}$.37 288
	$\beta_c + \gamma_c$	95	11	28	log Ctg $(\frac{1}{4}\pi + \mu)$	$\bar{2}$.41 919n	cpl log Sin ψ	0.37 601
	$\beta_s + \gamma_s$	90	01	31	log Tg $\frac{1}{2}(\varphi + \psi)$	1.92 808	log m_c	$\bar{1}$.91 986
					log Tg $\frac{1}{2}(\varphi - \psi)$	0.34 727n	log e	0.64 750
	$\frac{1}{2}(\varphi+\psi) = \frac{1}{2}\pi - \frac{1}{2}\beta$	89	19	26	log g	aus tr. F. 13	Mittel aus 1 u. 2 : log e	0.64 714
	$\frac{1}{2}(\varphi-\psi)$ —	65	47	46		Nr. 5 u. 7.		
	$\varphi = \frac{1}{2}(\varphi+\psi) + \frac{1}{2}(\varphi-\psi)$	23	31	40				
	$\psi = \frac{1}{2}(\varphi+\psi) - \frac{1}{2}(\varphi-\psi)$	155	07	12				

§ 207. Coordinaten des Durchschnitts zweier Geraden. Sind die Coordinaten von vier Punkten, P_1, P_2, P_3, P_4 bekannt, so lassen sich leicht die Coordinaten der drei Durchschnittspunkte der sechs zwischen den vier Punkten möglichen Geraden berechnen. Man schreibt die Gleichungen zweier der Geraden an und berechnet durch Auflösen derselben die Coordinaten des gemeinsamen Punkts, welche mit y_0 und x_0 bezeichnet sein mögen. Für die Geraden durch P_1 und P_2 und jene durch P_3 und P_4 ergibt sich

$$\begin{aligned} y_0 &= [(x_4 - x_1) c_{21} c_{43} + y_1 c_{43} - y_4 c_{21}] : (c_{43} - c_{21}) \\ &= [(x_3 - x_2) c_{21} c_{43} + y_2 c_{43} - y_3 c_{21}] : (c_{43} - c_{21}) \\ x_0 &= (y_1 - y_4 - x_1 c_{21} + x_4 c_{43}) : (c_{43} - c_{21}) \\ &= (y_2 - y_3 - x_2 c_{21} + x_3 c_{43}) : (c_{43} - c_{21}); \end{aligned}$$

worin $c_{43} = (y_4 - y_3) : (x_4 - x_3) = \mathrm{Tg}\, \alpha_{34}$ und

$c_{21} = (y_2 - y_1) : (x_2 - x_1) = \mathrm{Tg}\, \alpha_{12}$ bedeuten.

Die doppelte Berechnung sichert gegen Rechenfehler.

Die vier gegebenen Punkte mögen (wie Kirchthurmspitzen oder dgl.) unzugänglich sein. Man sucht nach früher geschildertem Verfahren (§§ 19, 20) den Durchschnittspunkt annähernd und stellt daselbst einen Theodolit auf, zielt einen Punkt an und prüft, ob nach Drehung der Alhidade um genau 180^0 oder nach Durchschlagen des Fernrohrs der andere Punkt in der Zielrichtung ist. Bejahenden Falls findet man sich auf der einen Geraden. Die ähnliche Prüfung ist nun noch zu machen, um zu erfahren, ob man auch gleichzeitig auf der zweiten Geraden steht. Man verschiebt das Instrument so lange, bis beide Prüfungen gutes Ergebniss liefern. Der im Felde solchergestalt aufgefundene Punkt ist in seinen Coordinaten nach Ausführung der oben angegebenen Rechnung bestimmt und zwar mit eben der Sicherheit, wie die Coordinaten der vier gegebenen Punkte. Davon kann man schon nützliche Anwendung machen, um so mehr da man schon zwei Azimute (mit den entgegengesetzten vier) kennt, nämlich die der Richtungen nach den vier anfänglich bekannt gewesenen Punkten. Unschwer lassen sich auch die Entfernungen von jenen vier Punkten berechnen. Man kann von noch zwei Durchschnittspunkten (wenn nicht zwei der sechs Geraden des vollständigen Vierseits parallel sind) die Coordinaten berechnen, die Azimute der von ihnen ausgehenden Strahlen; endlich die Entfernungen je zweier solcher Durchschnittspunkte von einander und die Azimute ihrer Verbindungen.

Die gefundenen und ihrer Lage nach berechneten Durchschnittspunkte, welche zugänglich gedacht werden, kann man, ohne dass eine Längenmessung erforderlich gewesen, nun benutzen, um durch Vorwärtsabschneiden oder irgend welches andere trigonometrische Verfahren, neue Punkte festzulegen; man kann so sehr bequemen Anschluss an eine grössere Vermessung (die Landesvermessung) gewinnen. Handelt es sich nur um diesen Anschluss, so wird allerdings das Pothenot'sche oder das Hansen'sche Verfahren noch einfacher und meist sicherer sein.

§ 208. **Fehler im Azimut und in den Coordinaten.** Aus

$$\text{Tg}\,\alpha_{12} = (y_2 - y_1) : (x_2 - x_1) \text{ folgt}$$

$$d\alpha_{12} : \text{Cos}^2\alpha_{12} = (dy_2 - dy_1) : (x_2 - x_1) - (dx_2 - dx_1)(y_2 - y_1) : (x_2 - x_1)^2$$

und hieraus

$$d\alpha_{12} = \frac{1}{s_{12}} [\text{Cos}\,\alpha_{12}(dy_2 - dy_1) - \text{Sin}\,\alpha_{12}(dx_2 - dx_1)].$$

Darin ist ausgedrückt, welchen Einfluss auf das Azimut einer Richtung eine Ungenauigkeit der Coordinaten der die Richtung bestimmenden zwei Punkte ausübt. Der Azimutfehler ist Null, sobald gleichzeitig die Ordinaten beider Punkte um gleichen Betrag (auch dem Vorzeichen nach) unrichtig und dasselbe, wenn auch in anderem Maasse, für die Abscissen gilt, — der Strahl ist dann nur parallel zu sich verschoben.

Sind die Coordinaten des einen Punktes (z. B. P_1) zweifellos richtig, so wird ($dy_1 = o$, $dx_1 = o$):

$$d\alpha_{12} = + \frac{\text{Cos}\,\alpha_{12}}{s_{12}} dy_2 - \frac{\text{Sin}\,\alpha_{12}}{s_{12}} dx_2.$$

Sei erinnert, dass $\alpha_{21} = 180^0 - \alpha_{12}$, also $d\alpha_{21} = - d\alpha_{12}$.

Man hat Tabellen berechnet (auch graphische Tafeln verzeichnet), aus welchen die Werthe von $\text{Cos}\,\alpha_{12} : s_{12}$ und $\text{Sin}\,\alpha_{12} : s_{12}$ sofort in Sekunden (wozu noch Multiplikation mit 206264,8 erforderlich ist) entnommen werden können.

Werden aus den Coordinaten eines Punktes P_1, aus der Streckenlänge s_{12} und dem Azimute α_{12} der Richtung von P_1 nach P_2 die Coordinaten des Punktes P_2 berechnet, so fallen diese unrichtig aus, wenn das Azimut ungenau bestimmt ist. Wird angenommen, die Entfernung s_{12} sei richtig bekannt, so gibt die Differentiation von

$$\begin{aligned} y_2 - y_1 &= s_{12}\,\text{Sin}\,\alpha_{12} & \text{und} \quad x_2 - x_1 &= s_{12}\,\text{Cos}\,\alpha_{12} \\ dy_2 &= s_{12}\,\text{Cos}\,\alpha_{12} \cdot d\alpha_{12} & dx_2 &= - s_{12}\,\text{Sin}_{12} \cdot d\alpha_{12} \\ &= (x_2 - x_1)\, d\alpha_{12} & &= -(y_2 - y_1)\, d\alpha_{12}. \end{aligned}$$

Ist auch s_{12} unsicher oder mit dem Fehler ds_{12} behaftet, so wird:

$$dy_2 = \text{Sin}\,\alpha_{12} \cdot ds_{12} + s_{12}\,\text{Cos}\,\alpha_{12} \cdot d\alpha_{12} \quad \text{und}$$
$$dx_2 = \text{Cos}\,\alpha_{12} \cdot ds_{12} - s_{12}\,\text{Sin}\,\alpha_{12} \cdot d\alpha_{12}.$$

209. **Ausgleichung bei mehrfacher trigonometrischer Bestimmung eines Punktes. Annäherungsrechnung.** Die durch die verschiedenen Bestimmungen der Lage eines Punktes bekannt werdenden Widersprüche und Fehler sollten in aller Strenge nach der Methode der kleinsten Quadratensumme ausgeglichen werden. Da aber die hierfür nöthige Rechnung gar zu weitläufig ist, begnügt man sich, wenigstens bei Punkten niederer Ordnung, mit Annäherungen.

Bei allen Ausgleichungen ist dabei als Regel festzuhalten, dass man auf möglichst kurzem Wege Anschluss an bereits gut bestimmte Punkte,

Richtungen u. s. w. gewinnen soll, — also wenn thunlich an Punkte und Dreiecksseiten höherer Ordnung Anlehnung sucht.

Nach dem strengen Verfahren sind Winkel und Längen gleichzeitig auszugleichen. Bei dem Annäherungsverfahren beginne man damit, die Winkel zunächst allein auszugleichen. Es müssen die Summen der Winkel in jedem Dreiecke 180^0 betragen; es können durch Messung oder Berechnung aus bekannten Coordinaten noch andere Winkel, Summen von Dreieckswinkeln, bekannt sein und dann zur Ausgleichung der Winkel beizuziehen sein. Die Ausgleichung hat entweder durch gleichmässige Vertheilung der Verbesserungen auf die drei Winkel eines Dreiecks oder die n Winkel eines nEcks zu erfolgen, oder es kann, auf Grund bestimmter Erwägungen, auch eine ungleichmässige Vertheilung stattfinden. Darüber ist je nach Sachlage zu entscheiden.

Nachdem die (bis zu gewissem Grade in der Praxis willkürliche) Ausgleichung der Winkel stattgefunden hat, berechnet man nach einem ersten Verfahren aus jeder einzelnen Triangulation (mit den verbesserten Winkeln) vorläufige Werthe der Coordinaten des Punktes. Dann nimmt man das arithmetische Mittel der gefundenen Coordinatenwerthe als Schlussergebniss. Man kann das Gewicht der einzelnen Bestimmungen verschieden gross anschlagen und das beim Mittelnehmen berücksichtigen, wodurch man wohl noch bessere Annäherung erzielen kann. — Sind die Coordinaten des Punktes endgültig festgestellt, so lassen sich rückwärts berechnen die endgültigen Azimute der Verbindungslinien mit den anderen bereits genau bestimmten Punkten; die Azimut-Differenzen und Summen liefern dann die endgültig ausgeglichenen Dreieckswinkel und die anderen Winkel.

Dieses bequeme Verfahren gibt im allgemeinen gut brauchbare Resultate, wenn die Dreiecke günstige Form haben, — worauf man ja immer sehen soll.

§ 210. **Fehlerzeigende Figur.** Seien von drei bekannten Punkten P_1, P_2, P_3 die Richtungen nach demselben, zu bestimmenden Punkte P_0 gemessen. Wären sie fehlerlos, so müssten die drei Strahlen in den gemessenen Richtungen durch die Punkte P_1, P_2, P_3 gezogen sich in einem Punkte, eben P_0, schneiden (Fig. 218). Der Fehler wegen aber thun sie das nicht, und es entsteht eine fehlerzeigende Figur, — hier ein Dreieck.

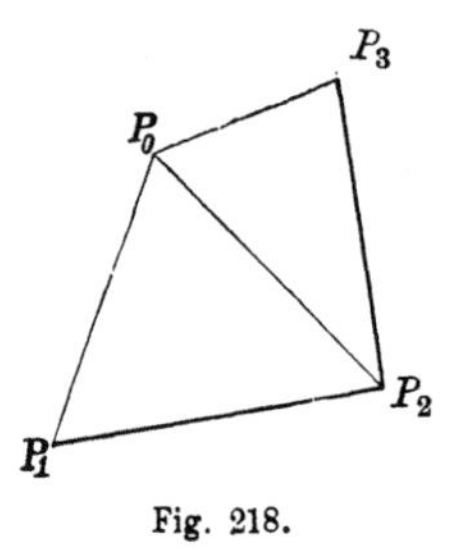

Fig. 218.

Eine Seite, $P_2 P_0$, gehört zwei Dreiecken an und wird, der Fehler wegen, sich aus beiden Dreiecken verschieden lang berechnen. Den Unterschied der berechneten Längen trägt man nach einem recht grossen Maassstab (1:10, 1:3 bis 1:2) auf (Fig. 219). Die Winkel, welche die anderen Strahlen $P_3 P_0$ und $P_1 P_0$ mit $P_2 P_0$ machen, sind bekannt, es sind die Unterschiede der gemessenen Richtungen; diese Winkel werden mittelst Transporteur oder sonstwie an die construirte Seite angelegt, und so entsteht das fehlerzeigende Dreieck. $Q_{12}Q_{23}$ ist proportional der Differenz der Längen, die aus den Dreiecken $P_1P_0P_2$ und $P_3P_0P_2$ für die Seite P_0P_2 berechnet wurden, der Winkel bei Q_{12} ist gleich $P_1P_0P_2$, Winkel bei Q_{23} ist gleich $P_3P_0P_2$.

Es sind eigentlich drei ungenaue Lagen für P_0, nämlich die drei Ecken des Fehlerdreiecks gefunden. Innerhalb dieses Dreiecks liegt P_0 wirklich; bei einem Dreiecke wie hier, lässt sich unschwer theoretisch die wahrscheinlichste Lage von P_0 angeben, bei anderen Figuren hat man nach Gutdünken, dem berüchtigten „praktischen Gefühl" innerhalb der Fehlerfigur die Lage von P_0 zu wählen. (Uebrigens gibt es dafür auch wieder Anleitungen, siehe Ende des Paragraphen.)

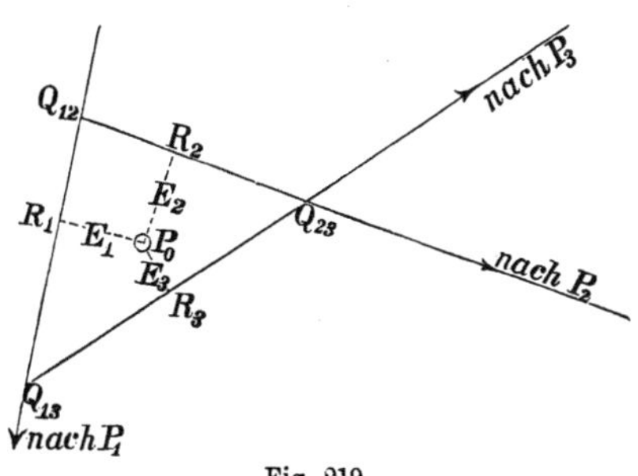

Fig. 219.

Sei P_0 gewählt und E_1, E_2, E_3 seien die Abstände des Punktes von den das Fehlerdreieck bildenden Strahlen aus P_1, P_2, P_3; man misst auch die Abstände der Fusspunkte R_1, R_2, R_3 dieser Normalen von den Ecken des Fehlerdreiecks. Als Länge der Strecke P_1P_0 wird nur der Theil P_1R_1, für P_2P_0 wird P_2R_2 und für P_3P_0 wird P_3R_3 genommen. Die Differenzen sind aus der im bekannten Maassstab ausgeführten Figur entnommen und durch ihre Verbindung mit den bereits berechneten Längen P_2Q_{12} und P_2Q_{13} wird P_2R_2 geliefert; ähnlich werden P_1R_1, P_3R_3 geliefert.

Die Veränderungen der Richtungen sind nun leicht anzugeben. Für den Strahl P_1P_0 ist die Tangente der Richtungsänderung gleich

$$E_1 : \overline{P_1R_1} = E_1 : s_{10};$$

man kann die Richtungsänderung selbst $= 206265'' \cdot E_1 : s_{10}$ setzen. Aehnlich die Aenderungen in den Richtungen von P_2P_0 gleich $206265'' \cdot E_2 : s_{20}$; von P_3P_0 gleich $206265'' \cdot E_3 : s_{30}$.

Man hat nun endgültige Werthe für die Azimute und für die Strahlenlängen gefunden; berechnet man mit diesen nun die Coordinaten von P_0, so müssen sie, auf die verschiedenen Arten berechnet, genügend übereinstimmen.

Diese Ausgleichung mittelst der fehlerzeigenden Figur heisst das badische Verfahren (Tulla); es ist etwas abgeändert und noch bequemer gemacht worden, und diese andere Art soll sogleich, wie sie von F. G. Gauss empfohlen und in der preussischen Vermessungsanweisung amtlich vorgeschrieben wird, möglichst kurz dargestellt werden und zwar im engen Anschluss an „die trigon. und polygon. Rechnungen in der Feldmesskunst" von Gauss, mit Entlehnung eines dort S. 58 ff. aufgeführten Beispiels; nur die Bezeichnungen sind hier geändert.

Der Punkt P_0 sei von vier Punktenpaaren P_1, P_2; P_2, P_3; P_3, P_4; $P_4 P_5$ durch Vorwärtsabschneiden bestimmt worden (Fig. 220), aber auch alle

Winkel auf P_0 selbst gemessen und die Polygonwinkel bei P_2, P_3, P_4 zur Ausgleichung der Winkel noch beigezogen worden.

Aus zwei günstigen Dreiecken $P_1 P_2 P_0$ und $P_4 P_5 P_0$ berechnet man die Coordinaten von P_0 und findet:

y	x
1534,260	— 27 350,183
1534,333	— 27 350,240.

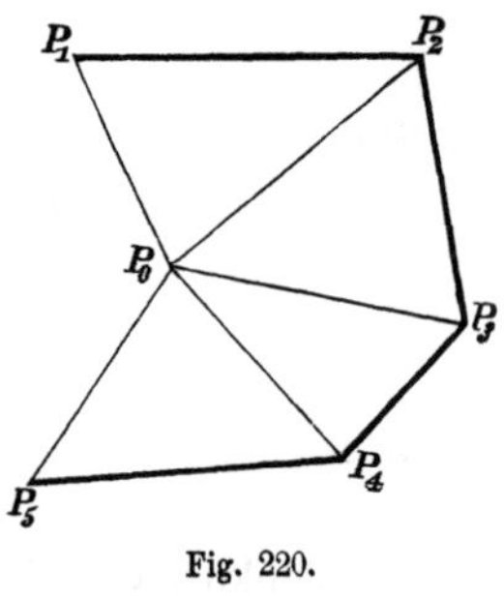

Fig. 220.

Man ziehe nun (Fig. 221) ein Coordinatenaxenkreuz SN, WO durch einen Punkt Q_{12}, der als Durchschnitt der Strahlen von P_1 und von P_2 nach dem zu bestimmenden Punkt gilt. Durch diesen Punkt ziehe man (Transporteur, Sehnentafel oder sonstiges Hülfsmittel) Strahlen p_1, p_2, p_3, p_4, p_5, welche dieselbe Neigung gegen die X-axenparallele $Q_{12}N$ haben, wie die Strahlen P_0P_1, P_0P_2, P_0P_3, P_0P_4, P_0P_5 nach der in den Winkeln bereits ausgeglichenen Messung.

Die Länge von s_{20} berechnet sich aus $P_1 P_0 P_2$ zu 1245,349,
aus $P_3 P_0 P_2$ zu 1245,400.

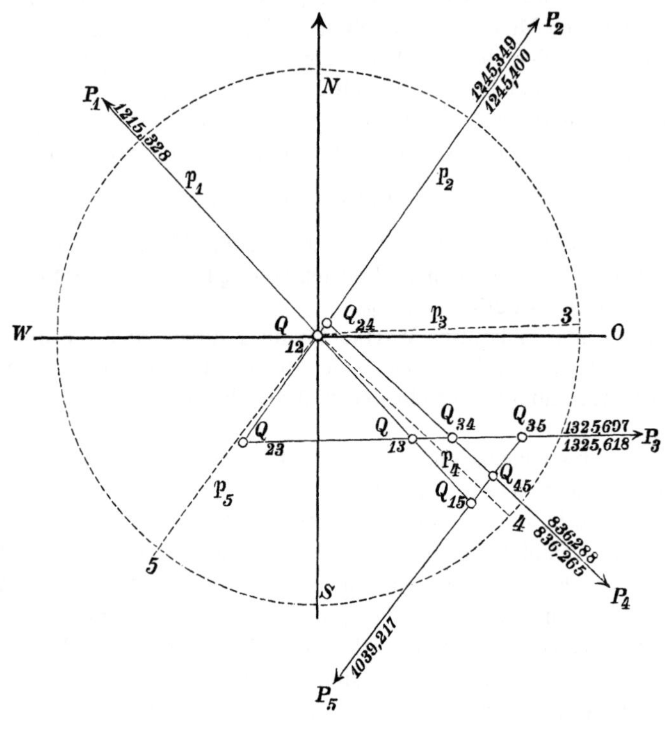

Fig. 221.

Den Ueberschuss der zweiten gegen die erste Länge, nämlich 0,051, trage man in sehr grossem Maassstab (1:3) von Q_{12} aus auf die Verlängerung des Strahls $P_2 Q_{12}$ auf und erhält so Q_{23}, den Durchschnitt der Strahlen aus P_2 und aus P_3. Durch den erhaltenen Punkt zieht man die Parallele zu Strahl p_3 und erhält somit die Lage des Strahls aus P_3.

Nun berechnet sich die Länge s_{30} aus $P_2 P_0 P_3$ zu 1325,697
$P_4 P_0 P_3$ 1325,618,

der Unterschied 0,079 wird auf der eben gezogenen Parallelen, nämlich dem Strahle nach P_3 (und zwar weil die zweite Rechnung weniger als die erste gab, gegen P_3 hin) aufgetragen, wodurch Q_{34}, der Durchschnitt der Strahlen aus P_3 und aus P_4, erhalten wird. Durch Q_{34} wird die Parallele zu p_4 gezogen, welche sofort die Lage des aus P_4 kommenden Strahls darstellt.

Die Länge s_{40} berechnet sich aus $P_3 P_0 P_4$ zu 836,288
$P_5 P_0 P_4$ 836,265.

Der Unterschied 0,023 wird auf dem Bilde des Strahls P_4 abgetragen, liefert Q_{45}; den Durchschnitt der Strahlen aus P_4 und P_5. Durch Q_{45} die Parallele zu p_5 gezogen, gibt die Lage des aus P_5 kommenden Strahls.

Zur Probe fälle man von Q_{45} aus Normalen auf SN und WO (d. h. ermittele die Coordinatendifferenz zwischen Q_{45} und Q_{12}) und muss dann die Differenzen $1534{,}260 - 1534{,}333 = -0{,}073$ und

$$-27\,350{,}183 - (-27\,350{,}240) = +0{,}057$$

erhalten, die schon durch die Anfangsberechnung der Coordinaten aus den Dreiecken $P_1 P_0 P_2$ und $P_4 P_0 P_5$ erzielt wurden. — Schliessen die nach Punkt P_0 gehenden Strahlen den Horizont, so muss das Ende der fehlerzeigenden Figur $Q_{12} Q_{23} Q_{34}$ .... wieder mit Q_{12} zusammenfallen, — das ist dann die Probe auf die Richtigkeit der Zeichnung.

Durch Verlängerungen der Strahlen, wo nöthig, bestimmen sich in der Figur die Durchschnitte je zweier anderer Strahlen, z. B. Q_{13}, Q_{15}, Q_{24}, Q_{35} u. s. w. Schlechte (d. h. unter sehr spitzigem Winkel erfolgende) Schnitte, deren Gewicht ein sehr kleines wäre, lässt man ausser Betracht. Die Coordinatendifferenzen der bessern Durchschnittspunkte Q gegen den Durchschnittspunkt Q_{12} werden nun aus der Figur entnommen, sie sind:

	y	x
Q_{12}	0	0,
Q_{13}	+ 0,04	— 0,04
Q_{15}	+ 0,06	— 0,06
Q_{23}	— 0,03	— 0,04
Q_{24}	0,00	0,00
Q_{34}	+ 0,05	— 0,04
Q_{35}	+ 0,08	— 0,04
Q_{45}	+ 0,07	— 0,06
Mittel	+ 0,03	— 0,04

Das arithmetische Mittel (bei welchem man noch die Gewichte der einzelnen Bestimmungen berücksichtigen könnte) gibt die Verbesserungen an, welche von den aus $P_1 P_0 P_2$ berechneten Coordinaten (Q_{12}) des zu bestimmenden Punktes anzubringen sind, um diese verbessert zu erhalten.

$$\text{Also: } y_0 = + \ 1534{,}26 + 0{,}03 = \ 1\,534{,}29$$
$$x_0 = -27\,350{,}18 - 0{,}04 = -27\,350{,}22$$

Aus diesen Coordinaten lassen sich nun rückwärts die endgültig abgeglichenen Azimute der Strahlen aus P_1, P_2 ... nach P_0 und nach Bedarf die anderen Winkel, welche als Azimutdifferenzen auftreten, berechnen.

„Durch die graphische Darstellung erhält man ein vollständiges Bild davon, wie sich die von den gegebenen Punkten nach dem zu bestimmenden Punkte geführten Strahlen kreuzen bezw. einander verfehlen, und gerade dieser Umstand ist von grossem Interesse. Ausserdem findet man mit geringer Mühe und ungleich schneller als durch Rechnung, dabei aber in völliger Schärfe die Coordinaten der Schnittpunkte aller möglichen Strahlencombinationen, worin ebenfalls ein nicht zu verkennender Vortheil des Verfahrens begründet ist".

Die Fehlerfigur kann man in so grossem Maassstab ausführen, dass selbst die Millimeter noch scharf erkennbar sind. Man benutzt Millimeterpapier, d. h. solches, das mit Quadraten von 1 mm Seitenlänge überzogen ist und hat dann aus der orientirten Fehlerfigur das Ablesen der Coordinatendifferenzen sehr bequem. Es gibt vorbereitetes Papier zu kaufen, auf welchem neben den Millimeterquadraten die Gradtheilung (zur Auftragung der orientirten Strahlen p_1, p_2, p_3 ...) sich findet (Reichsdruckerei in Berlin SW. 68 Oranienstr. 90/91, Formulare zu den graphischen Darstellungen der Visirstrahlen, je 100 Bogen zu 12 M.; mindestens 10 Bogen zu bestellen). Gutes Millimeterpapier mit zweckmässiger Auszeichnung der Zehner- und Fünferlinien liefert die Fabrik von Carl Schleicher und Schüll in Düren [Rheinpreussen]).

Die Fehlerfigur kann noch in anderer Weise construirt werden, Gauss a. a. O. § 22, woher auch das Beispiel genommen. Es seien die Coordinaten gegeben

$$\begin{aligned} y_1 &= -25\,663{,}24 & x_1 &= +26\,121{,}54 \\ y_2 &= -28\,407{,}89 & x_2 &= +26\,431{,}70 \\ y_3 &= -27\,933{,}66 & x_3 &= +36\,056{,}72 \\ y_4 &= -21\,785{,}34 & x_4 &= +34\,388{,}18 \\ y_5 &= -19\,756{,}63 & x_5 &= +28\,261{,}63 \\ y_6 &= -21\,293{,}63 & x_6 &= +24\,688{,}12 \\ y_7 &= -15\,715{,}52 & x_7 &= +31\,291{,}57 \end{aligned}$$

Damit berechnen sich in bekannter Weise (§ 173) die Azimute

$$\alpha_{12} = 276^0\,26'\,51''; \quad \alpha_{16} = 108^0\,09'\,43'';$$
$$\alpha_{34} = 105^0\,10'\,58''; \quad \alpha_{57} = \ 53^0\,08'\,16''.$$

Gemessen sind die Winkel mit dem Scheitel P_0, und hier, gleich auf die Sollsumme von 360^0 ausgeglichen, vorgetragen, nämlich:

$w_{12} = 28^0\,37'\,07''$; $w_{23} = 108^0\,03'\,19''$; $w_{34} = 70^0\,52'\,10''$;
$w_{45} = 78^0\,09'\,35''$; $w_{56} = 33^0\,36'\,54''$; $w_{61} = 40^0\,40'\,55''$.

Ferner die auf den Punkten $P_1 P_2$ u. s. w. gemessenen Winkel:

$_1v_{20} = 95^0\,11'\,14''$, $_1v_{06} = 96^0\,31'\,53''$; $_2v_{10} = 303^0\,48'\,02''$;
$_3v_{40} = 43^0\,07'\,27''$: $_4v_{30} = 293^0\,59'\,30''$; $_5v_{70} = 244^0\,11'\,37''$

und $_6v_{10} = 42^0\,47'\,14''$

(Der vordere Index an den v deutet den Scheitelpunkt an.)

Um die Coordinaten des Punktes P_0 zu bestimmen, werden zunächst die Azimute aller nach P_0 laufenden Strahlen hergeleitet, und zwar 1) aus den Winkeln v und 2) aus den Winkeln w.

Man findet $\alpha^1_{10} = \alpha_{12} + {_1v_{10}} = 11^0\,38'\,05''$ und in ähnlicher Art
$\alpha^1_{10} = \alpha_{16} - {_1v_{06}} = 11^0\,37'\,50''$.

Für die andern Azimute ergibt sich nur je eine Ableitung mit Hülfe von v. Man findet

				Differenzen.
$\alpha^1_{10} =$	11° 38′ 05″ oder 11 37 50	$\alpha^{11}_{10} =$	11° 38′ 05″	± 0″ und — 15″
$\alpha^1_{20} =$	40 14 53	$\alpha^{11}_{20} =$	40 15 12	— 19
$\alpha^1_{30} =$	148 18 25	$\alpha^{11}_{30} =$	148 18 31	— 6
$\alpha^1_{40} =$	219 10 28	$\alpha^{11}_{40} =$	219 10 41	— 13
$\alpha^1_{50} =$	297 19 53	$\alpha^{11}_{50} =$	297 20 16	— 23
$\alpha^1_{60} =$	330 56 57	$\alpha^{11}_{60} =$	330 57 16	— 13
		$\alpha^{11}_{10} =$	11 38 05	— 89″

In zweiter Spalte sind zu dem als Anfangsazimut gewählten

$$\alpha_{10} = 11^0\,38'\,05''$$

nach und nach die Winkel w addirt worden und haben die abweichenden mit α^{11} bezeichneten Azimute geliefert (Probe: man kommt wieder auf das Anfangsazimut zurück), die dritte Spalte enthält die Differenzen und die gleichmässige Austheilung der Summe — 89″ auf die 7 Azimute und je — 13″ gibt die aus den Werthen der w abgeleiteten schliesslichen Azimute

$\alpha^{11}_{10} = 11^0\,37'\,52''$, $\alpha^{11}_{20} = 40^0\,14'\,59''$, $\alpha^{11}_{30} = 148^0\,18'\,18''$,
$\alpha^{11}_{40} = 219^0\,10'\,28''$, $\alpha^{11}_{50} = 297^0\,20'\,03''$, $\alpha^{11}_{60} = 330^0\,56'\,57''$.

Die Wahl des Anfangsazimuts α_{12} für diese Berechnung ist willkürlich, — es ist zweckmässig (wie hier geschehen), das kleinste zum Ausgang zu wählen. Die arithmetischen Mittel der verbesserten α^{11} und der α^1 gibt die weiter in die Rechnung einzuführenden Azimute, nämlich:

$\alpha_{10} = 11^0\,37'\,56''$, $\alpha_{20} = 40^0\,14'\,56''$, $\alpha_{30} = 148^0\,18'\,22''$,
$\alpha_{40} = 219^0\,10'\,28''$, $\alpha_{50} = 297^0\,19'\,58''$, $\alpha_{60} = 333^0\,56'\,57''$

(α_{10} ist Mittel aus den zwei α^1_{10} und dem einen α^{11}_{10}).

Man wählt nun einen günstigen Schnitt aus (der Strahlen P_2P_0 und P_6P_0) und berechnet (§ 173) vorläufige Werthe y und x für die Coordinaten von P_0 (die genau durch y_0 und x_0 dargestellt werden); man erhält mit den zuletzt angegebenen α_{20} und α_{60} die Werthe $y = -24\,697{,}05$, wofür abgerundet — 24 697,10 genommen werden mag. (Vortheil dieser Abrundung?) In dem Abstande y vom Coordinatenanfangspunkt denke man eine Parallele zur X-axe gezogen, welche von den aus $P_1 P_2 \ldots P_6$ gehenden Strahlen geschnitten wird in den Entfernungen:

$x_1 + \delta x_1;\quad x_2 + \delta x_2 \ldots x_6 + \delta x_6$, wo

$$\delta x_1 = (y - y_1) \operatorname{Cotg} \alpha_{10};\qquad \delta x_2 = (y - y_2) \operatorname{Cotg} \alpha_{20} \ldots$$
$$\delta x_6 = (y - y_6) \operatorname{Cotg} \alpha_{60}.$$

Die Rechnung ergibt:

$$\delta x_1 = 30\,814{,}76,\quad \delta x_2 = 30\,815{,}20,\quad \delta x_3 = 30\,815{,}05,$$
$$\delta x_4 = 30\,814{,}76,\quad \delta x_5 = 30\,815{,}28,\quad \delta x_6 = 30\,815{,}26\,.$$

Nun wird die Fehlerfigur gezeichnet. Die oben erwähnte Parallele zur X-axe im Abstande $y = -24\,697{,}10$ vom Nullpunkt, schneidet man normal durch eine Gerade im Abstande 30814,50 (rund und etwas kleiner als alle δx), schlage um den Durchschnittspunkt M (Fig. 222) einen Kreis und trage auf diesem vom südlichen Halbmesser an die Winkel α_{10}, α_{20} u. s. w., wie sie zuletzt festgestellt waren, auf; vom südlichen Halbmesser, weil ja die von P_0 ausgehenden Strahlen, die also die Winkel $\alpha_{01} = \alpha_{10} \pm 180^0$, $\alpha_{02} = \alpha_{20} \pm 180^0 \ldots$ mit der nördlichen (positiven) X-axe machen, gezeichnet werden sollen. Diese Radien seien p_1, p_2, p_3 bezeichnet. Ferner trage man von M aus die Werthe δx_1, $\delta x_2 \ldots$, je vermindert um den angenommenen runden Werth 30 814,50 nach einem möglichst grossen Maassstabe (1 : 10) auf, wodurch man die Punkte 1, 2, 3, 4, 5, 6 erhält, in welchen die von P_1, $P_2 \ldots$ ausgehenden Strahlen die Parallele zur X-axe schneiden. (Im Beispiele fallen wegen $\delta x_1 = \delta x_4$ zwei solcher Punkte 1 und 4 zufällig zusammen.) Ist einer der Werthe α_{01}, α_{02} u. s. w. nahezu 0^0 oder 180^0, so wird der Schnitt dieses Strahls mit den Parallelen zur X-axe sehr spitz und fällt über die Figurgrenze; dann berechne man den Schnitt dieses Strahls mit der zur X-axe durch M rechtwinkelig gezogenen (Parallelen zur Y-axe) Geraden als $\delta y = (30\,814{,}50 - \delta x) \cdot \operatorname{Tg} \alpha$ und trage das (mit Rücksicht aufs Vorzeichen) auf der Parallele zur Y-axe auf.

Durch die construirten Schnittpunkte ziehe man Parallelen zu den zugehörigen p, welche den nach P_0 gehenden (bereits verbesserten) Strahlen parallel sind, sie sind die Darstellung der wirklichen Visirstrahlen, in der Figur durch — mit Beischreibung des Punktes angedeutet. Die Schnittpunkte sind in der Figur mit Q und den zwei die Punkte, aus denen die Strahlen kommen, andeutenden Indices bezeichnet, also Q_{12} ist Durchschnitt der Strahlen von P_1 und P_2 nach dem zu bestimmenden Punkt. Die Fehlerfigur ist nun gezeichnet.

Man kann jetzt in der Fehlerfigur nach sachgemässer Schätzung des Werths aller Schnittpunkte den Punkt P_0 annehmen und seine Coordinaten aus der Figur durch ihre Differenzen gegen M (— 24 697,05 und 30 814,50) abgreifen. Besser aber entnimmt man aus der Figur die Coordinaten aller Schnittpunkte Q und daraus das Mittel für die Coordinaten von P_0. Die Figur gibt:

Schnittpunkte		
Q_{13}	+ 0,05	+ 0,47
Q_{15}	+ 0,10	+ 0,72
Q_{16}	+ 0,07	+ 0,62
Q_{23}	— 0,05	+ 0,64
Q_{25}	+ 0,04	+ 0,75
Q_{26}	+ 0,02	+ 0,72
Q_{34}	+ 0,10	+ 0,38
Q_{45}	+ 0,30	+ 0,62
Q_{46}	+ 0,16	+ 0,45
Mittel	+ 0,09	+ 0,60

Die Mittelwerthe, zu den Coordinaten von M gelegt, erhält man

$$y_0 = -24\,697,10 + 0,09 = -\underline{\mathbf{24\,697,01}}$$
$$x_0 = +30\,814,50 + 0,60 = +\underline{\mathbf{30\,815,10}}$$

Mit diesen Werthen trägt man zur Vervollständigung der Figur (also von M aus + 0,09 und + 0,60) den Punkt P_0 ein.

Gewisse Schnittpunkte sind vorstehend als ungünstige (zu spitze) unberücksichtigt geblieben, nämlich Q_{12}, Q_{14}, Q_{24}, Q_{35}, Q_{36} und Q_{56}. Die Schnittpunkte Q_{24} und Q_{36} fallen über die Figurgrenzen weit hinaus. Man unterscheidet im allgemeinen sechs Klassen von Schnitten, denen man die beigeschriebenen Gewichte g (sonst mit p Anhang X bezeichnet, da aber hier p schon verwendet, wurde g gewählt) zulegt.

Schnittklasse	Gewicht	Schnittwinkel			
		0°	180°	180°	360°
Unbrauchbar	0	15	165	195	345
Sehr schlecht	1	23	157	203	337
Schlecht	2	38	142	218	322
Mittel	3	54	126	234	306
Gut	4	71	109	251	289
Sehr gut	5	90	90	270	270

Die Schnittwinkel werden mit Transporteur oder ähnlichem Hülfsmittel gemessen, können auch als Differenzen der Azimute berechnet werden.

Hätte man, was eine weitere Verbesserung wäre, das arithmetische Mittel mit Berücksichtigung des Gewichts der Schnitte genommen, so würden die Zulagen + 0,07 (statt 0,09) und + 0,62 (statt 0,60) erhalten worden sein und also die Coordinaten $y_0 = -\underline{\mathbf{24\,697,03}}$ und $x_0 = +\underline{\mathbf{30\,815,12}}$.

Die Fehlerfigur oder Schnittfigur bietet einen bequemen Anhalt, um zu einer angenäherten Schätzung des mittleren zu befürchtenden Fehlers der Bestimmung des Punktes P_0 zu gelangen. In dieser Hinsicht ist auf G a u s s, a. a. O. S. 73 zu verweisen. Dort wird er berechnet zu $\pm$ 0,055 m für die erste und zu $\pm$ 0,056 m für die zweite Feststellung, d. h. also: innerhalb eines Kreises von 5,5 cm bezw. 5,6 cm um den angenommenen Punkt P_0, liegt der wirkliche Punkt P_0.

Die IX. preussische Vermessungsanweisung schreibt im 2. Theile „Trigonometrische Formulare" im § 73 ein weniger einfaches graphisches Auswählen des Punktes P_0 in der Schnittfigur vor (Bertot's Verfahren: Comptes rendus d. séances d. l'ac. d. sciences t. 82 (20./3. 1876), auch Zeitschr. f. Vermessungswesen Bd. 6 (1877) S. 53). Nachstehend mit den hier nöthigen kleinen Veränderungen mitgetheilt: Zur Bestimmung des gesuchten Punktes P_0 aus den dargestellten Visirstrahlen nach dem Bertot'schen Verfahren wird in der Schnittfigur ein Kreis mit einem an sich

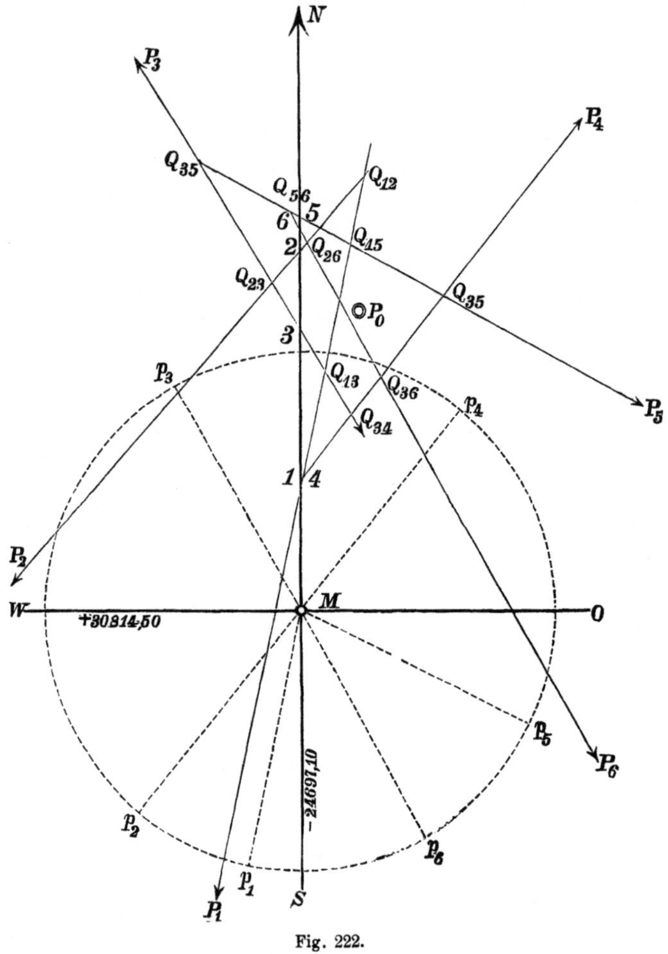

Fig. 222.

beliebigen, jedoch zweckmässig zu 50 cm (im Maassstabe 1 : 10) anzunehmenden Halbmesser aus einem beliebigen Punkte M (Fig. 222) gezeichnet. Sodann werden von einem Punkte Q des Kreisumfangs Normale auf die

Visirstrahlen gefällt und die Fusspunkte F_n dieser Normalen sowohl, als auch die Durchschnittspunkte K_n derselben mit dem Kreisumfange bestimmt. Hierauf werden für sämmtliche Punkte F_n und K_n die Abstände derselben von den Coordinatenaxen, oder die gekürzten Coordinaten (im vorhergehenden Beispiele um — 24 697,10 und + 30 714,50) aus dem graphischen Formular nach der vorgedruckten Millimetereintheilung abgelesen, dieselbe mit den Strahlengewichten $g = \frac{t}{s^2}$ multiplizirt, worin s die Strahlenlänge und t = 1 oder = 2, je nachdem der Strahl einseitig oder zweiseitig beobachtet ist, die Summen der Produkte gebildet und jede durch die Summe der Gewichte dividirt, wodurch sich die Abstände bezw. die abgekürzten Coordinaten für den Schwerpunkt F der Fusspunkte F_n und für den Schwerpunkt K der Kreisdurchschnitte K_n ergeben, nach welchen diese Punkte F und K in dem graphischen Formular dargestellt werden. In dem letzteren werden dann nach Figur 223 folgende gerade Linien gezogen:

a. von Q durch den Schwerpunkt F bis zum Durchschnitt T_1 mit dem Kreisumfang,
b. von T_1 durch den Schwerpunkt K bis zum Durchschnitt T_2 mit dem Kreisumfang,
c. von T_2 durch den Mittelpunkt M des Kreises bis zum Durchschnitt T_3 mit dem Kreisumfang,
d. von T_3 nach Q.

Auf dieser letzteren Linie $T_3 Q$ liegt der gesuchte Punkt P_0 und zwar in einer Entfernung QP_0 von Q, welche mit den aus der Figur entnommenen Längen T_2T_3, QF und T_2K berechnet wird zu:

$$QP_0 = (T_2T_3 \cdot QF) : T_2K.$$

Durch Abtragung der Entfernung QP_0 auf die Linien QT_3 von Q ab, ergibt sich endlich der Punkt P_0 in der graphischen Darstellung.

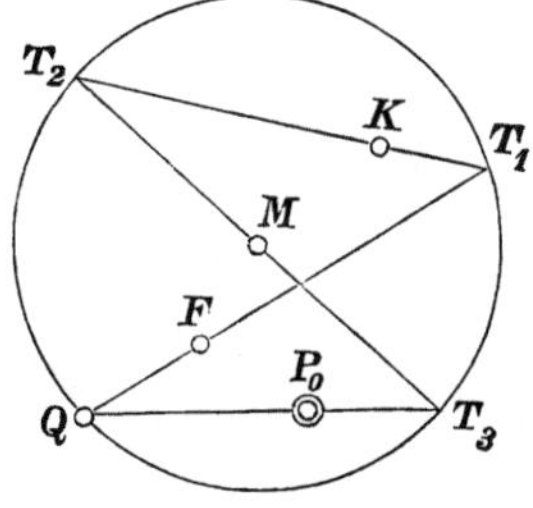

Fig. 223.

Bezüglich der Annahme von M und Q in der Schnittfigur mag beachtet werden, dass M zweckmässig nicht allzuweit von dem muthmasslichen Orte von P_0 und Q derart zu legen ist, dass sehr stumpfe Schnitte der Normalen mit dem Kreisumfang thunlichst vermieden werden. Zu diesem Zweck können in geeigneten Fällen M und Q auf einen Visirstrahl oder in eine Parallele zu einem Visirstrahl gelegt werden, wobei der Kreisdurchschnitt K_n (im ersteren Falle auch der Fusspunkt F_n) für diesen Strahl mit Q zusammenfällt.

§ 74 erwähnt die Vereinfachung für ein fehlerzeigendes Dreieck, wenn nur durch drei Visirstrahlen der Punkt P_0 bestimmt ist.

Das Bertot'sche Verfahren ist eine Anwendung statischer Lehren über Construktion von Schwerpunkt und Mittelpunkt von Trägheitsmomenten, sehr sinnreich, aber nicht sehr einfach. Die preussische Anweisung schreibt die graphische Ausgleichung in der zuletzt erwähnten Gestalt selbst für Punkte niederer Ordnung vor. Für Architekten, manche Ingenieure u. s. w. ist Zeichnen die geläufigste Sprache, Andern, wie dem Verfasser, ist Rechnen lieber und bequemer, Solche werden die Ausgleichung durch Rechnung nahezu in derselben Zeit immerhin sicherer als zeichnend vollführen. Ueberhaupt darf wohl erinnert werden, dass bei Punkten höherer und erster Ordnung keine Mühe gescheut werden soll, um ihre Bestimmung so wenig unsicher als nur möglich zu machen, dass diese Mühe aber gleichmässig auf die Messung wie auf die Berechnung vertheilt sein soll, nicht, wie neuestens vielfach geschieht, der Ausgleichungsrechnung die weitaus grössere Sorgfalt gewidmet werden soll. Für Punkte niederer Ordnung ist die schwerfälligere Ausgleichung wohl überhaupt eigentlich nicht mehr gerechtfertigt, ein möglichst einfaches Verfahren, etwa wie das erste hier in diesem Paragraph oder das in § 209 angegebene, scheint am besten. Ob graphisch oder rechnend ausgeglichen werden soll, ist zum grössten Theil Sache der Vorliebe, — Verfasser rechnet lieber und sicherer als er zeichnet.

Weiteres über Ausgleichungen (mit Begünstigung der zeichnenden Verfahren) kann der Liebhaber finden in Franke, „Die Grundlehren der trigonometrischen Vermessung etc.“ Leipzig 1879 und in anderen Schriften desselben Verfassers; auch Helmert, Studien über rationelle Vermessungen, Zeitschr. f. Mathem. u. Physik 1868 ist einzusehen.

XI. Zeichnende Aufnahmen und der Messtisch.

§ 211. **Zulegezeug der Bussolen.** Die Triangulirungen und Polygonisirungen mit dem Theodolit oder mit der Bussole, die Vermessungen nach der Normalenmethode u. s. w. können zeichnend verwerthet werden (wie bereits angegeben), wenn man zunächst Coordinaten der aufgenommenen Punkte berechnet.

Es gibt aber auch Verfahren unmittelbar als Ergebniss der Aufnahme eine Zeichnung zu erhalten, — davon handelt dieser Abschnitt.

Bussolenaufnahmen können ohne die Zwischenarbeit der Coordinatenberechnung zur graphischen Darstellung benutzt werden; das Verfahren steht also zwischen der reinen Triangulation u. s. w. mit dem Theodolit, wodurch nur Zahlen gewonnen werden, und der später zu beschreibenden Messtischaufnahme, bei welcher keine Zahlenangaben, sondern sofort der Grundriss oder Plan gewonnen wird.

Mit der Bussole ist ein Lineal fest zu verbinden; gewöhnlich sitzt der Theilkreis mit der Nadel auf einer quadratischen Tafel aus Messing, deren eine Kante parallel geht mit der Zielrichtung des Fernrohrs oder des Diopters. Kann das Absehen in zwei Lagen gebraucht werden, so zeichne man eine derselben als erste Lage deutlich aus und ebenso (durch eine neben gezeichnete Pfeilspitze etwa) die Richtung der Ziehkante.

Auf dem Felde hat man von einem Polygone (offen oder geschlossen) die Seitenlängen ermittelt und in jeder Ecke das Streichen der zur nächsten Ecke gehenden Richtung mit der Bussole bestimmt (§ 179). Es kann aber auch in Springständen (§ 181) gearbeitet worden, das Streichen einiger Richtungen also nur mittelbar angegeben, jedenfalls aber bekannt sein.

Die Bussole mit dem Lineale, auf dem sie festsitzt, wird von der Verbindung mit dem Untergestelle, — Dreifuss oder dergleichen, — gelöst und das Lineal auf ein wagrecht liegendes Zeichenbrett gelegt. Die Nadel der Bussole ist nicht mehr arretirt und stellt sich in den magnetischen Meridian. Man dreht das Lineal so lange, bis man an der Nadel jene Ablesung erhält, die man in erster Lage im Felde fand, als von Punkt P_1 nach Punkt P_2 gezielt wurde. Hat man im Felde in zweiter Lage, abgesehen von dem Unterschiede von 180^0, noch einen weiteren Unterschied des Streichens gefunden, so ist das Mittel aus dem Streichen in erster und dem um 180^0 verminderten Streichen in zweiter Lage gemeint. Bis die Nadel die diesem Mittel, oder dem w a h r e n Streichen der Richtung $P_1 P_2$ entsprechende Stellung hat, wird das Lineal mit der Bussole auf dem Zeichenbrett gedreht. Man zieht nun an der Ziehkante eine Gerade mit Blei auf das Papier, so hat diese eine mit der Naturrichtung $P_1 P_2$ parallele Lage. Hatte man irgend einen Punkt auf dem Papiere bereits als Bild des Punktes P_1 gewählt, so war das Lineal nicht nur zu drehen, bis die gewünschte Ablesung an der Nadel eintrat, sondern auch zu schieben, bis seine Kante durch das Bild des Punktes P_1, das mit p_1 bezeichnet sein mag, geht. Zieht man nun längs der Linealkante im Sinne des Pfeils, von p_1 ab, einen Strich, so stellt dieser die Richtung von P_1 nach P_2 dar. Trägt man auf ihr eine der gemessenen Strecken $P_1 P_2$ proportionale Länge ab, so erhält man p_2, das Bild des Punktes P_2. Das Zeichenbrett darf nun nicht mehr verschoben werden.

Man schiebt und dreht das Lineal, dass seine Ziehkante durch p_2 geht und die Nadel die Ablesung finden lässt, welche dem Streichen von P_2 nach P_3, wie es im Felde gefunden worden war, entspricht. Die Linealkante liegt nun parallel der Naturrichtung $P_2 P_3$; zieht man längs ihr einen Strich und trägt auf diesem, von p_2 aus, in dem verjüngten Maassstabe die gemessene Länge $P_2 P_3$ ab, so erhält man das Bild p_3 des Punktes P_3. Da die Linien $p_2 p_1$ und $p_2 p_3$ den Richtungen $P_2 P_1$ und $P_2 P_3$ parallel sind, so ist der gezeichnete Winkel mit dem Scheitel p_2 gleich dem Horizontalwinkel im Felde, dessen Scheitel P_2 ist; das Dreieck $p_1 p_2 p_3$ ist also genau ähnlich dem auf den Horizont projicirten Dreieck $P_1 P_2 P_3$ der Natur.

Man fährt mit der Construktion des Vielecks in der angegebenen Art fort: An p_3 wird das Lineal angeschoben, gedreht, bis die Ablesung an der Nadel gleich dem im Felde beobachteten, ausgeglichenen oder wahren Streichen von P_3 nach P_4 entspricht u. s. w.

Man muss, um Irrthümer zu vermeiden, selbstverständlich das Streichen aufgeschrieben haben, wie es der Ablesung des Nordendes in erster Lage des Fernrohrs entsprach und dann bei der Zeichnung allemal auch die Ablesung am Nordende der Nadel auf den gewünschten Betrag bringen.

War nicht nur über das Bild p_1 des Punktes P_1 schon verfügt gewesen, sondern auch über das der Seite $p_1 p_2$, so legt man die Ziehkante des Lineals an die Linie $p_1 p_2$, so dass die Pfeilrichtung von p_1 nach p_2 zeigt und dreht nun das Zeichenbrett mit dem Lineal, bis die Nadel der Bussole die Ablesung, entsprechend dem gemessenen Streichen von $P_1 P_2$, zeigt. Von jetzt ab muss das Zeichenbrett unverändert liegen bleiben und die Fortsetzung ist wie vorher.

Da das Bussolenlineal an den gezeichneten Strich oder an einen Bildpunkt immer angelegt werden muss, nennt man diese Ergänzung der Feldbussole das Zulegezeug; namentlich auch für bergmännische Arbeiten im Gebrauche.

Zur fertig gestellten Zeichnung wird noch eine Linie gefügt, die durch Ziehen (im Pfeilsinne) längs der Linealkante erhalten wurde, als die Magnetnadel auf 0^0 zeigt, — dieser Strich stellt also den magnetischen Meridian dar, — man gibt ihm eine Pfeilspitze, die nach magnetisch Nord gerichtet ist und schreibt N dazu; besser ist es, um Verwechselung mit dem astronomischen Meridiane vorzubeugen, die Bezeichnung „magnetisch“ zuzufügen.

Ist die benutzte Ziehkante des Zulegezeugs der Absehrichtung des Fernrohrs nicht parallel, sondern weicht sie um einen Winkel δ davon ab, so sind bei der Zählung die Richtungen $p_1 p_2$, $p_2 p_3$ u. s. w. den Naturrichtungen $P_1 P_2$, $P_2 P_3 \ldots$ nicht parallel gewesen, sondern haben davon um δ abgewichen. Da sie aber alle um den gleichen Betrag von der entsprechenden Naturrichtung abweichen, so ist die relative Lage der Linien im Bilde genau jene der dargestellten Richtungen im Felde; das gleiche gilt für den Orientirungsstrich oder aufgezeichneten magnetischen Meridian. Es ist also gleichgültig, ob die Linealkante der Absehrichtung parallel ist oder nicht. Nur darf man selbstverständlich nicht einen Theil der Zeichnung mit einem Zulegezeug ausführen und das übrige mit einem anderen Zulegezeug, bei welchem der Winkel δ ein anderer wäre; auch darf man nicht die Zeichnung ergänzen, indem man einzelne Punkte nach berechneten Coordinaten einträgt, wenigstens nicht ohne die nöthige Vorsicht, — falls die Linealkante der Absehrichtung nicht parallel ist.

Die Messungsfehler der Bussolenaufnahme werden in der Zeichnung auftreten; es wird z. B. ein Vieleck nicht schliessen, ein Anschluss nicht erreicht werden in der Zeichnung, wenn die Rechnung nach den durch die Bussolenaufnahme erhaltenen Zahlen diese Mängel aufgedeckt haben würde. Durch das Zeichnen, ungenaue Zulegen, ungenaues Auftragen der Längen u. s. w. können aber noch selbständige Fehler entstehen. Jedenfalls ist die Rechnung genauer und im allgemeinen wird auch der Plan genauer, wenn man erst die Coordinaten berechnet und diese zeichnend aufträgt, aber freilich ist das viel mühsamer als das Arbeiten mit dem Zulegezeug.

§ 212. **Beschreibung des Messtisches.** Mit dem Messtische werden die Winkel ausschliesslich zeichnend gefunden und nur aus der Zeichnung liesse sich, mittelst Transporteurs, Sehnenmaassstab oder in sonstiger Art, die Grösse der Winkel nach Gradmaass ableiten.

Der Messtisch ist von Johann Prätorius erfunden (daher auch mensula praetoriana genannt) und seine Beschreibung zuerst in Nürnberg 1618 veröffentlicht worden.

Der erste Theil des Messtischgeräths ist das Tischblatt oder Tischbrett, ein gegen das Verwerfen und Krummziehen aus Holzstücken zweckmässig zusammengefügtes und verleimtes quadratisches Brett von ziemlicher Dicke und ansehnlichem Gewicht. Sehr empfehlenswerth ist das Zeichenbrett aus einer Glasplatte bestehen zu lassen, die nöthigenfalls in Holzrahmen sitzt. Glas verwirft sich nicht, sondern bleibt hübsch eben. Das Brett ist etwas grösser als das Messblatt, d. h. als die auf ihm anzufertigende Zeichnung, über deren Grösse gewöhnlich amtliche Vorschriften bestehen, im Mittel etwa 0,5 m Quadratseite.

Auf das wohlgeebnete Zeichenbrett wird ein Bogen gutes Papier sorgfältig aufgezogen. Das Papier wird stark mit reinem Wasser benetzt und dann auf das Brett, über welches man mit Wasser verdünntes Eiweiss ausgebreitet hat, gelegt. Mit einem zusammengeballten reinen Tuch wird das nasse Papier sanft angedrückt, von der Mitte anfangend, alle Luftblasen sorgfältig gegen den Rand streichend, wo sie entweichen können. Das Papier muss grösser sein als das Brett, — der überstehende Rand des Papiers wird mit gutem Klebstoff bestrichen und umgeschlagen, so dass es an den Dickenseiten des Bretts anliegt und anklebt, nicht auf der oberen Fläche des Bretts selbst, weil sonst am Rande Erhebungen (um die Dicke des Klebstoffs) eintreten würden, welche dem Ebensein hinderlich wären. Man befestigt den umgeschlagenen Papierrand wohl auch mit Heftstiften statt ihn anzukleben. Man lässt langsam trocknen und es dürfen dann keinerlei Falten noch Hohlstellen auftreten. Hat man einen guten Buchbinder am Orte, so lässt man diesen das Aufspannen in der angegebenen Art besorgen. — Schneidet man nach Vollendung der Zeichnung nahe am Rande des Bretts das Papier durch, so springt es leicht vom Brette ab, ohne dass etwas hängen bleibt. Ehe man einen neuen Bogen aufspannt, ist das alte Eiweiss zu entfernen.

Das Zeichenbrett des Messtisches ist befestigt an der Wendeplatte W, Fig. 224. Diese ist gewöhnlich ein quadratisches Brett, kleiner als das Zeichenbrett selbst. An der Unterseite des Zeichenbretts sind zwei starke Leisten L aufgeschraubt, die Falzen tragen. Mit diesen kann das Brett dann über zwei Seiten der Wendeplatte geschoben werden. Zum Zwecke der noch zu erwähnenden Centrirung lässt sich das Brett auf der Wendeplatte noch etwas nach zwei entgegengesetzten Richtungen verschieben. Endlich aber wird es durch vier Pressschrauben p an den Rändern der Wendeplatte festgestellt. Zuweilen trägt das Zeichenbrett an der Unterseite ein Schiebekreuz (Marinoni), nämlich zwei rechtwinkelig kreuzende Metallschienen. Diese liegen zwischen zwei an der Wendeplatte befestigten Metallringen, gegen welche sie mit Schrauben festgeklemmt werden können. Mittelst des Schiebekreuzes ist eine Verschiebung des Bretts gegen die feststehende Wendeplatte nach allen Richtungen um einige Centimeter möglich, was für das Centriren sehr angenehm. Man hat auch verwickeltere Einrichtungen, um mittelst Schrauben ohne Ende das Brett auf der Wendeplatte schieben und drehen zu können, — alles des Centrirens wegen. Immer muss schliesslich das Brett durch Pressschrauben oder dergl. fest mit der Wendeplatte verbunden werden.

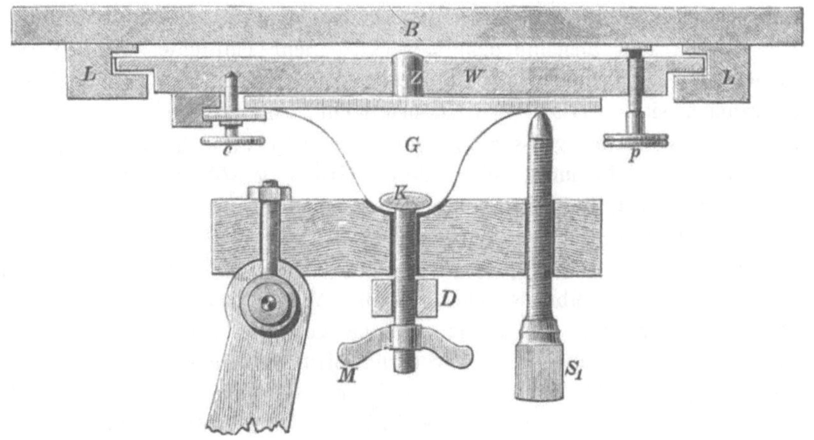

Fig. 224.

Die Verschiebung des Bretts gegen die Wendeplatte kann den Schwerpunkt aus der Stativmitte hinausbringen, die Sicherheit des Stehens also beeinträchtigen. Daher wird an neueren Messtischen auf diese Verschiebungen verzichtet, das Brett dauernd fest mit der Wendeplatte verbunden, aber der ganze Instrumenten-Untertheil lässt sich auf dem Stativ verschieben, welches zu diesem Zwecke eine centrale Oeffnung in der Scheibe hat, wie schon beim Theodolitstativ erwähnt ist. Die Wendeplatte ist in diesem Falle einfachst ein Metallring, ähnlich wie der Horizontalkreis des Theodolits, auf welchen das Brett geschraubt wird. Die Art der Verbindung des Bretts mit der Wendeplatte und deren Gestalt ist mannigfaltig, — es können nicht alle angewendeten Construktionen beschrieben werden.

Fig. 225 zeigt das Messtischuntergestell wie es von Breithaupt, Meissner u. A. angewendet wird. An dem Zeichenbrett sitzen unten drei Schrauben mit den Köpfen nach abwärts. Sie werden in die bayonnetartigen Einschnitte geschoben und dann angedrückt. Die ungefähr dreieckige Metallplatte ist die Wendeplatte.

Die Wendeplatte soll, mit dem an ihr befestigten Zeichenbrette, um eine vertikale Axe gedreht werden können, grob und fein. Entweder ist rechtwinkelig zur Ebene der Wendeplatte an deren Unterseite ein Zapfen angeschraubt, der entsprechende Führung in einem Hohlcylinder des Untergestells findet, oder eine Hülse (Hohlcylinder) ist an der Unterseite der Wendeplatte angeschraubt und wird über den ein Stück mit dem Untergestelle bildenden Zapfen geschoben.

Um die Axe für die Drehung der Wendeplatte senkrecht stellen zu können, muss das Untergestell die nöthige Einrichtung haben. Bei alten Messtischen findet man wohl den Vertikalzapfen in ein Kugelgelenk ausgehen. Besser verwendet man den Dreifuss (§ 115) wie bei dem Theodolit, oder eine Nussvorrichtung (§ 118) oder es wird eine grosse Glocke aus Bronze benutzt (Reichenbach'scher oder älterer Münchner Messtisch). Die Glocke G (Fig. 224) ist überdeckt mit einem diametralen geraden Stück oder einer ganzen Scheibe, gleichfalls aus Metall, auf welchem der Zapfen Z rechtwinkelig sitzt. Der Rand der Glocke ist eben und ruht mit seiner Unterseite auf den etwas abgerundeten Enden der Spindeln dreier starker Stellschrauben, die durch die Holzscheibe des Stativs, in welcher sie (mit Metallfütterung) ihre Muttern haben, reichen. (Gewöhnlich Holzhandgriffe an diesen Stellschrauben). Der untere schmale Theil

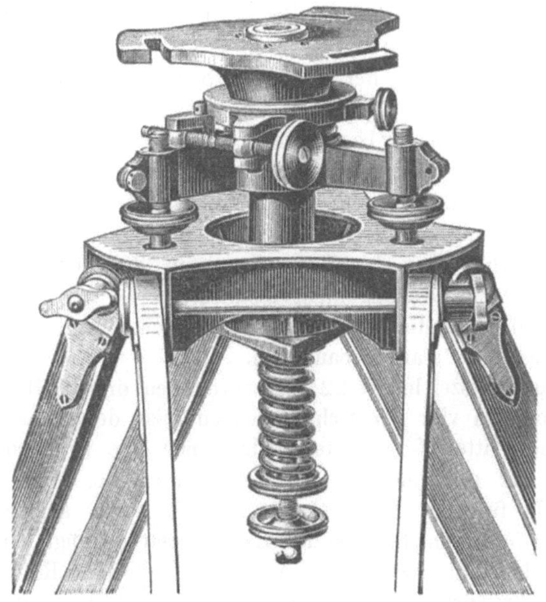

Fig. 225.

der Glocke (die Krone), sitzt in einer nach einem Kugelabschnitte geformten Vertiefung der Stativscheibe. Die Mitte der Vertiefung oder Schüssel ist ganz durchbohrt und eine starke Schraube, die Herz- oder Knebelschraube ist lose durchgesteckt. Sie ragt in den Hohlraum der Glocke (durch eine Oeffnung in der Krone) und hat in der Glocke einen grossen Kopf K, so dass sie nicht aus der Glocke nach unten heraus kann. Auf der Herzschraube ist ein Holzstück D, das sich an die Unterseite des Scheibenstativs anlegt und dagegen gepresst wird, wenn man eine starke über die Herzschraube passende Mutter M aus Metall hinaufschraubt.

Mit den drei Stellschrauben S_1, S_2, S_3, auf denen der Glockenrand ruht, kann dieser wagrecht, damit der Zapfen senkrecht, die Wendeplatte und das an ihr befestigte Zeichenbrett wagrecht gestellt werden. Die Herzschraube darf zunächst nicht angezogen sein, sie dient nicht zur Wagrechtstellung, sondern zur unverrückbaren Verbindung der Glocke mit dem Stative, sie ist also erst anzuziehen, nachdem mit Hülfe der Stellschrauben S_1, S_2, S_3 die Wagrechtstellung ausgeführt ist. Hat man sie angezogen, so folgt die Glocke, bei Zurückziehung einer der Schrauben S nicht der Bewegung und Vorwärtsschrauben der Stellschrauben S ist unmöglich oder nur in geringem Maasse möglich mit Erzeugung schädlicher Spannungen und Verbiegungen. Die Herzschraube muss ganz allmählich, während man noch die Stellschrauben benutzt, gebraucht und erst nach Vollendung der Wagrechtstellung fest angezogen werden; damit durch das Festbremsen die erreichte Horizontalität nicht wieder verloren gehe, muss vorsichtig und geschickt geschraubt werden.

Der besonderen Art der Senkrechtstellung des Zapfens oder Wagrechtstellung des zu ihm rechtwinkeligen Bretts an dem Messtische von Jähns, nämlich mittelst des Keilfusses, ist in § 117 schon gedacht.

Die grobe Drehung der Wendeplatte um den Vertikalzapfen kann mittelst Klemmplatten (§ 128) gebremst werden, an den neueren Messtischen ist Centralklemmung angebracht. Nach vollzogener Bremsung kann mittelst Mikrometerwerk (§ 128) noch die Feindrehung der Wendeplatte bewirkt werden. Bei manchen Messtischen werden nach vollendeter Feindrehung noch Hülfsklemmen angewendet (c der Fig. 224) zu noch weiterer Sicherung des Feststehens und dann ist auch durch das Mikrometerwerk keine Drehung mehr möglich.

Das Stativ des Messtisches ist das gewöhnliche Scheibenstativ (§ 113), muss aber immer sehr stark gebaut sein.

Die Durchschnittszeichnung 224 lässt von den drei Stellschrauben nur eine sehen, von den vier Pressschrauben, mittelst derer das Zeichenbrett gegen die Wendeplatte W festgestellt wird, nur eine (p), von den zwei Hülfsklemmen nur die eine mit der Pressschraube c. Das Brems- und Mikrometerwerk für die Feindrehung ist gar nicht angedeutet. Zur Erkennung der Wagrechtstellung des Zeichenbretts genügt eine Dosenlibelle, man kann aber auch eine auf Lineal befestigte Röhrenlibelle anwenden, die in kreuzende Lagen abwechselnd zu bringen ist, am besten erst in Richtung der Verbindung zweier Stellschrauben, dann rechtwinkelig hierzu oder in Richtung nach der dritten Stellschraube.

§ 213. **Kippregel, ein Messtischgeräth.** Ein Lineal mit Absehvorrichtung. Das Lineal ist ungefähr so lang als die Seite des Messtischbretts, meist von Metall, seltener von Holz. Hölzerne Lineale verwerfen sich leicht, metallene aber verschmieren die Zeichnung, was vermieden wird, wenn man die Unterseite mit feinem Reisstroh, mit Elfenbein oder mit Holz belegt. Das Absehen kann ein Diopter sein (I, 3. 6) und die Theile des Diopterlineals zur bequemeren Verpackung zum Umklappen eingerichtet sein. Besser ist ein Fernrohr. Dieses muss um eine wagrecht zu stellende Axe drehbar sein. Die Lager der Kippaxe ruhen auf einer Säule, die auf das Lineal gestellt ist, meist mit Schrauben befestigt, die eigentlich einen kleinen Dreifuss bilden, so dass durch zweckmässige Benutzung dieser Schrauben die Kippaxe parallel zur Ebene des Lineals, also auch der Zeichnungsebene gemacht werden kann.

Fig. 226 stellt die Kippregel Modell 1875 der preussischen Landesaufnahme dar. Reversionslibelle am durchschlagbaren Fernrohr (distanzmessende Einrichtung), Röhren- und Dosenlibelle auf dem Lineale, Zugabe einer Orientirbussole im schmalen Kasten, Vorrichtung (vorn im Bilde) das eine Ende der Kippaxe zu heben oder zu senken; Höhenbogen in zwei Sektoren mit zwei Doppelnonien.

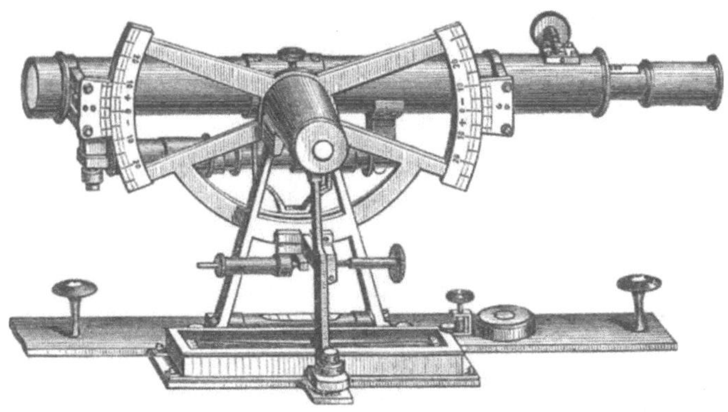

Fig. 226.

Es ist viel wichtiger, dass die Kippaxe genau wagrecht steht, als dass das für die Zeichnungsebene in aller Strenge der Fall (§§ 154 u. 155), daher haben die besten Kippregeln eine Röhrenlibelle als Reiter auf der Kippaxe selbst aufgesetzt und man kann die den kleinen Dreifuss bildenden Befestigungs- und Correkturschrauben der Fernrohrsäule benutzen, um während der Arbeit die Kippaxe jederzeit, nach Aussage der Libelle auf ihr, wagrecht zu halten. Zuweilen sitzt auf der Linealfläche eine Dosenlibelle, mittelst welcher erkannt werden kann, ob die Zeichenfläche genügend wagrecht ist.

Das Absehen soll beim Kippen eine senkrechte Ebene beschreiben, weshalb kein Collimationsfehler vorhanden sein darf, — die Prüfung hierauf ist nach § 139 vorzunehmen.

Die Absehebene soll durch die Ziehkante Z des Lineals gehen, allermindestens dieser parallel sein. Um das erzwingen zu können, lässt sich die Platte P, Fig. 227 (in anderen Fällen der kleine Dreifuss), auf welcher die Säule S steht, mittelst Berichtigungsschrauben auf dem Lineale etwas drehen. Sch_1, Sch_2 sind diese Schrauben, die ihre Muttern in zwei Leisten M haben, welche auf die Linealfläche festgeschraubt sind. Zwischen die Spindelenden der Schrauben ragt eine Nase N der Platte P, die selbst auf der Linealfläche durch die Schrauben s, s gehalten ist, deren Gewinde in das Lineal eingreifen. Auf der Platte sind etwas grössere Oeffnungen, Schlitze, zum Durchlassen der Schrauben s, so dass eine Drehung der Platte auf dem Lineale, wenn die Schrauben s etwas herausgezogen sind und mit ihren Köpfen nicht mehr auf die Platte drücken, möglich ist. Diese Drehung wird dadurch bewirkt, dass man eine der Schrauben Sch, z. B. Sch_1, zurückzieht und die andere, Sch_2, vorschraubt, wodurch die Platte so gedreht wird, dass das rechts gelegene Ende der Axe nach vorn, das links gelegene nach hinten geschoben wird. Die Schraube D

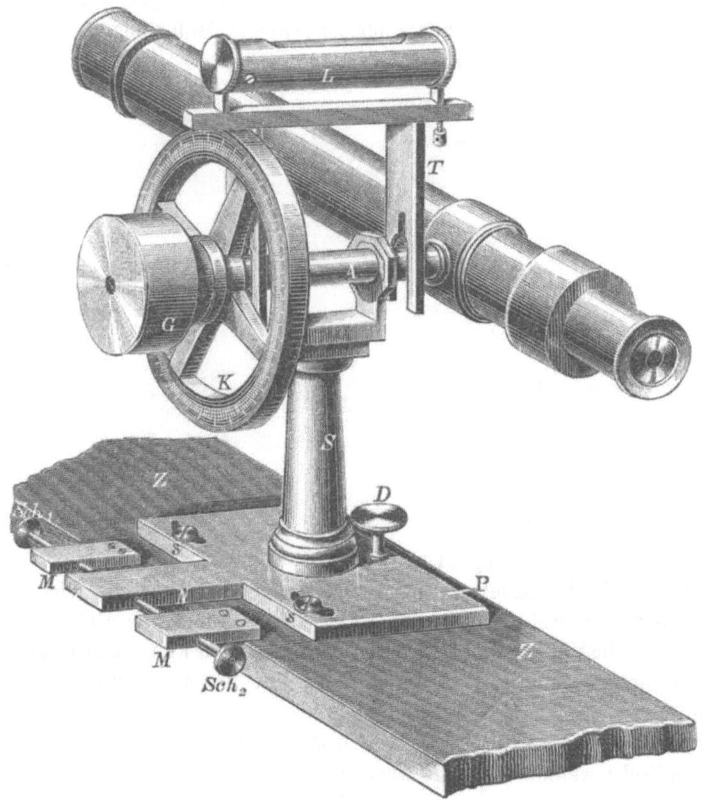

Fig. 227.

bildet gewissermaassen einen Fuss der Platte; wird sie hineingeschraubt, der Fuss also verlängert, so hebt sich das rechte Ende der Axe und umgekehrt. Das Lager der Kippaxe ist in einer Gabel, in welche die Säule endet. Auf der Axe sitzt rechts das Fernrohr, das am Okularende erheblich kürzer ist (Gegengewicht durch den dicken Ring), um bei geringerer Höhe der Säule durchgeschlagen werden zu können. Am linken Ende der Kippaxe ist ein Höhenkreis K und ein das Fernrohr ausbalancirendes Gewicht aufgesteckt. Der Nonius mit Index für den Höhenkreis ist in der

Zeichnung fortgelassen, er ist an der Säule S befestigt. Ebenso sind Bremse und Mikrometerwerk für die Kippbewegung zur Vereinfachung in der Zeichnung weggelassen. Die Libelle sitzt mit den langen, geschlitzten Trägern oder Füssen T (der zweite ist durch den Kreis verdeckt) auf der Kippaxe. Berichtigungsschrauben der Libelle, Lupen zum Absehen des Kreises, Okulartrieb des Fernrohrs sind nicht gezeichnet, um die Figur so einfach als möglich zu gestalten.

Der Höhenkreis an der Kippregel ist nicht unumgänglich nöthig, aber angenehm. Der Nonius soll so gestellt sein, dass bei wagrechtem Verlaufe der Ziellinie, wenn die Kippaxe wagrecht ist, die Ablesung entweder 0^0 oder 90^0. Im ersten Falle werden Elevationswinkel, im letztern Zenitdistanzen mit dem Höhenkreis gemessen. Oft ist kein Vollkreis vorhanden, sondern nur ein Höhenbogen. Man findet wohl auch noch eine Libelle auf dem Fernrohr, deren Axe mit der Absehlinie parallel sein soll, — dann kann man (ohne Zuhülfenahme des Höhenkreises) mit dem Fernrohr nivelliren.

Sehr wünschenswerth ist es, dem Fernrohr die distanzmessende Einrichtung (§ 230) zu geben, — alsdann ist der Höhenbogen unerlässlich und ein Mikrometerwerk für die Kippbewegung, das man sonst sparen kann, recht erwünscht.

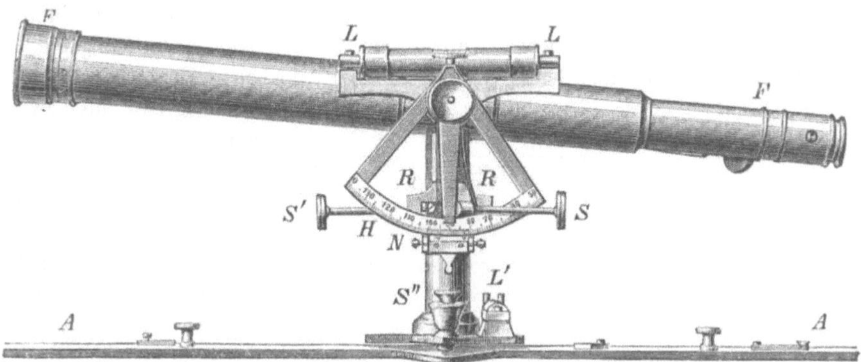

Fig. 228.

Eine recht zweckmässige Kippregeleinrichtung ist die folgende (Fig. 228). Die das Lager der Kippaxe des Fernrohrs tragende Säule ist nicht unverrückbar auf dem Lineale festgemacht, sondern durch Vermittelung eines Fusses, und eine der Schrauben, mit denen dieser an das Lineal befestigt wird, kann zu mikrometrisch feiner Hebung oder Senkung des einen Endes der Kippaxe dienen, so dass, was von Wichtigkeit ist, diese genau wagrecht gestellt werden kann, auch wenn das Brett, folglich die Linealfläche, nicht genau wagrecht (was von minderer Wichtigkeit ist). Die Horizontalität der Kippaxe wird angezeigt durch eine Reitlibelle, die aufgesetzt ist oder eine mit ihrer Axe der Kippaxe parallele Libelle L' am Säulenfusse.

Auf der Kippaxe ist mit dem Fernrohr noch ein Vertikalkreis oder ein Theil eines solchen festgesteckt; die Drehbewegung kann gebremst und mikrometrisch fein ausgeführt werden. Der Index (Nonius) für den Höhenkreis — das Bedürfniss nach Messung der Höhenwinkel wird später entgegengetreten — ist auf einem Rahmen R befestigt, der auch noch eine Libelle trägt, mit der Axe parallel zur Absehebene des Fernrohrs. Der Rahmen geht in eine Nase aus und kann mikrometrisch fein gedreht werden. Die Einrichtung ist ganz wie bei dem Grubentheodolit Fig. 138, nur ist statt des vollen Kreises blos ein Tförmiges Stück verwendet. Ist das Instrument einmal genau berichtigt, so soll, wenn die letzterwähnte Libelle am Rahmen des Höhenkreisindexes einspielt, kein Indexfehler am Höhenkreise sein, das heisst (und darauf ist in der später, § 246, anzugebenden Weise zu prüfen und die Libelle zu berichtigen), der Ablesung Null am Höhenkreise soll genau wagrechter Verlauf des Absehens entsprechen. Ehe man einen Höhenwinkel abliest, bringt man jedesmal die „Noniuslibelle" zum Einspielen, man ist dann sicher, den Höhenwinkel durch eine Ablesung genau zu finden, selbst wenn das Messtischbrett nicht genau wagrecht steht, worauf nie sicherer Verlass ist. Fig. 228 ist copirt nach Jordan, Handb. d. Vermess. Bd. 1, S. 647.

§ 214. **Lothgabel.** Um einen Punkt des Zeichenbretts auf den Boden herabsenkeln zu können oder umgekehrt zu bestimmen, welche Stelle der Zeichnung genau senkrecht über dem bezeichneten Aufstellungspunkt liegt, bedient man sich der Lothgabel oder Einlothzange (Fig. 229). Sie besteht aus zwei längeren, durch ein Zwischenstück oder Charnier verbundenen Holzleisten (seltener Metall), deren eine flach auf das Brett gelegt wird, wo dann die andere unter das Brett und unter die Scheibe des Stativs reicht. Letztere trägt ein Häkchen, an welches ein gewöhnliches Loth, manchmal auch ein Doppelsenkel, nämlich ein durch Gegengewicht (ähnlich der Vorrichtung bei Hängelampen) bequem verlängerbares und verkürzbares Loth gehängt wird, das genau senkrecht unter der Spitze sein soll, in welche die obere Leiste ausgeht. Die Prüfung, ob diese Forderung erfüllt, ist leicht. Man legt die Spitze an einen Punkt P der Zeichnung und merkt den Punkt Q_1 des Bodens an, auf welchen der Senkel trifft. Dann legt man die Lothgabel um, so dass die obere Leiste in die gerade entgegengesetzte Richtung kommt, ihre Spitze aber wieder an P liegt und merkt den Punkt Q_2 des Bodens, auf welchen das Loth trifft. Wird Q_1

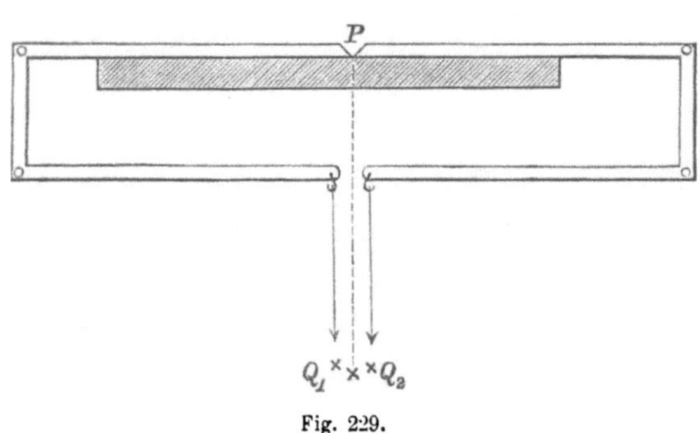

Fig. 229.

von Q_2 verschieden, so ist die Lothgabel unrichtig, man muss das Häkchen so lange versetzen, bis Q_1 und Q_2 zusammenfallen.

Die Differenz $Q_1 Q_2$ zeigt den doppelten Fehler der Lothgabel an.

§ 215. **Weiteres Messtischzugehör und Orientirbussole.** Man braucht noch Zeichengeräth, Bleistift, Messer, Wischgummi, eventuell eine Reissfeder, um die vergänglichen Bleilinien dauerhaft mit Tusche ausziehen zu können, dann Zirkel und verjüngten Maassstab. Ein Ueberzug (Wachstuch, Leder oder Leinwand) ist unentbehrlich, um beim Transporte die Zeichnung schützen zu können. Ferner wird ein grosser Schirm nöthig, um die Zeichnung und den Geometer gegen Sonne und Regen zu schützen. Der meist aus Segeltuch gefertigte Schirm wird entweder mit starkem Stock mit Spitze in den Boden fest eingesenkt werden oder er muss von einem Gehülfen mit der Hand gehalten werden. Ein Schirm ist auch bei Theodolit oder sonstigem Instrument nützlich, es reicht aber ein gewöhnlicher Regenschirm aus, den der Geometer zur Noth selbst halten kann, oder jedenfalls ein Gehülfe.

Der Libelle (Dosen- oder Röhrenlibelle), die man für die Horizontirung des Tischblattes braucht, ist schon gedacht. Zuweilen ist eine Dosenlibelle fest auf dem Lineale der Kippregel angebracht.

Endlich ist eine angenehme, wenn auch nicht unerlässliche Zugabe die Orientirbussole, eine Magnetnadel im Mittelpunkt eines getheilten Kreises, ohne Zielvorrichtung. Sie ist entweder an einer Seite des Messtischblattes fest angeschraubt, oder wird mit einer Kante, die parallel dem Durchmesser des Theilkreises durch 180^0 und 0^0 geht, beständig genau an eine den magnetischen Meridian darstellende Linie in der Zeichnung beigeschoben.

Die Besprechung der Prüfung und Berichtigung des Messtischgeräthes wird ausgesetzt (§ 224), bis die Messtischarbeiten besprochen sind, weil sich dann die Nothwendigkeit und Wichtigkeit der einzelnen Prüfungen besser beurtheilen lässt.

§ 216. **Winkelmessungen mit dem Messtische.** Man stelle sich mit dem Messtisch im Scheitel des zu messenden Horizontalwinkels auf und projicire mittelst Lothgabel den Scheitelpunkt auf das wagrecht gestellte Tischblatt. Dann setze man die Kippregel derart auf, dass ihre Linealkante durch das Bild des Scheitelpunkts geht und das Absehen gleichzeitig nach dem fernen Zeichen des einen Schenkels gerichtet ist; eine mit Bleistift längs der Linealkante gezogene Linie ist der Durchschnitt der Vertikalebene durch den Aufstellungspunkt und das angezielte Zeichen mit der Zeichnungsebene. Man dreht nun, bei unverändert bleibender Stellung des Tisches die Kippregel derart, dass die Linealkante fortfährt durch das Bild des Scheitelpunkts zu gehen, das Absehen nun aber nach dem Zeichen des zweiten Schenkels verläuft; zieht man längs der Linealkante in dieser neuen Lage einen Strich, so liefert dieser den zweiten Schenkel des gezeichneten Winkels. Es mag wiederholt hervorgehoben werden, dass jede Drehung und Verschiebung des Tischblattes sorgfältig zu vermeiden ist, sobald der Auftrag von Linien einmal begonnen hat, dass auch Sorge für die Erhaltung der Wagrechtstellung zu tragen ist, alles Aufstützen auf das Brett daher vermieden werden muss. Das Beischieben und Drehen des Lineals geschieht zweckmässig in der Weise, dass man die eine Hand am Lineale in der Nähe des Bildpunkts (Scheitels), die andere bei ausgestrecktem Arm (der nicht auf das Brett drücken darf) möglichst weit vorn am Lineal habe. Es bedarf einiger Geschicklichkeit für das richtige Drehen und Beischieben, namentlich wenn es verhältnissmässig rasch erfolgen soll.

Man hat auch Kippregeln mit einem durch Charnier verbundenen Parallellineal. Ist ein ferner Punkt angezielt auch ohne dass die Linealkante genau durch den Bildpunkt des Standortes geht, so schiebt man nun das Parallellineal, bis dessen Ziehkante durch jenen Punkt geht und zieht längs diesem den Strich. Die unbedeutende Excentricität wird vernachlässigt.

Der Bleistift ist am besten meiselförmig zugeschärft, er soll, mit einer flachen Seite des Meisels genau dem Lineale anliegend, leicht geführt werden. Man reisst wohl auch die Striche mit einer Nadel ins Papier, doch ist das zu tadeln.

Hat derselbe Punkt auf dem Tischbrette als Anfang vieler Strahlen zu dienen, so erleichtert man das Anlehnen an ihn wohl durch den Gebrauch der Anschlagnadel, einer sehr feinen Nähnadel mit Kopf von Holz oder Siegellack zum bequemeren Anfassen, die gut senkrecht in den Punkt gestochen wird und an welche das Lineal dann angeschoben wird. Die Genauigkeit wird, da die Nadel doch eine gewisse Dicke hat, sich auch leicht verbiegt, nicht erhöht und die Zeichnung bei längerem Arbeiten durch den sich allmählich erweiternden Strich verdorben.

Selten wird es gestattet sein, den Scheitel des aufzutragenden Winkels an eine beliebige Stelle des Tischbretts zu projiciren, sondern häufig wird sein Bild schon gegeben sein. Dann ist der Messtisch zu centriren, d. h. so zu verstellen, dass die Senkrechte des wirklichen Scheitelpunkts (Lothgabel) durch den im Voraus gegebenen Bildpunkt geht. Hierfür ist die Möglichkeit kleiner Verschiebungen des Untergestells auf dem Stative oder des Tischblattes auf der Wendeplatte (Schubleisten oder Marinoni's Schiebekreuz) von Nutzen. Uebrigens braucht man bei dem jederzeit lästigen Centriren nicht gar zu ängstlich zu sein, einige Centimeter Excentricität sind für Messtischaufnahmen meist belanglos, namentlich wenn nicht ganz kurze mit langen Winkelschenkeln abwechseln.

Nicht nur der Scheitel des Winkels kann bereits in der Zeichnung gegeben sein, sondern auch das Bild des einen Schenkels, in andern Fällen nur dessen Richtung. Dann muss die wagrechte Aufstellung des Messtisches nicht nur der Bedingung genügen, centrirt zu sein, sondern der Tisch muss auch orientirt oder eingerichtet werden, d. h. der gegebene Schenkel der Zeichnung muss in die Vertikalebene des wirklichen Winkelschenkels fallen. Man legt die Linealkante durch das gegebene Scheitelpunktbild und genau an die Linie, welche als Schenkel bereits gegeben bezw. dessen gegebener Richtung parallel, während das Objektiv nach der Seite des Schenkels gerichtet ist, die vom Scheitel wegliegt. Das ganze Tischblatt wird dann mit der daraufstehenden Kippregel, erst grob, dann fein gedreht, bis das Absehen nach dem Winkelzeichen gerichtet ist. War das Bild des Scheitelpunkts vor dem Einrichten des Bretts wirklich genau senkrecht über dem Feldpunkte, so wird es durch die vorgenommene Drehung aus dieser Senkrechten gekommen sein, wenn nicht ganz zufällig das Bild auf der Verlängerung des Vertikalzapfens sich findet, die Centrirung muss im allgemeinen aufs neue vorgenommen werden; jedenfalls hat sie mit dem Orientiren zugleich zu erfolgen und darf nicht zu ungenau werden; nöthigenfalls verschiebt man das Brett auf der Wendeplatte, oder den ganzen Apparat auf dem Stativ, äussersten Falls muss das Stativ übergehoben werden. Um dieses zu vermeiden, wird schon vor der Wagrechtstellung in beschriebener Weise wenigstens annähernd orientirt, wird hier die Ueberstellung des Stativs nöthig, so ist das nicht so lästig. Das Orientiren muss höchstmöglich genau erfolgen, das Centriren braucht, wie erwähnt, nicht so ganz genau zu sein.

Kennt man die Richtung des magnetischen Meridians im Plane (Strich mit Pfeilspitze, die nach magnetisch Nord zeigt), oder kennt man (wenn auch nur annähernd) das magnetische Streichen einer bereits gezeichneten Richtung, so wird das Einrichten durch die Orientirbussole wesentlich erleichtert. Man schiebt die Ziehkante der Bussole an den Strich und dreht das Brett, bis die Nadel die verlangte Ablesung gibt; all' das ehe man das Stativ ganz feststellt, ehe man seine Füsse in den Boden drückt. Die Orientirung wird dann in solcher Annäherung richtig ausfallen, dass ein Ueberheben des Stativs nicht mehr nöthig wird, wenn man zugleich auch wenigstens annähernd centrirt hat. Für die vorläufige Centrirung und Orientirung (mit Hülfe der Bussole oder auch ohne solche) kann man durch etwas Uebung ziemliche Geschicklichkeit erlangen und grosse Zeitersparung machen.

§ 217. **Vielecksaufnahme aus dem Umfange mit dem Messtische.** Der Tisch wird in den einzelnen Eckpunkten aufgestellt und die Polygonwinkel werden aufgetragen. Dabei wird jedesmal einzurichten sein (Centriren selbstverständlich), d. h. das Brett wird so gedreht werden müssen, dass das Absehen der Kippregel, deren Ziehkante durch das Bild des derzeitigen Standpunkts gehend und an der Linie anliegend, welche die nach dem unmittelbar vorhergehenden Eckpunkt gehende Seite darstellt, genau nach dem verlassenen Standpunkt zielt.

Die Seitenlängen werden gemessen (Band oder Distanzmesser) und in verjüngtem Maassstabe aufgetragen.

Ist das Vieleck ein geschlossenes, so ergibt sich eine Prüfung auf die Richtigkeit der Arbeit dadurch, dass das gezeichnete Vieleck zum Schlusse kommt; bei offenem Polygonzug wird man gewöhnlich das Bild des Endpunktes schon auf dem Plane haben und prüfen können, ob der Anschluss erreicht wird.

Schliesst das gezeichnete Vieleck nicht ab oder an, so muss eine

Verbesserung und Ausgleichung vorgenommen werden (§ 176). Mehr als bei der analytischen oder rechnerischen Aufnahme des Vielecks wird bei dieser synthetischen oder zeichnenden die Ausgleichung ziemlich willkürlich nach dem „praktischen Gefühl“ ausgeführt. Gelegentlich wird gegen diese Ausgleichungsart Einsprache erhoben und andere Verfahren werden vorgeschlagen, die aber in der Mehrzahl (gerade die bequemeren) mehr oder minder verdeckt, doch willkürlich sind und doch auf das praktische Gefühl hinauslaufen.

Man pflegt den Schlussfehler, d. h. die Entfernung des letzten verzeichneten Eckpunktes von seiner Solllage im Verhältniss zum ganzen Umfange des Polygons zu betrachten und anzunehmen, dass, wenn dieses Verhältniss nicht grösser ist als 1 : 800 bei günstigen oder als 1 : 400 bei ungünstigen Verhältnissen und Messbedingungen, so reichten die unvermeidlichen Fehler zur Erklärung aus und eine Neumessung sei nicht geboten. Bei grösserem Schlussfehler untersuche man zuerst (§ 176), ob ein einfacher und vereinzelter grober Fehler aufgefunden werden kann, der sich durch eine theilweise Neumessung beseitigen lässt. Gelingt das nicht, so muss die Aufnahme wiederholt werden, wobei es im allgemeinen rathsam ist, die entgegengesetzte Reihenfolge einzuhalten, wenn thunlich, andern Anfangspunkt zu wählen, wohl auch vom Anfangspunkte aus die Hälfte des Vielecks rechts herumgehend, die andere Hälfte links herumgehend aufzunehmen, weil hierbei die Fehlerfortpflanzung weniger ungünstig ist.

Bestätigungsmessungen, Aufnahme von Diagonalen und Aehnliches; hauptsächlich darauf hinarbeiten, einen Punkt durch den Schnitt von mehr als zwei Strahlen, ferner mehr als eine Länge zu bestimmen. Diese Bestätigungen sollten nie vernachlässigt werden, sie sind gewöhnlich ohne nennenswerthe Vergrösserung der Mühe und des Zeitaufwandes möglich.

§ 218. **Polaraufnahme mit dem Messtische.** Ist das Feld übersichtlich genug, so kann man sich in einem Punkte aufstellen (Pol) und die Richtungen nach allen sichtbaren Punkten auftragen, die Längen der Strahlen messen, wobei distanzmessende Einrichtung am Fernrohr der Kippregel von höchstem Nutzen ist, und in verjüngtem Maassstab auftragen. Die Längenmessungen, wenn sie mit dem Bande oder mit Latten auszuführen sind, beanspruchen freilich viel Zeit, andrerseits ist der Gewinn an Zeit, den man macht, wenn man nur einmal den Messtisch aufstellen, horizontiren, centriren, orientiren muss, ein sehr erheblicher. — Dem Polarverfahren fehlen die Prüfungen; man muss solche besonders anstellen durch gut ausgewählte Probemessungen.

Nachdem man von einem Pole aus soviel Punkte als thunlich aufgenommen hat, wählt man zur Fortsetzung der Aufnahme einen zweiten Pol. Dieser Punkt soll vom vorhergehenden Standpunkt aus bereits aufgenommen sein. Die neue Aufstellung ist dann zu orientiren, d. h. es ist dafür zu sorgen, dass die Linie vom Bilde des neuen, gegenwärtigen, zum verlassenen Standpunkt auch in die Richtung dieses Strahls gestellt wird.

Durch wiederholte Anwendung des Polarverfahrens kann man auch in wenig freier Gegend die Aufnahme bewirken, wobei sich dann Gelegenheit zu Probemessungen, oder, ohne besondere Messungen, zu Prüfungen ergeben.

Es wird daran erinnert, dass die Polaraufnahme auch „Rayoniren und Schneiden" genannt wird (§ 186) und dass die Polygonaufnahme aus dem Umfange, im Grunde genommen, die Wiederholung einfachster Polaraufnahmen ist.

§ 219. **Vorwärtsabschneiden mit dem Messtische** ist dadurch sehr bequem, weil man nur einer einzigen Längenmessung bedarf, oder nur eine geeignete Länge aus früheren Messungen mittelbar oder unmittelbar zu kennen braucht. Die betreffende Strecke, Basis genannt, wird entweder noch willkürlich auf dem Blatte nach Grösse und Richtung gezeichnet werden können, wobei man seine Wahl so zu treffen hat, dass für den Plan des Bezirks, den man aufgenommen haben will, Raum bleibt, — oder gewöhnlicher wird die Basis nach Richtung, Lage und Grösse (Verfügung über die Verjüngung) schon bestimmt und gegeben sein.

Man stellt den Messtisch wagrecht und centrisch am ersten Endpunkt der Basis auf, orientirt den Messtisch nach der Basisrichtung und stellt ihn dann so unverrückbar fest als möglich. Dann werden die von dem Standpunkt nach allen sichtbaren, für die Aufnahme Bedeutung habenden Punkten ausgehende Strahlen derart verzeichnet, dass man die Kippregelkante durch das Bild des Standpunkts (Basisanfang) legend, das Absehen nach und nach auf alle Punkte einstellt und jedesmal die Linie zieht. Am Rand macht man eine Bemerkung über das Ziel, z. B. ——→ nach P_{24}. Anschlagnadel hierbei bequem. Sind alle Strahlen verzeichnet, so legt man schliesslich noch einmal das Lineal an die Basis und prüft, ob das Absehen noch nach dem Endzeichen der Basis gerichtet ist, mit andern Worten, ob der Messtisch noch orientirt ist, also nicht unabsichtlich verdreht wurde. Es ist gut, diese Prüfung öfter, schon vor Vollendung aller von dem einen Standpunkt aus zu machenden Arbeiten vorzunehmen.

Nun wird der Messtisch nach dem Endpunkt der Basis getragen, dort horizontirt, centrirt und orientirt, in der Weise, dass, während das Lineal an dem Bilde der Basis anliegt und das Absehen in Richtung vom zweiten zum ersten Standpunktsbild geht, das Brett so lange gedreht wird, bis das Anfangszeichen genau von der Zielrichtung getroffen wird. Sicheres Feststellen des Tisches, — Construktion der Strahlen vom gegenwärtigen Standpunkt nach allen Punkten, die schon vom ersten Standpunkt aus angezielt wurden. Der Durchschnitt zweier zusammengehöriger Strahlen —→ P_{24} von verschiedener Richtung gibt das Bild des Punktes P_{24}. Die Strahlen vom zweiten Standpunkt aus braucht man gar nicht zu ziehen, es genügt, den Durchschnitt mit dem entsprechenden Strahl vom ersten Standpunkt aus deutlich hervorzuheben. Die ersten Strahlen (und was beigeschrieben wurde) waren leicht in Blei ausgezeichnet, man kann sie nun mit Gummi weglöschen. Die Durchschnittspunkte zweier zusammengehöriger Strahlen, das sind die Bilder der aufgenommenen Punkte, werden meist umringelt und der Name des Punkts beigeschrieben.

Treffen die Strahlen unter günstigen Winkeln zusammen, so sind die Punkte gut bestimmt. Ergeben sie sich nur durch schlechte Schnitte, so muss man suchen, sie besser zu erhalten. Das geschieht gut dadurch, dass man mit dem Messtisch eine dritte Aufstellung nimmt in einem Punkt des Feldes, dessen Bild durch recht guten Schnitt bereits aufgenommen ist. Man hat dann von da aus wieder, nach vorhergegangener Wagrechtstellung, Centrirung und Orientirung (die zweifach nach dem ersten und nach dem zweiten Standpunkt ausgeführt, also sehr sicher sein kann), die Strahlen nach den weniger gut bestimmten Punkten zu ziehen und wird nun mit dem Strahl vom ersten oder vom zweiten (oder von beiden) günstigen Schnitt erhalten. — Nicht blos die ungünstig eingeschnittenen, sondern auch noch einige gut bestimmte Punkte wird man durch abermaliges Anschneiden vom dritten Standpunkte aus bestätigen.

Die dritte und ebenso folgend eine vierte u. s. w. Aufstellung kann nicht nur zur Verbesserung und Prüfung der Aufnahme aus den zwei ersten Standpunkten dienen, sondern auch zur Erweiterung des Aufnahmegebiets und zur Verzeichnung solcher Punkte, die bisher noch nicht von zweien Standpunkten zugleich anzielbar waren.

Man kann, wie angegeben, selbst in wenig freier Gegend und in sehr grosser Ausdehnung die Aufnahme vollführen, wenn man will, ausschliesslich durch Vorwärtsabschneiden, welches die bequemste und eine recht gute Art der Messtischaufnahme ist, es ist aber dennoch zu empfehlen neben den vielfachen Prüfungen und Bestätigungen, welche das Vorwärtsabschneiden (Zusammentreffen von mehr als zwei Strahlen im selben Punkte) liefert, auch hin und wieder eine Längenmessung zur Bestätigung vorzunehmen, namentlich wenn man sich allmählich weit von der ersten Basis entfernt hat, also Fehlerfortpflanzung in ungünstigem Sinne stattgefunden haben kann.

Es ist wohl selbstverständlich, dass man nicht hartnäckig nur nach einer Methode aufnimmt, sondern für die Aufnahme, wie für die Prüfungen, in jedem Einzelfalle das geeignetste Verfahren auswählt und befolgt.

Die Bleistiftlinien des auf dem Felde entworfenen Plans werden, sobald als möglich, mit Tusche dauerhafter ausgezogen, — ebenso Signaturen u. s. w., die Hülfslinien mit Gummi fortgelöscht.

§ 220. **Seitwärtseinschneiden (Rückwärtsabschneiden) mit dem Messtische.** In manchen Fällen (§ 187) ist dieses Verfahren günstiger als das Vorwärtsabschneiden. Die Ausführung mit dem Messtische ist folgende.

Man stellt sich in dem einen Endpunkt der Basis auf, centrirt und orientirt den Tisch nach der Basis. Der zweite Basisendpunkt mag unzugänglich sein (Kirchthurmspitze z. B.). Man zieht einen Strahl vom Standpunkt nach dem aufzunehmenden Punkt P. Die verjüngte Länge der Strecke vom gegenwärtigen Standpunkt nach dem aufzunehmenden Punkt wird geschätzt und ein einstweiliges Bild des Punkts P in p aufgezeichnet. Man begibt sich mit dem Tische nach P, centrirt p über P, orientirt, indem man das Lineal an den aufgetragenen Strahl anlegt, jetzt aber das Objektiv nach dem Bilde des verlassenen Standpunkts gewendet und dreht, bis das Absehen den verlassenen Punkt genau trifft. Der Tisch wird dann gut festgestellt. Alsdann legt man das Lineal durch das einstweilige Bild des Punkts P und dreht das Lineal, nicht den Tisch, bis sein Absehen nach dem andern (unzugänglichen) Basisendpunkt trifft, und zieht den Strich. Geht dieser genau durch das bereits verzeichnete Ende der Basis, dann war p gut geschätzt und die Aufnahme ist vollendet. Im allgemeinen wird der Strahl am Basisendebildpunkt vorübergehen. Ist die so construirte Basis länger ausgefallen, als sie sollte, so war die Schätzung der Entfernung des gegenwärtigen vom ersten Standpunkt zu gross und umgekehrt. Der Tisch ist also parallel zur Richtung des Strahls vom benutzten Endpunkte der Basis zum gegenwärtigen Standpunkt zu verschieben, hineinwärts, bezw. hinauswärts. Durch Probiren kann man dann nach erneutem Centriren und Orientiren schliesslich das richtige Bild und die genau richtige Aufstellung des Tisches erzielen, bei welcher der neugezeichnete Strahl nach dem Ende der Basis, auch das Bild dieses Basisendes schneidet. Dieses Probiren, verbunden mit lästigen Neuaufstellungen des Messtisches, wenigstens mit Verschiebungen des Tischblatts auf dem Untergestelle (Falzen oder Schiebekreuz) und Verbesserungen der Orientirung wird in der Ausführung nicht so mühsam, als es im ersten Augenblicke scheint.

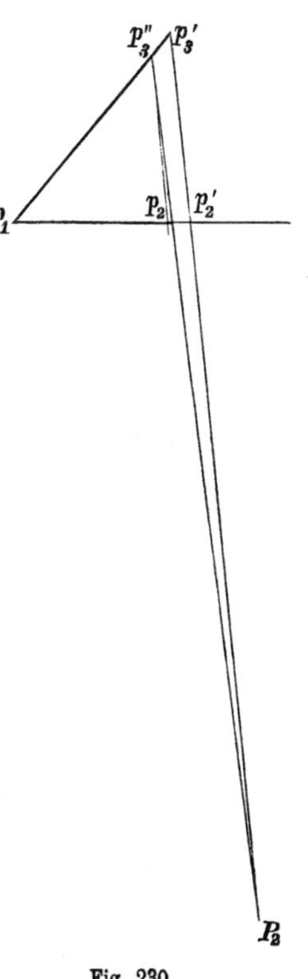

Fig. 230.

Ist das durch Schätzung gefundene Bild p_3' (Fig. 230) nicht gar zu unrichtig, d. h. fällt das construirte Bild der Basis $p_1\, p_2'$ nicht gar zu gross oder klein, gegen die richtige Länge $p_1\, p_2$ aus, so ziehe man durch das nahgelegene richtige Basisende p_2 eine Parallele $p_2\, p_3''$ zu der Linie $p_2'\, p_3'$, welch' letztere genau in Richtung des Standpunkts P_3 nach Basisende P_2 verläuft. Der auf $p_1\, p_3'$ erhaltene Punkt p_3'' ist sehr angenähert richtig das Bild von P_3. Stellt in der Figur P_2 die Lage des Feldpunktes dar, so trifft allerdings $p_3'' P_2$ nicht genau im wahren Bilde p_2 die Basislinie, aber sehr nahe dabei, um so näher, je entfernter P_2 ist. In der Figur ist ja P_2 viel zu nahe — um nur überhaupt die Figur zeichnen und das Verlangte hervortreten lassen zu können — solche Verhältnisse kommen gar nicht vor.

Zur Auffindung des äusserst nahezu richtigen Punkts p_3'' bedarf es nicht einmal der Verstellung des Tisches; die Parallele wird entweder in gewöhnlicher Art mit Hülfe von Anschlagwinkeln oder mit einem Parallellineale gezogen. Zur Bestätigung sollte man aber die genaue Centrirung und Orientirung des Tisches durch nachträgliche Verbesserung seiner Stellung nie unterlassen, auch nachsehen, ob die in der neuen Stellung nach P_2 gezogene Linie durch p_3'', genügend scharf durch den Punkt p_2 geht.

Das Seitwärtseinschneiden mit dem Messtische ist weniger elegant als das Vorwärtsabschneiden, es ist ein Versuchsverfahren, das aber trotz seiner Unbequemlichkeit in manchen Fällen zu empfehlen ist, wenn es nämlich genauere Ergebnisse als jenes liefert (§ 187).

Man sieht, beim Seitwärtseinschneiden müssen, wenn nur ein Punkt aufgenommen werden soll, zwei Messtischaufstellungen gemacht, die zweite im allgemeinen mehrfach wiederholt und verbessert werden. Sind n Punkte aufzunehmen, so bedarf es (abgesehen von den Verbesserungen) (n + 1) Aufstellungen, wenn durch Seitwärtseinschneiden, hingegen nur 2 Aufstellungen, wenn durch Vorwärtsabschneiden die Bestimmung des Punktes erfolgen soll, — also überaus grössere Bequemlichkeit des Vorwärtsabschneidens, sobald eine grössere Anzahl von Punkten aufzunehmen ist.

§ 221. **Rückwärtseinschneiden (Pothenot'sche Aufgabe) mit dem Messtische** ist vielfach Bedürfniss. Soll z. B. die vorhandene Karte einer Gegend vervollständigt werden durch Eintrag der Neubauten (Häuser, Strassen, Canäle u. s. w.), so wird es meist am einfachsten sein, den Plan auf den Messtisch zu spannen, sich nach dem einzutragenden Punkt zu begeben und nun pothenotisch mit Bezug auf drei im Plane bereits richtig verzeichnete, vom dermaligen Standpunkte aus sichtbare Punkte, den Standpunkt zu verzeichnen.

Es gibt mancherlei Arten, die Pothenot'sche Aufgabe mit dem Messtische zu lösen; die praktisch-beste dürfte folgende sein:

1) Der Tisch wird, ohne Rücksicht auf Centrirung am Standpunkt wagrecht und fest gestellt, ein Stück Durchzeichenpapier darüber gebreitet (Befestigung mit Zeichenstiften), mit Hülfe der Lothgabel der Standpunkt auf das Durchzeichenpapier projicirt. Dann die Ziehkante der Kippregel an den gefundenen Punkt angelegt, nach den drei Punkten P_1, P_2, P_3 gezielt, die Strahlen gezogen. Das Durchzeichenpapier wird dann losgemacht und so lange auf dem Plane verschoben, bis gleichzeitig die drei Strahlen durch die ihnen angehörenden Punkte p_1, p_2, p_3 gehen. Ausser wenn die vier Punkte P_0, P_1, P_2, P_3 demselben Kreise angehören, die Aufgabe also überhaupt unlösbar ist (§ 195), gibt es nur eine einzige Lage des beweglichen Papiers mit den drei Strahlen, welche der Anforderung genügt, und durch einiges Probiren kann sie rasch und leicht gefunden werden. Ist sie gefunden, so überträgt man durch einen Nadelstich den gemeinsamen Punkt der drei Strahlen vom Durchzeichenpapier auf den unterliegenden Plan und die Aufgabe ist gelöst. Denn von dem angestochenen Punkte aus erscheinen die drei Strecken $P_1 P_2$, $P_1 P_3$ und $P_2 P_3$ im Bilde unter denselben Pothenot'schen Winkeln wie im Felde.

Nachdem der angestochene Punkt durch Umringelung (oder sonstwie) deutlich kenntlich gemacht worden, wird nun die Stellung des Messtisches berichtigt, nämlich centrirt und orientirt, letzteres derart, dass die längs der Linealkante gezogenen Striche, wenn das Absehen nach P_1, P_2, P_3 gerichtet ist, während das Lineal an p_1, p_2, p_3 anliegt, wirklich genau durch den angestochenen Punkt p_0 gehen. Man wählt zunächst für die Ausführung des Orientirens einen der drei Punkte aus, z. B. P_1, legt das Lineal an $p_0\,p_1$ und dreht nun die Tischplatte, bis das Absehen genau nach P_1 geht. Der Tisch wird in dieser Lage festgestellt. Legt man das Lineal längs $p_0 p_2$, so muss das Absehen auf P_2 treffen und so für P_3. Ueberhaupt muss, wenn die Linealkante längs $p_0 p_n$ gelegt wird, das Absehen nach dem beliebig gewählten Punkte P_n genau gerichtet sein.

Es ist leicht zu verstehen, dass mittelst des Durchzeichenpapiers man den gesuchten Punkt statt an die Mindestzahl von 3, man ihn an eine beliebig grosse Zahl bereits verzeichneter und sichtbarer Punkte anschliessen und mit erhöhter Sicherheit durch die Construktion finden kann, die Mühe ist kaum grösser. Leider verzieht sich Durchzeichenpapier leicht und stark.

Man hat besondere Einschneidezirkel construirt (Bauernfeind), welche dasselbe ausführen lassen, was eben beschrieben wurde. Auch Reitzner's Einschneidetransporteur und Pott's doppelter Spiegel-Goniograph sind für denselben Zweck bestimmt. Offenbar ist das Durchzeichenpapier bequemer und billiger und hat den grossen Vortheil, durch die überschüssigen Bestimmungen (aus mehr als 3 Punkten) sofort und fast mühelos Bestätigungen zu liefern.

Ist diese Ausführung des beschriebenen Geschäfts tadellos gelungen, so ist dadurch der Messtisch zugleich genau orientirt, jede Linie des (richtigen) Planes liegt dann parallel der entsprechenden Linie des Feldes; die geometrisch den Natur-Vielecken (selbstverständlich ihren Horizontalprojektionen) ähnlichen, gezeichneten Vielecke befinden sich mit diesen in der sogenannten projektivischen oder perspektivischen Lage, d. h. die Verbindungsstrahlen entsprechender Punkte der Zeichnung und des Feldes (welche mit Hülfe der Kippregel leicht erhältlich sind), müssen sich in einem Punkte, dem Bilde des Standpunkts, schneiden. Man kann leicht diesen Versuch machen.

Seien nur die drei Strahlen gezogen, wenn das Lineal an p_1, p_2, p_3 anlag und nach P_1, P_2, P_3 gezielt wurde. Ist etwas nicht in Ordnung, z. B. das Bild des Standpunkts ungenau gelegen und die Orientirung des Messtisches mangelhaft (oder besteht einer dieser Fehler allein), so schneiden sich jene drei Strahlen nicht in einem Punkt, wie sie sollten, sondern ihre Durchschnitte liefern ein fehlerzeigendes Dreieck, im allgemeinen bei mehr als 3 Strahlen, ein fehlerzeigendes Vieleck.

Auf dieser Bemerkung gründen die anderen Verfahren die Pothenot'sche Aufgabe mit dem Messtisch zu lösen.

2) Man schätzt die Lage des aufzunehmenden Punktes P_0 nach p_0' im Plane, was meist mit ziemlicher Annäherung möglich ist. Stellt dann den Messtisch centrisch, d. h. so auf, dass der geschätzte Punkt p_0' in der Senkrechten von P_0 liegt. Nun orientirt man (entweder nach Schätzung oder besser) dadurch, dass man das Lineal an $p_0'\,p_1$ anlegt und das Tischblatt dreht, bis P_1 angezielt ist. Nach Feststellung des Tisches zieht

man durch p_2, p_3 ... die Strahlen (rückwärts) nach P_2, P_3 ... Schneiden sich diese in einem Punkt, nämlich in p_0', so ist die Schätzung ganz tadellos gewesen. Im allgemeinen entsteht aber eine Fehlerfigur. Man macht nun eine zweite Schätzung, zweite Aufstellung, zweites Ziehen der Visirstrahlen und erhält ein zweites fehlerzeigendes Dreieck (oder Vieleck). Das erste gab schon Anhalt, in welchem Sinne die erste Schätzung mangelhaft war, dies benutzend, kann die zweite Fehlerfigur schon kleiner erwartet werden. Verbindet man die entsprechenden Ecken der Fehlerfigur, so werden, wenn die Figuren nicht zu gross sind, die Verbindungsgeraden sich in einem Punkt schneiden, welcher so nahezu gut die Lage von p_0 angibt, dass eine Verbesserung selten möglich sein wird. Der erhaltene Punkt p_0 wird centrisch über P_0 gebracht, orientirt, die Strahlen gezogen, die nun keine Fehlerfigur mehr geben werden.

Am günstigsten ist es, wenn der Schnittpunkt p_0 der Verbindungslinien entsprechender Ecken der Fehlerdreiecke innerhalb, bezw. zwischen beiden liegt.

Allgemein gilt: Je nachdem der Standpunkt P_0 innerhalb oder ausserhalb des Dreiecks $P_1 P_2 P_3$ ist, liegt das Bild p_0 innerhalb oder ausserhalb des fehlerzeigenden Dreiecks.

Gehört der Standpunkt P_0 genau oder sehr annähernd der Geraden zwischen zweien der gegebenen Punkte an, so geht das fehlerzeigende Dreieck über in zwei sich nicht schneidende Gerade, die von einer dritten geschnitten werden. Der Durchschnitt dieser Sekante mit jener, die man bei dem zweiten Versuch findet, ist p_0.

Der Beweis der Sätze ist unschwer mittelst der Lehre von den projektivischen Gebilden ausführbar, bleibt hier fort.

Es gibt noch eine Anzahl Lösungen der Pothenot'schen Aufgabe mit dem Messtische (darunter auch direkte), die in älteren Lehrbüchern der Vermessung weitläufig dargestellt zu finden sind, deren Mittheilung hier aber um so mehr unterbleiben darf, als der Messtisch mit vollem Recht in der Neuzeit sehr viel an Bedeutung verloren hat, die hartnäckig festgehaltene Vorliebe für denselben allmälig schwindet.

Was gelegentlich der analytischen Lösung der Pothenot'schen Aufgabe über die Genauigkeit gesagt wurde (§ 196), behält im wesentlichen volle Gültigkeit auch für die graphische Lösung.

Ist ein Punkt auf dem Messtische pothenotisch richtig bestimmt und dabei der Messtisch gut orientirt worden, so lässt sich nun die Aufnahme nach den früher beschriebenen, bequemeren Verfahren fortsetzen.

Da die Lösung der Pothenot'schen Aufgabe mit dem Messtische der Hauptsache nach auf das richtige Orientiren des Tisches im Felde hinauskommt, ist klar, welch' grosse Vortheile und Bequemlichkeit man aus Anwendung der Orientirbussole, die zweckmässig mit dem Tischblatt verbunden ist, ziehen kann.

§ 222. **Hansen'sche Aufgabe mit dem Messtisch.** Um die Lage zweier Punkte P_3, P_4, in denen man sich aufstellen kann, und von welchem aus man zwei bereits im Plane verzeichnete Punkte P_1 und P_2 sehen kann, zu verzeichnen, nimmt man willkürlich (nach Schätzung) Bilder p_3', p_4' der Punkte an, auf einem Stücke Durchzeichenpapier, das über das Tischbrett gespannt ist. Man bestimmt über dieser gezeichneten Basis p_3' p_4' durch Vorwärtsabschneiden aus P_3 und P_4 die Bilder p_1' und p_2' der Punkte P_1 und P_2. Diese werden nicht mit den richtigen, bereits gegebenen Bildern p_1, p_2 zusammenfallen, aber das Viereck p_1' p_2' p_3' p_4' muss dem Vierecke p_1 p_2 p_3 p_4 geometrisch ähnlich sein (p_3 und p_4 sind die richtigen Bildpunkte von P_3 und P_4). Dies benutzend, findet man p_3 und p_4 als Durchschnitte der Parallelen zu p_1' p_3' und p_1' p_4' die man durch p_1 zieht, mit den Parallelen zu p_2' p_3' und p_2' p_4', die man durch p_2 zieht. Die Parallelen kann man mit einem Parallellineal ziehen, aber auch zweckmässig das Durchzeichenpapier zur Uebertragung der Winkel benutzen.

§ 223. **Aufnahme krummer Linien und minder wichtiger Einzelheiten mit dem Messtisch.** Bachläufe, geschlängelte Fusswege, krumme Grenzen u. dergl. werden zunächst mit einem möglichst anschliessenden und einfachen Polygon umzogen (§ 62), dessen Seiten in bekannter Weise aufgenommen und dann als Abscissenaxen oder Messungslinien für die Aufnahme der krummen (als vielfach gebrochen zu behandelnden) Linien nach der Normalenmethode (I, 6) benutzt werden.

Liegen unwichtige Einzelheiten nahe an einer sicher aufgenommenen Messlinie, oder eingeengt zwischen solchen, so kann man die Bilder ohne Gefahr auch wohl nach dem Augenmaasse in den Plan einsetzen.

§ 224. **Prüfung und Berichtigung des Messtischgeräthes.**

1) Ob die Tischplatte bezw. das auf ihr liegende Papier eben sei, prüft man durch Aufsetzen eines guten geraden Lineals nach verschiedenen Richtungen; man darf nirgends zwischen Linealkante und Papier durchsehen können. (Heller Hintergrund.) Ist Krummheit, die durch Verwerfen entsteht, vorhanden, so wird man frisch abhobeln lassen müssen.

2) Rechtwinkelige Stellung der Tischplatte zum Zapfen, d. h. der Vertikalaxe der Wendeplatte, prüft man mittelst aufgesetzter Röhrenlibelle; fährt sie nach einer Drehung des Brettes um 180^0 nicht fort einzuspielen, so ist der Libellenausschlag dem doppelten Winkel proportional, um welchen die Tischebene von der rechtwinkeligen Lage zum Zapfen abweicht.

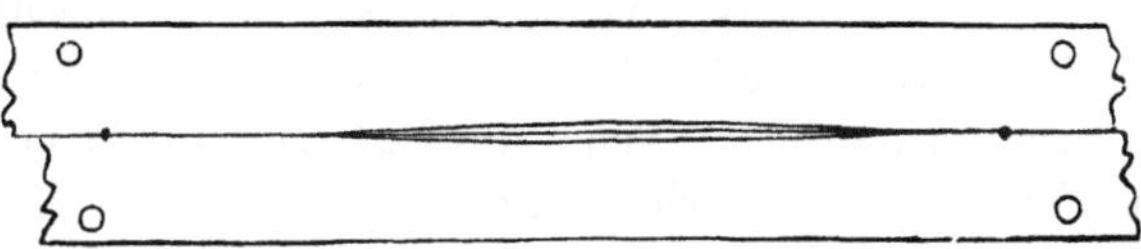

Fig. 231.

3) Ob die Linealkante genau gerade ist, erkennt man daran, dass man zweimal durch zwei Punkte einen Strich längs der Kante zieht, das zweitemal in verwendeter Lage des Lineals, d. h. einmal ist die Kante oben, einmal unten, oder einmal rechts, einmal links. Fallen diese Striche ihrer ganzen Länge nach zusammen, so sind sie beide gerade. Das Nach-

schleifen des Lineals ist schwierig, Lineale werden immer paarweise durch Abschleifen des einen am andern gemacht.

4) Prüfung auf den Collimationsfehler des Kippregelfernrohrs nach § 139.

5) Wagrechte Stellung der Kippaxe durch Libelle zu erkennen, die auf Gleichheit der Füsse vorher genau untersucht ist (§ 125), oder mit Libelle nach § 126.

Die Prüfungen 4) und 5) zusammen, mittelst langem, windfrei aufgehängten Senkel, § 139, S. 204. Wie der Collimationsfehler zu beseitigen, ist § 139 angegeben, das Mittel, die Kippaxe parallel der Lineal- und Tischfläche zu stellen, § 213.

6) Ob die Absehebene durch die Linealkante geht, kann folgendermaassen geprüft werden. Man ziehe eine lange Gerade über das Zeichnungsbrett und stecke an deren Enden feine Anschlagnadeln. Wird nun über diese weg nach einem entfernten Punkt gezielt und beim Sehen durch das Fernrohr der an die Nadeln geschobenen oder längs der Linie gelegten Kippregel derselbe Punkt angezielt, so geht die Absehebene durch die Linealkante, oder ist ihr doch parallel. Da das Zielen über die Nadeln nicht sehr scharf, taugt auch diese Prüfung nicht viel. Besser: an eine nahe am Rande des Brettes gezogene Linie wird die Ziehkante gelegt einmal, dass das Fernrohr wie gewöhnlich über dem Brette, das andere mal aber, dass es unter dem Brett sich befindet. Trifft das Absehen in diesen beiden Lagen denselben Punkt, so ist der Forderung entsprochen.

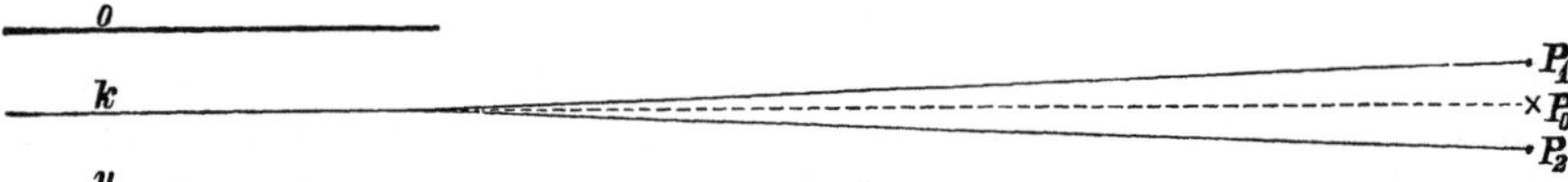

Fig. 223.

Stellt nämlich k den Strich dar und o bezw. u die zweite (nicht zum Ziehen benutzte) Linealkante, während das Fernrohr ober- bezw. unterhalb des Brettes, so geht die von der Ziehkante zur andern Kante des Lineals angenommenerweise abweichende Zielrichtung in erster Lage nach P_1 und in zweiter nach P_2, während bei Nullabweichung beide mal P_0 getroffen würde. Die Berichtigungsart ist § 213 angegeben. Abweichung der Zielrichtung des Fernrohrs von der Richtung der Linealkante kann bewirken, dass der verzeichnete Winkel eigentlich ein excentrisch gemessener ist, und der Excentricitätsfehler kann die zulässige Grösse überschreiten.

7) Libellenprüfung siehe § 125.

8) Prüfung der Lothgabel schon angegeben in § 214.

§ 225. **Genauigkeitsgrenzen für Messtischaufnahmen.** Wenn durch sorgfältige Prüfungen und Berichtigungen das gesammte Messtischgeräth sich im allerbesten Zustande findet, wenn die nicht ganz leichte Aufstellung, wagrecht, centrisch und orientirt glücklichst vollzogen ist, bleiben immer noch einige Fehlerquellen. Ungenaues Anzielen der Zeichen ist nicht dem Messtisch allein eigen; durch Güte des Fernrohrs, Auswahl gut beleuchteter, scharf bestimmter Zielpunkte, Fleiss und Geschicklichkeit im Schieben des Lineals (das aber, weil aus freier Hand zu vollbringen, mehr Kunst erfordert und jedenfalls unbequemer ist, als wenn, wie bei Theodolit u. s. w. die Einstellung mittelst Mikrometerwerk vollendet wird), vermögen wohl diese Fehlerquellen zu verstopfen. Eine andere, ungenaues Anlegen des Lineals längs bereits verzeichneter Geraden, ist dem Messtisch eigenthümlich; man kann ihren Einfluss herabmindern durch grosse Sorgfalt und Gebrauch einer Lupe. Nun kommt aber die Unsicherheit in Frage, welche die Dicke des Bleistiftstrichs hervorruft. Auch der feinste Strich verdeckt einen gewissen Winkelraum, der Winkel wird unsicher um die Summe der von den beiden physisch dargestellten Winkelschenkeln überdeckten Winkelräume, deren jeder gleich 206 265 Sekunden mal der Liniendicke dividirt durch die Länge des gezeichneten Schenkels. Bei 0,1 mm Strichdicke und 100 mm Strichlänge macht das für einen Schenkel 3′ 26″. Ferner wird der Strich nie mathematisch genau durch den Scheitelpunkt gehen, es ist sogar nicht ganz leicht, an vollkommen gerader Linealkante einen wirklich genau geraden Strich zu ziehen. Andere Ursachen, z. B. unvollkommene Horizontalität, werden die Winkelfehler vergrössern. Die Geschicklichkeit und Sorgfalt des Geometers erweist sich am Messtische einflussreicher als sonst und in beider Hinsicht sind grössere Anforderungen als sonst zu stellen. Die Erfahrung lehrt: bei etwas steiler geneigten Zielrichtungen (im Gebirge) ist nach mässiger Schätzung ein mittlerer Winkelfehler von 5′ anzunehmen, in sehr ebenen Gegenden, bei fast ausschliesslich wagrechtem Zielen, immerhin noch mindestens von 3′. Auch die Unsicherheit im Auftragen der Längen nach dem verjüngten Maassstab ist ungünstig für die Genauigkeit der Messtischaufnahmen. Ferner ist der Veränderlichkeit des Papiers zu gedenken (§ 7), die namentlich hier, wo es den Unbilden der Witterung ausgesetzt werden muss, besonders gross ist.

Verfasser ist der, allerdings nicht ganz allgemein anerkannten Meinung, mit der Bussole, die doch schon zu den minder guten Messinstrumenten gehört, liessen sich bessere Aufnahmen machen als mit dem Messtische, jedenfalls mit erheblich geringerem Aufwande von Geschicklichkeit, Geduld, Mühe, Zeit, Kosten. Die Ueberlegenheit der Theodolitmessungen in jeder Hinsicht bestreitet Niemand.

Erwägt man die ungemeine Schwerfälligkeit des Messtischgeräthes, die Vielheit der Theile und die dadurch gesteigerte Wahrscheinlichkeit von Mängeln, die Belästigung durch das grosse Gewicht, die Sperrigkeit des Messtisches auf Reisen, den grossen Aufwand für Gehülfen, Träger, die Schwierigkeit der Verbringung und Aufstellungen, namentlich in bergigen Gegenden, das Erforderniss grösserer Einübung, die stärkere Belästigung, welche schlechte Witterung hervorbringt, so wird man die Berechtigung anerkennen müssen der preussischen Verordnung in § 84, Nr. 6 (S. 52) der VIII. Vermessungsanweisung (25./X. 1881): „Die Anwendung des Messtisches ist unbedingt untersagt“. Das Verbot gilt nur für Vermessungen zu Katasterzwecken, für rein topographische Aufnahmen, Einzeichnung der Einzelheiten in Pläne und Karten ist der Messtisch, namentlich bei militärischen Aufnahmen noch viel, zu viel im Gebrauche.

Der Messtisch ist ein veraltetes Werkzeug, dem man mit Recht nur mehr geschichtliche Bedeutung zuschreiben kann.

Gleichwohl erfolgt in Preussen noch jetzt die topographische Aufnahme, welcher die vorhergegangene trigonometrische zur sicheren Grundlage dient, in Messtischblättern, deren jedes 10 Minuten im Parallelkreise und 6 Minuten im Meridian umfasst, innerhalb deren, von der Krümmung der Erdoberfläche abgesehen, diese also als Ebene betrachtet wird. Maassstab 1 : 25 000. Ein Messtischblatt umfasst $2^1/_4$ Quadratmeilen und soll etwa 22 im Terrain versteinte Punkte enthalten, die eine Aufstellung des Messtisches unmittelbar über dem trigonometrischen Punkt und mindestens eine Orientirung nach einem zweiten solchen gestatten; hinzu treten noch die als Punkte IV. Ordnung bestimmten Thürme, hohen Schornsteine u. s. w., wodurch sich die Anzahl der Punkte öfters auf 32 bis 34 für je ein Blatt steigert, die sämmtlich auch hypsometrisch bestimmt sein sollen. (Jordan-Steppes, „Das deutsche Vermessungswesen", Bd. I, S. 190, Stuttgart 1882.) Als Originale für die Grundlage des bayrischen topographischen Atlasses dienten im Maassstab 1 : 25 000 gezeichnete quadratische Messtischblätter von je 4 Steuerblattseiten Länge ($4 \times 800 = 3200$ bayr. Ruthen $= 9339,5$ m). „Dass man im Jahre 1808 das graphische System für die Detailmessung wählte, ist in der geschichtlichen Entstehung der bayrischen Landesvermessung naturgemäss begründet. Es lag damals als einziges Muster für grössere derartige Unternehmungen nur die erste französische Vermessung vor, der gegenüber sich die bayrische durch ihre systematische Anlage aufs Vortheilhafteste abhebt. Unendlich aber bleibt es zu beklagen, dass man sich auch bei Beginn der Renovationsmessung im Jahre 1854 noch nicht von den hergebrachten Formen loszumachen vermochte. Obwohl man sich hätte sagen müssen, dass die ganze Renovation — angenommen sie wäre auch dann überhaupt noch nöthig geworden — mit dem dritten Theile des Kostenaufwandes hätte durchgeführt werden können, wenn unter sachgemässeren Anordnungen für die Vermessung, die erste Vermessung nach einem auf die Gewinnung und Erhaltung der direkten Maasszahlen gerichteten Systeme geschehen wäre, wurde aber auch jetzt das graphische System und speciell die Instruktion von 1830 beibehalten. Ja die erste trübe Erfahrung zeigte sich so wenig wirksam, dass nach den instruktiven Bestimmungen vom 16. Mai 1854 für die Renovationsmessung diese zum übrigens beschränkten Theil auf den aufgespannten Originalblättern der ersten Messung vorgenommen und dem mit solcher Flickarbeit beauftragten Personal ausser dem Hinweis auf die Instruktion von 1830 nur der Rath mit auf den Weg gegeben wurde, die Papierverziehungen der aufgespannten Originaldetailblätter sorgfältig zu berücksichtigen. Natürlich konnte auf diesem Wege nur ein Material zu Stande kommen, das über kurz oder lang einer dritten Anfertigung bedarf. (Jordan-Steppes a. a. O. Bd. 2, S. 260.)

XII. Distanzmesser.

§ 226. **Distanzmessen aus zwei Standpunkten.** Jede Triangulation, auch die zeichnend mit dem Messtische ausgeführten, gehört hierher. Man versteht unter Distanzmessern gewöhnlich Geräthe, welche aus einer einmaligen Aufstellung die Entfernung eines Punktes finden lassen, — nur folgende, von Bauernfeind angegebene Vorrichtung wird auch Distanzmesser genannt. Ein gleichschenkeliges Prisma mit dem grössten Winkel nicht von 90^0, sondern etwa 89^0, lässt, gebraucht wie das Winkelprisma (§ 51), statt rechte, spitze Winkel abstecken. Legt man an eine Basis von der Länge a die zwei gleich spitzen Winkel β an, so dass die Basis ein gemeinsamer Schenkel ist, und ihre nicht gemeinsamen Schenkel sich im Punkte P schneiden, so ist dessen Entfernung s von der Mitte der Basis $s = \frac{1}{2}\, a\, \mathrm{Tg}\, \beta$. Die Grösse $\frac{1}{2}\, \mathrm{Tg}\, \beta$ ist für jedes Instrument eine Constante, man richtet sie durch passende Auswahl des Prismenwinkels gern rund ab, z. B. 40 oder 50. Soll nun die Horizontalentfernung von einem Punkte P_1 nach P_2 gemessen werden, so wähle man eine dem Augenmaasse nach auf $P_1 P_2$ rechtwinkelig stehende Richtung, die nöthigenfalls durch drei Stäbe abzustecken ist. Auf dieser Richtung sucht man einen Punkt Q_1 so gelegen, dass der eine Schenkel des mit dem Prisma abgesteckten Winkels durch P_2 geht, während der andere längs der Basis verläuft. Und sucht dann einen zweiten (zu P_1 symmetrisch mit Q_1 gelegenen) Punkt Q_2, der eben diese Bedingung erfüllt; die Länge $Q_1 Q_2 = a$ ist zu messen, sei es mit dem Bande, mit gewöhnlichem Meterstab oder mit Schritten.

Das Geschäft, eine förmliche Triangulation, Vorwärtsabschneiden, mit vorgeschriebenen Winkeln, ist ersichtlich nicht einfach und es erscheint bequemer von P_1 aus in beliebiger Richtung eine Basis zu messen, in deren End- und Anfangspunkt mit irgend einem Winkelmesser die Richtungen nach dem entfernten Punkt in ihrer relativen Lage zur Basis zu ermitteln und die gewöhnliche Rechnung zu führen (§ 186).

Als Winkelmesser mag man die erweiterte Winkeltrommel (§ 45) oder einen Sextanten (§ 52) benutzen, — nicht gerade die besten aber solche, mit denen man sehr schnell arbeiten kann, und es wird die mit ihrer Hülfe zu erreichende Genauigkeit der Entfernungsmessung, bei grösserer Bequemlichkeit, jener, die das distanzmessende Prisma gewährt, nicht nachstehen.

§ 227. **Die Basis der Triangulation am Instrumente selbst.** Bei dieser Gruppe von Distanzmessern wird eigentlich auch nur durch Vorwärtsabschneiden die Entfernung bestimmt.

Eine ältere Vorrichtung besteht in einem Lineale, an dessen Enden Abseher angebracht sind; das eine Absehen mag unverrückbar fest, rechtwinkelig gegen das Lineal oder die Basisrichtung stehen, das andere ist dann drehbar und der Winkel mit dem Lineal messbar an einer Theilung; er sei gleich β gefunden. Dann ist (s vom andern Anfang des Lineals an nach P gerechnet): $s = a \operatorname{Tg} \beta$.

Damit das Instrument noch handlich sei, ist a klein, also Tg β gross oder β von 90^0 nicht sehr verschieden. In der Nähe von 90^0 ändert aber der Werth der Tangenten sehr rasch, es muss also eine ganz ungewöhnliche, schwer oder nicht erreichbare Genauigkeit in der Messung von β vorausgesetzt werden, wenn die Entfernung s nicht ungenau ausfallen soll.

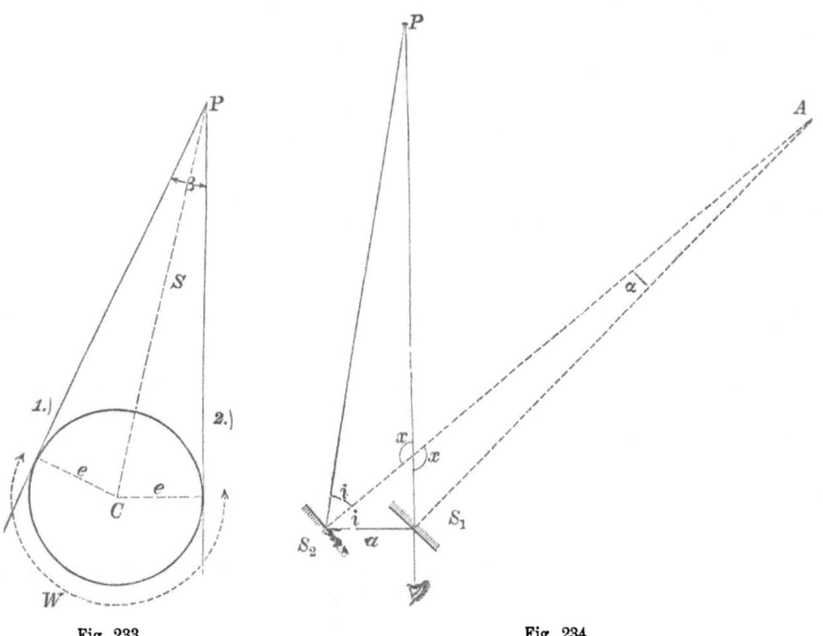

Fig. 233. Fig. 234.

Man kann mit excentrischem Fernrohr und Horizontalkreis distanzmessen. Man zielt (Fig. 233) den fernen Punkt in zwei Lagen des Fernrohrs an und liest jedesmal am Horizontalkreise ab. Ist β der Unterschied der Differenz der Ablesungen gegen 180^0, so ist β der Winkel, den die zwei Zielstrahlen in P bilden, und wenn e die Excentricität des Absehens ist, so findet man $s = e : \operatorname{Sin} \frac{\beta}{2}$.

Oder man benutzt einen kleinen Spiegel-Sextanten mit einem feststehenden Absehen, welches über Spiegel S_1 (Fig. 234) wegläuft und nach dem fernen Punkt P nach Drehung des ganzen Instruments gehen muss. Der zweite, bewegliche Spiegel S_2 steht in constanter Entfernung a (welche die Basis der Triangulation wird) vom ersten feststehenden, er wird gedreht, bis man in derselben Richtung den zweimal gespiegelten und den unmittelbar von P kommenden Strahl erblickt, d. h. bis sich Spiegelbild von P und P selbst decken.

Ist i der Einfallswinkel der von P kommenden Strahlen an Spiegel S_2, so ist (rechtwinkeliges Dreieck $P S_1 S_2$), $S_1 P = s = a \operatorname{Tg} 2i$. Und als Aussenwinkel ist $x = 90^0 + i$.

Der Einfallswinkel des bereits einmal gespiegelten Strahls am Spiegel S_1 muss gleich 45^0 sein, da ja die Ablenkung von 90^0 hervorgebracht werden soll, folglich ist die Spiegelnormale $S_1 A$ um 45^0 gegen das Absehen $S_1 P$ geneigt und demnach $x = 180^0 - 45^0 - \alpha$, wo α den Winkel zwischen den zwei Spiegelnormalen bedeutet. Aus den beiden Werthen für x ergibt sich $i = 45^0 - \alpha$ und demnach

$$s = a \operatorname{Cotg} 2\alpha.$$

Der Winkel α ist am Sextant zu messen, er ist die Neigung der zwei Spiegelebenen gegen einander. Da a bei handlichem Sextanten sehr klein, muss α ein recht kleiner Winkel sein; die Cotangenten dieser kleinen Winkel ändern sehr stark, also muss α mit einer an Feldinstrumenten nicht erreichbaren Schärfe gemessen werden, wenn die Entfernung recht genau abgeleitet werden soll. Der Sextant hat aber den Vortheil, aus einem Standpunkt mit nur einer einzigen Einstellung die Entfernung finden zu lassen, — er ist also vom Pferde oder vom fahrenden Schiffe aus benutzbar.

Die beschriebenen Distanzmesser geben keine befriedigende Genauigkeit, weil die Basis für das Vorwärtsabschneiden zu klein ist, ungünstige Schnitte entstehen (§ 186).

§ 228. **Distanzmesser auf Aehnlichkeitssätzen beruhend.** Eine einzige Beobachtung aus dem Endpunkte genügt. Seien in den Entfernungen σ und s vom Auge zwei unter demselben Winkel erscheinende

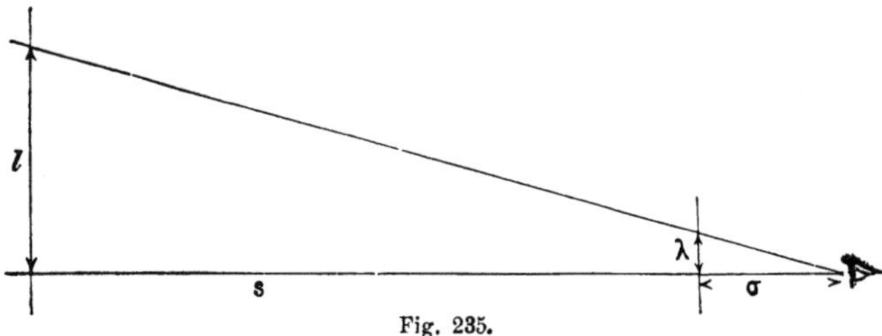

Fig. 235.

parallele Geraden λ und l, so ist $\lambda : \sigma = l : s$. Das Verhältniss $\lambda : \sigma$ wird immer am Instrument gemessen; ist dann l bekannt, so berechnet sich die Entfernung $s = l \cdot \frac{\sigma}{\lambda}$ (Distanzmesser), ist umgekehrt s bekannt, so berechnet sich die Länge $l = s \cdot \frac{\lambda}{\sigma}$ (Baumhöhenmesser).

Man hat Instrumente, bei welchen 1) λ constant bleibt und σ nach Bedürfniss geändert wird, 2) solche mit constant bleibendem $\sigma : \lambda$, wo dann l veränderlich, 3) solche, bei welchen σ constant gehalten, λ nach Bedürfniss geändert wird und 4) solche mit veränderlichem σ und veränderlichem λ, wo beide zu messen sind.

Zu 1. Ein Rohr mit zwei fernrohrartig in einander steckenden, ausziehbaren Theilen hat an der einen Grundfläche ein kleines Sehloch, die vordere Grundfläche ist von einem Fenster durchbrochen und λ ist entweder der Durchmesser der Oeffnung oder der Abstand zweier über sie gespannter Parallelfäden, auch die Länge eines Stifts. Man schiebt die Röhre so lang, bis gerade dieselben Sehstrahlen die Ränder von λ und eine parallele Gerade l begrenzen. Die Grösse l ist als bekannte Höhe eines am fernen Punkte stehenden Menschen, oder als Durchmesser eines Lafettenrades oder dgl. bekannt und die Entfernung berechnet sich dann $s = \frac{l}{\lambda} \cdot \sigma$, wo $\frac{l}{\lambda}$ eine Constante ist und σ an einer Theilung auf der Schieberöhre abgelesen wird.

Zu 2. Man bringt, wenn thunlich, an den fernen Punkt eine Latte mit Theilung, hält durch die Einrichtung des Zielrohrs $\sigma : \lambda$ constant (gewöhnlich runde Zahl, wie 100) und liest an der fernen Latte die von der Strecke λ bedeckte Länge l ab. Da es meist schwierig oder unausführbar ist mit blossem Auge die Ablesungen der Latte zu machen, gibt man dem die Latte haltenden Gehülfen Zeichen, Zieltafeln durch Verschiebung längs der Latte auf diejenige Entfernung l von einander zu bringen, welche gerade mit λ unter demselben Winkel erscheint. Das ist an und für sich schon nicht sehr bequem. Nun muss entweder der Gehülfe die richtig geschobene Distanzlatte zum Beobachter hereinbringen, damit dieser die Ablesung l mache (Zeitverlust und Gefahr einer Verstellung unterwegs), oder man muss, was nicht räthlich ist, die Ablesung dem Gehülfen überlassen. — Die Zieltafeln sind viereckige oder runde Scheiben (Holz, seltener Blech) mit grell, am besten roth und weiss bemalten Theilen, die sich gewöhnlich nach einer wagrechten und einer senkrechten Linie schneiden. Zielpunkte sind die Mitten der Tafeln, wo die verschiedenfarbigen Sektoren zusammenstossen.

Zu 3. Das Fenster in der vorderen Grundfläche eines unveränderlich langen Rohrs ist mit einer Glasplatte belegt, auf welcher eine feine Theilung, z. B. nach Millimeter, aufgetragen ist. Durch das Sehloch in der anderen Grundfläche des Rohrs beobachtet man wie viele Theile der Theilung (λ) gerade eine parallele Länge l am fernen Orte decken. Die Länge des Rohrs σ ist bekannt, also auch $\sigma : \lambda$ oder $\lambda : \sigma$, somit wenn l, als Höhe eines Menschen, eines Rads, einer Distanzlatte u. s. w. bekannt ist, lässt sich s berechnen, oder wenn s bekannt sein sollte, lässt sich l leicht ableiten.

Zu 4. Ganz unpraktisch, daher die Beschreibung wegbleibt. Meist als Baumhöhenmesser, Dendrometer, benützt, Einzelheiten in Lehrbüchern der Holzmesskunde u. a. a. O.

Die in diesem Paragraph beschriebenen Geräthschaften sind schon um desswillen nicht genau, weil das Zielen mit unbewaffnetem Auge auf etwas grössere Entfernung schon ziemlich unsicher wird, insbesondere aber weil es nicht möglich ist, wie doch verlangt wird, gleichzeitig die Strecke λ (als Ränder der Objektivöffnung, als Fäden oder Theilstriche) scharf begrenzt in der kleinen Entfernung σ und die Strecke l (als Grenzen der Distanzlatte, des Baumes, Menschen, Rades etc.) in der grossen Entfernung s zu sehen (§ 16 S. 18). So lange der nähere Gegenstand nur etwa auf Armlänge vom Auge entfernt bleibt, ist das leidlich scharfe Sehen desselben gleichzeitig mit einem entfernten nicht möglich, erst wenn der nächste Gegenstand schon 10 bis 20 m entfernt, geht das.

§ 229. **Bildweiten-Distanzmesser.** Die Entfernung hinter einer Linse, in welcher das reelle Bild eines am Ende der zu messenden Strecke stehenden Gegenstandes entsteht, ist mit der Brennweite der Linse bekanntlich verknüpft durch die Gleichung:

$$\frac{1}{f} = \frac{1}{g} + \frac{1}{b}, \text{ woraus } g = \frac{bf}{b-f}.$$

Kennt man die unveränderliche Brennweite f der Linse, so braucht man nur die Entfernung b des reellen Bildes von der Linse zu messen, um den Abstand g des Gegenstandes von der Linse, also wenn letztere auf den Anfangspunkt einer Strecke gehalten wird, die Länge dieser berechnen zu können. Sieht man durch ein Fernrohr bekannter Objektivbrennweite f, welches entweder ein einfaches (Kepler-) oder ein Ramsden-Okular haben mag, nach dem fernen Zeichen, so sind die Verschiebungen, die bei ein und derselben Sehweite (und demselben Augenabstand e) dem Okulare zu geben sind, um die schärfste Einstellung zu erhalten, nichts anderes als die Veränderungen der Bildweite b. Man bringt eine Theilung am Okularauszug an, deren Nullpunkt von der Marke getroffen wird, wenn das Fernrohr auf unendliche Entfernung (Stern) eingestellt ist. Die Ablesung an der Theilung liefert dann b — f. Bei Anwendung eines Campani-Okulars entsteht eine Complikation durch die Veränderung im Abstande des Collektivglases vom Objektive, d. i. also in der äquivalenten Brennweite, des zur Hervorbringung des reellen Bildes dienenden Linsensystems; — es soll darauf hier nicht eingegangen werden.

Die Differentiation der Formel $g = bf : (b - f)$ ergibt

$$dg = -\frac{f^2}{(b-f)^2} \cdot db = -g^2 \cdot \frac{db}{b^2}$$

Da b von f wenig verschieden, ist der Faktor von db sehr gross, eine sehr kleine Ungenauigkeit in der Ermittelung von b erzeugt also schon einen grossen Fehler im Werthe der berechneten Entfernung g.

Um zu beurtheilen, wie die Einstellungsweite mit der Entfernung ändert, leitet man aus der dioptrischen Hauptformel ab, dass $b = gf : (g - f)$ und daraus $db = -\frac{f^2}{(g-f)^2} dg$, wofür man, bei der Kleinheit von f gegen g, in den praktischen Fällen mit genügender Annäherung setzen kann: $db = -(f : g)^2 \cdot db$. Die Aenderungen im Auszuge des Okulars sind also ein kleiner Bruchtheil der Aenderungen der Gegenstandsweite und angenähert dem Quadrate der Gegenstandsweite verkehrt proportional. Ist die Entfernung g bereits etwas gross, so werden die Aenderungen von b schwer merkbar klein. Zudem fehlt es an einem praktisch anwendbaren sehr genauen Kennzeichen für ganz scharfe Einstellung des Okulars, welche auch wieder nur durch sehr feinen Bewegungsmechanismus und entsprechende Handgeschicklichkeit zu erzielen wäre.

Derartige, im Principe sehr einfache Distanzmesser sind also nicht genau.

Besser ist der von S. Merz angegebene Distanzmesser (Carls Repertor. d. Exper. Physik etc. Bd. 1 S. 222), der eigentlich die Vorrichtung zum Messen der Linsenbrennweiten ist. Ein Fernrohr ist auf unendliche Entfernung (Stern) eingestellt, ein Gegenstand in endlicher Entfernung ist durch das Fernrohr also nicht ganz scharf sichtbar. Setzt man nun aber vor das Fernrohr noch eine Sammellinse, in deren Brennpunkt gerade ein ferner Gegenstand steht, so wird dieser wieder ganz scharf durch das Fernrohr gesehen werden, da ja die von ihm herrührenden Strahlen durch die Hülfslinse parallel gemacht wurden (als kämen sie aus unendlich). Man müsste eine grosse Sammlung von Linsen mit sich schleppen, wollte man eine vorsetzen, die in jedem einzelnen Falle den Gegenstand aus der gesuchten Entfernung durch das auf unendlich eingestellte Fernrohr schärfest wahrnehmen lassen. Man benutzt ein System von zwei Linsen, dessen äquivalente Brennweite durch Aenderung des Abstandes a der zwei Linsen in genügend weiten Grenzen geändert werden kann. Sei die dem fernen Zeichen zugekehrte Sammellinse von der Brennweite $+ f_1$ und die um a dahinter (in Richtung nach dem Auge) stehende Zerstreuungslinse habe die Brennweite $- f_2$. Die äquivalente Brennweite des Systems, von der vorderen (Convex-) Linse an gerechnet ist $f_1 (f_2 + a) : (f_2 + a - f_1)$. Steht der angezielte Gegenstand um diesen Betrag vor der vorderen Linse, so erscheint er durch das Fernrohr gesehen ganz deutlich. Liegt die Zerstreuungslinse ($- f_2$) dem Objektive des auf unendlich eingestellten Fernrohrs dicht an, so ist die vom Objektiv an gerechnete Entfernung des deutlich gesehenen Zeichens:

$$s = a + \frac{f_1 (f_2 + a)}{f_2 + a - f_1}$$

Man braucht also nur den Abstand a der zwei Linsen zu ändern, bis das ferne Zeichen deutlichst erscheint, und dann den Abstand a zu messen; mit den bekannten und constanten Brennweiten f_1 und $- f_2$ berechnet sich dann einfach die Entfernung.

Die Differentiation der vorstehenden Formel liefert, nach einigen einfachen Zusammenziehungen

$$da = ds \frac{(a + f_2)^2}{(a + f_2)^2 - (s - a)^2},$$

also, da a und f_2 gegen s stets klein sind, wieder nahezu verkehrte Proportionalität mit dem Quadrate der Entfernung.

Linsen grosser Brennweite sind für beide Arten der in diesem Paragraphen beschriebenen Distanzmesser hinsichtlich der Genauigkeit günstiger. Bei den erstbeschriebenen wird man, um die Länge des Instruments nicht unhandlich zu machen, über 80 cm Brennweite nicht hinausgehen dürfen, nimmt man beim zweiten Distanzmesser $f_1 = + 250$ cm, $f_2 = - 250$ cm, so wird der Ansatz zum Fernrohr (oder a) auch bei der kurzen Entfernung von 100 m nicht länger als $6^1/_2$ cm, also noch ganz bequem.

Um zahlengemässe Vorstellungen über den Einfluss der Einstellungsungenauigkeit zu gewinnen:

für $f_1 = 10$ m, $f_2 = - 10$ m ist $a = 0{,}1$ m bei $s = 1010$ m. Dann bewirkt 1 mm Einstellungsfehler 10 m Fehler in der Entfernung. Für $a = 0{,}80$ m aber wird $s = 135$ m und 1 mm Einstellungsfehler macht in der Entfernung einen Fehler von 0,16 m aus;

für $f_1 = 5$ m, $f_2 = - 5$ m und $a = 0{,}025$ m wird $s = 1005$ m und 1 mm Einstellungsfehler macht s um 5 m falsch. Hingegen für $a = 0{,}25$ m wird $s = 105^1/_4$ m und 1 mm Einstellungsfehler macht s um 0,39 m falsch;

für die einfache Brennweitenbestimmung bei $f = 0{,}8$ m und $b = 0{,}805$ m erhält man $s = 128{,}8$ m und für $b = 0{,}806$ (1 mm grösser) $s = 107{,}4$ also 21 m Unterschied, und für 0,1 mm Einstellungsfehler, also $b = 0{,}8051$ m wird $s = 126{,}29$ m, also immer noch $2^1/_2$ m Fehler. Gar für $b = 0{,}8005$ ($s = 1280{,}8$) wird für 0,1 mm Einstellungsfehler ($a = 0{,}80051$) der Fehler in der Entfernung schon 25 m.

Der Merz'sche Distanzmesser ist also immerhin wesentlich besser.

§ 230. **Okularfäden-Distanzmesser mit senkecht gehaltener Distanzlatte** sind die für Vermessungszwecke bestgeeigneten. Sie gründen auf Ermittelung des Verhältnisses der Grösse γ eines entfernten Gegenstandes zur Grösse β des von ihm durch das Fernrohr-Objektiv entworfenen reellen Bildes. Bekanntlich ist $\gamma : \beta = g : b$, wo g und b Gegenstands- und Bildweite bedeuten. Und wegen der dioptrischen Hauptformel $(1 : f) = (1 : g) + (1 : b)$ ergibt sich $\gamma : \beta = g : b = (g - f) : f$ oder

$$g - f = f \cdot (\gamma : \beta),$$

d. h. die vom vorderen Brennpunkte des Objekts an gerechnete Entfernung eines Gegenstandes ist gleich der Brennweite des Objektivs, multiplizirt mit dem Verhältniss der Gegenstands- und Bildgrösse.

Bei gegebenem Instrument liegt der vordere Brennpunkt des Objektivs in einer constanten Entfernung c vom Instrumentenmittelpunkte, von welchem aus die Entfernung s gemessen werden soll, und es ist also $s = c + f \cdot (\gamma : \beta)$.

Man kann nun

1. mit constant bleibender Gegenstandsgrösse γ arbeiten, hat also die veränderliche Bildgrösse β zu messen. Auf den fernen Punkt wird eine Latte gehalten, an welcher zwei Zielscheiben befestigt sind, deren Mittelpunkte (als Durchschnitte der Grenzlinien verschiedenfarbiger Sektoren bemerkbar) um eine gekannte, unveränderliche Grösse γ von einander abstehen. Die Grösse β des Bildes wird gemessen, entweder durch Abzählung der Theile, die es auf einem eingelegten, genau in die Bildweite des Okulars zu bringenden Mikrometerplättchen (aus Glas) einnimmt, oder durch

mikrometrisch, mittelst feingängiger Schrauben ausführbaren Verstellung zweier, genau in der Bildebene gelegenen Fäden gegen einander, die man so zu stellen hat, dass sie gerade das Bild zwischen sich fassen. Es soll zunächst angenommen werden die Länge des Gegenstandes sei genau parallel dem Abstande der Fäden im Okularrohre, oder der Theilstriche der dort eingelegten Mikrometerplatte. Auch sei entweder ein einfaches (Kepler-) Okular oder ein Ramsden-Okular vorausgesetzt, keines, dessen Collektivglas (wie beim Campani) bei der Bildung des reellen Bildes betheiligt ist. Die Abweichung von diesen Voraussetzungen wird später erörtert.

Es ist im allgemeinen nicht zweckmässig die Grösse β des Bildes zu messen. Denn mit der mikrometrisch messbaren Fadenbewegung ist es umständlich und der Apparat wird dadurch vertheuert, namentlich, wenn, (aus später sich ergebenden Gründen) gewünscht wird, dass sich beide Fäden bewegen und symmetrisch zum Mittelfaden bleiben sollen. Die Ablesung an einer im Okularrohr liegenden Theilung fordert für diese, wenn grössere Genauigkeit angestrebt wird, eine ungemeine Feinheit.

Besser ist es

2. mit unveränderlicher Bildgrösse β zu arbeiten und die veränderliche Gegenstandsgrösse γ zu messen. Zu diesem Zwecke wird auf den fernen Punkt eine Latte mit Theilung gehalten, die deutlich genug sein muss, um durch das Fernrohr abgelesen werden zu können. In die jeweilige Bildebene wird eine Fadenplatte mit zwei parallelen Fäden genau eingerückt und man hat nur abzulesen, bei welchen Theilstrichen der getheilten Distanzlatte (Stadia § 189), die über die zwei Fäden (durch den optischen Mittelpunkt des Objektivs) gehenden Ziellinien auftreffen. Der Unterschied der Ablesungen liefert die verlangte Gegenstandsgrösse. Die Einrichtung der Distanzlatte ist genau jener der Nivellirlatten zum Selbstablesen, siehe § 255.

Ist die mittlere Ziellinie des Fernrohrs, d. h. jene, die durch das Fadenkreuz, nämlich den Durchschnitt des nie fehlenden Mittelfadens (parallel zu den Distanzfäden) mit dem Vertikalfaden (vierten) bestimmt wird, ist diese genau wagrecht, so ist der Abstand der zwei Distanzfäden senkrecht; wird die Distanzlatte genau senkrecht gehalten, so sind dann Bildgrösse und Gegenstandsgrösse, wie verlangt, genau parallele Längen und die gefundene Entfernung ist die für Vermessungszwecke gefragte Horizontalentfernung.

Bezeichnet man den Quotienten $f : \beta$ einfach mit k und, dem Herkommen entsprechend, die Gegenstandsgrösse als Lattenabschnitt mit l, so ist

$$s = c + k \cdot l.$$

Sei nun die durch den Mittelfaden gegebene Absehlinie um den Winkel α gegen den Horizont oder z gegen die Zenitlinie geneigt, was am Höhenkreise abzulesen sein wird, und die Distanzlatte am fernen Punkt genau senkrecht gehalten. Die drei Ziellinien sollen die Latte in o, m und u schneiden. Denkt man die Latte um Punkt m gedreht, bis sie rechtwinkelig zur Mittelziellinie Am steht, so würde der Abschnitt

Fig. 236 $o' u' = l'$ statt $ou = l$ gefunden und dieser wäre dem Fadenabstande parallel. Nun ist sehr annähernd $l' = l \operatorname{Cos} \alpha = l \operatorname{Sin} z$ und folglich die schiefe Entfernung A m mit eben der Annäherung gleich

$$c + k\, l \operatorname{Cos} \alpha = c + kl \operatorname{Sin} z\,.$$

Die gefragte wagrechte Entfernung von A bis zum Fusspunkte der senkrecht stehenden Latte, also

$$s = \mathrm{Am} \cdot \operatorname{Cos} \alpha = \mathrm{Am} \cdot \operatorname{Sin} z \text{ oder}$$

$$s = c \operatorname{Cos} \alpha + k\, l \operatorname{Cos}^2 \alpha \qquad = c \operatorname{Sin} z + k\, l \operatorname{Sin}^2 z\,.$$

Aus einfachen geometrischen Betrachtungen findet man statt des angenäherten Werthes $l' = l \operatorname{Cos} \alpha$ den genauen:

$$l' = l \cdot \frac{\operatorname{Cos}(\alpha + \varphi) \operatorname{Cos}(a - \varphi)}{\operatorname{Cos} \alpha \operatorname{Cos}^2 \varphi} = l\,(\operatorname{Cos} \alpha - \operatorname{Sin} \alpha \operatorname{Tg} \alpha \operatorname{Tg}^2 \varphi)\,,$$

wo φ den Winkel bedeutet, unter welchem, vom optischen Mittelpunkte des Objektivs aus, der halbe Abstand der Fäden erscheint, also

$$\operatorname{Tg} \varphi = (\beta : 2\, b).$$

Nun ändert die Bildweite b mit der Entfernung s, ist aber immer etwas grösser als die Brennweite f des Objektivs. Statt der umständlichen genauen Berechnung soll 500 mm als Durchschnittswerth von b angenommen werden und β (sehr gross) gleich 6 mm. Dann ist $\log \operatorname{Tg} \varphi = \bar{3}.77815$ und mit diesem Werthe von $\operatorname{Tg} \varphi$, der streng genommen nicht constant ist, berechnet man den Fehler in s, der aus der ungenauen Annahme $l' = l \operatorname{Cos} \alpha$ entspringt. Für die Annahme $k = 100$ (häufigster Werth dieser Constanten) und m = 3 m, was etwa der grösste in Anwendung kommende Werth sein mag, findet man *)

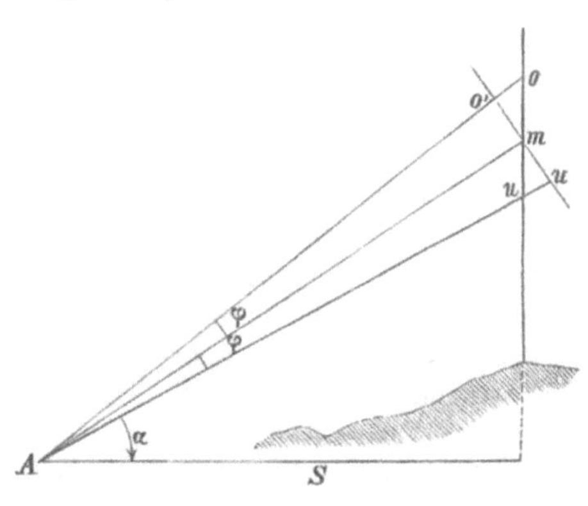

Fig. 236.

	für $\alpha = 50^0$	$\alpha = 30^0$	$\alpha = 20^0$	$\alpha = 10^0$
den Fehler	— $6^1/_3$ mm	— $2^2/_3$ mm	— $1^1/_4$ mm	— $^1/_3$ mm

(Für b = 300 mm, $\beta = 5$ mm sind die Fehler etwa doppelt.) Diese Unterschiede sind selbst für die ungewöhnlich grossen Neigungen $\alpha = 50^0$ noch vernachlässigbar und daher die Anwendung der Formel

$$s = c \operatorname{Cos} \alpha + k\, l \operatorname{Cos}^2 \alpha \quad \text{oder} \quad s = c \operatorname{Sin} z + k\, l \operatorname{Sin}^2 z$$

vollkommen gerechtfertigt.

---

*) Der Fehler in der Entfernung s, der aus Einführung von $l' = l \operatorname{Cos} \alpha$ statt des genaueren Werths $l' = l\,(\operatorname{Cos} \alpha - \operatorname{Sin} \alpha \operatorname{Tg} \alpha \operatorname{Tg}^2 \varphi)$ entspringt, ist

$$k l \cdot \operatorname{Sin} \alpha \operatorname{Tg} \alpha \operatorname{Tg}^2 \varphi,$$

der Kleinheit von φ wegen, also, wie allgemein ersichtlich, immer klein.

Anmerkung. Ist am Instrument kein Höhenbogen oder sonstiges Mittel um α zu messen, so kann man die Distanzlatte einmal bei senkrechter Haltung ablesen, l finden und einmal rechtwinkelig zur Mittelziellinie gehalten, wo man l′ abliest; es ist $l' : l = \text{Cos}\, \alpha$. Die Haltung rechtwinkelig zur Mittelziellinie kann der Gekülfe leidlich gut nach Augenmaass vollführen, oder es ist ein Diopter in Instrumentenhöhe über dem Fusspunkte der Latte, rechtwinkelig zu dieser angebracht und der Gehülfe neigt die Latte so, dass die Diopterziellinie auf das Objektiv des fernen Fernrohrs trifft.

Die in diesem Paragraph unter 2.) beschriebene Einrichtung und vorgetragene Anwendung des distanzmessenden Fernrohrs ist entschieden die beste.

In der Feldmesspraxis kommt es so selten vor, dass auf den fernen Punkt eine Distanzlatte nicht gehalten werden kann, dass daraus kein Grund folgt, die viel mangelhafteren Distanzmesser ohne Distanzlatte einzuführen.

Die senkrechte Haltung der Distanzlatten ist besonders bequem. Zu ihrer Erkennung wird oft am oberen Ende ein Pendel angeknüpft, dessen Kugel oder Kegel bei senkrechter Haltung in die Mitte eines unten angebrachten Ringes spielen soll. Doch ist der Senkel nicht praktisch. Besser wird eine Dosenlibelle auf ein rechtwinkelig zur Latte auf deren Hinterseite (also dem Gehülfen zugewendeten) angebrachtes Brette gesetzt und zwar auf eine Gummiplatte (besser als Feder), wodurch ihre Stellung berichtigbar wird. „An einer möglichst glatten und senkrechten Mauerkante legt man die eine, dann die andere schmale Seite, hierauf die vordere, dann die hintere Fläche der aufrechtstehenden Latte fest an. Kommt hierbei die Libellenblase, ohne die Berührung der Mauerkante und Latte aufzuheben, in den vier Lagen zum Einspielen oder zu gleichen Ausschlägen in demselben Sinne, bezogen auf die Mauerkante, so ist die Stellung der Dosenlibelle, also auch ihrer Axe, gegen die Längenaxe der Latte richtig, d. h. beide Axen sind rechtwinkelig*). Spielt dagegen die Blase einmal ein, gibt aber in der entgegengesetzten Lage einen Ausschlag, oder ist der Ausschlag in beiden Lagen ungleich, so wird die Hälfte des Ausschlags, bezw. des Unterschiedes der Ausschläge, durch die unter der Dosenlibelle angebrachten drei Correktionsschrauben berichtigt, und die Untersuchung so lange wiederholt, bis sich kein Fehler mehr zeigt.“ (Magazin der neuesten mathematischen Instrumente von Breithaupt (O. Börsch), V. Heft, S. 22).

Der Beobachter am Fernrohr kann zwar nicht erkennen, ob der Gehülfe die Distanzlatte etwas vor oder zurück neigt, wohl aber, ob sie nach rechts oder links von der Senkrechten abweicht, nämlich mit Hülfe des Vertikalfadens im Fernrohr. Man gibt, wenn eine solche Abweichung bemerkt wird, dem Gehülfen Zeichen und tadelt ihn. Dieser wird im allgemeinen nicht wissen, dass nur die seitliche Schiefe erkennbar ist und sich befleissigen die genaue Senkrechtstellung einzuhalten, was schliesslich für ihn auch nicht erheblich mühsamer ist, als die Vermeidung der seitlichen Schiefe allein.

---

*) Im Originale steht irrthümlich parallel.

Der Beobachter dreht zunächst sein Fernrohr im Azimute so, dass der Vertikalfaden die Latte trifft und ändert dann mit der Mikrometerschraube die Neigung gegen den Horizont so, dass der eine Distanzfaden gerade einen Hauptstrich der Theilung – übrigens gleichgültig welchen — trifft; man erlangt sehr bald die Fertigkeit trotz des unvermeidlichen Schwankens der langen, von einem müden Gehülfen gehaltenen Latte, gleichsam im Fluge, auch die zweite Ablesung zu machen. Uebrigens ist eine Wiederholung schnell angestellt; vollzieht man sie mit anderem (ganzzahligem) Anfangspunkt, so muss auch die Ablesung am Höhenkreise wiederholt werden, was meist viel zeitraubender ist. Es ist sehr zu empfehlen bei den Ablesungen den Vertikalfaden immer auf der Latte zu haben, weil nicht immer der wirklich wagrechte Verlauf des sogenannten Horizontalfadens verbürgt ist, man also, wenn die Latte ausserhalb der Mitte des Gesichtsfeldes steht, Ablesefehler begehen kann.

Wird der Lattenabschnitt zu gross, um ganz übersehen werden zu können (übermässige Entfernung oder Hindernisse für freie Aussicht), so kann man auch mit Mittelfaden und einem der Distanzfäden arbeiten, wodurch der Lattenabschnitt ungefähr auf die Hälfte gesetzt wird; die Constante k ist dann (ungefähr doppelt so gross) frisch zu bestimmen. Die Formel ist auch in diesem Ausnahmefalle noch brauchbar, obgleich nun α nicht mehr die Neigung der Ziellinie gegen die Mitte des Abschnitts, sondern gegen das eine Ende desselben misst.

Die Fäden müssen sehr gut unveränderlichen Abstand behalten, — man wendet häufig statt eigentlicher Fäden auf dünner plan-paralleler Glasplatte verzeichnete Linien an. Eine geringe Verschiebung des Zwischenfadens aus der Mitte (die bei Glastheilung sicher vermeidbar) bringt keinen erheblichen Nachtheil. Sitzen die Distanzfäden, wie gewöhnlich auf einer Metallplatte, so ändert streng genommen ihr Abstand, also auch der Werth von k mit der Temperatur. Für Messing ist der lineare Ausdehnungscoefficient 1 : 54 000, es entspricht also der grossen Temperaturveränderung von 25° erst 1 : 2160 Aenderung der Constanten k, was unbeachtet bleiben kann.

Sehr wichtig ist die genaueste Okularstellung, da, wenn die Fäden nicht genau in der Bildebene stehen, die Bildgrösse durch Parallaxe zu klein oder zu gross gefunden wird. Die kleine Grösse β tritt aber in der Distanzformel als Nenner auf und eine geringe Ungenauigkeit derselben hat daher erheblichen Einfluss. Wie die möglichst genaue Okularstellung durch Prüfen auf „Tanzen des Bildes“ gefunden wird, ist bereits angegeben (§ 138 S. 201).

Die Constanten c und k der Formel:

$$s = c \operatorname{Cos} \alpha + k\, l \operatorname{Cos}^2 \alpha = c \operatorname{Sin} z + k\, l \operatorname{Sin}^2 z$$

kann man am fertigen Distanzmesser durch Versuche ermitteln. Doch ist das hinsichtlich des stets kleinen c nicht günstig. In der Werkstätte kann man die Brennweite f des Objektivs und dessen Abstand von der Instrumentenmitte viel bequemer und genauer bestimmen. Deren Summe ist c und gewöhnlich findet sich sein Werth vom Mechaniker auf die Okularfassung geschrieben. Ein Irrthum um einige Millimeter, der kaum zu befürchten ist, hat übrigens keinen nennenswerthen Einfluss.

Um k zu ermitteln messe man mit Latten oder sonst wie genau einige Entfernungen ab, beobachte sie mit dem Distanzmesser und erhält so die erforderlichen Gleichungen. Man thut gut, die Punkte so zu wählen, dass die Mittelziellinie genau oder nahezu wagrecht verläuft, weil dann eine kleine Ungenauigkeit von α am unschädlichsten ist.

Der Werth von k ist gewöhnlich eine runde Zahl (häufigst gleich 100), doch ist das ohne besondern Vortheil. Man kann das erzwingen, wenn die Stellung der Fäden nicht richtig ist und nicht geändert werden soll, durch eine Abänderung der Lattentheilung. Ist z. B. $k = 95,8$, so theilt man die Latte nicht nach Metermaass, sondern nach einem Maasse von $100 : 95,8$ Meter — doch ist das nicht zu empfehlen, schon weil es die Latte für anderweite Verwendung unbrauchbar macht.

Man wird sich Tabellen anlegen für die Werthe von s, welche verschiedenen Werthen von l und α entsprechen, der Gebrauch einer solchen befreit auch von der scheinbaren, oft übertrieben veranschlagten Unbequemlichkeit des ersten Gliedes $c \operatorname{Cos} \alpha$ der Formel. Man thut am besten den Werth von $c \operatorname{Cos} \alpha$ in die Tabellenwerthe von s einzurechnen, es schadet aber auch nicht, wenn das unterbleibt, sobald man nur c kennt. Dieses ist durchschnittlich nahe 0,7 m (oder kleiner). Selbst bei einer (selten vorkommenden) Elevation von 45^0 wird das Glied $c \operatorname{Cos} \alpha$ nur um 0,2 kleiner als 0,7, bei $20^0 = \alpha$ nur um 0,04 m, bei 10^0 nur um 0,01 m kleiner. Das wird oft gleichgültig sein und dann auch die ungenaue Formel $s = k\, l \operatorname{Cos}^2 \alpha + c$ ausreichen. Oder man merke die Veränderlichkeit des Zusatzes:

z. B.	$\alpha = 0^0$	$\alpha = 10^0$	$\alpha = 20^0$	$\alpha = 30^0$	$\alpha = 40^0$	$\alpha = 50^0$
Zusatz	0,70	0,69	0,66	0,61	0,54	0,45.

Die Tabelle kann man ganz kurz einrichten, wenn man die Werthe von α von 0^0 an je um $10'$ wachsen lässt, nur für $l = 1, 2, 3 \ldots 9$ die Werthe $k\, l \operatorname{Cos}^2 \alpha$ berechnet, interpolirt, und dann eine kleine Addition ausführt. Sei z. B. beobachtet $\alpha = 12^0\, 23'$ und $l = 1,685$. Die Constante k sei gleich 100 und $c = 0,70$. Die Tabelle — ohne Einrechnung von $c \operatorname{Cos} \alpha_{\mathrm{I}}$ enthält:

	l=1	l=2	l=3	l=4	l=5	l=6	l=7	l=8	l=9
$\alpha = 12^0 20'$	95,44	190,87	286,31	381,75	477,19	572,62	668,05	763,50	858,95
$\alpha = 12\;30$	95,38	190,63	285,95	381,26	476,58	571,89	667,20	762,52	857,82

Man rechnet (interpolirend)

für l = 1		s =	95,422
	0,6		57,240
	0,08		7,632
	0,005		0,477
			160,771
Hierzu $c \operatorname{Cos} \alpha = 0,68$ gibt		s =	161,45.

Wegen anderer Einrichtung der Tabelle siehe § 240.

Statt Tabellen zu benutzen, kann man auch mit grosser Bequemlichkeit sich besonderer Rechenschieber bedienen, auf denen graphisch die Logarithmen von $\mathrm{Cos}^2\alpha$, $\mathrm{Cos}\,\alpha$ (ferner zu anderen, hiermit zusammenhängenden Zwecken, auch von $\mathrm{Sin}\,\alpha$ und $\mathrm{Sin}\,\alpha\,\mathrm{Cos}\,\alpha$ oder $\frac{1}{2}\,\mathrm{Sin}\,2\,\alpha$) aufgetragen sind, nebst den Logarithmen der Zahlen.

Die Anwendung des Rechenschiebers gestaltet sich noch bequemer, wenn man statt der genauen Formel $s = c\,\mathrm{Cos}\,\alpha + k\,l\,\mathrm{Cos}^2\alpha$, ohne erheblichen Fehler annimmt:

$$s = (c + k\,l)\,\mathrm{Cos}^2\,\alpha = \left(l + \frac{c}{k}\right) \cdot k\,\mathrm{Cos}^2\,\alpha.$$

Bei $c = 0{,}7$ beträgt der Unterschied zwischen genauer und bequemerer Formel

$\alpha = 5^0$	10^0	15^0	20^0	25^0	30^0
2,5 mm	10,5 mm	23,0 mm	39,7 mm	61,0 mm	81,0 mm.

Die $\mathrm{Cos}^2\,\alpha$-Theilung des Rechenschiebers wird durch Vorschiebung des Anfangspunktes um $\log k$ zur Theilung für $k \cdot \mathrm{Cos}^2\,\alpha$; $\frac{c}{k}$ ist bekannt und wird in Gedanken sofort zur Ablesung l addirt, auf dieses veränderte l ist der neue Anfangspunkt, nämlich jener der $k \cdot \mathrm{Cos}^2\,\alpha$-Theilung zu schieben.

Statt der Zahlentabellen werden vielfach **Diagramme** empfohlen, aus welchen mittelst der Ablesedaten das Rechenergebniss gefunden werden kann. Das ist eine vom Verfasser nicht getheilte Liebhaberei. Die zeichnenden Darstellungen können nie den Genauigkeitsgrad der Zahlen erreichen, sind stärkerer Abnutzung unterworfen (Zahlentabellen fast keiner), endlich erfordert graphische Interpolation mehr Geschick als die (hier sehr einfache) rechnerische, das Absehen ist entschieden anstrengender, wodurch der kleine Zeitgewinn wieder zu Verlust geht.

Schiefhaltung der Distanzlatte, nämlich Vor- oder Rückwärtsneigung derselben in der Vertikalebene des Absehens um einen Winkel $2\,\psi$ bedingt einen Fehler in der Ablesung, l, also auch in der berechneten Entfernung. Seitliche Abweichung von der Vertikalen bemerkt der Beobachter und kann sie durch Zeichen an den Gehülfen beseitigen.

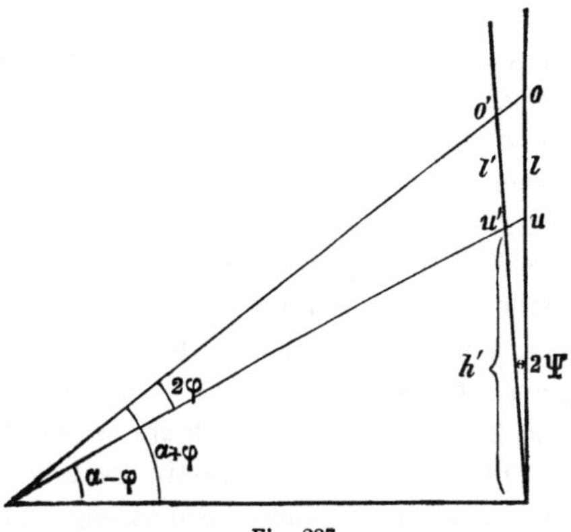

Fig. 237.

Sei u' (Fig. 237) die untere Ablesung an der Latte (also die Anzahl Theile vom Fusse der Latte, (so findet man durch einfache geometrische Betrachtung den Ablesefehler

$$\delta l' = l' - l = -2\,l' \frac{\mathrm{Sin}(\alpha + \varphi - \psi)\,\mathrm{Sin}\,\psi}{\mathrm{Cos}(\alpha + \varphi)} - u' \frac{\mathrm{Sin}\,2\,\psi\,\mathrm{Sin}\,2\,\varphi}{\mathrm{Cos}(\alpha + \varphi)\,\mathrm{Cos}(\alpha - \varphi)}$$

worin ψ positiv oder negativ zu nehmen, je nachdem die Latte vorwärts oder rückwärts geneigt ist und die Höhenwinkel als positive α, Tiefenwinkel aber als negative α einzusetzen sind.

Zahlenbeispiele: $l' = 3$ m $u' = 1$ m $2\,\varphi = 5^0\,44'$ $\varphi = 2^0\,52'$ (entsprechend $k = 100$)

		$\alpha =$ 0°	+ 10°	+ 20°	+ 30°	+ 40°	+ 50°
$2\psi = +1^0$	$\delta l' =$	− 3,9	− 13,3	− 23,6	− 35,7	− 51,1	− 72,9 mm
$2\psi = +30'$		− 2,1	− 6,8	− 11,9	− 18,0	− 25,7	− 36,6 mm
$2\psi = -1^0$	$\delta l' =$	+ 4,8	+ 14,2	+ 24,5	+ 36,6	+ 52,0	+ 73,8 mm
$2\psi = -30'$		+ 2,3	+ 6,5	+ 12,1	+ 18,2	+ 25,9	+ 36,8 mm
		$\alpha =$ 0	− 10°	− 20°	− 30°	− 40°	− 50°
$2\psi = +1^0$	$\delta l' =$	− 3,9	+ 8,8	+ 18,6	+ 29,6	+ 43,1	+ 61,1 mm
$2\psi = +30'$		− 2,1	+ 2,5	+ 6,7	+ 12,4	+ 17,5	+ 26,2 mm
$2\psi = -1^0$	$\delta l' =$	+ 4,8	− 4,4	− 17,9	− 24,2	− 36,4	− 51,9 mm
$2\psi = -30'$		+ 2,3	− 2,3	− 7,0	− 12,1	− 18,2	− 26,0 mm

Man sieht, dass bei steileren Neigungen der Mittelziellinie gegen den Horizont die aus geneigter Haltung der Distanzlatte herrührenden Fehler nicht unbeträchtlich sind, daher die Libelle an der Latte recht nöthig ist.

Hinsichtlich des Okulars des distanzmessenden Fernrohrs ist zu bemerken, dass wenn dieses ein einfaches oder Ramsden'sches ist oder überhaupt ein solches, dessen Collektiv zur Erzeugung des reellen Bildes nichts beiträgt, also nur als Mikroskop zur Betrachtung des Bildes und der Fäden dient, es ohne Einfluss auf den Werth der Constante $k = f : \beta$ ist. Müssen aber die aus dem Objektiv kommenden Strahlen, ehe sie sich zum reellen Bilde vereinigen, erst noch durch das Collektiv gehen, wie beim Campani-Okular, so wird das Bild kleiner und seine Verkleinerung ist verschieden nach der Entfernung des Collektivs vom Objektiv, die mit der Gegenstandsweite ändert. Die Theorie des Distanzmessers scheint dadurch viel verwickelter zu werden, bei näherer Untersuchung, die hier fortbleibt, und wegen welcher auf Bauernfeind, Elemente der Vermessungskunde (4. Aufl.), 1 Bd. S. 343 verwiesen wird, ist das aber doch nicht der Fall; bei Campani-Okular gewöhnlicher Einrichtung ist $k = {}^2/_3\, f : \beta$, statt dass es bei einfachem Okular (oder Ramsden-) $f : \beta$ ist. Dass die Fäden, wenn k bei demselben Objektive denselben Werth haben soll, um $^1/_3$ ihres Abstandes näher aneinander rücken müssen, hat nicht viel zu sagen, wenn es auch nicht gerade angenehm ist. Hingegen wird k geändert, wenn zur Anpassung des Okulars an die Sehweite des Beobachters, etwa die Fadenplatte im Okularrohr, also ihre Entfernung vom Collektiv geändert wurde; das ist allerdings nicht nöthig, man kann diese Anpassung durch Aenderung der Stellung des Augenglases gegen das Collektiv bewirken, was für den Werth von k ohne Einfluss, — wie schon angegeben — aber die optische Wirkung des Okulars schädigt. Ueberhaupt sollte Campani-Okular, da es keine Vorzüge besitzt (§ 136 S. 196) gar nicht angewendet werden, — bei Distanzmessern findet man es auch verhältnissmässig seltener im Gebrauche.

§ 231. Okularfäden-Distanzmesser (Reichenbach) mit schief gehaltener Distanzlatte. Die senkrechte Haltung der Distanzlatte hat hinsichtlich der Leichtigkeit der Ausführung durch den Gehülfen und der vom Beobachter ausübbaren (theilweisen) Ueberwachung, dann hinsichtlich der Verwerthung der Ablesungen, so einleuchtende Vortheile, dass geneigte Haltung kaum mehr angewendet wird und diese, welche früher fast allgemein war, nur kurz besprochen zu werden braucht.

Angenommen, die Latte sei rechtwinkelig zur Mittelziellinie des Fernrohrs, welche um α gegen den Horizont ansteigt, gehalten. Dann ist der zwischen den Fäden erscheinende Lattenabschnitt l parallel dem Fadenabstande β und es ist die schiefe Entfernung (Fig. 238)

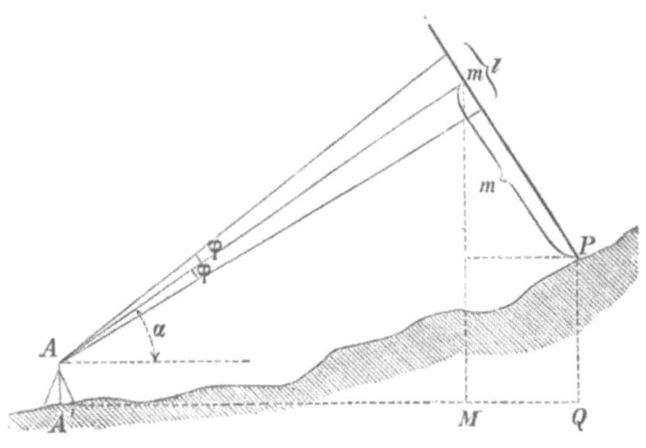

Fig. 238.

$$A\,m = c + k\,l,$$

ihre Horizontalprojektion A′ M ist gleich

$$c \operatorname{Cos} \alpha + k\,l \operatorname{Cos} \alpha,$$

die eigentlich gefragte Horizontalentfernung A′Q aber ist um m Sin α grösser, wenn m die Anzahl der Theilstriche, vom Fusspunkte der Latte an gezählt, ist, welche der Mittelfaden abschneidet, c und k haben die Bedeutung wie in § 230. Für diese Art der Verwendung wäre also die dritte Ablesung m erforderlich, also eine Unbequemlichkeit geschaffen. — Die geforderte Stellung der Latte könnte der Gehülfe dadurch erreichen, dass in einem Punkte m, auf welchen die Mittelziellinie immer einzustellen wäre, ein Diopter rechtwinkelig angebracht wäre, welches der Lattenträger nach dem Objektiv richten müsste. Das ist nicht leicht, namentlich bei oft vorkommender unbequemer Stellung des Gehülfen auf Berglehnen. (Der Gehülfe müsste ausserdem seitliche Neigung vermeiden.)

Die früher gebrauchten Reichenbach-Ertel'schen Distanzmesser waren hinsichtlich der Handhabung etwas weniger umständlich, indess sind der Hauptsache nach dieselben Einwände dagegen zu machen. An der Reichenbach'schen Distanzlatte ist in mittlerer Instrumentenhöhe ein Diopter rechtwinkelig zur Latte angebracht und der Gehülfe muss die Latte so neigen, dass jenes nach dem Objektiv des distanzmessenden Fernrohrs zielt. Ob er das thut, lässt sich nicht wohl vom Geometer controlliren. Die Latte steht also, oder soll stehen, nahezu rechtwinkelig gegen die Verbindungslinie ihres Fusspunkts mit dem Bodenpunkt, über welchem das Instrument aufgestellt ist. — Der Beobachter zielt einen hoch oben an der Latte angebrachten Nullpunkt so an, dass die zwei andern seiner drei Fäden sich auf der Latte projiciren (weiter unten) und macht die unterste Ablesung, misst ferner den Erhebungswinkel der mittleren Ziellinie. Die Theilung der Latte, — eine besondere für jedes besondere Instrument — war derart, dass die oben genannte Ablesung sofort den Rohwerth der gesuchten Entfernung gab. Die Theilung geht zwar nach gleich grossen Abschnitten, nur muss die Lage des Nullpunkts besonders berechnet werden; der Abstand Null bis 100 m auf der Latte ist nicht gleich dem Abstande zwischen 100 m und 200 m. Der Rohwerth muss wegen der Neigung u. s. w. verbessert werden, die Verbesserung hängt ab von dem Winkel, den die Mittelziellinie mit der Lattenrichtung macht, der von 90^0 verschieden ist und mit der Entfernung wechselt, von dem Winkel, unter welchem vom optischen Mittelpunkte des Objektivs aus der Fadenabstand erscheint (auch mit der Entfernung veränderlich). Es gelingt zwar, diese Correkturen in Tabellen zu bringen, welche nur von $\pm \alpha$ abhängen, allein sie haben genaue Geltung auch nur für das besondere Instrument mit bestimmten Constantenwerthen und für die besondere Latte. Diese Tabellen für den Reichenbach'schen Distanzmesser füllen in Bauernfeinds mehrfach genanntem Buche (wo auch das Nähere zu sehen ist) ein halbes Dutzend Seiten aus.

Bei den ersten, eigentlich Reichenbach'schen Distanzmessern waren sogar zwei Okulare am Fernrohr*), durch das eine sah man nur den auf den Lattennullpunkt zu richtenden Faden, durch das andere blickend, konnte man erst den Rohwerth der Distanz ablesen. Dass zwischen den zwei Ablesungen Schwankungen der unbequem zu haltenden Latten vorkommen, ist selbstverständlich, schon die erste Einstellung auf den am äussersten, obern Ende der langen, schwankenden Latten befindlichen Nullpunkt ist schwierig und ohne Dauer.

§ 232. **Anallatischer Distanzmesser (Porro).** Alle vom vorderen Brennpunkte F einer Sammellinse unter demselben Winkel er-

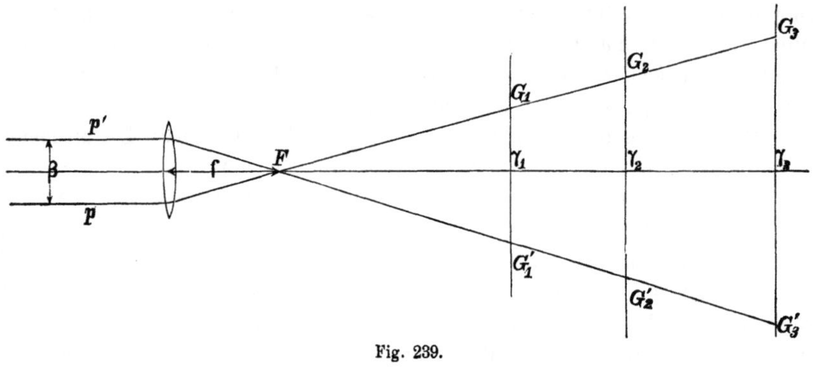

Fig. 239.

*) Bei stark vergrösserndem Okular ist das Gesichtsfeld so klein, dass nur zwei sehr nahe bei einander stehende Fäden gleichzeitig gesehen werden können. Der diastometrische Winkel wird dann unbequem klein.

scheinenden Gegenstände γ_1, γ_2, γ_3 .. (die um mehr als Brennweite von der Linse abliegen) liefern gleich grosse Bilder (β). Denn die von den oberen Grenzen G_1, G_2, G_3, ... dieser Gegenstände durch den vorderen Brennpunkt gegangenen Strahlen gehen nach der Brechung in der Linse parallel zu der Axe der Linse in Richtung p und die von den unteren Grenzen G'_1, G'_2, G'_3 ... aus durch F gegangenen werden nach p', parallel zu p, gebrochen. Da aber alle von einem Punkte aus gegangene Strahlen wieder in einen Punkt gebrochen werden, so liegen die Bildpunkte all' der oberen Grenzen G_1, G_2 ... auf p und die der unteren Grenzpunkte G'_1, G'_2.. auf p', mit andern Worten, die Bilder all' der Gegenstände γ_1, γ_2 ... liegen zwischen den zwei Parallelen p und p', haben dieselbe Grösse β. Der Satz lässt sich auch so ausdrücken: es ändert der Winkel nicht, unter dem alle zu gegebener Bildgrösse gehörende Gegenstände vom vorderen Brennpunkte der Linse aus erscheinen. Dieser besondern Eigenschaft wegen heisst der vordere Brennpunkt F auch der anallatische Punkt (d. h. jener ohne Aenderung) und der betreffende Winkel (δ) heisst der diastometrische (zur Entfernungsmessung dienliche).

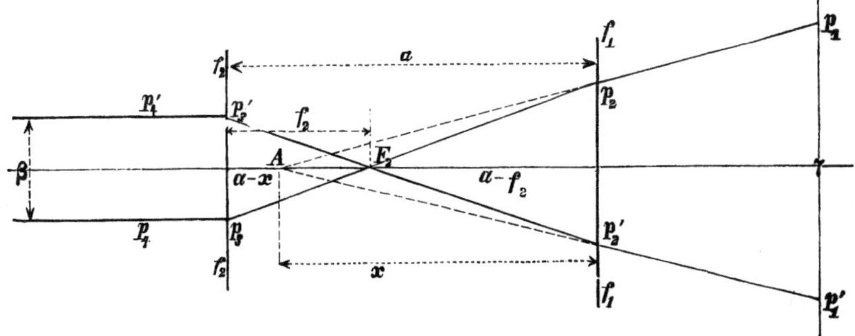

Fig. 240.

Auch eine Zusammenstellung centrirter Linsen hat einen anallatischen Punkt und seine Lage soll berechnet werden für die Zusammenstellung zweier Linsen von den Brennweiten f_1 und f_2, deren Abstand, wie das für die Anwendung am wichtigsten ist, weniger als die Summe der Brennweiten beider Linsen betrage.

Strahlen werden, nachdem sie den vorderen Brennpunkt F_2 der hinteren Linse durchschritten haben, nach der Brechung in dieser (Brennweite f_2) parallel zur Axe des Linsensystems. Ein solcher Strahl ist $p_2 p_3$, der dann in Richtung $p_3 p_4$ weiter geht. Aber in p_2 hat er, nämlich in der ersten Linse (Brennweite f_1), bereits eine Brechung erfahren, $p_2 p_1$ ist nicht die Fortsetzung der Richtung $p_3 F_2 p_2$. Da F_2 um weniger als die Brennweite f_1 der vorderen Linse hinter dieser liegt (weil ja $a < f_1 + f_2$ sein soll), so müssen die in F_2 zusammenlaufenden Strahlen schon vor der Brechung in der ersten Linse convergent nach einem Punkte A gewesen sein, dessen Entfernung x hinter der ersten Linse sich berechnen lässt mit Hülfe der dioptrischen Hauptformel (wenn man erwägt, dass — x die Gegenstandsweite ist und a — f_2 der Bildweite):

$$\frac{1}{f_1} = -\frac{1}{x} + \frac{1}{a - f_2}, \text{ woraus } x = f_1 \, (a - f_2) : (f_1 + f_2 - a).$$

Dieser Punkt A ist der anallatische der Linsenzusammenstellung, denn alle Gegenstände, die zwischen den Geraden $A p_2 p_1$ und $A p'_2 p'_1$ liegen, haben ihre reellen Bilder zwischen den Geraden $p_3 p_4$ und $p_3' p'_4$, also alle von gleicher Grösse.

Will man den anallatischen Punkt auf die Drehaxe eines Fernrohrs legen, so bedarf es einer Zusatzlinse von der Brennweite f_2 zu dem Objektive von der Brennweite f_1 des Fernrohrs. x ist dann die gegebene Entfernung des anallatischen Punkts (der Drehaxe) vom optischen Mittelpunkt des Objektivs und die Grössen f_2 und a sind so zu wählen, dass der mitgetheilten Gleichung für x Genüge gethan wird.

Hat man einen bestimmten Abstand a der Zusatzlinse bereits gewählt, so berechnet sich die Brennweite dieser Zusatzlinse zu

$$f_2 = [a\, f_1 - x\, (f_1 - a)] : (f_1 + x).$$

Hat man f_2 bereits gewählt, so berechnet sich der Abstand der Zusatzlinse hinter dem Objektive zu

$$a = [f_1\, f_2 + x\, (f_1 + f_2)] : (f_1 + x).$$

Der anallatische Punkt ist dadurch ausgezeichnet, dass die zu gleicher Bildgrösse β gehörigen Gegenstandsgrössen (γ_1, $\gamma_2 \ldots$) proportional sind den von diesem Punkte aus gezählten Entfernungen, die mit s_1, $s_2 \ldots$ bezeichnet werden mögen. Hat man also in angegebener Weise den anallatischen Punkt in die Instrumentenmitte (auf die Kippaxe des Fernrohrs) verlegt, so ist der Lattenabschnitt l, welchen die Ablesung zwischen den zwei um β abstehenden Parallelfäden liefert, einfach mit

$$k' = f_1\, f_2 : \beta\, (f_1 + f_2 - a)$$

zu multipliziren, um die Entfernung s der Latte zu erhalten. Der Werth der Constanten folgt aus den ähnlichen Dreiecken, man hat nämlich

$$\left.\begin{array}{ll} s : x & = l : p_2 p_2' \\ f_2 : a - f_2 & = \beta : p_2 p'_2 \end{array}\right\} \quad s = l\, x : \frac{(a - f_2)\, \beta}{f_2} = \frac{l\, x\, f_2}{\beta\, (a - f_2)}$$

worin der Werth von x, wie er oben angegeben, zu setzen ist.

Während bei einfachem Fernrohr die Entfernung

$$s = c \operatorname{Cos} \alpha + k\, l \operatorname{Cos}^2 \alpha \text{ ist } (\S\ 231),$$

ist sie bei einem anallatischen Distanzmesser (d. h. wenn der anallatische Punkt durch die Zusatzlinse f_2 im richtigen Abstande a, auf die Kippaxe verlegt worden ist)

$$s = k'\, l \operatorname{Cos}^2 \alpha,$$

wo beidemal l der Lattenabschnitt ist, welcher der Bildgrösse β (zwischen den Distanzfäden) entspricht und α die Neigung der Mittelziellinie gegen den Horizont.

Kann das Collektiv eines Fernrohrs als Zusatzlise benutzt werden? Das Collektiv des Ramsden-Okulars kommt nicht in Frage, da es ja zur Erzeugung des reellen Bildes nichts beiträgt, bleibt also nur für das Campani-Okular die Frage bestehen. Beim Ausziehen des Okulars (zur Anpassung des Fernrohrs auf verschiedene Entfernungen) ändert der Abstand von Collektiv und Objektiv, doch hätte das so viel nicht zu sagen, da diese Aenderung doch immer sehr klein, also auch die Verschiebung des anallatischen Punkts nicht gerade störend ist. Aber um das Collektiv des Campani-Okulars als Zusatzlinse gebrauchen zu können, müsste man eine sehr bedeutende Verminderung der Vergrösserung in den Kauf nehmen. Denn die Entfernung des anallatischen Punkts vom Objectiv soll der halben Fernrohrlänge, also ungefähr $f_1 : 2$, gleich sein und der Abstand a des Collektivs ist von der Brennweite f_1 des Objektivs wenig verschieden. Für $a = f_1$, $x = \frac{1}{2} f_1$ berechnet sich aber nach der oben mitgetheilten Formel

$$f_2 = f^2{}_1 : \frac{3}{2} f_1 = \frac{2}{3} f_1,$$

also die Brennweite des Augenglases ($^1/_3$ von jener des Collektivs) zu $\frac{2}{9} f_1$. Die Vergrösserung, für unendliche Sehweite und unendliche Gegenstandsweite (§ 136) ist bei Campani-Fernrohr gleich $\frac{2}{3} \times$ Objektivbrennweite dividirt durch jene des Augenglases, würde also hier $\frac{2}{3} f_1 : \frac{2}{9} f_1 = 3$. Das ist aber entschieden wenig. Praktisch gesprochen kann also das Collektivglas nicht als Zusatzlinse dienen, um den Anallatismus herzustellen, sondern man muss wirklich eine zusätzliche Linse verwenden.

Nun lässt sich dafür aber auch eine Zerstreuungslinse, von der Brennweite $= f_2$ benutzen. Vor der Convexlinse (dem Objektive) kann sie nicht liegen, weil dann der anallatische Punkt noch weiter vorrückt als der vordere Brennpunkt des Objektivs, sie muss also hinter dem Objektiv stehen und zwar berechnet sich der Abstand $x = f_1 (a + f_2) : (f_1 - f_2 - a)$.

Wählt man die Werthe von a und von f_2 so, dass sie nicht nur diese Gleichung erfüllen, sondern dass auch die einfache Convexlinse (aus Crownglas), welche das Objektiv bildet, achromatisirt wird (§ 135), — was ziemlich verwickelte Bedingungen liefert, — so lässt sich die dem Sammelglas des Objektivs gewöhnlich angekittete Zerstreuungslinse (aus Flintglas) sparen; man hat ein dialytisches Fernrohr, mit dem anallatischen Punkte auf der Kippaxe, das also nicht mehr Linsen enthält, als das gewöhnliche Fernrohr mit achromatisirtem Objektiv, dessen anallatischer Punkt die unbequeme Lage im vorderen Brennpunkte des zusammengesetzten Objektivs hat.

Als Okular kann man beim anallatischen Distanzmesser kein Campani gebrauchen, sondern nur Ramsden oder Kepler.

Der anallatische Distanzmesser von Porro verdient nicht den Vorzug vor dem in § 230 beschriebenen Distanzmesser. Denn der ganze Vortheil, den ersterer bietet, ist der Wegfall des Gliedes c Cos α in der Entfernungsformel, welches Glied bei der einmaligen Berechnung der Tabelle gar keine nennenswerthe Unbequemlichkeit hat, und auch bei den besprochenen anderen Arten der Entfernungsermittelung nicht viel stört.

Hingegen wird man im anallatischen Distanzmesserfernrohr stets einen nicht unerheblichen Helligkeitsverlust haben. Von der Absorption des Lichts in einer Zusatzlinse mag man dabei noch absehen, der wichtigste ist jener durch Reflexion. Er ist auch dann, wenn die Zusatzlinse in der letztbesprochenen Weise zum Achromatisiren mitverwendet wird, noch grösser. Denn auf die getrennte Linse tritt das Licht aus Luft, auf die angekittete Zerstreuungsflintglaslinse des gewöhnlich achromatisirten Objektivs aber aus Glas oder Kitt von kaum geringerer Brechbarkeit und je grösser der Unterschied der Brechbarkeit, desto stärker die Reflexion; dieser Helligkeitsverlust ist auch Grund, warum die dialytischen Fernrohre, die so viel billiger herstellbar sind, keine Verbreitung gefunden haben. Noch grösser ist natürlich der Verlust an Helligkeit, wenn die Zusatzlinse für das Anallatischmachen neben jener für das Achromatisiren auftritt. Ausserdem wird in der überwiegenden Mehrheit der Fälle durch die Zusatzlinse auch noch die sonstige Leistung des Fernrohrs durch minder vollständige Unschädlichmachung der zwei Aberrationen verringert. Beste optische Leistung des Fernrohrs ist aber immer Haupterforderniss.

§ 233. Distanzmessung durch Triangulation in der Vertikalebene. Aus den Neigungswinkeln α_1 und α_2 der Zielstrahlen nach den Enden einer entfernten, senkrecht aufgestellten Latte bekannter Grösse l, lässt sich die horizontale Entfernung dieser Latte leicht ableiten.

Es ist:

$$\begin{aligned} l + x &= s \operatorname{Tg} \alpha_1 \\ x &= s \operatorname{Tg} \alpha_2 \\ \hline l &= s (\operatorname{Tg} \alpha_1 - \operatorname{Tg} \alpha_2) \\ s &= l : (\operatorname{Tg} \alpha_1 - \operatorname{Tg} \alpha_2) \\ &= l \operatorname{Cos} \alpha_1 \operatorname{Cos} \alpha_2 : \operatorname{Sin} (\alpha_1 - \alpha_2) \end{aligned}$$

$$\begin{aligned} l_1 &= s \operatorname{Tg} \alpha_1 \\ l_2 &= s \operatorname{Tg} \alpha_2 \\ \hline l_1 + l_2 &= s (\operatorname{Tg} \alpha_1 + \operatorname{Tg} a_2) \\ s &= l : (\operatorname{Tg} \alpha_1 + \operatorname{Tg} \alpha_2) \\ &= l \operatorname{Cos} \alpha_1 \operatorname{Cos} \alpha_2 : \operatorname{Sin} (\alpha_1 + \alpha_2). \end{aligned}$$

Man erkennt sofort, dass Distanzmessung nach diesem Verfahren schwierig genau ausführbar ist. Denn im Nenner steht Sin $(\alpha_1 - \alpha_2)$ bezw. Sin $(\alpha_1 + \alpha_2)$ (wenn der eine Höhenwinkel α_2 negativ ist), das sind die Sinus sehr kleiner Winkel, denn selbst wo die Summe der zwei Winkel vorkommt, muss sie doch sehr klein sein, sobald die Latte l nicht eine ganz unhandlich grosse Länge haben soll. Da aber die Sinus sehr kleiner Winkel sehr stark ändern, wenn der Winkel auch nur wenig ändert, so müssen die Winkel α_1 und α_2 (namentlich wenn deren Differenz in Anwendung kommt) mit einer ganz besonderen Schärfe gemessen sein, wenn s nicht recht ungenau ausfallen soll.

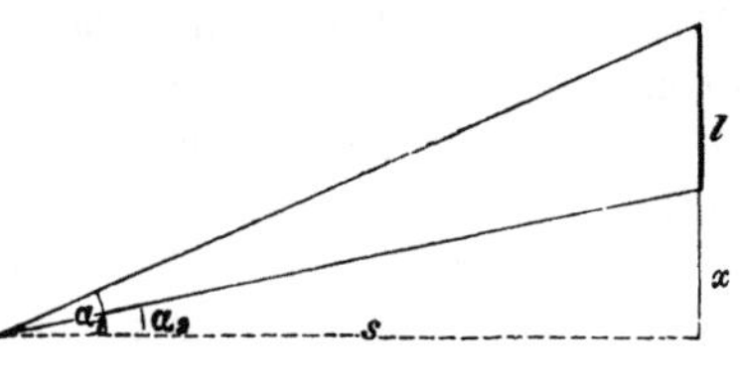

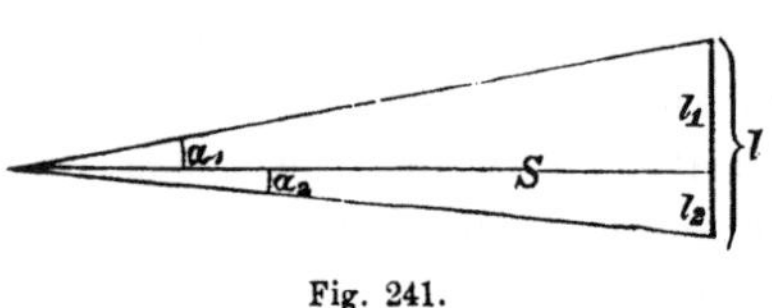

Fig. 241.

Die Winkel α_1 und α_2 sind an einem Vertikalkreise oder Höhenbogen, wie an Theodolit oder Kippregel immer vorhanden, zu messen, und der Index soll, der Voraussetzung nach, ganz genau so berichtigt sein, dass für $\alpha = 0^0$ das Absehen scharf horizontal sei.

Zahlenbeispiel. Es sei $l = 2$ m, $\alpha_1 - \alpha_2$ (bezw. $\alpha_1 + \alpha_2) = 0^0\ 23'$, so findet man $s = 298{,}93 \text{ Cos } \alpha_1 \text{ Cos } \alpha_2$

Ist nun $\alpha_1 - \alpha_2$, bezw. $\alpha_1 + \alpha_2$ um 30″ ungenau, so findet man für

$(\alpha_1 - \alpha_2)$ bezw. $(\alpha_1 + \alpha_2) = 23'\ 30''$ $s = 305{,}58 \text{ Cos } \alpha_1 \text{ Cos } \alpha_2$

„ „ „ $= 22'\ 30''$ $s = 292{,}58 \text{ Cos } \alpha_1 \text{ Cos } \alpha_2$

Die Produkte Cos α_1 Cos α_2 sind in den drei Fällen so sehr wenig verschieden, dass man davon absehen mag. Ein Irrthum von $^1/_2{}'$ in der Höhenwinkel-Differenz oder Summe bringt also schon einen Fehler von beiläufig $^1/_{50}$ der Entfernung hervor. Ja eine Ungenauigkeit von nur 10″ gibt 296,78 Cos α_1 Cos α_2 bezw. 301,12 Cos α_1 Cos α_2, also schon mehr als $^1/_{150}$ der gesuchten Grösse als Fehler.

Nun geht die Theilung an den Höhenkreisen geodätischer Instrumente selten weiter als auf halbe Minuten, so dass schon desshalb eine Unsicherheit von $^1/_2{}'$ wohl vorkommen kann; eine Unsicherheit von 10″ wird aber an den besten geodätischen Instrumenten sehr gewöhnlich übertroffen. Dazu kommen noch Fehler, die aus unrichtiger Stellung des Index am Höhenkreise und mangelhafter Senkrechtstellung der Instrumentenaxe entspringen, wodurch die Unsicherheit noch grösser wird. Einfluss der Axenfehler des Theodolits u. s. w. auf die Vertikalwinkel siehe § 247.

§ 234. **Distanzmesser mit winkelmessender Tangentialschraube.** Die Entfernungsmessung mit den in diesem und im folgenden Paragraphen beschriebenen Instrumenten erfolgt ganz nach dem im vorigen Paragraphen dargelegten Grundsatze. Zur Winkelmessung wird eine Mikrometerschraube benutzt.

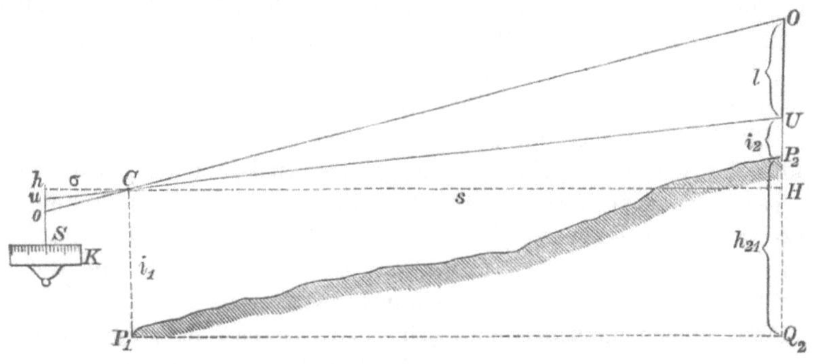

Fig. 242.

Man denke sich, das Fernrohr ruhe nahe am Okularende auf dem Spindelende einer senkrecht stehenden, genauest gearbeiteten Schraube feinen Ganges, während am andern Ende (am besten durch den optischen Mittelpunkt des Objektivs gehend) die Kippaxe das Absehen schneide.

C sei die Drehaxe, S die Schraubenspindel und auf dem fernen Punkte sei senkrecht eine Latte gehalten mit zwei Zielscheiben O und U in dem bekannten und constanten Abstande l von einander. Durch Drehen der Schraube S kann die Zielrichtung gehoben und gesenkt werden. Dem Anzielen der Scheiben O und U sollen die Schraubenstellungen (Ablesungen) o und u entsprechen. Die ganzen Umdrehungen der Schraube können an einer daneben stehenden Theilung, deren Striche je um Schraubenganghöhe von einander entfernt sind, abgelesen werden, Bruchtheile einer Umdrehung noch am getheilten Kopfe K der Schraube. Wird die constante Entfernung der Schraubenspindelrichtung von der Axe C mit σ bezeichnet, so findet man aus der Aehnlichkeit der Dreiecke: $\sigma : s =$ Länge o u : Länge O U oder

$$s = \sigma\, l : (o - u),$$

wobei die Constante σ im selben Längenmaasse auszudrücken ist, als der Weg (o — u) der Schraubenspindel beim Drehen. s und l sind ebenfalls nach gemeinsamem Maass (Meter) auszudrücken. Ist f der mittlere Fehler der Ablesung von o — u, so berechnet sich jener der abgeleiteten Entfernung s zu $ds = f\, s^2 : (\sigma\, l)$, also dem Quadrate der Entfernung proportional.

Ein kleiner Mangel des Parallelismus von Distanzlatte und Mikrometerschraube hat einen geringen Einfluss auf die Entfernung s. Dieser ist recht unbequem zu berechnen; es genügt anzugeben, dass er nur der ersten Potenz der Entfernung proportional ist und dem Sinus der Abweichung vom Parallelismus, allerdings aber auch noch in anderer Weise von dieser Abweichung abhängt, ferner vom Absolutwerthe der zwei Ablesungen, also von der Neigung des Bodens und der Höhe der Zielscheiben über dem Fusse der Latte.

Distanzmesser mit Tangentialschraube sind wenig, fast gar nicht im Gebrauche. Verfasser hat (1865) einen solchen beschrieben, gelegentlich der Besprechung eines im § 235 zu erwähnenden Geräthes (Bohn, Poggend. Ann. d. Physik, Bd. 129, S. 238, ferner v. Niessl, Poggend. Ann., Bd. 130, S. 457; v. Kruspér, Poggend. Ann., Bd. 130, S. 637 und Bohn, Poggend. Ann., Bd. 131, S. 644).

Die Kippaxe geht durch den optischen Mittelpunkt des Objektivs, die Mutter der feinen Schraube hat eine unveränderliche Lage und zwar eine senkrechte, was durch eine Libelle angezeigt wird, die rechtwinkelig zur Schraubenspindel an dieser befestigt ist. Das ausgeführte Instrument hat rein theoretisches Interesse und ist nicht zum Gebrauche empfohlen worden. An einem Gebrauchsinstrumente würde man die ebenerwähnte Libelle fortlassen und beim Baue sorgen, dass die geometrische Axe der Mutter, also auch jene der Spindel, möglichst parallel zur Instrumentenaxe stehe, welch' letztere durch die bekannten Mittel senkrecht gestellt wird. Unbequem ist die Verbindung des Endes der Schraubenspindel mit dem Fernrohr. Bei dem ausgeführten Instrumente war sie zunächst verfehlt. Damit die Tangente des Höhenwinkels der Absehrichtung genau proportional der Schraubenlänge sei, muss der Nullpunkt der

Schraubenablesung so liegen, dass bei Einstellung auf ihn das Absehen genau rechtwinkelig zur Schraubenrichtung geht. Die Schraubenspindel muss in eine Gabel enden, auf deren Zinken schneidige Ohren angebracht sein, die am Fernrohr nahe am Okularende durch Federdruck so angepresst werden, dass ihre Unterseiten durch die Absehrichtung gehen. Selbst nach bester Ueberwindung der Construktionsschwierigkeiten bliebe ein solches Instrument, wie alle mit Messschraube, entschieden weniger bequem als der Distanzmesser § 230.

§ 235. **Distanzmesser mit winkelmessender Sehnenschraube.** Zwischen der veränderlichen Länge einer Tangentenschraube und den Tangenten der Neigungen der Absehrichtung gegen eine Anfangslage (rechtwinkelig zur Schraubenaxe) bestehen theoretisch die einfachsten genauen Beziehungen, aber die Ausführung ist, wie im vorigen Paragraph erwähnt, unbequem. Bequemer ist es, die Schraube als Sehnenschraube einzurichten, wie in den Instrumenten von Stampfer und von Breymann geschehen ist. Dann sind aber die genauen Beziehungen zwischen Schraubenlänge und Winkel nichts weniger als einfach und für den Gebrauch muss man sich mit unbequemen, nicht ganz ausreichenden Annäherungen begnügen, mehrere Tabellen müssen behufs Verbesserung der Rohergeb-

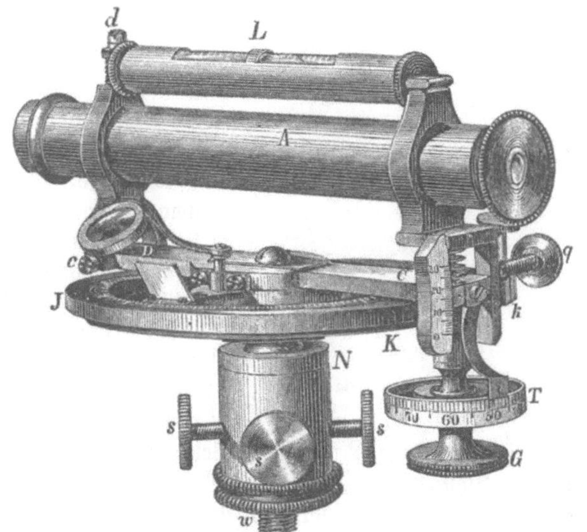

Fig. 243.

nisse angewendet werden und zu viele Einstellungen sind mit der Hand auszuführen. Bei dem Stampfer'schen Instrumente (Fig. 243) ist das Ende der Schraubenspindel durch ein Kugelgelenk an einen Fernrohrträger gehängt und die Mutter hat gleichfalls ein Kugelgelenk; vergleiche Sehnenschraube § 129. Die Kippaxe des Fernrohrs ist unzweckmässig einige Centimeter von der Absehrichtung des Fernrohrs entfernt. Diese Excentricität gestaltet die Theorie recht weitläufig, — für die Praxis mag allenfalls der Einfluss der Excentricität unbeachtet bleiben, — hier wird er nicht weiter besprochen. Es wäre ja leicht, die Verbesserung anzubringen, die Kippaxe durch den optischen Mittelpunkt des Objektivs gehen zu lassen.

Figur 243 gibt eine Ansicht des Stampfer'schen Instruments. Die Figuren 244 und 245 machen die Einrichtung der Schraube deutlich ersichtlich. Die Schraubenspindel q (Fig. 245) ist mit einem ihr oben angedrehten Segmente an den Fernrohrträger gehängt (das Segment wirkt wie ein Kugelgelenk) und durch eine an dem Träger befindliche Platte b gehalten. Ein Stift durch das Segment macht das Drehen der Schraubenspindel um ihre Axe unmöglich. C ist das Ende der Alhidade CD der Fig. 243. In dieses ist ein Rohr e eingeschraubt, „welches an seinem unteren Ende das glasharte Stahlstück v trägt, an dessen untere sphärische Fläche (wirkt wie Kugelgelenk) sich der ebenso geformte Schraubenkopf G anlegt, welcher in seinem oberen Theile das Muttergewinde enthält. Zwischen den Stücken b und v ist eine starke Schraubenfeder eingelegt, welche den Träger P sammt dem Fernrohr an diesem Ende hebt, ein genaues Anliegen des Schraubenkopfes G an dem Stahlstücke v bewirkt und den todten Gang der Schraube beseitigt. Die in einander gesteckten schwachen Röhren r r', von welchem die obere zwischen zwei durch die Gabelstücke p p' gehenden Schrauben aufgehängt ist, dienen zur Abhaltung des Staubes von der Schraube. Die ganzen Umdrehungen des Schraubenkopfes G werden an der auf dem einen Gabelstücke p befindlichen Skala gg mittelst des Index i, die Bruchtheile an der in 100 Theile getheilten Trommel mittelst des Index i' abgelesen“ (Stampfer: Theoret. und prakt. Anleit. z. Nivelliren. 8. Aufl. Herr. Wien 1877, S. 132).

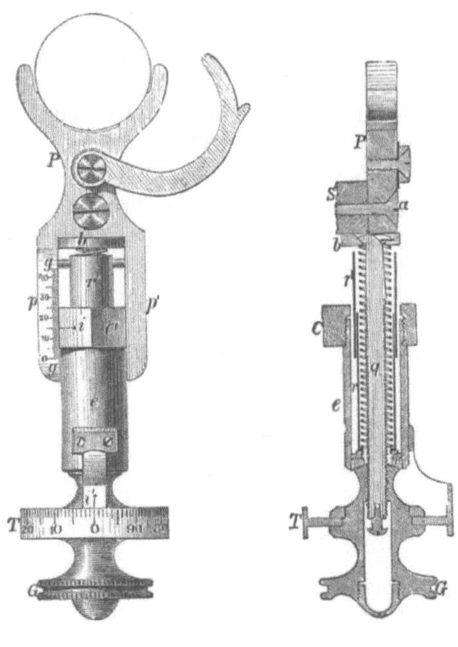

Fig. 244. Fig. 245.

Wird die Richtung des Absehens durch Benutzung der Schraube geändert, so ist die Verschiebung der Schraube, welche durch die Ablesungen gefunden wird, die Differenz der Sehnenlängen, die zum Anfangswinkel und jener, die zum geänderten Winkel gehört. Seien die Ablesungen an der Schraube o und u, je nachdem die obere oder untere Zielscheibe angezielt ist, so ist nur mit recht roher Annäherung o — u dem Winkel proportional. Stampfer (Anleitung zum Nivelliren, S. 148) schlägt vor, die Annäherungsformel $w = a(o-u) + b(o^2-u^2) + c(o^3-u^3) + \ldots$ zu benutzen, um den Winkel w zu berechnen und meint, es genügten die zwei ersten Glieder, wobei die Constante b stets negativ sei. Die Constanten a und b sind nicht leicht zu ermitteln, sie werden in der die Instrumente liefernden Werkstätte bestimmt und mitgetheilt. Die Formel für die Entfernung ist die in § 233 angegebene:

$$s = l \operatorname{Cos} \alpha_1 \operatorname{Cos} \alpha_2 : \operatorname{Sin}(\alpha_1 - \alpha_2).$$

Setzt man die nach obiger Annäherungsformel aus den Schraubenablesungen o und u folgenden Werthe von α_1 und α_2 ein und vernachlässigt Glieder höherer Ordnungen, so erhält man nach Stampfer die Formel:

$$s = l\left(\frac{1}{a(o-u)} + \frac{b}{a^2}\,\frac{o+u}{o-u} - a\,\frac{(h-u)^2}{o-u} + a(h-u)\right)$$

In dieser kommt noch eine Ablesung h vor, nämlich die dem wagrechten Verlauf der Absehrichtung entsprechende. Es sind also drei Einstellungen (horizontale, auf obere, auf untere Zielscheibe) und die zugehörigen Ablesungen an der Schraube zu machen, um mit Hülfe der schwerfälligen Formel einen für genügend erachteten Annäherungswerth von s zu erhalten. 5 Tabellen erleichtern die Berechnung. Diese gelten aber jeweils nur für ein ganz bestimmtes Instrument, lassen sich aber allerdings durch eine zweckmässige Abänderung des Abstandes l der Zielscheiben auf andere Instrumente mit etwas anderen Abmessungen anpassen. In 8. Auflage von Stampfer's Anleitung u. s. w. sind 23 Seiten Tabellen. Die Berechnung von s erfolgt nach einer etwas anderen Formel mit abermaliger Weglassung eines Gliedes, die Formel ist in der endlichen Gestalt

$$s = l \cdot \left[\frac{324{,}00}{o-u} + 0{,}0407\,\frac{o+u-2m}{o-u} - 0{,}00\,309\,\frac{(h-u)^2}{o-u}\right].$$

m ist eine Instrumentalconstante, — die Tabellen eignen für 324, für 280 und für 225 als Zähler des ersten Gliedes.

Aus dieser kurzen Besprechung des Stampfer'schen Distanzmessers geht genügend hervor, dass derselbe durchaus keinen Vorzug verdient vor dem Okularfädendistanzmesser, sondern im Gegentheil diesem an Bequemlichkeit der Handhabung weit nachsteht. Sei ferner erwähnt, dass der Schraubendistanzmesser sehr genau gearbeitet sein muss, also theuer ist, dass er recht empfindlich und leicht zu beschädigen ist, während dem Okularfädendistanzmesser beinahe Unvergänglichkeit zukommt. Eine Zerreissung der Fäden kommt kaum je vor, — auch sie ist noch ausgeschlossen, wenn ein Glasplättchen mit Linien verwendet wird. — Im Nothfalle sind neue Fäden leicht eingezogen und nur eine einzige Tabelle, nach Neubestimmung der Constanten k umzurechnen, — falls man überhaupt die Tabelle benutzt und nicht den Rechenschieber.

Unbequemlichkeit, Empfindlichkeit gegen Beschädigung, hoher Preis und sonstige Nachtheile kommen allen jenen Distanzmessern zu, welche die Mikrometerschraube zum Winkelmessen benutzen. In noch höherem Grade als dem Stampfer'schen jenem von Breymann. Dort ist die Schraube in wagrechter Lage; die Distanzlatte ist ein Kreuz, dessen wagrechter, die Zieltafeln tragender Arm in verschiedene Höhe geschoben werden kann. Diese Querspange hat 3 Zieltafeln, eine mittlere und die zwei äussern, die ungefähr 1,5 m von einander abstehen. Zuerst wird der Schraube eine, bestimmter Ablesung an ihrer Theilung entsprechende, Stellung gegeben, wodurch die Absehrichtung des Fernrohrs rechtwinkelig zur Kippaxe wird; dann wird durch Drehen um die Vertikalaxe und Kippen um die Horizontalaxe die mittlere Zielscheibe angezielt. Nun wird auf die linke Zielscheibe gezielt, wobei die Bewegung der Absehlinie nur durch die Mikrometerschraube bewirkt werden darf, — Schraubenstellung abgelesen. Dann Einstellung auf die rechte Zielscheibe, gleichfalls nur mittelst der Schraube, — Ablesung. Die Theorie dieses Instruments fällt mit jener des Stampfer'schen, von dem es nur eine Abänderung ist, zusammen. Man findet das Instrument beschrieben und eine mangel- und fehlerhafte Theorie entwickelt in: Breymann, „Tafeln für Forstingenieure und Taxatoren". Wien 1859. Es wird ohne Berechtigung vorausgesetzt, die Querspange werde jeweils von dem Gehülfen rechtwinkelig zur Ziellinie nach der mittleren Scheibe gehalten; die Winkel werden der Anzahl der Schraubenumdrehungen proportional gesetzt. Die Latte mit dem $1^1/_2$ m langen wagrechten Arm ist höchst unbequem, in bewachsener Gegend fast unbrauchbar. Man bedarf 34 Seiten Tabellen, bei deren Gebrauch es aber doch nicht ohne Interpolation abgeht.

Das „forstliches Universalinstrument" genannte Werkzeug findet noch anderweit Verwendung. Soll damit nur nivellirt werden, so wird wagrechtes Absehen (Libelle) benutzt und die Mittelzieltafel (mit dem ganzen Querarme) auf die Höhe der Ziellinie vom Träger nach Zeichen des Beobachters geschoben. Dient zur Baumhöhenmessung u. s. w.

§ 236. **Distanzmessung aus Fortpflanzungszeit des Schalles.** Der Vollständigkeit halber sei erwähnt, dass man die Entfernung, in welcher ein Schuss abgegeben wurde, aus der Zeit ableiten kann, die zwischen dem Aufblitzen und der Ankunft des Schalls verfliesst. Die Geschwindigkeit der Ausbreitung des Lichts kann dabei als unendlich gross angesehen werden, jene des Schalls ist, wenn die Luft trocken und von der Temperatur 0^0 ist, gleich $332^1/_4$ m in der Sekunde. Bei der Temperatur t^0 Celsius, dem Barometerstande b mm Quecksilber, der Spannkraft des Wasserdampfes gleich e mm Quecksilber, ist die Schallgeschwindigkeit $332^1/_4 \sqrt{\frac{b}{b - 0{,}378\,e}} \cdot \sqrt{\frac{273 + t}{273}}$, Windstille vorausgesetzt. Je nachdem der Wind vom Beobachter weg oder auf ihn zu geht, wird die Schallgeschwindigkeit kleiner oder grösser.

Auf die Schallfortpflanzung gegründete Distanzmesser sind für militärische Zwecke ganz nützlich, für Vermessungszwecke nicht zu gebrauchen; sie würden günstigen Falls die schiefe Entfernung liefern.

§ 237. **Genauigkeit der Distanzmesser.** Nach den schon gelegentlich gemachten Bemerkungen möge hier Beschränkung auf die Okularfäden-Distanzmesser stattfinden. (§ 230.)

Das scharfe Einstellen des Okulars ist von Wichtigkeit, weil sonst durch Parallaxe die Ablesung an der Latte beträchtlich ungenau werden kann. Das Kennzeichen für scharfe Einstellung ist (§ 238, S. 201) angegeben, es ist aber bei den gewöhnlichen Anwendungen des Distanzmessers etwas zu zeitraubend. Man hat daher wohl am Okularrohre eine Skala angebracht, welche die Auszugsweiten für verschiedene Entfernungen angibt. Man erhält eine genügende Schätzung der schiefen Entfernung, auf welche es hier ankommt, wenn man die mangelhafte Ablesung bei ungenauer Einstellung mit der Constanten k (gewöhnlich 100) multiplizirt. Ist diese Schätzung vollzogen, so schiebt man das Okular bis zum betreffenden Striche der Skala und macht dann die endgültige Ablesung. Die Skala muss aber sehr fein getheilt sein und daher ist schliesslich ihr Gebrauch nicht sehr zeitersparend.

Wenn die Bestimmung der Constanten c und k des Distanzmessers als tadellos angenommen wird, verbleiben noch Unsicherheiten der Ablesung oder der Länge l, die eben von der nicht genügend scharfen Einstellung abhängen, dann aber auch von der optischen Leistungsfähigkeit des Fernrohrs und von der Entfernung. Während an der nahe stehenden Latte wohl noch Millimeter abgelesen werden können, muss man d l bei grösserem Abstande mindestens zu $^1/_4$ cm annehmen. Ferner wird noch eine Unsicherheit im Höhenwinkel α (oder der Zenitdistanz z) verbleiben.

Bei der Untersuchung des Einflusses von dl und $d\alpha$ auf die berechnete Entfernung s kann man das erste kleine Glied c Cos α ausser Acht lassen und findet durch Differentiation der Annäherungsformel

$$s = kl \operatorname{Cos}^2 \alpha \qquad ds = k \operatorname{Cos}^2 \alpha \, dl - 2kl \operatorname{Cos} \alpha \operatorname{Sin} \alpha \, d\alpha$$

$$\text{oder } \frac{ds}{s} = \frac{dl}{l} - 2 \operatorname{Tg} \alpha \, d\alpha.$$

So lange die Ziellinie nicht sehr steil geneigt ist, wird das zweite Glied nicht viel in Betracht kommen und also wesentlich der verhältnissmässige Fehler der Entfernung dem verhältnissmässigen Fehler der Lattenablesung gleich gesetzt werden können. Bei einer Entfernung von 200 m und einer Vergrösserung des guten Fernrohrs von etwa 20, mag etwa $dl = 0{,}0025$ m [$l = 2$ m bei $k = 100$] angenommen werden, also

$$ds : s = 1 : 800.$$

Doch scheint diese Genauigkeit nicht erreichbar, sondern im allgemeinen nur höchstens 1 : 600 bis 1 : 500 für verschiedene Entfernungen nach Aussage mannigfacher Erfahrungen. Für diese Erfahrungen sind interpolatorische Formeln aufgestellt worden: Jordan (Handb. der Vermess. S. 597) $ds = 0{,}117 \frac{s}{100} + 0{,}054 \left(\frac{s}{100}\right)^2$; Helmert (Zeitschr. für Vermess. 1874. S. 325) $(ds)^2 = 0{,}20 + \frac{1}{60}\left(\frac{s}{100}\right)^4$. Diese Formeln gelten nur für die bestimmten Distanzmesser und die betreffenden Beobachter, das Glied 0,20 in letzterer Formel wird der Lattenschwankung zugeschrieben. Bei grossen Zielweiten wirkt das im grössten Theil des Tages bemerkbare Zittern der Bilder ungünstig und 1 : 400 wird wohl besser die Unsicherheit ausdrücken, sorgfältiges Arbeiten vorausgesetzt.

§ 238. **Anwendung der Distanzmesser.** Die Einrichtung des Okularfäden-Distanzmessers ist sehr einfach und die Leistungsfähigkeit des Fernrohrs wird dadurch gar nicht beeinträchtigt, daher kann und sollte man jedes Beobachtungsfernrohr am Theodolit, der Kippregel, der Bussole mit der distanzmessenden Einrichtung versehen. Ganz besonderen Nutzen gewährt sie noch an den Nivellirinstrumenten und die Genauigkeit der Entfernungsmessung auf rein optischem Weg ist für die Nivelliraufgabe auch genügend. Dazu kommt noch eine weitere Verwendbarkeit des Distanzmessers zu Höhenbestimmungen, worüber im nächsten Abschnitte, Tachymetrie, berichtet wird.

XIII. Tachymetrie.

§ 239. **Universalinstrumente.** Die drei Coordinaten, welche zur vollständigen Bestimmung der Lage eines Punkts im Raume erforderlich sind, wurden früher allgemein durch zwei getrennte Messgeschäfte ermittelt. Die Aufnahme mit dem Theodolit oder Messtisch, überhaupt die Horizontalvermessung ergab zwei Coordinaten und nach deren Ausführung wurde noch eine Höhenmessung mittelst Nivellirinstrumentes, vorgenommen. Um die im Grundrisse festgelegten Punkte bei der zweiten Aufnahme sicher wieder finden zu können, musste eine dauerhaftere Vermarkung derselben statthaben.

Es ist ungleich bequemer, mit einem und demselben Instrumente die Grundriss- und die Höhenmessung gleichzeitig ausführen zu können, so dass die dauerhafte Vermarkung erspart bleibt, für die überwiegende Mehrzahl der Punkte überhaupt gar keine Vermarkung nöthig ist.

Zunächst dienten hierzu die sogenannten Universalinstrumente. Man kann jeden Theodolit durch eine Libelle, die auf dem Fernrohre angebracht oder so mit ihm verbunden wird, dass das Absehen jeweils wagrecht ist, wenn diese Zusatzlibelle einspielt, zu einem Nivellirinstrument ergänzen, also Grundriss- und Höhenaufnahme aus derselben Aufstellung zugleich vollführen. Ebenso lässt sich die Bussole zum Nivellirinstrument ergänzen. Auch der Messtisch kann durch eine Libelle auf dem Kippregelfernrohr zum Nivelliren eingerichtet werden, doch ist das weniger zweckmässig. Ferner kann man aus manchen Nivellirinstrumenten (§ 278) durch Zugabe eines Horizontalkreises, einer Vorrichtung, die Drehung um die Vertikalaxe mikrometrisch fein zu machen, und die Ermöglichung grösserer Drehung des Fernrohrs um die Kippaxe, ein Universalinstrument gestalten. Bei Anwendung solcher Universalinstrumente werden im allgemeinen Längenmessungen mit Latte oder Band auszuführen sein, die immer zeitraubend sind, auch wenn nur wenige ausgeführt werden und die anderen Längen dann trigonometrisch zu berechnen sind. Gibt man aber dem Fernrohre eines solchen Universalinstrumentes die distanzmessende Einrichtung, so können die mühsamen Längenbestimmungen durch Lattenmessung und trigonometrische Berechnung erspart werden, das Polarverfahren wird als besonders bequem angezeigt und Schnellmessung nun erst möglich.

Immerhin wird, wenigstens bei nicht äusserst wenig geneigtem Boden, die unmittelbare Höhenvergleichung, durch wagrechtes Anzielen, nur für sehr benachbarte Punkte gelingen. Denn entferntere Punkte liegen so tief unter dem wagrechten Absehen, dass die anzuwendende Nivellirlatte (§ 255), mit welcher die Tiefe des Punktes unter dem Absehen gemessen werden soll, eine ganz unhandliche Länge haben müsste, oder der Boden steigt so rasch an, dass das wagrechte Absehen den Boden in geringer Entfernung trifft.

§ 240. **Tachymetrisches Höhenmessen.** Die Begrenzung der Weite, auf welche ein Höhenunterschied ermittelt werden kann, schwindet, wenn man die auf dem fernen Punkte stehende Nivellir- (oder Distanz-)latte mit einem Distanzmesser anzielt, den Höhenwinkel misst und bedenkt, dass der Höhenunterschied die schiefe Entfernung mal dem Sinus des Höhenwinkels ist. Die Verbindung von Horizontalkreis, Höhenkreis und Distanzmesser gibt die Möglichkeit, von einem Standpunkte aus eine grössere Anzahl Punkte nach ihren drei Coordinaten schnell zu bestimmen, daher der Name Tachymeter (auch Tacheometer) für solche Instrumente. Entweder ist der Theodolit zum Tachymeter durch Zugabe der distanzmessenden Einrichtung (die weitere Zugabe einer Bussole ist zwar angenehm, aber nicht durchaus nöthig) geworden, und das ist die entschieden zweckmässigste Form, oder man hat das schwerfällige Messtischgeräth zum Tachymeter erweitert.

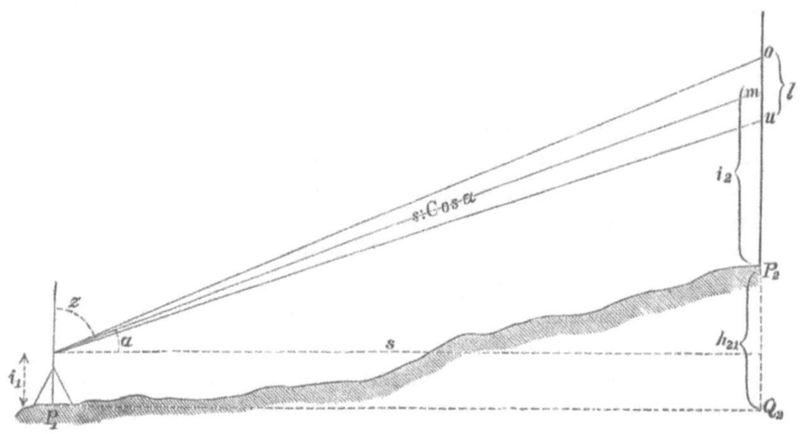

Fig. 246.

In näherer Besprechung des tachymetrischen Höhenmessens: Es soll bestimmt werden die Höhe von P_2 über P_1 oder $h_{21} = P_2 Q_2$. Das Tachymeter wird über P_1 aufgestellt, die Höhe seiner Kippaxe über dem

Punkte P_1 sei gleich i_1. Auf P_2 wird senkrecht eine nach Metermaass getheilte, durch Farbenanstrich auf grössere Entfernung gut sichtbar gemachte Latte gehalten. Man zielt diese an, zwischen den Distanzfäden erscheint ein Stück l der Latte und der Mittelfaden trifft in m, in der Höhe i_2 über P_2 die Latte. Endlich ist α die Steigung der Mittelziellinie gegen den Horizont (oder bequemer deren Abweichung z von der Vertikalrichtung) gemessen. Man findet sofort:

$$h_{21} = (s : \text{Cos}\,\alpha)\,\text{Sin}\,\alpha - i_2 + i_1 \quad = (c\,\text{Cos}\,\alpha + k\,l\,\text{Cos}^2\alpha)\,\text{Tg}\,\alpha - i_2 + i_1$$
$$= (c\,\text{Sin}\,z + k\,l\,\text{Sin}^2 z)\,\text{Cotg}\,z - i_2 + i_1$$

oder

$$h_{21} = c\,\text{Sin}\,\alpha + k\,l\,\text{Sin}\,\alpha\,\text{Cos}\,\alpha - i_2 + i_1 = c\,\text{Cos}\,z + k\,l\,\text{Sin}\,z\,\text{Cos}\,z - i_2 + i_1$$

Ist α ein Höhenwinkel, so ist er positiv in die Formel zu nehmen, ist er ein Tiefenwinkel, hingegen negativ. Um nicht immer auf das Vorzeichen von α achten zu müssen, ist es bequemer, die Zenitdistanzen z zu messen, den Höhenkreis also so getheilt zu haben, dass bei wagrechtem Verlaufe des Absehens die Ablesung $z = 90^0$ ist; bei ansteigendem Zielen ist $z < 90^0$, bei fallendem ist $z > 90^0$.

Der Nullpunkt der Theilung der Latte muss in deren Endpunkt liegen, damit die Ablesung bei m sofort die nöthige Höhe i_2 ergibt. Gewöhnlich wird man aber, ausser bei sehr starker Neigung gegen die Senkrechte, die Ablesung bei m gar nicht zu machen brauchen, sondern dafür das arithmetische Mittel der Ablesungen o und u an den zwei, zum Mittelfaden symmetrisch gelegenen Distanzfäden unbedenklich nehmen dürfen. Die Instrumentenhöhe i_1 ist durch Nebenhaltung der Latte zu messen, sie bleibt dieselbe für alle aus derselben Aufstellung aufgenommenen Punkte, kann auch ganz aus den Endergebnissen entfallen. Es ist gleichgültig, in welcher Höhe i_2 der Mittelfaden die Distanzlatte trifft; es verbleibt also bei der früheren Regel, den einen Distanzfaden auf einem bequem ablesbaren, ganzzahligen Theilstrich zu bringen.

Wie man h_{21} bestimmt, so findet man auch h_{31}, h_{41} u. s. w.; bei allen bleibt i_1 dasselbe. Man kann aber auch die Lattenhöhe i_2 bezw. $i_3, i_4 \ldots$ dieselbe halten, wenn man, entgegen der eben wieder in Erinnerung gebrachten Regel, das Fernrohr so dreht, dass der Mittelfaden jedesmal auf d e n s e l b e n Punkt m der Distanzlatte trifft. Im allgemeinen wird das nicht bequem sein. Dann sind die relativen Höhen der Punkte $P_2, P_3, P_4 \ldots$ frei von i_1 und von i_2, nämlich

$$h_{32} = s_{13}\,\text{Cotg}\,z_3 - s_{12}\,\text{Cotg}\,z_2; \quad h_{45} = s_{14}\,\text{Cotg}\,z_4 - s_{15}\,\text{Cotg}\,z_5 \text{ u. s. w.}$$

Wie man Tabellen für die Werthe $c\,\text{Sin}\,z + kl\,\text{Sin}^2 z$ oder $c\,\text{Cos}\,\alpha + kl\,\text{Cos}^2\alpha$ angelegt hat, so lassen sich nun auch solche für die Höhenwerthe, gleich den vorhergehenden multiplizirt mit Cotg z oder mit Tg α machen und zwar zweckmässigst als Erweiterung der Distanztabelle. Eine solche Tabelle für die Lattenablesung 1 ($k = 100$) und für $c = 0{,}7$ ist von Minute zu Minute fortschreitend im Auszuge nachstehend mitgetheilt. In der mit s überschriebenen Spalte stehen die Werthe von $k\,l\,\mathrm{Sin}^2\,z = 100\,\mathrm{Sin}^2\,z$, in der mit h überschriebenen die Werthe von $k\,l\,\mathrm{Sin}\,z\,\mathrm{Cos}\,z = 100\,\mathrm{Sin}\,z\,\mathrm{Cos}\,z$. Der Ablesung $l = 2{,}345$ bei $z = 79^0\,54'$ entspräche also:

für 2	193,849 2		34,529 8
0,3	29,077 38		5,179 5
0,04	3,876 984		690 6
0,005	484 6230		86 3
c Sin z =	0,689	s Cos z =	0,123
s =	227,977	h =	40,609.

Es sind hier noch überflüssige Decimalstellen beibehalten, die man bei wirklicher Ausrechnung zweckmässig nach den bekannten Regeln (§ 100) abstösst.

Auszug aus der Tabelle für Entfernung und Höhenunterschied.

$k = 100, \qquad l = 1 \qquad \text{und} \qquad c = 0{,}7.$

z	s	h	c Sin z (c Cos z)
80⁰ 00′	96,9847	17,1010	0,689
79 59	747	284	(0,122)
58	647	557	
57	548	830	
56	447	2103	
55	347	376	
54	246	649	
53	146	922	
52	045	3159	
51	8944	467	
79 50	843	741	0,689 (0,124)

Will man diese Tabelle von 1′ zu 1′ für die Zenitdistanzen von $z = 50^0$ bis $z = 130^0$ ausführen, so bedarf man 4800 Zeilen, in denen je zwei gerechnete Zahlen stehen und ausserdem, wenn c Sin z und c Cos z nur von 20′ zu 20′ (was ausreicht) gerechnet werden, noch $2 \, . \, 240 = 480$ gerechnete Zahlen. Die Druckseite, welche gebrochen zweimal neben einander die vier Spalten hat, ist noch schmal.

Man bedarf zur Tabelle in der angenommenen Ausdehnung, mit 60 Zeilen auf der Seite, dann 40 Seiten. — Die Tabelle kann auf den halben Umfang gebracht werden, wenn man als Argument $\pm\,\alpha$ statt z nimmt, man hat dann aber auf das Vorzeichen zu achten.

Um die Multiplikationen zu sparen, kann man auch statt der einen Zahl in Spalte s deren 9 schreiben, entsprechend der Ablesung

$$l = 1,\ 2,\ 3,\ 4\ \ldots\ 9.$$

Ebenso in der Spalte für h. Die viel umfangreichere Tabelle sähe dann so aus:

kl	79° 54		79° 53′		79° 52′		kl	
	s	h	s	h	s	h		
1	0,9692	0,1726	0,9691	0,1729	0,9690	0,1732	1	c Sin z = 0,689
2	1,9385	0,3453	1,9383	0,3458	1,9381	0,3464	2	
3	2,9077	0,5179	2,9074	0,5188	2,9071	0,5196	3	c Cos z = 0,123
4	3,8770	0,6906	3,8766	0,6917	3,8762	0,6928	4	
5	4,8462	0,8632	4,8457	0,8646	4,8452	0,8660	5	
6	5,8155	1,0359	5,8149	1,0375	5,8143	1,0392	6	
7	6,7847	1,2085	6,7840	1,2105	6,7833	1,2124	7	
8	7,7540	1,3812	7,7532	1,3834	7,7523	1,3856	8	
9	8,7232	1,5538	8,7224	1,5563	8,7214	1,5588	9	

Der Ablesung l = 2,845 entspräche nun (wegen k = 100 alles mit 100 zu multipliziren):

für 2	193,85		34,53
0,3	29,077		5,179
0,04	3,877		6906
0,005	4846		0863
s Sin z =	0,689	s Cos z =	0,123
s =	227,978	h =	40,609

Es ist früher erwähnt, dass mittelst Rechenschieber die Entfernungen nach den Distanzmesserbeobachtungen berechnet werden oder dass sie auch graphisch abgelesen werden können. Die Rechenschieber oder ein passendes Diagramm lässt sich selbstverständlich auch für die Auswerthung der Höhenunterschiede einrichten und benutzen.

An Tachymetern findet man ziemlich häufig den anallatischen Distanzmesser, wodurch eine kleine Bequemlichkeit für den Gebrauch der Tabellen gewonnen, nämlich die Addition des Gliedes c Sin z, beziehungsweise c Cos z erspart wird, — auf Kosten der Leistung des Fernrohrs. Gerade am Tachymeter aber bedarf man eines sehr guten Fernrohrs, die Vergrösserung soll allermindestens 20fach sein, besser 30fach, häufig noch 40fach und an den Clepscykeln (§ 252) ist sie sogar 80fach.

Die zur Berechnung des Höhenunterschieds benutzte Formel

$$h_{21} = c \operatorname{Cos} z + k l \operatorname{Sin} z \operatorname{Cos} z + (i_1 - i_2)$$

gibt die Lage von P_2 gegen den scheinbaren Horizont von P_1 an, während doch gefragt wird nach der Lage über oder unter dem wirklichen Horizonte. Statt des letzteren kann man unbedenklich die berührende Kugeloberfläche nehmen und hat zu beachten, dass bei Entfernungen von

100 m	200 m	300 m	400 m	500 m
0,78 mm	3,12 mm	7,02 mm	12,48 mm	19,62 mm

Erhebung des scheinbaren über den wirklichen Horizont statthat (§ 3.) Die tachymetrische Höhenbestimmung liefert aber die Unterschiede nicht mit dieser Genauigkeit. Auch von der Refraktion (§ 298) wird bei tachymetrischen Höhenbestimmungen praktisch abgesehen werden dürfen.

§ 241. **Genauigkeit des tachymetrischen Höhen- und Distanzmessers.** Durch Differentiation der Höhenformel

$$h_{21} = c \operatorname{Cos} z + k l \operatorname{Sin} z \operatorname{Cos} z + (i_1 - i_2)$$

und der Entfernungsformel $s = c \operatorname{Sin} z + k l \operatorname{Sin}^2 z$ erhält man:

$$dh = \tfrac{1}{2} k \operatorname{Sin} 2z \cdot dl + (k l \operatorname{Cos} 2z - c \operatorname{Sin} z) \cdot dz + di$$
$$ds = k \operatorname{Sin}^2 z \cdot dl + (k l \operatorname{Sin} 2z + c \operatorname{Cos} z) \cdot dz,$$

wo mit di der Irrthum in der Differenz der Instrumenten- und Lattenhöhe bezeichnet ist.

Man sieht:

1. Der aus dem Fehler dl der Ablesung entspringende Fehler ist für die Höhenermittelung am einflussreichsten, wenn die Ziellinie um 45° gegen den Horizont neigt, hingegen verschwindend, wenn sie wagrecht geht; für die Entfernungsbestimmung verschwindet der Einfluss bei wagrechtem Zielen ebenfalls, wächst aber ohne Umkehr mit stärkerer Neigung gegen den Horizont.

2. Der in Bestimmung der Neigung der Ziellinie begangene Fehler — man kann das kleine Glied c Sin z bezw. c Cos z vernachlässigen — ist für die Höhenmessung maximal bei wagrechtem Zielen, während er dann für die Entfernungsmessung einflusslos ist; er wird für die Höhenbestimmung am kleinsten und zugleich für die Entfernungsermittelung am grössten bei der Neigung von 45° gegen den Horizont. Meist wird die Ungenauigkeit der Höhenbestimmung schädlicher für den Vermessungszweck sein, es empfiehlt sich daher, wenig gegen den Horizont geneigte Zielrichtungen zu vermeiden, was durch Wahl der Höhe, in der man die Latte mit dem Mittelfaden anzielt, innerhalb gewisser Grenzen möglich ist.

Muss man, nach der Bodenbeschaffenheit, fast wagrecht zielen, so ist es vortheilhafter, in gewöhnlicher Art, d. h. mit genau wagrechter Ziellinie zu nivelliren.

Der Einfluss der Unsicherheit des Höhenwinkels ist bedeutender für die Höhenmessungen als für die Entfernungsmessungen, man sollte *mindestens* auf $^1/_2{}'$ genau die Zenitabstände messen.

§ 242. **Die Tachymeterarbeit.** Um das Azimut der einzelnen Richtungen zu finden, wird man am ersten Standpunkt ein Anfangsazimut kennen müssen. Sind die Coordinaten des Standpunktes und die eines anzielbaren Punktes aus früheren Vermessungen bekannt, so lässt sich das Azimut der betreffenden Richtung leicht berechnen (§§ 6 u. 174). Es ist dann am bequemsten, den Horizontalkreis so zu drehen, dass beim Einstellen in diese Richtung die Ablesung an jenem Nonius, der an der Okularseite des Fernrohrs liegt, sofort den bestimmten Werth ergibt. Alle andern, immer am selben Nonius vollführten Ablesungen des Horizontalkreises geben dann sofort die Azimute, wenn von nun an immer die Alhidade, nicht mehr der Horizontalkreis gedreht wird. Ist vom ersten Standpunkte aus keine, ihrem Azimute nach bekannte Richtung anzielbar, so vermag man vielleicht die wahre Nordrichtung genügend genau zu bestimmen (siehe § 340) und darnach zu orientiren, nämlich das Fernrohr, während die Alhidade fest angeschlossen ist und die Ablesung Null am betreffenden Nonius besteht, durch Drehen des Horizontalkreises oder des ganzen Untergestells in die Nordrichtung zu bringen.

Oder am Instrumente ist eine Bussole angebracht und der Nullpunkt ihrer Theilung liegt auf dem Radius, in dessen Vertikalebene das Absehen geht. Man stellt die Alhidade auf Null der Theilung, dreht nun, während die Alhidade angeschlossen ist, den Horizontalkreis, bis die Magnetnadel auf Null steht und klemmt dann den Horizontalkreis fest. Das Absehen ist dadurch nach magnetisch Nord gerichtet worden; wird nunmehr die Alhidade allein gedreht, so ergibt die Ablesung am Horizontalkreise das jeweilige magnetische Azimut oder das Streichen der Richtungen. Kennt man die zeitliche Deklination für das Instrument und für den Ort, so kann man sich so einrichten, sofort die astronomischen Azimute abzulesen. Und zwar geht das auf zwei Arten:

1. Hat die Bussole eine genügend feine Theilung, so drehe man den Horizontalkreis mit der auf Null stehenden, angeschlossenen Alhidade, bis die Nadel nicht auf Null, sondern auf dem der Deklination entsprechenden Werth steht. Ist z. B. die Deklination $12^0\ 45'$ westlich, so drehe man bis ein östliches Streichen von $12^0\ 45'$ oder ein westliches von $347^0\ 15'$ durch die Bussole angezeigt wird; man zielt dann nach astronomisch Nord. Wird der Horizontalkreis jetzt festgebremst und ferner die Alhidade allein gedreht, so ergeben die Ablesungen die astronomischen Azimute. — Man hat wohl auch die Einrichtung, den Durchmesser 180^0 auf 0^0 des Bussolenrings um den jeweiligen Betrag der Deklination gegen das Absehen verdrehen und dann feststellen zu können, so dass, wenn die Magnetnadel auf Null steht, das Fernrohr nach astronomisch Nord geht, sobald die Alhidade so gedreht ist, dass die Ablesung am Limbus 0^0 ist.

2. Reicht die Theilung des Bussolenrings nicht aus oder fehlt sie ganz (nur ein dem Nullpunkt entsprechender Index muss dann vorhanden sein), so dreht man den Horizontalkreis, während die Alhidade zur Ablesung 0^0 angeschlossen ist, bis die Magnetnadel einspielt, das Absehen also — wenn, wie vorausgesetzt, der Halbmesser nach dem Nullstriche des Bussolenrings dem Fernrohrabsehen parallel ist — nach magnetisch Nord geht. Der Horizontalkreis wird gebremst und die Alhidade allein, mit Hülfe der bekannten Deklination nach astronomisch Nord gedreht und in dieser Richtung ein Zeichen, Meridianmarke, angebracht. Dann stellt man die Alhidade wieder auf Null am Limbus und dreht nun den Horizontalkreis und die angeschlossene Alhidade zusammen, bis die Meridianmarke angezielt ist. Durch dieses letztere Verfahren wird also der astronomische Meridian mit Hülfe der Deklination mittelst der Bussole gefunden.

Es ist ersichtlich, dass ein doppeltes Vertikalaxensystem und auch eine Mikrometerbewegung des Horizontalkreises für Tachymeter sehr erwünscht ist.

Die Standpunkte des Tachymeters müssen verpflockt werden, während für alle andern Punkte keine Vermarkung erforderlich ist. Die Standpunkte müssen nach den in § 189 schon angegebenen Rücksichten sorgfältig ausgewählt werden; es wird nützlich sein, schon bei einer vorläufigen Begehung die Standpunkte für die Tachymeteraufnahme auszuwählen und zu verpflocken.

Die Entfernung benachbarter Standpunkte richtet sich nach den Verhältnissen, namentlich nach der Uebersichtlichkeit des Geländes; am besten überschreitet man nicht 300 m.

Vom ersten Standpunkte aus ist das Azimut der Richtung gegen den zweiten Standpunkt hin sorgfältig bestimmt worden und mit Hülfe dieser Kenntniss vollzieht man leicht die Orientirung des Instrumentes auf dem zweiten Standpunkt.

Man stellt nämlich die Alhidade so, dass die Ablesung das Azimut vom jetzigen nach dem vorigen Standpunkt liefert, d. i. zwei Rechte mehr oder weniger als das gemessene Azimut vom vorigen nach dem jetzigen Standpunkt. Die Alhidade wird gebremst und dann gemeinsam mit dem Horizontalkreis gedreht, bis das Fernrohr nach dem verlassenen Standpunkt (der durch eine Stange sichtbar gemacht ist) zielt. Der Gebrauch der Bussole ist hierbei bequem und wenn ihre Theilung vielleicht auch nicht ausreichend genau ist, so hilft sie doch mindestens zur vorläufigen Orientirung.

Die sichere Festlegung und Vermessung der einzelnen Standpunkte, welche die Ecken eines Polygonzugs ausmachen, der gewissermassen das Skelett der ganzen Tachymeteraufnahme bildet, ist von grosser Wichtigkeit und viel Sorgfalt hierauf gut angewendet. Sieht man das Tachymeter nicht für genügend genau an, so wird das Standpunktpolygon wohl auch durch besondere Messung mit Theodolit und Latten aufgenommen. Die tachymetrische Verbindung der Standpunkte liefert sofort Bestätigungen und Prüfungen, wie in § 189 gelegentlich der Stadia-Aufnahme erörtert ist. Dazu kommen noch die doppelten Bestimmungen der Höhenunterschiede h_{21} und h_{12}; dann müssen die Höhen eines und desselben Punktes über den zwei Standpunkten den Höhenunterschied dieser als Unterschied ergeben.

Ist die absolute (Meeres-) Höhe des ersten Standpunkts bekannt, so ergeben sich sofort (nach Messung der Instrumentenhöhe) die absoluten Höhen aller von dort aus angezielten Punkte, also auch die des zweiten Standpunkts. Damit, unter Berücksichtigung der Instrumentenhöhe bei der Aufstellung, auch die absoluten Höhen aller aus II angezielten Punkte, auch des Standpunkts III. Und so weiter.

Ist die absolute Höhe von I nicht bekannt, so lege man durch diesen Punkt oder eine runde Anzahl von Meter über oder unter ihn den Vermessungshorizont und findet dann in der oben angegebenen Weise die Höhe aller Punkte über diesem.

Gewöhnlich werden tachymetrische Arbeiten ausgeführt, um die Grundlagen für Entwürfe einer Strasse oder Eisenbahn zu gewinnen. Schnelle Fertigstellung ist häufigst von grosser Wichtigkeit und für die vorläufige Aufnahme genügt ein bescheidenes Maass der Genauigkeit. Meist handelt es sich um Aufnahme eines schmalen Landstreifens, etwa 200 m nach jeder Seite der die einzelnen Standpunkte verbindenden Geraden. Die Gesammtbreite von 400 m für den Streifen wird selten überschritten.

Von besonderer Wichtigkeit ist die Einrichtung und Eintheilung der Arbeit. Sie ist mustergültig angegeben in Moinot, „Levés de plans à la stadia. Notes pratiques pour études de tracés". 3. Aufl., Paris 1877.

Es sollten mindestens zwei, besser drei Geometer zusammenarbeiten, einige Gehülfen sind ausserdem erforderlich, ein Tachymeter, aber mehrere verglichene Distanz- oder Nivellirlatten. Einer der Geometer, dem die schwierigste, am meisten Geschicklichkeit erfordernde Aufgabe zufällt, wählt die Punkte aus, deren Aufnahme für den Zweck nöthig oder nützlich erscheint; er macht nach dem Augenmaasse eine Handskizze, in oder zu welcher alles Bemerkenswerthe, wie Beschreibung der Punkte, Gebäude und deren Zweck, Eigenthümer, Culturzustand u. dergl. geschrieben wird. Ist ein guter Plan in genügendem Maassstabe, etwa ein Katasterblatt, vorhanden, so leistet dieser selbstverständlich gute Dienste und ist zu benutzen, — aber nur wenn er gut ist.

In die Handskizze (oder den benutzten Plan) sind insbesondere die für die Oberflächenverhältnisse bedeutsamen Linien einzuzeichnen, wie oberer und unterer Rand von Hohlwegen, Schluchten, Dämmen, die Ränder der Thalsohlen, wenn möglich Gratlinien, Sättel u. s. w., die Bäche, Gräben, Flüsse u. a. m.

Der „äussere Geometer" oder „Abtheilungsvorstand", wie ihn Moinot nennt, hat wenigstens zwei Gehülfen mit Distanzlatten bei sich, die er auf die ausgewählten Punkte zur Anstellung schickt. Die von einem Standpunkte aus aufzunehmenden Punkte werden mit fortlaufenden Nummern versehen, über welche der äussere Geometer verfügt, insoferne er den Gehülfen die Reihenfolge der zu besuchenden Orte anweist. Der Geometer am Instrument, kurz „Beobachter" genannt, hat dieselbe Nummer zu den entsprechenden Beobachtungen zu setzen, wie der äussere Geometer in der Handskizze, und damit hierbei kein Irrthum einschleicht, wird bei jedem fünften Punkt ein Lautzeichen (Hornruf, bei den Zehnerpunkten wohl auch Pfeife) oder ein verabredetes optisches Zeichen vom äussern Geometer gegeben, welches bei Uebereinstimmung der Nummer vom Beobachter wiederholt wird. Man kann selbst Zeichen (Horn, Pfeife, Winken in zweckmässiger Combination) verabreden, die jede einzelne Nummer bestätigen, doch wird das meist unnöthig sein.

Am Instrumente sollen zwei Geometer zusammen arbeiten. Der eine, der „Beobachter", besorgt die Aufstellung des Tachymeters, richtet das Fernrohr, macht durch dasselbe die Lattenablesungen und diktirt sie dem zweiten, am Instrumente stehenden Geometer, dem „Schreiber", der die

Bezifferungen der Punkte nicht nur aufschreibt, sondern auch die Bestätigung derselben durch den Ferne-Verkehr mit dem äussern Geometer und dessen Gehülfen übernimmt. Der Beobachter sagt z. B. „279,5 über 100“, der Schreiber wiederholt das laut und schreibt in die richtige Spalte des Feldbuchs $\frac{2,795}{1,00}$, indem er die abgelesenen Centimeter in Meter verwandelt.

Der Beobachter liest nun, ohne seinen Stand zu ändern, an dem gerade unter dem Okulare befindlichen Nonius das Azimut ab und diktirt es dem Schreiber. Diesem kann die Aufgabe zuertheilt werden, die Winkel am Höhenkreise abzulesen und zu verbuchen. Oder auch der Beobachter besorgt dieses Geschäft, aber wieder ohne vom Platze zu gehen, er dreht die Alhidade so weit herum (das Azimut ist ja vorher abgelesen), bis der Höhenkreis vor ihm steht.

Die Reihenfolge der Beobachtungen muss stets dieselbe sein: die Lattenablesungen, erst o, dann u, das Azimut, der Zenitabstand oder der Neigungswinkel am Höhenkreise, in letzterem Falle das Vorzeichen.

Es ist lästig und ermüdend, abwechselnd durch das Fernrohr und dann die Theilungen an den Kreisen zu beobachten, sei es nun, dass das, wie bei der Mehrzahl der Punkte, mit blossem Auge geschieht (die Theilstriche müssen entsprechend deutlich und doch fein sein), sei es, dass, wie für wichtigere Punkte immer, mittelst der Lupe abgelesen wird. Man theilt sich daher wohl auch so ein, dass dem Schreiber die beiden Kreisablesungen zufallen, der Beobachter nur das Fernrohr einstellt und die Lattenablesungen besorgt. Wie das zweckmässigst und mit grösster Zeitersparniss eingetheilt ist, hängt vor allem von der Geübtheit der Betreffenden ab. Oft folgen sich die Beobachtungszahlen so rasch, dass der Schreiber kaum nachkommt und keinesfalls Zeit hat, die Kreisablesungen vorzunehmen. Die beiden Geometer am Instrumente wechseln von Zeit zu Zeit die Rollen, was weniger ermüdet. Zur Noth genügt ein Geometer am Instrumente und ein ordentlicher Gehülfe, dem man das Aufschreiben nach dem Diktate, die Bezifferung der Punkte, wie deren Bestätigung durch den Verkehr mit dem äusseren Geometer anvertrauen kann. Am Instrument ist noch ein Arbeiter nöthig, der das Tachymeter bei Ortsänderungen trägt, Hindernisse, wie vorstehende Aeste, beseitigt, den Schirm zur Abhaltung der Sonne oder des Regens hält und für allerhand Dienstleistungen bereit ist.

Sobald die Beobachtungen für einen äusseren Punkt beendet sind, ist dem äusseren Gehülfen und Lattenträger ein Zeichen zu geben, am besten mit einem farbigen Tuch oder durch einen Pfiff (weniger sicher als optisches Zeichen). Da das genaue Senkrechthalten der Latte ermüdend ist, wird der Lattenträger vom Instrumente aus durch ein Zeichen (auch mit dem Tuche, das anders gehalten wird) verständigt, wann und wie lange er ganz fest stehen und halten muss. Ein drittes Zeichen ist verabredet, um den bereits abgedankten Lattenträger zu veranlassen, wieder auf denselben Punkt zurückzugehen, wenn man etwa bemerkt, dass irgend etwas vernachlässigt war. Ist der Gehülfe abgedankt und nicht zurückgerufen, so begibt er sich nach Anweisung des äusseren Geometers auf einen andern Punkt, richtet aber die Latte dortselbst zunächst noch nicht auf. In der Zwischenzeit hat nämlich der zweite, beim äusseren Geometer befindliche Lattenträger auf einem andern Punkt seine Latte aufgerichtet und erst wenn dieser vom Instrumente aus abgedankt ist — vortheilhaft den einen stets durch ein weisses (ungerade), den andern durch ein rothes Tuch (gerade Nummern) —, erst dann darf die Latte an dem dritten Punkt aufgerichtet werden. Nie sollen gleichzeitig zwei Latten stehen, zur Vermeidung jeder Verwechselung.

Der äussere Geometer bleibt immer so nahe bei seinen Gehülfen, dass er ihnen seine Anweisungen ausschliesslich mündlich ertheilen kann. Um besondere Mittheilungen an den fernen Beobachter oder seinen Schreiber zu machen, kann eine Zeichensprache mittelst der Latte verabredet werden, z. B. wagrechtes Halten derselben heisst „Bachrand", ungetheilte Rückseite heisst „Weg", sehr schiefes Halten gegen Links des Beobachters heisst „Kreuzweg" u. s. w. Der Beobachter lässt solche nähere Bezeichnung der Punkte nebst der Nummer in das Feldbuch eintragen, er vermag von Weitem, auch durch das Fernrohr, solche Besonderheiten nicht zu erkennen, wesshalb die Zeichen von aussen her zu erfolgen haben.

Der äussere Geometer hat seinen Lattenträger so zu verschicken, dass für den Beobachter keine Unterbrechung eintritt, dass nämlich, sobald ein Punkt erledigt ist, die Latte schon am nächsten aufgestellt werden kann. In schwieriger zu begehendem Gebiete wird der äussere Geometer mit zwei Gehülfen nicht ausreichen, sondern deren mehr anweisen, was natürlich erhöhte Aufmerksamkeit erfordert.

Die einzelnen Standpunkte des Tachymeters werden mit I, II, III... und sonst zu näherer Beschreibung, wie Galgenberg, an der Pulvermühle u. s. w. bezeichnet. Man beginnt die Beobachtung mit jenem des vorhergehenden Standpunktes, also auf IV mit III, was ja schon der genaueren Orientirung wegen nöthig ist, welche die Bussole allein nicht liefert. Dann folgen die Punkte nach dem Ermessen des äusseren Geometers, der darauf zu achten hat, unnöthiges Hin- und Herlaufen zu vermeiden. Die Punkte, welche vom Standpunkte I aus beobachtet werden, sind 101, 102, 103..., jene von II aus sind 201, 202..., von III aus 301, 302... bezeichnet, die Hundertzahl kennzeichnet den Standpunkt. Den ersten Standpunkt kann man auch mit 0 bezeichnen, die von ihm aus aufgenommenen Punkte also mit 1, 2, 3... bis 99. Bezeichnungen wie 100, 200, 300... lässt man weg. Es kommen in der Bezifferung Sprünge vor; so kann als nächst höhere Nummer auf 228 sofort 301 folgen. Die Nummer des letzten von einem Standpunkt aus beobachteten Punktes unterstreicht man, hier also $\underline{228}$. Selten wird man vom selben Standpunkte aus mehr als 99 Punkte beobachten, man hilft sich dann durch Strichelung, z. B. 301, 302... 398, 399, 301', 302'... Die Art der Bezifferung, wie sie hier vorgeschlagen wird, ist besser als mit Zahlen und Buchstaben abzuwechseln,

z. B. 1 bis 38, dann a bis w, dann weiter 1 bis 43, dann a bis z und weiter a', b'... u. s. f.

Der äussere Geometer sucht die letzten von einem Standpunkte aufzunehmenden Punkte in die Nähe des Standpunkts zu verlegen; er kann dann, da er selbst den Latttenträgern folgt, bequem mit den Geometern am Instrumente Rücksprache halten, als Abtheilungsvorstand Prüfungen vornehmen, z. B. die Schlussbeobachtung, Rückzielen auf den verlassenen Standpunkt (mit welchem schon begonnen worden war) und Vorzielen auf den nächsten Standpunkt selbst machen, die Aufschreibungen hinsichtlich der näheren Punktbezeichnungen vergleichen u. dergl. m. Während das Tachymeter zum nächsten Orte getragen, dort aufgestellt, orientirt und die erste (zum verlassenen Standpunkte rückzielende) Beobachtung gemacht wird, hat der äussere Geometer seine Handskizze vervollkommnet, sich in der neuen Abtheilung umgesehen und sonstige Vorbereitungen getroffen.

§ 243. **Das Feldbuch** erhält am besten folgende, wesentlich Moinot's Vorschlägen angelehnte Einrichtung, deren zweckmässige Wahl, wie die Sorgfalt der Führung von Belang sind. In die erste Spalte A wird der Standpunkt geschrieben, Bemerkungen über den Beobachter, das Instrument, die Witterung u. s. w. In die zweite Spalte B kommt die Höhe i_1 der Kippaxe des Instruments über dem Boden, in Meter. Diese Messung hat der Schreiber zu besorgen, der äussere Geometer zu controlliren. In die Spalte C kommt die Bezeichnung des Punktes, in N unter Bemerkungen etwa nähere Angaben. In Spalte D wird das Azimut geschrieben, in E die Zenitdistanz z (oder der Höhenwinkel α, dem ein Vorzeichen beizusetzen ist). In Spalte F kommen die Ablesungen mittelst der Distanzfäden an der Latte, o über u, in Meter, obgleich in Centimeter abgelesen und diktirt. In Spalte L kommt auf die zweite zu dem Punkte gehörende Zeile mit — Zeichen die in Meter ausgedrückte Höhe i_2 des Punktes m, in welchem die Latte vom Mittelfaden getroffen wird. Nur für die wichtigeren Punkte, also namentlich die Standpunkte und bei grosser Neigung der Mittelziellinie gegen den Horizont wird i_2 als Ablesung an der Latte eingetragen; sonst nur als arithmetisches Mittel der Ablesungen o und u. Dieses wird, wie alle nicht unmittelbar beobachteten, sondern nur berechneten Zahlen mit anderer Schrift dargestellt. — Die übrigen Spalten nehmen nur berechnete Zahlen auf. Nur die zur Bestätigung erforderlichen Rechnungen werden im Felde selbst gemacht und eingetragen, also wesentlich die auf die Standpunkte selbst bezüglichen Coordinaten.

Die erste berechnete Zahl ist die sogenannte Stammzahl o — u, welche nach Meter, in Spalte G eingeschrieben wird. Da u, wie angegeben, eine runde Zahl, ist die Subtraktion so schnell erledigt, dass der Schreiber diese berechnete Zahl gewöhnlich schon im Felde einträgt.

Die berechnete Horizontalentfernung wird, nach Meter, in Spalte H eingetragen. Die berechnete Höhe des vom Mittelfaden angezielten Punktes m kommt in die Spalte J mit + wenn sie über (Zenitwinkel $< 90^0$) und in die Spalte K mit —, wenn sie unter der Horizontalen der Kippaxe des

Instrumentes liegt (Zenitwinkel $> 90^0$). Auch die Höhenunterschiede sind nach Meter gerechnet.

In Spalte M wird die See- oder Relativhöhe (Quote) der Standpunkte auf die betreffenden Zeilen angeschrieben. Addirt man dazu die Instrumentenhöhe i_1, so erhält man die See- oder Relativhöhe (Quote) der Kippaxe, welche eingeklammert in Spalte L geschrieben wird. In diese Spalte L kommt, den einzelnen Punkten entsprechend, die (eingeklammerte) Instrumentenaxenhöhe vermehrt um den in J, oder vermindert um den in K stehenden, berechneten Höhenunterschied. Die darunter stehende Höhe i_2 des Punktes m, auf welchen der Mittelfaden trifft, über dem Boden oder Nullpunkte der Lattentheilung wird abgezogen von der darüber stehenden Zahl und die Differenz als endgültige Höhenordinate oder Quote des Punktes in Spalte M eingetragen.

Die Zeile, auf welcher in Spalte A die Bezeichnung des Standpunktes steht, wird unter Wiederholung dieser Bezeichnung in Spalte C für den Standpunkt selbst freigelassen, auf ihr kommen nur Rechnungszahlen vor. Die nächste Querabtheilung (Zeilengruppe) ist für den vorhergehenden Standpunkt und die dann folgende für den nächsten Standpunkt bestimmt, selbst wenn der folgende Standpunkt in ganz anderer Reihenfolge, in der Regel viel später oder gar zuletzt, beobachtet wird. Sonst wird die Ordnung der Bezifferung eingehalten.

Im Beispiele sind, wie bei Tachymeteraufnahmen üblich ist, die Winkel bis auf Zehntelminuten, nicht auf Sekunden genau, vorgetragen.

Die Prüfungsmessungen werden keine genaue Uebereinstimmung liefern. Für die Horizontalentfernung wird, wenn die Differenz nicht zu gross ist (was zu Neumessung nöthigen würde) das Mittel genommen, also von I nach II 292,76 und von II nach I 293,36, woraus das Mittel 293,06. Hinsichtlich der Höhendifferenz (wenn sie nicht zu gross) wird die Ausgleichung folgendermassen gemacht. Man schreibt in Spalte N rechts die durch Messung von I nach II gefundene Quote, nämlich 141,79 und daneben (links) die Summe dieser Zahl mit der Instrumentenhöhe (1,42) auf II = 143,21. Der in Spalte K (oder J) stehende berechnete Höhenunterschied des Punktes m der auf I gehaltenen Latte gegen die eben berechnete Instrumentenhöhe von II, nämlich — 10,58 wird zu dieser 143,21 addirt und der Werth 132,63 in Spalte L neben I geschrieben, darunter die Höhe des mit dem Mittelfaden angezielten Punktes m (1,77) der Latte; abgezogen erhält man die neuberechnete Quote von II, mit 130,86. Ueber diese hat man von oben die früher gefundene 130,92 geschrieben, die Differenz (Abweichung der zwei Messungen) mit 0,06 kommt in die Spalte N; sie wird gehälftet und also 141,79 + 0,03 = 141,82 als ausgeglichene Quote von II in M eingetragen, und daneben (eingeklammert) die um i_1 = 1,42 höhere Quote der Instrumentenaxe auf II, also 143,24. Zu dieser wird jetzt der für III berechnete Höhenunterschied + 12,51 addirt, davon die Höhe i_2 = 1,75 abgezogen, gibt die Quote von III u. s. w. (Fortsetzung S. 451.)

Feldbuch der Tachymeteraufnahme.

A	B	C	D	E	F	G	H	I	K	L	M	N
Tachym. Nr. 31 Standpkt.	i_1	Punkt	Horizontal-	Zenit-	Faden- Ablesung	Stamm- zahl	Horizont.- Entfernung	Höhe v. m über dem Instrument		Quoten von m (− i_2)	des Punkts	Bemerkungen
			Winkel					+	−			
I	1,37	I								(132,29)	130,92	An der Altmühle
18. Mai 1883		II	102 34,6	87 45,5	3,425 0,500	2,925	292,76	11,46		143,75 — 1,96	141,79	Müllersruh
10—12h. Kein Wind		101	217 11,2	93 18,0	2,770 1,500	1,270	127,28		5,82	126,47 — 2,14	124,35	
Helles Wetter Beob-		102	248 19,0	84 27,5	1,925 1,000	0,925	92,33	8,96		141,25 — 1,46	139,79	Bachrand
achter W. Meyer							u. s. w.					
		138	16 38,3	101 04,0	2,730 1,000	1,730	167,32		32,73	99,56 — 1,87	97,69	Heckenweg
II	1,42	II								(143,24)	141,82	
		I	282 34,5	92 04,0	3,230 0,300	2,930	293,36		10,58	132,63 — 1,77	130,92 130,86	143,21 141,79 0,03 0,03 143,24 141,82 Diff. 0,06 1/2 0,03
		III	97 38,4	86 14,5	2,705 0,800	1,905	190,82	12,51		155,75 — 1,75	154,00	Villa Funk
		201	105 41,0	91 23,0	1,830 1,000	0,830	83,65		2,02	141,22 — 1,42	139,80	
		202	164 31,9	94 17,5	1,435 0,200	1,235	122,91		9,27	133,97 — 0,82	133,15	Kreuzweg
		246	318 16,5	85 20,0	2,145 1,000	1,145	114,44	9,34		152,58 — 1,57	151,01	Heiligenbild
III	1,35	III								(155,39)	154,04	
		II	277 38,1	93 45,0	2,100 0,200	1,900	189,89		12,45	142,90 — 1,15	141,82 141,75	155,35 154,00 0,04 0,04 155,39 154,04 Diff. 0,07 1/2 0,04
		IV	106 19,7	87 18,0	3,385 0,500	2,885	286,57	10,82		166,21 — 1,94	164,27	Wendelinkapelle
		301	124 58,3	81 04,0	2,640 1,000	1,640	160,74	25,27		180,66 — 1,82	178,84	
		302	159 17,8	91 00,0	2,810 1,000	1,810	181,62		3,69	151,70 — 1,91	149,79	Steinkreuz

u. s. w.

Die auf III nach II gemachte Messung gibt eine Differenz von 0,07, deren Hälfte 0,04 zur Ausgleichung benutzt wird, wodurch die Quote von III nun zu 154,04 wird. Hierzu $i_1 = 1{,}35$ gibt eingeklammert in L die Instrumentenquote 155,39. U. s. w.

Kann man an Punkte anbinden, deren Höhenquoten durch ein Präcisions-Nivellement bereits bekannt sind, so versäumt man selbstverständlich solche werthvolle Bestätigungen nicht. Zeigt sich eine zulässige Abweichung, so verwirft man den tachymetrisch gefundenen Werth und ersetzt ihn durch den sicherer bekannten.

Das Beispiel zeigt, dass die Orientirung nicht mathematisch genau, das Azimut $\alpha_{\text{II I}}$ müsste genau um 180^0 vom Azimut $\alpha_{\text{I II}}$ verschieden sein. Ist die Abweichung genügend klein, so beruhigt man sich dabei. Die zulässige Grenze wird nach der Güte des Instruments, insbesondere der Genauigkeit der Horizontaltheilung, verschieden sein, 5′ oder 1′ oder sonst wie.

Die Anwendung eines Rechenschiebers bei tachymetrischen Arbeiten ist sehr angezeigt und der Genauigkeit der Messung wohl angemessen. Für die logarithmischen Rechenschieber ist die Hunderttheilung des rechten Winkels etwas bequemer als die sexagesimale und jene bietet auch noch den Vortheil dar, dass die Aufschreibung (als decimale) bequemer und die häufigen Ergänzungen auf 100 oder 400 bequemer sind als auf 60 oder 360. Daher wird bei Tachymetern vielfach Centesimaltheilung angewendet; in diesem Buche ist der Einheitlichkeit zu liebe nur die sexagesimale angewendet.

§ 244. **Feldarbeit und Hausarbeit.** Die Geschäfte im Felde sind von Jahreszeit und Tageszeit, von der Witterung bedingt, sie können meist nur nach Vollendung einer Reise gemacht werden. Sie sind also jedenfalls kostspieliger als jene, die man jederzeit, bei jeglicher Witterung zu Hause vollführen kann. Daher ist es wirthschaftlich wichtiger Grundsatz die Feldarbeit auf das geringste Maass zu beschränken und keine Hausarbeit im Felde auszuführen. Alle Berechnungen, mit Ausnahme der zu Prüfungen dienenden, sollen also zu gelegener Zeit zu Hause angestellt, ebenso die sonstigen Verwerthungen der Vermessungs-Ergebnisse daheim gemacht werden.

Es ist hier Gelegenheit zu bemerken, dass die letzten Einzelheiten einer Aufnahme, soweit nur der Grundriss in Frage steht, nicht mit dem Tachymeter ausgeführt werden, um Zeit zu ersparen. Man nimmt z. B. nur einen Rand eines Weges, Grabens, Baches u. dergl. auf und der äussere Geometer misst die Breite des Weges, Grabens u. s. w., vervollständigt damit seine Handskizze, auf Grundlage welcher dann der schliessliche Plan in seinen letzten Einzelheiten zu Hause vervollständigt wird. Auch unbequeme Gegenstände, Gebäude, Gärten und derlei, von welchen nur der Grundriss zu kennen nöthig ist, werden vom äusseren Geometer durch Einbinden mit Schnittmaass, mittelst Handbussole u. s. w. aufgenommen, nicht mehr tachymetrisch.

Der vielbeschäftigte äussere Geometer soll am Abend eines jeden Beobachtungstages seine Handskizzen vornehmen, die Bleistiftlinien mit Tusche oder Tinte ausziehen, nach Bedarf Schraffirungen eintragen, auch sonstige

Ergänzungen machen, wozu ihm die frische Erinnerung behülflich sein wird. Dadurch bleibt er auf dem Laufenden und kann nächsten Tags mit grösserer Beruhigung, dass nichts vergessen worden sei und das lästige Zurückkehren auf durchschrittenes Gebiet nicht nothwendig werde, fortarbeiten. Sollten Nachträge zu machen sein, so sind sie besser sogleich, so lange man noch in nächster Nähe ist, als später auszuführen.

§ 245. **Schichtenlinien oder Horizontalcurven.** Die zeichnende Darstellung des Grundrisses nach der Tachymeteraufnahme wird ganz in der gelegentlich des Polarverfahrens (§ 189 S. 329) angegebenen Weise mit dem Transporteur und Maassstab vollführt. Nur für die Instrumentenstandpunkte und einige andere Orte hervorragender Wichtigkeit wird man in früher angegebener Art die rechtwinkeligen Coordinaten berechnen und verzeichnen.

Die gemessenen (und berechneten) Höhen oder die Quoten der Punkte werden, wie in Seekarten die Meerestiefen — zu den Grundrissbildern einfach in Zahlen beigesetzt. Die Nummern der Punkte sind wohl meistens im Bilde entbehrlich, gegebenen Falls schreibt man sie in anderer Zifferform oder Farbe und immer links, die Höhenzahlen aber rechts vom Punkte.

Ein mit vielen Zahlen beschriebener Plan ist hinsichtlich der Höhenverhältnisse durchaus nicht übersichtlich, kann aber durch Eintragung der Schichtenlinien oder Horizontalcurven sehr anschaulich gestaltet werden.

Der Vermessungshorizont — und zwar der wirkliche, nicht der scheinbare ist hier gemeint — schneidet die Erdoberfläche in gewissen Punkten, deren Verbindung unter einander eine Curve ist, eine Schichtenlinie, die entweder einfach geschlossen sein kann, oder innerhalb des betrachteten Gebiets offen ist, auch aus unzusammenhängenden Theilen in dem Gebiete bestehen mag. Denkt man eine zweite, dritte ... Niveaufläche oder so viel weitere Horizonte in gleichen Abständen, z. B. immer von 10 zu 10 m gelegt (über und unter dem Vermessungshorizont) und die betreffenden Schnittlinien mit dem Boden aufgesucht, so könnte man durch gehörig orientirte Aufeinanderlegung von 10 m dicken Scheiben, deren Umfänge eben die Schichtenlinien sind, ein treppenförmiges Gebilde herstellen, das der wirklichen Bodenoberfläche schon nahe kommt. Sind die Schichtenlinien so enge über einander genommen, dass zwischen den nächsten Punkten zweier Curven das Gefälle ganz gleichförmig ist, so braucht man nur die Treppen auszufüllen, um die wirkliche Bodenoberfläche genau darzustellen. Ist zwischen zweien solcher Nachbarschichtenlinien das Gefälle stärker veränderlich, so müsste man an diesen Stellen noch andere Schichtenlinien von geringerem Höhenunterschiede zwischengelegt denken, um durch Zwischenstufen die genauere Vorstellung der Oberflächenbeschaffenheit zu gewinnen.

Der äussere Geometer hat bei der Auswahl der Punkte im Felde darauf zu sehen, dass zwischen zwei benachbarten keine erhebliche Aenderung im Gefälle vorkommt. Es müssen also alle Punkte, in denen die Bodensenkung oder Ansteigung plötzlich ändert, aufgenommen sein. Hat man nun zwei im Grundrisse benachbarte Punkte mit den Höhen 103,84 und 98,27 *) und ist man berechtigt ein gleichmässiges Gefälle auf der sie verbindenden Geraden anzunehmen, so kann man schliessen: die ganze Länge zwischen den zwei Punkten hat eine Senkung von 103,84 — 98,27 = 5,57 m; in $\frac{3{,}84}{5{,}57}$ des Horizontalbestandes vom ersten zum zweiten Punkte ist die Senkung 3,84 m, die Höhe also 103,84 — 3,84 = 100 m, damit ist ein Punkt der 100 m Höhe entsprechenden Schichtenlinie im Grundrisse sofort gewonnen. Er liegt natürlich in $\frac{1{,}73}{5{,}57}$ des Abstandes von dem zweiten nach dem ersten Punkte hin. Die Auffindung des Punktes der 100 m-Schichtenlinie hat also keine Schwierigkeit. Man verfährt dabei gewöhnlich nach Schätzung und auch der Rechenschieber wird dabei zu Hülfe genommen.

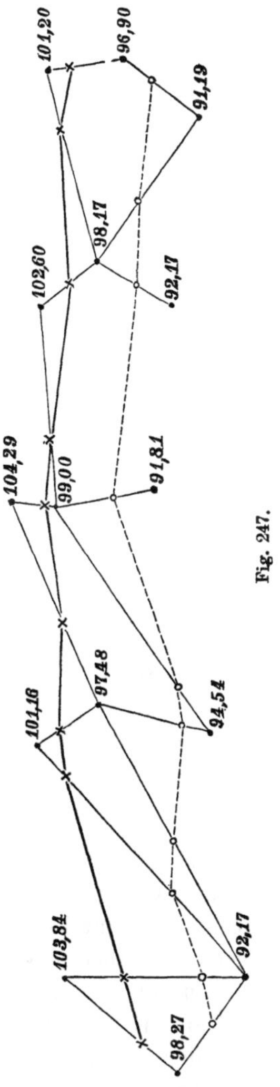

Fig. 247.

In der nachfolgenden Skizze (Fig. 247) sind zwischen je zwei Punkten deren Höhen gemessen und grösser und kleiner als 100 m gefunden wurden, durch Interpolation in der beschriebenen Art Punkte von 100 m Höhe aufgesucht und mit x x bezeichnet worden. Man darf zwei benachbarte derselben, in der Voraussetzung, dass zwischen ihnen eine plötzliche Senkung oder Erhebung nicht stattfindet (sonst müsste ja ein aufgenommener Punkt zwischen liegen) durch eine Gerade verbinden, welche dann ein Theil der Schichtenlinie für 100 m ist. Die so entstehende gebrochene Linie wird man durch eine Curve ersetzen. Es sind noch Punkte von 95 m Höhe, zwischen solchen von grösserer und solchen von geringerer Höhe eingeschaltet, die Schichtenlinie für 95 m ist gestrichelt. Die Horizontalcurven werden zweckmässig mit Sepia oder hellroth gezeichnet, während Grenzen, Wege u. s. w. schwarz, Wasserlinien blau gezogen sind.

Die Horizontalcurven sind zuweilen seltsam gekrümmt und es bedarf schon einiger Aufmerksamkeit, die Punkte in richtiger Ordnung durch einen Zug zu verbinden. Hierbei leisten die Skizzen vortreffliche Dienste, welche

*) Für die Construktion der Schichtenlinie genügt es fast immer, die Höhen auf 0,1 m abzukürzen, hier sind die 0,01 nur aus Lehrrücksichten beibehalten.

vom äusseren Geometer auch über den muthmasslichen Verlauf der Schichtenlinien als Leitlinien entworfen sind. Bei längerer Arbeit erwirbt man die Fertigkeit schon durch den blossen Anblick ziemlich richtige Vorstellungen vom Verlaufe der Horizontalcurven zu gewinnen; hält man einen Stock oder ein Lineal wagrecht und zielt darüber nach den Berglehnen, so wird das Geschäft erleichtert, auch vermag man leicht an einem Berghange einen Weg ohne Steigung oder Fall (d. h. horizontal) aufzufinden, entweder nur mit dem Auge oder man kann ihn auch abgehen und darnach die Leitlinie entwerfen.

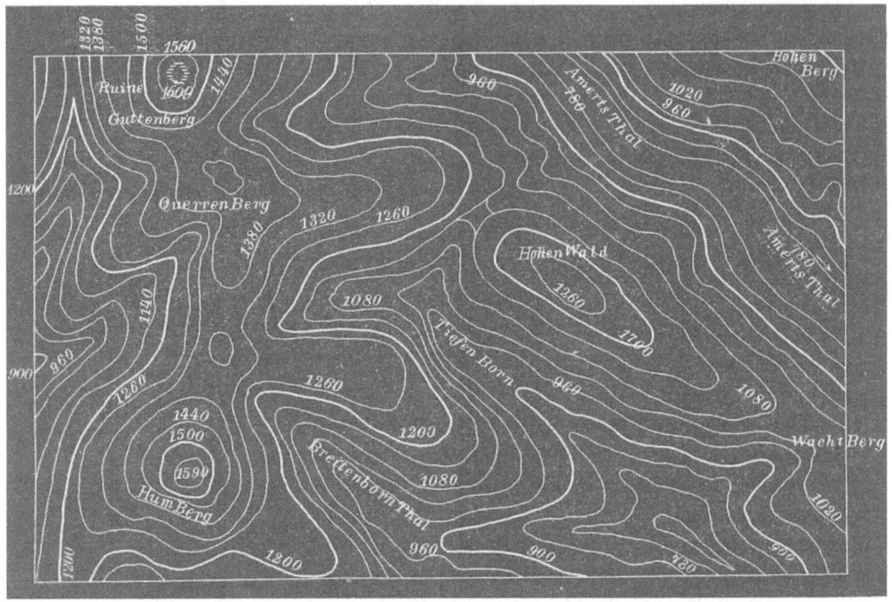

Fig. 248.

Zur Herstellung eines sauberen Schichtenplans wird der nach der Tachymeteraufnahme construirte mit vielen Zahlen bedeckte Plan durchgepaust oder durchstochen, die Höhenlinien eingetragen (ebenso die Grenzen, Wege ...), aber die Zahlen weggelassen. Nur hin und wieder wird an eine Curve die Zahl gesetzt, die ihrer Höhe entspricht. Der Anblick der Tafel II., welche einen Theil des Gefechtsfeldes bei Spicheren, copirt nach den, dem Generalstabswerke beigegebenen Plänen darstellt, kann vielfache Belehrung geben. Die Schichtenlinien sind in Abständen von 60 Fuss genommen, an einzelnen Stellen aber sind zur besseren Veranschaulichung der Bodenverhältnisse noch Zwischencurven eingeschaltet. Auch die Originalzahlen der Höhenaufnahme einzelner Punkte sind deren Grundrissbildern beigeschrieben. Fig. 248 ist ein Stück der Umgegend von Weissenburg, nach dem Generalstabswerke.

Wo die Schichtenlinien im Grundrisse enge aneinander rücken, ist

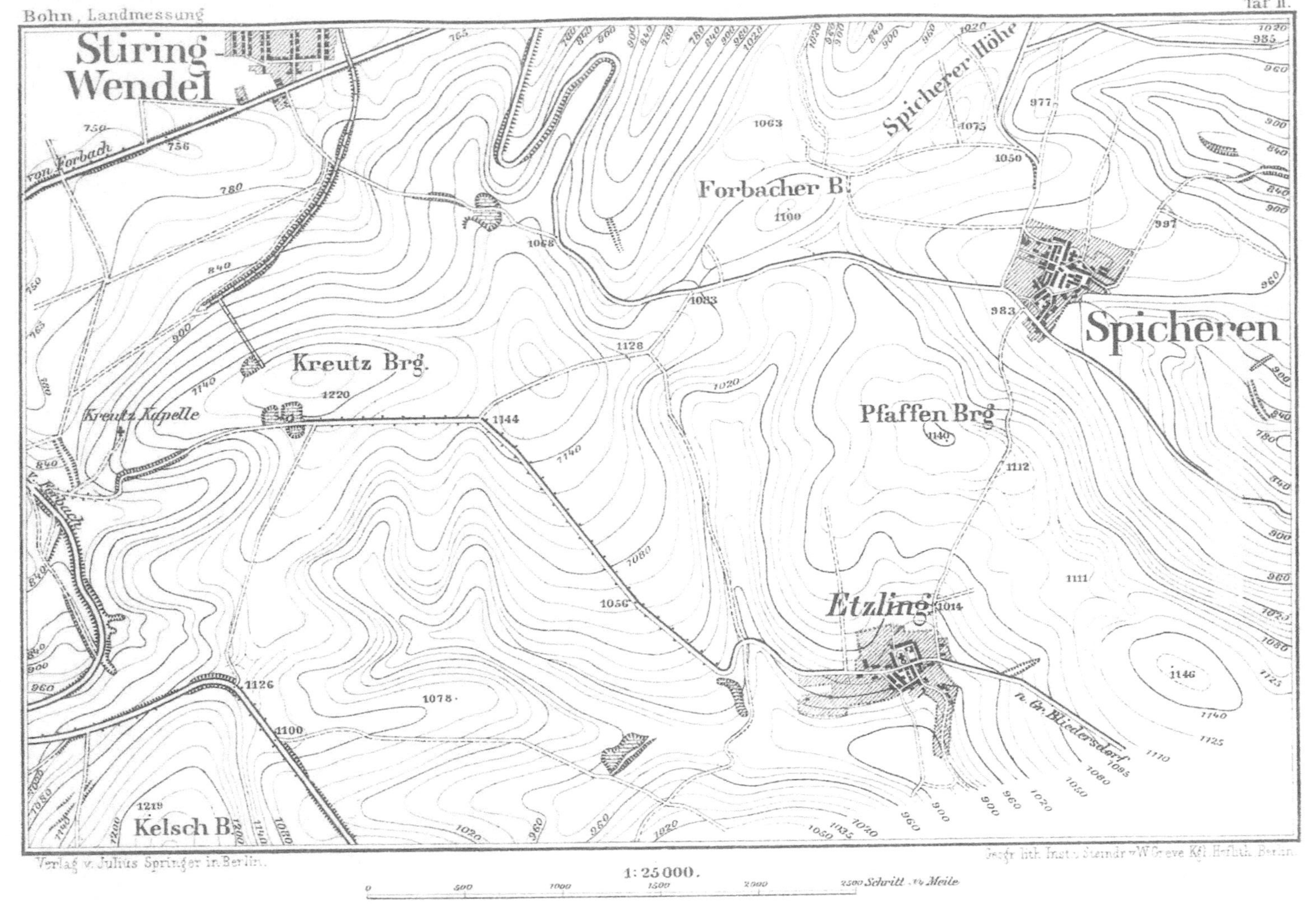

Verlag v. Julius Springer in Berlin.
Geogr. lith. Inst. u. Steindr. v. W. Greve Kgl. Hoflith. Berlin.

1:25000.

0 500 1000 1500 2000 2500 Schritt ½ Meile

offenbar eine steilere Senkung des Bodens, während diese desto flacher ist, je weiter benachbarte Schichtenlinien von einander abstehen. Die Richtung des stärksten Gefälles oder des Wasserlaufes von einem Punkte aus findet man leicht als jene, welche die benachbarten Schichtenlinien rechtwinkelig durchschneidet, — sie wird häufig krumm sein müssen, um dieser Bedingung genügen zu können.

Aus einem Plane mit Schichtenlinien lassen sich leicht die Profile der Gegend oder die Durchschnitte der Bodenoberfläche mit senkrechter Ebene nach verschiedenen Richtungen hin ableiten. Darüber § 291.

§ 246. **Prüfung des Tachymeters, besonders des Indexfehlers am Höhenkreise.** Die Prüfungen und Berichtigungen, welche für die Messung der Horizontalwinkel von Belang sind, haben schon Besprechung gefunden in § 138, §§ 157—162, eventuell in § 224 und für die Bussolenzugabe in § 180. Die Prüfung auf die Werthe der Constanten des Distanzmessers findet sich in § 230 S. 419 angegeben, von der Genauigkeit des Distanzmessens handelt § 237.

Da die Messung von Höhenwinkeln bei der gewöhnlichen Theodolitbenutzung gar nicht vorkommt oder sehr untergeordnet ist, wurde die Prüfung hinsichtlich des Vertikalkreises bisher nicht erwähnt. Sie ist aber für die Tachymetrie — Höhenmessen und Entfernungsmessen — von besonderer Wichtigkeit und kommt daher an dieser Stelle zur Erörterung. Zunächst die auf die Lage des Nullpunktes des Nonius, allgemeiner des Indexes, bezügliche.

Es ist zu unterscheiden, ob das Fernrohr durchschlagbar ist (wenn auch erst nach Aushebung der Kippaxe aus ihren Lagern) oder nicht. Die in Rede stehende Prüfung wird ungleich viel bequemer (eventuell unnöthig) bei durchschlagbarem Fernrohr, wesshalb es sehr erwünscht ist an Tachymetern durchschlagen zu können, — es sind die Vortheile schon für die reinen Horizontalmessungen bereits hervorgehoben (§§ 154, 158, 159).

Das Instrument mit durchschlagbarem Fernrohr wird sorgfältig mit Hülfe der Libellen aufgestellt, so dass die Vertikalaxe genauest senkrecht steht (§ 156). Dann zielt man einen gut sichtbaren, scharf bestimmten Punkt an und macht in dieser ersten Lage die entsprechenden Ablesungen am Höhenkreise. Nun wird die Alhidade um 180^0 gedreht, das Fernrohr durchgeschlagen, in zweiter Fernrohrlage derselbe Punkt angezielt und abermals die Ablesungen am Höhenkreise gemacht. Aus den Ablesungen in beiden Lagen lässt sich die genaue Neigung der Zielrichtung und ebenso der Indexfehler, wenn ein solcher vorhanden, sicher ableiten.

Sei zunächst angenommen der Nullpunkt des mit dem Fernrohr fest verbundenen und drehenden Kreises sei gerade hinter dem Objektivende.

Die Bezifferung am Höhenkreise findet man in verschiedener Art:

1) Durchgehend von 0^0 bis 360^0. Die Ablesung am Höhenkreise sei in erster Lage z; wird sie in zweiter Lage gleich $360^0 - z$ gefunden, so besteht kein Indexfehler.

Die ausgezogene Pfeilspitze gibt in Fig. 249 die Zielrichtung des centrisch gedachten Fernrohrs in erster Lage an, bei 0′, 90′, 180′ 270′ liegen die 0^0, 90^0, 180^0, 270^0 entsprechenden Punkte des Kreises, z ist, wenn der Index auf der Vertikalaxe V angenommen wird, die Ablesung. Wird der Kreis um V V als Axe 180^0 gedreht (oder um eine zu V V parallele Axe), so gelangen die Punkte 0′, 90′, 180′, 270′ an die symmetrisch gegen V V gelegenen Stellen 0″, 90″, 180″, 270″ und die Absehrichtung hat die symmetrische, punktirt angedeutete Lage. Um nun den in Richtung des ausgezogenen Pfeils gelegenen Punkt wieder anzuzielen, muss das Fernrohr mit dem Kreise um den Bogen 0″ z 0′ zurückgedreht werden. Dadurch gelangt Punkt 0″ nach 360‴ = 0‴, nämlich dorthin, wo in erster Lage 0′ war, 90″ gelangt nach 90‴ (wo 270′ anfänglich war), 180″ gelangt nach 180‴ (wo vorher 180′ war) und 270″ kommt nach 270‴ (wo vorher 90′ gewesen). Die Ablesung an dem in V befindlichen Index oben ist jetzt zwischen 360‴ und 270‴, um denselben Bogen, entsprechend z^0, von 360‴ entfernt, sie ist also $360^0 - z$. Damit ist erwiesen, wie behauptet wurde, dass bei richtiger Lage des Index, auf dem vertikalen Durchmesser des Kreises, die Ablesungen in den zwei Lagen bei Anzielung desselben Punktes sich zu 360^0 ergänzen müssen.

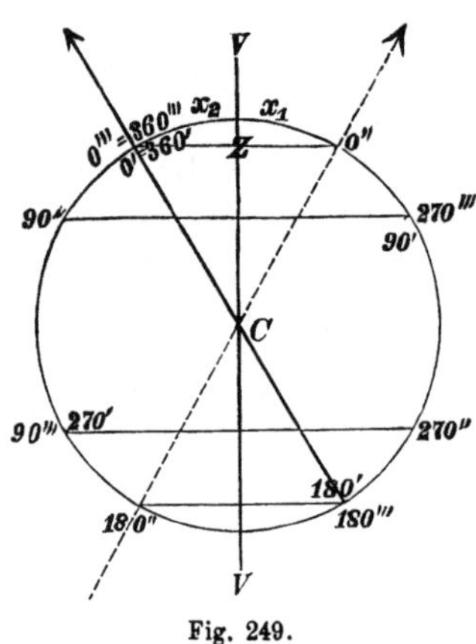

Fig. 249.

Wäre in erster Lage der Index statt in V in dem mit x_1 bezeichneten Punkte rechts, um einen Betrag f von V entfernt gewesen, so wäre er durch die Drehung um 180^0 in die (zu VV) symmetrische Lage nach x_2 gekommen. Die Ablesung in erster Lage wäre $a_1 = z + f$ gewesen, die in zweiter aber $a_2 = 360^0 - (z - f)$. Offenbar ist

$$a_1 + (360 - a_2) = 2z. \qquad \text{und} \qquad a_1 - (360 - a_2) = 2f.$$

Die halbe Summe der Ablesung in der einen und der Ergänzung der Ablesung in der andern Lage zu 360^0 gibt also den vom Indexfehler befreiten Zenitwinkel. Der Indexfehler selbst aber ist die halbe Differenz der eben genannten Grössen. — Beachtenswerth ist, dass bei Beobachtung in zwei Lagen der Indexfehler eliminirt werden kann.

Bisher ist vorausgesetzt der Nullpunkt des getheilten Kreises liege genau hinter dem Objektive; er möge sich in Lage I um einen Betrag x weiter von V (also im Quadranten zwischen 0′ und 270′) befinden, nach dem Durchschlagen und Neuanzielen kommt er dann um x näher an V (nämlich wieder im Quadrant zwischen 0‴ und 270‴). Die erste Ablesung ist $\alpha_1 = z + x + f$, die zweite ist $\alpha_2 = 360^0 - (z - x - f)$. Daraus, wie oben $\alpha_1 + (360^0 - \alpha_2) = 2z$, aber $\alpha_1 - (360^0 - \alpha_2) = 2f + 2x$.

Durch Beobachten in zwei Lagen lässt sich also immer noch der Einfluss des Indexfehlers auf den Zenitwinkel eliminiren; die halbe Differenz liefert aber die Summe von Indexfehler und der anderen Nullpunktverschiebung.

2) Die Bezifferung am Höhenkreise steige in den zwei ersten Quadranten von 0^0 bis 180^0 und falle in den zwei folgenden von 180^0 auf 0^0. Man zielt wieder (bei senkrechter Zapfenstellung) denselben Punkt in zwei Lagen an und macht die Ablesungen. Die halbe Summe dieser gibt den vom Indexfehler befreiten Zenitwinkel und die halbe Differenz den Indexfehler selbst.

Liegt der Index richtig auf dem vertikalen Durchmesser, oben in V, Fig. 250, so ist bei der Einstellung nach der stark gezeichneten Linie in erster Lage die Ablesung z. Durch Drehung von 180^0 um V V kommen die Punkte $0'$, $90'$, $180'$ $\underline{90}'$ in die zu V V symmetrischen Lagen $0''$, $90''$, $180''$ und $\underline{90}''$ (hier sind die zwei Stellen 90^0 am Kreise durch Unterstreichen der einen 90 unterschieden). Das Absehen ist in die Lage der gestrichelten Linie gekommen. Die Einstellung nach dem Zielpunkte erfordert in der zweiten Lage eine Zurückdrehung des Fernrohrs mit dem Kreise um 2 z, nämlich um die Bogen $0''$ z $0'$. Dadurch kommt $0''$ nach $0'''$ (wo vorher $0'$ war), $90''$ kommt nach $90'''$ (wo vorher $90'$ war), $180''$ kommt nach $180'''$ (wo vorher $180'$ gewesen), und $\underline{90}''$ gelangt nach $\underline{90}'''$ an die früher von $\underline{90}'$ eingenommene Stelle. Die Ablesung ist jetzt wieder z^0, wie in erster Lage, aber freilich in einem andern Quadranten des Kreises, nämlich zwischen 0 und $\underline{90}$, während sie vorher zwischen 0 und 90 war. Sind also die Ablesungen in beiden Lagen numerisch gleich, so besteht kein Indexfehler. — War der Index in erster Lage bei x_1, so war die Ablesung $a_1 = z + f$, wenn f die Entfernung des x_1 vom vertikalen Durchmesser ist. Durch die halbe Drehung um die Vertikalaxe ist der Index nach x_2 symmetrisch mit x_1 zu V V gekommen, und die Ablesung ist nun $a_2 = z - f$. Also:

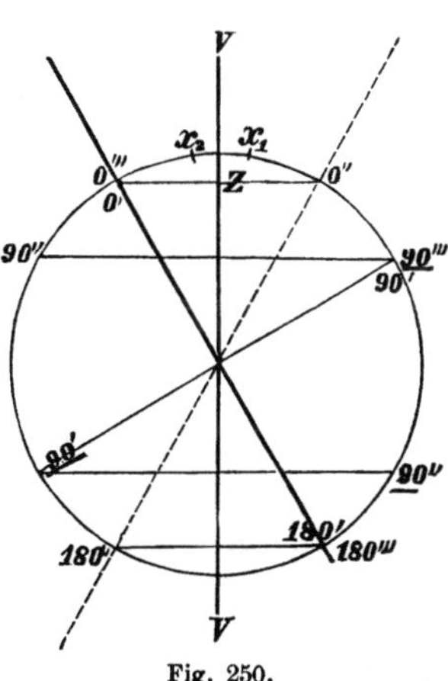

Fig. 250.

$$\tfrac{1}{2}(a_1 + a_2) = z \qquad \text{und} \qquad \tfrac{1}{2}(a_1 - a_2) = f.$$

Hiermit ist die oben aufgestellte Behauptung erwiesen, und es soll nochmals hervorgehoben werden, dass durch Beobachtung in zwei Lagen der Indexfehler eliminirt wird. Liegt Null der Kreistheilung nicht am Objektiv, so hat das, wie vorhin erörtert, auf die Elimination des Indexfehlers keinen Einfluss.

3) Die Bezifferung des Höhenkreises geht von 0^0 bis 90^0, dann im zweiten Quadranten von 90^0 bis $\underline{0}^0$, im dritten steigt sie wieder auf $\underline{90}^0$, und im vierten fällt sie dann wieder auf 0^0. Die Betrachtungen bleiben dieselben wie unter 2), man hat nur 180^0 durch $\underline{0}^0$ zu ersetzen.

Die bisher angegebene Prüfung der Indexstellung am Höhenkreise setzt Vertikalstellung des Zapfens voraus und wird ungenau, wenn diese mangelhaft ist. Es lässt sich aber die Prüfung, falls nur das Fernrohr durchschlagbar ist, auch in anderer Weise ausführen, wobei der Zapfen eine beliebige Stellung haben mag. Man dreht das Fernrohr, bis die Ablesung genau 90^0 ist und merkt den von der Zielrichtung getroffenen Punkt auf einer entfernt stehenden, getheilten Latte. Dann wird eine halbe Umdrehung (180^0) der Alhidade um den Vertikalzapfen vollzogen, das Fernrohr genau auf 270^0 bei durchgehender Bezifferung, oder auf das andere 90^0 ($\underline{90}^0$) bei nicht durchgehender Bezifferung gedreht und nachgesehen, ob genau derselbe Punkt der Latte angezielt ist. Im Bejahungsfalle ist kein Indexfehler vorhanden, denn man schliesst, die Zielrichtung sei in beiden Fällen genau rechtwinkelig zum Zapfen, was, wenn der Zenitwinkel 90^0 (oder $360^0 - 270^0$) gefunden wird, ja verlangt wird. Wird ein anderer Punkt der Latte getroffen, so wähle man einen dritten genau in der Mitte zwischen den beiden anderen und ziele ihn durch Kippen des Fernrohrs an. Die Differenz der jetzigen Ablesung gegen 90^0 bezw. 270^0 ist der Indexfehler. Die Richtigkeit der Prüfung ist einleuchtend und weitere Ausführung überflüssig. Ob man den dritten Punkt richtig in der Mitte zwischen den zwei anderen gewählt hat, erkennt man daran, dass in beiden Lagen die Abweichung der Ablesung von 90^0 bezw. 270^0 gleich gross sein muss.

Kann das Fernrohr nicht durchgeschlagen werden, so mag man nach erfolgter Senkrechtstellung der Alhidadenaxe einen gut sichtbaren, hochgelegenen Punkt in unendlicher Entfernung (Stern) anzielen und dann sein Spiegelbild in einem genau horizontalen Spiegel. Als künstlichen, spiegelnden Horizont benutzt man eine erschütterungsfrei aufgestellte Schaale mit Quecksilber oder mit Leinöl, dem man Kienruss zugesetzt hat. Hat der Stern zwischen den zwei Beobachtungen seine Höhe nicht geändert, war er also gerade in seinem Culminationspunkte, so müssen die beiden Anzielungen entsprechenden Ablesungen $a_1 = z$ und $a_2 = 180^0 - z$ sein, wenn kein Indexfehler vorhanden ist. Besteht aber ein Indexfehler, der die erste Ablesung um f zu gross macht, $a_1 = z + f$, so wird die zweite Ablesung um eben diesen Betrag zu gross $a_2 = 180^0 - (z - f)$ und es ergibt sich

$$z = \tfrac{1}{2}(a_1 - a_2) + 90^0 \qquad \text{und} \qquad f = \tfrac{1}{2}(a_1 + a_2) - 90^0.$$

Ist der einmal direkt und einmal im Spiegel angezielte Punkt nicht unendlich entfernt (ein irdischer), so sind Berichtigungen wegen der Höhe des Punktes über dem Spiegel anzubringen. Ist nämlich H die senkrechte Höhe des Punktes über dem Spiegel und liegt dieser um h unter dem Mittelpunkte des Vertikalkreises, so muss, wenn kein Indexfehler vorhanden ist, sein:

$$-(H + h)\,\mathrm{Tg}\,z_1 = (H - h)\,\mathrm{Tg}\,z_2,$$

wenn z_1 und z_2 die abgelesenen Zenitwinkel bei direkter Anzielung und bei Einstellen auf das Spiegelbild sind.

Da mit geodätischen Theodoliten u. s. w. das Anzielen der Sterne wegen Mangel an Fadenbeleuchtung unbequem bis unausführbar ist, so wird dieses Verfahren selten angewendet.

Dem Gedanken nach am einfachsten ist es, das Fernrohrabsehen genau wagrecht zu stellen und zu sehen, ob dann der Zenitwinkel genau 90^0 (oder der Horizontalwinkel 0^0) beobachtet wird. Die Abweichung des abgelesenen von dem Sollwerthe ergibt sofort den Indexfehler. Leider ist die Herstellung eines genau wagrechten Absehens gewöhnlich nicht so ganz einfach. § 258.

Ist mit dem Fernrohr eine gute Libelle derart verbunden, dass Libellenaxe und Absehen parallel sind, so braucht man nur das Fernrohr so lange zu kippen, bis diese Libelle scharf einspielt, um das gewünschte wagrechte Absehen zu haben. Die Gewissheit des Parallelismus zwischen Libellenaxe und Absehen muss aber vorerst durch eine besondere Prüfung erlangt sein. Bei nicht durchschlagbarem Fernrohr kommt diese im wesentlichen mit folgender Prüfung überein.

Auf möglichst wagrechtem Boden verpflocke man zwei um 50 bis 100 m von einander abstehenden Punkte, P_1 und P_2. Stelle das Instrument gut senkrecht über P_1, messe die Höhe i_1 der Kippaxe über dem Pflock (unbequem) und kippe, bis die Ablesung am Höhenkreise den Zenitwinkel 90^0 oder den Höhenwinkel 0^0 genau liefert. Auf P_2 ist eine getheilte Latte (Distanz- oder Nivellirlatte) senkrecht gehalten, man liest ab, in welcher Höhe l_2 über dem Pflock P_2 diese Latte vom Absehen getroffen wird. Bei Abwesenheit von Indexfehler (also wagrechtem Verlauf der Ziellinie) wird $h_{21} = i_1 - l_2$ d. h. P_2 um so viel höher als P_1. Nun wird das Instrument senkrecht über P_2 aufgestellt, die Instrumentenhöhe i_2 gemessen, auf die Ablesung $z = 90^0$ (bezw. $\alpha = 0^0$) gekippt und die Ablesung l_1 an der auf P_1 senkrecht gehaltenen Latte gemacht. Ohne Indexfehler ist nun $h_{12} = i_2 - l_1$, d. h. P_1 um so viel höher als P_2. Es muss sein $h_{21} + h_{12} = 0$ oder $i_1 - l_2 + i_2 - l_1 = 0$, d. h.

$$i_1 - l_2 = l_1 - i_2.$$

Bestätigt sich das, so ist kein Indexfehler vorhanden.

Bei Vorhandensein des Indexfehlers aber ist bei Einstellung auf $z = 90^0$ oder $\alpha = 0^0$ am Höhenkreise, die Ziellinie thatsächlich nicht wagrecht, sondern geneigt, und man wird in den zwei Messungen statt der Lattenablesungen l_2 und l_1 die unrichtigen λ_2 und λ_1 machen. Diese beiden sind im selben Sinne und um den gleichen Betrag unrichtig, nämlich um den Abstand s_{12} mal der Tangente der Abweichung der Ziellinie von den Horizontalen zu gross, wenn die Ziellinie steigt, zu klein, wenn sie fällt. Also $\lambda_2 = l_2 + \triangle l$ und $\lambda_1 = l_1 + \triangle l$. Es wird also $i_1 - \lambda_2$ nicht gleich $\lambda_1 - i_2$. Ersetzt man in der Bedingungsgleichung l_2 und l_1 durch $\lambda_2 - \triangle l$ und $\lambda_1 - \triangle l$, so erhält man

$$i_1 - \lambda_2 + \triangle l = \lambda_1 - \triangle l - i_2, \text{ woraus}$$

$$\triangle l = \tfrac{1}{2}(\lambda_1 + \lambda_2) - \tfrac{1}{2}(i_1 + i_2).$$

Mit Hülfe der erlangten Kenntniss von $\triangle$ l (unter Beachtung des Vorzeichens) lässt sich der Punkt der Latte angeben, welcher angezielt worden wäre, wenn kein Indexfehler bestünde. Man kippe nun das Fernrohr (die Stellung des Instruments im übrigen ungeändert lassend), bis die berechnete Ablesung l_1 (bezw. l_2) an der Latte erfolgt und lese am Höhenkreise ab. Der Unterschied gegen 90^0 (bezw. 0^0) ergibt sofort den Indexfehler.

Sind, wie gewöhnlich, mehrere Indexe am Höhenkreise angebracht, so ist für jeden derselben die Prüfung nach einer der angegebenen Arten vorzunehmen.

Es ist wohl unnöthig, die Prüfungen nochmals durchzusprechen für den Fall, dass die Höhenkreistheilung nicht Zenitabstände, sondern Höhenwinkel ergibt. Der ganze Unterschied liegt in einer Verdrehung des Indexes um 90^0; für Zenitdistanzen liegt er (mit 0 der Theilung des Kreises am Objektiv) auf dem vertikalen, für Höhenwinkel auf dem wagrechten Durchmesser des Kreises.

Es ist bereits angegeben, dass durch Beobachten in zwei Lagen der Indexfehler aus den Vertikalwinkeln fortgeschafft werden kann, und es ist rathsam, das immer zu thun, wenn es möglich ist. Aber gerade bei Tachymeterbeobachtungen hat das sein Missliches, weil abgesehen vom Zeitverluste man das zweite Mal denselben Punkt m auf der Distanzlatte mit dem Mittelfaden anzielen müsste.

Ist der Indexfehler durch die Untersuchung erkannt und seiner Grösse nach bestimmt worden, so kann man (unter Beachtung des Vorzeichens) die Ablesungen am Höhenkreise um den Betrag des Indexfehlers verbessern.

Oder man beseitige den Indexfehler am Instrumente. Der Index, der am Fernrohrträger sitzt, kann etwas verschoben werden, indem die ganze Platte mit der Noniustheilung zwischen Schrauben sitzt; man verstelle also so lange, bis die Prüfungen die Abwesenheit des Indexfehlers darthun. Das wird sich für jeden Index ausführen lassen. Die Versicherungslibelle am Höhenkreise (siehe Fig. 137, S. 207, u. a.) leistet hier gute Dienste.

Man könnte auch anders verfahren. Steht die Kippaxe genau wagrecht und wird die Fadenplatte im Fernrohr — zwischen Schrauben gehalten — in genau senkrechter Richtung gehoben oder gesenkt, so vermag man den Indexfehler zu beseitigen, ohne einen Collimationsfehler hervorzurufen, denn das Fadenkreuz bleibt in der Ebene rechtwinkelig zur Kippaxe. Allein das ist gar nicht empfehlenswerth. Einmal liebt man nicht das Fadenkreuz aus der geometrischen Axe des Fernrohrs zu rücken. Dann — und das ist wichtiger — ist meist ein zweiter Index vorhanden, und im allgemeinen wird es nicht möglich sein, durch Fadenkreuzverstellung gleichzeitig die beiden Indexfehler zu beseitigen.

§ 247. **Einfluss der Aufstellungs- und Instrumenten-Fehler auf die Vertikalwinkel.** Ist abgesehen vom Indexfehler das Instrument nicht vollkommen berichtigt, so werden die Vertikalwinkel ungenau. Jedoch lässt sich der Einfluss des Collimationsfehlers und jener der Abweichung der Kippaxe von der wagrechten Lage durch Beobachtung in beiden Lagen eliminiren, ebenso die Excentricität der Alhidade (man hat wenigstens zwei Indexe oder Nonien), auch Theilungsfehler, wenn der Höhenkreis gegen die Kippaxe verstellbar ist (Repetitionseinrichtung am Höhenkreise). Der Nachweis für diese Behauptungen wäre ganz in der Art zu führen, wie es für die Horizontalmessungen bereits geschehen ist. Hingegen kann der von mangelhaftem Vertikalstehen der Haupt- oder Vertikalaxe herrührende Fehler durch keinerlei Anordnung der Messungen beseitigt werden. Er soll kurz besprochen werden, — Ausführlicheres über den Einfluss der Axenfehler des Theodolits auf die Vertikalwinkel ist zu finden in Brünnow, „Lehrbuch der sphärischen Astronomie“, 4. Aufl. Breslau 1881. S. 457 ff., oder in Jordan, „Handb. der Vermessungskunde“, 1. Bd. S. 245 ff.

Sei zuvor bemerkt, dass Axenfehler des Theodolits (oder sonstigen Instrumentes) auf die Vertikalwinkel einen sehr geringen Einfluss üben, so lange die Zenitdistanzen von 90° nicht stark abweichen, wie für terrestrische Messungen ja meistens der Fall. Doch kann bei Tachymetermessungen auch starke Neigung der Zielrichtung gegen den Horizont vorkommen, — wo dann allerdings auch mässigere Ansprüche an die Genauigkeit gestellt zu sein pflegen — und dann können die Axenfehler allerdings bemerklich werden, aber doch die Messungen zum bestimmten Zwecke noch brauchbar lassen.

Sei CZ die richtige Stellung der Vertikalaxe, CZ' die um den Winkel v davon abweichende und die Ebene durch die wirkliche Vertikalaxe CZ' und durch die richtig stehende CZ schneide eine um C als Mittelpunkt beschriebene Kugel nach dem Kreise HZZ'H, der Horizont aber jene Kugel nach dem Kreise HH (der perspektivisch als Ellipse erscheint).

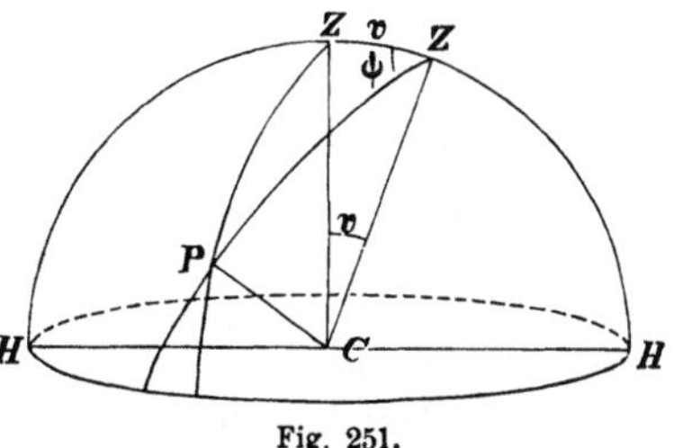

Fig. 251.

P sei der Punkt der Kugel, in welchem die Zielrichtung die Oberfläche schneidet. Der richtige Zenitwinkel wird durch den Bogen ZP = z gemessen, der unrichtige, den die Ablesung am Instrumente liefert, ist durch den Bogen Z'P = z' gemessen. Bezeichnet man mit ψ den Winkel, welchen die Ebene durch den schief stehenden und durch den senkrecht stehenden Zapfen mit der unrichtigen projicirenden Ebene CZ'P bildet (also den sphärischen Winkel bei Z'), so liefert das sphärische Dreieck ZZ'P die Gleichung:

$$\text{Cos } z = \text{Cos } z' \text{ Cos } v + \text{Sin } z' \text{ Sin } v \text{ Cos } \psi.$$

Ist der angezielte Punkt in der Vertikalebene durch die schiefe Axe (Kreis HZZ'H) enthalten, so wird $\psi = 0^0$ oder 180^0, der Unterschied zwischen falschem und richtigem Vertikalwinkel wird am grössten, und es ist $\text{Cos } z = \text{Cos } (z' \mp v)$ oder $z = z' \mp v$, d. h. der Fehler im Zenitwinkel ist dem ganzen Betrage der Abweichung v der Axe von der Senkrechten gleich. In allen anderen Fällen ist der Fehler kleiner, minimal ist er für $\psi = 90^0$ oder 270^0.

Da also eine Abweichung der Vertikalaxe von der wirklich senkrechten Stellung am schädlichsten ist, wenn die Neigung in der senkrechten Absehebene selbst besteht, so muss besondere Sorgfalt angewendet werden, eine solche Neigung, oder eine Ablenkung der Vertikalaxe aus der zur Projektionsebene normalen Ebene zu vermeiden.

Immer soll (auch wegen der Horizontalmessungen, siehe § 156) die Senkrechtstellung des Zapfens, die durch die gewöhnlichen Libellen angezeigt wird und durch die Stellschrauben erzielbar ist, möglichst genau hergestellt werden.

Ist sie nicht in aller Strenge zu gewinnen oder dauernd zu erhalten, so soll man, wenn Vertikalwinkel gemessen werden, wenigstens nur ein Abweichen rechtwinkelig zur Absehebene gestatten. Zu diesem Zwecke ist die Libelle (die rechtwinkelig zum Zapfen steht) am besten so angebracht, dass sie parallel der Horizontalprojektion des Fernrohrabsehens ihre Axe hat, und man wird bei jeder Einzelbeobachtung durch kleine Nachhülfen sie zum genauen Einspielen bringen. Sind zwei Libellen angebracht (Kreuzlibelle), so muss man strenge darauf sehen, dass jederzeit die in Richtung des Horizontalabsehens oder rechtwinkelig zur Kippaxe verlaufende genau einspielt.

Es ist sehr empfehlenswerth, die rechtwinkelig zur Kippaxe stehende Libelle fest mit dem Indexträger zu verbinden und eine Mikrometerschraube zu haben, mit welcher Libelle und Index zugleich etwas fein bewegt werden können, d. h. eine Versicherungslibelle am Höhenkreise zu haben (Fig. 137 u. a.). War der Index einmal richtig gestellt, so wird man bei jedem einzelnen Anzielen durch kleine Nachhülfe die genannte Versicherungslibelle scharf zum Einspielen bringen, wodurch auch der Index genau auf den senkrechten (bei Zenitdistanzablesung) oder auf den wagrechten Durchmesser des Kreises (bei Ablesung von Horizontalwinkeln) kommt, und darum handelt es sich ja doch.

Bei grossen und sehr feinen Instrumenten (astronomischen) wird zuweilen die genaueste Einstellung der Libelle nicht erzwungen, sondern der verbliebene kleine Ausschlag gemessen und für die Vertikalwinkel in Rechnung gezogen. Weicht die Libellenblase nach der Seite des angezielten Punktes (gegen das Objektiv hin) aus, so ist der Zenitwinkel um den durch den Libellenausschlag angegebenen Winkelwerth zu vermindern, schlägt die Libelle gegen die Okularseite hin aus, so ist der Zenitwinkel zu vergrössern.

§ 248. **Verschiedene Tachymeterformen.** Zweckmässigst ist das beschriebene Theodolit-Tachymeter, mit Zugabe einer Bussole, wie z. B. Figg. 148, 150, 151 in § 142.

Fig. 252 stellt einen aus der Werkstätte von Meissner hervorgegangenen Tachymeter-Theodolit, im wesentlichen nach der von Moinot gewählten Form, dar. Er unterscheidet sich von einem Repetitionstheodolit nur durch die Beigabe der Bussole, die hier B, wie ein unteres Fernrohr aussieht. B ist eine an der Horizontalkreis-Unterseite festsitzende Röhre, vorn durch eine getheilte Glasplatte geschlossen, am

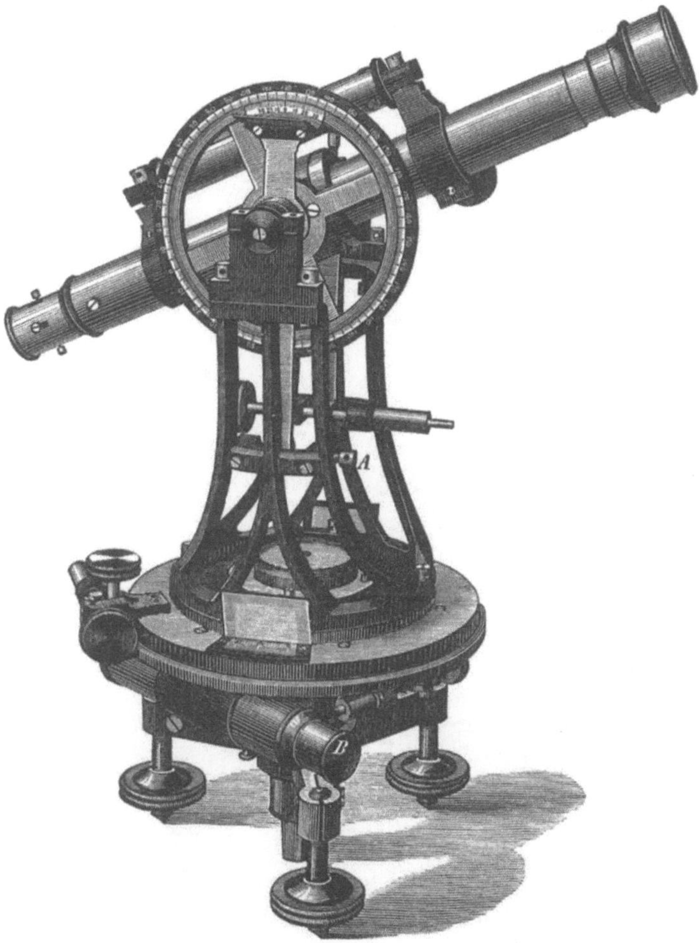

Fig. 252.

andern Ende ein kleines Fernröhrchen tragend, oder ein Okular, durch welches die Theilung beobachtet werden kann. Die Magnetnadel schwebt auf einer Spitze im Rohre, Fig. 253, ihr vorderes (Nord-)Ende ist aufgebogen und berührt fast die Theilung auf dem Glasplättchen. Die Richtung nach dem Nullstriche der kleinen Theilung soll mit dem Radius nach 0° der Limbustheilung parallel sein; verdreht man den

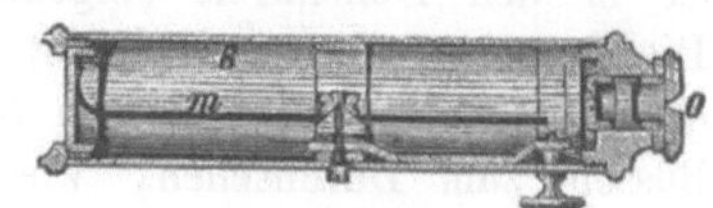

Fig. 253.

Limbus und die daranhängende Bussole, bis das Nadelende auf Null der Glastheilung steht, so zeigt das Fernrohr nach magnetisch Nord, wenn die Alhidade auf 0^0 steht. Man könnte auch der Bussole eine solche Verdrehung geben, dass wenn die Nadel einspielt, das Fernrohr nach astronomisch Nord gerichtet ist, wenn die Alhidade auf Null steht. Zu diesem Zwecke müsste die magnetische Deklination bekannt sein.

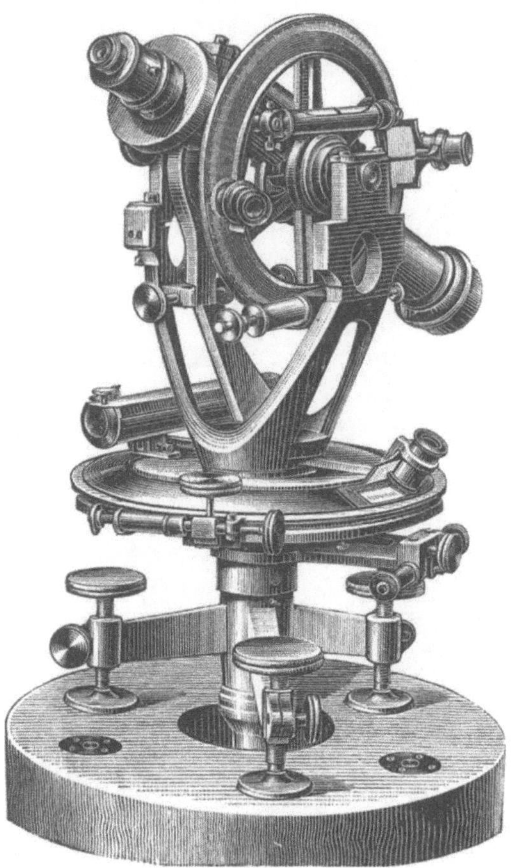

Fig. 254.

Fig. 254 stellt einen Breithaupt'schen Tachymeter-Theodolit vor. Doppelte Vertikalaxen, centrale Klemme für den Limbus, peripherische für die Alhidade. Dosenlibelle zwischen den Trägern, Nivellirlibelle auf dem Fernrohr, Versicherungslibelle am Höhenkreis. Die Vertikalalhidade ist in den Höhenkreis eingedreht und liegt mit ihm in einer Ebene. Die Bussole (röhrenartig links) ist oben mit ebener Glasscheibe bedeckt, durch welche von oben die Nadel beobachtet wird; es ist also keine Bussole zum Durchsehen, wie Fig. 253. Diese Bussole ist derart auf der Alhidade befestigt, dass die Süd-Nordlinie mit Berichtigungsschrauben genau parallel der Absehebene des Fernrohrs gestellt werden kann. Das Fernrohr kann nicht nur durchgeschlagen, sondern auch umgelegt werden (bequem zur Prüfung des Collimationsfehlers § 139), die Mikrometerwerke für die Versicherungslibelle und für die Kippbewegung des Fernrohrs vertauschen dann ihre Rollen. Die Figur zeigt deutlich die Schraube des einen, die Gegenfeder des andern Mikrometerwerkes. Die Vorrichtung zur Berichtigung der Lage der Kippaxe, rechtwinkelig zu dem Vertikalzapfen (vergl. § 142, S. 221) ist sehr deutlich (links vorn) sichtbar.

Dieses Tachymeter ist sehr kräftig gebaut, verspricht grosse Haltbarkeit und ist sehr bequem.

Wird die Kippregel tachymetrisch umgestaltet, so ist sofortige graphische Darstellung der Aufnahme möglich, allein man verfehlt dabei gegen die Regel, die theure Feldarbeit einzuschränken und thunlichst durch billigere Hausarbeit zu ersetzen. Anderer Gründe nicht zu gedenken, welche dem Theodolit-Tachymeter entschieden den Vorzug geben.

Statt des einfachen Okularfäden-Distanzmessers mit constantem Fadenabstand hat man wohl auch einen mit mikrometrisch beweglichen Fäden (§ 230) angewendet, — kein Vortheil, sondern mindestens Geldnachtheil, dann aber auch Zeitverlust.

Man hat dem Instrument auch Theile einverleibt, welche die Berechnung der Entfernungen und Höhen mechanisch auszuführen gestatten. Sie machen das Werkzeug weniger einfach, und man muss sich gegen derlei Zuthaten desshalb aussprechen, weil sie theure Feldarbeit an Stelle billigerer Hausarbeit setzen. Endlich ist bei ihnen ausser dem gewöhnlichen Anzielen der Distanzlatte noch eine andere Einstellung mit der Hand zu machen, welche Geduld und etwas Geschicklichkeit erfordert, bequemer und mit sichererem Erfolge aber durch Beobachtung mit dem Auge allein und nachfolgendes Rechnen ersetzt werden kann. Oder es sind verwickelte, schwierig zu prüfende Theilungen angebracht, deren Ablesung mehr Aufmerksamkeit erfordert, als bei den gewöhnlichen, gleichtheiligen Skalen.

§ 249. **Kreuter's Patent-Tachymeter** ist beschrieben und abgebildet in „Das neue Tacheometer aus dem Reichenbach'schen math.-mech. Institut (T. Ertel & Sohn) in München. Ein Universal-Instrument für alle Feldarbeiten des Ingenieurs“ von Franz Kreuter. Brünn 1876. „Die leitende Idee zur Construktion des Tacheometers war nun die, am Instrumente drei Maassstäbe so anzubringen, dass deren Theilungsmittellinien in die Lage der einzelnen Seiten des in der Natur zu messenden rechtwinkeligen Dreiecks gebracht, ein diesem ähnliches Dreieck einschlössen, dessen Seitenlängen an den auf den drei Maassstäben befindlichen Theilungen direkt abgelesen werden könnten. Die Hypotenuse des Dreiecks wird in der Natur mittelst des Distanzmessers gemessen“. (S. 4.)

Die Grundlage des Instruments (Fig. 255) ist ein Theodolit ohne Höhenkreis, auf dessen Fernrohr (26fache Vergrösserung), um in gewöhnlicher Art damit nivelliren zu können, eine der Absehrichtung parallele Libelle angebracht ist und dessen Fadenkreuz ein doppeltes ist, mit constantem Abstand der zwei Horizontalfäden. Die Distanzmessung erfolgt mit **geneigter** Distanzlatte (§ 231). Der Gehülfe soll diese rechtwinkelig gegen die zum Nullpunkt der Theilung (der hier nicht am oberen Ende der Latte liegt) gerichtete Absehlinie halten. Dadurch dass die Latte in eine senkrecht zu haltende Gabel drehbar eingesetzt wurde, ist das etwas leichter als bei den alten, früher beschriebenen **Reichenbach**'schen Distanzlatten ausführbar, wird aber auch hier durch ein Diopter ermöglicht, welches der Gehülfe nach dem Beobachtungsrohr richtet. Sehr genau ist die Lattenstellung immerhin nicht ausführbar und

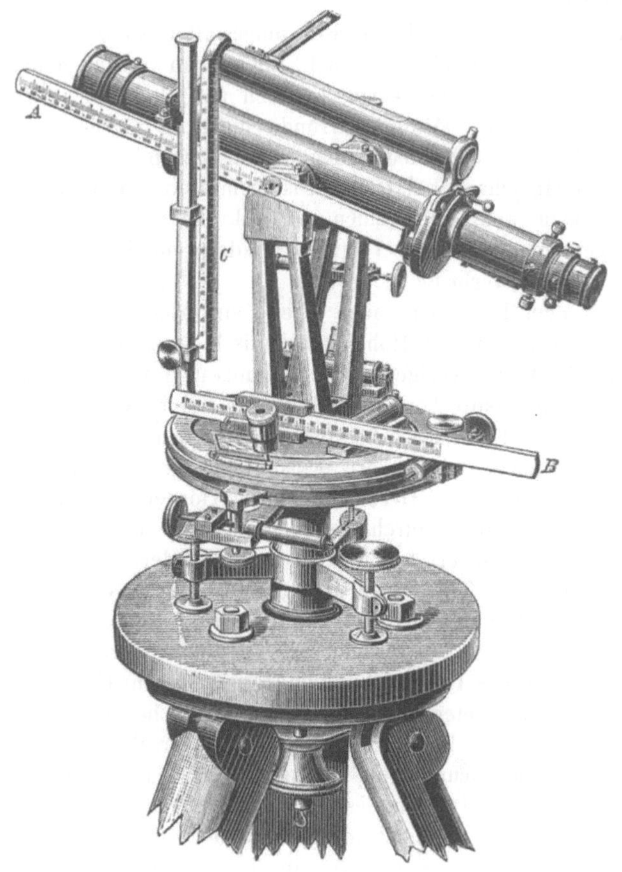

Fig. 255.

selbst ein gewissenhafter Gehülfe wird sie nie so gut bewirken können, als die senkrechte. Ausserdem ereignet es sich oft, dass der Lattenträger das Beobachtungsinstrument gar nicht sieht, wohl aber der obere Theil der Latte vom Instrument aus sichtbar ist. — Mit dem einen Fadenkreuze wird der Lattennullpunkt angezielt, das andere Fadenkreuz trifft dann auf einen Strich der Theilung, dessen Bezifferung sofort die **schiefe**

Distanz angibt (§ 231). Längs des Fernrohrs, der Absehlinie desselben parallel und mit dem Fernrohr kippend, ist ein getheiltes Lineal A angebracht (Fig. 255); der Nullpunkt seiner Theilung liegt auf der Kippaxe. Ein zweites getheiltes Lineal B ist parallel dem Horizontalkreise und lässt sich in einer Hülse verschieben. An seinem Ende erhebt sich rechtwinkelig ein drittes getheiltes Lineal C, das also eine senkrechte Stellung hat, wenn der Horizontalkreis und damit B, wie verlangt, wagrecht sind. Nachdem durch die Ablesung an der Distanzlatte die schiefe Entfernung gefunden ist, wird das Lineal B so verschoben, dass die getheilte Kante von C (welches ja mit B geht) an jenem Theilstrich von A anliegt, welcher der gemessenen schiefen Entfernung entspricht.

Denkt man von der Kippaxe eine senkrechte Linie bis B herabgezogen, so schneidet sie ein Stück der Theilung B (der Nullpunkt liegt im Durchschnitt der verlängert gedachten Kante von C nach B) ab, welches der Horizontalprojektion der verjüngten schiefen Entfernung gleich, also der verlangten Horizontaldistanz proportional ist. Der Theil der senkrecht stehenden Theilung C zwischen ihrem Berührungspunkte mit A und der wagrechten Linie durch die Kippaxe ist die Vertikalprojektion der verjüngten schiefen Distanz, also (im selben Maassstabe) proportional dem Höhenunterschiede zwischen der Kippaxe des Instruments und dem angezielten Nullpunkt der ferne stehenden Latte. Die Theilung C lässt sich parallel zu sich selbst so verschieben, dass an ihr eine Zahl abgelesen wird, welche die Summe der Instrumentenhöhe und Meereshöhe des Standpunkts weniger der Höhe des Lattennullpunkts über dem Boden, also die Meereshöhe des Punkts, auf dem die Latte gehalten ist, angibt. Die Ablesungen an den drei Theilungen A, B, C geben in sehr verjüngtem Maasse die schiefe und die wagrechte Entfernung und die Meereshöhe des fernen Punkts „bis auf zehntel Meter genau“ (S. 8). Selbstverständlich multiplizirt sich jede Ungenauigkeit der Ablesungen oder Einstellungen mit der grossen Verjüngungszahl.

Aus der kurzen Beschreibung geht hervor, dass ausser dem Anzielen des bestimmten Nullpunkts der Distanzlatte noch eine nicht mühelose Einstellung am Instrumente gemacht werden muss (wobei wegen der nöthigen Reibung die Senkrechtstellung wohl immer verloren gehen wird) und durch einige Ablesungen nun allerdings sehr abgekürzt, aber auch wenig genau, ein erheblicher Theil eigentlicher Hausarbeit im Felde geleistet wird.

Vertikalwinkel werden mit dem Kreuter'schen Instrumente nicht gemessen, sondern könnten bei Bedarf nur mittelbar abgeleitet werden. Hinsichtlich der Horizontalwinkelmessung unterscheidet sich das Instrument nicht von den bereits ausführlicher besprochenen. Dass die nähere Einrichtung des Kreuter'schen Instruments, abgesehen von den grundsätzlichen Einwendungen gegen dasselbe, gut ist, dafür bürgt schon die Werkstätte, aus der es hervorgegangen. Preis hoch, nämlich mit der Latte 775 M.

Die Prüfung und Berichtigung des Instruments kann, da es wegen principiellen Ausstellungen an demselben nicht empfohlen wird, hier übergangen werden, — ist in der angeführten Schrift zu finden.

Wagner's Tachygraphometer (siehe Abhandl. von Tinter in Zeitschr. des österr. Ingenieur- und Architekten-Vereins, Jahrg. 1876) ist im wesentlichen Kreuter's Tacheometer, befestigt an einem Messtischapparat, mit einer Zugabe am wagrechten Lineal B, um die Horizontalentfernungen sofort auftragen zu können. Man kann die Verbindung mit dem Messtisch lösen und hat dann den Kreuter'schen Apparat.

§ 250. **Tachymeter von Tichy und Starke** ist ausführlich beschrieben in „Die Tachymetrie mit besonderer Berücksichtigung des Tachymeters von Tichy und Starke. Für Terrain- und Trace-Studien, bearb. von Anton Schell, Wien 1880“ und in „Die Terrain-Aufnahme mit der tachymetrischen Kippregel von Tichy und Starke. Für das Selbststudium bearb. von Anton Schell, Wien 1881“. Es findet hier die schon getadelte Verlegung von Hausarbeit in das Feld statt. Es ist ein „Okular-Filar-Schrauben-Mikrometer-Distanzmesser“ (sic) angewendet, d. h. im Okularrohre des Fernrohrs ist ein fester Horizontalfaden und ein zweiter wird gegen diesen mittelst feiner Schraube messbar verschoben. Diese Einrichtung wurde bereits in § 230 als nicht empfehlenswerth bezeichnet.

Der Vertikalkreis hat zwei complizirte, umständlich zu berechnende Theilungen, eine dient zur Entfernungsmessung, die andere für die Ermittelung des Höhenunterschiedes. Auch noch eine dritte Theilung, nach Gradmaass, ist auf dem Vertikalkreise angebracht. Natürlich sind dann auch drei Anzeiger nöthig, jener für das Gradmaass mit Nonius. Die Latte, mit Füssen, hat in 0,35 m über dem Boden einen Nullpunkt, ist übrigens nur nach Centimeter getheilt.

Der Gebrauch ist folgender:

Nachdem das Instrument in gewöhnlicher Weise richtig aufgestellt ist, wird

1) mit dem fixen Faden der Nullpunkt der Latte angezielt, dann, wenn nöthig, die mit dem Träger der drei Indexe des Vertikalkreises verbundene Libelle durch Nachhülfe scharf zum Einspielen gebracht.

2) An der einen Theilung wird eine Zahl S abgelesen. Diese Theilung stellt Werthe von $5 \operatorname{Cos}^2 \alpha \, (1 - {}^1/_{100} \cdot \operatorname{Sin} \alpha \operatorname{Cos} \alpha)$ *) dar, wo α (mit Vorzeichen $\pm$) den Neigungswinkel der nach dem Nullpunkt der Latte gerichteten Ziellinie gegen den Horizont bedeutet.

3) An der zweiten Theilung wird eine Zahl s abgelesen. Diese zweite Theilung stellt Werthe von $5 \operatorname{Sin} \alpha \operatorname{Cos} \alpha \, (1 - {}^1/_{100} \cdot n \operatorname{Sin}^2 \alpha)$ *) dar. n ist, je nachdem, eine der Zahlen 100, 50, 25, 20, 10, 5, 4, 2 oder 1.

Die Ablesungen S und s müssen wohl aufgeschrieben werden.

---

*) Die Zahlen 5 und 100 rühren daher, dass die Ganghöhe der Mikrometerschraube zur Constanten des anallatischen Distanzmessers $= 1 : 5 \cdot 100$.

4) Die Mikrometerschraube wird auf S gestellt.

5) Der Nullpunkt der Latte wird (zweites mal), nachdem das Einspielen der Libelle wieder hergestellt, angezielt.

6) Der Theilstrich L, in welchem der bewegliche Faden die Latte trifft, wird abgelesen. Die gesuchte Entfernung ist 100 L.

7) Die Mikrometerschraube wird auf n s gestellt.

8) Der Nullpunkt der Latte wird (drittes mal) bei einspielender Libelle angezielt mit dem fixen Faden.

9) Der Theilstrich l, in welchem der bewegliche Faden die Latte trifft, wird abgelesen. Der gesuchte Höhenunterschied ist 100 · (l : n).

Diese Aufzählung zeigt schon, wie umständlich und unbequem das Instrument ist; einen Schnellmesser kann man es füglich nicht mehr nennen.

Häufig ergeben sich Schwierigkeiten seiner Anwendung. Nicht selten wird der Nullpunkt der Latte nicht sichtbar sein, während für den früher beschriebenen (§ 230) einfachen Distanzmesser noch ein genügendes Stück (gleichgültig welches) der Latte frei sichtbar ist. Es kommt vor, dass die Länge L jene der ganzen Latte übertrifft. Dann ist ein anderes Verfahren zu befolgen, wie a. a. O. geschildert.

Die Prüfung der Theilungen, wie die sonstigen Untersuchungen des Instruments sind sehr umständlich und schwierig. Diese wenigen Bemerkungen genügen schon, um das Instrument nicht zu empfehlen und begründen die Kürze seiner Erwähnung an dieser Stelle. Ausführlichere Begründung kann man in einer Recension der angeführten Schriften durch den Verfasser dieses Buches finden (Zeitschr. für Mathematik und Physik [1882] XXVII, S. 15 und XXVIII [1883], S. 59).

Dadurch, dass später die Tichy-Starke'sche Vorrichtung von dem Theodolitfusse auf eine Kippregel gesetzt wurde, ist keine Verbesserung, sondern das Gegentheil erzielt worden. Es ist ein entschiedener Rückschritt, Messtischgeräthe, wie hier geschehen, durch Complikationen noch mehr zu verschlechtern, sie überhaupt wieder einführen zu wollen.

§ 251. **Tachymeter ohne Höhenkreis mit Mikrometerschraube zum Kippen des Fernrohres.** Tachymetrisch wird der Höhenunterschied gefunden durch Multiplikation der wagrechten Entfernung eines Punktes mit der Tangente des Winkels, den der Zielstrahl mit der Horizontalen bildet. Da man nun mit den in den §§ 234 und 235 beschriebenen Apparaten nach dem in § 233 angegebenen Principe die Entfernung messen und den Höhenwinkel, beziehungsweise seine trigonometrische Tangente als Funktion der Stellung der das Fernrohr kippenden Mikrometerschraube ausdrücken kann, so lässt sich mit den angeführten Instrumenten auch die Höhenmessung ausführen und wenn sie einen Horizontalkreis besitzen, die vollständige tachymetrische Aufnahme vollführen.

Theoretisch am einfachsten gestaltet sich die Lösung der Aufgabe, wenn die Mikrometerschraube eine Tangentialschraube ist (§ 234).

Sei die, durch den optischen Mittelpunkt des Objektivs gehende Kippaxe über dem Punkt P_1 in der Instrumentenhöhe i_1 aufgestellt, auf P_2 senkrecht eine Latte mit zwei um l von einander abstehenden Zielscheiben U und O gehalten, die untere Zielscheibe in der Höhe i_2 über dem Punkte P_2. Nach vorhergegangener Senkrechtstellung des Instruments zielt man erst U, dann O an und macht die diesen Fernrohrlagen entsprechenden Ablesungen u und o an der Schraube und h jene, die wagrechtem Verlaufe der Ziellinie entspricht. Es sei σ (alles in derselben Einheit ausgedrückt) die Entfernung der senkrecht stehenden Schraube von der Drehaxe C, so ergibt sich leicht:

$$h_{21} - i_1 + i_2 + l : o - h = s : \sigma \text{ und}$$
$$l : o - u = s : \sigma$$

woraus folgt: $h_{21} = (i_1 - i_2) + l\,(u - h) : (o - u)$.

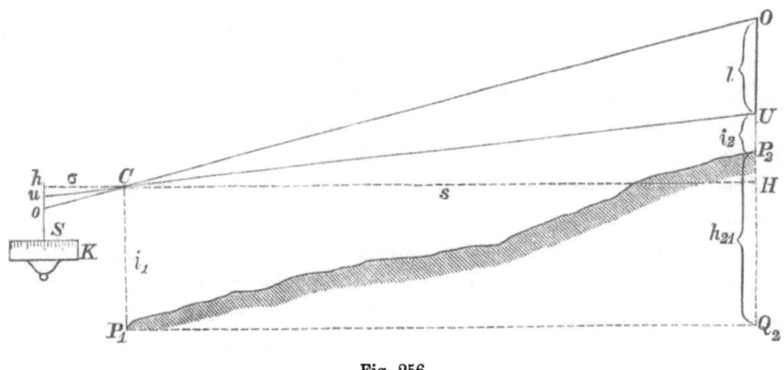

Fig. 256.

Es ist schon (§ 235) erwähnt, dass Instrumente mit senkrecht stehender Tangentialschraube nicht im Gebrauche sind, sondern die Stampfer'schen (§ 235) eine Sehnenschraube zur Verstellung des Fernrohrs benutzen. Dadurch wird die Theorie sehr viel umständlicher. Mit den, gelegentlich des Stampfer'schen Distanzmessers bereits erwähnten Ungenauigkeiten und Annäherungen findet man (Theoretische und praktische Anleitung zum Nivelliren von S. Stampfer, 8. Aufl. bearb. v. Jos. Ph. Herr, Wien 1877, S. 155):

$$h_{21} = (i_1 - i_2) + l\left[\frac{h-u}{o-u} - \frac{b}{a}\frac{(h-u)^2}{o-u} - \frac{2}{3}a^2\frac{(h-u)^3}{o-u} + \frac{b}{a}(h-u) + a^2(h-u)^2\right]$$

„Man darf vor diesen scheinbar weitläufigen Formeln nicht erschrecken, denn mit Ausnahme des ersten Gliedes sind die folgenden sehr klein und lassen sich in kleine Hülfstafeln bringen wodurch die ganze Berechnung viel einfacher wird als die unmittelbare trigonometrische Berechnung, ohne dieser an Genauigkeit merklich nachzustehen. Die zwei letzten Glieder (des Klammerausdruckes) könnte man füglich weglassen, da sie nur in höchst seltenen Fällen einen merklichen Werth erhalten."

Die Hülfstafeln nehmen zwei Seiten (227 u. 228 des angeführten

Buches) ein, gelten aber natürlich nur für ganz bestimmte Werthe der Constanten a und b und für die Voraussetzung $l = 1$.

Es sind also mit dem Stampfer'schen Instrumente zwei Einstellungen mittelst der Mikrometerschraube auf die zwei Zielscheiben zu machen (und dazwischen sollte die Latte nicht aus ihrer Lage kommen), die entsprechenden Schraubenablesungen o und u zu merken, ferner die Horizontalrichtung des Absehens herzustellen und die entsprechende Schraubenstellung abzulesen, die Instrumentenhöhe i_1 zu messen, die constant bleibende i_2 der unteren Zieltafel über dem Fusse der Latte zu benutzen, mit den Argumenten o, u, h aus den Tafeln für die Distanzen und aus jenen für die Höhen die Werthe zu entnehmen.

Die gelegentlich der Besprechung des Stampfer'schen Distanzmessers im § 235 gemachten Bemerkungen über Unbequemlichkeit u. s. w. sind in verstärktem Maasse für die Benutzung des Instruments als Tachymeter zu wiederholen. Es kann weder zu den Entfernungsmessungen allein, noch zu den tachymetrischen Aufnahmen empfohlen werden, es kann nicht gleichwerthig mit dem einfachen in § 230 beschriebenen Distanzmesser, welcher sich, wenn ein Horizontalkreis angebracht ist (der auch dem Stampfer'schen Tachymeter nicht fehlen darf), zum Tachymeter eignet, erachtet werden und noch weniger ihm ein Vorzug gegen dieses in irgend einer Hinsicht eingeräumt werden.

Das Tangenten-Tachymeter, Patent Prüsker, hat im Principe Aehnlichkeit mit dem Stampfer'schen Instrumente, ist aber wahrlich keine Verbesserung desselben und weitere Beschreibung desselben scheint unnöthig.

§ 252. **Clepscykel, Celerimensura.** Bisher war von Tachymetern nur insoweit die Rede, als sie zu angenäherten Bestimmungen dienen sollen, deren Genauigkeit für die ersten Entwürfe oder ähnliche Arbeiten ausreicht. Der Erfinder Porro hat das Verfahren aber auch für die genauesten topographischen Arbeiten bestimmt (Sull' applicazione della Celerimensura alla formazione del gran libro fondiario italiano. Milano, seit 1868). Der von ihm vorgeschlagene, von seinem Nachfolger in Leitung der officina filotecnica (Mailand), A. Salmoiraghi vielfach verbesserte und in mehreren Grössen hergestellte Apparat strebt daher viel grössere Genauigkeit an, als die bisher besprochenen Tachymeter und es kann demnach nicht wundern, wenn er erheblich weniger einfach ist als jene. Auch darf, bei dem andern Zwecke des Apparats von Porro, der für den Gebrauch nöthige grössere Aufwand an Zeit und Geschicklichkeit nicht einfach zu seinen Ungunsten gerechnet werden. Porro wendet statt Tachymetrie die sprachlich gleichwerthige Bezeichnung Celerimensura an, aber sein Verfahren kann schnellmessend mit Recht nur gegenüber den älteren Methoden genannt werden, nach welchen die Horizontal- und die Vertikalmessung getrennt, jede mit andern Geräthschaften vollführt wurde, namentlich auch optische Distanzmessung wenig oder gar nicht vorkam. Es ist richtiger Tachymetrie und Celerimensur nicht als gleichsagend zu nehmen.

Sehr bezeichnend für die Clepscykel ist die wegen Ersatz der ungenügend genauen Nonienablesung durch mikroskopische, möglich gewordene Kleinheit der getheilten Kreise (§ 130). Beide Kreise sind in einem Würfelkasten verborgen, daher der Name Clepscykel, kürzer Cleps. Die oberste Fläche des Würfels ist von einer Dosenlibelle mit gläsernem Boden eingenommen, durch welchen das Licht zur Beleuchtung der Kreise — zum vertikalen noch durch ein Reflexionsprisma abgelenkt — gelangt. Bei den grösseren Formen des Instruments sind aber noch andere Fenster in den Würfelflächen zur Beleuchtung vorhanden.

Die Figuren 257, 258, 259 stellen die drei jetzt üblichen Formen der Clepscykel dar. (Siehe auch Fig. 260.)

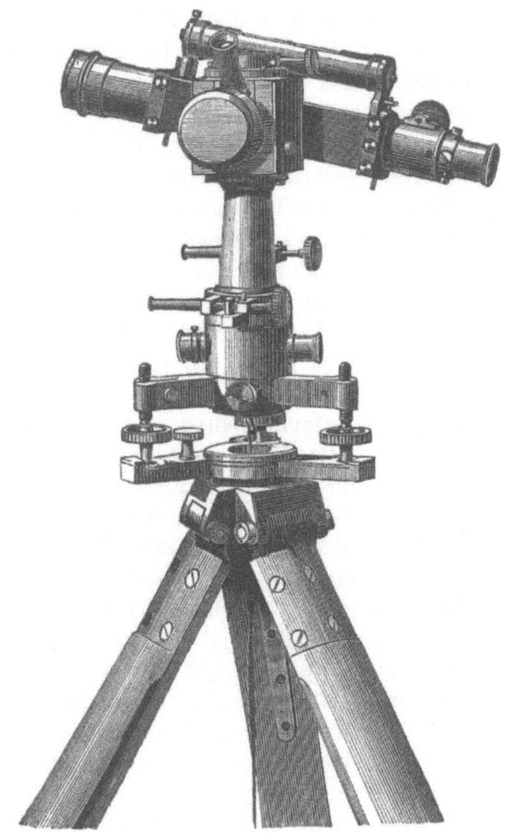

Fig. 257.

Eine cylindrische Büchse, deren Höhe ungefähr ihrem Durchmesser gleich ist, endet nach unten in ein cylindrisches oder kegelförmiges Stück, das in den centralen, ringförmigen Theil des Dreifusses eingeschliffen ist. Die grobe Drehung der Büchse im Dreifusse kann gebremst werden, man sieht in Fig. 257 vorne die zugehörige Klemmschraube. Bei den grösseren

Formen ist noch ein Mikrometerwerk für die Drehung der Büchse vorhanden, wie aus den Figg. 258, 259 ersichtlich ist. Der obere Theil der Büchse geht in ein längeres, hohles, äusserlich genau cylindrisch oder conisch abgedrehtes Stück über, welches als Vertikalaxe für den oberen Theil des Apparats, der mit Hülse aufgesteckt ist, dient. Der obere Theil kann an diese Axe angebremst werden und dreht dann nur gemeinsam mit der Büchse; er kann aber auch bei feststehender Büchse allein gedreht werden, aus der Hand, wenn die Klemmschraube offen, fein mit dem in den Fig. 257, 258 u. 259 sichtbaren Mikrometerwerke.

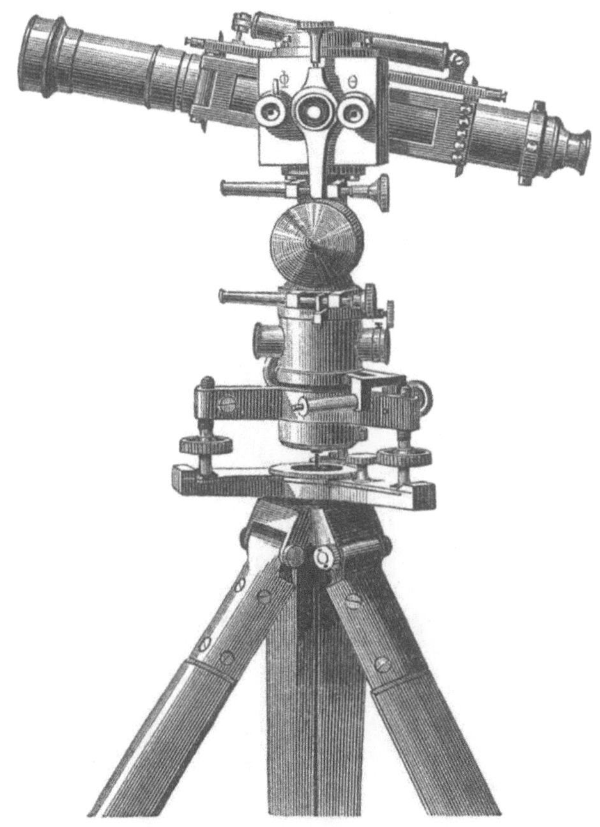

Fig. 258.

In der Büchse befindet sich die Magnetnadel; früher an Coconfaden aus der hohlen Vertikalaxe herabhängend, nun, da die Aufhängung für den Gebrauch im Felde sich zu empfindlich erwies, auf Spitze drehend. Die Magnetnadel schwebt in einem Glascylinder; dreht man die Büchse bis die Nadel nicht mehr an die Seitenwände des Glascylinders anschlägt, so ist die rohe Orientirung vollzogen. Die Magnetnadel wird beobachtet von ihrer Südseite aus durch ein kleines Fernröhrchen, das in die vertikale Seitenwand der Büchse eingesetzt ist, mit seinem Objektive nur wenig in den Büchsenraum reicht. Das Südende der Magnetnadel ist als senkrechter Spiegel hochpolirt; erblickt man in diesem Spiegel das Bild des Fadenkreuzes oder eines Zeichens auf dem Objektive des kleinen Hülfs-

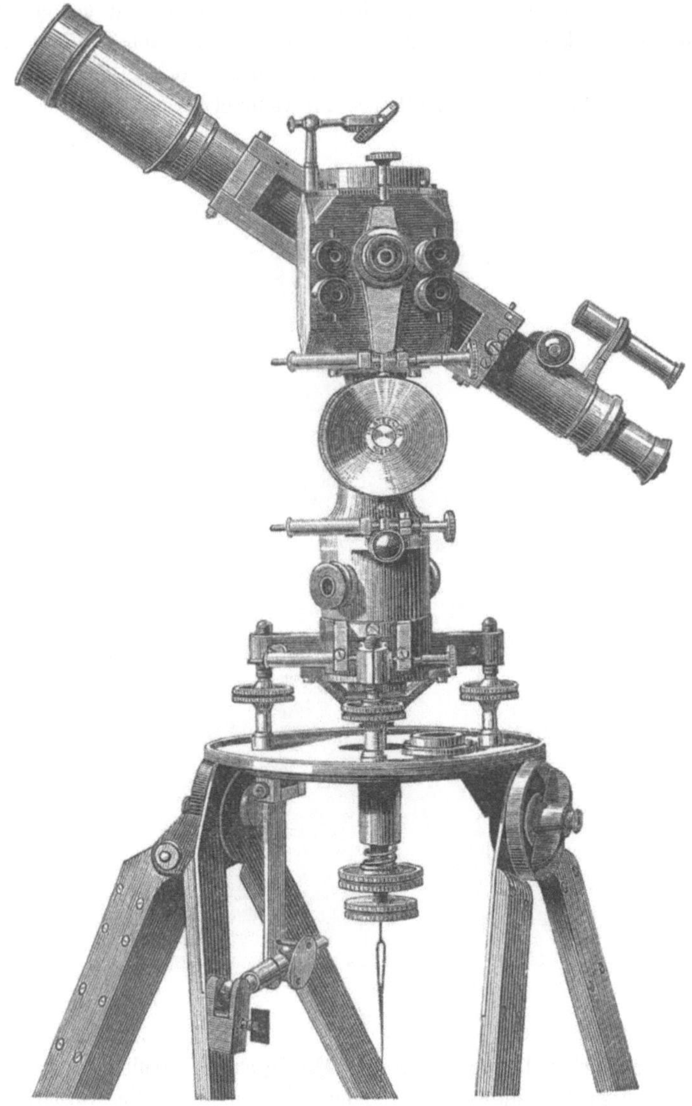

Fig. 259.

fernrohres zusammenfallend mit dem Fadenkreuz (oder Zeichen), so ist die Ziellinie des Fernröhrchens genau nach magnetisch Nord gerichtet. Die Beleuchtung des Fadenkreuzes oder Zeichens geschieht durch eine dem

Fernröhrchen gegenüber in der Seitenwand der Büchse angebrachte Glasplatte (der Symmetrie wegen am Ende eines Röhrchens) mit Kreuz. Ist die Nadel arretirt, so kann man mit dem Fernröhrchen durch das oben beschriebene Fenster nach aussen zielen und demnach in die Richtung des magnetischen Meridians ein Zeichen einwinken.

Nachdem die genaue Einstellung des kleinen Fernrohres in den magnetischen Meridian vollendet ist, wird die Büchse festgeklemmt im Dreifuss. Man dreht nun den oberen Theil mit dem grossen Beobachtungsfernrohr allein; zunächst richtet man dieses Fernrohr nach dem ausgesteckten Zeichen im magnetischen Meridian. Ist der Horizontalkreis nun so befestigt, dass die Ablesung an ihm bei dieser Stellung des Fernrohrs Null ist, so liest man bei allen andern Einstellungen sofort das magnetische Azimut ab; ist der Horizontalkreis aber so befestigt, dass die Ablesung beim Anzielen des Zeichens im magnetischen Meridian gleich ist der instrumentalen Deklination δ oder $360^0 - \delta$, je nachdem die Bezifferung auf dem kürzesten Wege vom astronomischen zum magnetischen Meridian steigt oder umgekehrt, so entspricht der Ablesung Null astronomisch Nord und allen andern das astronomische Azimut.

Der Horizontalkreis ist am obern Ende des langen Zapfens, der als Vertikalaxe dient, festgemacht und liegt in dem würfelförmigen Kasten, an dem die Hülse befestigt ist, mit welcher der obere Theil über die Vertikalaxe gesteckt ist.

Eine Vertikalfläche des Würfels ist nach aussen zu einem äusserlich abgedrehten Hohlcylinder erweitert, der als Kippaxe für das grosse Beobachtungsfernrohr dient. Dieses sitzt mit einem Ringe darauf, der geklemmt werden kann, und in eine Nase für die Mikrometerbewegung ausgeht. So bei dem kleinen Instrument Fig. 257, wo das Mikrometerwerk für die Kippbewegung halb verdeckt erscheint. Bei den grösseren Instrumenten aber ist das Fernrohr fest auf die Kippaxe gesteckt, welche in zwei gegenüberliegenden Vertikalwänden des Würfels Führung hat. Das Fernrohr sitzt also immer excentrisch. Bei den grösseren Formen ist über den Theil der Kippaxe, der aus jener Würfelfläche hervorgeht, die der mit dem Fernrohr gegenüber liegt, ein Ring mit Nase, der in die als Gegengewicht dienende schwere kreisrunde Scheibe endet, geschoben. Man sieht in Fig. 258 u. 259 vorn oben in der Mitte die Klemmschraube für den Ring; ist sie angezogen, so ist die grobe Kippbewegung gehemmt und das gegen die Nase wirkende Mikrometerwerk, das aus den Abbildungen leicht verständlich ist, kann zur feineren Kippbewegung benutzt werden. Mit dem Fernrohre dreht der in das Innere des Würfels gelegte Vertikalkreis.

Die Theilungen sind für beide Kreise auf Kugelflächen (der besseren Beleuchtung wegen) mit jener ausnehmenden Feinheit ausgeführt, deren im § 130 schon gedacht ist.

Bei dem kleinen Cleps werden die Theilungen durch ein schief an der obern Würfelkante sitzendes Mikroskop beobachtet und zwar sieht man durch dieses gleichzeitig die beiden Theilungen. Das Mikroskop ist in Fig. 257, perspektivisch verkürzt, sichtbar und zwar erscheint sein Okular nahe am linken Ende der auf dem Beobachtungsfernrohr sitzenden Libelle. Bei der mittleren Grösse der Cleps, Fig. 258, ist ein Mikroskop Φ zur Beobachtung des Vertikalkreises und ein anderes Θ zur Ablesung am Horizontalkreis vorhanden, für letzteres ist ein Reflexionsprisma vor dem Objektiv, um die Absehrichtung im rechten Winkel zu brechen. Bei dem grossen Cleps endlich sind vier Ablesemikroskope vorhanden, je zwei auf diametrale Stellen des Kreises gerichtet, die für den Horizontalkreis mit Reflexionsprisma. Mittelst der Doppelablesungen können die Excentricitätsfehler eliminirt werden. Man wird — das Fernrohr kann ja bequem durchgeschlagen werden, — ausserdem immer wegen der Excentricität des Absehens in zwei Lagen beobachten.

Starke Vergrösserung des Fernrohres ist bei den Cleps und der mit ihnen angestrebten Genauigkeit unerlässlich. Doch ist bei älteren Apparaten, bei denen 80—100fache Vergrösserung vorkam, entschieden das zulässige Maass überschritten gewesen; gegenwärtig wird 60—70fache Vergrösserung angewendet, bei welcher auch noch oft genug wegen zu bemerkbarer Unruhe der Bilder die Arbeit unterbrochen wird werden müssen oder ihre Sicherheit trügerisch wird.

Das Fernrohr ist anallatisch (§ 232) und die distanzmessende Vorrichtung besteht nicht nur aus einem Fadenpaare, sondern aus mehreren. Bei den grossen Cleps werden gegenwärtig 7 Paare von Fäden verwandt, einschliesslich des zwar nicht ganz unentbehrlichen aber wünschenswerthen Mittelfadens und des Vertikalfadens sind also 16 (bei früheren Instrumenten gar 18) Fäden vorhanden. Es werden keine eigentlichen Fäden angewendet, sondern Glasplättchen mit Strichen (§ 137).

Bei der starken Vergrösserung des Fernrohres ist das Gesichtsfeld nothwendig sehr klein, auch wenn das sogenannte orthoskopische Okular gebraucht wird. Es wird daher ein vielfaches Okular angewendet, welches Porro Argusokular nennt; Reichenbach hatte schon ein zweitheiliges ausgeführt, siehe § 231.

Am grossen Cleps finden fünf Okulare, die so auf einer verstellbaren Scheibe vertheilt sind, dass entweder nur das centrale dient, durch welches man ein Fadenpaar (und den Centralfaden) sieht, oder die zwei äussersten (durch jedes zwei Fäden), oder die zwei inneren (durch jedes vier Fäden). Für das Fadenpaar des centralen Okulars ist die Constante der Entfernungsformel 250, für je ein Fadenpaar der äussersten Okulare 50 und für je ein Fadenpaar der inneren Okulare 100. Wohlverstanden, wird ein Fadenpaar gebildet aus je einem Faden, den man durch das eine und einen den man durch das andere der zusammengehörigen Okulare erblickt, — nur im centralen Okular werden die Fäden eines Paares gleichzeitig gesehen. Dass zu den Okularpaaren mehr als ein Fadenpaar (zu den äussersten Okularen zwei, zu den inneren gar vier Fadenpaare) gehört, hat den Zweck durch Vervielfältigung der Ablesungen an der Distanzlatte und Mittelung der Ergebnisse grössere Genauigkeit oder geringere mittlere Fehler zu erzielen.

Die Ablesung an den zahlreichen Fäden ist nicht durchaus nothwendig; zur Entfernungsermittelung genügt ja die an einem Paare. Allein es ist im Sinne Porro's zur Controlle und Erzielung grösserer Genauigkeit (welche nicht nur für die Entfernung, sondern bei der symmetrischen Lage der Fäden auch für die Messung der Höhe gewonnen wird) die mehrfache Ablesung vorzunehmen, also an acht, oder sechs Fäden wenigstens. Schon hieraus folgt, dass die Bezeichnung „schnellmessend" für das Porro'sche Verfahren nur in beschränktem Sinne passt.

Die Distanzlatte ist ein dreiseitiges Prisma; die drei Flächen sind in Hauptabschnitte von 4 cm gebracht, diese aber — für die kleinsten Entfernungen — auf einer Seite in 10, auf einer zweiten — für mittlere Entfernungen — in 5 und auf der dritten Seite, welche bei den grössten Entfernungen dient, nur in zwei gleiche Theile gebracht. Durch Streben oder ein Stativ ist für ruhigeres Stehen der Latte gesorgt.

Bei der Kleinheit des Gesichtsfeldes des stark vergrössernden Fernrohrs ist das Aufsuchen eines Zieles mit demselben sehr schwierig. Daher ist für vorläufige Roheinstellung gesorgt. Bei ältern Apparaten durch ein seitliches Okular geringer Vergrösserung (grossem Gesichtsfeld), nach welchem die Strahlen durch einen im Fernrohr angebrachten Spiegel geleitet werden mussten oder, da der Spiegel Nachtheile hat und auch die seitliche Lage des Hilfs-Okulars unbequem ist, besser durch ein besonderes kleines Fernrohr, einen Sucher auf dem Hauptrohre, wie Fig. 259 zeigt.

Die Stellschrauben des Dreifusses enden bei den Formen der Figg. 257 und 258 in Kugeln, die in ein dreilappiges Metallstück eingelassen sind, welches durch eine einzige Befestigungsschraube auf der gleichfalls dreilappig gebildeten Stativscheibe angemacht wird; diese Schraube ist in Fig. 257 links, in Fig. 258 rechts sichtbar. Bei der grossen Form Fig. 259 ist die Befestigung an der Stativscheibe die für Theodolite gebräuchliche, aus der Abbildung sofort verständliche. Das Stativ selbst hat Vorrichtung, um durch Schrauben die Länge eines Beines und seine Spreizung so zu ändern, dass die Stativscheibe, nach Aussage der darauf sitzenden Dosenlibelle wagrecht steht, die Stellschrauben des Dreifusses also nur in beschränktestem Umfang zur Verfeinerung der Aufstellung in Anwendung kommen.

Am grossen Cleps Fig. 259 sieht man noch einen Spiegel über der Dosenlibelle, um die Stellung der Blase vom Okular des Fernrohrs aus überwachen zu können.

Der Gebrauch und der Nutzen der auf dem Fernrohr sitzenden Röhrenlibelle ist wie in allen ähnlichen Fällen, Theodolit u. s. w.

Prüfung und Berichtigung eines so zusammengesetzten Instruments können nicht ganz einfach sein, auf das Einzelne kann hier nicht eingegangen werden, da die Cleps nur eine äusserst seltene Verwendung gefunden haben, weniger als der sehr interessante Apparat verdient. Beschreibungen findet man in Carl, Repertorium für Experimentalphysik u. s. w. 1876, XII, S. 85, von A. Salmoiraghi, dann in Werner, Tacheometrie u. s. w. Wien 1873, S. 25 (beide Beschreibungen nicht mehr ganz passend), endlich ist das Zuverlässigste zu erfahren aus Salmoiraghi, Istrumenti e metodi moderni di geometria applicata (Milano), von dem aber zur Zeit (Sommer 1885) der Theil mit Beschreibung der vollständigen Cleps noch nicht erschienen ist.

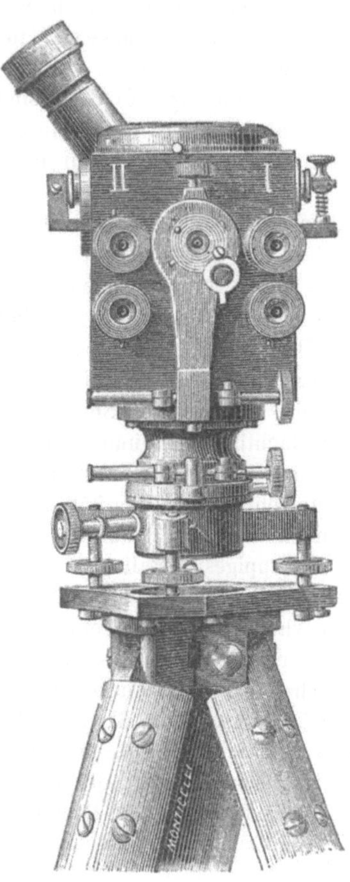

Fig. 260.

Anschliessend an die Besprechung des Clepscykel ist des aus der Mailänder Werkstätte (Filotecnica) hervorgegangenen Universal-Instrumentes für Reisende zu gedenken, dessen Ansicht Fig. 260 gibt. Der Hauptunterschied gegen die Cleps ist die Weglassung des Magnets aus der im Dreifusse drehbaren Büchse und die Anbringung desselben als gewöhnliche Bussole oben auf dem Gehäuse der Kreise, an Stelle der sonst dort befindlichen Dosenlibelle. Statt der Dosen- ist eine Röhrenlibelle, die mit der rechts sichtbaren Berichtigungsschraube rechtwinkelig zu den Vertikalaxen gestellt werden kann, angebracht, die, wie die Kreise, im Innern des (nicht mehr würfelförmigen) Gehäuses liegt und deren Blase durch den gläsernen Boden der Bussole beobachtet werden kann. Das Fernrohr hat eine nur 20fache Vergrösserung. In der Abbildung ist es gebrochen (Reflexionsprisma) und das Okular in der Kippaxe; in neuerer Zeit werden aber auch ungebrochene Fernrohre an dem Instrumente angebracht. Zwei Mikroskope, mit mehrfachen Fäden, zur Ablesung des Höhenkreises und ebenso für den Horizontalkreis. Die Brems- und Mikrometerschrauben für die Kippbewegung und die Drehung um die zwei Vertikalaxen sind aus der Abbildung zu ersehen.

Das Instrument kann zu einfachern astronomischen (daher Sonnenblendglas am Okular) und zu geodätischen Arbeiten nützlich verwendet werden.

§ 253. **Tangententheilung u. s. w. am Höhenkreise** findet sich bei manchen Instrumenten, allein oder neben der Gradtheilung. Das scheint nicht empfehlenswerth, wie auch mannigfach andere Formen der Tachymeter füglich mit Stillschweigen übergangen werden dürfen. Das einfache distanzmessende Fernrohr mit senkrecht gehaltener Latte, mit einem Horizontal- und einem Höhenkreise verbunden, allenfalls noch mit Zugabe einer Bussole und einer Libelle auf dem Fernrohr (zum gewöhnlichen Nivelliren) entspricht am besten allen Anforderungen.

XIV. Nivelliren.

1. Verfahren und Geräthschaften.

§ 254. **Geometrisches Höhenmessen oder Nivelliren.** Die tachymetrischen Höhenbestimmungen können hinsichtlich der erreichbaren Genauigkeit nicht für alle Zwecke genügen. Genauere und die genauesten Ermittelungen von Höhenunterschieden sind nur durch das sogenannte geometrische Höhenmessen oder Nivelliren im engeren Sinne zu gewinnen. Es werden dabei unmittelbar immer nur benachbarte, selten mehr als 50 m von einander entfernte Punkte, der Höhenlage nach, verglichen, — der Höhenunterschied entfernterer Punkte aber nur mittelbar, mit Hülfe von Zwischenpunkten gefunden.

Zum geometrischen Nivelliren bedarf man einer wagrechten Ziellinie oder einige solcher, die derselben Ebene angehören und eines Mittels, um zu messen, wie tief die zu vergleichenden Punkte unter der wagrechten Zielebene liegen, nämlich einer Nivellirlatte. Der eine der zu vergleichenden Punkte kann Standpunkt des Instrumentes sein, die Tiefe, in welcher er unter der wagrechten Zielebene liegt, heisst dann die Instrumentenhöhe; ihre Messung ist meist weder sehr bequem, noch besonders genau ausführbar. (Siehe § 256.) Man kann auch zwei Punkte ihrer Höhe nach mit dem Instrumentenstandpunkte vergleichen und dann den Unterschied ihrer Höhen als Differenz ihrer Höhendifferenzen mit dem Instrumentenstandpunkt oder mit der wagrechten Absehebene des Instruments finden; dabei entfällt die unbequem zu ermittelnde Instrumentenhöhe. Zugleich kann auf diese Art die Höhenvergleichung weiter von einander entfernter Punkte durchgeführt werden; ist jeder der zwei Punkte in der zulässigen Entfernung vom Instrument (50 m bis allerhöchstens 75 m), so können die beiden Punkte von einander zweimal so weit (also 100 bis 150 m) im äussersten Falle entfernt sein.

Die Zielrichtung entspricht dem scheinbaren Horizont, man kann aber hier von dem Unterschiede dieses gegen den wirklichen absehen, da bei den kurzen Zielweiten die Differenz sehr klein ist, — auf 50 m Entfernung sinkt der wirkliche unter den scheinbaren Horizont um 0,2 mm. Uebrigens lässt sich auch dem Unterschiede der zwei Horizonte, wie ferner dem Einflusse der Strahlenbrechung genau Rechnung tragen (§ 293).

Das Verfahren zur Herstellung wagrechter Zielrichtungen ist verschieden und wird bei Eintheilung und Beschreibung der verschiedenen Nivellirinstrumente zur Besprechung kommen. Auch die Art, wie die Tiefe der Punkte unter der wagrechten Ziellinie oder Zielebene gemessen wird, ist etwas verschieden und darnach sind verschiedene Nivellirlatten zu unterscheiden, deren Besprechung sogleich im folgenden Paragraphen statthaben soll.

§ 255. **Nivellirlatten.** Bei den Schiebelatten wird eine Zieltafel längs einer getheilten, senkrecht gehaltenen Latte, auf Zeichen hin des Beobachters am Nivellirinstrumente, von dem Gehülfen so lange auf und ab geschoben, bis die Ziellinie den Zielpunkt der Tafel trifft. Die Ziel-

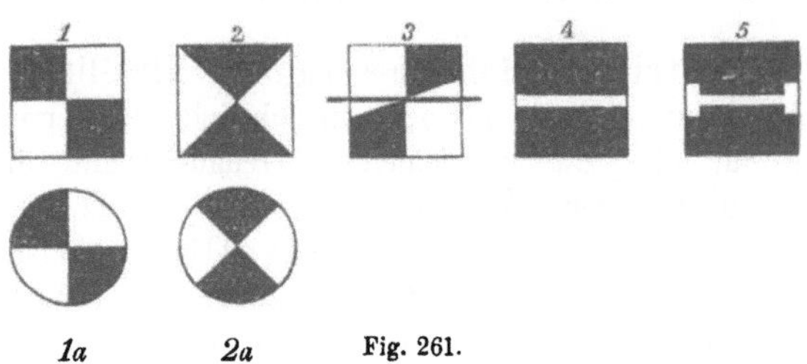

Fig. 261.

tafel ist ein Brett oder ein Blech, durch grellfarbige Bemalung (am besten weiss und roth) in Felder getheilt. Diese sind gewöhnlich Sektoren und deren gemeinschaftlicher Grenzpunkt ist der Zielpunkt. Oder ein schmales (weisses Feld) ist zwischen andern (rothen) gelegen und die wagrechte Ziellinie soll mitten in das schmale Feld fallen.

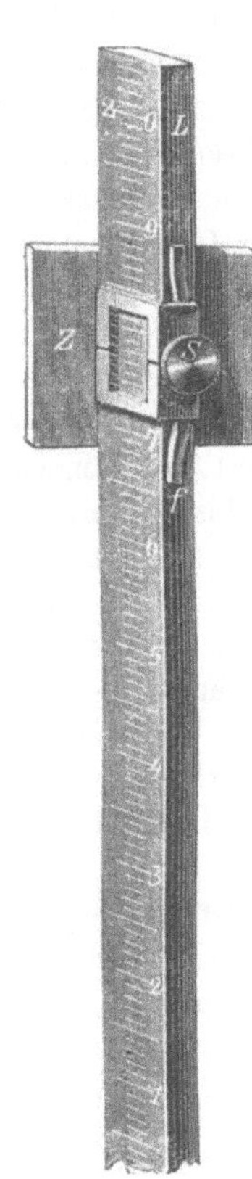
Fig. 262.

Es sind die Formen 1 und 1ª (Fig. 261) nicht empfehlenswerth, weil die Projektion des Fadens der Zielvorrichtung auf die Scheibe eine gewisse Breite hat und es schwierig ist, zu beurtheilen, ob die Feldergrenze genau mitten durch die scheinbare Breite des Fadens geht; besser sind die Formen 2, 2ª und 3 in dieser Hinsicht. Die Form 5 verdient den Vorzug vor 4, weil, wenn die scheinbare Breite des Fadens gross ist, das schmale Mittelfeld bei 4 ganz verdeckt sein kann, während bei 5 immer noch die verbreiterten Seitentheile erkennen lassen, ob der Faden die Mitte hält. Bei Form 3 ist zu beurtheilen, ob die kleinen ober und unter der Projektion des Fadens liegenden, weissen Dreiecke gleich sind. Die Zieltafel hat längs der Latte eine etwas federnde Führung und kann durch eine Schraube in beliebiger Höhe angeklemmt werden. An der Seite der Hülse, welche über die Theilung der Latte gleitet, ist ein Index, gewöhnlich auch noch ein Nonius angebracht, welcher die Ablesung der Höhe des Zielpunkts der Tafel über dem metallbeschlagenen Fusse der Latte finden lässt. Die Figur 262 zeigt die Zieltafel von der Rückseite, L die Latte, f die Feder der Hülse, S die Schraube zum Festklemmen. In andern Fällen hat die Zieltafel auf der Vorderseite einen durch ein Metallband, das der Theilung der Latte dicht anliegt, überbrückten Einschnitt und die Höhe ist immer am selben Rande des Bandes, der als Index dient, abzulesen.

Der Gehülfe soll die Latte gut senkrecht halten, er umklammert mit der einen (rechten) Hand die Latte, so dass der Daumen gerade unter die Umfassungshülse zu liegen kommt und kann durch allmähliches Vorschieben oder Zurückziehen des Daumens, auch wohl durch Drehen der Hand die Zieltafel nach Anweisung ganz wenig in die Höhe drücken oder durch ihr Gewicht sinken lassen. Selbstverständlich ist die Klemmschraube hierbei offen. Auf das Zeichen zum Feststellen wird dann mit der linken Hand die Schraube angezogen, während die Hülse noch mit gleichbleibender Stärke auf den fest liegen gebliebenen Daumen der rechten Hand drückt. Befolgt der Gehülfe diese Anweisung, so ist eine unbeabsichtigte Verrückung beim Festklemmen nicht zu befürchten. Nach dem Festklemmen zieht der Gehülfe die rechte Hand von der Zieltafel weg, wodurch der ferne Beobachter erkennt, dass geklemmt ist. Er prüft aufs Neue die Stellung der Zieltafel und gibt ein Bestätigungszeichen oder winkt zur Verbesserung ein, ob auf- oder abgeschoben werden soll (wozu die Klemmschraube wieder gelöst werden muss u. s. w.).

Fig. 263.

Die Ablesung der Höhe an der Schiebelatte kann durch den Gehülfen besorgt werden. Besser aber ist es, er bringt die Latte zum Beobachter, damit dieser die Ablesung mache.

Die Nivellirlatten sind aus gut trocknem Holz angefertigt und mit möglichst dauerhaftem und gegen Einfluss der Feuchtigkeit schützendem Anstrich versehen. Man macht sie nur so stark als nöthig, um das Gewicht nicht zwecklos zu vergrössern. Sollen sie nicht gar zu unbequem zu handhaben sein, so darf die Länge etwa 2,5 m nicht überschreiten. Häufig bedarf man aber eines längeren Maassstabs und da tritt dann die Verlängerungslatte in Verwendung. Meist ist an dieser die Zieltafel Z_2 (Fig. 263) am oberen Ende unverrückbar fest, die ganze Latte L_1 aber lässt sich längs einer zweiten, L_2, geführt durch Hülsen H_1, H_2 verschieben, so dass schliesslich die Zieltafel ungefähr 5 m über den Boden gehoben werden kann. Die Ablesung erfolgt an der fest stehenbleibenden Latte L_2, die getheilt ist und als Index dient der untere (metallbeschlagene Rand) F_1 des verschiebbaren, Zieltafel tragenden Lattentheiles. Die Bezifferung kann dann gleich der Summe der Entfernung der Zieltafelmitte vom Index an der beweglichen Latte und der Höhe des Index über dem Fusse des stehenbleibenden Lattentheiles entsprechen. Eine solche Verlängerungslatte kann aber nicht weniger als etwa 2,5 m Höhe über dem

Boden andeuten und für die geringeren Höhen bedarf man einer zweiten, einfachen Schiebelatte, — das ist unbequem Man kann aber die Verlängerungslatte so einrichten, dass sie auch zu kurzen Höhen dienen kann. Eine zweite Zieltafel Z_1, Fig. 263 (die eine rund, die andere quadratisch) ist auf dem beweglichen Lattenstücke L_1 für sich verschiebbar und kann ihre Höhe an der Theilung des beweglichen Lattenstücks L_1 in gewöhnlicher Art abgelesen werden. Das bewegliche Lattenstück L_1 muss, wenn die quadratische Zieltafel Z_1 benutzt wird, dann so weit herabgeschoben sein, dass auch sein Fuss F_1 am Boden aufsteht. Bei den gewöhnlichen Verlängerungslatten fehlt die verschiebbare quadratische Zieltafel, welche in Fig. 263 fälschlich durchbrochen gezeichnet ist.

Die Skalenlatten haben keine Zieltafel und das umständliche, zeitraubende Schieben nach Anweisung des Beobachters unterbleibt. Die Skalenlatten haben in passender Höhe zwei Handgriffe zum Halten, die Sicherung der Senkrechtstellung geschieht am besten durch eine auf der Rückseite angebrachten Dosenlibelle, siehe § 230, S. 418.

Weniger zweckmässig ist die Anhängung eines Pendels, auch wenn dieses, wie bei englischen Latten, in die Rückwand versenkt und sein Ende nur durch eine Glasscheibe sichtbar ist. Auf der Vorderseite haben die Latten eine in grellen Farben, meist schwarz und weiss, auch wohl roth und weiss ausgeführte Theilung (man will etwas gelblichen Grund für besser gefunden haben?). Wesentliches Erforderniss ist, dass die Theilung gut übersichtlich sei und mittelst des Fernrohrs — nur bei Nivellirinstrumenten mit Fernrohr lassen sich Skalenlatten oder solche zum Selbstablesen verwenden — leicht abgelesen werden können. Eine zu enge Theilung ist nicht gut, es ist besser, die kleinern Abtheilungen noch zu schätzen, wofür der Beobachter bald durch Uebung grosse Fertigkeit erlangen kann. Man hat vielerlei Anordnungen in der Theilung eingeführt. Am einfachsten ist es, die Latte in je 1 cm breiten Streifen abwechselnd schwarz und weiss auf der halben Breite (etwa 1,5 cm) zu bemalen. Ist der erste Strich von 1 cm Höhe schwarz, so ist, wenn der Faden durch einen schwarzen Theil geht, die Ablesung eine gerade, wenn er durch weiss geht, eine ungerade Zahl nebst Bruchtheil. (Fig. 264.) Nach je 10 Theilen wird in die noch freie Hälfte der Latte ein runder dicker Punkt gesetzt und eine Zahl beigeschrieben, am besten so, dass ihre Mitte dem Punkt oder dem Beginn des ersten Theils des nächsten Decimeters entspricht. Man lässt bei dieser Bezifferung der Decimeter aber die Zehner weg, schreibt statt 25 einfach 5, es ist unschwer für den Beobachter zu beurtheilen, in welchem Meter seine Ablesung stattfindet, er braucht, wenn er keinen andern Anhalt hat, nur die Höhe der Ablesung mit jener des Lattenhalters zu vergleichen. Die halben Decimeter oder ungeraden Vielfache von 5 cm werden durch einen beigesetzten eckigen Punkt hervorgehoben. Die Zahlen werden einige Centimeter hoch ohne Haarstriche, in möglichst einfacher Form geschrieben. Da sie im astronomischen Fernrohr verkehrt erscheinen, schreibt man sie verkehrt, sieht sie also aufrecht durch das Fernrohr. — Man findet wohl noch neben der Centimetertheilung eine schmale, nach je 5 cm in schwarz und weiss wechselnd, die aber ganz überflüssig ist. Da ist vorzuziehen, wenn doch noch eine seitliche Theilung angebracht werden soll, $^1/_2$ cm hohe Quadrate zu wählen. Die Untertheilung des Centimeters, bezw. des halben Centimeters, erfolgt durch Schätzung. Das ist weit besser, als wenn man die Theilung enger, damit die Striche dünner und aus Entfernung weniger klar und deutlich sichtbar macht. — Man macht die ganzen Meter wohl auch dadurch leichter kenntlich, dass im ersten, dritten, fünften die Zahlen rechts, im zweiten, vierten aber links von der Theilung stehen. — Das ist, weil es sonst keinen Missstand hat, ganz gut. Die Zehnerstriche (statt durch Punkte) durch Fortsetzung der Theilstrichgrenze in den Zahlentheil hervorgehoben, ist nicht gut, weil dadurch die Ziffern an Deutlichkeit einbüssen, hingegen ist es für die Fünferstriche (statt der eckigen Punkte) ganz zweckmässig.

Fig. 265 zeigt eine Theilungsart, bei welcher die Zahlen in der Lattenmitte stehen. Der letzte Centimeter jedes Decimeters ist seitlich verschoben, die Grenze der ganzen Decimeter ist, wo die Zahl das seitlich gerückte Rechteck berührt. Figg. 266—268 zeigen noch andere Eintheilungsarten, die einfachste, 268, ist sehr zweckmässig, 266 schon zu unruhig. Es wird viel unnöthige Spielerei mit den Eintheilungen getrieben.

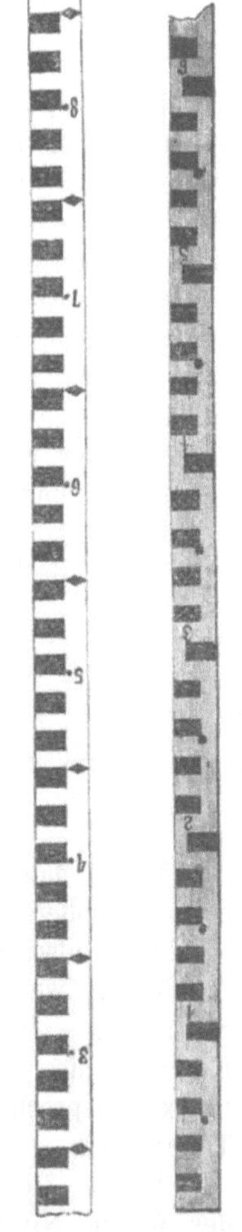

Fig. 264. Fig. 265.

Das Fussende der Latte ist metallbeschlagen zum bessern Schutze gegen Abnutzung. Die Latte braucht nicht breit zu sein, dann ist eine Verstärkungsrippe auch unnöthig, ebenso die auch sonst unzweckmässige streckenweise Durchbrechung der Mitte, um dem Winde weniger Angriffsfläche zu bieten.

Die Skalenlatten werden 4 bis 5 m hoch angewendet, aber man gibt ihnen in der Mitte ein Charnier, so dass sie auf die halbe Länge zusammengeklappt werden können, ein Spannriegel hält die Latten beim Gebrauche gestreckt. Man hat auch aus vier Theilen zusammengesetzte Latten, die Theile sind ineinander gezapft und verschraubt. Oft kann auf eine Charnierlatte nach Bedarf noch mit Verzapfung ein Stück „aufgesattelt“ werden.

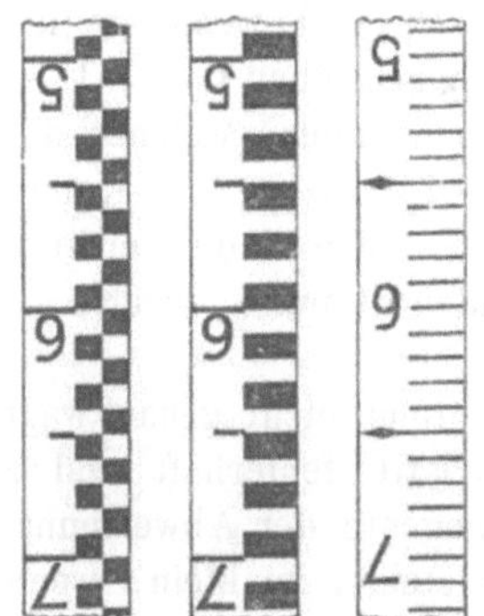

Fig. 266. Fig. 267. Fig. 268.

Man bekommt im Handel gegenwärtig Papierstreifen mit der oben beschriebenen Centimetertheilung und Bezifferung. Man mag dann einen solchen, aufgerollt leicht verführbaren, auf die erste beste Latte im Felde befestigen; man hat auch mit Oelfarbe angestrichene Nivellirbänder aus

Gurtenstoff, die an irgend eine Stange gehängt werden können. Diese Streifen sind veränderlicher als Holz. Weiteres siehe § 293.

Beim Nivelliren sind die Skalenlatten nicht nur entschieden bequemer als die Schiebelatten, sondern auch genauer, da das beständig wiederholte Schieben der Zieltafel nicht mit der äussersten Sorgfalt vollzogen wird. Hingegen ist für einzelne Prüfungen die Schiebelatte genauer, das Anzielen ist sehr sicher und in dem einzelnen Falle die Mühe des sorgfältigsten Schiebens nicht zu gross.

§ 256. **Nivellirmethoden.** Abgesehen von dem in § 263 zu beschreibenden Abwägen, das zuweilen nicht mehr Nivelliren genannt wird, kommen nur zwei Verfahren in Anwendung.

1. Das Nivelliren aus dem Endpunkte einer Strecke liefert die Höhenvergleichung des Instrumentenstandpunkts und des Lattenstandpunkts. Man muss die Instrumentenhöhe i messen, d. h. die Höhe der wagrechten Ziellinie (event. der Kippaxe) über dem Bodenpunkte P_1 (Fig. 269). Meist geschieht das durch Nebenhaltung einer Nivellirlatte, man hat aber auch am Stativ einen getheilten Stock, der nach Art eines Fernrohrs ausziehbar ist; steht das Instrument fest, so verlängert man diesen Stock, bis er den Boden, bezw. die Höhenmarke P_1 auf demselben trifft und kann dann an dem Stocke (dessen Theilung richtig sein muss) die Instrumentenhöhe i ablesen. Man muss ferner die Lattenhöhe l messen, d. h. die Höhe des von der wagrechten Ziellinie getroffenen Theilstrichs der Latte über deren auf Punkt P_2 sitzendem Fuss.

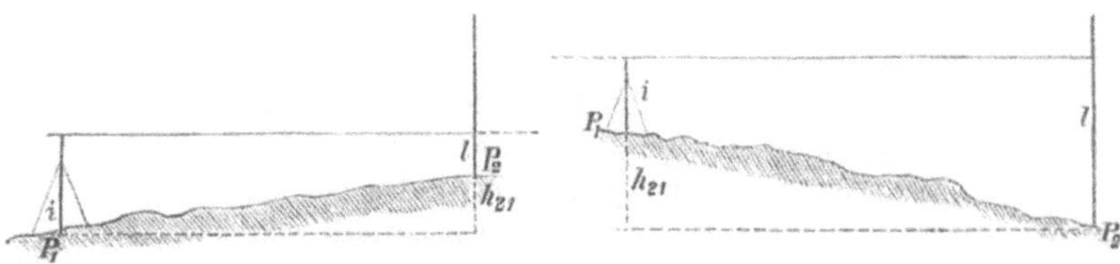

Fig. 269.

Es ist dann $h_{21} = i - l$ und zwar, wenn diese Differenz positiv ist, liegt P_2 höher als P_1 und wenn sie negativ ist, liegt P_2 tiefer als P_1. Man kann also auch schreiben $h_{12} = l - i$. Um die Regel besser merken zu können, werde ein Index, welcher die Nummer des Punkts angibt, beigefügt: $h_{21} = i_1 - l_2$; $h_{12} = l_2 - i_1$ und die Grösse h bedeutet dann eine Erhebung des dem ersten Index entsprechenden über den dem zweiten Index entsprechenden Punkt; negatives h bedeutet statt Höher-, dann Tieferliegen.

Ist die Zielrichtung nicht genau wagrecht, so wird die Ablesung l an der fernen Nivellirlatte fehlerhaft und zwar um den Betrag: wagrechte Entfernung mal Tangente der Abweichung von der Horizontalität zu gross, wenn die Ziellinie steigt, zu klein, wenn sie fällt. Bei demselben (unrichtigen) Instrument behält der Ablesefehler zwar immer dasselbe Vorzeichen, ist aber der Zielweite proportional. Genaueste Wagrechtstellung des Absehens ist also gefordert, oder es muss, wie beschrieben, in zwei Lagen beobachtet und das Mittel genommen werden, wodurch der Fehler wegen Abweichung der Zielrichtung von der Horizontalen eliminirt wird.

Die unbequeme Messung der Instrumentenhöhe hat veranlasst, Stative mit einem vierten Fusse zu construiren, welcher nicht eigentlich tragen soll, aber senkrecht stehen und eben gerade noch den Boden berühren. Damit wäre die Möglichkeit gegeben, eine constante, ein für allemal gemessene Instrumentenhöhe herzustellen (§ 275). Man ist sogar auf den Gedanken verfallen, die Instrumentenhöhe durch messbares Heben der Absehrichtung, von einer durch das vierte Stativbein angezeigten Hauptinstrumentenhöhe aus, so zu ändern, dass genaues Zusammentreffen mit einem Rand der sehr dicken Theilstriche der Latte erfolgt und die runde Zahl für l mit der durch Ablesung am Instrumente gefundenen, in Millimeter und Theile derselben ausgedrückten Instrumentenhöhe zur Berechnung von h zu combiniren. Umständlicher, aber nicht genauer als das gewöhnliche Verfahren des Nivellirens aus dem einen Endpunkte.

2. Das Nivelliren aus der Mitte einer Strecke, genauer gesprochen aus einem dritten von den zwei zu vergleichenden Punkten P_1 und P_2 gleich weit entfernten Standpunkt, verdient ganz entschieden den Vorzug in mehr als einer Hinsicht. Man zielt mit wagrechtem Absehen vom Standpunkte des Instruments aus auf die über (Fig. 270) P_1 senkrecht gehaltene Latte und liest die Lattenhöhe l_1; dann wird bei unverändert gebliebener Aufstellung (also Instrumentenhöhe), die über P_2 senkrecht errichtete Latte abgelesen, gefunden l_2. Es ist $h_{21} = l_1 - l_2$; $h_{12} = l_2 - l_1$, wobei die Vorzeichen die Bedeutung wie früher angegeben haben, nämlich $l_1 - l_2$ gibt an, wieviel P_2 höher liegt als P_1.

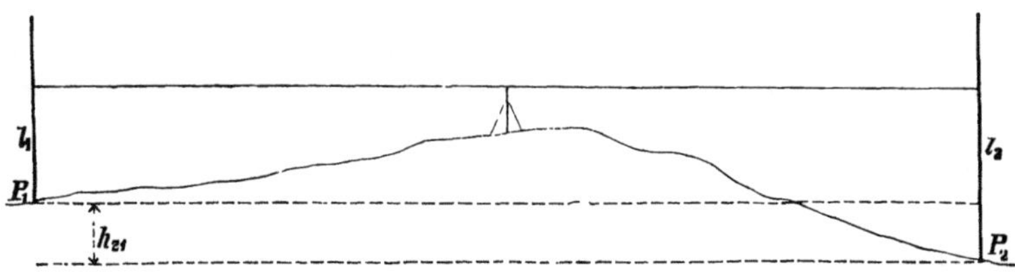

Fig. 270.

Ist das Absehen nicht ganz genau wagrecht, so werden, wie schon ausgeführt, die Ablesungen l_1 und l_2 fehlerhaft, aber beide im selben Sinne und wenn die Zielweiten gleich sind, auch um gleichviel. Der Fehler entfällt also aus der Differenz, h ist frei davon. Man ersieht den grossen Vorzug der Methode des Nivellirens aus der Mitte: die Ziellinie darf von der beabsichtigten Horizontalität (durch einen Fehler des Instruments) abweichen, das Nivellementergebniss wird doch richtig, wenn nur beide Punkte P_1 und P_2 gleichweit vom Instrumentenstandpunkt entfernt sind. Dabei ist klar, dass der Standpunkt durchaus nicht auf der geraden Verbindungslinie zwischen P_1 und P_2 zu sein braucht, sondern beliebig seitwärts gelegen sein kann. Ferner wenn die Abweichung der Zielrichtung von der Horizontalität nur gering, also auch die Ablesefehler nur klein sind, wird selbst wenn die Zielweiten nicht ganz gleich sind, in der berechneten Höhe nur mehr der Unterschied der an und für sich kleinen und fast gleichen Ablesefehler verbleiben. Also: bei nicht ganz unrichtigem Instrument genügt es, die Zielweiten annähernd gleich zu machen (durch Abschreiten oder gar nur durch Schätzung), um eine gute Messung zu vollführen.

Nicht nur der Fehler wegen mangelnder Horizontalität des Absehens verschwindet beim Nivelliren aus der Mitte, sondern auch der Einfluss des Sinkens des wirklichen unter den scheinbaren Horizont. Denn der Betrag dieses Sinkens ist bei gleicher Zielweite gleich gross, entfällt also, wenn die Differenz der Lattenablesungen genommen wird. Endlich eliminirt sich beim Nivelliren aus der Mitte auch der Einfluss der Strahlenbrechung (§ 298), wenn die Luftverhältnisse in den beiden Zielrichtungen, wie höchst wahrscheinlich, genügend gleichartig sind.

Wegen den so ausgesprochenen Vortheilen des Nivellirens aus der Mitte (vergl. auch noch § 258), soll nur im Nothfalle aus dem Endpunkte nivellirt werden, z. B. wenn über einen Fluss, Sumpf oder sonstige unzugängliche Fläche hinweg, deren Breite nahezu der maximalen für das Instrument zulässigen Zielweite gleich kommt, nivellirt werden muss.

§ 257. **Höhenvergleichung entlegenerer Punkte.** Man theile den geraden oder beliebig gebrochenen Weg zwischen P_1 und P_n durch die Punkte P_2, P_3, P_4 . . . in schickliche Strecken, ermittele h_{21}, dann h_{32}, dann h_{43} . . . u. s. w. hat und endlich

$$h_{n1} = h_{21} + h_{32} + h_{43} - \ldots h_{(n-1)(n-2)} + h_{n(n-1)}.$$

Die Zwischenpunkte brauchen nicht verpflockt zu werden, für die Vergleichung der Höhe mit dem vorhergehenden und für jene mit dem nachfolgenden Punkte bleibt die Latte stehen und wird nur gedreht, so dass die getheilte Seite jeweils dem Instrumente (bei beiden Aufstellungen) zugekehrt ist.

Wird aus der Mitte nivellirt, so können die Stationslängen ($P_1 P_2$, $P_3 P_4$ u. s. w.) bei Einhaltung der gleichen Maximalzielweite bis auf das Doppelte dessen anwachsen, was sie bei Endnivelliren sein können; weiterer Vortheil des Nivellirens aus einem Zwischenpunkte.

Die Aufschreibung der Ergebnisse des Nivellirens aus der Mitte zwischen zwei entferntern Punkten kann in folgender Art erfolgen:

Nivellement am Schlossberg. Datum. Beobachter. Instrument.

Aufstellung	Punkt	Ablesungen	steigt +	fällt −	Gesammtsteigung	Horizontal-Entfernung	Bemerkungen
		m	m	m	m	m	
I	1 2	1,875 1,320	0,555		+ 0,555	82	
II	2 3	2,463 1,100	1,363		+ 1,918	76	am nten Kilometerstein der Staatsstrasse M nach N
III	3 4	0,875 1,327		0,452	+ 1,466	90	
IV	4 5	1,980 0,742	1,238		+ 2,704	100	Dammkrone
V	5 6	0,485 2,110		1,625	+ 1,079	106	
VI	6 7	0,543 2,580		2,037	— 0,958	94	südl. Bachrand
VII	7 8	1,862 2,355		0,493	— 1,451	90	Bachbett-Mitte
VIII	8 9	1,577 0,737	0,840		— 0,611	78	nördl. Bachrand
IX	9 10	2,210 1,544	0,666		+ 0,055	105	

Die erste Spalte kann als überflüssig ganz fortbleiben. Die Horizontalentfernungen, die zu Nebenzwecken gebraucht werden, sind natürlich nicht die Summen der Zielweiten, sondern die kürzesten Entfernungen je zweier Punkte. — Diese Aufschreibeart führt deutlich die Höhenunterschiede aller Punkte gegen P_1 vor Augen und leicht lassen sich die relativen Höhen anderer Punkte ableiten. Z. B. $h_{63} = h_{61} - h_{31} = +1,079 - 1,918 = -0,839$ m.

Eine etwas gedrängtere Form der Aufschreibung ist nachfolgende:

Hor.-Entf.	Punkt	Vorblick	Rückblick	Gesammtsteigung	Bemerkungen
	1	—	1,875		
82	2	1,320	2,463		
76	3	1,100	0,875		
90	4	1,327	1,980		
100	5	0,742	0,485		
106	6	2,110	0,543		
94	7	2,580	1,862		
90	8	2,355	1,577		
78	9	0,737	2,210		
105	10	1,544	—	+ 0,055	
		Summe 13,815	13,870		

Jeder Zwischenpunkt wird zweimal angezielt, einmal von einer Stelle aus, die dem Anfangspunkte näher liegt oder im „Vorblick“ und einmal von einer gegen den Ausgangspunkt entlegenern Stelle aus, im „Rückblick“. Die Summe aller den Rückblicken entsprechenden Lattenablesungen vermindert um die Summe aller den Vorblicken entsprechenden, gibt die Höhe des letzten Punktes über dem ersten an. Es ist unschwer, den Höhenunterschied zweier anderer Punkte zu finden, z. B. h_{52} gleich Summe der Rückblicke von P_2 bis P_4

(nämlich $2{,}463 + 0{,}875 + 1{,}980 = 5{,}318$)

vermindert um Summe der Vorblicke von P_3 bis P_5

(nämlich $1{,}100 + 1{,}327 + 0{,}742 = 3{,}169$),

also $h_{52} = 5{,}318 - 3{,}169 = + 2{,}149$ m.

Kennt man die Meereshöhe des Ausgangspunktes, so lässt sich etwa in folgender Art gleich die Meereshöhe aller Zwischenpunkte ausrechnen.

Punkt	Ablesung	Höhe des Fusspunkts	Höhe der Absehrichtung	Horizontal-Entfernung	Bemerkungen
1 2	1,209 m 1,477	130,418 m 130,150	131,627 m	104,8 m	
2 3	1,315 1,989	129,476	131,465	92,3	
3 4	2,420 0,835	131,061	131,896	87,9	
4 5	3,114 0,672	133,503	134,175	96,4	

Die Höhe der Absehrichtung ist die Summe aus Meereshöhe des im Rückblicke gesehenen Punkts (P_1, nämlich 130,418) und der Rückblickablesung (1,209, also zusammen 131,627); die Meereshöhe des im Vorblicke genommenen Punkts ist gleich der Zielhöhe (131,627) vermindert um die Vorblickablesung (1,477, also 130,150).

Zur Aufschreibung bei Nivelliren aus dem Endpunkte bedarf es keiner Anweisung

§ 258. **Hauptprüfung aller Nivellirinstrumente.** In folgender Art kann man immer prüfen, ob das Absehen wirklich die verlangte Horizontalität hat. Auf ziemlich wagrechtem Boden wähle man zwei Punkte P_1 und P_2, die um weniger als die grösste zulässige Zielweite des betreffenden Instrumentes von einander entfernt sind und bezeichne sie gut durch eingeschlagene, in passender Höhe glatt abgeschnittene Pflöcke, auf welche man zu schärferer Höhenvermarkung auch wohl noch einen Nagel mit glattem Kopf schlägt.

1. Man nivellirt die Strecke zweimal von den Enden aus, und findet:

$$H_{21} = i_1 - \lambda_2 \qquad\qquad H_{12} = i_2 - \lambda_1$$
$$= i_1 - (l_2 + \triangle l) \qquad\qquad = i_2 - (l_1 + \triangle l).$$

$\triangle l$ ist der von der Geneigtheit des Absehens herrührende Fehler der Lattenablesungen, der (siehe § 246) in beiden Fällen nach Grösse und Vorzeichen derselbe ist, H bedeutet den rohen, fehlerhaften Höhenunterschied. Es ist schon § 246 gezeigt, dass man findet

$$\triangle l = \tfrac{1}{2}(\lambda_1 + \lambda_2) - \tfrac{1}{2}(i_1 + i_2).$$

Damit ist der aus Geneigtheit des Absehens folgende Fehler bestimmt. Aber zugleich, wenn man bedenkt, dass $h_{21} = i_1 - l_2 = i_1 - (\lambda_2 - \triangle l)$, ergibt sich auch: $h_{21} = \tfrac{1}{2}(H_{21} - H_{12})$

was man auch so ausdrücken kann: die richtige Höhe des Punkts P_2 über P_1 ist das arithmetische Mittel der durch die zwei Nivellements aus den Endpunkten gefundenen Werthe dieser Grösse. Die Thatsache, dass durch zweimaliges Nivelliren einer Strecke aus den Endpunkten der Fehler wegen Abweichung der Ziellinie von der Horizontalität eliminirt werden kann, verdient besonders hervorgehoben zu werden.

Zahlenbeispiel:

$i_1 = 1{,}520$, $\lambda_2 = 2{,}485$, also $H_{21} = -0{,}965$
$i_2 = 1{,}495$, $\lambda_1 = 0{,}520$, „ $H_{12} = +0{,}975$ folglich $h_{21} = -0{,}970$ m

und $\triangle l = -0{,}005$, d. h. auf die Horizontalentfernung von $P_1 P_2$ sinkt die Ziellinie um 0,005 m unter den scheinbaren Horizont.

2. Man bestimmt durch Nivelliren aus der Mitte den Werth h_{21} genau, unabhängig vom Fehler der Ziellinie. Dann ermittele man H_{21} durch Nivelliren aus dem Endpunkte P_1. Ist $H_{21} = h_{21}$, so besteht kein Zielfehler, besteht aber ein Unterschied, so gibt dieser sofort zu erkennen, um wieviel die Zielrichtung auf die fragliche Entfernung steigt, wenn $h_{21} - H_{21}$ positiv ist und fällt, wenn dieser Unterschied negativ ist.

Streng genommen entfällt der Einfluss der Erdkrümmung und der Strahlenbrechung zwar beim Nivelliren aus der Mitte, nicht aber beim Nivelliren aus dem Endpunkte, jedoch ist er bei so kleinen Entfernungen vernachlässigbar.

Sobald man h_{21} genau kennt, lässt sich der Sollwerth von l_2 berechnen und man wird zur Berichtigung des Instruments solche Aenderungen an ihm vornehmen, dass diesem Sollwerth l_2 das wirklich abgelesene λ_2 gleich wird.

3. Man bestimmt h_{21} genau (entweder durch Nivelliren aus der Mitte oder durch zweimaliges aus den Endpunkten), stelle dann das Instrument in P_0 ungefähr in der Verlängerung der Geraden $P_2 P_1$ auf, nahe an P_1, weit entfernt von P_2 und mache die Lattenablesungen, die man L_2 und L_1 finden mag. Ist das Absehen genau wagrecht, so muss $L_2 - L_1 = h_{21}$

sein. Im allgemeinen wird man aber finden $L_2 - L_1 = h_{21} + \delta$. Nämlich es wird sein $L_2 = l_2 + \triangle l_2 = l_2 + s_{02} \operatorname{Tg} \alpha$ und $L_1 = l_1 + s_{01} \operatorname{Tg} \alpha$, wo α den Neigungswinkel bedeutet, um welchen die Ziellinie ansteigt. Folglich ist

$$\delta = \operatorname{Tg} \alpha \cdot (s_{0\,2} - s_{0\,1}) \text{ und daraus } \operatorname{Tg} \alpha = \delta : (s_{0\,2} - s_{0\,1})$$

damit lässt sich $\triangle l_2 = s_{0\,2} \cdot \delta : (s_{0\,2} - s_{0\,1})$ berechnen, also auch der Sollwerth $l_2 = L_2 - \triangle l_2$; ähnlich der Sollwerth $l_1 = L_1 - \triangle l_1$. Man kann, wenn diese Auswerthungen vorgenommen sind, solche Aenderungen zur Berichtigung am Instrument vornehmen, dass diese Sollwerthe als Ablesungen erhalten werden. Dieses Verfahren 3 ist am umständlichsten und nicht besser als die andern.

Es ist im Gegentheile unsicherer aus folgenden Gründen: Das genaue Anzielen der nahen und der fernen Latte kann nicht bei derselben Okularstellung erfolgen. Es ist aber möglich, dass beim Ziehen des Okulars der Fadenschnittpunkt eine seitliche Verschiebung erfährt, so dass die Ziellinie geändert wird. Darauf ist zu prüfen.

§ 259. **Prüfung, ob beim Ziehen des Okulars die Absehrichtung ändert.** Zwischen den zwei beim Nivelliren aus der Mitte vorzunehmenden Ablesungen braucht das Okular gar nicht berührt zu werden, da die Zielweiten ja gleich sind. Das ist ein neuer Vortheil des Nivellirens aus der Mitte. Man verpflocke in gerader Linie, auf nicht sehr stark geneigtem Boden, drei Punkte in der Ordnung P_1, P_2, P_3, nämlich P_2 nahe an P_1 und P_3 so weit von P_1 fort, als es die Zielweite des Instruments erlaubt. Durch Nivelliren aus der Mitte bestimmt man (auch mit mangelhaftem Instrumente) genau den Höhenunterschied von P_1 und P_2 und nach demselben Verfahren (aus neu gewähltem Standpunkt) jenen von P_2 und P_3. Dann stelle man das Instrument über P_1 auf und messe die Instrumentenhöhe i_1 (am besten wird das Okularende in die Senkrechte von P_1 gebracht, da sich dann die Instrumentenhöhe noch am besten messen lässt). Da man die Höhenunterschiede h_{21} und h_{31} kennt, so lassen sich die Sollwerthe der Lattenablesungen $l_2 = i_1 - h_{21}$ und $l_3 = i_1 - h_{31}$ berechnen. Man mache beide Ablesungen, die an der nahestehenden Latte auf P_2 mit weiter ausgezogenem, die an der fernen, auf P_3 stehenden Latte mit eingeschobenem Okular. Findet man genau die berechneten Sollwerthe, so beweist das, dass beim Schieben des Okulars die Absehrichtung nicht ändert und ausserdem, dass sie wagrecht ist. Das letztere wird man, wenn ein Fehler sich zeigt, nach einem der angegebenen Verfahren auf die Länge $P_1 P_3$ berichtigend erzwingen können; zeigt sich noch eine Abweichung des Sollwerths von l_2, während jener von l_3 richtig gefunden wurde, so beweist das dann eine Seitenverschiebung des Fadenkreuzes beim Ziehen des Okulars. Andere Prüfung in § 279. Dieser Mangel kommt nicht selten, namentlich an Fernrohren mit durch den Gebrauch abgenutztem Okulartrieb und überhaupt bei mangelhafter Führung des Okularrohrs vor. Abhülfe ist schwierig und nur in der mechanischen Werkstätte ausführbar. Daher ist es entschieden am besten, bei allen Nivellirarbeiten sich so einzurichten, dass zwischen zusammengehörenden Beobachtungen das Okular nicht verschoben zu werden braucht. (Nivelliren aus der Mitte.)

Auf das Distanzmessen hat die Seitenverschiebung der Fadenplatte keinen grossen Einfluss, es wird nur der Höhenwinkel α etwas unrichtig. Merklicher ist er schon bei der tachymetrischen Höhenermittelung, wo der Winkel der Ziellinie mit dem Horizont (oder der Vertikalen) grösseren Einfluss übt. Auch bei Horizontalmessungen wird der in Rede stehende Fehler von Bedeutung werden können; allein meist zielt man da, namentlich bei wichtigeren Messungen, stets auf grosse Entfernungen und man weiss (§ 136), dass selbst, wenn diese ziemlich verschieden sind, nur minimale Okulareinstellungsänderungen erforderlich wären, ausserdem bei Horizontalmessung die schärfste Einstellung des Okulars nicht dringend nothwendig ist. Man wird sich zur Regel machen bei Horizontalwinkelmessungen das Okular nur im Nothfalle zu verstellen.

§ 260. **Prüfung auf wagrechtes Absehen an Nivellirinstrumenten zum Hin- und Herzielen.** Ist das Absehen zum Hin- und Herzielen brauchbar, so kann seine Horizontalität mit einer einzigen Aufstellung des Instruments (und ohne Messung der Instrumentenhöhe) geprüft werden.

Vorausgesetzt wird 1., dass der Zapfen, um welchen das Absehen drehbar ist, genau senkrecht gestellt werden kann. Die Mittel hierzu und Prüfungen hierauf sind schon angegeben (§ 156). — 2. Dass die beiden Absehrichtungen des Hin- und Herzielers, nämlich des Doppeldiopters (§ 42), des Linsendiopters (§ 276) oder des umlegbaren Fernrohrs (§§ 279 bis 281) genau derselben Geraden, bezw. derselben Ebene angehören. Die Prüfung hierauf in § 261.

Ist das Absehen bei senkrecht stehendem Zapfen genau wagrecht, so steht es also rechtwinkelig zum Zapfen, beschreibt folglich beim Drehen eine Ebene und zwar eine horizontale. Man zielt mit dem ersten Absehen oder in erster Fernrohrlage eine möglichst entfernt stehende Latte an, dreht 180° um den Zapfen und zielt durch den zweiten Abseher bezw. beobachtet in zweiter Fernrohrlage. Wird genau derselbe Punkt der Latte getroffen, so ist alles in Ordnung. Wird beim zweiten Anzielen ein anderer Punkt getroffen, so nehme man jenen *mitten* zwischen den zwei angezielten und corrigire bis dieser in beiden Lagen getroffen wird. Denn *stieg* in erster Lage das Absehen, so *fällt* es in zweiter um denselben Betrag auf die gleiche Entfernung. Zugleich ist ersichtlich, dass *das arithmetische Mittel aus den in beiden Lagen* (durch die zwei Abseher) *gemachten Ablesungen frei ist vom Fehler der Zielrichtungen.* Will oder kann man das Instrument nicht verbessern, so kann man also doch den Fehler *eliminiren*.

§ 261. **Prüfung der Vorrichtungen zum Hin- und Herzielen.** 1. *Doppeldiopter oder Linsendiopter* (§ 276). Man ziele, während die Libelle scharf einspielt, nach einem gut gekennzeichneten fernen Punkt durch das eine Absehen, drehe um 180°, bringe nöthigenfalls durch geringe Nachhülfe an den Stellschrauben die Libelle wieder scharf zum Spielen und ziele mit dem zweiten Abseher. Findet sich wieder derselbe Punkt angezielt, so fallen beide Absehen in dieselbe Gerade.

Oder man winke, bei beliebiger Aufstellung des Instrumentes, unter Benutzung des einen Absehens, zwei Zeichen ein, Stäbe, auf welchen als Marke ein Ring in passende Höhe geschoben wird, erst das entferntere, dann das nähere. Ohne an der Stellung des Instruments etwas zu ändern, benutze man nun das zweite Absehen und winke ein drittes, gleichartiges Zeichen ein, also nach Westen, wenn die ersten nach Osten lagen. Dann prüfe man, nach Entfernung des Instruments, ob die drei Zeichen derselben Geraden angehören, wozu man sich, grösserer Schärfe halber, eines Handfernrohrs bedienen kann. Bequem als Zeichen sind auf Stöcken verschiebbare Zieltafeln, mit kleinen Oeffnungen in der Mitte zu verwenden; man soll durch die drei Oeffnungen hindurch sehen können.

Hat der Doppeldiopter kein Fadenkreuz, sondern nur einen einzigen Faden (gibt es also nur eine Absehebene, keine Absehlinie), so sollen beide Absehebenen zusammenfallen. Man stelle das Diopter, nöthigenfalls nach Lösung vom Instrumente, so, dass die Fäden senkrecht sind. Durch das erste Diopter (nach Westen z. B.) winke man erst einen entfernteren, dann einen näheren Senkelfaden ein, einen dritten (in Osten) durch das zweite Diopter, ohne zwischenzeitiger Berührung der Vorrichtung. Die drei Fäden müssen derselben Vertikalebene angehören, d. h. bei passender Stellung des Auges hinter dem einen am Ende müssen die zwei anderen gleichzeitig gedeckt sein. Handfernrohr.

2. Durchschlagbares oder umlegbares Fernrohr. Ist das Fernrohr um eine Axe drehbar, so soll in beiden Lagen (vor und nach dem Durchschlagen) beim Kippen dieselbe Ebene beschrieben werden, d. h. es soll kein Collimationsfehler bestehen (§ 139). Wird das Fernrohr nicht durchgeschlagen, sondern umgelegt, so soll in beiden Lagen beim Kippen dieselbe Ebene beschrieben, oder wenn, wie bei Nivellirinstrumenten, nicht gekippt wird, dieselbe Ziellinie hergestellt sein. Im ersten Falle darf kein Collimationsfehler bestehen und die Absehrichtung muss genau in der Mitte zwischen den zwei Lagern verlaufen. Die Prüfung erfolgt ganz wie zuerst für das Doppel- oder Linsendiopter angegeben wurde. Ist die Zielweite gross, so wird eine harmlose, kleine Excentricität sich nicht bemerklich machen. Wird das Fernrohr nur umgelegt und kann es nicht kippen, so handelt es sich darum, ob vor und nach dem Umlegen die Zielrichtung dieselbe Lage gegen die Lager hat. Gewöhnlich hat das Rohr zwei sorgfältig abgedrehte Ringe, mit denen es in die Lager kommt. Man bringt zunächst das Absehen genau auf die Ringaxe (§ 279). Sind die Ringe gleich, was nach § 279 zu prüfen ist, so legen sie sich gleicherweise in die Lager, die Zielrichtung fällt auch nach dem Umlegen noch mit der Ringaxe zusammen, gehört also derselben Geraden an, was verlangt war.

§ 262. **Prüfung der Horizontalität eines Fadens.** Hat das Absehen ein Fadenkreuz, so ist es unbedingt empfehlenswerth stets mit dem Schnittpunkte der Fäden zu zielen, obschon das meist etwas weniger bequem ist. Dann ist die Lage der Fäden gegen den Horizont gleichgültig. Will man aber nicht immer den Fadenschnittpunkt einstellen, so würde man bei geneigtem Faden das Ziel in anderer Höhe treffen, je nachdem man die linke oder rechte Hälfte des Fadens zum Zielen benutzt. Und fehlt der zweite Faden überhaupt, so ist die wagrechte Lage desselben zur Sicherung der Zielhöhe durchaus gefordert.

Man richtet das Absehen über die Mitte des Fadens (geschätzt) genau horizontal und winkt eine Zieltafel in passender Entfernung ein. Vorher hat man sich versichert, dass beim Drehen um den Zapfen die Mittelziellinie wirklich wagrecht bleibt. Dreht man nun die Alhidade mit dem Fernrohr, dass nach und nach die ganze Länge des Fadens über den Zielpunkt geführt wird, so muss dieser beständig scharf getroffen werden, wenn der Faden wirklich horizontal ist. Ist er es nicht, so muss das Okularrohr mit dem Faden um die geometrische Axe des Fernrohrs passend gedreht werden; ist ein diese Drehung hindernder Stahlrücken (§ 136 S. 193) am Fernrohre, so wird eine kleine Drehung der Fadenplatte mittelst zweier Schräubchen, die ihre Muttern in einem Ringe haben und zwischen ihrem Spindelende den Stahlrücken packen, bewirkt.

Meist stehen die zwei Fäden des Fadenkreuzes rechtwinkelig zu einander. Ist man ganz sicher (?), dass das der Fall, so genügt es den einen senkrecht zu stellen, der andere ist dann wagrecht. Der senkrechte Faden deckt seiner ganzen Länge nach genau einen feinen aufgehängten Senkelfaden.

§ 263. **Abwägen und Staffelmessung, Setzwage und Bergwage.** Prüft man, ob eine auf einen Tisch oder dergl. gesetzte Libelle einspielt, so ist das eigentlich schon ein Nivelliren. Legt man eine rechteckig eben abgehobelte Stange, die Setzlatte oder das Richtscheit über zwei Steine oder dergl. und prüft mit Libelle oder Setzwage, welche auf die Seitenfläche des Richtscheits gehalten wird, ob dieses wagrecht liegt, die Auflagerpunkte desselben also gleich hoch sind, so ist das gleichfalls ein Nivelliren. Doch nennt man dieses beim Bauen häufig angewendete Verfahren besser Abwägen. Beobachtet man den Ausschlag der Libelle und kennt dessen Winkelwerth, so lässt sich die Neigung der über die zwei Auflagerpunkte gehenden Geraden gegen den Horizont messen und daraus sofort ihr Gefälle, d. i. die trigonometrische Tangente jenes Neigungswinkels ableiten.

Statt der Libelle wird wohl auch die weit weniger empfindliche Bleiwage oder Setzwage (Fig. 271) benutzt. Das ist ein aus drei eben gehobelten Lattenstücken zusammengefügtes, gleichschenkeliges Dreieck mit einem Bleilothe, das an der Spitze aufgehängt ist, in welcher die gleichen Schenkel zusammentreffen. Schneidet das Bleiloth die Mitte der gegenüberliegenden Seite, welche Mitte durch einen Strich für den Faden oder eine Vertiefung für die Bleikugel ausgezeichnet ist, so steht diese Basis wagrecht. Denn man weiss, dass die Verbindungsgerade der Mitte der Basis eines gleichschenkeligen Dreiecks mit der Spitze desselben rechtwinkelig zu jener steht, folglich... Die Bleiwage kann leicht so vervollständigt werden, dass mit ihrer Hülfe sofort das Gefälle des Richtscheites, auf das sie gehalten wird, oder auf welchem sie oft gleich befestigt ist, erkannt wird. Man trage auf der Basis, von deren Mitte an, Hundertel der Höhe des gleichschenkeligen Dreiecks auf (oder wenn es nur Zehntel sind, schätze man nur die Hundertel); spielt der Senkelfaden beim nten Theilstrich ein, so ist das Gefälle n Hundertel (Procente), d. h. die Erhebung oder Senkung beträgt n Theile auf 100 Horizontaltheile.

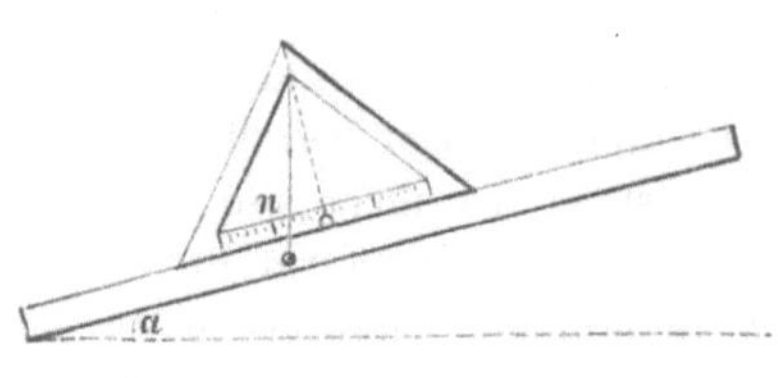

Fig. 271.

Die Bergwage oder das Setzniveau (Fig. 272) ist ein Metalllineal, auf dem ein getheilter Viertelkreis steht, um dessen Mittelpunkt mit Zirkelscharnier eine mit Libelle versehene Alhidade grob und mikrometrisch fein gedreht werden kann. Das Lineal wird auf das Richtscheit oder die Setzlatte gelegt, die Alhidade bis zum Einspielen der Libelle gedreht. Der Index an der Alhidade, gewöhnlich mit Nonius versehen, lässt an dem in Grade getheilten Viertelkreise die Neigung gegen den Horizont ablesen. Neben der Gradtheilung ist wohl noch eine zweite, Gefällprocente angebende,

Fig. 272.

den trigonometrischen Tangenten der Neigungswinkel entsprechende angebracht. Die Libelle muss mit Verbesserungsschrauben so gestellt werden können, dass, wenn ihre Axe der Unterfläche des Lineals parallel steht, die Ablesung am Kreise 0^0 (und $0^0/_0$ Gefälle) anzeigt. Man drehe die Alhidade bis die Ablesung genau Null ist, verändere dann die Unterlage des Lineals, z. B. eine Messtischplatte, bis zum Einspielen der Libellenblase. Dann wird die Setzwage umgesetzt, d. h. rechts mit links vertauscht. Spielt die Libelle abermals ein, so ist alles in Richtigkeit. Zeigt sich ein Ausschlag, so ist er zur Hälfte durch Aenderung an der Linealunterlage (Messtischplatte) fortzuschaffen, zur anderen Hälfte mittelst der Correkturschraube an der Libelle (§ 125).

Auch die Prüfung der gemeinen Bleiwage erfolgt durch Umsetzen.

Legt man eine 3 bis 4 m lange Setzlatte mit dem einen Ende auf Punkt P_1 und schiebt das andere an einer über P_2 senkrecht gehaltenen, getheilten Latte empor oder herab, bis die auf der Setzlatte befindliche Bleiwage oder das auf Null gestellte Setzniveau Horizontalität verkündet, so erfährt man, dass Punkt P_2 über Punkt P_1 um den Betrag der Ablesung an der getheilten Latte liegt. Indem man in ähnlicher Weise P_2 gegen einen um die Länge des Richtscheits entfernten Punkt P_3 vergleicht, diesen ähnlich mit P_4 und so fort, kann man durch Staffelmessung schliesslich den Höhenunterschied zweier beliebig weit von einander befindlicher Punkte finden (Fig. 273). Dieses Verfahren ist aber so mühsam und die Fehlerfortpflanzung so ungünstig, dass man es nur in ganz besonderen Fällen anwenden wird. Ein solcher liegt vor, wenn steile Abhänge aufzunehmen sind, weil da die Anwendung eines eigentlichen Nivellirinstruments zu sehr häufigen, mühsamen, zeitraubenden Instrumentenaufstellungen nöthigt, da sich nivellitisch dann immer nur sehr nahe bei einander liegende Punkte vergleichen lassen.

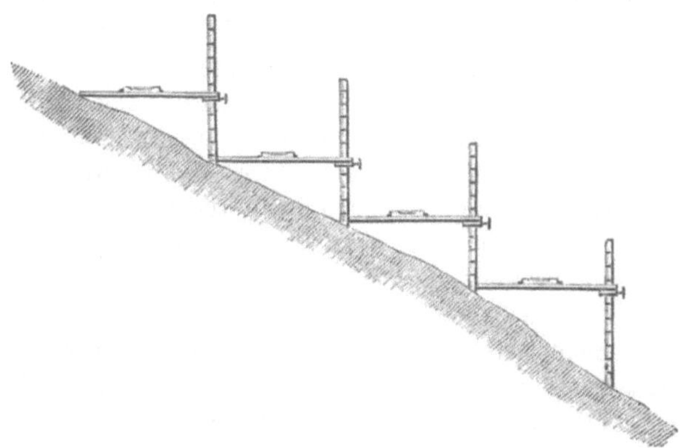

Fig. 273

Man gibt dem Richtscheite wohl einen rechtwinkeligen Ansatz, mit dem es an der senkrecht stehenden, getheilten Latte anliegt.

Für Querprofile (§ 289) genügt das Verfahren meist vollständig und beansprucht bei steilem Gehänge nur $^1/_3$ bis $^1/_4$ der Zeit des eigentlichen Nivellirens.

§ 264. **Eintheilung der Nivellirinstrumente.** Allen Nivellirinstrumenten gemeinsam wird zur praktischen Herstellung des wagrechten

Absehens die Schwere benutzt, im richtigen, engsten Anschlusse an die Erklärung: wagrecht ist rechtwinkelig zur Schwerrichtung. Entweder man benützt 1. einen festen Körper von ziemlich grossem Gewicht, der mittelst einer Axe möglichst leicht beweglich aufgehängt ist und mit dem eine Absehvorrichtung verbunden ist, die rechtwinkelig geht zur kürzesten Linie vom Schwerpunkt des Schwebekörpers oder Pendels zur Aufhängeaxe oder allgemeiner, rechtwinkelig zur Ebene durch Schwerpunkt und Axe. Durch die Wirkung der Schwere stellt sich nach einigen Pendelschwingungen die stabile Gleichgewichtslage des Körpers her, in welcher der Schwerpunkt senkrecht unter der Axe sich findet; es ist für die sichere Einstellung vortheilhaft den Schwerpunkt ziemlich tief unter der Axe zu haben. Alle solche Pendelinstrumente sind in ihrer Genauigkeit beschränkt durch die Reibung, wegen welcher der Schwerpunkt sich nicht ganz genau senkrecht unter die Axe stellen wird. Ferner wirkt bei der Mehrzahl dieser Instrumente der Wind, schon ein so schwacher, dass man ihn kaum als Luftzug verspürt, auf die Lage ein und die Horizontalität des Absehens ist also durchaus nicht wohl verbürgt. Bei einigen besseren Pendelinstrumenten ist die Windwirkung abgehalten.

Oder 2. man benutzt die Gleichhöhe einer tropfbaren Flüssigkeit in communicirenden Röhren. Nimmt man einstweilen, der Kürze halber, an, die Oberflächen der Flüssigkeit in beiden Röhren seien Theile einer und derselben wagrechten Ebene (allgemeiner einer Gleichdruckfläche), so gibt das Zielen über zwei Punkte dieser Oberflächen eine wagrechte Richtung. Die Kanalwage.

Oder 3. man benutzt die Aussage einer Libelle. Man weiss, dass die Tangentialebene an deren bezeichneten Punkt wagrecht ist, wenn die Blasenenden gleichweit vom bezeichneten Punkte abstehen — regelmässige Gestalt der Innenfläche des Rohres vorausgesetzt und Ausschluss aller Adhäsionsunregelmässigkeiten (§§ 119 u. ff.). Die Stellung der Blase, ihr Hingehen zur höchsten Stelle, wird aber durch die Schwerkraft veranlasst. Ist nun eine Zielvorrichtung mit der Libelle verbunden, derart, dass das Absehen parallel ist mit der Tangentialebene im bezeichneten Punkt, so ist also eine wagrechte Ziellinie gewonnen, sobald die Libellenblase einspielt. Libelleninstrumente.

Pendelinstrumente gibt es sehr mannigfache, nachfolgend sollen nur einige der besseren Formen Erwähnung finden. Dann findet die Kanalwage Besprechung. Die Libelleninstrumente zerfallen in Libellendiopter und Libellenfernrohre, je nachdem die mindere oder bessere Absehvorrichtung vorhanden. Sie scheiden sich aber ausserdem nach der mechanischen Einrichtung u. s. w. in verschiedene Arten, die aufgezählt und (mit Auswahl) beschrieben werden sollen. Libelleninstrumente sind zu genauen Nivellirungen allein gebrauchbar.

§ 265. **Neigungs- und Gefällmesser.** Häufig ist an Nivellirinstrumenten, namentlich an fast allen Pendelinstrumenten das Absehen aus der wagrechten Stellung messbar in eine andere zu bringen, oder es lässt sich der Unterschied einer Zielrichtung gegen die wagrechte messen. Lässt die Ablesung am Instrumente den Winkel in Gradmaass finden zwischen einer Zielrichtung und dem Horizonte, so liegt ein Neigungsmesser vor, ist die Ablesung aber der trigonometrischen Tangente dieses Winkels proportional, so hat man einen Gefällmesser, dessen Angaben meist nach Procenten eingerichtet sind. Die Neigungs- und Gefällmesser sollen, als Erweiterungen von Nivellirinstrumenten, mit diesen zusammen beschrieben werden. Hier nur eine Bemerkung über ihren Gebrauch. Gewöhnlich wird nicht von beliebiger Zielrichtung, sondern von der Verbindungsgeraden zweier Punkte die Neigung oder das Gefäll zu kennen verlangt. Man stellt das Instrument über dem einen der Punkte auf, misst die Instrumentenhöhe und lässt eine Zieltafel auf den fernen Punkt senkrecht halten, so dass ihre Mitte gerade so hoch über dem zweiten Punkt ist, wie das Auge über dem ersten (Standpunkt). Die Richtung vom Instrumente nach der Zieltafel ist dann der in Rede stehenden parallel und die Messung ihrer Neigung oder ihres Gefälls gilt auch für die Bodenlinie. — Soll ein Punkt seiner Höhe nach bestimmt werden, so dass seine Verbindung mit einem andern eine ganz bestimmte Neigung oder ein ganz bestimmtes Gefälle habe, so muss die Absehrichtung des auf dem einen Punkt stehenden Instruments in die erforderliche Neigung oder das richtige Gefäll gebracht werden, wozu am Apparate die Möglichkeit gegeben ist, und eine Zieltafel, genau um Augenhöhe des Beobachters über ihren Fusspunkt geschoben, wird auf den fernen Punkt gehalten und dieser so lange erhöht (Unterlagen) oder vertieft (ausgraben) bis die Zielrichtung die Zieltafel trifft. In der Regel wird der betreffende Punkt verpflockt; man lässt ihn, je nachdem, über die Bodenfläche genügend hervorragen oder versenkt ihn (gewöhnlich mit Abgrabung der nächsten Umgebung) unter die Bodenfläche; zuletzt soll immer durch Eintreiben des Pfahlkopfs der Punkt richtig gelegt werden.

Die Prüfung der Neigungs- und Gefällmesser hat zunächst als Nivellirinstrument zu erfolgen, bei der Neigung oder dem Gefälle Null soll das Absehen wagrecht sein. Das prüft man durch Nivelliren aus beiden Enden einer Strecke mit dem Apparate oder in sonstiger § 258 angegebener Art.

Hat man erst den Ort bestimmt, wo die wagrechte Ziellinie in einer Entfernung s auf eine Nivellirlatte trifft, so mache man nun die Einstellung nach einem um $\pm$ h Centimeter höher liegenden Punkte der Latte und muss dann am Gefällmesser $\pm \frac{h}{s}$ Procent ablesen (s in Meter ausgedrückt); solcher Weise prüft man die Theilung. Dieselbe Prüfung gilt für den Neigungsmesser; im eben angeführten Falle muss dieser eine Neigung $\pm \alpha$ angeben, bestimmt durch $\operatorname{Tg} \alpha = \pm \frac{h}{s}$, wo aber nun h und s in derselben Längeneinheit gemessen sind. So untersuche man die Richtigkeit der Theilung nach ihrer ganzen Ausdehnung.

§ 266. **Hängewage oder Gradbogen der Markscheider.** Die in § 263 erwähnte Bleiwage ist ein Pendelinstrument; bringt man längs und parallel der Basis ein Absehen an (ein Diopter, oder es wird schlechtweg längs der Kante gezielt), so hat man ein Nivellirinstrument, auch einen Gefällmesser, wenn die Basis die § 263 angegebene Theilung trägt.

Der Gradbogen ist ein metallener Halbkreis, der an seiner Peripherie getheilt ist und der Nullpunkt der Theilung liegt so, dass der Halbmesser vom Nullpunkt den Halbkreis hälftet, d. h. dass der Durchmesser rechtwinkelig ist zum Nullhalbmesser. Diesem Durchmesser parallel kann ein Diopter angebracht sein. Im Mittelpunkte des Halbkreises ist ein feiner Faden angeknüpft, welcher ein Gewicht (Kugel oder Kegel) trägt. Hält man den Halbkreis in eine senkrechte Ebene, so wird das aus seinem Mittelpunkte herabhängende Senkel gerade die Kreisebene berühren ohne anzudrücken. Schneidet der Senkelfaden auf 0^0 der Theilung, so ist der Nullhalbmesser senkrecht, der Durchmesser und die damit verbundene Absehrichtung wagrecht. Schneidet der Senkelfaden aber den Theilstrich, entsprechend $\pm n^0$, so ist das Absehen $\pm n^0$ gegen den Horizont geneigt. Und wäre die Theilung nicht nach Graden eingerichtet, sondern den Tangenten der Winkel proportional, so würde man sofort das Gefälle der Absehrichtung ablesen. — Zieltafel in Augenhöhe des Beobachters erforderlich, — oder in Vertretung dieses ein Gehülfe, an dessen Körper man sich eine Stelle gemerkt hat, welche der Augenhöhe des Beobachters entspricht.

Für den bergmännischen Gebrauch ist am Gradbogen kein Diopter, sondern am Durchmesser sind zwei gleich grosse Haken angebracht, mittelst welcher das Instrument reitend auf eine straff gespannte Schnur gehängt werden kann. Die Stelle der Theilung der Hängewage, welche vom Senkelfaden getroffen wird, gibt die Neigung (bei Tangententheilung das Gefäll) des gespannten Fadens an.

Mayer's Patentgefällstock ist im wesentlichen ein Gradbogen. Es ist ein Ganzkreis, der pendelnd aufgehängt wird, wobei er sich in die Vertikalebene und der Nullhalbmesser wagrecht stellt. Ein Linsendiopter (siehe § 276) ist um den Kreismittelpunkt drehbar; zeigt der mit ihm verbundene Index auf 0, so ist das Absehen, wenn der Kreis frei schwebt, wagrecht. Man kann dem Absehen beliebige Neigung (oder Gefälle) geben, wenn man das Diopterrohr so weit dreht, dass der Index auf die entsprechende Zahl zeigt und nun wieder Gleichgewichtslage abwartet. Die Zieltafelhöhe hat gleich der Höhe des Kreismittelpunktes über dem Standpunkte zu sein.

§ 267. **Pressler's Messknecht** ist ein Stück starker Pappe, mit Papier überzogen (gefirnisst), dem Theilungen und zahlreiche Tabellen aufgedruckt sind. Der Pappdeckel ist eingeschnitten und kann zu einem rechtwinkelig körperlichen Eck umgebogen werden. An der einen Kante dieses ist ein feiner Seidenfaden mit daran hängendem Bleigewicht (in Linsenform) befestigt. Hält man, mit freier Hand oder mittelst Stativ, die Vorrichtung so, dass das Pendel einer Seitenfläche sanft anliegt, so ist diese senkrecht und der Senkelfaden schneidet Theilungen auf dieser Fläche. Längs der Kante, auf welcher das Senkel angeknüpft ist, wird gezielt (ohne Diopter); der Faden schneidet eine mit dem Senkelbefestigungspunkte concentrische Gradtheilung an der Stelle, die der Neigung der Absehlinie entspricht, eine zweite, nach den trigonometrischen Tangenten fortschreitende Theilung an der dem Gefälle entsprechenden Stelle. Statt besonderer Zieltafel wird meist ein Gehülfe benutzt, man zielt nach einer bestimmten Körperstelle desselben in Augenhöhe des Beobachters. Ausser den zwei Theilungen sind noch andere (die auch vom Faden geschnitten werden) vorhanden, nach dem Sinus, nach dem Cosinus des Neigungswinkels und nach den reciproken Werthen dieser Funktionen. Mit äusserster Raumausnutzung sind viele Zahlen, Tabellen mathematischen, mechanischen, forstlichen, landwirthschaftlichen Inhalts aufgedruckt. Das kleine Werkzeug ist zu Rohmessungen recht brauchbar. Nähere Beschreibung und Angabe der mannigfachsten Verwendung in verschiedenen Schriften Pressler's: z. B. „Der Messknecht und sein Praktikum. Ein populäres Brieftascheninstrument und Handbüchlein" u. s. w., dann „Mathematische Brieftasche mit grossem (oder Ingenieur-) Messknecht" u. a. m. Die kleinen Bücher enthalten in gedrängter Form gar viel und vielerlei Belehrendes.

Dem Pressler'schen Messknechte ähnlich ist das Instrument von Winkler und einige andere. Während beim Messknecht vor dem Ablesen des Fadens die senkrecht stehende Seitenfläche geneigt wird, bis der Faden anliegt und angenommen wird er bleibe liegen, wenn man in die zum Absehen bequeme Lage dreht, ist bei dem Spiegelhypsometer von Faustmann ein Spiegel angebracht, welcher die Fadenablesung zu machen gestattet, während man noch anzielt, die Theilungsfläche also noch (wie auch der Faden) senkrecht ist.

All' diese Geräthschaften taugen nicht viel zu besseren Messungen und sind durch genauere, manchmal dabei sogar bequemere ersetzbar; sie erfreuen sich aber einer ganz ungerechtfertigten Beliebtheit und konnten noch nicht durch die eben so billigen, besseren einfachen Libelleninstrumente verdrängt werden.

§ 268. **Sickler's Gefällmesser** ist eine rechteckige Tafel aus starkem Messingblech, die in der Mitte einer Langseite mittelst Kugelcharnier in einem Ringe aufgehängt wird, der selbst in einem senkrecht in den Boden gestellten Stock eingeschraubt ist. An der anderen Langseite des Rechtecks sind zwei Metallstäbe eingehängt, die an ihrer charnierartigen Vereinigung ein grösseres Gewicht tragen. Die Aufhängung der Stäbe ist eine bewegliche; in der Gleichgewichtslage befindet sich der Schwerpunkt des symmetrisch belasteten Apparats, nämlich die Axe des angehängten Gewichts senkrecht unter dem Mittelpunkt des Aufhängerings und die Längskanten des Rechtecks sind wagrecht. Parallel den Kurzseiten sind zwei Schlitze angebracht, in welchen federnd der Okular- und der Objektivtheil eines Diopters verschoben werden und dann festgestellt werden kann. Längs der Schlitze sind Theilungen nach je $^1/_{200}$ des Abstandes der Schlitzmitten oder der Diopterntheile angebracht. Stehen beide Diopterntheile auf 0^0, so ist das Absehen der Längsseite des Rechtecks parallel, also wagrecht; schiebt man den Okulartheil auf den + n ten, den Objektivtheil auf den — n ten Theilstrich, so ist das Absehen (das fortfährt durch die Mitte des Rechtecks zu gehen) um 2 · n halbe Procente oder n Procente gegen den Horizont fallend. — Die Zieltafel muss so hoch sein, als die Mitte des Rechtecks, wenn dieses am Stockstativ hängt über dem Boden. — Es ist nicht bequem zwei Schiebungen machen zu müssen. Prüfungen nach § 265. Gefäll 0 messen oder abstecken ist Nivelliren.

Nahe verwandt dem hier beschriebenen Instrument ist das Bose'sche, die Gefällmesser von Desaga, von Hurth u. a. m.

§ 269. **Sickler's Gefällstock** ist ein längeres Lineal aus Metall mit darauf sitzendem Diopter, das in seiner Mitte drehbar an einem Stocke aufgehängt ist. An dem Lineal sind zwei Stangen befestigt, die mittelst Charnier verbunden sind, an welchem ein Gewicht hängt. Die Schwerecomponenten dieser Last lassen sich an die Aufhängepunkte der Stangen am Lineal (Hebel) verlegt denken. Sind diese symmetrisch gegen die Mitte (Drehaxe), so ist das Lineal beidseitig gleich belastet und stellt sich, wie ein Wagebalken, wagrecht. Zu prüfen nach § 265. Der Befestigungsort der einen Stange am Lineal lässt sich verschieben; bei unsymmetrischer Anordnung der Befestigungsstelle sind die Drehmomente der Gewichtscomponenten nicht gleich, das Lineal nimmt, wie ein Wagebalken bei ungleicher Belastung, eine geneigte Lage an. Die Neigung, die zugleich jene des Diopterabsehens ist, ist eine Funktion der Verschiebung und der Vertheilung der Massen an der Wage. Man bringt empirisch eine Theilung an, so dass an der Stelle, die den beweglichen Verbindungspunkt der Stange mit dem Lineal einnimmt, sofort das Gefälle der Absehlinie abgelesen werden kann. Die Theilung ist umständlich zu prüfen — weil sie nicht nach gleichen Theilen fortschreitet. Nach 265.

§ 270. **Frank's Neigungsmesser** ist ein um eine durch den Mittelpunkt gehende Axe drehbares kleines Rad, dessen cylindrische Seitenfläche in Grade getheilt ist. Fig. 274 gibt einen Durchschnitt. Auf einen der Halbmesser ist, nahe dem Umfange, durch Anbringung eines Gewichts der Schwerpunkt hingelegt und auf dem Halbmesser, rechtwinkelig zu jenem mit dem Schwerpunkt, ist der Nullpunkt der Theilung. Das Rad ist zum Schutze gegen den Luftzug in eine flache nahezu kreisrunde Büchse eingeschlossen, deren Wandung zum Theil aus Glas besteht, um Licht auf die Theilung des Rades gelangen zu lassen. Eine Lupe ist in der Dosenwand eingesetzt, durch welche die Theilung beobachtet wird. Neben der Lupe ist in der Metallfassung ein feiner Spalt eingeschnitten, welchem gegenüber auf einer Glaswand ein schwarzer Strich sich findet, welcher den Objektivtheil eines Diopters bildet, dessen Okulartheil der Spalt ist. Hält man das Instrument frei in der Hand, so dass die Absehlinie wagrecht ist und sieht mit der einen Hälfte des Auges neben dem Spalt in die Lupe, so liest man 0^0 an der Theilung, der Nullstrich erscheint gleichsam als Verlängerung des Spaltes (oder des Zielstrichs auf dem vorderen Glasdeckel). Wird die Absehrichtung geneigt, so sieht man bei $\pm n^0$ Neigung den $\pm n$ ten Strich der Theilung als scheinbare Fortsetzung des Spaltes durch die Lupe. Man lernt leicht dem Auge die richtige Stellung zu geben, um gleichzeitig durch die Lupe und den Spalt zu blicken.

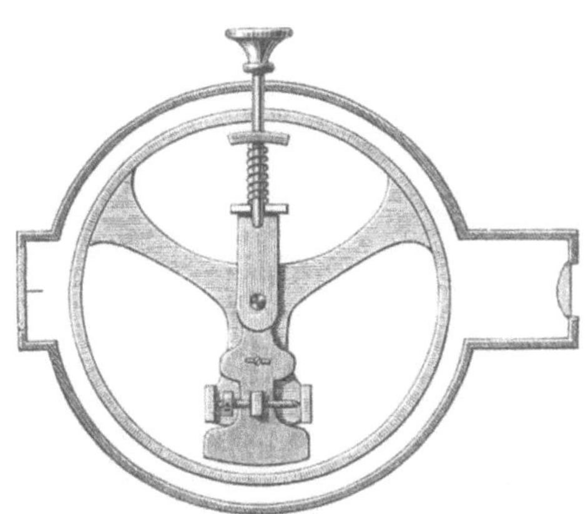

Fig. 274.

Gewöhnlich ist das Rad durch eine gegen seinen Rand drückende Feder gehemmt; man drückt einen Stift ein, wodurch die Feder zurückgezogen wird und das Rad seine Gleichgewichtsstellung mit dem Schwerpunkt genau unter der Axe aufsucht. Man kann den Stift, nachdem die Anzielung (Zieltafel in Augenhöhe) gemacht ist, loslassen und das Rad klemmen; dann kann die Ablesung etwas bequemer gemacht werden, es ist aber besser sie gleichzeitig mit dem Anzielen auszuführen, weil beim Bremsen doch eine Verschiebung eintreten könnte.

Gewöhnlich wird der kleine Apparat, den man an einer Schnur um den Hals hängend trägt, benutzt die Steigung eines ausgelegten Messbandes oder einer Kette zu messen. Man stützt ihn auf den einen Kettenpfahl und zielt nach der Spitze des andern, der um den halben Durchmesser des Apparats höher ist. Man kann noch eine Tabelle, welche nach der gemessenen Neigung der Kette sofort die Horizontallänge (Kettenlänge mal Cosinus des Neigungswinkels) finden lässt, aufkleben.

Es gibt eine Anzahl solcher Neigungsmesser für die Reduktion der Kettenlängen auf den Horizont, der beschriebene ist einer der besten, weil das pendelnde Rad gegen Wind geschützt ist.

Ganz ähnlich dem Frank'schen Neigungsmesser ist auf der Rückseite der Patentbussole (§ 183) ein beschwertes, pendelndes Rad (mit Arretirung) angebracht, nur ist dessen Theilung (auf Pappe) nicht auf der Mantelfläche, sondern auf der Grundfläche. Der Diopter der Patentbussole wird umgesteckt, durch die Prismenlinse sieht man im rechten Winkel ums Eck die Theilung auf der Grundfläche. Diese erweiterte Patentbussole in Verbindung mit der Kette oder dem Messband gestattet nicht nur die Steigung eines Wegs (Kettenlänge mal Sinus des gemessenen Neigungswinkels) und seine Länge, sondern auch sein Azimut (magnetisches) zu bestimmen, also ein vollständiges Itinerar zu entwerfen nach Grundriss und Höhe.

Prüfung nach § 265.

§ 271. **Bohne's Taschen-Niveau** ist ein sehr zierlicher und bei bescheidenen Genauigkeitsansprüchen sehr bequemer und empfehlenswerther Apparat. Er ist verpackt in eine Büchse aus Messingblech, die nur 48 mm Durchmesser und 112 mm Höhe hat. Er besteht aus einem Hohlcylinder von 44 mm Durchmesser, 52 mm Höhe, an dessen unterer Grundfläche ein 50 mm langer Holzhandgriff. Der Mantel dieses Cylinders ist an diametralen Stellen durchbrochen und durch Plangläser wieder geschlossen (Fig. 275). In diesem Hohlcylinder schwebt ein anderer Cylinder von 26 mm Durchmesser, der an seiner oberen Grundfläche im Hohlcylinder cardanisch aufgehängt ist, d. h. um zwei rechtwinkelig gestellte, zu Ringen gehörige Axen pendeln kann. Der Schwerpunkt dieses innern, gegen Luftzug geschützten Cylinders ist durch eine mit Verbesserungsschraube verschiebbare Beschwerung auf die geometrische Axe des Cylinders, nahe der unteren Grundfläche gebracht. Der innere, schwebende Cylinder ist rechtwinkelig zu seiner Axe durchbrochen und ein kleines galiläisches Fernrohr von nur 28 mm Länge ist in die Höhlung geschraubt. Die Axe dieses kleinen Fernrohrs stellt sich durch das Pendeln wagrecht. In das Fernröhrchen ist ein Glasplättchen mit feiner Theilung (ein senkrechter und 40 wagrechte Striche) eingesetzt, „welches durch das eigenthümlich combinirte Concav-Okular gleichzeitig stark vergrössert erscheint". Der optischen Axe des Fernrohrs entsprechen die Mittelpunkte der in die Wandung des Hohlcylinders eingesetzten Glasfenster. Wird das Instrument vertikal gehalten (bei einer Neigung um mehr als 10° der Axe gegen die Vertikale schlägt der innere Cylinder gegen die Wandung des umschliessenden Hohlcylinders, nimmt also nicht mehr senkrechte Stellung an), so gibt das durch den grossen Mittelstrich der Theilung und den optischen

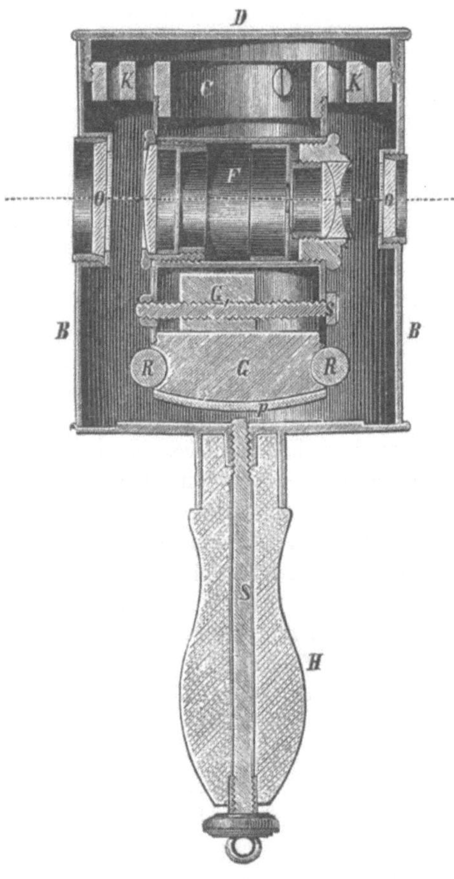

Fig. 275.

Mittelpunkt des Objektivs bestimmte Absehen die horizontale Richtung (zum Nivelliren) an. Die Mikrometertheilung ist so eingerichtet, dass die Ziellinien über die einzelnen Striche und den optischen Mittelpunkt des Objektivs (positives oder negatives) Gefälle bis zu 2 Procent angeben, und da diese 2 Procent sich auf 20 Theilstriche vertheilen, so lassen sich Zehntel-Procente, durch Schätzung auch Hundertel ablesen.

Man braucht beim Gefällmessen entweder eine Zieltafel von der Augenhöhe des Beobachters oder eine auf diese abgeglichene Schiebelatte. — Die untere Grundfläche des cardanisch aufgehängten Cylinders ist mit einem wulstigen Kautschukringe umgeben, und beim Transport schraubt man den Handgriff gegen diesen zur Feststellung des Schwebecylinders. Beim Gebrauche muss natürlich die Hemmung durch Rückziehen des Griffs aufgehoben werden.

Es ist noch die „eigenthümliche Combination des Concav-Okulars" zu beschreiben, über welche die dem Instrumente beigegebene Erläuterung schweigt. Die als Okular des Galiläi-Fernrohrs dienende Concavlinse ist central auf weniger als 1 mm Durchmesser ausgebohrt und eine starke Lupe in die entstandene Oeffnung gesetzt. Es dient also nur der peripherische Theil des Zerstreuungsglases als Fernrohrokular. Um durch die eingesetzte Lupe die Mikrometertheilung sehen zu können, muss das Auge gut in die Mitte gehalten werden, Parallaxe nicht zu befürchten. Ein Ausziehen des Fernrohrs, entsprechend der wechselnden Gegenstandsweite und der deutlichen Sehweite des Beobachters, ist nicht möglich, kann auch entbehrt werden. Die Objektivbrennweite ist 40 mm, die Okularzerstreuungsweite 12 mm. Für eine deutliche Sehweite von 250 mm berechnet sich daher die Fernrohrlänge für die Gegenstandsweiten

von	10	20	40	100 m
zu	27,5556	27,4753	27,4354	27,4010 mm.

Die Unrichtigkeit der Einstellung hält sich also innerhalb dieser Zielweiten unter $^1/_{10}$ mm, es bleibt also auch bei ungeänderter Fernrohrlänge eine genügend deutliche Wahrnehmung möglich. Das Auge des Beobachters muss durch eine Brille nöthigenfalls (die auch sofort als Okularfenster eingesetzt sein könnte) die Möglichkeit der Akkommodation auf 250 mm erhalten.

Nach der der Erläuterung beigegebenen Zeichnung steht das Mikrometerplättchen 7 mm vor dem Okular. Soll die kleine das Centrum des Okulars bildende Lupe in der deutlichen Sehweite von 250 mm ein virtuelles Bild der Theilung hervorbringen, so muss sie nach einfacher Berechnung eine Brennweite von 7,2 mm haben, gibt also 35- bis 36fache Vergrösserung. Der nicht weggeschnittene Rand der Concavlinse (von 12 mm Zerstreuungsweite) erzeugt von der 7 mm abstehenden Theilung ein virtuelles Bild in 4,4 mm Entfernung, welches also wegen zu grosser Nähe nicht wahrnehmbar ist, folglich nicht stört.

Die bei geodätischen Instrumenten ungewöhnliche Anwendung des galiläischen Fernrohrs erlaubt die kleinen Abmessungen. Wollte man ein astronomisches Fernrohr von annähernd gleicher Vergrösserung von circa $\frac{40}{12} = 3^1/_3$ (40 mm Objektiv- und 12 mm Okular-Brennweite) anwenden, so müsste seine Länge bei unendlicher Gegenstandsweite und unendlicher Weitsichtigkeit $= 40 + 12 = 52$ mm betragen, während (unter gleichen Voraussetzungen) die des galiläischen Fernrohrs nur $40 - 12 = 28$ mm ist.

Die Prüfung auf Horizontalität des Absehens und Richtigkeit der Theilung für die Gefällmessungen ist nach § 265 vorzunehmen. An der Theilung kann nichts geändert werden, während der Schwerpunkt, wie angegeben, seitlich verschiebbar ist, wodurch die Wagrechtstellung im freischwebenden Zustand erzwungen werden kann.

Nach einiger unschwer zu erwerbenden Einübung und mit der Vorsicht, das Instrumentchen sehr nahezu senkrecht zu halten, damit der Innencylinder wirklich frei ist und sich senkrecht stellen kann, lassen sich recht gute Ergebnisse mit dem Bohne'schen Taschen-Niveau gewinnen. Gewicht einschliesslich Verpackungshülse 300 gr, Preis 30 M.

§ 272. **Couturier's Reflexions-Nivellirinstrument mit vertikalem Fernrohr.** In den Hals einer kleinen Metallflasche (Fig. 276) ist ein kleines astronomisches Fernrohr eingelassen, so dass dessen Ziellinie nach dem Mittelpunkt des Flaschenbauches geht, wo ein 45° gegen die Ziellinie geneigter ebener Spiegel steht. In der Nähe des Okulars ist das Fernrohr mit seinem Ansatze (dem Halse der innern Flasche) cardanisch im Halse einer äusseren Flasche aufgehängt. Die innere Flasche oder Dose hat eine gegen die Spiegelfläche gelegene Oeffnung, welcher eine ähnliche, durch eine ebene Glasplatte wieder geschlossene, der äusseren Hülse entspricht. Diese äussere Hülse hat noch einen conischen Fortsatz zum Aufstecken auf einen Stock. Der Schwerpunkt des schwebenden innern Theils muss so gelegt sein, dass nach einigem Pendeln die Absehrichtung des Fernrohrs sich senkrecht stellt, dass also ein durch das Glasfenster der äussern Hülse gedrungener, die Oeffnung der innern Flasche durchsetzt habender Lichtstrahl, am Spiegel zurückgeworfen, in die Richtung des Fernrohrabsehens abgelenkt wird. Das Absehen ist senkrecht, der am 45° geneigten Spiegel reflektirte Strahl ist also um $2 \cdot 45 = 90^0$ abgelenkt oder wagrecht. Sieht man in das Fernrohr, während dieses frei schwebt, so erblickt man also das Bild eines Punktes, der auf der wagrechten Linie durch den Spiegelmittelpunkt liegt. Damit die Möglichkeit des Nivellirens. Luftzug ist abgehalten. Mit dem wenig vergrössernden Fernrohr kann man auf höchstens 40 m Entfernung Ablesungen an einer Skalen-Nivellirlatte machen. Die Einstellung auf wagrechtes Zielen ist

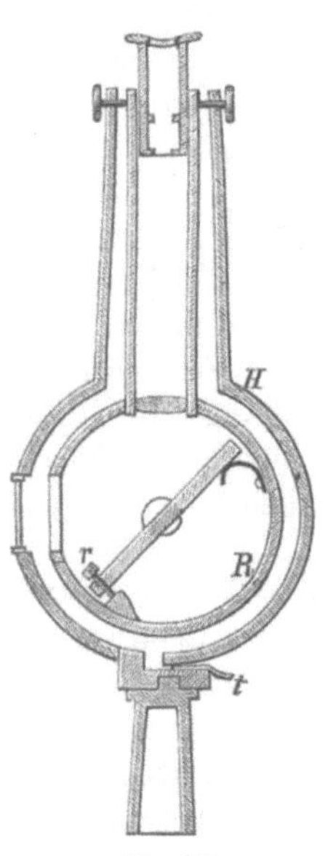

Fig. 276.

ganz mühelos, da sie sich pendelnd von selbst herstellt. Die Prüfung auf wagrechtem Verlauf nach § 258. Eventuell wird der Schwerpunkt des Hängekörpers zu verschieben sein oder die Neigung des Spiegels gegen die Ziellinie (wofür durch Schrauben und Gegenfeder Gelegenheit gegeben) muss geändert werden.

Beim Transport lässt sich der Schwebekörper festklemmen, beim Gebrauch ist natürlich die Hemmung aufzuheben, drückt man zeitweise auf die Feder f, so können die Schwingungen aufgehalten, und damit kann rascheres Einstellen in die Gleichgewichtslage bewirkt werden (Zeitschrift für Vermessungswesen. 1879 VIII, S. 198).

§ 273. **Kanalwage.** An ein etwa 1 m langes Blechrohr sind rechtwinkelig, zu einander parallel, zwei cylindrische Glasflaschen angesetzt. Mittelst einer in der Mitte des Blechrohrs angelötheten Hülse kann der Apparat auf den ungefähr senkrecht stehenden Zapfen eines Stativs gesteckt und um diesen Zapfen nach allen Horizontrichtungen gedreht werden. Man giesst Wasser, das man nicht unzweckmässig färbt, in die zusammenhängenden Röhren, so dass die Glasflaschen gleichzeitig bis ungefähr halbe Höhe gefüllt sind. Die zu erfüllenden Bedingungen dafür, dass

Fig. 277.

die Flüssigkeitsoberflächen in zwei zusammenhängenden Behältern oder Röhren derselben Horizontalfläche angehören, sind: 1) gleicher Druck (durch die Luft) auf beide Oberflächen; 2) gleiche Weite und gleicher Oberflächen(Wand)zustand der Röhren. Durch Capillarwirkung gestaltet sich nämlich die Wasser-Oberfläche in einem Glasrohre nicht wagrecht eben, sondern schüsselförmig vertieft, und die Erhebung am Rande ist wesentlich abhängig von der Reinheit der Flüssigkeit und der Wand. In engerem Rohre ist überhaupt der Stand des Wassers höher als in weitem, wesshalb die Bedingung unter 2). Zur Sicherung gegen Capillaritätsfehler sollten die Flaschen wenigstens $2^1/_2$ cm lichten Durchmesser haben.

Man stellt sich einige Schritt hinter die eine der Flaschen und zielt über die tiefste Stelle (Mitte) der Flüssigkeitsoberfläche (die Stelle ist durch Schatten gekennzeichnet) nach der tiefsten Stelle der Flüssigkeitsoberfläche in der anderen Flasche. Manche zielen auch über die höchsten Flüssigkeitsränder in beiden Flaschen. Doch ist das weniger bequem und sicher. — Man kann nicht durch die Flaschen zielen, weil dazu grösste Reinheit (auch der Glasmasse selbst) erforderlich wäre, sondern zielt an den Gläsern vorüber, dreht also die Kanalwage so, dass die nächste Flasche die entferntere etwa zu $^3/_4$ verdeckt.

Ohne weiteres Zuthun wird das Absehen wagrecht, man hat nur die Ebene durch die zwei Flaschenaxen ungefähr in die Richtung nach der aufgestellten Nivellirlatte zu drehen. Man kann aus dem Endpunkt nivelliren, wozu Messung der Höhe des Wassers über dem Boden erforderlich wäre, besser aber nivellirt man aus der Mitte. Im letztern Falle darf zwischen zwei zusammengehörenden Beobachtungen das Stativ nicht verstellt werden, weil sonst die Ebene der beiden Flüssigkeitsoberflächen höher oder tiefer käme, auch darf aus dem gleichen Grunde die Flüssigkeitsmenge in der Kanalwage nicht einstweilen ändern.

Damit beim Transport keine Flüssigkeit verloren gehe, werden die Flaschen durch Stöpsel geschlossen. Diese müssen aber jedesmal vor der Beobachtung abgenommen werden, denn sonst kann die Luft zwischen Stöpsel und Flüssigkeit in einem Rohr verdichtet, im andern verdünnt sein und in Folge des Druckunterschiedes auf die freien Oberflächen die Flüssigkeit in beiden Röhren erheblich ungleich hoch stehen. (Oben Bedingung 1.) Um selbst, wenn das Abnehmen der Stöpsel vergessen werden sollte, nicht in grobe Irrung zu verfallen, ist es zweckmässig, die Stöpsel fein zu durchbohren, wodurch Ausgleich des Luftdrucks ermöglicht ist, ohne dass aus den feinen Oeffnungen beim Neigen Wasser fliessen kann.

Da man nur mit unbewaffnetem Auge zielt, sind ausschliesslich Schiebelatten beim Nivelliren mit der Kanalwage anwendbar.

Das Zielen über Flüssigkeitsoberflächen, die nicht einmal eben sind, ist ziemlich ungenau, selbst wenn man, wie angegeben, einige Schritt zurücktritt. Die Kanalwage ist daher nur zu rohen Messungen brauchbar, wird selten mehr angewendet. Man schätzt die erzielbare Genauigkeit des zu ermittelnden Höhenunterschiedes auf $^1/_{1000}$ bis $^1/_{2000}$ der Zielweite.

Um das Zielen zu verbessern, hat man wohl Diopter an einer federnden, über die Flaschen schiebbaren Hülse befestigt (siehe Fig. 277 neben) und schiebt die Hülsen mit der Hand allemal bis zur Flüssigkeitsoberfläche. Doch ist das viel zu mühsam für das rohe Instrument, ausserdem wird der Diopterfaden meist nicht wagrecht sein, also Unsicherheit entstehen. Man hat auch Diopter auf die Flüssigkeitsoberfläche gestellt, und damit diese auf denselben schwimmen können, statt Wasser Quecksilber als Flüssigkeit genommen, dadurch aber die billige, einfache Kanalwage in einen, des hohen Preises des Quecksilbers wegen, kostspieligen Apparat von grossem Gewicht verwandelt. Verlust an theurem Quecksilber wird kaum zu vermeiden sein, die Gefahr, dass die Diopter im Rohr streifen, bringt eine Fehlerquelle in den entschieden verschlechterten Apparat.

§ 274. **Eintheilung der Libellen-Nivellir-Instrumente.** Die § 264 erwähnte nach der Art des Absehens, ob Diopter oder Fernrohr, genügt nicht. Man muss hinsichtlich der gemeinsamen Bewegung von

Libelle und Absehen und der Beweglichkeit der Theile unterscheiden. Entweder es wird 1) allgemeine Horizontalstellung herbeigeführt, d. h. das Absehen verbleibt, nachdem die Stellung einmal richtig war, horizontal, wenn auch nach verschiedenen Azimuten gedreht wird, anders ausgedrückt, das Absehen beschreibt beim Drehen um den sogenannten Vertikalzapfen eine wagrechte Ebene. Der Vortheil der allgemeinen Wagrechtstellung erweist sich besonders gross, wenn vom selben Standpunkt aus nach verschiedenen Richtungen hin nivellirt werden soll, wie beim Aufsuchen von Horizontalcurven, bei Flächen-Nivellements überhaupt.

Oder es wird 2) nur jeweils die besondere Horizontalstellung des Absehens bewirkt, Drehen nach anderem Azimut erfordert im allgemeinen neues Wagrechtstellen.

Oder endlich 3) die allgemeine Wagrechtstellung wird nur angenähert herbeigeführt und für die jeweilige Zielrichtung die scharfe Horizontalität durch Verbesserung mittelst der Elevationsschraube erzwungen. Deren Einrichtung und Gebrauch wird aus dem folgenden und den Abbildungen ersichtlich.

Statt der Elevationsschraube kann man die Fussplatte mit mikrometrischer Verstellung anwenden. „Man gewöhnt sich daran, beim Nivelliren einer Linie das Fernrohr immer über eine und dieselbe Stellschraube zu bringen, so kann man an deren Fussplatte folgende Vorrichtung anbringen: An der einen Seite der unteren Fläche der Fussplatte befindet sich eine cylinderförmige Erhebung, während ihr gegenüber durch die Platte eine Mikrometerschraube geht, zwischen beiden befindet sich oberhalb das kugelförmige Ende der betreffenden Stellschraube des Dreifusses; die Fussplatte selbst ruht auf einer in den Stativkopf eingelassenen Stahlplatte. Durch diese Mikrometerschraube wird das letzte feine Einstellen der Libelle sehr erleichtert und eine Elevationsschraube mehr als ersetzt, indem die Lage der Visirlinie gegen die Vertikalaxe unveränderlich bleibt, was bei einer Elevationsschraube nicht möglich ist.“ (Breithaupt, Magazin der neuesten mathemat. Instrumente. V. Heft. 1871. S. 18.)

Es sind entweder 1) Absehen, Libelle und Fussgestell unlösbar mit einander verbunden, was die Prüfung etwas weniger bequem macht, aber dem Apparat auch grössere Beständigkeit verleiht, — häufig bei Instrumenten für minder genaue Messungen. Oder 2) es kann die Libelle auf dem Fernrohr umgesetzt werden, das Fernrohr wieder gegen das Untergestell. Für die Prüfungen am besten und für Messungen mit den höchsten Ansprüchen an Genauigkeit beliebtest. Oder 3) es lässt sich nur die Libelle gegen das Fernrohr umsetzen, nicht dieses gegen das Untergestell. Oder 4) das Absehen kann zwar umgelegt oder in gerade entgegengesetzten Richtungen benutzt werden, — die Libelle ist aber fest mit der Absehvorrichtung verbunden.

Die Formen 3) und 4) kommen selten vor, sie können als Specialfälle von 2) und 1) verstanden werden. Wegen 4) siehe § 281, 3) bedarf keiner besonderen Besprechung.

Der Untertheil der Libellen-Nivellir-Instrumente ist entweder ein Dreifuss (§ 115), Zweifuss (§ 116), Keilfuss (§ 117), eine Nussvorrichtung (§ 118) oder auch ein einfaches Kugelgelenk, dem man mit der Hand die Stellung zur Herbeiführung annähernder Horizontalität gibt.

Die nachfolgende Aufzählung von Libellen-Instrumenten hält sich nicht streng an ein Eintheilungsprincip, sondern schreitet von den einfachsten, billigsten und weniger vollkommnen zu den bessern fort.

§ 275. **Libellendiopter und Staudinger's Gefällmesser.** Auf einem Metalllineale von höchstens einem halben Meter Länge ist mitten eine Röhrenlibelle befestigt und an den Enden sind rechtwinkelig zwei Metallstücke aufgesetzt, von denen jedes neben einander ein Sehloch als Okulartheil und einen Faden im Fenster als Objektivtheil eines Diopters hat, für beide Theile in verwechselter Lage, also Hin- und Herzieler (§ 42). Es genügt wohl auch ein einfacher, statt des Doppeldiopters, doch ist letzterer wegen der grösseren Bequemlichkeit der Prüfung (§§ 258, 260) vorzuziehen.

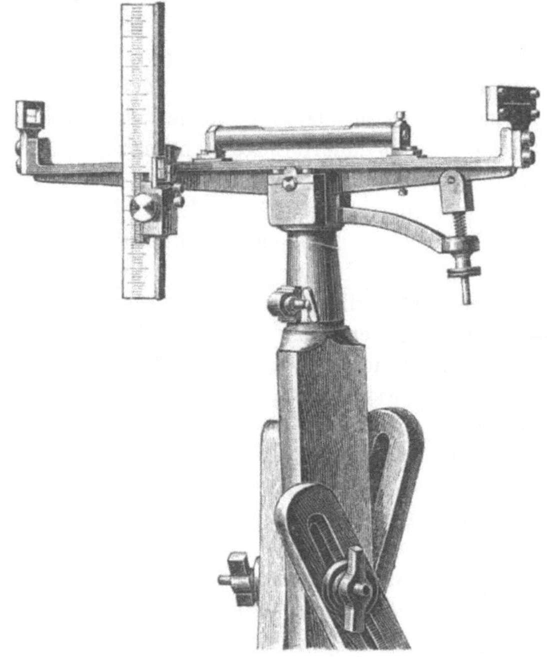

Fig. 278.

Es ist entweder:

a) nur die Wagrechtstellung der besonderen jeweiligen Zielrichtung möglich. Die Kippaxe des Diopterlineals hat ihre Lager an einer Hülse, die um den am Stativkopfe sitzenden Vertikalzapfen drehbar ist. An dieser Hülse ist ein Arm befestigt, der die Mutter einer Schraube trägt, die mit ihrem Spindelende so in das Diopterlineal eingehängt ist, dass dieses nicht um mehr als die jeweilige Spindellänge vom Querarme sich entfernen kann, während eine um die Schraube gelegte Spiralfeder dafür sorgt, dass dieser grösstmögliche Abstand auch stets eingehalten wird. Man stellt nach Augenmaass, durch gehörige Spreizung der Stativbeine, die Axe der Hülse (oder den Vertikalzapfen) nahezu senkrecht und bewirkt mittelst der beschriebenen Schraube in jeder einzelnen Zielrichtung das Einspielen der Libelle. Prüfung nach § 258. Zum Nivelliren verwendet man eine Schiebelatte.

Staudinger's Gefällmesser (Fig. 278) ist eine Erweiterung des Libellendiopters. Nahe am einen Ende des Diopterlineals ist ein getheilter Arm rechtwinkelig angesetzt, auf welchem sich federnd der Objektivtheil eines Diopters verschieben lässt, während der Okulartheil am andern Ende des Lineals fest steht. Die Theilung ist nach Hundertel des kürzesten möglichen Abstandes zwischen Okular- und Objektivtheil ausgeführt, und dieser kürzesten Entfernung entspricht Null der Theilung. Ist der Objektivtheil auf Null geschoben, so soll die Absehebene mit der Libellenaxe parallel sein und übereinstimmen mit jener, die dasselbe Okular mit einem festen, am äussersten Ende des Lineals sitzenden Objektiv gibt. Ist der bewegliche Objektivtheil auf den n-Theilstrich über oder unter Null geschoben worden, so hat die mit seiner Benutzung hergestellte Absehrichtung n Procent Gefälle, gegen den Horizont ansteigend oder fallend. An der Theilung können mittelst Nonius, der mit dem Objektivtheile geschoben wird, Zehntel bis Zwanzigstel Procent gelesen werden. Der Dioptertheil federt gegen die Theilung, wird längs dieser aus freier Hand verschoben, kann auch festgebremst werden.

Mittelst einer Zieltafel, deren Höhe über dem Fusspunkt gleich ist der Höhe des Okulars über dem Standpunkt des Instruments, lassen sich (§ 265) Gefälle messen und abstecken. Um die Instrumentenhöhe constant zu haben (also immer dieselbe Zieltafel benutzen zu können), ist am Zapfenstativ des Staudinger'schen Instrumentes ein viertes, senkrecht zu stellendes Bein. Zunächst sind die Schraubenmuttern, welche die drei geschlitzten Tragbeine gegen die dreikantige Säule (die in den Hülse tragenden Conus ausgeht) pressen, geöffnet, und das ganze Stativ wird auf den mittleren Stock derart gestützt, dass dieser dem Augenscheine nach senkrecht steht. Nun drückt man mit dem Ballen der linken Hand, welche den Zapfen umfasst, stark auf das obere Ende eines Beines, dass dieses mit seiner Eisenspitze in den Boden dringt und bremst, während der Druck anhält, die Schraubenmutter an, mit der rechten Hand. Dann verfährt man ebenso mit dem zweiten und schliesslich mit dem dritten Beine. Hat man das Geschäft einigermaassen geschickt ausgeführt, so streift der Mittelstock gerade noch den Boden, ohne dass das Instrument auf 4 Beinen stehe, was im allgemeinen nur ein unsicherer Stand wäre.

Die Kippaxe des Staudinger'schen Nivellir-Instrumentes und ähnlicher sollte durch einen Punkt der Ziellinie durch Okular und feststehendes Objektiv gehen; doch hat eine geringe Excentricität keinen erheblichen Einfluss.

An dem für mässige Genauigkeitsanforderungen sonst recht genügenden, bequem zu gebrauchenden, billigen Staudinger'schen Gefällmesser und Nivellir-Instrument ist zu tadeln, dass die allgemeine Horizontalstellung nur nach Augenmaass (beim Aufstellen des Stativs) erreicht werden kann, der Faden des Diopters also von der wagrechten Lage erheblich abweichen kann. Als Okular dient nicht ein Sehloch, sondern eine lange Schauritze. Ist diese nicht dem Faden parallel, so gibt es eine grosse Anzahl von Zielrichtungen, die eine windschiefe Fläche bilden. Ist die Ritze dem Faden parallel, so bilden die verschiedenen Zielrichtungen zwischen zwei Punkten beider zwar eine Ebene, aber eine geneigte. Es kann das Zielen über die Mitten von Ritze und Faden genau horizontal sein und alle anderen Zielrichtungen schief. Die Prüfung des Wagrechtgehens der Absehebene bei einspielender Libelle ist dadurch sehr erschwert und bei richtigster Stellung der Libellenaxe zum Diopter niemals Sicherheit, eine wirklich wagrechte Absehebene zu haben. Man muss sich, um gut mit solchem Instrumente arbeiten zu können, zur Regel machen, immer denselben Punkt des Fadens und denselben Punkt der Sehspalte beim Zielen zu benutzen.

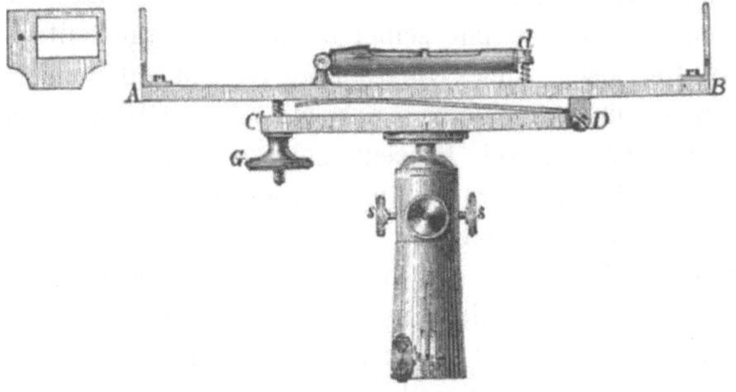

Fig. 279.

b) Das Libellendiopter wird wesentlich verbessert, wenn man an ihm die allgemeine Wagrechtstellung ermöglicht. Der Vertikalzapfen ist mit Nussbewegung (oder ähnlich) vertikal stellbar. Die Libelle des Lineals soll rechtwinkelig zum Zapfen stehen, was zu prüfen und nöthigenfalls zu berichtigen ist nach § 157. — Das Absehen soll der Libellenaxe parallel laufen, wofür Prüfung § 258.

Da bei Dioptern gewöhnlich keine Veränderung der Zielrichtung vorgesehen ist, muss man damit beginnen, die Libellenaxe der Zielrichtung parallel zu stellen und dann das ganze, Zielvorrichtung und Libelle tragende Lineal in seiner Stellung zum Zapfen, nämlich in der Befestigungsweise an diesem so ändern, dass die Libellenaxe rechtwinkelig zum Zapfen kommt.

c) Die Vorrichtung zur allgemeinen Wagrechtstellung (Nusseinrichtung) ist vorhanden, aber noch eine Elevationsschraube zur Verbesserung oder zur schärferen Horizontirung der jeweiligen Ziellinie. Das Lineal (Fig. 279) sitzt auf einem linealartigen Zwischenstücke, welches am Zapfen befestigt ist. Und zwar ist in einem Gelenke D das Diopterlineal drehbar, eine Feder drückt das Diopterlineal vom Zwischenstücke möglichst weit ab, so weit nämlich, bis die Mutter G der Elevationsschraube Hinderniss bietet. Durch deren Drehung wird nur die letzte feine Einstellung bewirkt. Nur bei einer ganz bestimmten Stellung dieser Elevationsschraube kann die Libellenaxe rechtwinkelig zum Zapfen sein, — man kann diese Stellung irgendwie durch ein Zeichen festhalten. Aber da man doch nur recht annähernd die Senkrechtstellung des Zapfens braucht, weil die feinere Wagrichtung der Ziellinie durch die Elevationsschraube vollzogen wird, ist einige Abweichung der Libelle von jener Normalstellung auch nicht störend. Zwischen zwei zusammengehörigen Zielungen soll die Elevationsschraube immer nur wenig gebraucht werden. Theoretisch bleibt ja die Absehrichtung nicht in derselben Horizontalebene, sondern ist Berührungslinie an einen um die excentrische Kippaxe D beschriebenen Kreis. Praktisch bei dieser Art Instrumente ohne Belang.

§ 276. **Libellen-Linsendiopter oder Stampfer's Taschen-Nivellir-Diopter.** Der Linsen-Diopter besteht aus einer Röhre, die an beiden Enden durch Sammellinsen gleicher Brennweite, welche um die Summe ihrer Brennweiten von einander abstehen, geschlossen ist und in der Mitte

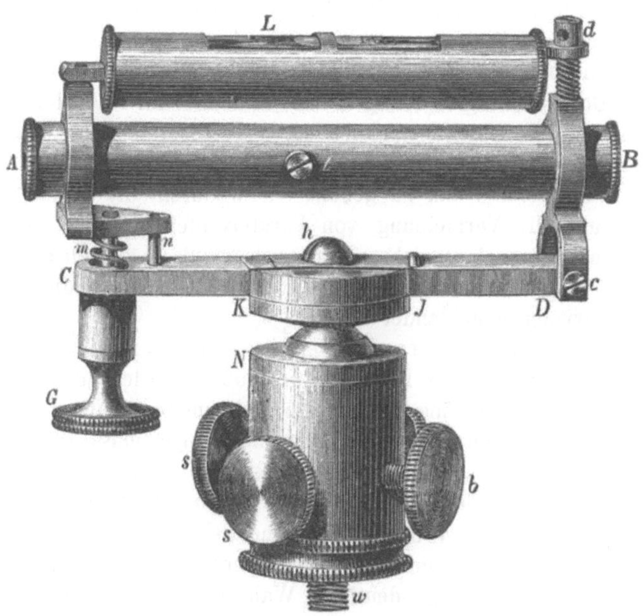

Fig. 280.

ihrer Länge, also in der gemeinschaftlichen Hauptbrennebene der zwei Linsen ein Fadenkreuz trägt. Die Schraube t deutet an, wo die Fadenplatte am Rohre befestigt ist, die Fäden selbst sind weiter rechts in der Mitte. Da das Fadenkreuz im Brennpunkt der Linsen steht, so ist es durch diese als Lupen nur von einem unendlich weitsichtigen oder durch Vorhaltung einer passenden Concavbrille zur Anpassung auf unendliche Entfernung befähigten Auge deutlich wahrnehmbar. Die Zerstreuungsbrille setzt man entweder in gewöhnlicher Weise auf die Nase, oder hat ein Glas an das Instrument mit Schnur gebunden und hält es vor das Auge. Verwendet man die eine Linse L_1 als Okular, folglich die andere L_2 als Objektiv, so wird ganz scharf in die Fadenebene nur das Bild eines unendlich fernen Gegenstandes fallen. Allein wenn die Brennweite klein und die Gegenstände nicht gar zu nahe, so fällt ihr Bild so wenig hinter das Fadenkreuz, dass eine Parallaxe wenig zu befürchten ist, namentlich dann, wenn durch enge Oeffnung das Auge schon gezwungenerweise nahezu genau auf die Axe gehalten wird. Für 40 mm Brennweite der Linse ist die Bildweite

	40,16	40,08	40,053 mm
bei der Gegenstandsweite von	10	20	30 m.

Der geringe Zwischenraum von reellem Bild zum Fadenkreuz (weniger als $^1/_{10}$ mm in den praktischen Fällen) stört weder die deutliche Wahrnehmung, noch bringt er bedenkliche Parallaxe zu Wege.

Man nennt das Linsen-Diopter auch Fernrohr ohne Vergrösserung. Sein Vortheil ist die Möglichkeit schärferen Zielens als mit blossem Auge, weil Fadenkreuz und reelles Bild des Gegenstandes durch die Lupe gleichzeitig recht deutlich wahrgenommen werden können, indem schlimmsten Falls das Bild nur äusserst wenig von der richtigsten Stellung zur Lupe abweicht. Da die Vergrösserung 1 ist und die für die Helligkeit nützliche Oeffnung des Objektivs gleich ist Vergrösserungszahl mal Pupillenöffnung, so hat es keinen Nutzen, den Linsen einen grösseren Oeffnungsdurchmesser als etwa 5 mm zu geben, — wodurch die centrale Stellung des Auges und die Vermeidung von Parallaxenfehler schon gut gesichert ist. Die Linsen brauchen nicht gerade achromatisch zu sein; sind sie es, desto besser. Meist haben sie viel zu grosse Oeffnung, die dann durch Augendeckel wieder abgeblendet wird.

Es kommen auch Linsen-Diopter vor mit verstellbaren Linsen. Es sollen da die Linsen im Rohre so geschoben werden, dass das Fadenkreuz sowohl durch die eine, als durch die andere deutlich sichtbar sei. Für das nicht unendlich weitsichtig gemachte Auge muss die Entfernung der Linsen weniger als ihre Brennweitensumme sein, z. B. bei 40 mm Brennweite, 250 mm deutliche Sehweite ist der Abstand nicht 80 mm, sondern 68,96 mm, für 400 mm deutliche Sehweite 72,73 mm. Es fällt also das Bild selbst der entferntesten Gegenstände erheblich hinter das Fadenkreuz, die gleichzeitige deutliche Wahrnehmung von Bild und Fadenkreuz ist nicht mehr in so genügendem Maasse möglich, als wenn das Auge unendlich weitsichtig gemacht ist.

Das Linsen-Diopter ist nur empfehlenswerth mit Linsen recht kurzer Brennweite, die genau um die Summe der Brennweiten von einander abstehen. Näheres in einer Abhandlung: Bohn, Ueber Fernrohre ohne Vergrösserung. (Zeitschr. f. Instrumentenkunde, 2. Jahrg. (1882), S. 7.)

Da das Linsendiopter nicht vergrössert, kann nur eine Schiebelatte beim Nivelliren angewendet werden.

Der Hauptvortheil des Linsendiopters ist die Möglichkeit des Zielens in zwei gerade entgegengesetzten Richtungen, womit die leichtere Prüfung des Parallelseins von Absehen und Libellenaxe und die Möglichkeit, den Fehler wegen mangelndem Parallelismus zu eliminiren (§ 260) gegeben sind.

Die Fig. 280 zeigt Stampfer's Taschen-Nivellir-Diopter (aus 1833). Mit der Schraube w wird es auf den Stativkopf befestigt. In der cylindrischen Büchse ist der Würfel, gegen welchen die vier Stellschrauben wirken, — Nusseinrichtung § 118, 1. Die Schraube h mit untergelegter Blattfeder kennzeichnet das Ende des Zapfens, um den sich der ganze Obertheil drehen lässt. Die Libelle sitzt auf dem Diopterrohr (in anderen Formen daneben), und ihre Axe kann mittelst der Verbesserungsschraube d dem Absehen parallel gemacht werden (§ 258). Steht sie auch noch rechtwinkelig zum Zapfen, so kann dessen Vertikalstellung, damit allgemeine Horizontalstellung des Absehens, leicht bewirkt werden. G ist die Elevationsschraube zur Verfeinerung der Horizontalität des Absehens und der Anschlagestift n ist so abgeglichen, dass, wenn sein Ende gerade in die Ebene des Hülfslineals CD reicht, die berichtigte Libelle rechtwinkelig zum Zapfen steht; der Anschlagestift findet, wenn man das betreffende Ende des Rohrs tiefer senken will, eine Oeffnung im Hülfslineale. Dass die Drehaxe c bei D zum Absehen excentrisch ist, muss theoretisch getadelt werden, praktisch hat es bei mässigem Gebrauch der Elevationsschraube keine Bedeutung.

§ 277. **Stampfer's Nivellir-Fernrohr** hat im mechanischen Theile dieselbe Einrichtung wie das in § 276 beschriebene und abgebildete Instrument (Fig. 280), nur ist statt des Linsendiopters ein wirkliches, kleines Fernrohr von 5facher Vergrösserung verwendet. Auf die Möglichkeit des Hin- und Herzielens und die damit gebotenen Vortheile ist verzichtet. Die Hauptprüfung hat durch Nivelliren aus beiden Endpunkten einer Strecke zu erfolgen. Zuerst wird die Libellenaxe rechtwinkelig zum Zapfen gestellt (§ 157), dann durch Verstellen des Fadenkreuzes mittelst Zug- und Druckschraube (§ 49) das Absehen parallel zur Libellenaxe gemacht.

§ 278. **Nivellirinstrumente mit fester Verbindung von Libelle, Fernrohr und Vertikalzapfen.** Sind die Instrumente dieser Art einmal fehlerlos berichtigt, so sind sie, eben wegen der festen Verbindung (Unverrückbarkeit) der Theile am sichersten, aber die Prüfung ist am allerumständlichsten.

Wenn, wie wünschenswerth, allgemeine Horizontalstellung ausführbar ist, muss die Libelle zunächst rechtwinkelig zum Zapfen gestellt (§ 157), alsdann die Absehrichtung parallel zur Libellenaxe (durch Hebung oder Senkung des Fadenkreuzes mit Zug- und Druckschraube) gemacht werden (§ 258. Nivelliren aus beiden Enden).

Das Untergestell ist am besten ein Dreifuss (Fig. 281); die Dosenlibelle auf der Stativscheibe ist recht angenehm, um schon die Stativscheibe sehr nahezu wagrecht stellen zu können. Mittelst der kleinen Schraube s

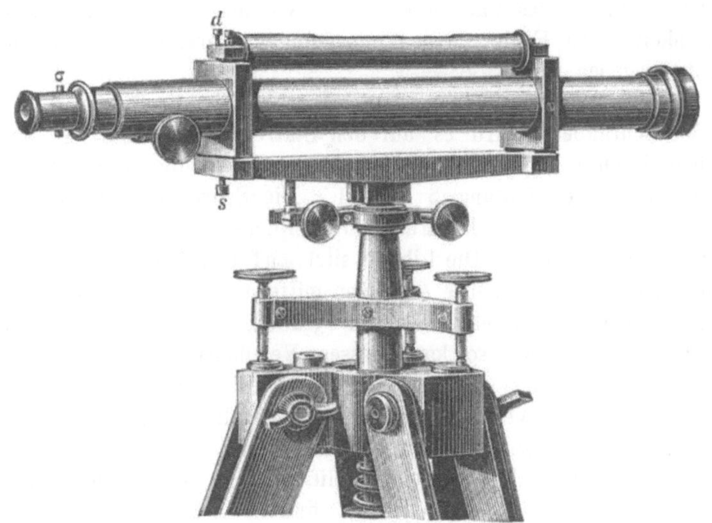

Fig. 281.

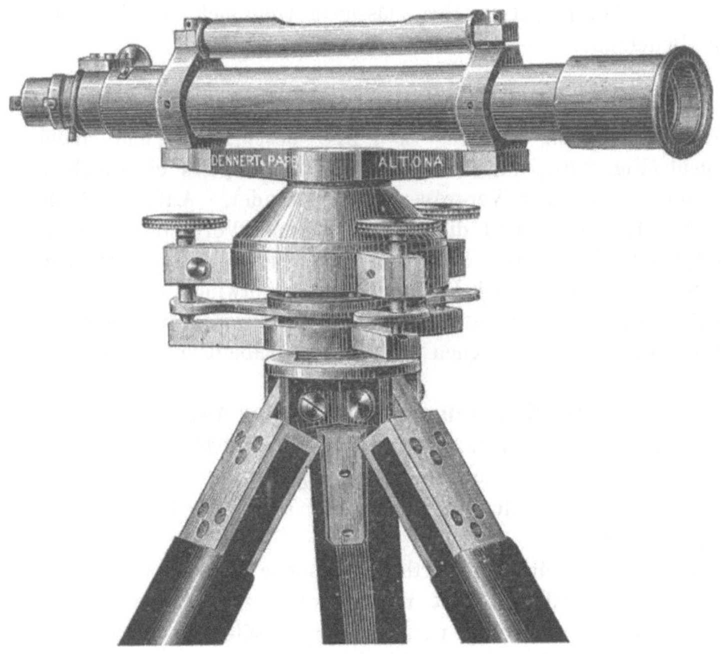

Fig. 282.

kann die fest auf dem Fernrohr sitzende Libelle rechtwinkelig zum Zapfen gestellt werden. Wenn dieses Berichtigungsmittel vorhanden ist, kann man auch mit dem Parallelrichten von Libellenaxe und Absehen des Fernrohrs beginnen und zwar entweder durch Veränderung des linken Libellenfusses (Schrauben d) oder durch Verstellen des Fadenkreuzes (Schrauben σ). Fehlt aber die Schraube s (wie gewöhnlich), so muss zunächst mittelst Schraube d die Libellenaxe rechtwinkelig zum Zapfen gestellt werden, dann das Absehen (mittelst σ) der Libellenaxe parallel.

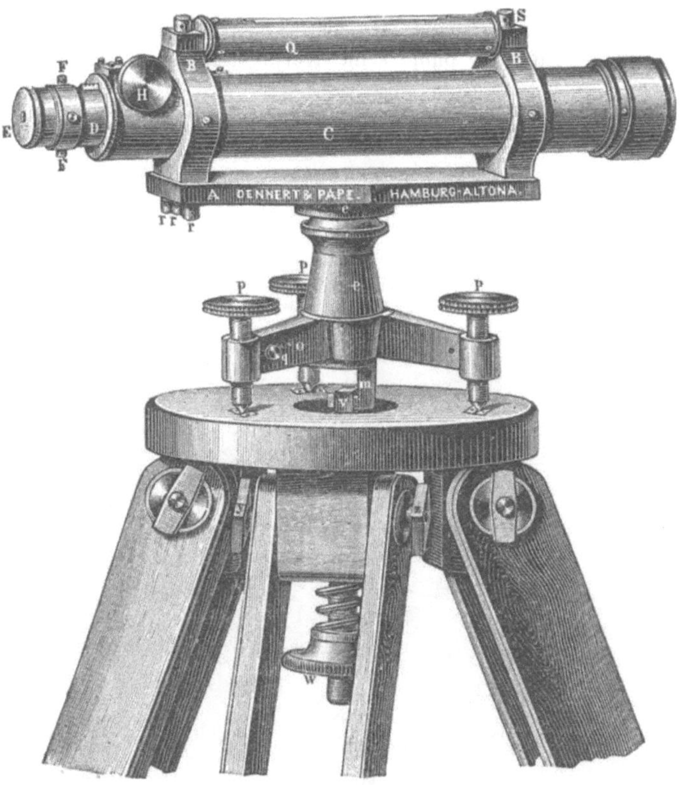

Fig. 283.

Nicht wesentlich verschieden von der in Fig. 281 abgebildeten Einrichtung (nach einem Instrumente von Sickler) ist Fig. 282 von Dennert und Pape, doch fehlt hier die Schraube s und die Untergestelleinrichtung ist etwas anders „mit einer planen Fläche". Am Fernrohr ist eine über das Objektiv hinaus schiebbare Hülse, zur Abhaltung der Sonnenstrahlen. Eine grössere Form aus derselben Werkstätte (Fig. 283) gibt mit den Schräubchen r r r die Möglichkeit, auch nachdem Parallelismus von Absehen und Libellenaxe (bewirkt durch s oder F F) bereits hergestellt ist, die Libellenaxe rechtwinkelig zum Zapfen zu stellen.

Die sehr empfehlenswerthe Elevationsschraube G, mittelst welcher, bei nicht ganz streng ausgeführter allgemeiner Horizontalstellung, das Einspielen der Libelle in der jeweiligen Zielrichtung genauest hergestellt werden kann, sieht man an dem Sickler'schen Instrumente Fig. 284. Damit das Fernrohr mit seinem Träger sicher auf der Elevationsschraube ruht, wird er bei einer früheren Form, wegen welcher Fig. 292 S. 521 zu vergleichen ist, durch eine Spiralfeder herabgezogen, die in Fig. 284 excentrisch gelegene Axe für die Drehung ist bei C. Bei der hier abgebildeten Form lastet der Apparat durch sein Gewicht auf der Elevationsschraube. Die Dosenlibelle D ist, was noch besser ist, als sie auf der Stativscheibe zu haben, am Fernrohrträger. Angenehm ist der Spiegel über der Libelle, in welchem der Beobachter, ohne seine Körperstellung ändern zu müssen,

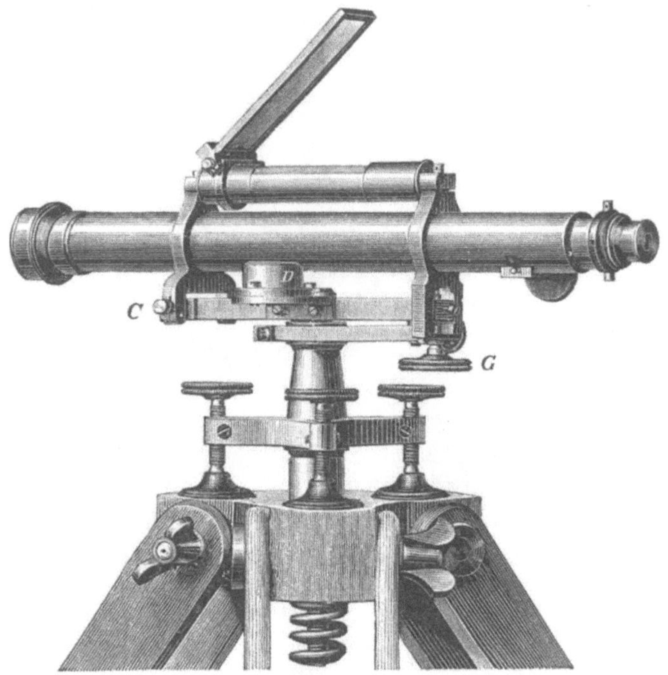

Fig. 284.

jederzeit sich vom Einspielen der Libellenblase überzeugen kann. Der Spiegel bietet leider dem Winde eine etwas grosse Fläche, man bringt ihn besser seitlich an. Bei Breithaupt sitzt er linksseitig und ist beweglich, er liefert das Bild der Blase und der Libellentheilung aufrecht und in nahezu gleicher Höhe mit dem Okular; der Beobachter sieht mit seinem rechten Auge durchs Fernrohr nach der Latte, mit seinem linken gleichzeitig die Libelle im Spiegel. (Vergl. auch §§ 283 bis 285.)

Die Anwendung des Zweifusses bei Nivellirinstrumenten ist aus Fig. 285 und Fig. 286 ersichtlich. Das Brems- und Mikrometerwerk für die Drehung um den Vertikalzapfen, welches Fig. 286 erkennen lässt, ist ziemlich überflüssig.

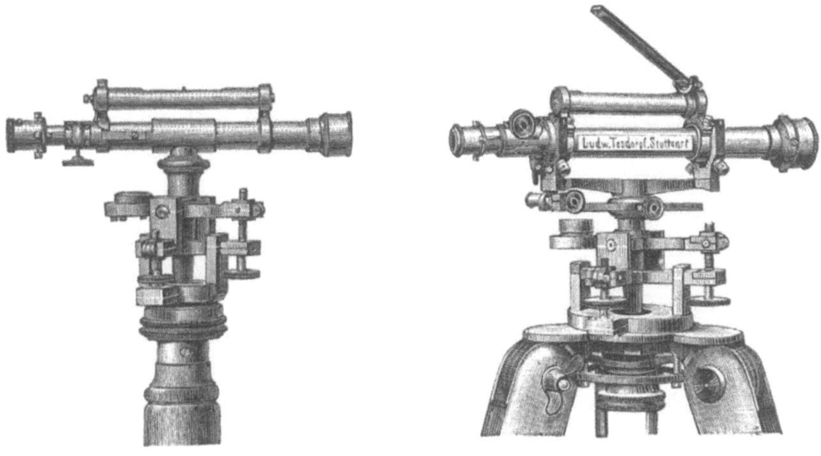

Fig. 285. Fig. 286.

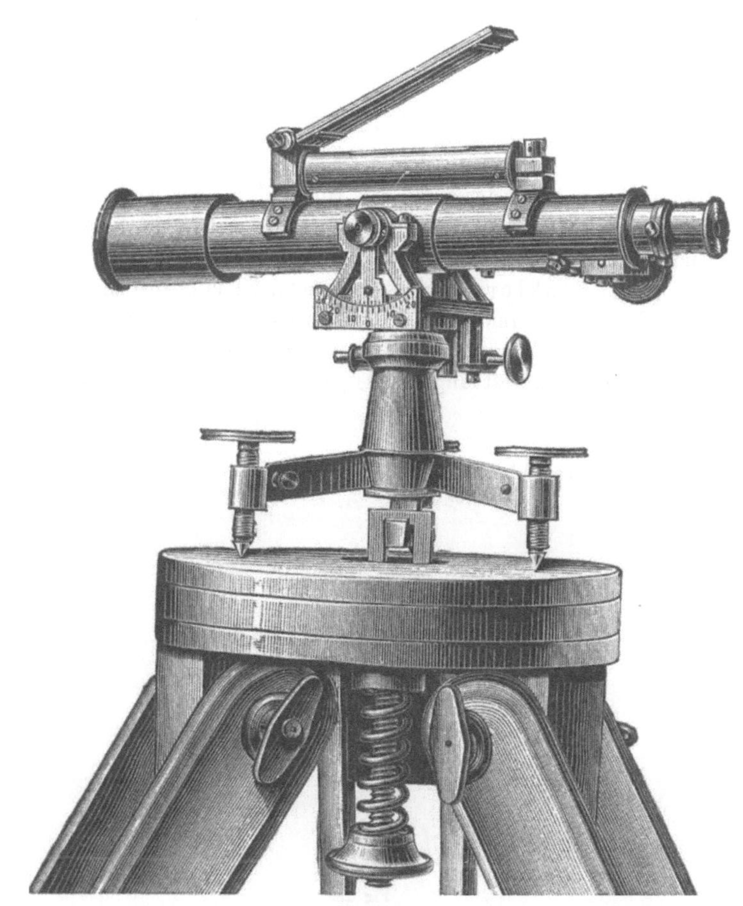

Fig 287.

Fig. 287 zeigt ein „Nivellirinstrument für Wiesenbauer und sehr coupirtes Terrain“ von **Dennert und Pape** (Nr. 33). Die Kippaxe geht, construktiv sehr richtig, durch die Absehlinie; das Kippen kann mit Klemmring (Bremsschraube nicht sichtbar) gehemmt werden, Mikrometerbewegung mit Gegenfeder. Ein kleiner Höhenbogen lässt die Neigung des Absehens gegen den Horizont innerhalb weiter Grenzen messen.

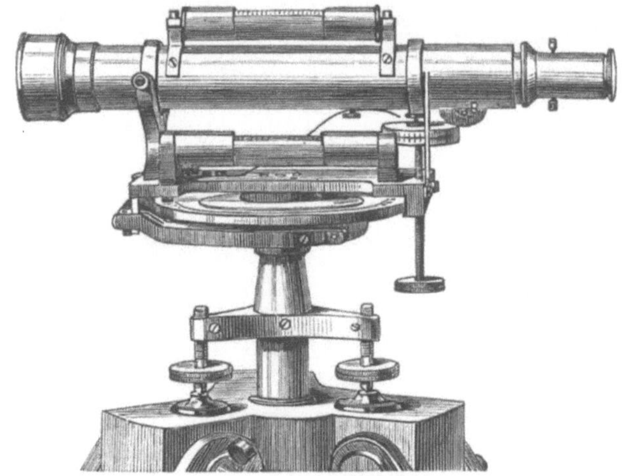

Fig. 288.

Man findet auch Instrumente mit Höhenkreis, der nach den Tangenten der Neigungswinkel getheilt ist, also sofort das **Gefälle** ablesen lässt.

Zum Gefällmessen kann auch eine Einrichtung benutzt werden, wie Fig. 288 zeigt, **Sicklers** kleines Universal-Nivellir-Instrument mit „berechneter Elevationsschraube um $^1/_{100}$ Procent des Gefälles zu bestimmen.“ Statt die Libelle oben auf dem Fernrohr zu befestigen, wird sie zuweilen auch unter demselben fest angehängt.

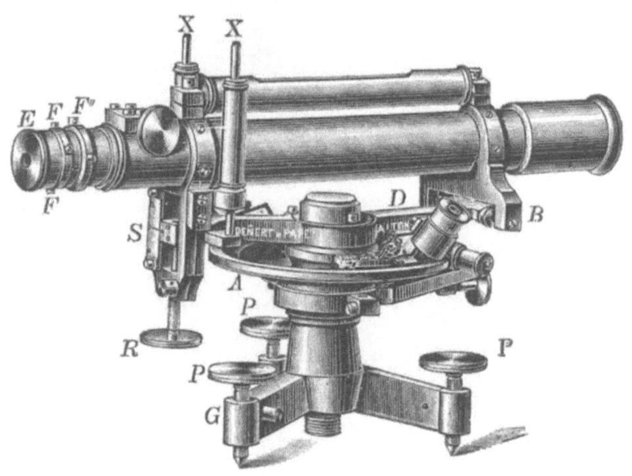

Fig 289.

Fig. 289 zeigt ein Nivellirinstrument von Dennert und Pape (Zugabe einer Dosenlibelle zum Roheinstellen, Horizontalkreises [$^1/_2{}^0$ und Nonienangabe von $^1/_2{}'$] und Bremse nebst Feinbewegungsvorrichtung zum Drehen um die Vertikalaxe), bei welchem eine Tangentialschraube (ähnlich wie bei den Stampfer'schen Instrumenten) Neigungen bis $\pm 4^0$ herstellen und das Gefälle ablesen lässt. Die mit Spiralfedern umgebenen Stifte XX hindern todten Gang dieser Tangentialschraube. Steht der Index dieser Schraube, bezw. des Höhenkreises bei dem Instrumente (Fig. 287 oder ähnlichen) auf Null, so soll bei spielender Libelle das Absehen wagrecht sein. Man prüft und berichtigt durch Verschieben des Index (oder merkt die Angabe) so, dass die Libellenaxe rechtwinkelig zum Zapfen steht und prüft erst nachher und berichtigt nöthigenfalls Parallelismus von Absehen und Libellenaxe durch Verschieben des Fadenkreuzes. Bei Fig. 289 geht leider die Kippaxe nicht durch die Absehrichtung, sondern ist excentrisch.

Die Mikrometerschraube für die Kippbewegung oder die Tangentialschraube kann beim einfachen Nivelliren auch den Dienst der Elevationsschraube verrichten zur letzten Verfeinerung der Horizontalität der besondern Zielrichtung.

Statt des Dreifusses wird zum Untergestelle von Nivellirinstrumenten der beschriebenen Art häufig die Nussvorrichtung entweder mit vier Stellschrauben, oder mit zwei Stellschrauben und zwei Gegenfedern oder mit einer Gegenfeder und zwei Stellschrauben gewonnen, — weniger gut. Da man, beim Gefällmessen, gelegentlich absichtlich die Absehrichtung gegen den Horizont geneigt haben will, ist ausser der Libelle auf dem Fernrohr noch eine zweite am Träger erforderlich.

Wird auf das Fernrohr eines Theodolits, einer Bussole oder Kippregel corrigirbar eine Libelle befestigt, deren Axe dem Absehen parallel gemacht wird (§ 258), so hat man ganz die in diesem Paragraph beschriebene Klasse von Nivellirinstrumenten. Der Horizontalkreis oder das Messtischblatt, der Vertikalkreis u. s. w. sind dann als Zugaben anzusehen.

§ 279. **Nivellirinstrumente mit umsetzbarem Fernrohr und umsetzbarer Libelle.** Das Fernrohr auch in der gerade entgegengesetzten Zielrichtung gebrauchen zu können, gewährt den schon besprochenen (§ 260) Vortheil, aus einer einzigen Aufstellung den Parallelismus von Absehen und Libellenaxe prüfen, ferner etwaigen Mangel durch Elimination des Fehlers unschädlich machen zu können.

Die Art, wie das Fernrohr umgesetzt oder umgelegt werden kann, ist verschieden, und liefert eine Eintheilungsgrundlage. Nützlicheres Unterscheidungsmerkmal wird aber durch die Beweglichkeit der Libelle gegeben, ob sie auf das Fernrohr gestellt wird, oder am Fernrohrträger sitzt.

Fig. 290 zeigt das mittlere Ertel'sche Nivellirinstrument, Nr. 64 des Katalogs 1883, wird auch ohne Horizontalkreis, ohne Höhenbogen und mit oder ohne Distanzmesser-Okular angefertigt, auch mit anallatischem

Fernrohr. Die um den Vertikalzapfen drehbare Hülse gabelt sich und endet in die Lager für die Kippaxe, welche nahezu oder genau die Ziellinie schneidet. Mit der Kippaxe ist nicht das Fernrohr selbst verbunden, sondern ein Trog, dessen Enden entweder genau halbkreisförmig ausgeschliffen sind oder die Yform haben. Auf das Fernrohr sind zwei genau abgedrehte Ringe geschoben, welche in die halbkreis- oder Yförmigen Lager passen. Vor den Ringen ist ein Rand, der eine Längsschiebung des Fernrohrs hindert, sobald dieses in den Lagern befindlich. Die Fernrohrumlegung ist einfach; ein paar mit Riegeln gehaltene Klappen sind vorher zu öffnen. Das Fernrohr lässt sich um seine geometrische Axe, die mit der Ringaxe, d. h. der Verbindungslinie der Ringmittelpunkte zusammenfällt,

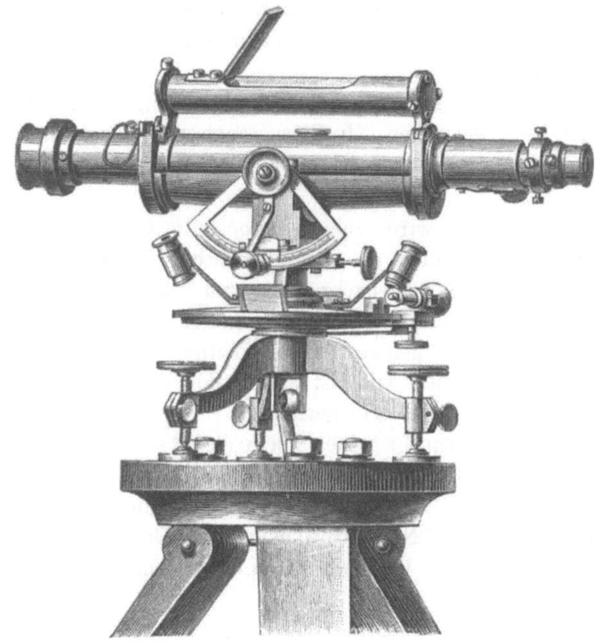

Fig. 290.

drehen. Auf der Kippaxe sitzt ein Höhenbogen (kann auch fortbleiben), dessen Index am Träger befestigt ist. Die Kippbewegung lässt sich bremsen (die Klemmschraube ist in der Abbildung grösstentheils verdeckt) und mikrometrisch ausführen. Die Libelle hat zwei kurze Füsse, die nach den Fernrohrringen ausgeschliffen sind. Mittelst dieser Füsse kann die Libelle in zwei Lagen auf die Ringe gesetzt werden. Zum Schutze gegen das Herabfallen sitzen rechtwinkelig an den Füssen kleine Stifte nach aussen, welchen Oeffnungen in den Schliessen oder Klappen entsprechen. Ausserdem sichern auch noch Federn die Lage. Auf der Libelle kann ein Spiegel angebracht sein, um den Stand der Blase ohne Aenderung der Körperstellung vom Okular aus beobachten zu können.

Horizontalkreis, Bremse und Mikrometerwerk für die Drehung um den Zapfen sind entbehrliche Zugaben. Bei Wegfall des Höhenbogens kann der Fernrohrträger niederer werden, was vortheilhaft ist.

Fig. 291, Ertel's Nivellirinstrument Nr. 72 hat keinen Höhenbogen, keinen Index und keine Dosenlibelle. Die allgemeine Horizontalstellung kann erst dann ausgeführt werden, wenn man mühsam zuvor die Stellung der Libellenaxe rechtwinkelig zum Zapfen (Drehung der spielenden Libelle mit dem Fernrohrträger um 180°) gewonnen hat. Diese Construktion, mit Klemmring und Mikrometerbewegung für die Kippaxe dürfte nicht zu empfehlen sein.

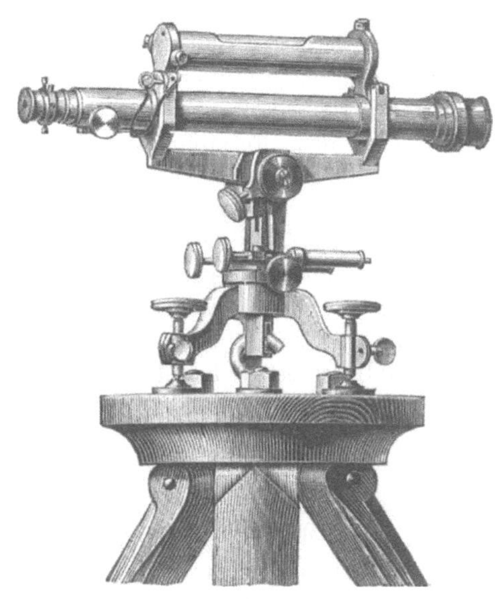

Fig. 291.

Bei den grösseren Nivellirinstrumenten hat das Fernrohr gewöhnlich auch distanzmessende Einrichtung (§ 230) und dann ist ein Höhenbogen unentbehrlich.

Bei dem Instrumente von Sickler (Fig. 292) erfolgt die Umlegung

Fig. 292.

des Fernrohrs nach Herausheben der centrischen Kippaxe (d. h. welche die Absehrichtung schneidet) aus den Lagern, wozu vorher durch Lüften der Schrauben s die Lagerdeckel geöffnet werden, auch die Spiralfeder abgehängt sein muss. Endlich muss die Libelle, die mit geschliffenen Füssen auf den Fernrohrringen sitzt, und nur durch ihr Gewicht auf diese drückt, abgehoben werden. Unter der Libelle hängt lose an einem Zapfen eine Schraubenmutter m, die sich in einen Gewindzapfen, der auf dem mittleren Ring des Fernrohrs angebracht ist, einschrauben lässt, wodurch die Libelle auf dem Fernrohr festgehalten wird. Es sind zwei gegenüberstehende Gewindezapfen vorhanden, wie nöthig, wenn das Fernrohr 180° um seine Absehrichtung gedreht wird (durch die oben erwähnte Umlegung in den Lagern); die Elevationsschraube G ist in beiden Lagen des Fernrohrs verwendbar. Gegen in den Ringlagern drehbare Fernrohre gehalten, sind hier die Ringe weniger der Abnutzung (und dem Ungleichwerden) ausgesetzt.

Als Untergestell bei den grossen Nivellirinstrumenten dient nicht die Nussvorrichtung, sondern der Dreifuss, der nur etwa durch den Zweifuss (§ 116) oder den Keilfuss (§ 117) ersetzbar wäre.

Bei den Nivellirinstrumenten der in diesem Paragraph beschriebenen Art wird verlangt:

1. dass die Absehrichtung genau mit der Ringaxe zusammenfalle, wozu nöthig ist:
   a) dass der optische Mittelpunkt des Objektivs auf der Kippaxe liege oder das Objektiv gut centrirt sei,
   b) dass das (verstellbare) Fadenkreuz auf der Ringaxe liege;
2. dass die Libellenaxe dem Absehen, also auch (nach 1.) der Ringaxe genau parallel sei, was Gleichheit der Libellenfüsse erfordert; und
3. dass die Ringe genau gleich sind. Ferner
4. dass der Index des Höhenbogens auf Null zeigt, wenn die Libellenaxe rechtwinkelig zum Vertikalzapfen steht.

Dieses alles vorausgesetzt, ist der Gebrauch folgender:

Der Höhenbogen wird, bei anfänglich offener Klemme für die Kippbewegung freihändig annähernd, dann nach Bremsung mittelst des Mikrometerwerks genau auf Null gestellt.

Dann wird mit den Stellschrauben des Untergestells in bekannter Weise der Zapfen senkrecht gerichtet.

In welches Azimut nun das Fernrohr gedreht wird, so muss die Libelle einspielen. Sollte aber die allgemeine Wagrechtstellung nicht genügend fein sein, so kann immer noch mittelst des Mikrometerwerks für die Kippbewegung die letzte Verbesserung bewirkt, die (durch den Spiegel beobachtete) Libelle schärfstens eingestellt werden.

Die Prüfungen sind in folgender Ordnung vorzunehmen.

1. Centrirung. Man zielt bei fester, übrigens beliebiger Lage des Instruments einen sehr fernen, gut bestimmten Punkt an und dreht das Fernrohr in seinen Lagern um seine geometrische Axe. Bleibt der Punkt

immer angezielt, so fällt die Zielrichtung mit der Ringaxe zusammen. Andernfalls wird man den tiefsten und den höchsten Punkt, der von der Ziellinie getroffen wird, merken, die Mitte auszeichnen und das Fadenkreuz so verstellen, dass dieser mittlere Punkt angezielt erscheint. Denn ist c die centrisch gedachte Lage des Objektivmittelpunkts, die punktirte Linie (Fig. 293) die Ringaxe und sind h und t höchster und tiefster der angezielten Punkte, so sind 1 und 2 die entsprechenden Lagen des Fadenkreuzes; wird dieses nach 0 auf die Ringaxe geschoben, so verbleibt beim Drehen die Ziellinie in ihrer Lage, trifft immer auf den mittleren Punkt m.

Fig. 293.

Ist das Absehen nicht centrisch, so lässt sich doch der davon herrührende Fehler eliminiren. Man beobachtet die Lattenhöhe bei zwei Lagen des Fernrohrs, die durch eine Drehung von 180° um die Längsaxe in einander übergehen; die eine Ablesung entspricht h, die andere t und das arithmetische Mittel beider, entsprechend m, ist fehlerfrei — wenn die Fernrohrlängsaxe wagrecht war, trotz der Geneigtheit und Excentricität des Absehens. Durch dasselbe Verfahren schwindet auch, wie später ersichtlich, der Fehler wegen ungenügender Centrirung des Objektivs. Man muss aber das Fernrohr genau eine halbe Umdrehung um seine Axe machen lassen. Das zu ermöglichen, werden gewöhnlich zwei kleine Stiftchen ungefähr diametral auf das Fernrohr gesetzt. Berührt der eine Stift einen am Lager befindlichen Anschlagzapfen, so lässt sich die Drehung nur in einer Richtung ausführen und der zweite Stift ist so gesetzt, dass genau nach 180° Drehung er einen Anschlagzapfen trifft. Die Anschlagzapfen, oder wenn deren nur einer vorhanden, die Stifte am Fernrohr, sind mittelst Schrauben verstellbar. Die Stifte werden zugleich so gesetzt oder das Fadenkreuz so gedreht, dass, während ein Stift anschlägt, der eine Faden genau wagrecht ist (§ 262).

Bei Untersuchung des Einflusses der Excentricität des Objektivs hat man zu beachten, dass diese selbst in den ungünstigsten Fällen doch immer sehr klein ist.

Liegen optischer Mittelpunkt des Objektivs und Fadenkreuz nicht in einer Ebene mit der geometrischen Fernrohraxe, so gibt es keinen Punkt, durch welchen die Ziellinie beständig geht, wenn das Fernrohr um seine geometrische Axe gedreht wird. Hingegen gibt es einen solchen, sobald optischer Objektivmittelpunkt und Fadenkreuz in einer durch die geometrische Fernrohraxe gehenden Ebene liegen. Und dieser Punkt P ist zwischen Objektiv und Fadenkreuz (Fig. 294), wenn diese beide zu verschiedenen Seiten, hingegen ausserhalb des Fernrohrs, wenn sie auf derselben Seite der Längsaxe liegen (Fig. 295) und zwar erkennt man leicht, dass dieser

Punkt im Unendlichen liegt, wenn die Excentricitäten von Objektivmittelpunkt und Fadenkreuz gleichsinnig gleich gross sind, vor dem Objektive, wenn die Fadenkreuzexcentricität grösser und desselben Zeichens ist, wie jene des Objektivmittelpunkts. Letzteres kann man durch eine Verschiebung des Fadenkreuzes immer hervorbringen. Die vorhin beschriebene Prüfung und Berichtigung hat also das Absehen noch nicht sicher in die geometrische Ringaxe gebracht. Sei ε die Excentricität des Objektivmittelpunkts, g die Entfernung des beim Drehen ständig angezielt bleibenden Punkts P vom Objektiv, $b = (gf : (g - f))$ die Bildweite, so ist die Tangente des Winkels zwischen Ringaxe und Ziellinie gleich $\varepsilon : (g + b)$, oder in Anbetracht der Kleinheit, ist dieser Winkel mit genügender Genauigkeit gleich $206\,265'' \cdot \varepsilon : g$. Für $\varepsilon = 0{,}3$ mm, $g = 250$ m ergibt sich der Winkel $= 0{,}25''$, also sehr klein. Je grösser man g wählt, desto kleiner ist der verbleibende Winkel. Desshalb war oben vorgeschrieben, einen sehr f e r n e n Punkt zu wählen und das Fadenkreuz so lange zu verschieben, bis er constant angezielt bleibt; trifft die Voraussetzung centrischer Lage des Objektivs also auch nicht zu, so ist der Winkel zwischen Absehen und Ringaxe nun doch verschwindend klein.

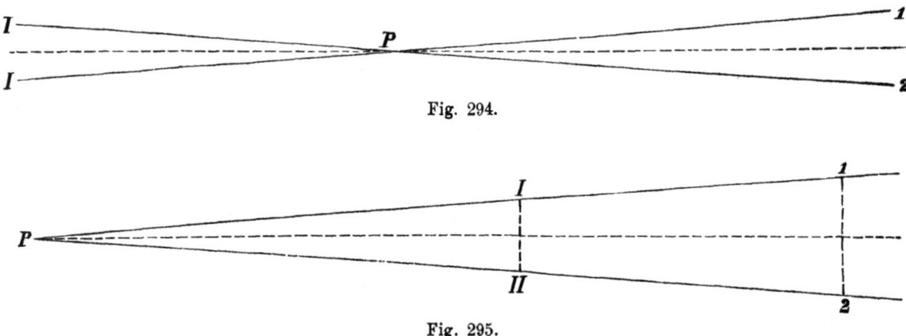

Fig. 294.

Fig. 295.

Will man sich, was für das Nivelliren unnöthig ist, überzeugen, ob das Objektiv centrisch sei, so mache man nach Ausführung der angegebenen Berichtigung (mit Benutzung eines sehr fernen Punkts) die Prüfung mit einem recht n a h e gelegenen Punkt. Denn beschreibt die Ziellinie beim Drehen eine Kegelfläche, so ist der geometrische Ort des getroffenen Punkts in einer zur Ringaxe rechtwinkeligen Ebene ein Kreis, dessen Halbmesser von der Entfernung der Zielebene abhängt und nur für die einzige, bei der Berichtigung gewählte, Null ist. Aus der Veränderlichkeit des Zielpunkts in n a h e gelegener Ebene kann man übrigens auf Excentricität des Objektivs nur dann schliessen, wenn man sicher ist, dass beim Ausziehen des Okulars (gelegentlich des Einstellens auf die Nähe) das Fadenkreuz keine seitliche Verschiebung erlitten hat. Welches selbst nach § 259 zu prüfen ist, bei umlegbarem Fernrohr aber noch einfacher untersucht werden kann; denn bewährt sich die Prüfung constanten Treffens eines fernen u n d eines nahen Punkts beim Drehen um die Längsaxe, so ist weder Excentricität des Objektivs vorhanden, noch eine solche des Fadenkreuzes.

2. **Prüfung** auf gleiche Länge der Libellenfüsse. In bekannter Weise durch Umsetzen (§ 125), Berichtigungsschraube. Die Prüfung hat sich auch auf Kreuzen (windschiefes) der Libellenaxe und Auflagerungslinie zu erstrecken (§ 125) und die zwei berichtigenden Verschiebungen der Libelle im Rohre, in senkrechtem und in wagrechtem Sinne müssen gleichzeitig gemacht werden, weil sonst eine die andere stören kann. Gleiche Fusslänge der Libelle bedingt noch nicht Parallelismus der Libellenaxe mit der Ringaxe. Dazu ist noch nöthig, wonach die

3. **Prüfung auf Gleichheit der Ringhalbmesser** zu sehen hat. Durch geeignetes Kippen muss die auf dem Fernrohr sitzende, auf gleiche Füsse bereits abgeglichene Libelle, rechtwinkelig zum Zapfen gestellt (§ 157) und dieser mittelst der Stellschrauben des Untergestells senkrecht gerichtet werden. Dann ist die Auflagerungslinie A A der Libellenfüsse wagrecht (Fig. 296, 1.), die Ringaxe aber hat ein Gefälle $(\varrho_1 - \varrho_2) : a$, wenn ϱ_1 und ϱ_2 die Ringhalbmesser und a der Abstand der Lager ist. In einem beliebigen Punkt des Zapfens Z denke man eine Normale $B_1 B_2$ gezogen, die Abstände der untersten Ringpunkte von dieser seien h_1 und h_2. Da die Auflagerungslinie A A und die Normale $B_1 B_2$ zum senkrecht stehenden Zapfen beide wagrecht sind, so ist offenbar $h_1 + 2\varrho_1 = h_2 + 2\varrho_2$, woraus folgt $h_2 - h_1 = 2(\varrho_1 - \varrho_2)$.

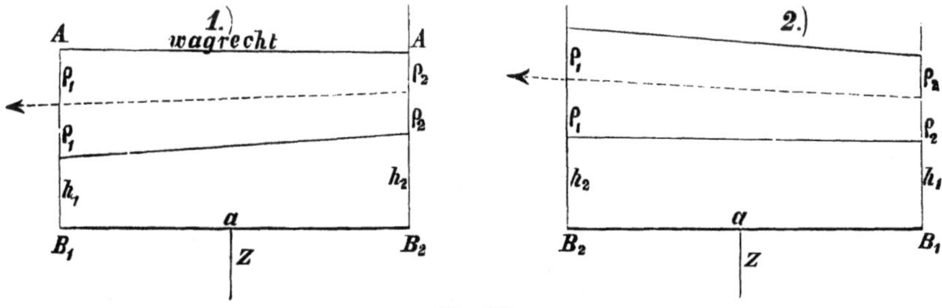

Fig. 296.

Man lege nun das Fernrohr in den Lagern um, so kommt der Ring ϱ_2 auf den Träger h_1 und ϱ_1 auf h_2, zugleich aber wendet die Ziellinie die bei erster Lage, wie die Pfeilspitze in 1. andeutet, nach **links** ging, nun nach **rechts**. Eine Halbumdrehung um den Vertikalzapfen bringt die Zielrichtung wieder nach links und das ist in Fig. 296, 2. dargestellt; bei jener Halbumdrehung bleibt $B_1 B_2$, als rechtwinkelig zum Vertikalzapfen, wagrecht. Nun (Fig. 296, 2.) hat die Ringaxe einen Fall, nicht mehr wie in 1., von rechts nach links, sondern umgekehrt, von links nach rechts, und zwar ist das Gefälle: $[(h_2 + \varrho_1) - (h_1 + \varrho_2)] : a = 3(\varrho_1 - \varrho_2) : a$ (mit Beachtung von $h_2 - h_1 = 2(\varrho_1 - \varrho_2)$ gefunden). Und da die Kegelseitenlinie oder Auflagerungslinie der Libellenfüsse noch um $(\varrho_1 - \varrho_2) : a$ gegen die Ringaxe von rechts nach links steigt, so hat diese der Libellenaxe parallele Linie eine Steigung von $4(\varrho_1 - \varrho_2) : a$. Es wird also, wenn nicht $\varrho_1 = \varrho_2$ ist, die Libelle nach Umlegen des Fernrohrs und Halbdrehung um den Vertikalzapfen nicht mehr einspielen, sondern einen dem vierfachen Neigungswinkel zwischen Ringaxe und Seitenlinie des Fernrohrs entsprechenden Ausschlag geben. — Diese Prüfung ist also eine sehr empfindliche.

Ist in der gegebenen scharfen Weise eine Ungleichheit der Ringe erkannt, so wird der Geometer derselben abzuhelfen nicht in der Lage sein, wohl aber kann er das Instrument so herrichten, dass mit demselben (trotz Ringungleichheit) genau wagrechtes Zielen leicht gewonnen werden kann. Nämlich so:

Bei der Fig. 296, 1. entsprechenden Stellung des Instrumentes mit einspielender Libelle wird die auf die Entfernung s gemachte Lattenablesung l_1 um den Betrag $s(\varrho_1 - \varrho_2) : a$ zu klein, die richtige, mit wagrechter Ziellinie erhaltene Ablesung wäre $\lambda = l_1 + s(\varrho_1 - \varrho_2) : a$.

Bei der Fig. 296, 2. entsprechenden Instrumentenstellung, bei welcher die Libelle nicht einspielt, wird die Lattenablesung l_2 (selbe Entfernung s) zu gross um $3s(\varrho_1 - \varrho_2) : a$; also ist $\lambda = l_2 - 3s(\varrho_1 - \varrho_2) : a$.

Aus den beiden Ausdrücken für den Sollwerth der Lattenablesung bei wagrechtem Zielen lässt sich $s(\varrho_1 - \varrho_2) : a$ eliminiren und man findet

$$\lambda = l_1 + \tfrac{1}{2}(l_2 - l_1).$$

Nachdem diese Sollablesung berechnet ist, stelle man die der Fig. 296, 1. entsprechenden Instrumentenlage wieder her (Libelle spielt ein). Und nun verschiebe man das Fadenkreuz so lange, bis die Sollablesung λ wirklich gemacht wird. Die Ziellinie ist nun nicht mehr der Ringaxe parallel, sondern parallel der Libellenaxe (weil wagrecht), also parallel der besonderen Kegelseite des Fernrohrs (über die Ringe), welche eben als Auflagerungslinie dient. Diese muss man durch Anschlagzapfen und Stift auszeichnen, um sie in allen spätern Messungen sicher wieder benutzen zu können. Dann ist das Absehen wagrecht, so oft die Libelle spielt und fehlerfreie Beobachtungen können gemacht werden.

Die Ungleichheit der Ringe hindert also — bei der gehörigen Vorsicht — richtiges Arbeiten nicht; sie gestattet auch noch die bequeme Prüfung (§ 260) auf Horizontalität des Absehens bei umkehrbarem Fernrohr.

Die Breithaupt'sche Form dieser Art Nivellirinstrumente stellt Fig. 297 dar. Am Zapfen sitzt eine Flansche F'', die eine Dosenlibelle (bequem zur schnellen, vorläufigen, allgemeinen Wagrechtstellung) trägt. Auf dieser Flansche ist die Trägerplatte T befestigt, kann aber durch die Zugschraube t (der wohl auch noch eine Druckschraube zugesellt wird) ein wenig gegen die Vertikalaxe verstellt werden. Die Fernrohrringe sitzen in Gabeln des Trägers und können um die Längsaxe gedreht werden, auch ist die Umlegung des Fernrohrs leicht ausführbar. k sind die Stifte auf dem Fernrohr, z die Anschlagzapfen am Träger, um genau Drehung von 180° um die Ringaxe bewirken zu können. Horizontalkreis und Höhenkreis, die dem Ertel'schen Instrumente (Fig. 290) beigegeben, fehlen hier. Die endgültige Horizontalstellung muss einzig mit den Stellschrauben des Dreifusses bewirkt werden, während bei Ertels Instrument das Mikrometerwerk der Kippbewegung wie eine Elevationsschraube für die allerletzte Feinstellung benutzbar ist.

Es ist leicht zu erkennen, dass die Halbmesser der Ringe, mögen sie nun gleich oder ungleich sein, sich nicht verändern dürfen, weil sonst die Berichtigungen vergeblich würden. Es ist daher durch Abwischen der Ringe (und der Libellenfüsse) mit weichem Tuche, durch Abpinselung des

Fig. 297.

Staubs, einer zeitweiligen Vergrösserung eines Rings vorzubeugen. Es besteht immer einige Gefahr, dass die Ringe sich schon bei regelmässigem Gebrauche ungleich abnutzen, doch wird bei vorsichtigster Behandlung des Instruments das nur äusserst langsam erfolgen. Wenn hingegen ein hartes Staubkorn sich zwischen Ring und Lager einreibt, kann schnell eine schädliche, ungleiche Abnutzung der Ringe eintreten. Diese Befürchtung gab Anlass zu anderer Einrichtung, bei welcher die Ringe ganz vermieden sind.

§ 280. **Nivellirinstrumente mit umsetzbarem Fernrohr und umsetzbarer Libelle ohne Ringe.** Statt der zwei Ringe sind auf dem Fernrohr Stahlschrauben mit gut gehärteten Köpfen, je zwei auf diametralen

Seitenlinien eingesetzt. Auf diese Köpfe kommt die Libelle mit gleichfalls gehärteten Berührungsstellen zu sitzen, die gabelartigen Fortsätze der Libellenfüsse, die das Fernrohr zwischen sich fassen, hindern das Herabfallen. Die Schrauben $k_1 k_1'$ $k_2 k_2'$ sind in der Fig. 298 nicht sichtbar. Die sichtbaren kleinen Schrauben dienen zur Berichtigung der fliegenden Nonien am Höhenkreis. Das Fernrohr hat eine Kippaxe, die sich aus ihren Lagern bequem ausheben und wieder einsetzen lässt, behufs Durchschlagen des Fernrohrs. Ein eigentliches Umlegen, Wechsel der Zapfenenden und Lager ist der Anhängsel, Vertikalkreis einerseits, Klemmring mit Mikrometerwerk andrerseits, nicht möglich, aber auch nicht nöthig.

Die Prüfung, nöthigenfalls Berichtigung des Index am Höhenbogen für die Stellung der Libellenaxe rechtwinkelig zum Zapfen kann vor oder nach den andern (nach § 157) vorgenommen werden. Der Index ist verschiebbar, wie erwähnt.

Fig. 298.

Die Libellenaxe wird in gewöhnlicher Weise (§ 125) parallel zur Auflagerungslinie derselben über den Schraubenköpfen $k_1 k_1'$ der einen Seitenlinie gemacht.

Dann legt man das Fernrohr um, so dass die andern Schraubenköpfe $k_2 k_2'$ oben sind. Man hatte vorher, als die Libelle in erster Lage (auf $k_1 k_1'$ sitzend) einspielte, genau den Stand am Vertikalkreise abgelesen und stellt diesen mittelst des Mikrometerwerks der Kippbewegung g e n a u wieder her. Dieser Stand war schon so gewählt (§ 157), dass die Libelle rechtwinkelig zum Zapfen steht. Spielt die Libelle, nun auf die Schraubenköpfe $k_2 k_2'$ gesetzt, wieder ein, so ist $k_1 k_1'$ parallel $k_2 k_2'$. Zeigt sich aber ein Ausschlag der Libelle, so ist er durch Herausschrauben des einen, Hineinschrauben des andern Kopfes der Seite, die nun oben ist (oder auch durch Verstellen nur einer der Köpfe k_2) zu beseitigen, die Ablesung am Höhenkreise muss dabei überwacht werden.

Während die Libelle einspielt, wird ein ferner Punkt angezielt, am besten eine Zieltafel scharf eingewinkt. Dann wird das Fernrohr umgelegt und eine Halbumdrehung um den Vertikalzapfen vollzogen; die Libelle wird wieder einspielen. Wird wieder derselbe Punkt von der Ziellinie

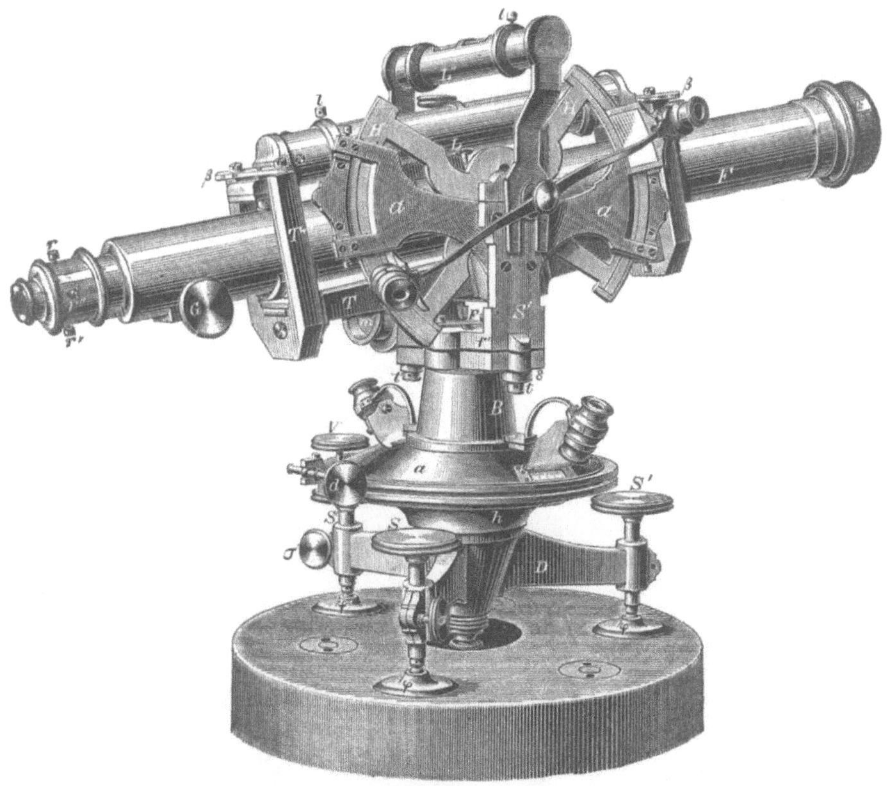

Fig. 299.

getroffen, so ist das Absehen wagrecht. Andernfalls nehme man die Mitte zwischen dem erst und dem nun angezielten Punkt und verschiebe das Fadenkreuz bis die Ziellinie auf diesen Mittelpunkt trifft.

Das abgebildete grosse Nivellirinstrument von Breithaupt (750 M.) kann vermöge des Horizontalkreises auch als Theodolit dienen; nichts hindert, dem Fernrohr die distanzmessende Einrichtung zu geben und dadurch ein zu allen geodätischen Arbeiten taugliches Universalinstrument herzustellen. Gleiches gilt für das Fig. 290 abgebildete Ertel'sche Nivellirinstrument.

Noch mehr den Charakter als Theodolit hat die neuere Form des grossen Breithaupt'schen Nivellirinstrumentes (Fig. 299). Es ist noch eine die Horizontalität der Kippaxe sichernde Libelle L" zugekommen, die auch für das Nivelliren Werth hat, indem sie dienen kann, die Horizontalität des Fadens zu versichern. Der Hauptunterschied ist, dass das Fernrohr nicht mehr unmittelbar auf der Kippaxe sitzt, sondern in einem Träger T, der in Gabeln endet, in welchen es entweder mit Ringen oder mit Stahlschraubenköpfen auf Stahlplatten gelagert sein kann. Dieser Träger T sitzt auf der Kippaxe, deren verschliessbare Lager an einer Stütze S' sich finden. Diese ist durch die Flansche f' mit dem Vertikalzapfen verbunden und durch die Schrauben t kann die Stellung zum Zapfen etwas abgeändert werden. Die Libelle wird auf dem Fernrohr durch Schliessen gehalten. — Der Höhenbogen ist doppelt; ist auf beiden die Bezifferung mit 0° in der Mitte, so bedarf es Doppelnonien (für Höhen- und Tiefenwinkel); steht jedoch 90° in der Mitte jedes Bogens (Zenitdistanz angebend), so braucht man nur einfache, keine Doppelnonien.

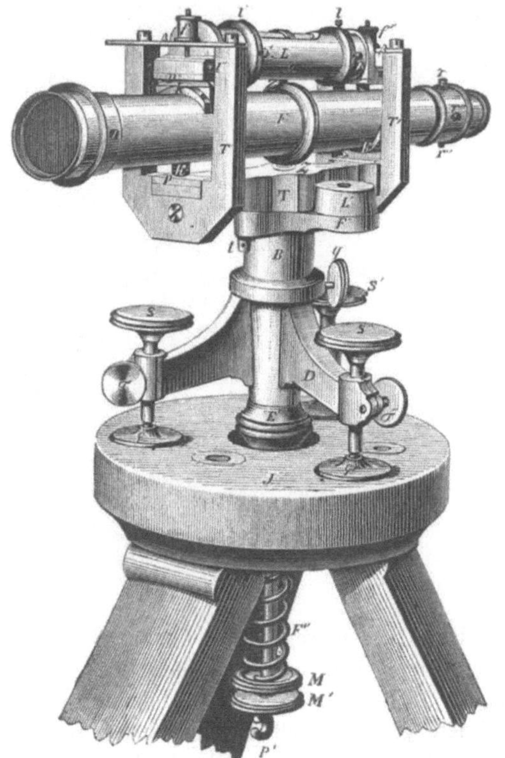

Fig. 300.

Wesentlich einfacher, aber auch nicht mehr als Theodolit gebrauchbar, ist *Breithaupt's Nivellir-Instrument mit Fernrohr und Libelle zum Umlegen und Umdrehen auf Stahlprismen*, wovon Fig. 300 die Abbildung gibt, welche nach den Figg. 297 und 299 um so leichter zu verstehen ist, als die einander entsprechenden Theile mit den gleichen Buchstaben versehen sind. Statt zweier Schraubenköpfe k, welche einestheils die Lagerung im Träger vermitteln, anderntheils Auflagerungslinie für die Libelle bilden, ist auf jeder Fernrohrseite nur ein solcher gehärteter Schraubenkopf und ein Stahlprisma, für die beiden Seitenlinien in verwechselter Lage. Es kommt im Lager stets ein Prisma mit einem Schraubenkopf in Berührung. Die Libellenfüsse sind Stahlplatten, welche auf das Prisma, bezw. den Schraubenkopf durch die Federbüchsen f'' auf den Schliessen β der Lagergabeln angedrückt werden. Ausserdem ist noch ein in der Mitte des Fernrohrs angebrachter Ring mit Nute bemerkbar. In diese greift einestheils ein Zapfen z des Trägers, anderntheils ein Zapfen z' an der Libellenfassung; eine Längsverschiebung des Fernrohrs im Träger und der Libelle auf dem Fernrohr wird dadurch unmöglich gemacht. Prüfung und Gebrauch wie obenstehend angegeben.

Eine verhältnissmässig einfachere und desshalb billigere Vorrichtung belgischer Abstammung, die aber wenig Verbreitung gefunden hat, ist das Nivellir-Instrument auf einem Glasplanum zum Umlegen. An einer Metallschüssel sind drei Arme angegossen, in welchen die Stellschrauben ihre Muttern finden. In die Schüssel ist fest eingelassen eine gut eben geschliffene Glastafel. Nur im Mittelpunkte ist sie ausgebrochen und dort auf der Schüssel eine kleine Pfanne befestigt. Das Fernrohr hat einen Ring in der Mitte mit zwei diametralen kurzen Zapfen, von denen einer in die Pfanne gesetzt wird. Ferner sitzen auf dem Fernrohr zwei Ringe, die beinahe um den Halbmesser der Glasscheibe von der Mitte entfernt sind. Diese Ringe tragen an diametralen Stellen gut polirte Stahlplatten; die zwei unteren setzen auf die Glasplatte auf, so dass der Zapfen in der Pfanne eigentlich nicht aufsitzt, sondern nur eine Führung vermittelt. Auf die zwei oberen Stahlplatten setzt sich die Libelle mit Stahlfüsschen auf. In der Mitte des Libellenrohrs an der Unterseite befindet sich eine kleine Pfanne, welche, ohne zu drücken, über den oberen Zapfen des Fernrohrmittelrings passt. Beim Drehen des Fernrohrs nach verschiedenen Azimuten schleifen die Stahlplatten auf der Glasscheibe, wobei eine nennenswerthe Abnutzung nicht zu befürchten ist.

Man macht (durch Umsetzen § 125) zuerst die Libellenfüsse gleich. Die Glasscheibe wird (mittelst der drei Stahlschrauben an den Füssen der Schüssel) genau wagrecht gestellt, welche Lage, unter der Voraussetzung, dass die äusseren Fernrohrringe gleiche Höhe haben, daran erkannt wird, dass die Libelle beim Drehen des Fernrohrs im Azimute fortwährend einspielt.

Nun wird das Fernrohr so umgelegt, dass die zwei Stahlplatten und der Zapfen, die eben oben waren und auf denen die Libelle ruhte, unten hin kommen, erstere auf die Glasscheibe, der Zapfen in die Pfanne. Setzt man die Libelle auf die nun oben liegenden Stahlplatten und findet, dass sie wieder einspielt, so sind die beiden Ringe gleich hoch, andernfalls wäre eine der Stahlplatten zu heben.

Ob das Absehen parallel ist der Ebene über je zwei Stahlplatten, mit andern Worten, wagrecht bei spielender Libelle, prüft man ganz in der schon mehrfach beschriebenen Art für umsetzbares Fernrohr (§ 260). Durch Fadenkreuzverstellung kann man den verlangten Parallelismus immer herstellen.

Es gibt noch eine Anzahl verschiedener Formen von Nivellir-Instrumenten (mit mehr oder weniger Zuthaten) zum allgemeinen Wagrechtstellen, die nach den vorstehenden Beschreibungen ähnlicher Apparate Jedem wohl leicht verständlich sein werden und auf welche im Einzelnen hier nicht eingegangen werden kann. Einige derselben sind beschrieben in Hunäus, „Die geometrischen Instrumente", Hannover 1864. Das Interessanteste davon, Breithaupt's Compensations-Niveau, ausführlicher in Dingler's Polytechn. Journal Bd. 154. Dasselbe mit Tangentialschrauben, abgebildet und beschrieben in Breithaupt, Magazin der neuesten mathem. Instrum. Heft VI. Cassel (1871).

§ 281. **Nivellirinstrumente mit umsetzbarem Fernrohr und festsitzender Libelle.** Entsprechend der in § 274 unter 4 aufgezählten Einrichtung.

1. Die Libelle sitzt fest am Fernrohr. Bei dem in Fig. 301 abgebildeten Instrumente ist das Fernrohr mit gleichen, wohlgeschliffenen Ringen in den Lagern drehbar und kann umgesetzt werden. Die Prüfung auf Zusammenfallung von Absehrichtung und Ringaxe geschieht ganz wie in § 279 1) angegeben.

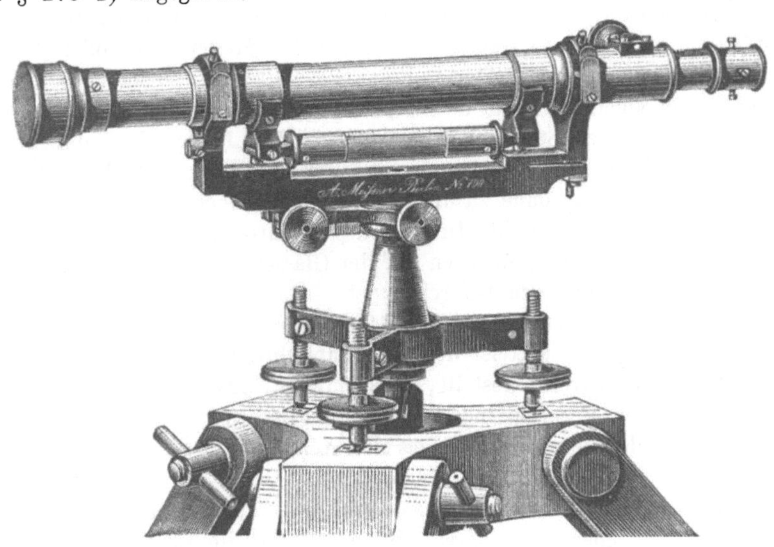

Fig. 301.

Die Libellenaxe wird folgendermassen parallel zur Auflagerungslinie des Fernrohrs in den Trägern gestellt. Man bringt mittelst der Schrauben des Untergestells die Libelle zum Einspielen und legt dann, während die Träger gut unverrückt stehen bleiben, das Fernrohr mit der daran hängenden Libelle um. Erfolgt ein Ausschlag an der Libelle, so ist dessen Hälfte zu beseitigen durch die Verbesserungsschraube an einem Ende des Libellenrohrs und die andere Hälfte mit den Schrauben des Untergestelles oder mittels einer Elevationsschraube oder ähnlich wirkender (rechts in der Abbildung).

Die Prüfung der rechtwinkeligen Stellung der Libellenaxe zum Zapfen, bezw. die Ermittelung der Lage eines diese Stellung ankündigenden Zeichens an der Elevationsschraube, wo eine solche vorhanden ist, nach § 157.

Die Untersuchung auf Gleichheit der Ringe ist entschieden umständlicher als bei beweglicher Libelle. Man muss durch Nivelliren aus beiden Endpunkten einer Strecke (§ 258) nachsehen, ob bei einspielender Libelle die Zielrichtung genau wagrecht. Findet man eine Abweichung, so sind die Ringe ungleich. Man kann die Steigung oder Senkung auf die Zielweite s finden und dann bei anderer Zielweite die gefundene Lattenhöhe proportional verbessern, was aber nicht bequem ist. Oder man kann, wie im § 279 angegeben ist, durch Verstellen des Fadenkreuzes Parallelismus mit einer bestimmten Kegelseite, die über die Ringe geht, herstellen, muss dann aber immer mit dieser arbeiten, d. h. das Fernrohr darf nicht in seinem Lager gedreht werden.

Festsitzende Libelle ist also entschieden weniger gut als Reiterlibelle, und die zu Gunsten ersterer angeführte Sicherheit und Unveränderlichkeit der Lager gegen die Spielrichtung wird durch Federdruck auch bei der Reiterlibelle erreicht.

Wird das Fernrohr in seinen Lagern gedreht, so dreht die angeschraubte Libelle mit. Eine gewöhnliche Libelle ist aber nur gebrauchbar, wenn ihre bestimmte, getheilte Seitenlinie oben ist. Reversionslibellen sind auch nach 180^0 Drehung um ihre Mittellinie noch brauchbar, da die Unterseite gleichfalls frei aus dem Rohre sieht und eine Theilung hat. Ja es gibt nackte Libellenröhren, die bei beliebiger Drehung noch brauchbar sein sollen; bei diesen sind die Theilstriche ganze Kreise. Reversionslibellen sind selten gut, immer sehr theuer, da es schwierig ist, zwei Axen oder gar noch mehr, nämlich Tangenten an die bezeichneten Punkte, parallel zu richten.

Die neuesten Instrumente für Präcisions-Nivellements (§ 293) sind von der hier besprochenen Art, haben aber zu grösserer Bequemlichkeit der Prüfung und Berichtigung noch zusätzlich die bewegliche, umsetzbare (Reit-)Libelle und um die Vortheile geniessen zu können, welche das Umsetzen und Drehen des Fernrohres um seine geometrische Axe gewähren, auch die Ringe der vorigen Form. Damit beim Nivelliren aus der Mitte die Instrumentalfehler eliminirt werden, darf die Lage von Absehen und Libellenaxe zwischen zwei aus demselben Standpunkte vorgenommenen Anzielungen nicht im geringsten ändern und das ist eben sicherer bei fest am Fernrohr sitzender Libelle, da zwischen Fuss der Reitlibelle und Ring eben doch Staub eindringen könnte, auch das Aufsitzen der Libelle durch ihr Gewicht allein, vielleicht nicht ganz unverändert bleibt.

Das Fig. 302 dargestellte Instrument ist von Sickler nach den

Angaben in einer Abhandlung: Vogler „Entwurf eines Nivellirinstrumentes für Präcisionsarbeiten und sein Gebrauch". Zeitschr. f. Vermessungswesen (1877) Bd. VI, S. 1 ausgeführt. Das Lager für die Ringe des Fernrohrs ist ein genügend breiter Rahmen, so dass das Fernrohr mit der fest darauf sitzenden Libelle innerhalb des Rahmens um seine Längsaxe gedreht werden kann. Dieser Rahmen ist drehbar um eine Kippaxe, deren einen Zapfen man vorn sieht. Die Kippaxe schneidet, was theoretisch wichtig und richtig ist, die Absehrichtung. Man bringt zunächst mittelst der Schrauben des Dreifusses die feine Dosenlibelle (vorn) zum Spielen und

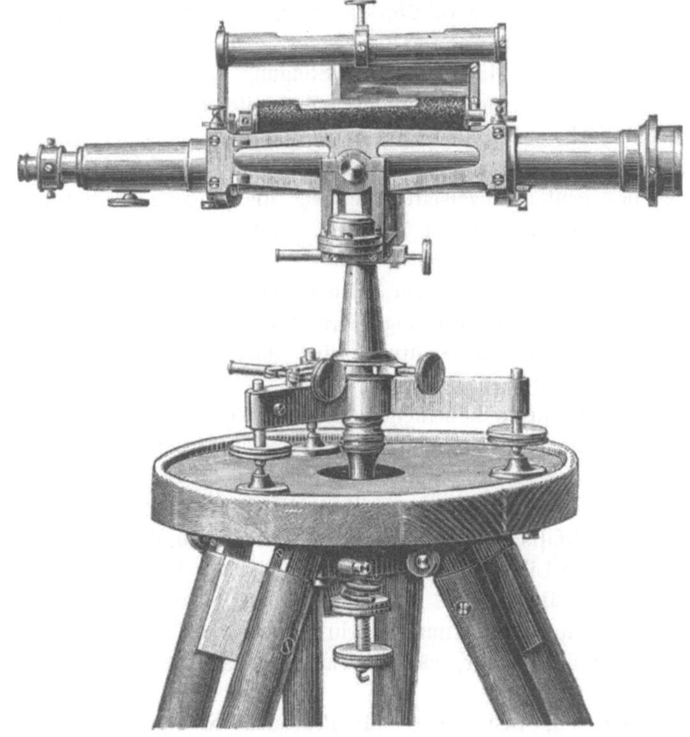

Fig. 302.

bewirkt die letzte Feinheit der Einstellung mit dem Mikrometerwerke der Kippaxe (Gegenfeder). Die feste Libelle ist zweckmässig eine Reversionslibelle, durch Ueberzug mit schlechtleitendem und Strahlung abhaltendem Stoff gegen Untreue durch Erwärmen (§ 124) geschützt. Anschlagzapfen gestatten immer dieselben Seitenlinien des Ringcylinders oben bezw. unten zu haben (§ 279, S. 523). Um auch bei nicht einspielender Libelle beobachten zu können (die Steigung ist dann rechnend zu berücksichtigen), ist die Libelle genau getheilt; sie wird durch einen seitlichen Spiegel vom Geometer beobachtet, ohne dass dieser seine Körperstellung zu ändern braucht. Die seitliche Lage des Spiegels ist aus Beleuchtungsgründen vortheilhafter als die obere Lage; die Ziffern der Libellentheiluug sind so geschrieben, dass sie im Spiegel bequem lesbar erscheinen. Die Reitlibelle (beim Gebrauche abzunehmen) ist mit Federschliessen gehalten. Bremse und Mikrometerwerk für die Drehung um die Vertikalaxe dicht über dem Dreifusse. Die Vertikalsäule erscheint etwas hoch, doch soll nach Mittheilung des Mechanikers die Standfestigkeit nichts zu wünschen übrig lassen. „Das sehr stabile Stativ ist nach der Starke und Kammer'schen Construktion gemacht: der Kopf von Metall mit hölzernem Teller, die aus Rundhölzern bestehenden Füsse drehen sich zwischen stählernen Halbkugeln, welche in kugelförmige Vertiefungen der metallnen Zwingen oben an den Füssen eingreifen.“ (Briefl. Mittheil. v. Herrn Sickler 3, III. 1885.)

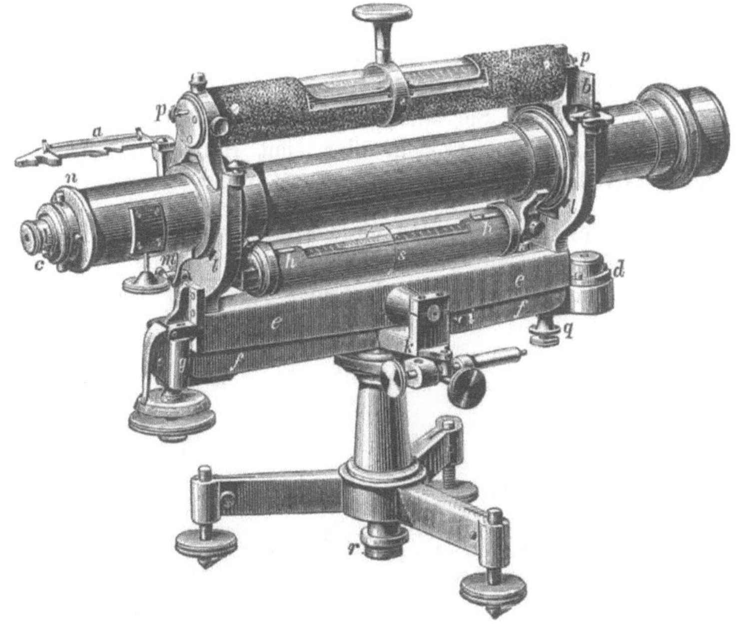

Fig. 303.

Den Hauptsachen nach mit dem eben beschriebenen übereinstimmend, ist ein für das Dresdener Polytechnikum angefertigtes Instrument (Nagel „Präcisions-Nivellirinstrument der Mechaniker Hildebrand u. Schramm in Freiberg i. S.“ Zeitschr. f. Instrumentenkunde 5. Jahrg. 1885 S. 191), welches Fig. 303 darstellt. Die am Fernrohr festsitzende Libelle ist eine genau getheilte, durch Glashülle geschützte Reversionslibelle, Ringe am Fernrohr aus glashartem Stahl auf vier im Fernrohrträger eingelassenen Karneolen l gelagert, Anschlagzapfen m. Die tuchumhüllte Reitlibelle wird mit besonderen Schliessen gehalten, deren eine a zurückgeschoben ist, die andere ist eingeschoben und ein besonderer Theil b aufgeklappt. Der Träger ist auch hier um eine Kippaxe drehbar, die aber nicht durch die Absehrichtung geht. Die erste Wagrechtstellung erfolgt mittelst der

Schrauben des Dreifusses nach Aussage der Dosenlibelle d. Die letzte feine Einstellung (kippend) mittelst der Elevationsschraube g, die eine Kopftheilung hat. Man kann diese benutzen, um einen bestimmten Ausschlag der Libelle hervorzubringen; kann dann (natürlich auch beim Ausschlag Null) mit der Schraube g (rechts in der Nähe der Dosenlibelle) die Theile e und f des Trägers gegen einander feststellen. Unter der Kippaxe sieht man Bremse und Mikrometerwerk für die Drehung um die Vertikalaxe. Bei i (rechts vom sichtbaren Zapfen der Kippaxe) wird ein Spiegel aufgesteckt, welcher Beobachtung der am Fernrohr festsitzenden Libelle vom Okular aus gestattet. Symmetrisch dazu (hinten) wird ein Beleuchtungsschirm aufgesteckt.

Die beiden zuletzt beschriebenen, wie die meisten feineren Nivellirinstrumente, haben distanzmessende Einrichtung des Fernrohrs.

2) Die Libelle sitzt fest am Träger. Diese Construktion bietet gegen andere keine Vortheile, erschwert aber die erforderlichen Prüfungen des Nivellirinstrumentes. Sie wird in neuerer Zeit wohl kaum mehr angewendet, ihre Besprechung kann hier, mit Hinweis auf Stampfer, „Anleitg. z. Nivelliren", 8. Aufl. 1877, S. 56 unterbleiben.

§ 282. **Nivellirinstrumente ohne allgemeine Wagrechtstellung.** Das Untergestell für die Vertikalstellung des Zapfens wird erspart. Hierher gehört das Ertel'sche Instrument Fig. 304, bei welchem der Zapfen nur durch die Art der Aufstellung des Stativs annähernd senkrecht

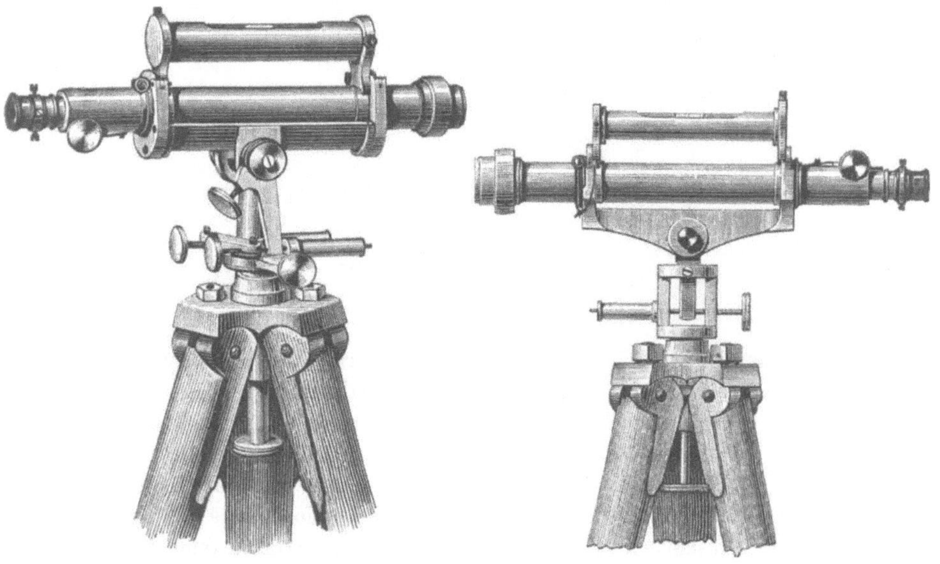

Fig. 304. Fig. 305.

gemacht werden kann. Die auf dem Fernrohr reitende Libelle wird durch Benutzung des Mikrometerwerkes für die Kippbewegung zum Einspielen gebracht; dreht man in anderes Azimut, muss man neu horizontiren. Die übrigen Einrichtungen kommen wesentlich mit jenen der grossen Ertel'schen Nivellirinstrumente (Figg. 290, 291) überein, auch hinsichtlich der Prüfungen und Berichtigungen ist auf jene (§ 279) zu verweisen. Die Feinheiten der Construktion hinsichtlich Umsetzen der Libelle, Umlagerung des Fernrohres und Feindrehung um den Zapfen, stehen in Missverhältniss zum Mangel der Mittel für Zapfenvertikalstellung.

In noch erhöhtem Grade gilt dieses für das hinsichtlich seines Untertheils sehr einfach construirte Ertel'sche Nivellirinstrument Fig. 305.

§ 283. **Nivellirinstrumente, an welchen die Libellenblase durch Spiegelung in der Zielrichtung erscheint.** Es ist bereits der Annehmlichkeit gedacht (S. 520, 524), den Stand der Libellenblase vom Okular des Fernrohres aus, ohne die Körperstellung ändern zu müssen, beobachten zu können und wie das durch oberhalb oder seitlich angebrachten Spiegel bewirkt wird. Noch angenehmer ist es stets gleichzeitig die Libellenblase und die Nivellirlatte in derselben Richtung zu sehen, und in §§ 284 und 285 werden zwei dem Verfasser bekannte Instrumente dieser Art beschrieben.

Es lässt sich eine Einrichtung denken, ohne Fadenkreuz die Aufgabe zu lösen. Ein solches Instrument ist aber nicht ausgeführt. Sei in der schematischen Fig. 306 durch O das Objektiv eines Fernrohrs dargestellt, durch L eine darauf sitzende Libelle, unter welcher eine Oeffnung in der Fernrohrwand; die Libelle ist, wenigstens im mittleren Theil, ohne Metallumhüllung. Ihr gegenüber, in einer Erweiterung des Rohres steht eine Prismenlinse P; das von dem bezeichneten Punkte der Libelle kommende Licht wird im Prisma reflektirt, und ein reelles Bild jenes Punktes entsteht in B, welches durch das Augenglas A betrachtet wird. Die Gerade von B über den optischen Mittelpunkt des Objektivs gibt die Ziellinie. Die Stellung der Prismenlinse kann so geregelt werden, dass diese Ziellinie wagrecht ist.

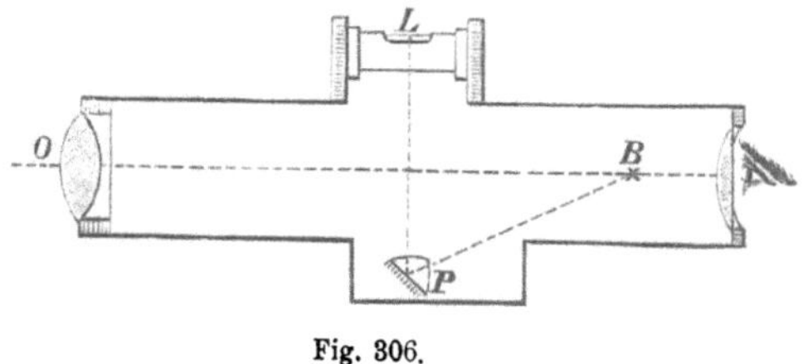

Fig. 306.

Ein dem ähnlicher Apparat scheint nach einer Mittheilung in Rankine „Handbuch d. Bauingenieurkunst", übersetzt v. Kreuter, Wien 1880, S. 70 u. 92 von Piazzi Smyth angegeben. „Mittelst einer Linse und eines vollständig reflektirenden Prisma wird ein Bild der Libellenblase im Focus des Fernrohrs erzeugt und wenn das Fadenkreuz die Mitte dieses Bildes deckt, ist die Absehrichtung wirklich horizontal." Näheres ist Verfasser nicht bekannt. In dem Apparat ist also noch ein Fadenkreuz, welches nach oben mitgetheiltem Plane entbehrlich würde.

§ 284. **Nivellirdiopter und Gefällmesser mit dem Bilde der Libellenblase in der Absehrichtung.** (Fig. 307.) Ein Rohr, das mit den gewöhnlichen Hülfsmitteln um einen senkrechten Zapfen und um eine

Kippaxe gedreht werden kann, hat am Objektivende ein paar Kreuzfäden, am andern Ende ist es durch eine Platte mit Sehloch geschlossen. An der Oberseite des Rohrs, ungefähr in der Mitte, ist eine grössere Oeffnung, über welcher eine Libelle ohne Metallumhüllung angebracht ist und unter dieser ist im Rohr ein ebener Spiegel befestigt, der seine Spiegelseite der grossen Oeffnung und dem Sehloche zuwendet, 45° gegen die Absehrichtung geneigt ist, die halbe Breite des Rohres erfüllt. Bei geeigneter Stellung des Rohres sieht man das Spiegelbild der Libellenblase in der Richtung des Absehens, genau gesprochen, dicht neben dem Fadenkreuze. Die Stellung der Libelle und des Spiegels ist so zu berichtigen, dass wenn die Blase neben dem Fadenkreuze erscheint, das Absehen wagrecht ist. Prüfung durch zwei Endnivellements, § 258. Die nöthige Berichtigung kann an der Stellung der Libelle, wie auch an jener des Spiegels gemacht werden.

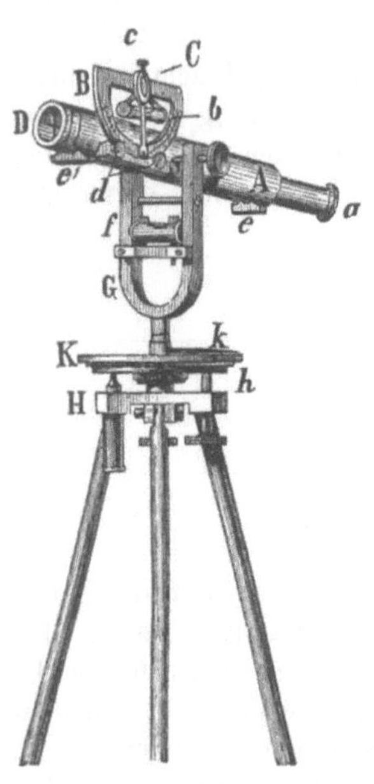

Fig. 307.

Man hat die Libelle drehbar um den Mittelpunkt eines kleinen getheilten Halbkreises angebracht, so dass wenn der mit der Libelle drehbare Index auf Null steht, das Absehen der Libellenaxe parallel ist. Stellt man den Index auf einen andern Strich der Theilung des Vertikalkreises, so lässt sich an dieser entweder der Neigungswinkel der Libellenaxe gegen das Absehen oder auch das Gefälle absehen; gewöhnlich sind zwei Theilungen nach Neigungswinkeln und nach Gefällprocenten angebracht. Zur Verwendung als Gefällmesser ist eine Zieltafel nöthig von der Höhe der, die Absehrichtung des Diopters schneidenden Kippaxe des Rohres. Das Instrument kann auch zur Messung von Baumhöhen verwendet werden und die Zugabe eines Horizontalkreises gestattet auch die Messung von Horizontalwinkeln, daher der Verfertiger Tesdorpf in Stuttgart (es wird nun anstatt der abgebildeten Vorrichtung ein Dreifuss als Untergestell gewählt) es forstliches Messinstrument nach von Dorrer genannt hat.

§ 285. **Wagner's Taschen-Nivellirinstrument**, D. R.-Patent Nr. 17 209. Nachstehende Beschreibung (und die Figuren) ist ein grossentheils wörtlicher Auszug einer vom mathem. mechan. Institute von Ludw. Tesdorpf (Gebr. Zimmers' Nachfolger) in Stuttgart versendeten Ankündigung (auch Zeitschr. f. Vermess. 1884).

Seitwärts in der Wandung des Fernrohrs ist eine Reversionslibelle L (Fig. 308) parallel zur Absehrichtung befestigt und ihr gegenüber ein ebener Spiegel S in geeigneter Lage. Unmittelbar neben der Fernrohrokularlinse ist eine zweite planconvexe Linse l eingesetzt und an erstere etwas angeschliffen. Zwischen Libelle und Spiegel und zwischen Spiegel und der zum Beobachter der Libellenblase dienenden Lupe sind die Fernrohrwandungen und das Okularrohr soweit durchbrochen, dass durch die Lupe die Libelle auf eine ihre Blase beiderseits um mehrere Theilstriche überragende Länge sichtbar wird.

Bringt man das Auge in den Schnittpunkt C der Lupenaxe und der Fernrohrabschlinie, so sieht man einestheils die im Gesichtsfeld erscheinenden Gegenstände (Fadenkreuz, Nivellirlatte u. s. w.) und anderntheils gleichzeitig daneben die Libelle vergrössert, etwa wie in Fig. 309 dargestellt ist. Man ist somit in die Lage versetzt, im Augenblicke der Libelleneinspielung die Ablesung an der Ziellatte zu machen.

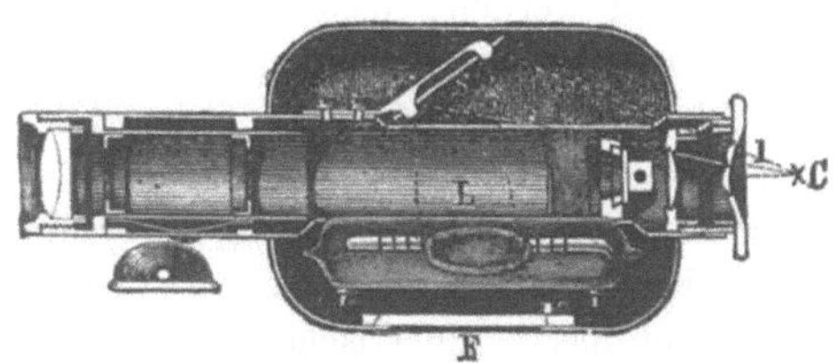

Fig. 308.

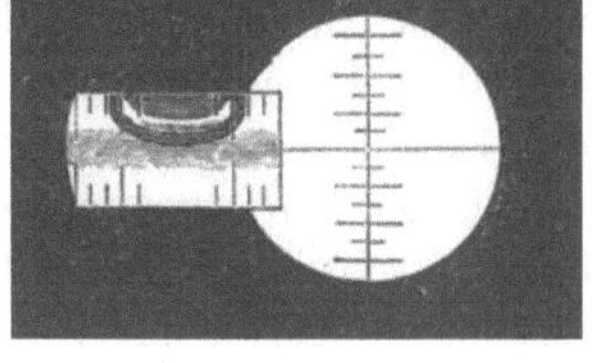

Fig. 309.

Um das Eindringen von Staub in das aufgeschlitzte Fernrohr zu verhüten und die Libelle und den Spiegel vor Beschädigungen zu schützen, ist das Ganze von einem zweitheiligen Gehäuse umgeben. Das nöthige Licht fällt durch zwei in dem Gehäuse ausgeschnittene und mit Gläsern wieder verschlossene Fensterchen F, Figg. 308 u. 310. Die Einstellung des Bildes erfolgt durch einen Objektivauszug. Das Fadenkreuz wird entweder aus Spinnfäden hergestellt oder es wird ein Glasmikrometer (Fig. 309) eingesetzt, welches je nach der Vergrösserung ganze, halbe oder viertel*) Gefällprocente erkennen lässt, während alle zwischen zwei Theilstriche fallenden Gefälle auf $^1/_{10}$ Intervall geschätzt werden können.

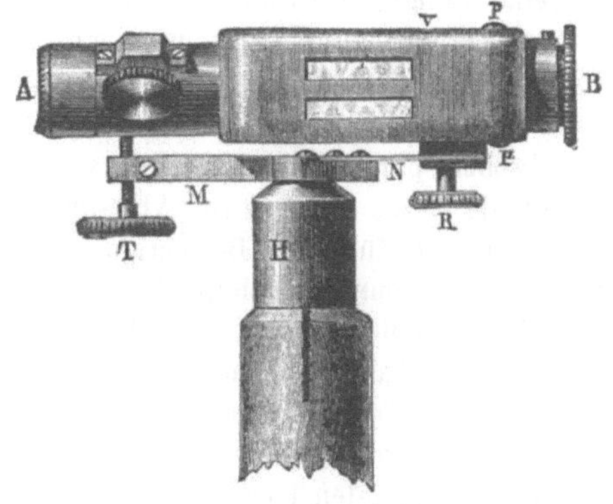

Fig. 310

Die Reversionslibelle ist von einer der Vergrösserung angemessenen Empfindlichkeit. Das Fadenkreuz kann mittelst zweier Zugschräubchen p p (Fig. 310) soweit verschoben werden, dass das Absehen der Libellenaxe

*) An einem dem Verfasser bekannten Exemplar $^1/_5$ %.

parallel wird, die Libelle selbst aber ist unveränderlich im Fernrohr festgemacht.

Mit dem Mikrometerapparate M Fig. 310, der durch die Schraube R an das Instrument, und mittelst der ihm angeschraubten Stockhülse auf ein Stativ gesteckt wird, kann die Libelle jeweils zum genauen Einspielen gebracht werden. Der Mikrometerschraube T wirkt die Feder N entgegen. (An einem vorliegenden Exemplare wird die Hülse auf ein Kugelcharnier am Stativkopf gesteckt, bequem zur Roheinstellung aus freier Hand.)

Ist das Auge (durch passende Zerstreuungsbrille) unendlich weitsichtig gemacht, so hat das Fadenkreuz (Glasplättchen) in der Brennweite des Okulars zu stehen und die Brennweite der zweiten Lupe l muss gleich sein der Summe der Entfernungen zwischen Lupe und Spiegel und Libelle (l S + S L). Andernfalls müssen die Stellung des Okulars (kleiner Auszug) und die Lupenbrennweite so angepasst werden, dass gleichzeitig die virtuellen Bilder des Fadenkreuzes (der Mikrometertheilung) und des in derselben Ebene liegenden reellen Bildes der Latte und des Spiegelbildes der Libelle deutlich erscheinen.

Unter Voraussetzung des Parallelismus der zwei Axen der Reversionslibelle (schwierig herstellbar) lässt sich auch mit unberichtigtem Instrument genau nivelliren. Man nimmt das arithmetische Mittel der in beiden Fernrohrlagen erhaltenen Lattenablesungen. Die zweite Lage wird dadurch hergestellt, dass man die Schraube R löst, das Fernrohr 180^0 um seine Längsaxe dreht und die Schraube R wieder in das (gegenüber dem vorigen liegende) Gewinde v einschraubt. War die Libelle in erster Lage links, so ist sie nun rechts. — Will man aber nur mit einer Ablesung arbeiten, so muss das Instrument berichtigt sein, dahin, dass das Absehen parallel der Libellenaxe geht. Man ermittelt zunächst eine Horizontale, etwa durch zwei Ablesungen in den zwei Fernrohrlagen, und stellt dann mit Hülfe der Berichtigungsschrauben p auf die Mitte zwischen die beiden gewonnenen Zielpunkte ein.

Die Genauigkeit soll bei Anwendung eines Stativs (das Instrument kann auch freihändig benutzt werden) für eine einzelne Ablesung (12 mal vergrösserndes Fernrohr) auf 1 : 20 000 der Horizontalentfernung mindestens veranschlagt werden können.

Am vorliegenden Exemplar ist der optische Theil ungewöhnlich gut.

Neuestens ist nach der Wagner'schen Patenteinrichtung ein grosses Präcisions-Instrument (für den russischen Generalstab) in der Tesdorpf-schen Werkstätte ausgeführt worden, welches Fig. 311 darstellt. Das Untergestell ist der Vierfuss (§ 115 S. 151), mit welchem, nach Aussage der in der Mitte sitzenden Dosenlibelle, die Senkrechtstellung des Hauptzapfens bewirkt wird. Die Drehung um die Vertikalaxe kann gebremst werden, der Kopf der Klemmschraube ist links stark verkürzt sichtbar, der Kopf der zur Feindrehung dienenden Mikrometerschraube ist die grössere, fast unverkürzt erscheinende Scheibe. Der Fernrohrträger kann um eine etwas excentrische Axe, die man rechts in der Figur sieht, gekippt werden, mittelst einer Elevationsschraube, die nach abwärts gerichtet ist und deren Kopf (links) ganz verkürzt erscheint. Neben der Elevationsschraube ist ein berichtigbarer Nonius; steht der Index der Elevationsschraube auf Null des Nonius, so hat das Fernrohr die Normalstellung. Die Bewegung der Elevationsschraube kann geklemmt werden, die fast unverkürzte kleinere Scheibe über der Mikrometerschraube für die Feindrehung um die Vertikalaxe, ist der Kopf dieser Klemmschraube. Das Fernrohr hat Ringe und kann auf Achatsteinen in den Lagern um seine Längsaxe gedreht, kann auch in den Lagern umgelegt werden. Auf dem Ringe rechts sieht man oben einen kleinen Stift; berührt dieser einen Anschlagzapfen, so ist der eine Faden des Fadenkreuzes wagrecht. Die Lagerdeckel sind aufklappbar und beim Schliessen schlagen Federn ein. Die Einstellung des Fernrohrs geschieht durch Ausschieben des Objektivs.

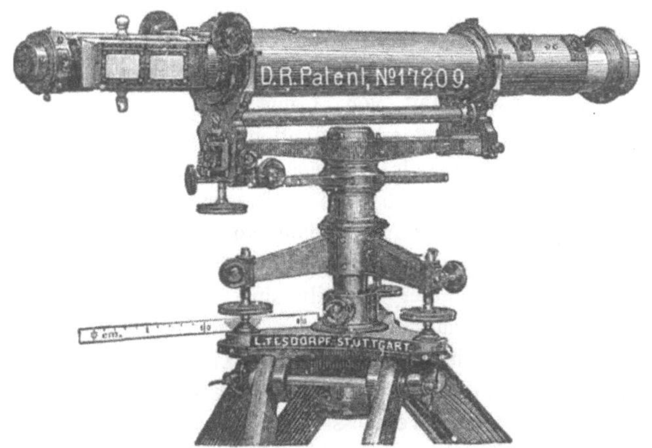

Fig. 311.

Der Zug ist sehr sorgfältig gearbeitet, wie das bei der 60fachen Vergrösserung nöthig ist. Das Objektivrohr geht über vier Elfenbeinknöpfe, von denen man die äusseren Theile zweier nahe am Objektivende sieht. Die Libelle liegt ganz im Fernrohr, Licht tritt durch vier Fenster, von denen man zwei, mit zur Regelung der Beleuchtung aufklappbaren Milchglasscheiben (hinter welchen noch durchsichtige Glasscheiben sitzen), am Okularende zwischen den Elfenbeinknöpfen sieht, an denen beim Drehen das Fernrohr gefasst wird. Rechts und links von diesen Knöpfen sind Metallklappen; öffnet man diese, so kann man nach Belieben mehr Licht zur Libelle gelangen lassen, auch durch darunter liegende Glasscheiben die Libelle direkt sehen. Diese ist also durch Glasumhüllung gegen schnelle Temperaturänderungen gut geschützt, wie auch Eindringen von Staub durch diese Wandungen unmöglich gemacht ist. Beim Gebrauche wird das Spiegelbild der Libelle durch die dem eigentlichen Fernrohrokulare angeschliffene Linse (vergleiche die Beschreibung des Tascheninstrumentes) in der Zielrichtung beobachtet. Es sind (briefliche Mittheilung von Herrn Tesdorpf 6. VIII. 1885) zwei Spiegel so angeordnet, „dass die normale

Blasenlänge von 40 mm in den Spiegeln auf 12 mm reducirt erscheint, indem die Spiegelbilder der Endtheile der Libelle zusammengerückt sind; auf diese Weise sind die Enden der einspielenden Libellenblase auf einen so kleinen Sehwinkel reducirt, dass man mit einem Blicke die Stellung der Blasenenden gegen die Libelleneintheilung erfassen kann."

§ 286. **Empfindlichkeit der Libellen, Lattentheilung.** Je empfindlicher eine Libelle ist, desto schwieriger und zeitraubender wird das Arbeiten. Man zieht zuweilen vor, wenn eine sehr empfindliche Libelle verwendet wird, deren genaues Einspielen nicht mühsam herzustellen, sondern den verbliebenen Ausschlag zu messen, daraus die Neigung der Ziellinie und schliesslich den dadurch hervorgebrachten Ablesungsfehler zu berechnen, wozu die Kenntniss der Zielweite erforderlich ist. Wie man verfahren mag, man wird eine Grenze erreichen können, bei welcher die Ableseunsicherheit gegen die Abweichung von der Horizontalität im Einflusse überwiegt. Eine Unsicherheit der Zielrichtung von 1″ bewirkt auf 206 m Zielweite eine Ableseunsicherheit von 1 mm, auf 40 m Zielweite ungefähr 0,2 mm. Die Libellenstriche sind gewöhnlich nach pariser Linien (je 2,3 mm) gemacht, $^1/_{10}$-Strich lässt sich wohl noch beobachten. Ist die Empfindlichkeit der Libelle für 1 Strich 5″, so wäre somit $^1/_2$″ Neigungsfehler, bei 40 m Zielweite also 0,1 mm Ablesefehler zu befürchten. So genau wird man aber mit den besten Fernrohren nicht ablesen können, da die Latten gewöhnlich nur in Centimeter getheilt sind, also $^1/_{100}$ des Theils noch sicher geschätzt werden müsste. Mit der Fernrohrvergrösserung kann man über die Zahl 40 selten hinausgehen, da das Zittern des Bildes dann, selbst unter günstigen Umständen schon sehr störend wirkt. Wie fein die Libelle für ein Fernrohr gegebener Vergrösserung noch sein soll, ist ziemlich willkürlich zu schätzen. Jordan empfiehlt (Handb. d. Vermess. I. Bd. S. 422) nachfolgende Verhältnisse, die eher eine zu grosse Empfindlichkeit der Libelle als eine zu geringe annehmen:

	Libellen-empfindlichkeit:	Vergrösserung:
Zur Ausführung von Präcisionsnivellements	2—5″	25—40
Zur Aufnahme von Längenprofilen . . .	10—15″	15—25
Zur Aufnahme von Querprofilen	15—30″	10—15

Vogler („Ueber Ziele und Hülfsmittel geometrischer Präcisionsnivellements", München 1873) schätzt bei Zielweiten unter 100 m den mittleren Zielfehler zu $\pm$ 1,5″ und stellt als Regel auf, für kleine Zielweiten sei der Zielfehler 50 Bogensekunden, dividirt durch die Vergrösserungszahl anzunehmen, also bei der maximalen Vergrösserung 50 verbleibe auf 40 m Zielweite eine Unsicherheit von 0,2 mm.

Die Auswerthung der Libellenempfindlichkeit (gewöhnlich ist sie auf der Libellenröhre angeschrieben) kann zweckmässig durch Nivelliren vollzogen werden. Man misst den Unterschied der Lattenablesungen, die einem Ausschlage von 1 Strich entsprechen, und dividirt ihn durch die Zielweite, so hat man die Tangente des Neigungswinkels, oder wenn man jenes Verhältniss mit 206 265 multiplizirt, den Neigungswinkel in Sekunden. (Vergl. § 122, 125.) Die Empfindlichkeit derselben Libelle ändert mit der Temperatur.

Eine sorgfältige Erörterung der Fehlerquellen, die Vogler im oben angeführten Buche anstellt, führt dahin, dass die mangelhafte Beschaffenheit der Nivellirlatten wohl am meisten Einfluss auf die Ungenauigkeit der Nivellements übt. Abgesehen von den Aenderungen des Holzes sind die Theilungen weder an Absolutgrösse noch im Verhältniss der einzelnen Theile genau genug, und es ist zu erwägen, ob nicht Metallskalen (bei welchen die Temperatur berücksichtigt werden müsste) den hölzernen vorzuziehen wären.

2. Nivellir-Arbeiten.

§ 287. **Profile.** Der Durchschnitt einer senkrechten Fläche mit der Erdoberfläche heisst ein Profil. Die schneidende Fläche kann eine Vertikalebene sein, oder sie kann aus einzelnen in Winkeln aneinander stossenden Vertikalebenen bestehen oder endlich irgend eine senkrechte Cylinderfläche sein. Die Ermittelung eines solchen Profils geschieht durch Nivelliren einer Linie, die im Grundriss gerade oder krumm, gebrochen oder gemischt sein kann.

Man legt einen bestimmten Vermessungshorizont, immer den wirklichen, nie den scheinbaren, zu Grund und bestimmt durch Nivelliren, wie hoch über oder wie tief unter diesem die einzelnen Punkte liegen. Die Maasse der Entfernungen der Punkte von dem gewählten Horizonte nennt man die Quoten (Coten) derselben, sie werden positiv genommen, wenn die Punkte über, negativ, wenn sie unter dem Horizonte liegen.

Soll ein Profil aufgenommen werden, das bei beabsichtigtem Bau dienen soll, ein Arbeitsprofil, so steckt man zunächst die betreffende senkrechte Fläche, d. i. die „Linie“ ab. Dann werden in gleichen Horizontalabständen Punkte ausgezeichnet, nöthigenfalls verpflockt, die Niveaupflöcke mit dem Boden gleich abgeschnitten und mit 1, 2, 3... bezeichnet. Die Abstände werden so gewählt, dass man mit dem verfügbaren Instrumente zwei aufeinander folgende Punkte unmittelbar ihrer Höhe nach vergleichen kann; beim Nivelliren aus der Mitte ist daher der Abstand kleiner als die doppelte zulässige Zielweite zu nehmen, da bei seitlichen Aufstellungen des Instruments die Zielweiten grösser werden als der halbe Abstand. Bei steilerem Gefälle ist die mögliche Zielweite für das Nivelliren dadurch beschränkt, dass der tiefere Punkt nicht mehr als Nivellirlattenhöhe unter, der höhere nicht mehr als Instrumentenhöhe (1,5 m etwa) über dem Zielhorizont liegen kann.

Fällt oder steigt der Boden von einem Punkt zum nächsten (auf dem kürzesten Wege) gleichmässig, so ist das Profil zwischen diesen Punkten eine Gerade. Aendert aber das Gefälle zwischen zwei solchen Hauptpunkten, so schaltet man Zwischenpunkte ein und wählt hierfür solche, in denen eben die Neigungs- oder Gefälländerung mehr oder minder plötzlich eintritt, das Gefälle sich bricht, wie man sagt. Mag nun ein Uebergang aus Steigung in Fall eintreten oder nur von stärkerer zu schwächerer Steigung oder Senkung.

Die Zwischenpunkte erhalten als Hauptbezeichnung die Nummer des vorhergehenden Hauptpunktes und einen Anhang, a, b, c... also 4, 4a, 4b, 4c... 5. Oder auch man schreibt (4) + 12,85; (4) + 27,60 u. s. w., wo die nach dem +-Zeichen stehende Zahl die Horizontalentfernung (Meter) vom vorhergehenden Punkt angibt.

Sind die Zwischenpunkte in genügender Zahl gewählt, so darf zwischen zwei benachbarten Punkten gleichmässiges Gefäll angenommen, d. h. das Profil als eine gebrochene Linie angesehen werden; die Stücke derselben sind ungleich geneigt, auch wohl ungleich lang. Gewöhnlich werden aus einer und derselben Instrumentenaufstellung die zwei Hauptpunkte einer Station und die zwischen ihnen gelegenen Punkte aufgenommen. Ist das Instrument gleichweit von den zwei Hauptpunkten entfernt, so sind die Entfernungen von den Zwischenpunkten kleiner und im allgemeinen verschieden, für diese wird also nicht mehr „aus der Mitte" nivellirt. Allein in der Mehrzahl der Fälle wird man, bei gut berichtigtem Instrument, davon absehen können, weil dann nur die Erhebung des scheinbaren über den wirklichen Horizont und der Einfluss der Strahlenbrechung nicht ganz aus der Höhenvergleichung fällt, jedoch um so mehr, je mehr man durch recht seitliche Aufstellung die Zielweitenunterschiede verkleinert hat. Uebrigens kann man ja auch innerhalb derselben Hauptstrecke oder Station mehrere Aufstellungen nehmen, um richtiger aus der Mitte zu nivelliren.

Die Aufschreibung gestaltet sich wie folgt. Für die Stationen I und II ist je eine Instrumentenaufstellung angenommen, für Station V deren drei. Die Bezeichnung der Zwischenpunkte ist des Beispiels halber nach den zwei Arten gewählt.

In V, zweite Abtheilung, ist aus der Angabe der Zielweiten zu ersehen, dass der Unterschied nicht sehr erheblich ist.

Nivellement am Hainerweg. Datum. Instrument. Beobachter.

Station	Punkt	Horiz.-Entfern.	Lattenhöhe	Erhebung	Seehöhe	Anmerkungen. Alle Angaben i. m.
I	1		1,568		130,694	Bahnhof. Zeichen
		35,64				
	1a		1,284	+ 0,284	130,978	
		18,72				
	1b		0,910	+ 0,374	131,352	
		31,56				
	1c		2,564	— 1,654	129,698	
		14,08				
	2		2,835	— 0,271	129,427	
		100,00				
II	(2)		0,240			
	(2) + 24,84		1,764	— 1,524	127,903	
	(2) + 54,75		1,238	+ 0,526	128,429	
	(2) + 81,60		2,005	— 0,767	127,662	Strassenmitte
	3		2,864	— 0,859	126,803	Grabensohle
III	3					
			u. s. w.			
. . .	. . .	. . .	. . .	. . .	. . .	. . .
V	5		1,248		141,186	
		31,40				
	5a		0,631	+ 0,617	141,803	
	5a		2,314			57 } Zielweite
		28,36		+ 1,289		
	5b		1,025		143,092	50 } Zielweite
		20,19		+ 0,555		
	5c		0,470		143,647	54 } Zielweite
	5c		2,432			
		20,05				
	6		0,152	+ 2,280	145,927	
VI	6					
			u. s. w.			

In nachfolgendem Beispiele ist die bei der österreichischen Südbahn übliche Aufschreibung vorgeführt. Es ist zwar noch aus einem Zwischenpunkte, aber nicht mehr aus der Mitte nivellirt, es muss also gute Berichtigung des Instruments vorausgesetzt werden. Bei langen Zielweiten dürften wohl die Einflüsse der Erdkrümmung und der Strahlenbrechung nicht unberücksichtigt bleiben, sondern zu Berichtigungen Anlass geben. Es ist an den Fixpunkt 0 von bekannter Seehöhe (480,762 m) angeknüpft. Die auf ihm gemachte Lattenablesung (1,268) zu jener Seehöhe addirt, gibt die Seehöhe des Instrumentenhorizonts für diese Aufstellung. Zieht man von dieser die Lattenablesung für die übrigen aus derselben Aufstellung angezielten Punkte ab, so erhält man deren Seehöhen. Muss das Instrument übergestellt werden, so dient der letzte Punkt (3) als Anbindungspunkt für die Beobachtungen der folgenden Aufstellung, er spielt die Rolle des Fixpunktes bei der ersten Aufstellung. Der Anbindungspunkt kommt zweimal in der Tabelle vor (durch Strich getrennt), einmal wird er im Vorblick (0,111) und einmal im Rückblick (1,000) angezielt. Zu seiner aus der Vorblickablesung abgeleiteten Seehöhe (481,919) ist die Rückblickablesung (1,000) zu addiren, um den Instrumentenhorizont der zweiten Aufstellung zu erhalten.

Nivellement. Oesterreichische Südbahn. U. s. w.

Punkt	Horizontalentfernung einzeln	Horizontalentfernung im Ganzen	Latten-ablesung	Instrum.-Horizont	Seehöhe (Quote)	Bemerkungen
Fix. 0	—	—	1,268	482,030	480,762	Beschreibung
1	37,81	37,81	0,634		481,396	
2	41,59	79,40	2,843		479,187	
3	27,44	106,84	0,111		481,919	
3	—	—	1,000	482,919	—	
4	38,60	145,44	1,763		481,156	
5	82,16	227,60	0,352		482,567	
6	61,23	288,83	3,428		479,491	

u. s. w.

Sei noch erwähnt, dass man in Bergwerken und wo es sonst an Raum gebricht, in besonderer Art, nach Profilen fortschreitend, oder durch Messung der Bodenneigung, den Höhenunterschied zweier entfernter Punkte ermittelt. Auf einem gangbaren Wege zwischen den zwei Punkten, durch Schächte, Gänge u. s. w. schlägt man in verschiedenen Zwischenpunkten Pflöcke senkrecht ein, befestigt in gleichen Höhen über dem Boden an ihnen eine scharf gespannte Schnur und misst mit den Hängebogen (§ 266) die Neigung α gegen den Horizont. Ist dann l die Länge der Schnur zwischen den zwei Pflöcken, so ist α die mittlere Neigung des Bodens und $l \operatorname{Sin} \alpha$ der Höhenunterschied der zwei Zwischenpunkte. Die algebraische Summe der so gefundenen Höhenunterschiede gibt schliesslich die gesuchte Differenz.

§ 288. **Controlnivellement.** Sind bei dem Nivelliren des Profils ausser den unvermeidlichen auch noch grobe Fehler (Irrthümer beim Ablesen z. B.) vorgefallen, so bleiben dieselben zunächst unentdeckt, wenn nicht etwa die nivellirte Linie eine geschlossene ist, wo dann die Summe aller Einzelerhebungen, nämlich der Höhenunterschied des ersten und des letzten Punktes, der mit dem ersten identisch ist, Null sein muss. Es ist daher Regel alle Profilnivellements zweimal auszuführen, gewöhnlich in entgegengesetzten Richtungen. Für jeden Punkt erhält man dann zwei Quotenwerthe, die übereinstimmen oder nur um eine zulässige Grösse verschieden sein sollten. Die zulässige Differenz richtet sich nach dem Zwecke des Nivellements und ihr Maximalwerth hängt von der Feinheit des Instrumentes u. s. w. ab. Absolute Sicherheit gibt auch das Controlnivellement nicht, da ja zufällig derselbe grobe Irrthum an derselben Stelle in gleichem Betrag und gleichen Vorzeichens aufgetreten sein könnte, wofür jedoch die Wahrscheinlichkeit sehr gering ist. Das Controlnivellement sollte nicht unterbleiben, auch wenn bei geschlossener Linie die Endquote gleich der Anfangsquote gefunden wurde (oder zulässig wenig verschieden davon). Denn es könnte ja zufällig die Summe der positiven gleich der Summe der negativen groben Fehler sein, wofür die Wahrscheinlichkeit zwar auch noch gering, aber doch grösser als die vorhin erwähnte ist.

Handelt es sich nicht um ein Profil, sondern nur um den Höhenunterschied zweier entfernter Punkte, so kann man die Verpflockung u. s. w. der Zwischenpunkte ersparen. Nicht aber das Controlnivellement. Man nivellirt vom End- zum Anfangspunkt zurück, entweder auf ganz anderem Weg oder auf demselben mit Benutzung anderer Zwischenpunkte. Solchergestalt hat man in beiden Nivellements zusammen das einer geschlossenen Linie, wofür das Vorgesagte gilt. — In wichtigeren Fällen nivellirt man drei- oder mehrmal dieselbe Strecke. Fallen dabei die Quoten der einzelnen Punkte genügend gleich aus, so ist allerdings die Wahrscheinlichkeit sehr gesteigert, dass keine gröberen Fehler vorgefallen. Zugleich ist dann die Möglichkeit gegeben durch Ausgleichung die verbliebene unvermeidliche Unsicherheit zu verringern. Ueber die Ausgleichung siehe § 296, häufig wird es genügen das arithmetische Mittel der nicht viel verschiedenen Werthe der Quote eines jeden Punktes zu nehmen.

§ 289. **Längen- und Querprofile.** Bei dem Entwurfe zum Bau einer Strasse, Eisenbahn, eines Kanals u. s. w. wird man zunächst die langgestreckte geometrische Axe des Baues festzustellen haben, wobei die Horizontalcurven (§ 245) gute Dienste leisten. Die Axe wird dann auf dem Boden abgesteckt und längs der verpflockten Linie ein Nivellement ausgeführt, wodurch man ein Längenprofil erhält. Es ist nützlich dieses zu zeichnen. Da aber die Erhebungen und Senkungen meistens im Vergleiche zu den Horizontalerstreckungen sehr klein sind, wählt man verschiedene Verjüngung der Maasse für Horizontal- und Vertikalabmessungen. Für letztere z. B. einen 10 bis 20 mal so grossen Maassstab. Das Bild wird dann verzerrt, aber häufig nur durch diese Verzerrung anschaulich und brauchbar. Die wahren Maasse schreibt man in die Zeichnung ein und beseitigt dadurch alle Nachtheile der Verzerrung. Gewöhnlich wird die Zeichnung nicht in Bezug auf den eigentlichen Vermessungshorizont gemacht, sondern man wählt einen Generalhorizont, derart, dass alle Punkte des Profils auf dessen selbe Seite zu liegen kommen, oder die auf ihn bezüglichen Quoten übereinstimmende Vorzeichen erhalten. Es ist fast üblicher den Generalhorizont über den höchsten Bodenpunkt zu legen als die zweckmässigere Wahl unter dem tiefsten. Hat man den Generalhorizont x Meter unter dem Vermessungshorizont gewählt, so sind zu allen auf diesen bezüglichen Quoten x Meter zu addiren, um die auf jenen bezüglichen zu erhalten; diese werden dann alle positiv.

Fig. 312 stellt einen Theil eines Längenprofils dar, es ist 10fache Ueberhöhung angenommen. Die Punkte (3), (4), (4a), (5), (6) sind je 2,514; 3,060; 3,200; 3,758 und 4,092 m über dem Generalhorizonte. Die stark ausgezogene Linie stelle das sogenannte Kunstprofil, nämlich das Längenprofil der zu erbauenden Strasse ($^2/_3$ $^0/_0$ Gefälle) vor; in den eckigen Klammern sind die zugehörigen Quoten angegeben, die also für je 50 m Horizontalentfernung um $^1/_3$ m zunehmen.

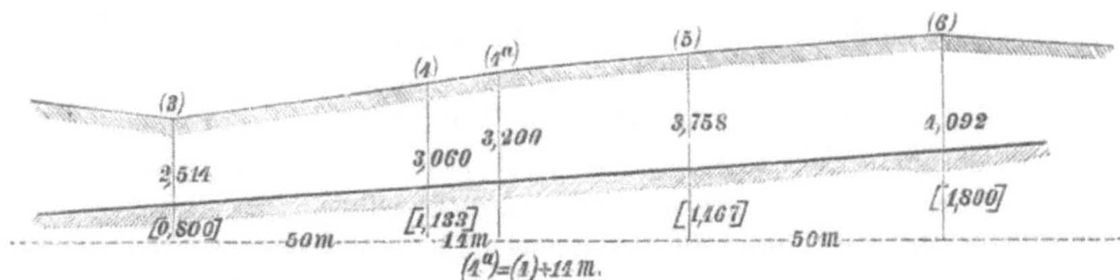

Fig. 312.

Man erkennt leicht, dass bei Punkt (3) ein Abtrag von 2,514 — 0,800 = 1,714 m zu machen ist, bei Punkt (4) aber 3,060 — 1,133 = 1,927 und ähnlich berechnet sich der bei (5) und (6) zu machende Abtrag. Für (4a) muss erst die Quote des Kunstprofils berechnet werden, nämlich $1{,}133 + \frac{14}{50} \cdot \frac{1}{3} = 1{,}507$, welche von der Quote des Punktes (4a) abgezogen den Abtrag 1,507 m liefert. Statt die Abträge, bezw. Auffüllungshöhe zu berechnen, kann man sie auch mit dem Zirkel aus der Profilzeichnung entnehmen.

Um die für den Kostenanschlag wichtige Berechnung der zu bewegenden Erdmassen ausführen zu können, muss man noch wissen, wie der Boden rechtwinkelig zur Strassenaxe verläuft und zu diesem Behufe müssen Querprofile in genügender Ausdehnung und Zahl ausgemessen werden. Sie erhalten die Bezeichnung der Punkte des Längenprofils, zu welchem sie rechtwinkelig stehen (schief gerichtete Querprofile kommen nur ganz ausnahmsweise vor). Die Querprofile haben gewöhnlich nur eine geringe Ausdehnung, man zeichnet sie gewöhnlich ohne Ueberhöhung, unverzerrt, aber in sehr grossem Maassstab, zweckmässig in dem bei dem Längenprofil nur für die Vertikaldimensionen gewählten, nun für die senkrechten und die wagrechten Längen. Bei der Zeichnung und der Aufschreibung der Querprofile muss man die Seiten links und rechts wohl unterscheiden; man denkt sich in die Längsaxe der Strecke etc. gestellt und in Richtung der steigenden Nummern blickend. Vermessungshorizont des Querprofils ist der Horizont des zugehörigen Punktes des Längenprofils (Fig. 313).

Die mit dem Vorzeichen versehenen Zahlen sind die Quoten der Punkte A, B, C, D, E und F des Querprofils bezogen auf den Horizont von (4) (punktirte Wagrechte). Da die Axe des Strassenkörpers, nach dem Kunstprofil um 1,133 m unter (4) liegt, so ist der Strassenpunkt IV um diesen Betrag unter (4) gezeichnet. Die Breite der Strasse ist zu 8 m angenommen, Abdachung um 0,1 m nach beiden Seiten (d. h. $^1/_4$ $^0/_0$), das Kunstquerprofil ist die gebrochene Linie IV′ IV IV″. Bei IV″ ist der Strassengraben angezeichnet, bei IV′ aber ein solcher nicht für nöthig erachtet. Auf der linken Seite der Strasse muss eine Auffüllung stattfinden, deren Querschnitt IV‴ IV′ B ist.

Die Böschung der Aufschüttung ist 45° gegen den Horizont gewählt, wie auch die Grabenböschung. Man sieht, in IV‴ schneidet das Profil des Strasseneinschnittes den natürlichen Boden und B C D E IV‴ (Graben) IV″ IV B ist der Vertikalquerschnitt des Abtrags. Die Maasse und aus ihnen der Flächeninhalt des Auftrags und Abtrags lassen sich leicht berechnen; bei genügend grosser Zeichnung ist es vortheilhaft, die Querschnittflächen mittelst Planimeter zu finden.

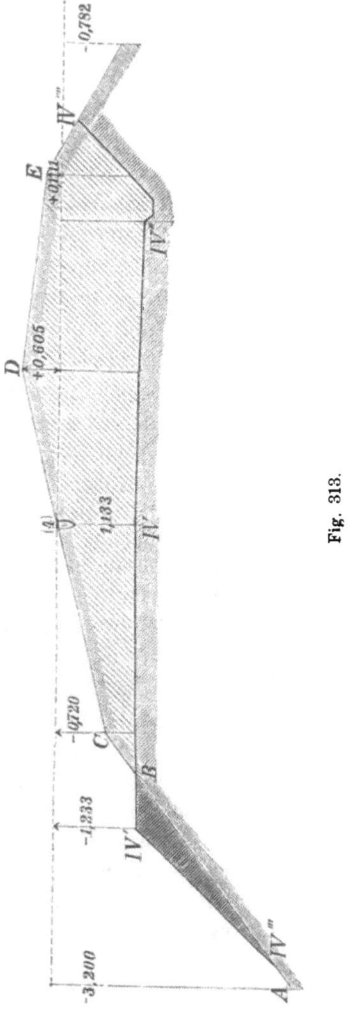

Fig. 313.

Seien nun in ähnlicher Weise die Querprofile (5), (6)... u. s. w. verzeichnet, Auftrag und Abtrag angemerkt, der Flächeninhalt der betreffenden Querschnitte berechnet. Der Abtragekörper zwischen IV und VI kann als ein Prismatoid angesehen werden, dessen parallele Endflächen die senkrechten Querschnitte B C D E IV‴ IV″ IV B und der entsprechende für VI (b c...b) sind, die Seitenflächen werden als annähernd eben angenommen. Der Mittelschnitt ist der Querschnitt des Abtrags bei V; sind diese Flächeninhalte q_4, q_5, q_6 und die Horizontalentfernung (4) bis (6) gleich 100 m, so ist das Volum des Abtragkörpers nach der Simpson'schen Körperregel (Anhang IX) $\frac{100}{6}(q_4 + 4q_5 + q_6)$. Aehnlich berechnet man den Auftragkörper. — Ohne in die Einzelheiten der Massenberechnung einzugehen, ist ersichtlich, dass die Längen- und Querprofile des Bodens und die in diese gezeichneten Kunstprofile die Mittel zur Berechnung liefern. Ist die Strassenaxe nicht gerade, so wird das Längenprofil doch über eine Gerade gezeichnet, aber die Horizontalabstände sind dabei nach der Krümmung des Weges genommen, zu verwerthen. Für die Berechnung der Erdmassen wird man im allgemeinen eine Zerlegung in Abschnitte vornehmen, die noch als mit geraden Seitenkanten versehen gelten können. Oder, wenn der Querschnitt nicht erheblich ändert, kann man die Guldin'sche Regel zur Berechnung von Rückungskörpern anwenden (Anhang IX).

Nachdem das Kunstprofil eines Baues im Entwurfe festgestellt ist, für alle in den Profilen des natürlichen Bodens vorkommenden Punkte die Höhe des Auftrags oder Tiefe der Abgrabung berechnet ist, wird das Kunstprofil verpflockt. Man setzt Pflöcke, deren Oberseite die berechnete Höhe haben. Die Ausführung geschieht mit Hülfe des Nivellirinstrumentes in Anknüpfung an einen oder an mehr bekannte Fixpunkte. Man weiss, wie viel unter oder über diesem der Kopf des Pflockes stehen soll. Man macht ihn anfangs zu hoch, stellt, nachdem man die Nivellirlatte auf den Fixpunkt gehalten und abgelesen hatte, die Latte auf den Pflock und schlägt diesen so lange ein, bis aus derselben Instrumentenaufstellung an ihr eine Ablesung erfolgt, die aus jener über dem Fixpunkt und dem berechneten Sollwerth des Höhenunterschieds gegen den Fixpunkt leicht abgeleitet war. Die Pflöcke kommen in etwa 20 m Abstand von einander zu stehen. Um zwischen ihnen den Abtrag oder Auftrag recht gleichmässig ausführen zu können, werden Visirkreuze benutzt, deren man jeweils drei von gleicher Höhe braucht. Sie sind in **T**-Form aus Brettern gebildet (gewöhnlich eines schwarz, eines weiss, eines roth bemalt). Zwei werden senkrecht auf die Pflöcke gehalten, das dritte auf einen Zwischenpunkt. Dieser hat dann die richtige Höhe, wenn die Oberkanten der drei Visirkreuze in einer Ebene liegen. Bei Anlegung des Strassenpflasters viel angewendet.

§ 290. **Dämme und Gräben** müssen seitlich abgeschrägt sein, während die Dammkronen oder Grabensohlen meist wagrecht sind und Planum genannt werden. Die Böschung heisst nfüssig, wenn die wagrechte Kathete oder der Fuss nmal so gross ist als die senkrechte, welche die Höhe des Dammes oder Tiefe des Grabens vorstellt. Die Wahl der Böschung hängt von Bodenbeschaffenheit oder Baumaterial ab.

Die untere Dammbreite oder obere Grabenbreite lässt sich, wenn die constante Breite $2b_0$ des Planums und die Höhe, bezw. Tiefe h in der Mitte des Planums gegeben sind, ferner das Querprofil des gewachsenen Bodens bekannt ist, leicht berechnen. Durch einfache geometrische Betrachtungen findet man, nfüssige Böschung des Kunstbaues beidseitig vorausgesetzt:

1) Wenn das Querprofil wagrecht ist: $b_1 = ML$, $b_2 = MR$:

$$b_1 = b_2 = b_0 + nh\,.$$

2) Wenn das Querprofil das Planum nicht schneidet und selbst Nfüssig geböscht ist:

$$mL = b_1 = \frac{N}{N-n}\,(b_0 + nh)$$

$$mr = b_2 = \frac{N}{N+n}\,(b_0 + nh)$$

3) Wenn das N füssig geböschte Querprofil das Planum schneidet:

$$m L = b_1 = \frac{N}{N - n}(b_0 + n h)$$

$$m r = b_2 = \frac{N}{N - n}(b_0 - n h)$$

Die auf dem (schiefen) Naturprofil gemessenen Entfernungen des Damm- oder Grabenrandes von der Stelle senkrecht unter oder über der Planummitte sind die angegebenen, multiplizirt mit $\sqrt{N^2 + 1}$.

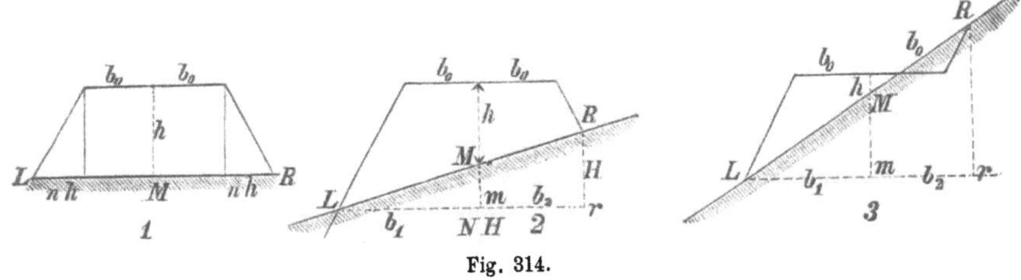

Fig. 314.

§ 291. **Flächennivellement und Schichtenlinien.** Soll durch Auffüllung (z. B. Sumpf) oder Abtragung eine wagrechte oder andere ebene Fläche hergestellt werden, so ist vorher ein Flächennivellement vorzunehmen, ebenso als Vorarbeit für Auffindung der Schichtenlinien.

Hat man zahlreiche Profile nach verschiedenen Richtungen, so dass die Profillinien ein die Fläche überdeckendes Netzwerk bilden, aufgenommen, so hat man eine Vorstellung der relativen Höhenlage vieler Punkte, und wenn man je drei benachbarte durch eine Ebene verbunden denkt, entsteht ein der Bodenoberfläche sich anschmiegendes Polyeder. Das als eben angesehene dreieckige Stück der Bodenoberfläche und jenes Dreieck des Planums, welches dieselbe Horizontalprojektion, wie das erstgenannte Stück hat, sind die Endflächen eines dreiseitigen Prismenstutzes mit senkrechten Seitenflächen. Der Auftrag- oder Abtragkörper lässt sich hiernach seinem Volum nach berechnen (Anhang IX).

Ist man ganz frei in der Wahl der Profillinien, so wählt man sie wohl so, dass sie in der Horizontalprojektion ein quadratisches oder sonstiges rechtwinkeliges Maschennetz bilden, oder concentrische Kreise mit zahlreichen Halbmessern oder dergleichen. Besitzt man bereits eine genügende Horizontalaufnahme der Gegend, so nivellirt man nach den im Plane verzeichneten Linien, wie Strassen, Eigenthumsgrenzen u. s. w., nach Bedarf auch noch in solchen Querrichtungen, die leicht in die Grundrisskarte eingetragen werden können.

Ob man nun ein Netzwerk frei wählt oder die Profile im Anschlusse an einen vorhandenen Plan aufnimmt, so ist kaum zu vermeiden, dass Punkte, deren Höhenlage für die Oberflächengestaltung von Belang sind, wegbleiben; man muss diese dann durch Anbinden dem Netzwerke einfügen und ihre Höhe bestimmen.

Alle Höhen werden auf einen und denselben Horizont bezogen.

Man kann auch nach ganz zerstreuten Punkten nivelliren, d. h. die Punkte nur mit Rücksicht auf ihre Höhen und ohne Rücksicht auf ihre Anordnung im Grundrisse wählen; die Horizontalaufnahme bleibt dann noch auszuführen. Hat man nun irgendwie die genügende Zahl Punkte nivellirt und in den Grundrissplan eingetragen, so werden die Quoten derselben (in Bezug auf den Vermessungs- oder einen General-Horizont) eingeschrieben, gleichmässig immer links die Quote, rechts die Nummer oder sonstige Bezeichnung des Punktes (wenn das nöthig ist); siehe Tachymetrie § 245. Ein so in Art wie eine Seekarte ausgeführter Plan ist wenig anschaulich.

Man kann auch längs der Grundrisslinien Profile (mit Ueberhöhung) einzeichnen und hat dabei nur deutlich auszumachen, nach welcher Seite der Linie hin im Grundrisse die positiven und nach welcher die negativen Quoten zu zeichnen sind. Meist entsteht durch diese Profileinzeichnungen ein nicht anschaulicher Wirrwarr von Linien, selbst wenn man die Profillinien mit anderer Farbe als die Grundrisslinien zeichnet.

Das einzige Mittel zeichnend eine gute Vorstellung der Oberflächengestaltung zu gewinnen, ist die Herstellung von Schichtenlinien (§ 245). Diese werden, wie schon angegeben, interpolirend zwischen die mit Höhenzahlen versehenen Punkte eingefügt.

Geht man von vornherein auf Gewinnung von Höhenlinien aus, so kann man nivellirend folgendermassen verfahren: Man stellt das Nivellirinstrument in passender Zielweite von einem Fixpunkte auf, durch den eine Schichtenlinie gehen soll, errichtet auf dem Fixpunkte die Latte und macht die Ablesung, oder, noch bequemer, man schiebt die Zieltafel so, dass sie von dem wagrechten Absehen getroffen wird. Der Gehülfe hat nun versuchsweise auf sehr viele Punkte innerhalb der Zielweite des Instrumentes die Latte aufzustellen, der Beobachter diese anzuzielen und nachzusehen, ob die Latte in gleicher Höhe, wie über dem Fixpunkte getroffen wird, wagrechtes Absehen immer vorausgesetzt; — wie vortheilhaft hier allgemeine Wagrechtstellung vor der besonderen sich auszeichnet, bedarf keiner weiteren Ausführung. Schneidet die Ziellinie über der bestimmten Lattenhöhe, so muss der Gehülfe am Hange nach aufwärts gehen, schneidet sie darunter, abwärts. So wird sich ein in gleicher Höhe mit dem Fixpunkte liegender Punkt auffinden lassen. Er ist für die spätere Horizontalaufnahme zu verpflocken und zu bezeichnen (es ist dabei nicht nöthig den Pflock genau in Bodenhöhe einzutreiben). Ist das Nivellirfernrohr mit Kippregel verbunden, so lässt sich sofort die Richtung des Punktes vom Instrumentenstandpunkt aus in die Zeichnung tragen, es bedarf dann nur noch der Länge (wozu distanzmessende Vorrichtung bequem ist) um das Bild zu erhalten. Aehnlich kann das nivellirende Fernrohr als jenes eines Theodolits gedacht werden, man misst dann sofort auch das Azimut und die Entfernung. Eigentlich hat man dann ein Tachymeter, durch die Beschränkung aber nur mit wagrechter Ziellinie zu arbeiten, wird man die Zahl der aus einer Aufstellung festzulegender Punkte sehr vermindern.

Sieht man von einem Standpunkte aus möglichst viele der betreffenden

Höhencurve angehörige Punkte, so wird die Zielweite sehr wechseln, ein sehr gut berichtigtes Instrument erforderlich sein, da nicht mehr, wie beim Nivelliren aus der Mitte, die Fehler wegfallen. Sind alle aus einer Aufstellung erreichbaren Punkte vermessen, so muss das Instrument übertragen werden. Aus dem neuen Standpunkt muss man wenigstens einen der schon aus dem vorigen nivellirten Punkte anzielen können; er spielt dieselbe Rolle, wie der Fixpunkt bei erster Aufstellung.

Das Geschäft ist, wie ersichtlich, recht mühsam, langsam vorwärtsschreitend und die Horizontalaufnahme in der Regel mit anderem Geräthe noch nachträglich auszuführen.

Selten kann man von jedem Instrumentenstandpunkt aus sofort für zwei Horizontalcurven Punkte suchen. Das ist nur möglich, wenn diese sehr nahe übereinander liegen, etwa 1 oder 2 m, weil sonst die Länge der Nivellirlatten unzureichend wird. Die Punkte der zweiten Curve müssen in der Verpflockung besonders ausgezeichnet werden.

Man bestimmt durch Aufsuchen der Punkte gleicher Höhe wohl nur die wenig ausgedehnte Höhenlinie am oberen Rande eines Hügels oder an den tieferen Stellen einer Mulde, wählt dann einige Richtungen aus, nach welchen das Gefälle besonders steil oder besonders flach ist, derart, dass alle Hauptabdachungen des Hügels (der Mulde) zur Verwendung kommen und nivellirt nach diesen. Am bequemsten ist es, wenn man sie ungefähr radial von einem höchsten oder tiefsten Punkte ausstrahlen lassen kann. Diese Profilstrahlen werden in den Grundriss eingetragen, ihre Punkte quotirt und dann kann man interpolirend die Schichtenlinien zeichnen, man gewinnt für eine derselben auf jedem Strahl nur einen Punkt, wesshalb die Strahlen enge genug liegen müssen.

Aus der Schichtenkarte einer Gegend lassen sich leicht Profile ableiten, mögen deren Grundrisse beliebig gerichtet, gerade oder krumm sein. Man zeichnet diesen Grundriss ein, misst seine Länge zwischen zwei benachbarten Horizontalcurven und trägt an den Endpunkten der gemessenen und besonders verzeichneten Strecke die den durchschnittenen Schichtenlinien entsprechende Quoten (meist wohl überhöht) rechtwinkelig auf. Sind die Höhenlinien so enge an einander, dass ein gleichmässiges Gefäll zwischen zwei benachbarten angenommen werden kann, so setzt sich die Profillinie aus den geraden Verbindungen der construirten Punkte zusammen.

Die Böschung (n füssig) der einzelnen Profilstücke lässt sich leicht als das Verhältniss ihrer Horizontalprojektionslänge zur Höhendifferenz mit dem Zirkel finden; sucht man den Winkel, der dieses Verhältniss zur Tangente hat, so findet man den Böschungswinkel. Das Geschäft wird erleichtert durch den Böschungsmaassstab. Man zieht zwei Parallele, deren Abstand, dem Höhenmaassstabe nach, der senkrechten Entfernung zweier Schichtenlinien gleich ist und zieht aus einem Punkte Strahlen unter 5^0, 10^0, 15^0 u. s. w. geneigt, oder solche mit verschiedenen n füssigen Böschungen. Ist dieser Böschungsmaassstab auf Pauspapier gelegt, so bringt man dieses über die Profilzeichnungen und findet die

Profillinie zwischen zwei ihrer Böschung oder ihrem Böschungswinkel nach bekannten Strahlen.

Es kann als nützliche Uebung empfohlen werden, nach der Schichtenkarte (Fig. 248) Profile von Ruine Guttenberg auf geradem Wege über den Westhang des Querrenberges nach dem Humberg und weiter, dann von Guttenberg über Osthang von Querrenberg nach dem Gipfel von Hohen-Wald und von Guttenberg, das Amerts-Thal quer überschreitend, nach Hohen-Berg zu entwerfen. Aehnliche Aufgaben kann man mit Hülfe der Spicherer Schichtenkarte (Taf. II) ausführen.

Die kürzeste Linie von einem Punkte einer Höhenlinie zur nächsten Höhenlinie hat die Richtung des stärksten Falles. Denkt man die Schichtenlinien unendlich nahe senkrecht über einander, so ist die kürzeste Linie von einem Punkte einer nach der benachbarten, auf beiden normal. Die Länge dieser Normalen (oder Linie stärksten Falles) im Verhältniss zum Höhenunterschiede ihrer Endpunkte heisst der Gradient.

§ 292. **Thallininien, Gratlinien, Sättel, Hanglinien.** Für die Bodengestaltung sind gewisse Linien nach ihrem Verlaufe in Grund- und Höhenriss sehr bezeichnend. Sie werden bei Flächennivellements besonders zu beachten sein.

Jeder Punkt einer Thallinie oder Wasserlauflinie ist tiefer gelegen als seine beiden Nachbarn quer zur Linie genommen. Sie sind, schon weil gewöhnlich mit Wasser bestanden, leicht aufzufinden. Sie können im Grundrisse mannigfach gebrochen und gekrümmt sein, ebenso aber auch in der Vertikalprojektion sehr wechseln, schwächer oder stärker fallen, auch wieder ansteigen. Die Thallinien enden in Meeren oder in grossen Seen. Von dort aus kann man sie in ihrer vielfachen Verzweigung aufwärts, als Strombette, Flussrinnen, Bachläufe bis zu kleinen Rinnsalen und schliesslich meist trockenen Furchen nach den Berghöhen hinauf verfolgen.

Jeder Punkt einer Gratlinie oder Wasserscheide ist höher als seine beiden Nachbarn quer zur Linie genommen. Auch sie sind in Grund- und Aufriss mannigfach gebrochen und gekrümmt. Sie gehen über die höchsten Punkte der Berge weg und verbinden die Gipfel. Sie verzweigen sich von den höchsten Höhen herab immer mehr und enden in ausgedehnten Ebenen. Es kommen aber auch in sich zurücklaufende Gratlinien vor (Ringgebirge). Ein vereinzelter, ganz regelmässig geformter Berg, z. B. ein Kegel, hat weder Grat- noch Thallinien, allein in der Regel wird ein Berggipfel sogar von mehr als einer Gratlinie überschritten.

Ein Sattel wird vom Durchschnitte einer Gratlinie mit einer Thallinie gebildet. Der Sattelpunkt liegt in der Gratlinie tiefer als seine zwei Nachbarn, er liegt höher als seine zwei Nachbarn auf der Thallinie. Die Sättel sind dadurch besonders wichtig, dass in ihnen mit Vorliebe die Höhen durch Wege, Bahnen überschritten werden.

Es gibt noch andere, die Oberflächenbeschaffenheit gut kennzeichnende Linien, die man Hanglinien nennen kann.

In den Punkten a, b, c des nebengezeichneten Profils bricht sich das Gefälle. Findet Aehnliches in benachbarten Profilen statt, so entstehen Linien, wie die perspektivisch aufzufassenden, schwächer gezeichneten aa', bb', cc'. Sie sind die Ränder von Stufen oder Terrassen. Ein Punkt b oder b' einer solchen Hanglinie ist höher wie der eine und tiefer als der andere Nachbar quer zu der Linie bb' (d. h. im kreuzenden Profile). Diese Hanglinien können im Grundrisse beliebig gestaltet sein, können wagrecht sein oder wechselnde Neigung gegen den Horizont besitzen.

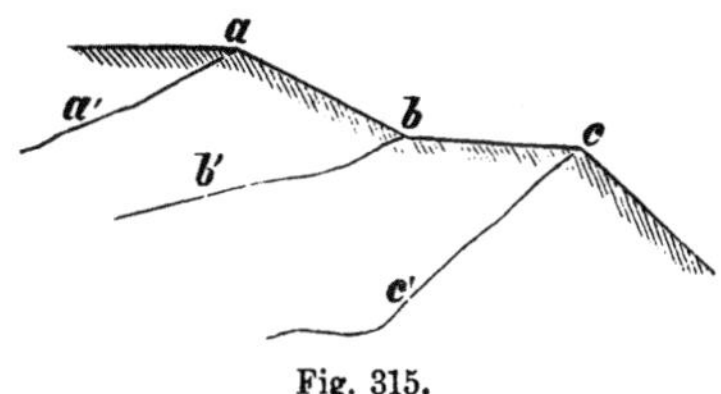

Fig. 315.

Alle Gratlinien und alle Thallinien werden von den Horizontalcurven rechtwinkelig geschnitten.

§ 293. **Präcisions-Nivellement.** Der Höhenunterschied entfernterer Punkte kann durch Nivelliren nur mit Hülfe vieler Zwischenpunkte gefunden werden. Fehler, die irgendwo vorgefallen, pflanzen sich fort, und die grosse Anzahl kleiner Ungenauigkeiten kann schliesslich zu einem erheblichen Fehler im Endergebniss ansteigen.

Man war lange der Ansicht, der Höhenunterschied weit von einander entfernter Punkte liesse sich genauer nur durch trigonometrisches Höhenmessen (XV. § 297 u. f.) bestimmen, allein gegenwärtig weiss man, dass das geometrische Nivelliren sehr viel sicherere und genauere Ergebnisse liefert, wenn es nur mit den nöthigen Vorsichtsmaassregeln ausgeführt wird. Die Unsicherheit im Höhenunterschiede zweier 22 Kilometer abstehender Punkte war $7^1/_2$ mal so gross durch trigonometrisches Höhenmessen gefunden, als durch Nivelliren. Für die trigonometrische Höhenmessung Berlin-Swinemünde (1840, von Baeyer) blieb ein wahrscheinlicher Fehler von 600 mm, während für das Präcisionsnivellement zwischen beiden Orten (1867/68, geodätisches Institut) nur ein wahrscheinlicher Fehler von 10 mm besteht.

Nivelliren auf sehr grosse Entfernungen muss mit besonderer Genauigkeit ausgeführt werden, daher der Name Präcisions-Nivellement. Das Nivellir-Instrument muss ein vorzügliches Fernrohr von 30- bis 50-facher Vergrösserung und empfindliche Libelle haben, muss mit allen sorgfältig zu beachtenden Berichtigungsmitteln ausgestattet sein; tägliche Prüfung und Berichtigung sind vorgeschrieben. — Es wird immer nur aus der Mitte nivellirt, die Zielweiten sind thunlichst gleich und zwar, trotz der Vermehrung der Arbeit, klein zu wählen; man sollte 40 m nicht überschreiten. Das mit grösster Sorgfalt zu vollführende Nivelliren erfolgt längs Eisenbahnen und Kunststrassen; sowohl die Endpunkte als eine grössere Zahl Zwischenpunkte müssen sehr sicher festgelegt werden. Es geschieht das durch kleine Metalltragflächen (wie Balkone), die man an Felsen und an den Kilometersteinen der Strasse anbringt, wobei eine gute, über die dem Gefrieren (und dabei Lockerung und Hebung) ausgesetzte

Bodenschicht hinausreichende Fundirung stattfinden muss. Auch werden ebene Flächen (am besten durch Glaseinsatz) an öffentlichen Gebäuden, Denkmälern u. dgl. hergerichtet, gegen Veränderung gut geschützt, daher zweckmässigst an der Nordseite bewohnter, deshalb auch im Winter nie zu kalt werdender Gebäude. Auf solche balkonartige Vorsprünge oder wagrecht gelegte Flächen lassen sich die Nivellirlatten unmittelbar aufstellen. Man bringt auch Höhenmarken an senkrechten Wänden von Gebäuden (besonders Bahnhöfen) an. Ein 10 cm langer, 2 cm dicker Messingcylinder wird wagrecht in die Mauer eingesetzt, mit Bleiringen und Cement befestigt. Darüber kommt eine Metallplatte (mit Cement in die Mauer gut eingelassen) mit erhabener Schrift „Höhenmarke“ und einem hervorragenden Strich, den man wagrecht zu bringen sucht; — gewöhnlich ist noch eine weiche Bleifütterung vorhanden, die vor dem Eincementiren sehr feine Verschiebungen gestattet. In dem Striche ist ein kleines kreisrundes Loch (wenig Millimeter Durchmesser), das genau auf die ähnliche Bohrung des Messingcylinders passt. In diese Oeffnung kann ein abgedrehter Bolzen eingesteckt werden, dessen sichtbar gemachter Mittelpunkt auf der Vorderfläche den eigentlichen Höhenpunkt bildet. (Auf die Metallplatte ist gewöhnlich die Seehöhe des Fixpunktes geschrieben.) Die Höhenmarken müssen beim Nivelliren auf eine daneben stehende Nivellirlatte übertragen werden mit Hülfe des Lattenschiebers. Im wesentlichen ein Anschlagewinkel (rechter), der eine Millimetertheilung an der längs der gut senkrecht stehenden Nivellirlatte auf und ab zu schiebenden und anliegenden Kathete hat; längs der andern Kathete ist ein Diopter, der auf den Höhenpunkt der Höhenmarke einzustellen ist. Bestimmte Gesimse eines Gebäudes, ja (unzweckmässig) Treppenschwellen (von Kirchen u. dgl.) sind als Fixpunkte bestimmt worden. Man setzt auch besondere Steine (Holz ist zu vergänglich) und versieht sie mit dauerhaftem Kopf, gewöhnlich eingebleitem Metall. Diese Steine setzt man tief in den Boden; am besten lässt man ihren Kopf nicht bis zur Oberfläche ragen, nimmt ringsum etwas Erde weg und bedeckt, so lange der Punkt nicht gebraucht wird, die kleine Grube durch Bretter, Erde, Strauchwerk und verbirgt sie, um gegen böswillige Verletzungen etwas sicherer zu sein.

Sorgfältigste Theilung der Nivellirlatten, häufiges Vergleichen derselben mit Muttermaassen ist wohl selbstverständlich. Solche Latten enden metallisch. Da es schwer ist, eine Endfläche grösserer Ausdehnung genau rechtwinkelig gegen die Längenrichtung zu gestalten, wird der Fuss gewöhnlich verengt, oder in eine Schneide, oder in eine halbe Hohlkugel geformt. Die Latte soll nie unmittelbar auf den Boden gestellt werden, sondern nur auf die vorgerichteten Vorsprünge u. dergl., oder auf Fussplatten. Als solche sind zweckmässig niedere eiserne Schemel mit drei spitzen Füssen, die man in den Boden drücken kann. Auf dem Schemel mag eine vorspringende Leiste sein, auf welche die Endkante der Latte gesetzt wird, oder eine Halbkugel angegossen sein, über welche die halbkugelige Höhlung des Lattenfusses gesetzt wird.

Es werden immer Controlnivellements vorgenommen. Bei dem bayrischen Präcisions-Nivellement wurde anfangs mit doppelten Anbindungspunkten gearbeitet, d. h. zwei nahe neben einander liegende Linien nivellirt. Seien I. und II. auf einander folgenden Stände des Instruments. Statt eines Zwischenpunkts wurden deren zwei, A und B, genommen, AB mag quer zur Linie liegen (also in der Zeichnung perspektivisch zu verstehen). Man muss, wenn a′ und a″ Vor- und Rückblick an der auf A gehaltenen, b′ und b″ an der auf B gehaltenen Latte sind, finden: a′ — a″ = b′ — b″, denn beide Grössen drücken den Höhenunterschied der Ziellinien aus den beiden Ständen I und II aus.

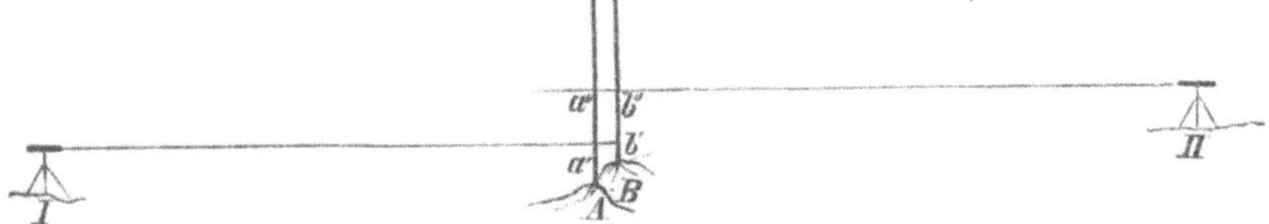

Fig. 316.

Indem man jederzeit darauf achtet, ob diese Gleichheit genügend besteht, sichert man sich gegen Ableseirrungen. Statt die zwei Linien neben einander zu nivelliren, kann man auch zwei in constanter Höhe über einander wählen. Entweder man legt auf die Unterlegplatte eine zweite und sieht zu, ob die zwei entsprechenden Ablesungen den constanten Unterschied, gleich der Dicke der aufgelegten Platte zeigen, oder der eiserne Schemel hat eine Treppengestalt und man setzt die Latte abwechselnd auf die untere und die obere Stufe. Oder auch man benutzt eine Reversionslatte. Auf der Rückseite ist eine zweite Theilung (zweckmässig durch Farbenunterschied oder sonstwie kenntlich), für welche der Nullpunkt anders liegt, z. B. um 1,7 cm höher; die Ablesungen an Vorder- und Rückseite der Latte müssen als constanten Unterschied die Nullpunktverschiebung zeigen.

Ein anderes, vorzügliches Mittel, sich gegen Irrthum zu schützen, ist in der Verwendung mehrerer Horizontalfäden gegeben: seien z. B. zwei symmetrisch gegen den eigentlichen Nivellirfaden im Fernrohre vorhanden, das arithmetische Mittel der Ablesungen am oberen und unteren Faden muss jene des Mittelfadens liefern. Die Hülfsfäden können zugleich als distanzmessende Einrichtung benutzt werden. Man erreicht mit ihnen noch einen Vortheil. Die Ablesungen mit ihnen werden im allgemeinen verschiedene Bruchtheile des Centimeters, welche durch Schätzung zu bestimmen sind, ergeben. Die Schätzung ist aber nicht in allen Theilen gleich sicher, am wenigsten scharf lässt sich das genaue Zusammenfallen des Fadens mit der parallelen Strichgrenze beurtheilen; es kann also Compensation der Schätzungsunsicherheiten eintreten. — Am schärfsten beurtheilt man, ob ein Faden eine Figur in symmetrische Stücke zerlegt, man hat daher wohl auch neben die Striche der Latte noch kleine Punkte oder dergleichen angebracht und richtet sich gerne so ein, dass ein solcher gerade gehälftet wird. Das Nivelliren mit drei Fäden hält man zur Zeit für zweckmässiger als das zeitraubende in zwei Lagen des Fernrohrs.

Damit bei dem Nivelliren aus der Mitte die Fehler wirklich herausfallen, wird verlangt, dass zwischen den zwei Blicken die Abweichung der Ziellinie von der Horizontalen nicht ändert (was bei gutem Instrument und sorgfältiger Behandlung desselben nicht zu befürchten ist) und dass der Einfluss der Strahlenbrechung nach beiden Richtungen gleich ist und zwischen den zwei Blicken (die ja nicht gleichzeitig erfolgen können) nicht ändert. Aenderungen der Strahlenbrechung erfolgen aber oft sehr rasch. Um auch gegen Fehler aus dieser Ursache sich thunlichst zu schützen, wurden beim bayrischen Präcisions-Nivellement mit doppelten Wechselpunkten auf den Rückblick nach dem einen Punkt A_1 die Vorblicke nach den zwei Punkten (A_2 und B_2) und dann der Rückblick nach dem zweiten Punkt B_1 vorgenommen. „In der Differenz der Rückblicke sprechen sich dann wenigstens die inzwischen eingetretenen Refraktionsänderungen aus, und wenn man annimmt, dass sie der Zeit proportional erfolgten, so verschwindet ihr Einfluss wieder aus dem Mittel der Blicke“ (Vogler, Ziel- und Hülfsmittel geom. Präc.-Nivell.).

Nur wenn die wirkliche Horizontallinie Kreisform hat, sinkt sie in gleichen Entfernungen vom Standpunkte des Nivellirinstruments um gleiche Beträge unter die scheinbare Horizontale, die das Instrument gibt. Da die Erde keine Kugel, die auf ihr gezogenen kürzesten Linien keine Kreise, so hebt sich beim Nivelliren aus der Mitte nicht in aller Strenge der Einfluss der Erhebung des scheinbaren über den wirklichen Horizont weg. Nivellirt man im Meridian, so wird (für unsere nördliche Halbkugel) bei gleicher Zielweite gegen Süden der wirkliche Horizont etwas mehr unter den scheinbaren sinken, als beim Zielen nach Norden. Diese Unsymmetrie ist aber belanglos. Würde man mit den äusserst grossen Zielweiten von 10″ (entsprechend über 300 m) vom Pol bis zum Aequator nivelliren, so erhübe sich der Fehler erst auf die unmöglich nachweisbare Grösse von 0,0306 mm.

Sorgfältiges Senkrechthalten der Nivellirlatten ist wesentlich, es müssen Libellen (eine Dosenlibelle genügt) das zu erkennen ermöglichen. Die Stative müssen unveränderlich sein. Sie sind es entschieden nicht, wenn sie von der Sonne beschienen werden oder auch nur stärkerer Strahlung von erhitzten Gegenständen, wie vom Boden ausgesetzt sind. Man schützt dagegen durch gefütterte Schirme. Beim Uebertragen des Instruments von einem zum andern Standpunkt soll dieses immer durch einen Ueberzug geschützt sein.

§ 294. **Normal-Höhenpunkt und Normal-Nullpunkt.** Der Generalhorizont, auf den grössere Nivellements bezogen wurden, ist wechselnd. Sehr verbreitet sind Höhenangaben über dem Amsterdamer Pegelnullpunkt, ferner über dem Pegel von Neufahrwasser, jenem von Swinemünde, über dem Bodensee u. s. w. Für die Zwecke der europäischen Gradmessung sind genaueste Nivellements erforderlich, und um die Höhenangaben sicher vergleichbar zu machen, wurde ein Normal-Höhenpunkt für das Königreich Preussen hergestellt, auf welchen nicht nur die preussischen, sondern auch die übrigen deutschen Höhenangaben von nun an bezogen werden sollen.

Mit allen erdenklichen Bürgschaften für Unverrückbarkeit hat man eine Höhenmarke an der Berliner Sternwarte angebracht und durch die sorgfältigsten Nivellements gefunden, dass sie 37 m über dem Amsterdamer Pegelnullpunkt liegt. 37 m unter dem Normal-Höhenpunkt ist der Normal-Nullpunkt definirt und der Normal-Höhenpunkt, d. h. die Marke an der Berliner Sternwarte hat daher die Umschrift: „37 Meter über Null".

Der Amsterdamer Pegel-Nullpunkt oder der jetzige Normal-Nullpunkt entspricht nicht dem mittleren Wasserstande in Amsterdam. Die mittlere Meereshöhe eines Küstenpunkts kann nur durch lang fortgesetzte Beobachtungen gefunden werden. Nach dem dermaligen Stande der Kenntnisse liegt die Höhe des Mittelwassers *)

in Amsterdam	0,144 m	unter Normal-Null
Wilhelmshafen	0,420	
Kiel	0,236	
Swinemünde	0,023	
in Neufahrwasser	0,011 m	über N. N.
Memel	0,242	

Von der trigonometrischen Abtheilung der (preussischen) Landesvermessung sind die Höhen vieler Fixpunkte im preussischen und in den Nachbarstaaten bestimmt und dabei die Anschlüsse an die Präcisions-Nivellements anderer Staaten gesucht worden. Für das bayrische Präcisions-Nivellement, welches auf einer Gesammtlänge von 2 394 000 m 1597 Punkte, nämlich 276 Fixpunkte mit starken Messingbolzen, 1313 mit wagrecht abgearbeiteten Flächen auf Widerlagern, Pfeilern, Flügel- und Steinmauern massiver Brücken und Durchlässe, oder auf Stütz- und Futtermauern und 8 Haupt-Fixpunkte durch die polirten Sockelflächen öffentlicher Denkmäler enthält, ist der Anschluss bei Kahl ⊙ Nr. 879 (zwischen Aschaffenburg und Hanau), bei Coburg ⊙ Nr. 283 und bei Kressbronn (Württemberger Horizont) am Bodensee gewonnen und dadurch (vorläufig, denn die Arbeiten sind noch nicht endgültig abgeschlossen) der Generalhorizont des bayrischen Präcisions-Nivellements zu 861,0798 m über Normal-Null bestimmt **).

Der Pegel zu Neufahrwasser wurde 3,513 m unter Normal-Null gefunden; alle in den früheren Publikationen der trigon. Abtheilung der preuss. Landesaufnahme enthaltenen „absoluten Höhen", die sich auf den Neufahrwasser-Pegel bezogen, sind um 3,513 m zu vermindern, um die Höhe über N. N. zu erhalten. Die auf den Nullpunkt des Fluthmessers zu Hamburg bezogenen absoluten Höhen der schleswig-holsteinischen Punkte sind hingegen um 3,5379 m zu vermindern ***).

---

*) Der Normal-Höhenpunkt für das Königreich Preussen an der k. Sternwarte zu Berlin. Festgestellt von der trigon. Abtheil. der Landesvermessung. 4°. 7 Tafeln. Berlin 1879.

**) Das bayrische Präcisions-Nivellement und seine Beziehungen zur europäischen Gradmessung, von Dr. C. M. von Bauernfeind. 8°. München 1880. Weitere Publikationen in den bayr. Akademie-Schriften.

***) Publikationen für Preussen und Elsass-Lothringen: Nivellements und

§ 295. **Genauigkeit des Nivellirens.** Die Instrumentalfehler können so weit beseitigt werden, dass die Unsicherheit des Zielens und Ablesens die einzige einflussreiche Fehlerquelle verbleibt. Jedes Zielen ist aber immer mit Unvollkommenheit behaftet, zu welcher erheblich beiträgt die Brechung des Lichtes in ungleich dichten Luftschichten, wodurch im allgemeinen der Weg des Lichtes statt der bisher angenommenen geraden, eine krumme Linie wird. Die Erwärmung der Luft findet vorwiegend vom Boden aus statt, da die Sonnenstrahlen wenig absorbirt werden von der Luft, stark hingegen vom Boden. Es steigen erwärmte, dünner und schwächer lichtbrechend gewordene Luftschichten empor und die Vermischung mit der darüber lagernden Luft ist nicht sofort eine gleichmässige, die Grenze deutlich verschiedener Luftstreifen ist aber eine wechselnde. Folge davon ist wechselnde Gestalt der Lichtcurve, daher Veränderlichkeit der Richtung der Tangente an die Lichtcurve in der Nähe des beobachtenden Auges oder des scheinbaren Ortes der hellen Punkte, — das Zittern der Bilder. Je ungleichmässiger die sich mengenden Luftschichten sind, desto stärker tritt das Schwanken und Zittern der Bilder, verbunden mit Verzerrungen, welche die Deutlichkeit der Wahrnehmung sehr beeinträchtigen, auf. Je dichter am Boden oder über erhitzte Flächen (Dächer z. B.) der Weg des Lichtes hingeht, desto ausgesprochener ist die Unstetigkeit der Bilder, — gerade beim Nivelliren geht aber das Absehen in solchen ungünstigen Richtungen, wesshalb hier das Zittern besonders störend hervortritt. Zu gewissen Tageszeiten ist Nivelliren desshalb gar nicht ausführbar und selbst die Horizontalmessungen sind, obgleich nicht so stark als die Vertikalmessungen beeinflusst, kaum oder nicht gebrauchbar. Je stärker die Fernrohrvergrösserung, desto bemerklicher wird das Zittern und der anwendbaren Vergrösserung wird dadurch eine Grenze gesetzt. — Nur aus sehr zahlreichen Beobachtungen kann Belehrung über die Unsicherheit des Zielens gewonnen werden. Nach Versuchen von Stampfer soll die Unsicherheit des Zielens mit blossem Auge und Diopter kleiner als 10″ sein und, falls keine Refraktionsstörungen zwischen kommen, soll die Unsicherheit des Zielens mit dem Fernrohr in Sekunden, multiplizirt mit der Vergrösserungszahl, den wahrscheinlichen Werth von $5\frac{1}{4}$″ liefern. Bei 42facher Vergrösserung wäre das ein Zielfehler von nur $\frac{1}{8}$″, wodurch auf eine Zielweite von 40 m eine Ablesungsunsicherheit von nur 0,024 mm bedingt würde. In Wirklichkeit scheint aber diese Unsicherheit mehr als sechsfach zu sein. Beim bayrischen Präcisions-Nivellement (33fache Vergrösserung) hat man die Zielfehler unter günstigen Verhältnissen etwa $1\frac{1}{2}$″ gefunden (auf 40 cm Zielweite fast 0,3 mm) und die Regel aufgestellt, die Unsicherheit wäre etwa 50″, dividirt durch die Vergrösserungszahl, wenn diese 40 nicht überschreitet.

Wenn auch das Zittern der Bilder genaues Ablesen bedeutend er-

---

Höhenbestimmungen der Punkte 1. und 2. Ordnung. Ausgeführt von der trig. Abth. der Landesaufnahme (bezw. Büreau der Landestriangulation). 4 Bde.

schwert, so lässt sich doch, wenn die Luftverhältnisse nicht gar zu ungünstig sind, eine mittlere Lage mit ziemlicher Sicherheit erkennen. Allein diese Mittellage selbst ist einer, wenn auch nicht bedeutender und glücklicherweise ziemlich langsam erfolgender Schwankung unterworfen, die schädlicher werden kann als das Zittern, schon weil sie nicht so auffallend ist wie dieses.

Für ein bestimmtes Instrument und gleichbleibende Verhältnisse hat man durch Versuche den mittleren Ablesefehler mittelst $m = ks + k' s^2$ ausdrückbar gefunden, wo z die Zielweite bedeutet, zugleich aber haben sich für den Coefficienten k' so kleine Werthe ergeben, dass die Annahme $m = ks$, d. h. mittlerer Zielfehler proportional der Zielweite, nicht unzulässig erscheint. Wird aus der Mitte nivellirt, so kommen zwei Ablesungen in Betracht und wenn für jeden der Fehler $\pm ks$ ist, so ist der mittlere Fehler des Höhenunterschiedes (der Differenz) $= \sqrt{2}\,.\,ks$. Für n Stationen zwischen den Endpunkten der nivellirten Linie ist, wenn alle Zielweiten gleich s angenommen werden, der mittlere Fehler des Höhenunterschiedes der Endpunkte: $ks\,.\,\sqrt{2n}$. Beträgt die Summe aller Zielweiten l, so ist die Zahl der Stationen $n = \frac{l}{2s}$, und der mittlere Fehler des Höhenunterschiedes lässt sich daher ausdrücken durch:

$$ks\sqrt{l:s} = k\sqrt{ls}$$

Man findet ihn also proportional der Quadratwurzel der einzelnen Zielweite und der Quadratwurzel der Gesammtlänge l der Zielweiten zwischen den Endpunkten, welche, wenn die Instrumentenaufstellungen immer auf der Geraden zwischen zwei Punkten oder doch sehr nahe an dieser stattfanden, der Weglänge zwischen den Punkten gleich wird.

Macht man jede einzelne Lattenablesung mehrmals und nimmt das Mittel der gefundenen Werthe, so ist der diesem anhaftende mittlere Fehler geringer als für die Einzelablesung, und zwar wird der Coefficient k für diese durch $k : \sqrt{p}$ zu ersetzen sein, wenn p die Anzahl der Ablesungen. Aehnlich wirkt die Beobachtung an mehr Fäden; für drei Fäden ist $k : \sqrt{3} = 0{,}577\ k$ zu nehmen.

Im allgemeinen begnügt man sich bei Höhenmessungen mit geringerer Genauigkeit als bei Horizontalmessungen; bei wissenschaftlichen Arbeiten kann man in den Grundrissmessungen die Genauigkeit auf 1 : 500 000 der Längen anstreben, bei Höhenmessungen begnügt man sich mit 1 : 10 000 und für technische Zwecke mit noch viel weniger. Die nachverzeichneten Angaben können allgemeine Gültigkeit nicht beanspruchen, da die Ergebnisse nach der Geschicklichkeit, der Sorgfalt und Geduld des Beobachters und seines Gehülfen, nach den Witterungsverhältnissen u. s. w. in weiten Grenzen ändern.

Nach Stampfer begeht man in der Höhenmessung einen mittleren Fehler von 1 mm,

mit der Kanalwage,	wenn die Entfernung	2	m	beträgt
„ dem Nivellirdiopter,	„ „ „	15	„	„
„ kleinen Nivellirfernrohren,	„ „ „	100	„	„
„ mittleren Nivellirfernrohren,	„ „ „	150	„	„
„ grossen Nivellirfernrohren,	„ „ „	200	„	„

Bei dem Präcisions-Nivellement kommt man aber weiter. Die europäische Gradmessungs-Commission (Berlin 1864) erklärte $\sqrt{10}$. mm als zulässige Fehlergrenze für je 1 Kilometer Länge. Dieser Kilometerfehler wird gefunden, wenn man den, aus Beobachtungen abgeleiteten, mittlern Nivellementsfehler für eine Strecke von n Kilometer durch die Quadratwurzel aus n dividirt. Auf diese Art fand man als mittleren Kilometerfehler des bayrischen Präcisions-Nivellements $\pm$ 1,8 mm. Bei einem Präcisions-Nivellement fand man, als nur mit einem Faden beobachtet wurde, auf 10 Kilometer Entfernung eine Höhenunsicherheit von 5 mm. Das ergibt den Kilometerfehler zu 1,58 mm, der bei Anwendung von drei Fäden auf 0,91 mm sank.

§ 296. **Nivellements-Ausgleichung.** Ist eine Strecke unter Benutzung derselben Zwischenpunkte wiederholt nivellirt worden, so wird man, wenn gröbere Irrthümer nicht vorgekommen oder beseitigt worden sind, das arithmetische Mittel der für die einzelnen Punkte gefundenen Quote nehmen und zwar mit Berücksichtigung des Gewichts der einzelnen Nivellements, wenn man dieses schätzen kann. Aehnlich, wenn man auf verschiedenen Wegen oder auf demselben mit wechselnden Zwischenpunkten den Höhenunterschied zweier entfernter Punkte bestimmt hat und nur dieser in Frage steht.

Hat man ein in sich zurückkehrendes Polygon oder ein offenes zwischen zwei Fixpunkten nivellirt, so wird man den auftretenden Widerspruch (Ab- oder Anschlussfehler) auf die einzelnen Strecken proportional den Längen derselben vertheilen, vorausgesetzt, dass die Zielweiten durchschnittlich immer dieselben waren. Je nachdem man die Verbesserung der Quote eines Zwischenpunktes proportional der vom Anfange des Polygons oder vom Ende aus genommenen Zielweitensumme macht, wird man etwas verschiedene Werthe erhalten, die Verbesserungen sind aber von verschiedenem Gewicht, nämlich den Entfernungen verkehrt proportional, und man kann, in Berücksichtigung hiervon, einen Mittelwerth der zwei Verbesserungen wählen. Gehört ein Punkt mehreren Nivellementsschleifen an, so heisst er Knotenpunkt. Die Methode der kleinsten Quadrate wird nun für die Ausgleichung verwendbar, und zwar kann man entweder nach bedingten oder nach vermittelnden Beobachtungen ausgleichen; das letztere wird meist vorzuziehen sein. Das von Bauernfeind vorgeschlagene Näherungsverfahren der Ausgleichung liefert mit geringerem Rechnungsaufwand fast gleich gute Ergebnisse. Es wird zuerst die Schleife für sich ausgeglichen, welche den grössten Widerspruch zeigt. Dann jene mit dem nächst grösseren, zuletzt die mit dem kleinsten Schlussfehler, wobei immer Zwangsbedingungen für die schon in vorher ausgeglichenen Schleifen aufgetretenen Punkte bestehen.

XV. Trigonometrisches Höhenmessen*).

§ 297. **Trigonometrisches Höhenmessen auf mässige Entfernung.** Bei allem trigonometrischen Höhenmessen handelt es sich um Auflösung eines in der Vertikalebene gelegenen Dreiecks.

Sei zunächst nur eine geringere Horizontalentfernung vorhanden und kein grosser Anspruch an Genauigkeit gemacht, so dass von der Wirkung der Strahlenbrechung abgesehen werden darf.

1) Es soll die Höhe eines Punktes P über dem Horizonte des Standpunktes S gefunden werden, und zwar soll die Länge der Wagrechten SH = b vom Standpunkte bis zum Fusspunkte von P, d. h. bis zum Durchschnitt des Loths aus P mit dem Horizonte gemessen oder mittelbar durch eine Horizontaltriangulation ausgewerthet werden können. Man stellt in S einen Theodolit oder ähnliches Instrument mit Höhenkreis auf, stellt dessen Hauptaxe genau senkrecht, die Kippaxe genau wagrecht, zielt P an und misst den Winkel α zwischen Ziellinie und Horizont (oder z zwischen Ziellinie und Vertikalen). Die Höhe von P über dem scheinbaren Horizont von S ist dann gleich b Tg α = b Cotg z. Soll die Höhe über dem wirklichen Horizont von S angegeben werden, so ist noch die Erhebung des scheinbaren über den wirklichen auf die Strecke b hin, zur berechneten Höhe zu addiren (§ 3). Instrumentenhöhe in S zu berücksichtigen.

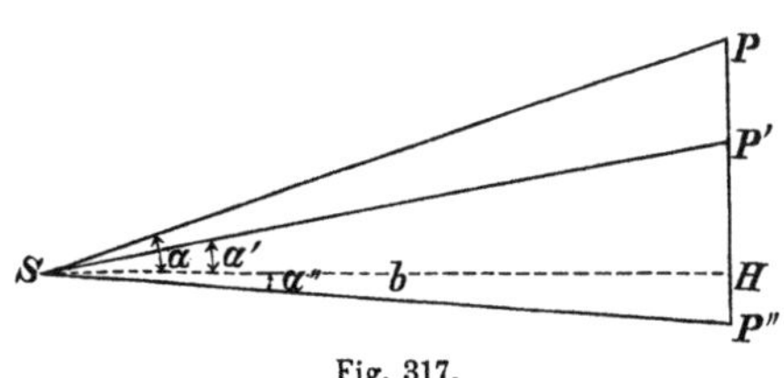

Fig. 317.

Streng genommen ist die Vertikale aus P nicht die Normale auf die wagrechte Gerade SH, wie bei Aufstellung der Formel angenommen wurde, sondern macht einen Winkel mit dieser, gleich dem Winkel der Lothrichtungen in S und in P, d. h. für je 31 m Entfernung etwa 1″. Bei einer Basislänge von 200 m ist die Neigung etwa $6^1/_2$″ und kann für die hier in Rede stehende Genauigkeit unbeachtet bleiben, da der Cosinus dieses Winkels (0,999 999 96) von der Einheit so wenig verschieden ist. Kann α (oder z) nur bis auf $^1/_2$′ genau gemessen werden, so wird die Unsicherheit in der Höhe für $\alpha = 10^0$ und b = 200 m nur 3 cm, was für die gewöhnlichen Messungen dieser Art nicht zu viel ist.

Soll die senkrechte Höhe PP′ oder PP″ gefunden werden und darf von der geringen Neigung der Lothe in S und P wieder abgesehen werden, so berechnet man:

$$PP' = b \operatorname{Sin}(\alpha - \alpha') : \operatorname{Cos}\alpha \operatorname{Cos}\alpha' \quad \text{und} \quad PP'' = b \operatorname{Sin}(\alpha + \alpha'') : \operatorname{Cos}\alpha \operatorname{Cos}\alpha''$$

*) Der oft gebrauchte Ausdruck trigonometrisches Nivelliren ist aus Gründen (§ 335) zu vermeiden.

Hinsichtlich der Genauigkeit gelten ähnliche Bemerkungen, wie vorhin.

2) Es sei nur ein Stück $S_1 S_2 = b$ der Basis in der Vertikalebene durch S und P mess- oder ermittelbar. Dann werden die zwei Elevationswinkel α_1 und α_2 in den Standpunkten S_1 und S_2, die zunächst als derselben Horizontalen angehörig betrachtet werden sollen, gemessen und man findet

$$PH = (b + x) \operatorname{Tg} \alpha_1 = x \operatorname{Tg} \alpha_2, \text{ woraus:}$$
$$PH = b \operatorname{Sin} \alpha_1 \operatorname{Sin} \alpha_2 : \operatorname{Sin} (\alpha_2 - \alpha_1) \text{ und nebenbei}$$
$$x = b \operatorname{Sin} \alpha_1 \operatorname{Cos} \alpha_2 : \operatorname{Sin} (\alpha_2 - \alpha_1)$$

Sind S_1 und S_2 nicht im selben Horizonte, sondern steigt die Linie von S_1 nach S_2 um einen Winkel n an, so berechnet sich die Höhe von P über dem scheinbaren Horizont von S_1 zu

$$b (1 - \operatorname{Tg} n \operatorname{Cotg} \alpha_2) \operatorname{Sin} \alpha_1 \operatorname{Sin} \alpha_2 : \operatorname{Sin} (\alpha_2 - \alpha_1),$$

wobei b die Horizontalentfernung zwischen S_1 und S_2 bedeutet.

Die Ergebnisse nach diesem Verfahren werden von der Ungenauigkeit der Vertikalwinkel α_1 und α_2 viel stärker beeinflusst als im vorigen Falle 1), weil der Sinus eines kleinen Winkels, nämlich der Differenz $\alpha_2 - \alpha_1$, im Nenner vorkommt, welcher an und für sich sehr klein, stark von einer Ungenauigkeit dieser kleinen Winkel betroffen wird.

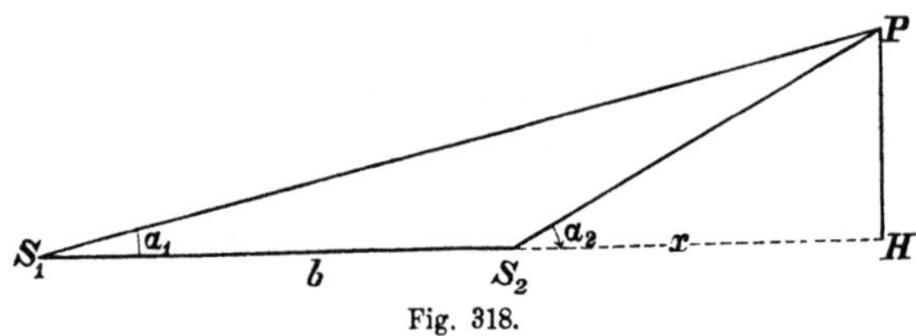

Fig. 318.

Nimmt man den mittleren Fehler in den Höhenwinkeln zu 30″ an, so wird er für die Winkeldifferenz $\sqrt{2} . 30''$ d. h. ungefähr 42″. Das oben benutzte Beispiel (aus 200 m Entfernung eine Elevation von 10^0) gibt, wenn die gemessene Basis 0,3 der ganzen Länge bis zum Lothe aus P ist, dem angenommenen mittleren Fehler entsprechend, eine Ungenauigkeit von 11 cm, also fast 4 mal so gross denn im ersten Falle. Je kleiner der Elevationswinkel und je kleiner der gemessene Bruchtheil der Horizontalentfernung ist, desto ungünstiger ist es für die Genauigkeit. Es ist daher besser, mittelst Horizontaltriangulation die Basis von einem entlegenen Standpunkte aus bis zum Fusspunkte von P zu ermitteln, und das erste Verfahren einzuschlagen.

Sei noch bemerkt, dass wenn die Basis ausserhalb der durch P gehenden Vertikalebene liegt, man an ihren beiden Endpunkten den Höhenwinkel messen und in Verbindung mit der Horizontaltriangulation zwei von einander unabhängige Berechnungen der Höhe ausführen, also eine Bestätigung finden oder eine Ausgleichung vornehmen kann.

§ 298. **Atmosphärische Strahlenbrechung.** Alle Vertikalmessungen werden erheblich erschwert durch den Umstand, dass das, die über einander gelagerten, ungleich dichten und daher ungleich stark brechenden Luftschichten durchdringende Licht keinen geraden Weg nimmt (wenn der Strahl nicht gerade rechtwinkelig an allen Grenzflächen anlangt). Die am Beobachtungsorte an die Lichtcurve gezogene Berührungslinie gibt die Richtung des scheinbaren Ortes des strahlenden Punktes und es entsteht die Aufgabe, aus der beobachteten scheinbaren Richtung die wahre oder aus der Tangentialrichtung die der Sehne der Lichtcurve abzuleiten. Den Unterschied beider kann man nach den bekannten Brechungsgesetzen durch ein Integral darstellen, dessen Berechnung aber die Kenntniss voraussetzt, wie der Brechungsquotient der Luft mit der Höhe wechselt. Nun kann man ohne wesentliches Bedenken annehmen, das um die Einheit verminderte Quadrat des Brechungsquotienten sei der Dichte der Luftschichte proportional, allein die Annahmen, nach welchem Gesetze die Dichte der Luft mit der Höhe ändere, sind sehr unsicher.

Rein theoretisch ist die Erscheinung dieselbe, ob das Licht alle Luftschichten durchsetzen muss, der Strahlpunkt ausserhalb der Atmosphäre steht, — astronomische Refraktion, oder ob nur ein Theil der Luftschichten durchschnitten wird, der Strahlpunkt innerhalb der Atmosphäre sich findet, — terrestrische Refraktion. Allein für die Anwendung werden beide Erscheinungen ganz verschieden behandelt. Für die astronomische Strahlenbrechung sind zahlreiche Formeln aufgestellt, die aber, ihrer unsicheren Grundlagen halber, selten benutzt werden, insbesondere für Richtungen nahe der Horizontalen unbrauchbar sind. Man greift am liebsten zu Tabellen, die aus Erfahrungen abgeleitet sind und von welchen die Bessel'sche wohl das meiste Ansehen geniesst. Diese Tabellen gelten für gewisse mittlere Luftzustände und ihre Werthe sind je nach Barometerstand und Temperatur, wie sie am Beobachtungsorte gefunden werden, zu verändern, während der wechselnde Feuchtigkeitszustand der Luft geringen Einfluss zu üben scheint.

Nachstehend ein Auszug aus Bessel's Mittelwerthen für 9,7° C und 751,7 mm Quecksilberdruck. (Bessel, Fundamenta astronomiae pro anno MDCCLV deducta ex observationibus viri incomparabilis James Bradley in specula astronomica Grenovicensi per annos 1750—1762 institutis. Regiomonti 1818) und daneben (fr) die Werthe, welche (nach Laplace, Caillet) in Frankreich und anderwärts benutzt werden (Connaissance des temps etc. pour l'an 1882). $\triangle z$ bedeutet den zur scheinbaren Zenitdistanz noch zuzufügenden Betrag.

z	△ z (B)	△ z (fr)	z	△ z (B)	△ z (fr)
0°	0′ 00″	0′ 00″	86°	11′ 39″	11′ 42″
10	0 10	0 10	87	14 15	14 20
20	0 21	0 21	88	18 09	18 12
30	0 33	0 33	89	24 25	24 08
40	0 48	0 48	89° 10′	25 50	25 24
50	1 09	1 09	89 20	27 23	26 47
60	1 40	1 40	89 30	29 04	28 16
70	2 37	2 37	89 40	30 52	29 52
80	5 16	5 17	89 50	32 50	31 36
85	9 47	9 49	90 00	34 54	33 28

Um für andere als die Ausgangstemperatur und andern als den Ausgangsluftdruck die Refraktion zu finden, multiplizirt man die Tabellenwerthe mit dem Produkte zweier Faktoren.

Die französische Stammtabelle bezieht sich auf 10° C. und 760 mm Barometerstand, wodurch ihre Zahlen durchschnittlich um 0,01 grösser sind als oben, wo für 751,5 mm und 9,7° C. berechnet ist.

Verbesserung an den mittleren Refraktionswerthen:

Barom.	700 mm	710	720	730	740	750	760	770
Faktor	0,921	0,934	0,947	0,961	0,974	0,987	1	1,013

Temp.	—15°	—10°	—5°	0°	+5°	+10°	+15°	+20°	+25°
Faktor	1,102	1,080	1,059	1,039	1,019	1	0,982	0,964	0,947

Solche Tabellenwerthe gelten nur bei ruhiger, klarer Luft und gewissen Zuständen derselben, die eigentlich selten vorhanden sind; vor allem ist Gleichgewicht vorausgesetzt, dessen Fehlen die Strömungen schon erkennen lassen, von welchem auch die scheinbar ruhigste Luft beständig durchzogen ist. Bei den „normalen" Verhältnissen ist die Lichtbrechung am stärksten in den dem Boden näheren Schichten der Luft, und die Lichtcurve wendet ihre Concavität bodenwärts, allein sehr oft bestehen auch andere Verhältnisse, so dass sogar nicht selten die convexe Seite der Lichtcurve gegen die Erde gerichtet ist, der Zusatz $\triangle z$ also negativ sein soll.

Die grösste Unsicherheit besteht für nahezu wagrechte Zielstrahlen; in der Nähe des Horizontes wächst der Refraktionsbetrag sehr rasch mit der Zenitdistanz, während nahe am Zenit der Refraktionsbetrag sehr klein (im Zenite selbst Null) ist und sehr langsam ändert. Wenn irgend thunlich, werden daher astronomische Beobachtungen nur in grosser Höhe gemacht, und häufig kann man den Einfluss der Refraktion aus astronomischen Messungen ganz oder fast ganz eliminiren.

Die Vorausberechnung der irdischen Strahlenbrechung ist noch weit unzuverlässiger als die der astronomischen, weil die hier allein in Betracht kommenden unteren Luftschichten, selbst im normalen Zustande viel rascher und stärker nach Dichtigkeit und Brechungsvermögen ändern als die oberen, namentlich aber auch weil die Unregelmässigkeiten viel häufiger und beträchtlicher sind. Auch neben einander liegende Luftschichten können sich in der Brechbarkeit sehr unterscheiden und störende seitliche Verschiebungen (laterale Refraktion), sowohl für astronomische als für geodätische Beobachtungen bewirken. Zu gewissen Tageszeiten ist gutes Einstellen auch des Azimuts nicht möglich. Doch finden sich häufig Zeiten unmerklicher seitlicher Strahlenbrechung und jedenfalls ist ihr Einfluss dem Zeichen nach wechselnd, so dass durch Mittelnehmen aus zahlreichen Beobachtungen der Einfluss derselben beseitigt werden kann. Bei Höhenwinkelmessungen ist das nicht der Fall, nie fehlt die Strahlenbrechung, nur ganz ausnahmsweise wird durch sie die Zenitdistanz vergrössert, sonst immer verkleinert; es liegt wesentlich eine einseitig wirkende Fehlerquelle vor.

Die irdische Strahlenbrechung nimmt gewöhnlich im Laufe des Vormittags ab, wird Mittags am kleinsten und steigt wieder gegen Abend. Man hat sogar versucht, die Regel aufzustellen, ihr Mittelwerth sei dem halben Tagebogen (von Sonnenstand und Jahreszeit abhängig) proportional, was sie für Mittag zu Null machte. Nach andern Erfahrungen soll die Strahlenbrechung bald nach Sonnenaufgang am kleinsten sein und bis zum Abend der Regel nach beständig zunehmen. Die Unruhe der Bilder ist morgens am grössten (Mengung der kalten Nachtluft mit der am sonnbestrahlten Boden erwärmten), nimmt dann bis etwa zur Mitte des Nachmittags ab, ist einige Zeit fast unmerklich und pflegt gegen Abend rasch zu wachsen. Nur während die Bilder ganz ruhig sind, soll die irdische Strahlenbrechung in der sogleich anzugebenden Weise annähernd berechnet werden können. Für die Veränderlichkeit, auch wenn diese sich nicht durch das Wogen der Bilder als eine schnelle verräth, spricht die Beobachtung, dass an manchen Tagen, namentlich früh und abends, ein fernes Gebirge über den Horizont oder über ein näheres Gebirge hervorragt, zu anderen Zeiten aber, bei klarem Himmel, wegen geringerer Strahlenbrechung hingegen ganz verdeckt bleibt. Man kann als Regel annehmen, dass die scheinbare Höhe eines etwa 10 Meilen entfernten Berges täglich um 30 bis 40 m wechselt. Aehnliche Aenderungen bringt der Wechsel im Betrage der Strahlenbrechung hinsichtlich der Weite hervor, in welche man vom Ufer aus in See sehen kann und letztere Beobachtungen werden oft zur Ermittelung der jeweiligen Grösse der Strahlenbrechung benutzt.

Trotz mehrfacher Versuche, die Lehre von der irdischen Strahlenbrechung auf weniger bedenkliche, auf theoretisch befriedigende Grundlagen aufzubauen, scheint es zur Zeit noch angemessen, die ältere Behandlung hier vorzutragen. Nach dieser wird die Lichtcurve als ein Kreisbogen angesehen, dessen Krümmungshalbmesser ungefähr 7 mal so gross als der Erdhalbmesser sei, aber mit dem Luftzustande wechsele. Die an den Zenitdistanzen anzubringenden Verbesserungen werden unabhängig von den Zenitdistanzen selbst genommen, während die astronomische Refraktion mit dieser doch so sehr wechselt, namentlich in Horizontnähe; es ist $\triangle z$ für $z = 90^0$ mehr als 6 mal so gross als für $z = 80^0$ und 14 mal so gross als für $z = 70^0$. Die irdische Strahlenbrechung wird in der gebräuchlichen Weise nur von der Horizontalentfernung abhängig angenommen und man setzt $\triangle z = k\,C$, wo k ein von der Luftbeschaffenheit abhängiger Faktor, C aber der Winkel der Lothrichtungen an den Enden der Lichtcurve.

Der Unzulänglichkeit unserer Kenntnisse von der atmosphärischen Strahlenbrechung muss man bei nachfolgender Darstellung der Verfahren des trigonometrischen Höhenmessens eingedenk sein.

§ 299. **Trigonometrisches Höhenmessen aus einem Endpunkte.** Man beobachtet mit sorgfältig in P_1 aufgestelltem Theodolit die scheinbare Zenitdistanz des Punktes P_2, d. h. die Neigung der Vertikalen in P_1 mit der Berührungslinie an die Lichtcurve von P_2 nach P_1; um die Abweichung der Sehne $P_1 P_2$ von der Vertikalen in P_1 zu finden, ist ein Betrag $\triangle z_1$ (wofür einfacher $\triangle_1$ geschrieben werden soll) zum beobachteten z_1 zu addiren. Die Horizontalentfernung zwischen P_1 und P_2, nämlich die Länge b des Bogens $P_1 Q_2$ sei bekannt, mittelbar oder unmittelbar gemessen.

Sie sei jetzt immer als gross angenommen.

Die Aufgabe ist: zu bestimmen, um wieviel P_2 entfernt liegt von der durch P_1 gelegten, mit dem wirklichen Horizont dieses Ortes, am nächsten zusammenfallenden Kugelfläche. Deren Halbmesser sei R_1 und h sei der gesuchte Höhenunterschied $Q_2 P_2$, Fig. 319.

Nach dem Sinussatze erhält man aus Dreieck $C P_1 P_2$:

$$R_1 + h : R_1 = \sin(z_1 + \triangle_1) : \sin(180^0 - (z_1 + \triangle_1) + C),$$

Daraus:

$$h : R_1 = \sin(z_1 + \triangle_1) - \sin(z_1 + \triangle_1 - C) : \sin(z_1 + \triangle_1 - C)$$
$$= 2 \sin \frac{C}{2} \cos(z_1 + \triangle_1 - \tfrac{1}{2} C) : (\sin z_1 + \triangle_1 - \tfrac{1}{2} C - \tfrac{1}{2} C).$$

Setzt man angenähert (Bogen statt Sehne) $2 R_1 \sin \frac{1}{2} C = b$, so erhält man:

$$\frac{1}{h} = \frac{1}{b} \frac{\sin(z_1 + \triangle_1 - \frac{1}{2} C) \cos \frac{1}{2} C - \cos(z_1 + \triangle_1 - \frac{1}{2} C) \sin \frac{1}{2} C}{\cos(z_1 + \triangle_1 - \frac{1}{2} C)}$$
$$= \frac{1}{b} \operatorname{Tg}(z_1 + \triangle_1 - \tfrac{1}{2} C) \cos \tfrac{1}{2} C - \frac{1}{b} \sin \tfrac{1}{2} C.$$

Setzt man hierin $\sin \frac{1}{2} C = b : 2 R_1$ und $\cos \frac{1}{2} C = \sqrt{4 R_1^2 - b^2} : 2 R_1$, so kommt:

$$\frac{1}{h} = \frac{1}{b} \operatorname{Tg}(z_1 + \triangle_1 - \tfrac{1}{2} C) \sqrt{4 R_1^2 - b^2} : 2 R_1 - (1 : 2 R_1).$$

Vernachlässigt man das letzte Glied, weil $2 R_1 > 25\,000\,000$ m und ebenso b^2 gegen $4 R_1^2$, so erhält man die Annäherungsformel:

$$h = b \operatorname{Cotg}(z_1 + \triangle_1 - \tfrac{1}{2} C).$$

Denselben Ausdruck hätte man gefunden, wenn man Dreieck $P_2 P_1 Q_2$ als ein bei Q_2 rechtwinkeliges mit der Seite $P_1 P_2 = b$ aufgelöst hätte, dabei aber den beobachteten Zenitwinkel z_1 um den Betrag der irdischen Strahlenbrechung $\triangle_1$ vermehrt und um den halben Winkel zwischen den Lothlinien in P_1 und P_2 vermindert hätte. Der Winkel C beträgt für $b = 1000$ m ungefähr 32,4″. Um ihn aus der Entfernung b berechnen zu können, muss man den Halbmesser R_1 der Berührungskugel in P_1 kennen, welche für den wirklichen Horizont von P_1 genommen wurde, wozu die angenäherte Kenntniss der Seehöhe von P_1 erforderlich ist. — Mit Hülfe des Ausdruckes für $C = b : R_1$ lässt sich die Ungenauigkeit $2 R_1 \sin \frac{1}{2} C = b$ verbessern. Es ist nämlich die Sehne

$$b' = 2\,R_1 \operatorname{Sin} \tfrac{1}{2}\,C = 2\,R_1 \operatorname{Sin}(b : 2\,R_1) = 2\,R_1 \left(\frac{b}{2\,R_1} - \frac{b^3}{8\,R_1{}^3} + \ldots\right)$$

oder

$$b' = b - \frac{b^3}{4\,R_1{}^2}.$$

Für die beträchtliche Länge b = 10 000 m weicht b' nur um 6 cm von b ab.

Setzt man nun nach gewöhnlicher Art $\triangle_1 = k_1\,C$, so findet man aus der oben mitgetheilten genauen Proportion

$$h = b' \frac{\operatorname{Cos}\left(z_1 - \frac{1 - 2\,k_1}{2}\,C\right)}{\operatorname{Sin}\left(z_1 - (1 - k_1)\,C\right)}.$$

Gauss gibt für mittlere Verhältnisse den Werth von k zu 0,0653 an, mit dem Bemerken, er sei, selbst bei ruhiger, klarer Luft um $\pm\,{}^1/_8$ seines Werthes unsicher. Berechnet man mit den zwei Gauss'schen Werthen k = 0,0571 und k = 0,0735 die Höhe eines aus 10 Kilom. Entfernung unter dem Zenitwinkel von 88⁰ erscheinenden Bergs, so ergibt sich ein Unterschied von $^1/_4$ m. Aber dem von Gauss angegebenen Werthe stehen andere gegenüber, die bedeutend verschieden sind, ja man hat ausgesprochen negative Werthe von k (so z. B. — 0,0351) beobachtet. Jordan (Handb. d. Vermessungskunde I, S. 550) kommt nach Zusammenstellung mehrerer Erfahrungen zum Schlusse: „Die mittlere Abweichung eines angenommenen Mittelwerths des Refraktionscoefficienten von dem jeweiligen Werthe könne nicht wohl unter $^1/_4$ seines Betrages angenommen werden.“

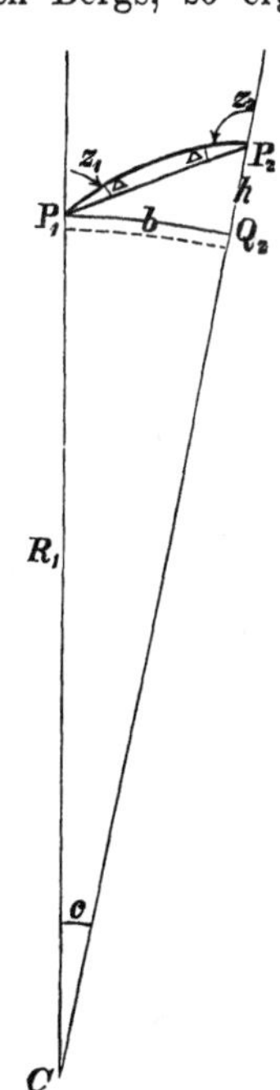

Fig. 319.

Die grosse Unsicherheit über den Werth von k, die selbst bei günstigsten Luftverhältnissen besteht, regt den Zweifel an, ob es überhaupt möglich sei, durch einseitige Zenitdistanzmessungen Höhenunterschiede mit erträglicher Genauigkeit zu messen.

v. Baeyer meint (Astron. Nachrichten Nr. 1993), es könnten durch trigonometrisches Höhenmessen befriedigende Ergebnisse gewonnen und das geometrische Nivelliren ersetzt werden, wenn dieses entweder gar nicht (ausgedehnte Wasserflächen) oder doch nur sehr schwierig (steile Gebirgsgegend) angewendet werden kann, wenn man:

1. die Entfernung im horizontalen Sinne nicht über 8 bis 10 Kilom. und den Höhenunterschied nicht über 50 m wählt,

2. günstige Beobachtungszeiten unter Beachtung des täglichen Ganges der Strahlenbrechung bei zunehmender und bei abnehmender Temperatur aussucht,

3. die Beobachtungen an verschiedenen Tagen, bald bei Sonnenschein, bald bei bedecktem Himmel wiederholt,

4. sich so einrichtet, dass der Lichtstrahl möglichst hoch über dem Boden hinstreicht und zwar entweder ganz über eine Wasserfläche oder ganz über Land.

§ 300. **Trigonometrisches Höhenmessen durch gleichzeitige Beobachtungen an beiden Punkten.** Man glaubt weit besseren Erfolg zu haben, wenn man gleichzeitig in beiden Punkten P_1 und P_2 die Zenitdistanz der Ziellinie nach dem andern Punkt misst, weil durch die Annahme der Coefficient k sei für beide Stationen im selben Augenblicke derselbe, oder die Lichtcurve sei an beiden Enden der Sehne gleich gegen diese geneigt (wie bei Kreisbogen der Fall), oder $\triangle z_1 = \triangle z_2$, der Einfluss der Strahlenbrechung aus der Berechnung eliminirt wird. Diese Voraussetzung kann aber, selbst bei genauer Gleichzeitigkeit der Messungen (zwei verglichene Instrumente, zwei Beobachter), doch nicht in aller Strenge zutreffen, am wenigsten bei bedeutenden Höhenunterschieden. Das Spiel der Strahlenbrechung ist in der Nähe der Erdoberfläche so veränderlich, dass selbst bei Höhenunterschieden von nur 30 bis 50 m die an der Zenitdistanz anzubringende Verbesserung bald an der oberen, bald an der unteren Station grösser gefunden worden ist (v. Baeyer).

Die einfachste Herleitung der Formel für die Berechnung des Unterschieds $H_2 - H_1$ der Seehöhen der beiden Punkte ist folgende, wobei R den Halbmesser der die Meeresoberfläche berührenden Kugel bedeutet.

Aus dem Dreiecke CP_1P_2 (Fig. 319) folgt mittelst des Tangentialsatzes, wenn die Höhen über der punktirten Linie (vom Halbmesser R), H_1 und H_2 sind:

$$
\begin{aligned}
&(H_2 - H_1):(2R + H_1 + H_2) \\
&= \mathrm{Tg}\,\tfrac{1}{2}\left\{180^0 - (z_1 + \triangle_1) - [180^0 - (z_2 + \triangle_2)]\right\} : \mathrm{Tg}\,\tfrac{1}{2}(180^0 - C) \\
&= \mathrm{Tg}\,\tfrac{1}{2}(z_2 - z_1)\,\mathrm{Tg}\,\tfrac{1}{2}C,
\end{aligned}
$$

wobei $\triangle_1 = \triangle_2$ angenommen ist.

$$\text{Daraus: } H_2 - H_1 = b''\left(1 + \frac{H_1 + H_2}{2R}\right)\mathrm{Tg}\,\tfrac{1}{2}(z_2 - z_1),$$

wo $2R\,\mathrm{Tg}\,\frac{1}{2}C = b''$ gesetzt ist. Bedeutet b die auf den Meereshorizont reducirte Basislänge, so ist*)

$$b'' = b + {}^1/_{12}\,\frac{b^2}{R^3} + {}^1/_{120}\,\frac{b^5}{R^4} + \ldots$$

(Für $b = 10$ Kilom. ist b'' um 2 cm länger.)

In der Höhenformel kommt das arithmetische Mittel $\frac{1}{2}(H_1 + H_2)$ der beiden Seehöhen vor. Es genügt, dieses annähernd zu kennen, da die Ungenauigkeit in der Schätzung durch die Division mit dem grossen Zahlwerth des Erdhalbmessers R belanglos wird.

---

*) Durch Anwendung der Reihe $\mathrm{Tg}\,\frac{1}{2}C = \frac{1}{2}C + \frac{1}{3}(\frac{1}{2}C)^3 + \frac{2}{15}(\frac{1}{2}C)^5 + \ldots$ und $\frac{1}{2}C = \frac{1}{2}b : R$.

Viele der Erfahrungen über den Werth der Refraktionsconstanten k sind dadurch gewonnen worden, dass man den Höhenunterschied zweier Punkte durch gleichzeitige Zenitbeobachtungen an beiden Standpunkten in der angegebenen Weise ermittelte, für fehlerlos annahm und nun nachsah, welchen Werth man dem k geben müsste, um durch die Formel für das trigonometrische Höhenmessen aus einem Standpunkt dasselbe Ergebniss zu erzielen, besser aber ist es, den richtigen Höhenunterschied vorher durch ein Präcisions-Nivellement zu ermitteln. Sei erinnert, dass die wirkliche Horizontallinie kein Kugelkreis ist, sondern angenäherter ein Bogen eines Rotationsellipsoids, also der Unterschied beider in Rechnung zu nehmen ist.

§ 301. **Trigonometrische Bestimmung des Höhenunterschieds zweier Punkte aus der Mitte der Station** wird empfohlen, in der Voraussetzung, bei der fast gleichzeitigen Messung der Zenitdistanzen der Richtungen nach beiden Endpunkten, seien die atmosphärischen Verhältnisse gleich, die Refraktionen nur von den (gleichen) Entfernungen, nicht aber von der Zenitdistanz selbst abhängig. Man berechnet die Höhen der zwei Punkte über dem Standpunkt mit demselben Werthe von k. Die Differenz dieser Höhen, d. i. der Höhenunterschied der zwei Punkte, bleibt dann nur mehr mit dem Unterschiede der Fehler wegen der Strahlenbrechung behaftet. Die zu Grunde liegenden Voraussetzungen sind aber leider gewiss nicht erfüllt. Beim Nivelliren aus der Mitte liegen die Verhältnisse ganz anders, viel günstiger. Die Zielrichtungen sind beide horizontal, nicht ungleich geneigt und die Entfernungen sind immer nur klein, auch wohl genauer gleich.

§ 302. **Ausgleichung trigonometrischer Höhenmessungen.** Die Widersprüche, welche sich bei wiederholten Messungen ergeben, werden gewöhnlich nach der Methode der kleinsten Quadrate ausgeglichen, allein dazu fehlt die Berechtigung. Denn die Fehler der Einzelergebnisse haben nicht die für die Anwendung der Wahrscheinlichkeitsrechnung geforderte Eigenschaft ebensowohl positiv als negativ zu sein, sondern sie sind grossentheils als einseitige zu betrachten, soweit sie von der Unkenntniss der für die Strahlenbrechung einzusetzenden Werthe und Gesetze herrühren, und gerade diese Fehler sind die grössten.

XVI. Barometrisches Höhenmessen*).

§ 303. **Messung des Luftdruckes.** Aus der Verschiedenheit des Luftdruckes, der gleichzeitig an verschiedenen Punkten einer Senkrechten besteht, kann auf den Höhenunterschied der Punkte geschlossen werden. Die Beziehung zwischen Höhe und Luftdruck soll erst dann gesucht werden, wenn die Mittel zur Messung des Luftdrucks besprochen sind.

*) Auch physikalisches genannt.

Das Quecksilberbarometer ist die älteste und immer noch verbreitetste Geräthschaft zu diesem Zwecke. Man bezieht den Luftdruck, wie jede Gasspannung, immer auf die Flächeneinheit und drückt ihn gewöhnlich aus durch das Gewicht einer Flüssigkeits- (Quecksilber-) Säule von gleichem Querschnitte Eins, oder kürzer, einfach durch die Höhe der Flüssigkeitssäule, wobei natürlich eine bestimmte Voraussetzung über das Gewicht der Volumeinheit der Flüssigkeit gemacht ist. Auch wenn der Luftdruck in anderer Art als durch das Gewicht einer Flüssigkeitssäule gemessen wird, heisst die dazu dienende Geräthschaft Barometer. Verschiedene Barometerformen besprechen die folgenden Paragraphen.

§ 304. **Gefässbarometer.** Eine am einen Ende geschlossene Glasröhre wird ganz mit Quecksilber angefüllt, das offene Ende mit dem Finger verschlossen und nach Umkehrung des Rohres unter die Oberfläche des in einem weiteren Gefässe befindlichen Quecksilbers getaucht; zieht man den Finger unter Quecksilber fort, so kann keine Luft in das Rohr eindringen. Hat das Rohr genügende Länge (gewöhnlich 1 m bis 0,8 m), so fällt ein Theil des Quecksilbers aus demselben in das Gefäss, ein anderer bleibt vom Luftdrucke, der auf die Flüssigkeit des Gefässes wirkt, getragen. Der obere Theil der Röhre, die barometrische Kammer, soll frei von Luft und Wasserdampf sein, darf nur Quecksilberdampf enthalten, dessen Spannkraft bei gewöhnlicher Temperatur vernachlässigbar*) klein ist, so dass angenommen werden kann, auf die Oberfläche des Quecksilbers im Rohre wirke der Druck Null. Um die Toricellische Leere sicher zu erhalten, wird das Quecksilber im Rohr vor dem Umdrehen zum Sieden gebracht und länger in diesem Zustande erhalten, um alle anhaftende Luft und jede Spur Wasser durch die bei der hohen Temperatur gesteigerte Tension und den vermehrten, die Adhäsion überwindenden Auftrieb zu entfernen.

Die senkrechte Höhe der im Rohre getragenen Quecksilbersäule, genommen von der Oberfläche im Gefässe bis zur höchsten Stelle der Oberfläche im Rohre, gibt das Maass des Luftdruckes ab. Man misst diese Höhe an einem senkrecht gestellten Maassstab, der auch auf die Röhre selbst (für deren senkrechte Stellung dann gesorgt sein muss) aufgetragen sein kann. Die Einstellung des Anfangspunkts der Theilung auf die Flüssigkeitsoberfläche im Gefässe erfolgt entweder durch Verschieben des Maassstabes selbst oder der Quecksilberoberfläche gegen den feststehenden Maassstab. Letzteres wird bewirkt durch mehr oder minder tiefes Einsenken eines, durch eine Schraube geführten und gehaltenen Stückes Eisen oder Holz in das Quecksilber des Gefässes oder durch Aenderung der Tiefe des Gefässes durch Verschieben eines flüssigkeitsdicht schliessenden Stempels,

*) Spannung des gesättigten Quecksilberdampfes, durch die Höhe einer Quecksilbersäule ausgedrückt:

bei	0^0	20^0	40^0
	0,02 mm	0,04 mm	0,08 mm

der den Boden bildet. Der Maassstab endet am besten in eine Spitze, — Eisen oder Elfenbein. So lange zwischen dieser und der gut spiegelnden Quecksilberoberfläche noch ein Zwischenraum besteht, erscheint das Spiegelbild der Spitze von der Spitze selbst in einem Abstande gleich dem doppelten des genannten Zwischenraums; berühren sich die Spitze und ihr Bild, so findet auch genaue Berührung der Spitze mit der Flüssigkeitsoberfläche statt. Diese Art Einstellung ist sehr scharf. Zuweilen steht der Maassstab, dessen Nullpunkt dann beliebig liegen mag, fest, und am Deckel des Barometergefässes ist ein Elfenbeinstift von genau bekannter Länge senkrecht angebracht, der sich schieben lässt, bis seine untere Spitze mit dem Quecksilber nach dem angeführten sicheren Kennzeichen in Berührung kommt. Durch zwei Ablesungen am Maassstab und Differenznehmen misst man den senkrechten Abstand der Quecksilberkuppe im Rohr vom oberen Ende des Elfenbeinstifts; dessen Länge ist zu addiren, um die Barometerhöhe zu finden. Vergl. auch Zeitschrift für Instrumentenkunde II, S. 289.

Die Mühe der Einstellung auf den Nullpunkt wird zuweilen erspart. Aendert der Stand der Flüssigkeitsoberfläche im Rohre vom Querschnitte q um x, so muss die Flüssigkeitsoberfläche im Gefässe vom Querschnitte Q um — X ändern und da vom Querschnitte Q des Gefässes jener q des Rohres in Abzug zu bringen ist, muss sein $q x = (Q - q) X$, also $X = q x : (Q - q)$. Die Höhe der die Flüssigkeit im Gefässe überragenden Flüssigkeitssäule hat dann um $x + X = x Q : (Q - q)$ geändert. Wäre jeder Strich des Maassstabs vom andern statt um 1 mm um $Q : (Q - q)$ mm entfernt, so würde die Beobachtung, dass der Stand der Flüssigkeit im Rohre um x Theilstriche geändert hat (ohne Einstellung auf Null) ansagen, die Barometerhöhe habe eine Aenderung um x mm erfahren. Ist die Bezifferung der Theilung so eingerichtet, dass bei irgend einem Barometerstande von b mm die Kuppe des Quecksilbers im Rohre gerade beim bten Theilstrich steht, so geben alle Ablesungen — ohne Nullstellung, d. h. bei ungeändert bleibender Lage des Maassstabs — sofort die Barometerhöhe in mm an. Man braucht vor der endgültigen Befestigung des Maassstabs nur diesen so lange zu verschieben, bis die Ablesung dem wahren Barometerstande entspricht. Diesen hat man aus einer Messung entnommen, die man am Barometer selbst mit dem Kathetometer (einem fein getheilten, senkrecht stehenden Maassstabe, längs dessen eine Zielvorrichtung, ein Fernrohr, dessen wagrechtes Absehen durch eine Libelle angezeigt wird, verschoben werden kann) machte, oder mittelst eines genau in mm getheilten Maassstabs, dessen Nullpunkt genau in die Quecksilberoberfläche des Gefässes gerückt worden, ausführte. Solche mit Rücksicht auf die Querschnittsverhältnisse in der angegebenen Weise getheilte und einmal richtig befestigte Maassstäbe sind allerdings sehr bequem, im Ganzen aber doch nicht zu empfehlen, weil die Prüfung auf ihre Richtigkeit am fertigen Barometer umständlich ist, namentlich aber, weil sie ihre Richtigkeit verlieren, so bald die Voraussetzung der Unveränderlichkeit des Gesammtvolums des Quecksilbers nicht mehr erfüllt ist. Und dieses Volum ändert schon, sobald die Temperatur eine andere wird, was sich nun allerdings auch wieder,

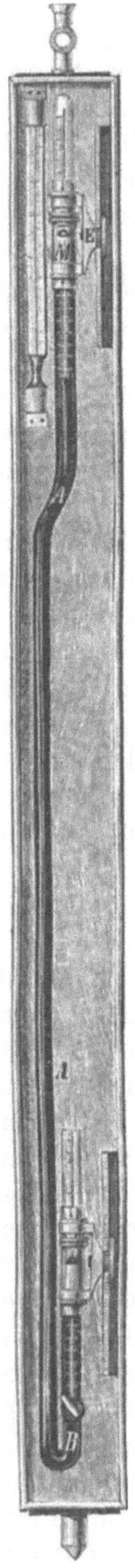

Fig. 320.

allein unbequem und vielleicht nicht sicher genug, rechnend berücksichtigen lässt.

Man macht wohl auch die Theilung richtig nach Millimeter, bringt aber an jeder Ablesung eine Correktur wegen Nichteinstellung des Nullpunktes an. Sei bei dem Barometerstande von 760 mm gerade die Quecksilberoberfläche im Gefässe in Berührung mit dem Nullpunkte der Theilung, so ist, wenn die Rohablesung b ist, zu dieser berichtigend hinzuzufügen $[q : (Q - q)] \cdot (b - 760)$ mm. Die Bemerkungen, welche sich auf die Unveränderlichkeit des Volums des Quecksilbers beziehen, behalten auch hier ihre Geltung.

Die Ablesungen am Maassstabe müssen ohne Parallaxe erfolgen. Entweder wird eine Metallhülse mit einem der Theilung anliegenden Nonius über das Rohr geschoben, bis ein Faden der über den fensterartigen Ausschnitt der Hülse ausgespannt ist oder bis die scharfen Ränder dieses Ausschnitts selbst die Quecksilberkuppe scheinbar berühren; oder mit dem Nonius

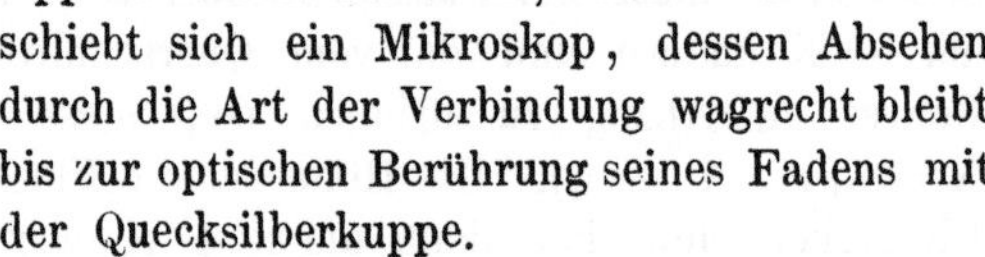

schiebt sich ein Mikroskop, dessen Absehen durch die Art der Verbindung wagrecht bleibt bis zur optischen Berührung seines Fadens mit der Quecksilberkuppe.

An Fig. 320 ist die Ablesevorrichtung sichtbar. Die Hülse M mit dem Faden oder der gleich zu erwähnenden andern Vorrichtung lässt sich mittelst der Schraube E schieben (oft noch mit besonderer Mikrometerschraube), bis der Faden die Kuppe des Quecksilbers berührt. Hier wird dann dessen Stellung an

Fig. 321.

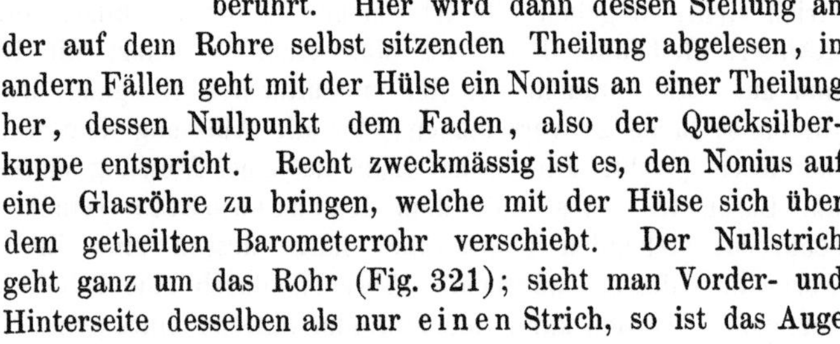

der auf dem Rohre selbst sitzenden Theilung abgelesen, in andern Fällen geht mit der Hülse ein Nonius an einer Theilung her, dessen Nullpunkt dem Faden, also der Quecksilberkuppe entspricht. Recht zweckmässig ist es, den Nonius auf eine Glasröhre zu bringen, welche mit der Hülse sich über dem getheilten Barometerrohr verschiebt. Der Nullstrich geht ganz um das Rohr (Fig. 321); sieht man Vorder- und Hinterseite desselben als nur einen Strich, so ist das Auge in der Ebene des Nullstrichrings, Parallaxe also vermieden.

Einfacher und besser ist es, die Theilung auf einen Glasstreifen zu tragen, der schon für sich spiegelt, dessen Rückseite man aber auch (in halber Breite) noch mit Spiegelfolie belegen kann, und diesen Streifen neben dem Barometer oder dicht dahinter (davor) so aufzuhängen, dass er senkrecht ist. Man stellt das Auge derart, dass das Bild der Pupille im spiegelnden Streifen von der Quecksilberkuppe und dem zugehörigen Theilstriche gehälftet wird; man ist sicher, dann rechtwinkelig gegen die Theilung zu sehen und Parallaxe zu vermeiden. Nur jener Theilstrich, bei welchem die Blickrichtung normal den Spiegel trifft, fällt mit seinem Bilde deckend zusammen, die benachbarten, gegen welche schief geblickt wird, erscheinen gegen ihr Bild verschoben, desto mehr, je schiefer man sieht. Ein recht geschickter Beobachter benutzt diese Bildverschiebungen noch nach Art eines Nonius zu Unterabtheilungen oder zur Erleichterung des Schätzens dieser. (Vergl. § 131.)

Es ist vortheilhaft, beim Ablesen eine halb schwarz, halb weiss gefärbte Pappscheibe hinter die Glastheilung zu halten, je nach der Beleuchtung hebt sich die Quecksilberkuppe dann vortheilhaftest vom Hintergrunde ab.

Sei bemerkt, dass alle Ablesungen an Quecksilberoberflächen immer auf den höchsten Theil, die Kuppe, gerichtet sein sollen, nie der Rand, wie er am Gefässe anliegt, zum Einstellen benutzt werden soll. Die zweckmässige Beleuchtung der Kuppe (Beschattung durch einen Schirm oder Belichtung durch eine reflektirende weisse Fläche) ist von Wichtigkeit; man soll sie immer in derselben Weise anwenden.

Das Gefässbarometer, wie es oben beschrieben wurde, ist als Standbarometer im Cabinete sehr bequem, muss aber für die Zwecke der barometrischen Höhenmessung sicher tragbar gemacht, zum Reisebarometer umgearbeitet werden. Bei allen gefüllten Reisebarometern ist die Gefahr des Zerbrechens der Glasröhre sehr gross, entweder durch Anschlagen des schwankenden, so sehr dichten Quecksilbers an der Wandung oder durch die stärkere Ausdehnung des flüssigen Metalls beim Erwärmen. Von den verschiedenen Einrichtungen, welche das Gefässbarometer zum Reisen eignen, sei zunächst die vorzügliche, von Fortin angegebene, erwähnt. Das Barometerrohr ist am offenen Ende erheblich verengt und in den Eisendeckel des Gefässes eingekittet. Der Boden des Glasgefässes ist ein Lederbeutel, der durch eine Schraube mehr oder weniger eingestülpt werden kann, wodurch die Einstellung der Quecksilberoberfläche bis zur Berührung mit der, dem Nullpunkte der festen Theilung entsprechenden Spitze des Stifts (der im Deckel fest sitzt) herbeigeführt werden kann. Der Deckel hat eine durch Schraube dicht verschliessbare Oeffnung, durch welche der Luftdruck auf das Quecksilber wirken muss. Will man das Barometer tragen, so verschliesst man die Oeffnung im Deckel und verengt den Raum des Gefässes durch Einstülpen des Lederbeutels. Die über dem Quecksilber im Gefässe befindliche Luft, wird auf kleineres Volum gebracht und das ganze Barometerrohr wird der gesteigerten Spannkraft der abgesperrten Luft entsprechend, mit Quecksilber gefüllt. Sobald das flüssige Metall an dem geschlossenen Ende des Rohrs anliegt (kann man es nicht sehen, so spürt man es durch den entstehenden Widerstand), wird das Gefäss nicht weiter verengt. Das Barometer kann nun gefahrlos umgedreht werden, die im Gefässe befindliche Luft geht nach der höchsten Stelle, das ist nun der Lederboden, und kann nicht durch die verengte, bis in die Mitte des Gefässes reichende Oeffnung des Rohres in dieses eindringen, selbst wenn eine stärkere Erschütterung oder plötzliches Umkehren stattfände, — was übrigens besser vermieden wird. Die Röhre ist ganz gefüllt, ein Anschlagen des Quecksilbers an den Wänden ist nicht zu befürchten; Ausdehnung durch Erwärmen lässt einfach etwas Quecksilber aus dem Rohre in das Gefäss treten, die im Gefäss verbliebene Luft wirkt noch wie ein elastisches Kissen bei gelegentlichen Stössen. Das ganze Barometerrohr von Fortin ist in ein Metallrohr (mit entsprechendem Ausschnitt), auf welchem die Theilung angebracht ist, eingeschlossen. Es wird cardanisch, d. h. mittelst zweier rechtwinkelig kreuzenden Axen in einem Dreifusse aufgehängt, der sich so zusammenklappen lässt, dass eine weitere Hülse für das Rohr entsteht. Das Ganze sieht, zusammengelegt, wie ein recht dicker Spazierstock aus. Hat man das Barometer aufgehängt, — es stellt sich, da sein Schwerpunkt, der grösseren Quecksilbermasse im Gefäss wegen, sehr tief liegt, von selbst sicher senkrecht, — so braucht man nur die Luftöffnung am Deckel des Gefässes zu öffnen, dann ist, bis auf die Einstellung des Nullpunktes (auf die Stiftspitze), das Instrument zur Beobachtung schon hergerichtet. Leider sind Fortin'sche Barometer sehr kostspielig und können wohl nie billig hergestellt werden.

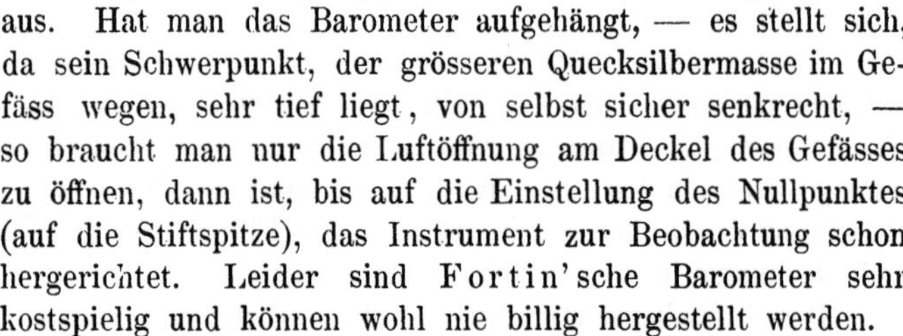

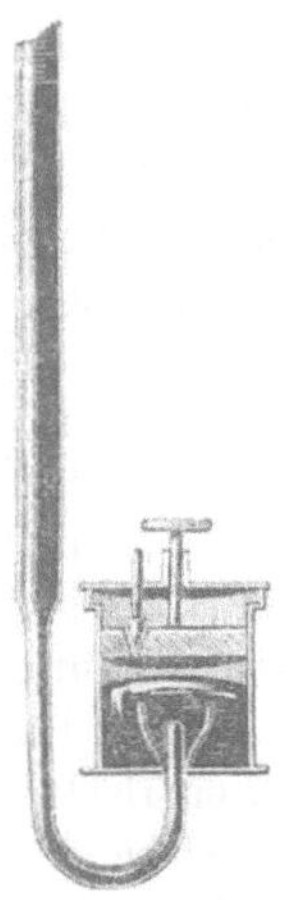

Fig. 322.

Die Gefässbarometer werden leichter tragbar, wenn das Gefäss (wie schon bei dem Fortin'schen) mit dem Rohre fest verbunden ist. Man kann zweckmässig das vorher etwas verengte Rohr unten Uförmig umbiegen und in den Boden (eisernen) eines weitern, cylindrischen Glasgefässes quecksilberdicht einkitten. Das Gefäss ist oben durch einen luftdicht schliessenden Stempel geschlossen, den man höher und tiefer schrauben kann. Die Vorrichtung, ihn in seiner Lage zu erhalten, ist in der Fig. 322 fortgelassen, übrigens braucht der Stiel des Stempels nur in eine Mutter geschraubt zu sein, die den das Gefäss überbrückenden (nicht luftdicht schliessenden) Steg überragt. Der Stempel hat eine Durchbohrung, welche man durch einen (angedeuteten) Stift luftdicht zuschrauben kann. Will man messen, so muss diese Oeffnung frei sein, damit der Luftdruck frei auf das Quecksilber des Gefässes einwirken kann. Die Theilung wird wohl zweckmässig nach den Querschnittsverhältnissen des Gefässes und jenes Theils des Rohres, innerhalb dessen die obere Kuppe des Quecksilbers bei den Druckschwankungen sich bewegt (in oben angegebener Art), eingerichtet, damit keine Nulleinstellung nöthig ist. Will man verpacken, so schliesst man zunächst die Oeffnung im Stempel und drückt diesen abwärts, bis in Folge der vermehrten Spannkraft der abgesperrten Luft das ganze Rohr mit Quecksilber erfüllt ist. Dreht man das Instrument um (was übrigens nicht nöthig ist), so begibt sich die Luft nach dem nun höchsten Theile des Gefässes, das ist dem Boden, in welchen das Rohr gekittet ist und das Quecksilber legt sich an den Stempel. Die Luft kann nicht in das (mit Quecksilber gefüllte) Rohr eindringen, da dessen verengte Oeffnung bis fast in die Mitte reicht und stets (auch nach der Umkehrung) ganz von Quecksilber umgeben ist. Das Rohrende ist noch mit einem weitern Stutzen umgeben, in welchen allenfalls die Luft, aber ganz unschädlich, sich begeben kann. Beim Tragen kann das Quecksilber nicht an die Rohrwandungen schlagen, und es kann sich beliebig (beim Erwärmen) ausdehnen, ohne das Rohr zu zersprengen, da die Luft im Gefässe ein elastisches Kissen bildet. — Die Füllung und die Luftleermachung dieses Barometers ist etwas weniger bequem als bei dem Fortin'schen, kann aber in verschiedener Art gut ausgeführt werden.

Lästig ist, dass das Quecksilber im Gefässe mit der Zeit durch Oxydation und eingedrungenen Staub schmutzig wird, adhärirt, das Glas undurchsichtig macht, und, nach theilweiser Zerlegung des Instruments, gereinigt werden muss.

§ 305. **Heberbarometer.** Gibt man dem angekitteten oder auch angeschmolzenen Gefässe dieselbe Weite, wie sie das Rohr in dem benutzten cylindrischen Theile hat, so entsteht das Heberbarometer. Dieses ist im wesentlichen ein Uförmig umgebogenes Rohr, der längere Schenkel geschlossen, der kurze offen. Der umgebogene Theil des Rohrs und jener, in welchen das Quecksilber auch beim geringsten vorkommenden Luftdruck nie herabsinkt, kann enger sein, was eine Ersparung von Quecksilber (und an Gewicht) bedingt. Das Luftleermachen der Kammer ist etwas umständlicher als bei dem eigentlichen Gefässbarometer, aber schliesslich ganz wohl ausführbar. — Man biegt wohl den mittlern Theil etwas seitswärts (Fig. 320), um den offnen Theil, welcher genau gleichweit mit dem oberen, geschlossenen Theil sein muss, mit diesem in dieselbe Vertikale zu bringen, was für das Absehen etwas bequemer, aber nicht wesentlich ist. Werden von einer beliebigen Stelle auf dem Rohre Theilstriche (mm) aufgetragen, auf dem geschlossenen, wie auf dem offenen Schenkel, so hat man nur abzulesen (mit Vermeidung von Parallaxe), bei welchen Theilstrichen die Quecksilberkuppen stehen und die Summe oder die Differenz gibt die gesuchte Barometerhöhe b an, je nachdem der Nullpunkt zwischen den Kuppen des Quecksilbers in beiden Schenkeln liegt, oder tiefer als die Kuppe im offnen Schenkel (etwa im Knie). Bei den Greiner'schen Heberbarometern ist die Theilung nicht auf dem Barometerrohr selbst angebracht, sondern auf einem andern Glasrohr, das sich über dem offnen, und mit einem andern Theile (verbunden mit dem ersten durch eine Fassung) über dem geschlossenen Schenkel schieben lässt. Nicht die ganze Länge dieses Ueberrohrs ist getheilt, sondern es ist nur der Anfang der Theilung durch einen Strich auf dem den offenen Schenkel bedeckenden Rohre angegeben und auf dem zweiten Theile etwa von 700 mm an. Der Anfangsstrich ist durch Verschiebung des Ueberrohrs in die Höhe der Quecksilberkuppe im offenen Schenkel zu bringen und dann genügt eine Ablesung der Theilung in der Höhe der Quecksilberkuppe im geschlossenen Rohrtheil. Das ist aber grundsätzlich nicht empfehlenswerth. Denn es ist einfacher und sicherer, zwei Ablesungen zu machen und ihre Summe (oder Differenz) zu bilden, als den Nullstrich genau mit der Hand einzustellen (und da die

Reibung nicht gar zu stark sein darf, ist ein freiwilliges Senken des Ueberrohrs zu befürchten). Durch Berührung mit der Hand findet ausserdem eine störende Erwärmung statt, die nicht die ganze Quecksilbermasse gleichmässig trifft.

Die Heberbarometer sollen den Vortheil bieten, den Capillaritätseinfluss (von welchem später die Rede sein wird) zu eliminiren, allein das wird nicht mit Sicherheit erreicht, selbst wenn die betreffenden Rohrstücke aus demselben Glase und von genau gleicher Weite sind. Denn das mit der Luft in Berührung stehende Quecksilber im offenen Schenkel ändert durch allmähliche Oxydation und eindringenden Staub, ferner durch gelegentliches Feuchtwerden der Glaswandung, seine Capillaritätsconstante sehr beträchtlich, was sich durch ungleiche Gestalt der Quecksilberkuppen im offenen und im geschlossenen Schenkel verräth. Ein weiterer Nachtheil ist, dass das mit Luft (namentlich feuchter) beständig in Berührung stehende Quecksilber die Glaswandung im offenen Schenkel beschmutzt, so dass die Ablesung (Einstellung) dort bald schwierig, schliesslich unausführbar wird.

Will man das Heberbarometer tragen, so neigt man es zunächst langsam, bis das Quecksilber das ganze geschlossene Rohr erfüllt, was eintritt, sobald die senkrechte Höhe des Rohrendes über dem Quecksilber im offenen Schenkel gleich oder kleiner als Barometerhöhe geworden. Das Neigen hat langsam zu geschehen, damit das Quecksilber nicht mit so grosser Geschwindigkeit anschlägt, dass das Rohr zertrümmert werden kann. Uebrigens gibt der scharfe, metallische Klang beim Anschlagen ein Anzeichen der Luftleere der Kammer; ist Luft in dieser, so bildet sie ein elastisches Kissen und der Anschlag ist nicht mehr hörbar oder ganz dumpf. — Nun kann man das Instrument ganz umkehren. Bis zum Knie (der Umbiegungsstelle) bleibt der lange Schenkel gefüllt, während im offnen, nun abwärts mit der Oeffnung gerichteten Schenkel, das Quecksilber wegfliesst. Damit es nicht aus dem kurzen Schenkel falle, ist dieser verschlossen durch einen durchbohrten, ziemlich tief mit feiner Spitze in das offene Rohrstück eindringenden Glasstöpsel. Durch dessen feine Oeffnung kann kein Quecksilber heraus, wohl aber bei dem aufgerichteten, senkrecht gehängten Barometer, der Luftdruck frei einwirken. Das umgekehrte Heberbarometer muss, in passendem Futteral, stets mit dem geschlossenen Ende nach abwärts getragen werden. Durch Wärmeausdehnung des Quecksilbers kann das Rohr nicht zersprengt werden, es fliesst nur etwas mehr vom Knie weg in das kurze Rohrstück. Um das Instrument zum Gebrauche herzurichten, legt man es vorsichtig soweit um, dass das Quecksilber des kurzen Schenkels sich nach dem Knie begibt und mit dem im langen Schenkel befindlichen vereinigt (was durch leises Klopfen befördert werden kann, man darf keine Luftblase zwischen den zwei Quecksilbertheilen dulden). Richtet man den langen Rohrtheil nun allmählich weiter nach oben, so kommt das geschlossene Ende bald um mehr als Barometerhöhe senkrecht über das Niveau des Quecksilbers im kurzen Schenkel und fängt desshalb an im langen Schenkel zu sinken. Senkrechtstellung vollendet dann die Vorbereitung zur Messung.

Unvorsichtiges Umdrehen des Instruments kann dessen Bruch oder auch Eindringen von Luft in den langen Schenkel, schliesslich in die barometrische Kammer veranlassen. Man verschliesst wohl auch das Knie nach dem Umlegen durch einen nachgiebigen Pfropf (Kautschuk oder Kork), der mit einem Stiele versehen ist, welcher aus dem Stöpsel des offenen Schenkels herausragt.

Fig. 320 zeigt ein auf einem Brette befestigtes Heberbarometer, dessen offener Schenkel B in der Verlängerung des geschlossenen A liegt; das Rohr hat hier unnöthig eine durchgehends gleiche Weite. Für den Transport wird durch Neigen das Rohr A ganz gefüllt, dann mit einem Hahne im offenen Rohr abgeschlossen. An diesem muss aber eine Vorrichtung sein, welche das Ausdehnen des Quecksilbers bei Temperatursteigerung gestattet, ohne dass das Glasrohr zersprengt wird. Dafür gibt es verschiedene Mittel, der Hahnabschluss ist aber überhaupt nicht empfehlenswerth. Links oben in der Figur ist ein Thermometer sichtbar.

Bei Heberbarometern soll die Art der Ablesung des Quecksilberstandes in beiden Schenkeln dieselbe sein, wie Fig. 320 auch zeigt.

Bei Heberbarometern, selten bei Gefässbarometern, wendet man gerne die Bunten'sche Spitze, Fig. 323, an, welche das Eindringen von Luft in die barometrischen Kammer zu hindern bestimmt ist. Man setzt den oberen Theil des Barometerrohres aus zwei Stücken zusammen. Das die Kammer enthaltende, geschlossene, endet in eine feine Spitze, welche in das zweite Stück ziemlich tief hineinragt. Die beiden Stücke sind miteinander verschmolzen. Zwischen der Spitze und der Wand des zweiten Rohrstücks bleibt ein ringförmiger Raum. Sollte Luft eingedrungen sein, so gelangt diese, an den Wänden emporsteigend, nur in diesen ringförmigen Raum, vermag nicht, ehe der Ringraum ganz lufterfüllt ist, durch die in der Mitte befindliche Spitze in die Kammer zu dringen.

Fig. 323.

Die enge Spitze verzögert etwas die Bewegungen des Quecksilbers beim Fallen und Steigen des Barometers, das Instrument wird etwas träge; dem ist aber durch Erschüttern und Klopfen zu begegnen.

§ 306. Reise-Heberbarometer zum Füllen ohne Auskochen, am Beobachtungsorte.

(Bohn, Poggendorff's Annalen der Physik und Chemie. (1877) 160 S. 113). Ein langes enges Rohr R_1, das in seinem unteren Theile erweitert ist, wird wieder eine kurze Strecke eng, ist dann U förmig umgebogen und geht in ein zweites enges Rohr R_2 über, das im oberen Theile erweitert ist, auf denselben Durchmesser wie der weite Theil von R_1. Ueber dem weiten Theile von R_2 erhebt sich ein Capillarröhrchen mit Glashahn H_2 und biegt sich dann rechtwinkelig um. Mittelst Kautschukschlauch ist noch ein Rohrstückchen R_3 angebunden. Nahe am Knie U, noch auf der Seite von R_1, ist ein Glashahn H_1 angeschmolzen. Nach sorgfältiger Reinigung des ganzen Rohrs wird dieses erwärmt und mittelst Aspirator Luft, die vorher, um sie zu trocknen, durch Schwefelsäure gestrichen ist, durchgesogen, so lange, bis das ganze Innere vollkommen trocken ist. Das U wird nun senkrecht gestellt, Hahn H_1 geschlossen, H_2 geöffnet und trockenes (erwärmtes und gut gereinigtes) Quecksilber durch den Trichter T in das Rohr R_1 gegossen. Es steigt in der communicirenden Röhre R_2 an, verdrängt vor sich die Luft, welche durch den Hahn H_2 und durch R_3 entweicht und schliesslich wird auch Quecksilber durch den Hahn H_2 und durch R_3 ausfliessen. Dazu ist erforderlich, dass R_1 etwas höher ist, als der höchste Theil von R_3. Nachdem einiges Quecksilber aus R_3 geflossen, schliesst man den Hahn H_2 und öffnet H_1. Aus dem Schenkel R_1 fliesst nun sofort Quecksilber aus (Flasche vor H_1 setzen), aber in R_2 bleibt dieses zunächst noch stehen. Erst wenn in R_1 das Niveau so tief gesunken ist, dass das Niveau in R_1 schon um Barometerhöhe unter dem Hahne H_2 liegt, beginnt auch das Sinken des Quecksilbers in R_2. Aus R_1 fliesst alles Metall bis zum Hahnansatze H_1, aus R_2 aber nur soviel, dass das verbleibende Niveau noch um Barometerhöhe H_1 überragt. Der obere Theil von R_2 ist leer, denn Luft konnte, des abschliessenden Hahnes H_2 wegen, nicht eindringen. Ganz luftleer wird die entstandene Kammer nicht sein. Sie wirkt wie die beste Luftpumpe und alle an den Glaswandungen adhärirende Luft, wie jene, die dem Quecksilber etwa eingeschlossen war, wird in diese Kammer gesaugt, jedenfalls ist der Raum schon sehr luftverdünnt.

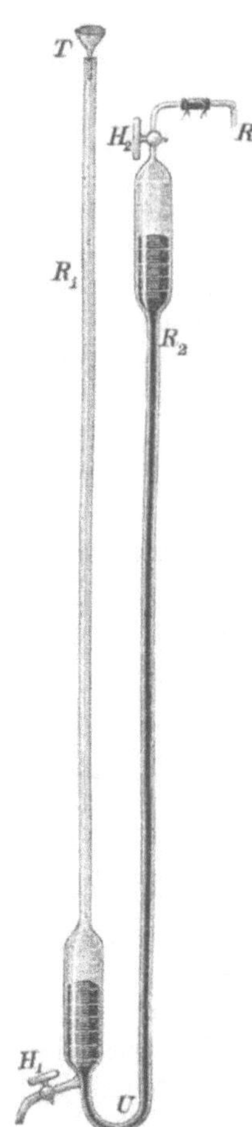

Fig. 324.

Hahn H_1 wird nun wieder geschlossen und von neuem Quecksilber durch den Trichter gegossen. Das Niveau steigt auch in der communicirenden Röhre R_2, die in der Kammer vorhandene geringe Menge Luft wird durch das vordringende Quecksilber gegen die Hahnstelle H_2 geschoben (unter allmählicher Verdichtung). Füllt man R_1 wieder ganz an, so wird man unter dem Hahne H_2 in der Capillarröhre meist ein kleines Luftbläschen entdecken können. Das Quecksilber soll in R_1 höher stehen als R_3. Man öffnet nun Hahn H_2, die unter ihm befindliche kleine Luftblase wird hinausgedrängt, entweicht durch R_3 und ein Strom Quecksilber (und zwar solches, das dem Einflusse der wie eine Luftpumpe wirkenden Kammer bereits ausgesetzt war) folgt. Nachdem einiges Quecksilber ausgeflossen ist, wird H_2 wieder geschlossen, H_1 geöffnet. R_1 entleert sich ganz, R_2 aber nur bis zu einer Stelle, die um Barometerhöhe über H_1 liegt. Die jetzt entstandene Kammer wird schon viel vollkommener luftleer sein, wird mit grösster Heftigkeit die Spuren Luft, welche etwa noch der Glaswandung oder dem Quecksilber anhaften mögen, ansaugen. Man schliesst wieder H_1, füllt von neuem, öffnet später nochmals H_2, lässt einen Strom Quecksilber aus R_3 treten, u. s. f. Mit jeder Wiederholung wird die Kammer vollkommener luftleer; nach viermaliger Wiederholung ist eine Luftleere erreicht, wie sie im bestausgekochten Barometer nicht vollkommener ist. Das letzte Mal schliesst man Hahn H_1, wenn das Niveau in R_1 noch nicht bis zum Hahn gesunken ist, sondern irgendwo im weiteren (unteren) Theile von R_1 steht. Der Niveauunterschied des Quecksilbers in den weiten Theilen von R_1 und R_2 ist die Barometerhöhe. Eine Theilung ist auf den beiden Rohrstücken, deren Nullpunkt beliebig in der Mitte etwa, oder unterhalb H_1 im Knie liegen kann. Im ersten Falle ist die Summe, im zweiten Falle die Differenz der Ablesungen, die man an den Quecksilberkuppen in beiden Rohrstücken gemacht hat, die verlangte Barometerhöhe. Natürlich lassen sich auch Ablesevorrichtungen anbringen, sie sollen, wenn man solche verwendet, auf beiden Röhren gleich sein.

Der Hahn H_2 wird schon desshalb gut schliessen, weil über ihm (im Capillarrohr) Quecksilber steht, man kann ihn schliesslich mit in Schwefeläther gelöstem Collodium umfahren. Dann bildet sich ein dichtendes Häutchen, das bei späterem Drehen des Hahns leicht abspringt.

Hat man einmal zu Hause das Barometer in der angegebenen Weise gefüllt und man will sich auf die Reise begeben, so wird es ganz entleert. Zu diesem Zwecke öffnet man gleichzeitig die Hähne H_1 und H_2, befestigt aber vorher statt des Röhrchens R_3 ein Rohr mit Chlorcalcium am Kautschukschlauche und ebenso ein Trockenrohr am obern Ende von R_1 an Stelle des Trichters, damit immer nur ausgetrocknete Luft in das Barometer gelangt. Das Quecksilber wird in einem starken Steinkruge oder einer eisernen Flasche aufgefangen und wohlverkorkt, gegen Feuchtwerden und Verstauben geschützt, gesondert mitgenommen. Das gläserne U-Rohr ist auf einem Holzbrette befestigt, das unten in eine Schraubenspindel endet und in einen Dreifuss eingeschraubt ist, mit dessen Hülfe die Senkrechtstellung (man halte ein Senkel daneben) bewirkt werden kann. Das Rohr auf dem Brett, welches man aus dem Dreifusse herausschraubt, wird in ein gepolstertes Futteral geschoben, die Trockenröhren daran gelassen. Man trägt nun in drei Theilen das Instrument. Das Glas im Futteral ganz leer, ohne Quecksilber; dieses in der starken, verschlossenen Flasche und den Dreifuss für sich. Am Beobachtungsorte angekommen, wird der Dreifuss aufgestellt, das leere Glasrohr mittelst des Bretts eingeschraubt, die Trockenröhren abgenommen und die Füllung des trocken gebliebenen Rohrs mit dem trocken gebliebenen Quecksilber an Ort und Stelle in der angegebenen Weise vollzogen. Das Geschäft vollzieht sich in kürzerer Zeit als zum Beschreiben desselben nöthig war, ja vielleicht ebenso rasch, als man die Beschreibung lesen kann. Die Verbringung ist ganz gefahrlos, die Verpackung einfach, der Apparat billig. Der kleine Zeitverlust des Füllens kommt diesen Vortheilen gegenüber nicht in Betracht, in Wirklichkeit besteht er nicht. Denn das fertig mitgebrachte Barometer muss man vor dem Beobachten längere Zeit stehen lassen, damit das Quecksilber die

Temperatur des Ortes annehme, bei dem beschriebenen Barometer ist das abzuwarten nicht einmal nöthig, es lässt sich ja die Temperatur messen durch ein Thermometer, das man in die Flasche mit dem Quecksilber taucht. Ein weiterer Vortheil dieses Reisebarometers ist, dass bei ihm der Capillaritätseinfluss wirklich so nahe als möglich gehoben ist, wenn die beiden weiten Rohrstücke gleichen Halbmesser haben (ich nehme Theile desselben Rohres dazu), denn das eben erst gefüllte Barometer zeigt nicht jene Ungleichheit des Quecksilbers im offenen und geschlossenen Schenkel, deren vorhin bei den gewöhnlichen, ständig gefüllten Heberbarometern gedacht wurde, welche den gehofften Vortheil der Elimination des Capillaritätseinflusses nicht gewinnen lässt, da die ganze Masse des Quecksilbers bei dem Geschäfte des Füllens gleichmässig durcheinander gemischt wird. Es lässt sich auch leicht auf Luftleere der Kammer prüfen. Man mache eine Beobachtung, während das Quecksilber im offenen Schenkel bis fast am oberen Ende der Erweiterung steht, wo dann die Kammer eng ist und dann (nachdem man durch H_1 etwas Quecksilber ausfliessen liess), während das Quecksilber ganz tief im offenen Schenkel (aber noch im getheilten weiten Theile) steht, die Kammer also wesentlich grösser ist. Ist Luft in der Kammer, so ist sie in der vergrösserten von geringerer Spannkraft, als in der verengten, der gefundene Barometerstand muss also weniger von dem wahren (wie er bei vollkommener Luftleere wäre) abweichen; findet man aber keinen Unterschied, so beweist dieses Luftleere oder absolut unnachweisbare Menge Luft in der Kammer. Solche rasch anstellbare Beobachtungen in verschiedenen Höhen, also verschiedenen Ablesungen entsprechend, sichern gegen Ablesefehler und lassen noch vollständiger Capillareinflüsse, die etwa bei ungleicher Beschaffenheit der Glaswandung verblieben sein könnten, verschwinden.

Die Prüfung aller Barometer hat sich auf Luftleere der Kammer und Richtigkeit der Theilung zu erstrecken. Letztere ist für alle Instrumente dieselbe, erstere macht sich bei den anderen als der letzt beschriebenen Form viel weniger sicher, man hat eigentlich nur den hellen Klang beim Anschlagen des Quecksilbers an die Glaswand als praktisch anwendbares Mittel; andere sind meist nicht ausführbar und wenn, unsicher und unbequem.

Das Differentialbarometer von Kopp ist wesentlich kürzer und daher zum Reisen bequemer als die vorbeschriebenen, allein seine Angaben sind für Höhenbestimmungen nicht genau genug.

Man kann Barometer wohl auch mit anderen Flüssigkeiten als Quecksilber füllen, doch sind alle anderen Füllungen unvortheilhafter. Schon dass die Länge mindestens 10 mal jene des Quecksilberbarometers wird, schliesst den Gebrauch für Höhenmessungen, also als Reisebarometer, aus.

§ 307. **Verbesserungen an den rohen Barometerablesungen.** Es handelt sich immer nur um die senkrechte Höhe der Quecksilbersäule, der Maassstab muss also senkrecht stehen, was am einfachsten durch eine freipendelnde Aufhängung desselben erzielt wird. Weicht der Maassstab um 1^0 von der Senkrechten ab und ist beispielsweise die an ihm gemachte Ablesung 760 mm, so ist die gesuchte senkrechte Höhe

$$760 \cdot \operatorname{Cos} 1^0 = 759{,}886 \text{ mm},$$

d. h. es entsteht eine Ungenauigkeit von mehr als 0,1 mm.

Jeder Maassstab ist nur bei einer bestimmten Temperatur richtig. Sei diese T^0 und die Länge l mm. Bei der Temperatur t^0 ist die Länge dann $l\,(1 + \lambda\,(t - T))$ wenn λ den linearen Ausdehnungscoefficienten des Stoffs bedeutet, aus dem der Maassstab besteht;

	Messing	Eisen	Glas (nach der Sorte wechselnd)
$\lambda =$	$1 : 53\,800$	$1 : 82\,650$	$1 : 120\,000$

Wäre die Normaltemperatur des Maassstabs 0^0 und t die Temperatur, bei welcher er für eine Messung benutzt wurde, so würde die beobachtete Anzahl Maasseinheiten mit

$$\frac{53\,800 + t}{53\,800} \text{ (Messing) oder } \frac{82\,650 + t}{82\,650} \text{ (Eisen) oder } \frac{120\,000 + t}{120\,000} \text{ (Glas)}$$

zu multipliziren sein, um die berichtigte Anzahl Maasseinheiten zu finden, die jener Strecke zukommt.

Das Gewicht einer Säule Quecksilber hängt ausser vom Volum (oder da bei den in Rede stehenden Anwendungen der Querschnitt immer Eins genommen wird, ausser von der Länge der Säule) noch von dem Gewichte der Volumeinheit und dieses wieder von der Dichte und von der Intensität der Schwere ab.

Die Dichte des Quecksilbers ändert mit der Temperatur und ist bei t^0 nur $1 : (1 + k\,t)$ mal so gross als bei 0^0, wo $k = 1 : 5550$ ist. Selbstverständlich wird immer reinstes, nicht durch andere Metalle verunreinigtes Quecksilber vorausgesetzt. Eine Säule von der Länge b wiegt, wenn sie die Temperatur t^0 hat, so viel als eine Säule von der Länge $b \cdot \frac{5550}{5550 + t}$ und der Temperatur 0^0. Man reducirt immer auf die Temperatur 0^0.

War die Länge b mit einem Maassstabe gemessen, der nicht Normaltemperatur besass, so muss sie vorher berichtigt werden. Die zweifache Temperaturcorrection für den Maassstab und für das Quecksilber kann man zweckmässig zusammenziehen, wenn wie gewöhnlich Maassstab und Quecksilber dieselbe Temperatur t haben und beide Reduktionen auf 0^0 erfolgen sollen. Es ist dann statt der Rohablesung b zu setzen

$$b \cdot \frac{120\,000 + t}{120\,000} \cdot \frac{5550}{5550 + t},$$

wenn ein Glasmaassstab vorausgesetzt ist. Die Normaltemperatur der Maassstäbe ist selten 0^0, meist etwa 12^0 oder 15^0 C. oder dergl., allein für die Zwecke der barometrischen Höhenmessungen kann man, so lange derselbe Maassstab dient, auf die Maassstabtemperatur 0^0 reduciren, weil nicht die Absolutlänge der Quecksilbersäule, sondern, wie sich zeigen wird, nur ihr

Verhältniss in die barometrische Höhenformel eingeht, es also genügt, wenn die Barometerhöhen nach demselben, übrigens beliebig welchem Maasse, ausgedrückt sind.

Man hat ausgedehnte Tabellen für die Temperaturreduktionen; wenn man eine Interpolation und kleine Rechnung nicht scheut, genügt die eine Zeile — Glasmaassstab —

Rohablesung	700	710	720	730	740	750	760	770
Correktur für 10° C.	1,05	1,07	1,09	1,10	1,12	1,14	1,15	1,17

Hat man z. B. Rohablesung 754,3 mm bei 24,8 C., so rechnet man:

750 für	20^0	2,28	760 für	20^0	2,30
„	4^0	0,456	„	4^0	0,46
„	$0{,}8^0$	0,091	„	$0{,}8^0$	0,092
		2,83			2,85

für 754,3 also 2,84 und der reducirte Barometerstand ist

$$754{,}3 - 2{,}84 = 751{,}46 \text{ mm.}$$

Ist statt Glas ein Messingmaassstab angewendet, so sind die Zahlen der Tabelle für 10^0 um 0,08 grösser zu nehmen; sei z. B. die Rohablesung 762,8 mm bei $19{,}5^0$ gemacht; man begnügt sich die Correktur für 760 anzuwenden, nämlich:

$$1{,}23 + 1{,}107 + 0{,}615 = 2{,}40,$$

findet also das Ergebniss 760,40 mm.

Die Intensität der Schwere ist wegen der an verschiedenen Orten ungleichen Centrifugalkraft, die mit einer, von der geographischen Breite abhängigen Componente, der Erdanziehung gegenwirkt, und wegen ungleicher Entfernung vom Erdmittelpunkt veränderlich und kann genügend genau in der geographischen Breite β und in der Höhe h über Meer dargestellt werden durch

$$g_{\beta,\, h} = g_{45,0}\,(1 - 0{,}002 \text{ b Cos } 2\,\beta)\left(\frac{R}{R+h}\right)^2 \text{ oder}$$

$$g = 9{,}80592 \cdot \frac{384{,}2 - \text{Cos } 2\,\beta}{384{,}2} \cdot R^2 : (R+h)^2, \text{ oder}$$

$$g = 9{,}80592 \cdot [(384{,}2 - \text{Cos } 2\,\beta) : 384{,}2]\,[1 - 0{,}000\,000\,196\text{ h}].$$

R bedeutet den Erdhalbmesser. Hier ist die Schwere in der geographischen Breite von 45^0, am Meeresufer benutzt worden.

Es ist üblich auf diese zu reduciren. Der Druck, den eine b mm lange Quecksilbersäule von 0^0 (auch die Maassstabberichtigung ist an b schon angebracht zu denken) in der geographischen Breite β und der Höhe h über Meer ausübt, ist also ebenso gross, wie jener, der in der Breite von 45^0 und der Seehöhe Null eine

$$b\,\frac{384{,}2}{384{,}2 - \text{Cos } 2\,\beta} \cdot \left(\frac{R+h}{R}\right)^2$$

Millimeter hohe Quecksilbersäule von 0^0 ausübt. So also ist auf die Vergleichsumstände, 45^0 Breite und Meereshöhe, zu berichtigen.

Durch das Zusammenwirken der verhältnissmässig grossen Anziehung der Quecksilbertheile aufeinander (Cohäsion) und der verhältnissmässig geringen Anziehung, die sie vom Glase erleiden (Adhäsion) wird die freie Oberfläche des Quecksilbers in einem Glasgefässe nicht wagrecht eben, sondern gewölbt. In engeren Röhren ist die ganze Oberfläche nach aussen convex, in weiteren Gefässen am Rande convex und erst in grösserer Entfernung vom Rande kann sie für eben gelten. Das Maass der Krümmung wird bei demselben Röhrendurchmesser sehr stark beeinflusst von der Reinheit des Quecksilbers und von jener der Glasoberfläche, selbst in Versuchen, bei welchen die peinlichste Sorgfalt auf die Reinheit verwendet wurde, zeigten sich in kurzer Zeit erhebliche Aenderungen. Beim Sieden des Quecksilbers an der Luft findet eine leichte Oxydation statt (die sich auch bei gewöhnlicher Temperatur, namentlich wenn Feuchtigkeit mitwirkt, noch fortsetzt) und die Oxydationsprodukte sind in geringer Menge im Quecksilber löslich, wodurch dessen Cohäsion, noch mehr aber seine Adhäsion zum Glas erheblich ändert. Man beobachtet zuweilen in länger ausgekochten Barometern eine ganz ebene Oberfläche des Quecksilbers, ja man hat sogar schon concave (was auf starke Zunahme der Adhäsion deutet) bemerkt. Die Gestalt der Oberfläche stellt sich nicht immer sicher her, sondern kleine Reibungshindernisse bewirken, dass statt einer geringen Zunahme oder Abnahme der ganzen Höhe der Barometersäule, zunächst nur eine Aenderung der Oberflächenkrümmung eintritt. Es soll daher vor einer Barometerbeobachtung durch Erschüttern eine Oscillation der Quecksilbersäule veranlasst werden, um jene Reibungshindernisse zu überwinden. Trotz aller Vorsicht beobachtet man im selben Rohr zu verschiedenen, kurz aufeinanderfolgenden Zeiten, ganz verschiedene Kuppenhöhen oder Krümmungen.

Je stärker die convexe Krümmung des Quecksilbers an der Oberfläche, je grösser ist der einwärts gehende Molekurlardruck; daher steht in communicirenden Röhren das Quecksilber nicht gleich hoch, wenn die Oberflächen ungleich stark gekrümmt sind, tiefer in jenem Rohre, wo die stärkere Wölbung besteht. Bei Gefässbarometern ist im Gefässe die Krümmung flacher als im engeren Rohre, ja bei genügender Weite des Gefässes wird die Oberfläche in ihm eben. Die beobachtete Barometerhöhe ist zu klein, sie ist, wenn sie den Luftdruck messen soll, um die Capillardepression im Rohr zu vermehren. Deren Betrag ist im selben Rohre (und für dasselbe Quecksilber) veränderlich mit der Wölbung oder, wie man es ausdrücken kann, mit der Höhe des höchsten Theils der Kuppe über dem Rande. Die Kuppenhöhe sollte man immer messen, um die Capillarcorrektion anbringen zu können. Nachstehende Tabelle ist aus Kohlrausch, Leitfaden der praktischen Physik, 4. Aufl., entnommen, die Zahlen geben an, um wieviel die beobachteten Barometerstände zu vermehren sind, genügend weites Gefäss des Barometers vorausgesetzt.

Capillardepression des Quecksilbers in einem Glasrohr.

Durchmesser mm	Höhe der Kuppen in mm								Durchmesser in mm
	0,4	0,6	0,8	1,0	1,2	1,4	1,6	1,8	
	mm	mm	mm	mm	mm	mm	mm	mm	
4	0,83	1,22	1,54	1,98	2,37	—	—	—	4
5	0,47	0,65	0,86	1,19	1,45	1,80	—	—	5
6	0,27	0,41	0,56	0,78	0,98	1,21	1,43	—	6
7	0,18	0,28	0,40	0,53	0,67	0,82	0,97	1,13	7
8	—	0,20	0,29	0,38	0,46	0,56	0,65	0,77	8
9	—	0,15	0,21	0,28	0,33	0,40	0,46	0,52	9
10	—	—	0,15	0,20	0,25	0,29	0,33	0,37	10
11	—	—	0,10	0,14	0,18	0,21	0,24	0,27	11
12	—	—	0,08	0,10	0,13	0,15	0,18	0,19	12
13	—	—	0,04	0,07	0,10	0,12	0,13	0,14	13

Die Tabelle enthält Mittelwerthe, die etwas mit der Temperatur, aber viel mehr mit den Reinheitsverhältnissen wechseln. Aus der Tabelle folgt, dass in einem Rohre von 4 mm Durchmesser je nach der Kuppenhöhe die Correktion 0,83 oder gar 2,37 mm beträgt, eine Variation von 1,54 mm. In weiteren Röhren wird der Unterschied bei verschiedenen Kuppenhöhen kleiner (bei 13 mm Durchmesser nur 0,1 mm) und die ganze Correktion ist nicht erheblich. Am sichersten ist es immer, den Barometern grösseren Durchmesser zu geben, so dass die Capillardepression ganz vernachlässigt werden kann, oder die Unsicherheit ihres Werths, auch wenn man die lästige Messung der Kuppenhöhe unterlässt, doch nur gering wird. Hat das Rohr einmal 20 mm Durchmesser, mag man unbedenklich von dem Capillareinflusse absehen. Bei engem Gefässe, namentlich aber bei Heberbarometern, ist die Differenz der den beiden Oberflächen entsprechenden Capillarberichtigungen zu nehmen. Es ist schon erwähnt, dass, namentlich in schon länger angefertigten Heberbarometern, die Correktion durchaus nicht verschwindet, der Antheil, welcher auf das offene Rohr (mit weniger reinem Quecksilber und Glas) trifft, aber ganz unsicher wird.

Gleich nach der Herstellung und Auskochung eines Heberbarometers pflegt der Meniskus im geschlossenen Schenkel flacher als im offenen zu sein, — der Barometerstand wird ohne Capillarberichtigung zu hoch gefunden; nach längerer Berührung mit der Luft ist das Quecksilber des offenen Schenkels so verändert, dass häufig (nicht immer) die Wölbung der Oberfläche geringer ist (sogar ganz schwindet) als im geschlossenen Schenkel, der Barometerstand wird zu gering gefunden.

Das Vorstehende zusammenfassend und ergänzend ist also die rohe Barometerbeobachtung zu verbessern:

1. nach der Temperatur des Maassstabes, die nicht immer jene des Quecksilbers ist und eigentlich besonders ermittelt werden sollte. Die Kennt-

niss der Normaltemperatur des Maassstabes ist für das barometrische Höhenmessen nicht unbedingt nöthig.

2. nach der Temperatur des Quecksilbers. Diese ist nicht so ganz leicht zu ermitteln. Sie kann von der Temperatur der sie umgebenden Luft sehr abweichen. Man bringt ein Thermometer in möglichst innige Berührung mit dem Barometer, allein die geringere Masse des Thermometerquecksilbers folgt schneller den Schwankungen der Temperatur als die grosse Masse des Barometerquecksilbers; es ist, um den daraus entspringenden Fehler zu mindern, gut, das Thermometergefäss sehr gross zu machen. Erwähnt sei noch, dass das Quecksilber des Barometers an verschiedenen Stellen ziemliche Unterschiede der Temperatur haben kann. Vor der Beobachtung sollte das Barometer länger am selben Orte gestanden haben und an diesem die Temperatur während dieser Zeit ziemlich constant geblieben sein, damit die Differenz der Temperatur des Barometerquecksilbers gegen die Thermometerangabe nur klein sein kann.

3. nach dem Capillareinflusse,

4. nach der Schwere des Ortes (abhängig von dessen Breite und Seehöhe).

Bei engeren Barometern und dem gewöhnlichen (lang fertig gestellten) Heberbarometer ist die Capillarcorrektion am unsichersten, auch die Temperaturverbesserung im allgemeinen wenig sicher. Schon hiernach wird die Unsicherheit in der Messung des Luftdrucks nicht gering sein. Reibungshindernisse, Ablesungsfehler (Parallaxe) vermehren sie. Endlich wenn man bei Höhenmessungen mit verschiedenen Barometern misst, kommt noch Zweifel über Identität des Quecksilbers und der Theilungen hinzu. Alles in allem wird man die Unsicherheit in der Differenz der berichtigten Barometerstände an zwei Punkten allermindestens auf $^1/_2$ mm veranschlagen dürfen, welcher, vorausgreifend bemerkt, eine Höhenunsicherheit von 6 m oder mehr entspricht. Es ist schon eine recht gute Beobachtung, wenn man den einzelnen Barometerstand glaubt auf $^1/_3$ bis $^1/_4$ mm verbürgen zu können, selbst im Laboratorium wird $^1/_{10}$ mm die äusserste erreichbare Genauigkeit sein. Auf dem geduldigen Papier findet man oft die Barometerhöhen auf Hundertel mm angegeben, — der erfahrene Beobachter weiss, dass das keinen ernstlichen Sinn hat.

§ 308. **Federbarometer** beruhen auf der Verbiegung elastischer, luftleer gemachter, dünner Metallgefässe, wobei noch Gegenfedern angebracht sind, da die Elasticität der leeren Behälter nicht ausreicht. Mittelst der Federbarometer können sehr viel kleinere Schwankungen des Luftdrucks erkannt werden, als mit Quecksilberbarometern. Es genügt die Thüre im Zimmer zu öffnen oder zu schliessen, um am Federbarometer die eingetretene Luftdruckänderung wahrzunehmen, jeder Blitz wirkt auf ein empfindliches Federbarometer. So empfindlich Federbarometer sind, um Luftdruckänderungen anzuzeigen, die binnen kurzer Zeit erfolgen, so unzuverlässig sind die Absolutwerthe ihrer Angaben. Die elastischen Kräfte, welche beim Federbarometer ins Spiel kommen, sind, wie man in allen Fällen von

Federanwendungen bemerkt, sehr veränderlich. Selbst wenn eine Feder ganz ruhig sich selbst überlassen bleibt, ändert ihre Gestalt beständig durch die langsamen, oft aber auch sprungweise eintretenden Wirkungen der Molekularkräfte. Erschütterungen, die bei Reisen mit dem Federbarometer doch nicht zu vermeiden sind, bewirken oft grosse Störungen. Das Tragen der Federbarometer ist ohne Zweifel bequemer als jenes der Quecksilberbarometer, aber gleichwohl muss es mit grosser Sorgfalt geschehen und die überraschendsten Erfahrungen sind in dieser Hinsicht gemacht worden. Federbarometer haben förmliche Launen. Am besten werden sie getragen in einem passenden Behälter, welcher der Brust des Trägers fest anliegt, nie soll man sie an Riemen über die Schulter hängen, weil sie dann beim Gehen, Reiten, Fahren gegen den Körper schlagen und stärker erschüttert werden können.

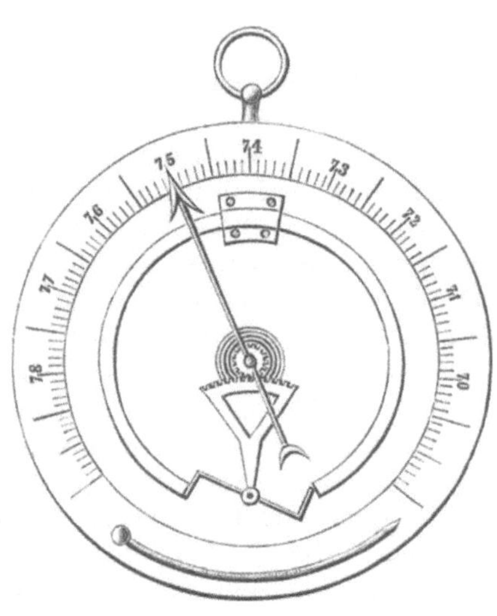

Fig. 325.

Die Skala des Federbarometers kann einzig durch Vergleich der jeweiligen Zeigerstellung mit der Angabe (corrigirten) eines guten Quecksilberbarometers hergestellt werden. Folglich sind die Absolutwerthe der Angaben des Federbarometers mindestens von gleichem Grade der Unsicherheit wie jene der Quecksilberbarometer. Häufige Vergleichung mit solchen ist durchaus nöthig, tägliche dürfte noch zu wenig sein.

Die Federbarometer haben verschiedene Einrichtungen. Jene, die man vorzugsweise Metallbarometer nennt (die Bezeichnung ist schwankend und diese hier wenig bezeichnend), bestehen aus einem luftleer gemachten, dünnwandigen, flachen Metallkästchen, das etwa halbmondförmig gekrümmt und in seiner Mitte festgemacht ist. Nimmt der Luftdruck zu, so wird die Krümmung stärker, da die Druckzunahme auf die grössere, convexe Fläche bedeutender ist als auf die kleinere, concave, die Mondhörner nähern sich und ihre Bewegung wird durch ein Hebelwerk auf eine Axe übertragen, auf der ein Zeiger sitzt, der vor einer Art Zifferblatt sich bewegt; meist sucht noch eine kleine Spiralfeder ihn in seiner Lage zu erhalten. Bei Abnahme des Luftdrucks erfolgt entgegengesetzte Bewegung des Zeigers. Um die Angaben jeweils mit jener des Quecksilberbarometers übereinstimmen zu machen, kann entweder das Zifferblatt verdreht werden, oder die Spiralfeder in ihrer Spannung geändert werden, wobei der Zeiger folgt. War die Theilung einmal richtig, so ist sie es streng genommen nicht mehr, wenn Aenderungen in der elastischen Beschaffenheit des Kästchens oder der Gegenfeder eingetreten sind. Um auch hierfür noch berichtigen zu können, hat man wohl auch Schrauben zur Aenderung der Hebelübersetzung angebracht.

Bei den, vorzugsweise Aneroid- oder Holosteric-Barometer genannten, Instrumenten ist eine flache, luftleer gemachte Dose die Hauptsache. Ihre Böden sind gewöhnlich aus gewelltem Blech angefertigt, der eine am Gehäuse festgemacht, auf den andern eine kleine Säule gelöthet. Die flache Dose wird je nach der Stärke des Luftdrucks mehr oder minder zusammengedrückt, das auf dem beweglichen Boden sitzende Säulchen S macht die Bewegungen des Deckels mit. Die Elasticität des Kästchens, welche bei Abnahme des Drucks eine Aufwärtsbewegung des Deckels hervorruft, wird unterstützt durch eine Feder F, in der Skizze Fig. 326 von C-Form, welche die Säule und den daran sitzenden Deckel von der Grundfläche abdrückt. Die Bewegungen der kleinen Säule dienen als Anzeichen für die Luftdruckänderungen.

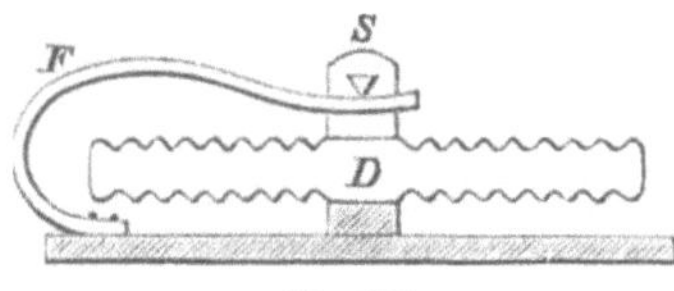

Fig. 326.

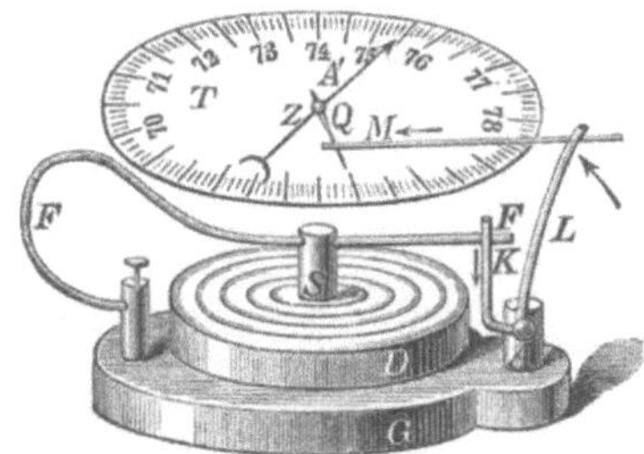

Fig. 327.

Gewöhnlich wird die Bewegung der Säule durch ein mehr oder minder verwickeltes Hebelwerk auf eine Axe mit Zeiger übertragen, der sich in einer zur ursprünglichen Bewegungsrichtung rechtwinkeligen Ebene vor einem Zifferblatte herdreht, das so getheilt ist, dass die Angaben mm Quecksilberdruck bedeuten.

Wie eine solche Uebertragung verhältnissmässig einfach erfolgen kann, zeigt die Skizze Fig. 327. Die starke Feder F sucht durch die Säule S den gewellten Deckel der Dose D von dem an der Grundplatte G befestigten Boden zu entfernen, der Luftdruck, welcher die Dose zusammenzupressen strebt, wirkt gegen. Hat er zugenommen, die Säule eine abwärtsgehende Bewegung vollführt, so drückt das Ende F der Feder, welches durch ein Ohr der rechtwinkelig gebogenen Stange K geht, diese abwärts, dadurch wird um die Axe A eine Drehung hervorgebracht, vermöge welcher die Stange (oder der Hebelarm) L nach links geht und durch das Stück M an dem Querstück Q nach links schiebt, so dass dieses und der auf derselben Axe A' sitzende Zeiger uhrzeigergemäss gedreht werden. Die Art wie das Zifferblatt T und die Axe A' für den Zeiger befestigt sind, ist leicht zu errathen, in der Figur ist alles darauf Bezügliche fortgelassen.

Die allereinfachste Uebertragung sieht man an einem von Möller angegebenen Metallbarometer (Zeitschr. f. Instrumentenkunde, 1881, I, 267). Wie der Querschnitt zeigt, besteht das luftleer gemachte Gefäss aus mehreren mit einander verbundenen Büchsen und die Böden sind zwischen harten Stahlstempeln unter starkem Drucke möglichst tief wellenförmig geprägt, wodurch eine Gegenfeder entbehrlich wird. Der Knopf C, welcher bei Aenderung des Luftdrucks bewegt wird, hat eine steile Schraubenmutter eingeschnitten, in welche das als Schraubenspindel B geschnittene Ende der Axe des Zeigers eingreift. Eine Spiralfeder H hindert todten Gang und drückt zugleich die Zeigeraxe in ihr oberes Lager. Die Bewegung des Zeigers ist eine starke Vergrösserung jener des Büchsendeckels. Berichtigung (richtige Grösse der Theilstriche vorausgesetzt) entweder durch Drehen der ganzen luftleeren Büchse oder des Glasdeckels G mit dem Zifferblatte D.

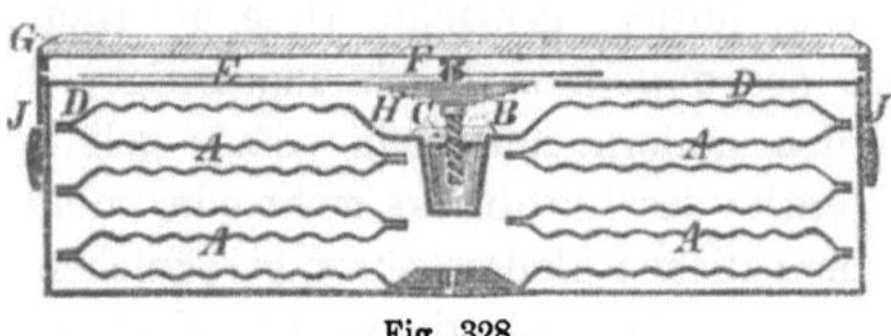

Fig. 328.

Bei den Aneroiden von Reitz wird die durch einfache Hebelübersetzung vergrösserte Bewegung durch ein feststehendes Mikroskop von 150facher Vergrösserung beobachtet. Das Ende des Hebels ist ein Glasplättchen, M, Fig. 329, auf welchem photographisch eine Theilung von

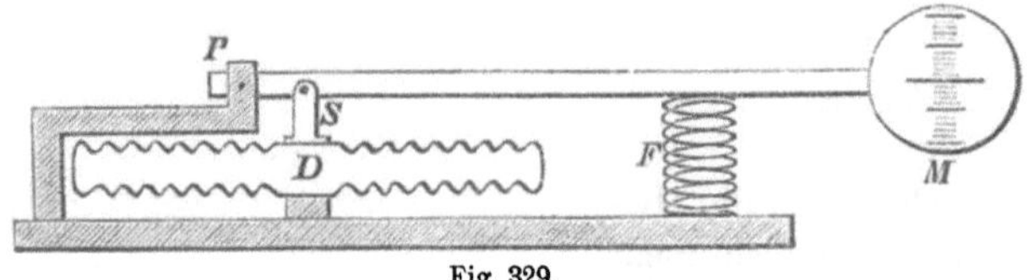

Fig. 329.

300 Strichen mit Bezifferung befindlich. Die Striche sind in der Mitte etwa 0,01 mm von einander entfernt, was einem Winkelwerthe von 20 Sekunden entspricht. Da durch das Mikroskop Zehntel der Theilung noch gut geschätzt werden können, lässt sich Drehung des Hebels um 2″ beobachten. Da die Hebelübersetzung eine zehnfache, so ist also eine Hebung oder Senkung des Dosendeckels um 0,0001 mm noch messbar. Dem entspricht eine Luftdruckänderung von ungefähr 0,03 mm Quecksilber. Die Gegenfeder F, welche die Elasticität der Dose unterstützt, ist hier eine Spirale. Das Barometer ist in einem Kästchen, in dessen einer Wand das Mikroskop (mit Fadenkreuz) eingeschraubt und gegen das Hebelende gerichtet ist. Gegenüber in der andern Wand des Kästchens ist eine mit Glaslinse verschlossene Oeffnung, die Licht von hinten auf das getheilte Glasplättchen wirft. Thermometerzugabe u. s. w. Die schematische Figur 329 zeigt die Dose D, die aufgelöthete Säule S, die auf den um P drehbaren Hebel wirkt.

Bei den Goldschmid'schen Aneroiden wird die Bewegung des Dosendeckels mittelst Mikrometerschraube gemessen und zwar entweder ohne Hebelübersetzung (bei den sogen. Schiffsbarometern) oder die durch Hebelübertragung vergrösserte Bewegung. Fig. 330 zeigt die Anordnung im Durchschnitt für den letztern Fall. Die Bewegung des Deckels und der

Gegenfeder überträgt sich auf den einarmigen Hebel e'' e, der um e'' dreht. Durch die Wirkung der Schraube wird das Ende e des Hebels, das einen Strich trägt, stets auf dieselbe Stelle gebracht und die Anzahl der Schraubenumdrehungen an der Trommel T gemessen, deren Theilung sogleich nach mm Quecksilberdruck beziffert ist. Die Schraube wirkt nicht unmittelbar auf den Hebel e'' e, sondern zunächst auf eine damit verbundene Feder e'' e'. Letztere sucht sich von e zu entfernen; wird sie soweit niedergedrückt, dass der Strich auf e' in der Verlängerung des Striches auf e neben diesem erscheint, so ist der Druck, mit welchem die Schraube auf den Fühlhebel e' und also auch auf den eigentlichen Messhebel e wirkt, jedesmal derselbe.

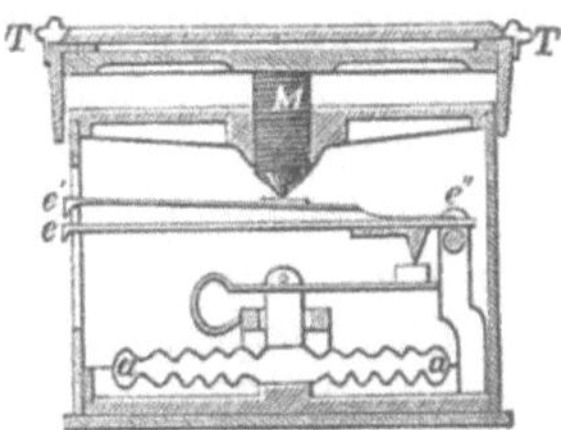

Fig. 330.

Bei einer Form des Goldschmid-Aneroid wird der Hebel e nicht immer genau auf denselben Punkt herabgedrückt, sondern es werden mit Hülfe der Schraube nur die feineren Ablesungen gemacht. Der Hebel habe sich, nachdem die Schraube ganz zurück gezogen war, so gestellt, dass er zwischen zwei Theilstrichen einer aussen am Instrumente angebrachten Theilung steht, welche z. B. 730 und 720 mm Quecksilberdruck entsprechen und demgemäss beziffert sind. Man zwingt dann den Hebel bis zu Strich 720 zurückzugehen, während die Striche e' und e des Fühl- und des Messhebels zusammenfallen. Waren dazu 73,5 Hunderttheile (am Umfang der Scheibentrommel messbar) Drehung nöthig, so ist der Barometerstand

$$730{,}0 - 7{,}35 \text{ mm} = 722{,}65 \text{ mm}.$$

Die Bezifferung der Trommel ist verkehrt, also man liest an ihr, wenn e' und e zusammenfallen, ab 2,65 und 720 an der Seitentheilung, woraus der Barometerstand

$$720 + 2{,}65 = 722{,}65 \text{ mm}.$$

Fig. 331 zeigt die Ansicht dieses Barometers. Da ein Hundertel der Schraubenumdrehung eine Verschiebung entsprechend einem Barometerstande von 0,1 hervorbringt und da die Grösse eines Theils an der Trommel 2,5 mm ist, so können an diesem Barometer 0,01 mm noch geschätzt werden.

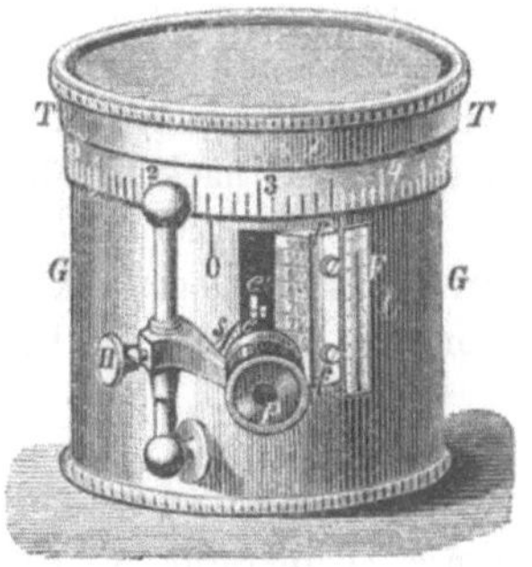

Fig. 331.

Bei dem Mikroskop-Aneroid von Weilenmann sind mehrere Büchsen (5) so auf einander gesetzt, dass der Boden der untersten festsitzt, die Böden der oberen aber auf der kleinen Säule, die auf dem Deckel der nächstvorhergehenden gelöthet ist. Auf dem Deckel des obersten ist eine Säule mit einer Marke. Diese wird sich bewegen um die Summe der Einsenkungen der auf einander stehenden Büchsen, und diese Bewegungen werden durch ein Mikroskop mit Ablesefaden beobachtet.

Das Mikroskop ist geführt und wird mittelst Mikrometerschraube bewegt; aus der an einer Skala ablesbaren ganzen Anzahl der Schraubenumdrehungen und der an dem Kopfe der Schraube ablesbaren Bruchtheile der Umdrehungen folgt die ganze Verschiebung des Mikroskops gegen eine angezeichnete Anfangsstellung, die z. B. 760 mm Quecksilberdruck entspricht. Die Theilungen (Schraubenhöhe) sind so gewählt und beziffert, dass sofort der Barometerstand nach mm Quecksilber abgelesen wird.

Alle besseren Aneroide sind mit Thermometern versehen, welche die Temperatur des Instruments erkennen lassen.

Die Temperatur hat auf die Angaben der Federbarometer (jeglicher Art) einen Einfluss, der für jedes einzelne Instrument besonders zu bestimmen ist, am besten im Winter; man legt das Instrument abwechselnd ins Freie und in das geheizte Zimmer, misst seine Temperatur und vergleicht seine Luftdruckangaben mit denen eines guten Normal-Quecksilber-Barometers. Die Temperaturerhöhung wirkt durch Abänderung der Dimensionen der Hebel und anderer Theile in verwickelter, nicht wohl vorhersagbarer Weise auf die Angabe der Federbarometer. Es ist aber wohl denkbar, dass eine Compensation eintreten kann und die Angabe möglicherweise frei vom Temperatureinfluss wird. An den ersten Instrumenten war zufällig das nahezu der Fall und man verbreitete daher das Gerücht, die Aneroidangaben wären bei den verschiedensten Temperaturen dieselben, hat auch später angegeben, künstlich und absichtlich Compensation für die Temperatur angebracht zu haben. Nur so viel ist sicher, dass der Temperatureinfluss auf Aneroide sehr verschieden ist, selbst für Instrumente derselben Werkstätte, individuell, in angegebener Weise, muss er bestimmt werden, und zwar muss, da man neben der Federänderung auch Aenderung des Temperaturcoefficienten beobachtet hat, die Untersuchung von Zeit zu Zeit wiederholt werden. — Lässt man das Instrument auf der Reise in einem Lederbehälter, so gehen seine Temperaturänderungen langsamer und man wird nicht so grosse Ungewissheit über die Temperatur haben, als wenn das Aneroid nackt geführt wird.

Um die Aneroidangaben mit jenen des Quecksilberbarometers (reducirt auf 0^0, 45^0 geogr. Breite und Seehöhe) vergleichen zu können, hat man Formeln aufgestellt, wie

$$b = a + x + y\,t + z\,(760 - a),$$

wo b der Luftdruck (in mm Quecksilber), a die Ablesung am Aneroide, t die Temperatur, x, y, z aber Constante sind, x heisst die Standcorrektur, y der Temperaturcoefficient, z der Theilungscoefficient. Aus mindestens drei Beobachtungen unter verschiedenen Umständen lassen sich die Constanten für ein bestimmtes Instrument ableiten. Man findet gewöhnlich, dass, wenn man es genau nimmt, jene Gleichung nicht ausreicht, sondern mehr Glieder genommen werden müssten. Binnen kurzer Zeit ändern an manchen Instrumenten die Werthe der Constanten erheblich.

Aneroidangaben bedürfen keiner Schwerecorrektion. Denn die Federkraft ist unabhängig von geographischer Breite und Höhe und die Gewichte der Hebel u. s. w., die allerdings mit der Federkraft in Concurrenz treten, sind sehr gering gegen die elastischen Kräfte, und mehr noch vernachlässigbar ist die Veränderlichkeit dieser Gewichte mit dem Orte.

§ 309. **Thermobarometer.** Die Siedetemperatur des Wassers ist eine empirisch gekannte Funktion des Luftdrucks, und aus ihrer Beobachtung lässt sich der Barometerstand eines Ortes ableiten. Die Temperatur der aus kochendem Wasser entweichenden Dämpfe zu messen (die des Wassers selbst kann aus allerhand Gründen verschieden sein) ist nicht so einfach, als man anfangs glauben mag. Alle Thermometer, namentlich solche, die zeitweilig stärker erwärmt werden, sind im Laufe der Zeit mannigfachen Aenderungen unterworfen und häufige Neubestimmung der Lage ihrer Fundamentalpunkte, — Gefrier- und Siede-Temperatur (760 mm) — ist nöthig (wobei ein Barometer unentbehrlich). Die Anstellung der Siedeversuche auf Berghöhen ist ferner meist gar nicht bequem, das mitzunehmende Geräthe zwar weniger zerbrechlich als ein Quecksilberbarometer, aber umfangreicher. Das schlimmste aber ist, dass bei den gewöhnlichen Luftdrucken einer Aenderung im Druck nur eine recht kleine in der Siedetemperatur entspricht; z. B. wenn der Luftdruck von 760 mm Quecksilber um 1 mm zu- oder abnimmt, steigt oder fällt die Siedetemperatur nur um $0{,}04^0$ C. Das mit Sicherheit zu messen, ist selbst unter den günstigsten Umständen, mit wohl verglichenem und oft geprüftem feinen Thermometer schon recht schwierig. Im Ganzen muss man sagen, die mit dem Thermobarometer (wie man kurz sagt, um auszudrücken, aus Thermometerbeobachtung sollen Barometerstände abgeleitet werden) erzielbare Genauigkeit reicht für die Zwecke der Höhenmessung nicht aus.

§ 310. **Die barometrische Höhenformel.** Sei zunächst vollkommener Gleichgewichtszustand der Atmosphäre vorausgesetzt und die Beziehung zwischen den Höhen zweier derselben Senkrechten angehörender Punkte und den dort herrschenden Luftdrucken aufgesucht. Der Luftdruck werde von jetzt an mit p bezeichnet und sein Maass sei eine Quecksilbersäule von 0^0 und unter 45^0 geogr. Breite in Meereshöhe gedacht, der Barometerstand b also auf die bereits vorgetragene Art entsprechend reducirt.

In der Höhe h über Meer sei der Luftdruck $p = \pi + \varepsilon$, wo π den Druck der trockenen Luft und ε den Partialdruck des Wasserdampfes bedeute. An einer um dh tieferen (oder um —dh höheren) Stelle ist der Luftdruck grösser um das Gewicht einer Säule von der Höhe dh, die mit Luft eben jener Beschaffenheit erfüllt ist. Nach dem Mariotte-Gaylussac'schen Gesetze ist das Gewicht der trockenen Luftsäule (immer Querschnittseinheit vorausgesetzt) gleich $c g \pi\, dh : (1 + \alpha_1 t)$ und jenes des Wasserdampfes $^5/_8\, c g \varepsilon\, dh : (1 + \alpha_2 t)$, wobei die genügend genaue Annahme gemacht wird, Wasserdampf wiege $^5/_8$ mal so viel als Luft gleicher Temperatur und gleicher Spannkraft. c ist eine Constante, g die Schwerebeschleunigung, t die Temperatur und α_1 und α_2 die Ausdehnungscoefficienten der trockenen Luft und des Wasserdampfes. Vereinfachend, wenn auch nicht ganz genau, mag man α als Ausdehnungscoefficient der nicht trockenen, sondern der, im betreffenden Maasse, Wasserdampf enthaltenden Luft annehmen und erhält dann für die Druckzunahme dp, welche der Höhenzunahme — dh entspricht:

$$dp = -cg \cdot \frac{\pi + {}^5/_8 \varepsilon}{1 + \alpha t} \cdot dh.$$

Führt man für die Schwerebeschleunigungen g ihren Werth (§ 307, S. 584)

$$g = g_{45,0} \frac{(384,2 - \operatorname{Cos} 2\beta)}{384,2} \left(\frac{R}{R + h}\right)^2$$

ein, so kommt nach einer Umstellung:

$$\frac{dp}{\pi + {}^5/_8 \varepsilon} \, \frac{384,2}{384,2 - \operatorname{Cos} 2\beta} \cdot \frac{1 + \alpha t}{c + g_{45,0}} = -\frac{dh}{(R + h)^2} \cdot R^2 \ldots\ldots \qquad 1)$$

Um diesen Ausdruck integriren zu können, müssten t und ε als Funktion von h oder p gegeben sein. Man weiss aber nichts Genügendes über das Gesetz der Veränderung des Temperatur- und Wasserdampf-Gehaltes der Luft mit der Höhe und ist auf mehr oder minder wahrscheinliche Annahmen gewiesen. Laplace vermochte durch einen Kunstgriff die annähernde Integration auszuführen für die Annahme, die Temperatur ändere proportional der Höhe, und kam zum selben Ergebniss, wie wenn man, wenig genau, die ganze Luftschichte als von constanter Temperatur $^1/_2(t_1 + t_2)$, der mittleren zwischen den an den Endpunkten der Luftsäule beobachteten, angesehen hätte. Hinsichtlich des Wasserdampfes hilft man sich mit der Annahme, dessen Spannkraft sei in der ganzen in Betracht kommenden Luftsäule gleich dem Mittel $\varepsilon = {}^1/_2(\varepsilon_1 + \varepsilon_2)$, der an den Enden beobachteten. Nun wird die Integration leicht ausführbar und liefert zwischen den Grenzen h_1, h_2 und $p_1 = \pi_1 + \varepsilon$, $p_2 = \pi_2 + \varepsilon$ genommen:

$$\frac{384,2}{384,2 - \operatorname{Cos} 2\beta} \cdot \frac{1 + {}^1/_2(t_1 + t_2)}{c\, g_{45,0}} \cdot \log \operatorname{nat} \frac{\pi_1 + {}^5/_8 \varepsilon}{\pi_2 + {}^5/_8 \varepsilon} = \frac{h_2 - h_1}{(R + h_1)(R + h_2)} \, R^2 \qquad 2)$$

Einfacher geschrieben, statt des natürlichen den gemeinen Logarithmus einführend, den Umwandlungsmodul mit c und $g_{45,0}$ in eine einzige Constante C zusammenfassend und das Glied $\frac{h_1 \, h_2}{R^2}$ seiner Kleinheit wegen vernachlässigend: 3)

$$h_2 - h_1 = C \cdot \log \frac{\pi_1 + {}^5/_8 \varepsilon}{\pi_2 + {}^5/_8 \varepsilon} [1 + \alpha \cdot {}^1/_2 (t_1 + t_2)] \frac{384,2}{384,2 - \operatorname{Cos} 2\beta} \left(1 + \frac{h_1 + h_2}{R}\right)$$

Dass in dieser Formel die Summe $h_1 + h_2$ der Meereshöhe beider Orte vorkommt, stört nicht, denn es genügt eine annähernde Kenntniss derselben, da sie durch den sehr grossen Werth des Erdhalbmessers (R) dividirt erscheint. Man mag, nachdem man mit geschätztem Werthe von

h_2 (h_1 sei bekannt) das Glied $(h_1 + h_2):R$ eingesetzt und $h_2 - h_1$, also auch h_2 annähernd berechnet hat, die Rechnung wiederholen, nun unter Benutzung des schon besseren Werthes von h_2, wie ihn die vorläufige Rechnung gab.

Die Constante C, deren Bedeutung angegeben wurde, ist für Metermaass ungefähr 18400. Man findet es zweckmässiger, ihren Werth, statt aus den physikalischen Daten, aus der Erfahrung mit der barometrischen Höhenformel selbst, nämlich aus Vergleich nivellirter Höhendifferenzen mit barometrisch gemessenen abzuleiten und da auch noch eine gewisse Willkür hinsichtlich des zu wählenden Ausdehnungscoefficienten α verbleibt, passende Werthe von C und α zusammen zu finden. Das Ergebniss ist ein ziemlich unsicheres, man hat eine Anzahl verschiedener Werthe der Constanten in Vorschlag gebracht, zwischen welchen die Auswahl zu treffen schwierig ist.

Gewöhnlich sucht man die lästige*) Messung der Dampfspannungen ε zu umgehen und richtet die Formel für einen gewissen mittleren Feuchtigkeitsgehalt der Luft ein, wo dann statt der Summe aus Spannkraft der trockenen Luft und $^5/_8$ jener des Wasserdampfes, einfach der Gesammtdruck p der feuchten Luft (auf Quecksilber von 0^0 und Schwere in 45^0 Meereshöhe reducirt) in die Formel eingeht, also

$$\log \frac{p_1}{p_2} \text{ an Stelle von } \log \frac{\pi_1 + {}^5/_8\,\varepsilon}{\pi_2 + {}^5/_8\,\varepsilon} \text{ tritt.}$$

Von der grossen Anzahl barometrischer Höhenformeln sollen hier nur einige mitgetheilt werden:

Ohne Rücksicht auf Schwereveränderung und Feuchtigkeit (also mittlere Werthe voraussetzend) sind 4) und 5)

$$4)\quad h_2 - h_1 = 18\,382 \cdot \log \frac{p_1}{p_2}\,[1 + 0{,}002\,(t_1 + t_2)]$$

$$5)\quad h_2 - h_1 = 18\,516 \cdot \log \frac{p_1}{p_2}\,[1 + 0{,}001\,887\,(t_1 + t_2)].$$

Die nächste Formel enthält die Schwerecorrektion nach der geographischen Breite:

$$6)\quad h_2 - h_1 = 18\,393 \log \frac{p_1}{p_2}[1 + 0{,}002\,(t_1 + t_2)]\,(1 + 0{,}002\,837 \operatorname{Cos} 2\beta)$$

B a u e r n f e i n d empfiehlt nachstehende, Feuchtigkeit und Schwereveränderung nach Breite und Höhe enthaltende Formel:

$$7)\quad h_2 - h_1 = 18\,404{,}9 \left[\log \frac{p_1}{p_2} + 0{,}868\,59\,\frac{h_2 - h_1}{R}\right]$$
$$[1 + 0{,}001\,8325\,(t_1 + t_2)]\,[1 + 0{,}0026 \operatorname{Cos} 2\beta]$$
$$\left[1 + \frac{h_1 + h_2}{R}\right]\left[1 + \frac{3}{16}\left(\frac{\varepsilon_1}{p_1} + \frac{\varepsilon_2}{p_2}\right)\right]$$

oder, da er in die Formel die Temperaturcorrektion des Quecksilber-

*) Es gibt auch bequemere Mittel, sie taugen aber nicht viel.

barometers (Temperaturen τ_1 und τ_2) einzieht, wird noch weitläufiger der erste Klammerausdruck zu:

$$\log \frac{b_1}{b_2} - 0{,}000\,08\,(\tau_1 - \tau_2) + 0{,}868\,59\,\frac{h_2 - h_1}{R}$$

Eine von Rühlmann empfohlene, Ansprüche auf grössere theoretische Richtigkeit erhebende Formel ist:

$$8)\quad h_2 - h_1 = 18\,400{,}2\,\log \frac{p_1}{p_2}\,[1{,}001\,57 + 0{,}001\,835\,(t_1 + t_2)]\,[1 - 0{,}002\,62\,\mathrm{Cos}\,2\beta]\,[1 + (h_1 + h_2):6\,378\,150]\,\{1 + 0{,}189\,[(\varepsilon_1 : p_1) + (\varepsilon_2 : p_2)]\}$$

oder

$$9)\quad h_2 - h_1 = 18\,401{,}1\left[\log \frac{p_1}{p_2} + \frac{h_2 - h_1}{R}\,1{,}1943\right][1 + 0{,}001\,8325\,(t_1 + t_2)]\,[1 : (1 - 0{,}0027\,\mathrm{Cos}\,2\beta)]\,[1 + (h_1 + h_2) : R]\left[1 : \left(1 - \frac{3}{16}\left(\frac{\varepsilon_1}{p_1} + \frac{\varepsilon_2}{p_1}\right)\right)\right]$$

Es sind beispielsweise die Rechnungen gemacht für $p_1 = 760$ mm, $p_2 = 740$ mm, $^1/_2\,(t_1 + t_2) = 10^0$, $\beta = 45^0$, $\varepsilon_1 = 6$ mm, $\varepsilon_2 = 4$ mm, $R = 6\,370\,300$ m und in den Correktionsgliedern $h_1 = 0$ und $h_2 - h_1 = h_2 + h_1 = 220$ m angenommen. In der Formel 3) ist die theoretische Constante $C = 18\,400{,}5$ eingesetzt. Man findet $h_2 - h_1$ nach Formel

3)	4)	5)	6)	7)	9)
213,30 m	217,12	222,30	217,25	222,27	222,23.

Da die Rechnung nur mit 5stelligen Logarithmen gemacht, kommen die feineren Correktionen nicht mehr recht zur Geltung.

Nach den Unterschieden, die sich hier zeigen, wird sich die Berechtigung von Annäherungsformeln ergeben. Die beste ist von Babinet vorgeschlagen:

$$10)\quad h_2 - h_1 = 16\,000\,(p_1 - p_2) : (p_1 + p_2) \cdot [(545 + t_1 + t_2)) : 545].$$

Der Logarithmus von $(p_1 : p_2)$ ist durch das erste Glied der Reihenentwicklung ersetzt und die Vernachlässigung der weitern Reihenglieder durch eine Veränderung an der Constanten C (für die statt 16 000 rund, auch 16 083 genommen wird) gut zu machen gesucht. Diese bequeme Formel entspricht, bis zu einigen Hundert Meter Höhenunterschied, ganz gut den Anforderungen, d. h. sie ist nicht schlechter als die schwerfälligen anderen Formeln.

Das obige Zahlenbeispiel berechnet sich nach Formel

	10) (mit $C = 16\,000$)	10) (mit $C = 16\,083$)
$h_2 - h_1 =$	221,16 m	222,30 m

Wird die Unsicherheit in p_1 und p_2 zu 0,3 mm angenommen, so liefert Formel 10) (mit $C = 16\,083$) für

$\left.\begin{array}{l} p_1 = 760{,}3 \\ p_2 = 740{,}3 \end{array}\right\}$ 222,22 m $\left.\begin{array}{l} p_1 = 760{,}3 \\ p_2 = 739{,}7 \end{array}\right\}$ 228,98 m

$\left.\begin{array}{l} p_1 = 759{,}7 \\ p_2 = 740{,}3 \end{array}\right\}$ 215,64 m $\left.\begin{array}{l} p_1 = 759{,}7 \\ p_2 = 739{,}7 \end{array}\right\}$ 222,40 m

Die, aus den als möglich angenommenen Fehlern der Barometerablesungen herrührenden Fehler betragen somit für das Beispiel im ungünstigsten Falle 13,34 m, d. h. über 6 Procent der Höhe, günstigsten Falls, wenn beide Barometerablesungen im gleichen Sinne gleich viel unrichtig sind, allerdings nur 0,18 m. Jedenfalls wird ersichtlich, wie die Ungenauigkeit der Barometerablesung starken Einfluss übt. Im allgemeinen kann man annehmen, dass eine Unsicherheit von 0,1 mm in einer Ablesung etwas über 1 m Unsicherheit in der Höhe bewirkt und die gleiche Unsicherheit für beide Ablesungen bei ungünstiger Combination etwa $2^1/_2$ m.

Die Ermittelung der Lufttemperatur ist durchaus keine einfache Sache. Die Angabe eines Thermometers hängt ab von den Strahlungsverhältnissen und anderen Umständen. Man darf ohne Uebertreibung für die Praxis des barometrischen Höhenmessens die Unsicherheit zu 1^0 in der abgeleiteten Mitteltemperatur der Luft veranschlagen, was den Höhenunterschied um ungefähr $^1/_{273}$ d. h. über $^1/_3$ % unsicher macht.

Das Correktionsglied wegen veränderlicher Schwere ist praktisch ohne Bedeutung. Denn der Unterschied der geographischen Breite 49^0 oder 50^0 gegen 45^0 macht nur 0,036 bezw. 0,044 Procent aus. Und durch Einführung der Correktion der Schwere wegen der Höhe wird bei $h_1 - h_2 =$ 220 m der gesuchte Höhenunterschied nur um 1 : 28 955 = 0,003 Procent anders.

Man hat zur leichteren Berechnung der Höhenunterschiede aus Barometerbeobachtungen zahlreiche Tabellen veröffentlicht, die meistens eine ganz ungemeine Verschwendung von Zahlen und Papier zeigen. Schon das bisher über die Unzuverlässigkeit der barometrischen Höhenbestimmungen Mitgetheilte genügt, die Ansicht zu begründen, dass man in der Mehrzahl der Fälle einfachst mit der Babinet'schen Formel 10) ausreicht. Spätere Bemerkungen bringen weitere Gründe für diese Meinung. Uebrigens soll die angenäherte Formel nur benutzt werden, so lange der Unterschied des Luftdrucks in den beiden Endpunkten gering ist. Sei derselbe 760 — 680 = 80 mm, Lufttemperatur 0^0 angenommen. Je nachdem man die ganze Höhe auf einmal berechnet oder aus zwei Theilen mit je 40 mm Luftdruckunterschied zusammensetzt, oder aus 4 Theilen mit je 20 mm oder gar 8 Theilen mit je 10 mm Unterschied der Barometerstände, erhält man: $h_2 - h_1 = 893{,}50$ m oder 894,21 m oder 894,38 m oder 894,45 m (nach Formel 5) mit $\beta = 45^0$ findet man 894,43 m). Die (freilich mühsame) Berechnung nach Theilen ist, bei Druckdifferenzen von 20 mm und mehr, also vorzuziehen. Tabellen aber erscheinen ganz unnöthig. Man benutzt log(16 083 : 545), addirt hierzu den Logarithmus des Druckunterschiedes und jenen der Summe aus 545 und den zwei Endtemperaturen und zieht den Logarithmus der Summe der beobachteten Drucke ab.

Man hat also (ausser dem Stammlogarithmus) nur 3 Logarithmen aufzuschlagen und, nach einer algebraischen Addition, den Numerus zu einem Logarithmus zu suchen.

Man hat sogar Tabellen entworfen, welche für einen Barometerstand die Seehöhe des Beobachtungsortes annähernd geben, wobei für den Barometerstand in Meereshöhe ein bestimmter Normalwerth (760 mm oder 762 mm) angenommen wird. Solche Tabellen haben, schon der selten zutreffenden Annahme wegen, gar keinen Werth; man kommt nahezu eben so weit, wenn man die am angenommenen Meereshöhe-Barometerstand fehlenden Millimeter mit 11 multiplizirt und bei grösserer Höhe etwas nach oben die Zahl abrundet. Die Verbesserung wegen der Lufttemperatur bleibt immer dieselbe, für die hier in Rede stehenden Rohschätzungen kann man sie im Kopfe rechnen.

Für alle Barometerformeln ist das Maass, in welchem die Barometerstände ausgedrückt werden, gleichgültig, nur müssen beide nach derselben Einheit gemessen sein (denn es kommt nur das Verhältniss vor). Daher ist auch, wie schon erwähnt, die Kenntniss der Normaltemperatur des Maassstabes unnöthig, nur muss man immer auf eine und dieselbe reduciren. Weitere Betrachtungen schliessen sich von selbst an.

Die Constante C bezieht sich auf ein bestimmtes Maass, — wie sie hier gegeben wurde, immer auf Meter.

Die Babinet'sche Formel lässt (bequemer als die logarithmischen) erkennen, dass es wesentlich auf die genaue Bestimmung des Unterschieds der Barometerstände ankommt. Die Absolutwerthe sind weniger wichtig genau zu kennen, weil ihre Summe (Nenner) gegen die Differenz (Zähler) sehr gross ist, eine kleine Abänderung also ohne erheblichen Einfluss bleibt. Für die Erkennung von Luftdruck unterschieden sind aber die Federbarometer, wenn sie vor Erschütterungen bewahrt bleiben, besonders geeignet, sie können also für barometrische Höhenmessungen gut empfohlen werden, — wenn man die nöthige Vorsicht bei ihrem Gebrauche beachtet.

§ 311. **Einzelnes zum barometrischen Höhenmessen.** Jede Formel, mit welcher aus Druckunterschieden Höhenunterschiede berechnet werden sollen, setzt Gleichgewicht, ja vollkommene Ruhe in der Atmosphäre voraus. Man weiss aber, dass dieser Zustand eigentlich nie besteht. Bei windigem Wetter soll man barometrische Höhenmessungen unterlassen. Ebenso wenn es regnet oder kurz zuvor, weil dann die Feuchtigkeitsverhältnisse sich von der angenommenen gleichmässigen (oder sonst wie gesetzmässigen) Vertheilung des Wasserdampfes in der Luft zu sehr entfernen. Hingegen wird man kurz nach einem zwischen den beiden Stationen niedergegangenem reichlichen Regen Sättigung der Luft mit Feuchtigkeit annehmen dürfen.

Die Tageszeit der Beobachtung ist hinsichtlich der Wärmevertheilung in der Luft nichts weniger als gleichgültig. Im allgemeinen wird die Beobachtung etwa um 10 Uhr Vormittags (im Sommer etwas früher am

Tage) am günstigsten sein, dann gibt es noch eine, bessere Ergebnisse versprechende Zeit des Nachmittags, die aber nach der Jahreszeit sehr wechselt. Diese Zeitregeln erleiden begreiflicherweise viele Ausnahmen. Wahrscheinlich dürften nächtliche Beobachtungen wegen gleichmässigerem, weniger rasch änderndem Zustande der Luft empfehlenswerth sein.

Man hat versucht, aus den mittleren Barometerständen zweier Orte, unter Beiziehung der mittleren Temperaturen, ihren Höhenunterschied abzuleiten. Selbst wenn man mehrjährige Mittel nimmt, fallen die Versuche recht kläglich aus, und die scheinbar günstigen Ergebnisse, die man auf diesem Wege erlangt hat, bestehen vor einer schärferen Prüfung und Erörterung nicht. Die auf Meereshöhe reducirten mittleren Barometerhöhen Mitteldeutschlands, z. B. Thüringens, sind um 3 mm höher als der mittlere Barometerstand in Königsberg i. P.

Die zur Verwerthung kommenden Luftdruckmessungen sollten an beiden Punkten streng gleichzeitig erfolgen. Das kann nur mittelst zweier Beobachter und zweier Instrumente erreicht werden. Dadurch wird, ganz abgesehen von der ungleichen Geschicklichkeit der Beobachter und einer gewöhnlich vorhandenen „persönlichen Differenz" (wie man es in der Astronomie nennt), welche das Ergebniss des Ablesens am selben Barometer für verschiedene Beobachter etwas ungleich macht, eine neue Fehlerquelle eingeführt, die Nichtübereinstimmung in den Angaben zweier Barometer und Thermometer. Mögen die Maasseinheiten an einem Instrument auch etwas unsicher sein, das hat wenig zu sagen, da nur die Differenzen vorwiegende Bedeutung haben. Gerade diese aber werden durch die Nichtübereinstimmung des Instruments stärkest betroffen. Statt gleichzeitig mit doppeltem Apparat zu arbeiten, ist es daher im allgemeinen besser, durch einen Kunstgriff die Beobachtungen auf gleiche Zeit zu reduciren. Man bemerkt die Zeit der Beobachtung auf der ersten Station, dann jene auf der zweiten und kehrt dann zur ersten zurück, wiederholt, zu abermals gemerkter Zeit die Beobachtungen. Findet man nur mässige Aenderungen, so darf man annehmen, dieselben seien proportional der Zeit zwischen erster und zweiter Beobachtung am selben Orte vor sich gegangen und kann daher Barometerstand und Temperatur mit dieser Annahme für den Augenblick der Beobachtung auf der zweiten Station berechnen. Doch können auch so grosse Irrthümer vorkommen; man hat bemerkt, dass fast plötzlich, nachdem Stunden lang der Luftdruck fast ungeändert blieb, ein erhebliches Steigen oder Fallen des Barometers (auch des Thermometers) eintrat und dann entweder der neue Stand längere Zeit fast ganz unverändert blieb oder auch nur sehr kurz anhielt und dann fast ebenso plötzlich der frühere Stand sich wieder herstellte. Gleichsam, wie wenn eine Welle den Ort durchzogen hätte; fiel eine der Beobachtungen in diese Zeit, so ist die Reduktion auf denselben Moment natürlich ganz trügerisch.

Bei Aufstellung der Formeln ist angenommen worden, die ihrer Höhe nach zu vergleichenden Punkte gehörten derselben Senkrechten an. Das wird ganz selten der Fall sein. Ist die horizontale Entfernung der

Punkte nicht ganz gering, so können sehr bedeutende Fehler entstehen, wobei es, da die geographische Breite (wie angegeben) wegen der Schwereveränderlichkeit doch nur geringen Einfluss hat, fast einerlei ist, ob die Punkte auf demselben Parallelkreise liegen oder nicht.

Was kann aus der beobachteten Druckdifferenz (mit Hülfe der mehrerwähnten Annahme) eigentlich geschlossen werden? Der Abstand zweier Flächen gleichen Luftdrucks. Diese sind aber fast nie Kugelflächen, die mit der Berührungskugel an die Erdoberfläche concentrisch sind, — überhaupt keine Flächen gleich bleibenden Abstandes. Man werfe einen Blick auf die zu meteorologischen Zwecken vielfach entworfenen Karten gleichzeitigen Luftdrucks und man wird finden, dass ganz in der Regel ziemlich benachbarte Orte gleicher Seehöhe (z. B. am Meeresufer selbst) erheblich verschiedenen Luftdruck haben. Ist für sehr nahe gelegene Orte dieser Unterschied gross, so ist der Gradient stark (§ 291) und es ist windig oder wird sofort windig werden; dann taugen die barometrischen Höhenmessungen gar nichts.

Aehnlich wie die Ungleichheit des barometrischen Drucks in derselben Horizontalfläche die hypsometrischen Ergebnisse zweifelhaft macht, geschieht das auch noch durch die ungleiche Temperatur und Feuchtigkeit in horizontaler Verbreitung.

Der Gegensatz von Wasser und Land, von leerem Gelände und Wald, Wiese u. s. w. kommt hier wesentlich in Betracht, und die Annahme mittlerer Temperatur und Feuchtigkeit der ganzen Luftschichte, wie sie aus den Beobachtungen an den selbst horizontal weit entlegenen Punkten folgt, wird von der Wirklichkeit doch gar zu verschieden.

Endlich kann noch erwähnt werden, dass bisher die Zusammensetzung der Luft, abgesehen von wechselndem Wasserdampfgehalt, für constant angenommen wurde. Dass veränderliche Mengen von Kohlensäure vorkommen, ist bei dem immer sehr geringen Kohlensäuregehalt ohne Bedeutung, und ebenso verhält es sich mit dem Gehalte der Luft an Ammoniak und anderen spurenweisen Beimischungen. Hingegen muss nach einer von Dalton aufgestellten Hypothese die Luft hinsichtlich ihrer Hauptbestandtheile Stickstoff und Sauerstoff eine mit der Höhe veränderliche Zusammensetzung haben. Will man diese Dalton'sche Ansicht gelten lassen, so wird der Aufbau der barometrischen Höhenformel etwas anders; man hat sogar gehofft, barometrische Höhenmessungen zur Prüfung der Dalton'schen Theorie verwenden zu können, allein ganz vergeblich, da die sonstigen Fehlerquellen bei derlei Messungen bedeutend überwiegen. Die chemische Analyse hat auch noch nicht sicher entscheiden können, ob die Zusammensetzungsänderung, wie sie Dalton annimmt, besteht oder nicht. Gering müsste sie sein, weil die specifische Elasticität des Stickstoffs von jener des Sauerstoffs nur wenig verschieden ist.

Die Betrachtungen dieses Paragraphen, denen man noch ähnlich wirkende beifügen könnte, führen zum Schlusse: die barometrischen Höhenmessungen verdienen geringes Vertrauen.

Man hat sich viel Mühe gegeben (z. B. Bessel in sinnreichster

Weise), die Fehler durch ein zweckmässiges System von Beobachtungen zu eliminiren; — der Erfolg blieb aus.

Die trigonometrischen Höhenmessungen erregen die früher (§§ 299—302) angegebenen Bedenken, allein sie sind entschieden besser und zuverlässiger als barometrische Höhenmessungen, namentlich weil die Elemente der ersteren (Zenitabstände und Horizontalentfernungen) mit grösserer Schärfe messbar sind, als jene der letzteren. Uebrigens sind die Ursachen der Unsicherheit der trigonometrischen Höhenmessungen dieselben, welche auch, neben anderen, den Barometerbeobachtungen eigenthümlichen, für die barometrischen Höhenmessungen gelten. Nämlich unsere Unkenntniss über Temperatur und Feuchtigkeit unzugänglicher Luftschichten, der Mangel an Gleichgewicht der Luft und an Gleichmässigkeit ihrer Mischung und die Unbekanntschaft mit dem Gesetze der Veränderungen in diesen physikalischen Verhältnissen. Daher ist es unmöglich die Strahlenbrechung mit der wünschenswerthen Genauigkeit zu berücksichtigen, daher werden Constanten und Correktionsglieder der barometrischen Höhenformel unsicher.

So wenig günstig mein Urtheil über barometrische Höhenmessungen lautet (und ich glaube es, wenn auch kurz, doch genügend begründet zu haben), so schliesst das nicht aus, dass solche mit geringer Mühe anstellbare Messungen, mangels besserer, Werth haben. Man kann sogar, und hat das mit leidlichem Erfolg gethan, Höhencurven in nicht zu gebirgiger Gegend aus Barometerbeobachtungen ableiten. Freilich sind die Annäherungen ziemlich roh, aber zuweilen und für manche Zwecke genügt das. Der Hauptvortheil barometrischer Höhenmessungen ist: sie können eigentlich beim Spazierengehen gemacht werden.

XVII. Geodäsie krummer Fläche*).

1. Basismessung.

§ 312. **Wahl der Basis.** Die Grundlinie einer ausgedehnten Triangulation, wie sie für die Vermessung eines ganzen Landes beispielsweise nöthig wird, muss mit äusserster Genauigkeit gemessen werden, weil sie die Grundlage für alle abzuleitenden Längen gibt, weil ein in ihr enthaltener Fehler sich auf alle berechneten Dreiecksseiten fortpflanzt. Wegen der Unmöglichkeit, ganz lange Grundlinien unmittelbar zu messen, wird hier

*) Da die bereits besprochenen Höhenmessungen schon auf die Erdkrümmung Rücksicht nehmen, ist die Ueberschrift eigentlich nicht recht bezeichnend, — es sind hier die Horizontalmessungen mit Berücksichtigung der Erdkrümmung gemeint — die Bezeichnung „höhere Geodäsie“ sollte, obgleich üblich, hier vermieden bleiben.

gegen den sonst festzuhaltenden Grundsatz (§ 10) gefehlt, stets vom Grossen in das Kleine zu arbeiten. Bei der französischen Gradmessung (Base du système métrique décimal ou mesure de l'arc du meridien entre Dunkerque et Barcelone, Paris 1806), die Ende vorigen Jahrhunderts ausgeführt wurde, und bei welcher die Endstationen durch 115 Dreiecke erster Ordnung verbunden sind, beträgt das Endergebniss, die Länge des Meridians zwischen den Breitekreisen von Dünkirchen und Barcelona ungefähr das 90fache der Länge der gemessenen Basen (es dienten deren zwei, Melun und Perpignan, von nicht sehr verschiedener Ausdehnung); ein Fehler in der Basismessung tritt also 90fach im Schlussergebnisse auf. Die bayrische Landesvermessung (mit 131 Hauptpunkten, wovon 14 linksrheinisch, ungefähr 3000 Winkeln) ist nach der ungewöhnlich langen (beinahe 21,7 Kilom.) Grundlinie in Oberbayern berechnet, könnte aber auch nach der kürzesten Grundlinie, der sogenannten kleinen Speyerer Basis (860 m), einer Privatarbeit Schwerd's, berechnet werden. Der nördlichste und der südlichste Hauptpunkt (Taufstein und Grossrettenstein) sind um 122 123,48 bayr. Ruthen in der Meridianeinrichtung (Abscissendifferenz), der westlichste und östlichste Hauptpunkt (Biesing und Bleckenstein) sind parallel zum Münchener Breitenkreise genommen um 87 116,30 bayr. Ruthen auseinander gelegen („Die bayrische Landesvermessung in ihrer wissenschaftlichen Grundlage", München 1873). Nach der grossen altbayrischen Basis gerechnet, wird die grösste Abscissendifferenz ungefähr mit dem $16^1/_2$fachen, die grösste Ordinatendifferenz ungefähr mit dem 11,7fachen Fehler der Basis behaftet gefunden, während bei Grundlegung der kleinen Speyerer Basis deren Fehler in jenen Differenzen 420, bezw. 303fach (rund) auftreten.

Von hervorragender Wichtigkeit ist die Wahl der Oertlichkeit für die Grundlinienmessung. Die Enden müssen gut mit Hauptpunkten der Triangulation durch wohlgeformte Dreiecke verbunden, Winkelinstrumente müssen in den Endpunkten aufgestellt werden können. Es ist ferner wünschenswerth, wenigstens an einem Endpunkte astronomische Bestimmungen vornehmen zu können, um die Lage gegen den Vermessungsmeridian mit grosser Genauigkeit festzulegen, oder es soll mindestens durch einige wenige Gerade die Verbindung mit einer zu astronomischen Bestimmungen geeigneten Oertlichkeit hergestellt werden können. Die Endpunkte der Basis sind durch feine (mit Kreis umgebene) Punkte auf Metallplatten bezeichnet, die selbst in wohlgemauerten Pfeilern sitzen. Man schützt diese Metallplatten durch passende Bedachung. Ueber den Pfeilern werden weithin sichtbare grosse Signale, meist in Denkmalform errichtet, welche die centrische Aufstellung eines Messinstruments gestatten, und die nöthige freie Aussicht gewähren müssen. Die Endpunkte können zweckmässig noch weiter versichert werden, dadurch, dass man sie als Durchschnitt zweier wohlbestimmter Geraden wählt; so liegt z. B. das eine Ende der oberbayrischen Basis auf der sie kreuzenden Geraden durch die Thürme von Mosinning und Niederding. — Die ganze Länge der Basis soll übersichtlich sein, der Boden sicher und überall zugänglich, möglichst wagrecht eben. Bei der grossen bayrischen Basis hat man für den Zweck der Messung durch Sümpfe Dämme geführt, Brücken gebaut, Entwässerungen vorgenommen, Hindernisse verschiedener Art beseitigt.

Man hat bei Grundlinienmessungen gebaute Strassen (Aarberg, Schweiz) oder Eisenbahndämme (Heitersheim, Baden) verwendet.

§ 313. **Der Basisapparat.** Die Messung geschieht mit Messstangen, welche nicht (wie etwa die Messlatten § 28) auf den Boden gelegt werden, sondern auf besondere Ständer oder Träger, denen eine sehr feste und sichere Stellung gegeben werden und die man nach Bedarf höher und tiefer rücken kann, gewöhnlich um die wagrechte Lage der Messstange herbeizuführen.

Die Messstangen müssen häufig und auf das sorgfältigste mit dem Muttermaasse verglichen werden, wozu die sogenannten Comparatoren, gewöhnlich Fühlhebelapparate, deren nähere Beschreibung hier fortbleiben kann, dienen. Der Stoff der Messstangen soll von möglichster Unveränderlichkeit sein. Hölzerne Stangen, welche u. a. bei der ersten von Franzosen ausgeführten Gradmessung (Peru und Lappland 1736) in Anwendung kamen, bieten zwar den Vortheil hinsichtlich ihrer Länge sehr wenig (aber dafür auch wieder weniger sicher berechenbar) von der Temperatur beeinflusst zu werden, sind aber nachtheiligst nach Länge und Gestalt von der Feuchtigkeit abhängig und daher nicht mehr im Gebrauche. Man benutzte später fast allgemein Metall, doch ist Glas (Roy, Honslowheath) ein vorzügliches Material.

Nur bei dem Basisapparat von Ibañez wird ein Strichmaass verwendet, d. h. eine eiserne Stange, auf welcher in der Entfernung von 4 m zwei freie Striche auf eingelegten Platinstreifen gezogen sind; der Abstand dieser Striche ist die zur Verwendung kommende Länge. Sonst sind die Messstangen Endmaasse. Die Enden sind verschieden. Etwa das eine Ende eine hochpolirte Ebene, rechtwinkelig zur Länge (was mit grösster Genauigkeit nur schwierig herstellbar ist), das andere Ende von einer hochpolirten harten Halbkugel gebildet, oder auch es werden entweder kugelig oder in stumpfer Pyramidenform ganz harte, hochpolirte Steine, in Gold eingebettet, an den Endflächen angebracht und der Abstand zwischen den äussersten Flächen der Steine ist das Längenmaass. Oder auch (Reichenbach, Bessel) die Stangen enden in scharfen prismatischen Kanten, von welchen die eine beim Gebrauche senkrecht, die andere wagrecht steht, so dass je zwei benachbarte Endschneiden immer kreuzen. Diese benachbarten Enden sollen in sehr nahezu derselben Höhe liegen, was schon allein eine ungefähr wagrechte Lage des Bodens, auf dem die Basismessung erfolgt, verlangt.

Bei manchen Basismessungen wurden die Stangen so aneinander gelegt, dass sich das vordere Ende des einen mit dem hintern Ende des nachfolgenden unmittelbar körperlich berührte, oder am vordern Ende der Stange ist ein kleines verschiebbares Lineal eingelassen, welches, nachdem die andere Stange, ohne die erste zu berühren, gelegt worden, vorgeschoben wird, bis Berührung erfolgt (Gradmessung in Frankreich) und mittelst Nonius wird die Länge des Zwischenraums beider Stangenenden gemessen. Delambre gibt (Base du Système métrique) mit angeblicher Unsicherheit von 2—3 für diese Zusätze Milliontel der Toise an, das sind (geschätzte) Zehntel der Nonienangaben. Bei andern Messungen liess man zwischen dem vorderen Ende der einen und dem hinteren Ende der andern Stange einen kleinen Raum, dessen Breite durch Einschiebung eines Messkeils bestimmt wurde. Das ist ein mit sorgfältig eben geschliffenen Seitenflächen versehener Keil aus Stahl oder Glas, der eine gleichmässige Theilung (etwa in mm) auf der Vorderseite trägt, deren Striche entweder rechtwinkelig zu einer Seitenfläche oder zur Mittellinie der Seitenkanten stehen. Man kennt durch Messungen, etwa mit dem Schraubenmikroskop ausgeführten, die Breiten b_1 und b_2 des Keils an zwei Stellen, welche den Theilstrichen t_1 und t_2 entsprechen (die Bezifferung der Theilung wächst gegen das schmale Ende des Keils hin). Dann gehört zum Theilstrich t die Breite

$$b_1 - \frac{t - t_1}{t_2 - t_1}(b_1 - b_2).$$

Nach dieser Formel berechnete Tabellen machen die Auswerthung der Breite des Zwischenraums, die noch nach Hundertel Millimeter erfolgt, bequem.

Bei dem Aneinanderlegen der massigen Messstangen wird, selbst bei vorsichtigem Verfahren, ein kleiner Stoss erfolgen und eine geringe Verschiebung jener Stange, die eigentlich ganz unverrückt bleiben sollte. Die Anwendung des Schieberlineals zur Ueberbrückung eines gelassenen Zwischenraums minderte diesen Uebelstand, ohne ihn, wie die Erfahrung lehrte, ganz beseitigen zu können. Ja man fand, dass selbst die Einbringung der Messkeile von geringer Masse noch Unsicherheit beliess. Einmal eine wirkliche Verschiebung der Stangen, dann zeigte sich, dass der Keil innerhalb gewisser Grenzen mehr oder minder tief einsinkt, je nachdem die Berührung mit etwas stärkerem oder schwächerem Druck erfolgt. Ist für jede einzelne Stangenlage die verbleibende Unsicherheit auch äusserst gering, da es sich um Tausende von Stangenlagen (bei grösseren Basen) handelt, so kann die Unsicherheit zu erheblicher Grösse anwachsen.

Man kann auch das Ende einer Messstange auf den Anfang der andern herablothen, jede körperliche Berührung der Stangen mit einander vermeiden. Es muss dann die eine Stange etwas tiefer als die andere liegen. Das Senkel wird so gehalten, dass sein feiner Faden das Ende der schon liegenden Stange gerade berührt und die andere Stange nun bis zur Berührung mit dem Senkelfaden beigeschoben. Bei vollendeter Ausführung dieses Beischiebens verbleibt ein Zwischenraum gleich der Fadendicke, welche bekannt ist und in Rechnung gezogen wird. Beim Ablothen muss man aber vorsichtig verfahren. Wird die Stange II zu weit vorgeschoben, so beschreibt der Senkelfaden eine gebrochene Linie, was zuweilen der Beachtung entgehen mag (§ 28, S. 32). Man hat daher (wenn die neue Stange allemal tiefer als die bereits liegende) auch wohl das gut centrirte Pendel mit dem Faden an das liegende Ende geschoben und die andere Stange nun so geschoben, bis die scharfe Spitze des Senkelgewichts (ohne wirklich zu berühren) genau auf den Anfang traf. In diesem Falle ist nur die halbe Fadendicke der Stangenlänge beizufügen. Auch dieses Einstellen ist durchaus nicht von der wünschenswerthen Schärfe und Sicherheit.

Besser und sicherer als solche Absenkelung mit einem wirklichen Lothe ist die optische, welche zuerst von Hassler (Papers on various subjects connected with the survey of the coasts of United States, by F. R. Hassler, Philadelphia 1824) angewendet wurde und durch Ibañez wesentliche Verbesserungen erfahren hat. Die Europäische Gradmessungs-Commission hat den Basisapparat von Ibañez für den vollkommensten anerkannt; die Beschreibung seiner neueren Gestalt (ausführlicher in „Der Basisapparat des Generals Ibañez und die Aarberger Basismessung" von Dr. C. Koppe, Zürich 1881 und in Zeitschrift für Instrumentenkunde (Westphal, 1881), 1. Bd., S. 173 soll hier kurz, theilweise wörtlich nach meiner Recension der Schrift von Koppe (in Zeitschr. f. Mathem. u. Phys. (1883), Bd. 28, S. 86) gegeben werden.

Es kommt eine einzige Messstange zur Verwendung. Sie ist stark aus Eisen von Tförmigem Querschnitt, mit 13 Verstärkungsrippen gegen Verbiegung gefertigt (zwei Handhaben zum Tragen, 50 Kilogramm Gewicht), ist als Strichmaass eingerichtet, hat alle halbe Meter auf eingelegtem Platin einen Strich. Diese Stange wird genügend oft neben die Grundlinie, genau parallel mit dieser, gelegt. Ihre Richtung wird mit Hülfe zweier Theodolite und ihre Verschiebungen parallel zur Basis mit Hülfe zweier Mikroskope überwacht, welche unverrückbar mit dem Fernrohraxenlager der Theodolite verbunden sind. Die Theodolite sind so eingerichtet, dass mit ihrem Fernrohr auch senkrecht abwärts (entsprechende Oeffnung im Untertheil und Stativ) gezielt werden kann und dass man die Absehrichtung genau mit der Vertikalaxe des Instrumentes zusammenfallen machen kann. Dass dieses erreicht, erkennt man daran, dass beim Drehen um die Vertikalaxe die Ziellinie immer auf denselben Punkt des Bodens trifft. Sei nun der erste Theodolit (Nr. 1) so aufgestellt, dass das senkrecht abwärts gerichtete Absehen genau auf Basisanfang trifft. Man erhebt dann das Fernrohr in ungefähr wagrechte Lage und dreht um die unverrückbar über Basisanfang verbleibende Vertikalaxe, bis das Absehen in die Basisrichtung kommt, d. h. bis ein entferntes Zeichen (etwa über Basisende) angezielt ist. (Man wird gewöhnlich in Zwischenpunkten geeignete Signale vorher genau eingerichtet haben und diese benutzen.) 4 m weiter nach vorn wird ein dem ersten ganz ähnlicher Theodolit Nr. 2 aufgestellt und mikrometrisch so geschoben, dass ein auf seiner Vertikalaxe befindliches Zeichen in die Absehrichtung des ersten Fernrohrs, also senkrecht über einen Punkt der Grundlinie zu stehen kommt. Nun wird auch das Fernrohr dieses zweiten Theodolits, ähnlich wie das des ersten, in die Basisrichtung gedreht, ohne dass dabei die Vertikalaxe ihre Stellung ändert.

Die Messstange ruht auf zwei besonderen Stativen, welche mit jenen der Theodolite keinerlei Berührung haben. Alle Stative sind sehr zweckmässig und standsicher eingerichtet.

An jedem der Theodolite, deren man eigentlich nur zwei nöthig hat, aber zur Beschleunigung der Arbeit vier verwendet, ist ein senkrecht abwärts gerichtetes Mikroskop sicher befestigt, dessen optische Axe für alle Theodolite dieselbe unveränderliche Entfernung (20 cm) von der Vertikalaxe des Theodolits hat, also auch von der Basis, und zwar auf einem Halbmesser, der rechtwinkelig zur (collimationsfehlerfreien) Absehrichtung des Theodolitfernrohrs, also auch zur Basis steht. Ein Doppelfaden ist im Gesichtsfelde des Mikroskopes sichtbar und durch die Mitte des Zwischenraums der Fäden ist eine rechtwinkelig zur Basisrichtung durch die Vertikalaxe des Theodolits gehende Ebene bestimmt.

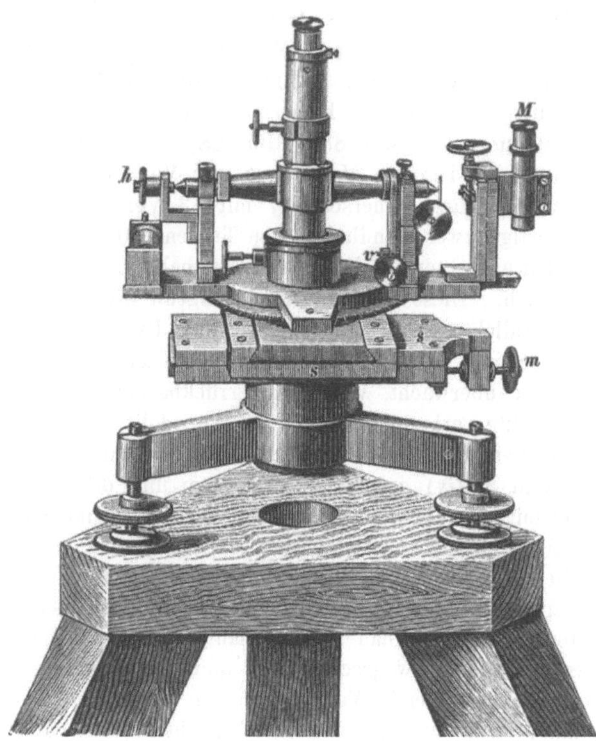

Fig. 332.

Fig. 332 stellt einen solchen Mikroskop-Theodolit dar. M ist das seitliche Mikroskop. In das Axenlager kann mit vollkommen identischen Axen entweder das abwärts gerichtete Ablothungsfernrohr, wie in der Figur, eingelegt werden, oder ein Alignementfernrohr, oder eine Alignementmarke, eine Glasplatte mit Fadenkreuz. Man sieht die mikrometrisch verschiebbaren Schlitten, mit denen die genaueste Centrirung bewirkt werden kann.

Die Messstange wird auf ihren Trägern mikrometrisch (zwei zu einander rechtwinkelige Schlitten) so verschoben, dass ihr Nullstrich genau mitten zwischen die Fäden im Mikroskope des ersten, über Basisanfang stehenden Theodolits trifft und dass die Mitte der Fäden des vorderen Mikroskops (Nr. 2) durch eine mikrometrisch parallel zur Basis ausgeführte Verschiebung optisch an den Endstrich der Messstange gebracht werden kann. Damit ist zugleich die Lage parallel zur Basis gesichert. Mikroskop Nr. 2 wird auf den Endstrich eingerichtet.

Jetzt wird Mikroskoptheodolit Nr. 3 (oder wenn man will, der bisher über Basisanfang gestandene Nr. 1) mit Stativ um die doppelte Stangenlänge (8 m) vorgerückt und durch Mikrometerbewegungen am Theodolitstativ unter Benutzung des unverrückt stehen gebliebenen Mikroskoptheodolits Nr. 2 in der beschriebenen Weise sorgfältig in die Basisrichtung eingeschoben.

Die Messstange wird alsdann aufgehoben und auf vorbereitete (d. h. schon an den richtigen Ort verbrachte) Stative Nr. 3 und Nr. 4 so gelegt, dass ihr Nullstrich optisch zwischen die Fäden des stehen gebliebenen Mikroskoptheodolits Nr. 2 fällt, also dahin, wo eben noch der Endstrich (4 m Strich) lag. Die Ausführung dieser genauen Legung wird durch schlittende Mikrometerbewegungen an den Stativen der Messstange ermöglicht. Die Absehrichtung des Mikroskops Nr. 3 wird mikrometrisch auf den Endstrich gebracht.

Ein Mikroskoptheodolit Nr. 4 (oder der freigewordene Nr. 2) wird mit seiner Vertikalaxe in die nahezu richtige Entfernung (12 m von Anfang) gebracht, mikrometrisch in die Basisrichtung gestellt. Dann die Stange aufgehoben, auf Stative Nr. 5 und 6 (oder die freigewordenen, übertragenen Nr. 1 und 2) gelegt, mikrometrisch mit dem Nullstrich unter Mikroskop Nr. 3 eingestellt, dann Mikroskop Nr. 4 auf den Endstrich gerichtet. Und so wird fortgefahren.

Man verliert keine Zeit damit, die Messstangen jedesmal g e n a u wagrecht zu legen, sondern misst mittelst einer auf die Stange gesetzten, mit Gradbogen versehenen Libelle, die zufällige Neigung gegen den Horizont, die bei der Aarberger Messung nie $1^1/_2{}^0$ überschritt, bis auf 10″ genau. (Aehnlich wird auch bei den Basismessungen mit andern Messstangen verfahren.) Zur Reduktion der schiefen Länge der Stangen (von 4 m) auf den Horizont wird diese mit dem Cosinus des gemessenen Neigungswinkels i multiplizirt, oder (da $\text{Cos}\ i = 1 - 2\ \text{Sin}^2 \frac{1}{2} i$ ist) einfacher, es wird Stangenlänge mal $2\ \text{Sin}^2 \frac{1}{2} i$ abgezogen, — Tabellen für diese Werthe erleichtern das.

Ganz ausgezeichnet ist die Arbeitstheilung bei dem Basismessverfahren von I b a ñ e z, welche es möglich macht, Grundlinien in sehr viel kürzerer Zeit als früher zu messen, was, abgesehen von allen andern Vortheilen, auch für die Genauigkeit von Nutzen ist. Das Verfahren ist so einfach, dass Schweizer Geodäten und Gehülfen, welche keine vorgängige Uebung in dieser Art von Geschäften hatten, nachdem sie der Ausführung der ersten zwei Messungen der 2400 m langen Aarberger Grundlinie unter Leitung des Generals Ibañez selbst, der mit seinem Apparate und geschulten Offizieren und Soldaten gekommen war, zugesehen hatten, im $1^1/_2$fachen der Zeit die Messung ausführten mit dem Ergebniss eines Unterschieds von nur 3,1 mm gegen das Mittel der zwei von den Spaniern ausgeführten Messungen, die von einander um 2,1 mm abweichen; ein für die Strecke von 2400 m vorzügliches Resultat. Die Spanier führten (abgesehen von Ruhepausen) die erste Messung in 934 Minuten, die zweite in 837 Minuten aus, die Schweizer die ihre in 1346 Minuten.

Fig. 333.

Der Gang der Arbeit wird am deutlichsten durch wörtliche Wiederholung der Beschreibung aus der angeführten Schrift von Koppe, wobei neben Zusammenfassung des Vorhergehenden, zugleich noch verschiedenes Mittheilungswerthes, namentlich bezüglich der Unterbrechung der Arbeit, zur Sprache kommt:

„Bei der Messung stehen die Stative nicht einander gegenüber, sondern die Mikroskopstative, welche 20 cm höher sind als die Auflagsstative für die Messstange, stehen an den beiden Enden der Stange, die Auflagsstative bei etwa $^1/_4$ und $^3/_4$ Stangenlänge. Die Messung geschieht in tragbaren Zelten, welche, mit Leinwand bespannt, gegen direkte Sonnenstrahlen und auch gegen leichten Regen hinreichenden Schutz gewähren. Fig. 333 zeigt die Anordnung des gesammten Messapparats während der Messung. Zur gleichzeitigen Verwendung kommen vier Mikroskoptheodolite, vier Auflagsdreifüsse für die Messstange, sechs grössere Holzstative für die Mikroskoptheodolite, zehn kleine Holzstative für die Auflagsdreifüsse und zwei hölzerne 4 m lange Messschablonen. Zwei Beobachter und einige Gehülfen stellen mit Hülfe der Messschablonen sämmtliche Holzstative in der Linie, in den richtigen gegenseitigen Abständen und in der passenden Höhe auf; zwei weitere Beobachter mit ihren Gehülfen besorgen das genauere Einrichten in die Linie. Bei der Messstange selbst stehen vier Beobachter, je zwei auf jeder Seite; die erstern zwei bringen den Null- und den Endstrich der Messstange unter die Fäden der Mikroskope, die andern zwei lesen die vier Thermometer und den Gradbogen ab und zwar machen die beiden letztern Beobachter zur Controle beiderseits alle fünf Ablesungen und vergleichen sie zur Vermeidung von Schreib- und Ablesefehlern sofort an Ort und Stelle mit einander. Sind die Einstellungen und Ablesungen in der ersten Lage des Stabes beendigt, so ergreifen zwei Gehülfen auf Commando die Handhaben der Messstange und tragen sie vor auf die bereits fertig aufgestellten zwei folgenden Auflagsdreifüsse. Die Mikroskoptheodolite sind ebenfalls bereits an ihrem Platze, die Messstange hat sofort sehr nahe die richtige Lage und das Einstellen und Absehen kann ohne Verzug beginnen. Die freigewordenen Apparate, Stative und Zelte werden vorgetragen, aufgestellt, eingewiesen, horizontirt u. s. f. Jeder Beobachter und jeder Gehülfe hat seine bestimmte Arbeit, die sich von Stangenlage zu Stangenlage wiederholt und eines Jeden Aufgabe ist so berechnet, dass er Zeit hat, sie auszuführen, ohne seinen Nachbarn zu hindern und ohne die Arbeit zu verzögern. So schreitet die Messung gleichmässig fort, ruhig, stetig und rasch, geführt von den kurzen Commandoworten der Beobachter und des Leiters der ganzen Unternehmung."

„Nach 100 Stangenlagen, also nach 400 m Länge, wird eine kleine Pause gemacht und bei der ersten Messung ein Fixpunkt in der Linie festgelegt, bei der zweiten eingemessen. Zur Festlegung eines Punktes wird ein kleiner Steinquader mit eincementirter Messingplatte von 10—15 cm Seite eingegraben, festgestampft und das Stativ mit dem Mikroskoptheodolit wie beim Anfangspunkte der Basis über ihm aufgestellt.

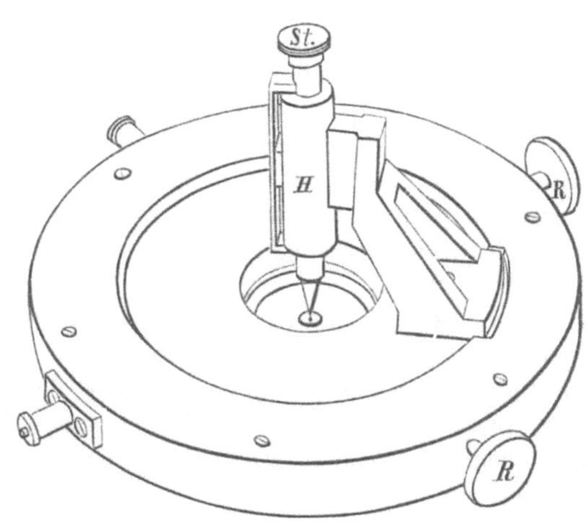

Fig. 334.

Ein Metallring (Fig. 334), welcher in der Mitte eine kleine kreisförmige Oeffnung hat, wird auf der Messingplatte so lange von Hand verschoben, bis der kleine, helle Kreis in der Nähe des Fadenkreuzes des vertikal gerichteten Fernrohrs erscheint. Die feinere Einstellung genau unter das Fadenkreuz geschieht mit den beiden Schrauben R und R. Deckt das Fadenkreuz genau den Mittelpunkt des Kreises und der kleinen Oeffnung in ihm, so wird der Stahlstift St in die Hülse H eingeführt, vorsichtig herabgedrückt und mit seiner Spitze der Mittelpunkt des Kreises auf der darunter befindlichen Messingplatte markirt. In der Fig. 334 ist der Stahlstift bereits in die Hülse eingeführt gezeichnet; während des Einrichtens des kleinen Kreises unter das Fadenkreuz des Fernrohrs muss der Stift selbstverständlich herausgezogen sein, so dass durch die dann hohle Hülse H der unter ihr befindliche kleine Kreis mit runder Oeffnung im Fernrohr gesehen werden kann. Der Stift St passt genau in die Hülse H und so vortrefflich ist der kleine Apparat gearbeitet, dass, wenn man diesen Apparat, nachdem man ihn vorher genau eingerichtet und den Stift vorsichtig hinabgedrückt hat, fortnimmt, der auf der Messingplatte markirte Punkt genau im Fadenkreuze des Fernrohrs erscheint. Da der Faden des Mikroskopes, welcher auf den Endstrich der Messstange vorher eingestellt wurde, in einer durch die Absehlinie des vertikal gerichteten Fernrohrs rechtwinkelig zur Basis gelegten Ebene sich befindet, so sind auch der Fixpunkt und der Endstrich des Maassstabes in derselben Vertikalebene, oder mit andern Worten, das in der Parallele durch die Mikroskope gemessene Stück wird gerade so lang sein, als der durch den Fixpunkt bezeichnete Abschnitt der Basis."

Bei jeder Basismessung wird die Länge nicht genau einer ganzen Anzahl Stangen sein, es bleibt ein letztes Stück mit andern Hülfsmitteln zu messen — entweder ein Rest ist zu addiren oder ein Ueberschuss abzuziehen. Die Messung dieses Endstückes kann auf verschiedene Weise mit einem Maassstabe geschehen. Da sie nur einmal erfolgt, der Fehler sich also nicht vervielfältigt, braucht man damit nicht so ängstlich zu sein und es nicht nöthig ausführlich zu berichten, wie das geschieht. Bei Ibañez's Apparat ist durch die Striche in je $^1/_2$ m Abstand schliesslich höchstens ein Stück von $^1/_4$ m zu messen, was durch einen kleinen Anlagemaassstab von 30 cm Länge, der an die Messstange angeschraubt wird, ausgeführt werden kann.

§ 314. Temperaturberücksichtigung bei Längenmessungen.

Bei allen feineren Längenmessungen muss jeweils die Temperatur berücksichtigt werden. Zunächst einmal jene des Maassstabes selbst. Sei bei der Normaltemperatur T^0 die Länge des Stabes gleich L, so ist, wenn λ den linearen Ausdehnungscoefficienten (bezogen auf 0^0 als Ausgangstemperatur) bezeichnet, die Länge bei t^0:

$$l = L\,\frac{1+\lambda t}{1+\lambda T} = L\,[1-\lambda\,(T-t)+\cdots] = L\,[1+\lambda\,(t-T)-\cdots],$$

d. h. ist auf einer Strecke n mal der Maassstab, welcher bei T^0 die Länge L hat, abgelegt worden, und war dabei seine Temperatur t^0, so war seine eigene Länge $1+\lambda\,(t-T)$ mal so gross als bei T^0 oder die Strecke misst $n\cdot(1+\lambda\,(t-T))$ mal die Solllänge L.

Der Ausdehnungscoefficient λ muss an der Messstange selbst bestimmt werden, es geht nicht an, ihn aus Untersuchungen mit andern Stäben aus scheinbar demselben Stoffe abzuleiten. Bessel's vier eiserne Stangen hatten folgende Ausdehnungscoefficienten:

0,000 014 367; 0,000 014 818; 0,000 015 015 und 0,000 015 200

und die aus einem Stücke Metall geschnittenen Zinkstangen die folgenden:

0,000 041 497; 0,000 041 729; 0,000 041 524 und 0,000 041 799.

Es ist nach den Untersuchungen des Generals von Baeyer kaum zu bezweifeln, dass sich der Ausdehnungscoefficient für Zink in längeren Zeitperioden nicht unerheblich ändert. Und ähnlich wird es sich auch, durch eine Art elastischer Nachwirkung, die ja nun fast allgemein constatirt ist, für andere Metalle verhalten.

Durch sorgfältige kritische Betrachtungen hat sich herausgestellt, dass die Unsicherheit, welche gemeinlich über die Temperatur der Messstangen bleibt, deren Einfluss über einigen Zweifel hinsichtlich des Ausdehnungscoefficienten noch verstärkt wird, die ausgiebigste Quelle ist für die Unsicherheit der Längenmessungen, — es ist natürlich nur von den feinsten die Rede.

Es ist daher gewiss nützlich, die Aenderungen der Temperatur der Messstangen möglichst einzuschränken und zu verlangsamen, was durch Umhüllung der Stangen mit Stoffen, die gegen Strahlung schützen und die Wärme schlecht leiten, durch Einschliessen in Holzkästen, aus denen nur die Stangenenden hervorragen, bewirkt wird. Die Messstange von Ibañez ist nicht eingeschlossen, sondern ganz frei der Luft und der Strahlung der Umgebung ausgesetzt. Eine zweckmässige Umhüllung wäre gewiss empfehlenswerth. Zwar kommt die Stange gar nicht aus dem Schatten der Zelte, aber ihre Temperatur ändert ziemlich viel und rasch.

Jedenfalls muss die Temperatur der Messstangen ermittelt und berücksichtigt werden. Man hat in die Umhüllungskasten Quecksilberthermometer gebracht und sich bemüht, alle oder wenigstens einen Theil derselben in möglichst innige Berührung mit der Messstange selbst zu bringen. Ibañez hat an vier Stellen seiner Messstange Vertiefungen, in welche mittelst Eisenfeilicht die Thermometer eingebettet sind. Die Thermometer selbst sind dann noch mit Glas überdeckt. Trotz aller Vorsicht kann man nicht behaupten, dass die Quecksilberthermometer jederzeit die Temperatur der Stange anzeigten. Es erscheint daher grundsätzlich richtiger, die Messstange selbst zur Temperaturmessung einzurichten, wie das bei verschiedenen Basisapparaten auch geschehen ist. Die französischen Messstangen bestanden aus Platin (dünne Stangen), an deren einem Ende eine Kupferstange fest aufgeschraubt oder aufgelöthet war. Bei der Normaltemperatur reichte das Kupfer bis zu einer bezeichneten Stelle nahe am andern Ende der Platinstange. Bei Erwärmung dehnen sich die Platinstange und die Kupferstange ungleich stark aus, letztere erheblich stärker für gleiche Temperaturzunahme. Das Ende des Kupfers wird, wenn keine Krümmung eingetreten, um den Unterschied der Längenzunahme von Kupfer und Platin über die bezeichnete Stelle hinausragen. Das wurde mittelst Nonius oder besser mit einem feinen Messkeile bestimmt und darnach ein Schluss auf die gemeinschaftlich vorausgesetzte Temperatur beider Stangen bezogen. Sind λ_k, λ_p die linearen Ausdehnungscoefficienten von Kupfer und Platin, sind bei der Normaltemperatur T^0 (für welche die Länge der Platinstange abgeglichen ist) die bis zum bezeichneten Striche reichenden Längen beider Stangen Λ, so sind dieselben bei t^0:

für Kupfer: $\varDelta\,(1+\lambda_k\,t) : (1+\lambda_k\,T)$, genügend genau: $\varDelta\,[1+\lambda_k\,(t-T)]$
für Platin: $\varDelta\,(1+\lambda_p\,t) : (1+\lambda_p\,T)$ „ „ $\varDelta\,[1+\lambda_p\,(t-T)]$

Also der Unterschied zwischen Kupfer- und Platinlänge, der durch δ bezeichnet sein mag:

$$\delta = \varDelta\,(\lambda_k - \lambda_p)\,(t-T)$$

Daraus, δ ist gemessen, ebenso wie $\varDelta$, ist der Unterschied $t-T$ berechenbar. Benutzt man den gefundenen Werth sofort zur Berichtigung der zeitigen Länge des Platinstabs (welcher bei Normaltemperatur gleich L sein soll), so ist zu jeder Stangenlänge L noch zu addiren

$$\frac{L}{\varDelta}\cdot\frac{\lambda_p}{\lambda_k-\lambda_p}\cdot\delta = c\,\delta,$$

d. h. eine dem gemessenen Längenüberschusse δ des Kupfers gegen das Platin (kann auch, bei tieferer Temperatur, negativ sein) proportionale Grösse. Aehnlich, wie hier für den französischen Basisapparat beschrieben, ist Bessel's Einrichtung.

Es ist bisher vorausgesetzt, die Ausdehnung der zwei Metallstangen (oder wenigstens der Unterschied ihrer Ausdehnungen) sei eine lineare Funktion des Temperaturunterschiedes, was innerhalb engerer Grenzen wohl zulässig ist. Aber es ist auch noch angenommen, die beiden Metalle hätten jederzeit dieselbe Temperatur, und das scheint erfahrungsgemäss nicht der Fall zu sein, ist auch in Anbetracht des verschiedenen Strahlungs- und Absorptionsvermögens, der verschiedenen specifischen Wärme und der ungleichen Masse beider Stangen von vornherein zu befürchten. Es ist ferner vorausgesetzt, beide Stangen dehnten sich frei aus und blieben streng gerade. Krümmt sich aber die eine, oder krümmen sich beide, namentlich ungleich stark, in Folge von der Ausdehnung entgegenstehenden Hindernissen, so wird die in der angeführten Weise ausgeführte Temperaturberichtigung ziemlich werthlos, weil ungenau. Um die Freiheit des Ausdehnens und Zusammenziehens möglichst zu sichern, Krümmungen und Verwerfungen thunlichst vorzubeugen, legt man die Metallstäbe innerhalb der Umhüllungskasten wohl auf Rollen, die zugleich gegen die Durchbiegung wegen dem Gewichte schützen sollen.

Es ist keine Uebereinstimmung der Meinungen darüber vorhanden, ob es besser (oder weniger unsicher) sei, Metallthermometer in der beschriebenen und ähnlicher Art, oder Quecksilberthermometer zu verwenden; gegen beide liegen ungünstige Erfahrungen vor. Bei der Unsicherheit, welche beide Arten von Thermometern über die Temperatur der Messstange lassen, wird man sich wohl entschliessen müssen, die Messstangen während des Gebrauches bei der Basismessung, gerade wie es bei ihrer zeitweiligen Vergleichung mit dem Muttermaasse (durch Comparatoren) geschieht, in einem Bad aus Wasser, Petroleum oder dergleichen liegen zu haben (vgl. Haupt, Zeitschr. f. Instrumentenkunde (1882) Jahrg. 2, S. 241); man darf annehmen, dass sie die Temperatur des Bades annehmen und diese wird bei genügender Vorsicht viel sicherer durch die Thermometer angezeigt, als jene fester Körper, die nur unvollkommen berührt sein können. Besser noch dürfte es sein diese Bäder und also auch die Messstangen durch Zuguss von kälterer oder wärmerer Flüssigkeit (und Umrühren) auf möglichst unveränderlicher (etwa gleich der Normal-) Temperatur zu halten. Man kann auch die Messstangen hohl machen (1784 wendete Roy Glasröhren an) und mit der Flüssigkeit füllen, ein gut die Wärme leitender Stoff ist aber geeigneter als Glas. Wird die Temperatur constant erhalten, so schwindet der Einfluss der Veränderlichkeit (und Unsicherheit) der Ausdehnungscoefficienten. Aber es bleibt immer noch die Frage, ob auch bei streng constanter Temperatur die Länge zwischen den Enden oder zwei Strichen der Stange ganz unverändert bleibt. Wenn das auch zunächst als wahrscheinlich angenommen werden darf, so ist doch an die elastischen Nachwirkungen, an das ununterbrochene Spiel der Molekularkräfte, wovon gelegentlich der Federbarometer schon die Rede war, zu erinnern.

In Californien (Basis von Yolo) ist ein neuer Basisapparat angewendet worden, dessen Messstange in Art eines Compensationspendels aus zwei Stahl- und einer Zinkstange

Stahl

Zink

Stahl

zusammengefügt ist, deren Längen nach den Ausdehnungscoefficienten so berechnet sind, dass der Abstand der Enden der Stahlstangen bei jeder Temperatur 5 m sein soll. Die Bewährung dieser compensirten Messstange muss abgewartet werden.

Während der Temperatureinfluss auf die Messstangen schon häufig Gegenstand der Untersuchung war, ist erst vor Kurzem die Frage aufgeworfen und erörtert worden, ob die Länge der Basis selbst mit der Temperatur veränderlich sei (Bohn: „Ueber einen Temperatureinfluss bei geodätischen Längenmessungen". Zeitschr. f. Vermessungswesen (1882) Bd. 11. S. 514). Im wesentlichen ist eine Basis, ist jede andere geodätisch zu messende Strecke, ein ungemein grosses Strichmaass aus dem Stoffe, der in der betreffenden Gegend die Erdoberfläche bildet, Sandstein, Marmor, Granit, Thonschiefer u. s. w. Die Länge dieses steinernen Strichmaasses wird aber sicher von der Temperatur beeinflusst. Der Ausdehnungscoefficient der Gesteinsarten ist von derselben Grössenordnung, wie jener der Messstangenstoffe.

Lineare Ausdehnung für 1^0 C.:

Gesteine:		Maassstabstoffe:	
Marmor	1 : 117 786	Gussstahl	1 : 75 643
Granit	1 : 111 483	desgl. angelassen . .	1 : 90 909
Sandstein	1 : 85 179	Eisen	1 : 82 645
		Platin	1 : 111 235
		Glas (je nach Sorte) .	1 : 118 000

Die Schwankungen der Temperatur der obersten Bodenschichte sind sehr gross, sogar grösser als jene der Messstangen, da diese durch schlechtleitende und Strahlung hemmende Umhüllungen (oder bei Ibañez-Apparat durch die Zeltbedachung) gegen raschen Temperaturwechsel thunlichst geschützt sind und dadurch die Aenderungen nicht nur verlangsamt, sondern wohl auch verkleinert werden.

Die Messung der altbayrischen Grundlinie nahm die Zeit vom 25. August bis zum 2. November 1801 in Anspruch, und sicherlich sind sehr grosse Aenderungen der Bodentemperatur in dieser Zeit vorgekommen, so dass die einzelnen Stücke der Basis bei recht verschiedener Temperatur gemessen sind, was gegen die elementaren Grundsätze bei jeder anderen Längenmessung verstösst. Hat doch die Temperatur des Maassstabes, laut der erhaltenen Angaben zwischen $5^1/_2{}^0$ R. und $24^1/_2{}^0$ R. geschwankt! Je länger eine Grundlinienmessung Zeit beansprucht, desto erheblicher wird das angeregte Bedenken. Aber selbst bei der schnellst vollzogenen Basismessung können erhebliche Schwankungen der Bodentemperatur nicht vermieden werden. Die Aarberger Basis wurde 1880 binnen drei Tagen gemessen; es wurde täglich mit Sonnenaufgang begonnen, zu welcher Zeit der Boden am kältesten zu sein pflegt, und bis Mittag gearbeitet. Die Temperatur des Bodens muss um wenigstens 10^0 geschwankt haben, denn der Boden war nur vorübergehend unter Zeltbedachung und die nie aus dem Zeltschatten getretene Messstange änderte laut Angabe die Temperatur von $16{,}3^0$ bis $24{,}7^0$ C.

Um eine zahlengemässe Vorstellung zu gewinnen, soll die mässige Annahme einer Temperaturänderung des Bodens um 10^0 zu Grunde gelegt werden. Ferner aber werde die Annahme gemacht, die Bodenschichte zwischen den Endzeichen der Basis könne sich frei ausdehnen. Nun soll mit drei verschiedenen Ausdehnungscoefficienten berechnet werden, um wieviel, unter diesen Annahmen, die Länge ändert,

1. einer ganz kurzen Basis (Schwerd's Speyerer) von 860 m,
2. einer mittelgrossen (Aarberger) von 2400 m,
3. einer grossen (Madridejos) von 14 600 m,
4. einer ganz grossen (altbayrischen) von 21 650 m.

Längenänderung entsprechend 10° Temperaturänderung bei ungehinderter Ausdehnung.

	Ausdehnungscoefficient		
der Basis	1 : 86 000	1 : 111 000	1 : 120 000
Nr. 1	0,1000 m	0,0775 m	0,0717 m
Nr. 2	0,2791	0,2161	0,2000
Nr. 3	1,6977	1,3153	1,2177
Nr. 4	2,5174	1,9505	1,8042

Noch erheblicher als für die verhältnissmässig kurze Basis berechnet sich der Temperatureinfluss auf die Länge der Seiten eines Dreiecks I. Ordnung. Er beträgt, freie Ausdehnung vorausgesetzt, für die Seite Galtgarben-Lattenwalde der ostpreussischen Messungen Bessel's 1,9921 oder 2,7797 Toisen, je nachdem man mit dem kleinsten oder dem grössten der vorstehend angegebenen Ausdehnungscoefficienten rechnet.

Die Seite eines grossen geodätischen Dreiecks, selbst die viel kürzere Basis hat zu keiner Zeit überall die gleiche Temperatur. Auch der Ausdehnungscoefficient wird nicht auf die ganze Erstreckung hin derselbe sein, sondern mit der Bodenart wechseln. Dadurch wird die Berechnung sehr viel umständlicher und von kaum zu überwindender Schwierigkeit.

Die drei Seiten eines Dreiecks werden im allgemeinen ihre Temperatur in ungleichem Maasse ändern, auch verschiedene mittlere Ausdehnungscoefficienten haben, kurz sie werden zeitlich in verschiedenem Verhältniss die Länge ändern, das Dreieck bleibt sich nicht selbst geometrisch ähnlich und eine Aenderung der Dreieckswinkel erscheint unausbleiblich. Berechnet man das Dreieck Galtgarben-Lattenwalde-Condehnen mit der Annahme die Seite Galtgarben-Lattenwalde sei so geblieben, wie sie von Bessel und v. Baeyer gefunden worden, nämlich 23 905,2391 Toisen, Galtgarben-Condehnen möge eine Temperatur-Abnahme von 10^0 C. erfahren haben, sich frei ausgedehnt haben mit dem Ausdehnungscoefficient 1 : 120 000 und endlich die dritte Seite sei bei freier Ausdehnung mit dem Coefficient 1 : 86 000 um 10^0 wärmer geworden, so findet man gegen den Zustand bei der Bessel'schen Messung eine Aenderung der Winkel von $-14{,}5''$, $-14{,}5''$ und $+29''$. Das Dreieck ist, wie für das Beispiel statthaft, als ebenes berechnet. Die abgeleiteten Winkeländerungen sind aber viel grösser als die Unterschiede der Ergebnisse der vielfach ausgeführten Messungen. Die vorausgesetzten Temperaturschwankungen sind nicht übertrieben gross angenommen und die Ausdehnungscoefficienten müssen angenähert richtig sein, gleichmässige Temperatur- und dadurch bedingte Längenänderung für die drei Seiten ist nicht für alle Zeiten annehmbar, es muss also die Annahme unzulässig sein, die Oberfläche der Erde könne sich zwischen den Endzeichen der geodätischen Linien frei ausdehnen.

Die oberste Bodenschichte hängt mit tieferen zusammen, deren Temperaturänderungen viel langsamer und viel geringer sind; es stehen also der Ausdehnung der obersten Bodenschichte allerdings Hindernisse entgegen. Zur gänzlichen Verhinderung der Längenänderung durch die Temperaturschwankungen müsste man Spannungen annehmen (einige Tausend Atmosphären), für deren Bestehen gar keine Wahrscheinlichkeit besteht. Nach dem, was man weiss über das Verhalten anderer Körper, deren Ausdehnung beim Erwärmen gehemmt ist, muss man annehmen, die obersten Bodenschichten müssten sich verwerfen, müssten krumm werden, es müssten Runzeln, Falten in ihr entstehen oder eine strammere Glättung derselben erfolgen, Spannung eintreten, die endlich Zerreissen bewirkt. Ist das Gestein schon zerklüftet, so werden die Lücken je nach der Temperatur grösser und kleiner werden und es ist sogar denkbar, dass die Entfernung der Endzeichen einer so langen Linie auch bei recht verschiedenen Temperaturen dieselbe bleibe. Allein die Wahrscheinlichkeit, dass dem so sei, dass es bei allen vorkommenden Temperaturen so sei, ist äusserst klein zu veranschlagen. Nur die Erfahrung kann darüber Aufschluss geben, welches der Erfolg der Temperaturänderung auf den Abstand zweier Bodenzeichen von einander sein mag. Allein an Versuchen in dieser Richtung fehlt es vollständig. Am Schlusse der oben angeführten Abhandlung werden einige Vorschläge gemacht, wie solche Versuche angestellt werden könnten. — Jedenfalls wird es sicherer sein die Endzeichen der Basis tief unter den Boden in Schachte zu legen, d. h. in solche Tiefe, für welche die Temperatur im Laufe des Jahres nicht mehr schwankt.

Es ist auffallend, dass die mögliche Längenänderung solcher steinerner Maasse durch Temperatureinfluss unbeachtet geblieben war. Ist doch sogar gelegentlich der Messung der mittelfränkischen Basis zur Vergleichung der Messstangen der Abstand zweier eiserner Bolzen benutzt worden, die in eine Mauer eingelassen waren, die allerdings gegen die Sonnenbestrahlung geschützt war, „noch konnte sie vom Winde bestrichen werden". Die Annahme, diese Mauer habe zwischen den Bolzen vom 21. September bis zum 29. Oktober 1807 eine unveränderliche Länge behalten, ist doch gewiss unzulässig.

Die von der Temperatur herrührende Unsicherheit der Basislängen könnte wohl dadurch etwas gemindert werden, dass man bei Wiederholung der Messung, die doch immer stattfinden muss, die bei steigender Temperatur gemessenen Stücke nun bei fallender misst und umgekehrt.

Alles zusammen genommen, muss man zugeben, dass die genaue Messung einer Basis nicht nur sehr schwierig ist, sondern auch trotz aller aufgewendeten Sorgfalt wegen der Temperaturschwankungen mit einer nicht geringen Unsicherheit behaftet ist.

§ 315. **Reduktion gemessener Basislänge auf den Vermessungshorizont.** Sei R der Halbmesser der Kugel, welche als Vermessungshorizont genommen wird, die mittlere Lage der Basis, bezw. der Messstangen um h höher, so ist die gefundene Basislänge mit $R:(R+h)$ zu multipliziren, um jene zu finden, die auf dem Vermessungshorizonte zwischen den Senkrechten der Basisenden sich erstreckt. Man kürzt diese Reduktion dadurch etwas ab, dass man statt mit $R:(R+h)$ zu multipliziren mit $1-\frac{h}{R}$ multiplizirt, d. h. die gefundene Basislänge um $\frac{h}{R}$ ihres Werthes kürzt. Bei gemessener Basislänge von 5000 m, $h = 200$ m und $\log R = 6.804\,2916$ erhält man nach der Reduktion mit Hülfe der zweiten Formel 4999,843 m.

Die mittlere Höhe der bayrischen Basis ist zu 484 m über Meer angenommen, ihr Mittelpunkt hat die geographische Breite $48^0\ 13'\ 12''$, woraus nach den Bessel'schen Erddimensionen der mittlere Krümmungshalbmesser für diese Breite und Meereshöhe gleich 6 381 100 m sich ergibt und endlich die an der Basislänge vorzunehmende Verminderung, um auf den Meeres- und Vermessungshorizont zu reduziren, sich zu 1,643 m berechnet, die Basis in diesem Sinne verstanden, wird also

$$21\,655{,}603 - 1{,}643 = 21\,653{,}96 \text{ m lang.}$$

Da für die Vermessungshorizonte verschiedener Länder R nicht denselben Werth hat, ist die Reduktion einer Grenzstrecke, die beiden Landesvermessungen angehört, zum Zwecke der Anschlussvergleichung auf einen gemeinsamen Horizont zu beziehen. Die Reduktionen sind nicht unerheblich, für die Königsberger Basis beträgt sie rund 1 : 200 000, für die spanische bei Madridejos 1 : 9000, für die peruanische 1 : 2669.

§ 316. **Basisanschluss.** Die gemessene Grundlinie wird mit der Seite des ersten grossen Dreiecks I. Ordnung, oder auch eine kleine gemessene Basis mit einer grösseren Linie, welche Rechnungsbasis werden soll, durch eine geringe Anzahl von Dreiecken verbunden, deren Winkel genau zu messen sind, um die Dreiecksseiten, schliesslich alle gefragten Strecken möglichst sicher berechnen zu können. Ist b die gemessene Grundlinie, so wird aus einem ersten über ihr errichteten Dreieck die Seite a nach $a = b \operatorname{Sin} \alpha : \operatorname{Sin} \beta$ berechnet und man weiss (§ 187, S. 323), dass in

$$\frac{da}{a} = \operatorname{Cotg} \alpha \, d\alpha - \operatorname{Cotg} \beta \, d\beta$$

der Einfluss ausgedrückt ist, den die Winkelfehler $d\alpha$ und $d\beta$ auf die Seite a ausüben. Da $a > b$ sein soll, so ist β ein spitzer Winkel und zwar ein kleiner, wenn a erheblich grösser als b sein soll, währenddem α gross ist. Es erweist sich folglich der Fehler der Bestimmung von β, da er mit der Cotangente eines kleinen Winkels, also mit einem grossen Faktor multiplizirt ist, viel einflussreicher als ein Irrthum in α, der nur mit der Cotangente dieses grösseren Winkels, also mit kleinem Faktor multiplizirt, in die verhältnissmässige Ungenauigkeit von a eingeht. Daher die Regel bei Basisanschlüssen den spitzen Winkel, welcher der Basis gegenüber liegt, oder im zweiten, dritten Dreieck den Winkel, gegenüber der aus dem vorhergehenden Dreieck genommenen Seite, mit ganz besonderer Sorgfalt zu messen.

Die Untersuchung über die günstigste Gestalt der Anschlussdreiecke lehrt, dass es am besten ist, zu beiden Seiten der Basis je ein gleichschenkeliges Dreieck zu errichten und die Verbindungslinie der Spitzen dieser zwei Dreiecke als neue Grundlinie zu berechnen. Dick gezeichnet ist in der Figur 335 die gemessene Basis, gestrichelt die abgeleitete neue Grundlinie. Mit dieser wird dann in ähnlicher Weise verfahren.

Schwerd („Die kleine Speyerer Basis oder Beweis, dass man mit einem geringen Aufwand an Zeit, Mühe und Kosten durch eine kleine genau gemessene Linie die Grundlage einer grossen Triangulation bestimmen kann." Speier 1822), von welchem der Gedanke herrührt, durch trigonometrische Berechnungen die kleine Messungsbasis zu einer Rechnungsbasis zu vergrössern, verfuhr ungefähr in der angegebenen Weise. Er verband seine kleine Grundlinie von nur 860 m Länge auf drei beinahe gleichwerthige Arten mit der staatlich gemessenen grossen Speyerer Basis und erzielte ausgezeichnete Erfolge. Bei der Gradmessung in Ostpreussen hat Bessel wesentlich dasselbe Verfahren eingeschlagen. Die gemessene Grundlinie Mednicken-Trenk (1834) war nur 935 Toisen lang (also immerhin mehr als doppelt so gross als die kleine Speyrer), darüber wurden zwei ungefähr gleichschenkelige Dreiecke gelegt, so dass die Diagonale der Raute, Wargelitten-Fuchsberg, ungefähr dreifache Länge hatte. Ueber dieser Strecke wurden abermals zwei Dreiecke errichtet, die, wenn sie auch von der Gleichschenkeligkeit schon mehr abwichen, doch nahezu symmetrisch lagen. Die Diagonale des entstandenen Vierecks, Königsberg-Galtgarben, ist etwa schon zehnmal so lang als die unmittelbar gemessene Grundlinie und diese Diagonale ist nun Seite eines Hauptdreiecks I. Ordnung.

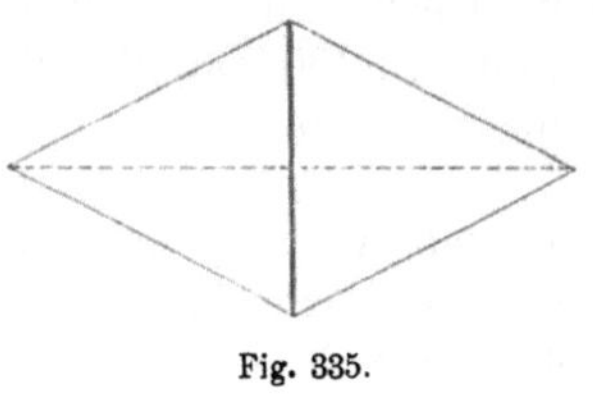

Fig. 335.

Bessel stellte den Satz auf, dass man — fehlerlose Winkelmessung vorausgesetzt — gleiche Genauigkeit erzielt, wenn man aus dem arithmetischen Mittel einer n mal gemessenen kleinen Basis eine n mal so grosse Strecke ableitet, als wenn man diese grosse Strecke einmal unmittelbar misst. Zweimal soll man eine Grundlinie jedenfalls messen. Es erscheint nicht nützlich eine kleine Grundlinie, die trigonometrisch vergrössert werden soll, sehr oft auszumessen, sondern es würde dann der Zeit- und sonstige Aufwand zweckmässiger für die zweimalige unmittelbare Messung der grossen Strecke benutzt, — vorausgesetzt, dass die Verhältnisse dieses gestatten.

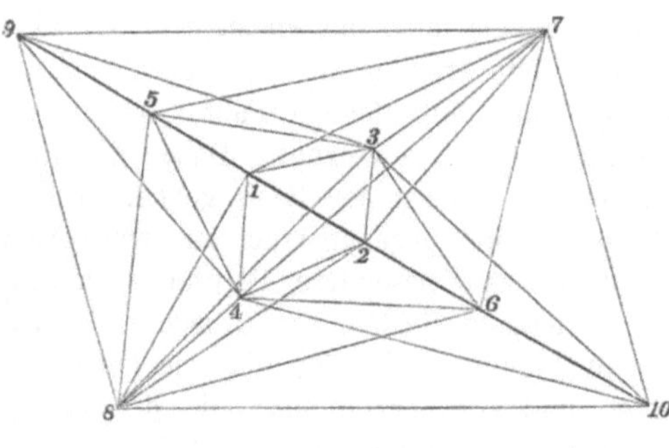

Fig. 336.

Vortheilhaft ist es, die direkt gemessene Grundlinie in mehrere (zu vermarkende) Abschnitte zu zerlegen und diese gewissermassen einzeln zu vermessen. Für die Frage, ob es nützlicher sei kleine Grundlinien zu messen oder grosse, ist die Messung der grossen spanischen Basis von Madridejos, die in fünf Abschnitten vorgenommen wurde, lehrreich. Die vier äusseren Abschnitte wurden neben der unmittelbaren Messung auch noch trigonometrisch aus dem häufig gemessenen Mittelstücke mit bestem Erfolg abgeleitet. (Eine neuere amerikanische Grundlinie wurde in 17 Stücke von je einem Kilometer zerlegt.) Die Strecke $P_1 P_2$ stellt das Mittelstück der Basis von Madridejos vor. (In der Fig. 336 sind nur die Indices gesetzt, die P weggelassen.) Man errichtete über diesem die Dreiecke mit den Spitzen in P_3 und P_4 und berechnete die Diagonale $P_3 P_4$ des Viereckes $P_1 P_3 P_4 P_4$. Ueber dieser Diagonale wurden die Dreiecke mit den Spitzen in P_5 und P_6, welches Punkte der Basis selbst sind, errichtet und berechnet. Aus Viereck $P_3 P_6 P_4 P_5$ folgt dann die Diagonale $P_5 P_6$, d. h. der aus dem Mittelstücke und seinen zwei Nachbarn bestehende Theil der Basis. Man hat über der Diagonale $P_3 P_4$ auch die Dreiecke nach P_9 und P_{10} (den Basisendpunkten) errichtet und nach den Winkelbestimmungen berechnet, woraus mittelst des Viereckes $P_3 P_9 P_4 P_{10}$ die Diagonale $P_9 P_{10}$, d. h. die ganze Basislänge abgeleitet werden kann. Aber über $P_5 P_6$ sind auch noch die Dreiecke mit den Spitzen in P_7 und P_8 aufgebaut, und mittelst des Viereckes $P_5 P_7 P_6 P_8$ die Diagonale $P_7 P_8$ berechnet. Auf dieser stehen die Dreiecke mit den Basisenden P_9 und P_{10} als Spitzen. Auch diese wurden auf Grundlage der gemessenen Winkel berechnet und dann aus Viereck $P_7 P_9 P_8 P_{10}$ die Diagonale $P_9 P_{10}$ abgeleitet. So lassen sich noch mannigfach trigonometrisch die einzelnen Stücke der Basis oder eine Zusammenfügung solcher berechnen. 10 Punkte, 45 Verbindungslinien, 120 Dreiecke, allerdings diese zum Theil von ungünstiger Gestalt. Es ergab sich:

Abschnitt	Gemessen m	Trigon. berechnet m	Unterschied m	auf 1 km
$P_9 P_5$	3 077,459	3 077,462	— 0,003	— 1 mm
$P_5 P_1$	2 216,397	2 216,399	— 0,002	— 1 „
$P_1 P_2$	2 766,604			
$P_2 P_6$	2 723,425	2 723,422	+ 0,003	+ 1 „
$P_6 P_{10}$	3 879,000	3 879,002	— 0,002	— 0,5 „
$P_9 P_{10}$	14 662,885	14 662,889	— 0,004	— 0,3 „

Da durch den Basisapparat von Ibañez die Messung so beschleunigt wird, frug man, ob es nicht vortheilhafter sei nun wieder lange Grundlinien zu messen, um leichter auf die Seiten der Hauptdreiecke übergehen zu können. „Abgesehen von dem Umstande, dass sich überall und namentlich in der Schweiz unendlich viel leichter eine passende Stelle für eine kurze als für eine lange Basis in der Natur finden wird, entscheidet hier hauptsächlich die Kostenfrage, denn, dass es möglich ist, durch Winkelmessung aus einer kurzen Basis eine vielmal längere Dreiecksseite hinreichend genau abzuleiten, hat General Ibañez bewiesen, indem er, wie früher bereits erwähnt, die 15 km lange Basis bei Madridejos aus dem 3 km langen Mittelstücke bis auf 4 mm mit der direkten Messung übereinstimmend ableitete. Die Kosten der Basismessung betragen etwa 500—600 Franken per Tag. Für das Messen des Anschlussnetzes hat man aber den Tag etwa 40—50 Franken für Beobachter und Gehülfen zu rechnen. Auf jeden Tag Basismessung kommen also den Kosten nach 10—15 Tage für das Anschlussnetz. Im vorliegenden Falle dauerte die Doppelmessung der Basis 6 Tage. Die auf Messung einer doppelt so langen Basis zu verwendenden Kosten entsprechen also 2 bis 3 Monaten Arbeitszeit für das Anschlussnetz und man wird daher wohl zugeben, dass es rationeller war, die Länge der Basis durch Winkelmessung anstatt durch direkte Längenmessung zu verdoppeln, abgesehen davon, ob das Letztere überhaupt durchführbar gewesen wäre.“ (Koppe, a. a. O.)

Die Meinung der Mehrzahl der Geodäten, wenigstens der deutschen, scheint gegenwärtig dahin zu gehen, es sei das Erspriesslichste zwar kleine, aber nicht ganz kurze Grundlinien unmittelbar zu messen.

Wenn eine Linie nicht ihrer ganzen Ausdehnung nach für direkte Längenmessung zugänglich ist, so wird sie dadurch nicht unbrauchbar als Basis. In die fränkische Basis fielen einige Häuser von Boxberg. Man errichtete ein kleines Dreieck, dessen eine Seite eben der unzugängliche Theil der Grundlinie in Boxberg war, maass die zwei anderen Seiten und den eingeschlossenen Winkel, woraus das Basisstück berechnet wurde.

Sind die Basisenden grosse Bauten, die man ihrer Weitsichtbarkeit und Unverrückbarkeit wegen gewählt hat, so kann man meist nicht unmittelbar bis zu ihnen hinmessen und führt das dann mittelbar aus. So endet die grosse Speyerer Basis in einem Punkte B vor der Stadt Speyer, eine dort im Winkel abzweigende Strecke Ba wurde, nebst den drei Winkeln des Dreiecks, dessen dritter Punkt der Speyrer Dom ist, gemessen und das Basisstück von B bis zum Dome berechnet. Aehnlich am andern Ende dieser Grundlinie, Oggersheim. Bei der schon erwähnten fränkischen Basis wurden beide Endstücke, bei St. Johannis und Bruck, durch kleine Triangulationen gefunden.

§ 317. **Genauigkeit der Basismessung.** Die unregelmässigen Fehler sind, wie schon früher (§ 31) bemerkt, der Quadratwurzel aus der Länge proportional, die regelmässigen aber, wie der aus falscher Länge des Maassstabs entspringende, der ersten Potenz der Länge. Letztere werden also, selbst wenn sie klein sind, bei sehr langen Grundlinien überwiegen können. Setzt man für die Länge l den mittleren unregelmässigen Fehler gleich $k_1 \sqrt{l}$, und den mittleren regelmässigen (oder constanten) gleich $k_2\, l$, so ist der mittlere Gesammtfehler gleich

$$\sqrt{k_1\, l + k_2\, l^2}\,.$$

Für gute Basismessungen kann man, der Erfahrung zufolge, abgerundet $k_1 = k_2 = 0{,}000\,001$ setzen und demnach $\sqrt{\lambda + \lambda^2}$ Millimeter für die Basis von λ Kilometer Länge; das gäbe für die 21 Kilometer lange oberbayrische Basis einen mittleren Fehler von $\pm$ 21,494 mm. Bei obigem Ansatze sind aber wohl die constanten Fehler etwas zu gering veranschlagt.

Eine weitere zahlengemässe Vorstellung von der Genauigkeit einer guten Basismessung gewinnt man durch die Angabe, dass bei der 1865 gemessenen Grundlinie von Catania die grösste Abweichung vom arithmetischen Mittel der sechs Ergebnisse 2,29 Pariser Linien betrug. Da die Gesammtlänge dieser Grundlinie 16 636 699¹/₃ Pariser Linien betrug, so ist jene grösste Abweichung nur etwa der siebenmillionte Theil. Damit wird aber nur über die veränderlichen oder unregelmässigen Fehler etwas ausgesagt, da die regelmässigen oder constanten Fehler nicht aus dem arithmetischen Mittel verschwunden sind, nicht einmal gemindert erscheinen.

Die Angabe des relativen Fehlers einer Basismessung gewinnt Vergleichswerth nur, wenn die Länge bekannt ist. Für einige in den letzten Jahren angestellte Basismessungen wird angegeben: Basis von Ilidže bei Serajewo (4061 m) relativer Fehler 1 : 3 700 000, Basis von Yolo (Californien) (17 286 m) relativer Fehler 1 : 1 700 000. Die drei Schweizer Grundlinien (gemessen mit Ibañez-Apparat) von Aarberg (2400 m), Weinfelden (2540 m) und Bellinzona (3200 m) sollen die relativen Fehler 1 : 6 000 000, 1 : 3 500 000 und 1 : 9 000 000 haben. (Nach dem Generalbericht d. Europ. Gradmessung für 1883.)

Es mögen noch für einige ältere Messungen die mittleren unregelmässigen, auf je 1 Kilometer Länge treffenden Fehler angegeben werden.

Basis von Yarouqui (Peru) 1736 mit hölzernen Stangen gemessen	16,4 mm
Basis von Tornea (Lappland) 1736 mit „ „ „	20,2 „
Schwerd's kleine Basis (1819)	1,4 „
Bessel's ostpreussische Grundlinie (1834)	2,8 „
v. Baeyer's Basis bei Berlin (1846)	1,6 „
Spanische grosse Basis von Madridejos (1858)	0,4 „

2. Dreiecks- und Coordinaten-Berechnung auf krummen Horizontalflächen.

§ 318. **Berührungskugel als Horizontalfläche.** Die grossen Dreiecke höherer Ordnung einer Landesvermessung können nicht mehr als ebene berechnet werden, weil der krumme wirkliche Horizont, auf welchen die Projektion erfolgen soll, schon zu beträchtlich von dem ebenen, scheinbaren abweicht. Hier soll nur die Projektion auf die Berührungskugel in der mittleren Gegend des Aufnahmegebietes besprochen werden, was für die grosse Mehrzahl der Fälle ausreichend genau ist. Ueber Krümmungshalbmesser siehe § 331. Hier genügt es anzugeben, dass der Logarithmus des in Metermaass verstandenen Halbmessers der Berührungskugel für die geographische Breite von

	45^0	50^0	55^0
beträgt:	6.804 6410	6.804 8936	6.805 1387.

Die Berechnung von Kugeldreiecken ist nicht unbequemer als die ebener, es stellt sich aber in der Anwendung auf Geodäsie der einfachen Ausführung des nächstgelegenen Gedankens die Formeln der sphärischen Trigonometrie zu gebrauchen, ein Hinderniss entgegen. Die Rechnung liefert zunächst goniometrische Funktionen, meist den Sinus der Seiten. Daraus sind die Winkel oder Bogen abzuleiten, um mit ihrer Hülfe und jener des Halbmessers, die Entfernungen in Metermaass finden zu können.

Nun lassen sich, selbst mit vielstelligen Logarithmentafeln, die Winkel aus den Logarithmen der Sinus, Tangenten (oder anderer goniometrischer Funktionen) schon schwierig auf 0,1″, allerhöchstens auf 0,05″ ableiten.

Dieser Unsicherheit entspricht aber schon eine von 3, bezw. $1^1/_2$ Meter in der Länge und solche ist doch nicht mehr statthaft.

Man muss daher eine günstigere Berechnungsweise aufsuchen. Deren sind drei Arten zu erwähnen.

1) Das Sehnenverfahren von Delambre (angewendet in Base du système métrique décimal), nach welchem die ebenen Dreiecke berechnet werden, welche durch geradlinige (Sehnen-) Verbindung der Projektionen der Dreieckspunkte auf den Horizont entstehen. Die gemessenen Winkel sind solche zwischen zwei Vertikalebenen, sie sind Flächenwinkel oder wenn man will, solche eines sphärischen Dreiecks. Aus ihnen, die man entstanden denken könnte durch Reduktion schiefer Winkel auf den Horizont (§ 107), werden umgekehrt, mit den Formeln des § 107 die schiefen Winkel, nämlich die der Sehnen berechnet. Eine Länge (es wird die Basis sein) muss auf der krummen Oberfläche gemessen sein, sie wird zuerst auf die Sehnenlänge reducirt, wozu die Kenntniss des Krümmungshalbmessers nöthig ist, doch genügt eine angenäherte Kenntniss desselben. Ist b die krumme Basislänge und R der Krümmungshalbmesser, so berechnet sich die Sehnenlänge nach

$$s = b - \frac{1}{24}\frac{b^3}{R^2} + \frac{1}{1920}\frac{b^5}{R^4} \cdots$$

Mit den (ebenen) Sehnenwinkeln und einer Sehnenlänge lässt sich das Dreieck mit den Formeln der ebenen Trigonometrie berechnen; schliesslich wird (durch Umkehrung der letzt angeschriebenen Formel) wieder der Uebergang von Sehnenlänge zu Bogenlänge auf der krummen Horizontfläche zu machen sein. Das Verfahren ist grosser Genauigkeit fähig, wird aber, ausser vielleicht bei Gradmessungsarbeiten noch, kaum mehr angewendet, wesshalb die Anführung genügen mag.

2) Das Verfahren von Legendre und

3) das Additamentenverfahren von Soldner.

Diese werden in besonderen Paragraphen dargestellt.

§ 319. **Legendre's Satz für geodätische Dreiecke.** Vernachlässigt man höhere Potenzen als die vierte des Verhältnisses der Seitenlänge des sphärischen Dreiecks zum Erdhalbmesser, so darf man das Dreieck als ein ebenes berechnen, dessen gerade Seiten an Länge den krummen des Kugeldreiecks gleichkommen und dessen Winkel jene des sphärischen Dreiecks sind, jeder vermindert um den dritten Theil des Ueberschusses der Winkelsumme gegen zwei Rechte, d. h. um $^1/_3\,\varepsilon$, ein Drittel des sphärischen Excesses. Nachfolgend eine elementare Ableitung des Satzes.

α, β, γ seien die sphärischen Winkel des Dreiecks, a, b, c die Seiten desselben, dividirt durch den zu Eins angenommenen Kugelhalbmesser und auch die Seiten des an die Stelle tretenden ebenen Dreiecks, dessen Winkel α', β', γ' sind.

Nach bekanntem Satz der sphärischen Trigonometrie (Anhang VIII, 4) ist:

$$\operatorname{Cos}\alpha = \frac{\operatorname{Cos} a - \operatorname{Cos} b \operatorname{Cos} c}{\operatorname{Sin} b \operatorname{Sin} c},$$ worin nun die Reihen für $\operatorname{Sin} x = x - \frac{x^3}{6} \dots$

und $\operatorname{Cos} x = 1 - \frac{x^2}{2} + \frac{x^4}{24} \dots$ (Anhang III, d. 11)

bis einschliesslich der Glieder von der vierten Potenz des Bogens eingesetzt werden. Dadurch erhält man:

$$\operatorname{Cos}\alpha = \frac{1 - \frac{1}{2}a^2 + \frac{1}{24}a^4 - 1 + \frac{1}{2}b^2 + \frac{1}{2}c^2 - \frac{1}{24}b^4 - \frac{1}{24}c^4 - \frac{1}{4}b^2c^2}{bc - \frac{1}{6}bc^3 - \frac{1}{6}b^3c}$$

$$= \frac{\frac{1}{2}(b^2 + c^2 - a^2) + \frac{1}{24}(a^4 - b^4 - c^4 - 6b^2c^2)}{bc\left[1 - \frac{1}{6}(b^2 + c^2)\right]}$$

Setzt man nun statt des Faktors $\left(\left(1 - \frac{1}{6}(b^2 + c^2)\right)\right)^{-1}$ genügend genau $1 + \frac{1}{6}(b^2 + c^2)$, so erhält man nach einfachen Zusammenziehungen

$$\operatorname{Cos}\alpha = \frac{b^2 + c^2 - a^2}{2bc} - \frac{2a^2b^2 + 2a^2c^2 + 2b^2c^2 - a^4 - b^4 - c^4}{24\,bc}$$

In dem ebenen Dreieck ist anderseits nach bekannter Formel:

$$\operatorname{Cos}\alpha' = \frac{b^2 + c^2 - a^2}{2bc}$$

Setzt man nun $\operatorname{Cos}^2\alpha' = 1 - \operatorname{Sin}^2\alpha'$, so folgt:

$$\operatorname{Sin}^2\alpha' = \frac{4b^2c^2 - b^4 - c^4 - a^4 - 2b^2c^2 + 2a^2b^2 + 2a^2c^2}{4b^2c^2}$$

$$= \frac{2a^2b^2 + 2a^2c^2 + 2b^2c^2 - a^4 - b^4 - c^4}{4b^2c^2}$$

und da dieser Ausdruck mit $\frac{1}{6}bc$ multiplizirt das subtraktive Glied in der Formel für $\operatorname{Cos}\alpha$ liefert, so ist:

$$\operatorname{Cos}\alpha = \operatorname{Cos}\alpha' - \tfrac{1}{6}bc\operatorname{Sin}^2 a'.$$

Setzt man nun $\alpha = \alpha' + x$, wo x ein so kleiner Winkel in den Fällen der hier beabsichtigten Anwendung ist, dass man $\operatorname{Cos} x = 1$ und $\operatorname{Sin} x = x$ nehmen darf, also $\operatorname{Cos}\alpha = \operatorname{Cos}\alpha' - x\operatorname{Sin}\alpha'$, so ergibt sich durch Vergleich mit dem Vorigen: $x = \frac{1}{6}bc\operatorname{Sin}\alpha' = \frac{1}{3}$ mal der Fläche des ebenen Dreiecks mit den Seiten b, c und dem eingeschlossenen Winkel α'; diese Fläche aber ist in Bogenwerth ausgedrückt für den Halbmesser Eins, gleich dem sphärischen Excess ε, so dass also $x = \frac{1}{3}\varepsilon$ und

$$\alpha' = \alpha - \tfrac{1}{3}\varepsilon, \qquad \beta' = \beta - \tfrac{1}{3}\varepsilon, \qquad \gamma' = \gamma - \tfrac{1}{3}\varepsilon.$$

Eine genauere Untersuchung (die man nachsehen kann in J. J. Baeyer, „Das Messen auf der sphäroidischen Erdoberfläche", Berlin 1862, S. 70) führt zu dem Ergebnisse:

$$\alpha' = \alpha - \tfrac{1}{3}\varepsilon - \tfrac{1}{90}\varepsilon^2 - (2\operatorname{Cotg}\alpha' - \operatorname{Cotg}\beta' - \operatorname{Cotg}\gamma')$$

oder gleichbedeutend:

$$\alpha' = \alpha - \tfrac{1}{3}\varepsilon\left[1 - \tfrac{1}{24}(a^2 + b^2 + c^2) + \tfrac{1}{120}(a^2 + 7b^2 + 7c^2)\right].$$

Das mit ε^2 behaftete Glied ist ein Zusatz von Bessel. Ist das Dreieck ein gleichseitiges, so wird der Bessel'sche Zusatz Null und Legendre's Satz kann mit grösserer Genauigkeit auch für Dreiecke mit ziemlich grossen Seiten benutzt werden. Untersucht man die Maximalwerthe des Bessel'schen Zusatzes, so kommt man zum Schlusse: wenn in einem Dreiecke die kleinste Seite die Grösse von 109 340 Toisen, d. h. rund 200 Kilometer nicht überschreitet, so genügt das erste Glied des Legendre'schen Satzes allein, — der Fehler aus den Vernachlässigungen von Gliedern höherer Ordnung steigt noch nicht auf 0,01". Siehe Schluss des § 326.

Zur Anwendung des Legendre'schen Satzes ist die Kenntniss des sphärischen Excesses erforderlich. Wollte man für denselben den Ueberschuss der Summe der drei gemessenen Dreieckswinkel über 180° nehmen, so würde man schlechten Erfolg haben, da in diesem Ueberschusse der ganze Betrag der Messungsfehler enthalten ist. Man berechnet den Excess, kennt damit die Sollsumme der drei Winkel (die von der gefundenen abweichen wird) und bewirkt die Ausgleichung der gemessenen Winkel, von welchen ausgeglichenen dann je ein Drittel des Excesses abzuziehen ist, um die Legendre'schen Winkel zu erhalten. Der Betrag in Sekunden des sphärischen Excesses ist aber 206 265 mal dem Flächeninhalte (F) in Quadratmetern, dividirt durch das Quadrat des (nach Meter gerechneten) Halbmessers der Krümmungskugel; für die Praxis der Geodäsie genügt schon eine genäherte Flächenberechnung, welche auszuführen immer möglich sein wird. Nachstehend die Logarithmen für $206\,265 : 2\,R^2$ für die geographischen Breiten:

45°	50°	55°
$\bar{9}.4041$	$\bar{9}.4036$	$\bar{9}.4031$

Man hat noch die 2 in den Nenner genommen, weil die Rechnung gewöhnlich doch zunächst den doppelten Flächeninhalt liefert.

Hinsichtlich der Grösse des sphärischen Excesses sei bemerkt, dass derselbe für ein Dreieck von 1974 Hektaren oder 19,74 Quadratkilometer Fläche erst 1" beträgt, das Dreieck muss, wenn es gleichseitig ist, 21 339 m Seite haben. In einem gleichseitigen Dreieck von je 1° Seite (p. p. $11^1/_9$ Kilom.) ist der sphärische Excess 27,21".

Für ein Dreieck gegebenen Flächeninhalts ist der sphärische Excess immer noch abhängig von dem Halbmesser der Berührungskugel; aus $\varepsilon R^2 = F$ folgt $d\varepsilon = -2\,\varepsilon \frac{dR}{R}$.

Die Aenderung im sphärischen Excess ist also wegen des grossen Zahlenwerths des Nenners eine sehr geringe, wenn man über den Krümmungshalbmesser unsicher ist, was von der Wahl der geographischen Breite (die ja innerhalb des Dreiecks wechselt) abhängt und von den Erddimensionen, über welche ja auch keine absolute Gewissheit vorhanden ist.

§ 320. **Additamenten-Methode nach Soldner.** Die Berechnung der Dreiecke erfolgt nach den Formeln der sphärischen Trigonometrie, so dass man für den Logarithmus des Sinus (oder der Tangente) des Bogens (einer Dreiecksseite) einen Zahlwerth erhält. Vom Logarithmus der geometrischen Funktion kann man dann mit Hülfe der Additamententafel sofort übergehen zum Logarithmus des Bogens selbst für den Halbmesser Eins und durch weitere Zufügung des Logarithmus des entsprechenden Krümmungshalbmessers (den man auch in die Tafel gleich einbeziehen kann) jenen für die Meterzahl der Seite finden. Die Additamententafeln stehen in engem Zusammenhang mit den Werthen von S (wenn vom Sinus) oder von T (wenn von der Tangente ausgegangen wird) auf den Seiten 2 bis 201 der Schrön'schen Logarithmentafel; diese Werthe von S und T finden sich übrigens in andern Logarithmentafeln auch angegeben.

Sucht man nämlich den Sinus eines kleinen Winkels, z. B. von $0^0\ 07'\ 31{,}64''$, so suche man den Logarithmus der Sekundenzahl (451,64), hier also:

Log 451,64 = 2.654 7924 (S. 76) und addire das entsprechende
S = 4.685 5745 — 10, so ist die Summe
7.340 3669 — 10 = Log Sin (7′ 31,64″).

Ist umgekehrt gegeben Log Sin x = 7.183 8310 — 10, so sucht man (S. 48) den zugehörigen Werth von S = 4.685 5747 — 10 und zieht ab, so erhält man den Logarithmus der

Sekundenzahl . . . . log (x″) = 2.498 2563
Demnach x = 314,9807″ = 0^0 05′ 14,9807″.

Oder wenn gegeben

log Tg x = 8.055 3298 — 10, so sucht man (S. 33) den zugehörigen Werth von T = 4.685 5935 — 10 und zieht ab, so erhält man
log x″ = 3.369 7363, also x = 2342,806″ = 39′ 02,806″.

Soll nun die Bogenlänge, deren Sekundenzahl zum Logarithmus (siehe erstes Beispiel) 2.498 2563 hat, in Meter ausgedrückt werden, wenn der Logarithmus des Krümmungshalbmessers ist 6.804 8936, so ist die Sekundenzahl mit $\pi:(180.60.60)$ zu multipliziren, dessen Logarithmus $\bar{6}$.685 5749 = Log (1 : 206 264,8) ist und noch mit dem Halbmesser;

also		2. Beisp.	
log x =	2.498 2563	log x =	3.369 7363
log (1 : 206 265) =	$\bar{6}$.685 5749	log (R : 206 265) =	1.490 4685
log R =	6.804 8936	log s =	4.860 2048
log s =	3.988 7248	s =	72 477,766 m.
s =	9743,720 m.		

Wäre die Additamententafel für Metermaass und den Krümmungshalbmesser Num. log 6.804 8936 einzurichten, so könnte man sofort neben $\bar{3}$.183 8310 schreiben 6.804 8938, durch dessen Addition sofort log s erhalten würde. Oder wenn der Halbmesser noch willkürlich bleiben soli, nur 0.000 0002. Dieses Additament und log R addirt, ergäbe sofort log s.

Bei dem gleichseitigen Dreieck von 21 339 m Seite, dessen sphärischer Excess 1″ ist, beträgt das in der letztangegebenen Weise verstandene Additament nur 8 Einheiten der siebenten Decimalstelle. Die Berechnung des Dreiecks als ebenes hätte gegen die sphärische Berechnung nur einen Unterschied von 0,04 m in der Seite gegeben; so lange man also die Genauigkeit von 2 Milliontel der Seitenlänge (1 : 500 000) für genügend erachtet, können Dreiecke mit Seiten bis zu $21^1/_3$ Kilom. als eben berechnet werden.

Die Mittheilung einer Additamententafel kann hier unterbleiben, weil sie durch die Werthe S (eventuell T), die in vielen Logarithmentafeln enthalten sind, entbehrlich wird.

Die Begründung der Additamenten-Methode kann als eine rein mathematische hier übergangen werden, wenn nochmals daran erinnert wird, dass sie mit jener zusammenfällt, welche die S und T der Logarithmentafeln zu berechnen lehrt. Uebrigens ist Soldner's sehr lesenswerthe Abhandlung abgedruckt in „Die bayerische Landesvermessung in ihrer wissenschaftlichen Grundlage“, München 1873, S. 262 und die Hülfstafel zur Verwandlung des log Sin in log Arc findet sich daselbst S. 279. Letztere von log Sin = $\bar{4}$.90 bis $\bar{2}$.60 fortschreitend, ist für bayrische Ruthen und den Halbmesser eingerichtet, dessen Logarithmus (auf bayr. Ruthen bezüglich) 6.340 2033 ist und für München gilt.

§ 320a. **Beispiele zur Vergleichung der Rechenergebnisse nach Legendre's Satz und der Additamententafeln.** Gegeben sei die Seite w (Breitsoel — Sodenberg) durch ihren Logarithmus und die drei Winkel W, S, B des Dreiecks Breitsoel — Sodenberg — Würzburg.

$$\log w = 4.548\,6301 \qquad \begin{aligned} W &= 57^0\ 10'\ 47{,}99'' \\ S &= 61\ \ 32\ \ 55{,}71 \\ B &= 61\ \ 16\ \ 17{,}17 \\ \hline &\ \ 180\ \ 00\ \ 00{,}87 \end{aligned}$$

Schon wegen der Ausgleichung der Winkel, die gleichmässig erfolgen soll, ist zunächst der sphärische Excess ε zu berechnen:

$$\varepsilon'' = 206\,265 \cdot f : R^2 = \frac{206\,265}{2\,R^2} \cdot w^2 \operatorname{Sin} S \operatorname{Sin} B : \operatorname{Sin}(S + B)$$

206 265 : 2 R²	$\bar{9}$.40 364
w²	9.09 726
Sin B	$\bar{1}$.94 295
Sin S	$\bar{1}$.94 410
— Sin (B + S)	$\bar{1}$.92 447
ε	0.46 348

$\varepsilon = 2{,}907'' = 2{,}91''$

	Winkel auf die Sollsumme corrigirt	Winkel für Legendre-Satz abgerundet
W =	57° 10′ 48,67″	57° 10′ 47,70
S =	61 32 56,39	61 32 55,42
B =	61 16 17,85	61 16 16,88
	180 00 02,91	180 00 00,00

Berechnung nach Legendre: s = w Sin S : Sin W (s = Breitsoel — Würzburg).

w	4.548 6301
Sin S	$\bar{1}$.944,0989
— Sin S	$\bar{1}$.924 4750
s	4.568 2540

s = 37 004,453 m

Berechnung nach Soldner mit Benutzung einer Additamententafel. Zunächst wird aus log (w : R) durch Abzug des Additaments log (Sin (w : R)) gefunden, dann gerechnet: Sin (s : R) = Sin (w : R) · Sin S : Sin W.

w	4.548 6301
R	6.804 8936
w : R	$\bar{3}$.743 7365
— Additament	21,9
Sin (w : R)	$\bar{3}$.743 7343
Sin S	$\bar{1}$.944 0989
— Sin W	$\bar{1}$.924 4750
Sin (s : R)	$\bar{3}$.763 3582

Sin (s : R)	$\bar{3}$.763 3582
Additament	24
s : R	$\bar{3}$.763 3606
R	6.804 8936
s	4.568 2542

s = 37 004,470 m

Der Unterschied ist 17 mm.

Zweites Beispiel mit ungünstig gestaltetem Dreieck: Breitsoel — Sodenberg — Kreuzberg.

log k = 4.548 6301
(k = Breitsoel — Sodenberg)

K =	14°	24′	59,25″
B =	12	56	57,15
S =	152	38	06,44
	180	00	02,84

$$\varepsilon'' = (206\,265 : 2\,R^2)\, k^2 \operatorname{Sin} K \operatorname{Sin} S : \operatorname{Sin}(K + S)$$

206 265 : 2 R²	$\bar{9}$.40 364
k²	9.09 726
Sin K	$\bar{1}$.39 614
Sin S	$\bar{1}$.66 243
— Sin (K + S)	$\bar{1}$.35 039
ε	0.20 908

ε = 1,618″ = 1,62″

Winkel	auf die Sollsumme corrigirt	für Legendre-Satz abgerundet
K =	14° 24′ 58,84″	14° 24′ 58,30″
B =	12 56 56,75	12 56 56,21
S =	152 38 06,03	152 38 05,49
	180 00 01,62	180 00 00,00

Berechnung nach Legendre: Breitsoel — Kreuzberg,

s = k Sin S : Sin K

k	4.548 6301
Sin S	$\bar{1}$.662 4341
— Sin K	$\bar{1}$.396 1404
s	4.814 9238

s = 65 301,600 m

Berechnung nach Soldner: log Sin (s : R) = log (s : R) — Additament.
log (s : R) = Sin (k : R) · Sin S : Sin K.

k	4.548 6301
R	6.804 8936
k : R	$\bar{3}$.743 7365
— Additament	22
Sin (k : R)	$\bar{3}$.743 7343
Sin S	$\bar{1}$.662 4341
— Sin K	$\bar{1}$.396 1404
Sin (s : R)	$\bar{2}$.010 0280

Sin s : R	$\bar{2}$.010 0280
Additament	75,8
s : R	$\bar{2}$.010 0356
R	6.804 8936
s	4.814 9292

s = 65 302,410 m

Der Unterschied beträgt hier 810 mm. Das Beispiel zeigt recht auffallend den Einfluss ungünstiger Gestalt des Dreiecks. Der sphärische Excess ist hier nicht viel mehr als halb so gross denn im vorigen Beispiel, allerdings dafür die berechnete Seite fast doppelt so lang.

Auch bei Anlegung der Additamententafeln sind Glieder von höherer als vierter Ordnung fortgelassen, zieht man noch weitere Glieder bei, so kann man in Soldner's Art noch genauere Ergebnisse herbeiführen.

§ 321. **Verschiedene Krümmungshalbmesser an der Erdoberfläche.** Für die überwiegend grosse Mehrzahl der Fragen kann die mathematische Erdoberfläche als die eines Umdrehungsellipsoids genommen werden, dessen (kleine) Umdrehungsaxe gleich der (grossen) äquatorialen a mal $\sqrt{1-e^2}$, wo e (<1) die Excentricität heisst, und wenn man die Bessel'schen Dimensionen annimmt (§ 2), den Werth $e = 0{,}081\,697$ hat.

Für einen Punkt P auf der Oberfläche des Ellipsoids kommen vier Krümmungshalbmesser in Betracht, drei der Vertikalschnitte und einer der berührenden Kugel.

1. Der Krümmungshalbmesser R_m des Meridians, d. h. der Ellipse, welche durch den Schnitt mit einer durch P und die Umdrehungsaxe gelegten Ebene entsteht. Man findet $R_m = a\,(1-e^2) : \sqrt{(1-e^2 \operatorname{Sin}^2 \varphi)^3}$, worin φ die Polhöhe des Orts P bedeutet, nämlich den Winkel, welchen der scheinbare Horizont des Orts P mit der Umdrehungsaxe (Richtung nach dem Pole) bildet.

2. Der Krümmungshalbmesser R_p im ersten Vertikalschnitte, d. h. in der Ebene durch P rechtwinkelig zur Umdrehaxe (die man häufig ganz unlogisch das Perpendikel von P nennt, — daher der Anzeiger p am Halbmesser). Man findet:

$$R_p = a : \sqrt{1-e^2 \operatorname{Sin}^2 \varphi}.$$

3. Der Krümmungshalbmesser R_α des Schnitts der im Azimute α verlaufenden Vertikalebene. Nach allgemeinem Satze der Geometrie ist

$$\frac{1}{R_\alpha} = \frac{\operatorname{Cos}^2 \alpha}{R_m} + \frac{\operatorname{Sin}^2 \alpha}{R_p}.$$

4. Der Halbmesser R (ohne Index) der Berührungskugel in Punkt P. Dafür wird das geometrische Mittel von R_m und R_p genommen:

$$R = a\sqrt{1-e^2} : (1-e^2 \operatorname{Sin}^2 \varphi.$$

Für das Bessel'sche Erdsphäroid findet man die Logarithmen der drei Hauptkrümmungshalbmesser, auf Metermaass bezüglich, wie folgt:

φ	$\log R_m$	$\log R_p$	$\log R$
45^0	6.803 9127	6.805 3693	6.804 6410
47	6.804 0649	6.805 4201	6.804 7425
47,5	6.804 1029	6.805 4327	6.804 7678
48	6.804 1408	6.805 4454	6.804 7931
48,5	6.804 1786	6.805 4580	6.806 8183
49	6.804 2164	6.805 4706	6.804 8435
49,5	6.804 2540	6.805 4831	6.804 8685
50	6.804 2916	6.805 4956	6.804 8936
50,5	6.804 3291	6.805 5081	6.804 9186
51	6.804 3664	6.805 5206	6.804 9435
51,5	6.804 4036	6.805 5330	6.804 9683
52	6.804 4406	6.805 5453	6.804 9929
52,5	6.804 4775	6.805 5576	6.805 0175
53	6.804 5142	6.805 5698	6.805 0420
53,5	6.804 5508	6.805 5820	6.805 0664
54	6.804 5871	6.805 5941	6.805 0906
54,5	6.804 6233	6.805 6062	6.805 1147
55	6.804 6592	6.805 6182	6.805 1387

Im Anschlusse an diese Krümmungshalbmesser sei gleich bemerkt, dass die Entfernung des Punkts P der mathematischen Erdoberfläche vom Erdmittelpunkte gleich ist

$$a\sqrt{\operatorname{Cos}\varphi} : \sqrt{\operatorname{Cos}(\varphi - \psi)\operatorname{Cos}\psi},$$

wo φ, wie oben die wahre Polhöhe des Orts bedeutet, ψ aber die geocentrische Breite, d. h. den Winkel des nach dem Erdmittelpunkte von P aus gezogenen Fahrstrahls mit der Aequatorialebene.

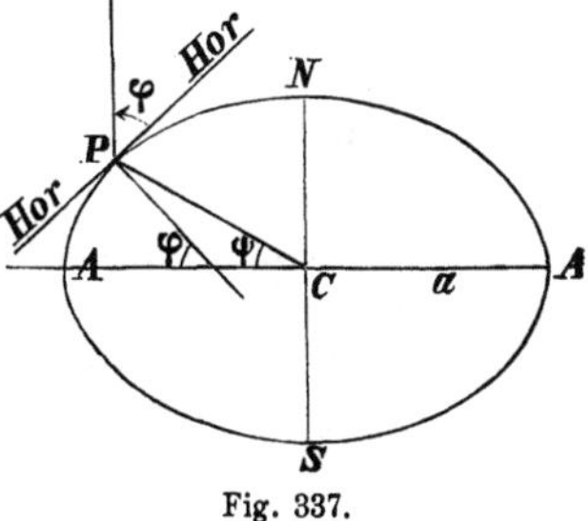

Fig. 337.

§ 322. **Rechtwinkelige sphärische und sphäroidische Coordinaten nach Soldner.** Sobald das Vermessungsgebiet so ausgedehnt ist, dass für die Grundrissmessungen die Projektion auf den scheinbaren Horizont nicht mehr genau genug ist, langt man zur Lagenbestimmung auch nicht mehr mit ebenen Coordinaten aus. Zunächst projicirt man auf die Berührungskugel etwa in der Mitte des Vermessungsgebiets (Halbmesser R) und hat auch auf diese Kugelfläche die sphärischen Coordinaten zu beziehen. Das sind entweder rechtwinkelige Linearcoordinaten, oder Polarcoordinaten, oder sogenannte geographische Coordinaten. Erst wenn die Gebiete noch weitere Grenzen überschreiten, werden Projektion und Coordinaten nicht mehr auf eine Kugelfläche, sondern auf das Ellipsoid, Sphäroid, Geoid zu beziehen sein.

Gauss hat ein System rechtwinkeliger Coordinaten angewendet, welches wenig mehr gebraucht wird und daher keine weitere Erwähnung findet. Hingegen sind die, Anfangs dieses Jahrhunderts zuerst von Soldner für die bayrische Landesvermessung empfohlenen, rechtwinkeligen Coordinaten als entschieden zweckmässig anerkannt worden und haben vielfache Anwendung gefunden. Von ihnen soll in diesem Paragraphen gehandelt werden.

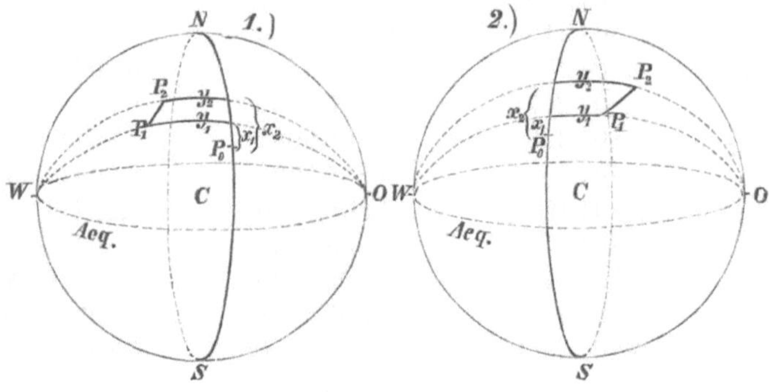

Fig. 338.

Für das Vermessungsgebiet wird ein Coordinatenanfangspunkt gewählt, für Bayern der nördliche Thurm der Frauenkirche Münchens. Der durch diesen Anfangspunkt gelegte Meridian ist die X-Axe. Legt man durch einen im Vermessungsgebiete beliebig gelegenen Punkt P eine Vertikalebene rechtwinkelig zur Ebene des Anfangsmeridians (oder zur X-Axe), so schneidet diese jenen Anfangsmeridian in einem bestimmten Punkt, dessen längs des Anfangsmeridians gezählte Entfernung vom Anfangspunkte die Abscisse x des Punktes P ist, während der Bogen zwischen P und jenem Durchschnittspunkte die Ordinate y des Punktes P ist. Bei der bayrischen Landesvermessung werden die Abscissen nach Norden positiv gerechnet (sind also in beiden Figuren (338) für P_1 und für P_2 positiv), die Ordinaten der westlich vom Münchener Meridian gelegenen Punkte sind positiv, also in Fig. 1 sind y_1 und y_2 positiv, in Fig. 2 aber bayrisch negativ. Man zählt anderwärts die Abscissen gegen Süden hin positiv. Um aber Uebereinstimmung mit der Zählweise der ebenen Coordinaten zu haben, sollen die nach Norden gehenden Abscissen positiv und die nach Osten vom Anfangsmeridian aus gezogenen Coordinaten positiv gerechnet werden. Der erste Quadrant liegt zwischen Nord und Ost, der zweite zwischen Ost und Süd u. s. w. Nach dieser Zählweise sind in Fig. 338. 2.) die Ordinaten y_1 und y_2 positiv, während sie in 1.) negativ sind.

Alle Normalebenen der Kugel gehen durch den Mittelpunkt und sind Vertikalebenen auf einer kugelig angenommenen Erde. Folglich sind die Soldner'schen Ordinaten immer Stücke grösster Kreise. All' diese grössten Ordinatenkreise schneiden sich in zwei Punkten, den Polen des

Anfangsmeridians, die beide auf dem Aequator liegen, dem Westpunkte W und dem Ostpunkte O.

Sind aus Vermessungsangaben die Soldner'schen Coordinaten eines Punktes P_2 zu berechnen, wenn die eines mit P_2 verbundenen Punktes P_1, nämlich y_1 und x_1 bekannt sind, so wird es auf die Auflösung eines sphärischen Dreiecks ankommen, dessen zwei Eckpunkte P_1 und P_2 sind, während der dritte Eckpunkt entweder der Ostpunkt O oder der Westpunkt W ist. Durch die Triangulation wird gekannt sein die (krumme) Länge der Seite $P_1 P_2 = s_{12}$ und der Bogen $P_1 O = 90^0 - y_1$, wo y_1 schon in Gradmaass ausgedrückt gedacht ist. Man erkennt, dass der sphärische Winkel bei O (bezw. bei W) zum Maasse hat den Unterschied $x_2 - x_1$ der Abscissen beider Punkte, weil dieser auf einem um 90^0 vom Dreieckspunkt (O oder W) abliegende Grosskreise der Kugel, dem Anfangsmeridiane, gemessen ist. Für die Auflösung des Dreiecks ist ein drittes Stück nöthig, welches der Richtung des Bogens $P_1 P_2$ entnommen ist. Das Azimut, d. h. der Winkel, den die Richtung $P_1 P_2$ mit dem Meridian von P_1 bildet, kann nicht unmittelbar verwendet werden. Soldner wählte den Direktionswinkel, worunter verstanden wird die Grösse der Drehung, die man dem gegen Westen verlängerten Ordinatenbogen zu geben hat, um ihn in die Richtung $P_1 P_2$ überzuführen. Glücklicherweise wird auch im bayrischen System als positive Drehrichtung die von West über Nord, oder was dasselbe ist, von Nord über Ost genommen.

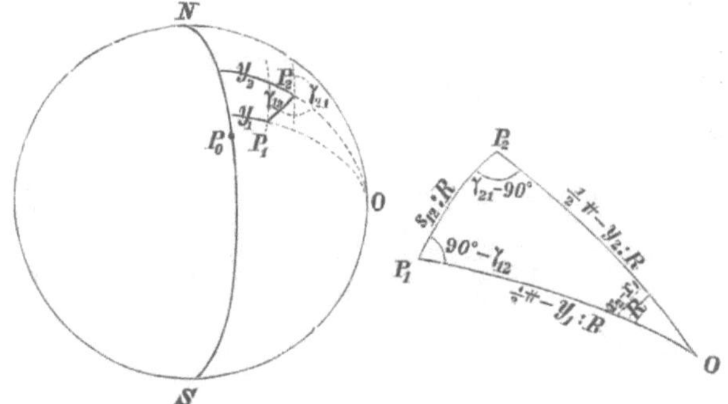

Die punktirten Linien der Figur sind Parallele zum Anfangsmeridian $N P_0 S$.

Fig. 339.

Für die Rechnung kommt mehr als der Direktionswinkel ein anderer in Betracht, der um 90^0 kleiner ist, nämlich jener zwischen der durch P_1 gezogenen Parallele zum Anfangsmeridian mit der Richtung $P_1 P_2$. Er wird der Richtungswinkel genannt.

Dieser Richtungswinkel unterscheidet sich also vom Direktionswinkel um 90^0, er unterscheidet sich vom Azimut um die Meridianconvergenz der Punkte P_1 und (des Anfangspunktes) P_0. Die Azimute sollen immer noch mit α bezeichnet werden, wie früher, die Richtungswinkel aber mit γ; nämlich γ_{12}, γ_{kn} u. s. w. sind die Drehungen (im positiven Sinne), welche der Parallelen zum Anfangsmeridian (gegen Norden gerichtet) oder der Parallelen zur positiven Abscissenrichtung durch den Punkt P_1 bezw. P_k zu geben sind, um sie in die Richtung $P_1 P_2$ bezw. $P_k P_n$ überzuführen.

Seien nun gegeben die Coordinaten y_1 und x_1 des Punktes P_1 und der Richtungswinkel γ_{12}; ferner $P_1 P_2 = s_{12}$.

Gesucht sind die Coordinaten y_2, x_2 des Punktes P_2 und der Richtungswinkel γ_{21}.

Sphärisches Dreieck $P_1 P_2 O$: die drei Seiten sind im Bogenmaass:

Seite $P_1 P_2$ (entsprechend a): $s_{12} : R$

„ $P_1 O$ (entsprechend b): $\frac{\pi}{2} - \frac{y_1}{R}$

„ $P_2 O$ (entsprechend c): $\frac{\pi}{2} - \frac{y_2}{R}$

Die drei Winkel sind:

Jener bei O (entsprechend α): $(x_2 - x_1) : R$ .... Bogenmaass

„ „ P_2 (entsprechend β): $\gamma_{21} - 90^0$ .... Gradmaass

„ „ P_1 (entsprechend γ): $90^0 - \gamma_{12}$ .... Gradmaass.

Gegeben sind zwei Seiten und der eingeschlossene Winkel (entsprechend a, b, γ der allgemeinen Formel, Anhang VIII, d).

Setzt man die hier geltenden Werthe in die allgemeinen Auflösungsformeln des Anhangs, so kommt:

Hülfswinkel:

(34) $\text{Cotg}\,\varphi = \text{Tg}\,b\,\text{Cos}\,\gamma$; $\text{Cotg}\,\beta = -\text{Cotg}\,\gamma\,\text{Cos}\,(a + \varphi) : \text{Cos}\,\varphi$ und

(35) $\text{Cos}\;\;c = \text{Cos}\,b\,\text{Sin}\,(a + \varphi) : \text{Sin}\,\varphi$,

also hier:

$$1)\quad \begin{aligned} &\text{Cotg}\,\varphi = \text{Cotg}\frac{y_1}{R}\,\text{Sin}\,\gamma_{12}; \quad -\text{Tg}\,\gamma_{21} = \text{Tg}\,\gamma_{12}\,\text{Cos}\left(\frac{s_{12}}{R} + \varphi\right) : \text{Cos}\,\varphi \\ &\text{und } \text{Sin}\frac{y_2}{R} = \text{Sin}\frac{y_1}{R}\,\text{Sin}\left(\frac{s_{12}}{R} + \varphi\right) : \text{Sin}\,\varphi; \end{aligned}$$

dann:

(33) $\text{Cotg}\,\psi = \text{Tg}\,a\,\text{Cos}\,\gamma$; $\text{Cotg}\,\alpha = -\text{Cotg}\,\gamma\,\text{Cos}\,(b + \psi) : \text{Cos}\,\psi$,

also hier:

$$2)\quad \text{Cotg}\,\psi = \text{Tg}\frac{s_{12}}{R}\,\text{Sin}\,\gamma_{12}; \quad \text{Cotg}\frac{x_2 - x_1}{R} = -\text{Tg}\,\gamma_{12}\,\text{Sin}\left(\frac{y_1}{R} - \psi\right) : \text{Cos}\,\psi$$

Es sind also die gesuchten Stücke γ_{21} durch die Tangente, y_2 durch $\text{Sin}\frac{y_2}{R}$ und $x_2 - x_1$ durch $\text{Cotg}\frac{x_2 - x_1}{R}$ unabhängig von einander berechenbar.

Diese Formeln haben einmal das Unbequeme, dass theils Bogen-, theils Winkel-Maass in ihnen vorkommt, was zu Umrechnungen und einiger Aufmerksamkeit nöthigt. Dann aber, und das ist viel schlimmer, sind sie für genaue Rechnung wenig geeignet, weil mehrfach die Funktionen sehr kleiner Winkel darin vorkommen.

Die Rechnung wird desshalb zweckmässig anders geführt:

Man geht von den einfachen Formeln aus (Anhang VIII, c):

$$\text{Cos c} = \text{Cos a Cos b} + \text{Sin a Sin b Cos } \gamma \qquad (4)$$

$$\text{Sin } \alpha : \text{Sin a} = \text{Sin } \gamma : \text{Sin c} \qquad (3)$$

$$\text{Tg } \tfrac{1}{2}(\beta + \gamma) = \text{Cotg } \tfrac{1}{2} \alpha \text{ Cos } \tfrac{1}{2}(b - c) : \text{Cos } \tfrac{1}{2}(b + c) , \qquad (16)$$

aus welchen durch Einsetzen der betreffenden Werthe wird:

$$\text{Sin } \frac{y_2}{R} = \text{Cos } \frac{s_{12}}{R} \text{ Sin } \frac{y_1}{R} + \text{Sin } \frac{s_{12}}{R} \text{ Cos } \frac{y_1}{R} \text{ Sin } \gamma_{12} \qquad 1)$$

$$\text{Sin } \frac{x_2 - x_1}{R} = \text{Sin } \frac{s_{12}}{R} \cdot \text{Cos } \gamma_{12} : \text{Cos } \frac{y_2}{R} \qquad 2)$$

$$\text{Tg } \tfrac{1}{2} (\gamma_{21} - \gamma_{12}) = \text{Cotg } \tfrac{1}{2} \frac{x_2 - x_1}{R} \cdot \text{Cos } \tfrac{1}{2} \frac{y_2 - y_1}{R} : \text{ Sin } \tfrac{1}{2} \frac{y_2 + y_1}{R} \qquad 3)$$

Diese Gleichungen könnten zur Berechnung der drei gesuchten Grössen dienen. Aber sie sind aus demselben Grunde, wie die früher aufgestellten, nicht zu genauen Rechnungen geeignet, und man thut daher wohl daran, zu Reihenentwickelungen zu schreiten.

Die 1) wird dadurch:

$$\left[\frac{y_2}{R} - \frac{1}{6}\left(\frac{y_2}{R}\right)^3 + \ldots\right] = \left[1 - \frac{1}{2}\left(\frac{s_{12}}{R}\right)^2 + \ldots\right]\left[\frac{y_1}{R} - \frac{1}{6}\left(\frac{y_1}{R}\right)^3 + \ldots\right]$$
$$+ \left[\frac{s_{12}}{R} - \frac{1}{6}\left(\frac{s_{12}}{R}\right)^3 + \ldots\right]\left[1 - \frac{1}{2}\left(\frac{y_1}{R}\right)^2 + \ldots\right] \text{Sin } \gamma_{12}$$

Ausmultiplizirend und die höheren Potenzen weglassend (wegen Kleinheit der Glieder) kommt:

$$\frac{y_2}{R} - \frac{y_2^3}{6 R^3} = \frac{y_1}{R}\left[1 - \frac{s_{12}^2}{2 R^2} - \frac{y_1^2}{6 R^2}\right] + \frac{s_{12}}{R} \text{ Sin } \gamma_{12} \left[1 - \frac{s_{12}^2}{6 R^2} - \frac{y_1^2}{2 R^2}\right]$$

oder:

$$y_2 - \frac{y_2^3}{6 R^2} = y_1 \left[1 - \frac{s_{12}^2}{2 R^2} - \frac{y_1^2}{6 R^2}\right] + s_{12} \text{ Sin } \gamma_{12} \left[1 - \frac{s_{12}^2}{6 R^2} - \frac{y_1^2}{2 R^2}\right]$$

Man rechnet erst den Näherungswerth $y_2 = y_1 + s_{12} \text{ Sin } \gamma_{12}$ (wie bei ebenen Coordinaten), bildet mit diesem Werthe genügend genau das links vorkommende $y_2^3 : 6 R^2$, transponirt, entwickelt die dritte Potenz und zieht zusammen, so verbleibt schliesslich:

$$\text{I.} \quad y_2 = y_1 + s_{12} \text{ Sin } \gamma_{12} - \frac{s_{12}^2 \text{ Cos}^2 \gamma_{12}}{2 R^2} \cdot y_1 - \frac{s_{12}^3 \text{ Sin } \gamma_{12} \text{ Cos}^2 \gamma_{12}}{6 R^2}$$

Durch Reihenentwickelung und ähnliche Behandlung wie oben, gelangt man ferner zu:

$$\text{II.} \quad x_2 = x_1 + s_{12} \text{ Cos } \gamma_{12} + \frac{s_{12} \text{ Cos } \gamma_{12}}{2 R^2} \cdot y_2^2 - \frac{s_{12}^3 \text{ Cos } \gamma_{12} \text{ Sin}^2 \gamma_{12}}{6 R^2},$$

in welcher Formel das durch I. berechnete y_2 schon vorkommt.

Die Formel 3) wird erst umgekehrt und gibt dann:

$$\mathrm{Cotg}\, \tfrac{1}{2}\, (\gamma_{21} - \gamma_{12}) = \mathrm{Tg}\, \tfrac{1}{2}\, \frac{x_2 - x_1}{R} \cdot \mathrm{Sin}\, \tfrac{1}{2}\, \frac{y_2 + y_1}{R} : \mathrm{Cos}\, \tfrac{1}{2}\, \frac{y_2 - y_1}{R}$$

Man führe nun eine Hülfsgrösse $\gamma' = \gamma_{21} - 180^0$ ein, so erhält man links:

$$\mathrm{Cotg}\, \tfrac{1}{2}\, (\gamma' - \gamma_{12} + 180^0) = -\mathrm{Tg}\, \tfrac{1}{2}\, (\gamma' - \gamma_{12}) = \mathrm{Tg}\, \tfrac{1}{2}\, (\gamma_{12} - \gamma')$$

Rechts erhält man (Anhang III, d, 13):

$$\frac{\frac{1}{2}\frac{y_2 + y_1}{R} - \frac{1}{6} \cdot \frac{1}{8} \left(\frac{y_2 + y_1}{R}\right)^3 + \ldots}{1 - \frac{1}{2} \cdot \frac{1}{4} \left(\frac{y_2 - y_1}{R}\right)^2 + \ldots} \left[\frac{1}{2}\frac{x_2 - x_1}{R} + \frac{1}{3} \cdot \frac{1}{8} \left(\frac{x_2 - x_1}{R}\right)^3 + \ldots\right]$$

Der ganze Ausdruck ist von der Ordnung $1 : R^2$, man kann ihn also durch Weglassung der kleinen Glieder höherer Ordnung vereinfachen auf:

$$\frac{1}{2}\frac{y_2 + y_1}{R} \cdot \frac{1}{2}\frac{x_2 - x_1}{R}$$

wodurch die Grössenordnung $1 : R^2$ noch deutlicher hervortritt. Da also die Grösse $\mathrm{Tg}\, \tfrac{1}{2}\, (\gamma_{12} - \gamma')$ so klein ist, so kann man sich in der Reihenentwickelung für die Tangente mit dem ersten Gliede begnügen und erhält demnach:

$$\frac{1}{2}\, (\gamma_{12} - \gamma') = \frac{1}{2}\frac{y_2 + y_1}{R} \cdot \frac{1}{2}\frac{x_2 - x_1}{R},$$

worin die Annäherungen $y_2 = y_1 + s_{12}\, \mathrm{Sin}\, \gamma_{12}$ und $x_2 = x_1 + s_{12}\, \mathrm{Cos}\, \gamma_{12}$ genügen.

Man erhält sonach:

$$\gamma_{12} - \gamma' = \left(\frac{y_1}{R} + \frac{s_{12}\, \mathrm{Sin}\, \gamma_{12}}{2\, R}\right) \cdot \frac{s_{12}\, \mathrm{Cos}\, \gamma_{12}}{R}$$

oder, wenn man für γ' wieder den Werth $\gamma_{21} - 180^0$ einsetzt und ordnet:

$$\text{III.} \qquad \gamma_{21} = \gamma_{12} + 180^0 - \frac{s_{12}\, \mathrm{Cos}\, \gamma_{12}}{R^2}\, y_1 - \frac{s_{12}^2\, \mathrm{Sin}\, \gamma_{12}\, \mathrm{Cos}\, \gamma_{12}}{2\, R^2}$$

Die vorkommenden Grössen $s_{12}\, \mathrm{Sin}\, \gamma_{12}$ und $s_{12}\, \mathrm{Cos}\, \gamma_{12}$ sind, wenn e b e n e Coordinaten angenommen werden (§ 173) gleich $y_2 - y_1$ oder $\triangle y$ und $x_2 - x_1$ oder $\triangle x$. Und mit diesen Bezeichnungen werden die drei Ausdrücke:

$$y_2 = y_1 + \triangle y - \frac{\triangle x^2}{2\, R^2} \left[y_1 + \frac{\triangle y}{3}\right]$$

$$x_2 = x_1 + \triangle x + \frac{\triangle x}{2\, R^2} \left[y_2^2 - \frac{\triangle y^2}{3}\right]$$

$$\gamma_{21} = \gamma_{12} \pm 180^0 - 206265'' \frac{\triangle x}{R^2} \left[y_1 + \frac{\triangle y}{2}\right]$$

oder kürzer geschrieben:

$$\text{I}^a.\quad y_2 = y_1 + \triangle y - \text{(y)};\qquad \text{II}^a.\quad x_2 = x_1 + \triangle x + \text{(x)};$$

$$\text{III}^a.\quad \gamma_{21} = \gamma_{12} \pm 180^0 - (\gamma).$$

In der letzten Formel ist zur Wahl $\pm 180^0$ statt $+180^0$ gesetzt, weil durch 360^0 Unterschied der Winkel bekanntlich nicht geändert wird.

Man sieht die Coordinaten y_2 und x_2 und der Richtungswinkel γ_{21} berechnen sich, wie bei ebenen Coordinaten, wenn die γ die Stelle der Azimute α einnehmen, bis auf die zweigliedrigen mit [ ] versehenen Zusätze, welche man die sphärischen Correktionen nennt und oft mit (y), (x), (γ) bezeichnet.

Die Berechnung dieser sphärischen Correktionen wird etwas lästig, wenn es sich um eine grosse Anzahl von Coordinaten handelt. Man kann dann Rechenknechte oder derlei Hülfsmittel anwenden. Auch gibt es Zahlentabellen für den Werth der Correktionsglieder. Endlich hat man den Gedanken gehabt, statt diese Werthe in Zahlen auszudrücken, eine zeichnende Darstellung derselben zu geben (schön ausgeführt in Franke, Die Grundlehren der trigon. Vermessung im rechtwinkeligen Coordinatensystem. Leipzig 1879).

Die Verzeichnung der Werthe von (y) und von (x) liefert Parabeln, die der (γ) aber Gerade. Nun reichen diese Diagramme häufig nicht aus und es müssen, wenn man sie doch benutzen will, Maassstabumrechnungen vorgenommen werden, welche Zeit und, da bald quadratische, bald lineare Grössen vorkommen, einige Aufmerksamkeit erfordern; die Abscissen-Correktion setzt sich aus zwei Theilen zusammen, die einzeln in den Diagrammen zu suchen sind. Die dichtgedrängten Curven sind, selbst mit Benutzung einer Lupe, schwierig in ihrem Verlaufe zu verfolgen, wenn der Maassstab der Zeichnungen nicht ein ganz unbequem grosser ist. Dieses zusammengenommen, kann der Nutzen dieser Diagramme nicht hoch veranschlagt werden. Die Rechnung ist sicherer und kann, namentlich mit Hülfe eines Rechenknechts, in fast ebenso kurzer Zeit zu Ergebnissen führen, wie das Ablesen aus den Diagrammen, welches zudem weit ermüdender ist als das Rechnen. Zahlenbeispiel nächste Seite, oben.

Die Richtungswinkel, welche bei Berechnung Soldner'scher Coordinaten erforderlich sind, leiten sich aus den Vermessungsergebnissen in derselben Weise ab, wie die für die Berechnung ebener Coordinaten erforderlichen Azimute. Man muss von einer Seite (nöthigenfalls durch astronomische Bestimmungen zu finden) den Richtungswinkel kennen, z. B. γ_{34}. Ist die Seite s_{45} mit s_{34} im selben sphärischen Dreieck, so ist w_4, der Winkel zwischen $P_3 P_4$ und $P_4 P_5$ schon bekannt, andererseits muss er als Summe oder Differenz von sphärischen Dreieckswinkeln, die ihre Scheitel in P_4 haben, abgeleitet werden. Aus γ_{34} und w_4 folgt aber $\gamma_{45} = \gamma_{34} \pm 180^0 - w_4$, wobei w_4 im positiven Drehsinne von Seite $P_4 P_5$ gegen $P_4 P_3$ zu zählen ist.

Die umgekehrte der eben behandelten Aufgabe: aus den Soldner'schen Coordinaten zweier Punkte (y_1, x_1 und y_2, x_2) die Länge der Seite s_{12} und die beiden Richtungswinkel γ_{12} und γ_{21} zu finden, ist nun leicht zu lösen.

Beispiel sphärischer (Soldner'scher) Coordinatenberechnung.

(Nur △ y und △ x werden mit 7stelligen Logarithmen gerechnet, für die Auswerthung der sphärischen Correktionen reichen 5stellige aus.)

$y_1 = +145\,144{,}62$ m	$x_1 = -118\,550{,}06$ m	$\log s_{12} = 4.525\,4769$ $\log R = 6.804\,8936$
$\varDelta y = -\ 25\,233{,}99$	$\varDelta x = -\ 22\,084{,}82$	$\gamma_{12} = 228^0\,48'\,28''$
$-(y) = -\ 0{,}82$	$(x) = -\ 70{,}90$	$48\ 48\ 28$
$y_2 = +119\,909{,}81$ m	$x_2 = -140\,705{,}78$ m	$(\gamma) = -\ 14{,}827$
		$y_{21} = 48\ 48\ 13{,}173$

$\varDelta y$	$4.401\,9859\,n$
$\operatorname{Sin}\gamma_{12}$	$\bar{1}.876\,5090\,n$
s_{12}	$4.525\,4769$
$\operatorname{Cos}\gamma_{12}$	$\bar{1}.818\,6134\,n$
$\varDelta x$	$4.344\,0903\,n$

$y_1 + \frac{1}{3}\varDelta y = +136\,733{,}29$
$\frac{1}{3}\varDelta y = -\ 8\,411{,}33$
$y_1 = +145\,144{,}62$
$\frac{1}{2}\varDelta y = -\ 12\,616{,}99$
$y_1 + \frac{1}{2}\varDelta y = +132\,527{,}63$

$(\varDelta y)^2$	$8.80\,397$
y_2	$5.70\,886$
y_2^2	$11.41\,772$

$(\varDelta y)^2 = 636\,760\,000$
$\frac{1}{3}(\varDelta y)^2 = 212\,253\,333$
$y_2^2 = 261\,650\,000\,000$
$y_2 - \frac{1}{3}(\varDelta y)^2 = 261\,437\,746\,666$

$(\varDelta x)^2$	$8.68\,818$
$-2R^2$	$13.91\,082$
$y_1 + \frac{1}{3}\varDelta y$	$5.13\,589$
(y)	$\bar{1}.91\,325$

$\varDelta x$	$4.34\,409n$
$-2R^2$	$13.91\,082$
$y_2^2 - \frac{1}{3}(\varDelta y)^2$	$11.41\,737$
(x)	$1.85\,064n$

$206\,265$	$5.31\,443$
$\varDelta x$	$4.34\,409n$
$-R^2$	$13.60\,979$
$y_1 + \frac{1}{2}\varDelta y$	$5.12\,231$
(γ)	$1.17\,104n$

$(y) = +0{,}819$ m $(x) = -\ 70{,}90$ m $(\gamma) = -\ 14{,}827''$

Schreibt man in der Formel I^a für △ y und △ x wieder die Werthe s_{12} Sin γ_{12} und s_{12} Cos γ_{12} und ordnet, so erhält man:

$$y_2 - y_1 + (y) = s_{12} \operatorname{Sin}\gamma_{12}$$
$$x_2 - x_1 - (x) = s_{12} \operatorname{Cos}\gamma_{12},$$

woraus sofort

$$\operatorname{Tg}\gamma_{12} = \frac{y_2 - y_1 + (y)}{x_2 - x_1 - (x)}$$

und hiernach γ_{12} mit der Bemerkung (§ 5) hinsichtlich der Quadranten:

$\frac{+}{+}$ 1. Quadr.; $\frac{+}{-}$ 2. Quadr.; $\frac{-}{-}$ 3. Quadr.; $\frac{-}{+}$ 4. Quadr.;

Die Gleichung III^a liefert nun sofort

$$\gamma_{21} = \gamma_{12} \pm 180 - (\gamma).$$

Endlich folgt aus obigen zwei Gleichungen

$$s_{12} = \frac{y_2 - y_1 + (y)}{\operatorname{Sin}\gamma_{12}} = \frac{x_2 - x_1 - (x)}{\operatorname{Cos}\gamma_{12}}.$$

Die Vorführung eines Rechenbeispiels kann wohl unterbleiben.

Rechtwinkelige sphärische Coordinaten sind für topographische Zwecke die besten, sie gehen ausserdem am einfachsten in die für die Kleinmessung geeignetesten, ebenen rechtwinkeligen Coordinaten über.

Die Soldner'schen Coordinaten lassen sich mit grosser Genauigkeit schon auf recht ansehnliche Gebiete ausdehnen, es ist aber zweckmässig, ein grosses Land in Streifen von etwa zwei Grad Längenunterschied abzutheilen und die Mittelmeridiane derselben als X-Axen zu nehmen. Da, wo zwei solche Streifen zusammenstossen, werden die Punkte nach beiden benachbarten Coordinatensystemen zu bestimmen sein.

Sind die Coordinaten des Soldner'schen Systems sehr gross, so wird die Projektion auf die Berührungskugel bei höher gestellten Anforderungen an Genauigkeit nicht mehr genügen, man wird, statt sphärischer, sphäroidische rechtwinkelige Coordinaten zu nehmen haben, die sich von den sphärischen dadurch unterscheiden, dass die betreffenden Bogen elliptische, statt Kreisbogen, sind. Die Berechnung wird demgemäss etwas zu ändern sein, doch soll darauf hier nicht näher eingegangen werden. Zweckmässiges darüber findet man in O. Börsch, Anleitung zur Berechnung geodätischer Coordinaten. Cassel 1885. S. 88.

§ 323. **Sphärische Polarcoordinaten.** Die Lage eines Punktes auf einer Niveaufläche der Erde wird bestimmt durch dessen Abstand s_{01} von einem Anfangspunkte P_0 und durch das Azimut α_{01} des Strahles von P_0 nach P_1. Es sind s_{01} und α_{01} die Polarcoordinaten von P_1, die man wohl kürzer, unter Weglassung des auf den Anfangspunkt bezüglichen Index s_1 und α_1 schreibt. Es wird im allgemeinen die Aufgabe sein, die Polarcoordinaten s_2 und α_2 eines anderen Punktes P_2, aus geeigneten Messungen abzuleiten.

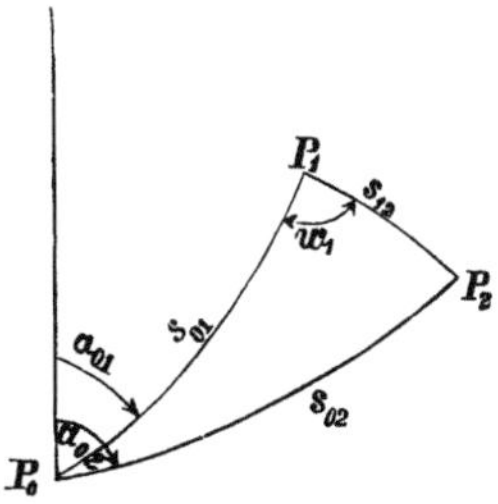

Es sei gemessen die Länge s_{12} und der Winkel w_1, welcher als Differenz der Azimute α_{10} und α_{12} auftritt. Dann ist die Aufgabe, aus zwei Seiten und dem eingeschlossenen Winkel eines sphärischen Dreiecks die übrigen Strecken zu berechnen, welche mit den bekannten Formeln (Anhang VIII, 28—35) gelöst wird, oder mit Hülfe des Satzes von Legendre (§ 322). Ist der Winkel w_0 des sphärischen Dreiecks bei P_0 gefunden, so ist die Coordinate (das Azimut) $\alpha_{02} = \alpha_{01} + w_0$.

Fig. 340.

Ueberschreitet das Vermessungsgebiet einige Breitengrade, so ist die rein sphärische Rechnung nicht mehr genau genug, — was übrigens auch für andere Arten von Coordinaten gilt.

Die wichtigste Anwendung haben Polarcoordinaten bei der Gradmessung in Ostpreussen (Bessel und Baeyer) gefunden, Anfangspunkt Königsberg, Azimute vom südlichen Theil des Meridians der Sternwarte an gezählt, genauer von einem 0,837″ östlich davon gelegenen Meridianzeichen. Sonst sind die Polarcoordinaten fast nur als Uebergangsmittel zwischen anderen Coordinatensystemen in Anwendung.

§ 324. **Umwandlung Soldner'scher in Polarcoordinaten und umgekehrt.** In § 322 ist gezeigt worden, wie und mit welchen Angaben aus den Soldner'schen Coordinaten eines Punktes P_1 jene eines anderen

Punktes P_2 abgeleitet werden. Nimmt man als ersten Punkt P_1 den gemeinschaftlichen Anfangspunkt der Soldner'schen Coordinaten und eines Polarcoordinatensystems, so ist der Richtungswinkel aus P_0 zugleich Azimut oder $\gamma_{02} = \alpha_{02}$ (kürzer α_2 geschrieben). Setzt man in die Formel (§ 322) $\mathrm{Tg}\,\gamma_{12} = \dfrac{y_2 - y_1 + \textcircled{y}}{x_2 - x_1 - \textcircled{x}}$ nun $y_1 = 0$, $x_1 = 0$, $\gamma_{12} = \alpha_2$, so erhält man

$$\mathrm{Tg}\,\alpha_2 = \frac{y_2 + \textcircled{y}}{x_2 - \textcircled{x}}.$$

$\textcircled{y}$ und $\textcircled{x}$ vereinfachen sich dadurch, dass

$$y_1 = 0,\; x_1 = 0,\; \triangle y = s_{02}\,\mathrm{Sin}\,\alpha_{02} = s_2\,\mathrm{Sin}\,\alpha_2;\; \triangle x = s_{02}\,\mathrm{Cos}\,\alpha_{02} = s_2\,\mathrm{Cos}\,\alpha_2,$$

und zwar kommt:

$$\textcircled{y} = \frac{s_2^2\,\mathrm{Cos}^2\,\alpha_2}{2\,R^2} \cdot \frac{s_2\,\mathrm{Sin}\,\alpha_2}{3} = \frac{s_2^3\,\mathrm{Sin}\,\alpha_2\,\mathrm{Cos}^2\,\alpha_2}{6\,R^2}$$

$$\textcircled{x} = \frac{s_2\,\mathrm{Cos}\,\alpha_2}{2\,R^2}\left(y_2^2 - \frac{s_2^2\,\mathrm{Sin}^2\,\alpha_2}{3}\right).$$

Setzt man diese Werthe ein, so erhält man einen Ausdruck für $\mathrm{Tg}\,\alpha_2$, in welchem allerdings noch die andere Unbekannte s_2 vorkommt. Allein die Grössen $s_2\,\mathrm{Sin}_2$ und $s_2\,\mathrm{Cos}\,\alpha_2$ kommen in der Berechnung von $\textcircled{y}$ und $\textcircled{x}$ nur dividirt durch den sehr grossen Erdhalbmesser vor; es erzeugt daher keine nennenswerthe Ungenauigkeit bei dieser Berechnung $s_2\,\mathrm{Sin}\,\alpha_2 = y_2$ und $s_2\,\mathrm{Cos}\,\alpha_2 = x_2$ zu setzen. Damit wird:

$$\textcircled{y} = \frac{y_2\,x_2^2}{6\,R^2} \quad \text{und} \quad \textcircled{x} = \frac{x_2}{2\,R^2}\left(y_2^2 - \frac{y_2^2}{3}\right) = \frac{x_2\,y_2^2}{3\,R^2},$$

also wieder

$$\mathrm{Tg}\,\alpha_2 = \frac{y_2 + \dfrac{y_2\,x_2^2}{6\,R^2}}{x_2 - \dfrac{x_2\,y_2^2}{3\,R^2}} = \frac{y_2}{x_2}\,\frac{1 + \dfrac{x_2^2}{6\,R^2}}{1 - \dfrac{y_2^2}{3\,R^2}},$$

wofür wieder, genau genug, genommen werden kann:

$$\mathrm{Tg}\,\alpha_2 = \frac{y_2}{x_2}\left(1 + \frac{x_2^2}{6\,R^2}\right)\left(1 + \frac{y_2^2}{3\,R^2}\right).$$

Nimmt man beiderseits die Logarithmen und entwickelt die der Klammerausdrücke rechts nach Reihen, wobei gegen das erste Glied alle folgenden als von höherer Ordnung der Kleinheit vernachlässigbar sind, so erhält man — unter Weglassung der überflüssigen Indices:

$$\log\,\mathrm{Tg}\,\alpha = \log\frac{y}{x} + M\,\frac{x^2}{6\,R^2} + M\,\frac{y^2}{3\,R^2}$$

$$= \log\frac{y}{x} + \frac{M}{6\,R^2}\,(x^2 + 2\,y^2),$$

worin M den Modul der briggischen Logarithmen (0,434294 . .) bedeutet. Hinsichtlich des Quadranten, dem α angehört, gilt die schon öfter erwähnte Regel, $+y$ mit $+x$ entspreche dem 1. Quadrant, $+y$ mit $-x$ dem 2., $-y$ mit $-x$ dem 3. und $-y$ mit $+x$ dem 4.

Um die andere Polarcoordinate s_2 zu finden, hat man in der aus § 322 entnommenen Formel

$$s_{12} = \frac{y_2 - y_1 + \mathfrak{Y}}{\operatorname{Sin} \gamma_{12}} = \frac{x_2 - x_1 - \mathfrak{X}}{\operatorname{Cos} \gamma_{12}}$$

nur zu setzen: $s_{12} = s_{02}$, kürzer s_2, oder noch einfacher s. Dann $y_1 = 0$, $x_1 = 0$, $\mathfrak{Y} = \frac{y x^2}{6 R^2}$ und $\mathfrak{X} = \frac{x y^2}{3 R^2}$, dann $\gamma_{12} = \alpha$ und erhält:

$$s = \frac{y + \frac{y x^2}{6 R^2}}{\operatorname{Sin} \alpha} = \frac{y}{\operatorname{Sin} \alpha}\left(1 + \frac{x^2}{6 R^2}\right)$$

$$= \frac{x - \frac{x y^2}{3 R^2}}{\operatorname{Cos} \alpha} = \frac{x}{\operatorname{Cos} \alpha}\left(1 - \frac{y^2}{3 R^2}\right)$$

Es gibt noch andere Berechnungsweisen, um aus den Soldner'schen Coordinaten die auf den gleichen Anfangspunkt bezogenen Polarcoordinaten zu finden; sie können hier wegbleiben.

Die umgekehrte Aufgabe aus den Polarcoordinaten s und α eines Punktes P die Soldner'schen Coordinaten für denselben Anfangspunkt zu finden, kommt auf die in § 322 behandelte Aufgabe hinaus, aus den Soldner'schen Coordinaten eines Punktes P_1 (nämlich des Anfangspunktes mit $y_1 = 0$, $x_1 = 0$) der Entfernung s_{12} (hier einfach s) und dem Richtungswinkel γ_{12}, der hier mit dem Azimut $\alpha_{02} = \alpha_2 = \alpha$ zusammenfällt (da P_1 ja zu P_0 oder Anfangspunkt geworden), die Soldner'schen Coordinaten y_2 und x_2 (hier einfacher y und x geschrieben) abzuleiten. Das geschieht nach:

$$y = 0 + s \operatorname{Sin} \alpha - \frac{x^2}{2 R^2} \frac{s \operatorname{Cos} \alpha}{3}$$

$$x = 0 + s \operatorname{Cos} \alpha - \frac{y}{2 R^2}\left(y^2 - \frac{y^2}{3}\right) = s \operatorname{Cos} \alpha + \frac{x y^2}{3 R^2},$$

wobei allerdings in Berechnung von y die Unbekannte x und in jener von x die Unbekannte y vorkommt, aber nur mit R^2 dividirt, so dass die Näherungswerthe $x = s \operatorname{Cos} a$ und $y = s \operatorname{Sin} \alpha$ in diese kleinen Correktionsglieder genommen werden können, ohne merkliche Ungenauigkeit zu erzeugen. Man erhält durch diese Einführung:

$$y = s \operatorname{Sin} \alpha - \frac{s^3 \operatorname{Cos}^3 \alpha}{6 R^2}$$

$$x = s \operatorname{Cos} \alpha + \frac{s^3 \operatorname{Sin}^2 \alpha \operatorname{Cos} \alpha}{3 R^2}$$

Der Richtungswinkel von P_0 nach P ist α, jener von P nach P_0 ist nach der Formel (§ 322) $\gamma_{21} = \gamma_{12} \pm 180 - (7)$, worin $\gamma_{12} = \alpha$ und $(7) = 206\,265'' \frac{xy}{2R^2}$ zu setzen ist:

$$\gamma_{21} = \alpha \pm 180^0 - 206\,265'' \frac{xy}{2R^2}$$

Und auch hierin darf man, wenn x und y nicht etwa schon vorher berechnet worden sind, ohne erhebliche Ungenauigkeit $x = s \operatorname{Cos} \alpha$, und $y = s \operatorname{Sin} \alpha$ setzen, wodurch also kommt:

$$\gamma_{21} = \alpha \pm 180^0 - 206\,265'' \frac{s^2 \operatorname{Sin} \alpha \operatorname{Cos} \alpha}{2R^2}.$$

§ 325. **Geographische Coordinaten auf der Kugel.** Durch den Punkt, dessen Lage bestimmt werden soll, legt man eine die Erdaxe enthaltende Ebene, den Meridian, und zählt vom Punkte aus bis zum Aequator nach Winkelmaass die Länge des Meridians, so erhält man die geographische Breite des Punktes, die nördlich oder südlich ist, je nachdem der Punkt der nördlichen oder der südlichen Erdhälfte angehört. Die geographische Breite ist dasselbe wie die Polhöhe, nämlich wie der Winkel, um welchen sich die Parallele zur Erdaxe oder die Richtung nach dem Himmelspol über den scheinbaren Horizont des Ortes erhebt.

Irgend ein Meridian ist Anfangsmeridian und der Winkel zwischen ihm und dem Meridiane des Punktes heisst dessen geographische Länge, die man von 0^0 bis 360^0 östlich oder westlich zählt und die nur bei Angabe des Anfangsmeridians verständlich ist. Nimmt man den Meridian der Insel Ferro als Anfangsmeridian, so ist jener von Greenwich $18^0\,09'\,46''$ östlich; von Berlin $31^0\,33'\,30''$ östlich, von Paris $20^0\,30'\,00''$ östlich. Der Meridian von Ferro ist ein fiktiver, als $20^0\,30'\,00''$ westlich von jener der Pariser Sternwarte definirter. Es ist zweckmässig den Null- oder Anfangsmeridian auf eine Sternwarte zu verlegen, weil die Längenbestimmung (wie auch die der Breite) eigentlich eine astronomische Arbeit ist.

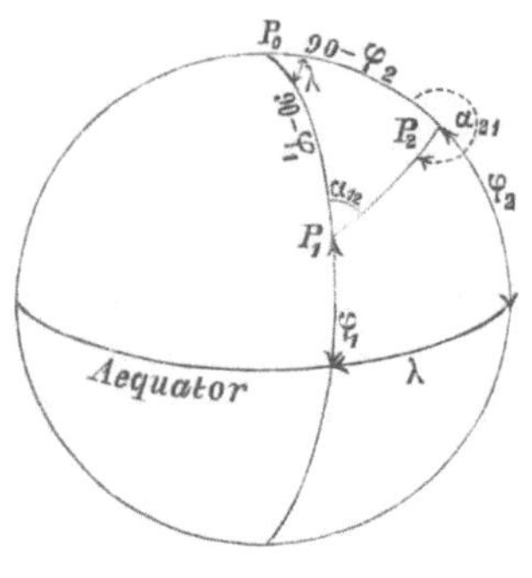

Fig. 341.

Sind Länge und Breite eines Punktes P_1 gegeben, so braucht man nur das Azimut α_{12} der Richtung nach P_2, ferner die Ausdehnung des Bogens $P_1 P_2 = s_{12}$ zu kennen, um sofort die geographischen Coordinaten des Punktes P_2 und das Azimut α_{21} der Richtung von P_2 nach P_1 berechnen zu können. Es handelt sich dabei um Auflösung eines sphärischen Dreiecks, dessen dritter Eckpunkt der nächstgelegene Erdpol P_0 ist. In diesem Dreiecke sind die Seiten:

(a entsprechend) : $90 - \varphi_2$
(b „): $90 - \varphi_1$
(c „): s_{12}

und die Winkel:

bei P_1 (dem α entsprechend) : α_{12}
„ P_2 („ β „): $360^0 - \alpha_{21}$
„ P_0 („ γ „): λ

λ ist der Längenunterschied der Punkte P_1 und P_2 und wird dieser Winkel gemessen durch den Bogen auf dem Aequator, der zwischen den Durchschnitten der zwei Meridiane mit diesem enthalten ist.

Setzt man vorstehende Werthe für a, b, c, α, β, γ in die allgemeinen Formeln, nämlich in

(Anhang VIII, 4) $\text{Cos a} = \text{Cos b Cos c} + \text{Sin b Sin c Cos}\,\alpha$

ein, so kommt: $\text{Sin}\,\varphi_2 = \text{Sin}\,\varphi_1 \text{Cos}\,s_{12} + \text{Cos}\,\varphi_1 \text{Sin}\,s_{12} \text{Cos}\,\alpha_{12}$;

in die Formel

(Anhang VIII, 9) $\text{Cotg}\,\beta = (\text{Cotg b Sin c} - \text{Cos c Cos}\,\alpha) : \text{Sin}\,\alpha,$

so kommt: $\text{Cotg}\,\alpha_{21} = (-\text{Tg}\,\varphi_1 \text{Sin}\,s_{12} + \text{Cos}\,s_{12} \text{Cos}\,\alpha_{12}) : \text{Sin}\,\alpha_{12}$;

und in die Formel

(Anhang VIII, 9) $\text{Cotg}\,\gamma = (\text{Cotg c Sin b} - \text{Cos b Cos}\,\alpha) : \text{Sin}\,\alpha,$

so kommt $\text{Cotg}\,\lambda = (\text{Cotg}\,s_{12} \text{Cos}\,\varphi_1 - \text{Sin}\,\varphi_1 \text{Cos}\,\alpha_{12}) : \text{Sin}\,\alpha_{12}$.

Diese Formeln, welche die gesuchten Grössen jede einzeln berechnen lassen, sind nicht ganz bequem für logarithmisches Rechnen. Ihre Zweideutigkeit kann keine Verlegenheit bereiten, denn φ_2 ist immer ein spitzer Winkel, wenn P_2 auf derselben Erdhalbkugel wie P_1 liegt, und hinsichtlich λ wird man nicht im Zweifel sein, ob der kleinste oder der, um 180^0 verschiedene, grösste Werth zu nehmen ist; positiv ist λ in den vorstehenden Formeln als östliche Länge zu nehmen.

Auf ebener Fläche müsste $\alpha_{21} = \alpha_{12} \pm 180^0$ sein. Auf der Kugel ist $\alpha_{21} \pm 180^0 - \alpha_{12}$ nicht gleich Null, sondern die sogenannte Meridianconvergenz. Beim Zeichnen auf ebener Fläche werden die Meridiane, wenn sie nur in geringer Ausdehnung vorkommen, als Gerade behandelt, die nicht parallel, sondern um den Betrag der Meridianconvergenz gegen einander geneigt sind.

Zahlenbeispiel siehe nächste Seite.

Zahlenbeispiel:

$\varphi_1 = 52^0\,24'\,43''$ (Berlin)
$\alpha_{12} = 59^0\,33'\,05''$ (Berlin-Königsberg) $\quad s_{12} = 4^0\,46'\,07''$

Sin φ_1	$\bar{1}.89\,895$
Cos s_{12}	$\bar{1}.99\,850$
0,78 968	$\bar{1}.89\,745$

Cos φ_1	$\bar{1}.78\,531$
Sin s_{12}	$\bar{2}.91\,977$
Cos α_{12}	$\bar{1}.70\,480$
0,02 570	$\bar{2}.40\,988$

0,81 538	$\bar{1}.91\,137$	Sin φ_2

$\varphi_2 = 54^0\,37'\,33''$

— Tg φ_1	0.11 364 n
Sin s_{12}	$\bar{2}.91\,977$
—0,10 800	$\bar{1}.03\,341$ n

Cos s_{12}	$\bar{1}.99\,850$
Cos α_{12}	$\bar{1}.70\,480$
0,50 501	$\bar{1}.70\,330$

+ 0,39 701	$\bar{1}.59\,880$
Sin α_{12}	$\bar{1}.93\,555$
Cotg α_{21}	$\bar{1}.66\,325$

$\alpha_{21} = 245^0\,16'\,22''$

Cotg s_{12}	1.07 872
Cos φ_1	$\bar{1}.78\,531$
7,31 183	0.86 403

Sin φ_1	$\bar{1}.89\,895$
Cos α_{12}	$\bar{1}.70\,480$
0,40 155	$\bar{1}.60\,375$

+ 6,91 028	0.83 950
Sin α_{12}	$\bar{1}.93\,555$
Cotg λ	0.90 395

$\lambda = 7^0\,06'\,40''$ östl.

Rechnerisch bequemer gestalten sich die Formeln, wenn man benutzt (Anhang VIII, 35):

Hülfswinkel (der in der allgemeinen Formel des Anhangs φ heisst, hier aber besser μ genannt wird):

$$\text{Cotg}\,\mu = \text{Tg}\,b\,\text{Cos}\,\alpha\,;\quad \text{Cos}\,a = \text{Cos}\,b\,\text{Sin}\,(c+\mu) : \text{Sin}\,\mu\,;$$
$$\text{Cotg}\,\beta = [-\,\text{Cotg}\,\alpha\,\text{Cos}\,(c+\mu)] : \text{Cos}\,\mu$$

woraus:

$$\text{Cotg}\,\mu = \text{Cotg}\,\varphi_1\,\text{Cos}\,\alpha_{12}\,;\quad \text{Sin}\,\varphi_2 = \text{Sin}\,\varphi_1\,\text{Sin}\,(s_{12}+\mu) : \text{Sin}\,\mu\,;$$
$$\text{Cotg}\,\alpha_{21} = [\text{Cotg}\,\alpha_{12}\,\text{Cos}\,(s_{12}+\mu)] : \text{Cos}\,\mu\,.$$

Hülfswinkel (Anhang VIII, 33, hier ν statt ψ):

$$\text{Cotg}\,\nu = \text{Tg}\,c\,\text{Cos}\,\alpha\,;\quad \text{Cotg}\,\gamma = [-\,\text{Cotg}\,\alpha\,\text{Cos}\,(b+\nu)] : \text{Cos}\,\nu\,,$$

woraus:

$$\text{Cotg}\,\nu = \text{Tg}\,s_{12}\,\text{Cos}\,\alpha_{12}\,;\quad \text{Cotg}\,\lambda = [\text{Cotg}\,\alpha_{12}\,\text{Sin}\,(\nu-\varphi_1)] : \text{Cos}\,\nu\,.$$

Man benutze etwa dasselbe Zahlenbeispiel wie oben.

Noch andere Formeln können aufgestellt werden, die aber die gefragten Werthe nicht einzeln berechnen lassen. Benutze (Anhang VIII, 17, 16, 11).

$$\text{Tg}\,\tfrac{1}{2}(\gamma-\beta) = \text{Cotg}\,\tfrac{1}{2}\alpha\,\text{Sin}\,\tfrac{1}{2}(c-b) : \text{Sin}\,\tfrac{1}{2}(c+b)$$

gibt:

$$\text{Tg}\,\tfrac{1}{2}(\lambda+\alpha_{21}) = \text{Cotg}\,\tfrac{1}{2}\alpha_{12}\,.\,\text{Sin}\left[\tfrac{1}{2}(s_{12}+\varphi_1)-45^0\right] : \text{Sin}\left[\tfrac{1}{2}(s_{12}-\varphi_1)+45^0\right].$$

$$\text{Tg}\,\tfrac{1}{2}(\gamma+\beta) = \text{Cotg}\,\tfrac{1}{2}\alpha\,.\,\text{Cos}\,\tfrac{1}{2}(c-b) : \text{Cos}\,\tfrac{1}{2}(c+b)$$

gibt:

$$\text{Tg}\,\tfrac{1}{2}(\lambda-\alpha_{21}) = \text{Cotg}\,\tfrac{1}{2}\alpha_{12}\,.\,\text{Cos}\left[\tfrac{1}{2}(s_{12}+\varphi_1)-45^0\right] : \text{Cos}\left[\tfrac{1}{2}(s_{12}-\varphi_1)+45^0\right]$$

$$\text{und}\ \lambda = \tfrac{1}{2}(\lambda+\alpha_{21}) + \tfrac{1}{2}(\lambda-\alpha_{21})$$
$$\alpha_{21} = \tfrac{1}{2}(\lambda+\alpha_{21}) - \tfrac{1}{2}(\lambda-\alpha_{21})\,.$$

$$\text{Sin}\,\tfrac{1}{2}a = \text{Cos}\,\tfrac{1}{2}\alpha\,.\,\text{Sin}\,\tfrac{1}{2}(c-b) : \text{Sin}\,\tfrac{1}{2}(\gamma-\beta)$$

gibt:

$$\text{Sin}\,(45^0-\tfrac{1}{2}\varphi_2) = -\,\text{Cos}\,\tfrac{1}{2}\alpha_{12}\,.\,\text{Sin}\left[\tfrac{1}{2}(s_{12}+\varphi)-45^0\right] : \text{Sin}\,\tfrac{1}{2}(\lambda+\alpha_{21})$$

Die schärfste, aber nicht bequemere Rechenmethode nach Gauss ist folgende, deren Ableitung, als etwas weitläufig, fortgelassen wird:

$\mathrm{Tg\,m} = -\mathrm{Cos}\,\alpha_{12}\,\mathrm{Tg\,s}_{12}$ . . . . damit: $\mathrm{Tg}\,\lambda = \mathrm{Tg}\,\alpha_{12}\,\mathrm{Sin\,m} : \mathrm{Cos}\,(\varphi_1 - \mathrm{m})$
$\mathrm{Tg\,n} = -\mathrm{Sin}\,\alpha_{12}\,\mathrm{Sin\,s}_{12}\,\mathrm{Tg}\,(\varphi_1 - \mathrm{m})$ (λ ist hier als westliche
$\mathrm{Sin}\,\mu = \mathrm{Tg\,n\,Tg}\,\tfrac{1}{2}\lambda\,(\mathrm{Cos}\,\varphi_1 - \mathrm{m})$ Länge genommen)
$\mathrm{Sin}\,\nu = -\mathrm{Sin}\,\alpha_{12}\,\mathrm{Tg}\,\tfrac{1}{2}\,\mathrm{s}_{12}\,\mathrm{Sin\,m}$

$$\text{Nun: } \varphi_2 = \varphi_1 - (\mathrm{m} + \mu) \text{ und } \alpha_{21} = 180^0 + \alpha_{12} - (\mathrm{n} + \nu)\,.$$

Für obiges Zahlenbeispiel findet man:

$-\mathrm{Cos}\,\alpha_{12}$	$\bar{1}.70\,480$ n	$\mathrm{Tg}\,\alpha_{12}$	$0.23\,074$	
$\mathrm{Tg\,s}_{12}$	$\bar{2}.92\,127$	Sin m	$\bar{2}.62\,571$ n	
Tg m	$\bar{2}.62\,607$ n	$\mathrm{Cos}\,(\varphi_1 - \mathrm{m})$	$\bar{1}.76\,039$	$\lambda = -\ 7^0\,06'\,40''$ westl.
		$\mathrm{Tg}\,\lambda$	$\bar{1}.09\,606$ n	$=\ 7^0\,06'\,40''$ östl.

$\mathrm{m} = -\ 2^0\,25'\,15''$
$\varphi_1 = 52\ 24\ 43$
$\varphi_1 - \mathrm{m} = 54\ 49\ 58$

$-\mathrm{Sin}\,\alpha_{12}$	$\bar{1}.93\,555$ n	Tg n	$\bar{1}.00\,740$ n	$-\mathrm{Sin}\,\alpha_{12}$	$\bar{1}.93\,555$ n
$\mathrm{Sin\,s}_{12}$	$\bar{2}.91\,977$	$\mathrm{Tg}\,\tfrac{1}{2}\lambda$	$\bar{2}.79\,334$ n	$\mathrm{Tg}\,\tfrac{1}{2}\,\mathrm{s}_{12}$	$\bar{3}.61\,943$
$\mathrm{Tg}\,(\varphi_1 - \mathrm{m})$	$0.15\,208$	$\mathrm{Cos}\,(\varphi_1 - \mathrm{m})$	$\bar{1}.76\,039$	Sin m	$\bar{2}.62\,571$ n
Tg n	$\bar{1}.00\,740$ n	$\mathrm{Sin}\,\mu$	$\bar{3}.56\,113$	$\mathrm{Sin}\,\nu$	$\bar{3}.18\,069$

$\mathrm{n} = -\ 5^0\,48'\,30''$ $\mu = 0^0\,12'\,31''$ $\nu = 0^0\,05'\,13''$

$\mathrm{m} + \mu = -\ 2^0\,12'\,44''$ $180 + \alpha_{12} = 239^0\,33'\,05''$
$\varphi_1 = 52\ 24\ 43$ $\mathrm{n} + \nu = -\,5\ 43\ 17$
$\varphi_2 = 54^0\,37'\,27''$ $\alpha_{21} = 245^0\,16'\,22''$

Bei Ausführung der Rechnung nach diesem Verfahren muss man gute Tafeln für Sin. und Tg. kleiner Winkel benutzen, etwa mit Hülfe von S und T, wovon schon § 320 die Rede war oder die auf S. 23—24 in Gauss „5stell. vollständ. logar. u. trigon. Tafeln", Halle. Eigentlich hätte hier mit mehr als 5 Stellen der Logarithmen gerechnet werden sollen.

Die in diesem Paragraph behandelte Aufgabe war eigentlich: Auf der Kugel aus den Polarcoordinaten des Punktes P_2 in Bezug auf P_1 als Anfangspunkt, die Unterschiede der geographischen Coordinaten der Punkte P_2 und P_1 abzuleiten.

§ 326. **Geographische Coordinaten auf dem Rotationsellipsoid und geodätische Linie.** Alle Meridiane sind congruente Ellipsen, ein beliebiger wird als Anfangsmeridian gewählt, der Längenunterschied zweier Punkte ist der Winkel zwischen ihren Meridianebenen, ist also genau so, wie auf einer Kugeloberfläche.

Eine Ebene rechtwinkelig zur Umdrehungsaxe heisst ein Parallelkreis, sein Halbmesser sei mit ϱ bezeichnet, bei dem abgeplatteten Erdsphäroid (um die kleine Axe gedrehte Ellipse) ist der Aequator, vom Halbmesser a, der grösste Parallelkreis. Ferner (b ist Umdrehungs-Halbaxe):

$$e = \sqrt{a^2 - b^2} : a; \quad 1 : p = (a - b) : a; \quad \text{vergl. § 2).}$$

Die Lothlinie eines Punktes auf dem Rotationsellipsoid ist die Normale zur Oberfläche. Sie trifft, nur wenn der Punkt einer der Pole ist, oder auf dem Aequator liegt, den Mittelpunkt, sonst schneidet sie die Aequatorebene oder die grosse Axe der Meridianellipse in einem anderen Punkt und zwar unter einem Winkel φ gleich der Polhöhe des Ortes P, der die sphäroidische Breite oder geographische Breite des Ortes genannt wird (φ ist immer ein spitzer Winkel).

Die Länge der Normalen bis zu ihrem Durchschnitte mit der kleinen Axe ist $PN = a(1 - e^2 \sin^2 \varphi)^{-\frac{1}{2}}$.

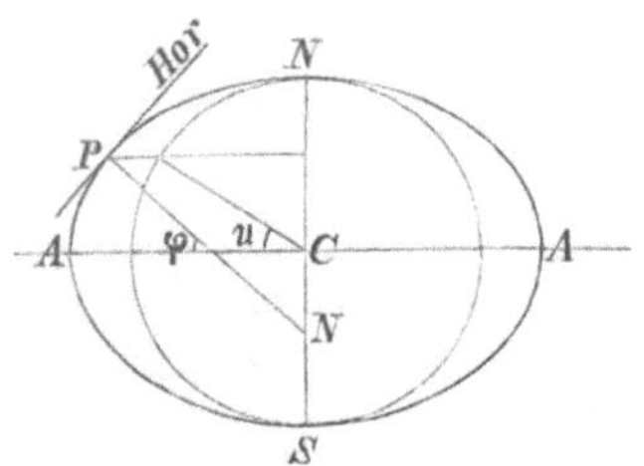

Fig. 342.

Nächst der sphäroidischen oder auch wahren Breite φ wird noch die geocentrische Breite ψ unterschieden (seltener in geodätischen, häufiger aber in astronomischen Untersuchungen betrachtet), welches der Winkel ist, den die nach dem Mittelpunkte C gezogene Linie PC (nicht gezeichnet in der Figur) mit der grossen Axe bildet. Die Länge dieses Strahls PC nach der Ellipsenmitte, Radiusvektor oder geocentrischer Radius genannt, ist $a(1 - e^2)(2 - e^2) \sin^2 \varphi)^{\frac{1}{2}} \cdot (1 - e^2 \sin^2 \varphi)^{-\frac{1}{2}}$; der Winkel i zwischen der Normalen PN und dem Mittelpunktsstrahle PC ist bestimmt durch $\mathrm{Tg}\, i = e^2 \sin \varphi \cos \varphi : (1 - e^2 \sin^2 \varphi)$ oder annähernd ist

$$i = 206\,265'' (\sin 2\varphi : p - \sin \varphi \cos 3\varphi : p^2).$$

Hierin bedeutet $1 : p$ die Abplattung $= (a - b) : a$, also auch $= 1 - \sqrt{1 - e^2}$ und andererseits: $e^2 = (2 : p) - (1 : p^2)$.

Wichtiger als die geocentrische ist eine dritte Breite, die reducirte Breite. Denkt man über der Rotationsaxe des Ellipsoids eine Kugel errichtet, so schneidet der Parallelkreis von P diese Kugel nach einem Kreise. Verbindet man einen Punkt dieses Kugelparallelkreises mit dem Mittelpunkt, so neigt der Verbindungsstrahl um die reducirte Breite u gegen den Aequatorialhalbmesser.

Zwischen den drei Breiten bestehen folgende Beziehungen:

$$\mathrm{Tg}\, u = \mathrm{Tg}\, \varphi \sqrt{1 - e^2}; \quad \mathrm{Tg}\, \varphi = \mathrm{Tg}\, u : \sqrt{1 - e^2}; \quad \mathrm{Tg}\, \psi = \mathrm{Tg}\, u \sqrt{1 - e^2}$$

$$\sin(\varphi - u) = \frac{1 - \sqrt{1 - e^2}}{2\sqrt{1 - e^2 \sin^2 \varphi}} \cdot \sin 2\varphi = \frac{1 - \sqrt{1 - e^2}}{2\sqrt{1 - e^2 \cos^2 u}} \cdot \sin 2u$$

$$\mathrm{Tg}\, \psi = \mathrm{Tg}\, \varphi (1 - e^2) \qquad \mathrm{Tg}\, \varphi = \mathrm{Tg}\, \psi : (1 - e^2)$$

Durch Reihenentwickelung mit Vernachlässigung der Glieder mit höherer als der zweiten Potenz von e, erhält man die Annäherungswerthe:

$$\varphi - \psi = 206\,265'' \left(\tfrac{1}{2}\, e^2 \operatorname{Sin} 2\, \varphi\right)$$
$$\varphi - u = 206\,265'' \left(\tfrac{1}{4}\, e^2 \operatorname{Sin} 2\, \varphi\right)$$
$$\varphi - \psi = 2\,(\varphi - u)$$

Endlich ist der Halbmesser ϱ des Parallelkreises auf dem Rotationsellipsoide

$$\varrho = a \operatorname{Cos} \varphi \,(1 - e^2 \operatorname{Sin}^2 \varphi)^{-\frac{1}{2}}$$

Die Betrachtung der Erde als Ellipsoid gehört unstreitig der höhern Geodäsie an. Daher wird in diesem Buche darauf bezüglich nur Einiges und die Formeln meist ohne Ableitungen (die aus den Eigenschaften der Ellipse folgen) mitgetheilt.

Legt man durch einen Punkt P_1 der Ellipsoidenoberfläche eine Normal- (oder Loth-) Ebene, die durch einen andern Punkt P_2 der Ellipsoidenoberfläche geht, so enthält diese im allgemeinen nicht die Normale (oder Lothrichtung) des Punktes P_2, ausser wenn P_2 auf demselben Meridian oder demselben Parallelkreis mit P_1 liegt; denn die Normale von P_2 schneidet ja die Erdaxe in einem andern Punkte (N_2) als jene von P_1. Die Vertikalebene des Punktes P_1 durch P_2 gelegt ist, also im allgemeinen verschieden von der Vertikalebene des Punktes P_2 durch P_1 gelegt. Die Abweichung der zwei Vertikalschnitte ist übrigens, wenn P_1 und P_2 nicht mehr als 60 oder 70 Kilometer von einander entfernt sind, vernachlässigbar.

Die kürzeste Linie auf dem Ellipsoid, zwischen P_1 und P_2 gezogen, heisst die geodätische Linie. Sie ist, wenn nicht P_1 und P_2 auf demselben Meridian oder auf dem Aequator liegen, eine Linie doppelter Krümmung und nur dann eine ebene Curve, wenn eine jener Bedingungen erfüllt ist. Die Normalen je zweier Punkte eines und desselben Parallelkreises schneiden sich in einem Punkte der Umdrehungsaxe, ihre Vertikalschnitte fallen also zusammen, aber die geodätische Linie zwischen diesen beiden Punkten windet sich aus dem gemeinsamen Vertikalschnitte nach der Seite des nächstgelegenen Poles hin.

Die geodätische Linie kann in anderer Weise erklärt werden: Man stecke von P_1 mit dem Theodolit eine kurze gerade Linie, im Sinne der elementaren Geodäsie, ab, d. h. man bestimme den Durchschnitt einer Vertikalebene durch P_1 mit der mathematischen Erdoberfläche. Ein sehr nah an P_1 gelegener Punkt sei p_1. Stellt man nun den Theodolit in p_1 auf und sucht die Vertikalebene des Punktes p_1, welche nach P_1 zurückzielt und nimmt diese dann wieder durch eine Drehung um 180^0 nach vorwärts, so gelangt man zu einem benachbarten Punkte p_2. Die um 180^0 gedrehte Vertikalebene durch p_2 nach p_1 liefert einen vorwärts gelegenen, benachbarten Punkt p_3. Und so fort. Sind alle die Stücke $P_1\,p_1$, $p_1\,p_2$, $p_2\,p_3$ u. s. f. unendlich klein, so ist der Inbegriff der Elemente $P_1\,p_1$, $p_1\,p_2$, $p_2\,p_3 \ldots$ eine von P_1 ausgehende geodätische Linie, die man in einem Punkte P_2 endigen lassen kann. Man kann nun umgekehrt in derselben Art, wie eben beschrieben, von P_2 aus ein Element $P_2\,p_n$ der Vertikalebene durch P_2, dann ein Element der Vertikalebene durch p_n nach P_2 um 180^0 verdreht abstecken, welches p_{n-1} liefert und so weiter und schliesslich wieder nach P_1 gelangen. Die Linie $P_2 p_n p_{n-1} \ldots P_1$ ist dann die geodätische Linie von P_2 nach P_1. Sie fällt zusammen mit der geodätischen Linie $P_1 p_1 p_2 \ldots P_2$ von P_1 nach P_2; mit anderen Worten zwischen zwei Punkten P_1 und P_2 gibt es nur eine geodätische Linie, welche die kürzeste Verbindung der Punkte auf der Oberfläche ist. Sie weicht ab vom Vertikalschnitte aus P_1 nach P_2 und vom Schnitte, der durch die Vertikale von P_2 nach P_1 geführt ist. Diese verschiedenen Vertikalschnitte werden durch einmaliges Einrichten des Theodolits von einem nach dem andern Punkt erhalten, ihre Anfänge von dem Punkte an, zu dessen Vertikalebene sie gehören, sind stärker gezeichnet in der Figur, auch mit Pfeilspitzen versehen.

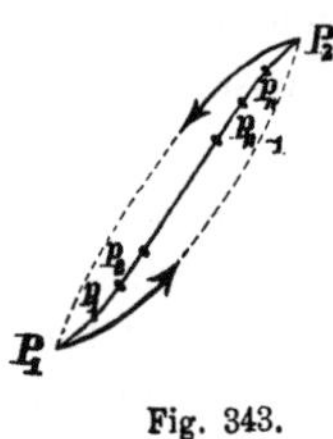
Fig. 343.

Die charakteristische Eigenschaft der geodätischen Linie ist, dass die Ebene durch drei unendlich benachbarte Punkte derselben immer normal (rechtwinkelig) zu der Fläche steht, auf welcher die geodätische Linie verzeichnet ist.

Ist die Gleichung einer Oberfläche allgemein durch $f = 0$ ausgedrückt und sind rechtwinkelige Coordinaten x, y, z angenommen, so findet man die Gleichungen der geodätischen Linie:

$$\frac{\partial f}{\partial x} : \frac{d^2 x}{d s^2} = \frac{\partial f}{\partial y} : \frac{d^2 y}{d s^2} = \frac{\partial f}{\partial z} : \frac{d^2 z}{d s^2},$$

worin ∂ partielle Differentialquotienten andeuten und ds das Differential des Bogens der geodätischen Linie ist.

Im besonderen Falle eines Rotationsellipsoids:

$$f = \frac{z^2}{a^2} + \frac{y^2}{b^2} + \frac{x^2}{b^2} - 1 = 0$$

(wo $b = a\sqrt{1 - e^2}$, die mit der Z-axe zusammenfallende Umdrehungsaxe, X- und Y-axe aber im Aequator liegen, der Mittelpunkt des Ellipsoids Coordinatenanfang ist), wird die geodätische Linie durch die Gleichung

$$y\,dx - x\,dy = C\,ds$$

dargestellt, wo C eine Constante ist.

Andere Formen der Gleichungen der geodätischen Linie auf dem Rotationsellipsoide sind:

$$\varrho \operatorname{Sin} \alpha = \varrho^2 \frac{dw}{ds}; \qquad \varrho_1 \operatorname{Sin} \alpha_{12} = - \varrho_2 \operatorname{Sin} \alpha_{21},$$

worin ϱ_1, ϱ_2 die Halbmesser der Parallelkreise zweier Punkte sind, α_{12} und α_{21} die Azimute der geodätischen Linie von P_1 nach P_2, nämlich der Winkel zwischen dem Meridian in P_1 mit dem in P_1 endenden Elemente der geodätischen Linie bezw. des Meridians in P_2 mit dem Ende der geodätischen Linie bei P_2. Es ist w die astronomische Länge, d. h. der Winkel, den der durch den Punkt gehende Halbmesser des Parallelkreises mit der Coordinaten-Ebene der XZ macht.

Noch andere mathematische Darstellung der geodätischen Linie gewinnt man durch Einführung der reducirten Breite und gelangt zu:

$$\text{Sin}\,\alpha_{12}\,\text{Cos}\,u_1 = -\,\text{Sin}\,\alpha_{21}\,\text{Cos}\,u_2$$

Man denke sich ein sphärisches Hülfsdreieck mit den Seiten $90^0 - u_1$, $90^0 - u_2$ und der dritten Seite σ. Die Winkel desselben seien $360^0 - \alpha_{12}$, α_{21} und ω. Nun kann angegeben werden, wie Bessel die Berechnung der geographischen Coordinaten auf dem Rotationsellipsoide gelehrt hat aus den Angaben:

geographische Breite φ_1 — also auch reducirte Breite u_1, wegen $\text{Tg}\,u_1 = \text{Tg}\,\varphi_1 \sqrt{1-e^2}$,
Azimut α_{12} der geodätischen Linie zwischen P_1 nach P_2,
Länge s_{12}, kürzer geschrieben s der geodätischen Linie zwischen P_1 und P_2.

Man berechnet zunächst die Hülfsgrössen M, m, E, ε nach:

$$\text{Tg}\,M = \text{Tg}\,u_1 : \text{Cos}\,\alpha_{12} \qquad \text{Tg}^2\,E = e^2\,\text{Cos}^2\,m : (1-e^2)$$

$$\text{Sin}\,m = \text{Cos}\,u_1 \cdot \text{Sin}\,\alpha_{12} \qquad \varepsilon = \text{Tg}^2\,\frac{E}{2}\ \text{(sehr klein)}$$

ferner:

$$A = 1 + (\tfrac{1}{2})^2\,\varepsilon^2 + \left(\frac{1}{2.4}\right)^2 \varepsilon^4 + \left(\frac{1.3}{2.4.6}\right)^2 \varepsilon^6 + \left(\frac{1.3.5}{2.4.6.8}\right)^2 \varepsilon^8 + \dots$$

$$B = \tfrac{1}{2}\,\varepsilon - \frac{1}{2.4}\cdot\tfrac{1}{2}\,\varepsilon^3 - \frac{1.3}{2.4.6}\cdot\frac{1}{2.4}\,\varepsilon^5 - \dots$$

$$C = \frac{1}{2.4}\,\varepsilon^2 - \frac{1.3}{2.4.6}\cdot\tfrac{1}{2}\,\varepsilon^4 - \frac{1.3.5}{2.4.6.8}\cdot\tfrac{1}{2}\,\varepsilon^6 - \dots$$

$$D = \frac{1.3}{2.4.6}\,\varepsilon^3 - \frac{1.3.5}{2.4.6\ 8}\cdot\tfrac{1}{2}\,\varepsilon^5 - \dots$$

(Bessel hat Tafeln mit log A, log B, log C .... für das Argument log Tg E gegeben)

und dann:

$$\sigma = \frac{1-e}{a\sqrt{1-e^2}}\cdot\frac{s}{A} + \frac{2\,B}{A}\,\text{Cos}\,(2\,M+\sigma) + \frac{C}{A}\,\text{Cos}\,2\,(2\,M+\sigma)\,\text{Sin}\,2\,\sigma + \dots$$

Die Grösse σ wird zunächst annähernd aus dem ersten Gliede der Reihe berechnet, der erste Annäherungswerth in das zweite und dritte Glied der Reihe eingeführt, die Summe gibt einen zweiten Annäherungswerth von σ, mit dem ähnlich zu verfahren ist, um den dritten Annäherungswerth zu erhalten u. s. w.

Mit dem ausgewertheten σ berechnet man endlich die gesuchte Grösse nach:

$$\text{Sin}\,u_2 = \text{Cos}\,m\,\text{Sin}\,(M+\sigma)\ ; \qquad \text{Tg}\,\varphi_2 = \frac{\text{Tg}\,u_2}{\sqrt{1-e^2}}$$

$$\text{Sin}\,\alpha_{21} = -\,\text{Cos}\,u_1\,\text{Sin}\,\alpha_{12} : \text{Cos}\,u_2$$

Nun bleibt noch der Längenunterschied von P_2 gegen P_1 zu berechnen. Aus dem oben erwähnten Hülfsdreieck bestimme man:

$$\operatorname{Sin} \omega = \operatorname{Sin} \sigma \operatorname{Sin} \alpha_{12} : \operatorname{Cos} u_2 = - \operatorname{Sin} \sigma \operatorname{Sin} \alpha_{21} : \operatorname{Cos} u_1,$$

dann die Hülfsgrössen:

$$\operatorname{Tg}^2 E' = \frac{3}{4} e^2 \operatorname{Cos}^2 m : (1 - \frac{3}{4} e^2)$$

$$\varepsilon' = \operatorname{Tg}^2 \frac{E'}{2},$$

ferner:

$$A' = \tfrac{1}{2} \sqrt[3]{(1-\varepsilon')^2} \left[1 + (\tfrac{1}{3})^2 \varepsilon'^2 + \left(\frac{1.4}{3.6}\right)^2 \varepsilon'^4 + \left(\frac{1.4.7}{3.6.9}\right)^2 \varepsilon'^6 + \ldots\right]$$

$$B' = \sqrt[3]{(1-\varepsilon')^2} \left[\tfrac{1}{3}\varepsilon' + \frac{1.4}{3.6} \cdot \tfrac{1}{3} \varepsilon'^3 + \frac{1.4.7}{3.6.9} \cdot \frac{1.4}{3.6} \varepsilon'^5 + \ldots\right]$$

$$C' = \tfrac{1}{2} \sqrt[3]{(1-\varepsilon')^2} \left[\frac{1.4}{3.6} \varepsilon'^2 + \frac{1.4.7}{3.6.9} \cdot \tfrac{1}{3} \varepsilon'^4 + \frac{1.4.7.10}{3.6.9.12} \cdot \frac{1.4}{3.6} \varepsilon'^6 + \ldots\right]$$

etc.

Auch für log A′, log B′ etc. hat Bessel Tafeln mit dem Argumente $\log \frac{e \operatorname{Cos} m \sqrt{3}}{2\sqrt{1 - \frac{3}{4} e^2}}$ mitgetheilt.

Endlich findet man den gesuchten Längenunterschied w:

$$w = \omega - \frac{e^2 \operatorname{Sin} m}{(1 - \frac{3}{4} e^2)^{\frac{3}{2}}} [A'\sigma + B' \operatorname{Cos}(2M + \sigma) \operatorname{Sin} \sigma + C' \operatorname{Cos} 2(2M + \sigma) \operatorname{Sin} 2\sigma + \ldots]$$

Als Beispiel sei Bessel's Berechnung der Lage von Dünkirchen (P_2) gegen Seeberg (P_1) mitgetheilt:

$\alpha_{12} = 274^0\, 21'\, 31{,}18''$ $\log s = 5.478\,303\,14$
$\log e = \bar{2}.905\,4355$ $\log (a \sqrt{1 - e^2}) = 6.513\,354\,64$ } Toisen.

Seeberger Sternwarte

$\varphi_1 = 50^0\, 56'\, 06{,}7''$ daraus folgt zunächst
$u_1 = 50^0\, 50'\, 39{,}057''$

(Beispiel für den Unterschied der geographischen und der reducirten Breite).

$$\log \operatorname{Cos} m = \bar{1}.890\,371$$

σ erste Annäherung: $5^0\, 16'\, 48{,}482''$,
zweite „ $5^0\, 16'\, 29{,}9''$,
dritte „ $5^0\, 16'\, 29{,}899''$.
Endlich $\varphi_2 = 51^0\, 02'\, 12{,}719''$.

Für Berechnung der Längendifferenz ergab sich

$$\omega = -8^0\, 21'\, 57{,}741''$$

und diese Differenz selbst:

$$w = -8^0\, 21'\, 19{,}041''.$$

Bemerkung. Wird von P_1 aus ein höher oder tiefer gelegener Punkt P_2 angezielt, so erfolgt dessen Projektion auf den Horizont oder die Ellipsoidfläche nach der Vertikalebene der Theodolitaxe, d. h. nach jener des Standpunktes P_1. Die Projektion von P_2 fällt also nicht in die Lothlinie von P_2, da die genannte Ebene diese nicht enthält. Dadurch entsteht ein Fehler in der Richtung, welcher sich zu

$$206\,265'' \left(\tfrac{1}{2}\, e^2 \frac{h}{R_p} \operatorname{Cos}^2 \varphi_1 \operatorname{Sin} 2\, \alpha_{12}\right)$$

berechnet, wenn h die Höhe von P_2 über dem Horizonte von P_1 und R_p der Krümmungshalbmesser der durch P_1 gehenden Ostwestlinie ist. Bei Messungen im Gebirge nicht ganz vernachlässigbar. Man findet für

h = 640 m im Maximo 0,069''
1280 „ „ „ 0,14
1920 „ „ „ 0,21

Die Länge s ist dabei, so lange es sich um gegenseitig sichtbare Punkte handelt, ziemlich einflusslos.

Die Länge der grössten geodätischen Linie, die sich innerhalb Europas ziehen lässt, kann höchstens um 400 mm von der Länge des Vertikalschnitts durch den einen nach dem andern Endpunkt abweichen. Der Unterschied des Azimuts des Vertikalschnitts in P_1 nach P_2 von jenem der geodätischen Linie zwischen P_1 und P_2 ist bei 64 Kilometer Länge dieser, erst 0,01'', kann innerhalb Europas überhaupt nur auf 60'' ansteigen.

Denkt man drei Punkte P_1, P_2, P_3 der mathematischen Erdoberfläche durch geodätische Linien verbunden, so erhält man ein sphäroidisches oder geodätisches Dreieck. Innerhalb weiter Grenzen kann man dafür ein sphärisches nehmen, auf einer Kugel, deren Halbmesser das arithmetische Mittel der Krümmungskugeln der drei Eckpunkte ist. Sehr angenähert gilt folgendes: a, b, c seien die Längen, α, β, γ die Winkel des sphäroidischen Dreiecks, α', β', γ' jene eines ebenen Dreiecks, dessen Seiten dieselben Längen wie die des sphäroidischen haben. Der sphäroidische Excess ist $206\,265'' \cdot \mu\,(1 + \frac{1}{8}\,\mu\, m^2)$ mal der Fläche des ebenen Dreiecks, wo m^2 das arithmetische Mittel ist aus den Quadraten der drei Dreiecksseiten dividirt durch das Quadrat der Aequatorialhalbaxe und μ das arithmetische Mittel der sogenannten Gauss'schen Krümmungsmaasse der drei Endpunkte. Das Gauss'sche Krümmungsmaass eines Punktes ist aber $1 : R^2 = (1 - e^2 \operatorname{Sin}^2 \varphi)^2 : (1 - e^2)$. Mit dem sphäroidischen Excesse ε' berechnen sich die Winkel des substituirten ebenen Dreiecks aus jenen des sphäroidischen Dreiecks nach:

$$\alpha' = \alpha - \tfrac{1}{3}\,\varepsilon' - \tfrac{1}{12}\,\varepsilon' \left(\frac{1}{R_1^2\,\mu} - 1\right) - \tfrac{1}{60}\,\varepsilon'\,\mu \left(m^2 - \frac{a^2}{a^2}\right)$$

$$\beta' = \beta' - \tfrac{1}{3}\,\varepsilon' - \tfrac{1}{12}\,\varepsilon' \left(\frac{1}{R_2^2\,\mu} - 1\right) - \tfrac{1}{60}\,\varepsilon'\,\mu \left(m^2 - \frac{b^2}{a^2}\right)$$

$$\gamma' = \gamma - \tfrac{1}{3}\,\varepsilon' - \tfrac{1}{12}\,\varepsilon' \left(\frac{1}{R_3^2\,\mu} - 1\right) - \tfrac{1}{60}\,\varepsilon'\,\mu \left(m^2 - \frac{c^2}{a^2}\right)$$

In diesen Formeln kommt a in zweierlei Bedeutung vor, im Nenner der letzten Klammer bedeutet es den Aequatorialhalbmesser, im Zähler im letzten Klammerausdruck der ersten Gleichung aber die Dreiecksseite $P_2 P_3$.

In diesem Paragraphen wurde die im vorigen nur für die Kugelfläche behandelte Aufgabe, aus Polarcoordinaten die geographischen abzuleiten, allgemeiner für das Rotationsellipsoid behandelt.

Ausser der oben mitgetheilten Bessel'schen Berechnung kann man auch folgende anwenden, die ich dem erst während des Drucks zugänglich gewordenen Buche: „Anleitung zur Berechnung geodätischer Coordinaten" von Prof. Dr. O. Börsch, Cassel 1885, entnehme. Dort finden sich auch die Tabellen, welche diese Berechnungsart erst bequem machen.

Ausser den Punkten P_1 und P_2 kommt noch der Fusspunkt F in Betracht, des aus P_2 normal zum Meridian von P_1 gezogenen Bogens. Man rechnet zunächst den sphäroidischen, dem sphärischen gleichkommenden Excess des Dreiecks $P_1 P_2 F$ nach:

1) (Sekunden) $\varepsilon = s^2_{12} \operatorname{Cos} \alpha_{12} \operatorname{Sin} \alpha_{12} \dfrac{1}{2 R_m R_p \operatorname{Sin} 1''}$

Dann

2) Breitenunterschied b zwischen P_1 und F, in Sekunden:

$$b = \frac{s_{12} \operatorname{Cos} (\alpha_{12} - \frac{2}{3} \varepsilon)}{\operatorname{Cos} \frac{1}{3} \varepsilon} \cdot \frac{1}{R_m \operatorname{Sin} 1''},$$

worin $\operatorname{Cos} \frac{1}{3} \varepsilon = 1$ genommen werden darf.

3) Breite f des Fusspunkts F: $f = \varphi_1 + b$.

4) Länge des Bogens $P_2 F$ in Sekunden

$$p = s_{12} \frac{\operatorname{Sin} (\alpha_{12} - \frac{1}{3} \varepsilon)}{\operatorname{Cos} \frac{1}{3} \varepsilon} \cdot \frac{1}{R_p \operatorname{Sin} 1''}$$

5) Längenunterschied w zwischen P_1 und P_2 nach

$$\operatorname{Tg} w = \operatorname{Tg} p : \operatorname{Cos} f$$

6) Länge λ_2 des Punktes P_2:

$$\underline{\lambda_2 = \lambda_1 + w}$$

7) Breitenunterschied ψ zwischen P_2 und F:

$$\operatorname{Sin} \psi = \operatorname{Tg} \tfrac{1}{2} w \operatorname{Sin} p \operatorname{Sin} f \cdot \frac{R_p}{R_m}$$

8) Breite φ_2 des Punkts P_2:

$$\underline{\underline{\varphi_2 = \varphi_1 + b - \psi = f - \psi}}$$

9) Meridianconvergenz γ im Punkt P_2 gegen den Meridian von P_1:

$$\operatorname{Sin} \gamma = \operatorname{Tg} p \operatorname{Tg} \varphi_2 \qquad \text{oder} \qquad \operatorname{Tg} \gamma = \operatorname{Tg} w \operatorname{Sin} \varphi_2$$

10) Azimut α_{21} von P_2 nach P_1:

$$\underline{\underline{\alpha_{21} = \alpha_{12} \pm 180^0 + \gamma - \varepsilon.}}$$

§ 327. Umwandlung geographischer Coordinaten in Polarcoordinaten. Bleibt man bei der Kugelgestalt stehen, so ist es sehr einfach, aus den geographischen Coordinaten eines Punktes seine Polarcoordinaten in Bezug auf einen Anfangspunkt mit gegebenen geographischen Coordinaten abzuleiten. Es handelt sich um Auflösung eines sphärischen Dreiecks, dessen eine Seite die gesuchte Strecke $P_1 P_2$ ist vom Anfangspunkt P_1 des Polarcoordinatensystems zum Punkte P_2, die andern Seiten sind die Meridianstücke zum nächsten Pol, $90^0 - \varphi_1$ und $90^0 - \varphi_2$. Der Winkel, welcher der Seite $P_1 P_2$ gegenüberliegt, ist der Längenunterschied w der zwei Punkte. Dieser und die zwei ihn einschliessenden Seiten sind gegeben. Die Ausführung der Rechnung kann ganz so erfolgen wie bei der umgekehrten Aufgabe, durch Reihenentwicklung erhält man für genaue Ausrechnung geeignetere Formeln.

Betrachtet man aber die Erde als Ellipsoid, so wird die Aufgabe schwierig. Statt des sphärischen Dreiecks $P_0 P_1 P_2$ ist dann ein sphäroidisches aufzulösen, $P_0 P_1$ und $P_0 P_2$ sind Ellipsenbogen, $P_1 P_2$ ist eine geodätische Linie.

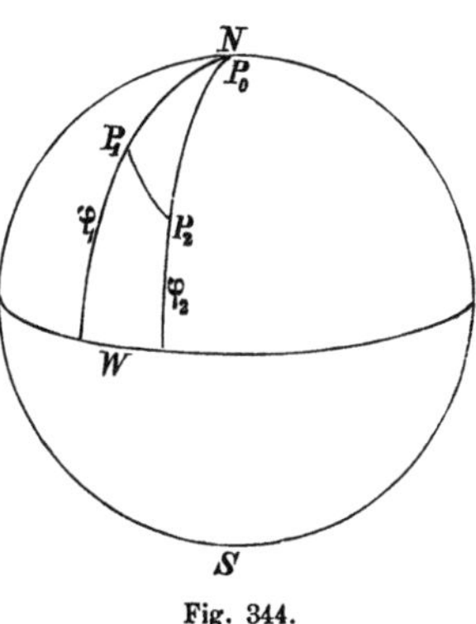

Fig. 344.

Die Aufgabe erweist sich nützlich, wenn keine Grundlinie zur Verfügung steht, aber durch astronomische Beobachtungen die geographischen Breiten und der Längenunterschied zweier Orte bestimmt werden können. Die Lösung der Aufgabe liefert die kürzeste Entfernung beider Orte und die Azimute ihrer Verbindungslinie.

Eine einfache, aber nicht genaue Lösung wurde von Zach gegeben. Sie benutzt die Länge eines 1^0 überspannenden Stückes des Meridians in verschiedenen Breiten und ebenso die Länge eines längs des Parallelkreises gemessenen Bogens von 1^0. Ueber diese mag einschaltend hier das Folgende bemerkt werden.

Die analytische Geometrie lässt leicht finden, dass das Differential eines Stückes des Erdmeridians in der geographischen Breite φ (Ellipsenbogendifferential) gleich ist:

$$ds = a \frac{1 - e^2}{(1 - e^2 \operatorname{Sin}^2 \varphi)^{3/2}} \cdot d\varphi$$

Entwickelt man in erster Annäherung bis auf die Potenz e^2, so erhält man

$$ds = a\,(1 - e^2 + \tfrac{3}{2}\, e^2 \operatorname{Sin}^2 \varphi)\, d\varphi$$

und das kann man benutzen, um den angenäherten Werth der Entfernung zweier, auf demselben Meridiane in der mittleren geographischen Breite φ gelegener, sehr benachbarter Punkte vom Breitenunterschiede $d\varphi$ zu finden.

Am Aequator ($\varphi = 0^0$) ist $ds = a\,(1 - e^2)\, d\varphi$ und vergleicht man das mit dem Ausdrucke von ds für die geographische Breite φ, so erhält man den Satz: Die Länge der Meridiangrade erleidet vom

Aequator bis zum Pole eine Zunahme, welche (angenähert) proportional ist dem Quadrate des Sinus der geographischen Breite.

Entwickelt man obenstehende Formel in zweiter Annäherung bis auf e^4, so erhält man:

$$ds = a(1 - e^2)\left[1 + \frac{3}{2} e^2 \operatorname{Sin}^2 \varphi + \frac{15}{8} e^4 \operatorname{Sin}^4 \varphi\right] d\varphi,$$

was durch Einführung der Funktion vielfacher Bogen umgeformt wird in:

$$ds = a(1 - e^2)\left[c_1 - c_2 \operatorname{Cos} 2\varphi + c_3 \operatorname{Cos} 4\varphi\right] d\varphi$$

Das lässt sich nun integriren und liefert für den am Aequator beginnenden bis zum Parallelkreise der Breite φ reichenden Meridianbogen:

$$s = a(1 - e^2)\left[c_1 \varphi - \tfrac{1}{2} c_2 \operatorname{Sin} 2\varphi + \tfrac{1}{4} c_3 \operatorname{Sin} 4\varphi\right]$$

Hierbei bedeutet

$$c_1 = 1 + \tfrac{3}{4} e^2 + \frac{45}{64} e^4; \qquad c_2 = \tfrac{3}{4} e^2 + \frac{15}{16} e^4; \qquad c_3 = \frac{15}{64} e^4$$

Die Länge des Meridianbogens zwischen den Breiten φ_1 und φ_2 ergibt sich, nach leichter goniometrischer Umformung, zu:

$$s_1 - s_2 = a(1 - e^2)\left[c_1(\varphi_1 - \varphi_2) - c_2 \operatorname{Sin}(\varphi_1 - \varphi_2) \operatorname{Cos}(\varphi_1 + \varphi_2) + \tfrac{1}{2} c_3 \operatorname{Sin} 2(\varphi_1 - \varphi_2) \operatorname{Cos} 2(\varphi_1 + \varphi_2)\right]$$

Setzt man hierin $\varphi_2 = \varphi_1 + 1^0$, so findet man die 1^0 entsprechende Länge des Meridianstückes in der Breite φ_2, wofür nun kurz φ geschrieben wird, zu

$$S_{(1^0)} = a(1-e^2)\left[c_1 \operatorname{Arc} 1^0 - c_2 \operatorname{Sin} 1^0 \operatorname{Cos}(2\varphi + 1^0) + \tfrac{1}{2} c_3 \operatorname{Sin} 2^0 \operatorname{Cos} 2(2\varphi + 1^0)\right]$$

Da nach früherem (§ 326) der Parallelkreis in der Breite φ den Halbmesser $\varrho = a \operatorname{Cos} \varphi : \sqrt{1 - e^2 \operatorname{Sin}^2 \varphi}$ hat, so entspricht einem Längenunterschiede von 1^0 auf dem Parallelkreis von der Breite φ eine Bogenlänge:

$$\frac{\pi}{180} \cdot a \operatorname{Cos} \varphi : \sqrt{1 - e^2 \operatorname{Sin}^2 \varphi}$$

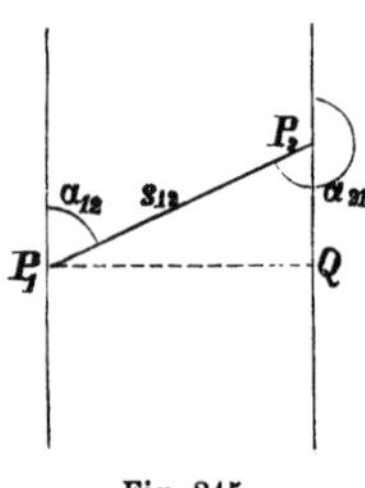

Fig. 345.

Zu der vorliegenden Aufgabe (nach Zach's Bearbeitung) zurückkehrend, seien P_1 und P_2 die zwei Punkte, ihr Abstand s_{12} und $P_1 Q$ sei ein Stück des Parallelkreises, dann ist $Q P_2$ das Stück des Meridians, welches dem Breitenunterschied $(\varphi_2 - \varphi_1)^0$ entspricht, während $P_1 Q$ dem Längenunterschiede w auf der Parallele von der Breite φ_1 entspricht. Das Dreieck $P_1 P_2 Q$ ist sehr wenig gekrümmt, wenn, wie angenommen, die Punkte P_1 und P_2 nahe bei einander liegen, man behandelt es wie ein ebenes, bei Q rechtwinkeliges und erhält folglich:

$\mathrm{Tg}\,\alpha_{12} = \frac{P_1 Q}{P_2 Q}$, worin für $P_1 Q$ der Werth $w \frac{\pi}{180} a \,\mathrm{Cos}\,\varphi : \sqrt{1 - e^2 \mathrm{Sin}^2 \varphi}$ und für $P_2 Q$ der Werth

$(\varphi_2 - \varphi_1)\, a\,(1 - e^2)\,[c_1 \mathrm{Arc}\,1^0 - c_2 \mathrm{Sin}\,1^0\,\mathrm{Cos}(2\varphi + 1^0) + \frac{1}{2} c_3 \mathrm{Sin}\,2^0\,\mathrm{Cos}\,2(2\varphi + 1^0)]$

zu nehmen ist, wobei φ den Mittelwerth $\frac{1}{2}(\varphi_1 + \varphi_2)$ bedeutet.

Die Bogenlänge $P_1 P_2 = s_{12}$ berechnet sich nach

$$s_{12} = \frac{P_1 Q}{\mathrm{Sin}\,\alpha_{12}} = \frac{P_2 Q}{\mathrm{Cos}\,\alpha_{12}},$$

worin der gefundene Werth von α_{12} und die eben angegebenen für $P_1 Q$ und $P_2 Q$ zu setzen sind.

Beträgt die Entfernung s_{12} mehr als 20 Kilometer, so ist folgende genauere Bearbeitung, die bis 80 Kilom. ausreicht, zu wählen:

Man ersetzt die geodätische Linie durch einen Bogen, beschrieben mit dem Halbmesser $\frac{1}{2}(N_1 + N_2)$, dem arithmetischen Mittel der Normalenlängen $(a : \sqrt{1 - e^2 \mathrm{Cos}^2 \varphi})$ (§ 326) in den Punkten P_1 und P_2 und findet, wenn der Breitenunterschied $\varphi_2 - \varphi_1$, und der Längenunterschied w in Sekunden angegeben sind, die Tangente des Azimuts $P_1 P_2$:

$$\mathrm{Tg}\,\alpha_{12} = \frac{w\,\mathrm{Cos}\,\varphi_2\,(1 + e^2 \mathrm{Cos}^2 \varphi_1)}{(\varphi_1 - \varphi_2) - \frac{1}{2} w^2 \mathrm{Cos}^2 \varphi_2\,\mathrm{Tg}\,\varphi_1\,(1 + e^2 \mathrm{Cos}^2 \varphi)\,\mathrm{Sin}\,1''}$$

und die Bogenlänge in Meter:

$$s_{12} = \frac{a}{\sqrt{1 - e^2 \mathrm{Cos}^2 \varphi}} \cdot w\,\frac{\mathrm{Cos}\,\varphi_2\,\mathrm{Sin}\,1''}{\mathrm{Sin}\,\alpha_{12}}$$
$$[\varphi = \tfrac{1}{2}(\varphi_1 - \varphi_2)]$$

Für $\varphi_1 = 43^0\ 48'\ 53{,}41''$
$\varphi_2 = 43\ \ 16\ \ 32{,}61$ $\qquad w = 37'\ 58{,}85'' = 2278{,}85''$

$\varphi_1 - \varphi_2 = \quad 32'\ 20{,}80'' = 1940{,}80''$

findet man nach der zweiten Methode einen Werth für s_{12}, welcher vom ganz genauen nur um 2,4 m abweicht, obgleich sein Gesammtbetrag fast 80 Kilom. (78,7) erreicht. Nach der Zach'schen Rechnung wird das Ergebniss um 22 m fehlerhaft.

In Umkehr der am Ende des § 326 gegebenen Auflösung der Aufgaben aus Polarcoordinaten die geographischen zu berechnen, kann man (Börsch a. a. O. S. 84) auch verfahren wie folgt:

1) $w = \lambda_2 - \lambda_1 =$ Längenunterschied von P_2 und P_1.

2) Breitenunterschied ψ zwischen P_2 und dem Fusspunkte F des rechtwinkelig stehenden Bogens in Sekunden:

$$\psi = w_2\,\mathrm{Sin}\,2\,\varphi_2 \cdot \frac{R_p}{4 R_m}\,\mathrm{Sin}\,1'',$$

ist auf drei Dezimalen der Sekunden genau, wenn w nicht grösser als $1^1/_2{}^0$.

3) Breite des Fusspunktes F: $\quad f = \varphi_2 + \psi$.

4) Breitenunterschied b zwischen P_1 und F:

$$b = \varphi_2 - \varphi_1 + \psi = f - \varphi_1.$$

5) Länge, in Meter, des Bogens aus P_2 rechtwinkelig zum Meridian des Punkts P_1, d. h. $F P_2$

$$\text{Tg } p = \text{Tg } w \text{ Cos } f.$$

6) Sphärischer Excess ε des Dreiecks $F P_1 P_2$ (in Sekunden)

$$\varepsilon = b \cdot p \frac{1}{2 R_m R_p \text{ Sin } 1''}, \quad \text{wobei b und p in Meter.}$$

7) Meridianconvergenz γ im Punkte P_2 gegen den Meridian von P_1:

$$\text{Sin } \gamma = \text{Tg } p \text{ Tg } \varphi_2 \qquad \text{oder} \qquad \text{Tg } \gamma = \text{Tg } w \text{ Sin } \varphi_2.$$

8) Azimute

$$\text{Tg } \alpha_{12} = \text{Tg } p : \text{Sin } b \quad \text{(wobei p und b in Metermaass)}$$

$$\alpha_{21} = \alpha_{12} \pm 180^0 + \gamma - \varepsilon.$$

9) Geodätische Linie $P_1 P_2 = s_{12}$ in Meter:

$$s_{12} = \frac{p \text{ Cos } \frac{1}{3} \varepsilon}{\text{Sin}(\alpha_{12} - \frac{1}{3} \varepsilon)}, \qquad \text{wobei} \qquad \text{Tg } s_{12} = \text{Tg } b : \text{Cos } \alpha_{12},$$

und s_{12} und b in Meter.

§ 328. **Umwandlung Soldner'scher Coordinaten in geographische und umgekehrt.** Es kommt ein Dreieck N P P′ in Betracht, in welchem N P′ ein Stück des Anfangsmeridians oder der X-axe des Soldner'schen Coordinatensystems ist mit dem Anfangspunkte P_0, dessen geographische Breite φ_0 sein mag. P sei der Punkt mit den Soldner'schen Coordinaten y und x, P′P ist der Ordinatenbogen und bei P′ der rechte Winkel. Ist φ die geographische Breite von P, so ist Seite $N P = 90^0 - \varphi$. Bezeichnet man mit φ' die geographische Breite von P′, so ist Seite $N P' = 90^0 - \varphi'$. Wird die Aufgabe rein sphärisch behandelt, so bietet sie keinerlei Schwierigkeit, in Anbetracht der Kleinheit von $\varphi' - \varphi$ wird man Bequemlichkeit und genügende Genauigkeit finden durch Reihenentwickelungen.

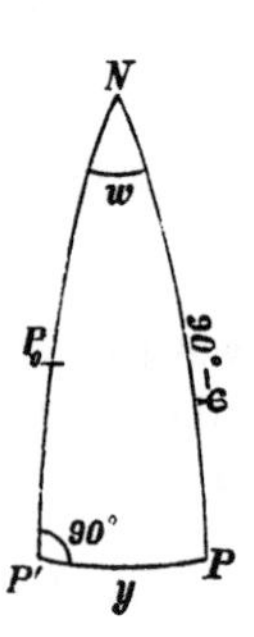

Fig. 346.

Die sphärische und sphäroidische Breite können merklich verschieden sein; die Längen sind es nicht; allein wenn in der Berechnung des Längenunterschiedes w etwa die Breite vorkommt, so kann ein kleiner Einfluss auf das berechnete w dadurch herauskommen, dass sphärische und sphäroidische Breite nicht denselben Werth haben.

Die Umwandlung von Soldner'schen und geographischen Coordinaten kann auch in der Art erfolgen, dass man erst in Polarcoordinaten und dann diese in die Coordinaten des gefragten Systems umwandelt. Die Umwandlung in und aus Polarcoordinaten ist aber bereits gelehrt.

Ohne Ableitung sollen die direkten Umwandlungsformeln mitgetheilt werden:

Die Soldner'schen Coordinaten seien y, x, der Anfangspunkt habe die Breite φ_0 und die Länge Null.

$$1)\quad \begin{cases} \varphi' = \varphi_0 + 206265'' \, x : R_m \\ \varphi = \varphi' - 206265'' \dfrac{y^2}{4 R^2_p} \left(2 \operatorname{Tg} R' - e^2 \operatorname{Sin} 2 \varphi'\right) \\ w = 206265'' \dfrac{y}{R_p} \left(\dfrac{1}{\operatorname{Cos} \varphi'} - \dfrac{y^2}{3 R^2_p} \dfrac{\operatorname{Tg}^2 \varphi'}{\operatorname{Cos} \varphi'}\right) \end{cases}$$

Und die umgekehrte Aufgabe wird gelöst, wenn φ die sphäroidische, $\overline{\varphi}$ die sphärische Breite ist:

$$\left.\begin{aligned} 206265'' \cdot \overline{\varphi} &= \underline{\varphi} + \tfrac{1}{4} w^2 e^2 \operatorname{Sin} 2 \varphi \operatorname{Cos}^2 \varphi \quad \text{(Sekunden)} \\ 206265'' \cdot \varphi' &= \varphi + \tfrac{1}{4} w^2 \operatorname{Sin} 2 \overline{\varphi} \cdot \quad \text{(Sekunden)} \\ x &= \frac{R_m}{206265} (\varphi' - \varphi_0) \\ y &= \frac{R_p}{206265} \cdot w \operatorname{Cos} \overline{\varphi} - \frac{R_p}{(206265)^3} \cdot w^3 \tfrac{1}{12} \cdot \operatorname{Sin} \overline{\varphi} \operatorname{Sin} 2 \overline{\varphi}. \end{aligned}\right\} 2)$$

w ist in Sekunden, in die Formel für x ist auch $\varphi' - \varphi_0$ in Sekunden ausgedrückt. R_m und R_p sind die Krümmungshalbmesser in Richtung des Meridians und der ersten Vertikalen (§ 321).

Bemerkung. x ist nach Norden positiv, y nach Osten positiv angenommen und w bedeutet dann östliche Länge. In der bayrischen Landesvermessung ist x nach Süden positiv, daher in obigen Formeln — x an Stelle von + x zu nehmen ist und y nach Westen positiv, wesshalb bei der Rechnung mit bayrischen Coordinaten der Längenunterschied w sich westlich berechnet.

§ 329. **Sphärisch Pothenot'sche und Hansen'sche Aufgabe.** Um einen Punkt P_0, von welchem aus die Winkel w_{12} und w_{23} gemessen sind (§ 192), unter welchen die Bogen $P_1 P_2$ und $P_2 P_3$ erscheinen (es werden in der Rechnung nur die 180° nicht überschreitenden Werthe eingesetzt), an eine Grossmessung, die übrigens noch genügend genau für die Projektion auf eine Kugelfläche vom Halbmesser R sein soll, anzuschliessen, wenn die Soldner'schen Coordinaten der drei Punkte P_1, P_2, P_3 gekannt sind, kann man verfahren wie § 192 für die ebene Pothenot'sche Aufgabe dargelegt wurde und hat nur einige nöthige Aenderungen anzubringen.

Statt der in der Ebene vorkommenden Azimute α treten die Richtungswinkel γ (§ 322) auf. Man rechnet

$$1)\quad \operatorname{Tg} \gamma_{12} = \frac{y_2 - y_1 + \textcircled{y}}{x_2 - x_1 - \textcircled{x}} \qquad \text{und} \qquad s_{12} = \frac{y_2 - y_1 + \textcircled{y}}{\operatorname{Sin} \gamma_{12}}$$

$$2)\quad \operatorname{Tg} \gamma_{23} = \frac{y_3 - y_2 + \textcircled{y}}{x_3 - x_2 - \textcircled{x}} \qquad \text{und} \qquad s_{23} = \frac{y_3 - y_2 + \textcircled{y}}{\operatorname{Sin} \gamma_{23}}$$

$$\gamma_{12} = \gamma_{21} \pm 180^0 - \textcircled{\gamma}; \qquad \gamma_{32} = \gamma_{23} \pm 180^0 - \textcircled{\gamma}.$$

Die für Auswerthung der sphärischen Correktionen erforderlichen Elemente (§ 322) sind bekannt.

Die Winkelsumme des sphärischen Vierecks $P_0 P_1 P_2 P_3$ übertrifft 360^0 um den Betrag der sphärischen Excesse ε_1 und ε_3 der zwei sphärischen Dreiecke $P_1 P_0 P_2$ und $P_3 P_0 P_2$. Diese lassen sich nicht sofort berechnen, da einstweilen nur eine Seite und ein Winkel bekannt sind. Man suche nun zuerst nach Anleitung der ebenen Pothenot'schen Aufgabe die zweiten Winkel der Dreiecke, nämlich u_1 und u_3, die auch hier als Hülfswinkel benutzt werden. Sie fallen nach der ebenen Rechnung so wenig fehlerhaft aus, dass der Einfluss ihrer Ungenauigkeit auf die Excesse sicher vernachlässigbar ist. ε_1 und ε_3 können somit als bekannt gelten und es wird:

$$3)\quad u_1 + u_3 = 360^0 + \varepsilon_1 - \varepsilon_3 - (w_{12} + w_{23} + \gamma_{21} - \gamma_{23}),$$

wobei u_1 und u_3 nun ihren genauen Werth haben sollen.

Jetzt bestimmt man einen Hülfswinkel durch

$$4)\quad \mathrm{Tg}\,\mu = \frac{\mathrm{Sin}\,(s_{12} : R) : \mathrm{Sin}\,w_{12}}{\mathrm{Sin}\,(s_{23} : R) : \mathrm{Sin}\,w_{23}}$$

Die Logarithmen von $\mathrm{Sin}\,(s_{12} : R)$ und $\mathrm{Sin}\,(s_{23} : R)$ kann man aus $\log s_{12}$ und $\log s_{23}$ mittelst der Additamententafeln bequem auffinden.

Ferner

$$5)\quad \mathrm{Tg}\,\tfrac{1}{2}\,(u_1 - u_3) = \mathrm{Cotg}\,(45^0 + \mu)\,\mathrm{Tg}\,\tfrac{1}{2}\,(u_1 + u_3)$$

also $u_1 = \frac{1}{2}(u_1 - u_3) + \frac{1}{2}(u_1 - u_3)$ und $u_3 = \frac{1}{2}(u_1 + u_3) - \frac{1}{2}(u_1 - u_3)$

Weiter:

$$6)\quad \gamma_{10} = \gamma_{12} + u_1 \qquad \gamma_{30} = \gamma_{32} - u_3$$

Aus den sphärischen Dreiecken ergibt sich:

$$7)\quad \mathrm{Sin}\,(s_{10} : R) = \mathrm{Sin}\,(s_{12} : R) \cdot \mathrm{Sin}\,(u_1 + w_{12}) : \mathrm{Sin}\,w_{12} \quad \text{und}$$
$$\mathrm{Sin}\,(s_{30} : R) = \mathrm{Sin}\,(s_{32} : R) \cdot \mathrm{Sin}\,(u_3 + w_{23}) : \mathrm{Sin}\,w_{23}.$$

Allein die Anwendung dieser Formel ist wegen des Ueberganges vom Sinus zu der Bogenlänge, wie früher hervorgehoben (§ 320), ungenau. Man wird also s_{10} und s_{30} nach der Additamentenmethode finden, oder mit Hülfe des Legendre'schen Satzes berechnen, der hier um so bequemer ist, als die sphärischen Excesse ε_1 und ε_3 doch schon ausgewerthet sind. Nachdem s_{10} und s_{30} gefunden, folgt endlich:

$$8)\quad y_0 = y_1 + s_{10}\,\mathrm{Sin}\,\gamma_{10} + \text{(y)} \qquad = y_3 + s_{30}\,\mathrm{Sin}\,\gamma_{30} + \text{(y)}$$
$$x_0 = x_1 + s_{10}\,\mathrm{Cos}\,\gamma_{10} + \text{(x)} \qquad = x_3 + s_{30}\,\mathrm{Cos}\,\gamma_{30} + \text{(x)}$$

Die hier auftretenden sphärischen Correktionen (in beiden Formeln verschieden), können, da die erforderlichen Elemente bekannt sind, wie früher berechnet werden.

Weitere Proben, als sie die Doppelberechnung von y_0 und x_0 schon bietet, können ganz in der Art, wie bei der ebenen Pothenot'schen Aufgabe angegeben wurde, angeordnet werden.

Die Behandlung der Hansen'schen Aufgabe (§ 203) im Systeme der Soldner'schen Coordinaten ist ganz wie mit ebenen Coordinaten, nur sind, ähnlich wie vorstehend für die Pothenot'sche Aufgabe ausführlicher angegeben, die sphärischen Correktionen geeignet anzubringen.

XVIII. Grösse und Gestalt der Erde.

§ 330. **Gradmessung.** Wird die Erde annähernd als eine Kugel angesehen, so kann ihr Halbmesser am bequemsten dadurch ermittelt werden, dass man ein Stück eines Meridians geodätisch ausmisst und die Amplitude dieses Bogens durch den Unterschied der geographischen Breiten seiner Endpunkte, was auf astronomischem Wege zu geschehen hat (§ 341), bestimmt. Der Halbmesser ist gleich der Länge des gemessenen Bogens, dividirt durch dessen Amplitude (in Bogenmaass). Derartige Messungen nennt man Meridianmessungen oder Breitengradmessungen. Gradmessung, weil man gewöhnlich die Rechnung auf die Amplitude $\pi : 180$ oder 1^0 führt und Breitengradmessung, weil der Breitenunterschied zur Auswerthung der Amplitude gemessen werden muss

Man kann auch ein Stück eines Parallelkreises geodätisch messen (also nicht mehr nach einem Grosskreise der Kugel) und dessen Amplitude als den Unterschied der geographischen Längen der Endpunkte astronomisch (§ 342) bestimmen, woher der Name Längengradmessung. Der Halbmesser des Parallelkreises ist gleich der durch die Amplitude dividirten Bogenlänge und der Kugelhalbmesser gleich dem Halbmesser des Parallelkreises, dividirt durch den Cosinus der geographischen Breite.

Breitengradmessungen sind am dienlichsten, um Grösse und Gestalt des Meridians kennen zu lernen, Längengradmessungen dienen besser zur Untersuchung der Frage, ob die Erde wirklich ein Rotationskörper ist.

Wird in weiterer Annäherung die Erde als ein Rotationsellipsoid angesehen, so werden zwei Gradmessungen benutzt, um aus der Verbindung ihrer Ergebnisse die Abmessungen und die Excentricität oder daraus die Abplattung der Erde bestimmen zu können.

1) Zwei Breitengradmessungen, wobei die gemessenen Bogen nicht demselben Meridian anzugehören brauchen. Aus der Gleichung der Ellipse und ihrer Normalen leitet man unschwer ab, dass die Abscisse x eines Punktes, dessen Normale den Winkel β mit der X-axe (grosse Halbaxe a) bildet, ist:

$$x = a \operatorname{Cos} \beta \, (1 - e^2 \operatorname{Sin}^2 \beta)^{-1/2}$$

Auf die Erde angewendet ist x die Abscisse eines Punktes der geographischen Breite β *). Das Differential des Bogens ds ist gleich dem durch Sin β dividirten Differential von x oder

$$ds = a(1 - e^2)(1 - e^2 \operatorname{Sin}^2 \beta)^{-3/2}$$

Seien ds_1 und ds_2 die zu gleichem, kleinem Breitenunterschied $d\beta$ gehörenden Strecken des Meridians in den Mittelbreiten β_1 und β_2, so ergibt sich:

$$ds_1 : ds_2 = (1 - e^2 \operatorname{Sin}^2 \beta_2)^{3/2} : (1 - e^2 \operatorname{Sin}^2 \beta_1)^{3/2},$$

worin e^2 die einzige Unbekannte ist. Entwickelt man die Potenzen nach dem binomischen Lehrsatze und vernachlässigt die Glieder mit der vierten und höheren Potenzen von e, so wird

$$ds_1 : ds_2 = 1 - \tfrac{3}{2} e^2 \operatorname{Sin}^2 \beta_2 : 1 - \tfrac{3}{2} e^2 \operatorname{Sin}^2 \beta_1, \text{ woraus}$$

$$e^2 = \tfrac{2}{3} \frac{ds_1 - ds_2}{ds_1 \operatorname{Sin}^2 \beta_1 - ds_2 \operatorname{Sin}^2 \beta_2}$$

Behält man aber in der Reihenentwickelung noch die vierte Potenz von e bei, so erhält man die nach e^2 quadratische Gleichung:

$$ds_1 : ds_2 = 1 - \tfrac{3}{2} e^2 \operatorname{Sin}^2 \beta_2 + \tfrac{3}{8} e^4 \operatorname{Sin}^4 \beta_2 : 1 - \tfrac{3}{2} e^2 \operatorname{Sin}^2 \beta_1 + \tfrac{3}{8} e^4 \operatorname{Sin}^4 \beta_1,$$

deren einzige positive Wurzel den gesuchten Werth von e^2 liefert.

Ist erst e^2 berechnet, so wird durch Einsetzen dieses Werthes in die Gleichung für ds gefunden:

$$a = (1 - e^2)^{-1} (1 - e^2 \operatorname{Sin}^2 \beta_1)^{3/2} \cdot \frac{ds_1}{d\beta} = (1 - e^2)^{-1} (1 - e^2 \operatorname{Sin}^2 \beta_2)^{3/2} \cdot \frac{ds_2}{d\beta},$$

oder nach Reihenentwickelung einschliesslich der Glieder mit e^4:

$$a = \frac{ds}{d\beta} [1 + e^2 (1 - \tfrac{3}{2} \operatorname{Sin}^2 \beta) + e^4 (1 - \tfrac{3}{2} \operatorname{Sin}^2 \beta + \tfrac{3}{8} \operatorname{Sin}^4 \beta)]$$

Es ist zweckmässig, einen der Bogen in der Nähe des Aequators (Peru 1735—45) und den andern in polarer Gegend (Lappland 1736—37) zu messen.

2) Zwei Längengradmessungen, ausgeführt auf verschiedenen Parallelen, in den Breiten β_1 und β_2. Die Bogen sollen auf gleiche Amplitude (gleichen Längenunterschied) rechnerisch ausgeglichen sein, dann ist das Verhältniss der Längen s_1 und s_2 jener Bogen, d. i. jenes der betreffenden Parallelkreishalbmesser. Und weil in der Breite β der Halbmesser des Parallelkreises a Cos β $(1 - e^2 \operatorname{Sin} \beta)^{-1/2}$ ist, so ist

$$s_1 : s_2 = \sqrt{1 - e^2 \operatorname{Sin}^2 \beta_2} \cdot \operatorname{Cos} \beta_1 : \sqrt{1 - e^2 \operatorname{Sin}^2 \beta_1} \operatorname{Cos} \beta_2, \text{ woraus folgt:}$$

$$e^2 = \frac{s_1^2 \operatorname{Cos}^2 \beta_2 - s_2^2 \operatorname{Cos}^2 \beta_1}{s_1^2 \operatorname{Cos}^2 \beta_2 \operatorname{Sin}^2 \beta_1 - s_2^2 \operatorname{Cos}^2 \beta_1 \operatorname{Sin}^2 \beta_2}$$

*) In vorhergehenden §§, wo verschiedenartige „Breiten" zu betrachten waren, wurde üblicherweise φ für die hier β bezeichnete Grösse gesetzt.

und nun findet man, mit Hülfe des bereits berechneten e^2, wenn $\lambda_1{}^0$ die Amplitude des Bogens s_1 ist:

$$a = s_1 \frac{360}{\lambda_1} \cdot \frac{1}{2\pi} \frac{\sqrt{1 - e^2 \operatorname{Sin}^2 \beta_1}}{\operatorname{Cos} \beta_1}$$

Auch bei Längengradmessungen ist es vortheilhaft, solche in recht verschiedenen geographischen Breiten vorzunehmen, wenn man e^2 daraus ableiten will.

3) Eine Breitengrad- und eine Längengradmessung. Die Länge des Meridianbogens auf dem Rotationsellipsoide, welche von den Parallelen β_1 und β_2 begrenzt ist, wurde bereits in § 327 angegeben. Die des Parallelkreisbogens von der Amplitude λ^0 ergibt sich aus der letzten Formel durch Reihenentwickelung zu:

$$\frac{\lambda}{360} \cdot 2\pi a \operatorname{Cos} \beta \left(1 + \tfrac{1}{2} e^2 \operatorname{Sin}^2 \beta + \tfrac{3}{8} e^4 \operatorname{Sin}^4 \beta\right).$$

Dividirt man den Ausdruck für die Länge des Meridianbogens durch jenen für die des Parallelkreisbogens, so entfällt a, und e^2 bleibt als einzige Unbekannte in der Formel.

Es ist vorstehend nur von Gradmessungen im Meridian oder auf einem Parallelkreise gesprochen. Man kann aber auch

4) einen Bogen in beliebigem Azimut messen und hieraus in Verbindung mit Messung der Breiten β_1 und β_2 der Endpunkte P_1 und P_2 und der Azimute α_{12} und α_{21} die Erddimensionen ableiten. Es soll darauf hier nicht näher eingegangen werden, sondern wegen der in dieses Gebiet fallenden Lehren wird auf die vortreffliche, dabei auch leicht verständliche Schrift des Generals von Baeyer verwiesen: „Das Messen auf der sphäroidalen Erdoberfläche", Berlin 1862.

Nur eine kurze Andeutung sei noch gegeben. die Eigenschaft der geodätischen Linie ist in der Gleichung ausgedrückt:

$$\operatorname{Cos} \beta_1 \operatorname{Sin} \alpha_{12} : \sqrt{1 - e^2 \operatorname{Sin}^2 \beta_1} = \operatorname{Cos} \beta_2 \operatorname{Sin} \alpha_{21} : \sqrt{1 - e^2 \operatorname{Sin}^2 \beta_2},$$

aus welcher sich, wenn die vier andern Grössen gemessen sind, e^2 ableiten lässt.

Kennt man die Excentricität eines Rotationsellipsoids, so lässt sich nach bereits mitgetheilten Formeln die Länge s_{12} der geodätischen Linie zwischen den Punkten P_1 und P_2 aus deren Breiten β_1 und β_2, aus den Azimuten α_{12} und α_{21} und der grossen Halbaxe a des Ellipsoids berechnen. Die Umkehr der Formeln lässt a finden, wenn s_{12}, dann β_1, β_2, α_{12}, α_{21} und e bekannt sind.

Werden Gradmessungen in der Absicht ausgeführt, die Grösse der Erde und ihre Gestalt im Ganzen zu erschliessen, so ist es vortheilhafter, grosse Bogen zu messen, soll aber die Krümmung der Erde an einer bestimmten Stelle, überhaupt die Gestalt mehr in einzelnen Theilen untersucht werden, so soll die Gradmessung nur von geringer Amplitude sein, auf deren genaueste Auswerthung aber die grösste Sorgfalt gewendet werden.

§ 331. **Normale Veränderlichkeit der Schwere.** Wäre die Erde eine ruhende Kugel von überall gleicher Dichte, oder änderte ihre Dichte nur mit dem Halbmesser, so wäre überall an der Oberfläche die Schwere von derselben Grösse, der Anziehung gleich, und überall genau nach dem Erdmittelpunkte gerichtet. Bei gleichförmiger Dichte der ganzen Erde wäre die Intensität der Anziehung im Innern, der Entfernung vom Mittelpunkte proportional. Durch die Axendrehung der Erde werden diese Verhältnisse wesentlich geändert. Sei zunächst noch die Erde als eine starre Kugel angenommen, so ist doch die aus der Umdrehung folgende Schwungkraft an verschiedenen Stellen ungleich. Am grössten am Aequator, dort ist sie gerade entgegengesetzt der Anziehung G und die Schwere ist also dort die Differenz der Anziehung und der Schwungkraft: $g = G - f$, nach dem Mittelpunkte gerichtet. In andern Breiten ist die Schwungkraft geringer, auf dem Parallel von β^0 ist sie $f \operatorname{Cos} \beta$, sie ist ausserdem der Anziehung nicht gerade entgegengesetzt, sondern macht den Winkel β mit deren Richtung; der verbleibende Zug in Richtung des Erdhalbmessers ist also $G - f \operatorname{Cos}^2 \beta$. Die Anziehung G und die Schwungkraft $f \operatorname{Cos} \beta$ geben als Componenten die Schwere g, deren Grösse also genau durch

$$g^2 = G^2 + f^2 \operatorname{Cos}^2 \beta - 2 f G \operatorname{Cos}^2 \beta$$

ausgedrückt ist und deren Richtung vom Erdhalbmesser abweicht um einen Winkel, dessen Sinus gleich ist $f \operatorname{Sin} \beta \operatorname{Cos} \beta : g$.

Wäre die starr und kugelförmig gedachte Erde gleichmässig dicht, so wüchsen im Innern auf einem Halbmesser Anziehung und Schwungkraft im gleichen Verhältniss, sie wären nämlich beide der Entfernung vom Mittelpunkt proportional, die Richtung der Schwere bliebe also auf dem ganzen Halbmesser dieselbe, vom Halbmesser (ausser von dem polaren und äquatorialen) abweichend.

Nun nimmt aber die Dichte der Erde nach innen hin zu, denn die mittlere Dichte der ganzen Erde ist mehr als doppelt so gross, als die mittlere Dichte der in grossen Massen vorkommenden Gesteine in der uns zugänglichen Erdrinde, mehr als fünfmal so gross als die des Wassers, das einen so erheblichen Theil der Erdoberfläche bedeckt. Die Anziehung ändert also nicht mehr proportional dem Halbmesser, sondern nimmt weniger rasch ab als die Entfernung vom Mittelpunkte, während die Centrifugalkraft unbeeinflusst von den Dichtigkeitsverhältnissen ist und auf demselben Erdradius der Entfernung vom Centrum proportional ist. Daher ist, selbst bei den gemachten vereinfachenden Annahmen, die Richtung der Schwere in den verschiedenen Punkten eines Halbmessers im Innern der Erde nicht mehr dieselbe, sie muss in grösserer Tiefe weniger von jener des Halbmessers abweichen. Erhebt man sich über die feste Erde in die Luft, so kann die Masse der Luft, deren Dichte so sehr viel geringer als jene der Erde ist, in erster Annäherung vernachlässigt werden, die Anziehung nimmt dann, mit jenem Annäherungsgrade, ab, wie das Quadrat der Entfernung vom Mittelpunkte, die Schwungkraft aber wächst dieser Entfernung proportional. Da also die Anziehung kleiner, die Schwungkraft aber grösser wird als an der Oberfläche, so muss die Richtung der Schwere bedeutend stärker von jener des Halbmessers abweichen und zwar gegen jene der Schwungkraft, die rechtwinkelig zur Erdaxe ist, hin. Die Richtung der Schwere ändert also unstetig, da, wo die feste Erde verlassen wird und man in den Luftraum übergeht.

Geht man, von einem Orte der Atmosphäre aus, in der Richtung der Schwere abwärts, so gelangt man zu einer Stelle, die näher der Erdoberfläche liegt, also in derselben geographischen Breite eine geringere Abweichung der Schwererichtung von jener des Halbmessers zeigt. Zugleich kommt man in eine geringere geographische Breite (weil man ja nicht radial abwärts gegangen ist), aus welchem Grunde in gleicher Entfernung vom Mittelpunkt die Schwererichtung wieder mehr von jener des Halbmessers abweicht (Cos β grösser). Ohne das genauer zu verfolgen, sieht man ein, dass, wenn man von einem Orte aus, immer in der Richtung der Schwere abwärts geht, man sich nicht geradlinig bewegt, sondern in einer krummen Linie, deren Tangenten die Lothrichtungen der einzelnen Punkte sind. Die krumme Linie ändert plötzlich ihre Krümmung an der Grenze von Luft und Erde. Nach dem Vorhergehenden ist einzusehen, dass sie im Innern die Convexität gegen den benachbarten Pol wendet. Nur an den Polen selbst und an Punkten des Aequators würden jene ungestörten (§ 332) Lothrichtungen alle in Geraden nach dem Erdmittelpunkt verlaufen. Die Krümmung der Lothlinie ist am stärksten ungefähr in der mittleren Breite von 45^0.

Die Bahn eines frei fallenden Körpers ist nicht genau die Lothlinie, da der Körper an einer jeden Stelle bereits mit einer Geschwindigkeit ankommt, mit desto grösserer, je länger er schon gefallen ist, und das neue Bahnelement der Resultirenden aus der bereits vorhandenen Geschwindigkeit und der Beschleunigung (welche die Lothrichtung hat) entspricht. Uebrigens sieht man ein, dass auch die Bahn eines nur von der Schwere bewegten Körpers krumm sein muss.

Die Erde ist aber durchaus nicht, wie bisher angenommen wurde, eine starre Kugel. Die Beweglichkeit ihrer Theile hat eben durch Wirkung der Schwungkraft die Abplattung zu stande kommen lassen. Wäre die Erde ein Rotationsellipsoid von gleichbleibender Dichte, so wären die Schwererichtungen, die bei der Gleichgewichtsgestalt Normale des Ellipsoids sind, einfach zu berechnen. Die Anziehung wäre nicht mehr genau proportional der Entfernung vom Mittelpunkt des Ellipsoids, die oben besprochene Krümmung der Lothlinie bestünde schon. Um so mehr ist das der Fall bei der mit zunehmender Entfernung vom Mittelpunkt an Dichte abnehmenden Erde. Die Gleichgewichtsfiguren wären selbst bei gleichmässig dichter Erde Rotationsellipsoide von veränderlicher Excentricität; um so mehr ist das der Fall für die Erde mit nach innen zunehmender Dichte. Es geht aus diesem hervor, dass wenn man von der Abplattung der Erde spricht, wenn damit ein genauer Sinn verbunden sein soll, eine bestimmte jener ellipsoidischen Schaalen, aus denen die Erde zusammengesetzt ist, verstanden sein muss; in der Regel wird jene der Grenze der grossen Meere gegen die Luft gemeint sein.

§ 332. **Lothablenkung, Schwerestörung.** Die Erdoberfläche mit der Abwechselung von Berg und Thal, Land und Wasser ist durchaus nicht von einfach geometrischer Gestalt und die Dichtigkeit der die Erde bildenden Massen wechselt nach keinem einfachen und aussprechbaren Gesetze. Das hat zur Folge, dass die wirklichen Veränderungen der Schwere nach Grösse und Richtung wesentlich andere, als die im vorigen Paragraphen besprochenen, normalen sind.

Liegt im Norden eines Ortes eine grosse Bergmasse, während gegen Süden keine solche vorhanden ist, so wird eine Ablenkung des Loths aus der vorhin besprochenen gesetzmässigen Richtung statthaben und zwar wird im vorliegenden Beispiele das untere Ende des Loths gegen Norden hin neigen. Zwar sind die Massen der Berge sehr klein im Verhältniss zur Masse der ganzen Erde, allein da an dem gedachten Orte die Bergmassen sehr nahe liegen, die Anziehung aber dem Quadrate der Entfernung verkehrt proportional ist, so kann die Berganziehung immerhin ein so erheblicher Theil der Gesammtanziehung der Erde sein, dass die Lothablenkung merklich wird, und in der That hat man (Maskelyne und Hutton, später James) aus Beobachtungen der durch den Berg Shehallien bewirkten Lothablenkung, aus der Gestalt und Dichte des Berges, das Verhältniss der Bergmasse zur Erdmasse erschlossen, — hieraus weiter die Dichtigkeit der Erde abgeleitet.

Ebenso wie ein nördlich gelegener Berg die Abweichung des unteren Lothendes nach Norden veranlasst, wird diese hervorgebracht durch einen im Süden auftretenden, unsymmetrischen Mangel an Stoff, — grosse Tiefe, Hohlräume. An der Grenze ungleich dichter Massen muss eine Lothablenkung auftreten, z. B. am Meeresufer und in dessen Nähe, da binnenwärts eine durchschnittlich $2^1/_2$ mal so dichte Masse zieht als seewärts. Aber selbst mitten im Continent, auf ausgedehnter Ebene, kann die Lothabweichung vorhanden sein (Moskau), wenn die Dichtigkeitsverhältnisse, überhaupt die Massenanordnung in erheblicher Art von der ringsum gleichmässigen abweicht, einerseits z. B. dichte Erzlager, andererseits grosse Höhlungen sich finden. Selbst über dem Meere, weit ab von Inseln und Küsten, kann Aehnliches vorkommen, — nach einer Seite sehr tiefe See, nach der anderen geringe Seetiefe, d. h. also die dichtere Masse des Meeresgrundes zieht auf der einen Seite aus sehr grosser, auf der anderen aus geringer Entfernung an. Man weiss aber, dass die Seetiefen bedeutender als die Höhe der Gipfel des Hochgebirges und rascher wechseln als Berg und Thal im Gebirge. Schon durch die Fluth kann eine merkliche Lothstörung bewirkt werden; unter gewissen Voraussetzungen lässt sich die wagrecht wirkende Componente auf mehr als den viermillionten Theil der senkrechten Kraft berechnen.

Die Unsymmetrie in der Massenlagerung rings um einen Punkt bedingt nicht nur Aenderung der Richtung, sondern auch der Grösse der Schwere.

Eine örtliche Lothabweichung ist von Belang für die astronomischen Bestimmungen der Breite, des Meridians des Orts, also auch der Azimute u. s. w. Denn die geographische Breite ist das Complement des Winkels zwischen der Senkrechten und der Richtung der Erdaxe, oder der nach dem Himmelspole. Bei nördlicher Lothablenkung, durch welche das Zenit nach Süden verschoben wird, fällt also auf der nördlichen Halbkugel die geographische Breite zu klein aus, umgekehrt bei südlicher Lothablenkung. Oestliche oder westliche Lothablenkung wirkt auf die Lage der Meridianebene ein. Die Lothablenkung hat schliesslich auch noch einen, allerdings wohl stets vernachlässigbaren Einfluss auf die geodätischen Messungen, indem ja bei diesen die Vertikalaxe der Instrumente in die Lothrichtung gebracht werden soll.

Des Folgenden wegen mag hier erinnert werden, dass Punkte, die auf derselben vom Erdmittelpunkte ausgehenden Geraden liegen, nicht dieselbe geographische Breite haben, diese also eine Funktion der Seehöhe ist, — weil ja in solchen Punkten (ausser äquatorialen und polaren), wie erörtert, die Schwererichtungen nicht parallel sind.

Man findet, dass für je 1000 m radialer Erhebung die Breite ändert um

0,0365″	0,0360″	0,0344″	in den Parallelen von
45^0	50^0	55^0.	

Gleiches gilt von den Punkten, die senkrecht über einander liegen.

Ausgehend von einem Orte mit bekannten geographischen Coordinaten kann man auf rein geodätischem Wege die geographischen Coordinaten eines anderen Punktes ableiten. Man findet sie im allgemeinen stärker verschieden von den dortselbst unmittelbar auf astronomischem Wege ermittelten, als durch die Ungenauigkeit der Messungen erklärlich scheint. Die Gradmessungen haben ferner sehr verschiedene Werthe geliefert für die Grösse der Erde und für die Abplattung, und die Verschiedenheit übertrifft wieder das, was nach der Unsicherheit der Messungen zu erwarten stand, erheblich. Hiermit sind Beweise für wirkliches Vorhandensein von Lothabweichungen gegeben.

Wie kann nun die Lothablenkung eines Ortes erkannt werden? Findet man die Unterschiede der geographischen Breite und Länge zweier Orte verschieden, je nachdem sie geodätisch oder astronomisch festgestellt sind, so kann zunächst mit gleicher Wahrscheinlichkeit jedem dieser Punkte eine Lothabweichung zugeschrieben werden oder angenommen werden, in beiden Punkten sei eine solche verschiedener Art vorhanden. Erst wenn man viele Punkte geodätisch und astronomisch verglichen hat, lässt sich mit Hülfe der Wahrscheinlichkeitsrechnung angeben, in welchen Punkten die Lothablenkung besteht, was ihre wahrscheinliche Grösse und Richtung ist. In dieser Weise hat Bouguer am Chimborazzo eine Lothablenkung von 7″ (zu klein) angenommen, wurde in der Lombardei ein Meridianbogen (muthmasslich durch den Einfluss der Alpenkette) 57 687 Toisen lang gefunden, während 57 013 Toisen zu erwarten war. Für einige mitteldeutsche Hauptpunkte findet sich in der Publikation des königl. preuss. geodätischen Instituts für 1875 (S. 150) folgende Zusammenstellung:

Ort	Meeres-höhe	Länge östl. Ferro	Polhöhe geodätische	Polhöhe astronomische	Loth-ablenkung*)
Inselsberg	916 m	28° 08′	50° 51′ 08,66″	... 11,47″	+ 2,81″
Seeberg	356	28 24	50 56 06,10	06,10	0,00
Mühlhausen i. Th.	227	28 09	51 12 10,44	06,18	— 4,26
Hercules (Cassel)	555	27 04	51 19 02,54	00,75	— 1,79
Leipzig Sternwarte	119	30 03	51 20 15,49	16,49	+ 1,40
Göttingen Sternwarte	158	27 36	51 31 47,98	48,43	+ 0,55
Tettenborn	323	28 13	51 34 22,39	17,29	— 5,10
Hohegeis	640	28 20	51 39 58,38	57,02	— 1,36
Gegenstein	258	28 54	51 44 16,90	25,58	+ 8,68
Brocken	1143	28 17	51 48 01,41	10,59	+ 9,18
Ilsenburg	249	28 21	51 52 24,86	35,71	+ 10,85
Harzburg	217	28 13	51 53 25,74	39,25	+ 13,51
Asse	203	28 19	52 08 20,38	20,38	0,00

Abweichungsfrei wären sonach Punkte bei der Seeberger Sternwarte, zwischen Hohegeis und Brocken, und auf der Asse (bei Wolfenbüttel).

Sehr bedeutende Lothabweichungen glaubt man am Kaukasus gefunden zu haben, nördlich (Wladikawkas) 35,8″, südlich (Duschet) 18,3″. Der Einfluss grosser Hohlräume ist für die Moskauer Gegend und für Transkaukasien nachgewiesen. Der anziehenden Wirkung des Gebirgsstockes zufolge war für Schemacha eine positive Ablenkung von 28″ erwartet, es wurde aber eine negative von 15″ gefunden. Für die Himalayagegenden haben sich sehr überraschende Ergebnisse herausgestellt.

Intensität und Richtung der Schwere werden wesentlich bedingt von der Vertheilung von Wasser und Land als Massen sehr verschiedener Dichtigkeit.

§ 333. **Niveauflächen.** Für die feineren Untersuchungen der höheren Geodäsie ist die zu Anfang dieses Buches gegebene Definition des wirklichen Horizontes nicht mehr ausreichend, man muss den Begriff der Niveauflächen einführen.

Denkt man die Masseneinheit aus unendlicher Entfernung durch die Anziehung der Erde nach dieser hin bewegt und sieht man dabei ab von der anziehenden Wirkung anderer Himmelskörper, so erlangt die Masse eine zunehmende Geschwindigkeit, deren halbes Quadrat (für die Masse 1) die sogenannte lebendige Potenz oder die Energie der Masse misst. Diese Energie wird dargestellt durch

$$V = \int_{\infty}^{r} \frac{dm}{r},$$

wo dm ein anziehendes Massenelement der Erde ist und r die jeweilige Entfernung der bewegten Masseneinheit von dem anziehenden Elemente dm,

*) Lothabweichung in meridianaler Richtung.

das Integral aber ist über die ganze Masse der Erde auszudehnen. Man nennt es das Potential der Erde. Indem die gegen die Erde gebrachte Masse an der Axendrehung der Erde Theil nimmt, erhält sie einen weiteren Zuwachs an Energie, gemessen (für die Masse 1) durch $\frac{1}{2}\,\omega^2\,\varrho^2$, worin ω die Winkelgeschwindigkeit und ϱ die jeweilige Entfernung von der Drehaxe bedeuten. Die Summe

$$V + \tfrac{1}{2}\,\omega^2\,\varrho^2 = W$$

heisst die Kräftefunktion der Erde. Der geometrische Ort der Punkte mit gleichem Werthe der Kräftefunktion heisst eine Niveaufläche oder Fläche gleicher Kräftefunktion (auch Fläche gleichen Potentials genannt).

Vielleicht wird der Begriff einer Niveaufläche noch deutlicher durch Folgendes: Um die Masseneinheit gegen die Wirkung der Schwere von der Erde weg zu heben und bis ins Unendliche fort zu rücken, bedarf es des Aufwandes von Arbeit. Von der Anziehung anderer Himmelskörper werde abgesehen. Alle Punkte, von welchen aus die Masseneinheit ins Unendliche zu rücken gleich viel Arbeit nöthig ist, gehören einer Niveaufläche an.

Noch in anderer Form kann man die Niveaufläche definiren: Punkte gehören derselben Niveaufläche an, wenn die Verschiebung einer Masse vom einen zum andern (abgesehen von Reibungs- und ähnlichen Hindernissen) keinen Arbeitsaufwand zur Ueberwindung der Schwere erheischt, oder wenn kein Arbeitsgewinn durch Wirkung der Schwere damit verbunden ist; der Weg der Verschiebung ist gleichgültig. Aus dieser Form der Erklärung folgt sofort: das Element einer Niveaufläche steht normal gegen die Schwererichtung oder die Normalen einer Niveaufläche sind die Richtungen der Schwere in den betreffenden Punkten. (So ist auch der wirkliche Horizont definirt worden, § 3.)

Soll eine Masse aus einer Niveaufläche nach einer andern gebracht werden, so wird dazu entweder Arbeit erfordert oder es wird dabei welche gewonnen; im ersten Falle ist nach einer höher gelegenen, im zweiten nach einer tieferen Niveaufläche geschoben worden. Erfordert die Verschiebung derselben Masse aus einem Punkte auf irgend einem Wege eine und dieselbe bestimmte Arbeitsmenge, so ist man mit ihr in Punkten einer und derselben (höher gelegenen) Niveaufläche angelangt; so oft bei der Bewegung einer und derselben Masse, unter alleiniger Wirkung der Schwere, vom selben Punkte ausgehend, aber auf beliebigem Wege vollzogen, die gleiche Energie (lebendige Potenz) gewonnen wird, so oft ist man in einem Punkte derselben (tiefergelegenen) Nachbarniveaufläche angelangt.

Die Arbeit, welche bei unendlich kleiner Verschiebung dn in Richtung der Schwere (oder Lothlinie) aufzuwenden ist (bezw. gewonnen wird), ist gleich dem Gewichte des verschobenen Körpers, multiplizirt mit dem Wege dn. Wird die Masse 1 vorausgesetzt, so ist ihr Gewicht g (denn das Gewicht ist gleich der Masse mal der Beschleunigung g der Schwere), die aufgewendete (gewonnene) Arbeit ist also g dn. Die Intensität der Schwere (oder die Beschleunigung g) ist in den verschiedenen Punkten einer Niveaufläche verschieden; ihr umgekehrt proportional ist also der in Richtung der

Normalen oder Lothrichtung genommene Abstand einer und derselben benachbarten Niveaufläche. Es ist also der Abstand dn zweier benachbarter Niveauflächen nicht überall gleich, er ist kleiner in den Polargegenden, wo normal die Schwere grösser ist, als in den Aequatorialgegenden (abgesehen von örtlichen Schwerestörungen). Niveauflächen sind also keine Parallelflächen im Sinne der Geometrie, d. h. sie sind nicht überall gleich abständig.

§ 334. **Höhenunterschied, Niveauunterschied und Niveauflächenabstand.** Die Höhe h_{12} des Punktes P_2 über dem Punkte P_1 ist der Abstand des Punktes P_2 von dem durch P_1 gelegten wirklichen Horizonte. Der Ort aller gleich hoch über P_1 liegenden Punkte ist also eine Fläche, die überall gleichen Abstand von dem durch P_1 gelegten wirklichen Horizonte hat. Dieser Horizont ist genau genommen die durch P_1 gehende Niveaufläche oder das durch P_1 gehende Geoid. Der Ort gleich hoch über P_1 liegender Punkte ist also eine Parallelfläche zu der durch P_1 gehenden Niveaufläche, also nach dem vorher Erörterten keine Niveaufläche.

Die Niveaufläche ist definirt durch den constanten Werth der Kräftefunktion W und die Niveaudifferenz wird also zweckmässig aufgefasst als der Unterschied zweier Werthe W_2 und W_1 der Kräftefunktion. Niveaudifferenz und Höhenunterschied zweier Punkte sind gar nicht mit einander vergleichbar, denn die Niveaudifferenz ist eine Energie (oder, wenn das anschaulicher ist, eine Arbeit) von der Dimension $[L^5 T^{-4}]$*), der Höhenunterschied aber ist eine Länge von der Dimension [L].

Dem Höhenunterschiede zweier Punkte ist vergleichbar der Abstand der durch beide gehenden Niveauflächen, denn diese beiden Grössen sind von derselben Art (oder Dimension), nämlich Längen. Dieser Niveauflächenabstand ist in Richtung der Kraftlinien (hier der Schwererichtung) zu messen, also im allgemeinen nach einer Curve. Für zwei unendlich benachbarte Niveauflächen ist er dn und für die endlich von einander abstehenden Flächen N_1 und N_2 ist er durch das Integral $\int_1^2 dn$ dargestellt. Bezeichnet man durch n_{12} den im Punkte P_1 gemessenen Abstand der Niveaufläche durch P_2 von jener durch P_1, so ist $n_{12} = \int_1^2 dn$ und bezeichnet man durch n_{21} den in P_2 gemessenen Abstand der Niveaufläche durch P_1 von jener durch P_2, so ist $n_{21} = \int_2^1 dn$. Diese beiden Integrale sind nur scheinbar einander entgegengesetzt gleich. Denn es ist $dW = g\,dn$ oder $dn = \frac{dW}{g}$, also $n_{12} = \int_1^2 \frac{dW}{g}$, d. h. der Niveau-

*) Bohn. Ueber absolute Maasse. Wiedemann, Annalen der Phys. und Chemie. Bd. XVIII (1883) S. 349.

flächenabstand ist von dem Werth der Schwerebeschleunigung g längs der Schwererichtung durch P_1 abhängig. Bei nicht zu grossem Abstande der Flächen kann man einen Mittelwerth γ_1 für die veränderliche Schwere setzen und erhält $n_{12} = (W_2 - W_1) : \gamma_1$. Für n_{21} erhält man ähnlich $(W_1 - W_2) : \gamma_2$, wo γ_2 der Mittelwerth der Schwere längs der Lothlinie durch P_2 ist. Und da γ_1 und γ_2 im allgemeinen verschieden sind, so erkennt man: P_1 liegt im allgemeinen nicht eben so viel über der Niveaufläche von P_2, als P_2 unter der Niveaufläche von P_1 liegt. Nur wenn P_1 und P_2 auf derselben (krummen oder geraden) Lothrichtung liegen, ist $n_{12} + n_{21} = 0$.

Zu bemerken bleibt, dass in $n = \int \frac{dW}{g}$ oder $= \frac{W_1 - W_2}{\gamma}$ die Grösse g oder γ nicht als eine Beschleunigung aufzufassen ist, sondern als ein Gewicht (welches für dieselbe Masse dieser Beschleunigung proportional ist und für die Masseneinheit durch dasselbe Zeichen ausgedrückt wird) zu verstehen ist, weil sonst die Gleichung nicht homogen wäre.

Durch trigonometrisches Höhenmessen (Bestimmen von Zenitabständen u. s. w.) wird der Höhenunterschied gefunden, durch Nivelliren (wohl auch geometrisches Nivelliren genannt) aber kann die Niveaudifferenz und der Niveauflächenabstand (nicht identisch mit dem Höhenunterschied) gefunden werden. Es sei Nivelliren aus der Mitte der Station vorausgesetzt und es werde von dem unbedeutenden Unterschiede (§ 293) der Erhebung der Zielrichtung, welche Tangente an die Niveaufläche in Instrumentenhöhe ist, in Vorblick und Rückblick abgesehen, n sei die gefundene Differenz der Lattenablesungen im einfachen Nivellement, so ist $\Sigma n g$ die Niveaudifferenz oder der Unterschied der Kräftefunktionswerthe für die Endpunkte der nivellirten Linie, unabhängig von dem Wege, längs dessen man vom Anfangs- zum Endpunkte gelangt ist. Ist γ ein mittlerer Werth der Schwere längs dieses Weges, so ist angenähert:

$$W_1 - W_2 = \gamma \Sigma n + \gamma \Sigma \frac{g - \gamma}{\gamma} n$$

oder genauer, unendlich kurze Zielweiten vorausgesetzt,

$$W_1 - W_2 = \int g\, dn \text{ und annähernd } W_1 - W_2 = \gamma \int dn + \gamma \int \frac{g - \gamma}{\gamma} dn.$$

„Das erste Integral ist der auf die gewöhnliche Weise beim (zusammengesetzten) Nivelliren berechnete Höhenunterschied, das zweite liefert die wegen der Gestalt des Weges erforderliche Correktion, welche übrigens in den meisten Fällen sehr klein ist und, wie man leicht erkennt, von den Veränderungen der Schwere längs der Niveauflächen herrührt. Für den Fehler, welchen man durch Vernachlässigung dieser Schwereänderungen begeht, lässt sich ein einfacher oberer Grenzwerth angeben, indem man nämlich den Schlussfehler einer auf die gewöhnliche Art berechneten Schleife*) ermittelt. Dieser Schlussfehler ist gleich $-\int \frac{dW}{g}$, das Integral genommen längs der Schleife. Bezeichnen nun W', W'', g', g'' die grössten, bezw. kleinsten Werthe von W und g längs der Schleife, so ist, abgesehen vom Vorzeichen, der Werth dieses Integrals offenbar kleiner als

$$(W' - W'')\left(\frac{1}{g''} - \frac{1}{g'}\right) = \frac{W' - W''}{g'} \quad \frac{g' - g''}{g''}$$

Der erste Faktor $(W' - W'') : g'$ ist sehr nahe gleich dem grössten Höhenunterschiede innerhalb der Schleife, während der zweite Faktor stets kleiner als 1 : 192 ist**). Wenn längs der Schleife in raschem Wechsel Hebungen und Senkungen erfolgen, so ist übrigens der Schlussfehler stets sehr viel kleiner als jener Maximalwerth.

Das geometrische Nivellement liefert also unter Hinzuziehung der Schweremessungen direkt Niveaudifferenzen und zwar ganz unabhängig von der Kenntniss der Gestalt der Niveauflächen.

Aus der gefundenen Niveaudifferenz lassen sich nun auch die Meereshöhen" (Höhenunterschiede) „ableiten. Es sei PQ die von dem Punkte P an den Meereshorizont" (Vermessungshorizont) „gezogene Normale, W_2 und W_1 die zu P und Q gehörigen Werthe von W, deren Differenz $W_1 - W_2$ jetzt als bekannt anzusehen ist; ferner sei $PQ = H$ und dH ein Element von H, endlich sei g die Schwere in dH und η der Winkel zwischen den Richtungen von g und dH, dann ist:

$$H = -\int_{W_1}^{W_2} \frac{dW}{g \operatorname{Cos} \eta},$$

das Integral längs H erstreckt. Cos η kann unbedenklich $= 1$ gesetzt werden. Offenbar hat man dann $H = (W_1 - W_2) : g_1$, wo g_1 einen bestimmten Mittelwerth aus den Werthen von g längs H bedeutet. Die Ermittelung der Meereshöhe H" (des Höhenunterschieds) „setzt also streng genommen die Kenntniss von g längs H voraus" (des Gewichts der Masseneinheit längs H), „indessen ist der Unterschied zwischen g_1 und der Schwere in P im allgemeinen sehr gering und lässt sich, so lange H nicht sehr grosse Werthe erreicht, mit genügender Annäherung angeben, indem man für g_1 den für die Mitte von H geltenden Werth ansetzt. Ueberdies lässt sich dieser Betrag der zu ermittelnden Reduktionen noch auf

*) Da nämlich $\int dn = \int \frac{dW}{g}$ von dem Nivellementweg abhängt, wird, wenn man von P_2 nach P_1 auf anderm Wege oder nicht mit denselben Stationen und identischen Instrumentenaufstellungen zurück nivellirt, ein Schlussfehler sich herausstellen müssen, d. h. die so ermittelte Differenz n_{11} ist nicht gleich Null. Nur wenn man stets in derselben Niveaufläche bleibt, also beständig $dn = 0$ ist, ergibt sich kein Schlussfehler.

**) weil der grösste vorkommende Unterschied der Schwere auf derselben, durch einen Punkt der Meeresoberfläche gehenden Niveaufläche (Pol und Aequator) nur 1 : 192 des mittleren Werthes von g ist.

einem anderen Wege vermindern. Es ist nämlich bei Gradmessungen durch keinen in der Natur des Gegenstandes liegenden Umstand geboten, als Geoid eine der Meeresoberfläche benachbarte Niveaufläche zu wählen, vielmehr kann man dazu mit demselben Rechte jede andere, z. B. eine in mittlerer Höhe sich zwischen den Dreieckspunkten hin erstreckende Niveaufläche benutzen, ohne dass etwas Wesentliches geändert wird. Offenbar würde durch eine solche Wahl die Unsicherheit, welche bei grossen H der Ermittelung von g_1 aus den beobachteten g anhaftet, erheblich vermindert werden. Eine weitere Verminderung dieser Unsicherheit würde eintreten, wenn es gelänge die Veränderungen von g längs der Vertikalen oder die Grösse $\partial g : \partial H$ auf einfache Weise direkt zu messen, was keineswegs ausser dem Bereiche der Möglichkeit liegt.“ (Bruns, Die Figur der Erde. Publikation d. königl. preuss. geodätischen Instituts. Berlin 1875, S. 36 u. 37.)

Dass diese Betrachtung auch für endlich grosse, nicht nur für unendlich kleine Zielweiten zulässig ist, wird an dem eben angegebenen Orte bewiesen, nur ist der Schlusssatz (S. 39): „Man kann sagen, dass die längs des Nivellements genommene Summe Σ (AE — BH) auch bei endlichen Zielweiten gleich der gesuchten Niveaudifferenz ist“ formal ungenau. Denn AE und BH sind Lattenablesungen, die dargestellte Summe also eine Länge [L], während die Niveaudifferenz eine Energie $[L^5 T^{-4}]$ ist.

Um eine Vorstellung der hier in Betracht kommenden Grössen zu erhalten, sei angegeben, dass bei einem Nivellement von der Nordsee über die in 2500 m überschritten gedachten Alpen nach Oberitalien, dann auf dem Parallelkreise bis zur französischen Küste des atlantischen Meeres und nun längs der Küste nach dem Ausgangspunkte zurück ein Schlussfehler von — 0,4 m eintritt, der keineswegs allein von den Alpen herrührt. (Helmert, „Die mathematischen und physikalischen Theorien der höheren Geodäsie.“ Leipzig 1884, II. Theil S. 510.) In anderer Form drückt sich der Schlussfehler folgendermaassen aus: Ueberschreitet man in der Passhöhe von 300 m den Taunus mit einem Nivellement, so wird der auf der Südseite gelegene Punkt um $6^1/_2$ mm tiefer gefunden, als wenn das Nivellement längs des Thalwegs (Lahnthal, Rheinthal) in ungefähr 100 m Höhe ausgeführt wird.

Da unter der Erdoberfläche die Schwere andern Werth (allgemein auch andere Richtung) hat, als in den darüber liegenden Punkten in und über der Oberfläche, so erklärt sich, warum der Höhenunterschied der Endpunkte eines Tunnels anders gefunden wird aus einem in gewöhnlicher Weise berechneten Nivellement durch den Tunnel, als aus einem über den Berg geführten. Beispiel: Tunnel von Heigenbrücken bei Aschaffenburg.

Die normale Schwereänderung, d. h. jene, die nicht von unsymmetrischen Massenablagerungen herrührt, bewirkt, dass eine Niveaufläche, die unter dem Aequator 1500 m über Meer ist, am Pole nur 1471,5 m über Meer geht (das Meer selbst als eine Niveaufläche angesehen), also die Meereshöhe dort um 28,5 m geringer ist als am Aequator.

Die Meeresfläche ist keine Niveaufläche. Von den Gezeiten kann man als vorübergehenden Wasserstandsänderungen absehen und den mittleren Meeresstand betrachten. Es bleiben dann aber allerdings noch die zur Erklärung der ständigen Meeresströmungen nothwendigen Gefälle übrig. Die Präcisionsnivellements haben ergeben, dass die verschiedenen Punkte der Küste der Ostsee, Nordsee, des atlantischen Oceans in Frankreich bis einige Zehntel Meter Niveauabstand haben. Das Mittelwasser bei Marseille liegt um beiläufig 65 cm tiefer als das Mittelwasser in Amsterdam.

Aus der bekannten mittleren Erhebung der Continente lässt sich berechnen, wie stark an den Küsten das Meer durch Anziehung über die Sphäroidfläche gehoben sein muss. Saigey hat nur die über das Wasser emporragenden Landmassen berücksichtigt und danach berechnet, dass um Europa das Meer durch Attraktion etwa 36 m, um Asien 144 m, um Afrika 72 m, um Nordamerika 54 m und um Südamerika 76 m gehoben sei. Diese Zahlen sind wahrscheinlich erheblich zu klein. Fischer schätzt die mittlere Lothablenkung an den Continentalküsten auf 70" bis 80" und folgert daraus eine Meeresspiegelhebung von 560 bis 640 m, die aber lokal auf 850 m und mehr wachsen könne. Nach ihm soll auf oceanischen Inseln die Pendelschwingungszahl täglich um 9,3 zu gering sein, wonach sich, gegen die Continente hin, über 1000 m Meeresspiegelerhöhung ergäbe. Man hat, nach Messungen und Berechnungen geschätzt, eine Meereserhöhung von 500 m an der nordöstlichen Küste Südamerikas, hingegen eine Senkung des Meeres bei St. Helena um 847 m, im stillen Ocean bei den Bonininseln sogar um 1309 m. Sonach ergäbe sich eine Abweichung des Meeresspiegels von dem Sphäroid um 1500 m. Bruns schätzt diese nach einer Rechnung zu mehr als 1000 m.

Findet aus allgemeinen klimatischen Ursachen eine Eisanhäufung in der Nähe eines Pols statt, so wird dadurch dem Meere Wasser entzogen und über die ganze Erde muss der Meeresspiegel sinken. Anderntheils aber übt das auf dem Lande gelagerte Eis eine lokale Anziehung, etwa wie eine $^2/_5$ so hohe Schicht Granit thut, aus, und das bewirkt wieder eine Erhebung des Meeres an diesen Küsten. Letztere, das lokale Ansteigen des Meeres, übertrifft die allgemeine Senkung, wenn nur an einem Pole eine starke Vereisung angenommen wird, während beinahe Ausgleich stattfände, wenn an beiden Polen zugleich ausgedehnte Vereisung angenommen wird. Jedenfalls wird in den äquatorialen Zonen ein Sinken des Meeresspiegels durch die Eisanhäufung in den Polen hervorgebracht, durch Wasserentzug einerseits, durch lokale Anziehung anderseits. Bei einseitiger Vereisung wird die Schwerpunktsverrückung der Erde den Erfolg noch mehren.

§ 335. **Veränderlichkeit der Niveauflächen.** Lage und Gestalt einer Niveaufläche ist keineswegs unveränderlich. Wie die wechselnde Stellung von Mond und Sonne zu einem Orte der Erde die Erscheinungen der Ebbe und Fluth hervorbringt, so ändert sie auch die Intensität der Anziehung und da die Schwungkraft nicht ändert, wird ebenfalls die Richtung der Schwerkraft, somit auch die Gestalt der jeweils zur Schwererichtung normalen Niveaufläche anders. Stünde z. B. der Mond im Zenit, so würde die ganze Anziehung, die dieser, verhältnissmässig nahestehende Satellit auf eine Masse an der Erde ausübt, derjenigen, welche die Erde selbst auf diese Masse übt, gegenwirken.

Die täglichen Lothstörungen durch die Sonne können, wenn die Zeiten zur Vornahme der Nivellirarbeiten gleichmässig vor und nach Mittag gewählt werden, für zusammengesetzte Nivellements unschädlich gemacht werden; der Einfluss des Mondstandes ist schwieriger gleichzeitig zu eliminiren. „Man denke sich, dass eine 1000 Kilom. lange Linie von ost-westlicher Richtung nur in den Sommermonaten nivellirt werde und zwar wegen des Sonnenstands streckenweise vormittags in Richtung nach West, nachmittags zurück in Richtung nach Ost. Dann wird das Resultat für den Gesammthöhenunterschied aus den Vormittagsnivellements von demjenigen aus den Nachmittagsnivellements wegen der Wirkung der Sonnenanziehung bis zu 0,087 m abweichen können, während die Mondanziehung keine nennenswerthe Wirkung zurücklässt" (Helmert a. a. O. 2. Bd. S. 548).

Es gibt noch säkulare Aenderungen der Niveauflächen, auf die hier nicht weiter eingegangen werden soll. Dazu gehören die erwähnten durch Vereisung in Polargegenden.

§ 336. **Schweremessungen.** Aus dem Vorhergehenden folgt, dass für genaue Reduktion der Nivellements die Kenntniss der Schwere längs des Nivellementweges erforderlich ist, Schwerebestimmungen also zu den geodätischen Arbeiten zählen. Aus der Veränderung der Schwere an der Erdoberfläche lässt sich aber auch unmittelbar ein Schluss ziehen auf die Gestalt der Erde (des Geoids) mit Hülfe eines von Clairaut (théorie de la figure de la terre, Paris 1743) aufgestellten Satzes:

Wie auch die innere Massenvertheilung der Erde sein mag, die Summe der Abplattung der Meeresfläche und des Verhältnisses des Zuwachses der Schwere vom Aequator nach dem Pole zur Aequatorschwere ist $^5/_2$ mal so gross, als das Verhältniss der Schwungkraft am Aequator zur Schwerkraft daselbst.

Bezeichnen $1:p$ die Abplattung $[(a-b):a]$, g_0, g_{90} die Schwerebeschleunigung am Aequator (Breite 0^0) und am Pole (Breite 90^0) und f^0 die Schwungkraft am Aequator, so stellt sich Clairaut's Satz in Zeichen dar:

$$(1:p)+(g_{90}-g_0):g_0=\tfrac{5}{2}(f_0:g_0)$$

Dieser Satz ist nicht genau. Eine bessere Annäherung lautet:

$$\frac{1}{p}+\frac{g_{90}-g_0}{g_0}=\tfrac{5}{2}\frac{f_0}{g_0}-\frac{1}{p}\left(\frac{1}{p}+\tfrac{1}{2}\frac{f_0}{g_0}\right)$$

oder damit gleichbedeutend:

$$\tfrac{5}{2}\frac{f_0}{g_0}\left(1-\frac{1}{5p}\right)=\frac{1}{p}\left(1+\frac{1}{p}\right)+\frac{g_{90}-g_0}{g_0}$$

Will man das Clairaut'sche Theorem zur Ermittelung der Erdabplattung aus Schwerebestimmungen benutzen, so kann man die Glieder zweiter Ordnung unterdrücken und annähernd $f_0 : g_0 = 1 : 17^2 = 1 : 289$ setzen (besser noch 1 : 288,39). Den Werth von $f_0 : g_0$ kann man aus annähernder Kenntniss des Aequatorialhalbmessers a nach $f_0 = 4\pi^2 a : T^2$ berechnen, wo T die Umdrehungszeit ist. Mit Bessel's Angabe für a, mit $T = 86\,164''$ und $g_0 = 9{,}7806$ m, ergibt sich $f_0 = 0{,}0339$ m.

Die Messung der Schwereintensität wird zur Zeit in der allein praktischen Weise durch Ermittelung der Länge des Sekundenpendels vollführt. Für äusserst kleine Schwingungsweite eines mathematischen Pendels von der Länge l ist die Schwingungsdauer T ausgedrückt durch: $T = \pi\sqrt{l : g}$. Schwingungen endlicher Weite lassen sich aber rechnend auf unendlich kleine reduciren und für ein physisches Pendel lässt sich die Länge des isochronschwingenden mathematischen angeben. (U. a. in Bohn, Ergebn. phys. Forsch. §§ 78, 889, 890.)

Pendelmessungen lassen sich auf kleinen Inseln im Ozean ausführen, wo von geodätischen Messungen im engeren Sinne, in Absicht der Aufsuchung der Erdgestalt, keine Rede sein kann.

Seit Bessel's klassischer Arbeit (Bessel, Untersuchungen über die Länge des Sekundenpendels. Berlin 1828, in Engelmann's Ausgabe der Werke Bessel's, 3. Bd. S. 139) sind die Bestimmungen der Pendellängen einer sehr grossen Genauigkeit fähig. Obgleich für die neuere höhere Geodäsie Pendelmessungen von hoher Wichtigkeit sind, kann hier auf eine Beschreibung und Besprechung der Verfahren nicht eingegangen werden, hingegen soll einiges über das Grundsätzliche der Methoden kurz angeführt werden. Am einfachsten erscheint es nach Bouguer mit einem und demselben unveränderlichen Pendel an verschiedenen Orten die Schwingungsdauer T_1 und T_2 oder die Zahlen der in einer und derselben Zeit vollführten Schwingungen (n_1 und n_2) zu messen. Man hat dann, wenn l_1 und l_2 die Längen der Sekundenpendel, g_1 und g_2 die Schwerebeschleunigungen an den betreffenden Orten sind: $l_1 : l_2 = T_2^2 : T_1^2 = n_1^2 : n_2^2 = g_1 : g_2$. Man braucht somit nur an einem Orte die mühsame und schwierige Ermittelung der Sekundenpendellänge auszuführen.

Bequem ist die Anwendung des Reversionspendels [Kater 1819, Phil. Transactions CXII, Sabine, an account of experiments to determine the figure of the earth, London 1825; Plantamour, expériences faites à Genève avec le pendule à reversion (1866) und nouvelles expér. f. a. l. p. à rev. et détermination de la pesanteur à Genève et au Righi-Kulm (1872)] oder des Commutationspendels (Finger, über ein Analogon des Kater'schen Pendels und dessen Anwendungen zu Gravitationsmessungen, Wien 1881).

Da die Messung der Pendellänge oder der Schwerebeschleunigung am Pol nicht ausführbar ist, so wird der geforderte Werth interpolatorisch aus Beobachtungen in anderen Breiten erschlossen, indem man von dem theoretischen Gesetze Gebrauch macht, nach welchem die normale Schwere (ohne örtliche Störungen) mit dem Quadrate der geographischen Breite ändert.

Von der Literatur über das Clairaut'sche Theorem sei ausser den bereits angezogenen Schriften noch genannt: Stokes, on the variations of gravity at the surface of the earth, Cambridge 1849; Pauker, bulletin de la classe physico-mathématique de l'académie impériale des sciences de St. Petersbourg XIII; Ph. Fischer, Untersuchungen über die Gestalt der Erde, Darmstadt 1868, 1. Cap. VI „Die Principien der Pendelmessungen"; Unferdinger, das Pendel als geodätisches Instrument, Archiv der Math. u. Physik, 49. Theil; Thomson-Tait, theoretische Physik, deutsche Uebersetzung, Braunschweig 1871, 1. Bd. S. 351.

Sei schliesslich bemerkt, das durch Pendelmessungen allein nur über die Gestalt, nicht aber über die Grösse der Erde Aufschluss gewonnen werden kann, für die Grössenermittelung ist Gradmessung unerlässlich.

§ 337. **Referenzfläche.** Die verschiedenen Combinationen der zahlreichen Gradmessungen haben sehr merklich verschiedene Werthe der Grösse und namentlich der Abplattung der Erde geliefert. Nach einer Zusammenstellung von Listing (Ueber unsere jetzige Kenntniss der Gestalt und Grösse der Erde; aus den Nachrichten der königl. Gesellschaft d. Wissenschaften. Göttingen 1872. S. 51) schwanken die aus 19 besseren Gradmessungen von verschiedenen Autoren abgeleiteten Abplattungen zwischen 1 : 334 (Delambre 1800) und 1 : 294,26 (Clarke 1858). Noch viel grössere Verschiedenheit ergibt sich aus den örtlich eng begrenzten Pendelmessungen, so dass durch diese namentlich auch auf Inseln Schwerestörungen ganz sicher nachgewiesen sind. Der insulare Charakter Grossbrittanniens verräth sich in der offenbar zu grossen Abplattung (1 : 288), die aus brittischen Messungen (Grad- und Pendel-) folgt.

Es ist hier noch zu erwähnen, dass auch aus dem Studium der Mondbewegung ein Schluss auf die Abplattung der Erde gezogen werden kann und diese bis auf einige Einheiten des Nenners zu 1 : 288 zur Zeit gefunden wurde.

Trotz vielfacher Bemühungen ausgezeichneter Forscher ist es nicht möglich gewesen ein Rotationsellipsoid als Erdgestalt so zu bestimmen, dass eine leidliche Uebereinstimmung der verschiedenen Grad- und Pendelmessungen und der beobachteten Mondstörungen erzielt würde. Nachdem Jacobi bewiesen hatte, dass auch ein dreiaxiges Ellipsoid Gleichgewichtsfigur der rotirenden Erde sein könnte, hat man, übrigens mit gleich ungenügendem Erfolg, auch dreiaxige Ellipsoide als Erdgestalt versucht. Schubert schlug vor die Aequatorial-Halbaxen $a_1 = 6\,378\,556$ m ($58^0\,44'$ nach $238^0\,44'$ östl. Länge von Ferro), $a_2 = 6\,377\,837$ m ($148^0\,44'$ nach $328^0\,44'$ östl. von Ferro) und die Polarhalbaxe $b = 6\,356\,719$ m anzunehmen; James und Clarke $a_1 = 6\,378\,294$ m ($15^0\,34'$ nach $195^0\,34'$ östl. Greenwich), $a_2 = 6\,376\,350$ m ($105^0\,34'$ nach $285^0\,34'$ östl. Greenwich) mit $b = 6\,356\,068$ m zu nehmen.

Nach allem ist die durch einen Normal-Nullpunkt gehende Niveaufläche der Erde überhaupt nicht durch eine einzige geometrisch-einfache Fläche darstellbar, sondern besteht aus einer grösseren Anzahl Stücke geometrischer Flächen, die zwar allmählich, aber mit Sprüngen in der Krümmung, in einander übergehen.

Man mag von einem idealen Ellipsoide ausgehen und es ist beim dermaligen Stande unserer Kenntnisse ziemlich gleichgültig von welchem. Am häufigsten wird wohl das Bessel'sche Rotationsellipsoid oder Erdsphäroid (§ 2) benutzt. Listing schlug 1872 als typisches Ellipsoid vor, jenes mit a = 6 377 365 m, b = 6 355 298 m, also

$$1 : p = 1 : 289{,}0\,.$$

Die Aufgabe der höheren Geodäsie ist zur Zeit wohl darin zu erblicken, die Abweichungen der Niveaufläche von einem gewählten Referenzellipsoide zu ermitteln.

(Ueber das Geschichtliche der Grad- und Pendelmessungen findet man eine gute und kurze Zusammenstellung in S. Günther, „Lehrbuch der Geophysik und physikalischen Geographie“, Leipzig 1884, 1. Bd.)

§ 338. **Die Aufgabe der höheren Geodäsie** ist nach den vorhergegangenen Erörterungen eine andere geworden, als man sie früher auffasste. Nach Bruns (Figur der Erde, § 4) „ist das Problem der wissenschaftlichen Geodäsie die Ermittelung der Kräftefunktion der Erde. Aus äusseren Gründen bleibt die Lösung dieser Aufgabe auf Punkte der Erdrinde beschränkt und ist als erledigt anzusehen, sobald man folgende Stücke kennt:

1) die Gestalt einer oder mehrerer Geoide;

2) den Betrag der Kräftefunktion und die Grösse der Schwere längs dieser Flächen;

3) die Orientirung des Geoids in Bezug auf den Schwerpunkt und die Rotationsaxe der Erde.“

. . . .

„Das eigentliche Endergebniss geodätischer Operationen wird nur bestehen können:

1) in einem Verzeichnisse der Coordinaten von möglichst vielen Punkten eines Geoids nebst den dazu gehörigen Werthen von W und g;

2) in einer graphischen Darstellung.“

Durch geometrisches Nivelliren in Verbindung mit Schwerebestimmungen erfährt man, wie weit ein Punkt der Erde von der Niveaufläche des Ausgangspunktes absteht. Durch trigonometrisches Höhenmessen (Zenitdistanzermittelungen) in Verbindung mit Azimutbestimmungen und Messung der Entfernung zwischen erstem und zweitem Punkt, erfährt man die Höhe des letzteren über einer gewählten Referenzfläche. Die Unterschiede beider Bestimmungen lassen dann erkennen, wie viel die durch den ersten Punkt gelegte Niveaufläche an dem zweiten Punkt über oder unter dem Referenzellipsoide liegt.

Um also die Lage einzelner Punkte gegen ein Geoid oder eine Niveaufläche zu finden, sind fünferlei Messungen nöthig, aber auch ausreichend:

1) astronomische Bestimmungen der Breiten, Längen, Azimute;
2) geodätische Triangulation (mit Basismessung);
3) geometrisches Nivelliren;
4) Schwerebestimmungen (Pendelmessungen);
5) trigonometrisches Höhenmessen.

Die letzteren bieten, wegen der Strahlenbrechung, die grösste Unsicherheit dar.

Die europäische Gradmessungscommission strebt darnach in diesem Sinne die Aufgabe der Geodäsie ihrer Lösung entgegen zu führen.

In diesem Buche ist Beschränkung auf die gemachten Andeutungen auferlegt, es kann nicht weiter auf die Fragen der höheren Geodäsie eingegangen werden. Dass durch das hier Gebotene das ernsthafte (und meist nicht leichte) Studium ausführlicherer Werke, namentlich der gehaltreichen Schrift von Bruns (Figur der Erde) und des grösseren Buches von Helmert (mathem. und physik. Theorien der höheren Geodäsie) nicht überflüssig gemacht, sondern dass im Gegentheile dazu angeregt werden soll, ist wohl selbstverständlich.

Gleichsam als Anhang zu diesem Kapitel soll kurz etwas über die für die Geodäsie wichtigsten astronomischen Bestimmungen mitgetheilt werden.

§ 339. **Bestimmung der Meridianrichtung.** Der geographische Meridian, der Ort von Punkten gleicher geographischer Länge auf dem Geoid, ist im allgemeinen eine Curve doppelter Krümmung, das geographische Parallel, der Ort der Punkte gleicher geographischer Breite ebenfalls und auch der geographische Aequator, der Ort aller Punkte der geographischen Breite Null. Hingegen sind die Himmelsmeridiane (oder astronomische), die Himmelsparallelkreise, der Himmelsäquator Ebenen. Es handelt sich in diesem Paragraphen nur von der Projektion des Himmelsmeridians auf die Erde in der Nachbarschaft eines Punktes.

Den Meridian unmittelbar als die Vertikalebene zu bestimmen, in welcher die Sonne an einem Tage den höchsten Stand erreicht, ist praktisch nicht genau, da in der Nähe des Meridians die Höhe der Sonne über dem Horizont nur sehr langsam ändert, — also ist auch die Meridianbestimmung aus dem kürzesten Schatten eines senkrecht stehenden Stabes auf die Horizontalebene ungenau. Könnte man an einer astronomischen Uhr genau den Augenblick des wahren Mittags oder des höchsten Sonnenstandes erkennen, so gäbe Anzielung des Sonnenmittelpunktes in diesem Augenblicke allerdings genau die Meridianrichtung (südliche). Die einzige scharfe Ermittelung der Meridianrichtung wird mit Hülfe correspondirender Höhen vollzogen. Benutzt man hierzu einen Fixstern, so sind Verbesserungen nicht nöthig, aber wegen des gewöhnlichen Mangels der Fadenbeleuchtung an geodätischen Instrumenten *), lässt sich mit solchen dieses beste und bequemste Verfahren, das auf den Sternwarten anwendbar

*) Das Gesichtsfeld bis zur Wahrnehmung der Fäden zu erhellen durch Licht, welches mittelst kleinen Spiegels durch das Objektiv eingebracht wird, ist unbequem.

ist, selten gebrauchen. Man beobachtet correspondirende Sonnenhöhen und muss wegen der wechselnden Deklination verbessern, nur zur Zeit der Aequinoctien ist keine Verbesserung nöthig.

Man beobachte mit einem wohl berichtigten und gut aufgestellten Theodolit in einer Vormittagsstunde einen bestimmten Rand der Sonne und fahre, während die Neigung des Fernrohrs gegen den Horizont nicht ändert, mit dem Fernrohr der Sonne nach, bis z. B. deren oberer Rand gerade den Horizontalfaden und der linke Rand den Vertikalfaden berührt. In dieser Stellung wird festgeklemmt und am Horizontalkreis abgelesen, z. B. a_1. Das Instrument bleibt nun ruhig stehen (am besten beschirmt) und eben so viel Zeit nach dem wahren Mittag als die erste Beobachtung vor Mittag gemacht wurde, fährt man mit dem Fernrohr, dessen Neigung gegen den Horizont, wie gesagt, genau dieselbe geblieben ist, der Sonne nach, bis wieder der obere Rand den Horizontalfaden, der rechte Rand den Vertikalfaden berührt. Man klemmt und macht wieder die Ablesung a_2 am Horizontalkreis. Die uncorrigirte Richtung des Meridians (südlicher Theil) ist dann bei einer Stellung der Alhidade, welcher die Ablesung $\frac{1}{2}(a_1 + a_2)$ entspricht. Man hatte schon vor der ersten Beobachtung morgens ein gut sichtbares, entferntes Zeichen angezielt und die Ablesung a_0 am Horizontalkreis aufgeschrieben. Nach der zweiten, nachmittäglichen Beobachtung wird dieses Zeichen wieder angezielt. Ist die Ablesung wieder genau a_0, so beweist dieses, dass keine Verdrehung des Instruments stattgefunden hat.

Ist t die Anzahl Minuten vor und nach wahrem Mittag in den Augenblicken der Beobachtung, $\triangle \delta$ die Aenderung der Sonnendeklination während einer Minute an dem betreffenden Tage (worüber astronomische Tabellen, Ephemeriden zu befragen sind) und β die geographische Breite des Ortes, so ist die Verbesserung

$$k = t \triangle \delta : (\operatorname{Cos} \beta \cdot \operatorname{Sin} 15\,t)$$

und die wahre, berichtigte Meridianrichtung (südliche Hälfte) gleich:

$$\tfrac{1}{2}(a_1 + a_2) \mp k_1,$$

je nachdem die Theilung des Horizontalkreises im selben Sinne oder im entgegengesetzten läuft, wie die Azimute gezählt werden (Nord über Ost nach Süd). Für die Beobachtung der Zeit t, gleich der halben Zwischenzeit der zwei Beobachtungen, genügt eine gute Taschenuhr und die geographische Breite braucht auch nur auf einige Minuten angenähert gekannt zu sein, weil, namentlich an Tagen, die vom Solstitium nicht zu entfernt sind und zu Zeiten, die nicht sehr von Mittag verschieden sind, die Correktur klein ist und die verbleibenden Unsicherheiten ihrer Elemente ohne Belang sind. Gar zu nahe vor Mittag dürfen die Beobachtungen nicht gemacht werden, weil sonst die Höhenänderung zu gering, also die Einstellungen weniger scharf sind.

Zu grösserer Sicherheit kann man auch mehr als ein Paar Beobachtungen am selben Tage machen, man liest am Höhenkreise genau die Höhe ab, welche man vor Mittag fand und stellt zu den correspondirenden

Stunden Nachmittags vorher genau wieder auf diese Höhe ein; gute Berichtigung des Theodolits ist hierbei natürlich vorausgesetzt.

Eine für Tachymeter- und Bussolen-Messungen ausreichende Meridianermittelung kann in folgender Art vollführt werden. Man hängt ein Loth (gegen Wind geschützt) auf und beleuchtet es entweder durch eine Laterne von der Seite oder bestreicht es mit Leuchtfarbe und verschiebt ein Diopter so lange bis der Stern ε des grossen Bären (der dem Vierecke, das den Kasten des Wagens bildet, nächste Stern der Deichsel) und der Polarstern gleichzeitig von dem Lothe gedeckt werden. Bis auf 10′ genau lässt sich so der Meridian finden (die Nordhälfte); am besten ist es, die untere Culmination von Stern ε abzuwarten.

Bei Anwendung eines Theodolits pflegt man diesen auf einen Steinpfeiler zu stellen und wird zweckmässig, nachdem die Meridianrichtung gefunden ist, ein (besser noch zwei) Meridianzeichen einrichten. Dazu dient eine Theilung in einer so grossen Entfernung, dass sie mit dem Fernrohr noch abgelesen werden kann, an einer festen Mauer; errichtet man ein solches Zeichen im Süden und eines im Norden ($\pm 180^0$ Einstellung mehr als für die Südhälfte), so ist das vortheilhafter.

Bei gelegentlichen Wiederholungen kann dann, wenn eine Verbesserung damit gewonnen wurde, ein anderer Theilstrich das eigentliche Meridianzeichen abgeben.

Bei der rohen Beobachtung mit Diopter lässt man als Meridianzeichen in der Richtung von der Instrumentenaufstellung, für welche Polarstern und Stern ε Ursae majoris von dem Lothe gedeckt wurden, über jenes Loth hinaus einen senkrechten Stab aufstellen. Macht man das gleich in der Nacht, so wird der Stab durch eine Laterne beleuchtet oder geradezu eine Laterne statt des Stabes benutzt.

§ 340. **Bestimmung der geographischen Breite eines Ortes.** Die Polhöhe, d. i. die Erhebung der Richtung nach dem Himmelspole über den Horizont des Ortes hat dasselbe Maass wie die geographische Breite. Da in der genauen Richtung nach dem Himmelspole kein grösserer Stern steht, ist die unmittelbarste Methode nicht ausführbar.

Ist der Meridian bereits bekannt, so beobachtet man zwei Culminationen eines Circumpolarsterns, d. h. die grösste und kleinste Höhe, die der Stern über den Horizont erreicht. Das arithmetische Mittel aus diesen, für die Strahlenbrechung berichtigten, Höhen ist die Polhöhe. (Bei den Meridianbestimmungen aus correspondirenden Höhen entfiele die Strahlenbrechung gänzlich, wenn die atmosphärischen Verhältnisse bei beiden zusammengehörigen Beobachtungen dieselben wären, — was meist annähernd der Fall sein wird.) Die genaue Bestimmung der geographischen Breite kann nur mit astronomischen Instrumenten (Fadenbeleuchtung) ausgeführt werden und man wird, der Strahlenbrechung wegen, viele Messungen machen, um den wahrscheinlichsten Werth ableiten zu können.

Man kann auch die Culminationshöhen der Sonne im Winter- und im Sommer-Solstitium beobachten, die halbe Summe ist die Aequatorhöhe oder das Complement der Polhöhe (die halbe Differenz ist die Schiefe der Ekliptik) (Strahlenbrechung!). Oder man beobachtet nur eine Culminationshöhe eines Fixsterns und zieht davon seine Deklination (astronomische Tabellen) ab, so erhält man die Aequatorhöhe.

Es gibt noch eine Anzahl anderer Verfahren die geographische Breite eines Ortes astronomisch zu bestimmen, selbst ohne vorherige Kenntniss der Lage des Meridians, welche aber die Benutzung einer astronomischen Uhr erfordern und desshalb hier übergangen werden.

Die Differenz der Polhöhen zweier Orte ist der Unterschied der Culminationshöhen (beide mal obere oder beide mal untere Culmination) desselben Fixsterns. Die oberen Culminationen sind, weil die Strahlenbrechung geringer und ihre Unsicherheit kleiner ist, günstiger.

§ 341. **Bestimmung der geographischen Länge eines Ortes.** Als Anfangsmeridian wird in Zukunft wohl allgemein jener der Sternwarte von Greenwich genommen werden. (Conferenzbeschluss gegen die Einsprache der Franzosen.)

Die Längendifferenz zweier Orte wird aus der Zeitdifferenz erschlossen. Der Ort z. B., an welchem wahrer Mittag (Durchgang der Sonne durch den Meridian) s Sekunden (Zeit) später eintritt, als am andern, hat einen westlichen Längenunterschied von 15 . s Winkelsekunden gegen diesen andern.

Hat man an beiden Orten Uhren, welche genau die mittlere Zeit der Orte anzeigen, so braucht man nur die Zeiten an diesen Uhren zu beobachten, zu welchen *ein und dieselbe* Erscheinung wahrgenommen wird; das 15fache des Zeitunterschiedes ist der Längenunterschied. *Künstliche Lichtzeichen* sind nur auf kurze Entfernungen anwendbar, *Mondfinsternisse* treten zu selten auf und ihre Eintrittszeit ist nicht sehr genau (wegen des Halbschattens) messbar, die *Verfinsterungen der Jupiterstrabanten* ereignen sehr häufig (nach je $42^h\ 18'$), sind aber auch oft schwierig zu beobachten. Eine andere Schwierigkeit liegt in der Beschaffung ganz richtiger Uhren; doch kann man für eine *gute* Uhr durch mehrtägige Beobachtungen die Reduktion ihrer Angaben auf wahre Ortszeit nicht allzuschwer erlangen.

Die Sternbedeckungen durch den Mond, Sonnenfinsternisse, Abstände des Mondes von der Sonne oder einem Stern, die Beobachtung des Unterschiedes der Culminationszeiten des Mondes und eines Fixsterns sind in sofern unbequemer, als die Mondparallaxen berücksichtigt, die Beobachtungen auf den Erdmittelpunkt gerechnet werden müssen. Genaue Angaben der mittleren Zeit der Uhren sind immer dabei nothwendig.

Folgendes Verfahren dürfte zu den besten gehören; es setzt nur Uhren voraus, welche mässige *Zeitabschnitte* genau messen, was durch Vergleichung leicht zu prüfen ist. (Der Gang der Chronometer ändert auf Reisen.)

An dem östlichen Orte wird im Augenblicke des Durchgangs eines gewählten Fixsterns durch den Meridian ein telegraphisches Zeichen nach dem westlicheren Orte geschickt und die Zeit an der Uhr bemerkt. Dieses

Zeichen langt Θ Sekunden später nach Westen und dort wird die Zeit seiner Ankunft an der dortigen Uhr bemerkt. t_2 Sekunden nach Eingang der Meldung geht derselbe Stern durch den westlichen Meridian und in diesem Augenblicke wird das telegraphische Zeichen nach Osten zurückgeschickt, wo es t_1 Sekunden nach Abgang des ersten Zeichens (des Sterndurchgangs am östlichen Orte) anlangt. Die Zeit, welche zwischen dem Durchgange des Sterns durch den östlichen und den westlichen Meridian verfloss, ist $t = t_2 + \vartheta$ und ferner ist $t_1 = t + \vartheta$ oder $t = t_1 - \vartheta$. Daraus folgt $t = \frac{1}{2}(t_1 + t_2)$ [und nebenbei die Zeit Θ zur Uebermittelung des telegraphischen Zeichens zwischen den beiden Orten, die allerdings gleich gross für den Hin- wie für den Herweg angenommen wird, $\Theta = \frac{1}{2}(t_2 - t_1)$]. Nur die meist sehr unbedeutende, unter günstigen Umständen ganz fehlende seitliche Refraktion beeinträchtigt die Genauigkeit dieser Bestimmung. Von den Uhren wird nur verlangt, dass die gemessenen Zeitabschnitte t_2 und t_1 in der gleichen Einheit (mittlere Zeit) ausgedrückt sind. Die „persönliche Differenz" der Beobachter wird eliminirt, wenn diese später den Ort tauschen und wenn das Mittel aus beiden Bestimmungen genommen wird.

In den Publikationen des kgl. preuss. geodätischen Instituts „Astronomisch-geodätische Arbeiten Jahr 1875 und Jahr 1876" sind Instruktionen für die Breiten- und Längenbestimmungen gegeben.

XIX. Kartenprojektionen.

§ 342. **Globen und Karten.** Weder die Kugelfläche noch die sphäroidale oder die des Rotationsellipsoids ist abwickelbar, d. h. nicht in eine Ebene ohne Falten ausbreitbar. Es ist daher nicht anders möglich, eine genaue Darstellung der Projektion der ganzen Erdoberfläche oder eines grösseren Theiles derselben auf einen Horizont, auf das Geoid oder eine Referenzfläche zu geben, als dass man die Oberfläche eines dem Geoid ähnlichen Körpers zur Zeichnungsfläche wählt. Für die allein praktisch in Frage kommenden verjüngten Maasse mag man unbedenklich die Kugel als eine der Referenzfläche ähnliche annehmen. Auf Globen lässt sich also eine genügend getreue Darstellung der Erde geben. Selbst bei dem kleinen Maassstab von 1 : 5 000 000 muss die Kugel schon den sehr unbequem grossen Durchmesser von $2^1/_2$ m haben. Auf handlichen Globen lässt sich also immer nur eine ausserordentlich starke Verjüngung anwenden.

Will man nicht die ganze Erde auf einmal abbilden, so könnte man mit Stücken von Kugelschaalen sich begnügen, die nicht zu unhandlich wären und doch grossen Durchmesser hätten. Für den Maassstab von 1 : 250 000 müsste die Kugel $25^1/_2$ m Halbdurchmesser haben. Ein Stück der Kugelschaale quadratischer Form von 1 m Seite hätte in der Mitte die grösste Einsenkung von 5 mm.

Die Karte von Deutschland (einschliesslich Holland, Schweiz, Oesterreich) liesse sich im Maassstabe 1 : 250 000 auf etwa 25 solchen Blättern darstellen. Wären diese, was technisch ausführbar ist, nicht eben, sondern nach einer Kugel von $25^1/_2$ m Halbmesser geformt, also, wie gesagt, jedes Blatt mit 5 mm grösster Einsenkung, so könnte eine getreue Abbildung gewonnen werden.

Man pflegt aber ausser den ganzen Globen nur ebene Karten selbst grosser Theile der Erde oder sogar der halben und ganzen Erde anzufertigen. Hierbei sind Verzerrungen unvermeidlich, die Linien im Bilde schneiden sich unter anderen Winkeln als auf dem Erdhorizonte selbst, die Längen- und Flächenverhältnisse sind verändert, kurz die Karte muss unähnlich dem dargestellten Gebilde sein.

In einzelnen Fällen kann einer oder der andere dieser Mängel gehoben werden.

Je nach dem Zwecke, zu dem die Karte dienen soll, wird man die Entwerfungsart so wählen, dass die unvermeidlichen Missstände am wenigsten stören und man wird sie überhaupt möglichst gering zu halten suchen. Die Mitte der Karte wird am wenigsten verzerrt gezeichnet, hingegen wird die Ungenauigkeit gegen die Ränder hin meist stark zunehmen.

Es soll hier in thunlicher Kürze einiges Ausgewählte über die verschiedenen Kartenprojektionen mitgetheilt werden; wegen Weiterem muss auf Specialwerke gewiesen werden, unter denen als ein leicht verständliches zu nennen ist: Gretschel, „Lehrbuch der Karten-Projektion, enthaltend eine Anweisung zur Zeichnung der Netze für die verschiedensten Arten von Land- und Himmelskarten.“ Weimar 1873.

Die Projektionen sind entweder perspektivische oder nichtperspektivische. Letztere entstehen entweder durch Abwickelung, oder es sind aequivalente, oder es sind conforme, oder es sind übereinkömmliche Darstellungen. Von diesen, soweit es die Zeichnung der Netze, der Meridiane und Breitenkreise angeht, handeln die folgenden Paragraphen.

§ 343. **Perspektivische Darstellungen.** Bei jeder Perspektive denkt man aus einem gewählten Augen- oder Gesichtspunkt nach den darzustellenden Punkten Strahlen gezogen, deren Durchschnitte auf der Bildfläche (hier einer Ebene) die Bilder der betreffenden Punkte sind.

Wird der Augenpunkt

1) in unendlichem Abstand genommen, so sind alle Projektionsstrahlen Parallele und man hat die orthographische Projektion.

Liegt der Augenpunkt in unendlicher Verlängerung der Erdaxe, so hat man

a) die orthographische Polarprojektion, bei welcher die Aequatorebene Bildfläche ist. Die Karte je einer Halbkugel (der nördlichen oder südlichen) erscheint von einem Vollkreise begrenzt, dessen Halbmesser (der Verjüngung entsprechend) r sein mag. Der Pol ist Mittelpunkt dieses Kreises, die Meridiane sind Durchmesser im richtigen Winkelabstande von einander. Die Parallelen sind concentrische Kreise vom Halbmesser r Cos β, wenn β die geographische Breite bedeutet. Diese Parallelkreise treten also für gleichbleibende Breitenunterschiede desto näher an einander, je näher sie dem Aequator liegen, die äquatorialen Gegenden erleiden die stärkste Verkürzung in Richtung des Meridians. Breitenkreise und Meridiane schneiden sich auch im Bilde unter rechten Winkeln. Fig. 347 stellt das Netz von 10^0 zu 10^0 der orthographischen Polarprojektion dar.

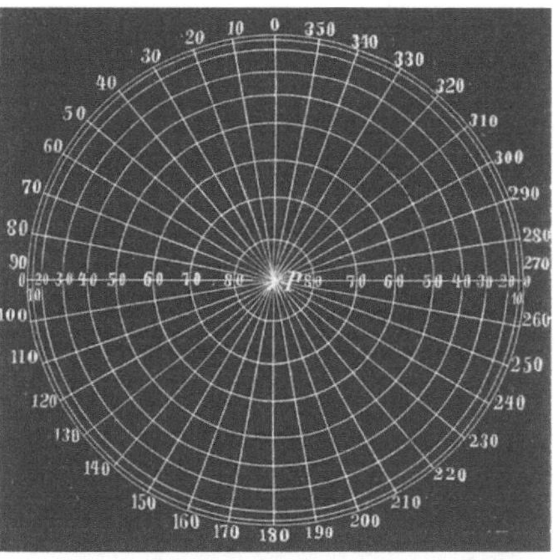

Fig. 347.

Orthogonale Polarprojektion.

Es ist nicht die Absicht, die Abweichung der Erdgestalt von einer Kugel irgendwie zum Ausdruck zu bringen; ausser wenn das ganz besonders bemerkt wird, ist auch im Nachfolgenden immer darauf verzichtet.

Liegt der Augenpunkt unendlich weit fort in der Aequatorialebene, so hat man

b) die orthographische Aequatorialprojektion, deren Bildebene der um 90^0 vom Meridiane des Gesichtspunkts abliegende Meridian ist (daher auch orthogr. Meridianprojektion genannt). Dieser um 90^0 abliegende Meridian erscheint als Vollkreis (Halbmesser r), welcher das Bild der Halbkugel begrenzt. Der Meridian des Augenpunktes selbst, erscheint als ein Durchmesser, alle anderen Meridiane sind Ellipsen, die den genannten Durchmesser zur gemeinschaftlichen grossen Axe haben, und deren kleine Halbaxen r Sin λ, wenn λ den Längenunterschied des dargestellten und des Augenpunktsmeridians bedeutet. (Selbstverständlich laufen bei allen perspektivischen Darstellungen sämmtliche Meridiane in den Polen zusammen). Der Aequator ist ein zum Augenpunktsmeridian rechtwinkeliger Durchmesser, alle Parallelkreise sind dem Aequatorbilde parallele Sehnen, deren Entfernungen vom

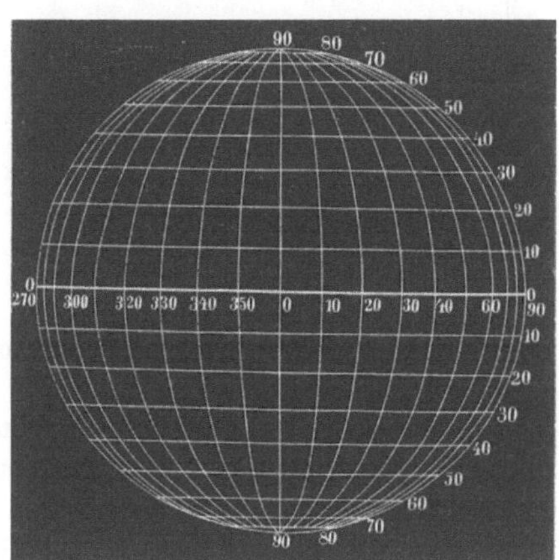

Fig. 348.

Aequatorialprojektion.

Aequator im Bilde dem Sinus der zugehörigen Breite proportional sind (r Sin β).

Die Meridiane rücken bei gleichem Längenunterschiede desto näher an einander, je näher ihr Längenunterschied gegen den Augenpunktsmeridian an 90° kommt, und die Parallelkreise nähern sich, bei gleichbleibendem Breitenunterschied, desto mehr einander, je grösser die Breite wird. Es tritt daher eine starke Verkürzung in Richtung der Längendifferenzen am Rande der Karte und eine ähnliche in Richtung der Breitenunterschiede in den Polargegenden auf.

Meridiane und Breitenkreise kreuzen sich im Bilde im allgemeinen nicht mehr rechtwinkelig. Fig. 348 stellt die orthographische Aequatorialprojektion dar.

Liegt der Gesichtspunkt unendlich weit fort auf dem Halbmesser eines bestimmten Ortes, z. B. von Frankfurt a. M. (50° latitudo), der nicht ein Pol ist und nicht dem Aequator angehört, so erhält man

c) die orthographische Horizontalprojektion, deren Bildfläche die zum Augenpunktshalbmesser rechtwinkelige Ebene, also etwa der scheinbare oder der (astronomisch) wahre Horizont des gewählten Ortes (Frankfurt) ist, woher die Bezeichnung. Grenze der Karte der Halbkugel ist ein Kreis, welcher den Horizont des Ortes vorstellt und dessen Mittelpunkt jener Ort einnimmt, dessen Meridian als ein Durchmesser erscheint. Alle anderen Meridiane sind Ellipsenbogen, ebenso erscheinen die Parallelen als nicht concentrische Ellipsen, von denen einige ganz, die übrigen, deren Breite kleiner als das Complement der Breite des Mittelpunktes ist, nur theilweise.

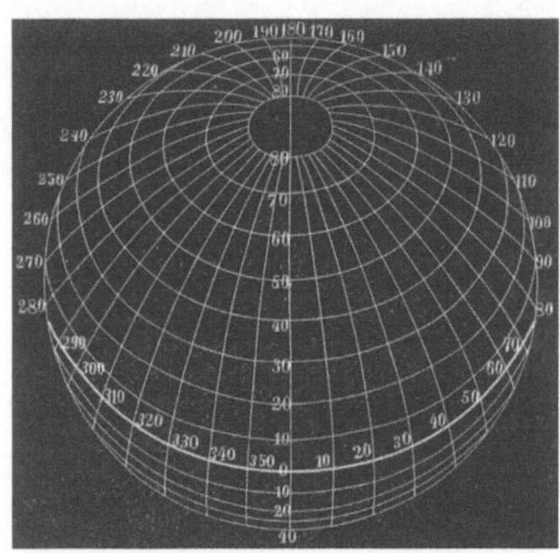

Fig. 349.

Orthographische Horizontalprojektion.

Breitenkreise und Meridiane schneiden sich im Bilde allgemein nicht mehr rechtwinkelig, nur der Mittelpunkts-Meridian kreuzt alle Parallelen rechtwinkelig. Die Verzerrungen sind sehr stark, daher seltene Anwendung. Fig. 349 stellt die orthographische Horizontalprojektion dar.

Wird der Augenpunkt

2) in endlicher Entfernung angenommen und zwar

α. auf der Kugeloberfläche selbst, so hat man die sogen. stereographische Projektion. Bildfläche ist die zum Halbmesser des Gesichtspunktes rechtwinkelig durch den Erdmittelpunkt gelegte Ebene und abgebildet wird jene Kugelhälfte, welcher der Augenpunkt nicht angehört, die Erde wird bei der Projektion als durchsichtig behandelt.

Liegt der Augenpunkt in einem Pole, so erhält man

a) die stereographische Polarprojektion. Der Aequator erscheint im Bilde als ein die Karte der Halbkugel (der nördlichen, wenn der Gesichtspunkt im Südpol angenommen wird) begrenzender Kreis (Halbmesser r). Die Meridiane treten als Durchmesser im richtigen Winkelabstande von einander auf, die Parallelen als concentrische Kreise, und zwar entspricht der Breite β der Halbmesser $r \operatorname{Tg}(45^0 - \frac{1}{2}\beta)$. Die Verzerrung ist am geringsten in der Mitte (Polargegend), am grössten für den Rand (Aequatorialgegend), und zwar ist dort der Breitenunterschied vergrössert, die Verzerrung in dieser Hinsicht ist also entgegengesetzter Art, wie bei der orthographischen Polarprojektion. Meridiane und Parallele kreuzen auch im Bilde rechtwinkelig. Fig. 350 stellt die stereographische Polarprojektion dar.

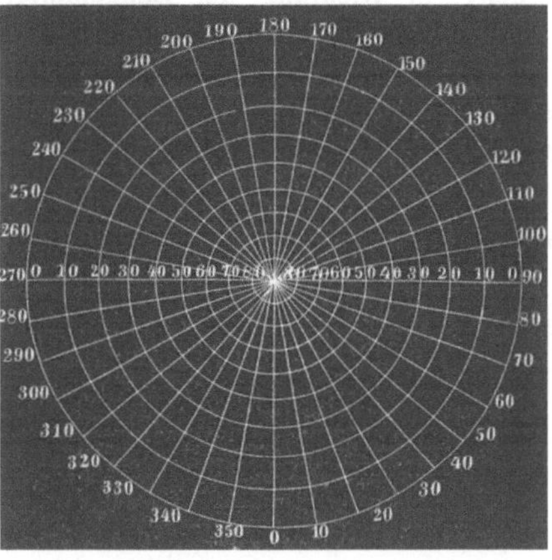

Fig. 350.

Stereographische Polarprojektion.

Liegt der Augenpunkt irgendwo auf dem Aequator, so erhält man

b) die stereographische Aequatorialprojektion, deren Bildfläche der um 90^0 vom Gesichtspunkts-Meridian abliegende Meridian ist, welcher also als Vollkreis (Halbmesser r) das Bild der Halbkugel (östliche oder westliche) begrenzt. Der Meridian des Gesichtspunkts erscheint als ein Durchmesser, alle anderen sind Kreisbogen, deren Mittelpunkte auf dem den Aequator darstellenden Durchmesser, welcher selbst rechtwinkelig ist zum Bilde des Augenpunkts-Meridians, liegen. Zu dem Meridian, der gegen den Augenpunkts-Meridian den Längenunterschied λ^0 besitzt, gehört der Halbmesser $r : \operatorname{Sin}\lambda$ und der Abstand auf dem Aequatorbild ist $r \operatorname{Tg}\frac{1}{2}\lambda$. Die Parallelkreise erscheinen als Kreisbogen, welche alle convex sind gegen den den Aequator darstellenden Durchmesser, deren Mittelpunkte auf dem durch die Pole gezogenen Durchmesser liegen und deren Halb-

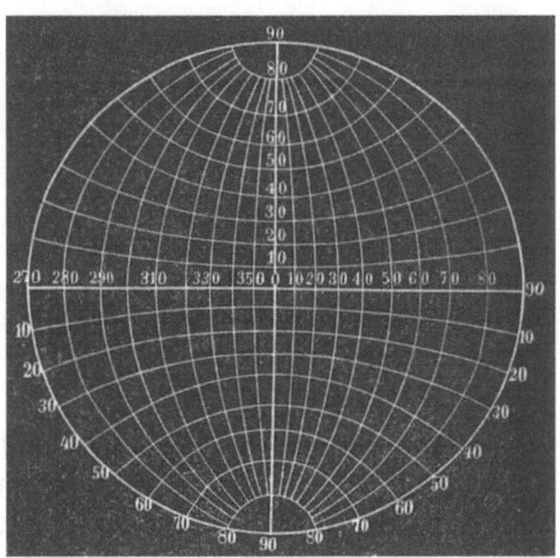

Fig. 351.

Stereographische Aequatorialprojektion.

messer $r \operatorname{Cotg} \beta$ für die Breite β ist und in der Entfernung $r \operatorname{Tg} \frac{1}{2} \beta$ vom Mittelpunkt der Karte den Hauptmeridian oder Durchmesser schneiden.

In Richtung der Meridiane sind die Vierecke (Maschen) der Aequatorialgegend verkürzt, desto mehr, je näher sie dem Augenpunkts-Meridian liegen; in Richtung der Längenunterschiede zeigt sich die stärkste Verkürzung für die dem Augenpunkts-Meridian nächst gelegenen.

Meridiane und Parallelen kreuzen im Bilde rechtwinkelig. Fig. 351 stellt die stereographische Aequatorialprojection dar. Die Längen sind östlich vom Augenpunkts-Meridian gezählt.

Liegt der Augenpunkt weder in einem Pol, noch auf dem Aequator, sondern sonst irgendwo auf der Erde, so erhält man

c) die stereographische Horizontalprojektion, deren Bildebene der wahre (astronom.) Horizont eines Ortes mit der geographischen Breite β_0 ist (z. B. Frankfurt), dessen Gegenpunkt (antipodischer) auf der Kugel Gesichtspunkt ist. Jener Ort (Frankfurt) erscheint als Mittelpunkt der kreisförmigen Halbkugelkarte, sein Meridian als Durchmesser und der um 90^0 davon entfernte Meridian, ein Kreis vom Halbmesser r bildet die Kartengrenze. Alle übrigen Meridiane erscheinen als Kreisbogen mit den Mittelpunkten rechts und links auf einer zum Augenpunkts - Meridian rechtwinkeligen Geraden, in dem Abstande $r : \operatorname{Cos} \beta_0$ vom Bilde des Pols, welcher selbst in

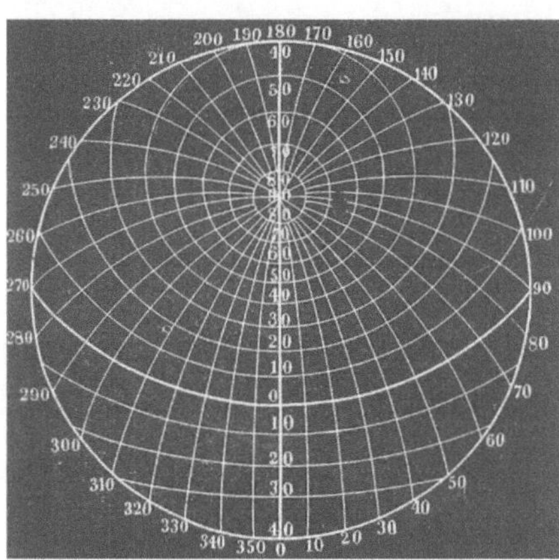

Fig. 352.
Stereographische Horizontalprojektion (für 50⁰ lat. N), Halbkugel.

$$r \operatorname{Tg}(45^0 - \tfrac{1}{2} \beta_0)$$

vom Kartenmittelpunkt (Frankfurt) abliegt, natürlich auf dem Meridiandurchmesser. Der andere Pol läge in $r \operatorname{Tg}(45^0 + \frac{1}{2} \beta_0)$ Entfernung. Für den Meridian vom Längenunterschiede λ^0 mit dem Augenpunkts-Meridian ist der Halbmesser $r : \operatorname{Cos} \beta_0 \operatorname{Sin} \lambda$ und der Schnitt mit der Mittelpunktslinie ist um $r \operatorname{Tg} \frac{1}{2} \lambda : \operatorname{Cos} \beta_0$ vom Mittelpunkt entfernt. Auch die Parallelen erscheinen im Bilde als Kreisbogen, deren Mittelpunkte auf jenem Durchmesser liegen, welcher den Augenpunkts-Meridian darstellt. Die Parallele von der Breite β^0 hat im Bilde den Halbmesser

$$r \operatorname{Cos} \beta : (\operatorname{Sin} \beta + \operatorname{Sin} \beta_0) = r \operatorname{Cos} \beta : [2 \operatorname{Sin} \tfrac{1}{2} (\beta + \beta_0) \operatorname{Cos} \tfrac{1}{2} (\beta - \beta_0)]$$

und schneidet den Mittelmeridian in den Entfernungen $r \operatorname{Cotg} \frac{1}{2} (\beta_0 + \beta)$ und $r \operatorname{Cotg} \frac{1}{2} (\beta_0 - \beta)$ vom Bildmittelpunkte. Der Parallelkreis von der

Breite ($90^0 - \beta_0$) erscheint auf der Halbkugelkarte noch als Vollkreis, während die Parallelen geringerer Breite nur als Kreistheile auftreten.

Die Verzerrungen sind stark, desto grösser, je weiter vom Mittelpunkt der Karte und je weiter vom Augenpunkts-Meridian.

Meridiane und Parallele kreuzen auch im Bilde rechtwinkelig. Die Figur 352 stellt die stereographische Horizontalprojektion der Halbkugel für den Horizont eines Ortes von 50^0 Breite dar.

Die stereographische Projektion ist die einzige der perspektivischen, nach welcher mehr als die Halbkugel dargestellt werden kann. Fig. 353 ist die stereographische Horizontalprojektion für einen Ort von 45^0 Breite von mehr als einer Halbkugel. Der punktirte Kreis begrenzt die Halbkugelkarte.

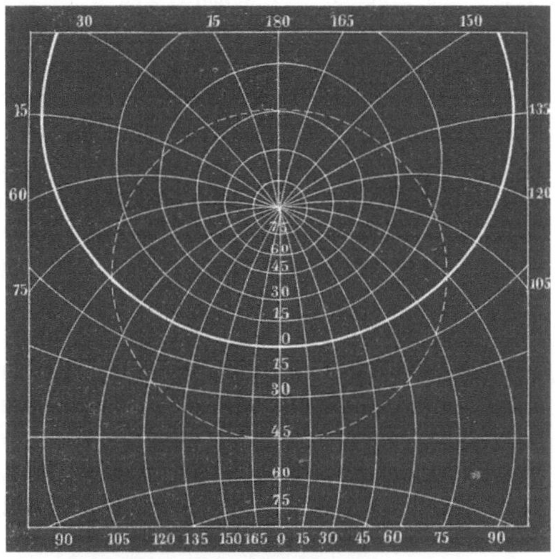

Fig. 353.
Stereographische Horizontalprojektion (für 45^0 lat N), mehr als Halbkugel.

Die stereographischen Projektionen geben conforme Abbildungen, d. h. es besteht geometrische Aehnlichkeit der kleinsten Theile im Bilde und in der Wirklichkeit, alle Winkel erscheinen richtig. Alle Kreise auf der Kugel bilden sich wieder im Bilde als Kreise ab, die vorkommenden Geraden sind Kreise von unendlichem Halbmesser. Verschiedene kleinste Theilchen erscheinen aber als ungleiche Verjüngungen ihres Urbildes.

Wird der Augenpunkt angenommen

β. im Erdmittelpunkte, so erhält man die centrale oder gnomonische Projektion. Die Bildebene kann irgend welche sein; da dadurch an der Gestalt der Netzlinien nichts geändert wird, nimmt man sie am besten als Berührungsebene der Kugel an. Die Projektionslinien eines grössten Kreises fallen als Radien alle in eine Ebene und deren Durchschnitt mit der Bildebene ist eine Gerade, welche also die centrale Abbildung eines jeden Grosskreises der Kugel ist; es stellt sich also die kürzeste Entfernung zwischen zwei Punkten auf der Erdkugel als eine Gerade dar, was den Hauptvorzug der centralen Projektion ausmacht. Für das Netz angewendet: alle Meridiane und der Aequator erscheinen in gnomonischer Projektion als Gerade. Die Parallelkreise erscheinen als Kegelschnittlinien, denn die Projektionsstrahlen nach dem Umfange eines Parallels bilden einen geraden Kreiskegel, der eben von der

Bildebene geschnitten wird. Steht diese rechtwinkelig gegen die Erdaxe (berührend in einem Pol), so werden die Parallele zu Kreisen; steht sie parallel zur Erdaxe (berührend in einem Aequatorpunkt), so werden die Parallelen zu Hyperbeln. Bei sonstiger Lage der Bildebene werden die Parallelen im allgemeinen Ellipsen, das Parallel von der Breite β aber erscheint als Parabel in jener Centralprojektion, für welche die Bildebene in einem Punkte des Parallels $90^0 - \beta$ berührt.

Was die Wahl der Bildebene angeht, so wird wohl am häufigsten zu den sechs Ebenen des umschriebenen Würfels gegriffen und zwar jenes, der in den Polen und am Aequator berührt. Aber auch auf die Ebene eines umschriebenen regelmässigen Oktaeders, Dodekaeders, Ikosaeders u. s. w. wird central projicirt. Man kann auf einer Karte immer nur weniger als die Halbkugel darstellen, weil der Kugelkreis, welcher der berührenden Ebene parallel ist (anders gesagt, der wahre [astronomische] Horizont des Kartenmittelpunkts, unendlich grossen Halbmesser in der Projektion haben müsste). Zur centralen Darstellung der ganzen Kugel sind wenigstens vier Bildebenen nöthig, wofür man die Flächen eines umschriebenen Tetraeders nehmen kann; wird aber unbequem.

Berührt die Bildebene im Pole, so hat man

a) die centrale Polarprojektion Fig. 354. Auf die Würfelfläche fällt dann ganz nur mehr der 45. Breitenkreis; von jenen geringerer Breite nur mehr Stücke. Die Meridiane sind Durchmesser im richtigen Winkelabstand, die Parallelen Kreise vom Halbmesser $r \mathrm{Tg} \beta$. Meridiane und Parallele kreuzen rechtwinkelig.

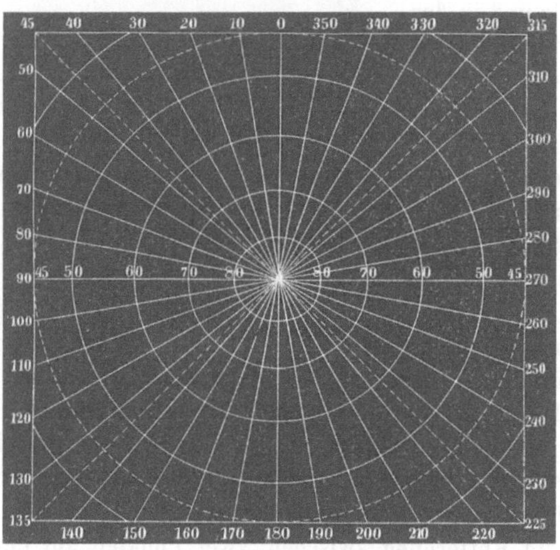

Fig. 354.
Centrale (gnomonische) Polarprojektion.

Berührt die Bildebene irgendwo im Aequator, so hat man

b) die centrale Aequatorialprojektion Fig. 355. Die Meridiane sind parallele Gerade, deren Abstände vom mittleren

Meridian den Tangenten ihrer Längenunterschiede gegen jenen proportional sind; die Parallelen sind **hyperbolische** Curven, sie kreuzen mit den Meridianen nicht mehr rechtwinkelig, nur der Aequator thut das.

Berührt die Bildebene weder in einem Pole, noch am Aequator, so erhält man

c) die **centrale Horizontalprojektion**. Es lassen sich mancherlei Bedingungen machen. Als Beispiel sei hier der Pol in eine Ecke der berührenden Würfelfläche gelegt, Fig. 356. Der Aequator (nur $^1/_6$ desselben kommt zur Darstellung) stellt sich als **gerade** Linie durch die Mitte der beiden dem Polbilde gegenüberliegenden Quadratseiten dar; alle Parallelen sind **Ellipsen**, die ihre Convexität dem Aequator zukehren, die Meridiane sind **Gerade**, die nicht mehr den richtigen Winkelstand haben. Die Construktion ist nicht ganz bequem noch einfach.

Die centrale Projektion wird hauptsächlich zu Sternkarten verwendet und ist dafür gut geeignet; für Erdkarten ist sie ihrer unbequemen Anfertigung, wie der starken und schnell wechselnden Vergrösserung der Abstände an den Kartenrändern wegen, selten im Gebrauche.

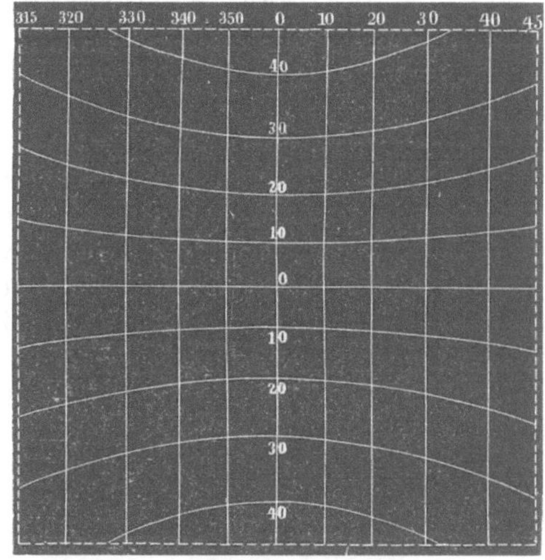

Fig. 355.
Centrale (gnomonische) Aequatorialprojektion.

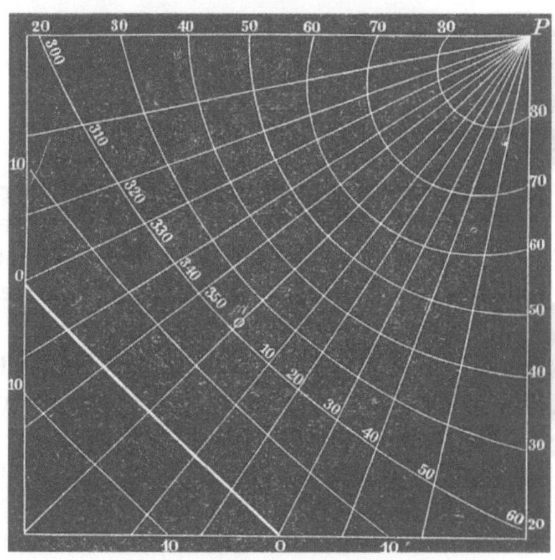

Fig. 356.
Centrale (gnomonische) Horizontalprojektion.

Die **preussische Polyederprojektion** ist zu den centralen zu rechnen. Man denkt ein Polyeder von sehr viel Flächen um die Kugel beschrieben und projicirt central auf diese Berührungsebene. Für die preussische Generalstabskarte (1 : 100 000) und jene des Deutschen

Reichs werden die Berührungsebenen so zahlreich gewählt, dass auf jeder Karte oder Bildebene immer nur ein Viereck von $^1/_2{}^0$ Längen- und $^1/_4{}^0$ Breitenunterschied trifft. Die einzelnen Blätter passen streng genommen nicht auf einander.

Wird der Augenpunkt genommen

γ. in endlicher Entfernung ausserhalb der Erde, so erhält man eine externe Projektion, bei welcher die Meridiane und die Parallelen im allgemeinen Ellipsen sind. Mühsame Construktion, geringer Nutzen, seltene Anwendung.

§ 344. **Projektionen auf abwickelbare Flächen.** An die Parallele der Mitte des darzustellenden grossen Gebietes legt man eine berührende Kegel- oder Cylinder-Fläche, projicirt die Meridiane und die Parallelen auf diese Berührungsfläche und legt diese dann in eine Ebene aus, d. h. man wickelt sie ab. Bei diesem Verfahren kann man ganz wohl die Abweichung der Meridiane von der Kreisgestalt berücksichtigen. Die Projektion auf die berührende Fläche kann perspektivisch sein,

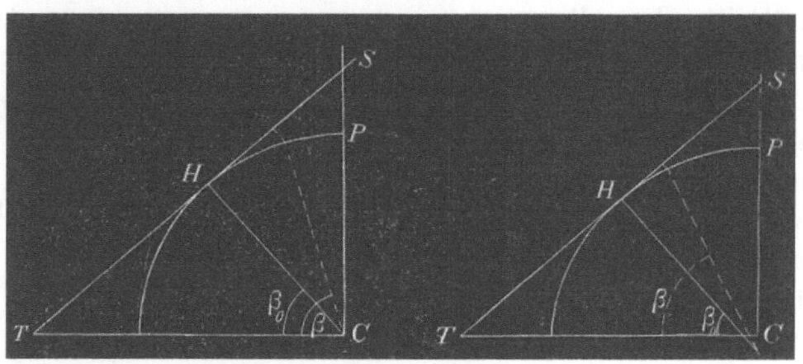

Fig. 357.

z. B. central aus dem Erdmittelpunkt oder durch Parallele zu den Normalen des gewählten Breitenkreises, nach dem die Berührung erfolgt oder noch anders. Gewöhnlich wird eine übereinkömmliche, mehr oder minder willkürliche Projektion gewählt, um die verbleibende Untreue des Bildes thunlichst zu beschränken.

1. Kegelprojektionen. Sei A P (Fig. 357) das elliptische oder circulare Viertel eines Meridians, P der Pol, S T die Tangente im Parallel eines gewählten Ortes, z. B. von 50^0 Breite, Frankfurt. Denkt man die Figur um P C als Axe gedreht, so entsteht das Rotationsellipsoid oder die Kugel (zur Hälfte) und der Kegel. Nach Projektion auf diesen Kegel und Abwickelung, wird sich der Berührungsparallel als ein Kreisbogen darstellen, vom Halbmesser $\mathrm{S\,H} = \mathrm{r\ Cotg}\ \beta_0$, wenn Kugelgestalt, oder $\mathrm{a\ Cotg}\ \beta_0 : \sqrt{1 - \mathrm{e}^2\ \mathrm{Sin}^2\ \beta_0}$, wenn Ellipsoid mit der Excentricität e angenommen wird und β_0 die geographische Breite des gewählten Ortes ist. Projicirt man zunächst die anderen Parallelkreise auf den Berührungskegel durch Strahlen parallel mit C H, so wird das Parallel für die Breite

β ein Kreisbogen, concentrisch mit jenem für die Breite β_0, aber — bei Kugelgestalt — vom Halbmesser $r(\operatorname{Cotg}\beta_0 - \operatorname{Sin}(\beta - \beta_0))$. Es bedeutet r den Halbmesser der Kugel und a die grosse Halbaxe des Rotationsellipsoids — in der Verjüngung der Karte. Die ganze Karte, als Abwickelung eines Kegelmantels ist ein Kreissektor, der (bei Kugelgestalt) den Oeffnungswinkel $2\pi \operatorname{Sin}\beta_0$ hat, denn die Länge des den Parallel β_0 darstellenden Bogens muss sein $2\pi r \operatorname{Cos}\beta_0$, und der Halbmesser, mit dem er beschrieben, ist $r \operatorname{Cotg}\beta_0$. Alle Meridiane sind Radien des besprochenen Kreissektors und zwar in gleichem Winkelabstand. Um sie zu construiren von 10^0 zu 10^0 Längenunterschied, theile man nur den Kreisbogen, welcher irgend einen Parallelkreis vorstellt, in 36 gleiche Theile.

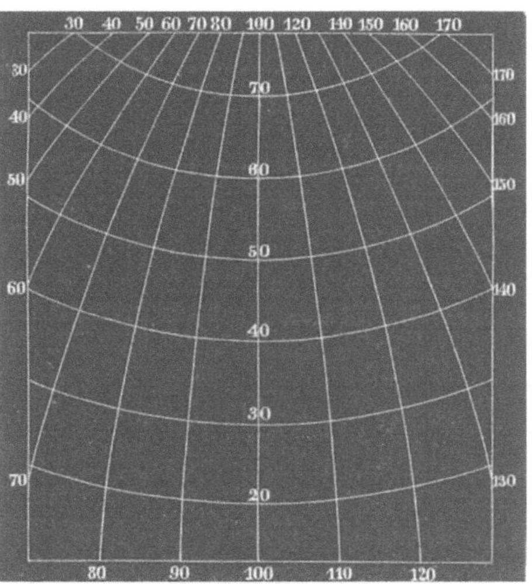

Fig. 358.
Modificirte Flamsteed'sche oder Bonne'sche Projektion.

Die Meridiane und die Parallelen kreuzen im Bilde unter rechten Winkeln. Störende Verzerrungen bleiben noch. Um sie zu verringern, hat man wohl auch als Halbmesser für die einzelnen Parallelkreise die Länge von S bis zum entsprechenden Punkt auf der Zeichnung des elliptischen Meridians genommen.

Die Projektion von Bonne, auch modificirte Flamsteed'sche, oder in Frankreich Projection du dépôt de la guerre genannt, ist gegen die beschriebene dahin abgeändert, dass nur der mittlere Meridian (in Fig. 358 jener von 100^0) als Gerade nach dem Mittelpunkt der in vorhin beschriebener Art construirten, die Parallele vorstellenden Kreisbogen gezeichnet ist, die anderen Meridiane aber krumme Linien sind, nämlich eine stetige Verbindung jener Punkte, die auf den einzelnen Parallelen proportional der Länge der Längengrade auf dem betreffenden Parallel aufgetragen sind, also — Kugelgestalt vorausgesetzt —, für den Parallel von der Breite β sind für je λ^0 Längenunterschied, Bogenlängen von $\lambda . \pi r \operatorname{Cos}\beta : 180$ aufzutragen. Meridiane und Parallele kreuzen nicht genau rechtwinkelig, aber die Flächeninhalte der einzelnen Vierecke sind den entsprechenden auf der Erdoberfläche proportional (homalograph). Bei mässiger Ausdehnung der Karte ist der gerade Abstand zweier Punkte in der Karte nahezu proportional ihrer geodätischen Entfernung. Die topographischen Karten vieler Länder, Preussen, Bayern, Frankreich u. s. w. sind zweckmässig nach der Bonneschen Projektion entworfen und zwar unter Berücksichtigung der Abplattung.

In der Projektion von Flamsteed sind alle Parallele als Gerade gleichen Abstands verzeichnet, auf denen vom geraden, zu den Parallelen rechtwinkeligen Mittelmeridian, in Fig. 359, die Durchschnittspunkte der Meridiane, ebenso wie in der modificirten Flamsteed'schen Projektion, aufgetragen, und die Meridiane als stetige Curven durch diese Punkte verzeichnet sind. Die Darstellung ist in den äquatorialen Gegenden ziemlich treu, die Verzerrung wächst rasch mit zunehmender Breite.

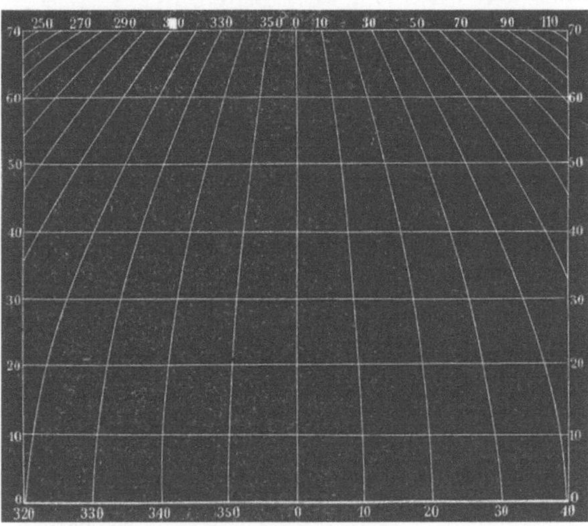

Fig. 359.
Flamsteed'sche Projektion.

Die Kegelprojektion von Delisle benutzt einen schon von Mercator im 16. Jahrhundert gemachten Vorschlag und wurde später von Euler etwas abgeändert. Sie wurde (1745) für eine Karte von Russland zwischen den Parallelen von 40^0 und 70^0 benutzt. Die Parallelen sind wie bei Bonne's Kegelprojektion construirt, als gleichabständige concentrische Kreisbogen. Auf den Parallelen von $47\frac{1}{2}$ und von $62\frac{1}{2}{}^0$ Breite wurden die Längengrade im richtigen Verhältniss zu den Meridiangraden aufgetragen und durch die entsprechenden Punkte Gerade gezogen als Darstellungen der Meridiane. Es handelt sich hierbei eigentlich um Projektion auf einen der Kugel eingeschriebenen Kegel.

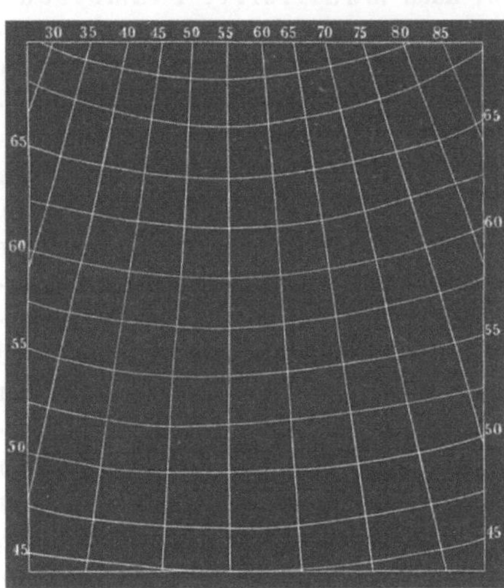

Fig. 360.
Delisle'sche Projektion.

Die Figur 360 stellt eine nahe verwandte Projektion dar, die richtigen Längengradelängen sind auf den Parallelen von 65° und von $52^1/_2$° aufgetragen. Die Meridiane sind nicht genau convergent nach der Spitze des Projektionskegels. Alle grösste Kreise der Kugel erscheinen nahezu als Gerade (genau die Meridiane) und daher sind bei mässigen Ausdehnungen die Entfernungen zweier Punkte auf der Karte nahezu den geodätischen proportional. Die Parallele sind nicht genau concentrische Kreisbogen. Durch diese Willkürlichkeiten wird diese Karte mehr in die Abtheilung der übereinkömmlichen Projektionen versetzt.

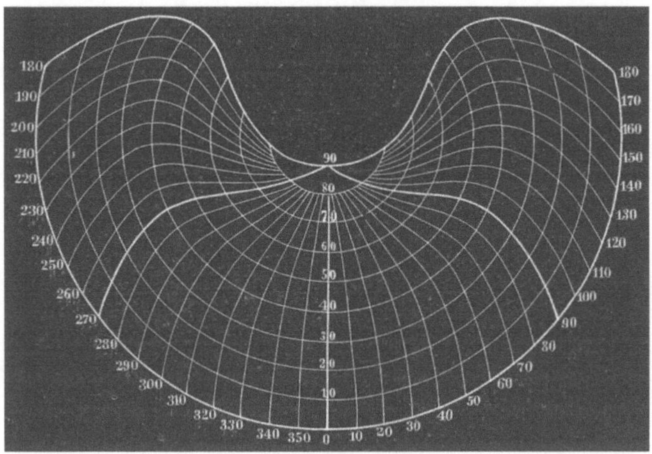

Fig. 361.

Bonne'sche äquivalente Projektion.

Eine Modifikation der Kegelprojektion ist jene, die von der sogenannten zweiten Projektion des Ptolemäus ausgehend, von de Sylva, Apianus, Finäus, le Testu abgeändert wurde und meist nach Bonne genannt wird*). Die Parallele sind concentrische Kreise, der erste Meridian ist ein Halbmesser, auf welchem der Mittelpunkt der Parallelen liegt und der mittlere Parallel von der Breite β_0 ist mit dem Halbmesser a Cotg β_0 beschrieben, die Abstände der Parallelen sind den wirklichen Meridianabschnitten auf der Kugel proportional; auch die einzelnen Grade auf den Parallelen sind der wirklichen Grösse proportional, die Meridiane also (mit Ausnahme des ersten) krumme Linien. Die Abbildung ist eine äquivalente, d. h. die abgebildeten Flächen sind ihrer wirklichen Grösse proportional. Fig. 361 gibt das Bild einer Halbkugel mit dem mittleren Parallel von 45°. Man wird diese Projektion nicht so weit ausdehnen; in der Nähe des mittleren Parallels und des Mittelmeridians sind die Verzerrungen nicht bedeutend, wohl aber in weiterer Entfernung hiervon.

---

*) Die Darstellung folgt hier Gretschel „Lehrbuch der Kartenprojektion" S. 159 ff.

Die Sanson-Flamsteed'sche Projektion ist ein besonderer Fall der vorigen, der Aequator ist mittlere Parallele, die Breitenkreise werden zu Geraden. Fig. 362 stellt die ganze Erde in dieser Art dar. Für Karten von Afrika beliebt. Die Karte der ganzen Erde ist, der Breite nach, dem ganzen Aequatorumfange, der Höhe nach, dem halben Meridianumfange proportional.

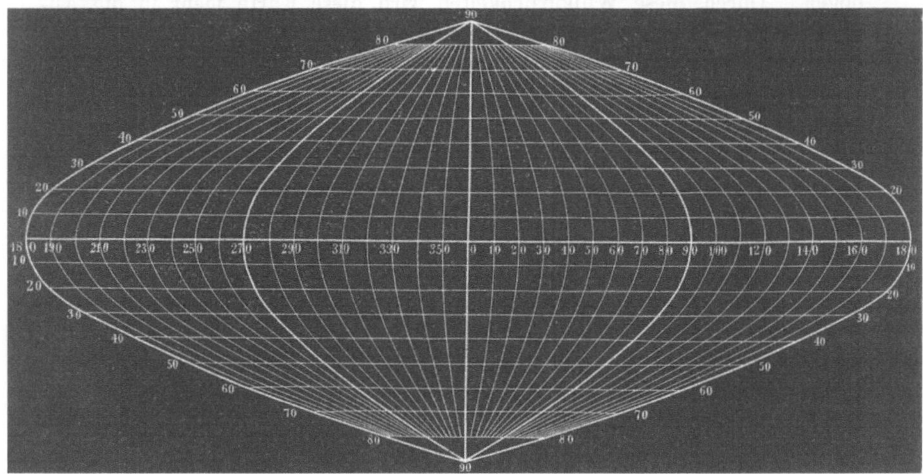

Fig. 362.

Sanson-Flamsteed'sche (sinusoidale) Projektion. Ganze Kugel.

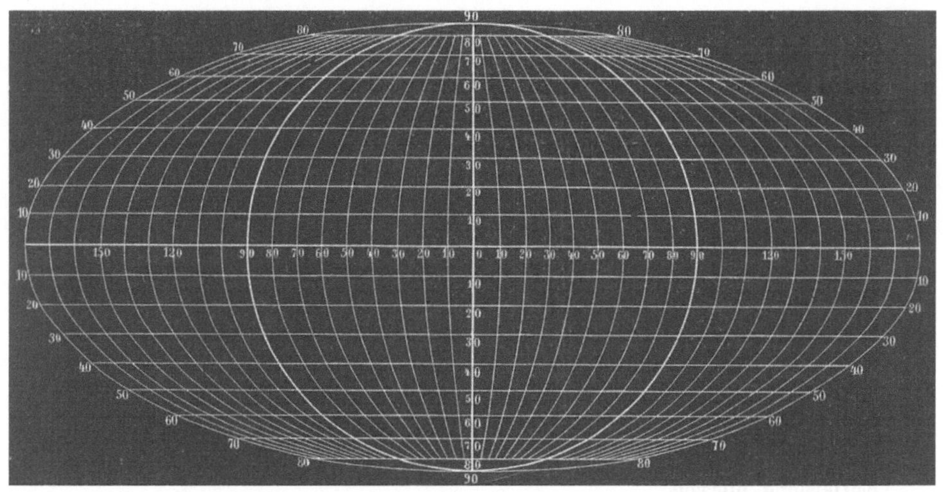

Fig. 363.

Mollweide'sche oder Babinet'sche homalographische Projektion. Ganze Kugel.

Die Projektion von Mollweide (Babinet's homalographische Projektion) hat elliptische Meridiane, der die Halbkugel begrenzende ist ein Kreis, dessen Flächeninhalt der Fläche der Halbkugel proportional sein soll, dessen Halbmesser also $\sqrt{2}$ mal dem Erdhalbmesser proportional sein wird. Die Parallelen sind lauter Gerade, deren Abstände so berechnet sind, dass die Fläche des Ellipsenstreifens proportional ist dem Flächeninhalte der entsprechenden Kugelzone. Fig. 363 stellt die ganze Erde nach dieser Projektion dar. Alle Längengrade eines Parallels sind gleich. Stärkste Verzerrungen in den Polargegenden, aber wegen der Flächentreue doch brauchbar für viele Zwecke.

Polyconische Projektionen. Man legt nicht einen Kegel, sondern eine Anzahl von Kegelstümpfen berührend um die Kugel, projicirt die entsprechenden Zonen auf diese und wickelt ab. Karte der nordamerikanischen Küstenvermessung und andere.

2. Cylinderprojektionen. Wie der Cylinder nur ein besonderer Fall des Kegels, so können auch die Cylinderprojektionen als Sonderfälle der conischen aufgefasst werden.

Die Kugel kann man nach jedem Grosskreise von einem geraden Kreiscylinder berühren lassen, das Ellipsoid aber nur nach dem Aequator.

Wählt man den nach dem Aequator berührenden Cylinder, projicirt nach den Radien der Parallelkreise (also rechtwinkelig zur Erdaxe), wickelt den Cylindermantel nach der Ebene auf, so erscheinen die Meridiane als gleich-abständige (den Längengraden auf dem Aequator proportional) Parallellinien, die Breitenkreise als dazu rechtwinkelige Geraden, deren Abstände vom Aequator dem Sinus der Breite proportional ist. In der Nähe des Aequators gute Darstellung, aber in den entfernteren Theilen stark, in den Polargegenden äusserst verzerrt. Diese Projektion heisst Lambert's normale isocylindrische.

Trägt man die Parallelen ihren wahren Bogenabständen vom Aequator proportional auf, so wird, unter Voraussetzung der Kugelgestalt, das Netz rein quadratisch. Eine solche Karte heisst eine Plattkarte oder nach äquidistanter Cylinderprojektion. Nur für schmalen Gürtel am Aequator gut.

Projicirt man vom Kugelmittelpunkte aus (central perspektivisch) auf den nach dem Aequator berührenden Cylindermantel und wickelt diesen ab, so erhält man eine der Mercatorprojektion ähnliche, aber nicht ganz mit ihr identische Karte. Der Abstand der Parallelen für die Breiten β_1 und β_2 wird proportional $\mathrm{Tg}\,\beta_1 - \mathrm{Tg}\,\beta_2$. Die Pole liegen, wie bei der Mercatorprojektion, in unendlicher Entfernung (wegen $\mathrm{Tg}\,90^0 = \infty$).

Mercator's Projektion, reducirte Karten (Seekarten). Die Meridiane werden durch gleichabständige parallele Gerade dargestellt, die Breitenkreise durch dazu rechtwinkelige Gerade, deren Abstände vom Aequator gleich b log. nat. $\mathrm{Tg}\,(45^0 + \frac{1}{2}\,\beta)$ sind, wo β die Breite des Parallels bedeutet und b den Abstand der Meridiane für die Einheit des Längenunterschieds auf dem Aequator der Karte. Die Eigenthümlichkeit dieser Darstellung ist das richtige Verhältniss der Meridianseitenlängen zur Parallelkreisseitenlänge in jedem kleinsten Vierecke des Netzes. Die Abbildung ist daher conform, d. h. die Darstellung kleinster Figuren ist dem Urbilde ähnlich (aber der Maassstab ist für verschiedene Flächenelemente ein anderer, weshalb grössere Stücke in Bild und Wirklichkeit nicht ähnlich sind). Der Vorzug der Mercatorprojektion ist, dass eine Linie, welche alle Meridiane der Kugel unter gleichem Winkel schneidet, als Gerade in der Karte auftritt. Diese Linie wird Loxodrome genannt, und ihre Gleichung ist

$$\lambda = \text{Tg}\,\alpha \cdot \text{log. nat. Tg}\,(45^0 + \tfrac{1}{2}\beta),$$

worin λ in Bogenmaass die Länge ist, gezählt von dem Ausgangspunkte der Loxodrome, im Aequator, und α der Winkel, unter welchem sie alle Meridiane schneidet. Die Loxodrome auf der Kugel schneidet jeden Parallel nur ein einzigesmal, aber dasselbe Meridianviertel unendlich oft, — sie ist eine in Spiralwindungen dem Pole sich unbegrenzt nähernde Linie. Trägt der Seefahrer auf eine Mercatorkarte vom Bilde seines Ausgangspunktes eine Gerade unter dem Winkel α, unter welchem er bei streng eingehaltenem Curse beständig die Meridiane kreuzen will, auf, so erfährt er sofort, nach welchen Orten (nach Länge und Breite) er allmälig gelangen wird. Fig. 364 zeigt die Mercatorkarte, die sich unschwer auch für das Rotationsellipsoid abändern lässt, für die Breite von 0^0 (Aequator) bis 80^0 und für 180^0 Längenunterschied. Für Darstellung der Meeresströme, Schiffwege u. s. w. ist die Mercatorkarte, welche die ganze Erde darstellen kann, beliebt. Die Pole fallen freilich in unendliche Entfernung, die Verzerrung in höheren Breiten ist ausserordentlich gross, in äquatorialer Gegend aber gering.

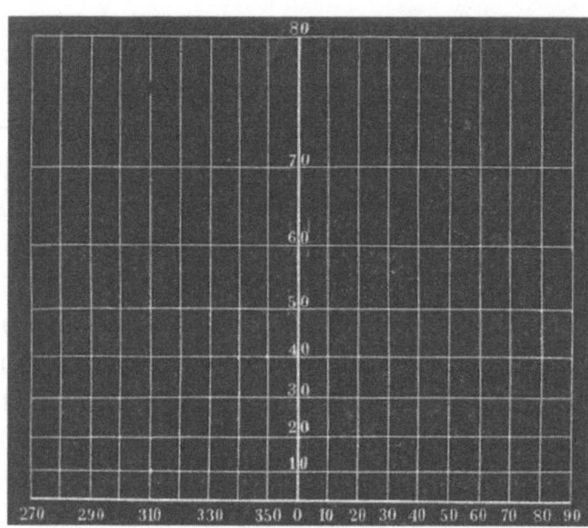

Fig. 364.
Mercator-Projektion.

Wählt man einen Cylinder, der die Erde nicht nach dem Aequator, sondern nach einem anderen grössten Kreise berührt, so kann man zuerst die Lage aller Punkte beziehen auf den Berührungskreis und die dazu rechtwinkeligen Grosskreise oder ähnlich, kann die Projektion auf den Cylinder nach einer bestimmten Art vollführen und abwickeln. Will man das gewöhnliche geographische Netz der Parallelen und Meridiane in dieser Darstellungsart, so muss man durch eine Art Coordinatenverwandlung dazu gelangen. Die Cassini'sche Projektion, nach welcher eine grosse Karte von Frankreich entworfen wurde, ist eigentlich eine quadratische Plattkarte, nur ist statt des Aequators der Meridian von Paris gesetzt. Diese Karte hat kein Netz von Meridianen und Parallelen, sondern Linien, welche in der Projektion darstellen Schnitte mit Ebenen parallel zum Pariser Meridian und mit Ebenen rechtwinkelig zu diesem Meridian. Auch die Karte von Bayern ist in dieser Weise dargestellt worden; Anfangsmeridian ist jener von München oder die X-Axe der Soldner'schen Coordinaten, nach diesem Meridiane berührt der Cylinder, auf welchen projicirt wird. Das Netzwerk sind die Soldner'schen Coordinaten § 323, nämlich der Meridian von München und Parallelebenen dazu, und weiter, Ebenen rechtwinkelig zum Münchner Meridian (den Soldner'schen y-Coordinaten entsprechend).

Man kann diese, eigentlich nur für Länder geringen Längenunterschieds empfehlenswerthe Projektion, auch auf die ganze Erde ausdehnen, was z. B. in Lambert's isocylindrischer Transversalprojektion die Fig. 365 gibt. Der Cylinder berührt nach einem Meridiane und die Projektion auf den Cylinder erfolgt nach Graden, die zur Cylinderaxe rechtwinkelig stehen. Von Lambert ist noch eine verwandte, die conforme Cylinderprojektion angegeben, es ist die Projektionsart Mercator's, aber Breiten- und Längenkreise sind vertreten durch Ebenen rechtwinkelig zur und Ebenen durch die Axe des, nach dem Anfangsmeridian umhüllenden, Cylinders.

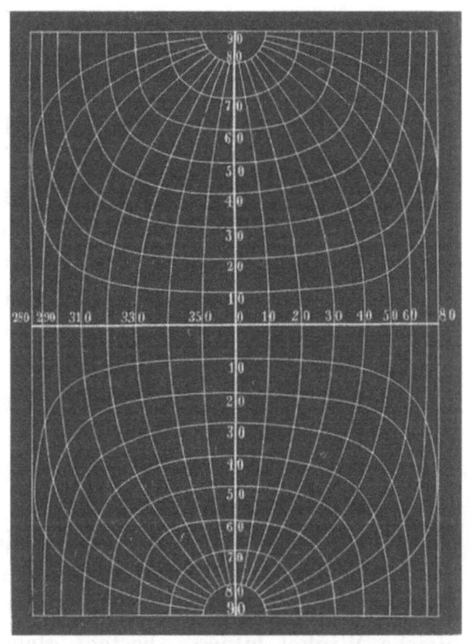

Fig. 365.
Lambert's isocylindrische Transversalprojektion.

Sei noch erwähnt, dass man auch projiciren kann auf einen Kegel oder einen Cylinder, der die Erdkugel nicht berührt, sondern durchdringt und gewisse Kreise mit ihr gemein hat. So ist öfter angewendet ein Kegel, der durch die zwei das darzustellende Gebiet begrenzende Parallelkreise geht. Siehe auch die Kegelprojektion von Delisle.

§ 345. **Conforme, äquivalente, azimutale, zenitale Projektion.** An eine Kartenprojektion können verschiedene Anforderungen (je nach dem Zwecke der Karte) gestellt werden, die theilweise auch von ebenen Karten erfüllt werden können.

Eine dieser Forderungen ist die Conformität, wonach jede Figur der Abbildung jener der Wirklichkeit geometrisch ähnlich sein soll. Für ebene Karten lässt sich das auf sehr viele Arten insoferne erreichen, dass irgend eine unendlich kleine Figur der Karte der entsprechenden der Wirklichkeit ähnlich ist. Aber wenn dieses auch für alle kleinsten Figuren erreichbar ist, so sind die Bilder verschiedener so kleiner Figuren doch in verschiedenem Maassstab dargestellt, also die Zusammenstellung vieler unendlich kleiner Figuren, oder eine Figur endlich grosser Ausdehnung nicht mehr genau ähnlich dem Urbilde. Hingegen bilden beliebige, von einem Punkte der Wirklichkeit ausgehende Richtungen, in ihren ebenen Abbildungen auf einer conformen Karte, dieselben Winkel mit einander; die conforme Projektion kann daher als winkeltreue (autogonale) allgemein bezeichnet werden. Bei verschiedenen der bereits besprochenen Darstellungsweisen ist angegeben, dass sie conform oder winkeltreu sind.

Eine andere Forderung ist die der Aequivalenz, wonach eine abgebildete Figur proportionalen Flächeninhalt mit der dargestellten haben soll. Daher auch die Bezeichnung flächentreue (authalische oder homalographische) Abbildung. Auch verschiedene der bereits besprochenen Darstellungen sind als flächentreue bezeichnet worden, es gibt aber deren noch mehr.

Conform und äquivalent zu gleicher Zeit kann nur eine Abbildung auf einer dem Geoid geometrisch ähnlichen Fläche, nicht auf einer Ebene sein.

Die Forderung der Aequidistanz kann hier unbesprochen bleiben.

Man kann verlangen, dass alle Punkte, die vom Kartenmittelpunkte (Berührungspunkt der Bildebene) gleich weit in der Karte entfernt sind, auch in Wirklichkeit gleichabständig sind von dem im Kartenmittelpunkte dargestellten Punkte der Wirklichkeit. Dass also die Verzerrungen der Figuren und die Abweichungen von der Flächenproportionalität nur von der Entfernung von der Mitte, nicht von dem Azimute abhängen. Solche Darstellungen heissen azimutale. Alle perspektivische Projektionen — und einige nicht perspektivische geniessen diese Eigenschaft.

Alle azimutale Projektionen sind auch zenitale, d. h. an allen Punkten, deren Lothlinie mit der Lothlinie des Mittelpunktes der Karte gleiche Winkel bilden, besteht gleiche Veränderung oder Untreue. Nicht alle zenitale Projektionen sind aber zugleich azimutal (Civilingenieur [1879] Bd. 25 S. 408). Aequivalente Projektionen sind die von Sanson-Flamsteed, von Mollweide (Babinet), die stereographisch-äquivalente, die Projektion von Collignon, Lambert's isosphärisch-stenotere und dessen isomere, Bonne's (dépôt de la guerre) u. a. Das Princip mag an der Lorgna'schen Polarprojektion erörtert werden, doch hat Lambert nicht nur die Priorität der Erfindung, sondern hat die Aufgabe auch allgemein behandelt.

Lorgna's äquivalente Halbkugeldarstellung, Polarkarte, sieht ungefähr aus wie die orthographische Polarkarte; die Meridiane sind gleichabständige Durchmesser, die Parallelen concentrische Kreise. Die Kugelmütze, welche der Parallelkreis von der Breite β abschneidet, hat die Oberfläche $2 \pi r h$. Wenn h die Höhe der Kalotte ist und wenn x der Halbmesser dieser Parallele in der Karte ist, so soll $\pi x^2 = 2 \pi r h$ sein, oder x das geometrische Mittel aus dem Erddurchmesser (verjüngten) und der (verjüngten) Kalottenhöhe oder proportional der den Polabstand des Parallelkreises messenden Sehne. Folglich der Halbmesser des die Halbkugelkarte begrenzenden Aequators $\sqrt{2}$ mal so gross als der verjüngte Erdhalbmesser.

Will man eine äquivalente Horizontalkarte construiren, so rechne man die geographischen Coordinaten aller Erdpunkte um in solche, deren neuer Pol der Kartenmittelpunkt (z. B. Frankfurt) ist, während die neuen Meridiane Grosskreise durch den neuen Pol sind, und die neuen Parallelen ebene Schnitte rechtwinkelig zum Halbmesser nach dem Kartenmittelpunkt. Ausführung zwar nicht schwierig, mag aber hier übergangen werden.

§ 346. **Uebereinkömmliche Darstellungen des Kartennetzes.** Von den mancherlei Arten seien nur wenige erwähnt.

Die vermittelnde Darstellung sucht dem Missstande der Verzerrungen der Karte an den Rändern dadurch entgegen zu arbeiten, dass im Netze alle gleichen Breitenunterschiede gleich gross erscheinen und ebenso alle gleichen Längenunterschiede gleich.

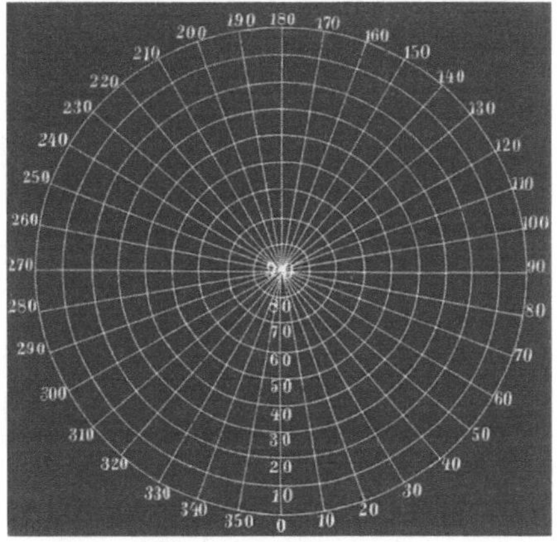

Fig. 366.
Vermittelnde Polarkarte.

In der vermittelnden Polarkarte sind alle Meridiane Durchmesser, die Parallelen sind gleichabständige concentrische Kreise. Fig. 366.

In der vermittelnden Aequatorialkarte sind der Aequator und ein Meridian (der mittlere) zu einander rechtwinkelige Durchmesser. Die anderen Meridiane können genau genug als Kreisbogen angenommen werden, die, in den Polen zusammenlaufend, das Bild des Aequators gleichheitlich theilen. Ebenso können die Parallelen genügend genau als Kreisbogen gelten, welche den Mittelmeridian (Durchmesser) und den um 90° davon abliegenden Meridian, welcher die kreisförmige Grenze der Halbkugelkarte bildet, gleichheitlich theilen. Somit sind für jeden Kreisbogen, der eine Parallele darstellen soll, drei Punkte gegeben. Diese Projektion heisst auch Globularprojektion. Fig. 367 stellt sie dar. Sie ist etwa eine mittlere zwischen orthographischer und stereographischer, hat die Nachtheile beider, aber gemindert.

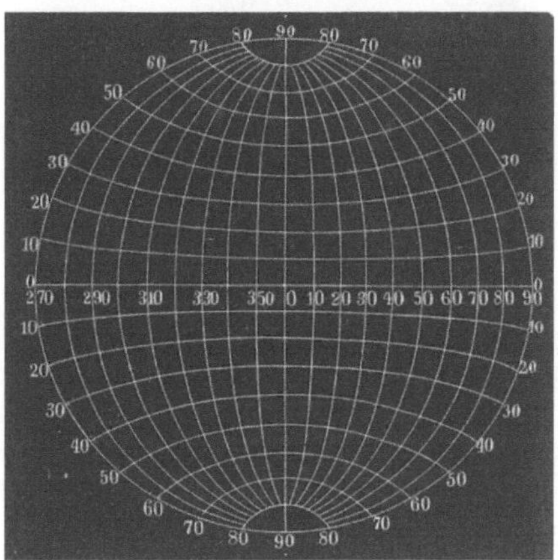

Fig. 367.
Vermittelnde Aequatorialkarte.

Die äquidistante Zenitalprojektion ist der vorigen ähnlich, aber die Netzlinien, die zwar durch dieselben Punkte auf dem Aequator und am Kartenumfang gehen, sind keine Kreisbogen, sondern andere Curven.

Nell's modificirte Globularprojektion wird erhalten, wenn man eine Parallele einmal stereographisch und einmal nach der Globularprojektion entwirft (die sich im selben Punkt am Kartenrand schneiden) und dann einen Kreisbogen zieht, welcher den Mittelmeridian mitten zwischen den Punkten schneidet, in welchem die eben genannten Parallelenbilder ihn schneiden. Ebenso verfährt man mit den Meridianen. Das Netz besteht dann auch aus lauter Kreisbogen, die Abweichung von der Conformität ist aber gemindert.

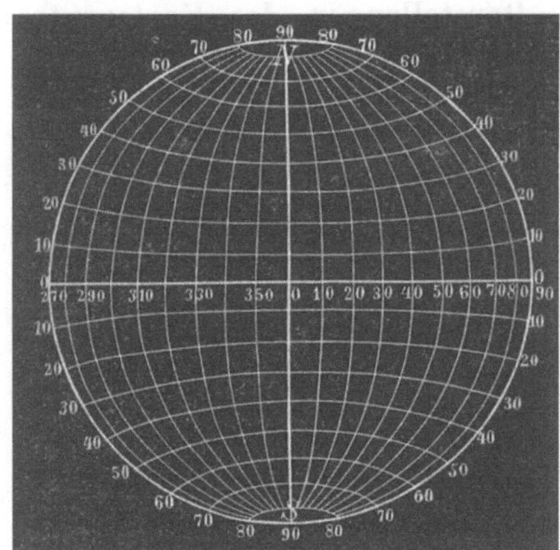

Fig. 368.
Lambert's Halbkugelnetz.

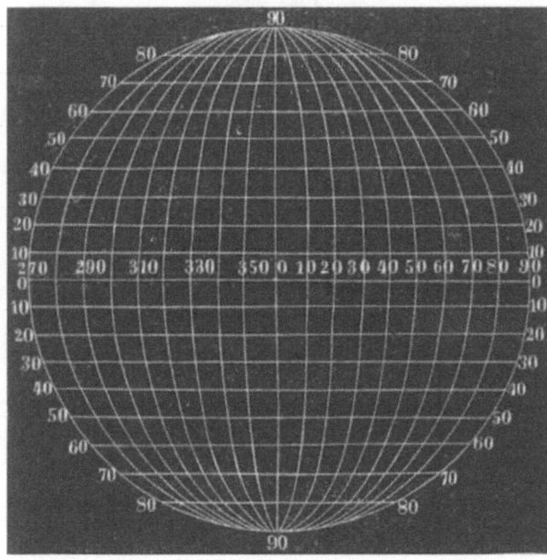

Fig. 369.
Ausgeglichene Orthogonalprojektion auf den Meridian.

Lambert's Halbkugelnetz enthält den Aequator und den mittleren Meridian als zu einander rechtwinkelige Durchmesser. Grenze (ein Kreis) ist der um 90° vom Mittelmeridian abstehende Meridian. Die Entfernungen der Meridiane und der Parallelen vom Mittelpunkte des Bildes sollen im Verhältniss der Sinus der halben wahren Winkelabstände stehen, während sie bei der orthographischen Projektion den Sinus der ganzen Winkelabstände proportional sind. Meridiane und Parallelen sind keine einfachen Curven, die Zeichnung ist umständlich, wird entweder mittelst Hülfsconstruktionen oder nach berechneten Werthen ausgeführt. Fig. 368 stellt diese Karte dar. Die Flächenräume der Vierecke (Maschen) mit gleichem Längenunterschied der Grenzen sind zwischen denselben Parallelen gleich, aber die Verzerrung gegen den Rand hin ist noch ziemlich bedeutend.

Die ausgeglichene Orthogonalprojektion auf den Meridian. Der Aequator wird durch einen Durchmesser dargestellt, er wird für Meridiane von 10° zu 10° in 18 gleiche Theile getheilt. Die Parallelen sind Kreissehnen parallel zum Aequatordurchmesser, gleichabständig (für 10° Breitenunterschied ist ihr Abstand $^1/_{18}$ Durchmesser). Jede Parallele wird in 18 gleiche Theile getheilt, die stetige Verbindung der Theilpunkte liefert die krummen Meridiane. Fig. 369 zeigt diese Darstellung.

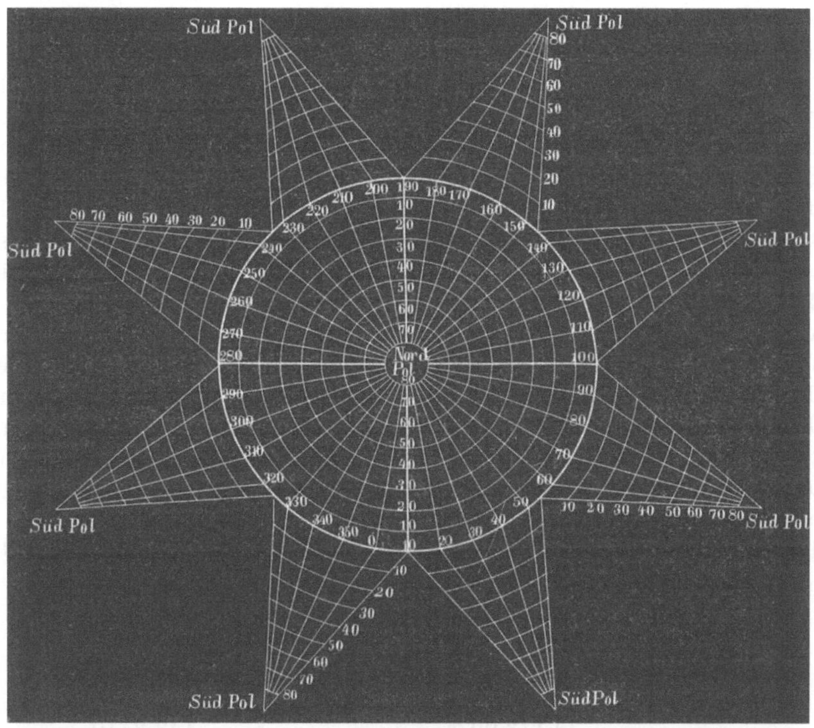

Fig. 370.
Petermann-Jäger'sche Polar-Sternprojektion.

Petermann's Modifikation von Jäger's Polar-Sternprojektion, Fig. 370. Die nördliche Polarhalbkugel ist in äquidistanter Polarprojektion gezeichnet. Acht congruente Dreiecke legen sich sternförmig an mit äquidistanten, kreisbogenförmigen Parallelen, die Meridiane nach der den Südpol (8 mal) darstellenden Dreiecksspitze gerade gezogen.

§ 347. **Unschädlichkeit der Kartendeformationen.** Nach welcher Projektionsart eine Karte auch entworfen sein mag, bei genügend engem Netz derselben wird man die geographischen Coordinaten eines jeden Punktes daraus entnehmen können. Will man daher die Karte nur als graphisches Verzeichniss der geographischen Coordinaten der auf ihr enthaltenen Oertlichkeiten benutzen, so ist die Deformation vollkommen gleichgültig.

§ 348. **Topographische Landeskarten.** Die bei jeder Projektionsweise unvermeidlichen Mängel einer ebenen bildlichen Darstellung der ganzen Erde, der Halbkugel oder sonstiger sehr ausgedehnter Theile der Erdoberfläche, verschwinden praktisch gesprochen, sobald man nur jeweils ein kleines Gebiet kartirt. Es ist schon gesagt, dass die Projektion eines solchen auf den scheinbaren Horizont sich von jener auf den wirklichen nur so wenig unterscheidet, dass bei den starken Verkleinerungen, die bei Karten immer angewendet werden müssen, die Unterschiede nicht mehr merklich sind.

Wie die Blätter der topographischen Karte eines Landes eingetheilt werden, hängt wesentlich davon ab, in welcher Art die Ergebnisse der Landesvermessung schliesslich ausgedrückt sind. In Preussen nach geographischen Coordinaten. Demgemäss stellt jedes preussische Blatt ein durch Meridiane (welche geradlinig gezeichnet werden) und durch Parallelkreise (schwach gekrümmt gezeichnet) begrenztes Trapez vor. Der Maassstab ist 1 : 25 000, unter Umständen 1 : 100 000 (Instruktion für die Topographen der topographischen Abtheilung der königl. preuss. Landesaufnahme, Berlin 1876). Jedes Blatt umfasst $^1/_6{}^0 = 10'$ Längenunterschied und $6' = {}^1/_{10}{}^0$ Breitenunterschied. Die Einsenkung der den Parallel darstellenden Linie schwankt bei dem Maassstab 1 : 250 000 für 10′ Längendifferenz zwischen 0,128 und 0,136 mm, also ist sie schon sehr klein. Die Höhe des Kartenblattes richtet sich nach der Ausdehnung des Meridianbogens, zwischen den begrenzenden Parallelen; zwischen $\beta - 3'$ und $\beta + 3'$ ist diese Länge aber (in Meter):

$$11\,112{,}061\,98 - 55{,}610\,85 \text{ Cos } 2\,\beta + 0{,}1168 \text{ Cos } 4\,\beta - 0{,}000\,23 \text{ Cos } \sigma\beta .$$

Hiernach berechnet sich:

Breite	Meridianbogen 6′	Parallelkreisbogen 10′	Flächenangabe (Quadratkilometer)
46° 00′	11 113,99 m	12 908,98 m	143,3410
46 06		12 885,71	
48 00	11 117,88	12 436,05	137,1288
48 06		12 411,99	
50 00	11 121,74	11 947,84	132,7428
50 06		11 923,03	
52 00	11 125,56	11 444,94	127,1894
52 06		11 419,42	

Die Projektionsart ist, im engen Rahmen dieser Kartenblätter, eigentlich gleichgültig für die gewählte Verjüngung; theoretisch ist es eine Projektion auf den, nach mittlerem Parallel des Stückes berührenden Kegel. Die einzelnen Blätter passen zwar mit den Ost-Westrändern mathematisch genau an einander, nicht aber, streng genommen, mit Süd- und Nordrand.

Die Eintheilung der preussischen Flurkarten schliesst sich an die Coordinatennetzlinien (§ 171); in der Regel sind sie nach Steuergemeinden oder sonstiger politischer Eintheilung abgegrenzt.

Die Endergebnisse der bayrischen Landesvermessung sind nach Soldner'schen Coordinaten ausgedrückt und zwar in bayrischen Ruthen*). Das Land wurde durch den Anfangsmeridian (München) und den dazu rechtwinkeligen Grosskreis, der als Y-Axe dient, in vier Quadrante oder „Regionen" zerlegt, die nach den Himmelsgegenden als NO, NW, SO, SW bezeichnet werden. Der Münchner Meridian ist vom Anfangspunkte aus nach Norden wie nach Süden in Stücke von je 800 bayr. Ruthen zerlegt; durch die Theilpunkte wurden zum Meridiane rechtwinkelige Grosskreise gelegt, wodurch die „Schichten" entstanden, die nach Norden wie nach Süden mit den römischen Ziffern I, II, III u. s. w. bezeichnet werden. Innerhalb der Landesgrenzen ist die Convergenz der Ordinatenkreise sehr gering, wesshalb die Schichten fast durchgehends gleich breit sind.

Die öst-westlich verlaufenden Grosskreise wurden, vom Münchner Meridiane ab, gleichfalls in Stücke von 800 Ruthen getheilt, entsprechende Theilpunkte auf zwei benachbarten Ordinatenkreisen geradlinig verbunden. Die entstandenen Streifen wurden nach Ost und West vom Münchner Meridian aus mit arabischen Ziffern 1, 2, 3 u. s. w. bezeichnet. Die Schichten sind also in Vierecke zerlegt, welche nach Quadrant, Schichte und Nummer oder Streifen z. B. SO. II, 5 unzweideutig bezeichnet sind. Diese Trapeze sind sehr nahezu Quadrate von 800 Ruthen oder 1600 Tagwerke (von je 40 000 Quadratfuss) Flächeninhalt; ganz genau ist das nicht, weil ja die Ordinatenkreise doch (wenn auch langsam) convergiren. Ein Blatt mit der arabischen Ziffer n ist nur um $0{,}000\,534\,4\,n^2$ Fuss weniger als 8000 Fuss hoch, was bei der Verzeichnung im Maassstab 1 : 5000 kaum mehr merkbar ist. Es ist nun leicht anzugeben, in welchem Blatte ein Punkt liegt, dessen Coordinaten gekannt sind; z. B. $x = +91\,817{,}6$, $y = -72\,817{,}4$ (Fuss), liegt zunächst im Quadrant SO (weil in Bayern die Abscissen nach Süden positiv, die Ordinaten nach Osten negativ gezählt werden) und zwar in der Schichte XII, weil die südliche Grenze der Schichte XI nur $11 . 8000 = 88\,000$ Fuss, die südliche Grenze von Schichte XII aber schon $12 . 8000 = 96\,000$ Fuss von der Münchner Y-Axe entfernt ist. Der Punkt liegt im Streifen 10, da dessen Westgrenze $9 . 8000 = 72\,000$ und seine Ostgrenze $10 . 8000 = 80\,000$ Fuss östlich vom Münchner Meridian abliegt. Also liegt der Punkt in SO. XII, 10. Er ist auf diesem Blatte um $91\,817{,}6 - 88\,000 = 3817{,}6$ Fuss südlich vom Nordrande und um $72\,817{,}4 - 72\,000 = 817{,}4$ Fuss östlich vom Westrande gelegen. Darnach ist er leicht zu zeichnen. Ist die Abscisse sehr gross, so muss wegen der Ordinatenkreisconvergenz ein kleiner Abzug, nämlich $n^2 y^2 : 2 r^2$ gemacht werden, wo n der Abscissenrest (3 817,6 im Beispiel), y die ganze Ordinate ($-$ 72 817,4) und r der Erdhalbmesser ist, dessen Logarithmus für Fussmaass 6.340 2032 ist. Selbst auf den entferntesten Blättern des bayrischen topographischen Atlas sind diese Abzüge kaum merkbar.

*) 1 bayr. Ruthe = 10 Fuss = 100 Zoll = 2,918 592 m.
1 Quadratruthe = 8,518 18 qm.
1 Tagwerk = 400 Quadratruthen = 34,0727 ar.

Ein Blatt der geschilderten Art von ziemlich 1600 Tagwerk heisst ein „Steuerblatt“; auf dasselbe trifft von den trigonometrisch durch die Landesvermessung bestimmten Punkten selten mehr als einer, gelegentlich gar keiner. Man denkt 4 solcher Steuerblätter zu einem (auch noch nahezu quadratischen) „Positionsblatt“ zusammengestellt (hat noch nicht 1 Quadratmeter Fläche, da ein Steuerblatt nur etwa 467 mm Seite hat), auf welches dann mehrere Hauptpunkte fallen, deren Coordinaten im entsprechenden Maassstabe eingetragen werden. Die Verbindungslinien geben Richtungen, die im Felde leicht wieder aufzufinden sind. Kann nun keine geeignete solche Linie auf das einzelne Steuerblatt kommen oder auch kein gut bestimmter trigonometrischer Punkt, so muss man trigonometrisch noch einen oder zwei in das Steuerblatt fallende Punkte an die grössere Landesvermessung anschliessen (etwa mittelst der Pothenot'schen oder der Hansen'schen Aufgabe § 192 und § 200) und gewinnt dadurch jedenfalls, nachdem die Coordinaten der Aushülfspunkte eingetragen sind, eine gute Orientirungslinie.

Ein im topographischen Bureau hergestelltes Blatt, mit Grenzen und einer Orientirungslinie, einem oder mehr, ihren Coordinaten nach richtig aufgetragenen, Punkten wurde dem „Geometer“ übergeben, der nun in dieses Steuer- oder Detailblatt die Einzelheiten mittelst des Messtisches einzutragen hatte. Die bayrische Einzelmessung war also — was recht bedauerlich ist — eine rein graphische.

Die Zusammenstellung der Steuerblätter könnte eigentlich den topographischen Atlas liefern.

Doch ist dieser etwas anders, nämlich geographisch gegliedert, eingerichtet. Er ist nach Bonne'scher Projektionsmethode ausgeführt; als mittlerer Parallel ist jener von 49^0 Breite angenommen und als erster Kartenmeridian (nicht zu verwechseln mit dem ersten oder Hauptvermessungsmeridian) jener durch die (nicht mehr bestehende) alte Münchner Sternwarte genommen. Für die Beziehung zwischen Kartenmittelpunkt (alter Sternwarte) und Coordinatenanfangspunkt (nördlicher Frauenthurm) gilt:

München, alte Sternwarte:	Breite =	$48^0\,07'\,33''$;	Länge	$0^0\,00'\,00''$
München, nördl. Frauenthurm:	„	48 08 20 ;	„	0 01 41 westl.

Ferner ist der topographische Atlas in 1 : 50000, nicht wie die Steuerblätter in 1 : 5000 ausgeführt.

Im topographischen Atlas sind alle Meridiane und alle Parallelkreise ausgezogen, deren Minutenzahl durch 5 ohne Rest theilbar ist; am Rande der Blätter sind die Unterabtheilungen nach Länge und nach Breite bis $10''$ aufgetragen. Die einzelnen Atlasblätter sind Rechtecke 0,8 m breit, 0,5 m hoch; die Nord- und Südseite umfassen also je 40 Kilometer, Ost- und Westseite je 25 Kilometer. Der Kartenanfangspunkt (alte Münchner Sternwarte) steht im Mittelpunkte des Blattes „München“.

Die oben erwähnten Positionsblätter dienten als Grundlage für die Herstellung der topographischen Karte. Für jeden Endpunkt derselben sind die geographischen Coordinaten aus den bekannten Soldner'schen Coordinaten zuvor zu berechnen gewesen (§ 328).

Ueber die Einlegung des bayrischen topographischen Atlasses in die 100 000 theilige Gradabtheilungskarte des Deutschen Reichs ist nachzusehen von Orff's Mittheilung in Jordan und Steppes „Das deutsche Vermessungswesen, 1. Band, Höhere Geodäsie und Topographie", Stuttgart, 1882, S. 227.

Ueber die Art, wie in topographischen Karten die in senkrechter Richtung genommene Gestaltung und der Culturzustand des Bodens dargestellt wird, ist auf besondere Schriften über Kartenzeichnen zu verweisen. Ideal bleibt immer die Entwerfung von Karten mit zahlreichen, gleichabständigen Horizontalcurven.

Anhang.

I. Binomischer Satz.

1) $(a \pm b)^n = a^n \pm \frac{n}{1} a^{n-1} b + \frac{n \, . \, n-1}{1 \, . \, 2} a^{n-2} b^2 \pm \frac{n \, . \, n-1 \, . \, n-2}{1 \, . \, 2 \, . \, 3} a^{n-3} b^3 +$

2) $(1 \pm x)_{\frac{1}{2}} = 1 \pm \frac{1}{2} x - \frac{1}{8} x^2 \pm \frac{1}{16} x^3 - \frac{5}{128} x^4 \pm \frac{7}{256} x^5 - \frac{21}{1024} x^b \pm$

3) $(1 \pm x) - \frac{1}{2} = 1 \mp \frac{1}{2} x + \frac{3}{8} x^2 \mp \frac{5}{16} x^3 + \frac{35}{128} x^4 \mp \frac{63}{256} x^5 + \frac{231}{1024} x^b \mp$

Bei 2) und 3) Convergenzbedingung: x kein unächter Bruch.

II. Logarithmen.

a. Bezeichnungen.

1) $\text{Log}\, x =$ gemeiner oder Brigg'scher Logarithmus für die Basis 10.

2) $\ln x =$ natürlicher oder Neper'scher Logarithmus für die Basis $e = 2{,}718\,282$. (Log e = 0.434 2945)

b. Umwandlungen.

3) $\text{Log}\, x = \text{Log}\, e \cdot \ln x = \frac{1}{\ln 10} \cdot \ln x = 0{,}434\,2945 \ln x$

(Log 0,434 2945 = $\bar{1}$.637 7843)

4) $\ln x = \ln 10 \cdot \text{Log}\, x = \frac{1}{\text{Log}\, e} \cdot \text{Log}\, x = 2{,}302\,5851 \,\text{Log}\, x$

(Log 2,302 5851 = 0.362 2157)

c. Reihen.

5) $\ln (1 + x) = + x - \frac{1}{2} x^2 + \frac{1}{3} x^3 - \frac{1}{4} x^4 + \frac{1}{5} x^5 - \frac{1}{6} x^6 + \ldots$

Bedingung: x kein unächter Bruch

6) $\ln (1 - x) = - x - \frac{1}{2} x^2 - \frac{1}{3} x^3 - \frac{1}{4} x^4 - \frac{1}{5} x^5 - \frac{1}{6} x^6 - \ldots$

Bedingung: x ein ächter Bruch.

7) $\ln\left(\frac{1+x}{1-x}\right)=2\left(x+\frac{1}{3}x^3+\frac{1}{5}x^5+\frac{1}{7}x^7+\ldots\right)$
Bedingung: x ein ächter Bruch,

8) $=2\left(\frac{1}{x}+\frac{1}{3}\left(\frac{1}{x}\right)^3+\frac{1}{5}\left(\frac{1}{x}\right)^5+\frac{1}{7}\left(\frac{1}{x}\right)^7+\cdots\right)$
Bedingung: $x > 1$.

9) $\ln x=(x-1)-\frac{1}{2}(x-1)^2+\frac{1}{3}(x-1)^3-\frac{1}{4}(x-1)^4+\frac{1}{5}(x-1)^5-\cdots$
Bedingung: x positiv, $x \leqq 2$,

10) $=\frac{x-1}{x}+\frac{1}{2}\left(\frac{x-1}{x}\right)^2+\frac{1}{3}\left(\frac{x-1}{x}\right)^3+\frac{1}{4}\left(\frac{x-1}{x}\right)^4+\frac{1}{5}\left(\frac{x-1}{x}\right)^5+\cdots$
Bedingung: $x > \frac{1}{2}$,

11) $=2\left[\frac{x-1}{x+1}+\frac{1}{3}\left(\frac{x-1}{x+1}\right)^3+\frac{1}{5}\left(\frac{x-1}{x+1}\right)^5+\frac{1}{7}\left(\frac{x-1}{x+1}\right)^7+\cdots\right]$
Bedingung: x positiv.

III. Goniometrie.

a. Sexagesimaltheilung (1) und Centesimaltheilung (2).

1) Der rechte Winkel $= 90^0 = 5400' = 324\,000''$
2) „ „ „ $= 100^d = 10\,000^m = 1\,000\,000^s$

b. Umwandlung zwischen sexagesimaler und centesimaler Theilung.

3) $x^0 = \frac{10}{9}x^d;\quad x^d = \frac{9}{10}x^0$.

4) $1^0 = 1{,}111^d \ldots = 111{,}111^m \ldots = 11\,111{,}111^s \ldots$
$1' = 0{,}018\,51666^d \ldots = 1{,}851\,666^m \ldots = 185{,}666^s \ldots$
$1^0 = 0{,}000\,308\,6111^d \ldots = 0{,}030\,861\,111^m \ldots = 3{,}086\,111^s \ldots$

5) $1^d = 0{,}9^0 = 54{,}0' = 3240{,}0''$
$1^m = 0{,}009^0 = 0{,}54' = 54{,}0''$
$1^s = 0{,}000\,09^0 = 0{,}0054' = 0{,}54''$

c. Bogenmaass (Arcus) für den Halbmesser 1 und Gradmaass der Winkel.

6) $\text{Arc}\,180^0 = \pi = \text{Arc}\,200^d$

$\text{Arc}\,90^0 = \frac{\pi}{2} = \text{Arc}\,100^d,\quad \text{Arc}\,45^0 = \frac{\pi}{4} = \text{Arc}\,50^d$

			Log
7)	$\text{Arc } 1^0 = \dfrac{\pi}{180}$	$= 0{,}017\,453\,29$	$\overline{2}.241\,8774$
	$\text{Arc } 1' = \dfrac{\pi}{10\,800}$	$= 0{,}000\,290\,89$	$\overline{4}.463\,7261$
	$\text{Arc } 1'' = \dfrac{\pi}{648\,000}$	$= 0{,}000\,004\,85$	$\overline{6}.685\,5749$
8)	$\text{Arc } 1^d = \dfrac{\pi}{200}$	$= 0{,}015\,707\,96$	$\overline{2}.196\,1206$
	$\text{Arc } 1^m = \dfrac{\pi}{20\,000}$	$= 0{,}000\,157\,08$	$\overline{4}.196\,1206$
	$\text{Arc } 1^s = \dfrac{\pi}{2\,000\,000}$	$= 0{,}000\,001\,57$	$\overline{6}.196\,1206$

		Log
9)	$1 = \text{Arc}.\,57{,}295\,7795^0$	1.758 1226
	$= \text{Arc}.\,3437{,}746\,77'$	3.536 2739
	$= \text{Arc}.\,206\,264{,}8062''$	5.314 4251
10)	$1 = \text{Arc}.\,63{,}661\,9772^d$	1.803 8801
	$= \text{Arc}.\,6366{,}19772^m$	3.803 8801
	$= \text{Arc}.\,636\,619{,}772^s$	5.803 8801

Da die Sinus und die Tangenten sehr kleiner Winkel sich sehr annähernd verhalten wie die Winkel selbst, so braucht man sehr kleine Sinus oder Tangentenwerthe nur mit 206 264,8062 zu multipliciren (oder was dasselbe mit Sin 1″ oder Tg 1″ zu dividiren), um den zugehörigen sehr kleinen Winkel in Sexagesimalsekunden ausgedrückt zu erhalten.

d. Reihen.

11) $\operatorname{Sin} x = x - \dfrac{x^3}{1.2.3} + \dfrac{x^5}{1.2.3.4.5} - \dfrac{x^7}{1.2.3.4.5.6.7} + \cdots$

12) $\operatorname{Cos} x = 1 - \dfrac{x^2}{1.2} + \dfrac{x^4}{1.2.3.4} - \dfrac{x^6}{1.2.3.4.5.6} + \cdots$

13) $\operatorname{Tg} x = x + \frac{1}{3}x^3 + \frac{2}{15}x^5 + \frac{17}{315}x^7 + \frac{62}{2835}x^9 + \frac{1382}{155925}x^{\prime\prime} + \cdots$

Bedingung: $\pi > x > -\pi$

14) $\operatorname{Cotg} x = \dfrac{1}{x} - \frac{1}{3}x - \frac{1}{45}x^3 - \frac{2}{945}x^5 - \frac{1}{4725}x^7 - \frac{2}{93555}x^9 - \cdots$

Bedingung: $\pi > x > -\pi$

15) $\ln \operatorname{Tg} x = \ln x + \frac{1}{3}x^2 + \frac{7}{90}x^4 + \frac{62}{2835}x^6 + \frac{127}{18900}x^8 + \frac{146}{66825}x^{10} + \cdots$

Bedingung: $\dfrac{\pi}{2} > x > -\dfrac{\pi}{2}$

16) $\text{Arc Sin}\,x = x + \frac{1}{6}x^3 + \frac{3}{40}x^5 + \frac{5}{112}x^7 + \frac{35}{1152}x^9 + \frac{63}{2816}x'' + \ldots$
Bedingung: x ächter Bruch (±)

17) $\text{Arc Tg}\,x = x - \frac{1}{3}x^3 + \frac{1}{5}x^5 - \frac{1}{7}x^7 + \frac{1}{9}x^9 - \ldots\ldots$
Bedingung: x kein unächter Bruch (±)

18) $= \frac{\pi}{2} - \frac{1}{x} + \frac{1}{3}\,\frac{1}{x^3} - \frac{1}{5}\,\frac{1}{x^5} + \frac{1}{7}\,\frac{1}{x^7} - \frac{1}{9}\,\frac{1}{x^9} + \ldots$
Bedingung: x kein ächter Bruch (±).

e. Vorzeichen und Werthe.

19)

	Sin.	*Cos.*	*Tg. Cotg.*
Quadrant 1	+	+	+
Quadrant 2	+	−	−
Quadrant 3	−	−	+
Quadrant 4	−	+	−

20)

	0°	90°	180°	270°	360°	30°	45°	
Sin	0	+1	0	−1	0	$\frac{1}{2}$	$\sqrt{\frac{1}{2}}$	Sin
Cos	+1	0	−1	0	+1	$\frac{1}{2}\sqrt{3}$	$\sqrt{\frac{1}{2}}$	Cos
Tg	0	± ∞	0	± ∞	0	$\frac{1}{3}\sqrt{3}$	1	Tg
Cotg	± ∞	0	± ∞	0	± ∞	$\sqrt{3}$	1	Cotg α

Sin 1'' = Tg 1'' = 1 : 206 264,8 gewöhnlich rund 1 : 206 265.

f. Beziehungen.

21)

	$\pm\alpha$	$90^0 \mp \alpha$	$180^0 \mp \alpha$	$270^0 \mp \alpha$	$360^0 \mp \alpha$	
Sin	± Sin α	+ Cos α	± Sin α	— Cos α	∓ Sin α	Sin
Cos	+ Cos α	± Sin α	— Cos α	∓ Sin α	+ Cos α	Cos
Tg	± Tg α	± Cotg α	∓ Tg α	± Cotg α	∓ Tg α	Tg
Cotg	± Cotg o	± Tg α	∓ Cotg α	± Tg α	∓ Cotg α	Cotg

22) $\text{Sin}^2\alpha + \text{Cos}^2\alpha = 1$

23) $\frac{\text{Sin}\,\alpha}{\text{Cos}\,\alpha} = \text{Tg}\,\alpha;\quad \frac{\text{Cos}\,\alpha}{\text{Sin}\,\alpha} = \text{Cotg}\,\alpha;\quad \text{Tg}\,\alpha\,.\,\text{Cotg}\,\alpha = 1$

24) $\text{Sin}\,\alpha = \sqrt{1 - \text{Cos}^2\alpha} = \frac{\text{Tg}\,\alpha}{\sqrt{1 + \text{Tg}^2\alpha}} = \frac{1}{\sqrt{1 + \text{Cotg}^2\alpha}}$

$$= \sqrt{\frac{1 - \text{Cos}^2\alpha}{2}} = 2\,\text{Sin}\frac{\alpha}{2} = \frac{2\,\text{Tg}\,\frac{\alpha}{2}}{1 + \text{Tg}^2\,\frac{\alpha}{2}} = 2\text{Cos}^2\left(45^0 - \frac{\alpha}{2}\right)$$

25) $$\operatorname{Cos}\alpha=\sqrt{1-\operatorname{Sin}^2\alpha}=\frac{1}{\sqrt{1+\operatorname{Tg}^2\alpha}}=\frac{\operatorname{Cotg} a}{\sqrt{1+\operatorname{Cotg}^2\alpha}}=\sqrt{\frac{1+\operatorname{Cos}2\alpha}{2}}$$
$$=\operatorname{Cos}^2\frac{\alpha}{2}-\operatorname{Sin}^2\frac{\alpha}{2}=1-2\operatorname{Sin}^2\frac{\alpha}{2}=2\operatorname{Cos}^2\frac{\alpha}{2}-1$$
$$=\frac{1-\operatorname{Tg}^2\frac{\alpha}{2}}{1+\operatorname{Tg}^2\frac{\alpha}{2}}=2\operatorname{Cos}\left(45^0+\frac{\alpha}{2}\right)\operatorname{Cos}\left(45^0-\frac{\alpha}{2}\right)$$

26) $$\operatorname{Tg}\alpha=\frac{1}{\operatorname{Cotg} a}=\frac{\operatorname{Sin}\alpha}{\sqrt{1-\operatorname{Sin}^2\alpha}}=\frac{\sqrt{1-\operatorname{Cos}^2\alpha}}{\operatorname{Cos}\alpha}=\frac{2\operatorname{Tg}\frac{\alpha}{2}}{1-\operatorname{Tg}^2\frac{\alpha}{2}}$$
$$=\frac{\operatorname{Tg}\left(45^0+\frac{\alpha}{2}\right)-\operatorname{Tg}\left(45^0-\frac{\alpha}{2}\right)}{2}$$
$$=\frac{\operatorname{Sin}2\alpha}{1+\operatorname{Cos}2\alpha}=\frac{1-\operatorname{Cos}2\alpha}{\operatorname{Sin}2\alpha}=\sqrt{\frac{1-\operatorname{Cos}2\alpha}{1+\operatorname{Cos}2\alpha}}$$

27) $$\operatorname{Cotg}\alpha=\frac{1}{\operatorname{Tg}\alpha}=\frac{\sqrt{1-\operatorname{Sin}^2\alpha}}{\operatorname{Sin}\alpha}=\frac{\operatorname{Cos}\alpha}{\sqrt{1-\operatorname{Cos}^2\alpha}}=\frac{1-\operatorname{Tg}^2\frac{\alpha}{2}}{2\operatorname{Tg}\frac{\alpha}{2}}$$
$$=\frac{2}{\operatorname{Tg}\left(45^0+\frac{\alpha}{2}\right)-\operatorname{Tg}\left(45^0-\frac{\alpha}{2}\right)}$$
$$=\frac{\operatorname{Sin}2\alpha}{1-\operatorname{Cos}2\alpha}=\frac{1+\operatorname{Cos}2\alpha}{\operatorname{Sin}2\alpha}=\sqrt{\frac{1+\operatorname{Cos}2\alpha}{1-\operatorname{Cos}2\alpha}}$$

28) $$\operatorname{Sin}2\alpha=2\operatorname{Sin}\alpha\operatorname{Cos}\alpha=\frac{2\operatorname{Tg}\alpha}{1+\operatorname{Tg}^2\alpha}=\frac{2\operatorname{Cotg}\alpha}{1+\operatorname{Cotg}^2\alpha}$$
$$=\frac{2}{\operatorname{Tg}\alpha+\operatorname{Cotg}\alpha}$$

29) $$\operatorname{Cos}2\alpha=\operatorname{Cos}^2\alpha-\operatorname{Sin}^2\alpha=1-2\operatorname{Sin}^2\alpha=2\operatorname{Cos}^2\alpha-1$$
$$=\frac{1-\operatorname{Tg}^2\alpha}{1+\operatorname{Tg}^2\alpha}=\frac{\operatorname{Cotg}^2\alpha-1}{\operatorname{Cotg}^2\alpha+1}=\frac{\operatorname{Cotg}\alpha-\operatorname{Tg}\alpha}{\operatorname{Cotg}\alpha+\operatorname{Tg}\alpha}$$
$$=2\operatorname{Cos}(45^0+\alpha)\operatorname{Cos}(45^0-\alpha)$$

30) $$\operatorname{Tg}2\alpha=\frac{2\operatorname{Tg}\alpha}{1-\operatorname{Tg}^2\alpha}=\frac{2\operatorname{Cotg}\alpha}{\operatorname{Cotg}^2\alpha-1}=\frac{2}{\operatorname{Cotg}\alpha-\operatorname{Tg}\alpha}$$
$$=\frac{\operatorname{Tg}(45^0+\alpha)-\operatorname{Tg}(45^0-\alpha)}{2}$$

31) $$\operatorname{Cotg}2\alpha=\frac{1-\operatorname{Tg}^2\alpha}{2\operatorname{Tg}\alpha}=\frac{\operatorname{Cotg}^2\alpha-1}{2\operatorname{Cotg}\alpha}=\frac{\operatorname{Cotg}\alpha-\operatorname{Tg}\alpha}{2}$$
$$=\frac{2}{\operatorname{Tg}(45^0+\alpha)-\operatorname{Tg}(45^0-\alpha)}$$

32) $\mathrm{Sin}\,\frac{1}{2}\,\alpha = \sqrt{\frac{1 - \mathrm{Cos}\,\alpha}{2}}$ 33) $\mathrm{Cos}\,\frac{1}{2}\,\alpha = \sqrt{\frac{1 + \mathrm{Cos}\,\alpha}{2}}$

34) $\mathrm{Tg}\,\frac{1}{2}\,\alpha = \sqrt{\frac{1 - \mathrm{Cos}\,\alpha}{1 + \mathrm{Cos}\,\alpha}}$ 35) $\mathrm{Cotg}\,\frac{1}{2}\,\alpha = \sqrt{\frac{1 + \mathrm{Cos}\,\alpha}{1 - \mathrm{Cos}\,\alpha}}$

36) $\mathrm{Sin}\,(\alpha \pm \beta) = \mathrm{Sin}\,\alpha\,\mathrm{Cos}\,\beta \pm \mathrm{Cos}\,\alpha\,\mathrm{Sin}\,\beta$

37) $\mathrm{Cos}\,(\alpha \pm \beta) = \mathrm{Cos}\,\alpha\,\mathrm{Cos}\,\beta \mp \mathrm{Sin}\,\alpha\,\mathrm{Sin}\,\beta$

38) $\mathrm{Tg}\,(\alpha \pm \beta) = \frac{\mathrm{Tg}\,\alpha \pm \mathrm{Tg}\,\beta}{1 \mp \mathrm{Tg}\,\alpha\,\mathrm{Tg}\,\beta}$

39) $\mathrm{Cotg}\,(\alpha \pm \beta) = \frac{\mathrm{Cotg}\,\alpha\,\mathrm{Cotg}\,\beta \mp 1}{\pm\,\mathrm{Cotg}\,\alpha + \mathrm{Cotg}\,\beta}$

40) $\mathrm{Sin}\,\alpha + \mathrm{Sin}\,\beta = 2\,\mathrm{Sin}\,\frac{1}{2}\,(\alpha + \beta)\,\mathrm{Cos}\,\frac{1}{2}\,(\alpha - \beta)$

41) $\mathrm{Sin}\,\alpha - \mathrm{Sin}\,\beta = 2\,\mathrm{Cos}\,\frac{1}{2}\,(\alpha + \beta)\,\mathrm{Sin}\,\frac{1}{2}\,(\alpha - \beta)$

42) $\mathrm{Cos}\,\alpha + \mathrm{Cos}\,\beta = 2\,\mathrm{Cos}\,\frac{1}{2}\,(\alpha + \beta)\,\mathrm{Cos}\,\frac{1}{2}\,(\alpha - \beta)$

43) $\mathrm{Cos}\,\alpha - \mathrm{Cos}\,\beta = -\,2\,\mathrm{Sin}\,\frac{1}{2}\,(\alpha + \beta)\,\mathrm{Sin}\,\frac{1}{2}\,(\alpha - \beta)$

44) $\mathrm{Tg}\,\alpha + \mathrm{Tg}\,\beta = \frac{\mathrm{Sin}\,(\alpha + \beta)}{\mathrm{Cos}\,\alpha\,\mathrm{Cos}\,\beta}$

45) $\mathrm{Tg}\,\alpha - \mathrm{Tg}\,\beta = \frac{\mathrm{Sin}\,(\alpha - \beta)}{\mathrm{Cos}\,\alpha\,\mathrm{Cos}\,\beta}$

46) $\mathrm{Cotg}\,\alpha + \mathrm{Cotg}\,\beta = \frac{\mathrm{Sin}\,(\alpha + \beta)}{\mathrm{Sin}\,\alpha\,\mathrm{Sin}\,\beta}$

47) $\mathrm{Cotg}\,\alpha - \mathrm{Cotg}\,\beta = -\frac{\mathrm{Sin}\,(\alpha - \beta)}{\mathrm{Sin}\,\alpha\,\mathrm{Sin}\,\beta}$

48) $\mathrm{Sin}\,\alpha + \mathrm{Cos}\,\beta = 2\,\mathrm{Sin}\,\frac{1}{2}\,(\alpha - \beta + 90^0)\,\mathrm{Cos}\,\frac{1}{2}\,(\alpha + \beta - 90^0)$

49) $\mathrm{Sin}\,\alpha - \mathrm{Cos}\,\beta = 2\,\mathrm{Cos}\,\frac{1}{2}\,(\alpha - \beta + 90^0)\,\mathrm{Sin}\,\frac{1}{2}\,(\alpha + \beta - 90^0)$

50) $\mathrm{Tg}\,\alpha + \mathrm{Cotg}\,\beta = \frac{\mathrm{Cos}\,(\alpha - \beta)}{\mathrm{Cos}\,\alpha\,\mathrm{Sin}\,\beta}$

51) $\mathrm{Tg}\,\alpha - \mathrm{Cotg}\,\beta = -\frac{\mathrm{Cos}\,(\alpha + \beta)}{\mathrm{Cos}\,\alpha\,\mathrm{Sin}\,\beta}$

52) $\frac{\mathrm{Sin}\,\alpha + \mathrm{Sin}\,\beta}{\mathrm{Sin}\,\alpha - \mathrm{Sin}\,\beta} = \mathrm{Tg}\,\frac{1}{2}\,(\alpha + \beta)\,\mathrm{Cotg}\,\frac{1}{2}\,(\alpha - \beta)$

53) $\frac{\mathrm{Cos}\,\alpha + \mathrm{Cos}\,\beta}{\mathrm{Cos}\,\alpha - \mathrm{Cos}\,\beta} = -\,\mathrm{Cotg}\,\frac{1}{2}\,(\alpha + \beta)\,\mathrm{Cotg}\,\frac{1}{2}\,(\alpha - \beta)$

54) $\frac{\mathrm{Sin}\,\alpha \pm \mathrm{Sin}\,\beta}{\mathrm{Cos}\,\alpha + \mathrm{Cos}\,\beta} = \mathrm{Tg}\,\frac{1}{2}\,(\alpha \pm \beta)$

55) $\frac{\mathrm{Sin}\,\alpha \pm \mathrm{Sin}\,\beta}{\mathrm{Cos}\,\alpha - \mathrm{Cos}\,\beta} = -\,\mathrm{Cotg}\,\frac{1}{2}\,(\alpha \mp \beta)$

56) $\frac{\mathrm{Tg}\,\alpha + \mathrm{Tg}\,\beta}{\mathrm{Tg}\,\alpha - \mathrm{Tg}\,\beta} = -\frac{\mathrm{Cotg}\,\alpha + \mathrm{Cotg}\,\beta}{\mathrm{Cotg}\,\alpha - \mathrm{Cotg}\,\beta} = \frac{\mathrm{Sin}\,(\alpha + \beta)}{\mathrm{Sin}\,(\alpha - \beta)}$

57) $\frac{\mathrm{Tg}\,\alpha + \mathrm{Tg}\,\beta}{\mathrm{Cotg}\,\alpha + \mathrm{Cotg}\,\beta} = -\frac{\mathrm{Tg}\,\alpha - \mathrm{Tg}\,\beta}{\mathrm{Cotg}\,\alpha - \mathrm{Cotg}\,\beta} = \mathrm{Tg}\,\alpha\,\mathrm{Tg}\,\beta$

58) $\text{Sin}(\alpha+\beta)+\text{Sin}(\alpha-\beta)=2\,\text{Sin}\,\alpha\,\text{Cos}\,\beta$

59) $\text{Sin}(\alpha+\beta)-\text{Sin}(\alpha-\beta)=2\,\text{Cos}\,\alpha\,\text{Sin}\,\beta$

60) $\text{Cos}(\alpha+\beta)+\text{Cos}(\alpha-\beta)=2\,\text{Cos}\,\alpha\,\text{Cos}\,\beta$

61) $\text{Cos}(\alpha+\beta)-\text{Cos}(\alpha-\beta)=-2\,\text{Sin}\,\alpha\,\text{Sin}\,\beta.$

g. Goniometrische Gleichung m Sin x + n Cos x = p.

Ohne reelle Lösung, wenn $p^2 > m^2 + n^2$

62) Mit Hülfsw. φ: $\text{Tg}\,\varphi=\frac{n}{m}$; $\text{Sin}(x+\varphi)=\frac{p}{m}\text{Cos}\,\varphi$

63) „ „ ψ: $\text{Tg}\,\psi=\frac{m}{n}$; $\text{Cos}(x-\psi)=\frac{p}{n}\text{Cos}\,\psi$

oder

64) $\text{Sin}\,x=\frac{pm\pm n\sqrt{m^2+n^2-p^2}}{m^2+n^2}$; $\text{Cos}\,x=\frac{pn\pm m\sqrt{m^2+n^2-p^2}}{m^2+n^2}$

oder

65) $\text{Tg}\,\frac{1}{2}x=\frac{m\pm\sqrt{m^2+n^2-p^2}}{n+p}$

IV. Ebene Trigonometrie.

a. Bezeichnungen.

Die Winkel α, β, γ, die Gegenseiten a, b, c, Flächeninhalt f; ferner $s=\frac{1}{2}(a+b+c)$.

b. Beziehungen zwischen den Winkeln.

1) $\alpha+\beta+\gamma=180^0$

2) $\text{Sin}(\alpha+\beta)=\text{Sin}\,\gamma$

3) $\text{Cos}(\alpha+\beta)=-\text{Cos}\,\gamma$

4) $\text{Sin}\,\alpha+\text{Sin}\,\beta+\text{Sin}\,\gamma=4\,\text{Cos}\,\frac{1}{2}\alpha\,\text{Cos}\,\frac{1}{2}\beta\,\text{Cos}\,\frac{1}{2}\gamma$

5) $\text{Sin}\,\alpha+\text{Sin}\,\beta-\text{Sin}\,\gamma=4\,\text{Sin}\,\frac{1}{2}\alpha\,\text{Sin}\,\frac{1}{2}\beta\,\text{Cos}\,\frac{1}{2}\gamma$

6) $\text{Sin}^2\alpha+\text{Sin}^2\beta+\text{Sin}^2\gamma=2+2\,\text{Cos}\,\alpha\,\text{Cos}\,\beta\,\text{Cos}\,\gamma$

7) $\text{Sin}^2\alpha+\text{Sin}^2\beta-\text{Sin}^2\gamma=2\,\text{Sin}\,\alpha\,\text{Sin}\,\beta\,\text{Cos}\,\gamma$

8) $\text{Cos}\,\alpha+\text{Cos}\,\beta+\text{Cos}\,\gamma=1+4\,\text{Sin}\,\frac{1}{2}\alpha\,\text{Sin}\,\frac{1}{2}\beta\,\text{Sin}\,\frac{1}{2}\gamma$

9) $\text{Tg}\,\alpha+\text{Tg}\,\beta+\text{Tg}\,\gamma=\text{Tg}\,\alpha\,\text{Tg}\,\beta\,\text{Tg}\,\gamma$

10) $\text{Cotg}\,\frac{1}{2}\alpha+\text{Cotg}\,\frac{1}{2}\beta+\text{Cotg}\,\frac{1}{2}\gamma=\text{Cotg}\,\frac{1}{2}\alpha\,\text{Cotg}\,\frac{1}{2}\beta\,\text{Cotg}\,\frac{1}{2}\gamma$

11) $\operatorname{Sin} 2\alpha + \operatorname{Sin} 2\beta + \operatorname{Sin} 2\gamma = 4 \operatorname{Sin}\alpha \operatorname{Sin}\beta \operatorname{Sin}\gamma$

12) $\operatorname{Sin} 2\alpha + \operatorname{Sin} 2\beta - \operatorname{Sin} 2\gamma = 4 \operatorname{Cos}\alpha \operatorname{Cos}\beta \operatorname{Sin}\gamma$

13) $\operatorname{Cos} 2\alpha + \operatorname{Cos} 2\beta + \operatorname{Cos} 2\gamma = -(1 + 4 \operatorname{Cos}\alpha \operatorname{Cos}\beta \operatorname{Cos}\gamma)$

14) $\operatorname{Tg}\tfrac{1}{2}\alpha \operatorname{Tg}\tfrac{1}{2}\beta + \operatorname{Tg}\tfrac{1}{2}\alpha \operatorname{Tg}\tfrac{1}{2}\gamma + \operatorname{Tg}\tfrac{1}{2}\beta \operatorname{Tg}\tfrac{1}{2}\gamma = 1$

15) $\operatorname{Cotg}\alpha \operatorname{Cotg}\beta + \operatorname{Cotg}\alpha \operatorname{Cotg}\gamma + \operatorname{Cotg}\beta \operatorname{Cotg}\gamma = 1$

c. Berechnung der Dreiecke aus gegebenen Stücken.

Gegeben a, b, c

16)

$$s = \tfrac{1}{2}(a + b + c)$$

$$\operatorname{Tg}\tfrac{1}{2}\alpha = \sqrt{\frac{\overline{s-b}\cdot\overline{s-c}}{s\cdot\overline{s-a}}} = \frac{r}{s-a}; \quad \operatorname{Sin}\tfrac{1}{2}\alpha = \sqrt{\frac{\overline{s-b}\cdot\overline{s-c}}{bc}};$$

$$\operatorname{Cos}\tfrac{1}{2}\alpha = \sqrt{\frac{s\cdot\overline{s-a}}{bc}}$$

$$\operatorname{Tg}\tfrac{1}{2}\beta = \sqrt{\frac{\overline{s-a}\cdot\overline{s-c}}{s\cdot\overline{s-b}}} = \frac{r}{s-b}; \quad \operatorname{Sin}\tfrac{1}{2}\beta = \sqrt{\frac{\overline{s-a}\cdot\overline{s-c}}{ac}};$$

$$\operatorname{Cos}\tfrac{1}{2}\beta = \sqrt{\frac{s\cdot\overline{s-b}}{ac}}$$

$$\operatorname{Tg}\tfrac{1}{2}\gamma = \sqrt{\frac{\overline{s-a}\cdot\overline{s-b}}{ab}} = \frac{r}{s-c}; \quad \operatorname{Sin}\tfrac{1}{2}\gamma = \sqrt{\frac{\overline{s-a}\cdot\overline{s-b}}{ab}};$$

$$\operatorname{Cos}\tfrac{1}{2}\gamma = \sqrt{\frac{s\cdot\overline{s-c}}{ab}}$$

$$f = \sqrt{s\cdot\overline{s-a}\cdot\overline{s-b}\cdot\overline{s-c}}; \quad r = \sqrt{\frac{\overline{s-a}\cdot\overline{s-b}\cdot\overline{s-c}}{s}}$$

oder:

$$\operatorname{Cos}\alpha = \frac{b^2+c^2-a^2}{2bc}; \quad \operatorname{Cos}\beta = \frac{a^2+c^2-b^2}{2ac}; \quad \operatorname{Cos}\gamma = \frac{a^2+b^2-c^2}{2ab}$$

oder: $\operatorname{Sin}\alpha = \frac{2f}{bc}$; $\operatorname{Sin}\beta = \frac{2f}{ac}$; $\operatorname{Sin}\gamma = \frac{2f}{ab}$

Rechenprobe: $\alpha + \beta + \gamma = 180^0$.

Gegeben a, α, β (γ)

17)

$$\gamma = 180^0 - (\alpha + \beta) \qquad f = \tfrac{1}{2} a^2 \frac{\operatorname{Sin}\beta \operatorname{Sin}\gamma}{\operatorname{Sin}\alpha}$$

$$b = a\frac{\operatorname{Sin}\beta}{\operatorname{Sin}\alpha}; \qquad c = a\frac{\operatorname{Sin}\gamma}{\operatorname{Sin}\alpha} = a\frac{\operatorname{Sin}(\alpha+\beta)}{\operatorname{Sin}\alpha}$$

Gegeben	
a, b, γ 18)	$\frac{1}{2}(\alpha+\beta)=90^0-\frac{1}{2}\gamma.$ $\qquad f=\frac{1}{2}\,a\,b\,\mathrm{Sin}\,\gamma.$ $\mathrm{Tg}\,\frac{1}{2}(\alpha-\beta)=\frac{a-b}{a+b}\,\mathrm{Cotg}\,\frac{1}{2}\gamma$ oder $=\mathrm{Cotg}\,(45^0+\varphi)\,\mathrm{Cotg}\,\frac{1}{2}\gamma$, mit φ aus $\mathrm{Tg}\,\varphi=\frac{b}{a}$ $\frac{1}{2}(\alpha-\beta)$ immer $<90^0$. $\alpha=\frac{1}{2}(\alpha+\beta)+\frac{1}{2}(\alpha-\beta);\qquad \beta=\frac{1}{2}(\alpha+\beta)-\frac{1}{2}(\alpha-\beta)$ $c=(a-b)\frac{\mathrm{Cos}\,\frac{1}{2}\gamma}{\mathrm{Sin}\,\frac{1}{2}(\alpha-\beta)}\qquad=(a+b)\frac{\mathrm{Sin}\,\frac{1}{2}\gamma}{\mathrm{Cos}\,\frac{1}{2}(\alpha-\beta)}$ oder $c=\frac{a-b}{\mathrm{Cos}\,\psi}$ und $\mathrm{Tg}\,\psi=\frac{2\sqrt{a\,b}\,.\,\mathrm{Sin}\,\frac{1}{2}\gamma}{a-b}$ $=(a+b)\,\mathrm{Cos}\,\chi$ und $\mathrm{Sin}\,\chi=\frac{2\sqrt{a\,b}\,.\,\mathrm{Cos}\,\frac{1}{2}\gamma}{a+b}$ Rechenproben $\left\{ b=c\frac{\mathrm{Sin}\,\beta}{\mathrm{Sin}\,\gamma};\quad \mathrm{Tg}\,\varphi=\frac{\mathrm{Sin}\,\beta}{\mathrm{Sin}\,\alpha} \right.\qquad \alpha+\beta+\gamma=180^0$
a, b, α 19)	$\mathrm{Sin}\,\beta=\frac{b}{a}\,\mathrm{Sin}\,\alpha;\quad \gamma=180^0-(\alpha+\beta)\quad c=a\,\frac{\mathrm{Sin}\,\gamma}{\mathrm{Sin}\,\alpha}.\qquad f=\frac{1}{2}\,a\,b\,\mathrm{Sin}\,\gamma.$ Unmöglich, wenn $a<b\,\mathrm{Sin}\,\alpha$ Möglich, wenn $a=b\,\mathrm{Sin}\,\alpha$ und dann: $\beta=90^0$ „ $a>b\,\mathrm{Sin}\,\alpha$; ist dann noch: 1) $a>b$, so gibt es eine Lösung: $\beta<90^0$ 2) $a<b$, so gibt es zwei Lösungen: $\beta_1>90^0$ und $\beta_2>90^0$ $(\beta_1+\beta_2=180^0)$

c. α. Rechtwinkeliges Dreieck, $\alpha=90^0$.

Gegeben	
$\alpha=90^0$; a, b 20)	$c=\sqrt{(a+b)(a-b)};\quad \mathrm{Sin}\,\beta=\mathrm{Cos}\,\gamma=\frac{b}{a};$ $f=\frac{1}{2}\,a\,b\,\mathrm{Sin}\,\gamma=\frac{1}{2}\,b\sqrt{(a+b)(a-b)}.$
$\alpha=90^0$; b, c 21)	$a=\sqrt{b^2+c^2};\quad \mathrm{Tg}\,\beta=\mathrm{Cotg}\,\gamma=\frac{b}{c};\quad f=\frac{1}{2}\,b\,c$
$\alpha=90^0$; a, β 22)	$b=a\,\mathrm{Sin}\,\beta;\quad c=a\,\mathrm{Cos}\,\beta;\quad \gamma=90^0-\beta.$ $f=\frac{1}{2}\,a^2\,\mathrm{Sin}\,\beta\,\mathrm{Cos}\,\beta=\frac{1}{4}\,a^2\,\mathrm{Sin}\,2\,\beta.$
$\alpha=90^0$; b, β 23)	$a=\frac{b}{\mathrm{Sin}\,\beta};\quad c=b\,\mathrm{Cotg}\,\beta;\quad \gamma=90^0-\beta\quad f=\frac{1}{2}\,b^2\,\mathrm{Cotg}\,\beta.$

c. β. Gleichseitiges Dreieck.

24) $\begin{cases} a = b = c. \quad \text{Höhenlinien} = \frac{1}{2} a \sqrt{3}. \\ \qquad \text{Halbmesser des umschriebenen Kreises: } \frac{1}{3} a \sqrt{3} \\ \alpha = \beta = \gamma\, 60^0 \quad f = \frac{1}{4} a^2 \sqrt{3}. \\ \qquad \text{Halbmesser des eingeschriebenen Kreises: } \frac{1}{6} a \sqrt{3} \end{cases}$

V. Ebene Polygonometrie.

a. Bezeichnungen.

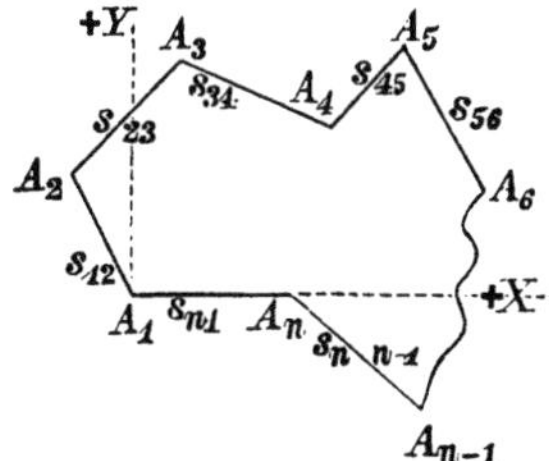

Seiten s_{ik}, Winkel (innere Polygonwinkel) A_i, Coordinaten x_i, y_i bezogen auf Seite $A_1 A_n$ als X-Axe und Rechtwinklige dazu als Y-Axe. f = Flächeninhalt.

b. Gleichungen.

1) $A_1 + A_2 + A_3 + \cdots A_{n-1} + A_n = 2(n-2) \cdot 90^0$

2) $s_{12} \operatorname{Sin} A_1 - s_{23} \operatorname{Sin}(A_1 + A_2) + s_{34} \operatorname{Sin}(A_1 + A_2 + A_3) - \cdots + (-1)^n s_{n-1,n} \operatorname{Sin}(A_1 + A_2 + \cdots A_{n-1}) = 0$

3) $s_{12} \operatorname{Cos} A_1 - s_{23} \operatorname{Cos}(A_1 + A_2) + s_{34} \operatorname{Cos}(A_1 + A_2 + A_3) - \cdots + (-1)^n s_{n-1,n} (\operatorname{Cos} A_1 + A_2 + \cdots A_{n-1}) - s_{n,1} = 0$

4) $\begin{cases} x_i = s_{12} \operatorname{Cos} A_1 - s_{23} \operatorname{Cos}(A_1 + A_2) + \cdots (-1)^i s_{i-1,i} \operatorname{Cos}(A_1 + A_2 + \cdots A_{i-1}) \\ y_i = s_{12} \operatorname{Sin} A_1 - s_{23} \operatorname{Sin}(A_1 + A_2) + \cdots (-1)^i s_{i-1,i} \operatorname{Sin}(A_1 + A_2 + \cdots A_{i-1}) \end{cases}$

c. Flächeninhalt.

5) Die Summe der Quadrate einer Anzahl auf einander folgender Seiten plus den Doppelprodukten aus je zweien dieser in den Cosinus der Summe der zwischen ihnen gelegenen Winkel ist gleich der ähnlich gebildeten Summe der aus den übrigen Seiten gebildeten Quadrate und Doppelprodukte, wobei alle Doppelprodukte negativ zu nehmen sind, in welchen der Cosinus der aus ungerader Anzahl von Winkeln gebildeten Summe vorkommt.

6) L'huillier's Flächenformel. Der doppelte Flächeninhalt eines nEcks ist gleich der algebraischen Summe aller aus (n — 1) Seiten bildbaren Produkte je zweier Seiten in den Sinus der Summe der zwischen denselben gelegenen Vieleckswinkel, wobei jene Produkte negativ genommen werden, in denen der Sinus einer geraden Anzahl von Winkeln vorkommt.

7) $2f = x_1(y_n - y_2) + x_2(y_1 - y_3) + x_3(y_2 - y_4) + \cdots x_n(y_{n-1} - y_1)$
$= y_1(x_n - x_2) + y_2(x_1 - x_3) + y_3(x_2 - x_4) + \cdots y_n(x_{n-1} - y_1)$

VI. Ebenes Viereck *).

a. Bezeichnungen.

(Systematischere Bezeichnung macht die Formeln schwerfällig.)

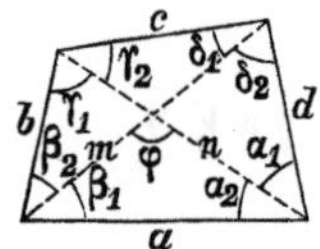

Seiten a, b, c, d, Winkel $\alpha = \alpha_1 + \alpha_2$; $\beta = \beta_1 + \beta_2$; $\gamma = \gamma_1 + \gamma_2$; $\delta = \delta_1 + \delta_2$ Diagonalen m, n. Ihr Winkel φ.

b. Allgemeines.

1) $\alpha + \beta + \gamma + \delta = 360^0$

2) $a \operatorname{Sin} \alpha + b \operatorname{Sin}(\alpha + \beta - 180^0) + c \operatorname{Sin}(\alpha + \beta + \gamma - 360^0) = 0$

3) $a \operatorname{Cos} \alpha + b \operatorname{Cos}(\alpha + \beta - 180^0) + c \operatorname{Cos}(\alpha + \beta + \gamma - 360^0) - d = 0$

4) $f = \frac{1}{2}[a\,b \operatorname{Sin} \beta - a\,c \operatorname{Sin}(\beta + \gamma) + b\,c \operatorname{Sin} \gamma]$
$= \frac{1}{2}[a\,d \operatorname{Sin} \alpha - a\,c \operatorname{Sin}(\alpha + \delta) + d\,c \operatorname{Sin} \delta]$
$= \frac{1}{2} m\,n \operatorname{Sin} \varphi$

c. Berechnung der Vierecke aus gegebenen Stücken.

Gegeben a, b, c, d, α

5) $\frac{1}{2}(\beta_1 + \delta_2) = 90^0 - \frac{1}{2}\alpha$

6) $\operatorname{Tg} \frac{1}{2}(\beta_1 - \delta_2) = \frac{d - a}{d + a} \operatorname{Cotg} \frac{1}{2}\alpha$

7) $\beta_1 = \frac{1}{2}(\beta_1 + \delta_2) + \frac{1}{2}(\beta_1 - \delta_2)$

8) $\delta_2 = \frac{1}{2}(\beta_1 + \delta_2) - \frac{1}{2}(\beta_1 - \delta_2)$

9) $\frac{1}{2}(\gamma_1 + \alpha_2) = 90^0 - \frac{1}{2}\beta$

10) $\operatorname{Tg} \frac{1}{2}(\gamma_1 - \alpha_2) = \frac{a - b}{a + b} \operatorname{Cotg} \frac{1}{2}\beta$

11) $\gamma_1 = \frac{1}{2}(\gamma_1 + \alpha_2) + \frac{1}{2}(\gamma_1 - \alpha_2)$

12) $\alpha_2 = \frac{1}{2}(\gamma_1 + \alpha_2) - \frac{1}{2}(\gamma_1 - \alpha_2)$

13) $\alpha_1 = \alpha - \alpha_2$; $\beta_2 = \beta - \beta_1$; $\gamma_2 = \gamma - \gamma_1$; $\delta_1 = \delta - \delta_2$

14) $m = \frac{a \operatorname{Sin} \alpha}{\operatorname{Sin} \delta_2} = \frac{d \operatorname{Sin} \alpha}{\operatorname{Sin} \beta_1}$

15) $n = \frac{a \operatorname{Sin} \beta}{\operatorname{Sin} \gamma_1} = \frac{b \operatorname{Sin} \beta}{\operatorname{Sin} \alpha_2} = \underbrace{\frac{d \operatorname{Sin} \delta}{\operatorname{Sin} \gamma_2} = \frac{c \operatorname{Sin} \delta}{\operatorname{Sin} \alpha_1}}_{\text{Probe.}}$

16) $\operatorname{Cotg} \frac{1}{2}\delta_1 = \sqrt{\frac{t \cdot t - b}{t - c \cdot t - m}}$

17) $\operatorname{Cotg} \frac{1}{2}\beta_2 = \sqrt{\frac{t \cdot t - c}{t - b \cdot b - m}}$

mit $t = \frac{1}{2}(b + c + m)$

und Probe: $\delta_1 + \beta_2 + \gamma = 180^0$

18) $\varphi = 180^0 - (\beta_1 + \alpha_2)$
$= 180^0 - (\gamma_2 + \delta_1)$
$= (\beta_2 + \gamma_1)$
$= (\delta_2 + \alpha_1)$

*) Dieser Theil ist mit geringen Abänderungen entnommen aus: F. G. Gauss, „Die trigon. und polygon. Rechnungen in der Feldmesskunst". Halle 1876.

Gegeben: a, b, c, β, γ

Hülfsgrössen:

$$q_1 = a \operatorname{Sin} \beta; \quad q_2 = a \operatorname{Cos} \beta \qquad \operatorname{Tg} \eta = \frac{q_1 - p_1}{b - (q_2 + p_2)}$$
$$p_1 = c \operatorname{Sin} \gamma; \quad p_2 = c \operatorname{Cos} \gamma$$

19) $\delta = 180^0 + (\eta - \gamma)$ 20) $\alpha = 180^0 - (\eta + \beta)$

21) $d = \frac{q_1 - p_1}{\operatorname{Sin} \eta} = \frac{b - (q_2 + p_2)}{\operatorname{Cos} \eta}$

22) $\operatorname{Tg} \beta_2 = \frac{p_1}{b - p_2}$ 23) $\operatorname{Tg} \gamma_1 = \frac{q_1}{b - q_2}$

24) $\beta_1 = \beta - \beta_2$ 25) $\gamma_2 = \gamma - \gamma_1$

26) $\alpha_2 = 180^0 - (\beta + \gamma_1)$; 27) $\alpha_1 = \alpha - \alpha_2 = 180^0 - (\gamma_2 + \delta)$

28) $\delta_1 = 180^0 - (\gamma + \beta_2)$; 29) $\delta_2 = \delta - \delta_1 = 180^0 - (\alpha + \beta_1)$

30) $m = \frac{b \operatorname{Sin} \gamma}{\operatorname{Sin} \delta_1} = \frac{c \operatorname{Sin} \gamma}{\operatorname{Sin} \beta_2} = \frac{a \operatorname{Sin} \alpha}{\operatorname{Sin} \delta_2} = \frac{d \operatorname{Sin} \alpha}{\operatorname{Sin} \beta_1}$

31) $n = \frac{a \operatorname{Sin} \beta}{\operatorname{Sin} \gamma_1} = \frac{b \operatorname{Sin} \beta}{\operatorname{Sin} \alpha_2} = \frac{c \operatorname{Sin} \delta}{\operatorname{Sin} \alpha_1} = \frac{d \operatorname{Sin} \delta}{\operatorname{Sin} \gamma_2}$

Gegeben: a, c, d, β, γ

Hülfsgrössen, wie vorstehend.

32) $b = (q_2 + p_2) + \sqrt{[d + (q_1 - p_1)][d - (q_1 - p_1)]}$

Das Uebrige ergibt sich nach den Formeln 19, 20, dann 22—31.

Gegeben: a, b, c, α, β

Hülfsgrössen: $q_1 = a \operatorname{Sin} \beta$; $q_2 = a \operatorname{Cos} \beta$.

33) $\operatorname{Tg} \gamma_1 = \frac{q_1}{b - q_2}$ 34) $\alpha_2 = 180^0 - (\beta + \gamma_1)$

35) $n = \frac{q_1}{\operatorname{Sin} \gamma_1} = \frac{b - q_2}{\operatorname{Cos} \gamma_1} = \frac{a \operatorname{Sin} \beta}{\operatorname{Sin} \gamma_1} = \frac{b \operatorname{Sin} \beta}{\operatorname{Sin} a_2}$

36) $\alpha_1 = \alpha - \alpha_2$ 37) $\operatorname{Sin} \delta = \frac{n \operatorname{Sin} \alpha_1}{c}$

38) $\gamma_2 = 180^0 - (\alpha_1 + \delta)$ 39) $d = \frac{c \operatorname{Sin} \gamma_2}{\operatorname{Sin} \alpha_1} = \frac{n \operatorname{Sin} \gamma_2}{\operatorname{Sin} \delta}$

40) $\gamma = \gamma_1 + \gamma_2$ 41) $\frac{1}{2}(\beta_2 + \delta_1) = 90^0 - \frac{1}{2}\gamma$

42) $\operatorname{Tg} \frac{1}{2}(\beta_2 - \delta_1) = \frac{b - c}{b + c} \operatorname{Cotg} \frac{1}{2}\gamma$

43) $\beta_2 = \frac{1}{2}(\beta_2 + \delta_1) + \frac{1}{2}(\beta_2 - \delta_1)$

44) $\delta_1 = \frac{1}{2}(\beta_2 + \delta_1) - \frac{1}{2}(\beta_2 - \delta_1)$

45) $m = \frac{b \operatorname{Sin} \gamma}{\operatorname{Sin} \delta_1} = \frac{c \operatorname{Sin} \gamma}{\operatorname{Sin} \beta_2}$ 46) $\delta_2 = \delta - \delta_1$

47) $\beta_1 = \beta - \beta_2 = 180^0 - (\alpha + \delta_2)$

Probe:

48) $m = \frac{a \operatorname{Sin} \alpha}{\operatorname{Sin} \delta_2} = \frac{d \operatorname{Sin} \alpha}{\operatorname{Sin} \beta_1}$

Gegeben	
a, b, c, β, δ.	49) $\frac{1}{2}(\gamma_1 + \alpha_2) = 180^0 - \frac{1}{2}\beta$ 50) $\mathrm{Tg}\,\frac{1}{2}(\gamma_1 - \alpha_2) = \frac{a - b}{\alpha + b}\,\mathrm{Cotg}\,\frac{1}{2}\beta$ 54) $\mathrm{Sin}\,\alpha_1 = \frac{c\,\mathrm{Sin}\,\delta}{n}$ 51) $\gamma_1 = \frac{1}{2}(\gamma_1 + \alpha_2) + \frac{1}{2}(\gamma_1 - \alpha_2)$ 55) $\gamma_2 = 180^0 - (\alpha_1 + \delta)$ 52) $\alpha_2 = \frac{1}{2}(\gamma_1 + \alpha_2) - \frac{1}{2}(\gamma_1 - \alpha_2)$ 56) $d = \frac{c\,\mathrm{Sin}\,\gamma_2}{\mathrm{Sin}\,\alpha_1} = \frac{n\,\mathrm{Sin}\,\gamma_2}{\mathrm{Sin}\,\delta}$ 53) $n = \frac{a\,\mathrm{Sin}\,\beta}{\mathrm{Sin}\,\gamma_1} = \frac{b\,\mathrm{Sin}\,\beta}{\mathrm{Sin}\,\alpha_2}$ Das Uebrige ergibt sich nach den Formeln 40) bis 48)
a, b α, β, γ (δ)	Ist einer der Winkel nicht gegeben, so wird er zuvor als Ergänzung der drei gegebenen zu 360⁰ gefunden. 57) $\frac{1}{2}(\gamma_1 + \alpha_2) = 90^0 - \frac{1}{2}\beta$ 62) $\alpha_1 = \alpha - \alpha_2$ 58) $\mathrm{Tg}\,\frac{1}{2}(\gamma_1 - \alpha_2) = \frac{a-b}{a+b}\,\mathrm{Cotg}\,\frac{1}{2}\beta$ 63) $\gamma_2 = \gamma - \gamma_1$ 59) $\gamma_1 = \frac{1}{2}(\gamma_1 + \alpha_2) + \frac{1}{2}(\gamma_1 - \alpha_2)$ 64) $c = \frac{n\,\mathrm{Sin}\,\alpha_1}{\mathrm{Sin}\,\delta}$ 60) $\alpha_2 = \frac{1}{2}(\gamma_1 + \alpha_2) - \frac{1}{2}(\gamma_1 - \alpha_2)$ 65) $d = \frac{n\,\mathrm{Sin}\,\gamma_2}{\mathrm{Sin}\,\delta}$ 61) $n = \frac{\alpha\,\mathrm{Sin}\,\beta}{\mathrm{Sin}\,\gamma_1} = \frac{b\,\mathrm{Sin}\,\beta}{\mathrm{Sin}\,\alpha_2}$ Das Uebrige ergibt sich aus den Formeln 41) bis 48) c und d erhält man auch direkt nach den Formeln: 66) $c = \frac{b\,\mathrm{Sin}\,(\gamma + \delta) + a\,\mathrm{Sin}\,\alpha}{\mathrm{Sin}\,\delta}$ 67) $d = \frac{a\,\mathrm{Sin}\,(\alpha + \delta) + b\,\mathrm{Sin}\,\gamma}{\mathrm{Sin}\,\delta}$
a, c α, β, γ (δ)	68) $b = \frac{a\,\mathrm{Sin}\,\alpha - c\,\mathrm{Sin}\,\delta}{\mathrm{Sin}\,(\alpha + \beta)}$ 69) $d = \frac{a\,\mathrm{Sin}\,\beta - c\,\mathrm{Sin}\,\gamma}{\mathrm{Sin}\,(\alpha + \beta)}$ Das Uebrige ergibt sich nach den Formeln 57) bis 89) und 41) bis 48)

d. Besondere Vierecke.

Parallelogramm.

70) $\alpha + \delta = \beta + \gamma = 180^0$. 71) $a = c$; $b = d$.

72) $m = \sqrt{a^2 + b^2 + 2\,a\,b\,\mathrm{Cos}\,\alpha}$ 73) $n = \sqrt{a^2 + b^2 - 2\,a\,b\,\mathrm{Cos}\,\alpha}$

74) $f = a\,b\,\mathrm{Sin}\,\alpha = a\,b\,\mathrm{Sin}\,\beta = \frac{1}{2}\,m\,n\,\mathrm{Sin}\,\varphi$.

75) $\mathrm{Sin}\,\alpha_1 = \mathrm{Sin}\,\gamma_1 = \frac{a\,\mathrm{Sin}\,\beta}{n}$; 76) $\mathrm{Sin}\,\alpha_2 = \mathrm{Sin}\,\gamma_2 = \frac{b\,\mathrm{Sin}\,\beta}{n}$;

77) $\mathrm{Sin}\,\beta_1 = \mathrm{Sin}\,\delta_1 = \frac{b\,\mathrm{Sin}\,\alpha}{m}$ 78) $\mathrm{Sin}\,\beta_2 = \mathrm{Sin}\,\delta_2 = \frac{a\,\mathrm{Sin}\,\alpha}{m}$

Paralleltrapez.

Bezeichnungen: Parallelseiten b und d, andere a und c. Höhe h. Winkel $\alpha = (\widehat{ad})$, $\beta = (\widehat{ba})$, $\gamma = (\widehat{cb})$, $\delta = (\widehat{dc})$. $s = \frac{1}{2}(a + b + c + d)$

79) $\alpha + \beta = \gamma + \delta = 180^0$.

80) $\text{Cotg}\,\frac{1}{2}\alpha = \text{Tg}\,\frac{1}{2}\beta = \sqrt{\frac{(s-a-d)(s-b)}{(s-c-d)(s-d)}}$

81) $\text{Tg}\,\frac{1}{2}\gamma = \text{Cotg}\,\frac{1}{2}\delta = \sqrt{\frac{(s-c-d)(s-b)}{(s-a-d)(s-d)}}$

82) $\text{Sin}\,\alpha = \text{Sin}\,\delta = \frac{2}{c(b-d)}\sqrt{(s-a-d)(s-b)(s-c-d)(s-d)}$;

83) $\text{Sin}\,\beta = \text{Sin}\,\gamma = \frac{2}{a(b-d)}\sqrt{(s-a-d)(s-b)(s-c-d)(s-d)}$

84) $h = a\,\text{Sin}\,\alpha = c\,\text{Sin}\,\gamma = \frac{2}{b-d}\sqrt{(s-a-d)(s-b)(s-c-d)(s-d)}$

85) $f = \frac{1}{2} h \,.\, (b + d) = \frac{1}{2} a\,\text{Sin}\,\alpha \,.\, (b + d) = \frac{1}{2} c\,\text{Sin}\gamma \,.\, (b + d)$
$= \frac{b+d}{b-d}\sqrt{(s-a-d)(s-b)(s-c-d)(s-d)}$.

VII. Simpson'sche Flächenregel.

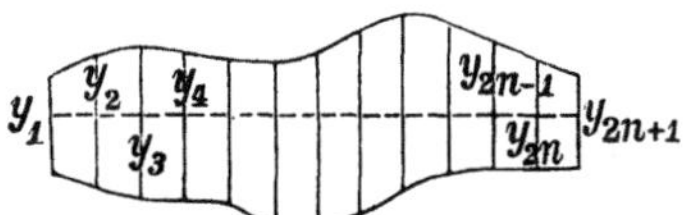

Ist eine ebene Figur von zwei parallelen Geraden (Ordinaten) y_1 und y_{2n+1}, und von zwei Curven begrenzt, so ziehe man eine ungerade Anzahl gleich-abständiger (Abstand $\triangle x$) Ordinaten, d. h. Parallelen zu den Endgeraden, messe ihre Längen y_2, $y_3 \dots y_{2n}$ und findet nun den Flächeninhalt der Figur als Produkt des dritten Theils des Abstandes zweier benachbarter Ordinaten mit der Summe aus der ersten und der letzten Ordinate (y_1 und y_{2n+1}), der doppelten Summe der übrigen ungeradzahligen Ordinaten (y_3, y_5, $y_7, \dots$) und der vierfachen Summe aller geradzahligen Ordinaten (y_2, $y_4 \dots y_{2n}$). Also:

$$f = \frac{\triangle x}{3}\Big((y_1 + y_{2n+1}) + 2(y_3 + y_5 + \cdots y_{2n-1}) + 4(y_2 + y_4 + y_6 \cdots + y_{2n})\Big)$$

Die Endordinaten (y_1 und y_{2n+1}) können auch Null sein. Die Ordinaten müssen so enge aneinander liegen, dass die Curvenstücke zwischen zwei benachbarten ungeradzahligen genügend durch die Gleichung

$$y = c_0 + c_1 x + c_2 x^2 + c_3 x^3$$

dargestellt werden können, wo x die von der einen Begrenzungscoordinate gezählte Abscisse bedeutet.

Legt man die Parallelen sehr enge (aber gleichabständig), so kann man eine beliebige Anzahl $n-2$ (gerade oder ungerade) derselben zwischen die Endordinaten einschalten und rechnen nach der andern Formel:

$$f = \tfrac{1}{2} \triangle x\big(y_1 + y_n + 2(y_2 + y_3 + \cdots \cdot y_{n-1})\big)$$

VIII. Sphärische Trigonometrie.

a. Bezeichnungen.

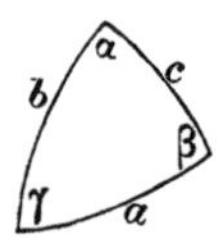

$$\left.\begin{array}{l}\text{Die drei Seiten: a, b, c}\\ \text{Die drei gegenüberliegenden Winkel: } \alpha,\ \beta,\ \gamma\end{array}\right\}\text{ in Winkelmaass.}$$

$s = \frac{1}{2}(a + b + c)$ r der Kugelhalbmesser.

$\sigma = \frac{1}{2}(\alpha + \beta + \gamma)$ $\varepsilon = \alpha + \beta + \gamma - 180^0$ (sphär. Excess).

b. Umrechnungen.

1) Das Längenmaass der Seiten wird gefunden, wenn man das Winkelmaass mit r multiplizirt und je nachdem die Angabe in Graden, in Minuten oder in Sekunden ist, mit 57,295 7795 (Log. gleich 1.758 1226); mit 3437,74677 (Log. gleich 3.5372739) oder mit 206264,8062 (Log. gleich 5.3144251) dividirt.

2) Das Winkelmaass der Seiten wird gefunden, wenn man das Längenmaass mit r dividirt und mit 57,2957795, bezw. 3437,74677, bezw. 206264,8062 multiplizirt, je nachdem man Grade, Minuten oder Sekunden erhalten will.

c. Allgemeines.

3) $\operatorname{Sin} a : \operatorname{Sin} \alpha = \operatorname{Sin} b : \operatorname{Sin} \beta = \operatorname{Sin} c : \operatorname{Sin} \gamma.$

$$\left\{\begin{array}{ll}4) & \operatorname{Cos} a = \operatorname{Cos} b \operatorname{Cos} c + \operatorname{Sin} b \operatorname{Sin} c \operatorname{Cos} \alpha\\ 5) & \operatorname{Cos} \alpha = -\operatorname{Cos} \beta \operatorname{Cos} \gamma + \operatorname{Sin} \beta \operatorname{Sin} \gamma \operatorname{Cos} a\end{array}\right.$$

$$\left\{\begin{array}{ll}6) & \operatorname{Cos} a \operatorname{Sin} b = \operatorname{Sin} c \operatorname{Cos} \alpha + \operatorname{Sin} a \operatorname{Cos} b \operatorname{Cos} \gamma\\ 7) & \operatorname{Cos} \alpha \operatorname{Sin} \beta = \operatorname{Sin} \gamma \operatorname{Cos} a - \operatorname{Sin} \alpha \operatorname{Cos} \beta \operatorname{Cos} c\end{array}\right.$$

$$\left\{\begin{array}{ll}8) & \operatorname{Cotg} a \operatorname{Sin} b = \operatorname{Sin} \gamma \operatorname{Cotg} \alpha + \operatorname{Cos} \gamma \operatorname{Cos} b\\ 9) & \operatorname{Cotg} \alpha \operatorname{Sin} \beta = \operatorname{Sin} c \operatorname{Cotg} a - \operatorname{Cos} c \operatorname{Cos} \beta\end{array}\right.$$

$$\left.\begin{array}{ll}10) & \operatorname{Cos} \tfrac{1}{2}(\alpha - \beta) \operatorname{Sin} \tfrac{1}{2} c = \operatorname{Sin} \tfrac{1}{2}(a + b) \operatorname{Sin} \tfrac{1}{2}\gamma\\ 11) & \operatorname{Sin} \tfrac{1}{2}(\alpha - \beta) \operatorname{Sin} \tfrac{1}{2} c = \operatorname{Sin} \tfrac{1}{2}(a - b) \operatorname{Cos} \tfrac{1}{2}\gamma\\ 12) & \operatorname{Cos} \tfrac{1}{2}(\alpha + \beta) \operatorname{Cos} \tfrac{1}{2} c = \operatorname{Cos} \tfrac{1}{2}(a + b) \operatorname{Sin} \tfrac{1}{2}\gamma\\ 13) & \operatorname{Sin} \tfrac{1}{2}(\alpha + \beta) \operatorname{Cos} \tfrac{1}{2} c = \operatorname{Cos} \tfrac{1}{2}(a - b) \operatorname{Cos} \tfrac{1}{2}\gamma\end{array}\right\}\begin{array}{c}\text{Gauss'sche}\\ \text{Gleichungen}\end{array}$$

$$\left.\begin{array}{ll}14) & \operatorname{Tg} \tfrac{1}{2}(a + b) = \operatorname{Tg} \tfrac{1}{2} c . \operatorname{Cos} \tfrac{1}{2}(\alpha - \beta) : \operatorname{Cos} \tfrac{1}{2}(\alpha + \beta)\\ 15) & \operatorname{Tg} \tfrac{1}{2}(a - b) = \operatorname{Tg} \tfrac{1}{2} c . \operatorname{Sin} \tfrac{1}{2}(\alpha - \beta) : \operatorname{Sin} \tfrac{1}{2}(\alpha + \beta)\\ 16) & \operatorname{Tg} \tfrac{1}{2}(\alpha + \beta) = \operatorname{Cotg} \tfrac{1}{2}\gamma . \operatorname{Cos} \tfrac{1}{2}(a - b) : \operatorname{Cos} \tfrac{1}{2}(a + b)\\ 17) & \operatorname{Tg} \tfrac{1}{2}(\alpha - \beta) = \operatorname{Cotg} \tfrac{1}{2}\gamma . \operatorname{Sin} \tfrac{1}{2}(a - b) : \operatorname{Sin} \tfrac{1}{2}(a + b)\end{array}\right\}\begin{array}{c}\text{Neper's}\\ \text{Analogien}\end{array}$$

18) $\operatorname{Sin} \frac{1}{2} \varepsilon = \operatorname{Sin} \gamma . \operatorname{Sin} \frac{1}{2} a \operatorname{Sin} \frac{1}{2} b : \operatorname{Cos} \frac{1}{2} c$

19) $\operatorname{Cotg} \frac{1}{2} \varepsilon = \operatorname{Cotg} \gamma + \operatorname{Cotg} \frac{1}{2} a \operatorname{Cotg} \frac{1}{2} b : \operatorname{Sin} \gamma$

20) $\operatorname{Tg} \frac{1}{4} \varepsilon = \sqrt{\operatorname{Tg} \frac{1}{2} s \operatorname{Tg} \frac{1}{2}(s - a) \operatorname{Tg} \frac{1}{2}(s - b) \operatorname{Tg} \frac{1}{2}(s - c)}$ (L'huillier)

21) Fläche des sphärischen Dreiecks: $f = (\varepsilon) r^2$, wo der sphärische Excess in Längenmaass gemeint ist $[(\varepsilon)]$.

(In obigen Formeln 4—19 kann a mit b, mit c vertauscht werden, wenn gleichzeitig α mit β mit γ vertauscht wird.)

d. Berechnung des sphärischen Dreiecks aus gegebenen Stücken.

(Als Rechenprobe: $\operatorname{Sin} a : \operatorname{Sin} \alpha = \operatorname{Sin} b : \operatorname{Sin} \beta = \operatorname{Sin} c : \operatorname{Sin} \gamma$.)

Gegeben	
a, b, c	22) $\operatorname{Tg} \frac{1}{2} \alpha = \sqrt{\frac{\operatorname{Sin}(s-b)\operatorname{Sin}(s-c)}{\operatorname{Sin} s \cdot \operatorname{Sin}(s-a)}}$; $\operatorname{Tg} \frac{1}{2} \beta = \sqrt{\frac{\operatorname{Sin}(s-a)\operatorname{Sin}(s-c)}{\operatorname{Sin} s \cdot \operatorname{Sin}(s-b)}}$; $\operatorname{Tg} \frac{1}{2} \gamma = \sqrt{\frac{\operatorname{Sin}(s-a)\operatorname{Sin}(s-b)}{\operatorname{Sin} s \cdot \operatorname{Sin}(s-c)}}$
	23) $\operatorname{Sin} \frac{1}{2} \alpha = \sqrt{\frac{\operatorname{Sin}(s-b)\operatorname{Sin}(s-c)}{\operatorname{Sin} b \cdot \operatorname{Sin} c}}$ und Buchstabenvertauschung. Nicht gut für Winkel nahe an 90°
	24) $\operatorname{Cos} \frac{1}{2} \alpha = \sqrt{\frac{\operatorname{Sin} s \cdot \operatorname{Sin}(s-a)}{\operatorname{Sin} b \cdot \operatorname{Sin} c}}$ und Buchstabenvertauschung. Nicht gut für Winkel nahe an 180° oder 0°
α, β, γ	25) $\operatorname{Tg} \frac{1}{2} a = \sqrt{-\frac{\operatorname{Cos} \sigma \operatorname{Cos}(\sigma-\alpha)}{\operatorname{Cos}(\sigma-\beta)\operatorname{Cos}(\sigma-\gamma)}}$; $\operatorname{Tg} \frac{1}{2} b = \sqrt{-\frac{\operatorname{Cos} \sigma \operatorname{Cos}(\sigma-\beta)}{\operatorname{Cos}(\sigma-\alpha)\operatorname{Cos}(\sigma-\gamma)}}$; $\operatorname{Tg} \frac{1}{2} c = \sqrt{-\frac{\operatorname{Cos} \sigma \operatorname{Cos}(\sigma-\gamma)}{\operatorname{Cos}(\sigma-\alpha)\operatorname{Cos}(\sigma-\beta)}}$
	26) $\operatorname{Sin} \frac{1}{2} a = \sqrt{\frac{-\operatorname{Cos} \sigma \operatorname{Cos}(\sigma-\alpha)}{\operatorname{Sin} \beta \operatorname{Sin} \gamma}}$ und Buchstabenvertauschung. Nicht gut wenn $^1/_2$a nahe an 90°
	27) $\operatorname{Cos} \frac{1}{2} a = \sqrt{\frac{\operatorname{Cos}(\sigma-\beta)\operatorname{Cos}(\sigma-\gamma)}{\operatorname{Sin} \beta \operatorname{Sin} \gamma}}$ und Buchstabenvertauschung. Nicht gut wenn $^1/_2$a nahe an 0° oder 180°
a, b, γ	28) $\operatorname{Tg} \frac{1}{2}(\alpha+\beta) = \operatorname{Cotg} \frac{1}{2}\gamma \cdot \operatorname{Cos} \frac{1}{2}(a-b) : \operatorname{Cos} \frac{1}{2}(a+b)$ } α u. β aus Summe u. Differ.
	29) $\operatorname{Tg} \frac{1}{2}(\alpha-\beta) = \operatorname{Cotg} \frac{1}{2}\gamma \cdot \operatorname{Sin} \frac{1}{2}(a-b) : \operatorname{Sin} \frac{1}{2}(a+b)$ }
	30) $\operatorname{Sin} \frac{1}{2} c = \operatorname{Cos} \frac{1}{2}\gamma \cdot \operatorname{Sin} \frac{1}{2}(a-b) : \operatorname{Sin} \frac{1}{2}(\alpha-\beta)$ $= \operatorname{Sin} \frac{1}{2}\gamma \cdot \operatorname{Sin} \frac{1}{2}(a+b) : \operatorname{Cos} \frac{1}{2}(\alpha-\beta)$
	31) $\operatorname{Cos} \frac{1}{2} c = \operatorname{Cos} \frac{1}{2}\gamma \cdot \operatorname{Cos} \frac{1}{2}(a-b) : \operatorname{Sin} \frac{1}{2}(\alpha+\beta)$ $= \operatorname{Sin} \frac{1}{2}\gamma \cdot \operatorname{Cos} \frac{1}{2}(a+b) : \operatorname{Cos} \frac{1}{2}(\alpha+\beta)$
	32) $\operatorname{Tg} \frac{1}{2} c = \operatorname{Tg} \frac{1}{2}(a+b) \operatorname{Cos} \frac{1}{2}(\alpha+\beta) : \operatorname{Cos} \frac{1}{2}(\alpha-\beta)$ $= \operatorname{Tg} \frac{1}{2}(a-b) \operatorname{Sin} \frac{1}{2}(\alpha+\beta) : \operatorname{Sin} \frac{1}{2}(\alpha-\beta)$
	oder
	33) $\operatorname{Cotg} \alpha = -\operatorname{Cotg} \gamma \cdot \operatorname{Cotg}(b+\psi) : \operatorname{Cos} \psi$ mit $\operatorname{Cotg} \psi = \operatorname{Tg} a \operatorname{Cos} \gamma$
	34) $\operatorname{Cotg} \beta = -\operatorname{Cotg} \gamma \cdot \operatorname{Cotg}(a+\varphi) : \operatorname{Cos} \varphi$ mit $\operatorname{Cotg} \varphi = \operatorname{Tg} b \operatorname{Cos} \gamma$
	35) $\operatorname{Cos} c = \operatorname{Cos} b \cdot \operatorname{Sin}(a+\varphi) : \operatorname{Sin} \varphi$ mit $\operatorname{Cotg} \varphi = \operatorname{Tg} b \operatorname{Cos} \gamma$

Gegeben	
α, β, c	36) $\operatorname{Tg}\frac{1}{2}(a+b)=\operatorname{Tg}\frac{1}{2}c\cdot\operatorname{Cos}\frac{1}{2}(\alpha-\beta):\operatorname{Cos}\frac{1}{2}(\alpha+\beta)$ } a u. b aus Summe und Differ. 37) $\operatorname{Tg}\frac{1}{2}(a-b)=\operatorname{Tg}\frac{1}{2}c\cdot\operatorname{Sin}\frac{1}{2}(\alpha-\beta):\operatorname{Sin}\frac{1}{2}(\alpha+\beta)$ } 38) $\operatorname{Sin}\frac{1}{2}\gamma=\operatorname{Sin}\frac{1}{2}c\cdot\operatorname{Cos}\frac{1}{2}(\alpha-\beta):\operatorname{Sin}\frac{1}{2}(a+b)$ $=\operatorname{Cos}\frac{1}{2}c\cdot\operatorname{Cos}\frac{1}{2}(\alpha+\beta):\operatorname{Cos}\frac{1}{2}(a+b)$ 39) $\operatorname{Cos}\frac{1}{2}\gamma=\operatorname{Sin}\frac{1}{2}c\cdot\operatorname{Sin}\frac{1}{2}(\alpha-\beta):\operatorname{Sin}\frac{1}{2}(a-b)$ $=\operatorname{Cos}\frac{1}{2}c\cdot\operatorname{Sin}\frac{1}{2}(\alpha+\beta):\operatorname{Cos}\frac{1}{2}(a-b)$ 40) $\operatorname{Tg}\frac{1}{2}\gamma=\operatorname{Cotg}\frac{1}{2}(\alpha-\beta)\cdot\operatorname{Sin}\frac{1}{2}(a-b):\operatorname{Sin}\frac{1}{2}(a+b)$ $=\operatorname{Cotg}\frac{1}{2}(\alpha+\beta)\cdot\operatorname{Cos}\frac{1}{2}(a-b):\operatorname{Cos}\frac{1}{2}(a+b)$ oder 41) $\operatorname{Cotg}a=\operatorname{Cotg}c\cdot\operatorname{Sin}(\beta+\psi):\operatorname{Sin}\psi$ mit $\operatorname{Tg}\psi=\operatorname{Tg}\alpha\operatorname{Cos}c$ 42) $\operatorname{Cotg}b=\operatorname{Cotg}c\cdot\operatorname{Sin}(\alpha+\varphi):\operatorname{Sin}\varphi$ mit $\operatorname{Cotg}\varphi=\operatorname{Tg}\beta\operatorname{Cos}c$ 43) $\operatorname{Cos}\gamma=\operatorname{Cos}\beta\cdot\operatorname{Cos}(\alpha-\varphi):\operatorname{Sin}\varphi$ mit $\operatorname{Cotg}\varphi=\operatorname{Tg}\beta\operatorname{Cos}c$
a, b, α	44) $\operatorname{Sin}\beta=\operatorname{Sin}b\cdot\operatorname{Sin}\alpha:\operatorname{Sin}a$ auch $\operatorname{Sin}(45^0-\frac{1}{2}\beta)=\sqrt{\frac{\operatorname{Sin}b\operatorname{Sin}^2(45^0-\frac{1}{2}\alpha)+\operatorname{Cos}\frac{1}{2}(a+b)\operatorname{Sin}\frac{1}{2}(a-b)}{\operatorname{Sin}a}}$ 45) $\operatorname{Tg}\frac{1}{2}\gamma=\operatorname{Cotg}\frac{1}{2}(\alpha-\beta)\operatorname{Sin}\frac{1}{2}(a-b):\operatorname{Sin}\frac{1}{2}(a+b)$ $=\operatorname{Cotg}\frac{1}{2}(\alpha+\beta)\operatorname{Cos}\frac{1}{2}(a-b):\operatorname{Cos}\frac{1}{2}(a+b)$ 46) $\operatorname{Tg}\frac{1}{2}c=\operatorname{Tg}\frac{1}{2}(a-b)\operatorname{Sin}\frac{1}{2}(\alpha+\beta):\operatorname{Sin}\frac{1}{2}(\alpha-\beta)$ $=\operatorname{Tg}\frac{1}{2}(a+b)\operatorname{Cos}\frac{1}{2}(\alpha+\beta):\operatorname{Cos}\frac{1}{2}(\alpha-\beta)$ auch 47) $\gamma=\mu\pm\nu$ mit $\operatorname{Cotg}\mu=\operatorname{Cos}b\operatorname{Tg}\alpha$ und $\operatorname{Cos}\nu=\operatorname{Cos}\mu\operatorname{Cotg}a\operatorname{Tg}b$ 48) $c=m\pm n$ mit $\operatorname{Tg}m=\operatorname{Cos}\beta\operatorname{Tg}a$ und $\operatorname{Cos}n=\operatorname{Cos}m\operatorname{Cos}a:\operatorname{Cos}b$ oder: wenn $\operatorname{Sin}a>\operatorname{Sin}b$: 49) $\operatorname{Sin}(\gamma+\psi)=\operatorname{Cotg}a\cdot\operatorname{Tg}b\cdot\operatorname{Sin}\psi$ mit $\operatorname{Tg}\psi=\operatorname{Cos}b\cdot\operatorname{Tg}\alpha$ 50) $\operatorname{Sin}(c+\varphi)=\operatorname{Cos}a\cdot\operatorname{Sin}\varphi:\operatorname{Cos}b$ mit $\operatorname{Cotg}\varphi=\operatorname{Tg}b\cdot\operatorname{Cos}\alpha$ Zu 49) u. 50)] Wenn: $\operatorname{Sin}a<\operatorname{Sin}b\operatorname{Sin}\alpha$ Unmöglich $\operatorname{Sin}a=\operatorname{Sin}b\operatorname{Sin}\alpha$ Eine Lös. $\beta=90^0$ $a>b$ u. $a+b<180^0$ Eine Lös. $\beta<90^0$ $a<b$ u. $a+b>180^0$ Eine Lös. $\beta>90^0$ $a=b=\alpha=90^0$ Unendl. viele Lös. $\beta=90^0\ \gamma=?$ In allen anderen Fällen: Zwei Lös., $\beta_1+\beta_2=180^0$

Gegeben	
α, β, a	51) $\operatorname{Sin} b = \operatorname{Sin}\beta \cdot \operatorname{Sin} a : \operatorname{Sin}\alpha$ auch $\operatorname{Sin}(45^0 - \frac{1}{2} b) = \sqrt{\frac{\operatorname{Sin}\beta \cdot \operatorname{Sin}^2(45^0 - \frac{1}{2} a) + \operatorname{Cos}\frac{1}{2}(\alpha+\beta)\operatorname{Sin}\frac{1}{2}(a-\beta)}{\operatorname{Sin}\alpha}}$ 52) $\operatorname{Tg}\frac{1}{2} c = \operatorname{Tg}\frac{1}{2}(a - b)\operatorname{Sin}\frac{1}{2}(\alpha + \beta) : \operatorname{Sin}\frac{1}{2}(\alpha - \beta)$ $= \operatorname{Tg}\frac{1}{2}(a + b)\operatorname{Cos}\frac{1}{2}(\alpha + \beta) : \operatorname{Cos}\frac{1}{2}(\alpha - \beta)$ 53) $\operatorname{Tg}\frac{1}{2}\gamma = \operatorname{Cotg}\frac{1}{2}(\alpha - \beta)\operatorname{Sin}\frac{1}{2}(a - b) : \operatorname{Sin}\frac{1}{2}(a + b)$ $= \operatorname{Cotg}\frac{1}{2}(\alpha + \beta)\operatorname{Cos}\frac{1}{2}(a - b) : \operatorname{Cos}\frac{1}{2}(a + b)$ auch 54) $c = m \pm n$ mit $\operatorname{Tg} m = \operatorname{Tg} a \operatorname{Cos}\beta$ und $\operatorname{Sin} n = \operatorname{Sin} m \operatorname{Cotg}\alpha \operatorname{Tg}\beta$ 55) $\gamma = \mu \pm \nu$ mit $\operatorname{Cotg}\mu = \operatorname{Cos} a \operatorname{Tg}\beta$ und $\operatorname{Sin}\nu = \operatorname{Sin}\mu \operatorname{Cos}\alpha : \operatorname{Cos}\beta$ oder: wenn $\operatorname{Sin}\alpha > \operatorname{Sin}\beta$ 56) $\operatorname{Sin}(c + \psi) = -\operatorname{Cotg}\alpha \cdot \operatorname{Tg}\beta \cdot \operatorname{Cos}\psi \cdot$ mit $\operatorname{Cotg}\psi = \operatorname{Tg} a \cdot \operatorname{Cos}\beta$ 57) $\operatorname{Sin}(\gamma - \varphi) = \operatorname{Cos}\alpha \cdot \operatorname{Sin}\varphi : \operatorname{Cos}\beta \cdot$ mit $\operatorname{Cotg}\varphi = \operatorname{Tg}\beta \cdot \operatorname{Cos} a$ Zu 56) u. 57) Wenn: $\operatorname{Sin}\alpha < \operatorname{Sin}\beta \operatorname{Sin} a$ Unmöglich $\operatorname{Sin}\alpha = \operatorname{Sin}\beta \operatorname{Sin}\alpha$ Eine Lös. $b = 90^0$ $\alpha > \beta$ u. $\alpha + \beta < 180^0$ Eine Lös. $b < 90^0$ $\alpha < \beta$ u. $\alpha + \beta > 180^0$ Eine Lös. $b > 90^0$ $\alpha = \beta = a = 90^0$ Unendl. viele Lös. $b = 90^0$ $\gamma = ?$ In allen anderen Fällen Zwei Lös. $b_1 + b_2 = 180^0$

e. Sphärische Dreiecke mit einem rechten Winkel $\alpha = 90^0$.

58) $\operatorname{Sin} b = \operatorname{Sin}\alpha \operatorname{Sin}\beta$; $\operatorname{Sin} c = \operatorname{Sin} a \operatorname{Sin}\gamma$

59) $\operatorname{Cos} a = \operatorname{Cos} b \operatorname{Cos} c = \operatorname{Cotg}\beta \operatorname{Cotg}\gamma$

60) $\operatorname{Cotg}\beta = \operatorname{Cotg} b \operatorname{Sin} c$; $\operatorname{Cotg}\gamma = \operatorname{Cotg} c \operatorname{Sin} b$

61) $\operatorname{Cos}\beta = \operatorname{Cos} b \operatorname{Sin}\gamma = \operatorname{Cotg} a \operatorname{Tg} c$; $\operatorname{Cos}\gamma = \operatorname{Cos} c \operatorname{Sin}\beta = \operatorname{Cotg} a \operatorname{Tg} b$

62) $\varepsilon = \beta + \gamma - 90^0$

f. Berechnung des sphärischen Dreiecks mit einem rechten Winkel (α) aus gegebenen Stücken.

Gegeben	
b, c, $\alpha = 90^0$	63) $\operatorname{Cotg}\beta = \operatorname{Cotg} b \operatorname{Sin} c$; $\operatorname{Cotg}\gamma = \operatorname{Cotg} c \operatorname{Sin} b$ 64) $\operatorname{Cos} a = \operatorname{Cos} b \operatorname{Cos} c$ 65) $\operatorname{Tg}\frac{1}{2} a = \sqrt{\frac{\operatorname{Sin}^2\frac{1}{2}(b + c) + \operatorname{Sin}^2\frac{1}{2}(b - c)}{\operatorname{Cos}^2\frac{1}{2}(b + c) + \operatorname{Cos}^2\frac{1}{2}(b - c)}}$

Gegeben	
a, b, $\alpha = 90^0$	66) $\operatorname{Sin}\beta = \operatorname{Sin} b : \operatorname{Sin} a$
	67) $\operatorname{Cos}\gamma = \operatorname{Tg} b \operatorname{Cotg} a$
	68) $\operatorname{Cos} c = \operatorname{Cos} a : \operatorname{Cos} b$
	69) $\operatorname{Tg}\frac{1}{2}\gamma = \sqrt{\frac{\operatorname{Sin}(a-b)}{\operatorname{Sin}(a+b)}}$
	70) $\operatorname{Tg}(45^0 + \frac{1}{2}\beta) = \sqrt{\operatorname{Tg}\frac{1}{2}(a+b) \cdot \operatorname{Cotg}\frac{1}{2}(a-b)}$
	71) $\operatorname{Tg}\frac{1}{2} c = \sqrt{\operatorname{Tg}\frac{1}{2}(a+c)\operatorname{Tg}\frac{1}{2}(a-c)}$
b, β, $\alpha = 90^0$	72) $\operatorname{Sin}\gamma = \operatorname{Cos}\beta : \operatorname{Cos} b$
	73) $\operatorname{Sin} c = \operatorname{Tg} b \operatorname{Cotg}\beta$
	74) $\operatorname{Sin} a = \operatorname{Sin} c : \operatorname{Sin}\gamma$
	75) $\operatorname{Tg}(45^0 + \frac{1}{2} c) = \sqrt{\frac{\operatorname{Sin}(\beta+b)}{\operatorname{Sin}(\beta-b)}}$
	76) $\operatorname{Tg}(45^0 + \frac{1}{2}\gamma) = \sqrt{\operatorname{Cotg}\frac{1}{2}(\beta+b)\operatorname{Cotg}\frac{1}{2}(\beta-b)}$
	77) $\operatorname{Tg}(45^0 + \frac{1}{2} a) = \sqrt{\operatorname{Tg}\frac{1}{2}(\gamma+c)\operatorname{Cotg}\frac{1}{2}(\gamma-c)}$
b, γ, $\alpha = 90^0$	78) $\operatorname{Cos}\beta = \operatorname{Cos} b \operatorname{Sin}\gamma$
	79) $\operatorname{Tg} c = \operatorname{Sin} b \cdot \operatorname{Tg}\gamma$
	80) $\operatorname{Cotg} a = \operatorname{Cotg} c \cdot \operatorname{Cos}\gamma$
	81) $\operatorname{Tg}\frac{1}{2}\beta = \sqrt{\frac{\operatorname{Sin}^2\frac{1}{2}(b+\gamma-90^0) + \operatorname{Sin}^2\frac{1}{2}(b-\gamma+90^0)}{\operatorname{Cos}^2\frac{1}{2}(b+\gamma-90^0) + \operatorname{Cos}^2\frac{1}{2}(b-\gamma+90^0)}}$
a, β, $\alpha = 90^0$	82) $\operatorname{Sin} b = \operatorname{Sin} a \operatorname{Sin}\beta$ 83) $\operatorname{Tg} c = \operatorname{Tg} a \operatorname{Cos}\beta$
	84) $\operatorname{Cotg}\gamma = \operatorname{Cos} a \operatorname{Tg}\beta$
	85) $\operatorname{Tg}(45^0 + \frac{1}{2} b) = \sqrt{\frac{\operatorname{Sin}^2\frac{1}{2}(a+\beta) + \operatorname{Cos}^2\frac{1}{2}(a-\beta)}{\operatorname{Cos}^2\frac{1}{2}(a+\beta) + \operatorname{Sin}^2\frac{1}{2}(a-\beta)}}$
β, γ, $\alpha = 90^0$	86) $\operatorname{Cos} b = \operatorname{Cos}\beta : \operatorname{Sin}\gamma$
	87) $\operatorname{Cos} c = \operatorname{Cos}\gamma : \operatorname{Sin}\beta$
	88) $\operatorname{Cos} a = \operatorname{Cotg}\beta \operatorname{Cotg}\gamma$
	89) $\operatorname{Tg}\frac{1}{2} b = \sqrt{\operatorname{Tg}\frac{1}{2}(\beta+\gamma-90^0)\operatorname{Tg}\frac{1}{2}(\beta-\gamma+90)}$
	90) $\operatorname{Tg}\frac{1}{2} c = \sqrt{\operatorname{Tg}\frac{1}{2}(\gamma+\beta-90^0)\operatorname{Tg}\frac{1}{2}(\gamma-\beta+90^0)}$
	91) $\operatorname{Tg}\frac{1}{2} a = \sqrt{\operatorname{Sin}(\beta+\gamma-90^0)} : \sqrt{\operatorname{Cos}(\beta-\gamma)}$

Bemerkung: Die Formeln mit $\sqrt{}$ liefern stets genaue Werthe, während die anderen, wenn die gesuchten Grössen nahezu 90^0 oder 0^0 oder 180^0 sind, das nicht thun.

IX. Cubirungsregeln.

3seitiger Prismenstutz: $V = q \cdot \frac{k_1 + k_2 + k_3}{3}$, wo q der zu den Kanten normale Querschnitt, k_1, k_2, k_3 die Kantenlängen.

nseitiger Prismenstutz: $V = q \cdot h$, wo q der zu den Kanten normale Querschnitt, h der Abstand der Schwerpunkte der Endflächen.

Pyramidenstutz: $V = \frac{h}{3}(g_1 + g_2 + \sqrt{g_1 g_2})$; g_1 und g_2 die Endflächen, h ihr Abstand.

Prismatoid, 2 parallele Grundflächen g_1 und g_2, der diesen parallele Schnitt in halber Entfernung sei g_m und h der Abstand der Grundflächen (die Seitenflächen sind Dreiecke und Paralleltrapeze).

Simpson's Regel: $V = \frac{h}{6}(g_1 + 4 g_m + g_2)$.

Rückungskörper: Volum gleich Flächeninhalt der erzeugenden Figur mal Weg ihres Schwerpunkts. (Guldin's Regel.)

X. Ausgleichungs - Rechnung.

(Methode der kleinsten Quadrate.)

a. Verschiedene Fehler.

Keine Beobachtung oder Messung kann die absolute, mathematisch genaue Wahrheit liefern; alle Messungen geben nur Annäherungen an die Wahrheit, desto nähere, je besser, genauer die Beobachtungen sind.

Unter den Fehlern, mit welchen eine Messung behaftet ist oder sein kann, sind die constanten zu unterscheiden von den unvermeidlichen veränderlichen (oder zufälligen) Fehlern.

Die constanten Fehler rühren von Mängeln der Messwerkzeuge oder der Verfahren her. Ist z. B. ein Stab, der 1 m lang sein sollte, in Wirklichkeit 1,001 m lang, so wird, wenn derselbe n mal auf eine Strecke abgelegt werden kann und man sich der Ungenauigkeit des Maassstabs nicht bewusst ist, die Strecke zu klein gefunden; man urtheilt nämlich, sie betrage n Meter, während sie doch in Wirklichkeit 1,001. n Meter lang ist. So oft man auch mit diesem Maassstabe die Messung wiederholen mag, so wird der aus der angenommenen Maassstabsunrichtigkeit entspringende Fehler immer derselbe nach Grösse und Vorzeichen; alle Längenmessungen mit einem zu grossen Maasse liefern zu kleine Ergebnisse. Die constanten Fehler sind dadurch gekennzeichnet, dass sie bei allen Wiederholungen derselben oder ähnlicher Messungen dasselbe Vorzeichen und eine, dem wahren, zu ermittelnden Betrage proportionale Grösse haben. — Gegen constante Fehler muss man sich schützen durch Berichtigung des Werkzeugs oder Verbesserung des Verfahrens, oder man muss, wenn das möglich ist, die Messungen so abändern, dass die Fehler aus dem Endergebnisse herausfallen; man richte sich z. B. so ein, dass der Fehler in einem Falle das Ergebniss um einen (zunächst unbekannten) Betrag zu gross, im andern Falle um eben denselben Betrag zu klein macht. Das Mittel der zwei Ergebnisse ist dann von dem constanten Fehler frei, dieser ist, wie man sagt, eliminirt. Wären keine andern Ungenauigkeiten in den Messungen, so würde der Betrag des constanten Fehlers sofort als halber Unterschied der zwei Messergebnisse gefunden sein.

Die veränderlichen (oder zufälligen) Fehler sind dadurch gekennzeichnet, dass sie in wiederholten Messungen mit wechselndem Vorzeichen (bald positiv, bald negativ) auftreten und ausserdem in veränderlicher Grösse. Denn wären sie alle gleichen Zeichens, oder auch nur die Mehrzahl derselben gleichen Zeichens, so müsste eine Ursache hierfür vorhanden sein, die immer wirksam ist, der Fehler wäre ein constanter. (Ueber einseitige Fehler oder regelmässige siehe § 31, S. 34.)

Gegenstand der Ausgleichungsrechnung ist aus den einander widersprechenden unmittelbaren Beobachtungsergebnissen oder Rohwerthen von Messungen den der Wahrheit am nächsten kommenden Werth, und, wenn es sich um mehr Werthe handelt, jene der Wahrheit nächststehenden abzuleiten, welche keine Widersprüche mehr belassen. Dabei erfährt man auch etwas über die Grösse der verbleibenden Unsicherheit, d. h. man findet Grenzen, zwischen welchen der wahre Werth (oder die wahren Werthe) eingeschlossen ist (sind).

Wiederholte oder überzählige Beobachtungen sind jederzeit nöthig, wenn man ausgleichen will. Denn ist eine Grösse nur einmal gemessen worden und kann auch nicht mittelbar (aus andern Messungen) ihr Werth angegeben werden, so erfährt man nichts über die Unsicherheit des Ergebnisses. Erst wenn mehrfache Bestimmungen derselben Grösse vorliegen, welche, der Unvollkommenheit aller Messungen wegen, einander widersprechen, erkennt man, dass nicht alle die gefundenen Werthe richtig sein können, — vielleicht ist es keiner derselben — und hier hat die Ausgleichungsrechnung den besten Werth zu suchen.

Sei M der bestmögliche, der Wahrheit am nächsten kommende Werth und b_1 sei ein unmittelbar beobachteter (Rohwerth). Man nennt $b_1 - M = v_1$ die am Rohwerthe b_1 anzubringende Verbesserung, welche positiv oder negativ sein kann. Die Verbesserung eines Beobachtungswerths ist also von diesem algebraisch abzuziehen, um den besten Werth zu finden. Die umgekehrte Verbesserung, also $M - b_1$, nennt man den Fehler der Beobachtung b_1. Der Fehler ist das, was noch fehlt zum wahren oder besten Werthe, er ist zum Rohwerth algebraisch zu addiren.

Der beste Werth M muss zwischen den verschiedenen Rohbeobachtungswerthen $b_1, b_2, b_3, \ldots$ liegen. Denn wären alle Beobachtungswerthe im selben Sinne von M verschieden, so wären sie ja mit einem constanten Fehler behaftet, auf welchen die Ausgleichungsrechnung sich nicht erstrecken kann. Anders ausgedrückt heisst das: die Verbesserungen müssen theils positiv, theils negativ sein. — Dasselbe gilt von den Fehlern.

b. Gleichwerthige Beobachtungen.

Hat man unter möglichst gleichen Verhältnissen und Umständen, unabhängig von einander, für dieselbe Grösse eine Anzahl verschiedener Werthe gefunden, so liegt kein Grund vor, einen oder einige für besser als die andern zu halten. Es liegt sehr nahe, das arithmetische Mittel der Beobachtungswerthe (d. i. ihre Summe getheilt durch ihre Anzahl) für den besten Werth M zu halten. Das geschah von jeher. Die auf tiefgehender mathematisch-philosophischer Grundlage fussenden Betrachtungen der Wahrscheinlichkeitsrechnung führen genau zu demselben Ergebniss, das der gesunde Menschenverstand, oder, wenn man will, ein instinktartiges Fühlen vorausgenommen hat.

Das arithmetische Mittel hat die Eigenschaft, dass die algebraische Summe aller seiner Unterschiede gegen die Zahlen, aus denen es genommen wurde, Null ist, d. h. die Summe der v ist Null.

In der Ausgleichungsrechnung ist es herkömmlich, als Symbol der algebraischen Summe einen allgemeinen Vertreter der Summenglieder in eckige Klammern einzuschliessen. Es bedeutet also

$$[v] = v_1 + v_2 + v_3 + \cdots v_n$$

Das arithmetische Mittel hat die Eigenschaft, dass die Summe der Quadrate seiner Unterschiede gegen die Stammzahlen kleiner ist als die Summe der Quadrate der Unterschiede der Stammzahlen gegen irgend eine andere Zahl.

Die eingehenderen Untersuchungen der Wahrscheinlichkeitsrechnung (Gauss 1795 und 1809, Legendre 1806) führen zu dem allgemeinen Satze: Der wahrscheinlich beste Werth (ausgeglichene) aus einer Anzahl Beobachtungszahlen ist jener, für welchen die Summe der Quadrate der Unterschiede gegen die Beobachtungswerthe, oder anders gesagt, für welche die Summe der Quadrate der an den Einzelbeobachtungen anzubringenden Verbesserungen ein Minimum ist. Daher der Name des Verfahrens: Methode der kleinsten Quadrate anstatt des genaueren: Methode der kleinsten Fehlerquadratensumme.

Die allgemeine Begründung der Richtigkeit dieses Grundsatzes der Ausgleichungsrechnung (welche auf Untersuchung eines bestimmten Integrals beruht), soll hier nicht gegeben werden, hingegen ist es bequem, darzulegen, dass der Satz zum arithmetischen Mittel führt, dessen Anwendung so einleuchtend erscheint.

Aus

$$\left.\begin{array}{l} b_1 - M = v_1 \\ b_2 - M = v_2 \\ \ldots \\ b_n - M = v_n \end{array}\right\} 1)$$

folgt:

$$[v^2] = (b_1 - M)^2 + (b_2 - M)^2 + \ldots . (b_n - M)^2$$

Damit das ein Minimum sei, genügt es (da ein Maximalwerth sachlich hier ausgeschlossen ist), dass der erste Differentialquotient nach M Null sei.

Nun ist aber

$$\frac{d[v^2]}{dM} = 2((b_1 - M) + (b_2 - M) + \ldots . (b_n - M)),$$

welches = 0 gesetzt gibt:

$$b_1 + b_2 + \ldots b_n - nM = 0 \text{ oder } M = \frac{b_1 + b_2 + \ldots b_n}{n} = \frac{[b]}{n}.$$

Das ist aber das arithmetische Mittel.

Wenn das arithmetische Mittel aus einer Anzahl gleichwerthiger Beobachtungsergebnisse der bestmögliche Werth der durch die Beobachtung gesuchten Grösse ist, so ist es doch nicht der wahre (mathematisch genaue) Werth, welcher mit B bezeichnet werden mag. Man bezeichne mit w die wahren Verbesserungen der Beobachtungen, also:

$$\left.\begin{array}{l} b_1 - w_1 = B \\ b_2 - w_2 = B \\ \ldots \\ b_n - w_n = B \end{array}\right\} 2)$$

(Da der wahre Werth B nie ermittelt werden kann, so sind auch die wahren Verbesserungen und die wahren Fehler nicht auffindbar; sie werden hier nur als Hülfsgrössen vorübergehend in die Betrachtung eingeführt.)

Bildet man aus den n Werthen der Quadrate der wahren Verbesserungen (oder Fehler) das arithmetische Mittel, nämlich $\frac{[w^2]}{n}$, so erhält man das Quadrat dessen, was man den mittleren Fehler m nennt. Also:

$$m^2 = \frac{[w^2]}{n}; \quad m = \sqrt{\frac{[w^2]}{n}}. \quad 3)$$

m kann desshalb als Mittelwerth der Fehler der Einzelbeobachtungen angesehen werden, weil, wenn alle Einzelbeobachtungen mit demselben Fehler $\pm$ m behaftet wären, die Quadratensumme der Fehler denselben Werth lieferte, wie er aus den verschiedenen wahren Fehlern hervorgeht.

Der Unterschied des arithmetischen Mittels M und des wahren Werths B soll mit μ bezeichnet werden: $M - \mu = B$. Durch Summation der Gleichungen 1) erhält man:

$$[b] - [w] = nB \text{ oder } B = \frac{[b]}{n} - \frac{[w]}{n} = M - \frac{[w]}{n}$$

folglich ist $\mu = \frac{[w]}{n}$ und $\mu^2 = \frac{[w]^2}{n^2}$.

Da $[w] = w_1 + w_2 + \cdots w_n$, so ergibt sich:

$$\mu^2 = \frac{1}{n^2}(w_1{}^2 + w_2{}^2 + \cdots w_n{}^2) + \frac{1}{n^2} 2 (w_1 w_2 + w_1 w_3 + \cdots w_i w_k + \cdots w_{n-1} w_n)$$
$$= \frac{[w^2]}{n^2} + 2 \frac{[w_i w_k]}{n^2}.$$

Der beste Werth, welcher für die Produktensumme angenommen werden kann, ist aber Null, weil es zum Wesen der veränderlichen Fehler gehört, dass sie ebenso wahrscheinlich positiv als negativ sind*); man erhält also:

$$\mu^2 = \frac{[w^2]}{n^2} \qquad \text{oder} \qquad \mu = \pm \sqrt{\frac{[w^2]}{n}} \cdot \sqrt{\frac{1}{n}}.$$

Und da die erste dieser Wurzelgrössen gleich m gesetzt wurde (3.), so ist

$$\mu = \pm \frac{m}{\sqrt{n}} \quad \ldots \quad 4)$$

Die Grösse μ heisst der Fehler des arithmetischen Mittels. Er ist gleich dem mittleren Fehler der Einzelbeobachtungen dividirt durch die Quadratwurzel aus der Anzahl der Beobachtungen.

Nun ist m selbst noch nicht bekannt, da bisher zu seiner Berechnung die Summe der unbekannten wahren Fehler, [w], nöthig ist.

Es ist gesetzt $M - \mu = B$ oder $M - B = \mu$
1) $b - M = v$ „ $b - v = M$
2) $b - w = B$ „ $b - w = B$
hieraus $w - v = M - B = \mu$

oder einzeln geschrieben:

$$\left.\begin{array}{l} w_1 = v_1 + \mu \\ w_2 = v_2 + \mu \\ \quad\cdots \\ w_n = v_n + \mu \end{array}\right\}$$

Werden diese Gleichungen quadrirt, dann addirt, so erhält man:

$$[w^2] = [v^2] + 2 \mu [v] + n \cdot \mu^2$$

Nun ist $[v] = 0$ (Eigenschaft des arithmet. Mittels), ferner mit 3) $[w^2] = n \cdot m^2$ und nach 4) $n \mu^2 = m^2$. Dieses beachtet gibt die vorstehende Gleichung:

$$n\, m^2 = [v^2] + m^2 \text{ oder } (n-1)\, m^2 = [v^2] \text{ oder}$$

$$m = \pm \sqrt{\frac{[v^2]}{n-1}}. \quad 5)$$

*) In dem Produkte $w_i\, w_k$ ist mit gleich grosser Wahrscheinlichkeit jeder Faktor positiv oder negativ anzunehmen. Gleich wahrscheinlich sind also die vier Fälle:

$$\begin{array}{l} (+ w_i)(+ w_k) = + w_i w_k \\ (+ w_i)(- w_k) = - w_i w_k \\ (- w_i)(- w_k) = + w_i w_k \\ (- w_i)(- w_k) = - w_i w_k \\ \hline \text{Summe} = 0 \end{array}$$

Der beste Werth aus den vier gleich wahrscheinlichen ist das arithmetische Mittel, das ist Null. So für jedes der Produkte, also auch für ihre Summe.

und dieses in 4) einsetzend:

$$\mu = \pm \sqrt{\frac{[v^2]}{n \cdot (n-1)}} \quad . \quad 6)$$

Die Formeln 5) und 6) erhalten rechts nur bekannte Grössen. Es lässt sich daher sowohl der mittlere Fehler der Einzelbeobachtungen (error medius metuendus), als auch der Fehler des arithmetischen Mittels berechnen.

Der Mittelwerth des bei jeder Einzelbeobachtung zu befürchtenden Fehlers hängt wesentlich ab von der Güte der Werkzeuge, Methoden, der Geschicklichkeit, Sorgfalt des Beobachters, Gunst der Umstände (wie Beleuchtung u. s. w.). So lange diese nicht ändern (die Beobachtungen also gleichwerthig bleiben), wird der Werth von m durch Vermehrung der Beobachtungen nicht erheblich geändert (weil $[v^2]$ nahezu im selben Maasse grösser wird wie $n-1$). Hingegen wird der Fehler des arithmetischen Mittels durch Vermehrung der Beobachtungen bei gleichbleibender Grösse des mittleren Fehlers der Einzelbeobachtungen vermindert; er ist für 4, 9, 16 . . . 100 Beobachtungen $^1/_2$, $^1/_3$, $^1/_4$ . . . $^1/_{10}$ mal so gross als der Mittelfehler m der Einzelbeobachtung. Daher also der Nutzen der Vervielfältigung, Wiederholung der Messungen.

Es soll bei dieser Gelegenheit bemerkt werden, dass es unstatthaft ist, einzelne Beobachtungswerthe, etwa weil sie stärker vom Mittelwerth abweichen, auszuschliessen. Das ist nur erlaubt, dann aber auch geboten, wenn man weiss, dass bei einer Beobachtung ein grober Fehler, der vermieden hätte werden können, vorfiel, eine Nachlässigkeit oder irgend ein mehr oder minder zufälliges Ereigniss eintrat, welches als entschiedenes Hinderniss guter Beobachtungen angesehen werden muss.

Berechnet man mit Hülfe der Wahrscheinlichkeitsrechnung die Grenzen, deren Ueberschreitung durch die Fehler nicht wahrscheinlicher ist, als ihre Innehaltung, so bekommt man im Intervall dieser Grenzen den sogenannten w a h r s c h e i n l i c h e n F e h l e r. Er ist ungefähr $^2/_3$, genauer 0,674 486 mal so gross als der m i t t l e r e Fehler.

Als Maass der G e n a u i g k e i t nimmt man den umgekehrten Werth des wahrscheinlichen Fehlers. Folglich ist die Genauigkeit der Einzelbeobachtungen proportional $\frac{1}{m}$, die des arithmetischen Mittels proportional $\frac{1}{\mu}$ oder $\sqrt{n} \cdot \frac{1}{m}$, d. h. die Genauigkeit des arithmetischen Mittels wächst bei gleichbleibender Genauigkeit der Einzelmessungen, wie die Quadratwurzel der Beobachtungszahl (n).

B e i s p i e l. Eine Länge sei 10 mal mit denselben Hülfsmitteln u. s. w. gemessen und nachstehende Werthe seien gefunden worden (da die ersten 4 Ziffern immer dieselben blieben, werden sie nur einmal in der Uebersicht hingeschrieben). Man berechnet [b], daraus $M = \frac{[b]}{n}$. Nun die

$v = b - M$ und zur Probe sofort $[v]$, das Null sein soll. Ferner die v^2 und $[v^2]$ u. s. w.

$b_1 = 124{,}650$ m	$v_1 = +\ 8{,}3.10^{-3}$	$v_1^2 = 6889.10^{-8}$
$b_2 =$ 32	$v_2 = -\ 9{,}7$ „	$v_2^2 = 9409$ „
= 47	$+\ 5{,}3$	2809
= 30	$-11{,}7$	13689
52	$+19{,}3$	10609
37	$-\ 4{,}7$	2209
43	$+\ 1{,}3$	169
45	$+\ 3{,}3$	1089
39	$-\ 2{,}7$	729
$b_{10} =$ 42	$v_{10} = +\ 0{,}3.10^{-3}$	$v_{10}^2 = 9.10^{-8}$
$[b] = \,.\,.\, 417.10^{-3}$	$[v] = 0$	$[v^2] = 47610.10^{-8}$

$$M = \cdots + \frac{417.10^{-3}}{10} = \cdot\cdot + 41{,}7.10^{-3} \qquad m = \sqrt{\frac{[v^2]}{9}} = 10^{-4}\cdot\sqrt{5290}$$

$$= 72{,}7.10^{-4}\,\text{m} = 7{,}27\ \text{mm}$$

$$\underline{\underline{M = 124{,}6417\ \text{m}}} \qquad \mu = \sqrt{\frac{[v^2]}{9\cdot 10}} = 10^{-4}\cdot\sqrt{529}$$

$$= 23{,}10^{-4}\ \text{m} = 2{,}3\ \text{mm}$$

Der gesuchte Werth ist

$$124{,}6417 \pm 0{,}0023\ \text{m}$$

d. h. die Länge ist gleich dem Mittel $\pm$ dem Fehler des arithmetischen Mittels. Nimmt man den wahrscheinlichen Fehler des arithmetischen Mittels $0{,}674486 \cdot 0{,}0023 = 0{,}0015$, so ist es unwahrscheinlicher, dass ausserhalb $124{,}6417 \pm 0{,}0015$, als dass zwischen diesen beiden Grenzwerthen der wirkliche Werth der Länge gelegen ist. 0,0015 m stellt die Unsicherheit des ausgeglichenen Ergebnisses vor.

Zweites Beispiel nach Bessel'schen Beobachtungen mit Weglassung des Uebereinstimmenden aller Messungen. 18 Beobachtungen.

Erste Gruppe von 9 Beobachtungen:

$b_1 = 5{,}25''$	$v_1 = +0{,}23''$	$v_1^2 = 0{,}0529$
$b_2 = 4{,}25$	$v_2 = -0{,}77$	$v_2^2 = 5929$
4,75	$-0{,}27$	729
5,00	$-0{,}02$	4
6,50	$+1{,}48$	2,1904
4,75	$-0{,}27$	729
4,57	$-0{,}45$	2025
3,16	$-1{,}86$	3,4596
$b_9 = 6{,}96$	$v_9 = +1{,}94$	3,7636
$[b] = 45{,}19$	$[v] = 0{,}01$	$[v^2] = 10{,}4081$
$M = 5{,}02''$		

$$m = \sqrt{\frac{10{,}4081}{8}} = 1{,}14''$$

$$\mu = \sqrt{\frac{10{,}4081}{8\cdot 9}} = 0{,}38''$$

Zweite Gruppe von 9 Beobachtungen:

6,25; 7,50; 6,00; 4,77; 3,75; 0,25; 3,70; 6,14; 4,04.

Die Berechnung in gleicher Art gibt

$$M = 4{,}71''\,;\ m = 2{,}12''\,;\ \mu = 0{,}708''.$$

Nimmt man (wie es allein richtig ist) das Mittel aus den 18 Beobachtungen u. s. w., so ergibt sich

$$M = 4{,}866''\,;\ m = 1{,}66''\,;\ \mu = 0{,}39''.$$

Betrachtet man das Mittel aus der ersten Gruppe wie ein und das aus der zweiten gleich grossen Gruppe wie ein zweites Beobachtungsergebniss, gleichwerthig mit dem ersten, so berechnen sich diese zwei angenommenen Beobachtungen:

$$\begin{array}{llll} b' = 5{,}02'' & v' = +0{,}155 & v'^2 = 0{,}24025 & m = \sqrt{0{,}4805:1} = 0{,}219'' \\ b'' = 4{,}71 & v'' = -0{,}155 & \underline{v''^2 = 0{,}24025} & \mu = \sqrt{0{,}4805:2} = 0{,}155'' \\ M = 4{,}865'' & & [v^2] = 0{,}4805 & \end{array}$$

Die fingirten Beobachtungen sind, als Mittelwerthe von je 9 Einzelbeobachtungen, genauer (3 mal so genau) als die wirklichen Einzelbeobachtungen im Mittel sind. Das drückt sich aus in den geringeren Werthen von m und μ. Der Mittelwerth M bleibt natürlich derselbe.

Die zwei Gruppen sind nicht gleichwerthig. Denn die mittlern Fehler derselben verhalten sich wie 1,14 : 2,12, also die Genauigkeiten der Einzelbeobachtungen umgekehrt oder rund 13 : 7. Die Fehler der arithmetischen Mittel verhalten sich wie 0,38 : 0,708, die Genauigkeit der arithmetischen Mittel also umgekehrt, d. i. wie 8 : 5. Man könnte sich nun vorstellen, das genauere Mittelergebniss sei 8 mal und das der weniger genauen Gruppe sei 5 mal als Einzelwerth gefunden und die 13 fingirten Beobachtungen seien gleich genau. Die Ausgleichung auf dieser Grundlage ergäbe $M = 4{,}901''$, $m = 0{,}157''$; $\mu = 0{,}043''$. Für m und μ erhielte man nach dieser Bearbeitung kleinste Werthe, scheinbar also geringste Unsicherheit. Das eigentliche Endergebniss 4,901" weicht nicht unerheblich ab von dem richtig errechneten besten, nämlich 4,866". — Die Zerlegung der Beobachtungen in zwei Gruppen ist durchaus nicht gerechtfertigt, was sich schon aus der Willkür ergibt, denn eine Gruppentheilung hätte auf mancherlei andere Art geschehen können. Uebrigens ist wegen Berücksichtigung der ungleichen Genauigkeit (hier nicht richtig) der folgende Abschnitt zu sehen.

c. Ungleichwerthige Beobachtungen.

Ist dieselbe Grösse in wiederholten, ungleich genauen Messungen bestimmt worden, so verdienen die genaueren Bestimmungen bei Ermittelung des besten Werths insofern mehr Beachtung, als die an ihnen anzubringenden Verbesserungen (v) kleiner als die an den weniger genauen Rohergebnissen sein müssen, der beste Werth muss näher am Ergebniss der bessern als an jenen der minder guten Messungen stehen. Und zwar sollen sich die Verbesserungen verhalten wie die mittleren Fehler der Beobachtungen, an denen sie anzubringen sind. Sind jene $m_1, m_2, m_3 \ldots$ für die Messergebnisse $b_1, b_2, b_3 \ldots$ so sollen die Verbesserungen so gewählt werden, dass $v_1 : v_2 : v_3 : \cdots = m_1 : m_2 : m_3 : \cdots$ Man kann statt der wirklichen, ungleich genauen Beobachtungen andere, gleich genaue denken, für welche die Verbesserungen $\frac{v_1}{m_1}, \frac{v_2}{m_2}, \frac{v_3}{m_3} \cdots$ wären; das kommt auf dasselbe hinaus. Nach dem im ersten Abschnitte (a) dargelegten Grundsatze der Ausgleichungsrechnung für gleichwerthige Beobachtungen, muss die Quadratsumme der gedachten Verbesserungen, d. i. $\left[\left(\frac{v}{m}\right)^2\right]$ ein Minimum werden. Die Zahlen $\frac{1}{m_1^2}, \frac{1}{m_2^2}; \frac{1}{m_3^2}; \cdots$ nennt man die Gewichtszahlen der Beobachtungen $b_1, b_2, b_3 \ldots$ und bezeichnet sie kürzer durch*) $p_1, p_2, p_3 \ldots$ Die Gewichte der Beobachtungen sind also den Quadraten ihrer Genauigkeit proportional.

Das Verhältniss der Genauigkeit verschiedener Beobachtungen kann häufig berechnet oder doch ganz wohl geschätzt werden; bei den Schätzungen wird man die Gewichtszahlen auf möglichst kleine Zahlen abrunden.

Es bezeichne wieder M den bestmöglichen Werth der ungleich-genauen n Messergebnisse, so soll also

$$p_1 (M - b_1)^2 + p_2 (M - b_2)^2 + p_3 (M - b_3)^2 + \cdots p_n (M - b_n)^2 = \text{Minimum}$$

sein.

Die Bedingung hierfür ist (erster Differentialquotient Null):

$$2 (p_1 (M - b_1) + p_2 (M - b_2) + p_3 (M - b_3) + \cdots \quad p_n (M - b_n)) = 0 \text{ oder}$$

$$M = \frac{p_1 b_1 + p_2 b_2 + p_3 b_3 + \cdots p_n v_n}{p_1 + p_2 + p_3 + \cdots p_n} = \frac{[pb]}{[p]}$$

M wird im allgemeinern Sinne das arithmetische Mittel der ungleichwerthigen Beobachtungszahlen genannt. Man kann sich vorstellen, statt jeder einzelnen Beobachtung (wie b_1) seien so viele dasselbe Ergebniss liefernde gemacht worden, als die Gewichtszahl der betreffenden Beobachtung angibt und alle [p] fingirten Beobachtungen seien gleichwerthig. (Hiernach war also die Berechnungsart am Schlusse des zweiten Beispiels unrichtig, abgesehen davon, dass die Gruppentheilung überhaupt nicht zulässig gewesen.)

Man findet nun unschwer (ähnlich wie in a), dass der Fehler μ des allgemeinen arithmetischen Mittels ist:

$$\mu = \pm \sqrt{\frac{[p\,v^2]}{(n-1)[p]}},$$

und der mittlere Fehler der Einzelbeobachtungen $b_1, b_2 \ldots$

*) Pondus.

$$m_1 = \sqrt{\frac{[p\,v^2]}{(n-1)\,p_1}}; \quad m_2 = \sqrt{\frac{[p\,v^2]}{(n-1)\,p_2}} \text{ u. s. f.}$$

Setzt man p = 1, so erhält man eine Beobachtung (gedachte), vom Gewichte 1 und der mittlere Fehler der Gewichtseinheit (so sagt man kurz statt „der Beobachtung von dem Gewichte“ 1) ergibt sich zu

$$\sqrt{\frac{[p\,v^2]}{n-1}}.$$

Man findet ferner, dass die Gewichtszahl des allgemeinen arithmetischen Mittels M gleich ist der Summe der Gewichtszahlen, derjenigen Beobachtungen, aus denen jenes Mittel gezogen wurde, also gleich [p].

d. Mittlerer Fehler einer Funktion von beobachteten Grössen (Fehlerfortpflanzungsgesetz).

Wird eine, ihrer Form nach gekannte, Funktion einer oder mehrerer Veränderlichen, deren Werthe durch Messung gefunden sind, ausgewerthet, so berechnet sie sich fehlerhaft, wenn die eingesetzten, beobachteten Veränderlichen fehlerhaft sind. Es soll der beste Werth der Funktion gefunden werden.

Zwei Sonderfälle mögen voraus betrachtet werden.

Ist die Funktion das a fache einer Beobachtungsgrösse ($f = a\,b$), so wird offenbar der mittlere Fehler dieses Funktionswerths a mal so gross als jener der gemessenen Veränderlichen b.

Sei die Funktion die algebraische Summe zweier beobachteter Veränderlichen ($f = b' \pm b''$), die mittleren Beobachtungsfehler seien m' für b' und m'' für b''; v', v'' seien die an b' und b'' anzubringenden Verbesserungen, und $V = v' \pm v''$ die an dem Funktionswerthe anzubringende Verbesserung.

$$\begin{array}{ll}
V_1 = v_1' \pm v_1'' & V_1^2 = (v_1')^2 + (v_1'')^2 \pm 2\,v_1'\,v_1'' \\
V_2 = v_2' \pm v_2'' & V_2^2 = (v_2')^2 + (v_2'')^2 \pm 2\,v_2'\,v_2'' \\
\quad \cdot \;\cdot \;\cdot \;\cdot & \quad \cdot \;\cdot \;\cdot \;\cdot \\
V_n = v_n' \pm v_n'' & V_n^2 = (v_n')^2 + (v_n'')^2 \pm 2\,v_n'\,v_n'' \\
\hline
 & [V^2] = [(v')^2] + [(v'')^2] \pm 2\,[v'\,v'']
\end{array}$$

Der beste Werth des letzten Glieds (der Doppelproduktensumme) ist Null, wegen der gleich grossen Wahrscheinlichkeit, dass die Faktoren positiv oder negativ sind (siehe S. 727). Also:

$$[V^2] = [(v')^2] + [(v'')^2]$$

Der mittlere Fehler der Funktion f ist, wenn n Beobachtungen dienten:

$$\sqrt{\frac{[V^2]}{n-1}} = \sqrt{\frac{[(v')^2]}{n-1} + \frac{[(v'')^2]}{n-1}} = \sqrt{(m')^2 + (m'')^2}$$

d. h. der mittlere Fehler der algebraischen Summe zweier Grössen ist gleich der Quadratwurzel aus der (absoluten) Summe der Quadrate der mittleren Fehler der Beobachtungsgrössen.

Zum leichtern Verständniss dieses wichtigen Satzes möge er auf elementarste Weise an einem Beispiele erörtert werden. Eine Länge l sei als Summe zweier gemessener Stücke l' und l'' bestimmt; ersteres Stück mit dem mittleren Fehler $\pm m'$, letzteres mit $\pm m''$ behaftet. In zwei gleich wahrscheinlichen Fällen werden sich die Messungsfehler der Einzeltheile absolut addiren, wenn nämlich das Vorzeichen beider Fehler gleich ist (beide + oder beide —). In zwei weiteren, ebenso wahrscheinlichen Fällen werden sich die Messungsfehler der Stücke entgegenarbeiten und nur ihre Differenz verbleiben, wenn nämlich beide Fehler entgegengesetzten Vorzeichens sind. Es gibt also vier gleich wahrscheinliche Fälle für den mittleren Fehler der Länge $l = l' + l''$ nämlich:

$$m = + m' + m'' \qquad m = + m' - m''$$
$$m = - m' - m'' \qquad m = - m' + m''$$

oder, gleich wahrscheinlich,

$$m^2 = (m')^2 + (m'')^2 + 2\, m' m'' \qquad m^2 = (m')^2 + (m'')^2 - 2\, m' m''$$
$$m^2 = (m')^2 + (m'')^2 + 2\, m' m'' \qquad m^2 = (m')^2 + (m'')^2 - 2\, m' m''$$

Der beste Werth aus diesen vier gleichmöglichen Angaben ist

$$m^2 = (m')^2 + (m'')^2, \text{ wie oben.}$$

Der Satz wird unschwer erweitert zu:

Der mittlere Fehler der algebraischen Summe einer beliebigen Anzahl von Beobachtungsgrössen ist gleich der Quadratwurzel aus der (absoluten) Summe der Quadrate der mittleren Fehler der einzelnen Beobachtungsgrössen.

Sind im besondern Falle die mittleren Fehler aller k, die Summe bildender Glieder gleich, jeder gleich m, so ist der mittlere Fehler der algebraischen Summe:

$$\sqrt{m^2 + m^2 + m^2 + \cdots m^2} = \sqrt{k \cdot m^2} = \pm m \sqrt{k},$$

d. h. der Quadratwurzel der Anzahl der Glieder der Summe proportional.

Der ganz allgemeine Satz über Fehlerfortpflanzung lautet:

der mittlere Fehler einer Funktion mehrerer durch Beobachtung zu findender Veränderlichen ist gleich der Quadratwurzel aus der Summe der Quadrate der Produkte der mittleren Beobachtungsfehler der einzelnen Veränderlichen in die partiellen Differentialquotienten der Funktion nach diesen Veränderlichen.

Werden also die Veränderlichen (beobachteten) mit b', b'', b''', . . .

und ihre mittleren Fehler mit m′, m″, m‴ ... bezeichnet, so ergibt sich der mittlere Fehler der Funktion zu

$$\sqrt{\left(m' \frac{\partial f}{\partial b'}\right)^2 + \left(m'' \frac{\partial f}{\partial b''}\right)^2 + \left(m'' \frac{\partial f}{\partial b'''}\right)^2 + \cdots}$$

e. Ausgleichung vermittelnder Beobachtungen.

Für besondere, genau gekannte Werthe von Veränderlichen hat man die Werthe einer Funktion dieser Veränderlichen, die ihrer Form nach gekannt ist, beobachtet, oder auch die Werthe mehrerer, ihrer Form nach bekannter Funktionen und soll nun die Constanten, welche in der Funktion oder den Funktionen (in allen dieselben) enthalten sind, berechnen. Die gefragten Constanten werden also nicht unmittelbar gemessen, sondern durch Vermittelung der Beobachtungswerthe der Funktion (Funktionen) erschlossen, daher der Name vermittelnde Beobachtungen.

Die Constanten sind also als die Unbekannten zu betrachten. Liegen so viel Werthe der Funktion vor, als Unbekannte (Constanten) zu finden sind, so hat man gerade die ausreichende Anzahl Gleichungen zu deren Berechnung. Sind mehr Beobachtungen gemacht worden, so erhält man überflüssige Gleichungen. Berechnet man die Unbekannten aus beliebig ausgewählten Gleichungen in der hinreichenden Anzahl, und setzt die erhaltenen Werthe (Gleichungswurzeln) in die übrigen Gleichungen ein, so sind diese streng erfüllt, wenn alles mathematisch genau ist. Da das aber Beobachtungswerthe nicht sind, so werden durch das Einsetzen der vorläufig berechneten Unbekannten die Gleichungen nicht genau erfüllt, sondern es treten Widersprüche auf. Die Aufgabe der Ausgleichungsrechnung ist, solche Verbesserungen an den vorläufig berechneten Werthen der Unbekannten (der Constanten) anzugeben, dass die verbleibenden Widersprüche möglichst gering ausfallen.

Der allgemeine Grundsatz der Ausgleichungsrechnung behält auch hier seine volle Gültigkeit: es muss die Summe der Quadrate der Abweichungen zwischen den beobachteten Funktionswerthen und den mit den ausgeglichenen Constanten berechneten Funktionswerthen zum Minimum werden.

Sei zunächst die lineare Funktion $f = \alpha x + \beta y + \gamma z + \cdots$ gegeben: für die Werthe $x_1, y_1, z_1 \ldots$ der Veränderlichen sei der Beobachtungswerth der Funktion b_1, er sei b_2 wenn $x_2, y_2, z_2 \ldots$ die Werthe der Veränderlichen sind, u. s. w. Die richtigen Funktionswerthe sollen aber $f_1, f_2, \ldots$ sein. $\alpha, \beta, \gamma, \ldots$ sind die gesuchten Constanten.

Man setze

$$1) \left\{\begin{array}{l} v_1 = b_1 - f_1 = b_1 - \alpha x_1 - \beta y_1 - \gamma z_1 - \cdots \\ v_2 = b_2 - f_2 = b_2 - \alpha x_2 - \beta y_2 - \gamma z_2 - \cdots \\ \vdots \\ v_n = b_n - f_n = b_n - \alpha x_n - \beta y_n - \gamma z_n - \cdots \end{array}\right\} \text{Fehlergleichungen}$$

Es soll $[v^2]$, welches eine Funktion von $\alpha, \beta, \gamma \ldots$ ist, zum Minimum werden, wofür die Bedingungen sind:

$$\frac{\partial [v^2]}{\partial \alpha} = 0; \quad \frac{\partial [v^2]}{\partial \beta} = 0; \quad \frac{\partial [v^2]}{\partial \gamma} = 0 \ldots \text{ oder ausgerechnet:}$$

$$2)\quad \left[v \frac{\partial v}{\partial \alpha}\right] = 0; \quad \left[v \frac{\partial v}{\partial \beta}\right] = 0; \quad \left[v \frac{\partial v}{\partial \gamma}\right] = 0 \ldots \text{ Bedingungsgleichungen.}$$

Solcher Bedingungsgleichungen gibt es so viele als Constanten $\alpha, \beta, \gamma \ldots$ zu berechnen sind. Die Werthe

$$\frac{\partial v}{\partial \alpha}, \quad \frac{\partial v}{\partial \beta}, \quad \frac{\partial v}{\partial \gamma} \ldots$$

ergeben sich durch Differentiation der Fehlergleichungen 1) nämlich

$$3)\quad \begin{cases} \dfrac{\partial v_1}{\partial \alpha} = -x_1; & \dfrac{\partial v_2}{\partial \alpha} = -x_2; \ldots & \dfrac{\partial v_n}{\partial \alpha} = -x_n \\ \dfrac{\partial v_1}{\partial \beta} = -y_1; & \dfrac{\partial v_2}{\partial \beta} = -y_2 \ldots & \dfrac{\partial v_n}{\partial \beta} = -y_n \\ \dfrac{\partial v_1}{\partial \gamma} = -z_1 & \dfrac{\partial y_2}{\partial \gamma} = -z_2 \ldots & \dfrac{\partial v_n}{\partial \gamma} = -z_n \end{cases}$$

Dieses in die Gleichungen 2) eingesetzt, erhält man die Bedingungsgleichungen

$$4)\quad \begin{cases} v_1 x_1 + v_2 x_2 + v_3 x_3 + \cdots v_n x_n = 0 = [vx] \\ v_1 y_1 + v_2 y_2 + v_3 y_3 + \cdots v_n y_n = 0 = [vy] \\ v_1 z_1 + v_2 z_2 + v_3 z_3 + \cdots v_n z_n = 0 = [vz] \\ \ldots\ldots\ldots\ldots\ldots \end{cases}$$

Setzt man in diese Gleichungen 4) die Werthe von $v_1, v_2, v_3 \ldots v_n$, wie sie sich aus den Fehlergleichungen 1) ergeben, so erhält man die sogenannten Normalgleichungen:

$$5)\quad \left.\begin{cases} \alpha [xx] + \beta [xy] + \gamma [xz] + \cdots\cdots = [xb] \\ \alpha [yx] + \beta [yy] + \gamma [yz] + \cdots\cdots = [yb] \\ \alpha [zx] + \beta [zy] + \gamma [zz] + \cdots\cdots = [zb] \\ \ldots\ldots\ldots\ldots\ldots\ldots \end{cases}\right\} \text{ Normalgleichungen.}$$

Hierin sind die $\alpha, \beta, \gamma \ldots$ die einzigen Unbekannten und da die Zahl dieser linearen (nach $\alpha, \beta, \ldots$) Gleichungen der Zahl der Unbekannten gleich ist, so lassen sich diese daraus eindeutig berechnen, — die Aufgabe ist gelöst.

Sei nun die allgemeine Form $f(\alpha, \beta, \gamma \ldots x, y, z \ldots)$ der Funktion gegeben. Man berechne aus einer passenden Anzahl von Gleichungen mit gewählten Beobachtungswerthen der Funktion zunächst Näherungswerthe A, B, C, ... der Constanten $\alpha, \beta, \gamma, \ldots$ und stelle sich die Aufgabe, die bestmöglichen Werthe von

$$\alpha' = \alpha - A; \quad \beta' = \beta - B; \quad \gamma' = \gamma - C; \quad \ldots$$

zu finden.

Werden die Näherungswerthe A, B, C, ... der Constanten in die Funktion (oder in die verschieden geformten, dieselben Constanten enthaltenen Funktionen) eingesetzt, so erhält man Werthe F_1, wenn $x_1, y_1, z_1, \ldots$; F_2, wenn $x_2, y_2, z_2, \ldots$ u. s. w. als Veränderliche eingehen.

Nach dem Taylor'schen Satze ist, mit Vernachlässigung der Glieder, welche mit den höheren Potenzen der kleinen Grössen $\alpha', \beta', \gamma' \ldots$ multiplizirt sind:

$$f - F = \alpha' \frac{\partial F}{\partial A} + \beta' \frac{\partial F}{\partial B} + \gamma' \frac{\partial F}{\partial C} + \ldots$$

Es ist also $f - F$ eine lineare Funktion nach $\alpha', \beta', \gamma', \ldots$, und somit ist die Aufgabe auf den einfachen Fall zurückgeführt aus den Beobachtungswerthen $b_1 - F_1$; $b_2 - F_2$; $b_3 - F_3$; ... $b_4 - F_4$ der linearen Funktion $f - F$ die bestmöglichen Werthe der Constanten α', β', γ' .. zu ermitteln. Sind diese gefunden, so berechnen sich leichtest die eigentlich gefragten Grössen:

$$\alpha = A + \alpha'; \quad \beta = B + \beta'; \quad \gamma = C + \gamma'; \quad \ldots\ldots$$

Sind vermittelnde Beobachtungen verschiedener Genauigkeit gemacht, so schätzt man deren Gewichtszahlen $p_1, p_2, p_3, \ldots$. Die Normalgleichungen werden dann

$$6) \quad \left\{\begin{array}{l} \alpha\,[pxx] + \beta\,[pxy] + \gamma\,[pxz] + \cdots = [pxb] \\ \alpha\,[pyx] + \beta\,[pyy] + \gamma\,[pyz] + \cdots = [pyb] \\ \alpha\,[pzx] + \beta\,[pzy] + \gamma\,[pzz] + \cdots = [pzb] \\ \ldots\ldots\ldots\ldots\ldots\ldots\ldots \end{array}\right\} \text{Normalgleichungen.}$$

Der mittlere Fehler der Gewichtseinheit wird gefunden zu

$$m = \sqrt{\frac{[p v^2]}{n - k}},$$

wenn k die Anzahl der Constanten $(\alpha, \beta, \gamma, \ldots)$ ist.

f. Ausgleichung bedingter Beobachtungen.

Sehr häufig sind die durch Messung zu findenden Grössen einem Zwange unterworfen, d. h. sie müssen gewisse Bedingungen erfüllen, wie z. B. die Winkel eines ebenen Vielecks eine bekannte Summe ausmachen müssen.

Ist die Anzahl der zu findenden Grössen gleich k, so muss die Anzahl der Bedingungen, denen sie unterworfen sind, nämlich l, kleiner als k sein.

Die wirklichen, desshalb unvollkommenen Messungen werden die gestellten Bedingungen nicht ganz genau erfüllen und die Aufgabe ist: die Beobachtungswerthe derart zu verbessern, dass die Bedingungen strenge erfüllt sind und die Summe der Quadrate der Verbesserungen den kleinstmöglichen Werth hat.

Es gibt zwei Wege diese Aufgabe zu lösen:

1) Man führt auf die Ausgleichung vermittelnder Beobachtungen zurück. In dieser Absicht benutzt man die gegebenen l Bedingungsgleichungen um l der gesuchten Grössen zunächst durch die übrigen $k - l = m$ Grössen (unbekannte) auszudrücken. Es erscheinen also die l Grössen als Funktionen der übrigen m Grössen, und diese Funktionen sind so zu bestimmen, dass sie den beobachteten l Werthen derselben entsprechen. Die berechneten Werthe der m Grössen werden in die bezüglichen Funktionen eingesetzt und so Werthe der l Grössen gefunden.

Beispiel. Die drei Winkel α, β, γ eines ebenen Dreiecks seien mit gleicher Genauigkeit (daher die Gewichtszahlen 1 gleich fortbleiben) beobachtet, und b_1, b_2, b_3 gefunden worden.

Es besteht die eine $(l = 1)$ Bedingungsgleichung: $\alpha + \beta + \gamma = 180^0$. Hieraus wird γ als Funktion der zwei übrigen Winkel berechnet:

$$\gamma = 180^0 - \alpha - \beta.$$

Man hat also die nachstehenden drei Gleichungen, die daneben nochmal in der Form von Funktionen dreier Veränderlicher (x, y, z) geschrieben sind.

$$\begin{aligned} b_1 &= \alpha & \qquad b_1 &= \alpha x_1 + \beta y_1 + \gamma z_1 \\ b_2 &= \beta & b_2 &= \alpha x_2 + \beta y_2 + \gamma z_2 \\ 180^0 - b_3 &= \alpha + \beta & 180^0 - b_3 &= \alpha x_3 + \beta y_3 + \gamma z_3 \end{aligned}$$

Bemerkung. z und γ könnten ganz fortbleiben, es mag aber belehrender sein, sie im Beispiele mitzuführen.

Es sind demnach die Werthe der Veränderlichen:

$$\begin{array}{lll} x_1 = 1 & y_1 = 0 & z_1 = 0 \\ x_2 = 0 & y_2 = 1 & z_2 = 0 \\ x_3 = 1 & y_3 = 1 & z_3 = 0 \end{array}$$

und hiernach:

$$\begin{array}{ll} [x^2] = 1^2 + 0 + 1^2 = 2; & [xy] = 1.0 + 0.1 + 1.1 = 1 \\ [y^2] = 0 + 1^2 + 1^2 = 2; & [xz] = 1.0 + 0.0 + 1.0 = 0 \\ [z^2] = 0 + 0 + 0 = 0; & [yz] = 0.0 + 1.0 + 1.0 = 0 \end{array}$$

ferner:
$$\begin{aligned} [xb] &= 1.b_1 + 0.b_2 + 1.(180 - b_3) = b_1 + 180 - b_3 \\ [yb] &= 0\, b_1 + 1.b_2 + 1.(180 - b_3) = b_2 + 180 - b_3 \\ [zb] &= 0\, b_1 + 0.b_2 + 0.(180 - b_3) = 0 \end{aligned}$$

Folglich werden die Normalgleichungen:

$$\begin{array}{lll} \alpha.2 + \beta.1 + \gamma.0 = b_1 + 180 - b_3 & \text{kürzer:} & 2\alpha + \beta = b_1 + 180 - b_3 \\ \alpha.1 + \beta.2 + \gamma.0 = b_2 + 180 - b_3 & & \alpha + 2\beta = b_2 + 180 - b_3 \\ \alpha.0 + \beta.0 + \gamma.0 = 0 & & \end{array}$$

Durch Auflösung dieser erhält man:

$$\alpha = \frac{2b_1 - b_2 + 180 - b_3}{3} \quad \text{oder} \quad \alpha = b_1 + \frac{180 - (b_1 + b_2 + b_3)}{3}$$

$$\beta = \frac{2b_2 - b_1 + 180 - b_3}{3} \quad \text{oder} \quad \beta = b_2 + \frac{180 - (b_1 + b_2 + b_3)}{3}$$

Diese Werthe in $\gamma = 180 - \alpha - \beta$ eingesetzt, ergeben nach leichter Umformung:

$$\gamma = b_3 + \frac{180 - (b_1 + b_2 + b_3)}{3}$$

Das Ergebniss lautet somit: Die drei, gleichwerthig gemessenen Winkel eines ebenen Dreiecks werden ausgeglichen, wenn man jeden um ein Drittel des Ueberschusses gegen die Sollsumme von 180^0 vermindert.

2) Auflösung mittels Correlaten. Für die k gesuchten Grössen bestehen die l Bedingungsgleichung

$$\begin{array}{ll} 0 = f_1(\alpha, \beta, \gamma \ldots) & \text{kürzer geschrieben: } 0 = f_1 \\ 0 = f_2(\alpha, \beta, \gamma \ldots) & \qquad\qquad\qquad\quad 0 = f_2 \\ \ldots\ldots\ldots & \qquad\qquad\qquad\quad \ldots \end{array}$$

Durch Einsetzen der beobachteten Werthe, nämlich b_1 für α, b_2 für β u. s. w. erhält man statt 0 die Fehlerwerthe F_1, $F_2 \ldots$ Diese Werthe gehen aber in f_1, $f_2 \ldots$ über, sobald man statt b_1 setzt $b_1 + v_1$, statt b_2 setzt $b_2 + v_2$ u. s. w. Der Taylor'sche Satz gibt bei Vernachlässigung der Glieder mit höheren Potenzen der kleinen Grössen v_1, $v_2 \ldots$

$$\left.\begin{array}{l} f_1 = 0 = F_1 + \frac{\partial F_1}{\partial b_1} v_1 + \frac{\partial F_1}{\partial b_2} v_2 + \frac{\partial F_1}{\partial b_3} v_3 + \ldots \\ f_2 = 0 = F_2 + \frac{\partial F_2}{\partial b_1} v_1 + \frac{\partial F_2}{\partial b_2} v_2 + \frac{\partial F_2}{\partial b_3} v_3 + \ldots \\ f_3 = 0 = F_3 + \frac{\partial F_3}{\partial b_1} v_1 + \frac{\partial F_3}{\partial b_2} v_2 + \frac{\partial F_3}{\partial b_3} v_3 + \ldots \\ \ldots\ldots\ldots\ldots \end{array}\right\} 1)$$

Nach dem Grundsatze der Ausgleichungsrechnung sind hierin die v so zu wählen, dass $[v^2]$ Minimum oder $[v\,dv] = 0$.

Differentiirt man die l Gleichungen 1) nach v und multiplizirt sogleich mit unbestimmten, Correlaten genannten Faktoren K_1, K_2, K_3, …, so kommt:

$$\left.\begin{array}{l} 0 = K_1 \frac{\partial F_1}{\partial b_1} d v_1 + K_1 \frac{\partial F_1}{\partial b_2} d v_2 + K_1 \frac{\partial F_1}{\partial b_3} d v_3 + \ldots \\ 0 = K_2 \frac{\partial F_2}{\partial b_1} d v_1 + K_2 \frac{\partial F_2}{\partial b_2} d v_2 + K_2 \frac{\partial F_2}{\partial b_3} d v_3 + \ldots \\ 0 = K_3 \frac{\partial F_3}{\partial b_1} d v_1 + K_3 \frac{\partial F_3}{\partial b_2} d v_2 + K_3 \frac{\partial F_3}{\partial b_3} d v_3 + \ldots \\ \ldots\ldots\ldots\ldots \end{array}\right\} 2)$$

Zur Summe zusammengezogen, erhält man hieraus eine Gleichung von der Form

$$0 = C_1\, d v_1 + C_2\, d v_2 + C_3\, d v_3 + \ldots,$$

welche, wegen der, die Minimumsbedingung ausdrückenden Gleichung $[v\, d v] = 0$, befriedigt wird, wenn man setzt:

$$C_1 = v_1; \quad C_2 = v_2; \quad C_3 = v_3; \; \ldots .$$

Setzt man für C deren Werthe, nämlich die Summe der Colonnen der Gleichungen 2), so kommt:

$$\left.\begin{array}{l} v_1 = K_1 \dfrac{\partial F_1}{\partial b_1} + K_2 \dfrac{\partial F_2}{\partial b_1} + K_3 \dfrac{\partial F_3}{\partial b_1} + \ldots \\ v_1 = K_1 \dfrac{\partial F_1}{\partial b_2} + K_2 \dfrac{\partial F_2}{\partial b_2} + K_3 \dfrac{\partial F_3}{\partial b_2} + \ldots \\ v_3 = K_1 \dfrac{\partial F_1}{\partial b_3} + K_2 \dfrac{\partial F_2}{\partial b_3} + K_3 \dfrac{\partial F_3}{\partial b_3} + \ldots \end{array} \quad 3) \right\} \text{Correlaten-gleichungen genannt.}$$

Sobald die K (Correlaten) bekannt sind, lassen sich die v berechnen. Setzt man nun die in 3) ausgedrückten Werthe der v in die Gleichungen 1) ein und ordnet sofort nach K, so erhält man:

$$\left.\begin{array}{l} 0 = F_1 + \left[\dfrac{\partial F}{\partial b_1} \cdot \dfrac{\partial F}{\partial b_1}\right] K_1 + \left[\dfrac{\partial F}{\partial b_1} \cdot \dfrac{\partial F}{\partial b_2}\right] K_2 + \left[\dfrac{\partial F}{\partial b_1} \cdot \dfrac{\partial F}{\partial b_3}\right] K_3 + \ldots \\ 0 = F_2 + \left[\dfrac{\partial F}{\partial b_2} \cdot \dfrac{\partial F}{\partial b_1}\right] K_1 + \left[\dfrac{\partial F}{\partial b_2} \cdot \dfrac{\partial F}{\partial b_2}\right] K_2 + \left[\dfrac{\partial F}{\partial b_2} \cdot \dfrac{\partial F}{\partial b_3}\right] K_3 + \ldots \\ 0 = F_3 + \left[\dfrac{\partial F}{\partial b_3} \cdot \dfrac{\partial F}{\partial b_1}\right] K_1 + \left[\dfrac{\partial F}{\partial b_3} \cdot \dfrac{\partial F}{\partial b_2}\right] K_2 + \left[\dfrac{\partial F}{\partial b_3} \cdot \dfrac{\partial F}{\partial b_3}\right] K_3 + \ldots \end{array} \quad 4) \right\} \text{Normalgleichungen}$$

Aus diesen l Gleichungen, die nach den K linear sind, lassen sich die Correlaten eindeutig bestimmen. Mit ihren gefundenen Werthen berechnet man nach 3) die Werthe der v und die Aufgabe ist gelöst, denn nun bleibt nur noch zu setzen:

$$\alpha = b_1 + v_1; \quad \beta = b_2 + v_2; \quad \gamma = b_3 + v_3; \; \ldots .$$

Sind die Beobachtungen von ungleichem Gewicht und die Gewichtszahlen $p_1, p_2 \ldots$, so ändern die Normalgleichungen 4) dahin ab, dass in die Summensymbole der Produkte zweier partieller Differentialquotienten noch der Coefficient $\dfrac{1}{p}$ eintritt, also statt $\left[\dfrac{\partial F}{\partial b_1} \cdot \dfrac{\partial F}{\partial b_2}\right]$ z. B. $\left[\dfrac{\partial F}{\partial b_1} \cdot \dfrac{\partial F}{\partial b_2} \cdot \dfrac{1}{p}\right]$ auftritt, wobei noch zu bemerken, dass in den Gliedern der Summe dem p derselbe Index zu geben ist, wie der Funktion, welche differentiirt wird, — eines der Glieder der zuletzt angeschriebenen Summe ist also

$$\frac{\partial F_3}{\partial b_1} \cdot \frac{\partial F_3}{\partial b_2} \cdot \frac{1}{p_3}$$

Auch die Correlatengleichungen 3) werden andere; statt $v_1, v_2 \ldots$ treten $p_1 v_1;\; p_2 v_2;\; \ldots$ auf.

Der mittlere Fehler der Gewichtseinheit wird gefunden:

$$m = \sqrt{\frac{[p\,v^2]}{1}}$$

und die mittleren Fehler der Beobachtungsgrössen selbst:

$$m_1 = m : \sqrt{p_1}; \quad m_2 = m : \sqrt{p_2}; \quad m_3 = m : \sqrt{p_3}; \; \ldots$$

Für die Auflösung der Normalgleichungen, die durch eine gesetzmässige Wiederholung des Coefficienten der Unbekannten gekennzeichnet sind, hat Gauss einen bequemen Algorithmus angegeben. Doch muss auf dessen Mittheilung, wie auf den Bericht über einzelne andere Theile der Methode der kleinsten Quadrate an dieser Stelle verzichtet werden.

Ueber Ausgleichungsrechnungen gibt es eine ziemlich umfängliche Literatur. Als ein neueres, ausführliches Werk sei genannt: Helmert, Die Ausgleichungsrechnung nach der Methode der kleinsten Quadrate. Leipzig 1872.

XI. Verbesserungsrechnung.

Insoferne, als durch die Ausgleichung mehrfacher Bestimmungen aus den Rohergebnissen der Messungen genauere, bessere Werthe gewonnen werden, sind die Ausgleichungsrechnungen auch als Verbesserungsrechnungen zu bezeichnen.

Zuweilen kommt in der Formel zur Ausrechnung einer Unbekannten diese selbst vor, wie z. B. beim trigonometrischen Höhenmessen § 300, S. 570. Man führt in die Formel zunächst irgend einen möglichst gut geschätzten (durch allerlei Ueberlegungen gewonnenen) Werth der Unbekannten ein und rechnet mit dessen Hülfe die Formel aus. Dadurch findet man nur einen ungenauen Werth der Unbekannten, da ja die eingeführte Hülfsgrösse nicht genau war. Aber das Ergebniss wird dem wahren Werthe mehr angenähert sein, als die erste Schätzung. Man hat also schon eine Verbesserungsrechnung ausgeführt. Man setzt den gefundenen, weniger ungenauen Werth in die Formel, rechnet diese abermals aus und findet einen noch mehr angenäherten Werth. Das kann man wiederholen und wird immer bessere Ergebnisse erzielen. Dieses Verfahren kommt nicht selten bei Auflösung von Gleichungen in Anwendung.

In der Landmessung (auch der Astronomie u. s. w.) werden Verbesserungsrechnungen gewöhnlich dann angewendet, wenn ein nicht genügend genauer Werth einer Grösse bereits bekannt ist, aber weitere Daten vorliegen, mit deren Hülfe eine Berichtigung möglich ist. Ein bestimmtes Beispiel wird am deutlichsten sein.

Die angenäherten Coordinaten x'_0, y'_0 eines Pothenot'schen Punkts seien durch graphisches Verfahren oder sonst wie bekannt und ihre Unterschiede gegen die wahren Coordinaten, nämlich

$$x_0 - x'_0 = \delta x \qquad \text{und} \qquad y_0 - y'_0 = \delta y$$

so klein, dass man die Rechnungsmethoden mit unendlich kleinen Differenzen anwenden, oder bei der Entwickelung nach der Taylor'schen Reihe die Glieder mit höheren Potenzen dieser Unterschiede weglassen kann.

Die Azimute der Richtungen von P_0 nach P_1, nach P_2 und nach P_3 lassen sich nur annähernd berechnen, da eben die hierzu erforderlichen Coordinaten von P_0 nur annähernd bekannt sind. Die Anhängung eines' möge die Ungenauigkeit andeuten und $\alpha'_{01} - \alpha_{01} = \delta \alpha'_{01}$ bezeichnet werden.

Es ist $\alpha'_{01} = \operatorname{Arc\,Tg} \frac{y_1 - y'_0}{x_1 - x'_0}$ und ähnlich für die anderen.

Durch Differentiation $\left(d \operatorname{Arc\,Tg} u = \frac{du}{1 + u^2}\right)$ findet man:

$$\delta \alpha'_{01} = \frac{y_1 - y'_0}{(x_1 - x'_0)^2 + (y_1 - y'_0)^2} \delta x - \frac{x_1 - x'_0}{(x_1 - x'_0)^2 + (y_1 - y'_0)^2} \delta y,$$

oder, da die Quadratensumme im Nenner die (ungenaue) Entfernung von P_0 nach P_1 ist, welche mit s'_{01} zu bezeichnen ist, so kann man, gleich die ähnlichen Ausdrücke zufügend, schreiben:

$$\delta \alpha'_{01} = \frac{y_1 - y'_0}{(s'_{01})^2} \delta x - \frac{x_1 - x'_0}{(s'_{01})^2} \delta y$$

$$\delta \alpha'_{02} = \frac{y_2 - y'_0}{(s'_{02})^2} \delta x - \frac{x_2 - x'_0}{(s'_{02})^2} \delta y$$

$$\delta \alpha'_{03} = \frac{y_3 - y'_0}{(s'_{03})^2} \delta x - \frac{x_3 - x'_0}{(s'_{03})^2} \delta y.$$

Es wird angenommen, von P_0 aus seien die drei bekannten Punkte P_1, P_2, P_3 angezielt worden und die Ablesungen am Theilkreise des Instrumentes haben a_1, a_2, a_3 ergeben, ferner sei das (unbekannte) Azimut der Richtung vom Theilkreismittelpunkt über den Nullpunkt der Theilung (anders gesagt, das Azimut der Richtung, welche bei der zufälligen Stellung des Instruments auf P_0 der Ablesung Null entspricht) mit α bezeichnet. Dann ist:

$$\begin{aligned} \alpha_{01} &= \alpha + a_1 & \alpha_{02} &= \alpha + a_2 & \alpha_{03} &= \alpha + a_3 \\ &= \alpha'_{01} + \delta \alpha'_{01} & &= \alpha'_{02} + \delta \alpha'_{02} & &= \alpha'_{03} + \delta \alpha'_{03} \end{aligned}$$

Die oben stehenden Werthe von $\delta \alpha'_{01}$, $\delta \alpha'_{02}$ und $\delta \alpha'_{03}$ einsetzend, erhält man:

$$\alpha'_{01} - a_1 = \alpha - \frac{y_1 - y'_0}{(s'_{01})^2} \delta x + \frac{x_1 - x'_0}{(s'_{01})^2} \delta y$$

$$\alpha'_{02} - a_2 = \alpha - \frac{y_2 - y'_0}{(s'_{02})^2} \delta x + \frac{x_2 - x'_0}{(s'_{02})^2} \delta y$$

$$\alpha'_{03} - a_3 = \alpha - \frac{y_3 - y'_0}{(s'_{03})^2} \delta x + \frac{x_3 - x'_0}{(s'_{03})^2} \delta y$$

Durch Elimination von α aus diesen drei Gleichungen findet man:

$$(\alpha'_{01}-\alpha'_{02})-(a_1-a_2)=\left(\frac{y_2-y'_0}{(s'_{02})^2}-\frac{y_1-y'_0}{(s'_{01})^2}\right)\delta x+\left(\frac{x_1-x'_0}{(s_{01}')^2}-\frac{x_2-x'_0}{(s'_{02})^2}\right)\delta y$$

$$(\alpha'_{01}-\alpha'_{03})-(a_1-a_3)=\left(\frac{y_3-y'_0}{(s'_{03})^2}-\frac{y_1-y'_0}{(s'_{01})^2}\right)\delta x+\left(\frac{x_1-x'_0}{(s'_{01})^2}-\frac{x_3-x'_0}{(s'_{03})^2}\right)\delta y$$

Und da in diesen zwei Gleichungen nur mehr die Unbekannten δx und δy enthalten sind, so lassen sich diese, als die an den vorläufigen Werthen x'_0 und y'_0 anzubringenden Verbesserungen berechnen. Nun können, wenn man will, auch die verbesserten Werthe von α_{01}, α_{02}, α_{03} bestimmt werden.

Es ist unschwer zu sehen, dass die hier auszuführenden Rechnungen kaum oder gar nicht bequemer, und selbstverständlich, auch nicht genauer sind als die direkte Berechnung von x_0 und y_0 aus den gemessenen Pothenot'schen Winkeln und den bekannten Coordinaten von P_1, P_2 und P_3, nach den §§ 192—195.

Das ist eigentlich die Regel bei den Verbesserungsrechnungen. Verhältnissmässig selten sind sie bei Fragen der Geodäsie von wahrem Nutzen, durch eine Ersparung von Arbeit und Erzielung besseren Ergebnisses, als solches durch direktes Verfahren gewonnen werden konnte.

XII. Instrumentenpflege.

Beim Tragen und Fahren der Instrumente soll selbst bei den unvermeidlichen Stössen kein Theil schlottern. Sorgfältige Verpackung und thunliche Befestigung im Behälter ist daher wichtig. Meist sind die Kästen so knapp eingerichtet, dass sie sich nur dann schliessen lassen, wenn das Instrument und seine Theile eine einzige, ganz bestimmte Lage haben. Man erspart sich Zeit und Aerger, wenn man vor dem Auspacken genau die Lage der einzelnen Stücke ansieht und darüber schriftliche, nöthigenfalls zeichnende Bemerkungen, am einfachsten auf die Innenseite des Kastendeckels macht. Bei der Verpackung sollen alle Klemmen geschlossen sein. Magnetnadeln werden, während der Apparat im Kasten, und dieser an dem Aufbewahrungsorte, an dem er länger bleibt, steht, frei gemacht und erst nachdem sie sich in den Meridian eingestellt haben, wieder arretirt.

Die Instrumente sind vor Staub am besten in ihren Kästen geschützt und sollten also, wenn nicht Ausstellungs- oder Unterrichtszwecke das Gegentheil verlangen, auch in den Schränken noch in den besonderen Kästen verpackt sein. Schützen gegen Sonnenschein, namentlich auch im Felde, die Libellen.

Ist das Instrument aus dem Kasten, so wird es mit weichem, dickem Haarpinsel (der meistens beigepackt ist) sorgfältig abgestäubt, dann erst in Gebrauch genommen. Im Freien kommt immer ziemlich viel Staub an die Instrumente, am schlimmsten sind durch den Wind aufgejagte Sandkörner, namentlich wenn sie sich zwischen reibende Theile legen. Ehe man das Instrument auf dem Felde in den Kasten setzt, soll man es, wenn es nicht etwa beregnet ist, mit dem Haarpinsel, oder auch mit einem weichen Borstenpinsel, gut reinigen. Zu Hause soll das noch gründlicher geschehen. Man kann Bürsten dazu benutzen, ferner feine, reine, weiche (alte) Leinwand oder weiches Leder. Man kann in die engsten Räume damit eindringen, wenn man weiches Holz passend meiselförmig zuschneidet oder spitzt, mit etwas Leinwand überzieht. Die Gläser putzt man mit feinem Leinen (man hält sich besonderes dazu, das nie anderweit benutzt wird) oder auch mit zartem Leder. Das Objektiv und das Augenglas wird man bei guter Pflege sehr selten auszuschrauben und auf der Innenseite zu putzen Anlass haben. Beim Wiedereinschrauben grosse Sorgfalt, siehe spätere Bemerkung über das Einschrauben. Kommt gar zwischen zusammengelegte oder gekittete Linsen (Achromat) Staub, so ist es im allgemeinen am räthlichsten die Reinigung dem Mechaniker zu übertragen, schon weil die Verschraubung gewöhnlich sehr fest ist. F r a u n h o f e r hat Regeln dafür angegeben*) (er putzt mit feiner Leinwand, die in Wasser gewaschen war, in welchem feinster Kreidestaub schwebte, und die nach dem Trocknen ein wenig stäubt), allein es ist, wie gesagt, am besten einen geschickten Mechaniker mit der Reinigung und der sehr genau auszuführenden Wiederzusammensetzung der Gläser eines Achromates zu betrauen.

Man muss thunlichst vermeiden, dass die Instrumente beregnet werden oder vom Thau benetzt. Sind sie nass geworden, so betupfe man sie vor dem Einpacken vorsichtig mit einem reinen Taschentuch. Unter Dach wird dann der Apparat ausgepackt, sorgfältiger mit weichem Fliesspapier getrocknet (Abtupfen, nicht Reiben), dann mit Leinwand nachgeholfen und abgepinselt. Alsdann soll man in trockenem Zimmer das Instrument einige Zeit noch ausser dem Kasten stehen lassen, schliesslich abpinseln und wieder einpacken.

Ist der Aufbewahrungsort, was freilich möglichst zu vermeiden, nicht ganz trocken, so stelle man in die Schränke, selbst in die Kästen der Instrumente, offene Gläser mit geschmolzenem Chlorcalcium oder Aetzkalk, und erneuere die Füllung häufig. Kann gar Schwefelwasserstoff in den Raum dringen, so lege man etwas feuchte, mit Bleiessig getränkte Papierstreifen zum Schutze des Silbers in den Kasten.

Sind Theile aufzuschrauben (z. B. Untergestell auf das Stativ) und ist die Schraube von grösserem Durchmesser, so setze man leicht auf und drehe erst im v e r k e h r t e n Sinne; man spürt in der Hand, hört auch wohl, wenn das Gewinde in die passende Rinne der Mutter eingreift. Erst dann schraube man im r i c h t i g e n Sinne und es muss dann das Einschrauben ganz l e i c h t gehen. Namentlich bei Objektiven und Okularen.

Sobald man einen merkbaren Widerstand beim Bewegen von Theilen wahrnimmt, halte man mit der Bewegung ein und überlege, woher dieser Widerstand rührt; man wird ihn dann gefahrlos beseitigen können, nie

*) Astronomische Nachrichten 1825, S. 187.

darf man ihn mit Gewalt überwinden. Ein feines Schraubengewinde ist leicht verdreht oder abgebrochen.

Werden Theile auseinander genommen, so lege man die Schrauben, Stifte u. s. w. (die gewöhnlich gezeichnet sind) genau in der Ordnung nieder, so dass man sofort sieht, in welche Mutter, Oeffnung, jeder Theil gehört. Werden kleine Schrauben herausgenommen, so fallen sie häufig. Gelangen sie auf den Boden, so sind sie oft schwer zu finden. Man halte die Hand oder ein Tuch, Papier u. s. w. unter. Um ganz kleine Schrauben sicher handhaben zu können, klebe man sie mit wenig Wachs an den Schraubenzieher.

Es ist nicht gleichgültig, wo und wie man ein Instrument angreift. Nie darf man es so heben, dass eine Axe aus ihrem Lager gezogen wird oder in dasselbe stark (durch das Gewicht u. s. w) eingepresst wird; es ist immer am besten, die Hand unter die Arme des Dreifusses zu legen und ähnlich bei anderen Einrichtungen. Beim Drehen soll man thunlichst an zwei diametral gelegenen Stellen anfassen, um jeden einseitigen Druck, der Spannung erregen kann, zu vermeiden.

Theilungen und blanke (nicht gefirnisste) Theile sollen nie mit den Fingern berührt werden; sollte das nicht zu vermeiden sein, so zieht man Handschuhe an. Eine so trockene Haut, die ohne Nachtheil die Berührung gestattet, ist selten. Reine Hände sind selbstverständlich immer vorausgesetzt, im Felde, wenn man die Kette berührt hat, ist es nicht immer leicht die Hand ganz rein zu halten. Wasser zum Waschen gibt es nicht überall; man halte sich ein Tuch zum Abwischen der Hände. Ist nach langem Gebrauche der Firniss, mit welchem Metalltheile überzogen waren, schadhaft geworden, so reibe man erst scharf ab mit Leinwand und überstreiche mehrmals (immer nur nach dem Trocknen) mit recht dünner Lösung von Schellack in stärkstem Alkohol.

Silberne Theilungen werden, auch wenn man sie nie berührt, allmählich (Schwefelwasserstoff) schwarz oder laufen an, was sich durch Trübewerden oder schillernde Farben verräth. Man putze dann mit weichem Leder und fahre dabei rechtwinkelig gegen die Striche der Theilung. Den unangenehmen Glanz des Silbers beseitigt man dadurch, dass man leicht mit dem reinen, nur ein wenig mit gutem Oel befeuchteten Finger darüber fährt.

Axen und andere über einander gleitende Metalltheile müssen geschmiert werden. Man benutze dazu das beste Uhrmacheröl, welches allerdings sehr theuer ist, aber auch nur in kleinsten Mengen zu verwenden ist. Steht es lang am Lichte, so wird es ganz farblos. Ehe man frisch befettet, wird mit Leinwand oder Leder, nöthigenfalls mit einer guten Bürste, das alte Fett entfernt, dann am besten mit der Fingerspitze ganz wenig Oel aufgerieben, oder mit einem Stückchen Kork oder weichem geschnittenem Stück Holz ein ganz kleiner Tropfen Oel aufgebracht, der sich dann beim Drehen selbst gleichmässig vertheilt. Bei gut gepflegten feineren Instrumenten ist der Fettüberzug immer äusserst dünn; nie darf man das Oel in Tropfen oder als Schmiere sehen, nur durch das Gefühl und den eigenthümlichen Fettglanz soll seine Anwesenheit erkennbar sein.

Um die Axen befetten zu können, muss das Lager geöffnet werden.

Für die Kippaxe ist das gewöhnlich sehr leicht. Die Vertikalaxe muss aus der Büchse, in welcher sie Führung hat, genommen werden, was mit äusserster Vorsicht zu geschehen hat, namentlich ist zu beachten, dass der Rand des Kreises nirgends anstösst.

Ganz besonders schädlich ist Staub zwischen dem Rande des Alhidadenkreises und jenem des Horizontalkreises, in welcher ersterer eingeschliffen ist. Beim Wiedereinsetzen des Alhidadenkreises ist durch aufmerksamstes Abpinseln aller Staub, der während des Oelens der Axe angeflogen sein kann, vorher zu entfernen.

Besondere Sorgfalt erheischen die Mikrometerschrauben. Man fährt mit fein zugeschnittenem weichem Holz (wohl noch mit Leder oder Leinwand überzogen) in alle Vertiefungen, bürstet und pinselt aus und gibt schliesslich, auch mit dem Hölzchen, ganz wenig Fett. Man muss vermeiden immer dieselben Stellen der Schrauben zu benutzen und dafür Sorge tragen, dass, ausgenommen die äussersten Enden, ziemlich gleichmässig die ganze Länge nach und nach in Eingriff mit der Mutter zu stehen kommt. Wenn die Mutter (wie für die Stellschrauben des Dreifusses) gespalten ist, soll durch Anziehen der die Theile zusammenhaltenden Schraube dafür gesorgt werden, dass die Reibung nicht zu gering und nicht zu stark ist. Das näher zu beschreiben ist schwer, man bekommt aber mit einiger Achtsamkeit bald das Gefühl für den richtigen Grad.

Wenn man die aufgeschnittenen und wieder zusammengeschraubten Muttern der grossen Stellschrauben, nachdem die Stellung des Instruments vollendet ist, fest anzieht, erhält man mehr Sicherheit des Feststehens. Allein man darf dann nicht unterlassen, wieder etwas lockerer zu schrauben, ehe die Stellschrauben, bei neuer Aufstellung oder Verbesserung der Aufstellung, wieder gebraucht werden.

Federn sollen während des Nichtgebrauchs des Instruments in einem mittleren Spannungszustande sein, weder zu stark noch zu wenig drücken oder ziehen.

Die Beine der Stative sollen mit mässiger, aber nicht zu geringer Reibung in den Gelenken sich drehen lassen, — die Schrauben sind demgemäss entsprechend anzuziehen. Bleiben Metalltheile auf dem Stativ in der Sammlung, so sind sie mit Kappen aus Leder oder Pappdeckel oder mit einer Umhüllung von Leinwand vor Verstaubung zu schützen. Waren die Stative nass geworden, so sind sie gut trocken zu reiben. Für Erhaltung des Firnisses, bezw. rechtzeitige Erneuerung ist zu sorgen.

Die Kette zieht man nach dem Gebrauche durch Rasen oder wischt sie mit Stroh oder einem Lumpen ab. Das Stahlband wird zu Hause jedes mal trocken gerieben, dann mit einem fetten Lappen (dazu kann man gewöhnliches Oel nehmen) überfahren, so dass es sich immer etwas fett anfühlt.

Die Bemalung der Signalstangen nützt sich ziemlich rasch ab. Sie ist dann zu erneuern, so dass sie immer rein und deutlich ist. Das gleiche gilt für Zielscheiben, Nivellir- und Distanzlatten. Diese sollen nicht in der Sonne oder am geheizten Ofen stehen, weil sie sich sonst leicht krümmen.

Zur Ausrüstung gehört ein Beil, das an Riemen getragen wird, mit dem man Pfähle einschlägt, hinderndes Buschwerk entfernt u. s. w. Auch ein starkes Messer ist erwünscht. Signalpfeifen oder dergleichen.

Die Träger und sonstigen Handlanger müssen streng beaufsichtigt, an Pünktlichkeit gewöhnt und in Zucht gehalten werden. Zusammenkunftsorte sind genau und deutlich zu verabreden, am besten schriftlich. Bei jedem Ausgange fertige man ein schriftliches Verzeichniss der mitgenommenen Gegenstände nach Art und Zahl. Dieses wird rechtzeitig vor Aufbruch aufgestellt, bei der Heimkunft und Ablieferung controlirt.

Aufschreibebücher sind sorgfältig zu führen, geordnet aufzubewahren, Zeichnungen, Karten, grössere Blätter, die nicht in die Taschenbücher geheftet werden können, in Mappen zu verwahren; am besten wird Zusammengehöriges leicht geheftet.

Alphabetisches Inhaltsverzeichniss.

Die erste Zahl gibt die Paragraphennummer, die zweite die Seite an.

Berichtigungen.

S. 71 Zeile 11 setze $x' = s \operatorname{Cos} \frac{1}{2} \beta$ statt $x = s \operatorname{Cos} \beta$.

S. 71 Zeile 12 setze $y' = s \operatorname{Sin} \frac{1}{2} \beta$ statt $y = s \operatorname{Sin} \beta$.

S. 151 Vierfuss. Die kugelartige Verlängerung der Dreifussbüchse bewegt sich nicht in einer Schüssel, sondern gleitet nur, ohne Klemmung geführt, in dem cylindrischen Ansatzrohr.

MIX
Papier aus verantwortungsvollen Quellen
Paper from responsible sources
FSC® C105338

If you have any concerns about our products,
you can contact us on
ProductSafety@springernature.com

In case Publisher is established outside the EU,
the EU authorized representative is:
Springer Nature Customer Service Center GmbH
Europaplatz 3, 69115 Heidelberg, Germany

Printed by Libri Plureos GmbH
in Hamburg, Germany